微软系统工程师联袂IT资深撰稿人倾力奉献，
助您全面突破Vista！

突破Windows Vista系统完全手册

北京希望电子出版社　总策划
徐洪霞　编　著

内容简介

Windows Vista 是微软公司继 Windows XP 之后推出的具有很高安全性、拥有丰富功能的操作平台，它将成为操作系统的一个里程碑。本书从实用的角度出发，通过大量实例全面解析了 Vista 的各种功能及使用方法与技巧。

全书共分 10 章，其中第 1 章介绍初识 Vista；第 2 章介绍 Vista 的安装；第 3 章介绍 Vista 应用基础；第 4 章介绍资源管理；第 5 章介绍程序的使用与管理；第 6 章介绍 Vista 网络应用；第 7 章介绍 Vista 硬件应用；第 8 章介绍多媒体应用；第 9 章介绍局域网与服务器；第 10 章介绍 Vista 的安全与备份。

本书主要针对 Vista 的初、中级读者，内容丰富翔实、条理清晰、图文并茂、通俗易懂、可操作性强，有利于读者快速对 Vista 操作系统进行全面的掌握与熟练应用。

图书在版编目（CIP）数据

突破 Windows Vista——系统完全手册/徐洪霞编著.—北京：科学出版社，2007.7

ISBN 978-7-03-018714-7

Ⅰ. 突… Ⅱ. 徐…. Ⅲ. 窗口软件，Windows Vista—技术手册 Ⅳ. TP316.7-62

中国版本图书馆 CIP 数据核字（2007）第 085492 号

责任编辑：邓 伟 / 责任校对：马 君

责任印刷：东 升 / 封面设计：康 欣

科学出版社 出版

北京东黄城根北街 16 号

邮政编码：100717

http://www.sciencep.com

北京东升印刷厂印刷

科学出版社发行 各地新华书店经销

*

2007 年 7 月第 一 版 开本：787×1092 1/16

2007 年 7 月第一次印刷 印张：33

印数：1-5 000 字数：776 568

定价：48.00 元

前　言

在电脑软件进入到高速发展的今天，仍然很少有一种软件的地位能够与操作系统相媲美。操作系统作为一个“平台”，它最大的特点就是具有良好的兼容性——操作系统在本身拥有大量功能的同时，还提供了一片让繁多的应用软件繁衍生息的沃土……以至于有很多人都以为只要有了操作系统，别的应用软件根本不需要！

的确，操作系统这位大哥的手指向哪里，哪里就会出现一片新的天地！在很多熟悉和不熟悉的操作系统中，有一颗颇受争议也是颇为引人注目的明星，将会成为本书的主角——它就是 Windows Vista！经过多个测试版本的市场磨合，零售版的 Vista 已经拥有了相当稳定的性能与强大而丰富的功能，大量令人瞩目的技术改进和功能增强使得 Vista 成为“真正稳定、全新的操作系统”的观点，已经得到了用户们的广泛认可。通过 Vista 来取代在普通用户桌面上经典的操作系统 Windows XP，是微软的企盼，也是已经取得部分成功的现实。如今，有相当一部分计算机安装的操作系统已经是 Vista 了！

看来，我们真的是走进了 Vista 的新时代啦！

Vista 是一个博大精深的操作系统，是数千名顶级程序员不懈努力的心血结晶，是在收到数十万测试用户的意见反馈后，不断去糙存精的科学成果。这一点从它数以千计的新功能上就可以略窥门径！在本书中，讲解了普通用户和技术人员应该掌握的大量知识。无论是刚刚接触到 Vista 的新用户，还是对 Vista 已经有一定了解的技术人员，都可以从本书中学习到有用的知识——在本书的阅读过程中，读者们不仅可以学会大量的实用知识，还将会深入地了解到操作系统背后的一些原理，从而能够有效地达到“知其然，更知其所以然”的效果！虽然笔者投入在本书的时间甚久，但由于才疏学浅，仍不免有内容解释不到位、技术剖析不够透彻之处。因此，诚恳地希望各位读者在发现本书有任何遗漏或是不尽详细之处，能够抽出宝贵的时间不吝指教，以使本书更臻完美。

本书由徐洪霞女士主编，王新泽、仲桂方、任以静、仲高平、庄礼杰、周而正、仲其洲、李洪政、荣艳丽、徐爱艳、滕大鹏、胡志权、卢以成、张方义、左言敏、史耀雷、仲治国、吴志昂、徐立华、陈维维、徐丽娟、杨永莽、徐艳丰、童海林、戴菊平（排名不分先后）参加了部分章节的编写工作。

欢迎读者们访问本书的技术支持论坛：http://bbs.duze.net

编者

目　录

第 1 章　初识 Vista

美国微软公司开发的 Microsoft Windows Vista，是继 Windows XP 和 Windows Server 2003 之后推出的又一个重要的 Windows 版本。作为一个大幅改变了以往 Windows 使用习惯的操作系统，在 2005 年 7 月 22 日太平洋标准时间早晨 6 点，微软正式公布了这一名字。

在未来的几年里，安装及应用 Windows Vista（以下简称为 Vista）将是一种不可阻挡的趋势。Vista 将为电脑用户带来一个清晰而透明的世界，帮助用户更容易地进行各种电脑应用。

1.1 Vista 概述

Windows Vista 具有大量的新功能，其中既有第一次出现的新功能，也有基于前面 Windows 版本改进得到的“升级式”新功能。Windows Vista 的桌面环境如图 1-1 所示，通过图中显示的“开始”菜单、任务栏、图标，可以看出 Windows Vista 整个界面比 Windows XP 更加美观漂亮。

图 1-1

作为最新的操作系统，Windows Vista 具有 3 个主导思想——“信心”、“简明”、“互联”。

信心：微软希望通过 Vista 带给用户一种信心，这种信心源自于 Vista 可靠的安全性、稳定的性能和强大的管理功能。“以人为本”是 Vista 设计时的重要原则之一，用户可以将应用 Vista 的重点放在“想要去做什么”，而不必去考虑如何去做。

简明：Vista 提供了相对于以往 Windows 版本更加清晰直观的用户界面，进而可以有效提高应用 Vista 的效率——Vista 使用了一种全新的、更具有灵活性的方法来组织电脑中的数据，以便用户可以更容易地存储、管理、查找和组织数据。

互联：Vista 启用了全新的网络互联方法，用户可以通过 Vista 轻松地与不同的人、不同的地点、不同的设备之间进行互联。无论是在家里、工作场合还是旅途中，Vista 都可以使互联应用变得简单。

1.2 Vista 的版本

在 Windows XP 中，微软提供了 6 个版本，即家用版、多媒体中心版、专业版、专业 Tablet PC 版、64 位版和供特殊用户使用的 Starter 版。其中，家用版和专业版适合普通用户使用，其他版本则只能在特定的电脑硬件配置中使用。

目前，Vista 的内核还是基于 NT 内核的，用户可以使用 WinVer 等命令查看到版本号为 6.0。Vista 共提供了 6 个版本，每个版本都对应了相应的用户群体。如，小型企业、中型企业和大型企业、家庭用户使用的 Vista 就分别有适用的版本和增强版本。

Home Basic：这是一个入门级版本。它具有容易配置的特点，对于仅仅希望使用电脑上网冲浪、与家人和朋友进行邮件收发、建立和编辑简单文档的用户来说，此版本可以提供一个更安全、更可靠、更容易使用的环境。

Home Premium：这是一个具有完整功能的增强型版本。它适合于桌面电脑和移动 PC 用户使用，它除了提供 Home Basic 所有的功能外，还提供了 Aero 用户界面、媒体中心功能、DVD 制作等数字媒体功能、Tablet PC 功能，以及 PC To PC 的同步特性。使用此版本的用户，能享受到更加简单和安全的信息查找、电脑彼此交互的功能，可以使用、组织以及共享照片、视频、电视节目和音乐，还可以让管理财务、完成工作、观看电影、收听歌曲、游戏变得更富有乐趣。

Business：适用于各种规模企业使用的版本。此版本最大的特点就是提供了核心的企业应用特性，如加入域、组策略的支持，以及加密文件系统功能等。

Enterprise：适用于各种规模企业使用的增强型版本，可以满足全球化的、具有高度复杂 IT 架构的组织需求。此版本除了包含 Business 版本中所有的功能外，还包含 BitLocker Drive Encryption，All Worldwide Interface Langvages，Virtual PC Express，Subsystem For UNIX Applications（SUA）等特性。这个版本可以帮助系统/网络管理员减少部署和管理电脑的成本和复杂度，并可以很好地与企业的信息策略相结合，如可以与合作伙伴、企业随时保持良好的连接。

Ultimate：对于用户来说，使用 Ultimate 版本是非常美妙的。此版本中包含了跨越所有用户类型的操作系统特性。值得一提的是，它已经具备高级的数据保护功能——Windows BitLocker Drive Encryption。这个版本有些类似于 Windows XP 的专业版（Professional）。

Starter：此版本专门供使用较低硬件配置（仅限 32 位）的家庭和入门用户使用，它具有和 Basic 版本相同的用户界面。

用户在安装 Vista 时，需要对此做出选择——实际上，在前一步输入 Vista 安装序列号时，就已经决定了这里能够选择的版本，如图 1-2 所示。

提示

Vista 安装光盘中同时包含了 6 个版本，能够选择哪个版本主要根据输入的序列号而定。而不是用户愿意选择哪个版本，就可以安装哪个版本的。

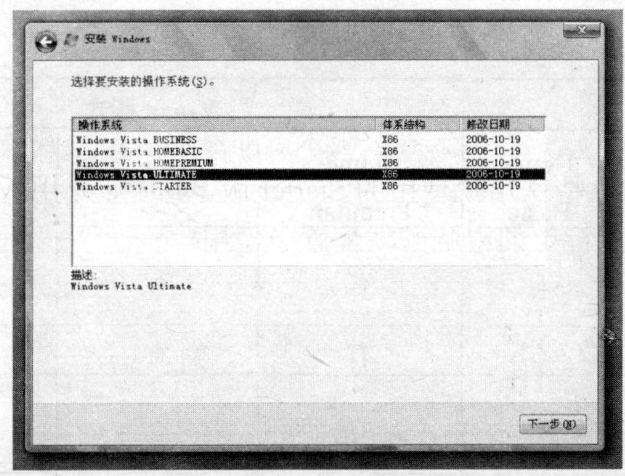

图 1-2

如果按用户类别划分的话，可以将 Vista 版本做几个归类，如表 1-1 所示。

表 1-1　Vista 版本分类

用户类别	Vista 版本		
终端用户	Ultimate	Home Premium	Home Basic
小型企业	Ultimate	Business	
中大型企业	Enterprise	Business	

1.3　不同版本的对比

前面提到过 Vista 具有 3 个主导思想——“信心”、“简明”、“互联”。除了 Starter 版本外，其余几个版本都可以在“信心”、“简明”、“互联”方面进行功能对比，如表 1-2 所示。

表 1-2　Vista 版本主导思想方面的功能对比

主导思想	Vista 版本				
信　心	Home Basic	Home Premium	Business	Enterprise	Ultimate
用户帐户控制(UAC)	有	有	有	有	有
Windows 安全中心	有	有	有	有	有
Windows 防火墙	有	有	有	有	有
Windows Defender	有	有	有	有	有
IE 7 保护模式	有	有	有	有	有
IE 7 修复设置	有	有	有	有	有
仿冒网站筛选	有	有	有	有	有
反垃圾邮件	有	有	有	有	有
Windows Update	有	有	有	有	有
家长控制	有	有			有

续表

主导思想	Vista 版本				
信　心	Home Basic	Home Premium	Business	Enterprise	Ultimate
Fewer Reboots,Hangs,and Disruptions	有	有	有	有	有
Service Hard	有	有	有	有	有
Performance Self-tuning and hardware diagnostics	有	有	有	有	有
Next-generation TCP/IP Stack	有	有	有	有	有
IPv6 和 IPv4 支持	有	有	有	有	有
Windows Ready Drive	有	有	有	有	有
显示驱动模式（WDDM）	有	有	有	有	有
Windows Easy Transfer	有	有	有	有	有
64 位处理器支持	有	有	有	有	有
快速启动、关机、休眠	有	有	有	有	有
基于 32 位的最大内存支持	4GB	4GB	4GB	4GB	4GB
基于 64 位的最大内存支持	8GB	16GB	128+GB	128+GB	128+GB
双处理器支持			有	有	有
Ad hoc backup and Recovery of user files and folders	有	有	有	有	有
Scheduled Backup of User Files		有	有	有	有
备份用户数据到网络设备		有	有	有	有
卷影复制(VSS)			有	有	有
System Image based Backup and Recovery			有	有	有
加密文件系统			有	有	有
遥控桌面	有限制	有限制	有	有	有
policy-Based quality of service For Networks			有	有	有
RMS			有	有	有
关于 RMS 技术的详细资料，请访问微软官方页面：http://technet2.microsoft.com/WindowsServer/zh-CHS/Library/6d26d67b-f414-426f-bcd2-a318db592dbc2052.mspx					
Control over Installation Of Device Drivers			有	有	有

续表

主导思想	Vista 版本				
信 心	Home Basic	Home Premium	Business	Enterprise	Ultimate
Network Access Protection Client Agent			有	有	有
Pluggable logon authentication architecture			有	有	有
Integrated Smart Card Management			有	有	有
BitLocker(驱动器加密)				有	有
Support For Simultaneous Installation of Multiple User Interface Languages				有	有
all worldwide user interface languages available				有	有
基于UNIX应用的子系统(SUA)				有	有
Virtual PC Express				有	有
Anytime Upgrade	有	有	有		
Ultimate Etras					有

主导思想	Vista 版本				
简 明	Home Basic	Home Premium	Business	Enterprise	Ultimate
Vista Basic 用户界面	有	有	有	有	有
Aero		有	有	有	有
全盘搜索功能	有	有	有	有	有
Automatic Content Organization based On File Properties/tags	有	有	有	有	有
IE 即时搜索框	有	有	有	有	有
IE RSS 提要	有	有	有	有	有
Support For Next-Generation Applications Built On WinFX	有	有	有	有	有
SuperFetch(预载入加速)	有	有	有	有	有
Windows ReadyBoost	有	有	有	有	有
Low-Priority I/O	有	有	有	有	有
Automatic Hard Disk Defragmentation	有	有	有	有	有
邮件功能	有	有	有	有	有

续表

主导思想	Vista 版本				
简　明	Home Basic	Home Premium	Business	Enterprise	Ultimate
日历功能	有	有	有	有	有
Windows Sidebar	有	有	有	有	有
照片库	有	有	有	有	有
主题幻灯片		有			有
Windows Media Player 11	有	有	有	有	有
媒体中心		有			有
Media Center-CableCard 支持		有			有
Media Center Extenders Including Xbox 360		有			有
Windows Movie Maker	有	有			有
Windows Movie Maker HD		有			有
Windows DVD Maker		有			有
Games Explorer		有			有
Updated Games	有	有	有	有	有
Premium 游戏	有	有	有	有	有
Universal Game Controller Support	有	有	有	有	有
语音识别	有	有	有	有	有
Accessibility Settings and Ease Of Access Center	有	有	有	有	有
欢迎中心	有	有	有	有	有
数字证书支持	有	有	有	有	有
Small Business Resources			有		有
传真和扫描			有	有	有

主导思想	Vista 版本				
互　联	Home Basic	Home Premium	Business	Enterprise	Ultimate
网络中心	有	有	有	有	有
网络诊断与修复	有	有	有	有	有
Improved Wireless Networking	有	有	有	有	有
无线网络配置			有	有	有
Improved Peer Networking	有	有	有	有	有
Improved VPN Support	有	有	有	有	有

续表

主导思想	Vista 版本				
互　联	Home Basic	Home Premium	Business	Enterprise	Ultimate
电源管理	有	有	有	有	有
同时并发链接数	5	10	10	10	10
Windows HotStart	有	有	有	有	有
移动中心	部分	部分	有	有	有
同步中心	有	有	有	有	有
手写笔输入		有	有	有	有
触摸屏支持		有	有	有	有
Tablet PC 手写识别支持		有	有	有	有
Tablet PC 导航功能		有	有	有	有
Windows Dide Show		有	有	有	有
会议室	仅浏览	有	有	有	有
增强的文件和目录功能	有	有	有	有	有
PC To PC Sync		有	有	有	有
Network Projection		有	有	有	有
Presentation Settings		有	有	有	有
远程桌面	客户端	客户端	主控/客户端	客户端	主控/客户端
Small Business Server 域加入			有	有	有
Windows Server 域加入			有	有	有
组策略支持			有	有	有
offline files and folder 支持			有	有	有
Client-Side Caching			有	有	有
帐户漫游配置文件			有	有	有
文件夹重定向			有	有	有
组策略中的电源集中管理			有	有	有
IIS			有（可选）	有（可选）	有（可选）

1.4 Vista 的新特性

在 Vista 中新增加了许多功能和工具，共包含 2700 多个创新特性。在未来的几年里，我们将不得不与这些新的功能发生接触，因为新的硬件性能必须使用这些新功能，方能淋漓尽致地发挥出来。下面，让我们对一些经常会使用的功能加以初步了解。

1.4.1 易用性

在易用性方面 Vista 做了很多的努力，也正是因为如此，用户才能够更加轻松地对 Vista 进行各种应用。

1. 欢迎中心

在首先使用 Vista 时，如何才能快速对系统进行一些必要的设置？是到处去找寻相应的功能吗？在 Vista 中提供的“欢迎中心”功能较好地解决了这个问题。该功能的具体应用方法，请见本书“3.2.1 欢迎中心”节中的相关内容。

2. 全新的窗口

Vista 中的“窗口”无论是在视觉体验上，还是在直观性上都进行了全新的设计。这样做的最大目的就是可以让用户更加集中精力在内容上，而不是用户界面上。比方说，导航窗格已经被全新的工具栏所替代、菜单默认处于隐藏状态、文本和图片等文件可以直接预览内容等。窗口中出现的元素都是最有可能被用到的常用组件等。该功能的具体应用方法，请见本书“4.1.2 熟悉窗口结构”节中的相关内容。

3. 升级的开始菜单

Vista 中的“开始”按钮和“开始”菜单都得到了“升级”，如，“开始”菜单被升级成具有不会遮盖住桌面的效果、“运行”栏被功能强大的“搜索”栏替代等。该功能的具体应用方法，请见本书“3.2.3 ‘开始’菜单”节中的相关内容。

4. 控制面板

重新设计的控制面板，采用了资源管理器窗口的框架。两种不同的视图方式可以帮助用户更加快捷地找到所需的工具。第一个视图模式是 Windows XP 中的分类视图的更高版本，如，支持通过“搜索”功能来查找工具，如图 1-3 所示。

图 1-3

第二种视图模式，是以往 Windows 版本中常用的经典视图模式，如图 1-4 所示。

图 1-4

在此模式下，搜索功能同样可以工作良好。显然，这种模式下的控制面板窗口也进行了设计升级。

5．强大的搜索栏

Vista 中无所不在的“搜索栏”功能，在输入关键字的同时会自动根据关键字的变换而搜索出最精确相应的结果。如，搜索“main”这个单词，那么在输入 M 这个字母的同时，搜索工作已经自动开始。通常，在输入到 N 这个最后字母时，在“索引位置”中符合搜索条件的结果已经被列出来了。只有在“索引位置”中搜索不到所需结果时，才需扩大搜索范围。该功能的具体应用方法，请见本书“4.4　搜索资源”节中的相关内容。

6．堆叠文件

“堆叠方式”(视图中的所有文件排列成堆状，称作堆栈)是一种类似于“分组”效果的显示方式，它可以按照子菜单中指定的方式把当前窗格中符合不同条件的资源，集中显示在一个条件图标中。在单击此图标后，即可看到其中包含的文件。该功能的具体应用方法，请见本书“4.3.1　管理文件”第 6 小节中的相关内容。

7．Aero 效果

Aero 是 Vista 中高级的视觉界面设计。其特点是具有透明的玻璃效果，图案中带有精致的窗口动画和颜色。此外，3D 桌面也属于 Windows Aero 的组成部分，它是通过缩略图大小具有 3D 效果的窗口来切换、预览打开窗口的方法。该功能的具体应用方法，请见本书“3.2.7　应用 Aero 效果”节中的相关内容。

8．用户文件夹

原来 Windows 版本中的“我的文档”，在 Vista 中成为了“用户文件夹”的一部分。“用户文件夹”几乎包含了当前登录用户所有的资源。该功能的具体应用方法，请见本书“3.2.2

桌面图标”第 1 小节中的相关内容。

9．Windows 边栏

“Windows 边栏”是在桌面边缘显示的一个垂直长条，在 Windows 边栏中有包含称为“小工具”的一些小程序，这些小程序可以提供即时信息以及可以轻松访问常用工具的途径。如，可以使用小工具记一些事情、显示图片幻灯片、查看天气预报等。对于使用宽屏液晶的用户，推荐使用这项功能。该功能的具体应用方法，请见本书“5.5.1　Windows 边栏”节中相关的内容。

10．全新的 IE 7.0

IE 7.0 几乎是与以往 IE 浏览器版本“彻底不同”的一个浏览器。IE 7.0 不仅在窗口布局、收藏夹功能使用等方面做了大幅的改变，还提供了 3 个很重要的新特性：一是导航功能得到大幅改良；二是提供了动态的安全保护功能，现在几乎所有的插件都无法在未经同意的前提下“自动”安装到我们的电脑中。三是为 Web 开发和管理提供了良好的平台。该功能的具体应用方法，请见本书“6.2　IE 浏览器的应用”节中的相关内容。

11．网络和共享中心

以往的“网上邻居”功能在 Vista 中已经被强大的“网络和共享中心”功能所替换，它可以帮助用户享受更为稳定、高效的网络环境。该功能的具体应用方法，请见本书“9.3　网络和共享”节中的相关内容。

12．语音识别技术

全新的语音识别技术，使得用户能够通过声音与电脑进行交互，这将减少用户对鼠标和键盘的依赖性。该功能的具体应用方法，请见本书“8.2　语音识别”节中的相关内容。

13．轻松访问中心

在“开始”菜单中，选择“所有程序”|“附件”命令，打开轻松访问中心后，在这里可以按照语音（女声）的提示，快速调整好电脑中的所有的辅助设置，如图 1-5 所示。

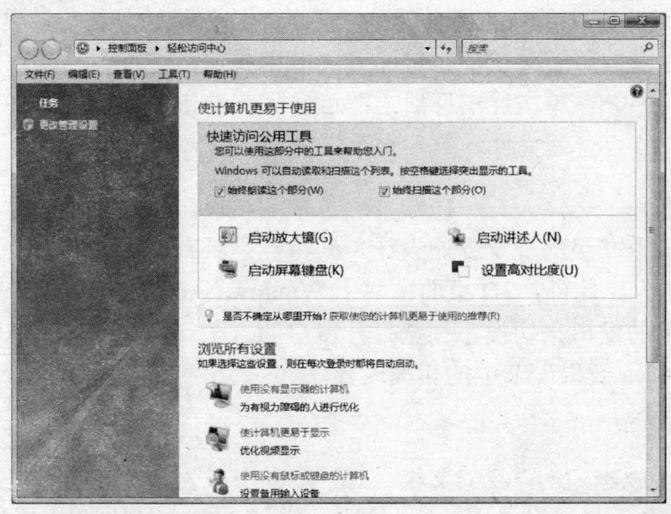

图 1-5

14. IIS 7.0

全新设计的 IIS 组件，不仅在操作上有了大幅的改变，在功能与安全等诸多方面也有着不俗的表现。该功能的具体应用方法，请见本书“9.4 配置服务器”节中的相关内容。

1.4.2 安全性

Vista 从整体到局部都对安全方面进行了大量的改进，虽然这些改进有时会给我们的日常应用带来一点点的麻烦，但无庸置疑的是，这些安全设计将会使我们的系统运行在更稳定的状态中。

1. 用户控制

Windows Vista User Account Control（简称 UAC）功能，可以帮助我们防止任何针对电脑进行的未经授权的更改操作。请见本书“5.2.4 权限与程序”节中的相关内容。

2. 家长控制

如今，儿童使用电脑已经是再正常不过的事了。在 Vista 中，通过全新的家长控制功能可以帮助父母对儿童的上网范围、时间进行严格管理。请见本书“6.2.3 定制 IE”第 7 小节中的相关内容。

3. 反网络钓鱼

在 IE 中提供了一系列的检查功能，来帮助用户防止被欺骗性很强、伪造的 Web 站点进行诈骗活动。请见本书“6.2.3 定制 IE”第 3 小节中的相关内容。

4. 安全中心

在 Vista 中，安全中心功能得到了进一步的加强。请见本书“10.2 Windows 安全中心”节中的相关内容。

5. BitLocker 磁盘加密

在 Vista 中进行数据加密的一个新选择就是使用 BitLocker 磁盘加密技术。BitLocker 磁盘加密是一种全新的安全功能，该功能通过加密 Windows 文件所在的启动分区中存储的所有数据，进而实现操作系统本身数据的保护。请见本书“10.3.2 BitLocker 磁盘加密”节中的相关内容。

6. Windows Defender

在 Vista 中内置了一个名为 Windows Defender 的功能，它将有助于防止在电脑中自行安装或运行恶意软件、间谍软件和其他可能不需要的软件或广告软件。它可以自动发现和删除可能已安装的恶意软件。请见本书“5.4 Windows Defender”节中的相关内容。

7. 备份和还原中心

通过 Vista 中提供的“备份和还原中心”，可以很容易地使用手工或自动的方式，对电脑进行备份与恢复任务。如，强大的“备份电脑”功能使得用户完全可以抛弃 Ghost，而全自动备份计划则可以让数据的备份更加轻松自如。请见本书“10.4　备份和还原中心”节中的相关内容。

1.4.3　硬件方面

硬件是软件的载体，离开它去谈软件的应用毫无意义。所以，硬件应该被操作系统更加重视才对。在 Vista 中提供了诸多的硬件优化与管理功能，通过这些功能可以让硬件系统运行得更加稳定，与软件系统配合起更加融为一体。

1．硬件的级别

Vista 是第一个对电脑硬件性能进行分级的系统，并且通过性能的评定来决定一些功能是否被自动开启或关闭。该功能的具体应用方法，请见本书“7.1　Windows 体验索引”节中的相关内容。

2．减少了重启的频率

在进行磁盘分区管理等在以往 Windows 版本中必须重启的操作时，在 Vista 中可以避免重启操作，而直接使设置生效。请见本书“4.2　磁盘管理”节的分区管理部分，有一些相关应用的讲解。

3．碎片整理

在 Vista 中运行在后台的磁盘碎片整理功能，会在需要的时候自动整理磁盘碎片——它可以在电脑空闲的时候自动运行。请见本书“7.6.2　碎片整理”节中的相关内容。

4．ReadyBoost

Vista 中的 ReadyBoost 是一个新概念，它可以为系统内存适当的提高一些性能。用户可以在不打开机箱的情况下，使用高速的优盘、存储卡等设备扩展系统内存。请见本书“7.6.3　虚拟内存”第 2 小节中的相关内容。

5．电源管理

使用笔记本电脑的用户在安装了 Vista 后，将可以享受到简化和稳定的电源管理功能，它可以帮助用户平衡电池寿命和系统性能之间的关系。

6．Tablet PC

Tablet PC 带来了移动计算的新时代，通过集成的手写笔、触摸屏、数字墨水输入、笔迹识别技术以及新的硬件支持。在 Vista 中，对 Tablet PC 提供了全面的支持。

7．DVD 编辑及刻录

Vista 中不仅内置了 DVD 编辑和刻录功能，还提供了 DVD±RW 刻录盘的格式化功能。通过这些功能，可以轻松地完成 DVD 方面的应用。请见本书“8.5　Windows DVD Maker”节中的相关内容。

除了上述讲解的一些功能外，在 Vista 中还有着大量的新功能、新特性等待着我们去学习、去应用。相信通过 Vista 这些令人振奋的全新设计，我们对电脑的应用将会更加舒适！

第 2 章　Vista 的安装

Vista 是一个博大精深的操作系统，它是数千名顶级程序员不懈努力的心血结晶，是在收到数十万测试用户的意见反馈后，不断“去糙存精”的科学成果。从 Vista 的安装到应用，无不让 Windows 的新老用户们大开眼界！

在本章中，将讲解在计算机中安装 Vista 的方法，其中包括：

- 升级安装：推荐所有用户都来了解这种安装方式，但不推荐使用这项安装方式。
- 全新安装：如果常用的应用软件和主要硬件的驱动，都能稳定在 Vista 中运行时，则推荐用户安装使用。
- 双系统安装：推荐准备对 Vista 尝鲜的新手使用。
- 硬盘安装：没有 DVD 光驱/刻录机但却想安装 Vista 的用户使用。

2.1　为 Vista 作好准备

在 Vista 中提供了 3 种安装方法。我们可以根据实际需要选择其中的任一种，即：

- 通过 Vista 安装光盘引导计算机并执行安装。
- 从现有操作系统的基础上执行全新安装。
- 从现有操作系统的基础上执行升级安装。

在对 Vista 有了基本的了解后，接下来需要从硬件方面开始做好安装 Vista 前的准备工作。Vista 对硬件的要求很高，如果配置较低的话，建议不再尝试安装 Vista，因为 Vista 会根据安装后自动执行的硬件性能检测操作，并自行对一些功能进行启用/关闭操作。

根据微软提供的信息，可以知道只需购买带有 Vista Capable PC 或 Premium Ready PC 徽标的品牌电脑，就可以顺利安装并使用 Vista 操作系统了。其实除了带有 Vista Capable PC 或 Premium Ready PC 徽标的品牌电脑外，自行组装的电脑只需有如表 2-1 所示配置，也可以基本满足 Vista 安装的需求——但是想流畅应用 Vista 还是有所不足。

表 2-1

硬件	最低配置	更高配置
CPU	800Mhz	推荐 1.6Ghz 或以上
内存	512MB	推荐 1GB 或以上
硬盘（用于安装系统的分区大小）	16GB	安装 Vista 需要占用 8~10GB
显卡（支持 DirectX 9）	128MB 显存	部分功能需要高性能显卡支持
DVD-ROM 或 DVD 刻录机	16 倍速	Vista 安装文件有 2.4GB 以上

注意

由于 Vista 的安装文件有 2.4GB 以上，所以存储介质必须使用 DVD 光盘。因此，必须使用 DVD 光驱或 DVD 刻录机才能读取 Vista 安装光盘中的内容，并执行 Vista 的安装。故而，准备安装 Vista 的电脑必须具备 DVD-ROM 或 DVD 刻录机。

以上的硬件配置只能稳定地安装 Vista，而不能流畅地运行 Vista——事实上，我们是为了运行 Vista 而安装它，而不是为了安装 Vista 而安装它。因此，如果希望稳定、流畅地运行 Vista，推荐使用如表 2-2 所示硬件配置。

表 2-2

硬件	最低配置	更高配置
CPU	1.6Ghz	32 位(x86)或 64 位(x64)
内存	1GB	有条件的用户推荐使用 2GB
硬盘（用于安装系统的分区大小）	20GB	安装软件多的推荐使用 25GB
显卡	256MB 显存	部分功能需要显卡支持
DVD-ROM 或 DVD 刻录机	16 倍速	Vista 安装文件有 2.4GB 以上

要更好地了解 Windows Vista，建议访问 Microsoft Windows Vista 中文介绍网站：http://www.microsoft.com/china/windowsvista 。

2.2 Vista 升级安装

当计算机上已有 Windows 的某个版本（如 Windows XP），要在此 Windows 版本的基础上执行 Vista 的安装，那么既可以选择升级安装，也可以选择全新安装。在本节中，将讲解升级安装 Vista 的方法。

2.2.1 升级安装的基本知识

通过如表 2-3 所示可以获得各个 Windows 系列版本能否升级到 Windows Vista 的相关资料。

表 2-3 升级资料

Vista 版本 / Windows 系列版本	Home Basic	Home Premium	Business	Ultimate
WinXP Professional	不可以	不可以	可以	可以
WinXP Home	可以	可以	可以	可以
WinXP Media Center	不可以	可以	不可以	可以
WinXP Tablet PC	不可以	不可以	可以	可以
WinXP Pro X64	不可以	不可以	不可以	不可以
Windows 2000	不可以	不可以	不可以	不可以

在升级（或全新安装）Windows 之前，需要做好如下准备工作：

- 检查当前计算机硬件配置是否满足 Vista 安装最低硬件配置要求。
- 确定要安装 32 位版本还是 64 位版本的 Vista，并准备好相应版本的 Vista DVD 安装光盘与 DVD-ROM/DVD 刻录机。

- 在 Vista 包装盒内的安装光盘盒上找到由 25 个字符组成的产品安装密钥。
- 如果要连接到 Internet，请记下 ISP 给我们的用户名、密码。如果要连接到局域网，请记下当前计算机分配得到的 IP 地址、子网掩码与网关地址。
- 清空一个或多个分区中的数据，以便为即将安装的 Vista 准备好一个 15GB 以上的分区可用空间，安装 Vista 的分区文件系统必须使用 NTFS。
- 准备至少 512MB 的内存，否则将会在安装 Vista 的过程中看到类似于如图 2-1 所示的错误提示。

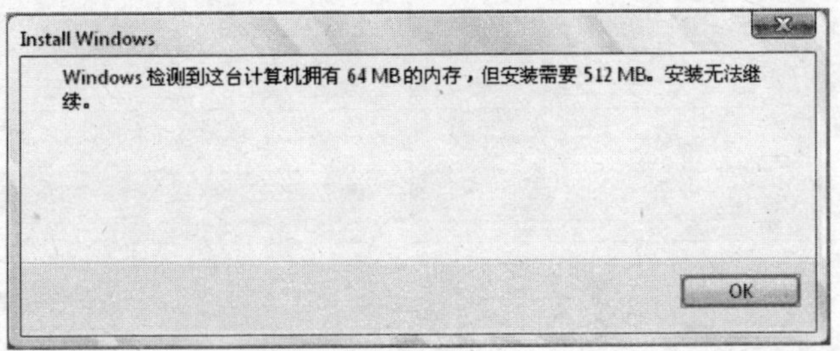

图 2-1

提 示

如果低于 512MB 内存的计算机也想安装 Vista，那么可以在网络中搜索 Vista 内存容量免检测补丁，通过它可以在小内存计算机中完成 Vista 的安装。

2.2.2 安装环境的检测

实际上，为了避免内存、硬盘可用空间不足等原因导致在安装 Vista 的过程中终止，建议在购买 Vista 安装光盘之前，先下载 Vista 升级顾问来检测当前电脑是否能满足 Vista 的安装需求。具体操作步骤如下：

01 通过网址“http://go.microsoft.com/fwlink/?linkid=65926&clcid=0x409”下载 Vista 升级顾问程序。

02 双击 WindowsVistaUpgradeAdvisor.msi 文件，在出现如图 2-2 所示的窗口时，单击“DownLoad and Install Msxml6.msi”按钮继续。

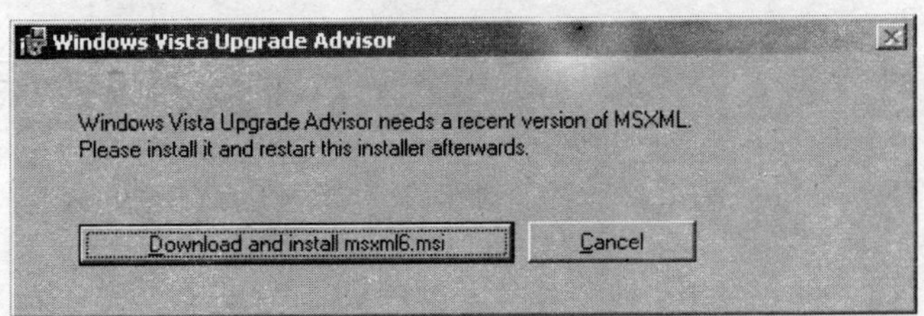

图 2-2

03 打开 IE 浏览器窗口，单击 Download 按钮开始 MSXML 6.0 文件的下载，如图 2-3 所示。

04 完成 msxml6.msi 文件的下载并双击开始安装后，在弹出的如图 2-4 所示窗口中根据提示完成程序的安装。

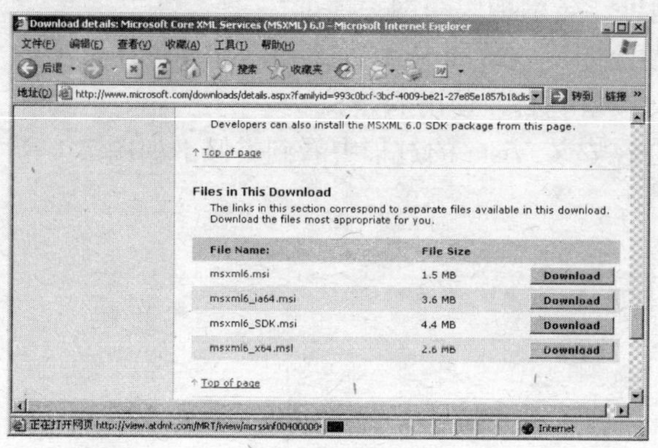

图 2-3

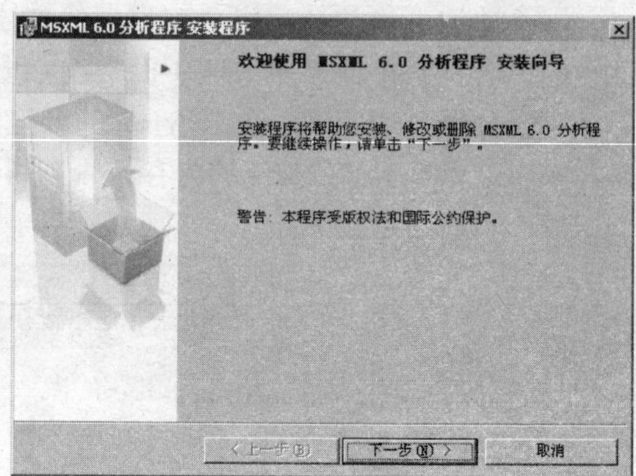

图 2-4

05 完成 MSXML 6.0 的安装后，再次双击 WindowsVistaUpgradeAdvisor.msi 文件并在弹出的提示框中单击"Install The.NET Framework"按钮继续，如图 2-5 所示。

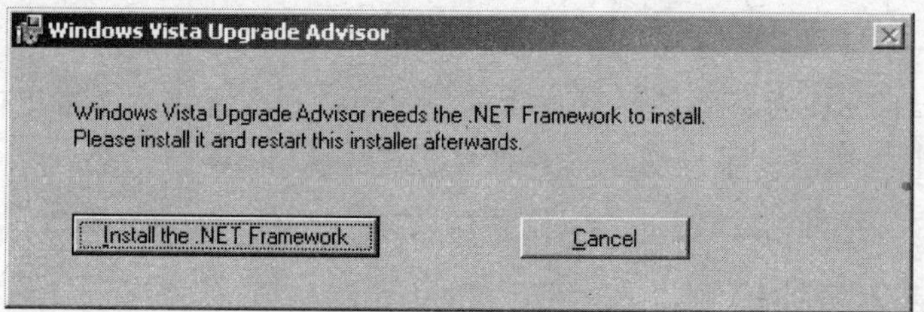

图 2-5

06 在弹出的窗口中，单击"保存"按钮下载".NET Framework"程序，如图 2-6 所示。

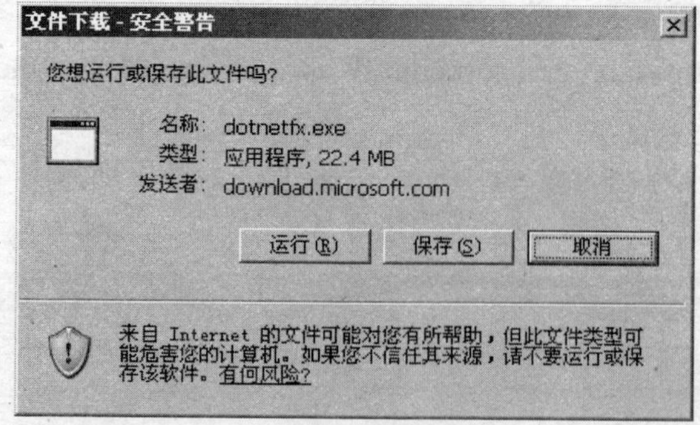

图 2-6

也可以通过 IE 浏览器访问 http://down.chinaz.com/s/9654.asp，并通过其中的网址下载".NET Framework"程序。

07 双击下载的文件完成“.NET Framework”程序的安装后，再双击 WindowsVista UpgradeAdvisor.msi 文件执行 Vista 升级顾问的安装，如图 2-7 所示。

08 保持“Launch Windows Vista Upgrade Advisor”项的勾选状态，并单击“Close”按钮，如图 2-8 所示。

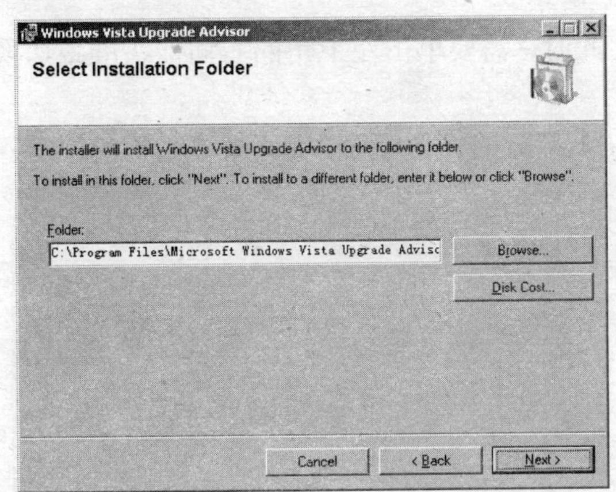

图 2-7

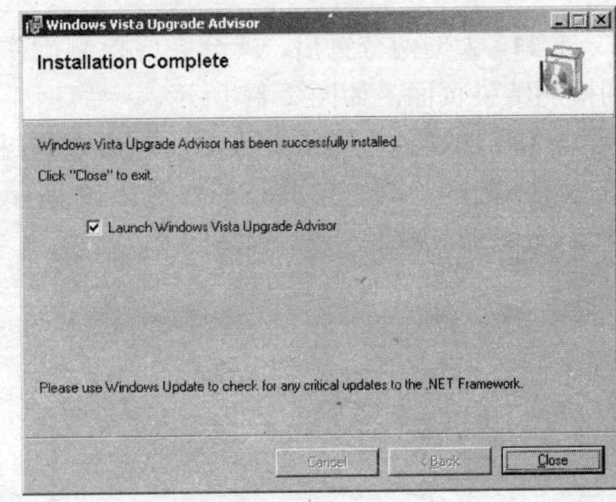

图 2-8

09 在自动运行的界面中，单击“Start Scan”按钮开始硬件的检测，如图 2-9 所示。

> **提 示**
>
> 此外，也可以通过依次单击“开始”→“程序”→“Windows Vista Upgrade Advisor”菜单来运行此程序。

10 在检测的过程中可以看到窗口中有一个表格，其中有多个 Vista 版本之间不同特性的对比，检测时可以看看这个表格来打发时间，如图 2-10 所示。

图 2-9

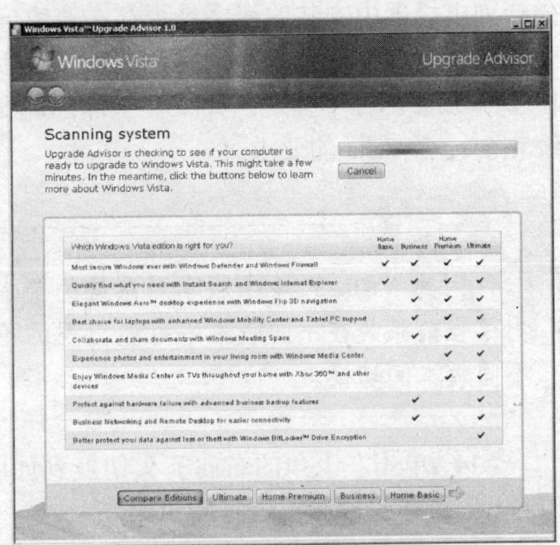

图 2-10

提 示

页面下部会有 Vista 的 4 个版本选项卡可以选择，单击每个版本名称会切换到不同的介绍页面。

11 大约两分钟后，就会完成检测操作。此时，需要单击左上角的右向箭头准备切换到检测结果页面，如图 2-11 所示。

12 切换到检测结果页面后，可以通过左上部分的 4 个带有 Vista 版本名称的标签，切换到不同的检测结果页面，如图 2-12 所示。

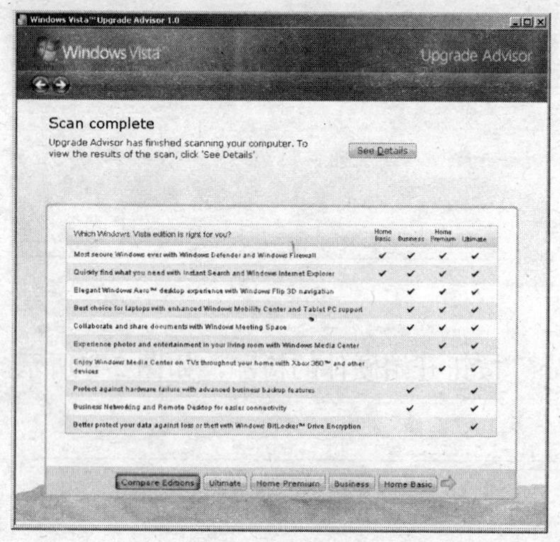

图 2-11

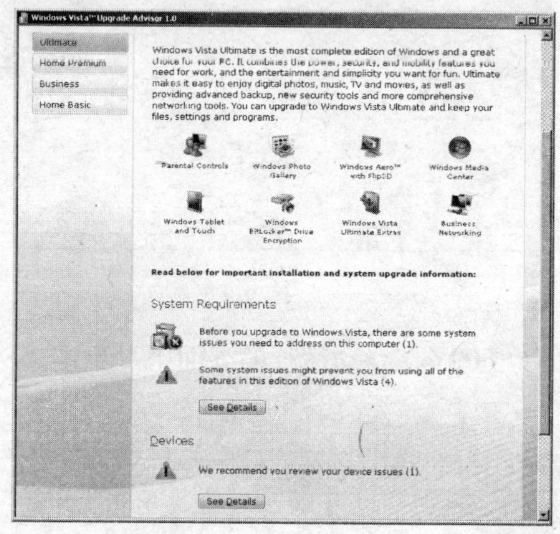

图 2-12

13 检测结果分为 System、Devices、Programs 和 Task List 4 个部分。System 部分主要针对基础硬件，如 CPU、内存、硬盘等；Devices 部分针对的是周边设备；Programs 部分会列出机器中安装的程序是否存在兼容问题。

在这几项测试中，存在问题的项目会以醒目的黄色叹号表示，整体需要改进的地方会在 Task List 部分中体现。如果在上面的测试结果中找不到标有黄色叹号的项目，则说明系统完全符合 Vista 的要求。

注 意

因为 Vista 的 4 个版本对系统的要求各不相同，所以这款程序也非常人性化地列出了当前系统在不同版本中可能出现的不同问题，只需要点击左侧的几个卡片即可在不同版本间切换。

14 单击左上角的右向箭头切换到如图 2-13 所示的页面后，可以单击右上方的“Print Report”按钮将检测报告打印出来。

15 单击右上方的“Save Report”按钮，可以将检测结果保存为“UpgradeAdvisorTaskList.mht”文件，这个文件可以使用 IE 浏览器打开。

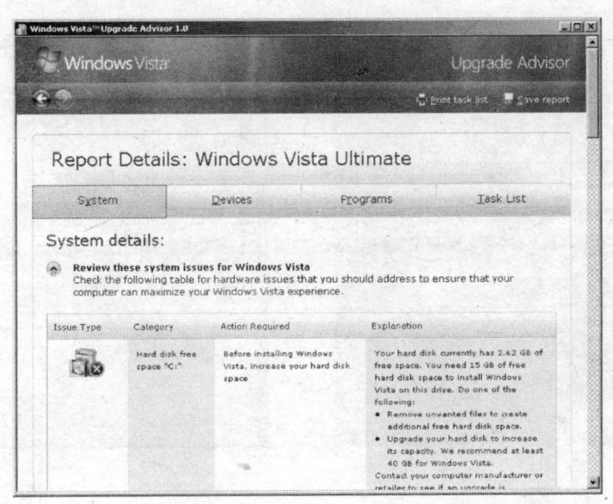

图 2-13

通过 http://www.google.com/language_tools?hl=zh-CN 中提供的翻译功能，可以对检测页面中的英文进行简单的翻译。

2.2.3 升级安装实战

在 CPU、内存（内存大小为 512MB，可用大小为 300MB 以上）等硬件满足 Vista 安装需求后，如果 Windows XP 安装在 C 盘，并且 C 盘的可用空间大于 10GB，那么就可以考虑将 Windows XP 升级为 Vista。

在将 Windows XP 升级到 Vista 之前，建议先做好如下这些准备工作，以确保升级过程尽可能的平稳。

- 备份文件：如果 C 盘中有比较重要的用户文件，如创建的 Word 等文件，那么就应在执行升级操作之前将其备份到其他分区中。
- 净化系统：将所有网络插件、不再准备使用的程序统统卸载，如将杀毒程序卸载掉。这样做不仅可以减少 Vista 升级安装过程中的兼容方面的问题，还可以将内存的占用尽可能地小一些——要知道 Vista 的升级安装必须要有 300MB 的可用内存方可继续。

在完成上述的准备工作后，就可以开始执行如下的 Vista 升级安装操作了——请注意，这个操作将会导致原有的 Windows XP 被覆盖。具体操作步骤如下：

01 启动电脑并登录到 Windows XP 的桌面。然后把 Vista 的 DVD 光盘插入 DVD-ROM 或 DVD 刻录机中。

02 在自动弹出的（也可以双击桌面上的“电脑”图标，在打开的窗口中双击 DVD-ROM/DVD 刻录机）界面中，单击“现在安装”项继续，如图 2-14 所示。

03 在出现“获取安装的重要更新”界面时，为了加快升级安装的速度，所以推荐单击“不获取最新安装更新”项继续，如图 2-15 所示。

图 2-14

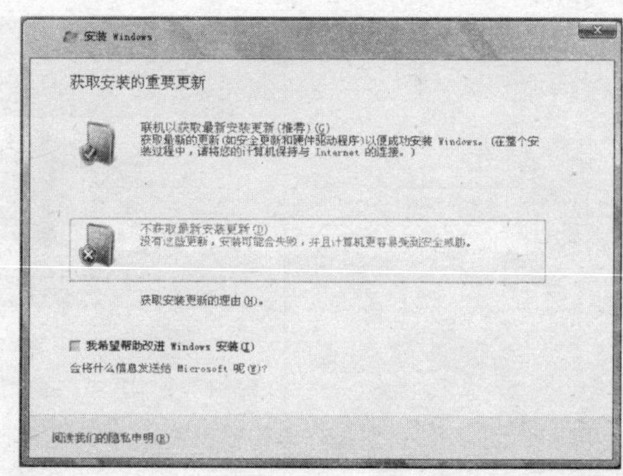

图 2-15

如果选择“联机以获取最新安装更新（推荐）”项，Vista 安装向导则会针对当前的硬件进行新驱动的下载，以及获得 Vista 的最新更新，这样在安装完系统后，将可以在短时间内不用再花时间进行系统的更新。

04 出现“键入产品密钥进行激活”界面，既可以直接输入 Vista 光盘包装上印刷的产品密钥，也可以暂时不输入它，如图 2-16 所示。

> **提 示**
>
> 为了保证 Vista 的安装运行稳定、完整，建议此时输入产品密钥。如果不希望安装时就激活 Vista，可以单击清空“联机时自动激活”项的勾选状态。

05 在出现“选择要安装的操作系统”界面时，要单击选择购买的 Vista 版本，这个版本与 Vista 安装光盘包装上印刷的序列号是对应的。因此，这里的版本不能随意选择，如图 2-17 所示。

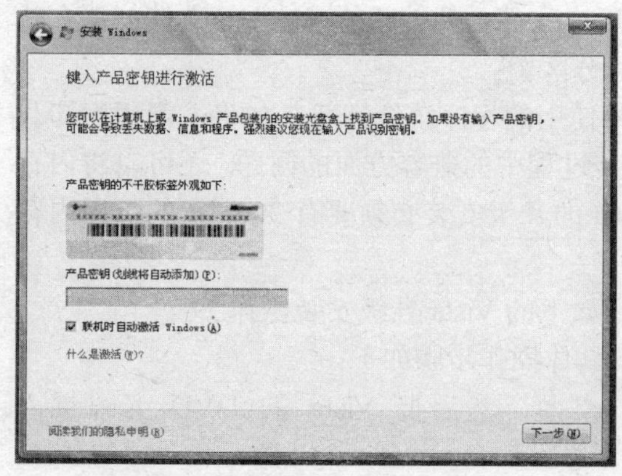

图 2-16

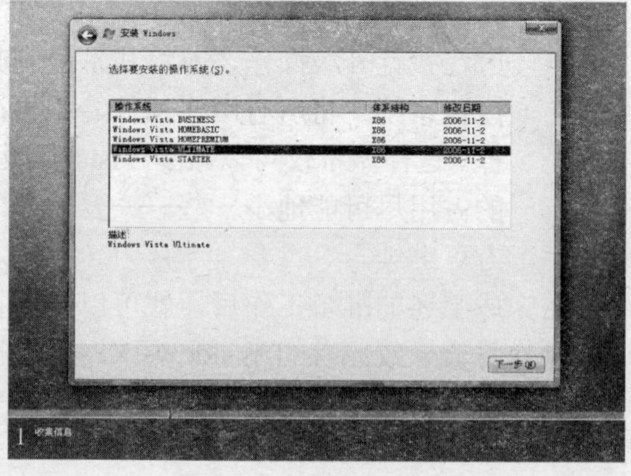

图 2-17

06 在出现“请阅读许可条款”界面时，必须单击勾选“我接受许可条款”项后，方可单击“下一步”按钮继续，如图 2-18 所示。

07 这时计算机中的可用内存大于 300MB，且 C 盘分区可用大小有 7598MB 左右时，在“您想进行何种类型的安装”界面中，列表里的“升级”安装项目才呈可见状态，如图 2-19 所示。

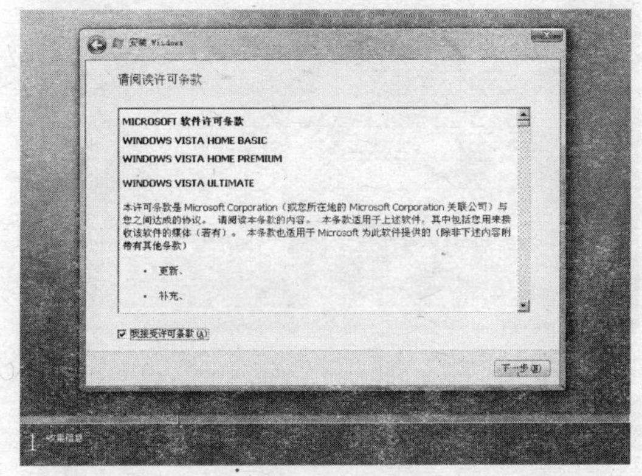

图 2-18

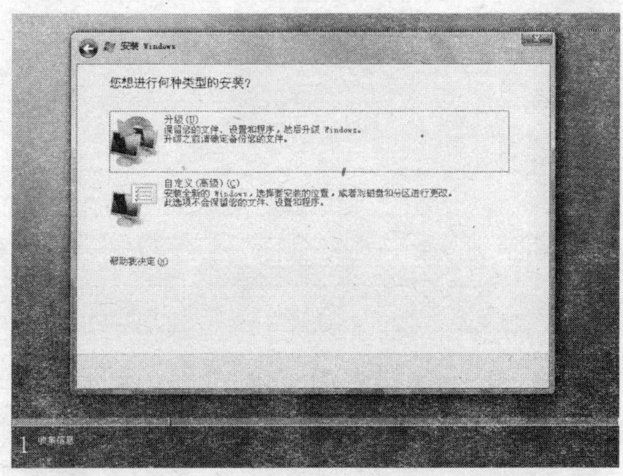

图 2-19

08 在单击“升级”项后，Vista 将会自动对硬件、软件的兼容性进行检查，在检测进度结束后将会给出类似于如图 2-20 所示的检测结果。

09 通过检测结果，可以对即将安装的 Vista 与当前计算机环境的兼容性有一些了解。此时，建议尽可能地在 Vista 安装之前将这些兼容性问题解决掉，如根据上图的提示准备好声卡基于 Vista 的驱动。

10 单击“下一步”按钮进入如图 2-21 所示的界面后，将执行把 Vista 安装光盘中的内容复制到硬盘的操作。

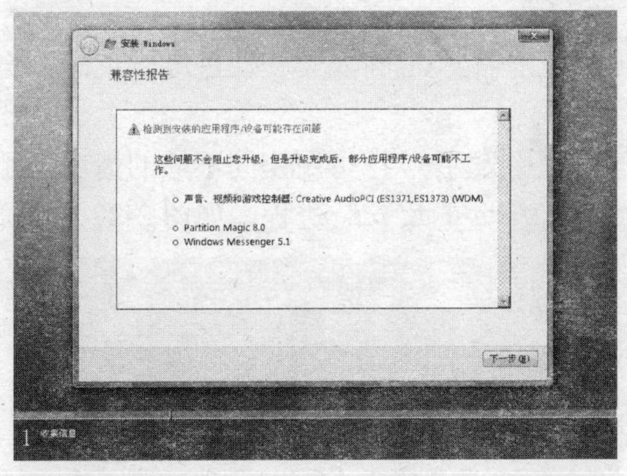

图 2-20

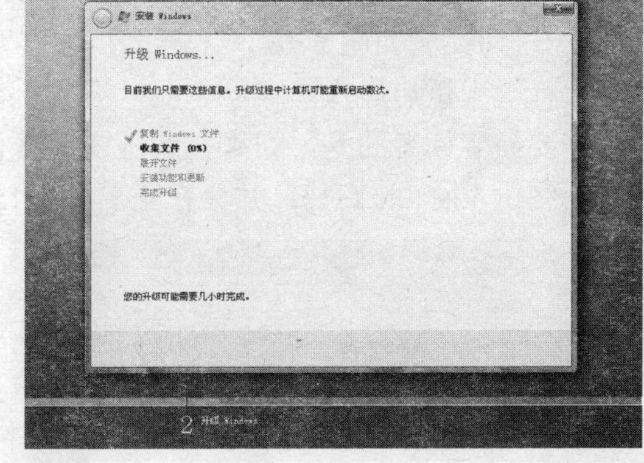

图 2-21

11 复制完成后，会在 10 秒内自动执行重启计算机的操作，如图 2-22 所示。

12 重启计算机后可以看到如图 2-23 所示的启动菜单，这里的启动管理已经被 Vista 接管，而不再使用 Windows XP 的 Boot.ini 文件——只有在选择“早期版本的 Windows”项后，在进入的界面中才会看到由 Windows XP 的 Boot.ini 文件提供的菜单。

13 出现 Vista 滚动条界面，如图 2-24 所示。

14 滚动条界面结束后，进入到如图 2-25 所示的界面，在这里可以看到正在执行“升级 Windows”的操作。

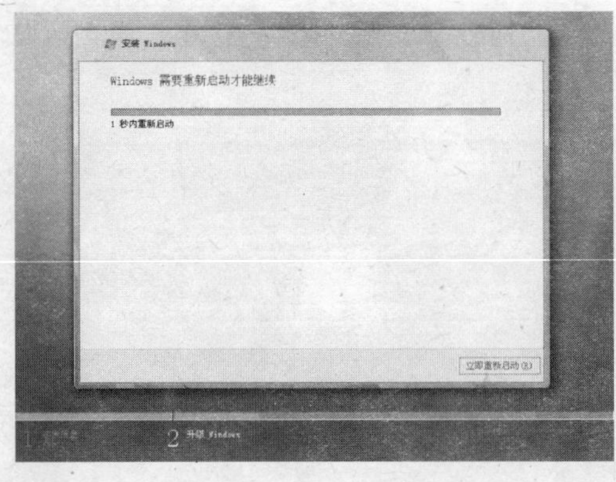

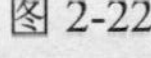
图 2-22

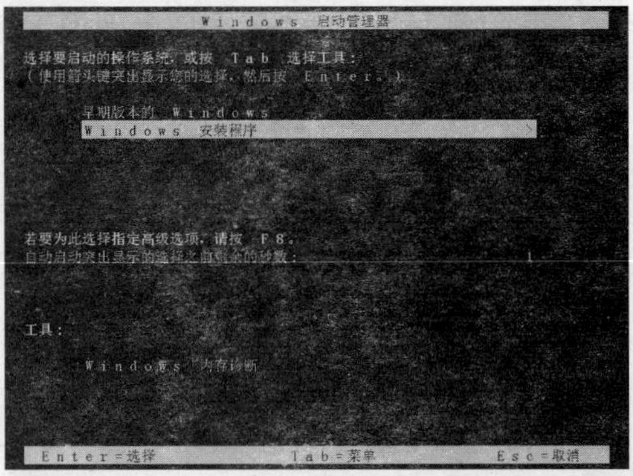

Windows 启动管理器
选择要启动的操作系统，或按 Tab 选择工具：
（使用箭头键突出显示你的选择，然后按 Enter。）
早期版本的 Windows
Windows 安装程序
若要为此选择指定高级选项，请按 F8。
工具：
Windows 内存诊断
Enter=选择 Tab=菜单 Esc=取消

图 2-23

图 2-24

图 2-25

15 切换到如图 2-26 所示界面，在展开（即解压缩）Vista 安装文件进度结束时，会自动执行一次重启操作。

需要提醒读者的是，如果在解压安装文件的过程中发生 C 盘可用空间不够的情况，那么将会终止 Vista 的安装，并会在重启动后自动执行 Vista 的反安装进程，如图 2-27 所示。

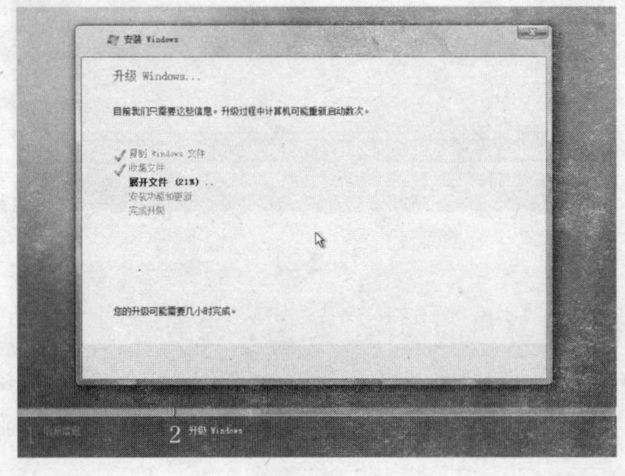

图 2-26

图 2-27

在反安装进度完成后，将会退回到 Windows XP 的桌面环境（会自动清除 Vista 的启动菜单）。此时，将会看到安装 Windows 失败的提示框，如图 2-28 所示。

图 2-28

16 如果 C 盘可用空间足够，那么将会在重启操作后继续执行升级安装操作，如图 2-29 所示。

17 执行“安装功能和更新”操作结束后，将再次执行重启操作。这次重启后，会看到启动菜单，如图 2-30 所示。

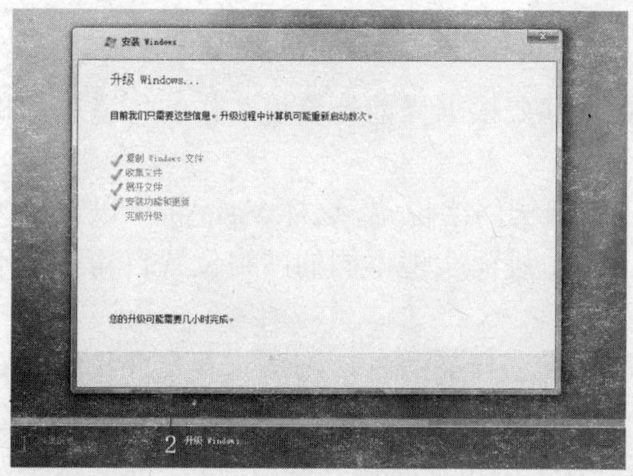

图 2-29

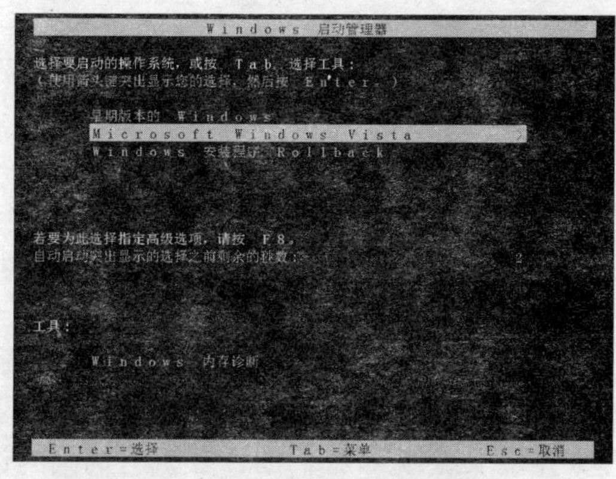

图 2-30

18 耐心等待“完成升级”进度的执行，这个过程比较漫长。在执行到 38%的进度时，会自动执行一次重启操作，如图 2-31 所示。

19 重启操作结束后，将会继续执行“完成升级”的操作，当进度完成后将会再一次执行重启操作，如图 2-32 所示。

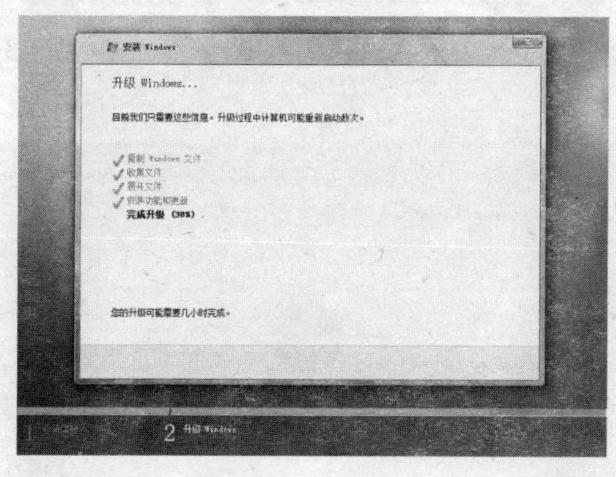

图 2-31

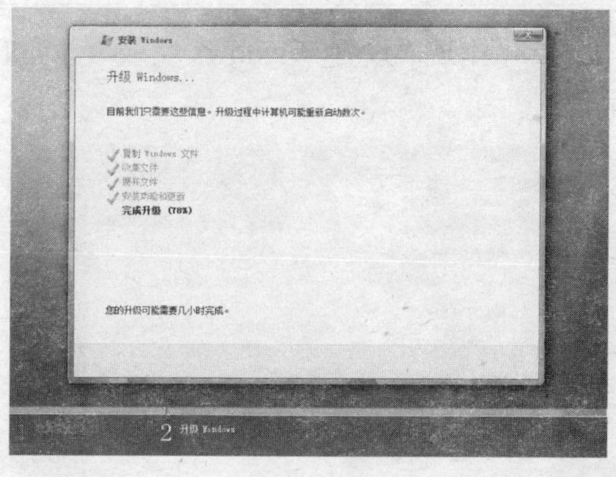

图 2-32

20 重启后进入如图 2-33 所示界面，建议单击“以后询问我”项继续。

21 出现“复查时间和日期设置”界面时，可以校正当前计算机的时间误差。再单击“下一步”按钮继续，如图 2-34 所示。

图 2-33

图 2-34

22 出现“请选择计算机当前的位置”界面时，要根据当前计算机工作的环境进行相应的选择，如图 2-35 所示。

在第一次连接到网络时必须选择当前计算机所选的网络位置，这样 Vista 将可以自动为所选的网络类型做好 Windows 防火墙中的相关设置，进而实现不同的网络位置自动具备不同的安全级别的目的。

在住宅、工作和公共场所 3 个网络位置中，如果选择前两者，则意味着允许我们查看网络中的其他计算机和设备，并允许其他网络用户查看我们的计算机。如果选择的是“公共场所”，则意味着我们的计算机对周围的计算机处于不可见状态（即 Vista 中的“网络发现”功能会被禁用），并且帮助保护计算机免受来自 Internet 的任何恶意软件的攻击。

注 意

如果网络上只有一台计算机并且无需共享当前计算机中的文件、打印机等资源，则最安全的选择是“公共场所”。

23 出现“设置 Windows 完成”界面时，单击右下角的“开始”按钮继续，如图 2-36 所示。

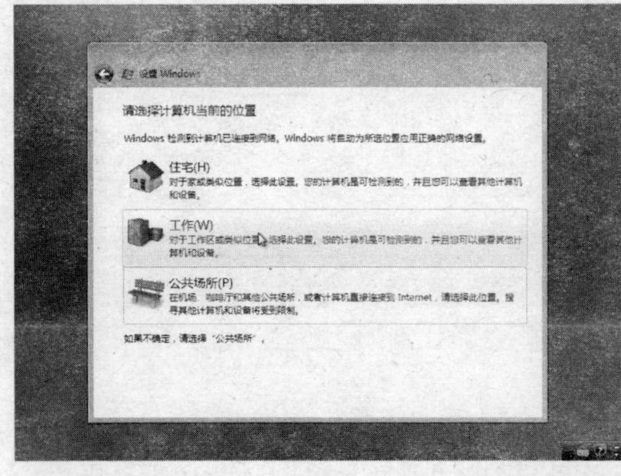

图 2-35

图 2-36

24 之后将会开始硬件性能（注意：这里的硬件检测是针对硬件性能的，而不是前面针对的兼容性。）的检测操作，此时要耐心等待检测进度的结束。如图 2-37 所示。

图 2-37

25 在完成上述后，将会自动登录到 Vista 的桌面环境。

> **注 意**
>
> 安装时出现“Windows Setup cannot determine if this computer supports installing this version of Windows.”提示的话，通常是因为 Windows XP 系统的某个服务状态与安装 Vista 有冲突。因此，解决的方法是将 Windows XP 的服务恢复默认状态即可。

2.3 Vista 全新安装

除了升级安装 Vista 外，绝大多数的时候，用户都是执行 Vista 的全新安装。

2.3.1 何时应全新安装

在遇到下列情况时，就应该考虑全新安装 Vista：

- 计算机未安装操作系统。
- 希望替换当前的操作系统。
- 当前的操作系统无法升级到 Vista。
- 计算机上已安装有一个操作系统，并且希望在其他可用的单独分区上安装 Vista，进而实现计算机中的双系统或多系统环境。

> **注 意**
>
> 对于初次安装和使用 Vista 的读者，建议使用 Windows XP/Vista 双系统模式。

2.3.2 全新安装实战

为一台全新计算机中安装 Vista，具体的安装操作步骤如下：

01 按下电脑主机的电源开关。接着，按下 DVD-ROM 或 DVD 刻录机的开关，并在弹出的仓盘中放入 Vista 安装光盘。

02 出现“Windows is loading files…”提示信息，表示正在使用 Vista 安装光盘启动，如图 2-38 所示。

图 2-38

03 出现类似于 Windows XP 启动时的滚动条，但是这里由于没有 Vista 标志，所以显得非常单调，如图 2-39 所示。此时，安装程序将会加载 Vista 安装光盘中 Sources 目录下的 boot.wim 文件以便启动 PE 环境。

04 出现如图 2-40 所示界面，需要选择要安装的语言类型、时间和货币格式，以及键盘和输入方式。这里，通常都是选择默认设置并直接单击“下一步”按钮。

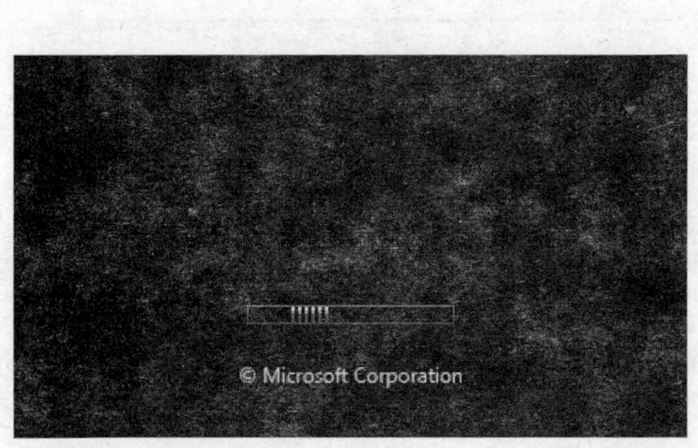

图 2-39

图 2-40

如果安装的是英文版 Vista，那么可能会遇到不支持中文软件的问题，要解决这个问题，只需执行如下操作即可：在“Control Panel”中单击“Change the system language”，在打开的“Regional and Language Options”对话框中选择“Administrative”选项卡，在“Select a language for non-Unicode programs”下拉菜单中选择“Chinese(PRC)”项后，在打开的“Regional and Language Options”对话框中单击切换到“Formats”选项卡，在“Current Formats”下拉菜单中选择“Chinese(PRC)”项并重启计算机即可。

05 出现如图 2-41 所示界面，单击“现在安装”按钮继续。

06 安装程序将自动开始硬件兼容环境的检测，并会根据检测结果给出相应的提示。如发现内存容量太小，会弹出如图 2-42 所示的提示框。

图 2-41

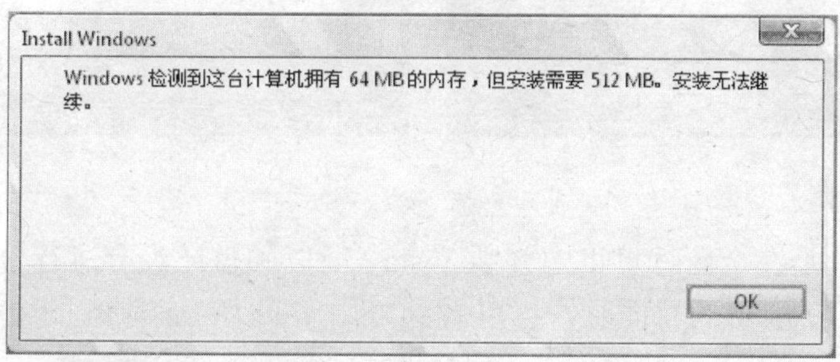

图 2-42

07 只有在硬件环境能够满足 Vista 安装需求时，才会继续出现如图 2-43 所示的界面。这里需要输入 Vista 安装光盘中附带的 25 位产品序列号——由于中间的分隔符会自动输入，所以只需输入字母和数字即可。

08 出现“选择要安装的操作系统”界面，在列表中单击与 Vista 安装光盘上标注的相同版本名称后，单击“下一步”按钮继续，如图 2-44 所示。

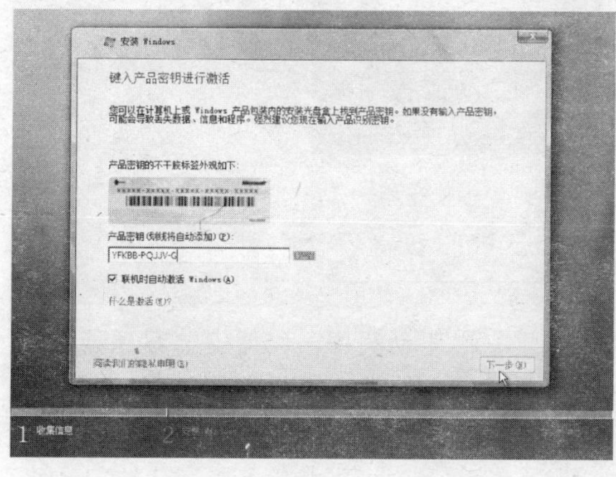

图 2-43

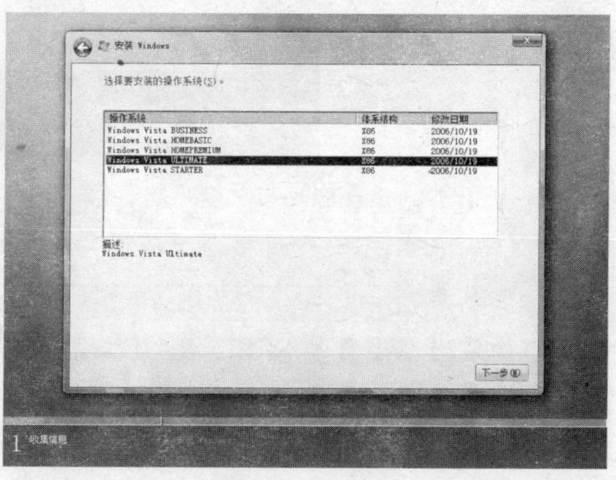

图 2-44

09 在“请阅读许可条款”界面，勾选“我接受许可条款”项的单选框后单击“下一步”按钮继续，如图 2-45 所示。

10 在出现安装类型选择界面时，可以选择安装类型为升级或自定义（高级）。其中，升级安装要具备一个前提方可进行选择，即：C 盘剩余空间大于 11G（默认 Windows XP 安装在 C 盘），而且 Windows XP 和 VISTA 的版本语言要一致。当然，如果选择的是“用安装光盘引导启动安装”，这里的升级选项同样也是不可用的，如图 2-46 所示。

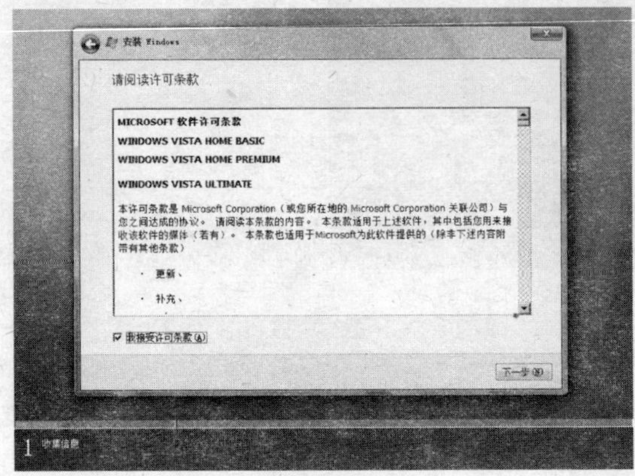

图 2-45

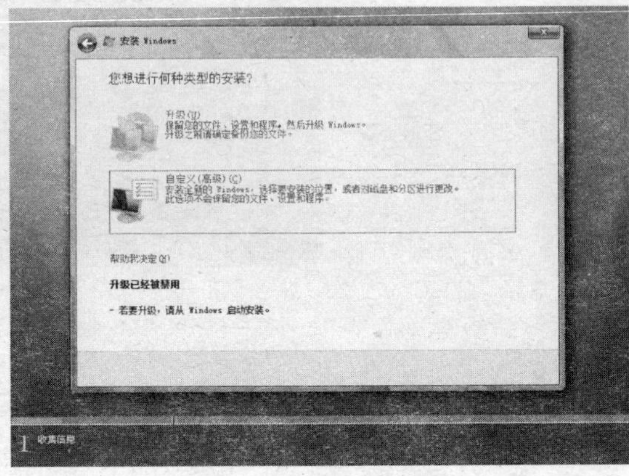

图 2-46

11 由于这里是在全新计算机中安装 Vista，所以硬盘还没有进行分区和格式化操作，所以在出现如图 2-47 所示的界面时，可以看到可用空间为当前硬盘的全部空间。

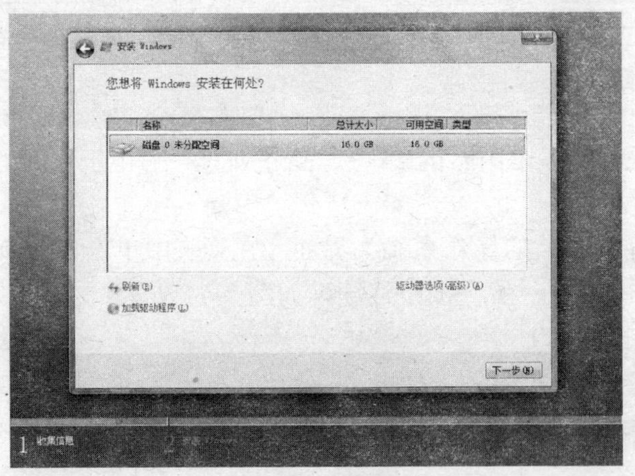

图 2-47

注 意

如果当前硬盘是 SCSI、RAID，那么需要在这里提供驱动程序，以便安装程序能够正确识别硬盘。在单击“加载驱动程序”项后，按照屏幕上的提示提供存储有驱动程序的软盘。在安装好驱动程序后，还需要单击“刷新”按钮让安装程序重新搜索硬盘。

12 由于硬盘还没有进行分区和格式化操作，还不能进行 Vista 的安装。所以，此时需要先来对硬盘执行分区和格式化操作。执行这个操作有两种方式，一是，选中硬盘并直接单击“下一步”按钮，这样将一块硬盘可以直接划成一个分区，并在这个分区上执行安装操作——这种方式对于容量动辄数百 GB 的硬盘来说很不现实。二是，对当前硬盘进行多个分区的划分后，再在 C 盘分区中执行格式化操作以及进行 Vista 的安装。如果要对硬盘进行分区，则需单击“驱动器选项（高级）”项切换到如图 2-48 所示的界面，此时可以对硬盘进行新建、删除、格式化、扩展分区等操作。

13 单击“新建”按钮后，将会切换到如图 2-49 所示的界面。这里需要输入准备安装 Vista 的分区（即 C 盘）大小——由于 Vista 只能被安装在 NTFS 格式分区下，并且分区剩余空间必须大于 8G。所以，这里建议输入大于 10GB 的数字，如 15000。

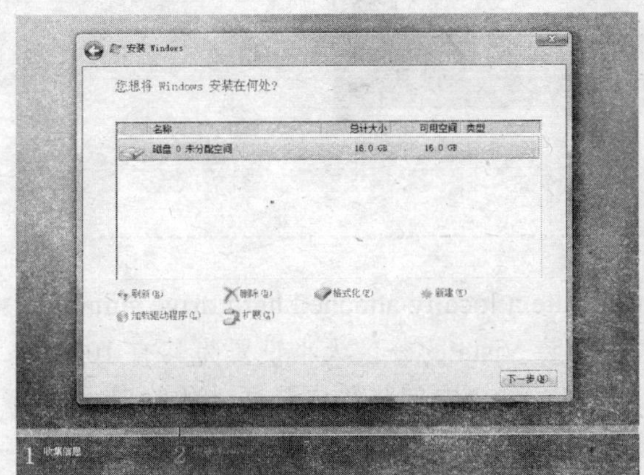
图 2-48

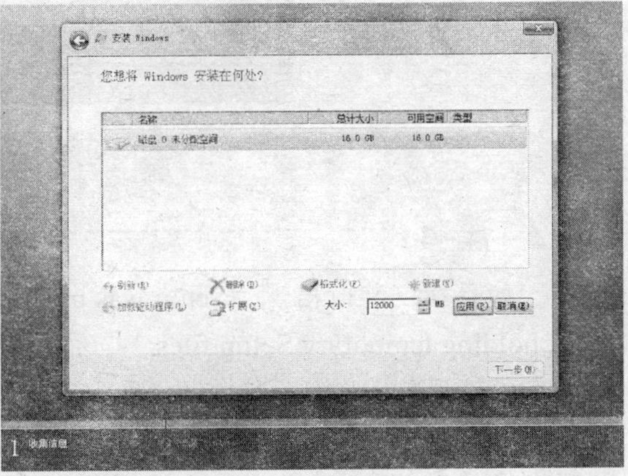
图 2-49

14 单击“应用”按钮后可在切换界面中，单击选中上方列表中剩余的空间，并在下方的“大小”栏中输入要创建的分区大小，如图 2-50 所示。

15 单击“应用”按钮完成分区的创建后，在上方的列表中选择准备安装 Vista 的分区 1 并单击“下一步”按钮继续，如图 2-51 所示。

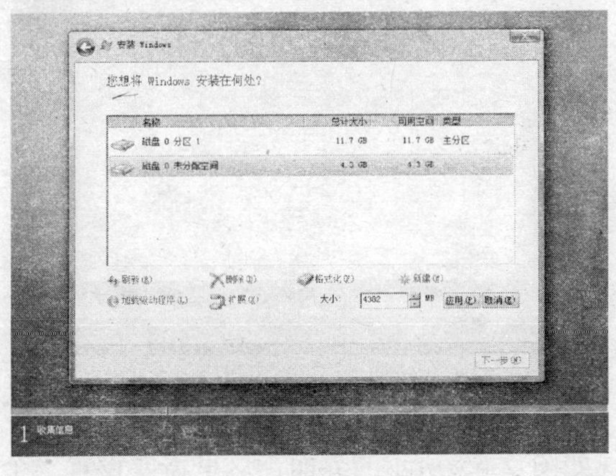
图 2-50

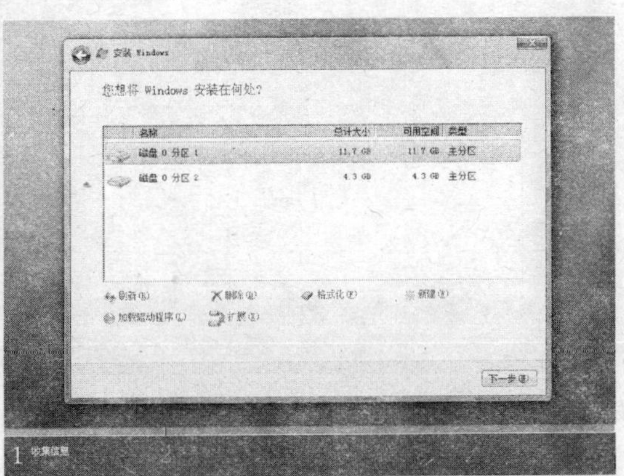
图 2-51

16 安装程序将自动对选中的分区执行格式化操作，并会将安装光盘中一些文件复制到硬盘中并展开（由于安装光盘中的文件是压缩的，且光盘中不便执行解压操作，所以要将其复制到硬盘并解压），如图 2-52 所示。

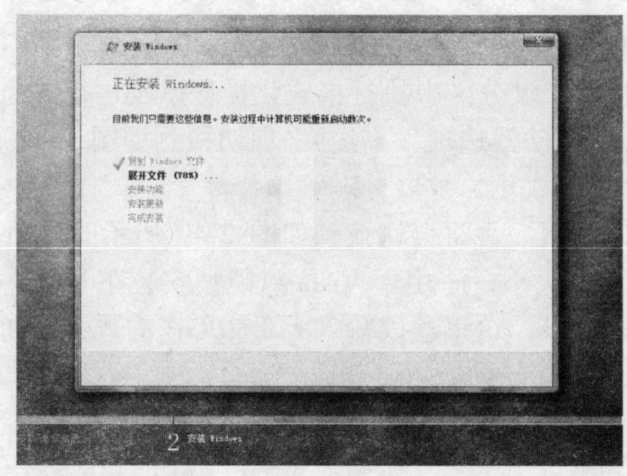

图 2-52

注 意

如果在安装时出现“Setup was unable to locate a locally attached hard drive suitable for holding temporary Setup files.”提示，只需将安装 Vista 的分区大小设置为具有 10GB 以上的可用空间即可！其中，分区中有 2GB 的左右剩余空间将作安装文件的临时文件夹使用。出现该错误的原因，就是无法创建临时文件目录！

17 完成文件的复制及解压操作后，安装程序将会自动执行一次重启操作，如图 2-53 所示。

18 重启后自动进入如图 2-54 所示的界面，这里将继续前面的安装进度。

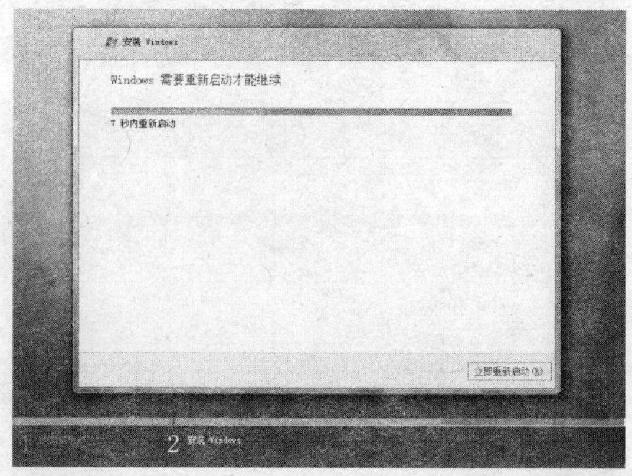

图 2-53

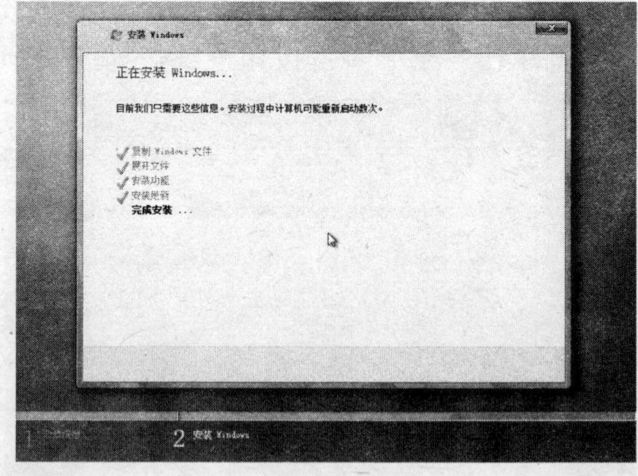

图 2-54

19 在进度完成并再次重启后，将会出现如图 2-55 所示的界面，这里需要设置一个管理员帐户，以及对应的密码和喜欢的头像，这样默认的 Administrator 管理员帐户会被隐藏起来——如果这里创建的帐户在今后的操作中因种种原因导致无法使用时，可以在安全模式中使用默认的 Administrator 管理员帐户来修复或创建新的帐户。

20 单击“下一步”按钮进入如图 2-56 所示的界面，这里需要为当前计算机输入一个名称，并可以在下方的列表中单击选择一个桌面背景图片。此操作将会立即执行——在设置界面的下方会产生相应的变化。

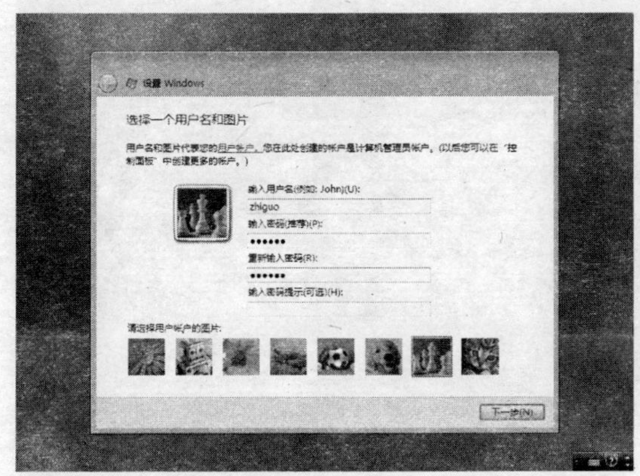

图 2-55

图 2-56

21 进入如图 2-57 所示的界面，这里需要选择“帮助自动保护 Windows”的方式。此时，既可以选择第一项全面保护系统，也可以选择第三项，以便在今后熟悉此项功能后再设置它。

22 出现“复查时间和日期设置”界面，如果当前计算机中的时间与日期有偏差，可以在这里进行调整。否则，直接单击“下一步”按钮继续，如图 2-58 所示。

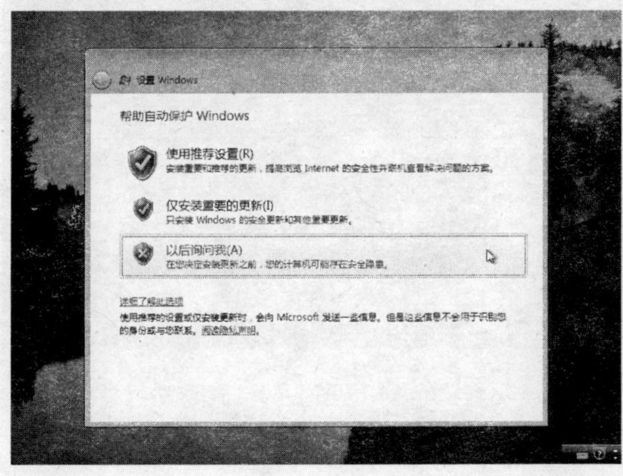

图 2-57

图 2-58

23 出现如图 2-59 所示的界面，表示 Vista 在使用前的安装与设置操作都已经结束了。此时，需要单击右下角的“开始”按钮进入 Vista 的桌面环境。

24 进入桌面环境之前，Vista 会自动执行一项重要的任务，检测系统的硬件性能。Vista 会根据检测的结果自动对系统进行调整与优化，如图 2-60 所示。

在 Vista 中，硬件共被分为 5 级。对于不同等级的硬件配置，Vista 将会自动进入相应的功能缩减模式，也就是说部分功能将不能自动运行或被禁止使用。

图 2-59

图 2-60

25 耐心等待检测操作完成后，在自动切换到的登录界面中要输入前面创建的帐户名对应的密码，在单击密码栏右侧的右向箭头图标后，将开始 Vista 桌面环境的登录，如图 2-61 所示。

26 等待 Vista 完成“桌面环境准备”这个操作，如图 2-62 所示。

图 2-61

图 2-62

27 完成桌面环境的初始化操作后，自动进入 Vista 的桌面环境，如图 2-63 所示。

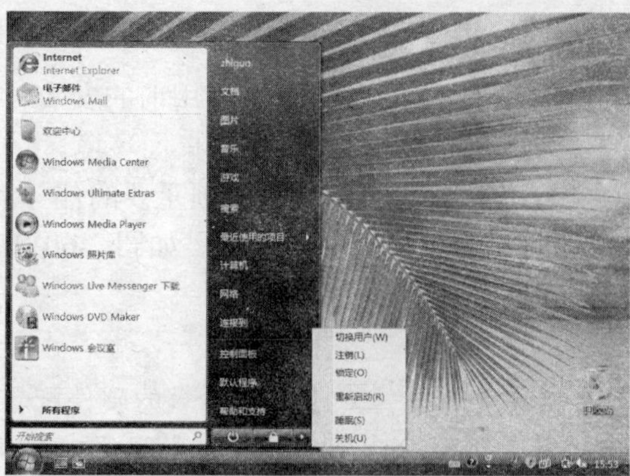

图 2-63

28 至此，Vista 的全新安装顺利完成。

2.4 安装 WinXP 和 Vista 双系统

除了升级和全新安装的方法外，对于一时半会还不能熟练运用 Vista 的用户，可以选择 Windows XP（或其他系统）与 Vista 双系统并存的方式。这样，可以实现慢慢由 Windows XP 向 Vista 过渡的效果。

2.4.1 硬盘空间的准备

要执行 Windows XP 与 Vista 双系统并存式的安装，首先要在硬盘中准备一个可用空间为 15GB 或以上的无数据分区，如果这个分区使用的文件系统是 FAT 32，那么在分区中没有数据的情况下，可以通过格式化的操作将其转换为 NTFS 分区，如图 2-64 所示。

如果分区中有数据，可以考虑使用 Convert 命令进行无损数据式的分区文件系统转换。如将使用了 FAT 32 文件系统的 F 盘分区转换为 NTFS 文件系统，具体操作步骤如下：

01 选择“开始”→“运行”命令，在弹出的“运行”对话框中输入“Cmd”命令。

02 在弹出的“命令提示符”窗口中输入“Convert F: /fs:ntfs”命令，如图 2-65 所示。

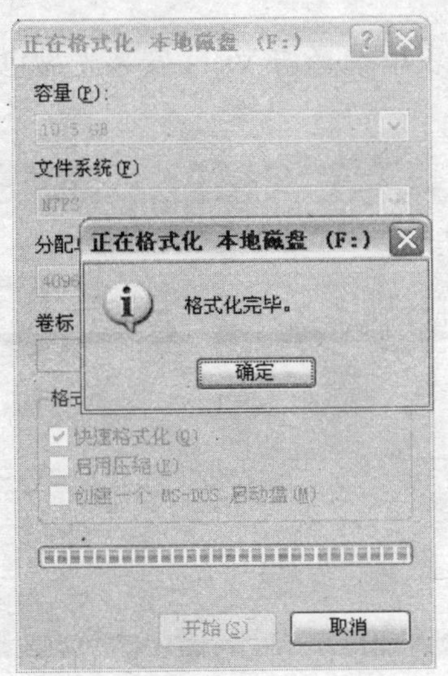

图 2-64

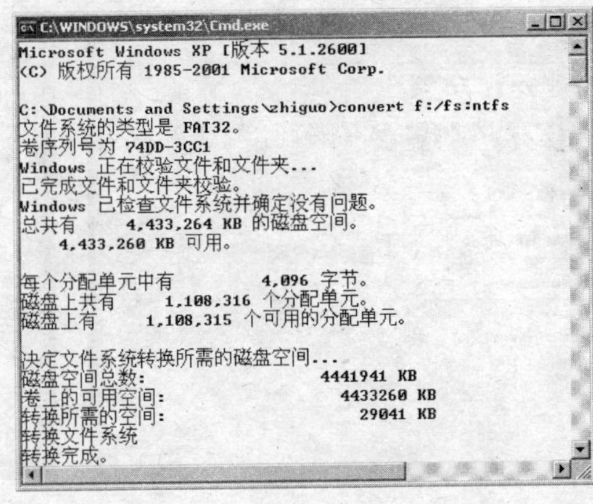

图 2-65

03 看到“转换完成”提示后，关闭命令提示符窗口。接着，将所有数据转移后，即可结束 NTFS 分区的准备工作。实际上，我们应该先转移数据，然后再进行文件系统的转换。

2.4.2 双系统安装实战

在完成准备工作后，接下来执行 Vista 与 Windows XP 双系统并存安装的操作，具体操作步骤如下：

01 启动计算机并登录到 Windows XP 桌面环境后，将 Vista 安装光盘放入 DVD-ROM 或 DVD 刻录机。

02 出现如图 2-66 所示界面，单击“现在安装”项继续。

03 在“获取安装的重要更新”界面中，单击“不获取最新安装更新”项继续，如图 2-67 所示。

图 2-66

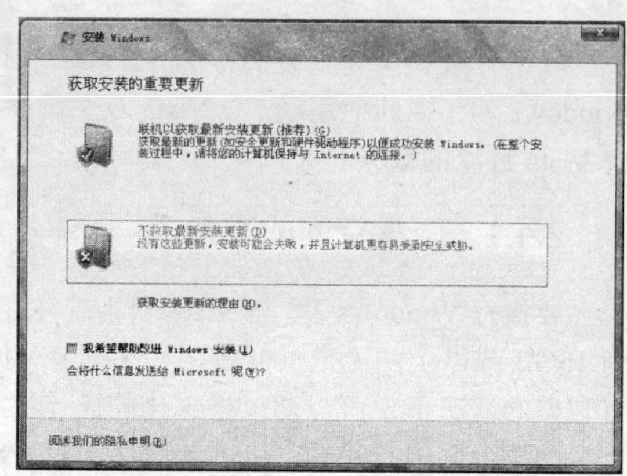

图 2-67

04 在“键入产品密钥进行激活”界面中，输入 Vista 安装光盘包装上印刷的产品密钥，如图 2-68 所示。

05 出现“选择要安装的操作系统”界面，在列表里选择与 Vista 安装光盘包装上标明的版本名称相同的版本，如图 2-69 所示。

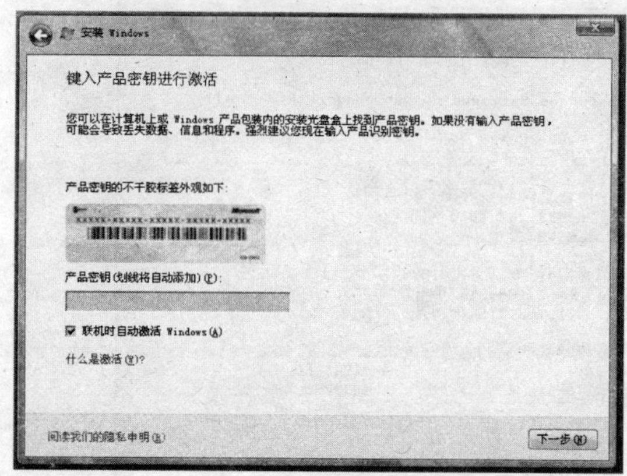

图 2-68

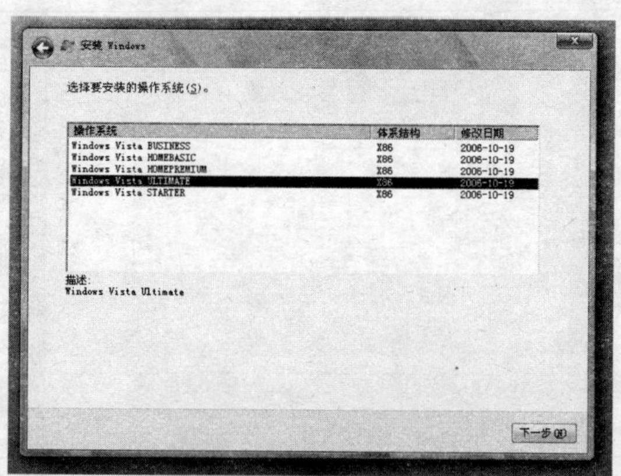

图 2-69

06 在“请阅读许可条款”界面中，单击勾选“我接受许可条款”项继续。

07 在“你想进行何种类型的安装”界面中，单击“自定义（高级）”项继续，如图 2-70 所示。

08 在“您想将 Windows 安装在何处”界面中，单击选中事先准备用于安装 Vista 的分区，如图 2-71 所示。

09 接下来请参考本章 2.3 节中“Vista 全新安装”的方法进行，由于步骤相同所以这里就不再细述，如图 2-72 所示。

10 安装完成后，在启动计算机时将会出现如图 2-73 所示的启动菜单，选择“Microsoft

Windows Vista”项按回车键即可进入 Vista 操作界面。

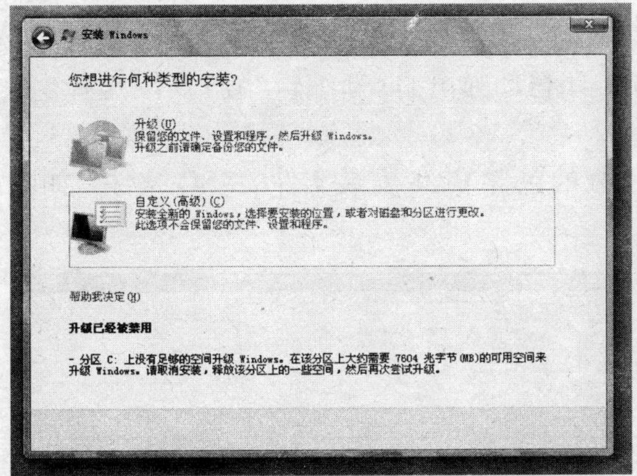

图 2-70

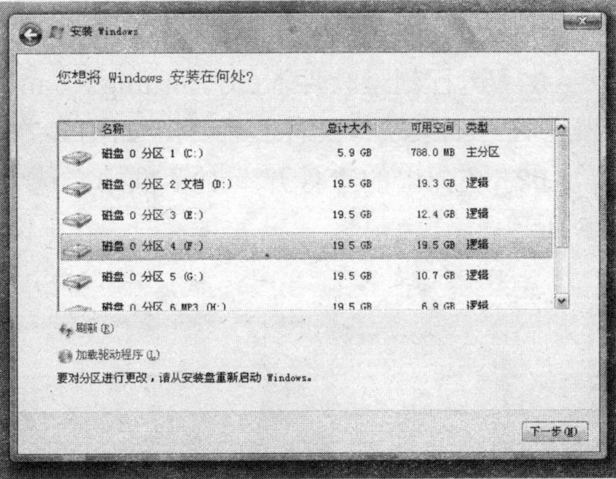

图 2-71

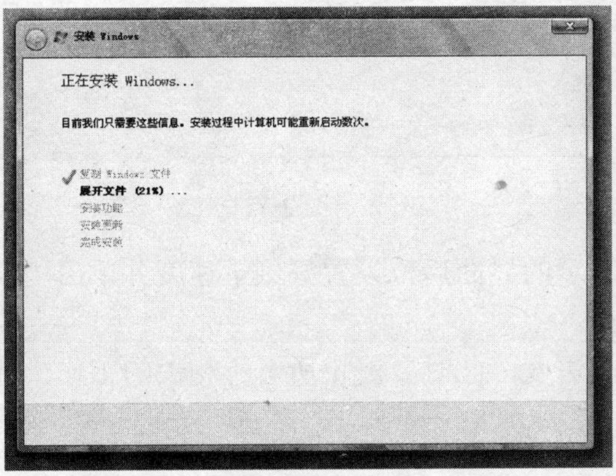

图 2-72

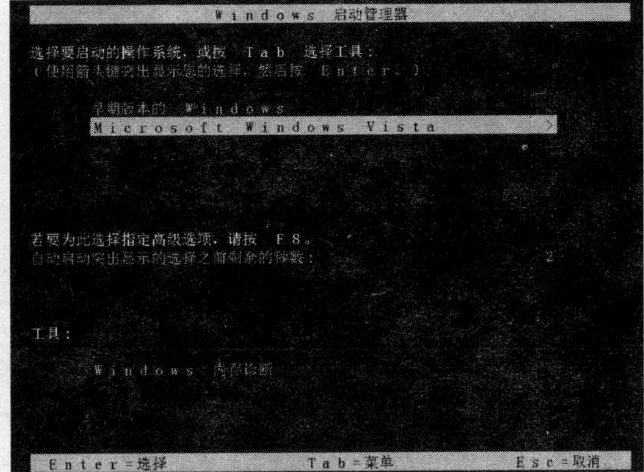

图 2-73

如选择“早期版本的 Wiindows”项并按回车键，则会进入 Windows XP。如果 Windows XP 的 Boot.ini 文件中存在多个菜单，则会进入相应的菜单界面，在这里可以选择不同的菜单以便进入相应的操作系统。

2.5 硬盘安装 Vista

除了使用 Vista 安装光盘执行操作系统的安装外，还可以使用硬盘上的 Vista 安装文件来执行操作系统的安装。要得到硬盘上的 Vista 安装文件，可以使用以下两种方法：

- 将 Vista 安装光盘中所有文件/文件夹，直接复制到硬盘上的某个文件夹中，如 E:\Vista。此时，在计算机中已经安装有操作系统的环境中，只需双击 E:\Vista 文件夹中的 Setup.exe 文件，即可执行操作系统的安装。
- 下载 Vista 安装光盘的 ISO 文件——ISO 文件即 Vista 安装光盘的映像文件，它的内容、结构与原版光盘是一样的。

如果希望使用下载的 ISO 文件来执行 Vista 的安装，可以使用下面两种方式。

2.5.1 刻录 DVD 光盘

将下载的 ISO 文件刻录成 Vista 的 DVD 安装光盘，需执行如下操作：

01 运行刻录软件 Nero Burning Rom。在关闭自动弹出的“新编辑”窗口后，选择“刻录器”→“刻录映像文件”命令，如图 2-74 所示。

02 在弹出的“打开”对话框中，选中下载的包含 Vista 安装文件的 ISO 文件，如图 2-75 所示。

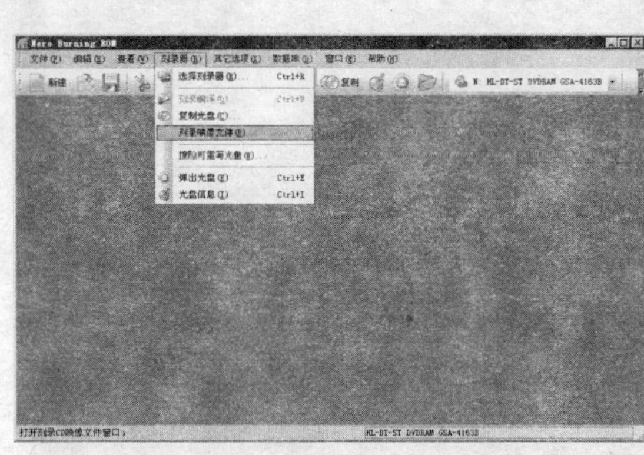

图 2-74

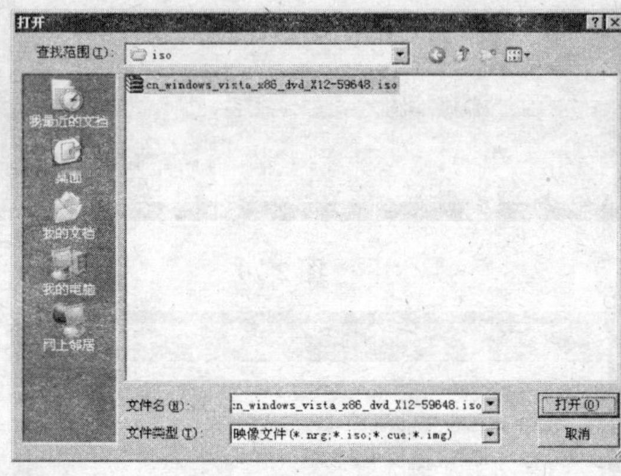

图 2-75

03 单击“打开”按钮切换到如图 2-76 所示的界面后，设置好刻录速度并单击“刻录”按钮。

04 在如图 2-77 所示界面中将看到刻录的进度，此时要停止所有不相关的工作，并耐心等待刻录操作的结束。

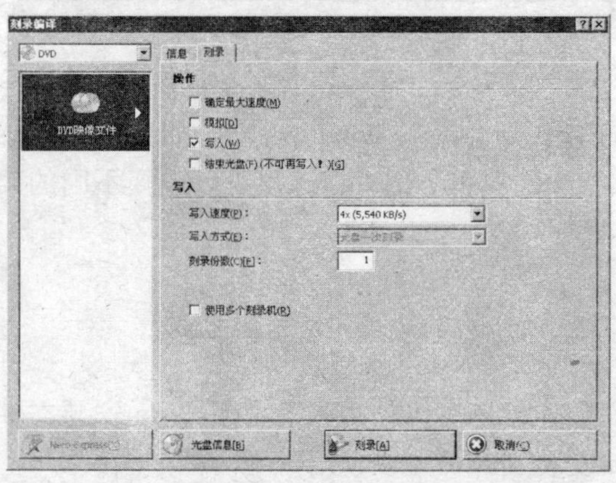

图 2-76

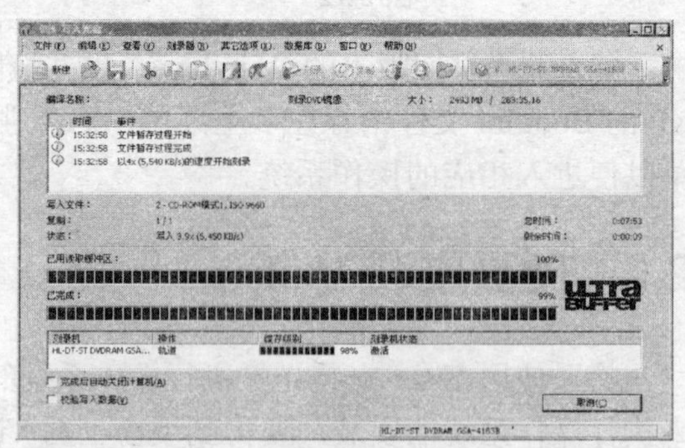

图 2-77

05 弹出如图 2-78 所示的提示框后，单击“详细资料”按钮可以在扩展面板中看到本次刻录的简要情况介绍。此时，单击“确定”按钮即可结束本次刻录操作。

06 完成刻录操作后，就可以使用刻录得到的 Vista 安装光盘进行计算机的引导，以及进行 Vista 的安装操作（包含升级、全新等安装）。

2.5.2 虚拟光驱加载

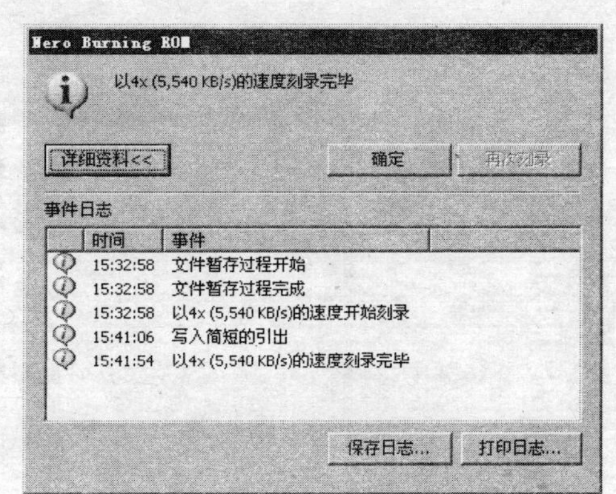

图 2-78

如果计算机中没有DVD-ROM或DVD刻录机，那么可以使用 ISO 文件进行 Vista 的安装吗？要解决这个问题很容易，只需使用虚拟光驱加载ISO文件后，即可进行Vista的安装。不用担心系统重启动之后，Vista 的安装会因虚拟光驱软件没有运行而进行不下去。实际上，Vista的安装程序会在第一次重启动系统之前，就将安装所需的文件全部从“虚拟”的光驱中复制到硬盘上的临时文件夹中，这样就可以继续并完成Vista后面的安装任务。

在 Windows XP 环境中要加载 ISO 文件，可以使用 DAEMON Tools 这个著名的虚拟光驱程序来完成这项任务。具体操作步骤如下：

01 通过网址 http://www.hanzify.org/index.php?Go=Show::List&ID=9845 完成 DAEMON Tools 程序原版和汉化包的下载。

02 在完成原版的安装并重启计算机后，在屏幕右下角的“通知区域”右键单击 DAEMON Tools 程序图标，并在弹出的菜单中选择“Exit”。

03 退出 DAEMON Tools 程序的运行状态后，即可执行 DAEMON Tools 程序汉化包的安装。完成汉化包的安装后，就可以使用中文版的 DAEMON Tools 程序。

04 在屏幕右下角的“通知区域”右键单击 DAEMON Tools 程序图标，并在弹出的菜单中选择“虚拟 CD/DVD-ROM”→“设备[X]：[驱动器号]无媒体”（两个设备任选一个）→“装载映像”命令，如图 2-79 所示。

05 在弹出的“选择新的映像文件”对话框中，选中 Vista 的 ISO 映像文件并单击“打开”按钮，如图 2-80 所示。

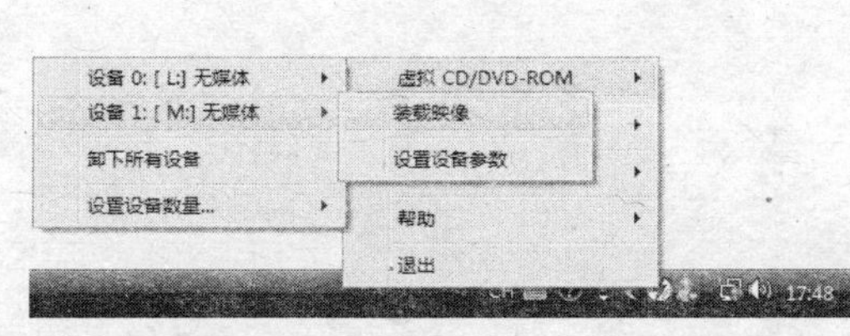

图 2-79

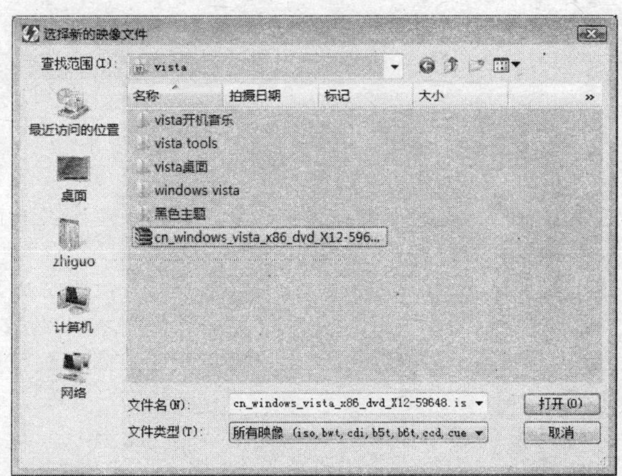

图 2-80

06 打开“我的电脑”窗口就可以看到 DAEMON Tools 程序创建的虚拟光驱图标，如图 2-81 所示。

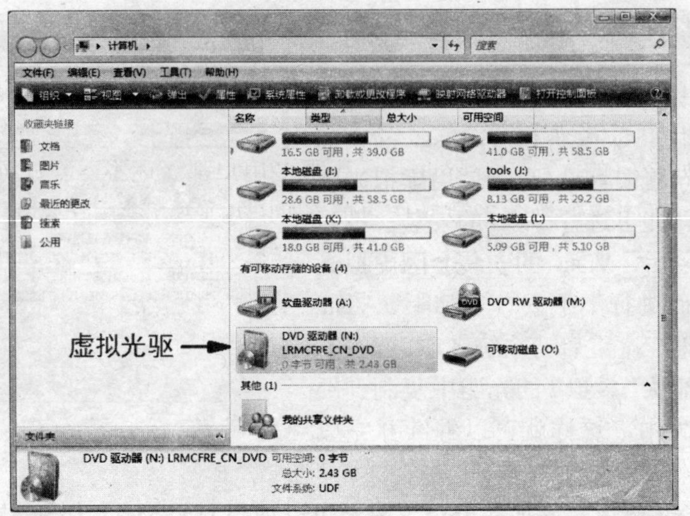

图 2-81

此时，双击此图标即可自动执行 ISO 中的 Setup.exe 文件，进而开始 Vista 的安装。

第 3 章　Vista 应用基础

Vista 具有友好眩目的人机交互界面，这令很多用户都着迷不已。此外，由于 Vista 改变了以往 Windows 版本中的绝大多数操作习惯，所以几乎所有的用户都需要有一个适应的过程——这个过程往往要持续好几天。

在本章中将介绍 Vista 的开机与关机过程、桌面元素、“开始”菜单、任务栏等方面的应用知识。通过这些内容，我们将可以学会如何对 Vista 进行一些基本的应用。

3.1　开机登录

完成 Vista 的安装后，要学习的第一件事就是如何进行开机登录。可执行操作步骤如下：

01 按下显示器上的电源开关，接通显示器电源。

02 按下电脑主机上的 Power 开关启动电脑主机。

03 会看到类似于 Windows XP 启动时出现的如图 3-1 所示滚动条。这个滚动条并不是为了美观而显示，它的出现实际上是告诉用户 Vista 正在收集当前计算机中的硬件信息。

04 当硬件信息检查收集完毕后，将会出现 Vista 的欢迎登录界面，如图 3-2 所示。此时，在“登录密码输入栏”中输入与上方账户对应的登录密码，接着按 Enter（回车）键或单击右侧的右向箭头确认即可。

图 3-1

图 3-2

Vista 的账户登录确认过程很严格，只有在系统中预先创建的账户名称和密码才能在这里被使用——所以，我们需要在安装 Vista 时就创建一个专用账户。

在登录界面的底部，按从左到右的顺序有几个按钮，它们的名称和作用分别如下：

- 轻松访问：即最左侧的按钮，在单击它后将会弹出“轻松访问”对话框，如图 3-3 所示。在这里可以对即将使用的 Vista 环境进行一些个性化的定制，或是即时启用一些功能。

如视力不好的人，可以在勾选“放大屏幕上的项目（放大镜）”项并单击“确定”按钮后，对屏幕上的内容进行放大浏览。

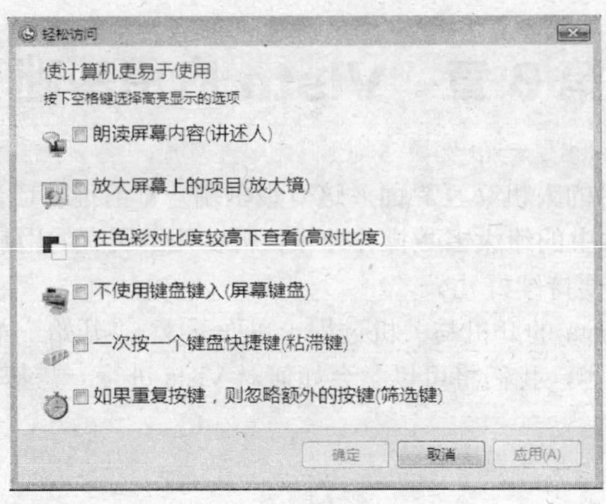

图 3-3

- 输入法选择：在单击此按钮后将会弹出如图 3-4 所示的菜单。在这里有“中文（简体）-美式键盘”和“中文（简体）-微软拼音输入法”两种输入法可供选择，默认值为前者。

图 3-4

单击勾选任一种输入法后，在登录界面的空白处单击，即可打开相应输入法的工具条。通常，这里是不需要进行选择的。因为默认状态下完全可以输入常见的密码，如：大小写英文、数字等。

- 关机：如果在出现登录界面后，发现此时不需要使用计算机了，那么可以在单击此按钮后，自动进行计算机的关闭操作。在出现如图 3-5 所示的关闭计算机任务时，只需耐心等待它的执行，直到自动关闭计算机电源为止。

关机按钮右侧有一个右向箭头，单击它后将会弹出如图 3-6 所示的关机选项菜单。

图 3-5

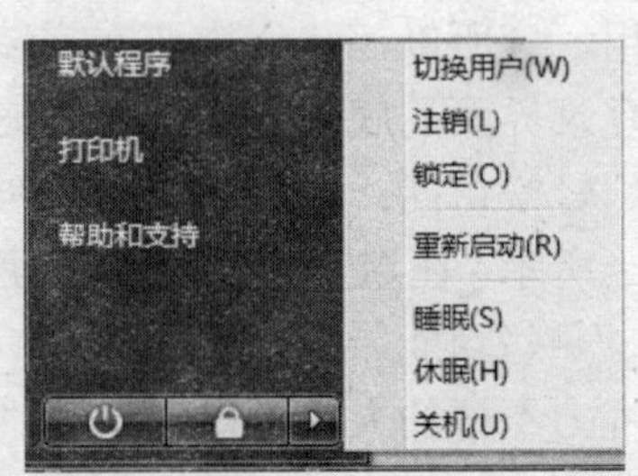

图 3-6

在这里，有“重新启动”、“睡眠”、“休眠”“关机”等多个选项可供选择。其中，各个选项的作用分别是：

- 切换用户：Vista 是一个支持多账户登录的系统，当多个账户共享某台计算机时，使用注销或重启计算机的方法来切换账户就会显得很麻烦，而“快速用户切换”功能则可以实现无须注销或重启计算机，即可在多账户之间进行切换登录的效果。这个功能最大的魅力就在于账户的当前登录状态会被临时保存，所有账户都不必关闭正在运行的程序即可切换到其他账户。

如某一家三口共用的计算机，在晚上父亲正在打开多个网页看新闻时，孩子想玩一会游戏。此时，最佳的方法并不是关闭所有的网页并运行游戏，而是应在系统中为儿子创建一个临时账户，并使用“快速用户切换”功能切换到新建账户环境中。在进行这个切换操作之前无须关闭所有网页。在新建的临时账户环境中结束游戏后，当再次使用“快速用户切换”功能切换到父亲的账户环境后，会发现原先打开的网页窗口都保持不变，并没有受到账户切换的影响。

但是，执行“快速用户切换”功能时，要注意以下几个问题：

一是原账户环境中使用第三方媒体播放器播放的视频声音，会在切换到的新账户环境中继续播放，这会使得两个系统中的声音产生混淆。

二是每个账户环境中运行的程序占用的内存会延续到所有的登录到账户环境中。因此，在进行账户切换时应尽可能地关闭可以关闭掉的窗口，这会给切换到的账户环境减轻可用内存的压力。

三是 CPU 的占用率不会受到影响，原账户环境中运行的程序即使是占用 CPU 的使用率高达 100%，在切换到的新账户环境中也不会有什么影响。

显然，“快速用户切换”功能仅适用于临时转换到某个账户环境中，如要彻底地转换到某个独立的账户环境，则还需要使用注销或重启登录的方式。

要使用此项功能，可执行如下操作：

01 参考本书“10.1.1 创建账户”节中的内容，在系统中创建一个账户，如 001。

02 单击关机按钮右侧的右向箭头，在弹出的菜单中选择“切换用户”命令。随即，Vista 将会切换到如图 3-7 所示的界面，在这里单击新创建的 001 账户图标即可进行此账户的桌面环境的登录操作。

如果新创建的账户有密码，则会出现密码输入栏，在输入账户对应的密码并按下 Enter 键后，即可进行桌面环境的登录。通过执行上述的用户切换操作，可以在多个账户之间进行桌面登录。

- 注销：在单击此项后将会退出当前账户的桌面登录状态，并返回欢迎登录界面。当前账户的图标下将不会再具有“已登录”的文字说明。
- 锁定：在单击此项后将会返回欢迎登录界面，在这里可以看到账户下有“已锁定”的说明文字，此时必须输入当前账户的密码方可返回桌面环境，如图 3-8 所示。

提示

锁定功能的好处在于执行锁定操作前后的工作环境不发生变化。如原先的桌面上打开了一个窗口，那么在欢迎登录界面中输入密码完成解锁及登录操作后窗口仍在。

图 3-7

图 3-8

- 重新启动：在单击这个选项后，计算机可以立即进行重新启动操作。通常，只有在启动过程不符合要求时才会使用此选项，如在安装了多个操作系统的环境中，如果在 Vista 的登录界面出现时，发现现在需要进入早期的 Windows 系统，那么就需要启用此选项。在本章的“3.3.2　重启操作”节中讲解了重启的过程。
- 睡眠：在本章的“3.3.3　睡眠”节中讲解了相关的应用过程。
- 休眠：在单击“休眠”选项后，Vista 将会把当前登录状态保存起来，计算机将彻底被关闭。在按下计算机主机的 Power 开关后，不管当前计算机是否安装了多系统，Vista 将自动出现一个正在进行保存状态恢复的界面，稍后将出现按下“休眠”选项时的界面——如在桌面环境中进行“休眠”，那么恢复进度完成后出现的界面就是桌面环境，这里为登录界面。在本书“7.6.3　虚拟内存”第 1 小节的内容中，讲解了休眠功能对应的文件关闭的方法。
- 关机：如果发现并不需要登录到 Vista 的桌面环境，那么可以启用此选项立即关闭计算机。在本章的“3.3.1　关机操作”节中讲解了相关的过程。

3.2　系统桌面

在 Vista 中完成账户的登录后，将会自动进入 Vista 的桌面环境，如图 3-9 所示。在屏幕中，默认状态下会有桌面背景、桌面图标，以及默认位置处于屏幕底部的“任务栏”。

图 3-9

桌面有些类似于办公桌，用户对电脑的绝大多数应用都是在这里完成的，如电影的播放、文字的输入等。

提 示

如果当前硬盘的性能较低，则 Windows 边栏等一系列的功能和组件将不会出现，需要用户手动启用或根本无法使用——必须提高硬件性能方可使用。

3.2.1 欢迎中心

默认设计中，在登录到桌面环境后会在屏幕的正中部分出现“欢迎中心”窗口，如图 3-10 所示。

图 3-10

通过“欢迎中心”窗口中提供的功能，可以“快速”对一些平时常用的功能进行调用。如果不希望每次登录到 Vista 桌面环境时，“欢迎中心”窗口都自动出现。那么，只需单击取消“欢迎中心”窗口左下角“启动时运行（在控制面板的系统和维护中可以找到欢迎中心）”项的勾选状态即可。

提 示

单击屏幕左下角的“开始”按钮，在弹出的菜单中选择“欢迎中心”命令，也可以打开“欢迎中心”窗口。

在“欢迎中心”窗口的上方，这里用于显示当前计算机的软件与硬件简要配置。在左上角可以看到当前登录到系统中的账户名称（这里为 zhou），在中部可以看到当前安装的 Vista 版本名称、主要硬件的参数（如内存容量的大小）等，如图 3-11 所示。

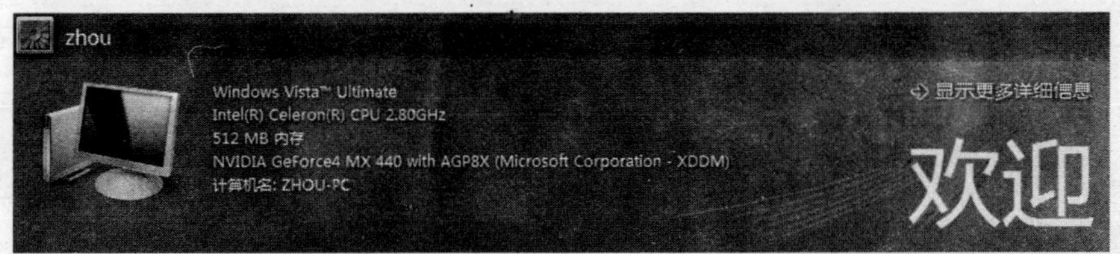

图 3-11

单击右上角的“显示更多详细信息”项，可以打开如图 3-12 所示的“系统”窗口，在这里可以对当前的软件和硬件环境进行更为详细的查看。

除了在这里可以看到当前安装的 Vista 版本外，还可以在“开始”菜单的“搜索栏”中使用“WinVer”命令打开如图 3-13 所示的对话框，从中查看当前的 Windows 版本。

图 3-12

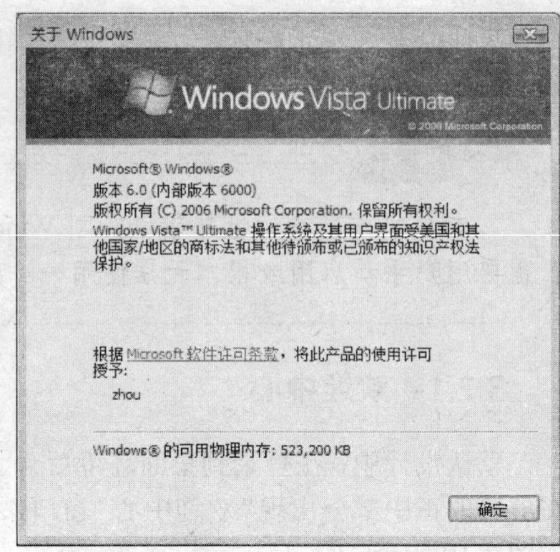

图 3-13

单击左上角的“后退”按钮返回到“欢迎中心”窗口后，在中部和下方部分可以看到“1.Windows 入门”和“2.Microsoft 产品”两部分，其右侧括号中的数字表示了该部分中提供的功能共有多少项。在单击每个部分下方的“显示全部**项”后，会扩展显示面板，将其所有功能全部显示出来，如图 3-14 所示。

单击其中的任意一个功能图标/名称后，上方的欢迎部分将切换到相应的内容面板，如图 3-15 所示。在这里可以对选中的功能进行了解，或做进一步的使用。

图 3-14

图 3-15

本书推荐刚与 Vista 进行接触的读者，通过“1.Windows 入门”部分给出的功能，对 Vista 进行快速而全面的认识。至于“2.Microsoft 产品”部分给出的内容，一般不必去理会。

提 示

双击“Windows Vista 演示”功能，可以通过其中提供的大量视频演示，对 Vista 快速进行初步的了解。

3.2.2 桌面图标

在 Windows 系列操作系统中，文件、文件夹、程序等都需要通过图标显示出来。也就是说，要对 Windows 中的功能或应用程序进行调用，图标是必不可少的。下面来了解一些关于图标方面的知识。

1. 启用系统图标

在完成 Vista 的安装及登录操作后，在桌面的左上角默认会出现一个名为“回收站”的图标。默认设计中，Vista 希望我们通过“开始”按钮来调用“计算机”、“网络”等功能，但是这远远不如直接双击桌面上的图标来得便捷。安装 Vista 后要让桌面上显示出更多的系统图标，可执行操作步骤如下：

01 在桌面的任意空白处右击，在弹出的快捷菜单中选择“个性化”命令，如图 3-16 所示。

02 在弹出的“个性化”窗口中，单击左侧“任务”列表中的“更改桌面图标”项，如图 3-17 所示。

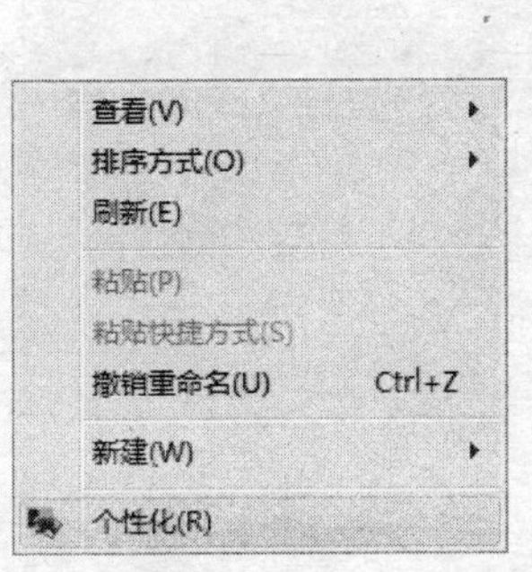

图 3-16

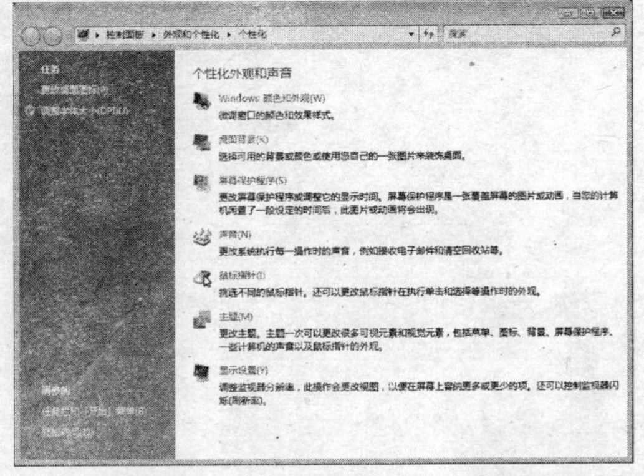

图 3-17

03 在弹出的“桌面图标设置”对话框中，在“桌面图标”部分勾选需要添加到桌面上的图标项，如图 3-18 所示。

04 单击“确定”按钮使设置生效并关闭对话框。在返回到桌面后，就可以看到常用的系统图标了，如图 3-19 所示。

图 3-18

图 3-19

还可以有很多种方法能让桌面上出现这些系统图标，但是上述方法却最为简单和方便。

桌面上系统图标作用非常大，如果你对它们还很陌生，那么请简单地熟悉一下它们的作用吧！

- "用户的文件"图标。这是一个根据当前登录到 Vista 的账户名命名的图标，如当前登录到系统的账户名为 zhou，那么桌面上的"用户的文件"图标名称就是 zhou，如图 3-20 所示。

在双击此图标打开的窗口中，可以看到此文件夹中存储的内容都是基于当前用户的。如"文档"、"音乐"、"图片"和"视频"文件夹等。如图 3-21 所示。显然，"用户的文件"图标提供的管理功能，已经全面超越了以往 Windows 版本中"我的文档"图标所能提供的管理功能了——事实上，"文档"已经成为"用户的文件"窗口中的一个部分。

图 3-20

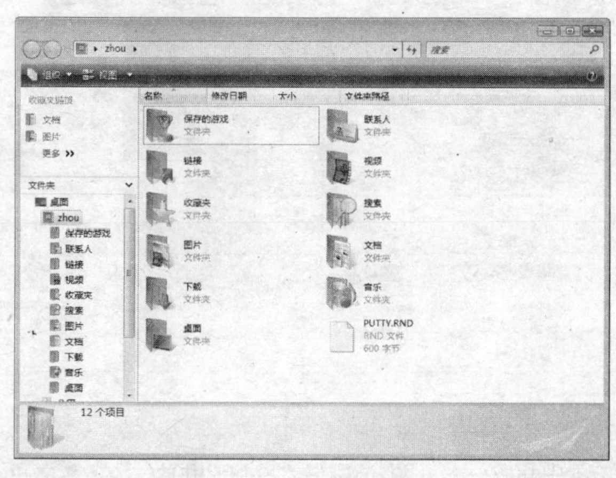

图 3-21

这个文件夹的目的很简单，它希望能将当前账户能够使用的功能和可以操作数据统统集中起来保存，如下载的数据、使用 Office 组件创建的文件等。这样，在多用户环境中用户查找自己的资源时就会显得很方便。

"用户的文件"图标对应的路径为 X:\Users\zhou。具体的盘符名称要看 Vista 安装在什么分区下，如果是安装在 C 盘分区，那么路径就是 C:\Users\zhou。Users 是"用户"的意思，它表示计算机中的"根用户"文件夹，这是一个很重要的概念。这表示 Vista 仍然是一个一切以账户为主心的构架——离开了账户，那么 Vista 的应用也就无从谈起。所以，我们必须事先创建能够有权限使用 Vista 的账户，也必须使用账户进行登录，而且只能够使用登录账户能够拥有的权限来进行相应操作。

与 Windows XP 等支持多账户的系统特性相同，Vista 也支持多账户环境。支持多账户环境对于计算机的使用来说很有益处：一是当一个账户环境因故损坏而导致 Vista 的使用受阻时，可以通过新建一个账户来解决这个问题——因为 Vista 本身并没有受损，仅仅是账户配置文件受损而已。二是一台计算机有多位用户在使用时，多位用户既可以使用统一的一个账户（不推荐），也可以使用多个账户（推荐），这样多位用户的计算机使用环境可以互不影响。

> **提 示**
>
> 在 X:\Users 文件夹中，除了以当前用户名命名的文件夹外，还会有一个名为“公用”的文件夹，此文件夹用于存储希望在同一台计算机上或网络中与他人共享的文件。

- “计算机”图标。在 Vista 的桌面中，使用了全新的“计算机”图标替代了以往 Windows 桌面上的“我的电脑”图标。它们的作用基本上是一致的，都是用于管理电脑中的所有资源，如磁盘分区、文件夹、文件等内容，如图 3-22 所示。在本书“4.1.2 熟悉窗口结构”章节中，可以看到相关的应用。
- “网络”图标。在 Vista 中使用了“网络”图标替代了传统的“网上邻居”图标，这是一次网络管理功能大幅升级的一种表现。它为管理员用户提供了访问与管理局域网中资源、以及对本地网络进行配置的能力。如有 3 台电脑组成了局域网络，那么通过“网上邻居”图标提供的访问功能，就可以访问其中的任意一台，如图 3-23 所示。在本书第 9 章中可以看到相关的应用。

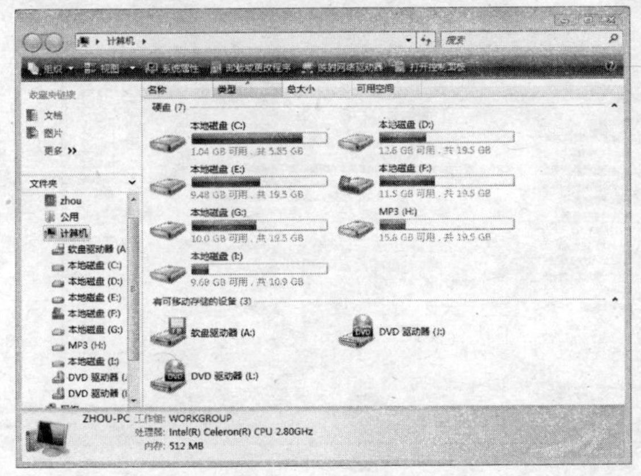

图 3-22

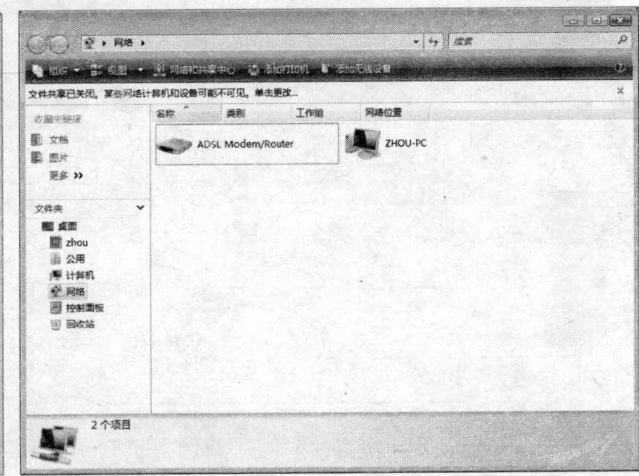

图 3-23

- “回收站”图标。用于暂时存放被用户删除的文件、文件夹、图片、程序、图标等。这些被删除的数据都将暂时保留在“回收站”中，以便在发现误删除时可以进行还原。

如昨天删除了文件名为“年终报表”的文件，今天发现这个文件还有用。那么在回收站中就可以将暂时保存的“年终报表”文件恢复到原来的存储位置。

> **注 意**
>
> 在 Vista 的桌面上已经没有了 Internet Explorer 图标，要使用 IE 浏览器功能，可以通过“开始”菜单中提供的菜单来完成相关的调用。

2. 基本管理

我们能够对图标进行的管理操作有很多，常见的有如下几种：

（1）显示说明信息。把鼠标指针在图标上停留片刻，桌面上就会出现图标对应的说明信息，或者图标文件存放的路径信息。如把鼠标放在“计算机”图标上停留片刻，就会出现相应的提示信息，如图 3-24 所示。

（2）执行图标对应的功能。每一个图标都有它代表的资源或功能，如文件夹图标就表示通过此图标可以打开对应的文件夹，进而访问其中的资源。

（3）创建快捷图标。对于一些经常访问的文件、文件夹或功能，可以为其在桌面上进行创建对应的图标，这样调用起来就会快捷得多。如将存储了各种文件的 D:\word 文件夹在桌面上创建其对应的快捷访问图标，可执行操作步骤如下：

01 双击“计算机”图标并在打开的窗口双击打开“D”盘分区。

02 将鼠标指针停留在 D:\word 文件夹上方，右击后在弹出的菜单中选择“发送到”→“桌面快捷方式”命令，如图 3-25 所示。

图 3-24

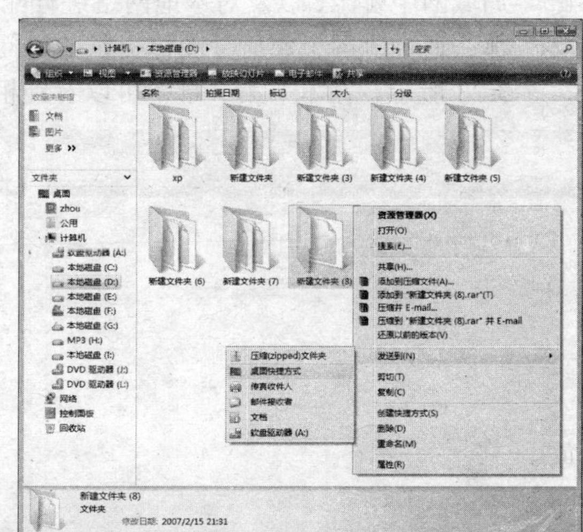

图 3-25

03 在桌面上可以看到 D:\word 文件夹的快捷调用图标。此时，随时都可以通过双击桌面上的这个图标来快速打开 D:\word 文件夹窗口。

此时，可以根据需要对新创建的快捷图标名称或图片进行变更，变更名称的可执行操作步骤如下：

01 单击桌面上新创建的快捷图标一次，这样可以选中它。

02 按 F2 键（重命名快捷键）将文件名切换到“重命名”状态，如图 3-26 所示。

03 在名称框中单击。在出现鼠标光标后，按下 Delete 键可以向后删除名称字符，按下 BackSpace 键可以向前删除名称字符，如图 3-27 所示。

04 在完成了部分或全部名称的删除操作后，输入新的名称字符即可。

（4）排列图标。当桌面上有很多图标时很容易使屏幕上显得很乱，Vista 提供了一些工具和功能可以让桌面图标看上去整洁而富有条理。可执行操作步骤如下：

图 3-26

图 3-27

01 在桌面空白处右击，从弹出的快捷菜单中可以通过“查看”和“排序方式”两个菜单下的子菜单项，对图标的大小、对齐方式、排序方式等进行设置。通过不同的设置组合，可以让图标的显示更加符合使用需要，如图 3-28 所示。

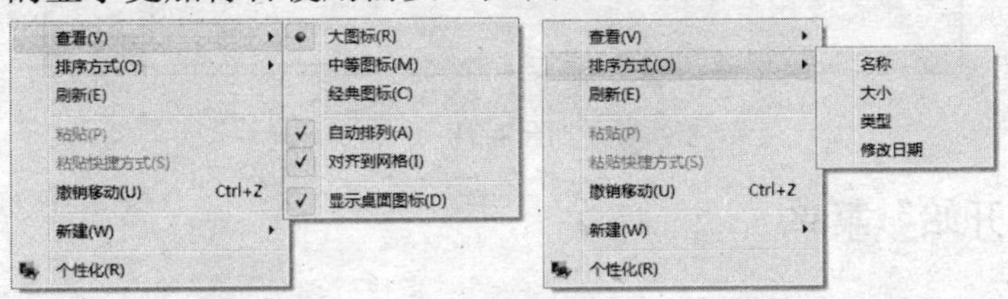

图 3-28

如希望 Vista 桌面上的图标不会影响到桌面背景图片的欣赏，那么只需在桌面的右键菜单中选择“查看”→“显示桌面图标”命令，取消此项的勾选状态，即可将桌面上的图标暂时隐藏起来。以后如果希望显示桌面上的图标，再在桌面空白处右击，从在弹出的快捷菜单中选择“排列图标”→“显示桌面图标”命令，勾选“显示桌面图标”复选框即可。

02 在希望按某一种特定的方式对图标进行排列时，可以使用“名称”、“大小”、“类型”和“修改时间”这几种方式的任意一种来完成。如将桌面上所有的文本文件排列在一起，选择“类型”命令即可。

值得一提的是，“查看”菜单中的“大图标”、“中等图标”和“经典图标”项，表示可以进行 3 种不同大小的图标选择，它们的大小相比起来可以参考如图 3-29 所示的效果。

（5）删除图标。在 Vista 中，除了部分系统图标不能被删除外。绝大多数的图标都是可以被删除的，删除图标的可执行操作步骤如下：

01 选中桌面上要删除的图标并右击。

02 在弹出的右键菜单中选择“删除”命令，如图 3-30 所示。

图 3-29

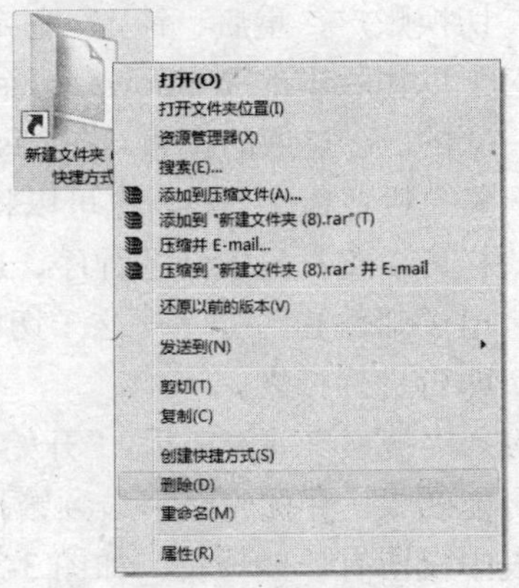

图 3-30

03 弹出“删除文件”提示框，单击“是”按钮即可将选中的图标放入到“回收站”中，如图 3-31 所示。

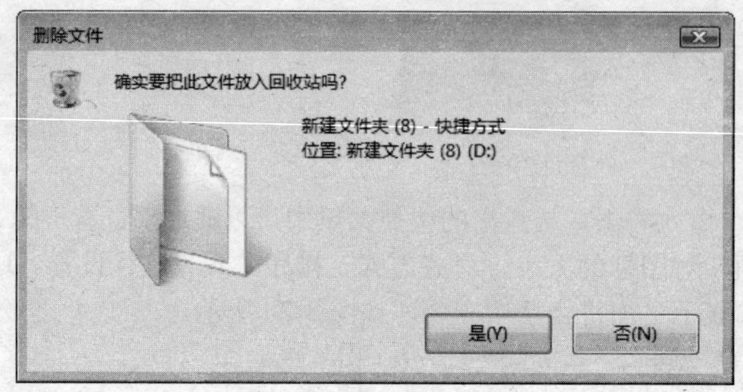

图 3-31

3.2.3 “开始”菜单

在 Vista 中，“开始”菜单是我们使用电脑时不可或缺的好帮手，大多数的操作都是从这里开始进行的。“开始”菜单最常见的一个用途是打开计算机上安装的程序，在打开的“开始”菜单中选择一个程序菜单后，启动程序的同时，“开始”菜单会随之自动关闭。如图 3-32 所示。

之所以叫它菜单，是因为它提供一个选项列表，就像餐馆里的点菜单那样——至于“开始”的含义，在于它通常是我们要启动或打开某项内容的起始位置。使用“开始”菜单，通常可以执行如下的操作：

- 启动程序：在系统中安装的应用程序，或 Vista 中内置的一些常用程序，均可以在这里被启动。
- 打开常用的文件夹：可以通过这里提供的“计算机”、“资源管理器”等工具，对计算机中的数据进行访问。
- 搜索文件、文件夹和程序：开始菜单中提供了强大的搜索功能。
- 调整计算机设置：开始菜单中提供了强大的系统管理和维护工具。
- 帮助和支持：可以获取关于 Vista 系统及相关的一些帮助信息。
- 切换账户、重启、锁定、注锁及关闭计算机等功能。

相对于以往版本的 Windows，Vista 中的“开始”菜单新增了如下三项新功能：

- 新的、已扩展的搜索。在 Vista 的“开始”菜单中，“运行”菜单已经被全新的“搜索”栏替代（当然，也可以将“运行”命令添加回“开始”菜单中），通过“搜索”栏可以查找已安装的程序、Internet 收藏夹中的项目和历史记录、文件、联系人、电子邮件和约会——这一切只需在“搜索”框中键入单词或名称的开始几个字母即可进行搜索。

在键入“搜索”关键字后，“开始”菜单将随之发生改变——在左侧窗格中将自动显示最佳的可能结果，并优先显示最频繁打开的程序。当键入更多的搜索字母后，结果会变少，直到列表中仅留有一些项目，如图 3-33 所示。

图 3-32

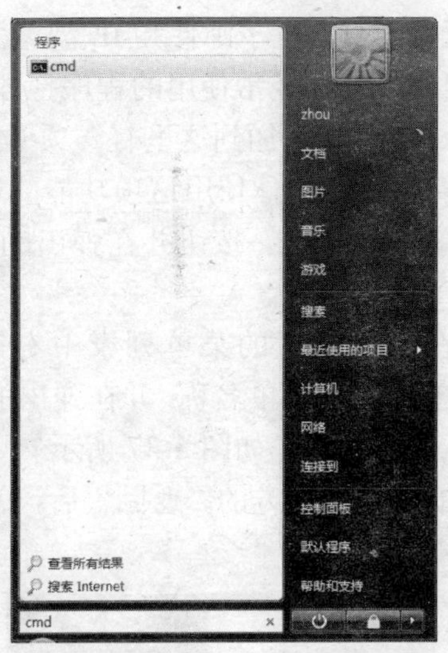

图 3-33

- 改进的程序列表。在 Vista 的“开始”菜单中，对“所有程序”项目进行了全新设计。当单击“所有程序”中的分类名称后，子菜单会在列表中的现有位置展开，而不是以新的窗格展开子菜单，如图 3-34 所示。

如果要返回到“开始”菜单，单击下方的“返回”项即可。

- 一种更好的关闭计算机方式。在 Vista 的“开始”菜单中，提供了更强大的锁定、关闭、休眠等控制计算机的方法。

1．开始菜单的结构

若要打开“开始”菜单，只需单击屏幕左下角的“开始”按钮即可，或按下键盘上的 Windows 徽标键，也可以立即弹出“开始”菜单。在弹出的开始菜单中，可能看到 6 个基本部分，如图 3-35 所示。

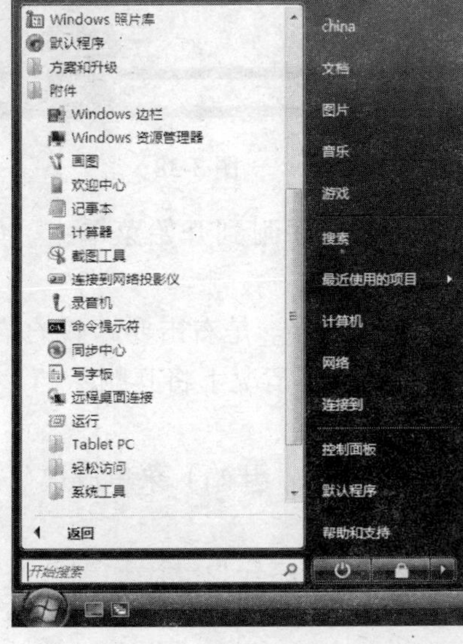

图 3-34

图 3-35

- 第 1 部分：电子邮件和 IE 浏览器。用户可以把“开始”菜单中或其他位置的一些准备长期、经常使用的程序拖放到这个列表中，如图 3-36 所示。

图 3-36

实际上，将程序添加到这里有一项专门的功能，即“附到「开始」菜单”。具体使用这项功能的操作步骤如下：

01 单击“开始”按钮并在弹出的“开始”菜单中单击“所有程序”。

02 在左侧展开的菜单列表中右键单击要添加到“开始”菜单顶部的菜单名称，并在弹出的菜单中选择“附到「开始」菜单”项，如图 3-37 所示。

03 单击左侧下方的“返回”后，就可以在“开始”菜单的顶部看到新增的程序菜单了，如图 3-38 所示。

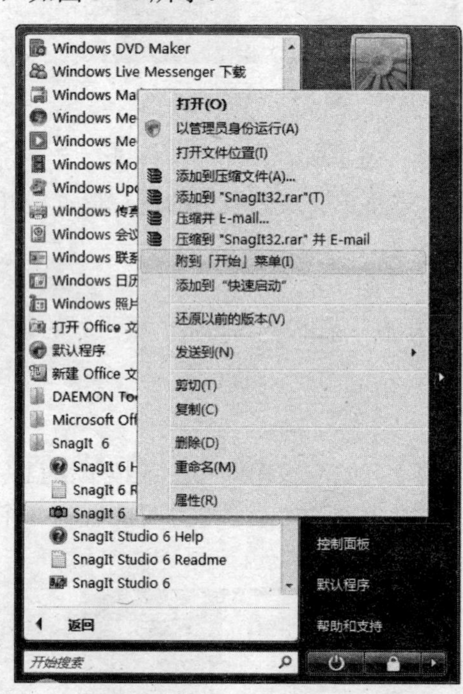

图 3-37

图 3-38

也可以在“计算机”窗口中将一些扩展名为 exe 的程序附到开始菜单中，如图 3-39 所示。

04 如果要将添加的菜单删除掉，可以使用两种方法：一是右击要卸载的菜单名称，在弹出的菜单中选择“从列表中删除”项，即可在不经确认的情况下将其删除掉，如图 3-40 所示。

二是右击要卸载的菜单名称，在弹出的菜单中选择“从「开始」菜单脱离”项，即可在不经确认的情况下将其删除掉。

- 第 2 部分：最常使用的程序列表。最经常使用的程序会自动添加到这里，以便下次的调用可以更加方便。

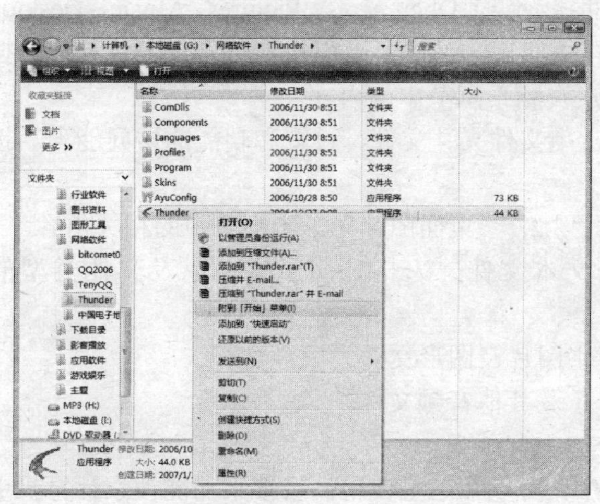

图 3-39

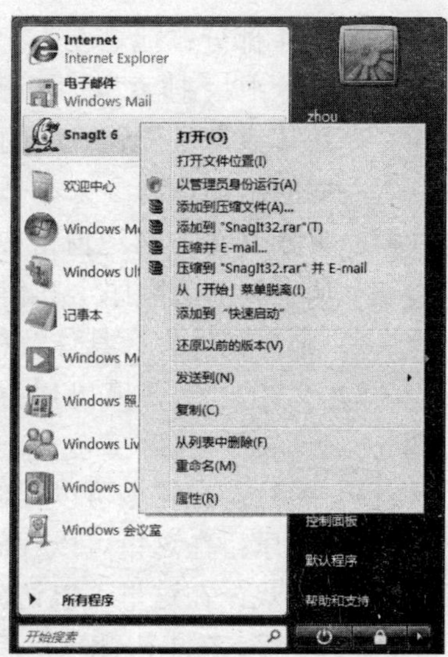

图 3-40

- 第 3 部分：如果在第 1、2 部分看不到要启动的程序，可以单击左下角的“所有程序”菜单，随之左侧将会弹出按字母顺序显示出子菜单窗格，如图 3-41 所示。

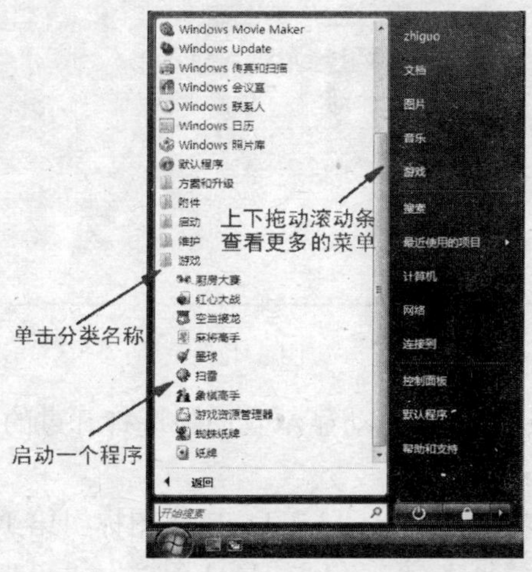

图 3-41

在弹出的子菜单窗格中，由于程序众多，所以开始菜单对部分功能相近的程序进行了归类，如“维护”类程序、“游戏”类程序等。在单击分类名称后，将会展开其下的菜单列表，单击其中的菜单名称，即可启动相应的程序。需要提示的是，在安装新的程序时，新程序名称会自动添加到“所有程序”列表中。

提 示

如果不清楚某个程序是做什么用的，可将指针移动到其图标或名称上，这样将会出现一个包含对该程序功能/作用进行描述的框。如指向“计算器”时会显示：使用屏幕“计算器”执行基本的算术任务。

- 第 4 部分：通过左下角的“搜索”框，可以在计算机中快速查找所需资源。默认设计中，“搜索”框将遍历个人文件夹（包括 Documents，Pictures，Music，Desktop 和其他常见位置）中的程序和所有文件夹，以便为用户找到所需资源。具体的搜索应用知识请参见本书“4.4　搜索资源”章节中的内容。
- 第 5 部分：右边窗格中提供了对常用文件夹、文件、设置和功能的访问能力。按从上到下的顺序，其作用分别为：

（1）个人文件夹：具体解释请见本章“3.2.2　桌面图标”第 1 小节中的相关内容。

（2）文档：在这里可以存储和打开文本文件、表格、演示文档以及其他类型的文档。

（3）图片：在这里可以存储和查看数字图片及图形文件。

（4）音乐：在这里可以存储和播放音乐及其他音频文件。

（5）游戏：在这里可以访问计算机上的所有游戏。

（6）搜索：在单击此项后打开的窗口中，可以在这里使用高级搜索功能搜索计算机中所需的资源，如图 3-42 所示。

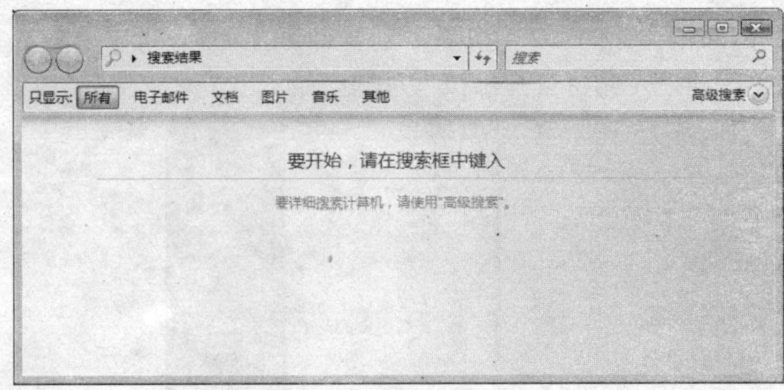

图 3-42

（7）最近使用的项目：这里将自动显示我们最近打开过的文件列表，单击该列表中某个文件可将其打开。

（8）计算机：具体解释请见本章“3.2.2　桌面图标”第 1 小节中的相关内容。

（9）网络：具体解释请见本章“3.2.2　桌面图标”第 1 小节中的相关内容。

（10）连接到：在打开的“连接网络”窗口中，可以对当前计算机的局域网、Internet 访问功能进行管理等应用。

（11）控制面板：从打开的“控制面板”窗口中，可以通过其中提供的功能对计算机进行自定义。

（12）默认程序：在打开的窗口中可以对一些 Vista 中默认的自动执行操作进行定义，如希望具有某种扩展名的文件始终被某个指定程序打开，那么就可以在这里进行设置，如图 3-43 所示。

（13）帮助和支持：从打开的“Windows 帮助和支持”窗口中，可以浏览和搜索有关使用 Windows 和计算机的帮助主题，如图 3-44 所示。

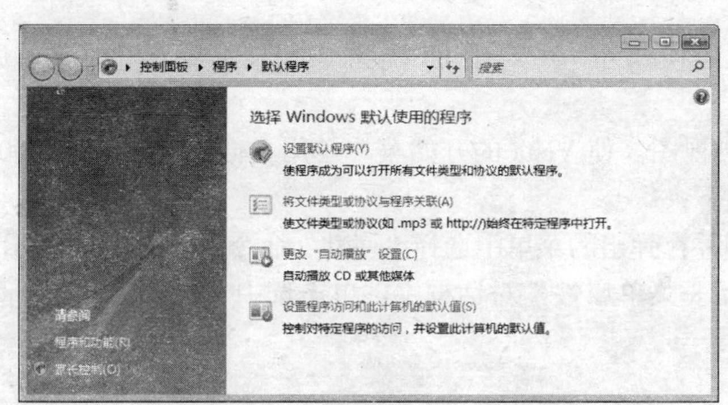

图 3-43

图 3-44

- 第 6 部分：在这里可以进行重启、注销、关闭计算机等操作，如图 3-45 所示。

在单击左侧的第 1 个按钮（即“睡眠”按钮）后，Vista 将会把当前会话保存到内存中，并将计算机置于低功耗状态——计算机虽然电源指示灯都关闭了，但实际上并没有被关闭。此时，只需单击键盘上的任意键（如“空格”键）或按下鼠标任意键，均可以将计算机的状态立即自动恢复到 Vista 的登录界面。

在单击第 2 个“锁定计算机”按钮后，当前计算机将会保存并退出桌面环境，并将计算机处于锁定以及等待登录状态，如图 3-46 所示。

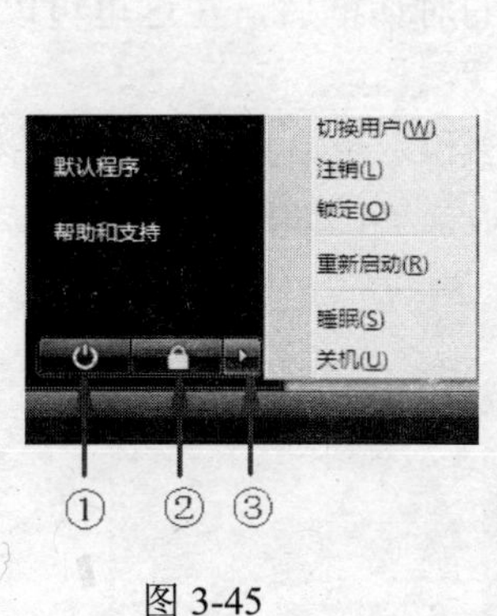

图 3-45

图 3-46

这时，只有输入当前账户的密码方可登录到刚才保存的桌面环境中。如在打开了“回收站”窗口的情况下单击了“锁定计算机”按钮后，打开的“回收站”窗口将不会被关闭掉。这样，在重新返回到桌面环境后，打开的“回收站”窗口将依次存在。

通常，只有用户离开计算机时间较短，且不希望别人使用当前计算机时，才推荐使用“锁定计算机”功能。由于锁定计算机时，Vista 不会把运行中的程序退出——这些程序将会运行在后台，所以此功能对于运行一些不能中断的通信或服务时就具有实用性——计算机管理员可以不必再守在计算机旁。

在单击第 3 个的“右向箭头”按钮时，在弹出的菜单中可以看到更多的计算机关闭方面的功能，在单击这里的“关闭”按钮后，可以让 Vista 立即执行关闭计算机的操作。

2. 自定义“开始”菜单

除了可以使用默认的开始菜单显示模式外，用户还可以根据自己的喜好对开始菜单进行自定义设置。

（1）将“开始”菜单更改为经典视图。使 Vista 的开始菜单使用类似于 Windows 2000 的经典视图方式，可执行操作步骤如下：

01 在“开始”按钮上方右击，并在弹出的菜单中选择“属性”命令，如图 3-47 所示。

02 从弹出的“任务栏和「开始」菜单属性”对话框中，单击选中“传统「开始」菜单”项，如图 3-48 所示。

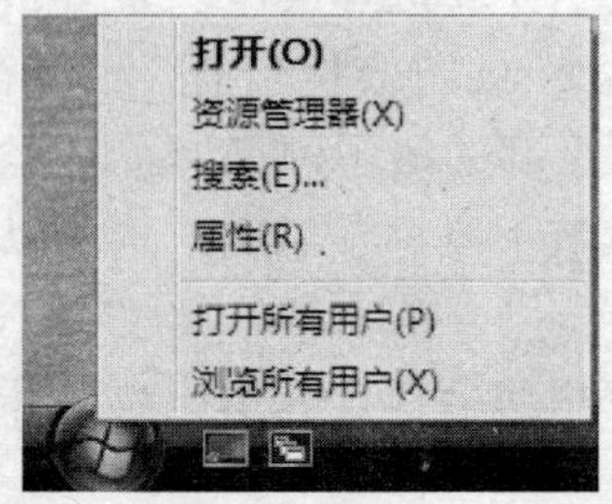

图 3-47

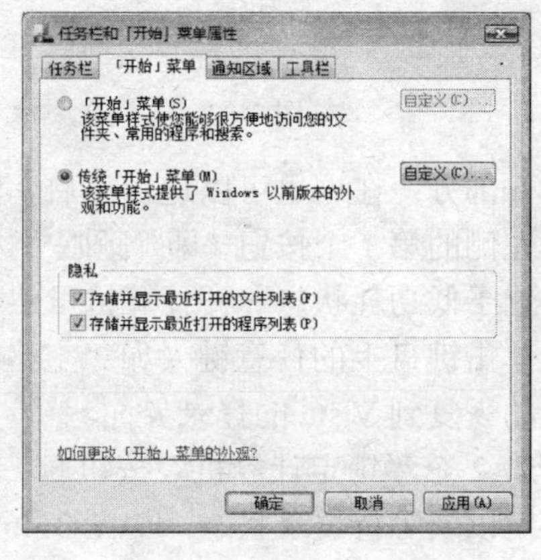

图 3-48

03 单击右侧的“自定义”按钮进入如图 3-49 所示的对话框后，在这里可以对开始菜单作进一步的设置。

04 完成设置后，连续单击“确定”按钮退出“任务栏和「开始」菜单属性”对话框。再次单击“开始”按钮时，即可看到经典视图模式下的开始菜单，如图 3-50 所示。

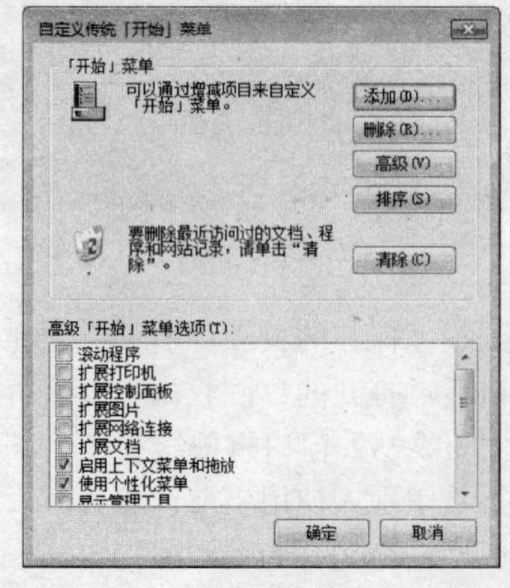

图 3-49

图 3-50

使用经典视图模式下的开始菜单，将可以看到“运行”命令。

（2）添加“运行”命令。在默认的开始菜单设计中，“运行”命令已经被“搜索”栏替代了。要在开始菜单中添加运行命令，有两种方法。一是将.“开始”菜单更改为经典视图模式即可。二是在默认视图模式中执行操作步骤如下：

01 右击“开始”按钮，在弹出的菜单中选择“属性”命令。

02 弹出“任务栏和「开始」菜单属性”对话框，单击“「开始」菜单”右侧的“自定义”按钮，如图 3-51 所示。

03 在弹出的“自定义「开始」菜单”对话框中，向下拖动右侧的滚动条至最下端，到勾选“运行命令”复选框，如图 3-52 所示。

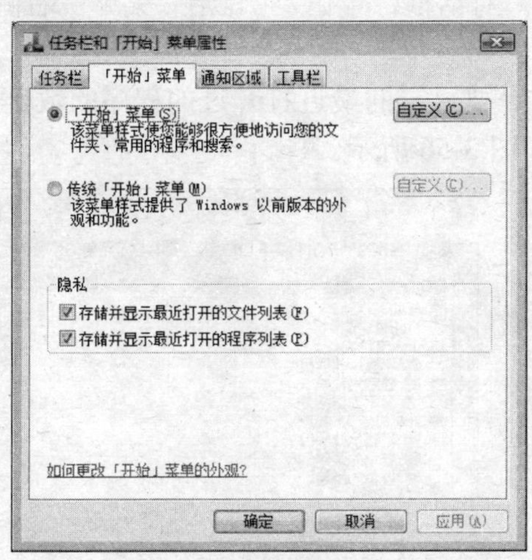

图 3-51

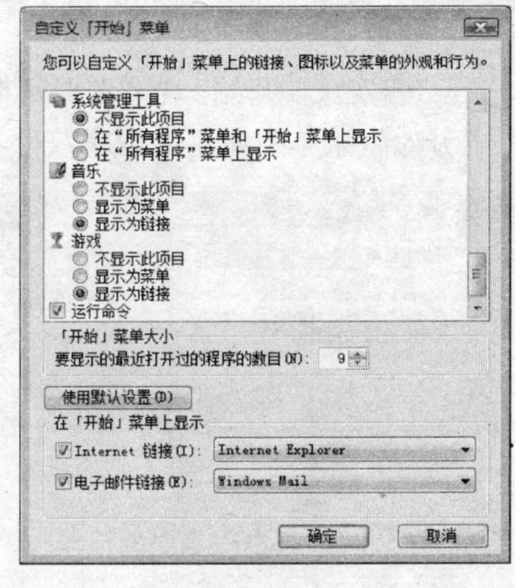

图 3-52

04 单击“确定”按钮关闭“任务栏和「开始」菜单属性”对话框，再次单击“开始”按钮，即可看到右侧窗格的底部出现了“运行”菜单，如图 3-53 所示。

单击“运行”菜单，在弹出的“运行”对话框中，可以键入程序、文件夹、文件或网站的名称。在按下 Enter 键后，将会根据输入的命令执行相关的操作，如图 3-54 所示。

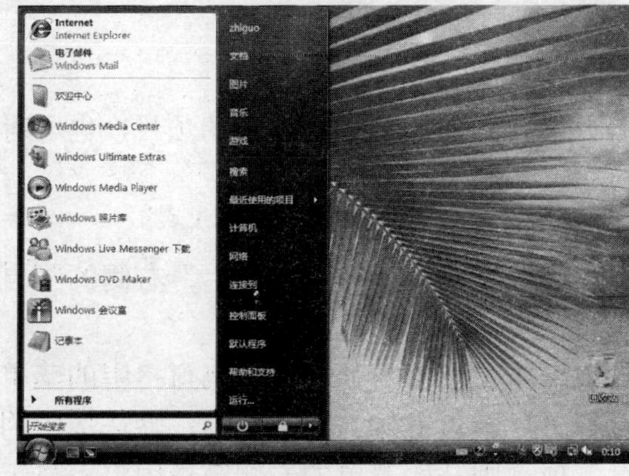

图 3-53

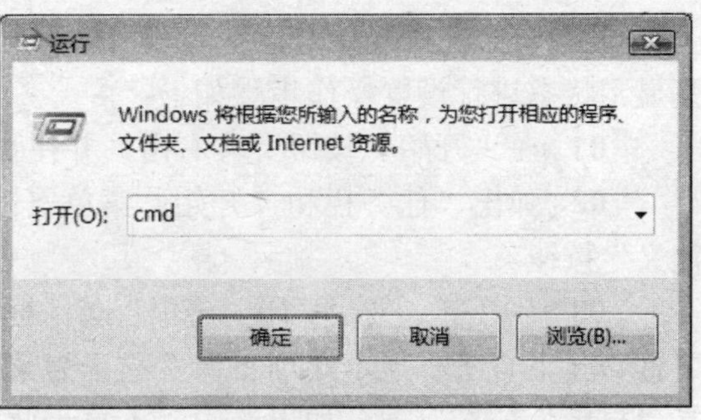

图 3-54

在使用“运行”栏一段时间后，如果希望将“运行”栏中自动保存的使用记录清除掉，只需在“任务栏和「开始」菜单属性”对话框中，清空“存储并显示最近打开的程序列表”项的勾选状态即可，如图 3-55 所示。

> 提 示
>
> 除了可以通过“开始”菜单调用“运行”命令外，还可以通过按下“Windows 徽标键+R”组合键来访问“运行”命令。

（3）调整频繁使用程序的快捷方式的数目。在“开始”菜单左侧窗格的中部，会自动显示最频繁使用的程序菜单。要更改显示的程序菜单的数日，可执行操作步骤如下：

01 在“开始”按钮上方右击，并在弹出的菜单中选择“属性”命令。

02 弹出“任务栏和「开始」菜单属性”对话框，单击“「开始」菜单”右侧的“自定义”按钮。

03 在“自定义「开始」菜单”对话框的“要显示的最近打开过的程序的数目”栏中，输入想在“开始”菜单中显示的程序数目，如图 3-56 所示。

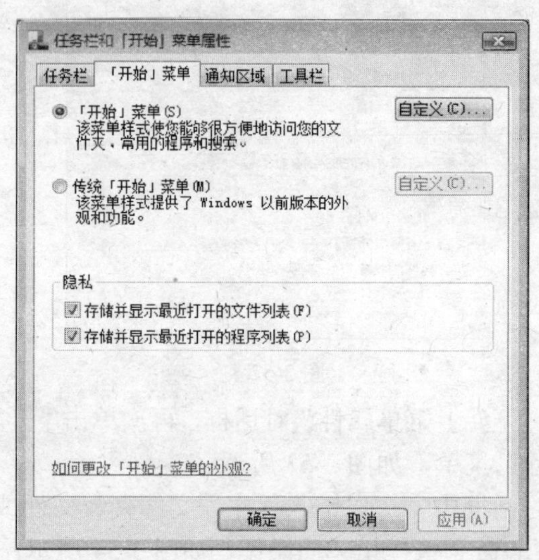

图 3-55

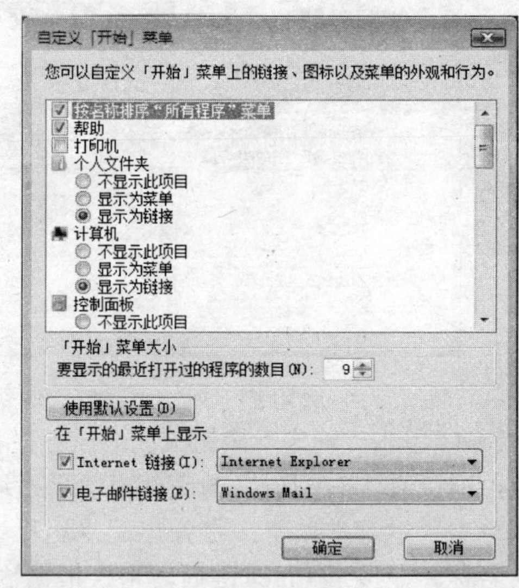

图 3-56

04 在连续单击“确定”按钮后，即可结束设置。

（4）自定义“开始”菜单的右窗格。在“开始”菜单右侧窗格中出现的项目，也可对其显示状态进行设置操作步骤如下：

01 在“开始”按钮上方右击，并在弹出的菜单中选择“属性”命令。

02 弹出“任务栏和「开始」菜单属性”对话框，单击“「开始」菜单”右侧的“自定义”按钮。

03 在“自定义「开始」菜单”对话框的列表框中可以看到显示在右侧窗格中的菜单名称，其下有“不显示此项日”、“显示为菜单”和“显示为链接”3 个选项，默认选中的是“显示为链接”项。如果选中“不显示此项目”项，则开始菜单的右侧窗格中将不显示选中项目的菜单名称。如果选中“显示为菜单”项，则开始菜单的右侧窗格中显示的选中项目名称下将出现子菜单，如将“计算机”项的状态设置为“显示为菜单”后，将出现硬盘分区、光驱盘符等子菜单，如图 3-57 所示。

图 3-57

04 完成设置后，连续单击“确定”按钮应用并结束设置即可。

3.2.4 任务栏

在电脑中，用户可以将执行的各种程序，或是打开的各种窗口统一称之为“任务”。那么，顾名思义，任务栏就是用于显示和管理电脑任务的一个区域。

1. 了解任务栏

Vista 的任务栏就是位于桌面最下方的一个黑色长条，它用于显示系统中正在运行的程序和打开的窗口、当前时间等任务。在登录到 Vista 后，没有运行任何程序或打开窗口时的任务栏如图 3-58 所示。

图 3-58

如果启动了某个任务（如打开了一个窗口），那么任务栏中就会产生一个与之对应的任务按钮。如运行了“计算器”这个程序时，任务栏中就会出现一个名为“计算器”的任务按钮，如图 3-59 所示。

图 3-59

如果启动了多个任务，那么在任务栏中就会产生多个一一对应的任务按钮，如图 3-60 所示。通过单击任务栏上的不同任务按钮，可以在启动的任务中进行切换。

图 3-60

默认设计中，当多个相同程序运行时，会把它们层叠起来形成一个任务按钮——这项功能叫做“分组相似任务栏按钮”。只有在单击此任务按钮时，才会显示出具体的任务菜单列表，如图 3-61 所示。

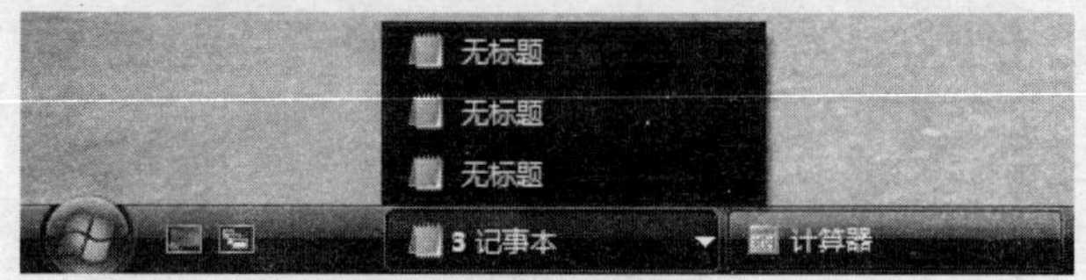

图 3-61

这样做的好处显而易见，其根本目的就是为了节省任务栏占用空间的大小，进而可以让任务栏显示出更多的任务按钮。如果需要一次性关闭“组”中的所有任务，只需在任务按钮上方单击右键，并在弹出的菜单中选择“关闭组”命令即可，如图 3-62 所示。

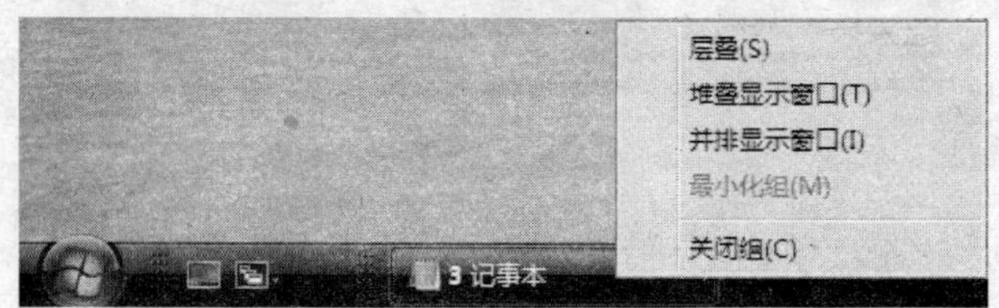

图 3-62

稍后，将会自动对该组中一系列任务按钮执行关闭操作。在 Vista 中，任务栏中的任务按钮还被赋予了一个新的特性——在将鼠标箭头停留在任务按钮时，将会出现缩略图框，如图 3-63 所示。

这个缩略图中通常会显示当前任务按钮正在操作的内容。如果是一个文件夹任务按钮，则会显示文件夹内容的缩略图。如果是程序任务按钮，则会出现程序的主窗口缩略图。如果是 Word 程序任务按钮，则会显示正在编辑的文档窗口缩略图。如果鼠标箭头是在一组任务按钮上方停留，则会出现如图 3-64 所示的缩略图列表。

图 3-63　　图 3-64

如果是正在播放视频的 Windows Media Player 任务按钮，当鼠标箭头停留在其任务按钮上方时，则会出现动态的视频播放缩略图。

2．添加工具栏

任务栏有一个非常实用的功能，就是可以自定义“工具栏”。通过这项功能，用户可以添加很多实用的按钮到任务栏上。下面以控制“快速启动”工具栏是否在任务栏上显示为例，介绍下具体的操作步骤：

01 在任务栏上右击，在弹出的快捷菜单中选择“工具栏”→“快速启动”命令，如图 3-65 所示。

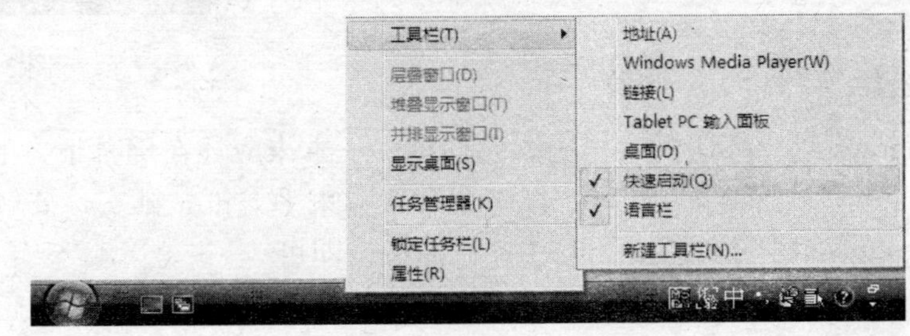

图 3-65

02 在单击取消“快速启动”项的勾号后，任务栏的左侧将会把默认显示的“快速启动”工具栏隐藏起来。反之，如果勾选了“快速启动”项，则会在任务栏上显示此工具栏。

“快速启动”工具栏在默认状态下具有返回桌面、在窗口之间切换等功能。充分地利用此工具栏，可以极大地提高工作效率。如“显示桌面”这个按钮就非常实用——单击此按钮后，可以在桌面上打开很多窗口的情况下，立即最小化所有的窗口并返回到桌面。

> **提 示**
>
> 按下“Win 键 + D”组合键，除了也可以快速返回到桌面外，而且同时具有刷新桌面的功能。

除了默认提供的显示桌面等图标外，还可以将一些应用程序的可执行文件选中并拖动到此工具栏。如将“IE”图标添加到“开始”菜单中，可执行操作步骤如下：

01 单击“开始”按钮，展开“开始”菜单。

02 按住鼠标左键不放并将 IE 菜单拖放到“快速启动”工具栏的图标之间，当出现一个很大的“e”标志图标时松开鼠标，如图 3-66 所示。

图 3-66

03 随即，就可以在“快速启动”工具栏中看到新增的 IE 图标了。如图 3-67 所示。

之后如要删除“快速启动”工具栏中的某个图标，只需在该图标上方右击并在弹出的菜单中选择“删除”命令即可。

图 3-67

3. 调整任务栏

有很多 Windows 用户都遇到这样的尴尬问题——本来应该在屏幕下方的任务栏，居然跑到了屏幕上方或是左右两侧。此时，很多用户就会束手无策。其实，要解决这些问题并不难，只需用几分钟的时间来了解一下任务栏的特性即可。

任务栏是可以任意移动或升高缩小的。如调整任务栏的状态，可执行操作步骤如下：

01 在任务栏的任意空白处右击，在弹出的快捷菜单中单击“锁定任务栏”项，如图 3-68 所示。

02 取消“锁定任务栏”项的勾号后，任务栏就可以任意移动了。要将任务栏移动到屏幕的右侧，只需单击任务栏的任意空白处并向屏幕右侧边缘处拖动。在松开鼠标后，即可看到如图 3-69 所示的效果。

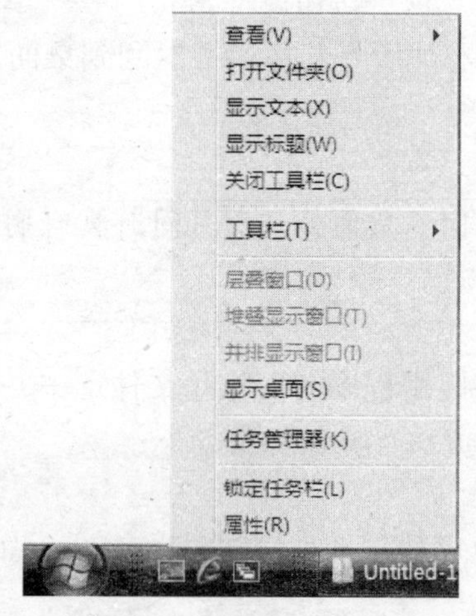

图 3-68

图 3-69

也就是说，要将任务栏移动到什么地方，只需满足两个条件就可以了。一是“锁定任务栏”项要处于关闭状态，二是使用鼠标进行选中并拖动即可。

此外，任务栏进行升高或缩小作，可执行操作步骤如下：

01 在任务栏的任意空白处右击，在弹出的快捷菜单中单击“锁定任务栏”项。

02 将“锁定任务栏”项左侧的勾号取消，将鼠标指针放在任务栏上方的边缘，此时可以看到指针变成了一个竖向的双向箭头，如图 3-70 所示。

图 3-70

03 按住鼠标左键不放并向上拖动即可提高任务栏。在提高任务栏后，按住鼠标左键不放并向下拖动，即可减小任务栏的高度。

04 将任务调整到喜欢的显示模式后，在任务栏的任意空白处右击，在弹出的快捷菜单中单击“锁定任务栏”项。在勾选“锁定任务栏”项后，即可长期保持当前的任务栏设置效果。

4．任务栏的属性

要对任务栏进行属性设置，可执行操作步骤如下：

01 在任务栏任意空白处右击，在弹出的快捷菜单中选择“属性”命令。

02 弹出“任务栏和「开始」菜单属性”对话框，在“任务栏”选项卡设置界面中针对任务栏进行各种设置，如图 3-71 所示。

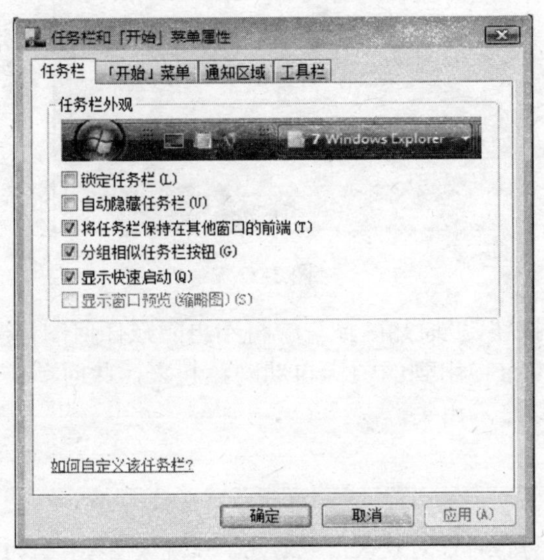

图 3-71

其中，在单击勾选“自动隐藏任务栏”项后，当没有对任务栏进行任何操作时它将自动隐藏起来。当需要使用任务栏时，只需把鼠标指针停留在屏幕的最下方，任务栏便会自动出现。

> **注 意**
>
> 在单击勾选“将任务栏保持在其他窗口的前端”项后，当打开很多的窗口时，任务栏将总会出现在最前端，而不会被其他窗口遮住视线。

5．通知区域

“通知区域”位于 Vista 任务栏右侧的区域，它包含程序快捷方式和重要的系统状态信息，如系统时钟、网络状态、硬件运行状态等。默认情况下，不必对“通知区域”进行设置，因为它的内容都是自动添加和控制的，如在插入一个优盘后，通知区域就将自动出现提示图标，在完成优盘的驱动安装后，此提示图标将会自动消失。

当然，也可以通过一些操作对“通知区域”进行个性化的设置。如设置“显示“通知区域”中的所有图标”，可执行操作步骤如下：

01 在任务栏任意空白处右击，并在弹出的菜单中选择“属性”命令。

02 弹出“任务栏和「开始」菜单属性”对话框，单击取消“隐藏不活动的图标”复选框中的勾号，如图 3-72 所示。

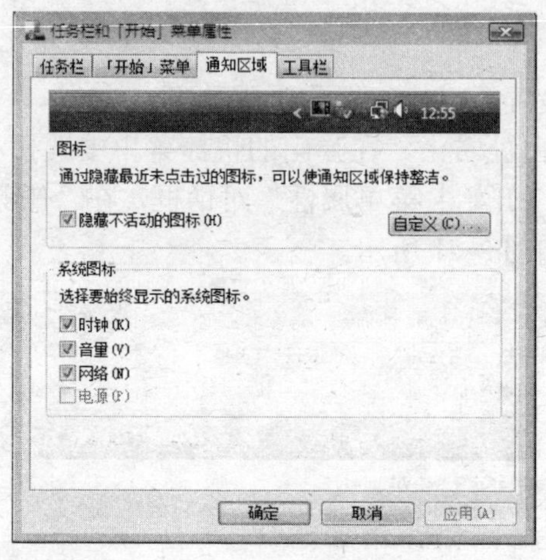

图 3-72

03 单击“确定”按钮，“通知区域”中将不再隐藏任何图标——默认设计中，“通知区域”中会将一些暂时没有使用到的图标自动隐藏起来，此时单击“通知区域”左侧的左向箭头可以让隐藏的图标显示出来。

提示

在“系统图标”部分，可以对默认出现的几个系统级图标，进行显示与否的控制操作。

3.2.5 设置桌面

桌面是指打开计算机并登录到 Vista 之后看到的主屏幕区域。它是我们工作的平面——打开程序或文件夹时，它们便会出现在桌面上。此外，还可以将一些项目（如文件和文件夹）放在桌面上，并且随意排列它们。当然，有时桌面的定义会更为广泛，包括任务栏和 Windows 边栏。任务栏位于屏幕的底部，显示正在运行的程序，并可以在它们之间进行切换。它还包含“开始”按钮，使用该按钮可以访问程序、文件夹和计算机设置。Windows 边栏位于屏幕的一侧，它包含了多个小工具。

当桌面上有程序在运行时，经常会隐藏部分桌面或完全隐藏桌面，这是正常的情况。

1. 设置桌面背景

在 Vista 中，用户可以根据需要对桌面进行修饰。如可以将全家福照片放在桌面成为背景图片，可以为年老眼花的老人放大桌面图标与字体等。在本小节中，将讲解关于桌面背景更换方面的知识。

桌面背景就是登录到 Vista 的桌面环境后，能够在显示器屏幕上看到的颜色或图片（也称为“墙纸”）。桌面背景既可以使用颜色，也可以使用 BMP，JPG 等格式的图像文件。使用颜色作为背景，可执行操作步骤如下：

01 在桌面任意空白处右击，在随即弹出的快捷菜单中选择“个性化”命令，如图 3-73 所示。

02 在打开的“个性化”窗口中单击右侧窗格中的“桌面背景”链接，如图 3-74 所示。

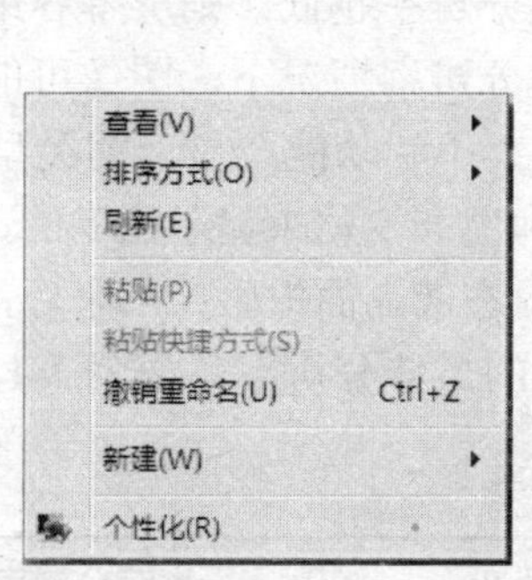

图 3-73

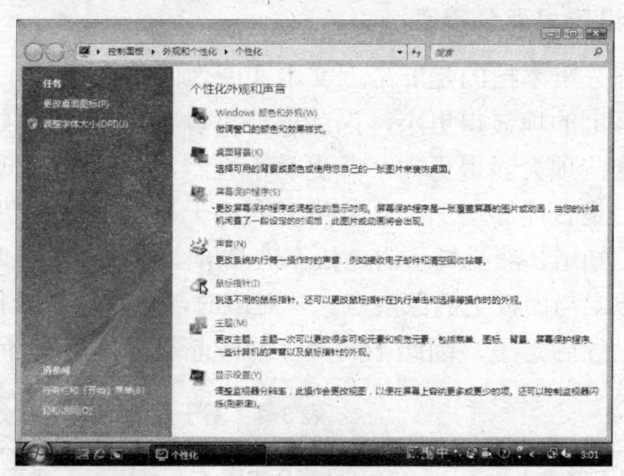

图 3-74

03 在弹出的“桌面背景”窗口中，首先要在“图片位置”列表框中选择图片或“纯色”，图片有“Windows 墙纸”（路径：C:\Windows\Web\Wallpaper）、“图片”（路径：C:\Users\zhiguo\Pictures）、“示例图片”（保存路径：C:\Users\Public\Pictures\Sample Pictures）和“公用图片”（路径：C:\Users\Public\Pictures）几类。如图 3-75 所示。

04 如在下方的图片列表框中（也可以单击“浏览”按钮选择其他图片）单击选中了一幅图片，那么桌面背景会立即切换到选中图片的预览状态。此时，单击“确定”按钮即可将选中的图片应用到桌面。除了可以选择图片，还可以选择“纯色”分类切换到如图 3-76 所示的列表。

图 3-75

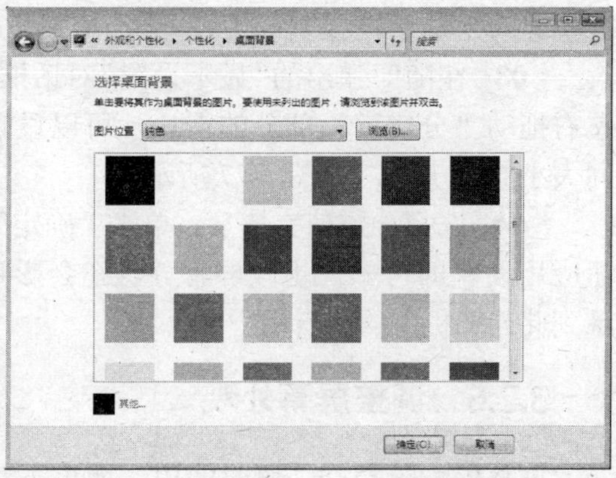

图 3-76

05 在列表中单击选中（或单击“其他”链接自行设置一种颜色）一种颜色后，桌面背景会立即切换到选中颜色的预览状态。此时，单击“确定”按钮即可将选中的颜色应用到桌面。

提示

单击“颜色”列表框中的“其他”按钮，在打开的“颜色”窗口中，将“红”、“绿”、“蓝”三色值分别调整为 58、110、165，可以调配出类似于 Windows 通用的蓝色效果。

2．设置桌面分辨率

屏幕分辨率指的是屏幕上文本和图像的清晰度。分辨率越高，屏幕上显示的项越清楚。同时屏幕上的项显得更小，因此屏幕可以容纳更多的项。分辨率越低，则屏幕容纳的项更少，但这些项会显得更大，并更易于查看。但在非常低的分辨率情况下，图像可能有锯齿状边缘。是否能够增加屏幕分辨率取决于显示器的类型、大小和功能及显卡的类型。

我们知道，液晶显示器是依靠液晶屏上像素点的亮暗和色彩变化来显示图像的，当实际画面的像素与面板上的像素点一一对应时，显示效果最佳。在液晶面板生产出来后，这些像素点都已经固定了，因此不同尺寸的液晶显示器会有不同的最佳分辨率，如表 3-1 所示。

表 3-1　基于监视器大小的分辨率

显示器大小	推荐分辨率	显示器大小	推荐分辨率
15 英寸	1024×768	17 英寸	1280×1024
19 英寸	1280×1024	19 英寸宽屏	1440×900
20 英寸	1600×1200	20 英寸宽屏	1680×1050

要在 Vista 中进行分辨率的设置，可执行操作步骤如下：

01 在桌面任意空白处右击，从随即弹出的快捷菜单中选择“个性化”命令。

02 在打开的“个性化”窗口中单击右侧窗格中的“显示设置”链接。

03 在随即弹出的“显示设置”对话框中，左右拖动“分辨率”部分的滑块，可以设置不同大小的分辨值，如图 3-77 所示。

04 选择分辨值完毕后，单击“确定”按钮应用设置即可——更改屏幕分辨率会影响登录到此计算机上的所有用户。

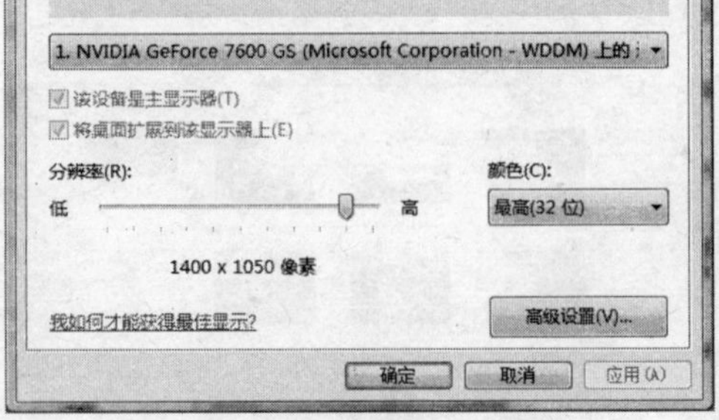

图 3-77

3.2.6　调整屏幕外观

屏幕保护就是在一段时间内，如果不对电脑进行任何操作，电脑就会在显示器屏幕上自动运行各种各样预先设定好的动态或静态背景，其效果既美观又能保护显示器。如图 3-78 所示就是 Vista 中漂亮的透明气泡屏保效果。

图 3-78

为显示器设置屏幕保护程序(简称屏保)，可以让电脑在空闲时自动进入屏幕保护状态，这样既可以延长显示器的使用寿命，还可以有效地节约电力资源——屏幕保护在包括登录界面中，均会自动在条件满足（即一段时间内无人使用计算机）时运行。

在 Vista 中启用屏幕保护功能很容易，可执行操作步骤如下：

01 在桌面任意空白处右击，在随即弹出的快捷菜单中选择“个性化”命令。

02 在打开的“个性化”窗口中单击右侧窗格中的“屏幕保护程序”链接。

03 弹出“屏幕保护程序设置”对话框，在“屏幕保护程序”列表里选择一款喜欢的屏保程序，如图 3-79 所示。

04 既可以单击右侧的“预览”按钮欣赏选择的屏保效果（预览时敲击键盘或单击鼠标即可返回到设置窗口），也可以直接单击“确定”按钮应用设置。此后，当计算机在 10 分钟内无操作时，屏保程序将会自动运行。

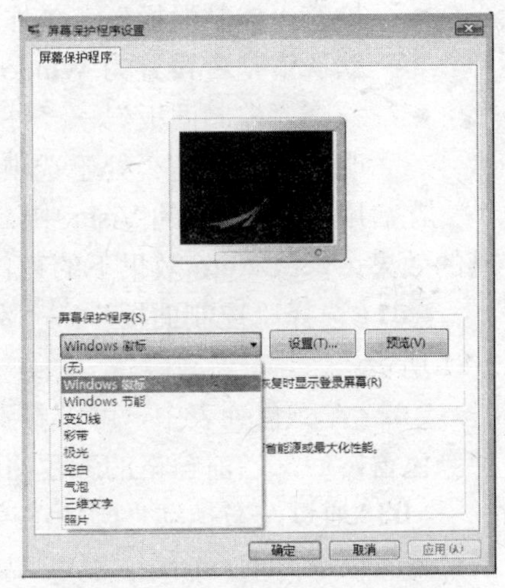

图 3-79

3.2.7 应用 Aero 效果

Aero 效果能否使用的前提，要看显卡等硬件是否能满足此效果的使用条件。如显卡需要支持 DirectX 9 和 WDDM（Windows Display Driver Model）驱动、显存需要大于 128MB。这样，Vista 方可提供 Aero 功能供用户使用。在如图 3-80 所示的“欢迎中心”窗口顶部可以看到显卡是否支持 WDDM。

Aero 效果是 Vista 中的高级视觉效果功能，其特点是具有透明的磨砂玻璃效果、精致的窗口动画和新窗口颜色。

图 3-80

在 Business、Enterprise、Home Premium 和 Ultimate 版本中，在硬件配置满足条件的前提下，均可以使用 Aero 功能。

在如表 3-2 所示中，可以看到 Aero 功能对于硬盘配置的一些要求。

表 3-2　Aero 功能的要求

硬件	最低配置
CPU	1GHz 以上 32 位（x86）或 64 位（x64）处理器
内存	1GB 或以上
显卡	至少具备 128MB 显存的显卡

有时，某些计算机已满足最低硬件配置要求时，会出现仍不能使用 Aero 效果的问题。此时，需要检查 3 个方面的设置：

- 检查“控制面板”→“外观和个性化”→“显示设置”→“颜色”的值是否设置为 32 位，如果不是则需要改正设置。
- 检查“控制面板”→“外观和个性化”→“更改主题”→“主题”（窗口）列表的默认值是否设置为 Windows Vista，如果不是则需要改正设置。
- 检查“控制面板”→“外观和个性化”→“Windows 颜色和外观”中的“启用透明效果”项是否处于选中状态，如果不是则需要改正设置。

在启用 Aero 效果的 Vista 中，任务栏、窗口、Windows 边栏都会具有半透明的磨砂玻璃的效果。修改 Aero 效果下的窗口等处的颜色，可执行操作步骤如下：

01 选择“控制面板”→“外观和个性化”→“Windows 颜色和外观”命令，如图 3-81 所示。

02 在颜色列表中，可以看到包含“默认”颜色在内共有 8 种颜色。此时，单击任一种颜色窗格后，当前窗格的颜色将即时发生相应的变化。

03 通过左右拖动“颜色浓度”项的滑块，调节所选颜色的浓度。在单击“显示颜色混合器”项展开的界面中，还可以做进一步的设置，如图 3-82 所示。

04 完成颜色的调整后，单击“确定”按钮即可应用设置关闭窗口。

此外，还可以在正常启用 Aero 效果的 Vista 中，尝鲜“Windows Flip 3D”功能。这是一种通过缩略图大小的 3D 窗口切换、预览窗口的设计。使用“Windows Flip 3D”功能，可执行操作步骤如下：

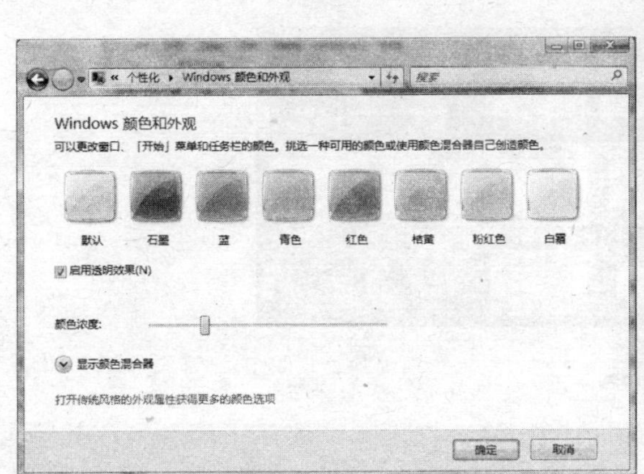

图 3-81

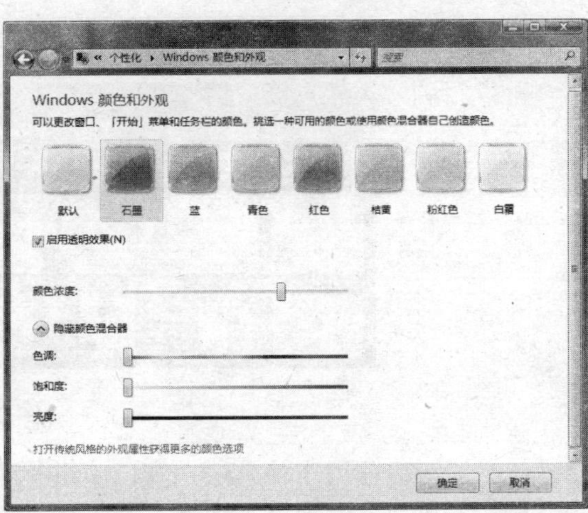

图 3-82

01 按住 Windows 徽标键不放同时再按下 Tab 键，即可在桌面上打开如图 3-83 所示的 Flip 3D 效果。

02 如果松开 Windows 徽标键或 Tab 键，Flip 3D 效果将会消失。

03 在按下 Windows 徽标键不放的同时，如果重复按 Tab 键或滚动鼠标滚轮，则可以在窗口中进行循环切换，即第二个 3D 窗口将替换第一个的位置，第一个 3D 窗口的位置将切换到最后，如图 3-84 所示。

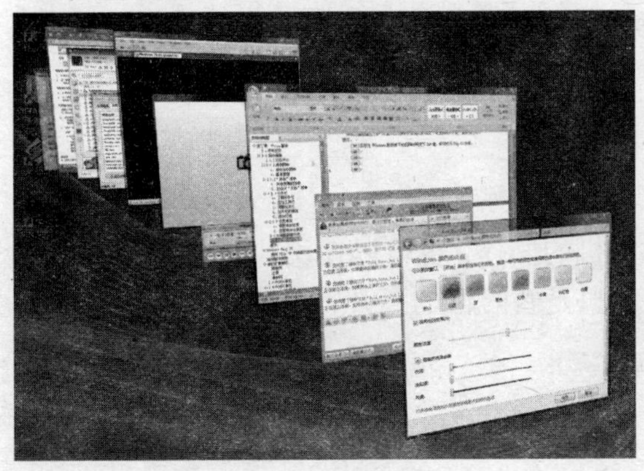

图 3-83

图 3-84

此外，也可以在按住 Windows 徽标键和 Tab 键不放的同时，通过按键盘上的上向、下向、左向和右向键循环切换窗口的显示位置。

除了上述方法外，还可以通过其他方法来控制 Flip 3D 功能，执行操作如下：

01 依次按下 Ctrl+Windows 徽标键+Tab 3 个键，在同时松开 3 个键后可以保持 Flip 3D 效果处于打开状态。

02 按 Tab 键或键盘上的方向键可循环切换窗口的显示位置。

03 按下 Esc 键后可关闭 Flip 3D 效果。

实际上，Flip 3D 效果就是以往 Windows 版本中 Alt+Tab 键切换窗口功能的一种升级。事实上，在 Vista 中 Alt+Tab 键功能本身也有了一些变化（称之为 Windows Filp）——在打开多个窗口并按 Alt+Tab 键后，将会出现如图 3-85 所示的切换窗口。

图 3-85

此时，可以使用 3 种方法在窗口中进行小窗口的切换选择：

- 通过鼠标左键单击选择。
- 通过按下键盘上的上、下、左、右 4 个方向键进行选择。
- 在按住 Alt 键不放时，重复按下 Tab 键进行选择。在松开 Alt 键后将会立即弹出所选项对应的窗口。

此外，还可以通过单击任务栏中“快速启动”工具栏中的“在窗口之间切换”按钮，打开 Flip 3D 功能。

提示

上述两种窗口的切换功能，都需要在 Aero 效果能正常使用时方可以使用。

3.3 关闭计算机

在 Vista 中结束工作后，既可以执行关闭计算机的操作，也可以使用注销或切换账户功能，以便让其他用户登录并使用 Vista。此外，如果是暂时性的离开计算机，则可以锁定、睡眠或休眠计算机功能。

3.3.1 关机操作

在 Vista 中完成应用操作后，就可以执行退出 Vista 和关闭计算机的操作了。显然，关闭计算机这个操作之前还有一个容易被忽略的操作“退出 Vista”。在关闭计算机之前正确的执行“退出 Vista”操作，是一项非常重要的操作。因为只有这样，才能提供充裕的时间让 Vista 把一些暂存在内存中的数据保存到硬盘中。当然，最大的优点还是下次登录 Vista 时，可以让 Vista 快速启动。

关闭计算机可执行操作步骤如下：

01 关闭并保存所有应用程序中的数据，如关闭 Word 程序并保存其中正在编辑的文档。

02 单击“开始”按钮并在弹出的菜单中单击右侧窗格中“锁定”按钮右侧的“右向箭头”按钮，在弹出的菜单中单击“关闭”按钮。

03 之后 Vista 将在不弹出确认关闭计算机提示框的情况下，自动执行“退出 Vista”

和关闭计算机的操作，如图 3-86 所示。

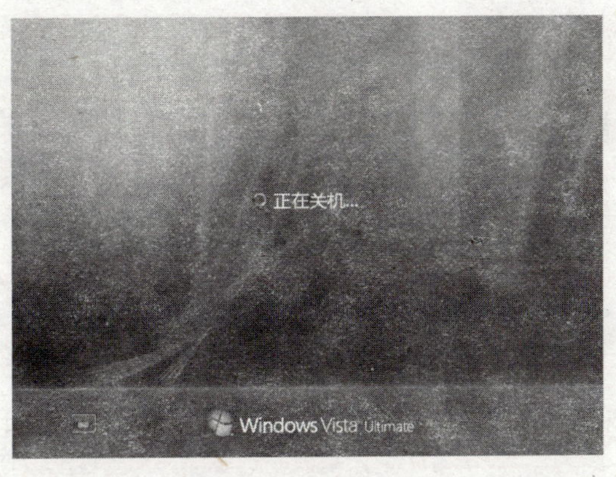

图 3-86

04 需耐心等待 Vista 自动关闭计算机电源操作完成即可。

> **提 示**
>
> 有的用户喜欢使用直接关闭电源或拔下电源线的方法来关闭电脑，这样做对于硬件和软件来说，都是有百害而无一利的做法。因为这样做，很有可能会导致操作系统的重要文件丢失或系统被破坏，此外还容易引起硬件出现物理性的、难以恢复的故障。

3.3.2 重启操作

重新启动计算机（简称为“重启”）的操作，实际上是执行了“关闭计算机后再启动计算机”的操作。所以，正常的“重启计算机”操作绝不应该是直接按下主机箱上“Reset”按钮这么简单。

在执行安装新软件、系统补丁等任务时，通常需要对计算机执行重启操作，执行重启操作步骤如下：

01 关闭所有正在运行的应用程序，并根据提示保存所有正在编辑的文件。

02 单击“开始”按钮并在弹出的菜单中单击右侧窗格中“锁定”按钮右侧的“右向箭头”按钮，在弹出的菜单中单击“重新启动”项。

03 Vista 将在不弹出任何确认提示框的情况下，自动执行“退出 Vista”、“关闭计算机后再重启计算机”的操作。由于整个过程是全自动的，所以用户只需耐心等待 Vista 的登录界面出现即可。

3.3.3 睡眠

在 Vista 中，使用“睡眠”功能时，计算机的电源灯将呈熄灭状态——计算机会自动进入睡眠状态。此时，Vista 将自动保存当前的工作状态。随即，显示器将会关闭、主机风扇将停止发出噪声，这个过程一般只需要几秒钟。

因为 Vista 保存了我们的工作状态，所以在将计算机转入睡眠状态之前，不必关闭程序和文件。下次在打开计算机时，只需在自动进入的登录界面中输入密码，即可看到屏幕上显示的内容与先前关闭计算机时完全一样。由于不必等待 Vista 的启动过程，所以计算机将在数秒钟中内被“唤醒”，故而我们几乎可以立即恢复工作。

这项功能不仅适用于台式机，还可以适用于使用笔记本电脑的用户。这是因为在睡眠状态下，即使是使用笔记本的电池模式，也不会把电池的电量耗尽——计算机睡眠时间在持续几个小时之后，或者电池电量变低时，系统会将当前工作状态保存到硬盘上，然后计算机将完全关闭，不再消耗电源。

注销、切换用户和休眠功能，在本书的 3.1 节中已经讲解过，这里不再讲述。

第 4 章　资源管理

数据存储是计算机最重要的用途，在 Vista 中提供了许多强大的特性来帮助我们实现资源管理，如彻底重新设计的资源管理窗口、大多数的磁盘设置不必再需要重新启动计算机方可生效、文件/文件夹的查看方式更加丰富多样、资源搜索功能无所不在等。

在本章中，将讲解关于资源管理方面的一些应用知识。

4.1　资源管理概述

在计算机软件领域中，所谓“资源”指的是一切可被用户使用的文件/文件夹等数据的总称。在 Vista 中软件资源可以分为 3 类：

- 系统自带数据：即随着 Vista 的安装而产生的数据。
- 用户数据：即随着用户对 Vista 的使用而产生的数据。
- 第三方存储介质中的数据：如光盘中的数据。

使用计算机，实际上就是与各种各样的资源打交道的过程。在这个过程中，根据实际需要对资源进行管理是一项不可懈怠的长期工作。

4.1.1　熟悉资源的容器

在 Vista 中，“计算机”和“Windows 资源管理器”（Explorer.exe）都是存储文件、文件夹等资源的容器，我们要寻找并管理（如剪切、复制与粘贴等操作）电脑中存储的资源，通常都是通过它们来完成的。在 Vista 中，“计算机”替代了以往 Windows 版本中的“我的电脑”功能，“计算机”提供了一种快速访问和管理电脑资源的途径。

通过以下任意一种操作可以打开“计算机”窗口：

- 双击桌面上的“计算机”图标。
- 单击“开始”按钮，在弹出的“开始”菜单中单击右侧窗格中的“计算机”项。
- 在任意资源窗口中，单击左侧导航窗格中“文件夹”列表中的“计算机”链接。

通过以下任意一种操作可以打开“Windows 资源管理器”窗口：

- 单击“开始”按钮，在弹出的“开始”菜单中选择“所有程序”→“附件”→“Windows 资源管理器”命令，如图 4-1 所示。
- 在任意资源窗口中，右击任意文件夹并在弹出的菜单中选择“资源管理器”命令，如图 4-2 所示。
- 右击“计算机”或“回收站”等图标，在出现的快捷菜单中选择“资源管理器”命令，如图 4-3 所示。

在 Vista 中，“计算机”和“资源管理器”窗口已经没有什么大的不同之处了，两者的布局基本上相同，如图 4-4 所示。

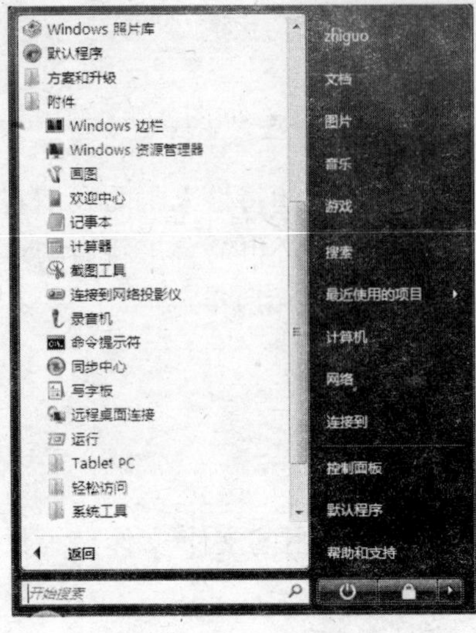

图 4-1

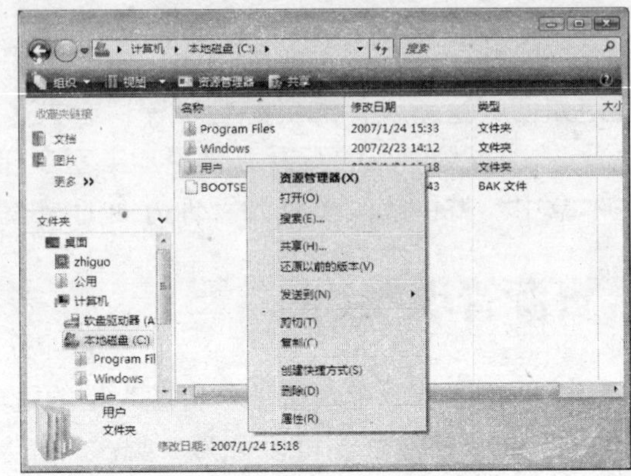

图 4-2

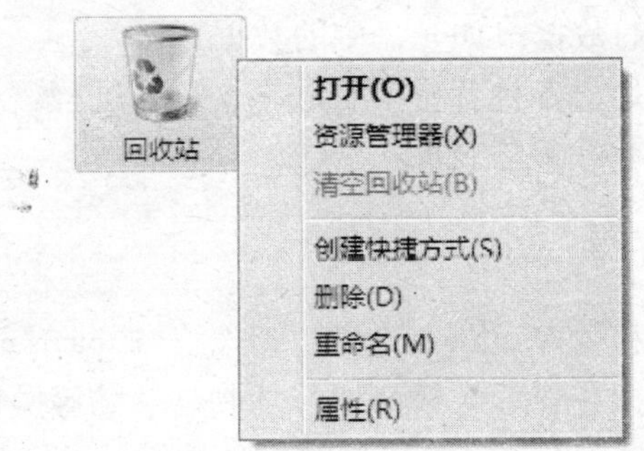

图 4-3

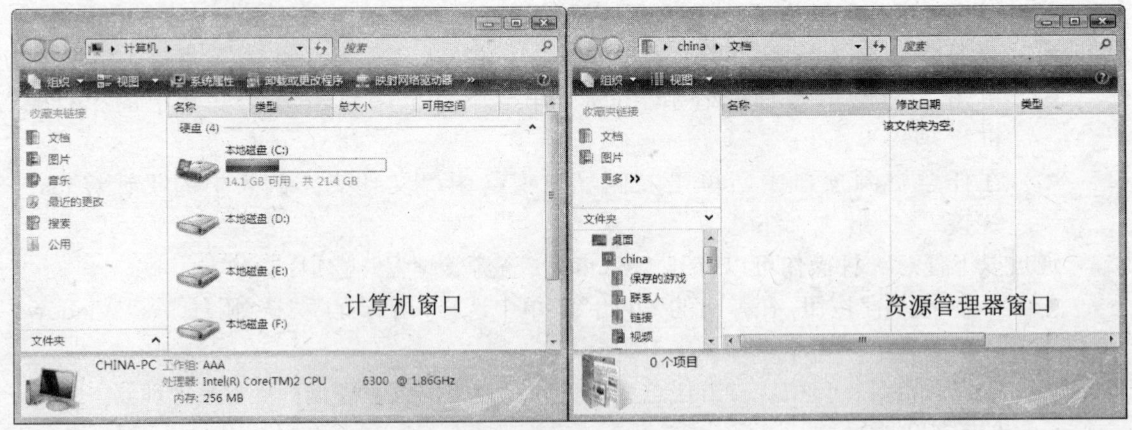

图 4-4

两者的不同之处在于初始化时的窗口内容不同。“计算机”窗口的初始化内容为硬盘分区、软驱等驱动器图标，而“资源管理器”窗口的初始化内容为当前登录账户的“文档”文件夹。

在下面的章节中，将以“计算机”窗口为例，讲解一下 Vista 中窗口组成的结构与基本应用知识。

4.1.2 熟悉窗口结构

在桌面上双击或单击“开始”菜单中的“计算机”项后，即可打开如图 4-5 所示的“计算机”窗口。

如果要退出“我的电脑”或“资源管理器”窗口，只需单击窗口右上角的“关闭”按钮或按 Alt+F4 组合键即可。

在打开的窗口中，最大的不同就在于顶部的菜单没有了。在 Vista 的默认设计下，顶部菜单会处于隐藏状态。如要显示顶部菜单，具体操作步骤如下：

01 打开“计算机”窗口，或打开任意一个资源窗口。

02 在窗口处于选中的前提下按一下 Alt 键，即可看到随之被激活显示的菜单，如图 4-6 所示。

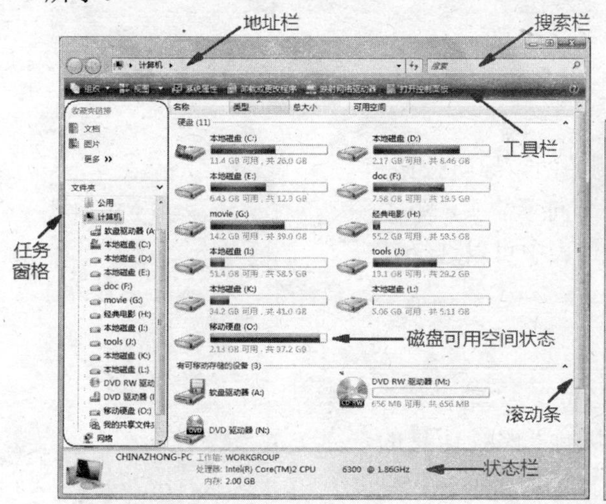

图 4-5

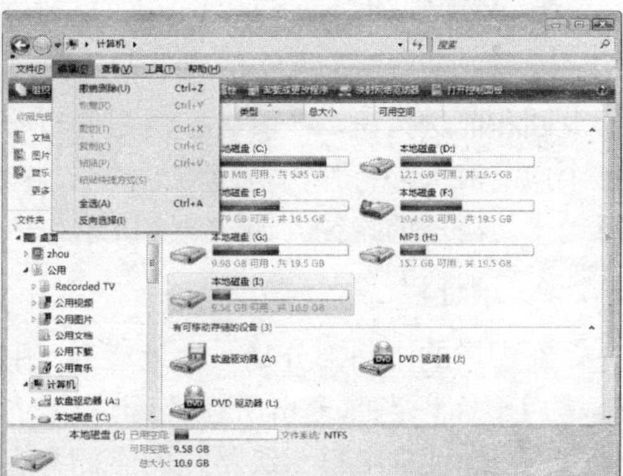

图 4-6

03 在使用完菜单后，可以通过按一下 Alt 键让菜单消失。也可以通过单击一次窗口右上角的“关闭”按钮取消菜单的显示状态——如果是单击两次“关闭”按钮，则会先执行隐藏菜单的任务，后执行关闭当前窗口的任务。

以上是临时显示菜单的方法，如果希望永久性显示菜单，可执行操作步骤如下：

01 打开“计算机”窗口或打开任意一个资源窗口。

02 单击窗口工具栏上的“组织”按钮，接着在弹出的子菜单中选择“布局”→“菜单栏”命令，如图 4-7 所示。

这时窗口中将自动带有菜单。在启用菜单后，可以非常方便地进行一些资源的管理与设置操作。如选择“工具”→“文件夹选项”命令（相当于选择“控制面板”→“外观和个性化”→“文件夹选项”命令）打开如图 4-8 所示的对话框后，通过“查看”选项卡列表里提供的选项，可以对系统资源的查看等方式进行一系列的管理操作。

如现在需要对系统中一些系统级文件或是具有“隐藏”属性的文件进行查看，那么就必须取消勾选“隐藏受保护的操作系统文件（推荐）”项，以及勾选“显示隐藏的文件和文件夹”项。再如取消勾选“隐藏已知文件类型的扩展名”项后，可以让系统中所有文件的扩展名都显示出来。

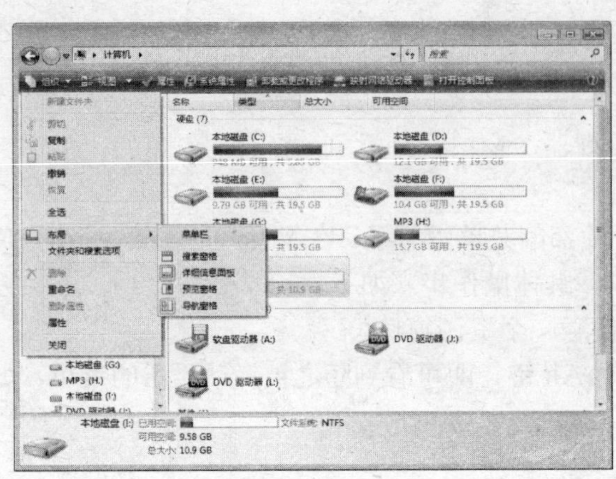

图 4-7

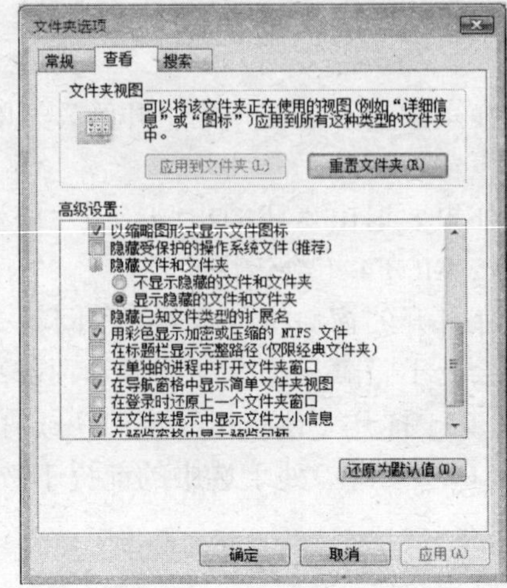

图 4-8

1. 导航按钮

在窗口的上方有 3 个部分，一是最左侧的两个导航按钮，即返回和前进按钮，在前进按钮右侧有一个向下箭头，单击这个向下箭头后将弹出访问记录列表，在列表中可以选择任意一个访问过的路径，如图 4-9 所示。

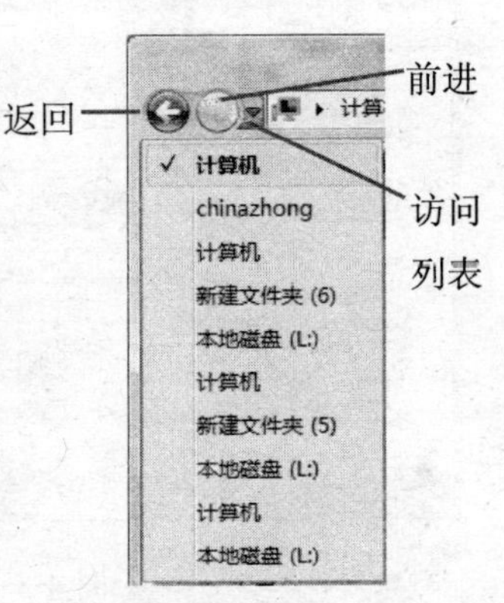

图 4-9

2. 地址栏

在窗口的中间部分是“地址栏”。顾名思义，“地址栏”就是用于标识当前窗口所在路径以及可以输入路径信息的地方。在地址栏中每一级路径的右侧都有一个向下箭头，单击向下箭头后将出现该路径下的所有下一级可访问路径，如图 4-10 所示。

如果是单击地址栏中的路径文字（如“计算机”），即可以立即将窗口内容跳转到所选文字对应的路径中。如现在的窗口路径是 G 盘分区，那么单击“计算机”这个路径文字，那么窗口将立即跳转到“计算机”窗口。

如果在地址栏中右击的话，则会弹出如图 4-11 所示的菜单。

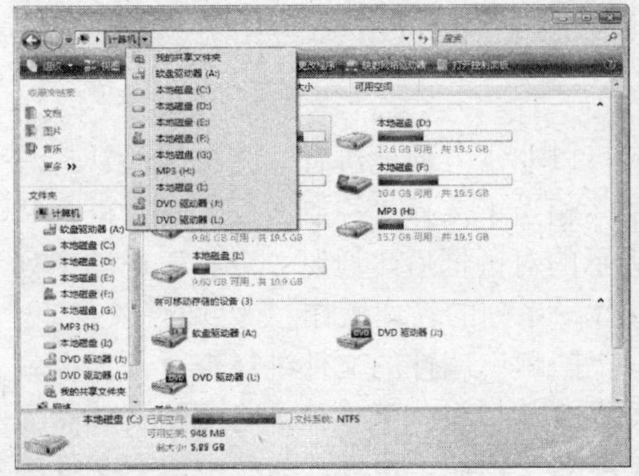

图 4-10

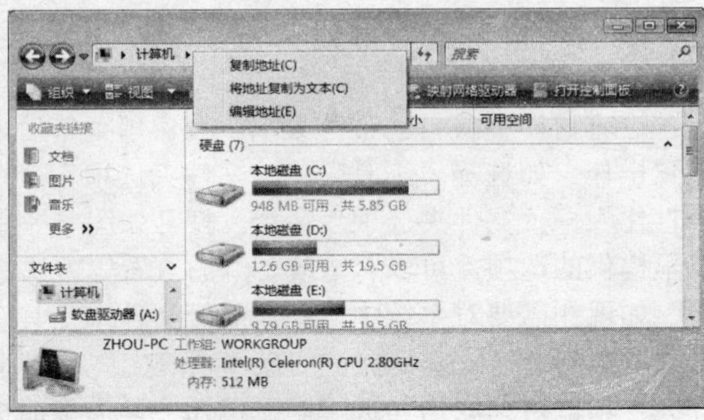

图 4-11

- 复制地址：首先，需要明白无论当前窗口中的路径地址有几级，“复制地址”功能都是复制完整的地址。复制的地址可以在其他窗口中进行粘贴，以便在其他窗口直接跳转到粘贴的路径窗口中。具体操作步骤如下：

01 在地址栏中任意位置右击，从弹出的菜单中选择“复制地址”命令。

02 在当前或新的窗口地址栏空白处单击，在出现如图 4-12 所示的编辑路径地址状态时，右击并在弹出的菜单中选择“粘贴”命令。

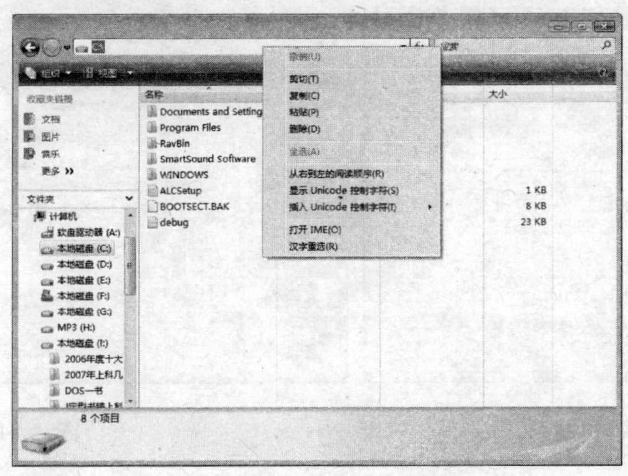

图 4-12

03 按 Enter 键即可跳转到粘贴路径所对应的窗口，且路径将转换为完整路径。

- 将地址复制为文本：在选择此项后，可以在任何窗口或文本编辑器（如记事本、Word）窗口中将复制的路径粘贴出来。
- 编辑地址：编辑地址和单击地址栏空白处的操作效果完全相同，两者均可进入路径的编辑状态。编辑路径一般是在需要执行手工输入路径或命令操作时使用，如在地址栏中通过输入 Cmd 命令，调用“命令提示符”窗口，那么就需要使用“编辑地址”功能进入路径的编辑状态方可。

对于常用位置，可以通过直接输入名称（如 Documents）并按 Enter 的方法进行跳转。可以直接输入地址栏的常用位置有：计算机、联系人、控制面板、文档、收藏夹、游戏、音乐、图片、回收站、视频。

此外，还可以通过在地址栏中直接输入网址（URL）进行 Internet 冲浪，这样可以使文件夹窗口自动切换成 Internet Explorer 浏览器窗口。

3. 刷新按钮

地址栏右侧是“双箭头”形状的“刷新”按钮，一般只有在窗口内容被更新、但可能出现延迟显示时才需要单击它，以便查看最新的窗口内容。如在查看局域网中的计算机时，就可能会因寻找网络计算机速度较慢的原因，导致搜索到的网络计算机名称不能即时出现在窗口中。此时，就可以通过反复单击“刷新”按钮来让不断搜索到的计算机名称能尽快显示在窗口中。

4. 搜索栏

“刷新”按钮右侧是“搜索栏”，在“搜索”框中输入搜索关键字时，当前窗口将根据输入的关键字对当前路径下（如 C 盘分区）和索引位置中的所有文件/文件夹内容进行筛选，以便只显示与所输入的内容相匹配的文件，如图 4-13 所示。

通常，如果搜索结果的存储路径不是太深的话，在输入搜索关键字结束时，搜索结果就应该可以找到。如果在输入搜索关键字结束时，搜索操作并没有结束，那么就需要耐心等待它的结束。不管是否搜索到所需的结果都会给出相应的提示，如图 4-14 所示。

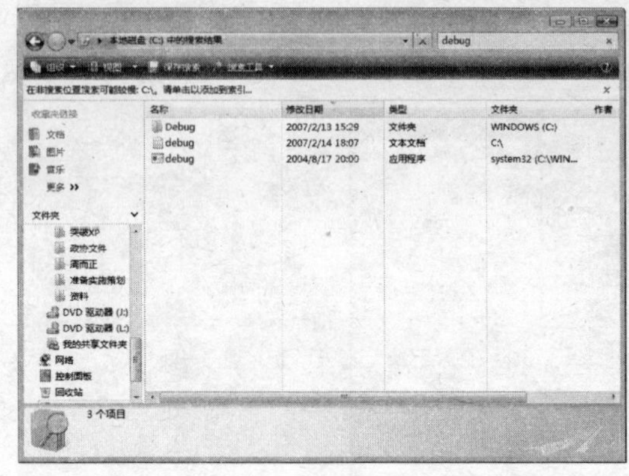

图 4-13

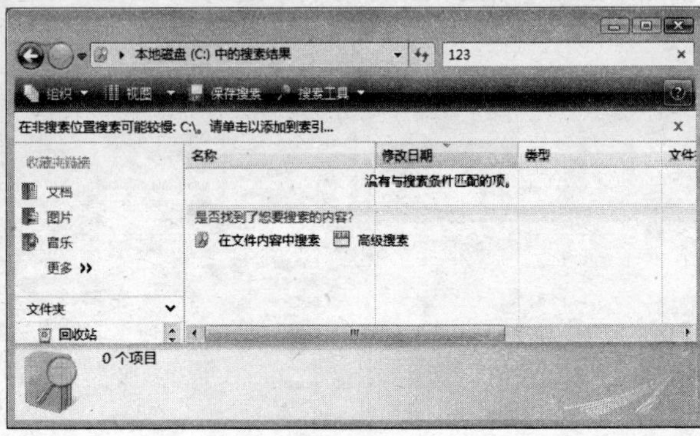

图 4-14

需要注意的是，窗口中的“搜索”功能并不会自动去搜索整个计算机。它仅会搜索当前路径和索引位置中的所有文件/文件夹。如果已经对文件夹视图进行筛选（如仅显示特定作者创建的文件），则“搜索”框仅在所限定的视图中进行搜索。

关于搜索功能的完整应用知识，请见本章 4.4 节的相关内容。

5．工具栏

工具栏位于地址栏的下方，它由很多图标按钮组成。每一个按钮都代表了一个操作命令，将鼠标指针停留在按钮上就会出现按钮的作用说明文字，单击按钮即可执行对应的功能。其实，之所以设计工具栏这一功能，是因为大量的菜单中往往只有一小部分是常用的，所以就为这些常用的命令制作了单独的按钮放在工具栏中，这样操作起来会更加方便。

提 示

以前版本的 Windows 中显示在文件夹一侧的任务窗格，现在已经由文件夹顶部的工具栏替代——过去出现在任务窗格中的很多任务现在都出现在工具栏上。

工具栏中的按钮并不总是一成不变，它会根据资源窗格中选择的内容不同来增加/减少按钮。如在选中一个.doc 文件后，工具栏中就会出现一个 Word 程序图标以及“打开”的字样，如图 4-15 所示。

选中视频文件时，则会出现 Windows Media Player 的图标。选中图像文件时，则出现“预览”功能的图标等。

6. 任务窗格

在窗口的左侧是任务窗格（也称导航窗格）部分，它有“收藏夹链接”和“文件夹”两个组成部分。下面，将分别讲解一下两个部分的应用方法。

（1）收藏夹链接

在“收藏夹链接”部分，链接一般总是固定有那么几个内容，即文档、图片、音乐、最近的更改、搜索和公用，如图 4-16 所示。

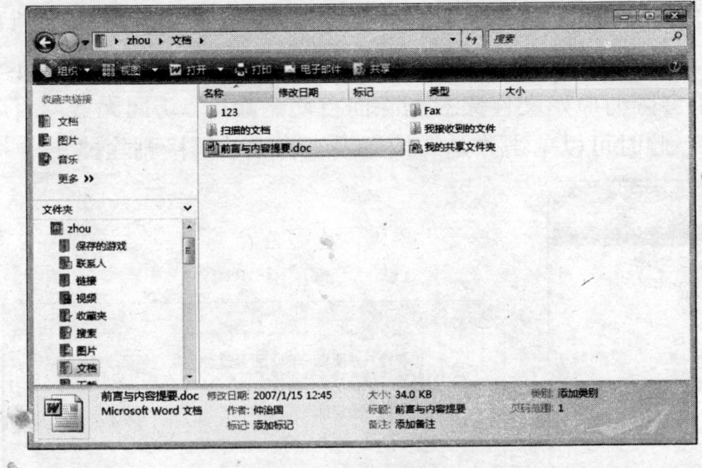

图 4-15

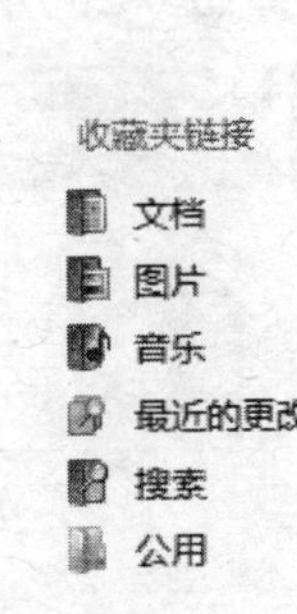

图 4-16

用户可以手工将一些经常访问的路径在这里进行添加或删除，添加的方法很简单。将 C 文件夹添加到“收藏夹链接”列表中，具体操作步骤如下：

01 从“计算机”窗口进入到要添加到“收藏夹链接”的内容存储路径。如要将 C 盘根目录下的 123 文件夹添加到“收藏夹链接”列表，那么就进入 C 盘窗口。

02 单击选中 123 文件夹不放，将其拖动至“收藏夹链接”列表中，如图 4-17 所示。

03 在看到导航窗格中出现一个大的文件夹图标时，松开鼠标左键。此时，在“收藏夹链接”列表中就可以看到新增的项目了，如图 4-18 所示。

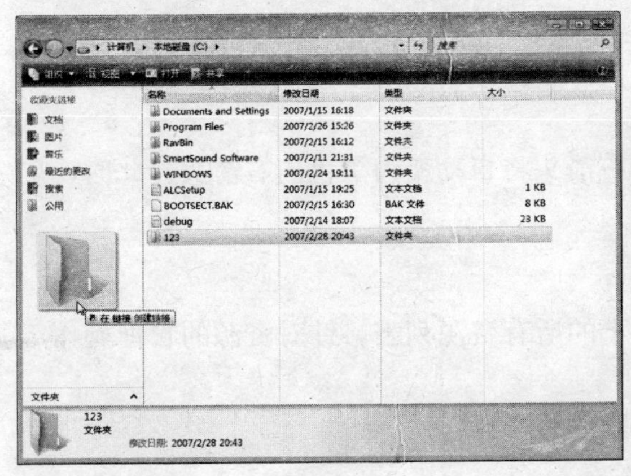

图 4-17

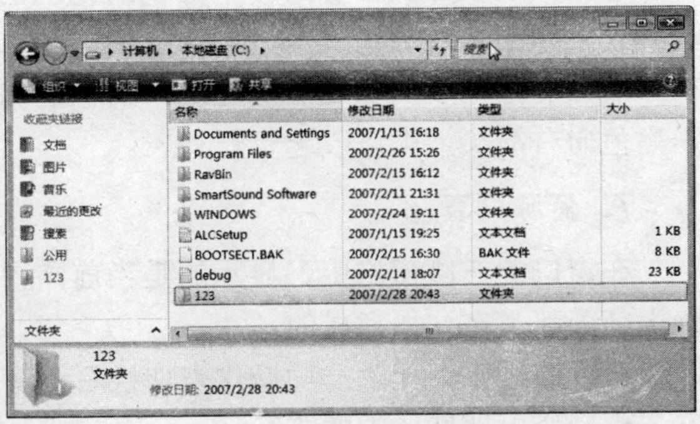

图 4-18

提 示

收藏项目的位置可以任意上下调整，调整的方法很简单，只需选中要调整位置的项目并上下移动即可。

04 在任意资源窗口中单击“收藏夹链接”列表中的 123 这个项目名称，即可使当前窗口跳转到 123 文件夹窗口。

05 如果在过了一段时间后，需要将 123 这个项目从“收藏夹链接”列表中删除。只需在任意窗口右击 123 这个项目，从弹出的菜单中单击“删除链接”项即可，如图 4-19 所示。

自行添加的收藏项目，并不会因为原始文件夹被删除而自动删除掉。访问无效项目时，会弹出如图 4-20 所示的提示框，此时可以单击“是”按钮手工将无效链接删除掉。

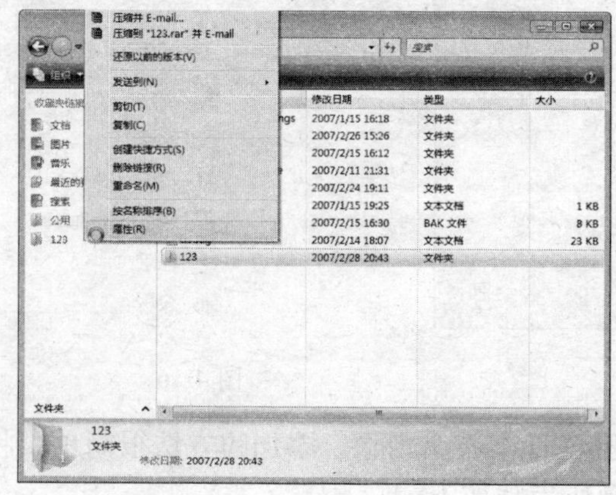

图 4-19

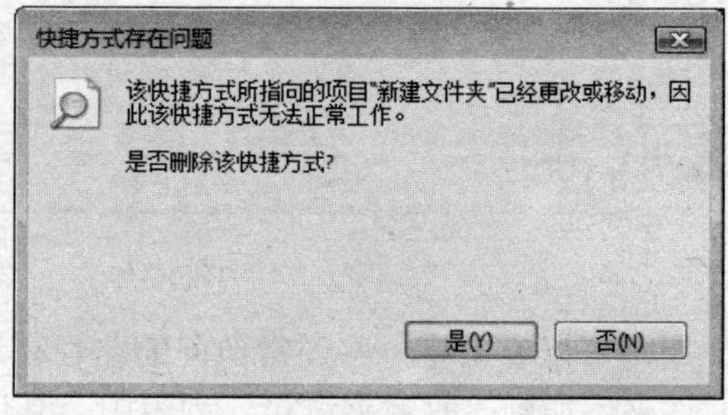

图 4-20

（2）文件夹

文件夹中的项目列表显示状态，会随着右侧窗格中访问路径的变换而发生变化。文件夹列表默认处于隐藏状态，我们需要单击“文件夹”名称右侧的向上箭头让其显示出来。反之，如果希望其隐藏起来，只需单击向下箭头即可，如图 4-21 所示。

在文件夹列表中，单击任意一个项目名称（如本地磁盘（C:）），右侧窗格的显示内容将自动进行切换。

在列表项的左侧会看到一个向右的白色箭头，单击该箭头可以展开该项目下的所有资源列表，如图 4-22 所示。

展开资源列表的项目名称左侧，白色的向右箭头将自动变为黑色向右箭头。此时，单击黑色向右箭头，可以收起资源列表。

7. 资源列表

在窗口的右侧窗格中，显示的是当前路径下的所有资源列表。针对资源的管理操作，绝大部分都是在这里完成的。

可以通过以下任意一种操作来切换右侧窗格中的内容。

- 变更地址栏中的路径。
- 通过窗口左上角的导航按钮及其访问列表进行变更。

- 单击“收藏夹链接”列表中的项目名称。
- 单击“文件夹”列表中的项目名称。
- 双击右侧资源列表窗格中的资源（如盘符、文件夹）名称。

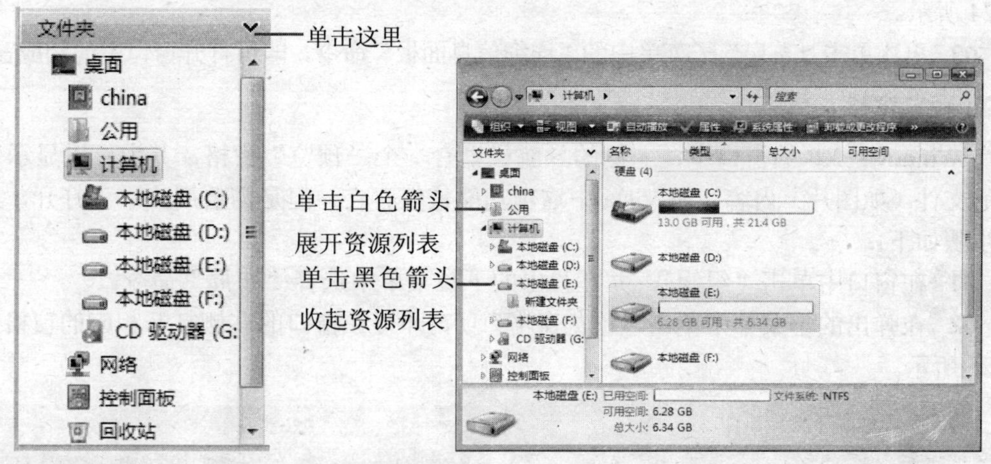

图 4-21　　　　图 4-22

8．状态栏

“状态栏”总是处于窗口最下方，在 Vista 中的标准称呼为“详细信息面板”。它用于显示当前窗口或选中的资源状态，如打开一个窗口后，在没有选中右侧窗格中的任意资源时，状态栏就会显示当前窗口中共有多少个对象。

当然“计算机”窗口的状态栏，默认显示的内容会略有不同——它显示的是当前计算机的简要硬件信息。在选中一个文件/文件夹后，会显示该文件/文件夹的一些简要属性，如图 4-23 所示。

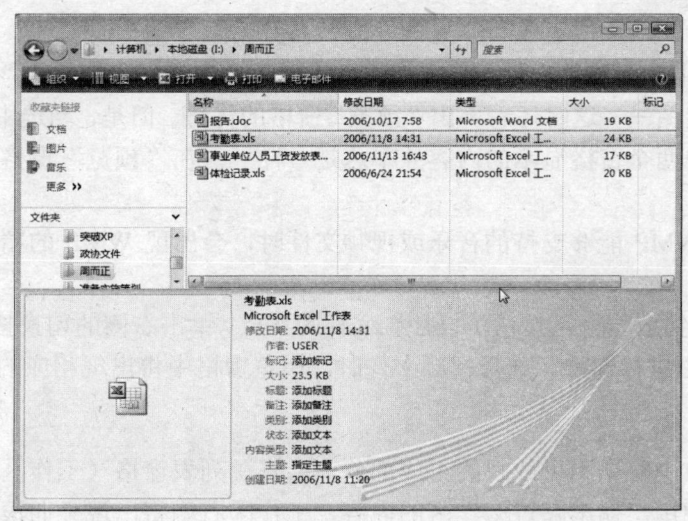

图 4-23

当鼠标箭头停留在窗格边缘处变成一个双向箭头时，用户可以拉高、降低“详细信息面板”的高度。

控制“详细信息面板”窗格的开启与关闭，具体操作步骤如下：

01 在窗口中单击“组织”，并在弹出的下拉菜单中选择“布局”命令。

02 从弹出的子菜单中选择“详细信息面板”命令，即可关闭窗口中的相应窗格，如图 4-24 所示。

03 再次单击“布局”子菜单中的“详细信息面板”命令，即可打开窗口中的相应窗格。

9. 预览窗格

在 Windows XP 的窗口中，左侧的导航栏里有一个“预览”窗格，其中可以显示当前选中的文件（如图片）内容。在 Vista 中这项功能依然存在，但是需要用户手工打开，具体操作步骤如下：

01 在窗口中单击“组织”，并在弹出的下拉菜单中选择“布局”命令。

02 在弹出的子菜单中单击“预览窗格”项，即可在窗口的右侧打开相应的窗格，如图 4-25 所示。

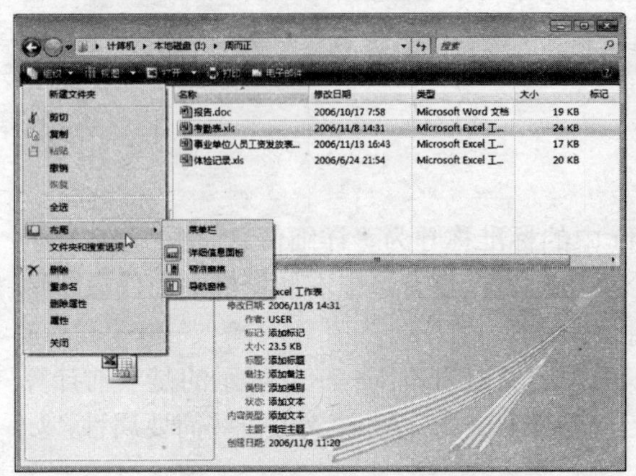

图 4-24

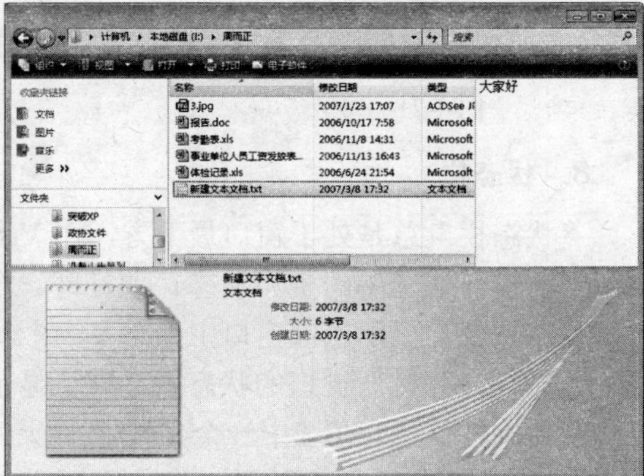

图 4-25

03 单击选中一个图片文件时，在“详细信息面板”窗格和右侧的“预览”窗格中都将出现图片的缩略图——这时还看不出“预览”窗格的优势。但是，当选中一个文本或.doc 文件时，就会发现两个窗格显示的内容并不总是一样——在“预览”窗格中显示的是文件的内容。

在选中一个 WMP 能够支持的音乐或视频文件时，会出现 WMP 的精简播放界面，如图 4-26 所示。

单击中间的“播放/暂停”按钮可以控制文件的播放，单击右侧的切换按钮可以在 WMP 的完整/精简模式中进行切换。选择视频文件时，预览窗格中将出现相应的视频内容。

10. 滚动条

滚动条是窗口中一个不可或缺的组成部分，当资源列表窗格（工作区）不能完全显示内容时，为了方便用户调出超过工作区的内容，工作区右侧将出现竖向滚动条，或是下方将出现水平滚动条，如图 4-27 所示。

图 4-26

图 4-27

将鼠标指针停留在滚动条上方后，按住鼠标左键不放并上下移动竖向滚动条可以上下滚动显示内容，按住鼠标左键不放并左右移动水平向滚动条可以左右滚动显示内容。

Vista 中，这项功能得到了进一步的增加。在滚动条的上方右击，从弹出的菜单中会看到一些新的功能，如图 4-28 所示。

- 滚动至此：当前鼠标箭头在什么位置，滚动条就会移动到何处。
- 左边缘：将滚动条移动到窗格的最左侧。
- 右边缘：将滚动条移动到窗格的最右侧。
- 向左翻页：当内容特别多时，可以按“页”的宽度对滚动条向左进行移动。
- 向右翻页：当内容特别多时，可以按“页”的宽度对滚动条向右进行移动。
- 向左滚动：每单击此项一次，滚动条就会向左移动一点。
- 向右滚动：每单击此项一次，滚动条就会向右移动一点。

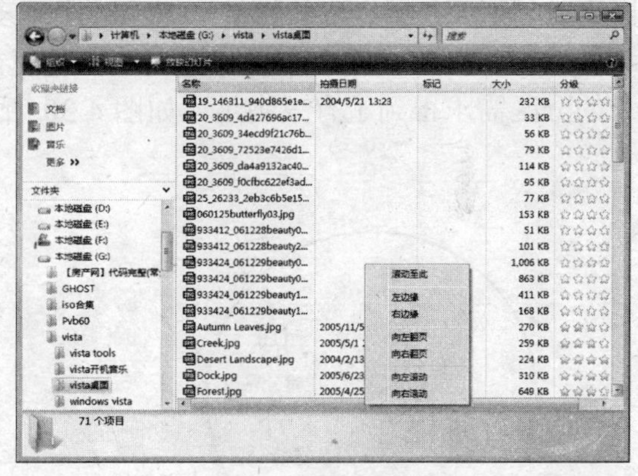

图 4-28

4.2 磁盘管理

在 Vista 中可以将磁盘分成基本磁盘（Basic Disk）和动态磁盘（Dynamic Disk）两种。在基本磁盘中，分区（在“动态磁盘”中称为卷）是硬盘上的一个区域，用户可以使用 FAT 32、NTFS 文件系统对分区/卷进行格式化，并使用字母表中的字母对其进行盘符标识，如 C 盘分区/C 卷、D 盘分区/D 卷等。

4.2.1 基本常识

在对基本磁盘和动态磁盘进行管理之前，先来了解这两种磁盘的基本知识。

1．基本磁盘

在 DOS、Windows 9X/NT 等操作系统中使用的磁盘皆为基本磁盘。Windows XP/2003/Vista 在安装时默认也是使用基本磁盘。基本磁盘的使用，必须先以 Fdisk 等磁盘分区工具对磁盘的空间进行划分，如划分成一块或多块空间。这些磁盘分区的信息均保存在分区表（Partition Table）中，每个基本磁盘都需要有一份分区表。因为分区表最多只能记载 4 笔磁盘分区记录，因此基本磁盘上最多只能够建立 4 个主分区。

基本磁盘的分区类型，可以分为主分区（Primary Partition）、扩展分区（Extended Partition）和逻辑分区（Logical Partition）3 类。按微软的设计，主分区能够被激活，这个分区将会被用来引导系统。扩展分区本身并不能直接用来存放数据，从扩展分区中进一步分割出来的逻辑分区才能用于存储数据。如果将逻辑分区比作房间，那么扩展分区就好比客房区，包括若干个房间（逻辑分区），如图 4-29 所示。

那么，为什么不是直接使用多个扩展分区，而是偏要在扩展分区中再进行一个或多个逻辑分区的创建呢？这是因为分区表最多只能够记载 4 笔分区记录，所以每个硬盘的分区只可以被分成以下情况：

- 4 个主要磁盘分区，没有扩展分区。
- 3 个主要磁盘分区加 1 个扩展分区。

显然，4 个分区是很难满足需求的。由于用来启动操作系统的主分区是必须要存在的，且为了最大程度保留主分区的可用数量，所以，同样占用了分区表一笔记录位置的扩展分区就被“架空”了，它被设计成了由一个或多个逻辑分区“实体”组成的“概念”型分区。这种皆大欢喜的“欺上瞒下”型设计，既使得分表区的记录容量能够得以保证，又能使用户的分区需求得到了有效满足，如图 4-30 所示。

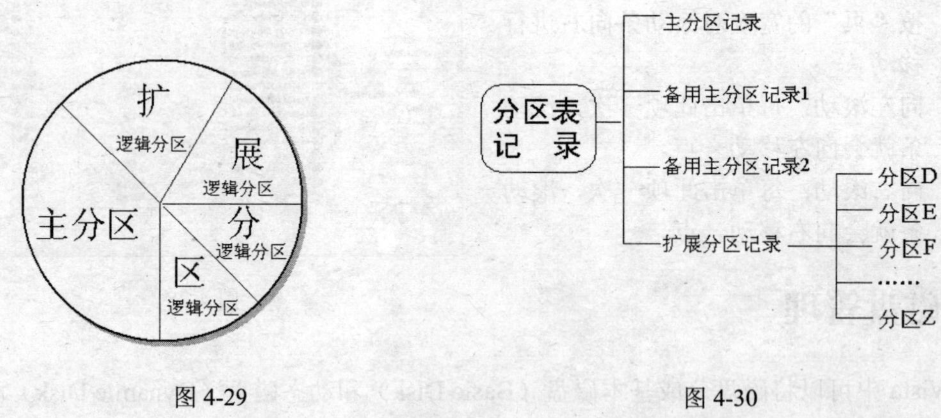

图 4-29　　　　图 4-30

虽然可以创建多个主分区，但大多数情况下，用户都是只创建出一个主分区（C 盘）和一个扩展分区（由于是概念型分区，所以不分配实际的分区号），并在扩展分区中创建出 D~Z 这个字母范围的逻辑分区。在多操作系统的安装中，通常每个系统都各占一个分区，例如 Windows 98 安装在 C 盘，Vista 就应安装在 D 盘或 E 盘，这样才能让两个或多个操作系统之间不至于出现管理混乱的局面。

说到这儿，也许有的读者会困惑：既然主分区是用于启动操作系统的，那为什么操作系统又可以在不是主分区的逻辑分区上安装并使用呢？按道理来说，只有安装在主分区的操作系统才可以启动呀！因此，除去了占用一份分区记录的扩展分区后，只剩3个主分区记录可用，这样应该只能安装3个操作系统才对呀！

没错！这个理论是正确的！但是，为了突破这个限制，负责启动操作系统的主分区被设计成了允许多个操作系统的启动文件同时存在的状态——这和一道锁（主分区）可以由多把钥匙（不同操作系统存放在主分区中对应的启动文件）打开是一样的。但是，由于一道锁同一时间内只能插进一把钥匙，所以在硬盘的不同分区内，虽然可以安装不同的操作系统，但在同一时间内只能有一个操作系统处于运行状态，这时我们可以将处于运行状态的操作系统所在分区称为活动分区，其他的分区称作非活动分区。

因为所有的操作系统启动文件都是存放主分区上的，所以当主分区（如C盘）一旦被格式化等操作破坏了启动文件后，将会直接导致所有分区中的操作系统都将无法启动成功。

提示

在 Vista 中，使用“磁盘管理”工具在基本磁盘中创建的分区，前3个会自动为主分区，第4个及以后创建的分区会自动为逻辑分区。

2. 动态磁盘

微软从 Windows 2000 开始推出了动态磁盘，后续的 Windows XP/2003/Vista 也都支持动态磁盘。为了与基本磁盘有所区分，在动态磁盘上并不使用“磁盘分区”技术，而是使用“卷”（Volume）取而代之。“卷”代表动态磁盘中的一块存储空间，它的使用方式与基本磁盘的分区相似，都可以被指派磁盘驱动器号，同样也必须先经过格式化才能够保存数据。

使用动态卷有如下几个方面的优点：

一是卷数目不受限制。由于动态磁盘不使用分区表，而是将相关信息记录在一个小型的数据库中，因此动态磁盘可以容纳4个以上的卷。

二是同一计算机上的动态磁盘都会复制彼此的数据库属性，提高了容错能力。

三是可以动态调整卷。动态磁盘中建立、删除卷等操作，绝大多数不需要重启计算机就能使设置生效。

四是只要在动态磁盘中还有未配置的存储空间，便可以将这些空间并入现有的卷，从而实现卷存储空间的轻松添加（但不能够缩小）。

3. 文件系统

分区/卷是计算机中用于组织硬盘上数据的基本结构，无论是新旧硬盘的分区/卷，都需要为其指定一个文件系统，然后才能开始存储数据。在 Vista 中，通常都是使用 NTFS 或 FAT32 文件系统。我们可以把分区看成是“保险箱”，把文件系统看成是“保险箱级别”，在使用高安全级别的保险箱（NTFS）时，分区可/卷已享受到各种高级的安全设计，而使用仅拥有基本功能的保险箱（Fat32）时，分区/卷说穿了也就仅仅是个存储数据的“箱子”而已。

（1）NTFS

NTFS 是 Vista 的首选文件系统，事实上——Vista 必须安装在使用 NTFS 文件系统的分区中。与 FAT32 文件系统相比它有许多优点，其中包括：

- 能够从某些与磁盘相关的错误中自动恢复，而 FAT32 不能。
- 改善了对较大硬盘的支持，如分区中允许单个文件的大小超过 4GB。
- 由于可以使用权限和加密功能来限制许可用户访问特定文件，因此安全性更好。

（2）FAT32

FAT32 以及更少使用的 FAT 用于早期版本的 Windows 操作系统，包括 Windows 95、Windows 98 和 Windows ME。FAT32 不具有 NTFS 提供的安全性，因此如果计算机上有 FAT32 分区或卷，则意味着计算机中的任何用户都可以读取上面的文件。

此外，使用 FAT32 文件系统的分区还对创建的分区大小、存储的单个文件大小进行了限制——理论上是不能（实际上是可以的）创建大于 32GB 的 FAT32 分区，也不能在使用 FAT32 文件系统的分区中存储大于 4GB 的单个文件。

如果当前计算机处于一个局域网络中，它需要经常被安装了 Windows 9X/ME 的用户访问，那么推荐当前计算机至少要有一个使用 FAT32 文件系统的分区，这样对于老版本的计算机来说，可以提供宽松的访问环境。

（3）将硬盘或分区转换为 NTFS 文件系统

如果将计算机中的分区改用 NTFS 文件系统，根据实际情况的不同可以使用两种方法：一是如果要转换为 NTFS 的分区中没有数据时，可以直接使用格式化的方法。二是如果要转换为 NTFS 的分区中有数据时，可以使用 Convert 命令来完成这项任务，具体操作步骤如下：

01 在 Vista 中退出所有涉及到要转换文件系统分区的程序和数据编辑状态。

02 在其他分区剩余空间足够的情况下，尽可能地将要转换分区中的重要数据进行复制备份，以防万一在文件系统的转换过程中导致数据受损——虽然使用 Convert 命令转换分区的文件系统并不会导致数据的丢失或受损。

03 单击“开始”按钮，并在弹出的“开始”菜单中选择“所有程序”→“附件”命令。接着右击“命令提示符”项，并在弹出的菜单中单击“以管理员身份运行”项，如图 4-31 所示。

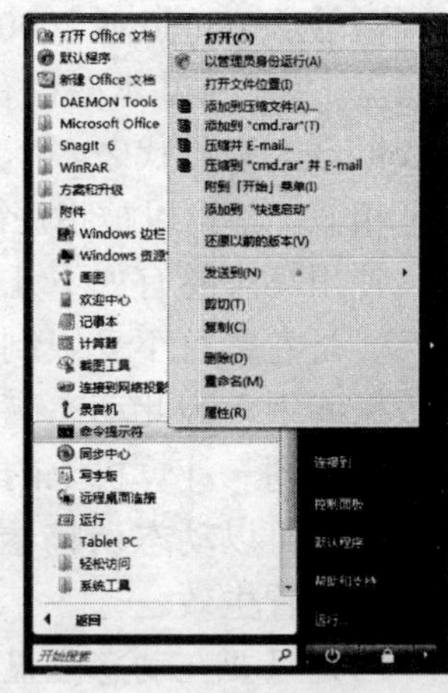

图 4-31

提 示

如果当前登录到 Vista 的账户是非管理员级别的，那么系统将会提示输入管理员密码方可进行此项任务。

04 在随即弹出的“命令提示符”窗口中，输入 Convert Drive_letter:/fs:ntfs（其中的 Drive_letter 是要转换的驱动器号）命令并按 Enter 键。如输入 Convert E:/fs:ntfs 命令会将分区 E 转换为 NTFS 格式，如图 4-32 所示。

05 转换文件系统的操作是全自动执行的。耐心等待结束即可。

注 意

将分区转换为 NTFS 后，无法再将其转换回来。如果要在该分区上重新使用 FAT 32 文件系统，则需要重新格式化该分区，这样会擦除其上的所有数据。

（4）将硬盘或分区转换为 FAT32 文件系统

首先必须以管理员身份登录 Vista，才能执行此项任务。其次，将硬盘分区/卷从 NTFS 文件系统转换为 FAT32 文件系统，需要重新格式化分区，这样将会破坏其上的所有数据。因此，在执行文件系统的转化操作之前，需要确保已备份好所有要保留的数据，然后再开始转换，具体操作步骤如下：

01 在“计算机”窗口中右击右侧资源列表窗格上方的标签，从弹出的菜单中选择“文件系统”命令，如图 4-33 所示。

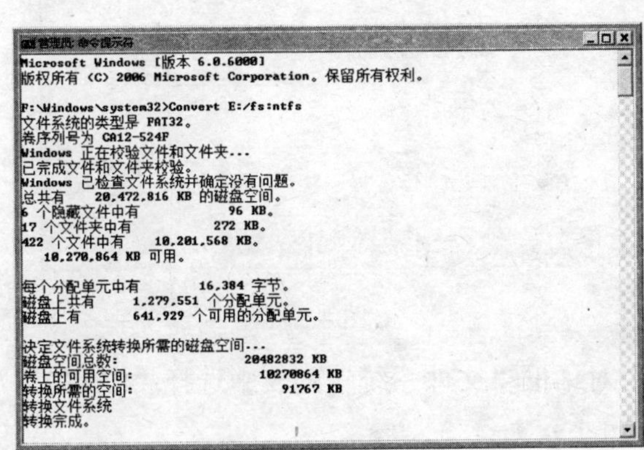

图 4-32

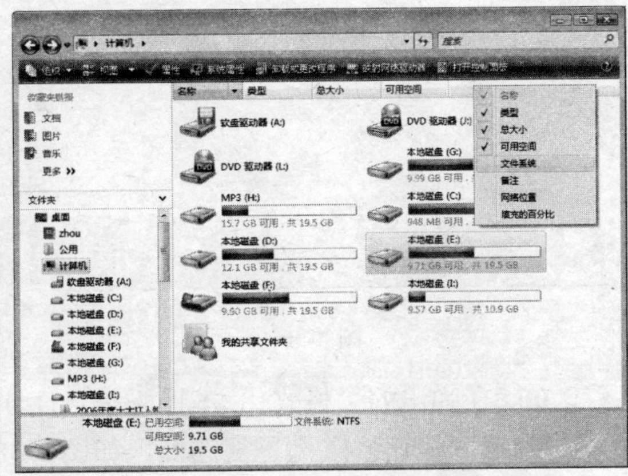

图 4-33

02 单击“文件系统”标签右侧的向下箭头，并在弹出的下拉列表中选择“分组”命令，如图 4-34 所示。

03 可以看到以文件系统为单位的分组排序方式，如图 4-35 所示。这时可以清楚地看到哪些分区使用了 FAT32 文件系统，哪些是使用了 NTFS 文件系统。

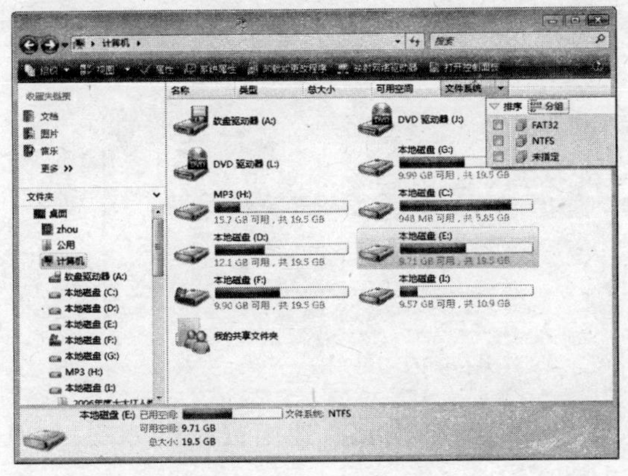

图 4-34

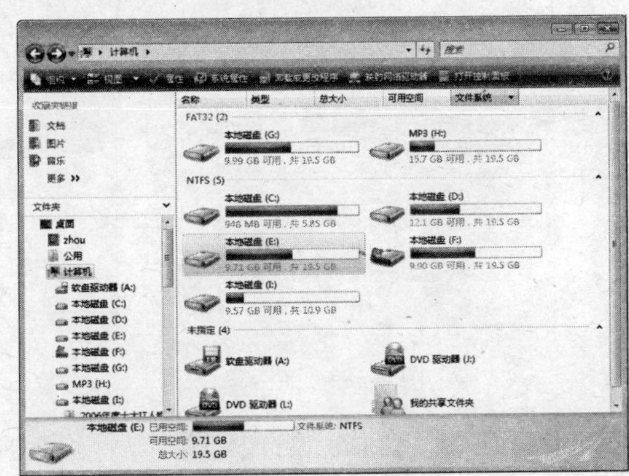

图 4-35

提示

也可以在分区的属性对话框中，看到所选分区使用的文件系统。

04 右击要进行格式化操作的分区，在弹出的菜单中选择“格式化”命令，如图 4-36 所示。

05 在弹出的“用户账户控制”提示框中，单击“继续”按钮表示确认此操作是由当前管理员发起的，如图 4-37 所示。

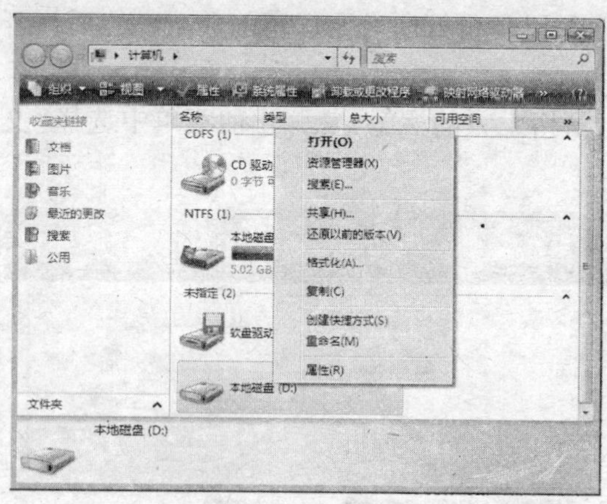

图 4-36

图 4-37

06 在弹出的“格式化 本地磁盘（D:）”对话框“文件系统”列表中选择“FAT32”项后，勾选“快速格式化”复选框，如图 4-38 所示。

07 单击“开始”按钮，在随即弹出的提示框中单击“确定”按钮，如图 4-39 所示。

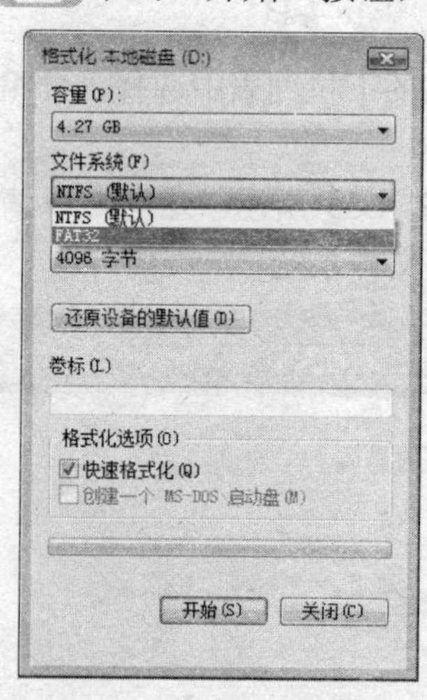

图 4-38

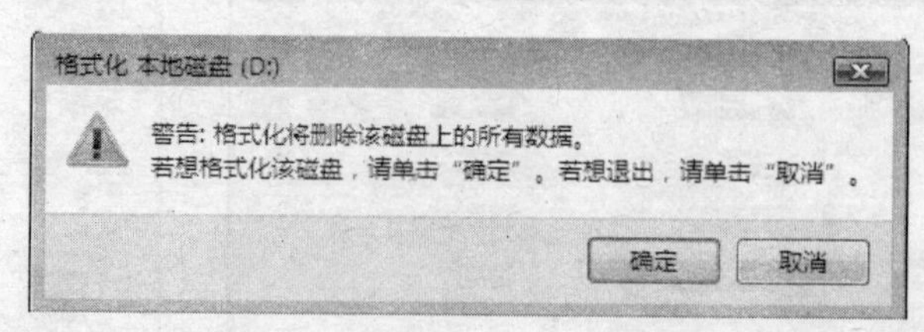

图 4-39

08 在确认要执行格式化操作后，耐心等待格式化操作完成，弹出提示框如图 4-40 所示。

09 单击“确定”、“关闭”按钮关闭各级窗口，即可结束分区的格式化操作。

图 4-40

4.2.2 管理基本磁盘

Vista 默认对所有的硬盘都采用了基本磁盘，所以安装好 Vista 后，系统中所有的现有硬盘都是基本磁盘。

1. 分区的概念

为什么要对磁盘进行分区操作呢？之所以要对硬盘进行分区，是因为有两方面的原因：

一是分区可以让资源的管理更加快捷有序。实际上，分区这个概念出现的根本原因就是为了让原本杂乱无章的资源存放状态可以变得井井有条，特别是在硬盘容量越来越大的今天，它的存在越发显得不可或缺。这就好比一张桌子有十个抽屉用于存放十种不同的东西，那么每种东西的存放和查找都会显得很方便，因为管理和查找的目标进行了细化，减少了盲目查找的概率。

二是由于不同的操作系统需要有不同的文件系统来支持，而文件系统是基于分区存在的，所以需要创建分区并指定分区所使用的文件系统来满足操作系统的安装需要。根据要安装的操作系统数量，通常需要为每个操作系统创建一个专用的分区，并对每个分区指定不同的文件系统来满足每个操作系统的安装需要，如图 4-41 所示。

那么，分区究竟是一个还是几个好呢？这个要根据实际情况来判断。

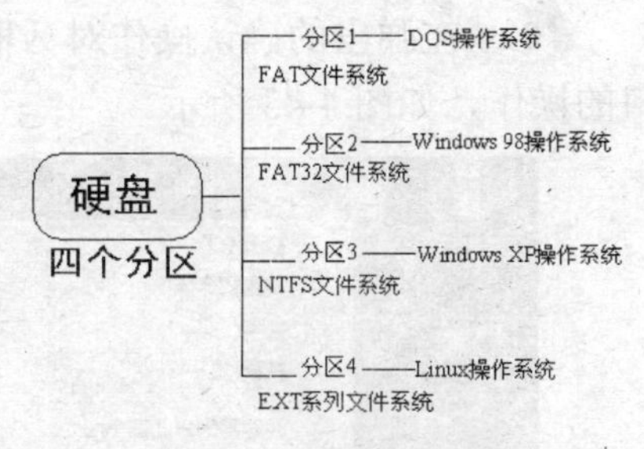

图 4-41

对于准备安装操作系统的磁盘来说，至少要存在一个系统和启动分区，以及一个专门用于存储数据的分区。不将数据与操作系统存放在一起，将有利于数据的存储与操作系统的维护。对于专门存储数据的磁盘来说，如果存储的数据并不复杂且数量也不多，那么可以只使用一个分区。反之，则应建立多个分区，以便分门别类的进行数据存储。

要在 Vista 中进行分区的创建，根据具体情况的不同，通常可以通过如下几种方法来完成：

- 在安装 Vista 时创建：此时可以对硬盘进行完整型的分区创建、删除、格式化操作。
- 在安装 Vista 后创建：在单系统环境中，可以对硬盘中除 C 盘外的任意分区进行创建、删除、格式化操作。
- 在添加新硬盘时创建：此时可以对新硬盘进行完整型的分区创建、删除、格式化操作。

第 1 种方法前面已经讲解过，下面将分别讲解第 2 种和第 3 种在 Vista 中进行创建分区的方法。

2. 在现有硬盘中创建分区

“系统分区”和“启动分区”是 Vista 启动时使用的硬盘分区/卷的名称。当在计算机上安装了多个操作系统（通常称为“双重引导”或“多重引导”配置）时，这些技术术语会显得尤为重要。

系统分区：包含与硬件相关的文件，这些文件会告诉计算机在何处寻找以启动 Windows。

启动分区：包含 Vista 操作系统文件的分区，这些文件通常位于 C:\Windows 文件夹中。

通常，在计算机上只安装一个操作系统时，这两个分区均为 C 盘。如果是多重引导计算机，则会有多个启动分区。如计算机在 C 盘分区安装了 Windows XP，在 D 盘分区安装了 Vista，那么就意味着 C 和 D 盘分区都是系统分区，而且 C 盘分区同时还是一个启动分区——不管是将操作系统文件安装在哪个分区，都必须在 C 盘分区中写入启动文件。

> **提 示**
>
> 在安装了多个操作系统的分区中，当前正在使用的操作系统被称为“活动”分区。如正在使用 Vista 分区，那么安装了 Vista 的分区就是活动分区。

在打开计算机电源时，它将使用存储在系统分区上的信息启动。基于 Windows 的计算机上只有一个系统分区，即使在同一台计算机上安装了不同的 Windows 版本时也是如此。但是，非 Windows 操作使用的是不同的系统文件。

要查明当前计算机中，系统分区和启动分区的位置，具体操作步骤如下：

01 右击桌面上的“计算机”图标，在弹出的菜单中选择“管理”命令，如图 4-42 所示。

02 在弹出的确认操作对话框中，单击“继续”按钮同意执行打开“计算机管理”窗口的操作，如图 4-43 所示。

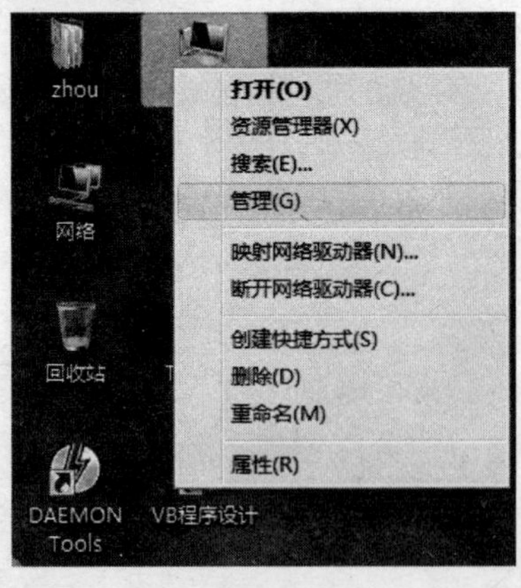

图 4-42

图 4-43

03 打开“计算机管理”窗口，在导航窗格中选择“存储”→“磁盘管理”命令，如图 4-44 所示。

04 在出现的磁盘列表中，可以看到被标识为系统和启动的分区。

“磁盘管理”功能是一种用于管理硬盘及其所包含的分区/卷的系统实用工具。使用“磁盘管理”功能可以初始化磁盘、创建卷以及使用 FAT、FAT32 或 NTFS 文件系统格式化卷。磁盘管理可以使我们无需重新启动系统就能执行与磁盘相关的大部分任务——多数配置的更改可立即生效。

在 Vista 中，“磁盘管理”不但提供了在早期 Windows 版本中的功能，而且还新增了一些功能：

- 更为简单的分区创建。右击某个卷，直接从右键菜单中选择是创建基本分区、跨区分区还是带区分区。
- 磁盘转换选项。向基本磁盘添加的分区超过 4 个时，系统将会提示将磁盘分区形式转换为动态磁盘或 GUID 分区表（GPT）。
- 扩展和收缩分区。可以直接扩展和收缩分区。

如将现有的 D 盘分区删除，并将其划分成两个分区，可以进行如下操作：

01 将 D 盘分区中的所有重要数据使用剪切或复制的方法，备份到其他分区中。

02 从“计算机管理”窗口的导航窗格中选择“存储”→“磁盘管理”命令，在右侧窗格中出现分区列表时，右击 D 盘分区并在弹出的菜单中选择“删除卷”命令，如图 4-45 所示。

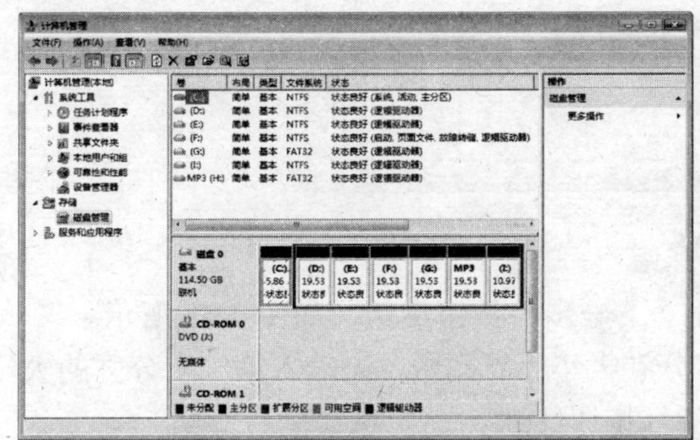

图 4-44

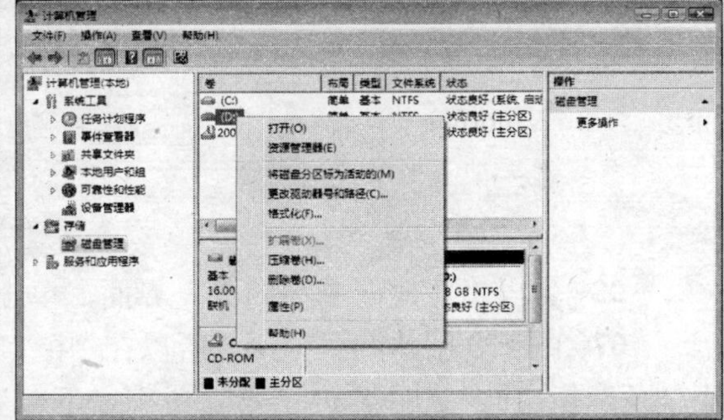

图 4-45

03 在弹出的“删除 简单卷”提示框中，单击“是”按钮，如图 4-46 所示。

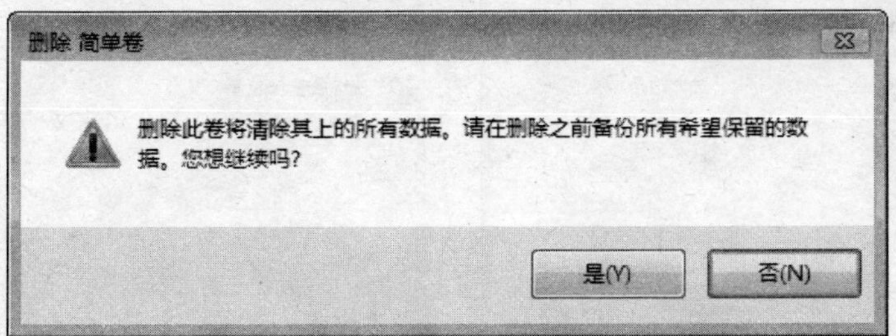

图 4-46

04 在中部下方的“磁盘 0”部分可以看到 D 盘分区的空间已经成为了“未分配”空间，如图 4-47 所示。

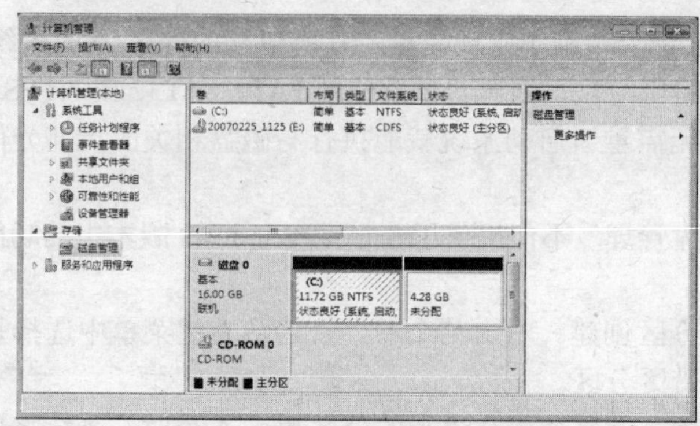

图 4-47

05 右击“未分配”分区，在弹出的菜单中选择“创建简单卷”命令，如图 4-48 所示。

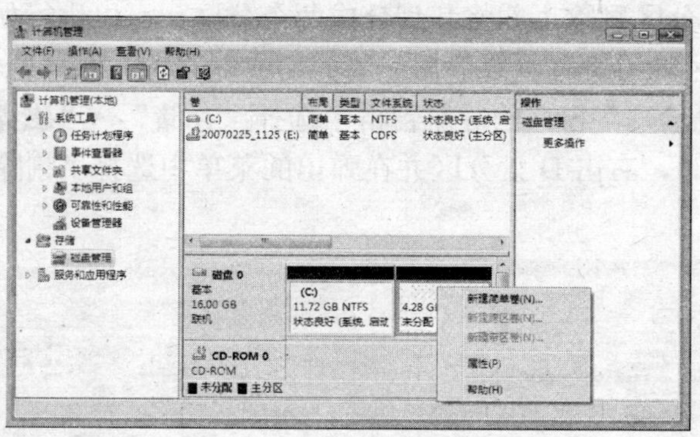

图 4-48

06 弹出“新建简单卷向导”界面，单击“下一步”按钮继续，如图 4-49 所示。

07 由于要创建两个分区，所以在“指定分卷大小”界面中，先输入第一个分区的大小（任意指定），如图 4-50 所示，单击“下一步”按钮继续。

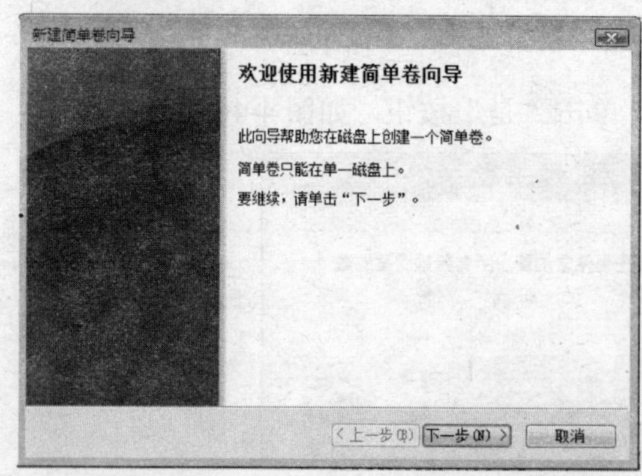

图 4-49

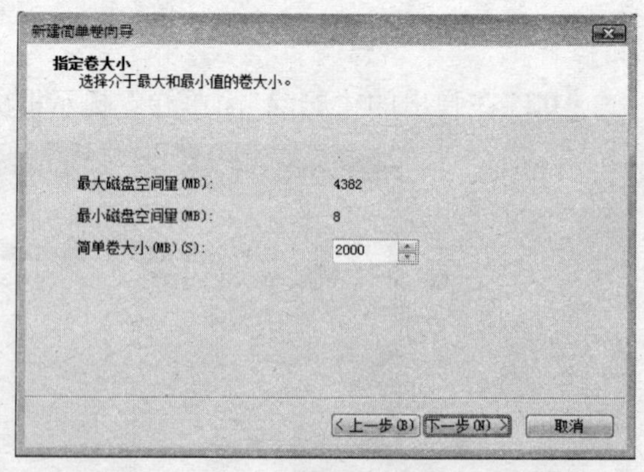

图 4-50

08 在“分配驱动器号和路径”界面中，已经自动指定了一个驱动器号，再单击“下一步”按钮继续，如图 4-51 所示。

09 在“格式化分区”界面，“文件系统”中推荐选择“NTFS”项，如图 4-52 所示。

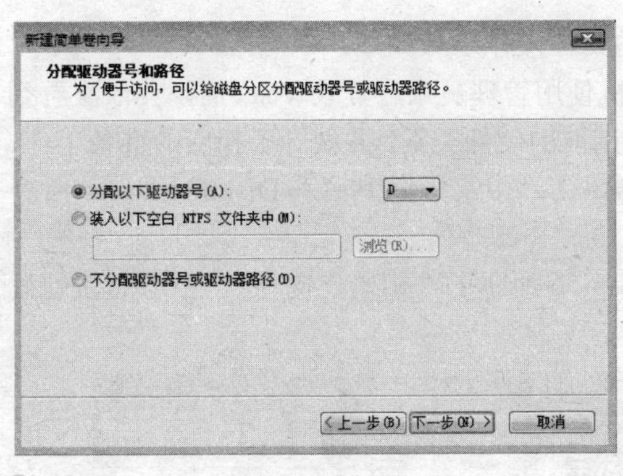

图 4-51

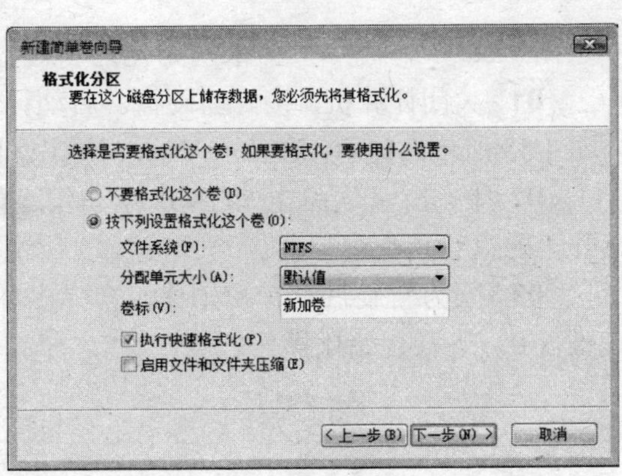

图 4-52

10 勾选“执行快速格式化”复选框后，单击“下一步”按钮进入如图 4-53 所示的界面。

11 单击“完成”按钮关闭向导并返回“计算机管理”窗口后，就可以看到新创建的分区已经能够正常使用了，如图 4-54 所示。

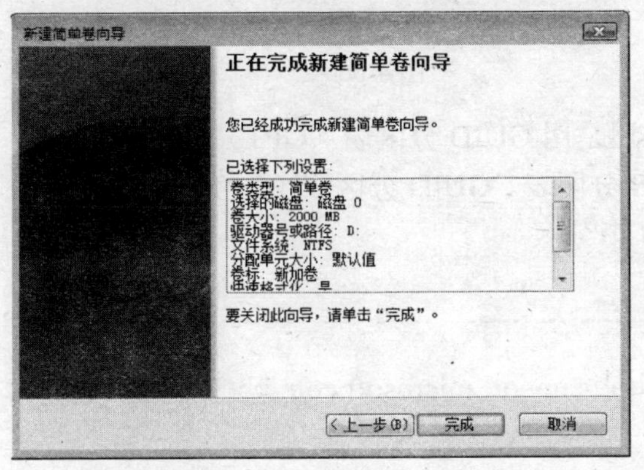

图 4-53

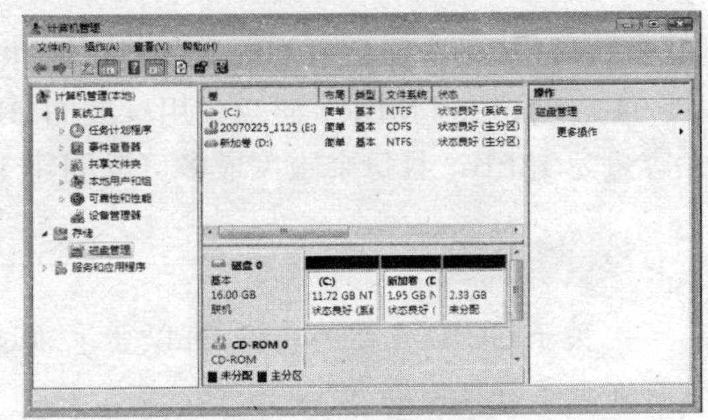

图 4-54

> **提 示**
>
> 完成分区的创建后，右击新创建的分区，在弹出的菜单中选择“重命名”命令，可以对分区进行命名操作。如新建一个专门用于存储电影的分区，就可以命名为“Movie”或“电影”。

12 在“计算机管理”窗口中重复上述的创建分区操作，完成对剩余“未分配”空间进行分区的创建。

3. 在新增硬盘中创建分区

在 Vista 中，添加新硬盘通常会分为“新增一个未初始化的硬盘”和“新增已经初始化的硬盘”两种情况。所谓未初始化硬盘，即是指最原始状态的硬盘，它既不是基本磁盘，也不是动态磁盘，其中不包含任何分区和卷，也没有直接可以使用的任何空闲空间。

在 Vista 中，添加一个未初始化的新硬盘的具体操作步骤如下：

01 关闭计算机，接好新硬盘。启动计算机使用管理员账户登录 Vista 后，会依次看到如图 4-55 所示的提示，这表示 Vista 已经识别了当前的硬件类别，并做好了相应的准备工作。

02 单击“开始”按钮弹出“开始”菜单，在“搜索”栏中输入 Diskmgmt.msc 命令打开“磁盘管理”窗口。

03 因为新硬盘没有初始化，会弹出如图 4-56 所示的“初始化向导”，要求对新硬盘（磁盘 0）进行初始化操作。

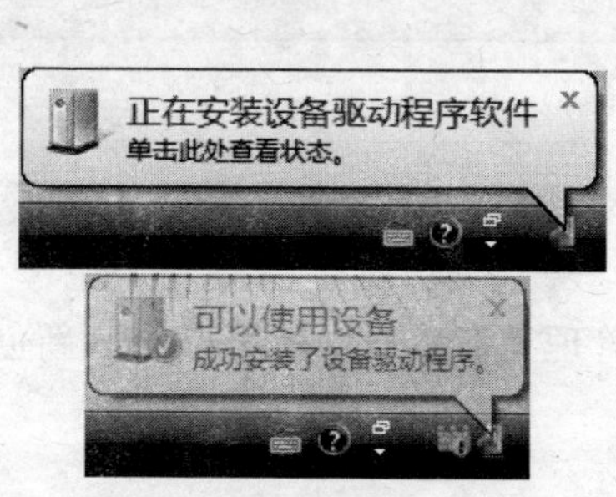

图 4-55

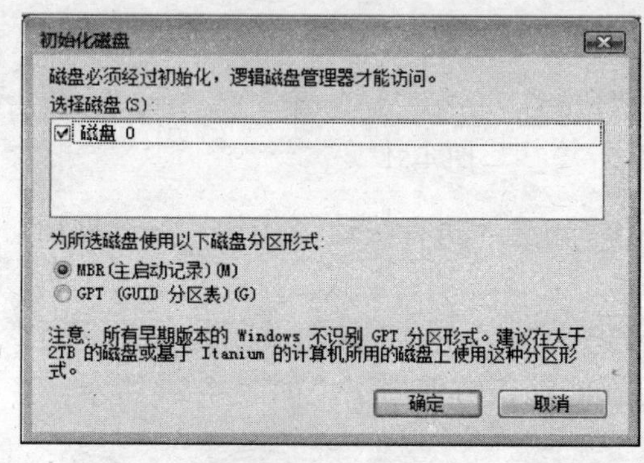

图 4-56

这时，可以选择是用主启动记录（MBR）还是用 GUID 分区表（GPT）分区形式。

主启动记录（MBR）磁盘使用标准的 BIOS 分区表。GUID 分区表（GPT）支持的卷最大容量为 18EB，且每个磁盘最多可以创建 128 个分区。

提 示

关于 GUID 方面的知识，可以登录通过 http://support.microsoft.com/kb/302873/zh-cn 页面查看详细内容。

04 对于普通用户来说，一般选择默认状态即可，单击“确定”按钮继续。新增的硬盘空白已经处于“未分配”状态，这时可以对此硬盘进行分区操作，如图 4-57 所示。

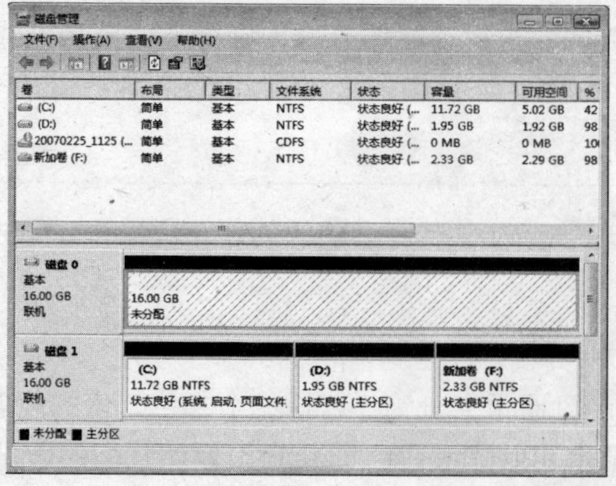

图 4-57

05 如要创建 5 个分区，右击“磁盘 0”右侧的空间分配示意窗格，在弹出的菜单中选择“新建简单卷”命令，如图 4-58 所示。

06 在弹出的“新建简单卷向导”界面中，输入第一个分区的大小，如图 4-59 所示。

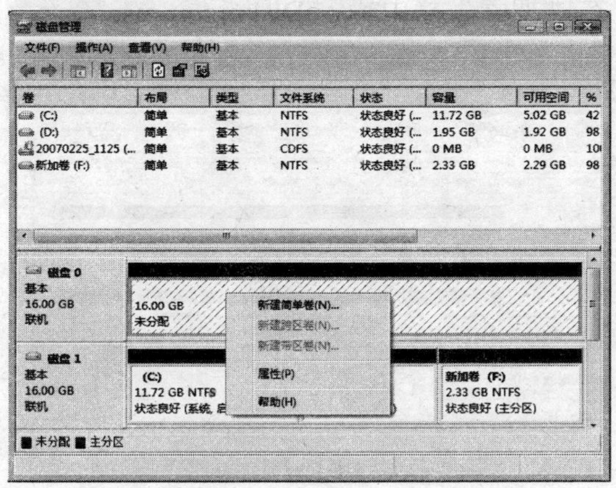

图 4-58

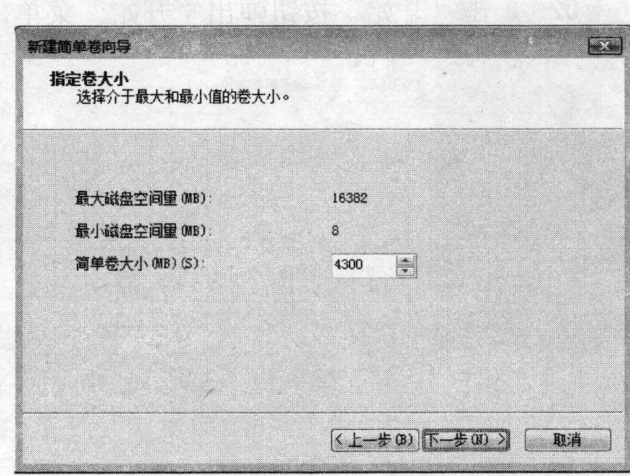

图 4-59

在没有分区信息的硬盘上创建分区，必须先了解主分区和逻辑分区的概念。在 Vista 中从基本磁盘上创建分区时，创建的前 3 个分区是“主”分区，用于安装操作系统。如果要创建 3 个以上的分区，则第 4 个以及后面更多的分区将自动创建为逻辑分区。这些逻辑分区共同组成了扩展分区，扩展分区是可以容纳一个或多个逻辑驱动器的容器。除不能用于启动操作系统之外，逻辑分区的功能与主分区的功能基本相同。

07 在“分配驱动器号和路径”界面中，请记下第 1 个分区的盘符为“F”，如图 4-60 所示。单击“下一步”按钮继续。

08 在“格式化分区”界面中，将“卷标”名称改为“0201”（可选操作，即表示第二块硬盘的第 1 个分区。）后，再勾选“执行快速格式化”复选框，如图 4-61 所示。单击“下一步”按钮继续。

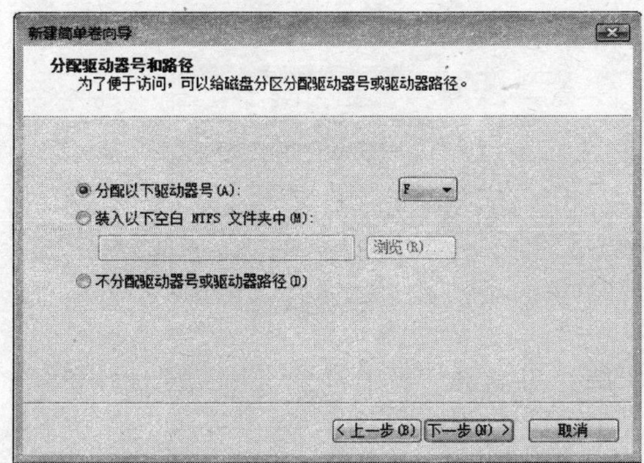

图 4-60

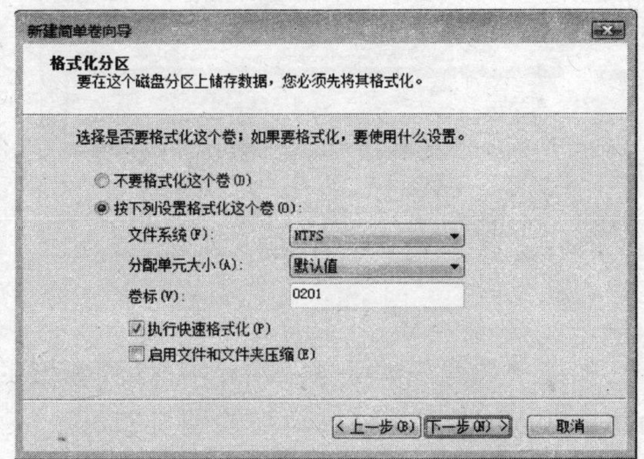

图 4-61

09 在“正在完成新建简单卷向导”界面中，单击“完成”按钮结束分区的创建设置，如图 4-62 所示。

10 返回到“计算机管理”窗口，耐心等待第 1 个分区格式化操作的完成即可，如图 4-63 所示。

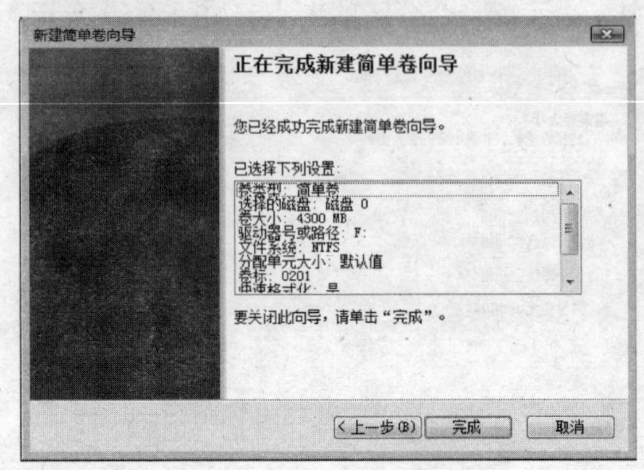

图 4-62

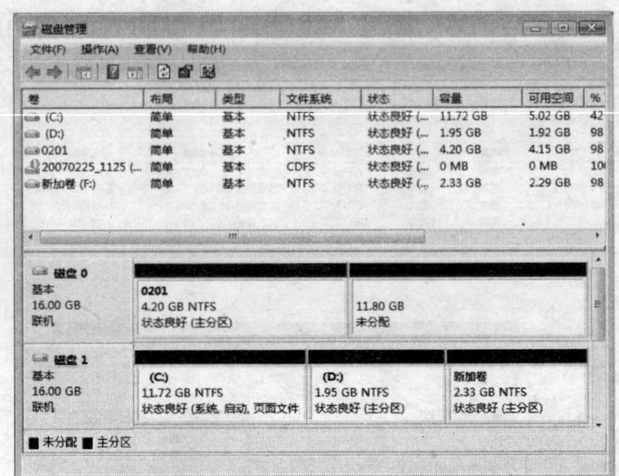

图 4-63

11 重复上述的分区创建操作，创建完成剩余的 5 个分区，并逐个命名为 0202、0203、0204、0205，如图 4-64 所示。

12 在创建的分区中，可以看到前 3 个分区会自动创建为“主分区”，而从第 4 个创建的分区开始，都将自动被创建为“逻辑分区”(也称逻辑驱动器)。

在 Vista 中，添加一个已经初始化的新硬盘的具体操作步骤如下：

关闭计算机，接好新硬盘。启动计算机使用管理员账户登录 Vista，如果新增的硬盘已经进行了初始化，则会直接在“磁盘管理”窗口中显示新增的硬盘，如图 4-65 所示。

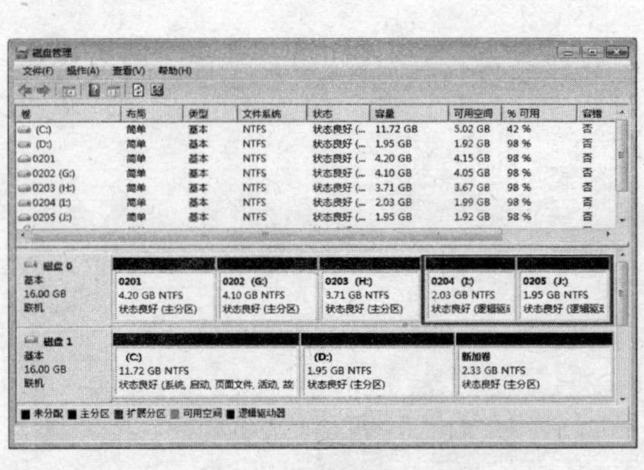

图 4-64

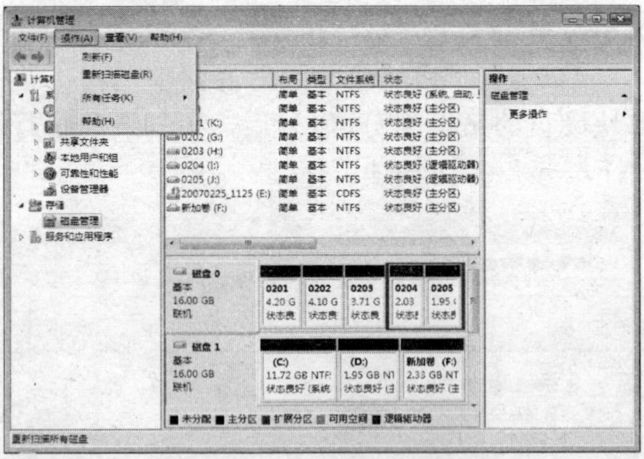

图 4-65

如果“磁盘管理”窗口中没有找到新增的硬盘，可选择“操作”→“重新扫描磁盘”命令，让 Vista 重新扫描新增的硬盘即可。

4.2.3 管理动态磁盘

动态磁盘有多种类型的动态卷，如简单卷、跨区卷、带区卷。动态卷就是动态磁盘中创建的卷。动态卷的概念有些像基本磁盘中的分区，不过在原理和能实现的功能上相差很多。不同的动态卷往往适用于多种不同的场合。动态磁盘具有基本磁盘所不具备的诸多特性，能够更加方便用户对磁盘资源的利用。

1. 建立和删除动态磁盘

Vista 默认对所有的硬盘都采用了基本磁盘，所以安装好 Vista 后，系统中所有的现有硬盘都是基本磁盘。若要建立动态磁盘，必须由基本磁盘转换而来。但是，在转换之前，必须了解以下两点：

- 基本磁盘与动态磁盘之间的转换，是以整块硬盘为单位，不能够只转换某个分区。
- 将基本磁盘转换为动态磁盘时不会损坏原有的数据，但是将动态磁盘转换为基本磁盘，则会破坏原有的数据。

将基本磁盘转换为动态磁盘可以分为两种情况，一是对当前正在使用的、已经安装了 Vista 的硬盘进行转换；二是对新增的硬盘进行转换。

（1）对当前硬盘进行转换

对当前正在使用的、已经安装了 Vista 的硬盘进行转换，可以进行如下操作：

01 单击“开始”按钮，在弹出的“开始”菜单“搜索”栏中输入命令 Diskmgmt.msc 打开“磁盘管理”窗口。

02 在“磁盘管理”窗口下方的驱动器列表“磁盘 0”上方右击，弹出如图 4-66 所示快捷菜单，选择“转换到动态磁盘”命令。

03 弹出如图 4-67 所示的“转换为动态磁盘”对话框，因为默认已经选中了“磁盘 0”，所以直接单击“确定”继续即可。

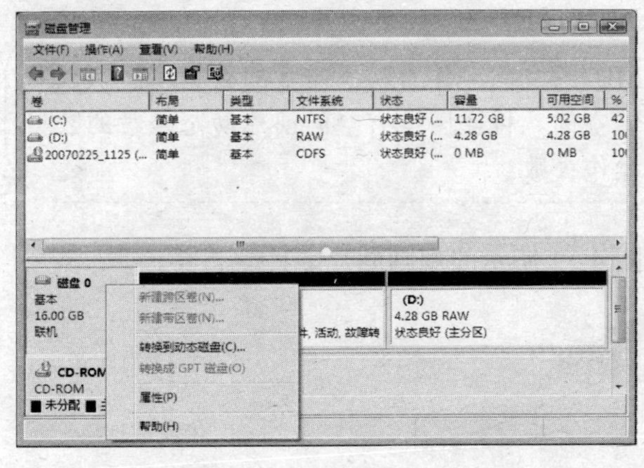

图 4-66

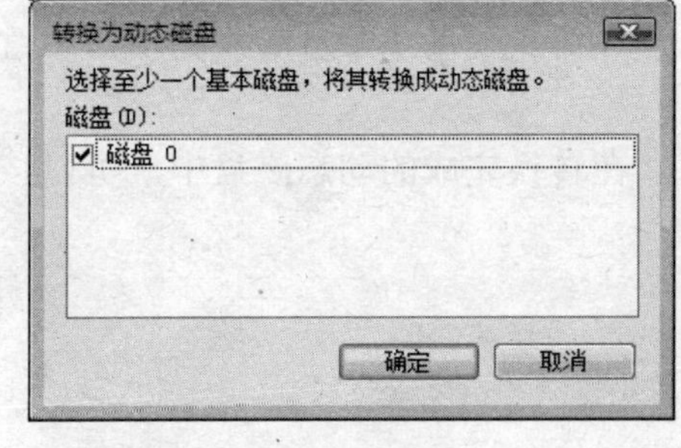

图 4-67

04 在如图 4-68 所示的“要转换的磁盘”对话框中，可以看到选中磁盘包含的分区类型。单击“详细信息”按钮，可以看到要转换的分区列表。

05 单击“转换”按钮，弹出如图 4-69 所示的“磁盘管理”提示框，可以看出硬盘中其他已经安装的操作系统可能会受到影响。确定要转换单击“是”按钮。

06 稍待片刻（无需重启）后，就可以看到选中的“磁盘 0”已经被标识为“动态”磁盘，如图 4-70 所示。

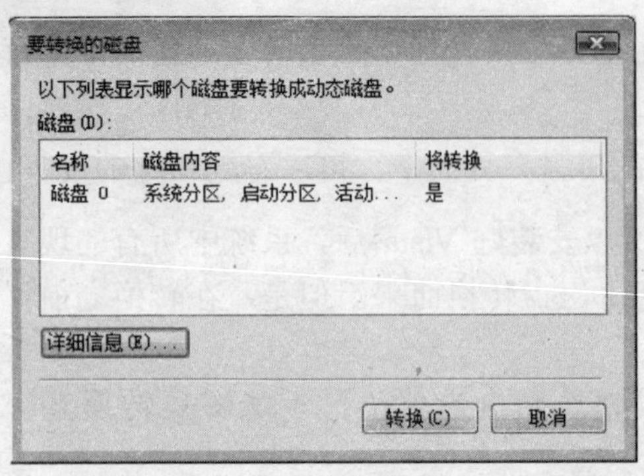

图 4-68

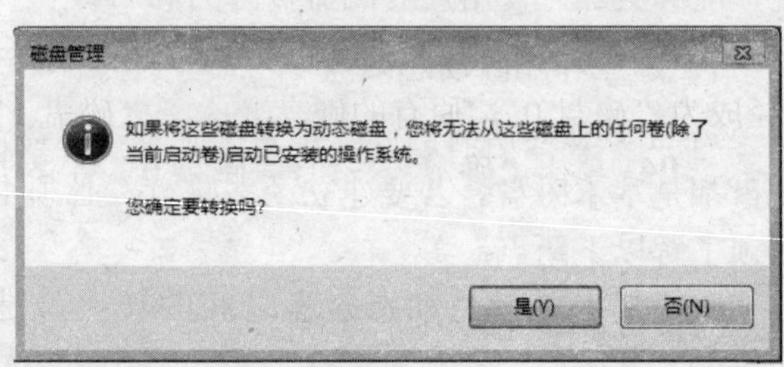

图 4-69

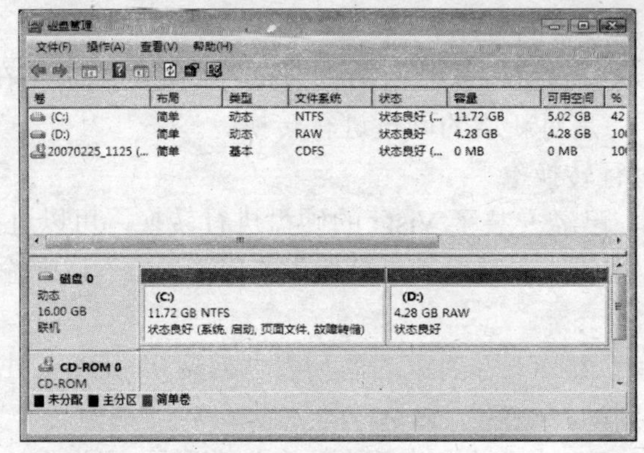

图 4-70

注 意

因为动态磁盘会使用磁盘最后约 1MB 的空间，作为动态磁盘的数据库。所以基本磁盘的磁盘分区若已经用尽所有的存储空间，将会因没有空间创建动态磁盘的数据库，而致使基本磁盘转换到动态磁盘的操作失败。

在转换完成的动态磁盘中，可以按如图 4-71 所示的规则创建多种动态卷。

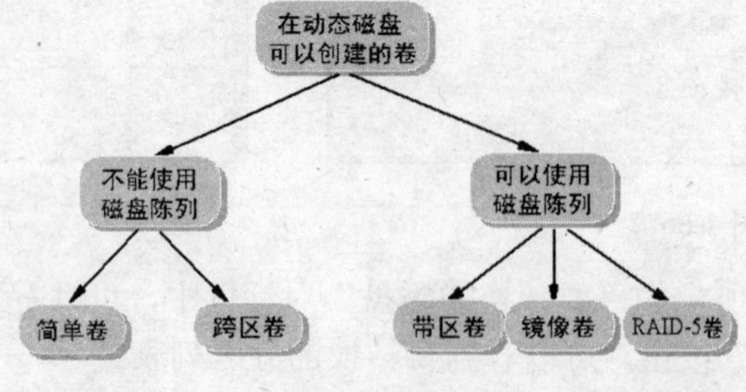

图 4-71

（2）对新增的硬盘进行转换

对于计算机中新添加的硬盘，如果希望将其也转换成动态磁盘，则可进行如下操作：

01 关闭计算机，接好新硬盘。

02 启动计算机，以管理员身份登录到 Vista 的桌面环境，在“开始”菜单的“搜索”栏中输入命令 Diskmgmt.msc 打开“磁盘管理”窗口。

03 在自动弹出如图 4-72 所示的“初始化的磁盘”界面中，可以看到新增的硬盘已经成为“磁盘 0”，原有的硬盘变成了“磁盘 1”。

04 单击“确定”按钮，“磁盘 0”将立即被初始化为基本磁盘。右击“磁盘 0”从弹出的菜单中选择“转换为动态磁盘”命令，如图 4-73 所示。

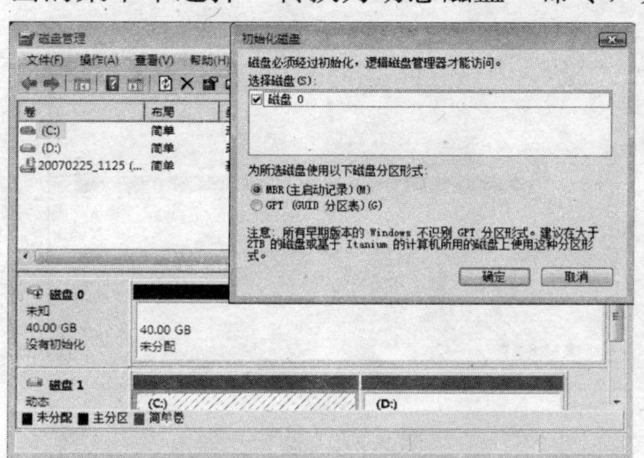

图 4-72

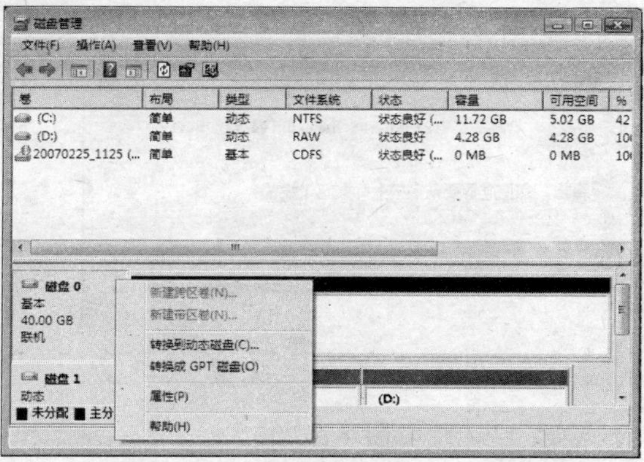

图 4-73

05 在接着弹出的提示框中单击“确定”按钮，无需重启即可将“磁盘 0”转换为动态磁盘，如图 4-74 所示。

在计算机中删除现有的动态磁盘，可进行如下操作：

01 单击“开始”按钮，在弹出的“开始”菜单“搜索”栏中输入 Devmgmt.msc 命令打开“设备管理器”窗口。

02 在“磁盘驱动器”分支中，可以看到有 1 个或多个磁盘，这些磁盘与“磁盘管理”窗口中的多个磁盘是一一对应的，按从上到下的顺序，列表中的第 1 个磁盘就对应了“磁盘 0”，以此类推。

03 要删除动态“磁盘 0”，就右击“磁盘驱动器”分支中的第 1 个磁盘，在弹出的快捷菜单中选择“卸载”命令，如图 4-75 所示。

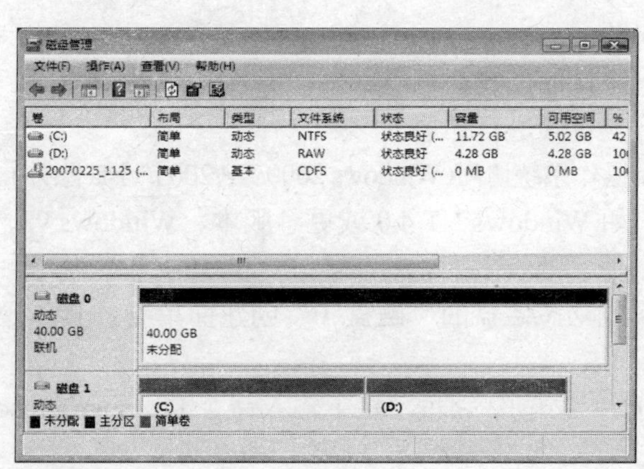

图 4-74

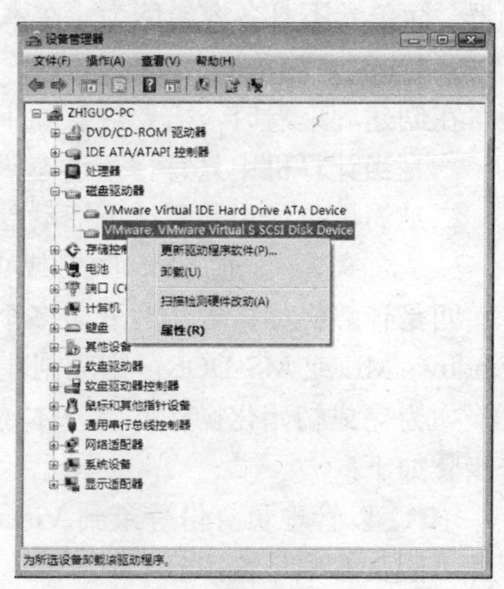

图 4-75

04 如图 4-76 所示，在弹出的提示框中单击“确定”按钮，从系统上卸载设备。再看“设备管理器”窗口的“磁盘驱动器”分支中，选中的“磁盘 0”已经消失。

05 这时，“磁盘管理”窗口中对应的“磁盘 0”信息已经变成了“丢失”和“脱机”，如图 4-77 所示。

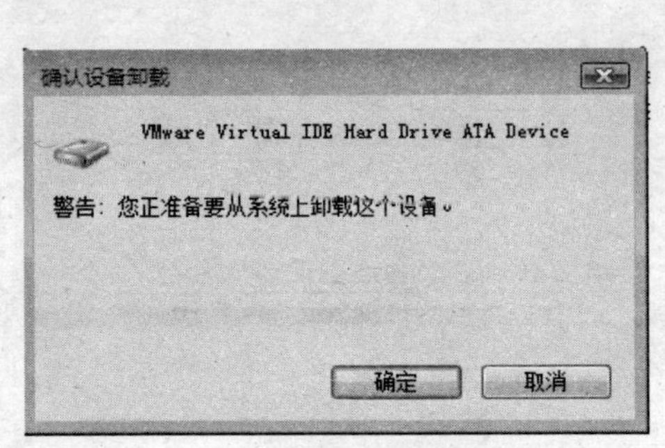

图 4-76

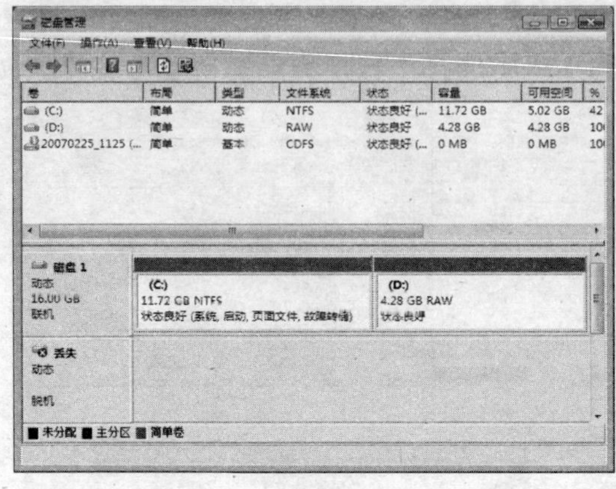

图 4-77

06 关闭计算机并将卸载的硬盘从主机上摘下，即可彻底完成动态磁盘的删除任务。

> **注 意**
>
> 如果动态磁盘受到破坏、断电或断开连接时，会变成“丢失”状态；在因故遇到间歇性磁盘不可使用的状态时，动态磁盘将变成“脱机”状态。当遇到此类情况时，只需在“磁盘管理”窗口中，右击显示为“脱机”磁盘，从弹出的菜单中选择“重新激活磁盘”命令即可。

2. 简单卷应用

简单卷（Simple Volume）是最简单的动态卷，其功能类似于基本磁盘的分区或逻辑驱动器，简单卷不具备容错能力。在本小节中，将讲解简单卷的创建、格式化及删除等操作。

（1）创建简单卷

在创建简单卷时，需要注意如下一些问题：

一是当计算机中只有一个动态磁盘时，将只能创建简单卷。

二是简单卷如果是系统或启动卷，将不能对其进行扩展。

三是简单卷不能通过MS-DOS或Windows操作系统访问（Windows 2000/XP/2003/Vista除外）。

四是计算机如果要同时安装多个系统，如 Windows NT 4.0 或更早版本、Windows 98、Windows ME 或 MS-DOS，则应创建分区而不是动态卷。

如为完成初始化操作并将基本磁盘转换成动态磁盘的“磁盘 0”创建简单卷，具体操作步骤如下：

01 以管理员身份登录到 Vista，在“开始”菜单的“搜索”栏中输入命令 Diskmgmt.msc 打开“磁盘管理”窗口。

02 右击未分配空间的“磁盘 0”，如图 4-78 所示。在弹出的快捷菜单中选择“新建简单卷”命令。

03 在接着弹出的“新建简单卷向导”中，在进入到“指定卷大小”界面时，在“简单卷大小”栏中输入要创建的第一个卷的大小数字，如图 4-79 所示。

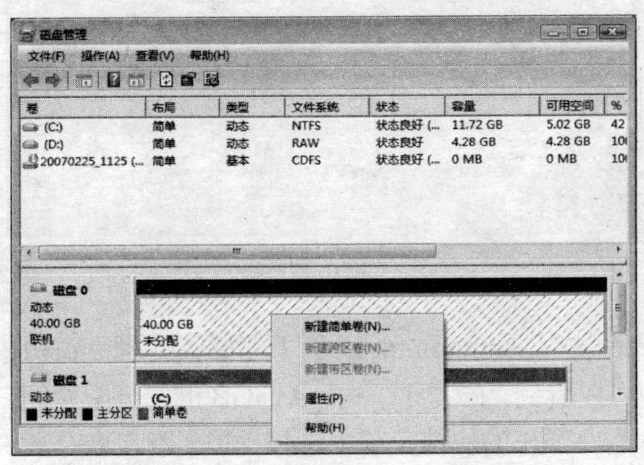

图 4-78

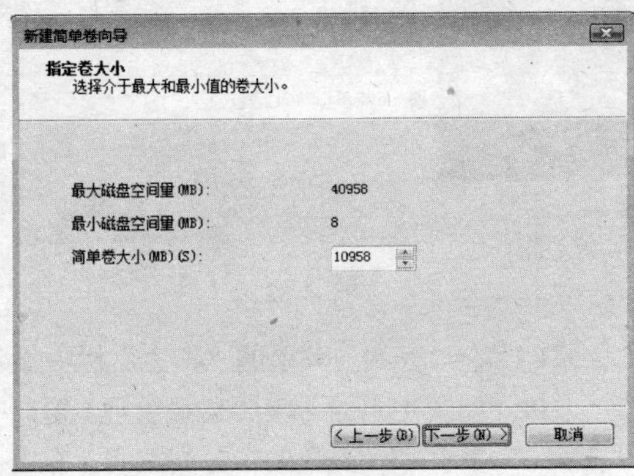

图 4-79

04 在如图 4-80 所示的“分配驱动器号和路径”界面中，已经自动指派了一个驱动器号，单击“下一步”按钮继续。

05 在如图 4-81 所示的“格式化分区”界面中，勾选“执行快速格式化”项，单击“下一步”按钮继续。

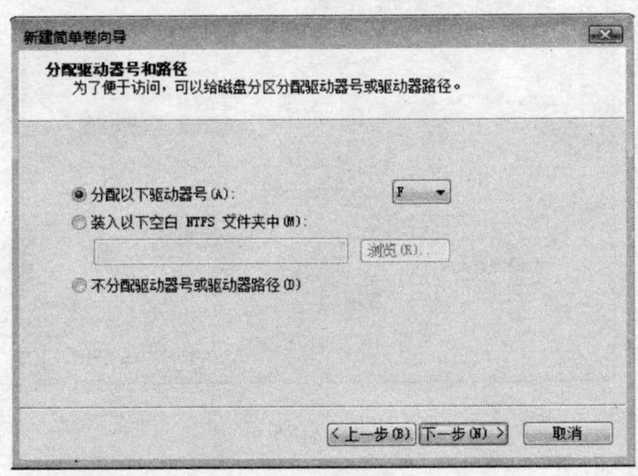

图 4-80

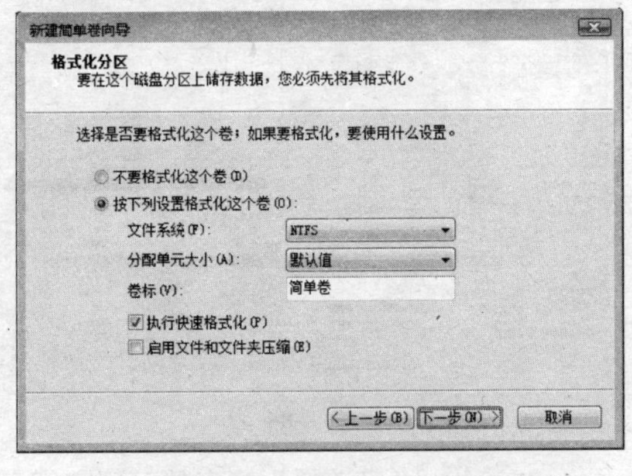

图 4-81

06 在如图 4-82 所示“完成”界面中，单击“完成”按钮开始简单卷的创建操作。

07 返回“计算机管理”窗口，即可看到创建完成的简单卷，如图 4-83 所示。

08 双击“计算机”窗口中新建的简单卷（和分区的使用一样），进行文件/文件夹的创建等数据写入/读取操作。

（2）扩展卷

在完成简单卷的创建后，现在再来看看如何扩展简单卷。虽然简单卷必须建立在同一块硬盘上的连续空间，但是在建立之后，却是可以将不同硬盘中的存储空间扩展到创建的简单卷中。如为“磁盘 0”新建 10.70GB 的 F 卷扩展卷空间，具体操作步骤如下：

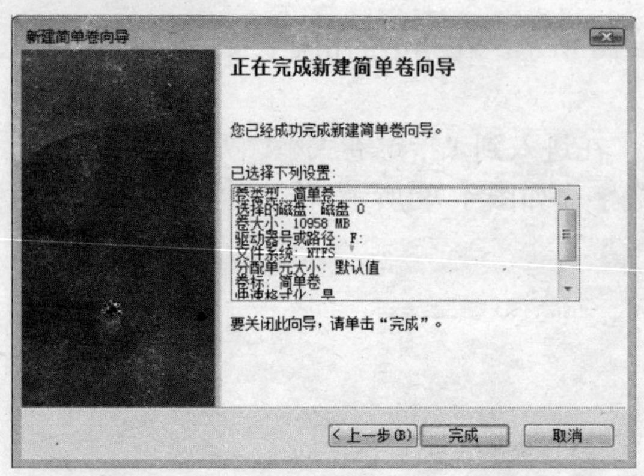

图 4-82

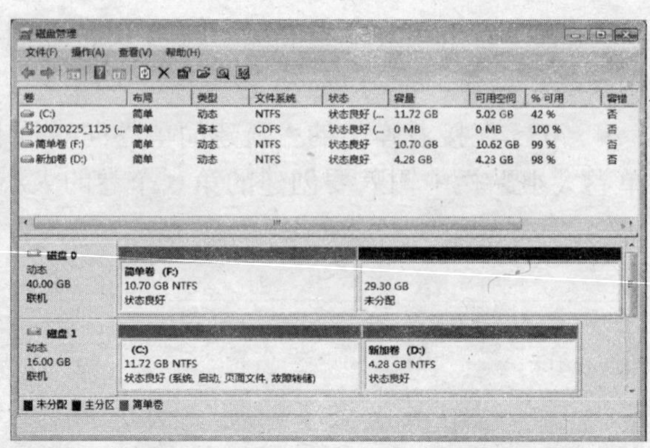

图 4-83

01 在“开始”菜单的“搜索”栏中输入命令“Diskmgmt.msc”打开“磁盘管理”窗口。

02 如图 4-84 所示从“磁盘管理”窗口中可以看到“磁盘 1”中有 4.28GB 的未分配空间，“磁盘 0”中有 29.30GB 的未分配空间。右击 F 卷在弹出的快捷菜单中选择“扩展卷”命令。

03 在弹出的“扩展卷向导”中单击“下一步”按钮，进入“选择磁盘”界面，可以看到左侧“可用”列表中列出了其他硬盘（当前为“磁盘 1”）的可用空间，右侧“已选的”列表中已经自动选中 F 卷所在的“磁盘 0”的可用空间，“已选的”列表中的可用空间如果不进行设置，则默认将全部空间都添加到 F 卷，如图 4-85 所示。

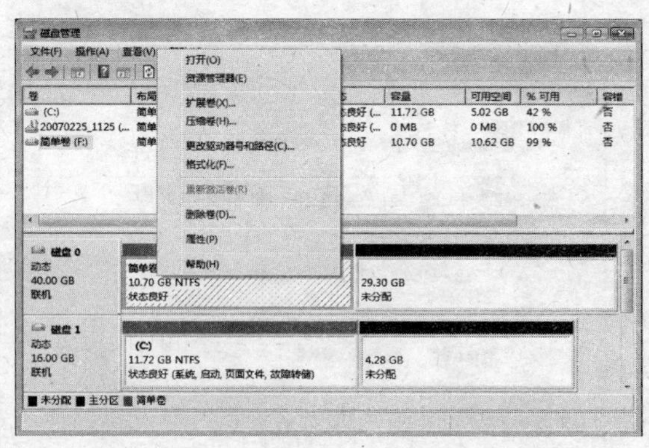

图 4-84

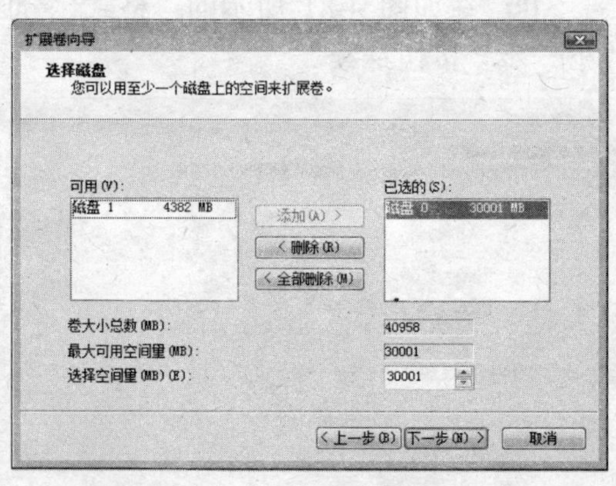

图 4-85

04 选中“已选的”列表的可用空间，在下方的“选择空间量”中输入空间数字，将部分可用空间扩展到 G 卷（自动生成的卷标）。除了可将“已选的”列表的可用空间扩展到 G 卷外，也可将其他磁盘中的可用空间扩展到 G 卷。选中“可用”列表中的可用空间，单击“添加”按钮，将其添加到“已选的”列表（也可通过“删除”按钮将右侧的“已选的”空间清除到左侧的“可用”列表），如图 4-86 所示。

将“可用”列表中其他硬盘的可用空间添加“已选中”列表后，既可选中这个空间并在下方的“选择空间量”中输入要扩展到 G 卷的空间数字。如果不进行设置，则默认将所有可用空间扩展到 G 卷。

05 这里仅将“磁盘 1”中 1000MB 的空间扩展到 F 卷，选中右侧“已选的”列表中的“磁盘 0”项，单击“删除”按钮将其转移到左侧的“可用”列表中。选中“已选的”

列表中的“磁盘 1”项，在下方的“选择空间量”栏中输入可用空间中要扩展到 F 卷的空间数字（这里为 1000），如图 4-87 所示。

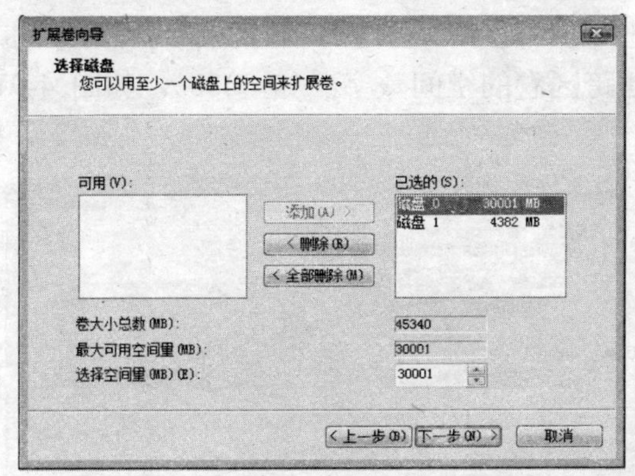

图 4-86

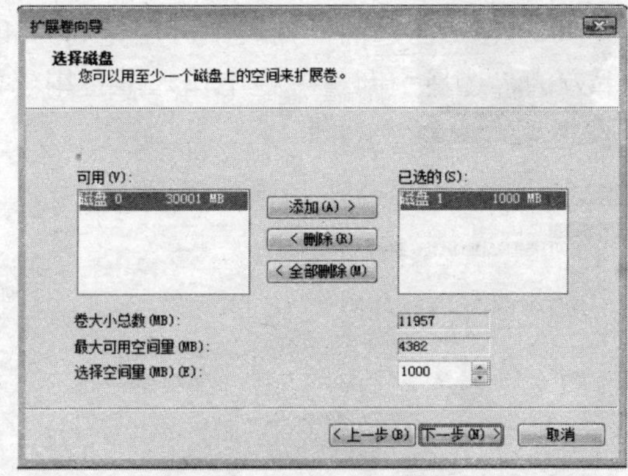

图 4-87

在输入这个数字的同时，可以看到上方“卷大小总数”的数字也在随之变换，这表示 F 卷的总大小在进行相应的计算。单击“下一步”按钮继续。

06 进入的“完成”界面，单击“完成”按钮即可开始扩展卷的操作。无需重启即可在“磁盘管理”窗口中，看到扩展的空间已经与 F 卷使用了相同的磁盘驱动器号与磁盘驱动器标签/颜色，如图 4-88 所示。

这时无论是删除原有的 F 卷，还是删除扩展得到的 F 卷，都会产生相关联的删除效果。即便是删除扩展得到的 F 卷空间，也会将所有的扩展空间和原有的 F 卷全部删除掉。

3．跨区卷应用

跨区卷必须由两个或两个以上的硬盘存储空间组成，每个硬盘所提供的存储空间不必相同。如现在计算机中有两块硬盘，每块硬盘中都有一些可用空间。要在这两块硬盘中各提取一些可用空间组成一个分区。这个组成的分区就可以看作是跨区卷。

（1）创建卷

如在“磁盘 0”的 40GB 未分配空间和“磁盘 1”的 4.28GB 未分配空间中各取一部分空间组成一个跨区卷，具体操作步骤如下：

01 在“磁盘 0”的 40GB 未分配空间上方右击，在弹出的菜单中选择“新建跨区卷”命令，如图 4-89 所示。

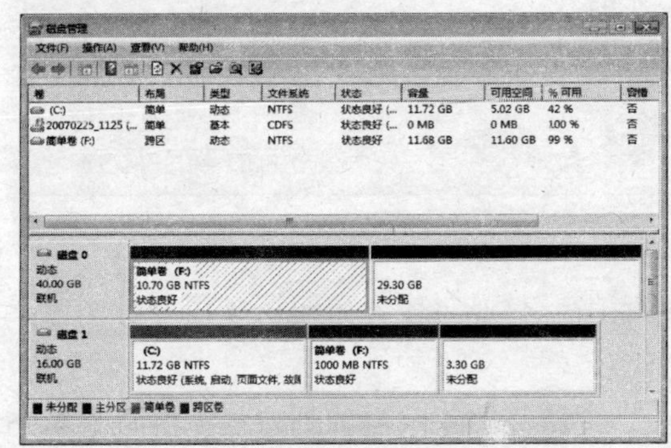

图 4-88

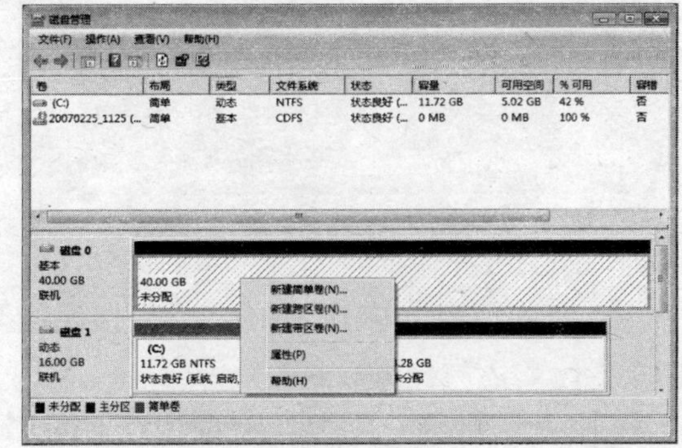

图 4-89

02 在弹出的“新建跨区卷”向导中单击“下一步”按钮，进入“选择磁盘”窗口如图 4-90 所示。

03 在“已选的”列表中可用空间为 40958MB，选中“已选的”列表中的可用空间，在下方的“选择空间量”栏中输入准备用于创建跨区卷的空间数字（如 3000），如图 4-91 所示。

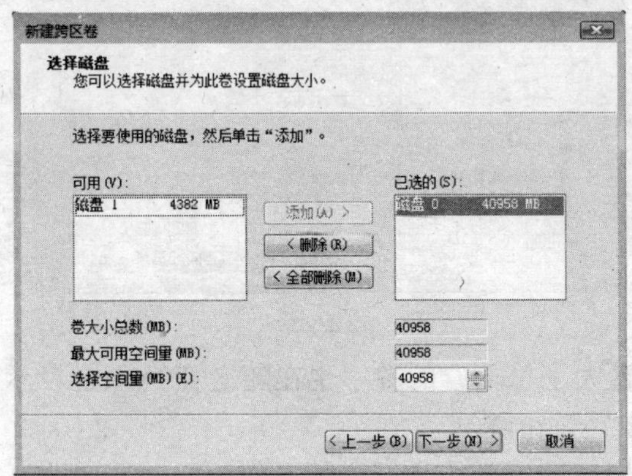

图 4-90

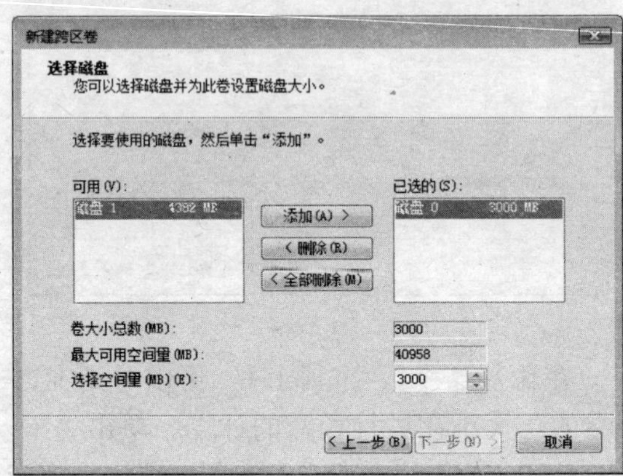

图 4-91

04 在“可用”列表中可用空间为 4382MB。选中“可用”列表中的可用空间并单击“添加”按钮，将其添加到“已选的”列表，如图 4-92 所示。

05 选中新添加部分的可用空间，在下方的“选择空间量”栏中，输入准备用于创建跨区卷的空间数字（如 2000）。

06 单击“下一步”按钮进入如图 4-93 所示的“分配驱动器号和路径”界面，这时已经自动为即将创建的跨区卷指派了一个驱动器号（如 D），单击“下一步”按钮继续。

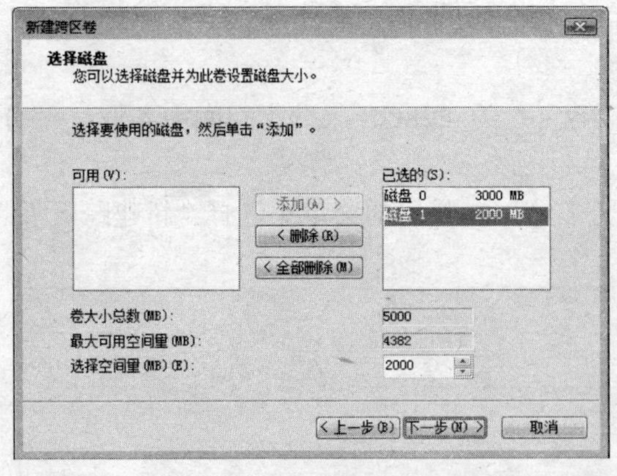

图 4-92

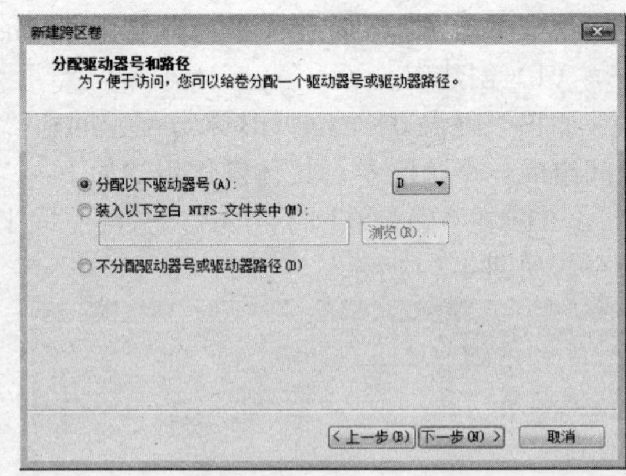

图 4-93

07 在如图 4-94 所示的“卷区格式化”界面中，勾选“执行快速格式化”复选项，单击“下一步”按钮继续。

08 在弹出的“完成”界面中，单击“完成”按钮开始跨区卷的创建操作，如图 4-95 所示。

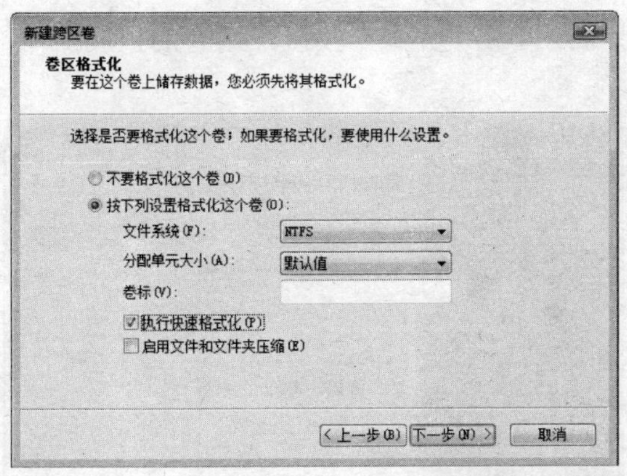

图 4-94

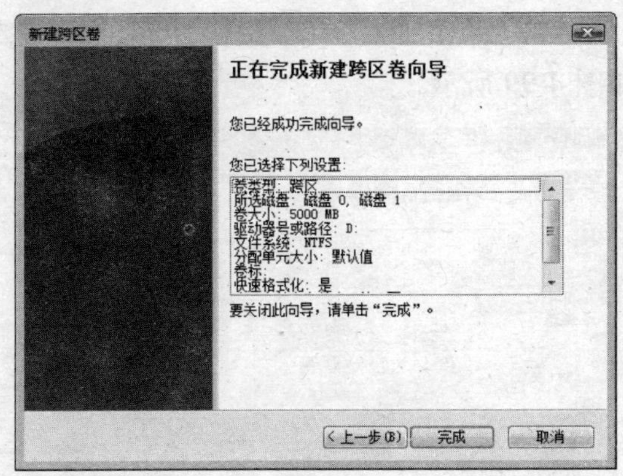

图 4-95

09 返回“磁盘管理”窗口，可以看到两个硬盘中提取出来的可用空间，在这里共同构成了一个跨区卷，如图 4-96 所示。

10 完成跨区卷的创建后，在两个空间的说明信息中可以看到都使用了 D 这个驱动器号。因此，在“我的电脑”窗口中可以看到 D 卷的总空间正是两块硬盘中部分可用空间并合得到的总空间。

（2）扩展卷

为跨区卷扩展卷操作步骤如下：

01 在“磁盘管理”窗口中，选中跨区卷中的任一部分并右击，在弹出的如图 4-97 所示菜单中选择“扩展卷”命令。

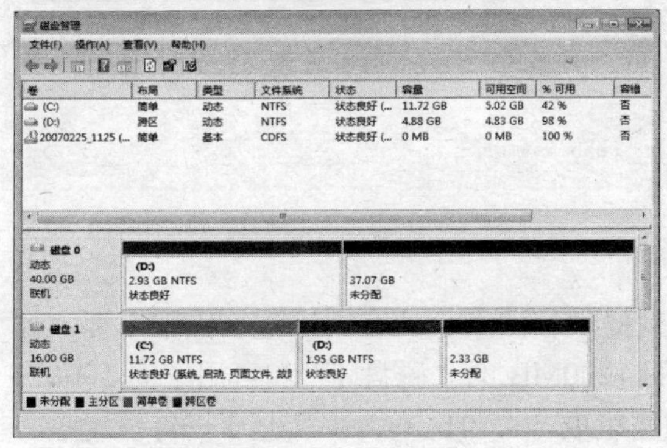

图 4-96

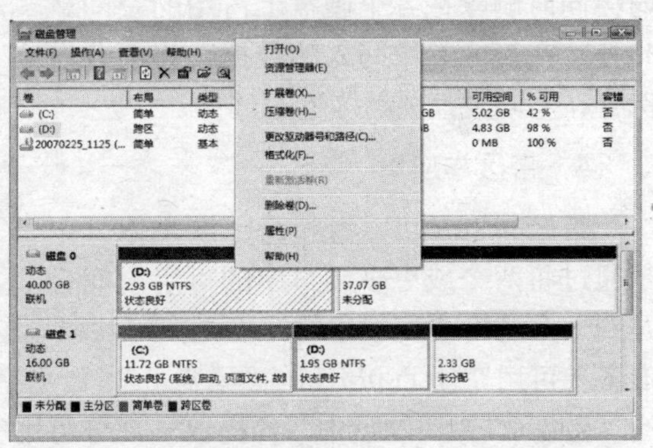

图 4-97

02 在弹出的“扩展卷向导”界面中，单击“下一步”按钮进入“选择磁盘”界面，在“已选中”列表中选中任意一个可用空间，并在下方的“选择空间量”栏中输入要扩展的空间数字，如图 4-98 所示。

在“已选的”列表中，一定要删除不需要指派扩展空间的可用空间，或是将此列表中的可用空间指派一部分给跨区卷。如果不加以设置，则会将所有空间都扩展到跨区卷。

03 单击“下一步”按钮，弹出“完成”界面，单击“完成”按钮开始卷的扩展操作，如图 4-99 所示。

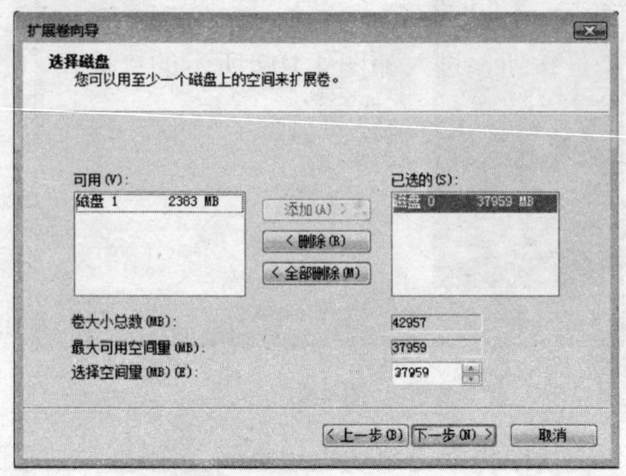

图 4-98

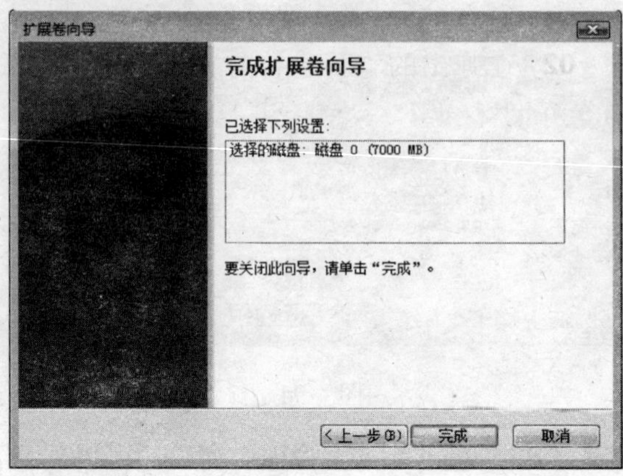

图 4-99

04 返回“磁盘管理”窗口，如图 4-100 所示可以看到因扩展操作而新增的 D 卷，这个卷使用的驱动器号与原跨区卷的驱动器号是相同的。

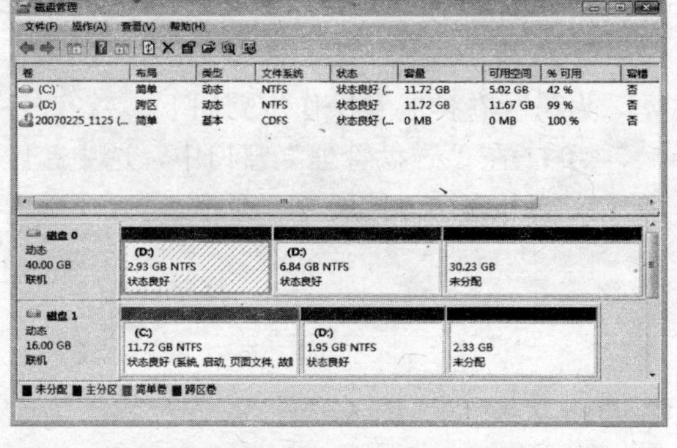

图 4-100

跨区卷虽然是由两个硬盘上的可用空间所组成，但使用时与简单卷无异。要注意的是，在删除跨区卷的任意一个部分时均会同时删除在各个硬盘上占用的空间。此外，在跨区卷中写入的数据，将会分散保存在不同硬盘的跨区卷空间中。

4．带区卷应用

带区（Striped）卷和跨区卷类似，也是通过将两个或更多硬盘中的可用空间合并到一个逻辑卷而创建的。但是，每块硬盘必须提供相同大小的空间，这一点很重要。如准备在可用空间 800MB 的“磁盘 0”、可用空间 1200MB 的“磁盘 1”和可用空间 300MB 的“磁盘 2”3 块硬盘中，各提取一部分可用空间组成一个带区卷，那么基于“每块硬盘必须提供相同大小的空间”这个规则，3 个硬盘将只能提供 300MB×3=900MB 的空间。

使用带区卷需要注意一个问题，就是几块硬盘中的一块遇到问题（如物理损坏）时，就会导致带区卷中的全部数据受损。此外，带区卷最多可以创建在 32 个硬盘中，且带区卷不具备容错能力、不能扩展空间或做镜像。

在 RAID 的规格中，带区卷相当于 RAID 0 等级的磁盘阵列。

如在“磁盘 0”、“磁盘 1”、“磁盘 2”这 3 块硬盘中创建一个容量为 12GB 的带区卷，具体操作步骤如下：

01 选中任意一个磁盘（如“磁盘 0”）的未分配空间并右击，在弹出的如图 4-101 所示快捷菜单中选择“新建卷”命令。

02 在弹出的“新建卷向导”中单击“下一步”按钮，进入如图 4-102 所示的“选择磁盘”界面。

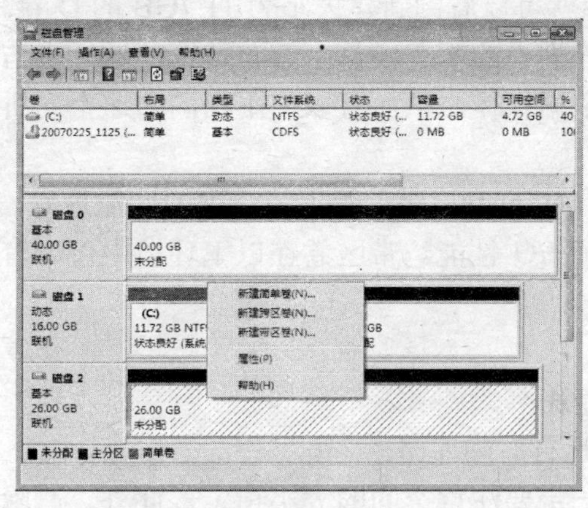

图 4-101

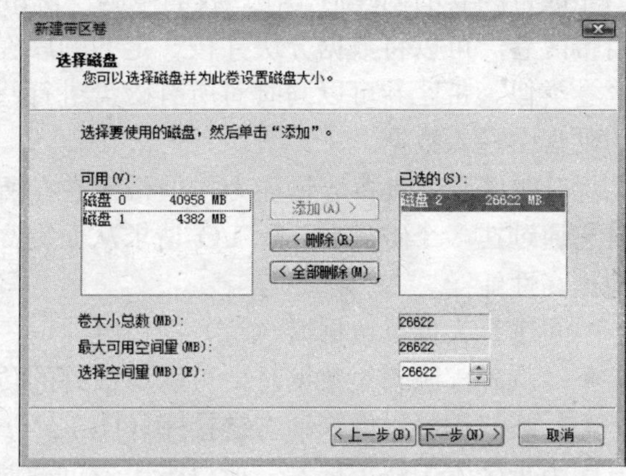

图 4-102

03 从“已选的”列表中选择可用空间，在下方的“选择空间量”栏中输入要创建“带区卷”的空间数字（如 4000MB）。

04 逐个选中“可用”空间中的可用空间，单击“添加”按钮将其添加到“已选的”列表。完成添加操作后，可以看到“已选的”列表中的空间数字均自动变成了 4000MB，如图 4-103 所示。

05 单击“下一步”按钮进入“分配驱动器号和路径”界面，这里已经自动为即将创建的跨区卷指派一个驱动器号（如 D），单击“下一步”按钮继续。

06 进入“卷区格式化”界面，勾选“执行快速格式化”项，单击“下一步”按钮继续——只能使用 NTFS 文件系统进行格式化。

07 弹出“完成”界面，单击“完成”按钮开始带区卷的创建操作。返回“磁盘管理”窗口，可以看到 3 个硬盘中各自用于创建带区卷的空间，都使用了 D 驱动器号，且这 3 个空间都用了 4000MB 的空间，如图 4-104 所示。

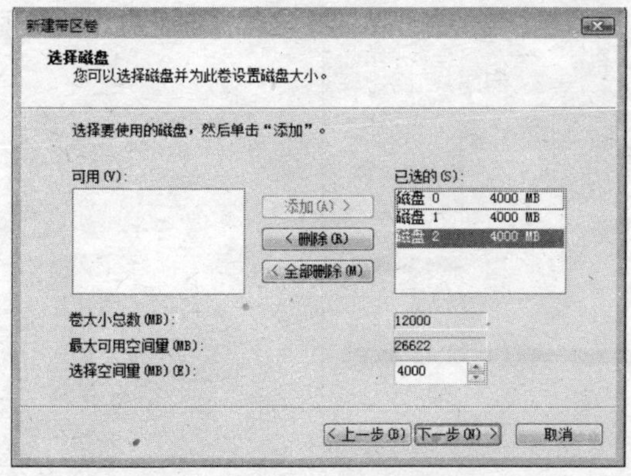

图 4-103

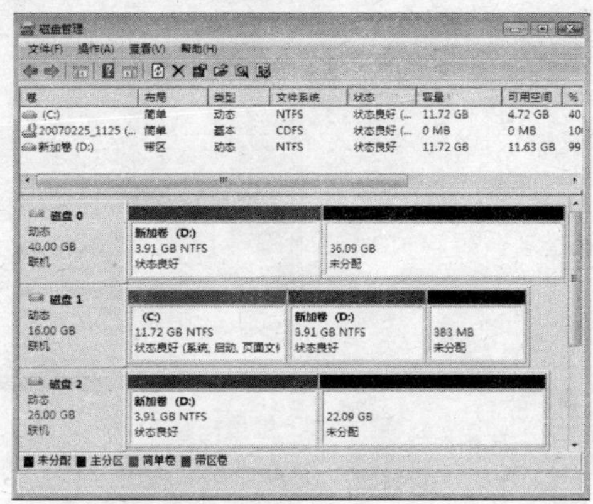

图 4-104

注 意

MS-DOS、Windows 9X/ME/NT 4.0 和 Windows XP Home Edition 不能够识别由 Windows 2000 或 Windows XP Professional 创建的任何带区卷。

完成带区卷的创建后，在“我的电脑”窗口中就可以看到新建大小为 11.7GB 的 D 卷。利用带区卷，可以将数据分块并按一定的顺序在阵列中的所有磁盘上分布数据，这一点与跨区卷类似。带区卷可以同时对所有磁盘进行写数据操作，从而可以使用相同的速率向所有的硬盘中写入数据。

尽管带区卷不具备容错能力，但带区卷在所有 Windows 磁盘管理策略中的性能最好，同时它通过在多个磁盘上分配 I/O 请求从而提高了 I/O 性能。带区卷在以下环境中可以有效地提高性能：

- 进行大批量数据读（写）操作时。
- 从外部源收集数据时，可以用极高的传输速率。
- 装载程序影像、动态链接库（DLLs）或运行时间库时。

因为带区卷无法扩展卷，所以带区卷创建时一定要注意空间的大小指定。此外，删除带区卷时只需删除任意一个硬盘中的带区卷空间，即可将整个带区卷删除掉。

注 意

带区卷因为使用相当于 RAID-0 的技术，从而可以在多个磁盘上分布数据。当创建带区卷时，最好使用相同大小、型号和制造商的磁盘。

5．将动态磁盘转为基本磁盘

如要将动态磁盘“磁盘 2”转换为基本磁盘，可执行如下操作：

01 在“开始”菜单的“搜索”栏中输入命令 Diskmgmt.msc 打开“磁盘管理”窗口。

02 在“磁盘 2”右侧的卷列表窗格中，右击已经创建的卷，在弹出的如图 4-105 所示菜单中选择“删除卷”命令。

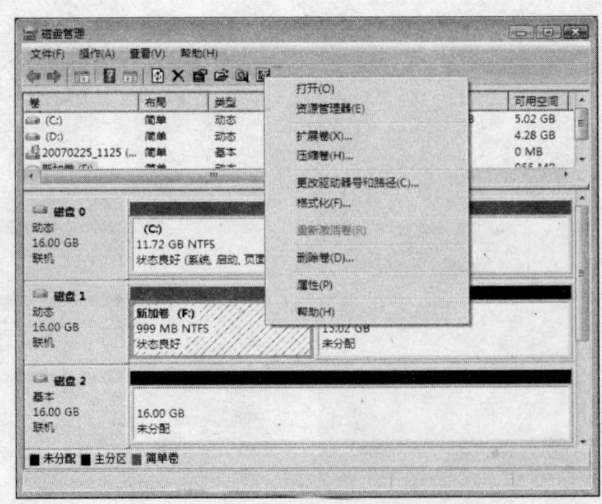

图 4-105

03 在如图 4-106 所示的“删除 简单卷”对话框中，单击“是”按钮执行卷的删除操作。

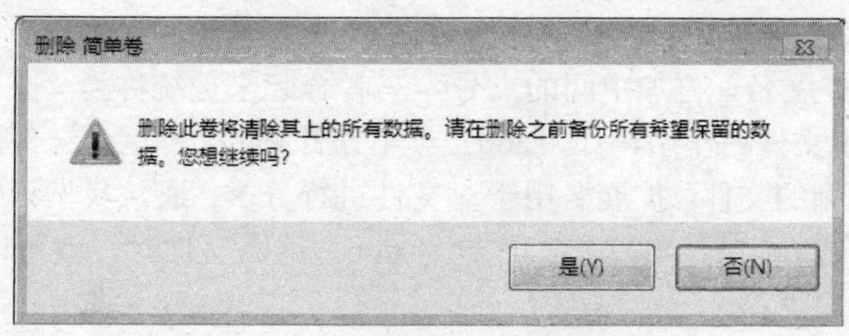

图 4-106

04 使用同样的方法，将动态磁盘中的所有动态卷删除。完成所有卷的删除操作后，“磁盘 2”将自动转换为“基本磁盘”。

05 如果“磁盘 2”是没有创建卷的动态磁盘，那么右击在弹出的如图 4-107 所示菜单中选择“转换成基本磁盘”命令。

06 接着，并不会有什么提示、也不需要进行重启计算机的操作。就可以在几秒内将选中的动态磁盘转换为基本磁盘。

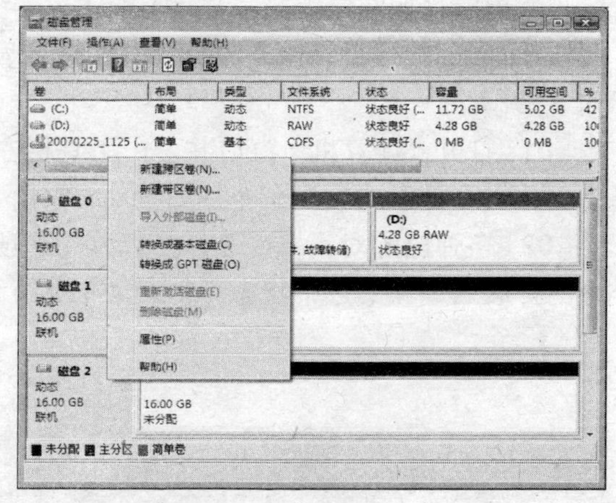

图 4-107

4.3 文件/文件夹管理

在电脑中进行的一切数据处理操作都是以文件为基础的。如用 Word 编辑了一份文档文件，用“录音机”录制了一个声音文件，用摄像头拍了一幅图像文件等。当电脑中仅有少量的文件时，我们可以很容易对其进行查找与管理。但是，当电脑中已经有了大量的文件时，就必须使用“文件夹”来协助管理文件。在本节中，将讲解关于文件和文件夹方面的应用。

4.3.1 管理文件

在 Vista 中大多数的任务都涉及到文件的使用。文件是计算机中的基本存储单位，它使计算机能够区分不同的信息。文件非常类似在桌面上或文件柜中看到的打印文档，它包含了相关信息的集合。如使用数字照相机拍摄的每张照片都是一个单独的文件，音乐 CD 可能包含若干单个歌曲文件等。

1. 文件的结构

文件通常是由文件名和扩展名两部分组成，文件名和扩展名之间由点号“.”隔开，如图 4-108 所示。但是，也有极个别的文件会没有点号和扩展名，如安装了某些 Windows 版本的 C 盘根目录下，会有一个名为 Ntldr 文件。

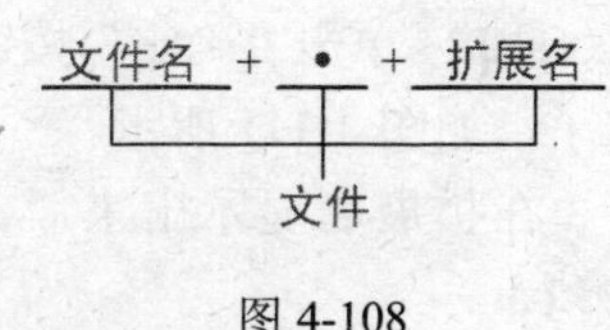

图 4-108

通常，文件名可以由我们自己来命名，扩展名则是由创建文件的程序自动创建。如 Word 创建的文件扩展名为 doc，记事本程序生成的文件扩展名为 txt。

如一首音乐的完整名称为“月光下的凤尾竹.mp3”，其中的“月光下的凤尾竹”就是文件名，“mp3”则是扩展名。再加中间的点号，三者合起来被统称为“文件”。

文件名用于标识文件的作用，如“2007 年工作计划.doc”这个文件名就表示这是一个关于 2007 年工作计划的文件。扩展名用于对文件进行分类，通常我们识别一个文件都是通过扩展名来完成的，如看到“2007 年工作计划.doc”这个文件时，就可以说：“这是个 doc 文件，或 word 文件。”

文件扩展名是一组字符，这组字符有助于 Windows 理解文件中的信息类型以及应使用何种程序打开。将其称之为扩展名是因为它出现在文件名的末尾，位于点号的后面。如在文件名 myfile.txt 中，扩展名为 txt。它将告诉 Windows 这是一个文本文件，可以由该扩展名关联的程序（如写字板或记事本）打开。

在 Vista 的默认设计中，资源窗口并没有显示出文件的扩展名。如要显示扩展名，可执行如下操作：

01 打开“计算机”窗口并单击工具栏左侧的“组织”命令，在弹出的下拉列表中选择“文件夹和搜索选项”命令，如图 4-109 所示。

02 在弹出的对话框，选择“查看”选项卡，在“高级设置”列表中取消“隐藏已知类型的扩展名”项的选中状态，如图 4-110 所示。

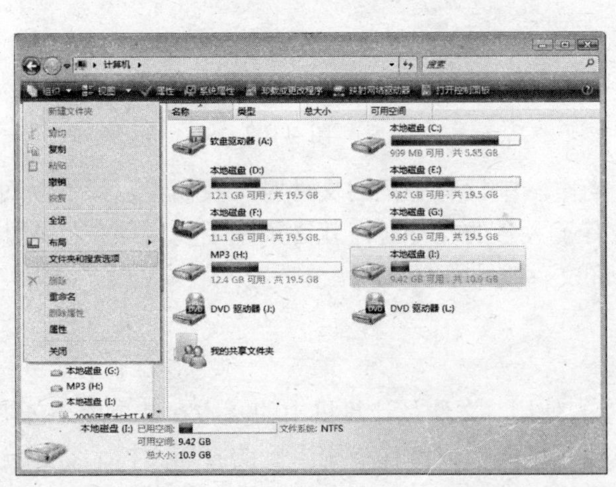

图 4-109

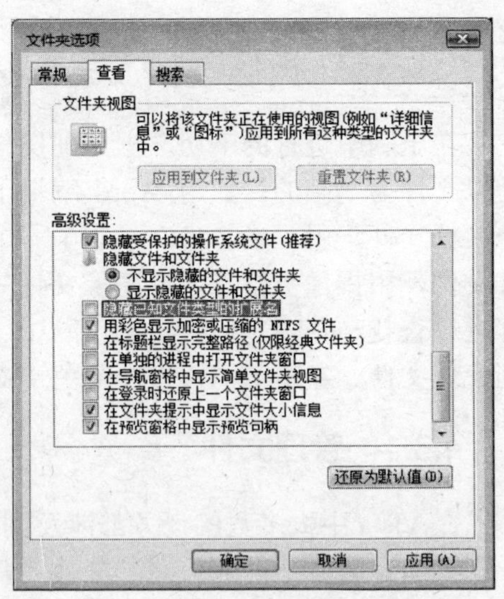

图 4-110

03 单击“确定”按钮，返回到“计算机”窗口可以看到所有文件的扩展名都显示出来了，如图 4-111 所示。

在扩展名显示出来后，我们可以根据需要对其进行修改操作。如将 123.txt 更改为 123.bat。

2. 创建文件

创建文件通常有两种方法。一是使用应用程序创建。如使用“记事本”程序创建一个

txt 文本文件，可执行如下操作：

01 在“开始”菜单中，选择“所有程序”→“附件”→“记事本”命令。

02 打开“记事本”程序窗口后，选择“文件”→“保存”命令，如图 4-112 所示。

图 4-111

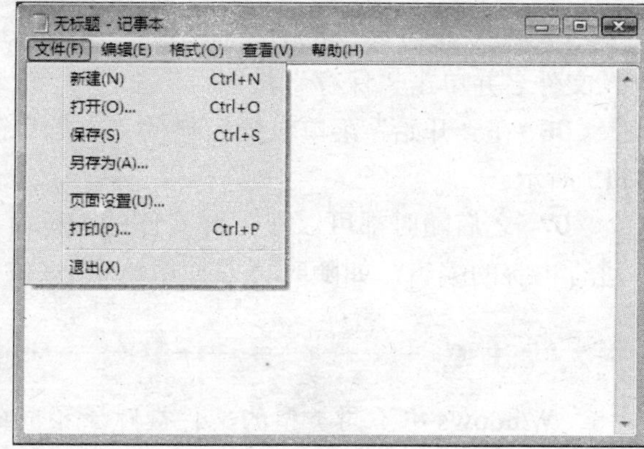

图 4-112

03 在弹出的“另存为”窗口中，可以看到保存文件时会默认选择路径为“我的文档”，如图 4-113 所示。

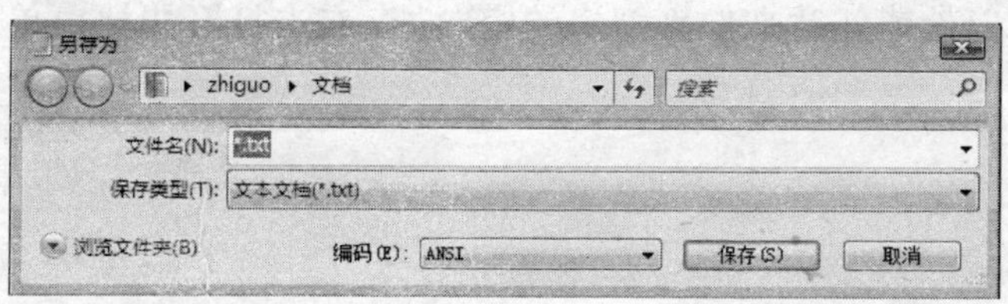

图 4-113

04 如果不想保存在默认选择的文件夹中，可以单击左下角的“浏览文件夹”按钮，在弹出的扩展窗口中选择新的存储路径，如图 4-114 所示。

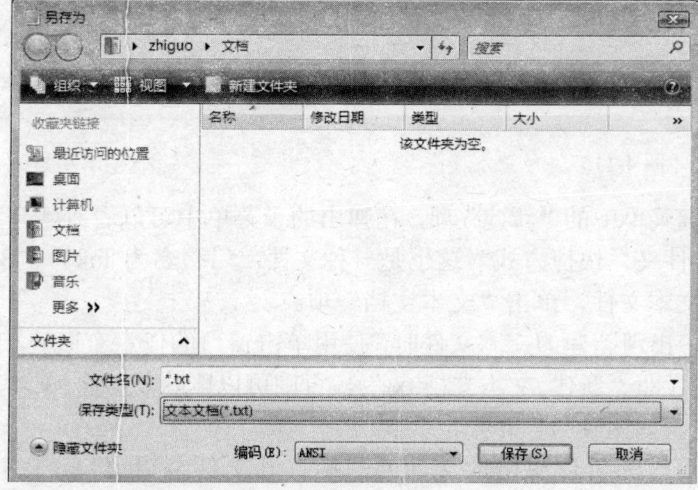

图 4-114

提示

文件的存储路径可以自由进行选择，建议将重要的文件专门使用一个分区进行保存。

05 在“文件名”栏的名称左侧，单击实现光标定位，按 Delete 键删除“*”(星号)。输入文件名并单击“保存”按钮。

06 在“开始”菜单右侧窗格的“文档”链接中，可以看到新创建的文本文件，如图 4-115 所示。

07 之后随时都可以双击此文件的图标打开“记事本”程序窗口，在其中对创建的文件进行内容的编辑，如随时可以使用这个 txt 文本文件记录一些事情。

注意

Windows 中不同类型的文件被赋予不同的图标来表示，这些图标都有相应的程序来管理，这种管理关联叫做“关联”。

二是使用“新建”菜单的方法创建文件。这个方法有一定的局限性，因为它只能创建为数不多的几种类型的文件。使用“新建”菜单创建文本文件，可执行如下操作：

01 在桌面空白处或任意文件夹窗口的空白处，右击打开快捷菜单，如图 4-116 所示。

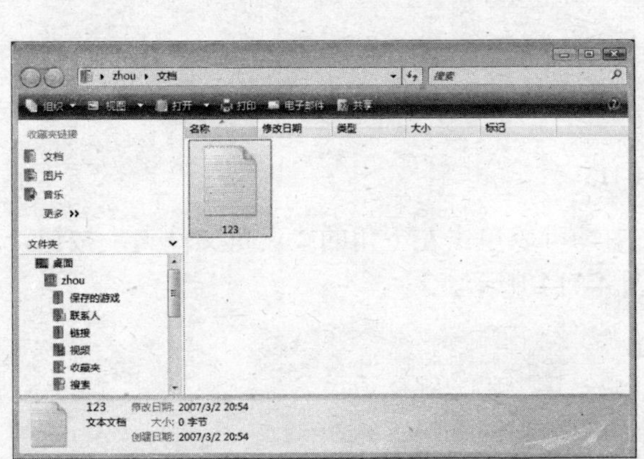

图 4-115

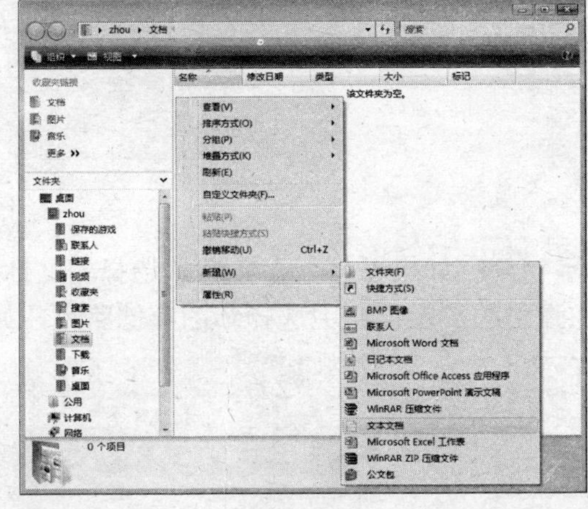

图 4-116

02 选择右键菜单中的“新建”项，在弹出的子菜单中可以看到新建菜单支持创建的范围。其中，有文件夹、快捷方式（这也是一种文件，后缀名为 lnk。)、BMP 图像等。这里要创建的是 txt 文本文件，单击“文本文档”项。

03 在窗口中出现新建的文本文件时，使用单击窗口的任意空白处，则可以使用新建文件的默认文件名（即“新建 文本文档.txt”)，否则可以删除“新建 文本文档”这几个字并输入新的文件名，如图 4-117 所示。

04 此后，随时都可以双击此文件的图标打开文件编辑窗口，在其中进行内容的输入。

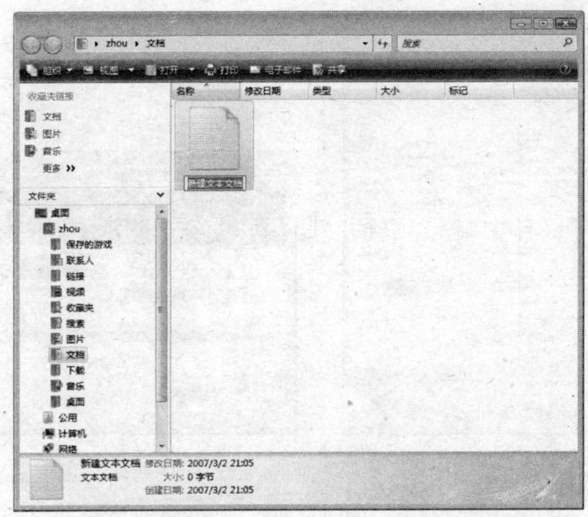

图 4-117

> **提示**
>
> 文件名可以由汉字、大小写英文字母、数字、部分符号等组成，且长度可以达 260 个字符，但实际的文件名必须少于这个数值，因为完整路径（如 C:\Program Files\filename.txt）都包含在此字符数值中。这就是为什么有时候将文件复制到比当前位置路径长的某个位置时会出现错误的原因。此外，要注意文件名不能包含“\”、“/”、“:”、“*”、“？”、“<”、“>”、“|”等。

3．剪切、复制和粘贴文件

剪切、复制和粘贴是文件管理中的 3 个基本操作：

- 剪切：就是将资源“移动”到某个目标路径后，原路径中不再有此资源的命令。
- 复制：就是将资源“复制一份”到某个目标路径后，原路径中仍有此资源、目标路径中也有此资源的命令。
- 粘贴：用于配合剪切和复制操作的命令。

如将 C 盘‘Tool’文件夹下的文件 456.txt 复制到 D 盘的 123 文件夹下，可执行如下操作：

01 在“计算机”窗口中打开“C:\Tool”文件夹窗口。

02 在“C:\Tool”窗口右击文件“456.txt”，从弹出的菜单中选择“复制”命令（或在选中文件后按快捷键 Ctrl+C）复制文件，如图 4-118 所示。

03 在“计算机”窗口中打开“D:\123”文件夹窗口，在空白处右击并从弹出的菜单中选择“粘贴”命令（或按快捷键 Ctrl+V）粘贴文件。在 Vista 中，粘贴的进度框已经被彻底重新设计，在复制较大的文件时，有充裕的时间看到类似图 4-119 的进度框。

> **提示**
>
> 剪切的快捷键为 Ctrl+X，复制的快捷键为 Ctrl+C，粘贴的快捷键为 Ctrl+V，撤销本次操作的快捷键为 Ctrl+Z。

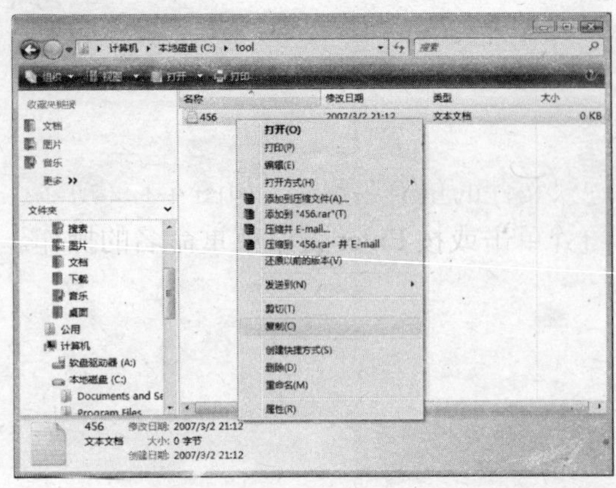

图 4-118

图 4-119

在使用剪切或复制命令时，不仅可以针对一个文件进行，也可以针对多个文件使用。如对多个文件使用“剪切”命令，可执行如下操作：

01 在“计算机”窗口中打开存储了多个文件的分区或文件夹窗口。

02 在窗口中按住 Shift 键不放，用鼠标按“从右上向左下”的方向在要剪切的文件上方拖动出一个浅蓝色的框，如图 4-120 所示。

> **提示**
>
> 除了 Shift 键外，还可以在按下 Ctrl 键后，通过鼠标单击的方法选中，实现跳跃式的选中任意文件，如想一次性选中 1、3、9 这几个文件时就需要使用 Ctrl 键来配合。

03 要剪切的文件全部呈现天蓝色的选中状态后，在天蓝色框的任意处右击，从弹出的菜单中选择“剪切”（或按快捷键 Ctrl+X）命令，执行“剪切”操作，如图 4-121 所示。

图 4-120

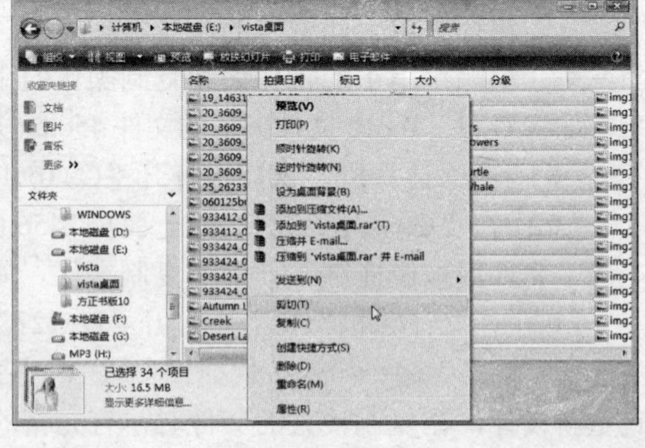

图 4-121

04 在“我的电脑”或“资源管理器”窗口中选择要存入粘贴文件的窗口后，在窗口任意处右击并从弹出的菜单中选择“粘贴”（或按快捷键 Ctrl+V）命令，即可完成文件的粘贴。

4. 重命名文件

要对文件进行重命名操作，可执行如下操作：

01 单击选中要重命名的文件。

02 按 F2 键或再次单击要重命名的文件，进入文件的重命名状态，如图 4-122 所示。

03 输入新的文件名称后，在窗口的任意空白处单击或按 Enter 键结束重命名的操作。

> **提 示**
>
> 也可以使用右键菜单中的重命名功能，或在窗口中选择“文件”→“重命名”命令，进行文件、文件夹、图标等资源的重命名操作。

值得一提的是，在 Vista 中设置显示文件扩展名后，在激活重命名状态时将自动对文件名部分进行选中，要对扩展名进行重命名需要使用手工选择，这一点对于只想修改文件名，不想修改扩展名的用户来说，显得很实用——因为不会出现误删除圆点和扩展名的情况。

5. 删除文件

当有的文件不再需要时，可以使用如下几种方法将其删除：

一是选中要删除的文件按 Delete 键，在弹出的“删除文件”提示框中单击“是”按钮，即可将其删除到“回收站”中，如图 4-123 所示。

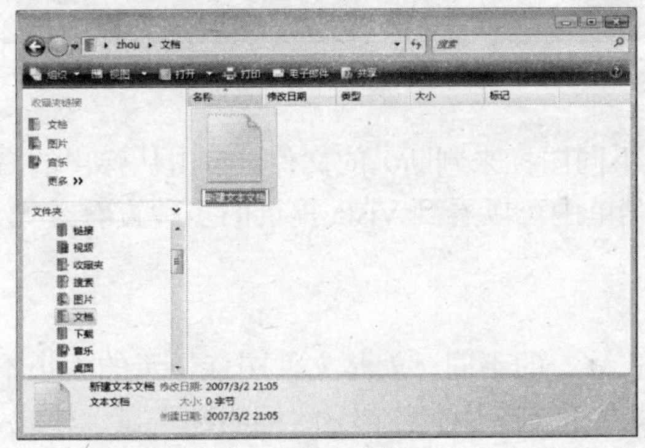

图 4-122

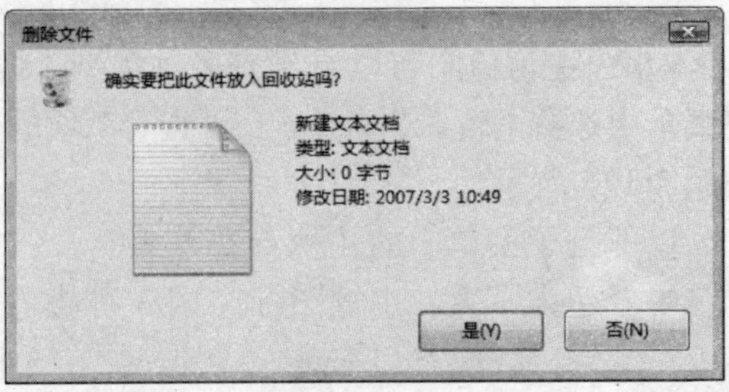

删除文件
确实要把此文件放入回收站吗?
新建文本文档
类型: 文本文档
大小: 0 字节
修改日期: 2007/3/3 10:49
是(Y) 否(N)

图 4-123

对于新手来说，将文件删除到回收站是一个值得提倡的做法。“回收站”相当于生活中的“垃圾桶”，没有用的东西都可以放在里面。垃圾桶中的东西随时可以“倒掉”。在 Windows 中，所有准备不要的数据都可以清理到“回收站”中。当要清理的数据有很多时，可以一次性将它们做“清空”处理。

“回收站”是一个非常实用的功能，它最大的用处就是可以大量存放要删除的数据，并允许用户随时对其中部分或全部数据进行还原。如在 C 盘根目录下删除了名为 123.txt 的文件，由于删除操作把此文件直接放入了“回收站”中，所以当发现这个 123.txt 文件中还有重要数据时，就可以随时通过“回收站”的“还原”功能把它自动恢复到原目录下。

二是选中要删除的数据后右击，在弹出的快捷菜单中选择“删除”命令。此操作规程同样是把数据放入了“回收站”中，如图 4-124 所示。

三是选中要删除的数据，按 Shift+Delete 组合键，即可将资源不经过回收站而彻底删除掉。也就是说，执行此操作后，删除的文件将不能进行恢复操作。

6．文件的查看

在文件越来越多时，可以通过 Vista 中提供的“查看”、“排序方式”、“标记”、“分组”、“堆叠”等多种功能将文件排列查看。

（1）查看

在窗口中查看多种文件时可执行如下操作：

01 打开一个存储了各种类型文件的窗口，如图 4-125 所示。

图 4-124

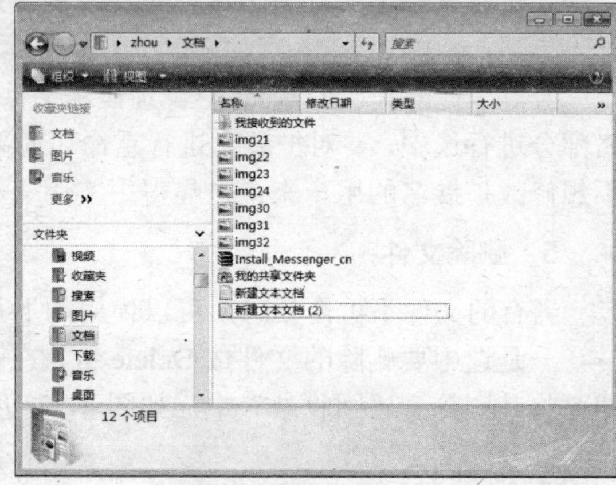

图 4-125

02 在窗口中可以看到有多种类型（根据不同图标来判断）的文件。右击从弹出的右键菜单中选择“查看”命令，在“查看”项的子菜单中可以看到 Vista 提供的多种查看方式，如图 4-126 所示。

以下是子菜单中的几种查看方式：

- 超大、大、中等图标：这 3 种查看方式惟一的不同，就是文件图标显示的大小不同，其他方面都是一样的。如在 3 种模式下，图片文件都呈“缩略图”显示模式，但其显示的大小不相同。如图 4-127 所示。

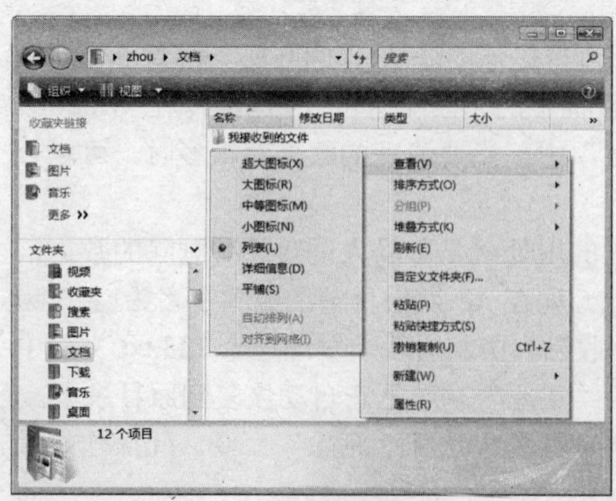

图 4-126

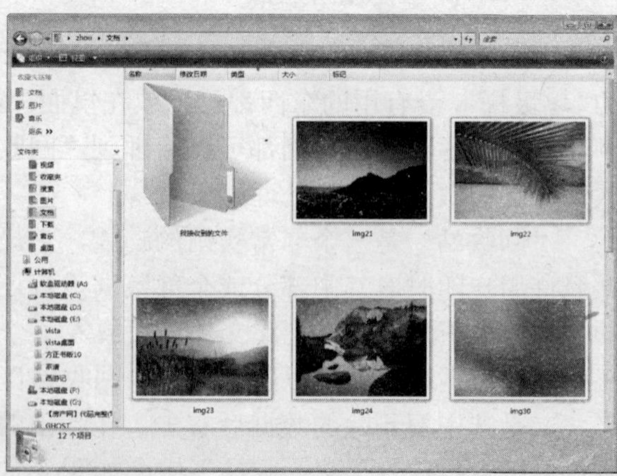

图 4-127

- 小图标：小图标方式适合存储有大量文件的窗口使用，它可以将一些容易混淆的图标区分开，如图像文件（图片不能以缩略图模式显示）中有 Gif 格式、jpg 格式，通过这种查看方式可以快速区分出不同类型的图像文件，如图 4-128 所示。
- 列表：选择这种查看方式，文件左侧只有一个很小的图标，这时用户主要靠文件名来快速找到所需要的文件。
- 详细信息：选择这种查看方式，可以快速了解所有资源（包括分区、文件夹、文件等）的全部信息，如图 4-129 所示。

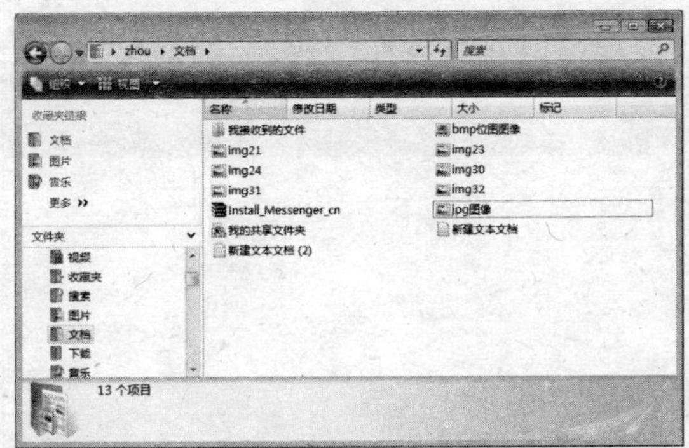

图 4-128

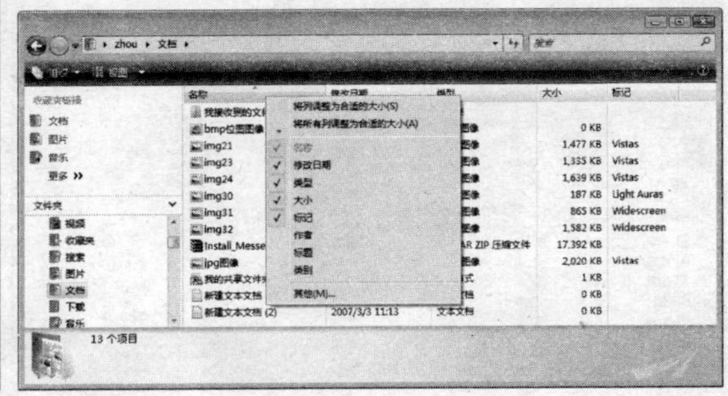

图 4-129

这时，在右侧窗格的上方任意标签处右击，从弹出的菜单中可以选择显示更多的常用信息。要显示全部分的信息列表，可以单击菜单最下方的“其他”项打开如图 4-130 所示窗口，再根据需要进行选择。

- 平铺：适合于所有类型的文件显示，这种方式将以大图标显示文件，并给出文件的简要属性内容（图片也可以使用缩略图模式显示），这时可以对一个文件的简要属性一目了然，如图 4-131 所示。

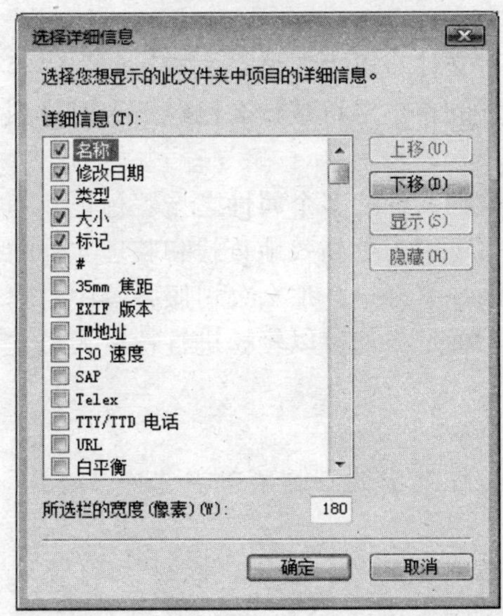

图 4-130

图 4-131

（2）排序方式

其实就是选择一种如何去排列文件的功能。在“排序方式”项的子菜单中可以看到 Vista 也提供了多种排序，如图 4-132 所示。

以下是“排序方式”子菜单中的几种排序方式：

- 名称：选择按“名称”方式进行排序时，文件将检测所有资源的首位字符，按数字、字母、汉字的先后顺序对文件进行排列。在排列时，同样首位字符是数字的文件，会以从小到大的顺序再进行排列，首位字符是字母时也是如此，如图 4-133 所示。

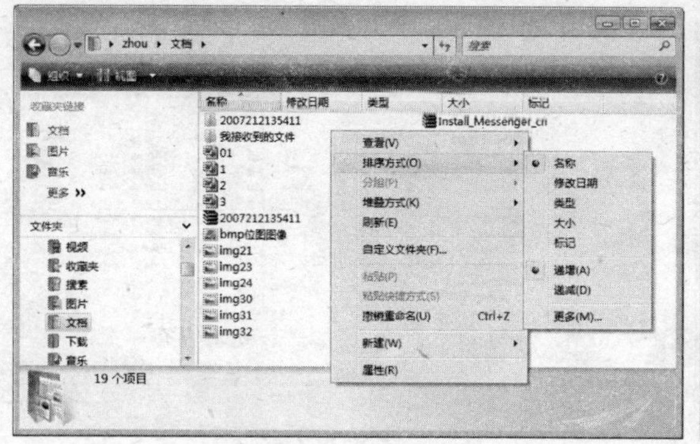

图 4-132

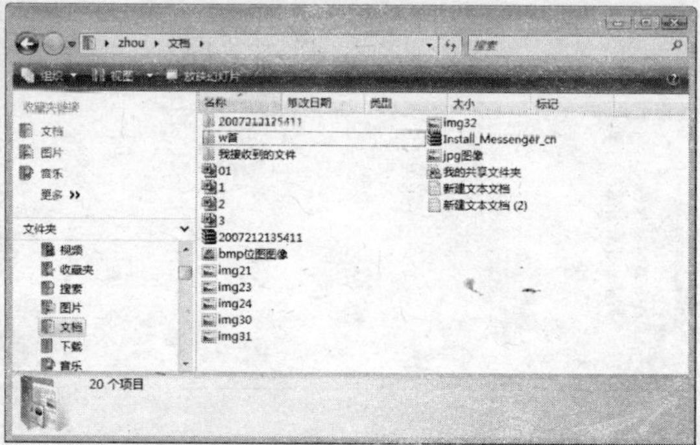

图 4-133

- 修改日期：选择按“修改日期”方式进行排序时，将按“最新修改时间”（如 2007/3/3 13:41）在前，“最后修改时间”（如 2007/3/3 13:40）在后的顺序对资源进行排列。
- 类型：选择按“类型”方式进行排序时，会把扩展名相同的文件归类在一起进行排序，归类后的资源仍将检测首位字符，按数字、字母、汉字的先后顺序对文件进行排列，如图 4-134 所示。
- 大小：选择按“大小”方式进行排序时，所有文件将以“容量最大排在前”、“容量最小排在后”的顺序进行排列。此时，文件的首位字符是什么已经不会对排列产生影响。
- 标记：是指可以附加到文件以有助于查找和整理文件的多个属性之一。标记并不是文件的实际内容。但是，标记能够提供有关可用于更高效地查找和整理文件的信息。如某公司的员工都对自己创建的文件添加了标记，那么公司服务器中对集中存储的员工文件进行检索时，仅凭借“员工标记”都可以轻松进行特定人员文件的查找。

向文件添加标记，需要执行如下操作：

01 在文件窗口中选中一个或多个文件的右击，在弹出的右键菜单中选择“属性”命令。

02 在弹出的“属性”对话框中，选择“详细信息”选项卡，单击“标记”项。

03 如图 4-135 所示在看到“添加标记”的提示文字出现后，输入标记字词（如文件创建者的名字），单击“确定”按钮确认。

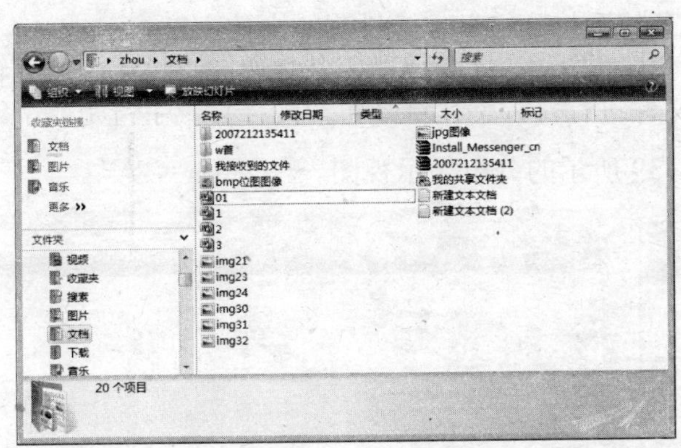

图 4-134

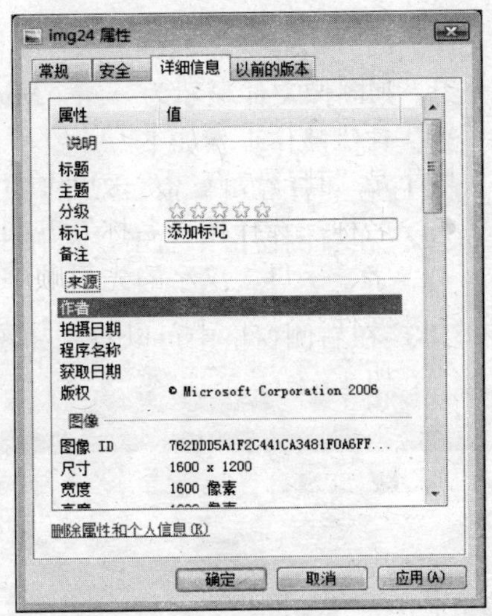

图 4-135

04 返回文件窗口，单击“标记”标签右侧的向下箭头，在弹出的标记列表中可以看到刚刚添加的标记，如图 4-136 所示。

05 勾选标记（如 zhong）后，窗口中将只显示有该标记的文件列表。

- 递增：递增表示将文件按升序的方式进行排序，即 001、002、003……的顺序。
- 递减：递减表示将文件按降序的方式进行排序，即 003、002、001……的顺序。
- 更多：除了上述最常用的排序方式外，还可以通过单击“更多”项打开如图 4-137 所示的对话框，勾选添加更多的排序方式。

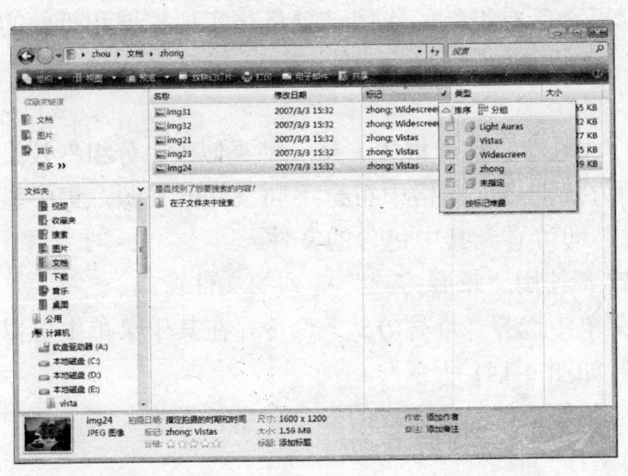

图 4-136

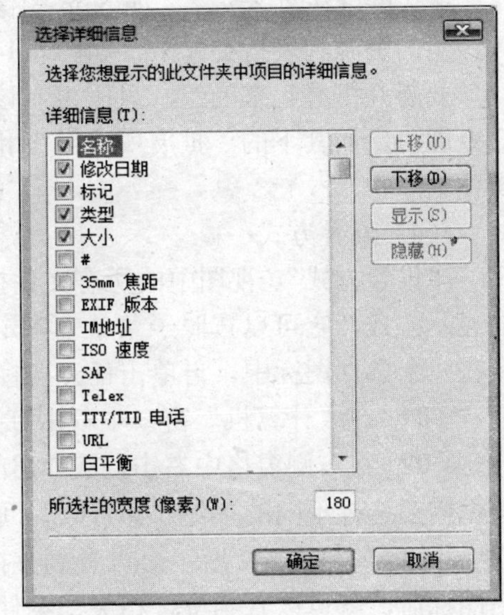

图 4-137

（3）分组

和 Windows XP 一样，Vista 中也提供了“分组”查看的方式。使用“分组”方式可以按文件的细节信息（如名称、大小、类型或修改日期）对文件进行分组显示。如按文件类型分组，则图像文件显示为一组，Microsoft Word 文件显示为另一组，而 Excel 文件也显示为一组。具体操作步骤如下：

01 在“计算机”窗口双击打开准备使用“分组”方式排列的文件窗口。

02 在右侧窗格中右击，从弹出的菜单中选择“分组”→“类型”命令，如图 4-138 所示。

03 在右侧窗格中可以看到如图 4-139 所示的分组显示视图。

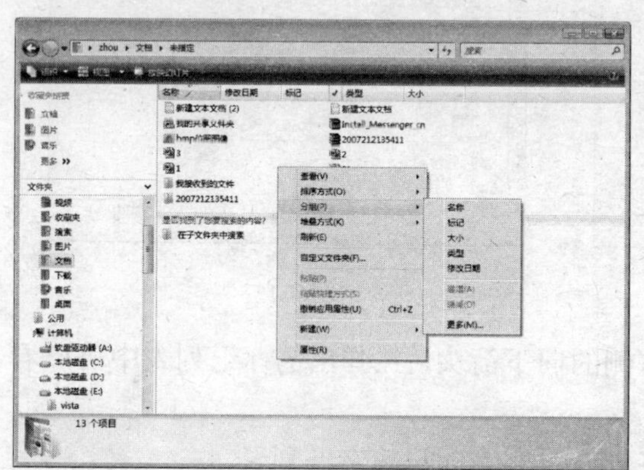

图 4-138

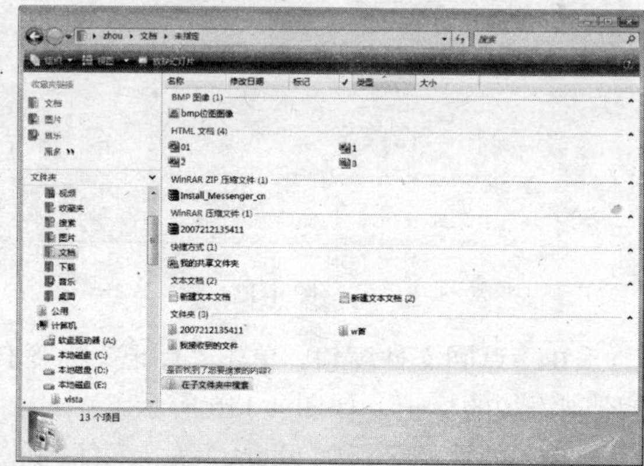

图 4-139

除了可以对文件、文件夹的排列使用“分组”方式外，还可以对分区等资源使用“分组”显示。使用分组显示方式后，如果某个组中的资源列表太长，影响了其他组的资源浏览，那么可以在组名文字（如 bmp 图像）上方右击，从弹出的菜单中选择“折叠组”命令，让该组的资源列表折叠起来，如图 4-140 所示。

要展开折叠起来的组，只需再在该组文字上方右击，从弹出的菜单中选择“扩展组”命令即可，而其下的“扩展所有组”和“折叠所有组”的作用是批量化实现扩展和折叠的操作。

（4）堆叠方式

“堆叠方式”（视图中的所有文件排列成堆状，称作堆栈）是一种类似于“分组”效果的显示方式，它可以按照子菜单中指定的方式把当前窗格中符合不同条件的资源，集中显示在一个条件图标中。再单击任一图标时，即可看到其中包含的文件。

01 在“计算机”窗口中双击打开准备使用“堆叠方式”排列的文件窗口。

02 在右侧窗格中右击，从弹出的菜单中选择“堆叠方式”命令，在其子菜单中可以根据需要选择不同的条件（如修改时间），如图 4-141 所示。

03 如图 4-142 所示可以看到在指定条件下，自动形成的多个子条件图标，双击其中的图标后，就可以看到符合相关子条件的文件列表。

04 在“堆叠方式”下，如果删除了子条件中的全部文件，那么子条件图标也将不复存在。

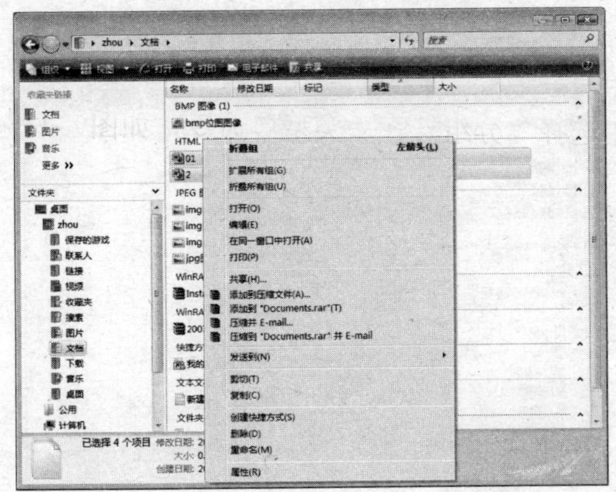

图 4-140

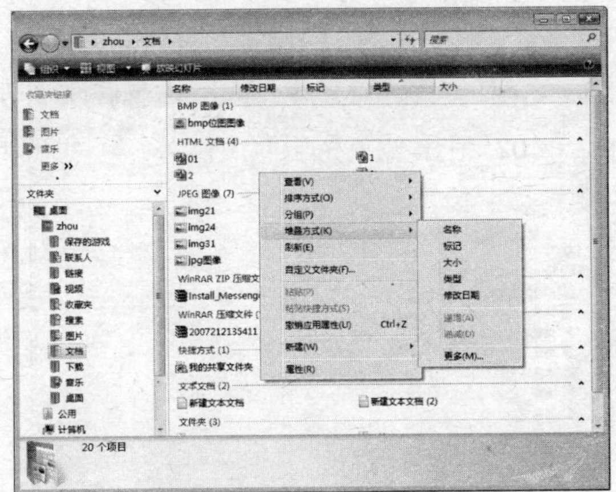

图 4-141

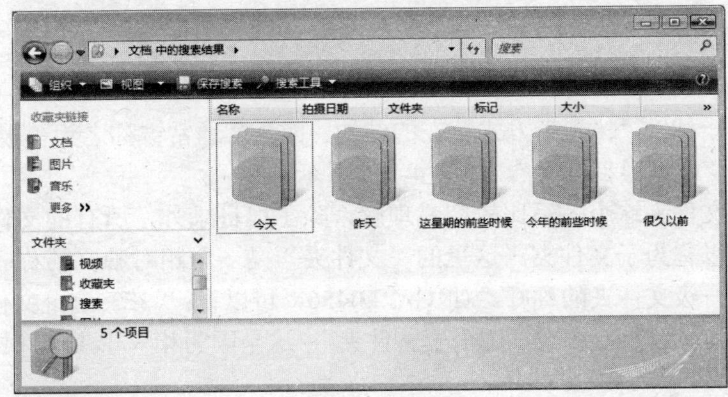

图 4-142

4.3.2 管理文件夹

文件夹是用于存储文件、文件夹的容器，在屏幕上由一个文件夹图标来表示。双击此图标可以打开相应的文件夹窗口。文件夹可以包含多种不同类型的文件，如文档、音乐、图片、视频、程序等。

1. 文件夹的结构

如果在办公桌上放置数以千计的纸质文件，在需要查看某个特定文件时，这种查找的工作会让人崩溃——这就是人们时常把纸质文件存储在文件柜中的文件夹中的原因。如按照平时处理公文的习惯，把相关的公文集中存放在同一个文件夹中，并把文件夹及文件进行编号和标注名称处理，便于日后查找。在 Vista 中，文件夹的作用亦是如此。

文件夹与文件的不同之处有两点，一是文件夹没有扩展名。二是文件夹可以有多级子文件夹，如图 4-143 所示。

在任一级的文件夹中都可以有子文件夹和文件。文件在同一个文件夹中不能与另一个文件重命，子文件夹亦是如此。但在同一个文件夹中，文件可以与子文件夹重命，因为两者的类型不同，如图 4-144 所示。

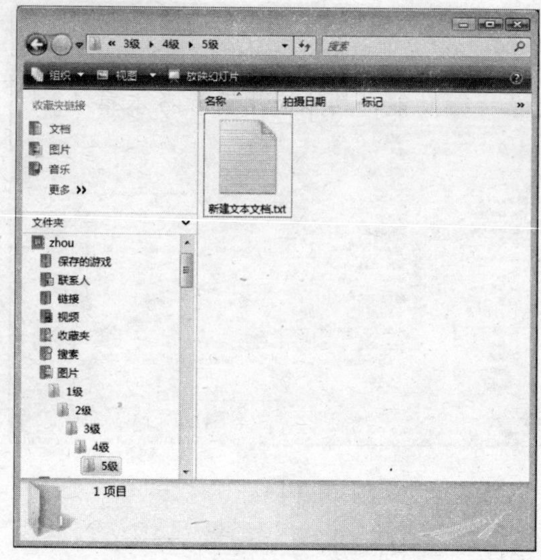

图 4-143

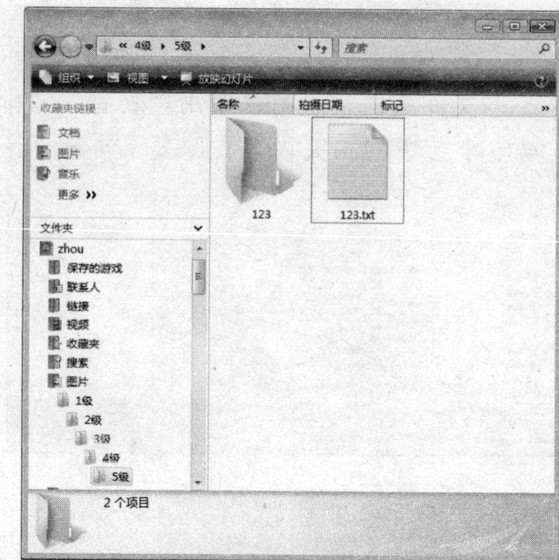

图 4-144

文件夹是以一种以“树形”方式存在的结构，而分区通常被称之为“根目录”。如在 C 盘分区就被称为“C 盘根目录下”，如图 4-145 所示。

文件夹和子文件夹这个关系比较容易理解，除了根目录外，所有的文件夹都可以既称为文件夹，也可以称为子文件夹。这里的“文件夹”是一个相对独立的称呼，而“子文件夹”则是相对上一级文件夹的称呼。如 C:\123\456，可以说：“123 这个文件夹”、“456 这个文件夹”，也可以这样说：“123 这个子文件夹”，这是因为相对于 C 盘根目录来说，123 就是一个子文件夹。

此外，对于新手来说还需要注意“系统文件夹”这个问题。所谓“系统文件夹”可以简单地理解为“存储了 Windows XP 操作系统本身文件的文件夹”（如 C:\Windows 等），如图 4-146 所示。

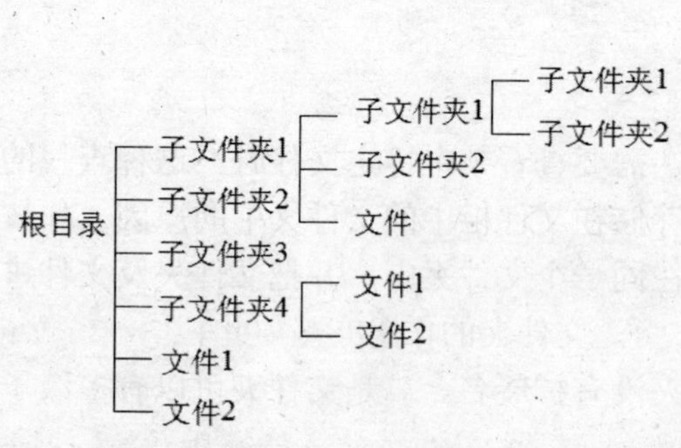

图 4-145

图 4-146

这样的文件夹一般只能看看，不能对里面的任何文件、文件夹进行删除操作，否则很容易导致系统因文件受损而崩溃，使电脑无法正常使用。

> **提示**
>
> 文件夹同样也可以使用“查看”、“排序方式”等功能，具体应用请参考本章 4.3.1 第 6 小节中的相关内容，此处不再叙述。

2．文件夹基本操作

和文件一样，文件夹也可以执行多种管理操作。

（1）创建文件夹

在 Vista 中创建新文件夹的具体操作如下：

01 在桌面或任意一个支持创建新文件夹的窗口空白处右击，从弹出的右键菜单中依次选择“新建”→“文件夹”命令，如图 4-147 所示。

> **提示**
>
> 按住 Shift 键，右击任意一个文件夹，从弹出的菜单中选择“在此处打开命令窗口”命令，可以快速打开“命令提示符”窗口。

02 在桌面或窗口中出现新建的文件夹图标时，既可以单击任意空白处使用默认的文件夹名称“新建文件夹”，或按 Delete 键删除默认“文本框”中的名称并输入新的名称，如图 4-148 所示。

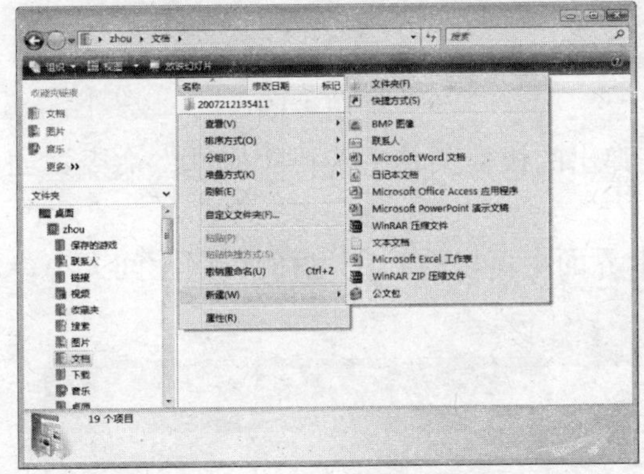

图 4-147

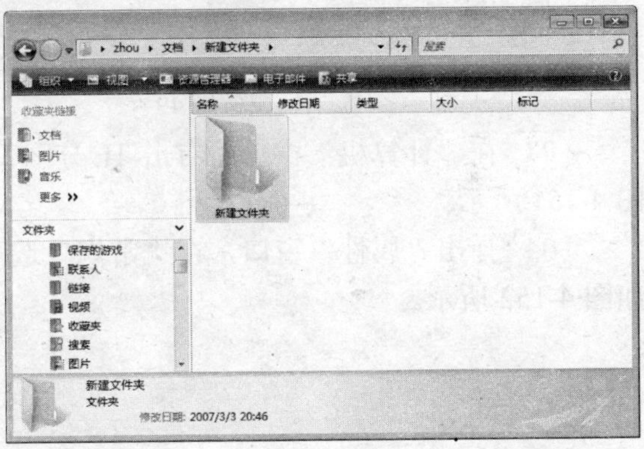

图 4-148

03 如果没有立即修改文件夹名称，单击要重命名的文件夹，按下 F2 键（或再次单击文件夹）后即可输入新的文件夹名。

（2）打开文件夹

无论是根目录还是其他文件夹，只要单击选中文件夹，图标就会变为天蓝色，如图 4-149 所示。在双击文件夹，就会打开相应的文件夹窗口。

选中文件或文件夹时，在窗口上方的工具栏中会出现文件或文件夹能够执行的一些管理功能按钮。

（3）查看属性

创建文件夹后，就可以把一些文件或文件夹复制到文件夹中。当然，也可以把创建的文件夹复制到别的文件夹中。由于文件夹的剪切、复制和粘贴操作与文件的相关操作完全相同，所以这里就不再叙述。

这里需要注意的是，文件夹在剪切或复制时选择“查看属性”这个操作很重要。由于文件夹中可能存有很多子文件夹或文件，查看“文件夹”属性可以知晓文件夹及其下的内容有多大，要粘贴到的空间是否能够满足存储需求。

如把“文档”文件夹下的 123 这个子文件夹复制到 H 分区根目录下时，应执行两个查看属性的操作。具体操作过程如下：

01 在“计算机”窗口中打开“文档”窗口，并右击 123 的文件夹，在弹出的快捷菜单中选择“属性”命令。

02 弹出“属性”窗口，在“常规”选项卡中可以看到文件夹的大小，如图 4-150 所示。需要注意的是，要复制的文件夹占用的空间大小，一定要比目的地的可用空间小，方可顺利完成剪切或复制操作。

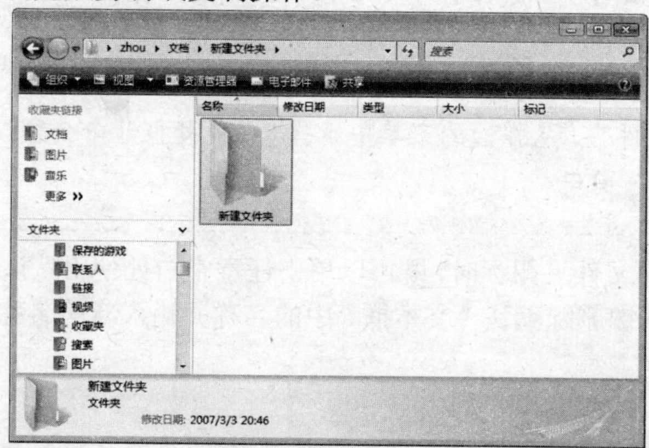

图 4-149

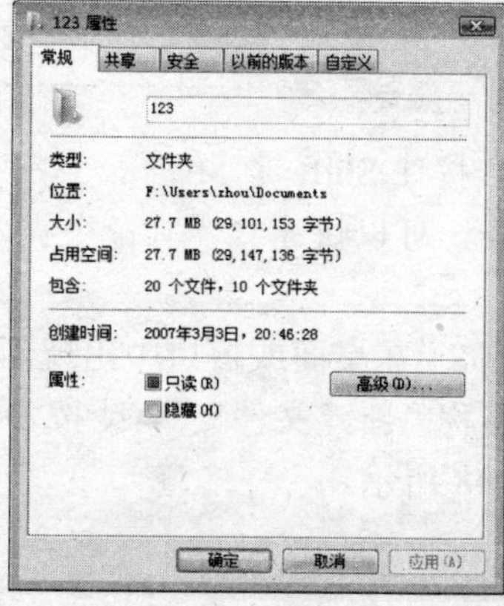

图 4-150

03 在“计算机”窗口中右击 H 分区，在弹出的快捷菜单中选择“属性”命令，如图 4-151 所示。

04 弹出“属性”窗口，在“常规”选项卡界面中可以看到 H 盘的可用空间大小，如图 4-152 所示。

图 4-151

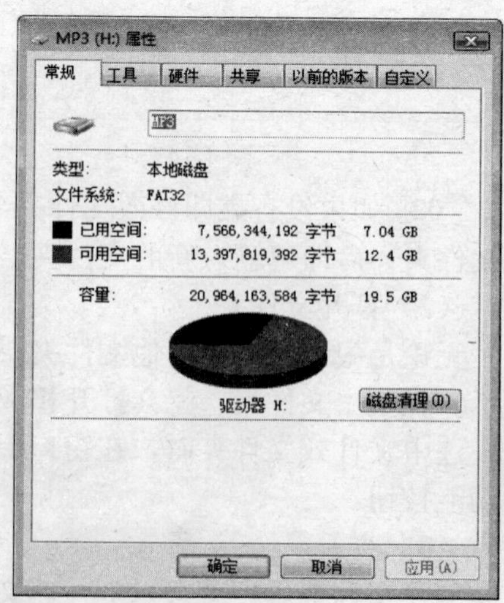

图 4-152

05 在确认要复制的文件夹大小比这里的“可用空间”小后，再开始剪切或复制操作。否则操作将因目的地的存储空间不够而失败。

除了正常的剪切、复制操作外，还可以对文件/文件夹使用拖动复制、移动的方法。具体操作步骤如下：

01 打开要移动的文件或子文件夹的“文件夹”窗口。

02 再打开要将其移动到目的地的“文件夹”窗口，并将两个窗口并排显示，如图 4-153 所示。

03 此时，从第 1 个“文件夹”窗口选中将要复制的文件或文件夹按住鼠标左键不放，拖到第 2 个“文件夹”窗口中即可。

在使用拖放方法时，用户可能会注意到，有时是复制文件或文件夹，而有时是移动文件或文件夹。如果在同一个硬盘驱动器上的文件夹之间拖动某个项目，则是移动该项目，这样就不会在同一个硬盘驱动器上创建相同文件或文件夹的两个副本。如果将项目拖到其他硬盘驱动器（如网络位置）上的文件夹或 CD 之类的可移动媒体中，则是复制该项目，使用这种方式不会从初始位置删除文件或文件夹。

（4）删除文件夹

如删除一个文件夹窗口，可执行如下操作：

01 首先，单击选中文件夹图标。

02 按 Delete 键，弹出如图 4-154 所示的提示框。

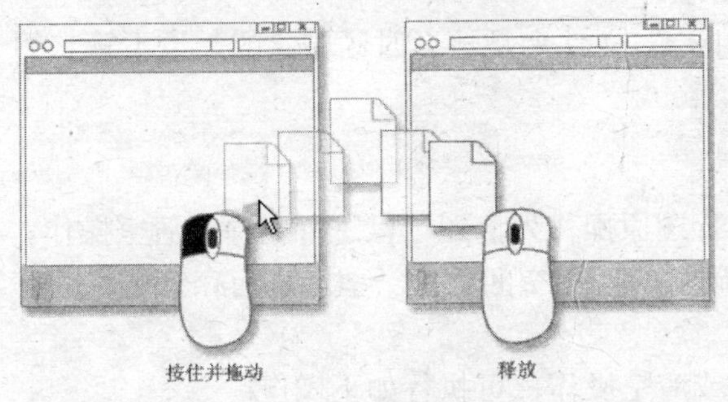

图 4-153

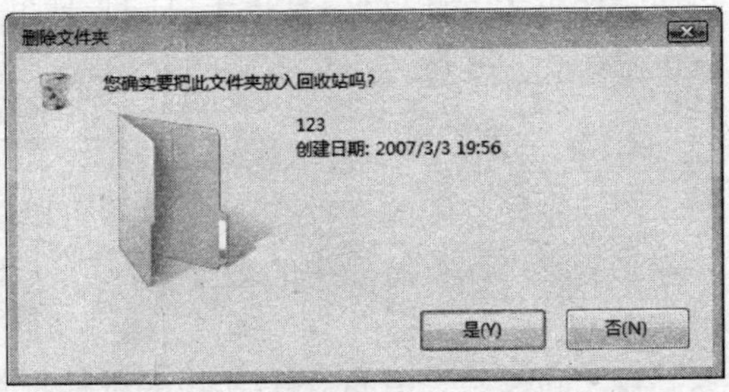

图 4-154

03 单击“是”按钮，即将选中的文件夹删除到“回收站”窗口（也可以将文件或文件夹直接拖动到“回收站”）中。或者在选中文件夹后，按 Shift+Delete 键将其彻底删除。

在遇到无法删除文件或文件夹的情况时可能是因为以下几个原因：

- 如果没有文件或文件夹的适当权限，则无法将其删除。
- 如果当前在某个程序中打开文件/文件夹，则也无法删除它。

4.3.3 回收站管理

删除的文件会临时存储在回收站中。如发现有不应删除的文件，则可以将文件还原到原始位置。

1．执行还原操作

如果需要在 Vista 中进行数据的还原操作，可执行如下操作：

01 双击桌面上的“回收站”图标。

02 在打开的“回收站”窗口中，选中要进行还原操作的文件或文件夹，单击工具栏中的“还原此项目”命令，如图 4-155 所示。

如果选中的是多个文件/文件夹，那么工具栏中将显示“还原选定的项目”按钮，如图 4-156 所示。

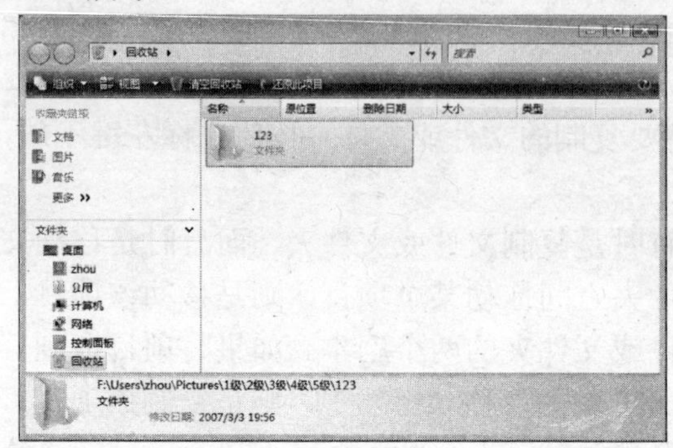

图 4-155

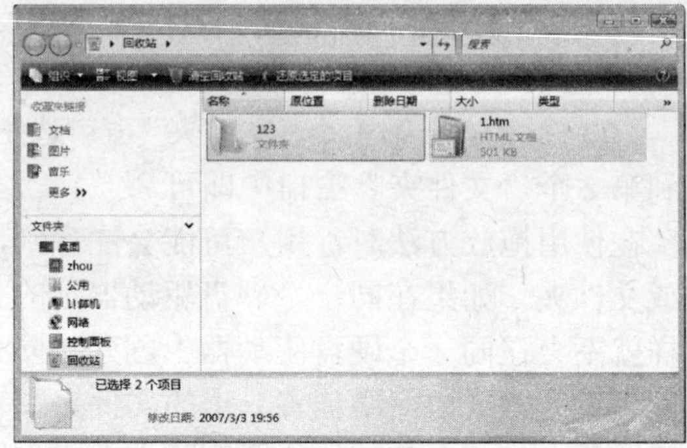

图 4-156

03 在选中文件/文件夹时，可以从窗口下方的状态栏中看到原始的存储路径。单击还原按钮后，不会弹出任何提示框就已自动把选中的资源进行了还原。

此外，也可以在不选择任何文件/文件夹的情况下，直接单击左侧“任务窗格”中的“还原所有项目”项进行还原操作，如图 4-157 所示。

“还原所有项目”，是指不管回收站里的文件/文件夹是什么时候删除的、也不管它的位置是什么，都统统恢复到原位置。

2．清空回收站

“回收站”中的文件/文件夹除了可以进行还原操作外，还可以进行删除和清空操作。删除和清空“回收站”中的数据后，可以让硬盘的可用空间更大一些，进而存储更多的有用数据。

对“回收站”中的文件/文件夹进行删除或清空操作，可执行如下操作：

01 双击桌面上的“回收站”图标。

02 打开“回收站”窗口，右击要进行删除操作的文件或文件夹，在弹出的右键菜单中选择“删除”命令，如图 4-158 所示。

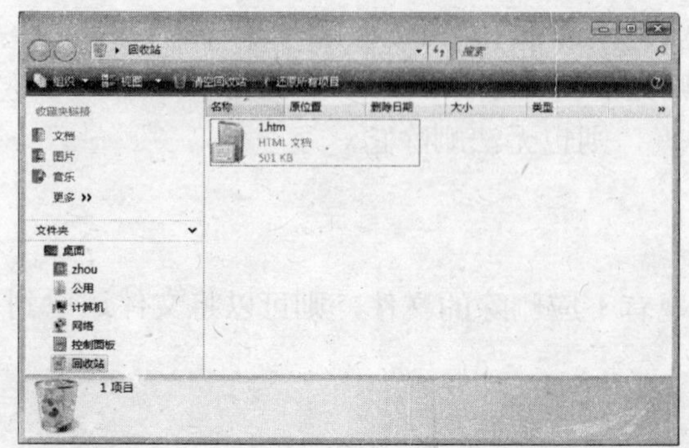

图 4-157

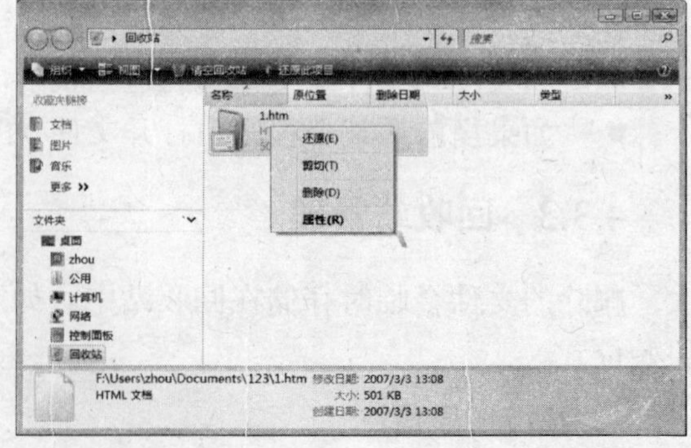

图 4-158

03 弹出如图 4-159 所示提示框，单击“是”按钮即可将选中的文件/文件夹彻底从电脑中删除。

> 选中多个文件，可以使用 Ctrl 或 Shift 键配合鼠标选取的方法来实现。

04 如果“回收站”中的所有文件/文件夹都不再需要，那么单击工具栏中的“清空回收站”按钮即可。除了可以在窗口中执行“清空回收站”的操作外，在桌面上右击“回收站”图标，从弹出的菜单中选择“清空回收站”命令也可以彻底删除其中的资料。

这里需要提醒：一是删除或清空“回收站”中的文件或文件夹，意味着将该文件或文件夹彻底删除，且无法再执行“还原”操作。二是当“回收站”装满（每个分区都有一个独立的“回收站”，它最多可以使用所在分区 10%的空间。）删除的文件或文件夹时，Vista 将自动清除“回收站”中的所有数据，以便存放最近删除的文件和文件夹。

如要设置“回收站”的空间大小，或是对回收站进行一些相关设置，可执行如下操作：

01 在桌面上右击“回收站”图标，并在弹出的右键菜单中选择“属性”命令。

02 在弹出的“回收站 属性”对话框中，即可对每个分区中的“回收站”进行属性设置，如图 4-160 所示。

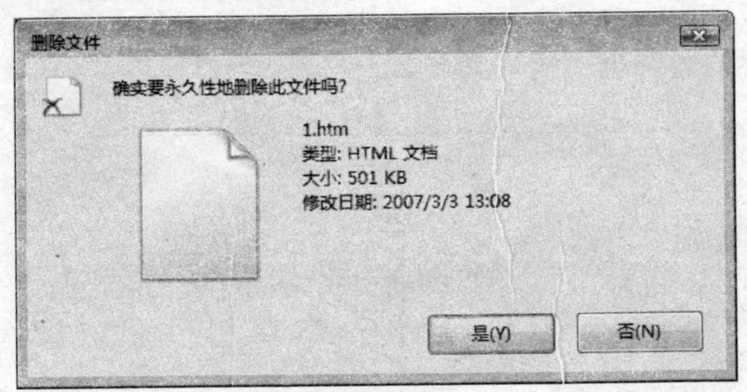

图 4-159

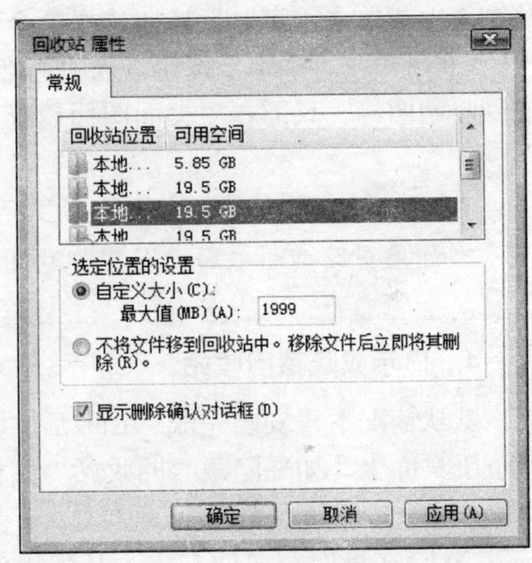

图 4-160

在进行“回收站 属性”设置时建议不取消“显示删除确认对话框”项的勾选状态，因为这样才能在彻底删除文件时带来一点考虑的机会。

3. 更改回收站外观

回收站为空时显示一种外观，里面有文件或文件夹时显示另一种外观。如图 4-161 所示回收站为空（左）和满（右）的两种不同的外观状态。

图 4-161

要对这两个图标的一个或全部进行更换，可执行如下操作：

01 在桌面空白处右击，从弹出的菜单中选择“个性化”命令。

02 在打开的“个性化”窗口中，单击左侧的“更改桌面图标”命令，如图 4-162 所示。

03 弹出“桌面图标设置”对话框，在桌面图标列表中单击“回收站（满）”或“回收站（空）”，如图 4-163 所示。

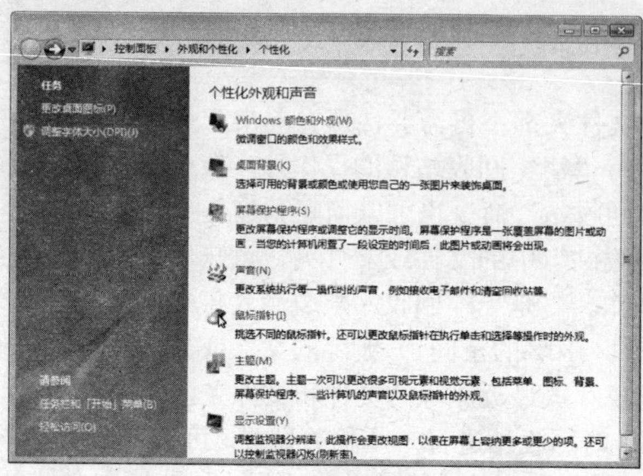

图 4-162

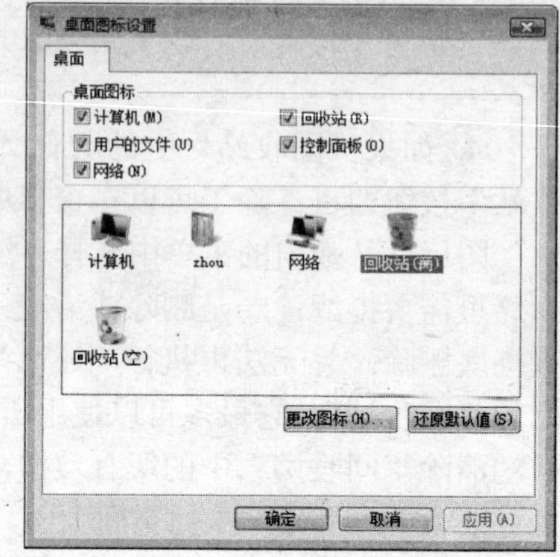

图 4-163

04 将回收站更改为新图标，单击“更改图标”按钮打开如图 4-164 所示的对话框，从列表中或单击“浏览”按钮选择一个图标。

05 单击“确定”按钮，选中的“回收站”图标即可被更换掉。以后如还想使用默认的回收站图标，只需在“桌面图标设置”对话框中单击“还原默认图标”按钮即可。

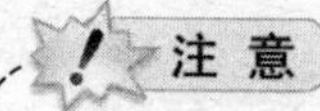

注 意

如果更改桌面主题，则回收站图标的外观也会随之更改。

4．显示或隐藏回收站

默认情况下，安装完成 Vista 后“回收站”图标就位于桌面上。如要隐藏“回收站”图标，可执行如下操作：

01 在桌面空白处右击，从弹出的菜单中选择“个性化”命令。

02 在打开的“个性化”窗口中，单击左侧的“更改桌面图标”命令。

03 弹出“桌面图标设置”对话框，单击取消“回收站”复选框的勾选状态。

04 单击“确定”按钮，隐藏设置将生效。反之，勾选“回收站”复选框即可将其再次在桌面上显示出来。

隐藏“回收站”图标后，删除的文件同样会暂时

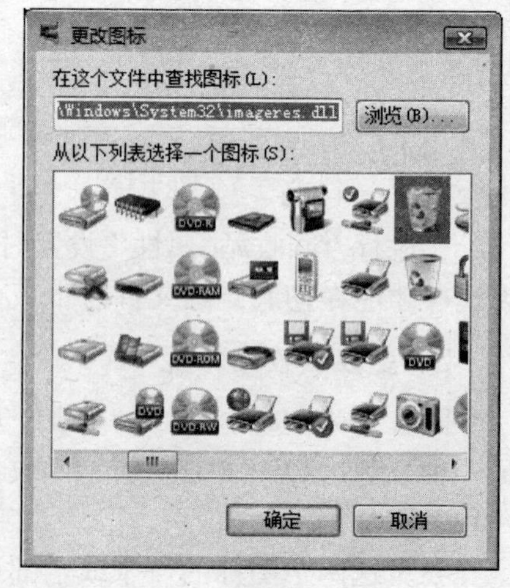

图 4-164

放入“回收站”中。如要彻底关闭“回收站”，只需在“回收站”的属性对话框中勾选“不将文件移到回收站中。移除文件后立即将其删除”项即可。

4.3.4 压缩与解压缩

在 Vista 中，不使用 WinRAR 或 WinZip 等软件也可轻松对 zip 文件进行压缩与解压缩操作。

1. 压缩文件

适当地对文件执行压缩操作，在很多时候都可以带来很多好处：

- 可以提高电脑的存储能力——如将 100MB 的数据压缩成 20MB，就节省了 80MB 的空间。
- 可以加快数据的传输速度——如原来要传输 100MB 的数据，现在只需传输 20MB 就可以。
- 可以在一定程度上避免病毒的侵害——病毒大多只感染使用 exe 扩展名的文件，而不会去感染 zip 扩展名的文件。

如将文件或文件夹制作成一个压缩包文件，可执行如下操作：

01 在“计算机”窗口中打开要执行压缩操作的文件或文件夹的窗口。如要对 C:\123\345.txt 文件进行压缩，那么打开 C:\123 窗口就可以。

02 右击要执行压缩操作的文件/文件夹，在弹出的菜单中选择“发送到”→“压缩（zipped）文件夹”命令，如图 4-165 所示。

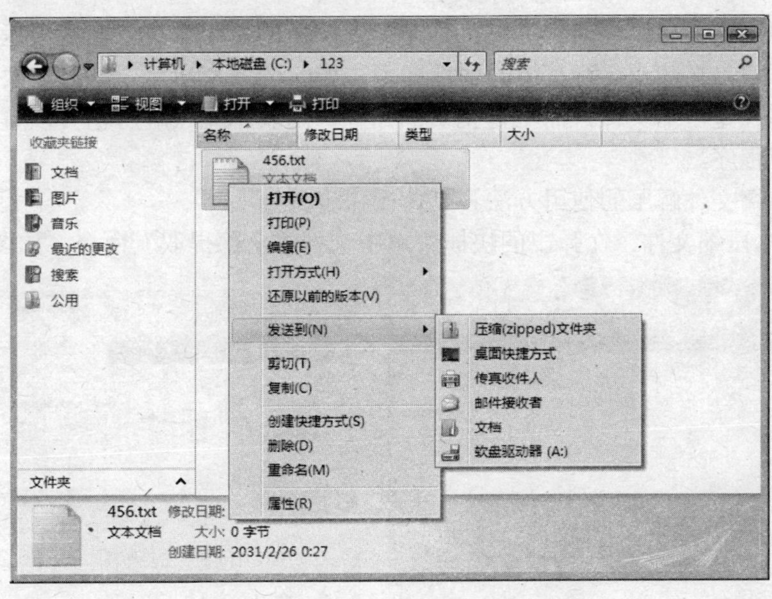

图 4-165

03 出现文件压缩时的进度框，如图 4-166 所示。

04 耐心等待压缩进度结束后，就会看到创建的压缩文件（压缩文件的扩展名为 zip），如图 4-167 所示。

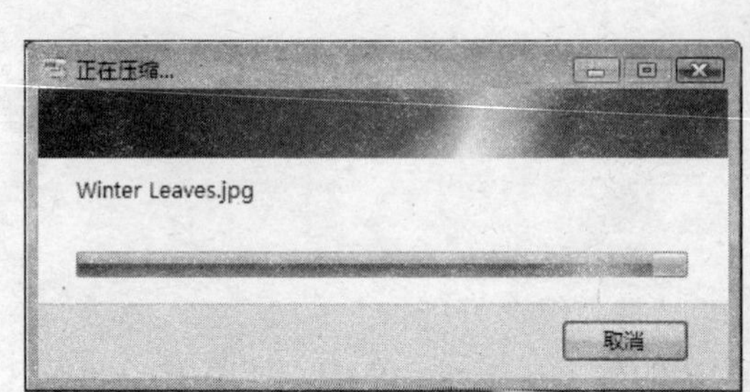

图 4-166　　　　　　　　　　　　　图 4-167

在完成压缩文件的制作后，将原来的未压缩文件删除可节省磁盘空间。

另一种创建压缩文件的操作方法如下：

01 在“计算机”窗口中打开存储了要执行压缩操作的文件/文件夹的窗口。如要对 C:\123\345.txt 文件进行压缩，那么打开 C:\123 窗口就可以。

02 在窗口空白处右击，从弹出的菜单中选择“新建”→“压缩（zipped）文件夹”命令。

03 将要压缩的文件/文件夹拖入到新创建的压缩文件图标上方，会自动执行压缩操作。

2．解压文件

如要使用压缩文件，有两种方法：一是无需解压的使用方法。在双击压缩文件后打开的窗口中，再双击打开或运行其中的文件即可，如图 4-168 所示。此时，要注意窗口“地址栏”中的路径是压缩文件，而不是正常的路径。这表示无须解压也可以直接打开或运行其中的文件或程序。

二是将压缩文件解压的使用方法。具体操作步骤如下：

01 右击压缩文件，在弹出的快捷菜单中选择“全部提取”命令，如图 4-169 所示。

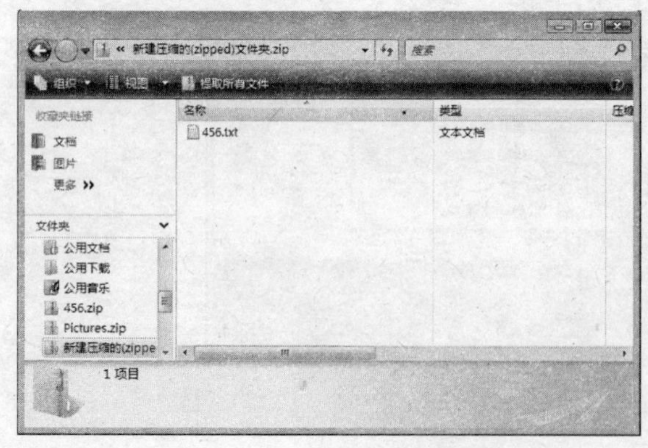

图 4-168　　　　　　　　　　　　　图 4-169

02 从弹出的对话框中，单击“浏览”按钮为压缩文件选择一个解压后的文件存储路径，或直接单击“提取”按钮完成压缩文件中的资源提取（即解压），如图 4-170 所示。

03 弹出如图 4-171 所示的提取进度对话框，耐心等待进度结束。

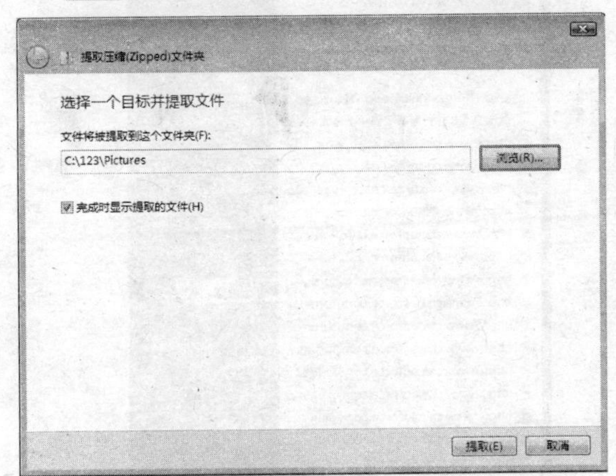

图 4-170

图 4-171

04 完成文件的解压操作后，进度对话框会自动关闭。如勾选了“完成时显示提取的文件”复选框，会弹出解压路径对应的文件夹窗口。

4.4 搜索资源

电脑使用的时间一长，积累的各种文件也很多。查找文件时如记不清存放在哪个磁盘，甚至文件名也记不全。那么可以使用 Vista 提供的“搜索”功能来帮忙。

Windows 提供多种查找文件和文件夹的方法——没有一种最佳的搜索方法，只有适合不同情况的搜索方法。

初次使用 Vista 的读者可能会感到困惑，Vista 中似乎处处都有搜索功能的存在。其实，Vista 中的搜索功能主要分成了 3 处：

- 开始菜单中左侧窗格下方的“搜索”栏。
- 文件夹中的“搜索”栏。
- 开始菜单中右侧窗格中的“搜索”菜单。

这 3 处的搜索功能各有不同，它们分别可以满足不同情况下的搜索需求。

4.4.1 开始菜单中的搜索栏

Vista“开始”菜单中设计了全新的“搜索”栏，可以方便地利用它来查找程序或文件/文件夹。单击“开始”按钮打开“开始”菜单，在左侧窗格的下方会看到一个“搜索”栏，其中默认有“开始搜索”的文字，如图 4-172 所示。

使用“开始”菜单中的“搜索”栏，在索引位置（详细内容请见 4.4.3 节中的相关内容）快速进行程序或文件的查找。

在“开始”菜单的“搜索”框，输入搜索关键字时，默认会自动对索引位置的资源进行相应的筛选、查找，如果查找到满足条件的资源，则会在左侧窗格中出现相应的结果列表，如图 4-173 所示。

图 4-172

图 4-173

如果在索引位置中找不到所需的资源，可以按下 Enter 键在非索引位置进行搜索。

在搜索时对以下情况，程序、文件和文件夹将作为搜索结果显示：

- 标题中的任何文字与搜索项匹配或以搜索项开头。
- 文件实际内容中的任何文本（如文字处理文档中的文本）与搜索项匹配或以搜索项开头。
- 文件属性中的任何文字（如作者）与搜索项匹配或以搜索项开头。（有关文件属性的详细信息，请参阅“查看文件属性”。）

在左侧的搜索结果窗格中，单击“查看所有结果”链接，则会打开如图 4-174 所示的文件夹，在其中显示搜索结果以及更多的高级选项。

也可以单击“搜索 Internet”项打开 IE 浏览器窗口，在 Internet 上对输入的关键字进行搜索，如图 4-175 所示。

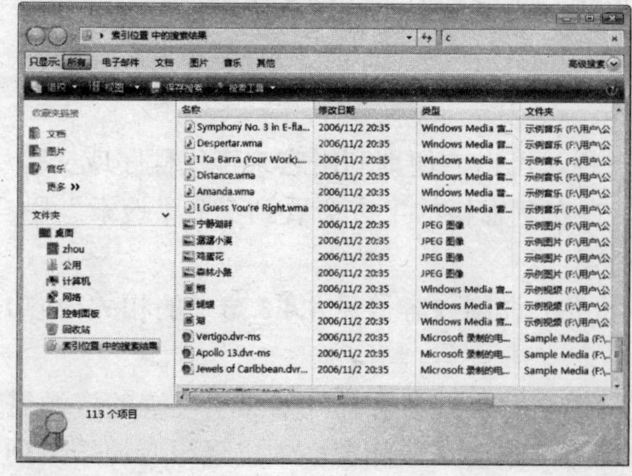

图 4-174

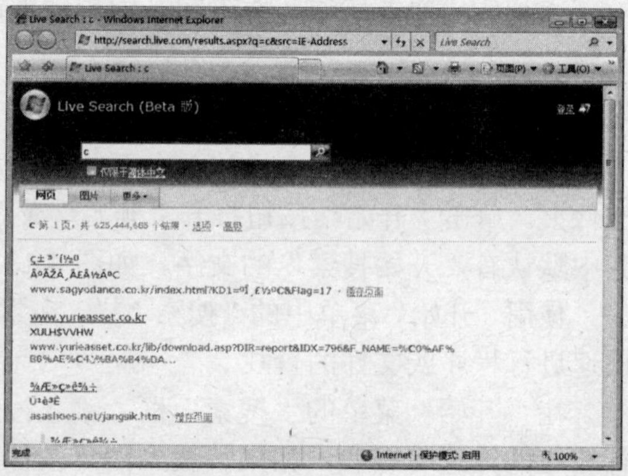

图 4-175

在IE浏览器的地址栏中，可以看到搜索操作是在http://search.live.com/这个网站中完成的。

实际上，除了可以搜索程序、文件和文件夹外，“搜索”框中还可以搜索Internet收藏夹和访问的网站历史记录等内容。如果这些网页中的任何一个包含搜索项，则该网页会出现在“收藏夹和历史记录”列表中，如图4-176所示。

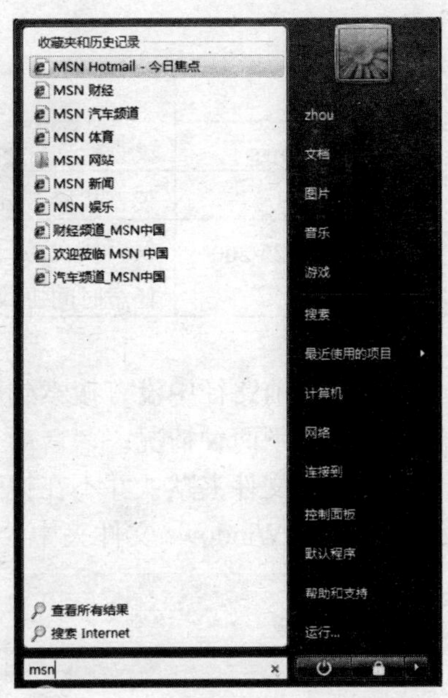

图4-176

通常，在使用电脑时会要调用一些常用程序、快速查找个人文件夹、文件，都可以直接在“开始”菜单的“搜索”栏中进行即时搜索，这种搜索的效率很高。

4.4.2 窗口中的搜索栏

在“计算机”、“网络”等窗口的右上部分都有一个搜索栏，这个搜索栏默认搜索当前路径中符合搜索关键字要求的资源，如图4-177所示。

图4-177

如要在某个文件夹中进行资源搜索，只需打开这个文件夹的窗口，在窗口右上角的搜索栏中输入关键字词即可。输入搜索关键字后，无需按Enter键——因为搜索操作是自动的。搜索操作将会在当前文件夹及其所有子文件夹中进行。在“搜索”栏中输入字词时，看到所需要的文件后，即可以停止输入——有时无须输入完整的词。

在输入搜索关键字时，如要有选择性地进行搜索，可以指定搜索的文件属性，以便在“搜索”栏中筛选搜索。在按文件属性筛选时，请使用冒号（半角/全角均可）分隔属性名称和搜索字词，如表4-1所示。

表 4-1

示例	用途
名称：windows	仅查找文件名中有 Windows 这个单词的文件。
标记：Sunset	仅查找以 Sunset 一词为标记的文件。
Modified:05/25/2006	仅查找在该日期修改的文件。也可以输入 Modified:2006 查找在该年份中任意时间更改过的文件。

如果在当前路径中没有搜索到所需的资源，而又很确定这个资源一定在当前的路径时，可能是遇到以下两种情况：

一是系统文件夹默认并不在搜索范围。如在 C 盘根目录窗口中搜索关键字 System，明明此文件夹在 Windows 文件夹中，却搜索不出来，如图 4-178 所示。

图 4-178

解决操作步骤如下：

01 在搜索结果窗口单击工具栏中的“组织”标签，并在弹出的下拉列表中选择“文件夹和搜索”命令。

02 在弹出的“文件夹选项”对话框中单击“搜索”选项卡，勾选“包括系统目录”复选框，如图 4-179 所示。

03 单击“确定”按钮应用设置并关闭对话框，再在搜索栏中输入关键字 System，就会搜索到所需的资源，如图 4-180 所示。

那么，为何找不到系统文件或程序文件？这是为了要加快搜索的速度，系统文件和程序文件都未包含在索引中。如果需要长期能够执行此项搜索，就需要执行上述设置。如果只是当前需要执行此项操作，只需在“高级搜索”窗口中勾选“包括非索引、隐藏和系统文件（可能会慢）”项即可。

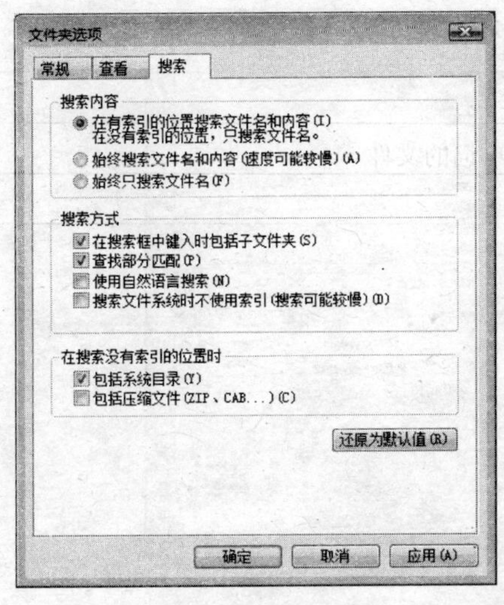

图 4-179

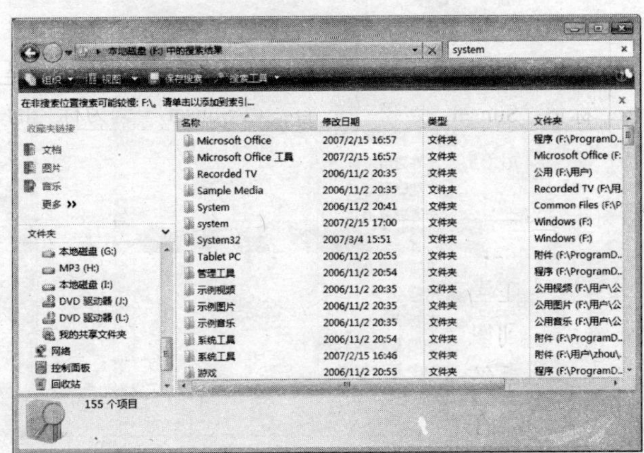

图 4-180

二是需要在更大或其他范围中进行搜索。可执行如下操作：

01 在右侧窗格的搜索结果最下方，单击“高级搜索”链接，如图 4-181 所示。

02 从窗口中间部分出现的扩展面板中，可以看到有非常多的搜索条件能够选择，如图 4-182 所示。

图 4-181

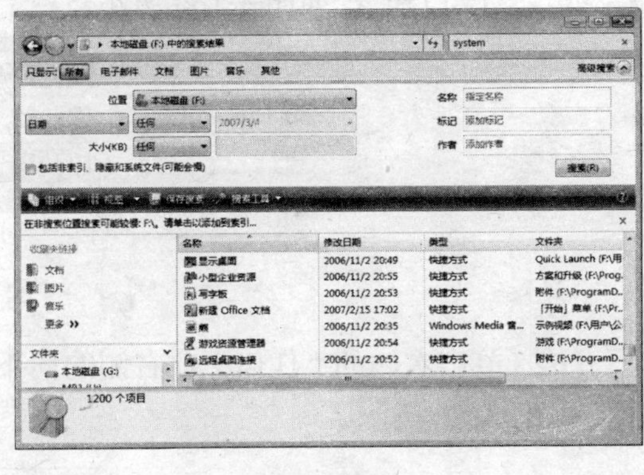

图 4-182

- 只显示：可以选择搜索结果中出现的类型文件。如有 5 个文件使用了 123 这个文件名，但只需其中的 123.jpg 文件，那么选择“图片”命令。
- 位置：可以设置搜索的范围，单击“位置”项右侧的向下箭头后，在弹出的列表中选择常用的搜索范围，如图 4-183 所示。

在位置最上方选择“所有位置”命令，可以搜索整个计算机。

单击“选择搜索位置”命令，在打开的对话框中可以进行更具体的路径设置，如图 4-184 所示。

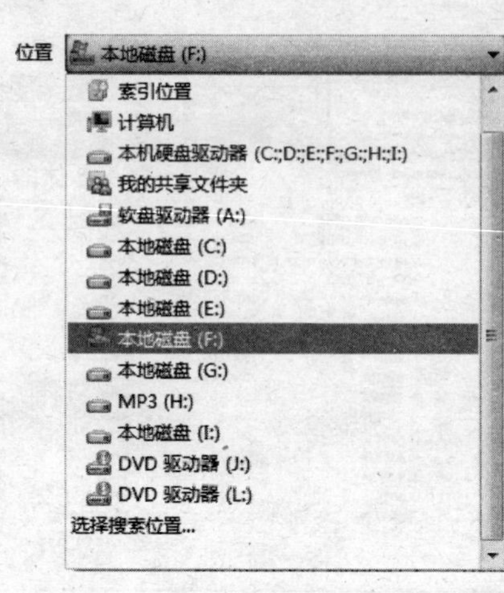

图 4-183

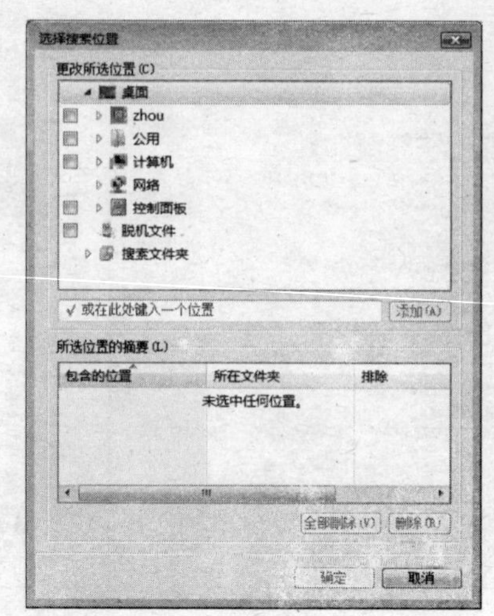

图 4-184

如可以选择搜索 F 分区中的 123 文件夹、H 分区中的 456 文件夹等。

- 日期：日期条件搜索方法，可以将满足日期条件的资源搜索出来。如搜索最近一星期创建的.doc 文件，就可以使用这个方法。具体操作步骤如下：

01 单击“日期”项右侧的向下箭头，在弹出的下拉列表中选择日期的条件“创建日期”或“修改日期”，如图 4-185 所示。

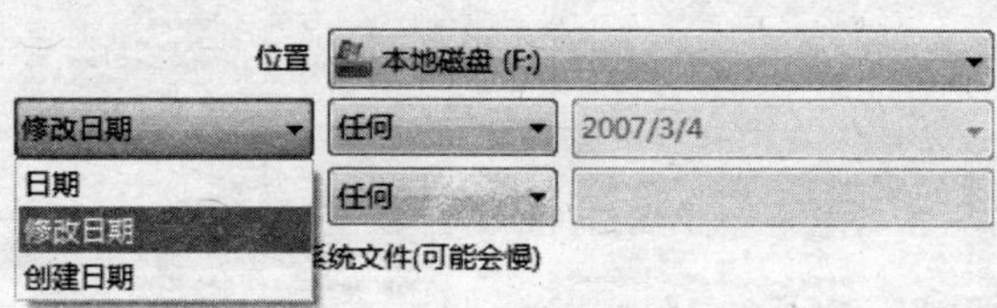

图 4-185

02 单击右侧的“任何”项右侧的向下箭头，在弹出的下拉列表中选择日期的具体范围，如图 4-186 所示。

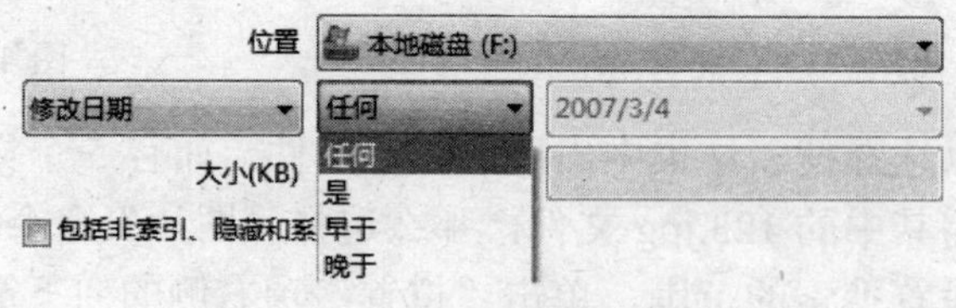

图 4-186

03 在选择“是”、“早于”或“晚于”后，还要在右侧的日期列表中进行具体的日期设置，如图 4-187 所示。

- 大小：按文件大小搜索。搜索方法：单击大小“任何”项右侧的向下箭头，在弹出的下拉列表中，选择指定大小的条件，如图 4-188 所示。再在右侧的文本框中根据指定的条件，输入符合当前需要的数值。如搜索小于 1MB 的文件，那么输入“1024”（单位为 KB，1MB＝1024KB）。

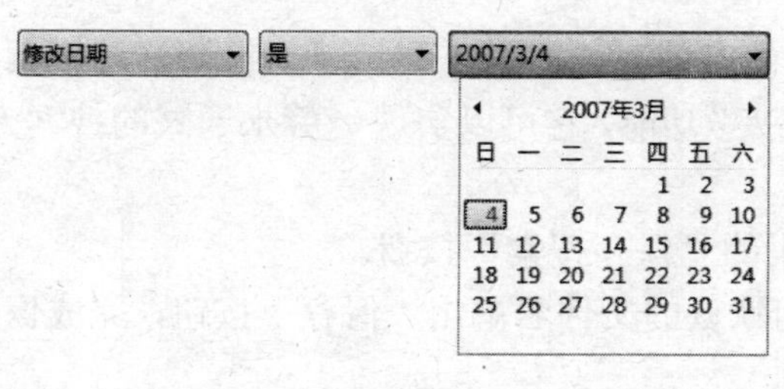

图 4-187

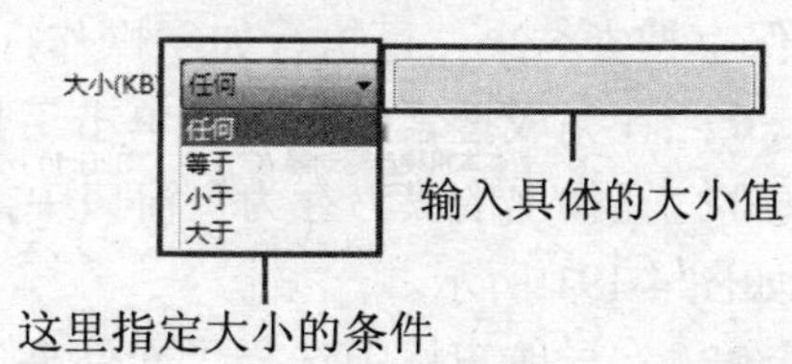

图 4-188

- 包括非索引、隐藏和系统文件（可能会慢）：勾选此项后，搜索的范围将包括所有当前路径下的子路径。如可以搜索到具有“隐藏”属性的文件等。
- 名称、标记、作者：在这 3 个文本框中，可以输入文件、文件夹的名称、属性的一部分或全部。如要搜索 doc 文件，可在“名称”栏中输入*.doc 按 Enter 键开始搜索。按下 Enter 键后，输入的搜索关键字会出现在窗口右上角的“搜索”栏中，如图 4-189 所示。

需要说明的是，“名称”是指文件名或扩展名。“标记”是用于添加到文件用于描述文件的字词或短语。“作者”是指文件创建者的姓名。

提 示

“*”（星号）表示任意字符。如 123.*表示只要文件名为 123，那么不管扩展名是什么，都请搜索并列出来。“？”（即问号）表示“仅一个字符”。如 123.?表示文件名必须是 123，且扩展名只能有一位，即类似于 123.b 这种结构。*和？都是通配符，善于使用它们对提高搜索效果非常重要。

04 上述的搜索条件既可以单独进行，如只在“名称”栏中输入*.doc 进行搜索。也可以组合应用，如在指定某个日期范围后，再在“名称”栏中输入*.doc，这样可以搜索在指定的日期范围内创建的 doc 文件。

在搜索完成后，单击工具栏上的“保存搜索”按钮可将搜索结果保存起来，如图 4-190 所示。

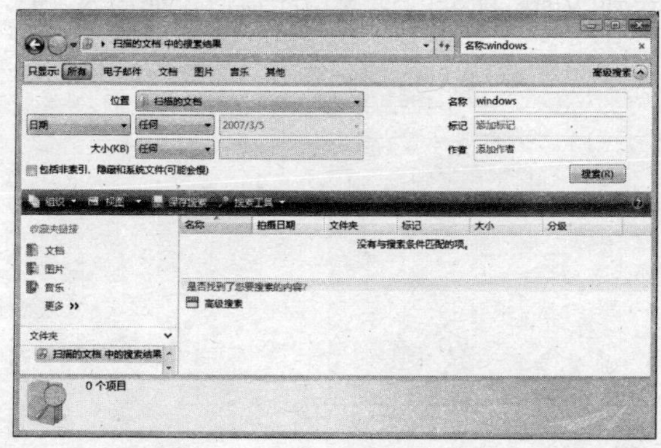

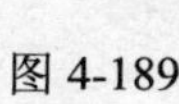

图 4-189

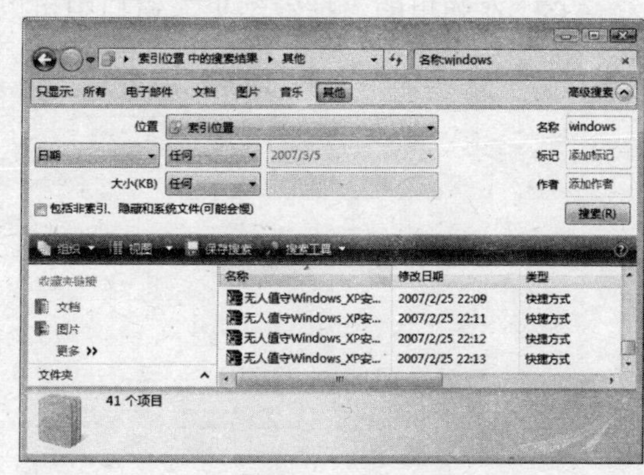

图 4-190

保存好搜索结果，在以后查找类似特定的文件时，就不需要重复执行同样的搜索。而保存搜索结果有些类似于 IE 浏览器的"收藏夹"功能，它可以实现一劳永逸式的搜索方式。

保存搜索结果，可执行如下操作：

01 在完成搜索操作后，单击工具栏上的"保存搜索"按钮。

02 在弹出的"另存为"窗口中，使用默认的文件名单击"保存"按钮，完成保存操作，如图 4-191 所示。

03 在导航窗格中选择"文件夹"→"桌面"→"个人文件夹"→"搜索"命令，在展开的搜索列表里可以看到已保存的搜索链接，如图 4-192 所示。

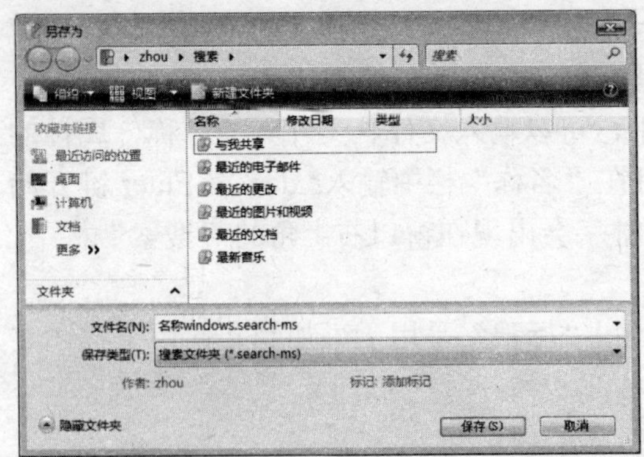

图 4-191

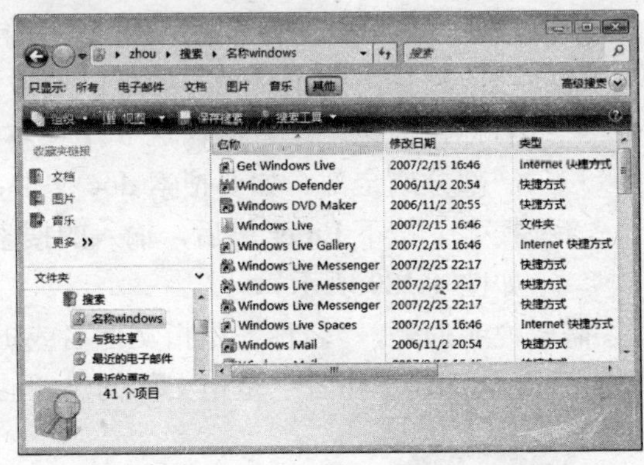

图 4-192

04 双击保存的搜索链接，即可再次执行对应的搜索操作。

4.4.3 搜索窗口

除了可以在"开始"菜单中使用"搜索"栏，以及使用窗口中的"搜索"栏外，还可以打开标准的搜索功能窗口，直接使用完整的搜索功能。

搜索窗口一般是在需要使用多个筛选器建立搜索时使用，如一次性从多个不同路径下的文件夹中查找文件。具体操作如下：

01 单击"开始"按钮打开"开始"菜单，在右侧窗格中选择"搜索"命令。

02 在弹出的"搜索结果"窗口中可以看到 Vista 标准的搜索功能窗口，如图 4-193 所示。

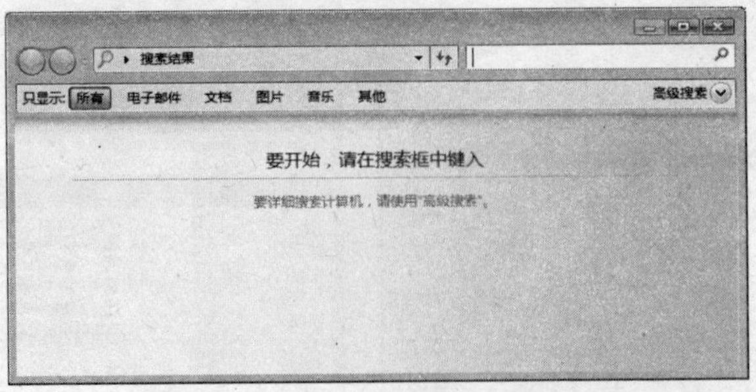

图 4-193

03 可以直接在窗口右上角的"搜索"栏中执行搜索操作。也可以单击"高级搜索"

项右侧的向下箭头，在显示的扩展面板中进行“高级搜索”，如图 4-194 所示。

“高级搜索”窗口中的内容在前面 4.4.2 节中已讲解过，这里不再叙述。

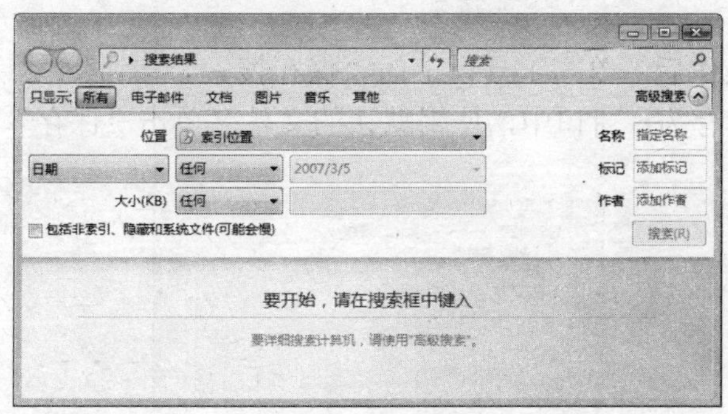

图 4-194

在“位置”列表中默认的搜索位置为“索引位置”。索引位置也称“默认位置”。索引功能有些类似于图书中的目录，它存储了有关文件的信息，包括文件名、修改日期以及作者、标记和分级等属性。索引的根本作用，就在于为了让搜索文件时的速度更快。默认情况下，对计算机上最常见的文件都可以进行索引。已索引的位置包括个人文件夹（如 Documents，Pictures，Music 和 Videos）中的所有文件，以及电子邮件和脱机文件。未进行索引的文件包括程序文件和系统文件。包含这些文件的位置未进行索引是因为极少需要搜索这些文件，所以索引中不包括这些位置以提高搜索速度。

要查看已索引位置的完整列表，打开索引和搜索选项。可执行如下操作：

01 单击“开始”按钮，在弹出的“开始”菜单“搜索栏”中输入命令 Control.exe Srchadmin.dll，如图 4-195 所示。

02 输入命令后，可以看到左侧窗格上方已经自动找到了相应的命令。单击上方的搜索结果或按 Enter 键，可以打开如图 4-196 所示的“索引选项”窗口。

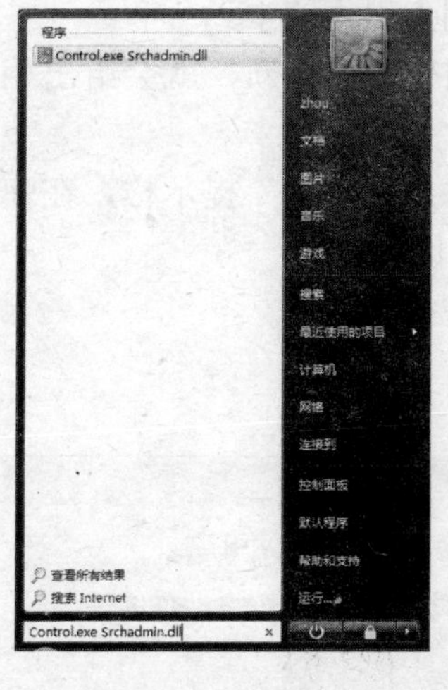

图 4-195

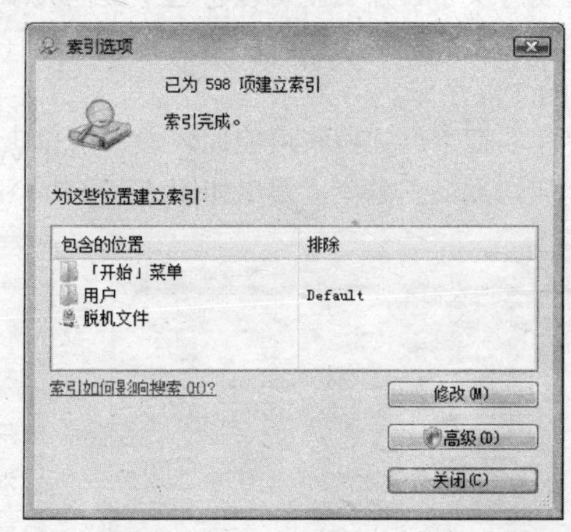

图 4-196

03 单击“修改”按钮打开如图 4-197 所示的对话框，在下部窗格中可以看到当前索引范围，在上方“更改所选位置”列表中可以通过单击勾选/取消的方法，进行索引范围的变更。

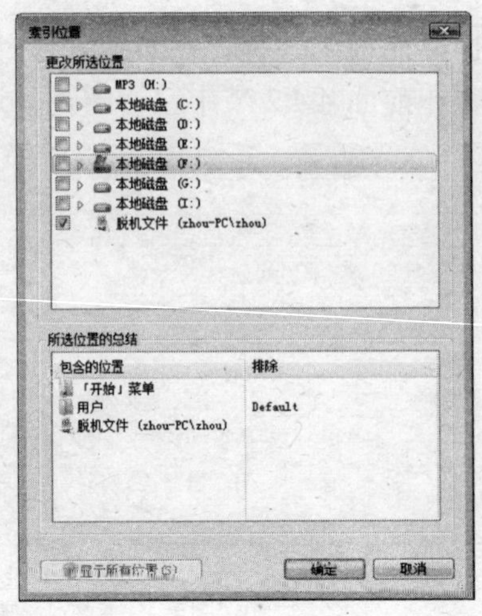

图 4-197

提 示

如果在计算机的“更改所选位置”列表中没有看到所有的位置，请单击“显示所有位置”。

04 如果要索引某个文件夹，但是不包括其全部子文件夹，可展开该文件夹，取消不索引子文件夹旁边的复选框。而所取消的子文件夹将出现在“所选位置的总结”列表的“排除”列中。

如果索引整个计算机，并不能加快搜索的速度。如索引过大或其包括系统文件所在的位置（类似于程序文件的文件夹），则会因为没有很好地执行索引而让日常搜索变得非常缓慢。为获得最佳结果，建议仅向索引添加包含个人文件的文件夹，如创建的 Word 文件存储在 E:\doc 文件夹中，那么就可以将这个文件夹添加到索引位置中。

实际上，在完成搜索操作时，如果有必要进行索引位置的更新，就会给出相应的提示信息，如图 4-198 所示。

单击“在非搜索位置搜索可能比较慢，请单击以添加到索引”提示栏，在弹出的菜单中选择“添加到索引”命令，弹出如图 4-199 所示的对话框。

图 4-198

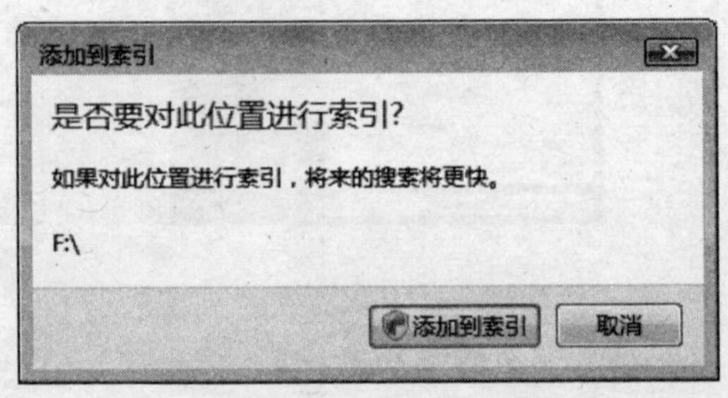

图 4-199

单击“添加到索引”按钮，在弹出的窗口工具栏中单击“搜索工具”按钮右侧的向下箭头，从弹出的下拉菜单中选择“修改索引位置”命令，如图4-200所示。

在弹出的“索引选项”对话框中，可以看到刚添加的索引项目，如图4-201所示。

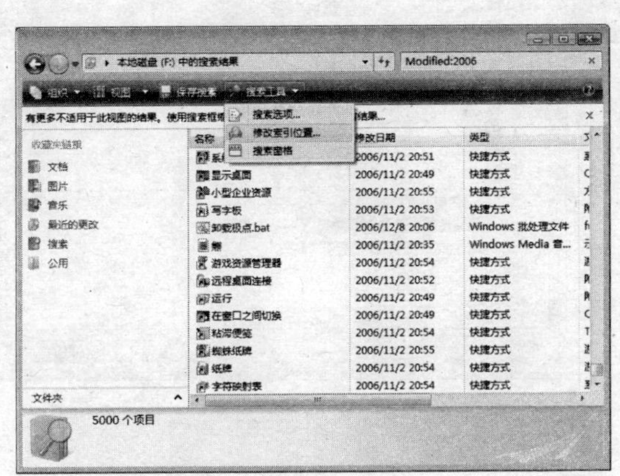

图4-200

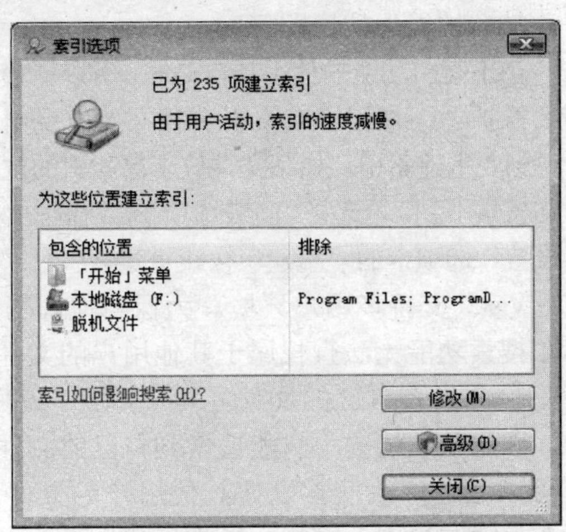

图4-201

注 意

只能向索引中添加自己的计算机位置，无法索引网络位置，因此搜索网络位置比搜索自己计算机上的文件夹要慢得多。

在执行搜索时通常每次都会搜索整个索引位置。默认情况下，使用索引在“搜索”文件夹中进行搜索，但也有可能使用其他位置进行搜索。

如让索引位置包含新增的硬盘，只需在“索引选项”窗口中单击“选择创建”按钮，在弹出的“浏览文件夹”对话框中选择新硬盘即可，如图4-202所示。

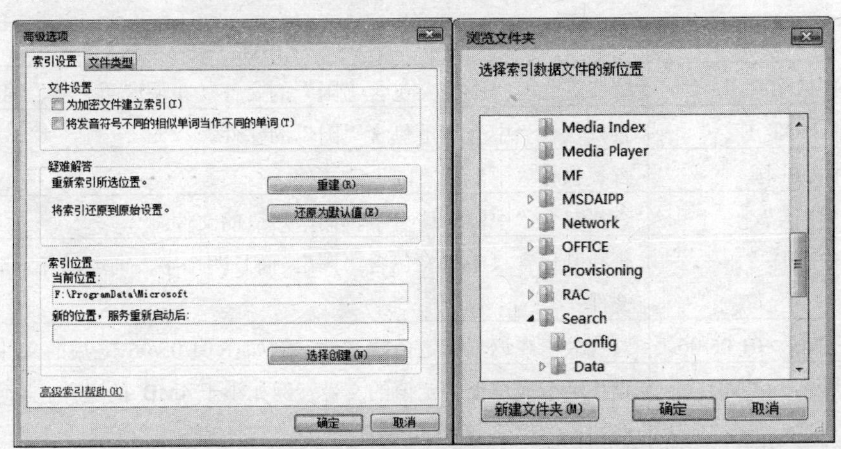

图4-202

在“高级选项”对话框中选择“文件类型”选项卡，添加或清除索引的文件类型项目，如图4-203所示。

如果当前索引无法识别某种不常见的文件类型，可以将此文件类型添加到索引。在图4-203左下角的空白栏中输入文件类型，单击“添加新扩展”按钮即可。

图 4-203

由于索引功能的使用是自动的，所以一般不需要维护。但在用已有索引查找文件出现问题时，则要重建索引。如某文件位于已索引的位置但却搜索不到，可选择“高级选项”对话框中“索引设置”选项卡的“重建”按钮重建索引。

Vista 支持多用户环境。为保障他人的隐私，搜索功能无法查找属于其他用户的文件。就是说，只有自己的文件才可以添加到索引中，因此默认情况下只能搜索到自己的文件。但可以通过修改搜索以使其他用户的文件出现在搜索结果中，可执行操作步骤如下：

01 打开要搜索的用户文件夹，如C:\Users\User。其中，User是所搜索文件夹的用户名。

02 执行搜索，该用户的文件现在，就可以成为搜索结果的一部分。

4.4.4 高级搜索

除了常见的几种搜索方式外，还可以使用一些高级搜索方法。

1. 布尔筛选器

使用布尔筛选器是执行精确搜索的一种有效方法，通过布尔筛选器可以使用简单的逻辑组合搜索字词，如表4-2所示。

表 4-2

筛选器	示例	用途
AND	中 AND 国	查找既包含“中”又包含“国”的文件（即使这两个字、词不相邻）。
NOT	中 NOT 国	查找包含“中”但不包含“国”的文件。
OR	中 OR 国	查找包含“中”或“国”的文件。
引号	“中国”	查找包含“中国”这一字、词、短语的文件。
括号	(中 国)	查找既包含“中”又包含“国”，而且两个字、词可以任意顺序排列的文件。
>	日期：>01/05/06	查找大于或迟于特定值的文件，例如在01/05/06 之后的文件。
<	大小：< 4MB	查找小于或早于特定值的文件，例如小于4MB 的文件。也可以指定其他大小，例如 KB 和 GB。

注 意

在输入AND或OR等布尔筛选器时，需要全部使用大写字母。

除了可以单独使用“布尔筛选器”外，还可以组合使用布尔筛选器和文件属性，如：

- 作者：zhong AND Herb：查找作者为 zhong 的文件，以及文件名或任意文件属性中包含 Herb 的所有文件。
- 作者：(Charlie AND Herb)：搜索作者为 Charlie 和 Herb 的文件。
- 作者：“Charlie Herb”：查找作者名为 Charlie Herb 的文件。

在组合的过程中，可以看到使用不同的布尔筛选器会得到不同的结果。此外，还要注意使用括号会更改筛选器效果。

2．自然语言搜索

在“搜索”栏中使用筛选器有一个缺点：筛选器要求以特定的方式而不是以人们通常交谈或书写的方式组织搜索。显然，如果能够打开自然语言搜索，则可以更熟悉的方式执行搜索——几乎像在与他人交谈。此外，使用自然语言搜索时，无需以大写字母形式输入 AND 和 OR。可通过如表 4-3 所示比较一下两个搜索的不同之处：

表 4-3

	不使用自然语言	使用自然语言
种类	音乐艺术家：(Beethoven AND Mozart)	由 Beethoven 和 Mozart 制作的音乐
种类	文档作者：(Charlie OR Herb)	由 Charlie 或 Herb 创建的文档

要打开“自然语言搜索”功能，可执行如下操作：

01 打开一个文件夹窗口，单击“组织”按钮右侧的向下箭头，在弹出的下拉列表中选择“文件夹和搜索”命令，如图 4-204 所示。

02 弹出“文件夹选项”对话框，选择“搜索”选项卡并勾选“使用自然语言搜索”复选框，如图 4-205 所示。

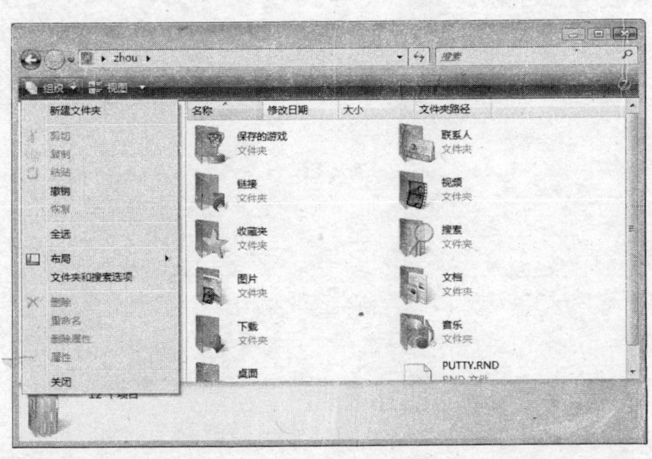

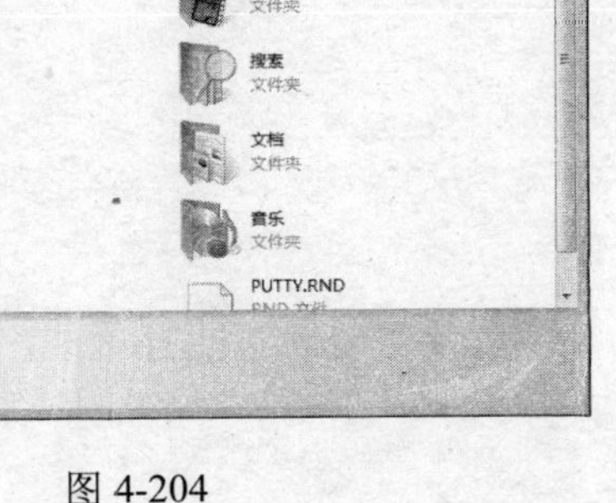

图 4-204

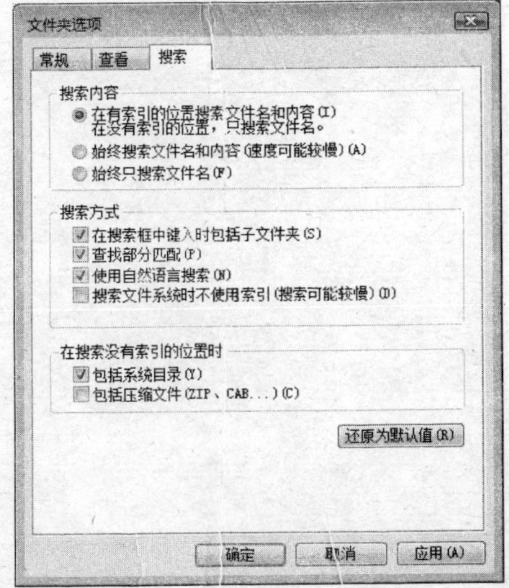

图 4-205

提示

如果选中“始终搜索文件名和内容（速度可能较慢）”项，则可以搜索文件中的内容。如想在众多的.doc 文件中找出含有“江苏”文字的文件，就需要勾选此项。

03 激活“自然语言搜索”搜索功能后，在日常搜索时就可以使用较随意的方式输入搜索关键字词了。以下是一些常见的自然语言搜索示例：

- Zhiguo 今天发来的 Email。
- 上个月修改的文档。
- 分级为****的布鲁斯音乐。
- 在 2007 年 2 月拍的花卉照片。

第 5 章　程序的使用与管理

在 Windows 中，通过应用程序来使用电脑是最常见的操作了——我们在计算机上做的几乎每一件事都需要应用程序来支持。例如如果想要绘图，需要使用绘图或画图程序；若要写信，需使用字处理程序；若要上网，需使用浏览器程序。在 Windows 中可以使用的程序有数千种。在本章中将讲解如何应用程序并对它进行有效的管理。

5.1　安装与卸载应用程序

电脑软件可以分为系统软件和应用软件两大类。所谓应用软件（即“应用程序”），是指专门为解决各类实际问题而开发的程序。如 Word 程序可以提供文字编辑功能；WinRAR 程序可以提供压缩与解压缩功能；财务管理程序可以提供财务统计与管理功能等。

那么，如 Vista 之类的操作系统是应用软件吗？答案是：NO！这是因为 Vista 是属于“系统软件”一类。系统软件一般是由大型计算机厂家开发并提供，它可以管理和充分利用计算机硬件资源，进而方便用户使用、维护、发挥和扩展计算机的功能。作为软件中的“平台”型软件，我们一般只能使用但无法修改它们。

一台没有安装软件的计算机通常被称之为“裸机”，裸机需要安装操作系统才能运行。操作系统可以完成一系列硬件的底层调度，以及提供一些较基本的功能，比方说开机与关机功能、电影与音乐的播放、压缩与刻录功能、文字输入与打印等。但是，由于这些功能都比较简单，所以很多时候为了满足更多的需求，我们就需要为电脑安装一些专业的应用程序来协助我们的工作、丰富我们的生活。如由于 Vista 中的文本编辑功能只支持简单的文本编辑，要安装专业的文本编辑软件 Word 来完成复杂的文档编辑。

通过裸机、操作系统和应用程序形成的三层结构，就可以实现电脑中各种各样的功能调用了，如图 5-1 所示。

显然，裸机是操作系统安装的平台，而操作系统则可以看成是应用软件安装和运行的平台。其中应用程序处于最上端，它离开了操作系统和裸机将无法使用。这就好比演员与舞台的关系，演员必须在平稳的舞台上才能表演，而应用程序也必须在稳定的操作系统中才能稳定地安装或者运行。

图 5-1

5.1.1　安装程序

Vista 中提供了一些基本型的应用程序，如写字板、Windows Media Player 等。使用这些 Vista 中附带的程序和功能可以完成很多任务，但我们为了完成更多的工作，很可能还需要安装其他程序。如要编写长篇产品手册时就必须购买并安装 Word 程序了。受利益、版权等因素的影响，一些专业型的程序只能通过购买获得。当然，也有一些程序会是免费的。不管程序是怎么来的，我们都需要学会安装它，进而才能使用它。在 Vista 中，提供了强大的应用程序安装与卸载功能。

如何添加程序，要取决于程序的安装文件所处的位置。通常，程序会存储在 CD 或 DVD 光盘或者网络中。

1. 从 CD 或 DVD 安装程序

只要硬件配置中有 CD 或 DVD 光驱或刻录机，那么就可以对相应介质中存储的应用程序执行安装操作，执行操作如下：

01 登录到 Vista 的桌面环境后将光盘放入光驱。

02 Vista 会对光盘插入操作进行响应，自动弹出对话框，如图 5-2 所示。

这里还需要理解以下三方面的知识：

（1）自动运行

在根目录下带了自动运行文件的光盘，在桌面环境下插入光驱后就会自动执行此文件。此文件通常会自动调用光盘中文件，以便执行程序的安装。

在对话框中单击此项后，意味着告诉 Vista 这个程序的安装操作我们是知道的，而且它是安全的。

（2）打开文件夹以查看文件

在对话框中单击此项后，将使用文件夹窗口的方式显示光盘中的所有资源，如图 5-3 所示。

图 5-2

图 5-3

（3）自动播放设置

为什么光盘在插入光驱后 Vista 会有响应？这是因为 Vista 的“自动播放”功能在起作用。如果要对此项功能进行设置，可以参考本章中“自动播放设置”小节的内容。

03 因为要安装软件，所以单击“运行 Autorun.exe”。在“用户账户控制”对话框中看到此程序是由 E 盘（光驱的盘符）中的程序引发的，此时只有单击“允许”方可继续运行，如图 5-4 所示。

04 在程序安装向导中根据提示完成安装即可，如图 5-5 所示。

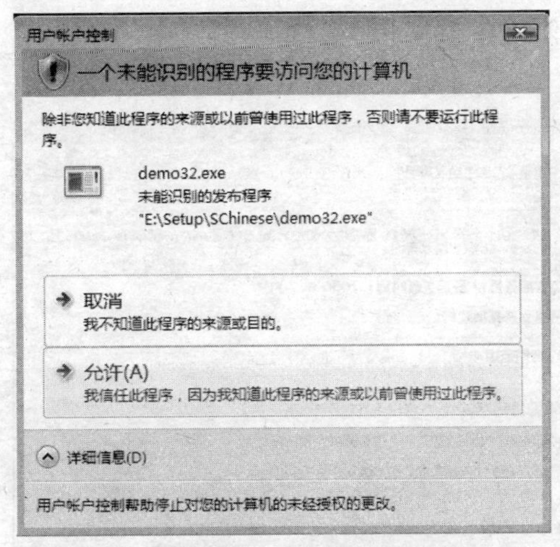

图 5-4

图 5-5

如果光盘中没有带自动运行文件，Vista 就会直接以文件夹方式打开此光盘，如图 5-6 所示。

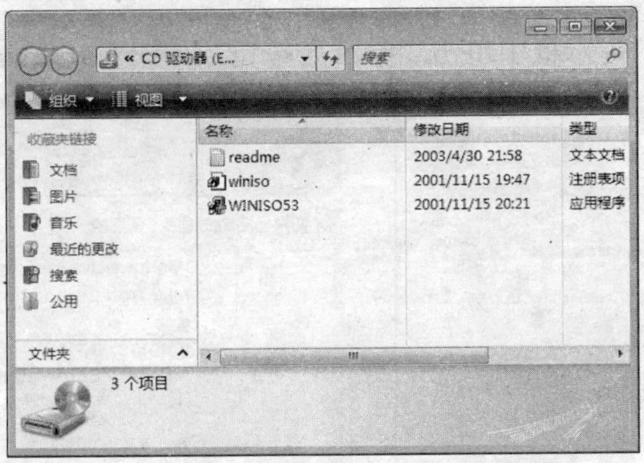

图 5-6

此时我们可以浏览整张光盘，找到安装光盘中的安装文件（通常文件名为 Setup.exe 或 Install.exe）并双击运行它，才能开始程序的安装。

2. 下载安装程序

随着网络带宽的提高，现在通过网络下载数百 MB、几个 GB 的数据已经是小菜一碟的事了。因此，我们绝大多数的应用程序都是通过网络下载得到的（将网络中的数据复制到我们的计算机中，这个操作称之为“下载”，这个在下一章会有详细介绍）。

如在 Vista 中安装即时通信软件 Windows Live Messenger，可执行如下操作：

01 在网络中找到下载文件的网址，建议大家最好到软件发布的官方网站去下载，这样可以保证软件的质量与安全。下面给出的是软件天空网站中的下载地址 http://www.skycn.com/soft/16443.html。

02 双击下载的 Install_Messenger_cn 文件，在安装向导界面中单击“下一步”按钮，如图 5-7 所示。

03 在“使用条款”界面中选中“我接受‘使用条款’和‘隐私声明’中的条款”，然后单击“下一步”按钮，如图 5-8 所示。

图 5-7

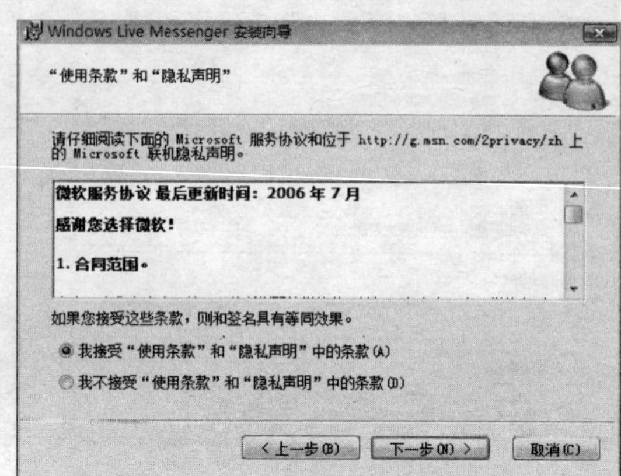

图 5-8

04 在进入如图 5-9 所示的界面中，建议只勾选第一项和第二项继续，其余的两项一般用不到所以不必选择。

05 在接着出现的提示框中单击“继续”按钮，如图 5-10 所示。

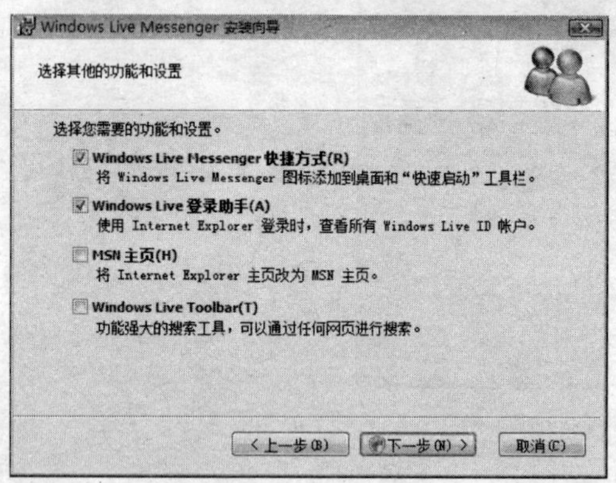

图 5-9

图 5-10

要了解为什么出现这个提示框，在下一个小节中会有介绍。

06 在接着出现的安装进度界面中耐心等待它的结束，如图 5-11 所示。

07 在出现如图 5-12 所示的完成界面时，单击“关闭”按钮即可完成程序的安装。

程序安装完成后通常会在桌面上留有快捷访问程序的图标以及在“开始”菜单的“所有程序”列表中留下快捷访问程序的菜单，如图 5-13 所示。因为在安装 Windows Live Messenger 时选中了“Windows Live Messenger 快捷方式”，所以在“快速启动”工具栏中也可以看到程序的快捷访问图标。

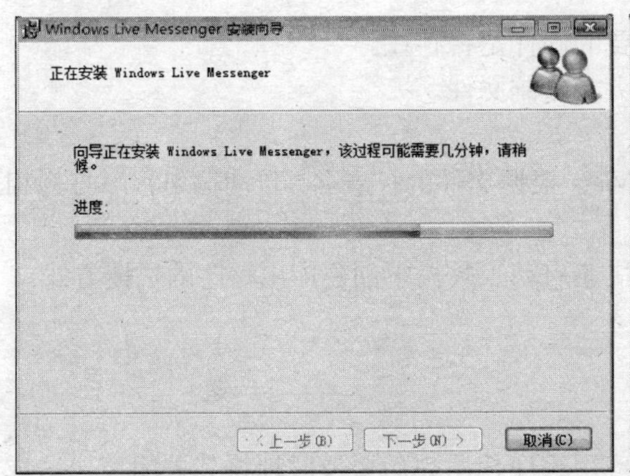

图 5-11

图 5-12

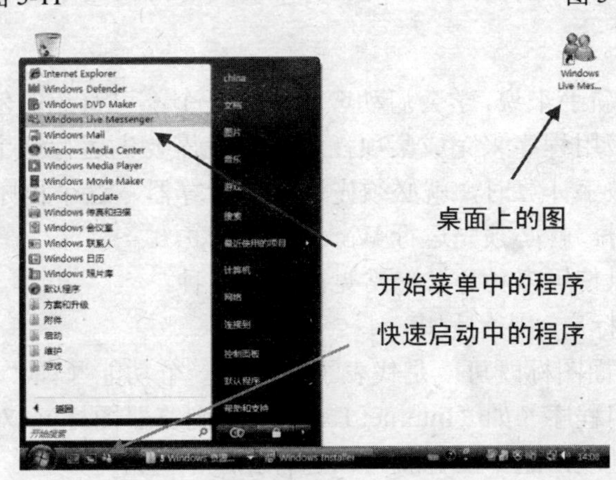

图 5-13

如果希望启动 Windows Live Messenger，只需单击/双击上述三处的任一处即可。

注 意

除了需要通过安装装入系统的应用程序，还有一些是复制到系统中就能使用的程序，这些程序通常被称之为“绿色程序”。

通过上述应用程序的安装过程，我们可以看出安装程序一般会和用户进行交互，在用户完成了一些重要信息的确认后，应用程序才会继续完成安装任务。通常，一个设计得比较好的程序在安装时会执行以下部分或全部的步骤：

- 解压安装文件并自动执行安装文件。
- 收集计算机软件与硬件环境信息。
- 要求用户同意安装协议。
- 检测程序的安装路径，查找默认路径中是否已经有当前程序的拷贝并根据情况决定是否执行全新安装或进行升级操作。
- 检查计算机安装路径所在分区的剩余空间大小是否能满足安装的需求。

- 部分应用程序会检查运行程序所需要的硬件是否存在。
- 在指定的安装路径中创建安装文件夹并复制文件。
- 更新 Windows 配置文件。
- 注册应用程序的文件类型，以便让 Vista 根据文件的扩展名，自动调用程序打开相应的文件。
- 根据用户选择在开始菜单、桌面和快速启动工具栏中创建应用程序的快捷方式。
- 删除创建的临时文件并结束安装任务。

5.1.2 启动和关闭应用程序

应用程序安装完成后就可以使用它，在应用程序使用完后要及时地将其关闭掉，这样可以释放对内存等硬件资源的占用，以便让有限的资源得到充分的利用。

1．启动应用程序

对于使用 Vista 的新手来说，学会启动应用程序是个不可避免的任务——当我们想使用已经安装到电脑中的应用程序来完成某项任务时，就需要先运行这个应用程序。如想使用“计算器”完成一些数字计算时，就必须先运行“计算器”这个程序；想使用 Word 完成一些文本的编辑工作时，就必须先运行 Word 这个程序。

启动应用程序可以使用多种方法，常见的如下几种：

（1）双击桌面图标启动应用程序

在 Vista 中一个桌面图标既可能是代表了系统的一个功能（如“网上邻居”图标），也可能是代表了一个应用程序（如“Internet Explorer”浏览器图标）。对于代表了应用程序的图标，只需使鼠标左键双击这个图标就可以运行相应的程序了。

如双击桌面上的 Internet Explorer（简称 IE）图标后，就会打开如图 5-14 所示的 IE 浏览器窗口。

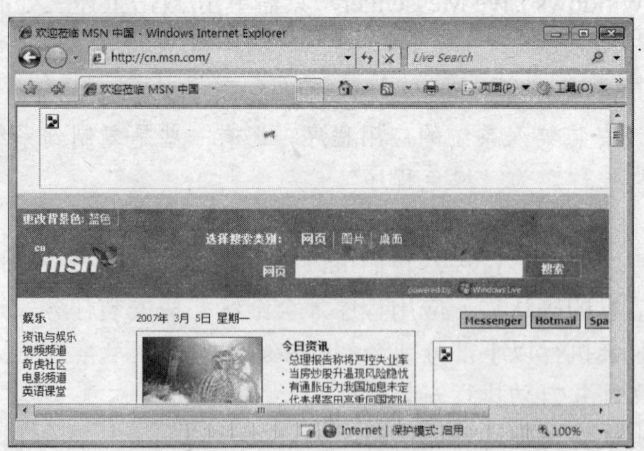

图 5-14

在看到 Internet Explorer 浏览器窗口时，就表示 Internet Explorer 浏览器这个应用程序已经被成功运行了。这同时表示 Internet Explorer 浏览器程序提供的网络浏览功能已经可以使用了。

（2）通过“快速启动”工具栏启动应用程序

“快速启动”工具栏默认位于任务栏的左侧、“开始”按钮的右侧。在桌面被打开的窗口遮住时，可以通过“快速启动”工具栏中提供的应用程序快捷方式来启动相应的应用程序。

默认状态下，“快速启动”工具栏提供了 Internet Explorer、Windows Media Player 等应用程序图标，如图 5-15 所示。

要启动这里的应用程序，只需用鼠标左键单击相应的图标就可以了。除了默认提供的图标外，我们还可以通过拖放其他图标到这里的方法进行添加。此外，有些应用程序在安装到电脑时，也会自动添加图标到这里。当图标太多时，默认状态下除了最左侧的几个外，其余的都会被隐藏起来，只有单击最右侧的双箭头方可使更多的图标显示出来，如图 5-16 所示。

图 5-15

图 5-16

（3）从“开始”菜单启动应用程序

从“开始”菜单中运行应用程序，这是启动应用程序的主要手段，这是因为大多数的应用程序在安装完成后，基本上都会在这里的“所有程序”中挂个“号”，大多都会被集中在这里等待被调用。

（4）在“搜索”栏中启动应用程序

如果在“开始”菜单等处一时没找到要启动的程序，但是知道它的名称，则可以在“开始”菜单左侧窗格底部的“搜索”框中，通过键入全部或部分程序名称来运行它。

例如若要查找 Windows Photo Gallery，可在“搜索”框中键入 Photo 或 Gallery。左侧窗格中将立即显示搜索结果。此时，单击此程序名称即可启动它。

（5）通过打开文件启动程序

我们知道，很多应用程序都会有自己能够编辑的文件范围，比方说 Word 程序可以打开 DOC 文件等。根据这一点，我们可以使用“逆向”的方式来启动程序。即，双击运行任意一个 DOC 文件来启动 Word 程序。

实际上，这种文件与程序之间相互调用的方法，我们将其称之为“关联”。在本章后面的小节中，读者们可以了解该项技术详细的应用方法。

（6）在“命令提示符”窗口中运行

有的程序是保存在默认的系统目录下的，可以通过在“命令提示符”窗口中直接输入应用程序名称或输入“Start 应用程序名”后，再按回车的方法来启动程序。

提示

在程序运行之前或运行过程中，按下 F1 键查看程序的帮助信息，将非常有益于对程序的理解。

2. 关闭应用程序

在学会了怎样启动应用程序后，再来了解一下如何关闭应用程序。通常，我们可以使用以下几种方法来关闭应用程序。

方法一：选择应用程序窗口中的“文件”→“退出”命令。

方法二：单击程序窗口右上角的“关闭”按钮。

方法三：按下“Alt+F4”这个组合键快速关闭当前应用程序。

方法四：双击程序窗口左上角的图标。

方法五：使用鼠标右键在窗口标题上方单击，在弹出的菜单中选择“关闭”，如图 5-17 所示。

方法六：按下 Ctrl+Alt+Delete 或 Ctrl+Shift+ESC 组合键，在弹出的“Windows 任务管理器”对话框中，单击“应用程序”选项卡列表中要关闭的应用程序名称，在单击下方的“结束任务”按钮后，即可关闭应用程序，如图 5-18 所示。

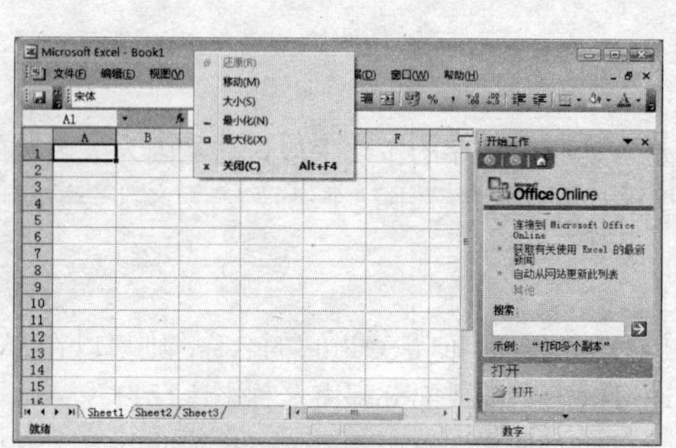

图 5-17

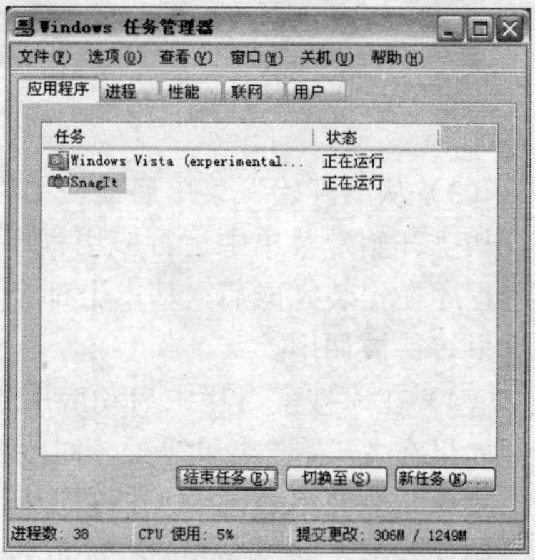

图 5-18

但是，请注意——这个方法一般是不用的，只有当应用程序无法正常关闭时才需要应急性使用。

值得一提的是，在程序的关闭、退出时，有时并不会立即完成这项任务。在关闭 Word 程序时，如果 Word 正在编辑一个文档，并且还没有保存。那么就会弹出如图 5-19 所示的提示框。

图 5-19

此时，若要保存文档并退出程序，请单击“是”；若要退出程序而不保存文档，请单击“否”；若要返回程序而不退出，请单击“取消”。

5.1.3 卸载程序

有安装就有卸载，要在 Vista 中卸载应用程序，可以通过如下几种方法来实现。

1. 自身卸载功能

一个设计完善的程序，不仅要具备安装功能，还应自带卸载功能。如卸载 WinISO 程序，可执行如下操作：

01 单击“开始”按钮打开“开始”菜单。

02 在“开始”菜单中单击“所有程序”，在左侧窗格中单击“WinISO”菜单，在其下展开的子菜单中选择“Uninstall WinISO”项，如图 5-20 所示。

03 在弹出的“用户账户控制”对话框中可以看到提示我们有个名为 Unins000.exe 在运行。此时，单击“允许”项表示同意此程序运行，单击“取消”项则会阻止此程序的运行，如图 5-21 所示。

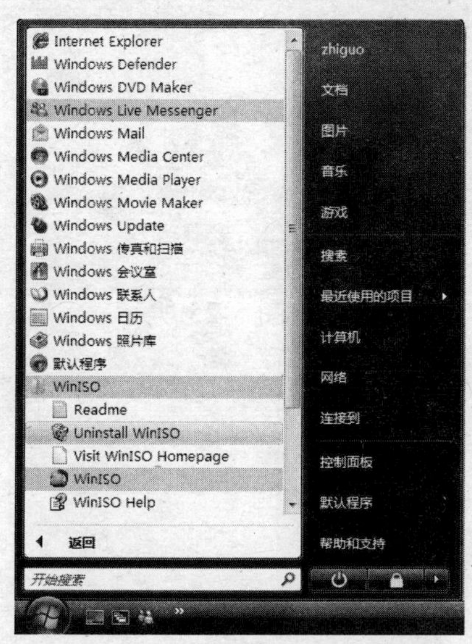

图 5-20

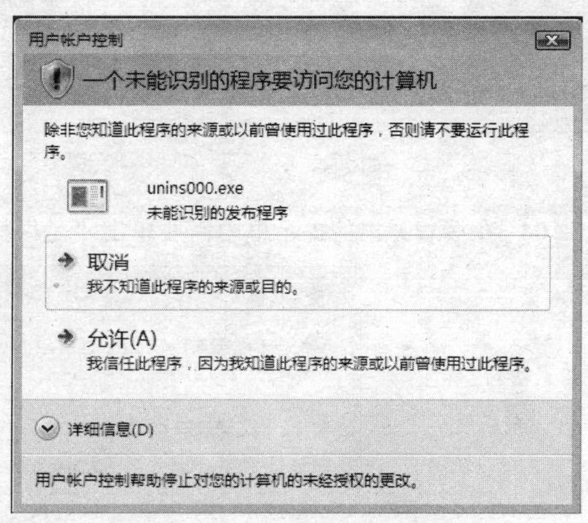

图 5-21

04 在单击“允许”项同意此程序运行后，接下来根据卸载向导的提示完成程序的卸载即可，如图 5-22 所示。

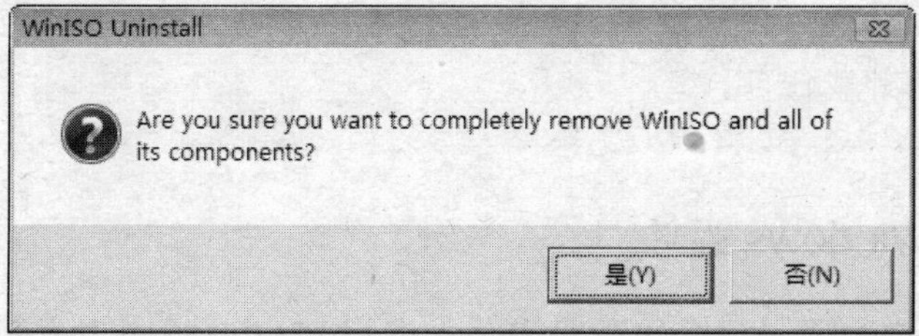

图 5-22

2. 卸载程序功能

在 Vista 中有一项“卸载程序”的功能，可以使用它进行程序的卸载。如卸载 Windows

Live Messenger 程序，可执行如下操作：

01 单击“开始”按钮打开“开始”菜单，并单击右侧窗格中的“控制面板”。

02 在弹出的“控制面板”窗口中，单击“程序”部分的“卸载程序”链接，如图 5-23 所示。

03 在“程序和功能”窗口中，从右侧窗格的列表中选择要卸载的程序名，单击右侧窗格中间工具栏的“卸载”，如图 5-24 所示。

图 5-23

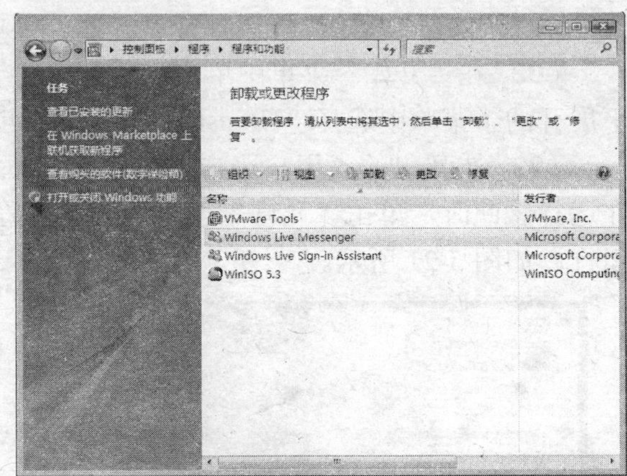

图 5-24

04 在接着弹出的提示框中需要单击“是”按钮方可继续，如图 5-25 所示。

图 5-25

这样选中的程序就会被 Vista 的卸载功能清除出系统了。

除了需要通过卸载功能清除出系统的应用程序外，对于一些“绿色程序”只需删除即可完成它们的卸载任务。

5.1.4 安装 Windows 组件

在完成 Vista 的安装后，需要知道我们并没有把 Vista 的全部功能安装到计算机中。因此，在需要一些非常用的功能时，我们往往要在后期手工安装 Vista 的这些功能。如要使用 Vista 的服务器功能架设网站时，就需要安装服务器组件。

如在 Vista 中添加和卸载游戏组件，可执行如下操作：

01 单击“开始”按钮打开“开始”菜单，并单击右侧窗格中的“控制面板”。

02 在弹出的“控制面板”窗口中，单击左侧窗格下方的“打开或关闭 Windows 功能”链接，如图 5-26 所示。

03 在接着弹出的“用户账户控制”对话框中，单击“继续”按钮，如图 5-27 所示。

图 5-26

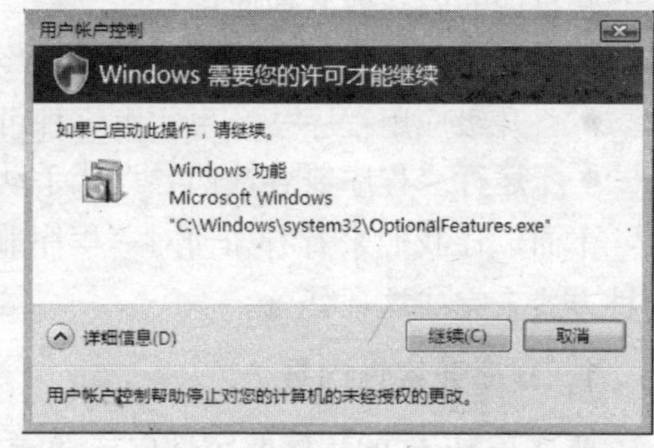

图 5-27

04 在接着弹出的“Windows 功能”(在以往的 Windows 版本为“Windows 组件”)窗口，列表里看到的被选中的功能是已经被安装 Vista 的功能，如图 5-28 所示。

05 单击“游戏”项左侧的加号展开其下的列表，可以看到 Vista 提供的游戏列表。在取消其中的一项的选中状态后，单击“确定”按钮，所选的功能将从 Vista 中被卸载掉，再选择“开始”→“所有程序”→“游戏”命令将不会出现已卸载的游戏。如果选中某项游戏，那么意味着 Vista 的桌面环境中多了一项游戏可供我们娱乐。

除了可以安装“Windows 功能”窗口列表里提供的功能外，还可以安装 Vista 安装光盘中的一些附加程序，这些程序在某些情形下可能会非常有用。

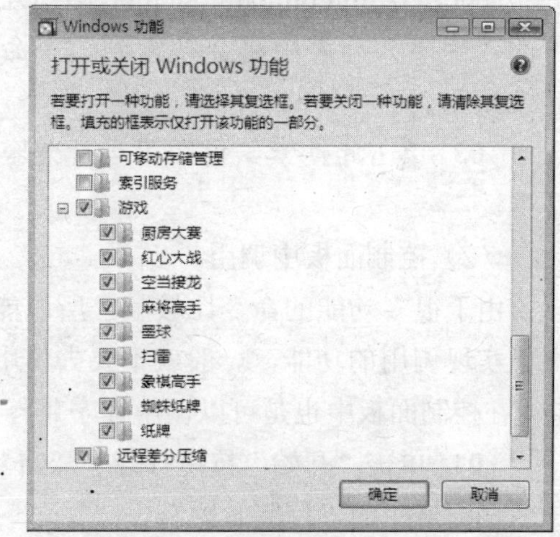

图 5-28

5.1.5 运行老版程序

什么是程序兼容性？程序兼容性是 Windows 中的一种模式，它使我们能够运行为 Windows 的早期版本所编写的程序——为 Windows XP 编写的大多数程序也可运行于 Windows 的此版本中，但一些旧版本的程序可能会运行不畅或根本无法运行。如果某个旧版本的程序无法正常运行，我们可以使用程序兼容性功能模拟出 Windows 的早期版本环境，以便让老版本的程序能稳定运行。

注意

请勿对旧版本的防病毒程序、磁盘实用程序或其他系统程序使用程序兼容性向导，因为这样可能会导致数据丢失或产生安全隐患。

在 Windows XP 中，我们对“程序兼容性”这项技术已经有了一定的了解。在 Vista 中这项技术依然被保留了下来。实际上，多数应用程序都是可以在 Vista 中稳定运行的——除了一些早期的游戏或其他应用程序。

那么，在 Vista 中怎样才能实现这些程序的稳定运行呢？通常，可以使用两种方法：

- 升级应用程序——事实上这种可能性很小。
- 运行“程序兼容性向导”或手动设置兼容性属性。

下面，让我们来看看如何对“程序兼容性”这项技术进行应用。通常，我们可以通过两种方式来完成这项任务。

1. 程序兼容性向导

要打开 Vista 的程序兼容性向导功能，可以使用如下两种方法：

（1）命令调用

01 单击“开始”按钮打开“开始”菜单。

02 在“搜索”栏中输入命令 mshta.exe res://acprgwiz.dll/compatmode.hta，随即左侧窗格上方的“程序”列表中将会搜索到这个命令，如图 5-29 所示。

03 单击此搜索结果即可运行兼容性向导对话框。

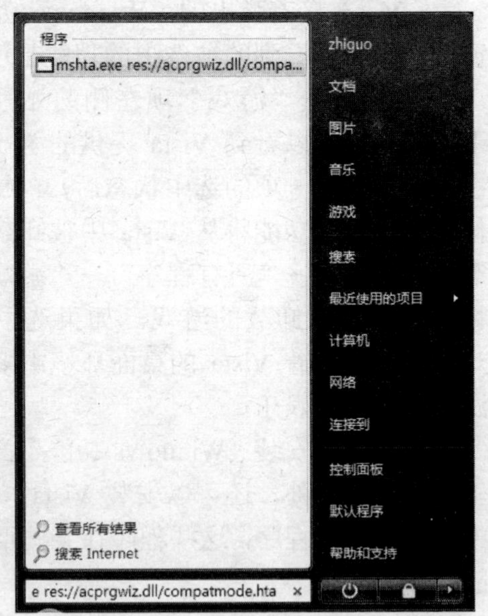

图 5-29

（2）控制面板中调用

由于很多功能的命令比较长，所以能在图形界面下实现调用的功能，一般就不要去使用命令调用它。在控制面板中也是可以调用程序兼容性向导的。

01 单击“开始”按钮打开“开始”菜单，单击右侧窗格中的“控制面板”。

02 单击右侧窗格右下部分的“附加选项”，在打开的窗口中先单击左侧导航列表中的“程序”，随之右侧窗格中将切换到如图 5-30 所示的内容。

03 单击“程序和功能”部分的“将以前的程序与此版本”链接，即可打开如图 5-31 所示的“程序兼容性向导”窗口。

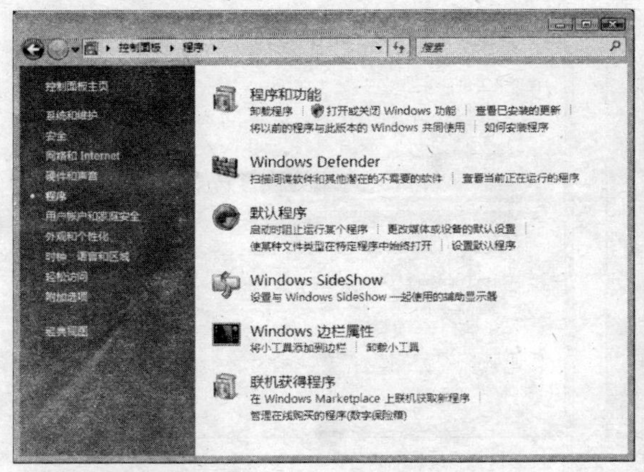

图 5-30

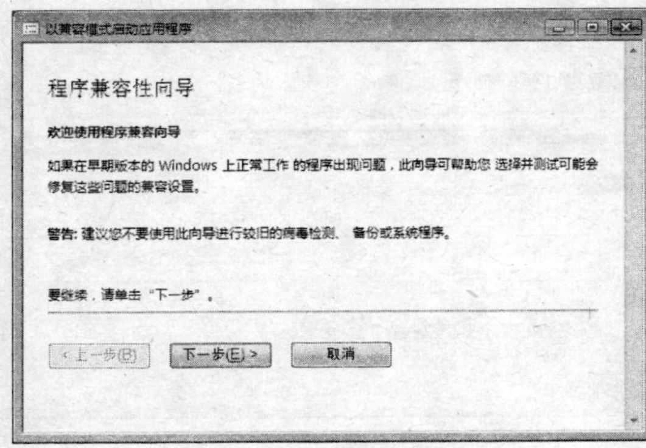

图 5-31

在打开的程序兼容性向导窗口中，可以通过如下操作对此功能进行应用：

01 在欢迎界面中单击“下一步”按钮继续，在进入如图 5-32 所示的界面时，要选择程序所在的位置。

- 程序列表：选择此项后，向导将会自动对“开始”→“所有程序”列表中，已经安装的程序（包含绿色软件添加到“开始”菜单中的快捷方式）进行检索，不管程序是否存在兼容性问题，都会把程序名称在“程序名”列表中罗列出来，如图 5-33 所示。

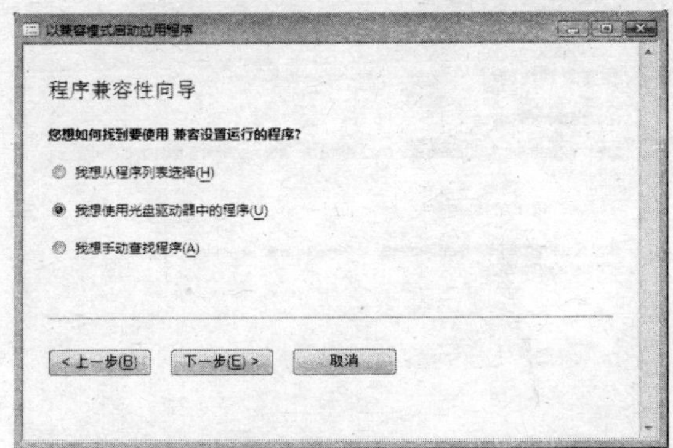

图 5-32

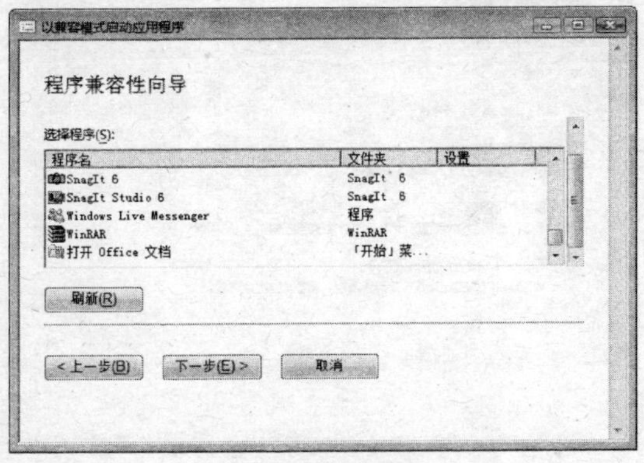

图 5-33

- 我想使用光盘驱动器中的程序：选择此项后向导将会自动对光盘中的程序进行兼容性检查。
- 我想手动查找程序：选择此项后将切换到如图 5-34 所示的界面，在这里可以指定对具体的程序进行兼容性检查。

02 无论是哪种方法找到的存在兼容性问题的程序，在选中程序并单击“下一步”按钮后都将会切换如图 5-35 所示的界面。

03 在这里需要为选中的程序选择一个最适合使用的操作系统版本，比方说可以单击选中“Microsoft Windows 98/Windows ME”项。

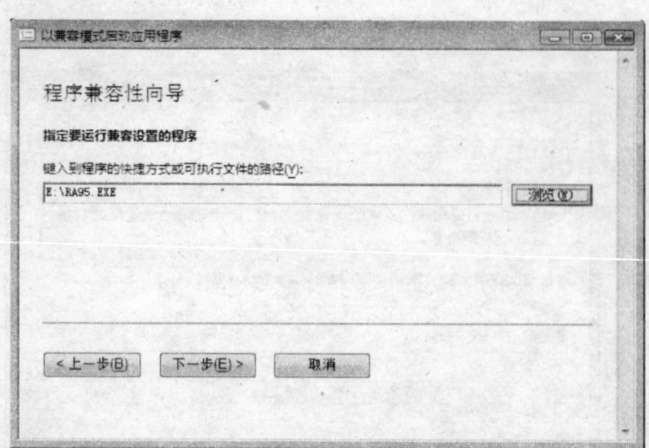

图 5-34

图 5-35

04 单击“下一步”按钮切换到如图 5-36 所示的界面，在这里可以为程序进行显示方面的设置——很多程序可以在高版本的 Windows 系统中运行，但运行时总是出现程序“僵死”的状态，就是因为显示设置不当造成的。

05 如果当前所选程序是一个需要使用管理员权限运行的程序，则需要勾选“以管理员身份运行此程序”项，否则可以保持默认状态并继续，如图 5-37 所示。

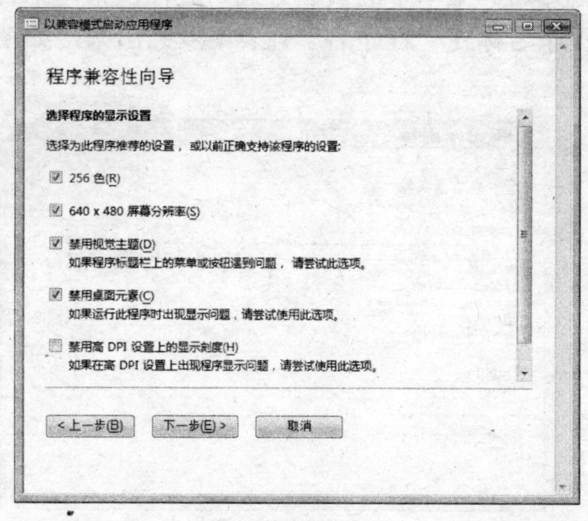

图 5-36

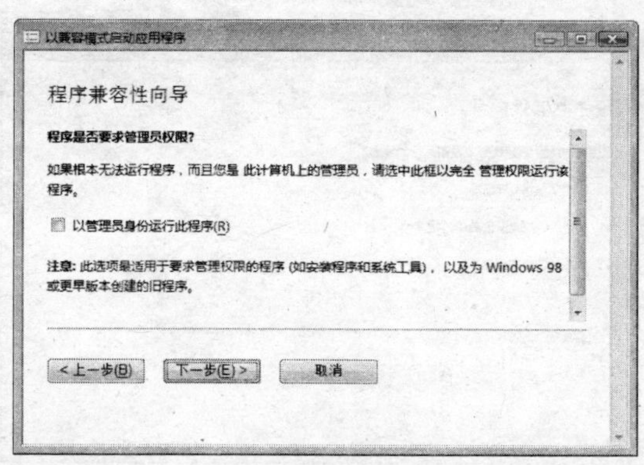

图 5-37

06 在出现如图 5-38 所示的界面中可以看到前面所做的设置列表。

07 单击“下一步”按钮进入如图 5-39 所示的界面，所选的程序会首先在指定的兼容性环境中运行（此时 Vista 桌面环境将受兼容性环境的影响）。根据运行的状态及结果，我们方可以在这里进行相应的选择。

如程序在指定的兼容环境中运行得稳定，那么就可以选择第一项。如果出现程序意外关闭等问题，可以选择第二项，在返回到选择操作系统版本的界面后，可以设置新的兼容环境并再次测试程序。如果程序试验多个兼容环境还是不稳定，那么建议选择第三项。

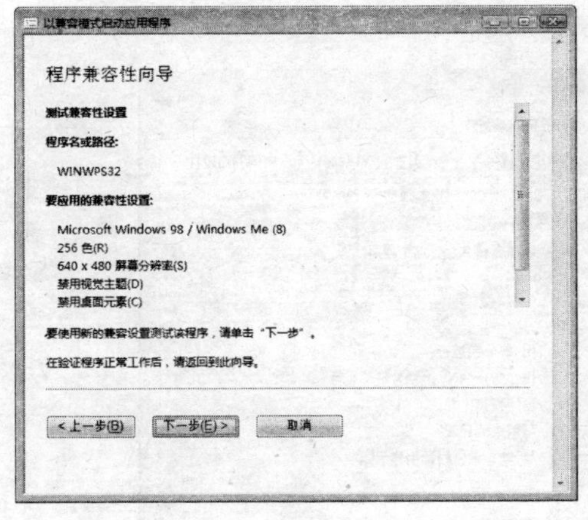

图 5-38

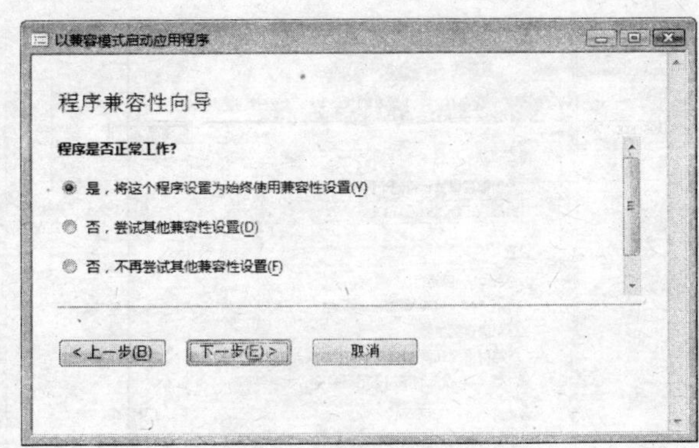

图 5-39

08 在如图 5-40 所示的界面中单击选中“否”项的选框继续。

09 在单击“下一步”按钮进入如图 5-41 所示的界面后，单击“完成”按钮即可结束程序的兼容性测试及设置操作。

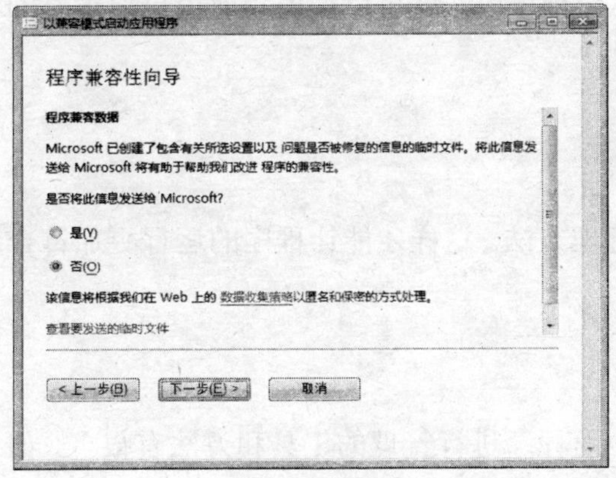

图 5-40

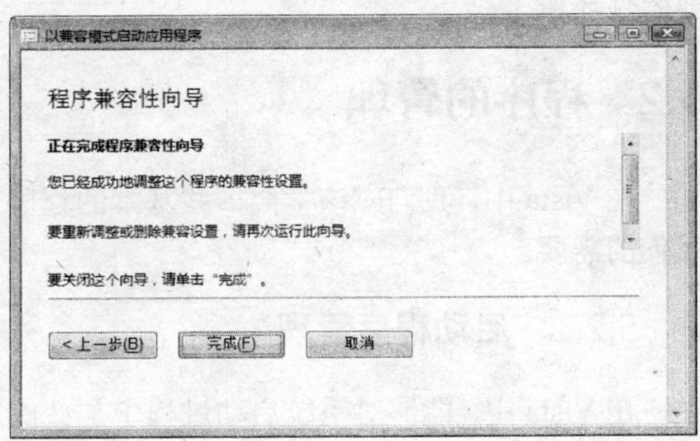

图 5-41

2. 手动设置程序兼容性

除了可以使用“程序兼容性向导”完成程序的兼容性设置外，实际上还可以通过如下操作，实现手动式的相关设置。

01 在“计算机”窗口中打开存储了要设置兼容性的程序窗口。

02 右键单击要设置兼容性的程序，并在弹出的右键菜单中选择“属性”。

03 在接着弹出的“属性”对话框中，单击切换到“兼容性”选项卡，在这里可以看到与兼容性向导中完全相同的设置，如图 5-42 所示。

04 在这里完成设置并单击“确定”按钮结束设置后，双击运行程序即可进行兼容性的检测。如果程序运行效果很好，则可以保持当前的设置。如果不稳定，则可以返回到属性窗口修改兼容环境。

需要说明的是，如果希望将当前测试稳定的兼容环境在所有用户环境中使用，则需要单击“显示所有用户的设置”按钮打开如图 5-43 所示的对话框，在这里将当前用户环境中的兼容性设置在所有用户环境中进行设置。

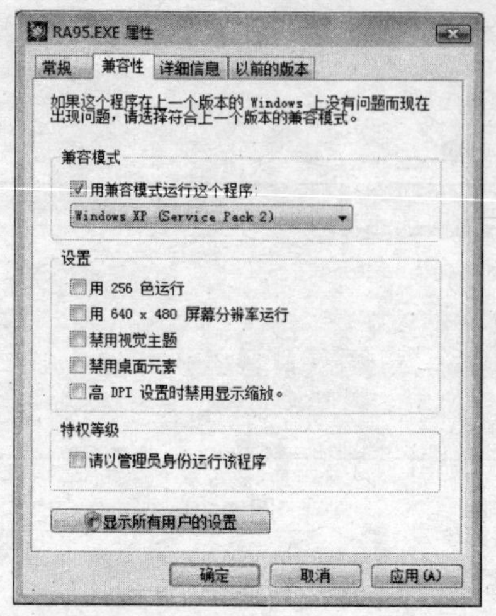

图 5-42

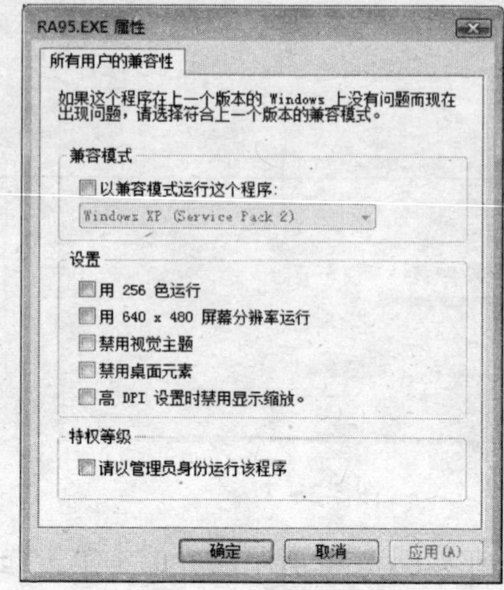

图 5-43

在完成设置后，Vista 中的其他用户在使用这个程序时，就可以使用当前用户设置好的兼容性环境了。

5.2 程序的管理

在 Vista 中，我们应该学会一些基本的程序管理方法。这样才能让程序的运行更加符合我们的需要。

5.2.1 启动程序管理

在 Vista 中，能够对系统启动过程中加载的应用程序进行管理的工具和方法有很多，如说启动时按住 Shift 键就可以屏蔽“开始”菜单中的“启动”项的运行。通过阻止不需要的程序在 Windows 启动时自动运行，可以提高计算机的性能。

1. 系统配置程序

系统配置程序 Msconfig.exe（存储在 Windows\System32 文件夹下）是一个非常实用的管理工具。它可以帮助我们对启动系统过程中加载的程序、服务等项目进行检查和管理。

01 单击“开始”按钮弹出“开始”菜单，然后搜索“Msconfig.exe”并打开。

02 在弹出的“系统配置”窗口中单击切换到“启用”选项卡，如图 5-44 所示。

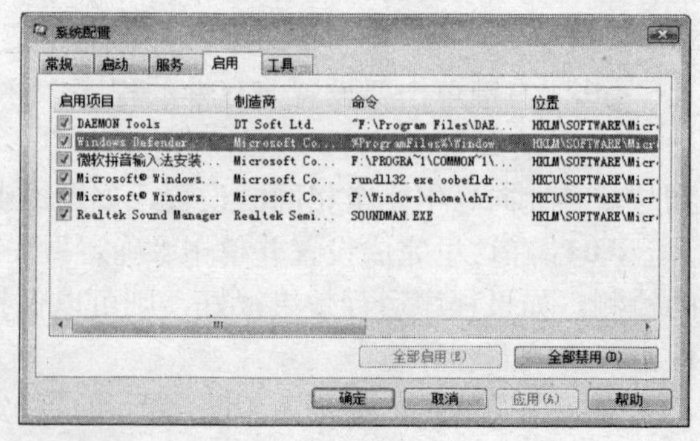

图 5-44

03 在这里可以看到所有在 Vista 启动过程中自动加载的程序列表。对于其中不希望加载的程序，只需单击清空程序名称左侧的勾号即可。如有些木马病毒程序会自动在这里添加自身，那么我们就可以在这里禁止它的加载，并根据右侧给出的存储路径和注册表中项目路径将其删除。

如表 5-1 所示描述了系统配置中可用的选项卡和选项：

表 5-1

选项卡	描　　述
常规	列出了启动配置模式的选项： 正常启动：以通常方式启动 Windows。使用其他两种模式解决问题后，使用此模式启动 Windows。 诊断启动：在只使用基本的服务和驱动程序的情况下启动 Windows。此模式可以帮助排除基本 Windows 文件造成此问题的可能性。 选择性启动：在使用基本服务和驱动程序以及选择的其他服务和启动程序的情况下启动 Windows。
启动	显示操作系统的配置选项和高级调试设置，包括： 安全启动：最小值，在仅运行关键系统服务的安全模式下启动 Windows 图形用户界面（Windows Explorer），网络已禁用。 安全启动：可选的 shell，在仅运行关键系统服务的安全模式下启动 Windows 命令提示，网络和图形用户界面已禁用。 安全启动：Active Directory 修复，在仅运行关键系统服务和 Active Directory 的安全模式下启动 Windows 图形用户界面。 安全启动：网络，在仅运行关键系统服务的安全模式下启动 Windows 图形用户界面，网络已禁用。 不启动 GUI，启动时不显示 Windows 初始屏幕。 启动日志，将启动进程中的所有信息都存储在%SystemRoot%Ntbtlog.txt 文件中。 基本视频，在最小 VGA 模式下启动 Windows 图形用户界面。这样会加载标准的 VGA 驱动程序，而不显示特定于计算机上视频硬件的驱动程序。 操作系统启动信息，显示启动过程中加载的驱动程序的名称。 使所有设置成为永久设置，不跟踪在系统配置中所做的更改。之后可以使用系统配置更改选项，但是一定要手动更改。当选中该选项时，无法通过选择“常规”选项卡上的“正常启动”回滚更改。
服务	列出计算机启动时启动的所有服务及其当前状态（“正在运行”还是“已停止”）。使用“服务”选项卡启用或禁用启动时的个别服务，以便查找可能引起启动问题的服务。 选择“隐藏所有 Microsoft 服务”在服务列表中仅显示第三方应用程序。清除某服务的复选框以便下次启动时禁用该服务。如果已选中“常规”选项卡上的“选择性启动”，必须选择“常规”选项卡上的“正常启动”或选择该服务的复选框以在启动时再次启动此服务。 警告 禁用启动时正常运行的服务可能会造成某些程序出现故障或导致系统不稳定。除非您知道计算机操作不需要该列表中的服务，否则不要禁用这些服务。选择“全部禁用”将不会禁用某些操作系统启动时所需的安全的 Microsoft 服务。

续表

选项卡	描　述
启用	列出计算机启动时运行的应用程序及其发行者的名称、可执行文件的路径、注册表项的位置或运行此应用程序的快捷方式。 清除某启动项的复选框以便下次启动时禁用该启动项。如果已选中“常规”选项卡上的“选择性启动”，必须选择“常规”选项卡上的“正常启动”，或选择该启动项的复选框以在启动时再次启动该启动项。 如果您怀疑某个应用程序已经不太安全，请检查“命令”列查看该可执行文件的路径。 注意 禁用启动时正常运行的应用程序可能会导致相关的应用程序启动速度变慢或者没有如期运行。
工具	提供可以运行的诊断工具和其他高级工具的方便列表。

2. 软件资源管理器

在 Vista 的 Defender 组件中，也可以对启动时加载的程序进行管理，需要执行如下操作：

01 单击“开始”按钮打开“开始”菜单，接着单击“所有程序”项并在展开的左侧窗格中单击“Windows Defender”，如图 5-45 所示。

02 在“Windows Defender”窗口中单击“工具”按钮切换到如图 5-46 所示的界面。

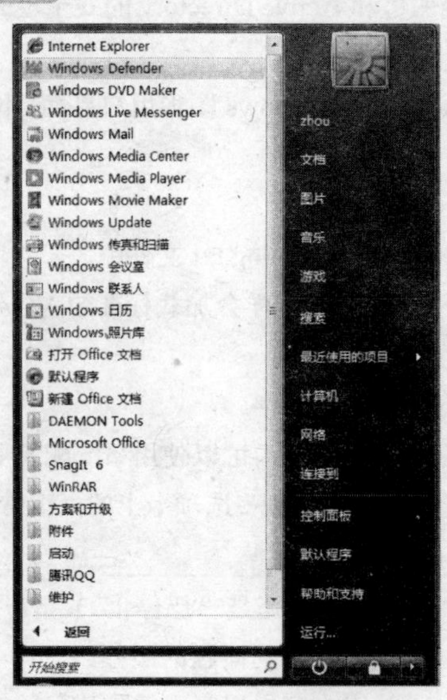

图 5-45

图 5-46

03 单击“软件资源管理器”项打开如图 5-47 所示的窗口后，在“类别”列表中单击选择“启动程序”项。

04 选择要阻止运行的程序并单击“禁用”按钮，在弹出的提示框中单击“是”按钮确认要停止该程序运行，如图 5-48 所示。

05 对每个要停止运行的程序重复选中和单击“禁用”按钮的操作即可。

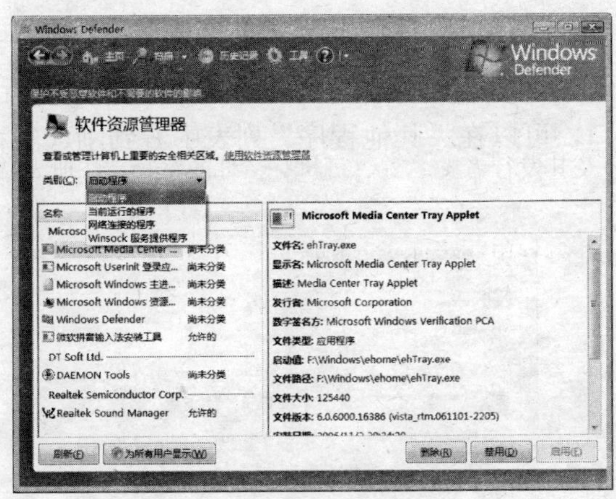

图 5-47

图 5-48

5.2.2 程序关联管理

安装在计算机中的每个应用程序大多都可以打开一种或多种特定的文件类型——每种文件类型都是通过文件扩展名来识别的。如果计算机上有多个程序可打开某种文件类型，则其中的一个程序将被设置成默认——要查看文件对应的编辑程序列表，可以通过如下操作来完成：

01 在“计算机”窗口中打开要目标文件的存储窗口。

02 右击目标文件并在弹出的菜单中选择“打开方式”，如图 5-49 所示。

此时在弹出的子菜单中就可以看到所选文件对应的程序列表了。

1. 在打开方式中设置关联

在这个菜单中实际上有两个组成部分：一是上部的程序列表，这表示这些程序都可以对当前所选文件进行编辑。二是最下方的“选择默认程序”。在单击“选择默认程序”后，在弹出窗口中选择任意一个程序名称并勾选“始终使用选择的程序打开这种文件”项后，将意味着这个程序将成为当前文件默认的关联程序——也就是说，在双击这种类型的文件时，将自动调用这里选中的默认程序，如图 5-50 所示。

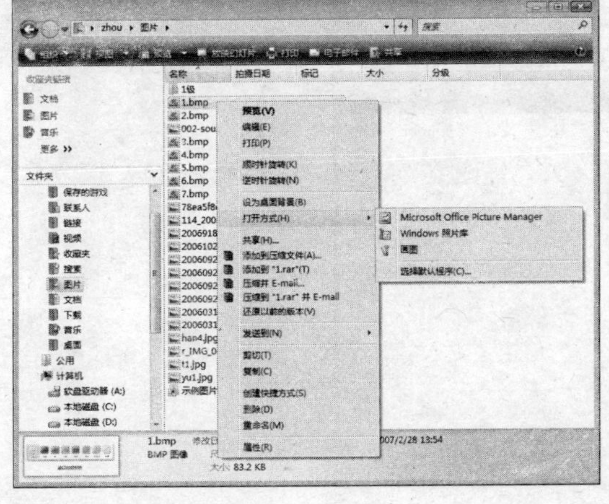

图 5-49

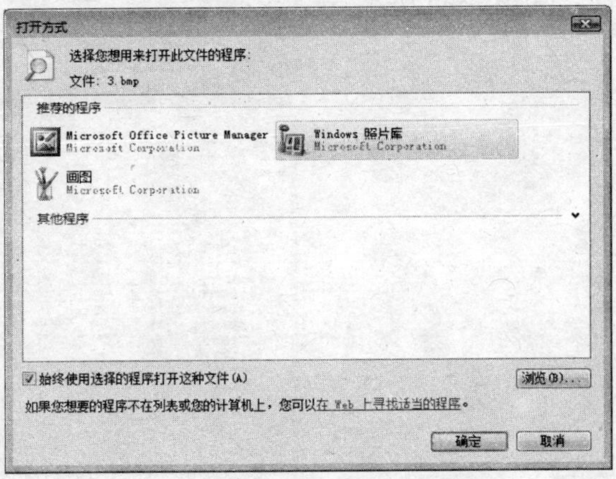

图 5-50

如果不希望列表中的程序成为默认的程序或希望在列表中添加新的程序，则需单击“浏览”按钮，在弹出的“打开方式”对话框中选择一个程序（通常扩展名为 exe），如图 5-51 所示。

单击“打开”按钮返回到上一步的窗口，可以在“其他程序”列表中看到刚选的程序，如图 5-52 所示。

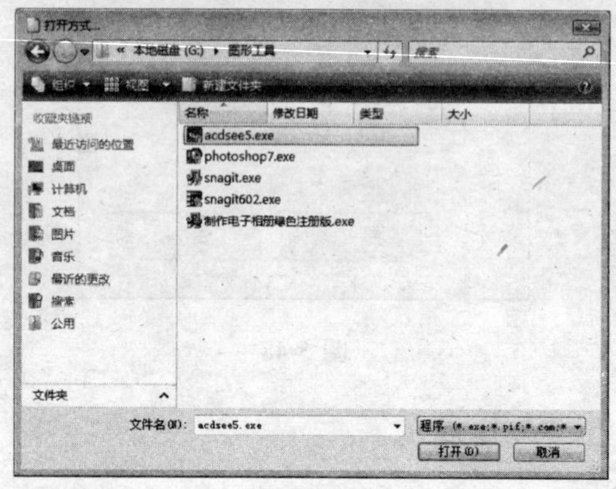

图 5-51

图 5-52

选中它并单击“确定”按钮后，Vista 将启动刚添加的程序，用它打开当前选中的文件。如果能够正常打开文件，那么通常就说明这种关联设置是正确的。

注 意

如果仅希望这一次使用此软件程序打开该文件，请不要勾选“始终使用选择的程序打开这种文件”。

2. 选择程序

除了可以直接对文件类型进行关联性设置的方法外，还可以通过执行如下操作来完成关联程序的设置。

01 双击在图标呈空白状态的文件——这样的文件表示系统没有找到相应的关联程序，如图 5-53 所示。

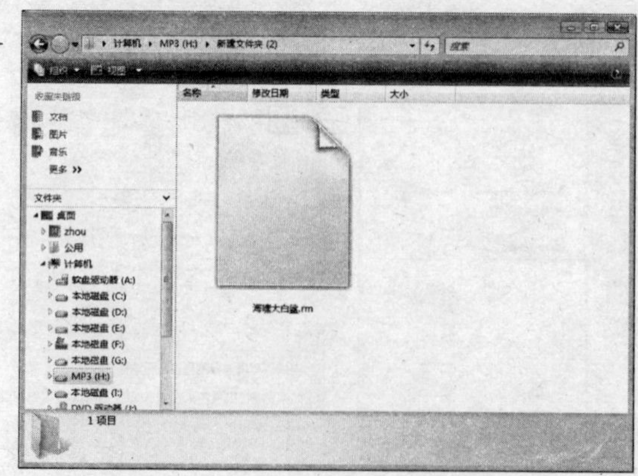

图 5-53

02 在弹出的对话框中选中“从已安装程序列表中选择程序”项并单击“确定”按钮，如图 5-54 所示。

03 在接着弹出的对话框中的“输入您对该类型文件的描述”栏中输入当前文件的一些简介信息，如图 5-55 所示。

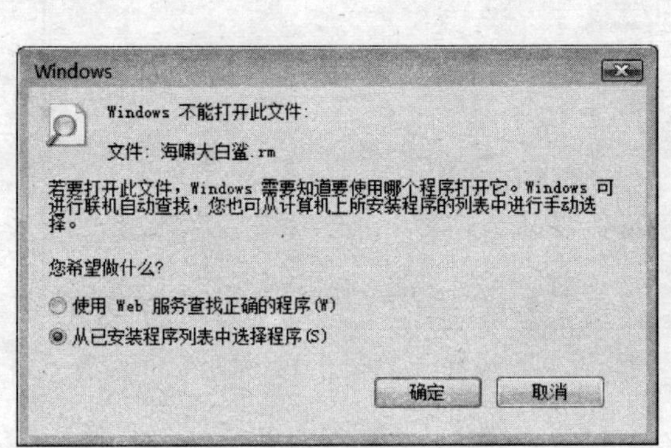

图 5-54

图 5-55

04 在中间部分的程序列表中选择一款能够打开当前文件的程序——通常这里并不会有可以选择的程序，否则文件在双击后就会自动调用相应的程序了。所以，需要单击“浏览”按钮打开如图 5-56 所示的对话框，选择一个合适的程序。

05 单击“打开”按钮后，选中的程序将出现在程序列表中，如图 5-57 所示。

图 5-56

图 5-57

06 选中“始终使用选择的程序打开这种文件”复选框后，单击“确定”按钮即可使用选中的程序打开当前文件。此后每当双击这种类型的文件，就会自动调用选中的程序来打开这个文件。

此外，也可以执行如下操作对已经设置关联程序的文件类型进行新的默认程序设置。以对 DOC 文件变更默认程序为例，具体的实现过程是：

01 在“计算机”窗口中打开存储有 DOC 文件的文件夹。

02 选中 DOC 文件，在窗口中间的工具栏上将看到 Word 程序的图标。此时，需要单击该图标右侧的下向箭头，并在弹出的下拉列表中选择“选择默认程序”，如图 5-58 所示。

03 在随即弹出的窗口中，选择一款合适的程序即可，如图 5-59 所示。

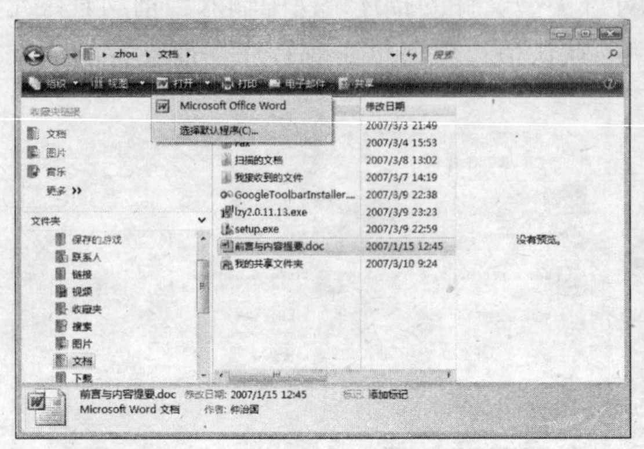

图 5-58

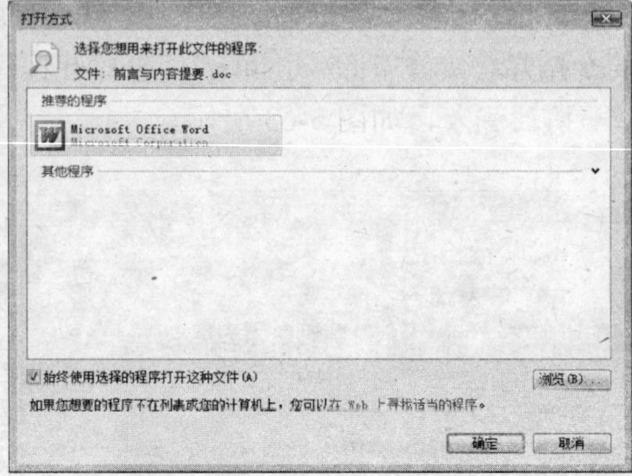

图 5-59

3．安装程序

除了可以手工设置关联程序外，还可以通过安装程序来实现自动式的文件关联指定。

如现在打算使用 WinRAR 程序打开压缩类的文件，那么最简单的方法就是去安装 WinRAR 程序。在完成文件的安装后，关联任务将会自动被完成，如图 5-60 所示。

在上图中可以看到，很多时候一个程序往往可以与多种类型的文件进行关联。

4．设置默认程序

在 Vista 中，有一项名为“默认程序”的功能，我们可以使用其对文件的关联程序进行设置。

01 单击“开始”按钮打开“开始”菜单，并单击右侧窗格中的“控制面板”。

02 在弹出的“控制面板”窗口中，单击“附加选项”并在打开窗口后单击左侧的“程序”，随即右侧窗格将切换到如图 5-61 所示的内容。

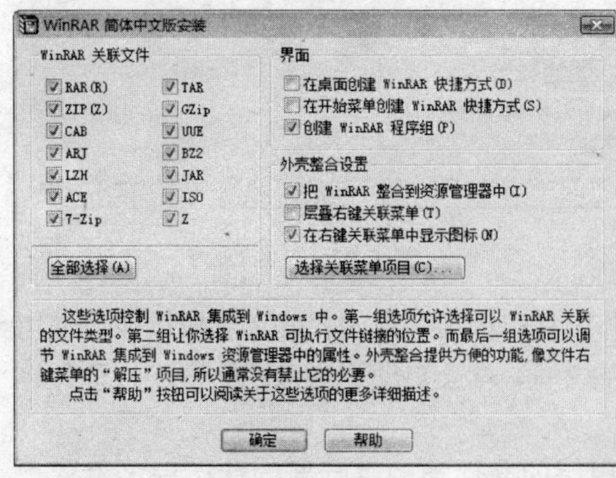

图 5-60

图 5-61

03 单击“默认程序”部分的“设置默认程序”，在弹出的窗口中可以设置程序为它可以打开的所有文件类型和协议的默认程序，如图 5-62 所示。

一般来说，这个设置是轻易不去设置的——因为它的影响是全局性的。通常，只有 Acdsee 这样全能型的图片程序，我们才推荐对其进行此类的设置。

04 设置的方法很简单，只需在左侧的列表中单击选择程序，再单击右侧的“将此程序设置为默认值”即可。单击“选择此程序的默认值”项可以看到程序当前支持的文件类型与协议列表，如图 5-63 所示。

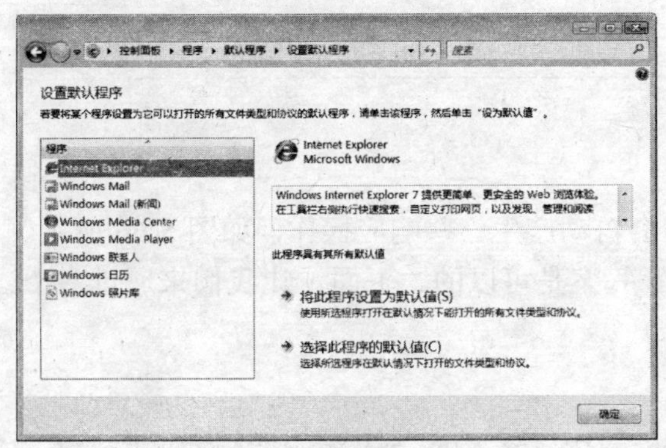

图 5-62

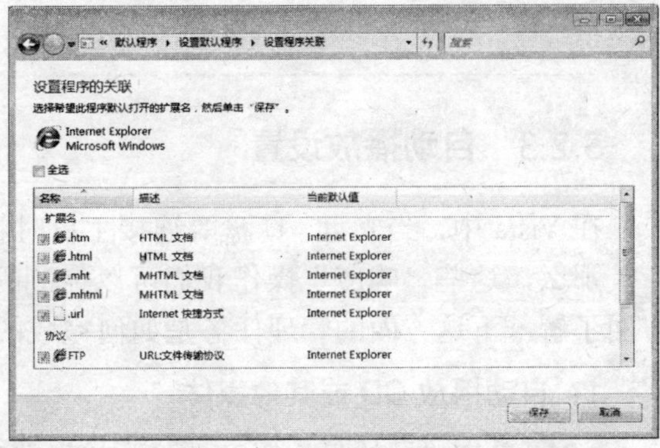

图 5-63

5．管理关联程序

在完成关联程序的设置后，如果想对其进行删除等管理任务，只需执行如下操作即可：

01 单击“开始”按钮打开“开始”菜单，并单击右侧窗格中的“控制面板”。

02 在弹出的“控制面板”窗口中，单击“附加选项”并在打开的窗口中单击左侧的“程序”。

03 在右侧窗格中单击“默认程序”部分的“使某种文件类型在特定程序中始终打开”。

04 在切换到的“设置关联”界面中，可以对任意扩展名进行关联程序的设置。如在列表中单击选中 BMP 扩展名，在右侧的“当前默认值”列表中可以看到默认程序为“Windows 照片库”，如图 5-64 所示。

05 如要更改默认程序，只需单击“更改程序”按钮打开“打开方式”对话框，这里既可以在列表中选择推荐的程序，也可以单击“浏览”按钮选择新的程序，如图 5-65 所示。

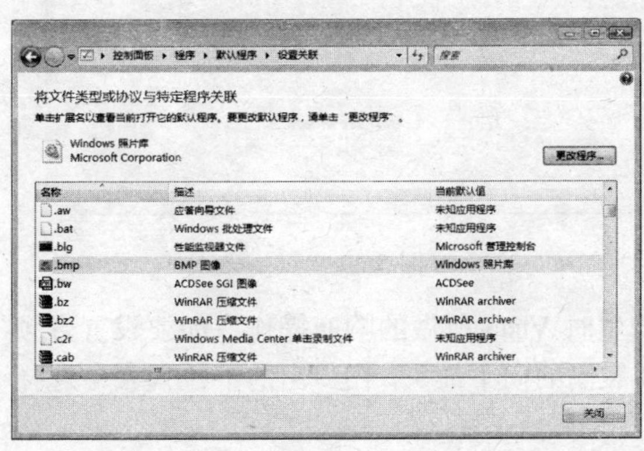

图 5-64

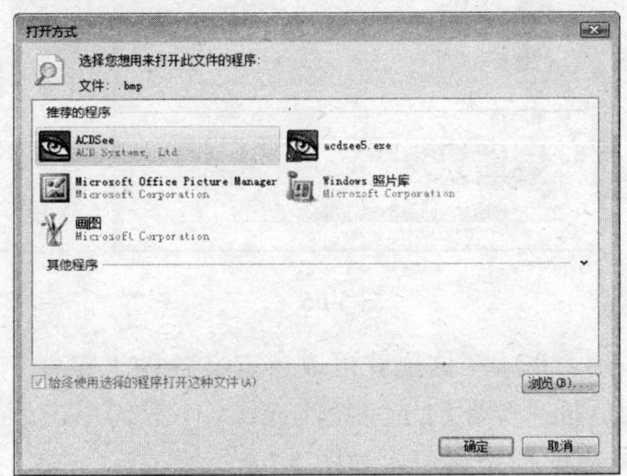

图 5-65

06 在选择完毕后，单击“确定”按钮返回上一步窗口，单击“关闭”按钮即可结束设置。

> **提示**
>
> 此处设置的选项仅应用于当前登录用户账户，而不会影响到计算机上的其他用户账户。

5.2.3 自动播放设置

在 Vista 中，当光盘、U 盘等连接主机时将会自动产生一些响应操作，如图 5-66 所示。

那么，这些“响应”操作我们可以控制吗？答案是可以的。下面，让我们来通过多个方面了解一下这方面的管理任务是如何完成的。

1. 自动播放 CD 或其他媒体

01 单击“开始”按钮打开“开始”菜单，并单击右侧窗格中的“控制面板”。

02 在弹出的“控制面板”窗口中，单击“硬件和声音”部分的“自动播放 CD 或其他媒体”链接，打开如图 5-67 所示的窗口。

图 5-66

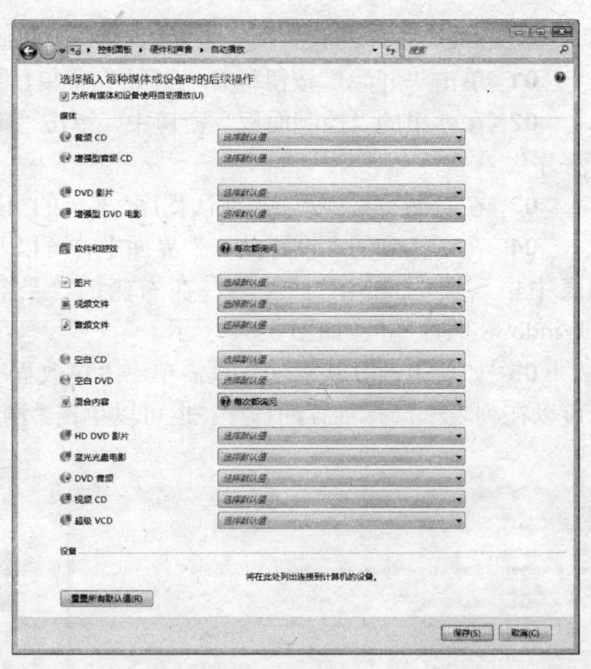

图 5-67

03 在这里就可以自定义各种“事件”产生时 Vista 所做的响应操作。如要设置音频 CD 插入光驱时的系统响应操作，只需单击该项右侧的向下箭头，在弹出的下拉列表中选择所需的操作即可，如图 5-68 所示。

04 在完成设置后，单击“保存”按钮结束本次的设置。

2．设置程序访问和此计算机的默认值

“设定程序访问和计算机默认值”功能，可以帮助管理员更容易地更改用于某些活动（如 Web 浏览、发送电子邮件、播放音频和视频文件以及使用即时消息）调用的默认程序。此外，还可以指定将程序的快捷方式显示在“开始”菜单、桌面和其他位置上。

要使用“设定程序访问和计算机默认值”功能，首先必须以管理员身份进行登录，接着才能执行如下的操作。

01 单击“开始”按钮打开“开始”菜单。

02 在“搜索”栏中使用 “Computerdefaults.exe”命令打开“设定程序访问和计算机默认值”窗口，如图 5-69 所示。

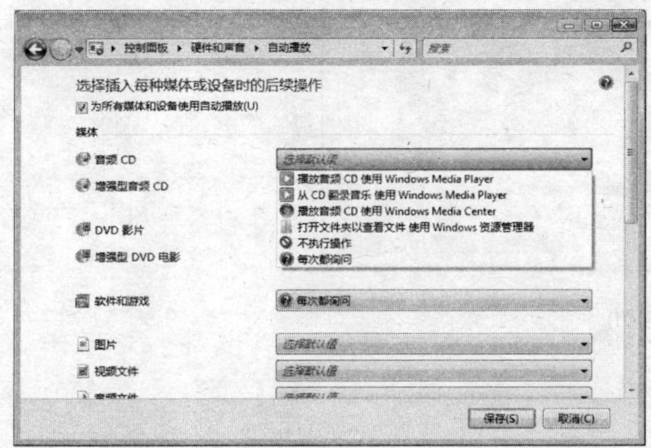

图 5-68

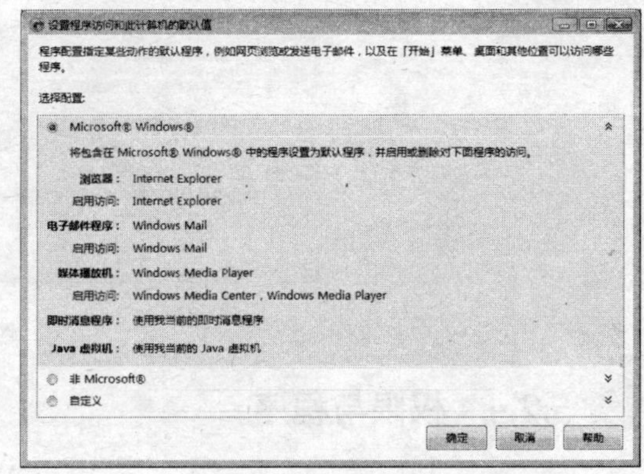

图 5-69

在这里有 3 个选项：

- Microsoft Windows：在单击选中“Microsoft Windows”项展开的列表中，可以看到当前计算机各种默认值配置列表，其中使用的程序都是 Vista 自带的。
- 非 Microsoft：在单击选中此项展开的列表中，可以看到这里默认选择的程序都是“当前”程序，而不必一定是 Vista 中内置的程序。也就是说，如果我们希望使用第三方程序（如安装新的浏览器来替代 IE 浏览器），那么可以选择此项，进而可以方便地一次性完成多个默认值设置。需要注意的是，程序必须先在 Windows 注册表中进行注册，然后才能显示在“设定程序访问和计算机默认值”中。通常，程序会在安装期间自行进行注册。
- 自定义：在单击选中此项展开的列表中，可以自定义各个默认值，如图 5-70 所示。默认情况下，每次打开“设定程序访问和计算机默认值”时，“自定义”选项都是选中的。

03 在完成设置后，单击“确定”按钮应用并关闭窗口。

在尝试更改“设置程序访问和计算机的默认值”中的设置时，接收到“您没有权限设置程序访问和默认值”的消息，表示当前操作必须是管理员方可执行。

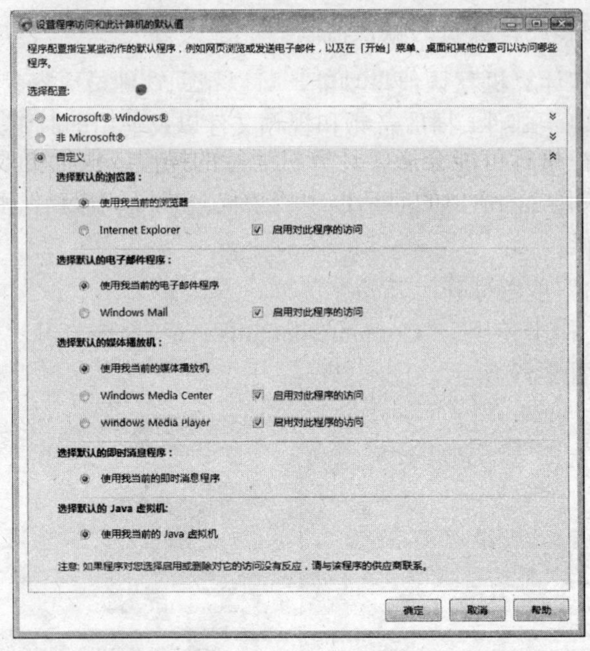

图 5-70

5.2.4 权限与程序

在 Windows XP 中，权限已经被放到了很高的程度。在 Vista 中权限进一步得到了提高，在本小节中将讲解关于程序方面的权限控制知识。

1. 用户账户控制

当程序自动运行或我们运行一个程序时，为了防止程序对计算机进行未经授权的更改，Vista 中会弹出一个对话框，我们可以选择拒绝或允许程序的执行，如图 5-71 所示。

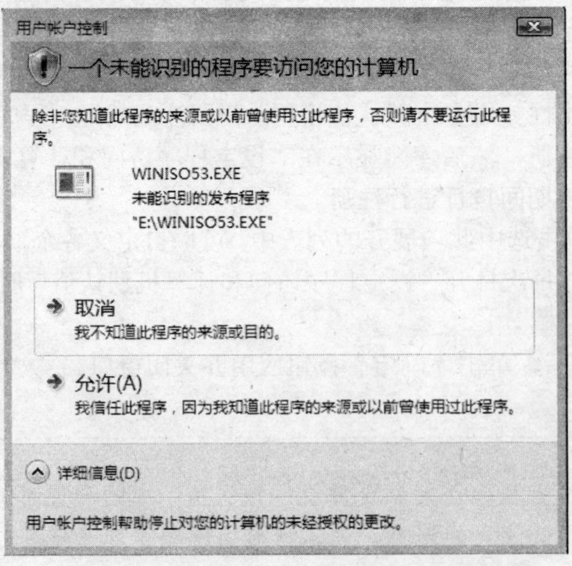

图 5-71

这项功能就是 Vista 著名的“用户账户控制”功能（Windows Vista User Account Control，简称 UAC）。UAC 功能可以帮助我们防止任何的针对计算机进行的修改操作，它的对应进程是“Consent.exe”。

UAC 工作原理是在执行可能会影响计算机运行的操作或执行更改影响其他用户设置的操作之前，要求当前用户在弹出的对话框中授予权限或提供管理员密码（如果当前用户是标准用户的话）。

当前用户在看到 UAC 消息后，应认真地阅读并确认将要启动的操作或程序正是自己要启动的操作或程序。如果不对这个对话框进行任何操作，在 2 分钟后对话框将消失。

那么，Vista 如何才能让 UAC 及时地捕获“未经授权的更改操作”呢？显然，关键就在于“授权”的许可上。“授权”实际上就是一个要求提升权限的过程。那么，为什么程序会要求提升权限呢？

在 Windows XP 中，我们知道普通权限的账户是没有安装程序的权限的。在 Vista 中，当管理员账户登录到桌面环境时，将给用户分配两个单独的访问令牌。其中，一个是管理员访问令牌，另一个是标准用户访问令牌。Windows 使用访问令牌（包含用户的组成员身份、授权数据和访问控制数据）控制用户可以访问的资源和任务。

标准令牌和管理员令牌的主要区别在于他们对计算机有多少控制权。管理员可以更改系统状态、关闭防火墙、关闭策略、安装影响计算机上每个用户的服务或驱动程序等。管理员可以为整台计算机安装软件。标准用户无法以这种方式更改系统状态。

因为 UAC 功能会在运行时将“用户操作”和“管理功能”分隔开来，所以管理员账户平时都是以标准用户身份运行大多数应用程序。标准用户访问令牌包含的用户特定信息与管理员访问令牌包含的信息相同，但是已经删除管理 Windows 权限和 SID。标准用户访问令牌用于启动不执行管理任务的应用程序（标准用户应用程序）。

当管理员需要运行执行管理任务的应用程序（管理员应用程序）时，Vista 就会提示用户将标准用户临时更改或临时“提升”为管理员，如图 5-72 所示。

图 5-72

默认情况下，当管理员启动应用程序时，也会出现“用户账户控制”消息。如果用户是管理员，该消息会提供选择允许或禁止应用程序启动的选项。如果用户是标准用户，该用户可以输入一个本地 Administrators 组成员的用户名和密码。

通常，当以下“提升权限”的条件被满足时，就会触发 UAC 弹出提示框：

- Vista 可以智能识别安装程序的名称。如 Setup.exe、Autoexce.bat、Install.exe、Autorun.inf 等。当具有这些典型的安装文件名称的文件执行时，UAC 消息框就会被触发。
- 在可执行文件的属性对话框里的兼容性标签页中勾选了“以管理员身份启动该程序”，那么在运行该文件时，UAC 消息框就会被触发。具体的应用见本小节的第二部分内容讲解。
- 鼠标右键单击应用程序，选择“用管理员账户运行”菜单项。实际上对于管理员账户来说这个操作并无意义，原因见本小节的第二部分内容讲解。
- 利用 ACT（应用程序兼容性工具）为特定应用程序创建兼容性数据库，以便 IT 部门可以方便地在企业里部署兼容性设置。
- 在程序的 Manifest 文件或者内嵌的 Manifest 信息里加入 level=highestAvaible 或 level requireAdministrator 安全级别。

UAC 可以有效的帮助当前用户防止恶意软件（专门用来故意损坏计算机的软件，如病毒、蠕虫及特洛伊木马都属于恶意软件）和间谍软件在未经许可的情况下，在计算机上进行安装或对计算机进行更改——这一点非常重要而且实用！甚至连 Vista 自身的重要功能在调用时也会被阻止。因此，如果我们细心的话，会发现 UAC 的提示框共有 4 种：

（1）Windows 需要您的许可才能继续

有可能会影响本计算机其他用户的 Windows 功能，或程序需要当前用户的许可才能启动。请检查操作的名称以确保它正是当前用户要运行的功能或程序，如图 5-73 所示。

（2）程序需要您的许可才能继续

不属于 Windows 的一部分的程序需要当前用户的许可才能启动。它具有指明其名称和发行者的有效的数字签名，该数字签名可以帮助确保该程序正是其所声明的程序。确保该程序正是当前用户要运行的程序，如图 5-74 所示。

图 5-73

图 5-74

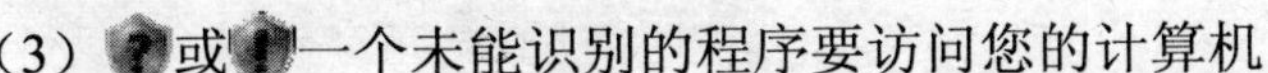

（3）或一个未能识别的程序要访问您的计算机

“未能识别的程序”是指没有其发行者所提供用于确保该程序正是其所声明程序的有效数字签名的程序。这不一定表明有危险，因为许多旧的合法程序缺少签名。但是，应该特别注意的是只有在它有可信任的来源（例如原装 CD 或发行者网站）时才能允许此程序运行，如图 5-75 所示。

（4）此程序已被阻止

这是当前计算机管理员专门阻止在当前用户环境中运行的程序。若要运行此程序，必须与管理员联系并且要求解除阻止此程序，如图 5-76 所示。

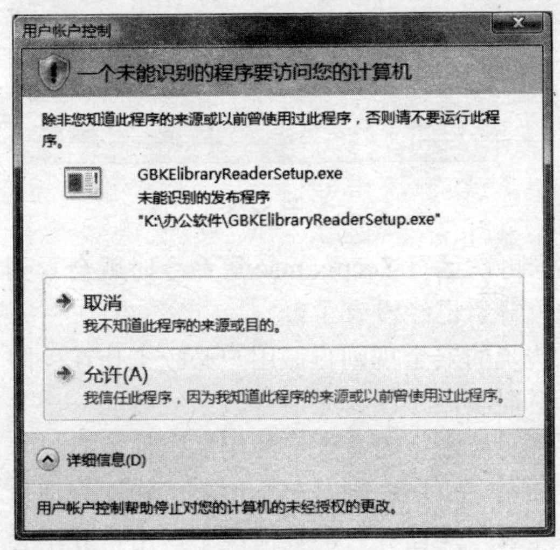

图 5-75

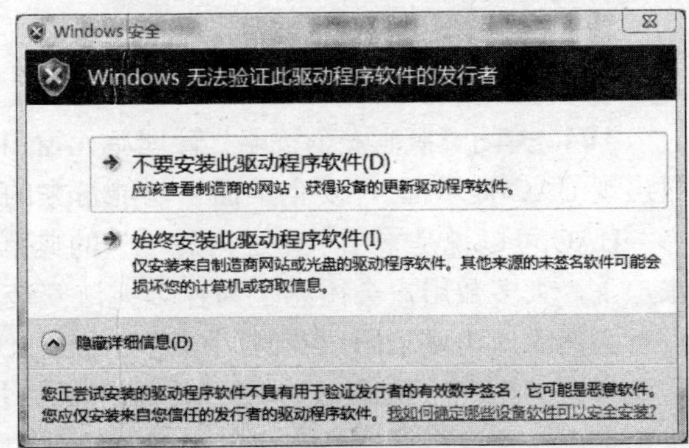

图 5-76

值得一提的是，每个图标右侧色条都是不一样的。对于 Windows 自带组件，使用的是墨绿色的色条。对于来源可靠（有合法数字签名）的应用程序，使用的是灰色的色条。对于来源不可靠的（没有合法数字签名）的应用程序，则会出现橙色报警，而且系统明确提醒除非确认来源，否则不要运行——此时，鼠标焦点将会默认在“取消”按钮上。对于被阻止的程序，则会给出红色的警告。

在出现提示框时，桌面背景会变暗。这个暗色的背景实际上是 Vista 的“安全桌面”功能，它相当于按下 Ctrl+Alt+Del 组合键时所看到的蓝色的特殊桌面。为什么看到的是暗色的当前桌面呢？原来这是微软特地对当前桌面做了一个“快照”（使用过虚拟机技术的读者会对此比较容易理解），将其作为安全桌面的“墙纸”。

可以通过执行如下操作来禁用“安全桌面”功能：

01 在“开始”菜单的“搜索”栏中输入命令 Secpol.msc。

02 在按下回车键打开“本地安全策略”管理单元窗口后，选择“本地策略”→“安全选项”命令，在右侧的策略列表中可以看到“用户账户控制：提示提升时切换到安全桌面”项处于“已启用”状态，如图 5-77 所示。

03 双击此策略，在弹出的对话框中选中“已禁用”项并单击“确定”按钮应用设置，如图 5-78 所示。

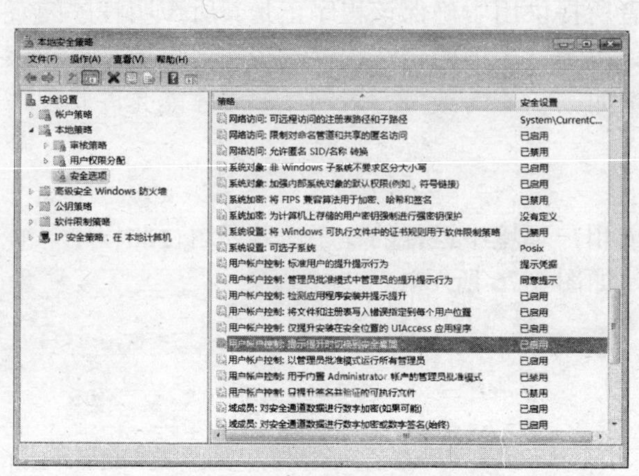

图 5-77

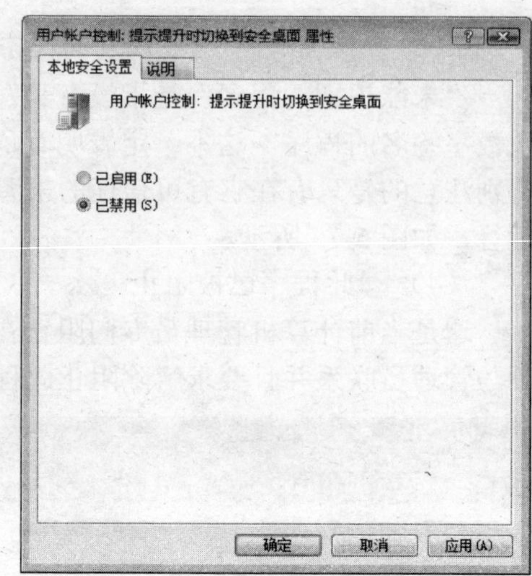

图 5-78

04 关闭“本地安全策略”管理单元窗口后，再次运行 Secpol.msc 等命令时就会看到只出现 UAC 提示框，“安全桌面”功能带来的暗色背景已经没有了。

UAC 可以说是采用了“逆向思维”的典范：传统的安全规则告诫用户必须工作在受限账户下，大多数用户会困惑于为什么无法安装应用程序，为什么无法修改系统时间——并没有必然的理由要求用户花时间学习 Runas（临时切换账户的命令）的用法，他们有权专注于本职工作，而不是和这些令人生厌的命令打交道。而 UAC 则是鼓励用户工作在管理员账户下，只是这个管理员账户已经受过特殊的“降级”处理——多数情况下，用户并不会有掣肘之感。如果要运行需要高特权的管理任务，系统会自动侦测到这种请求，在得到用户确认后，会自动提升到高级特权环境，以便顺利完成管理任务。

那么，我们如何关闭 UAC 功能呢？要完成这项任务，只需执行如下操作即可：

01 单击“开始”按钮并在弹出的“开始”菜单中，在“搜索”栏里输入 Msconfig 命令。

02 在按下 Enter 键后将出现 UAC 保护模式对话框，在上方可以看到图标和“Windows 需要您的许可才能继续”的标题，在中间可以看到是 Windows 程序 Msconfig 引发了这次提示，如图 5-79 所示。

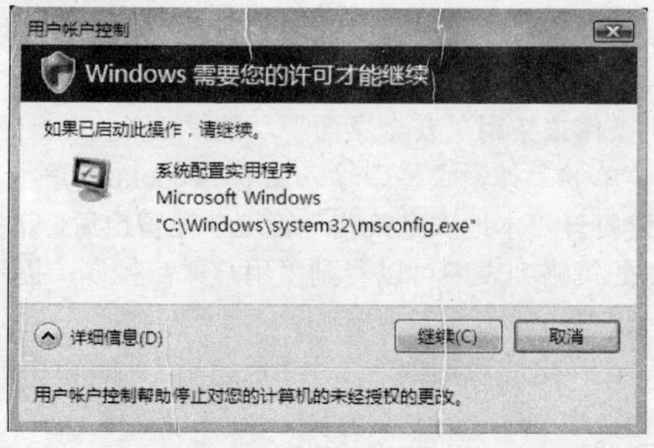

图 5-79

03 单击“继续”按钮，在弹出的窗口中切换到“工具”选项卡，在列表中选中关闭 UAC 项并单击“启动”按钮，如图 5-80 所示。

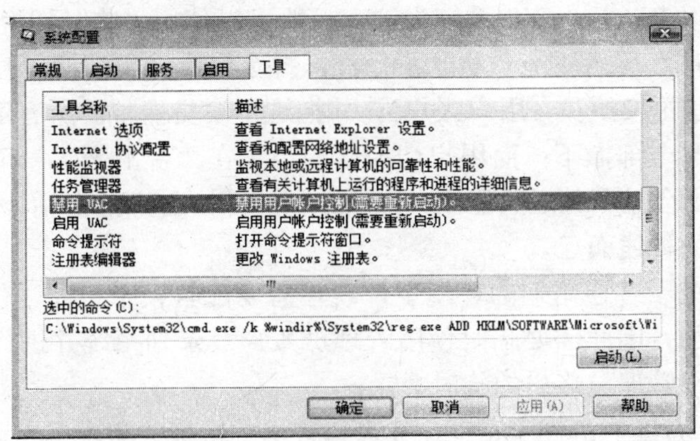

图 5-80

04 在“命令提示符”窗口中可以看到两点，一是“操作成功完成”。这意味着 C:\Windows\System32\cmd.exe /k %windir%\System32\reg.exe ADD HKLM\SOFTWARE \Microsoft\Windows\CurrentVersion\Policies\System /v EnableLUA /t REG_DWORD /d 0 /f 命令已经被成功执行了；二是此操作是直接使用“管理员”权限完成的，如图 5-81 所示。

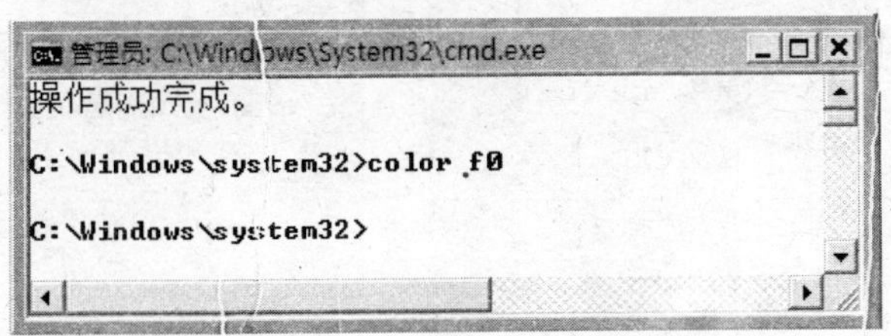

图 5-81

05 重新启动计算机即可使“关闭 UAC”这个操作生效了。是否生效，只需运行一个程序（如 Msconfig 命令）观察是否还有 UAC 对话框弹出即可。

以后，如果希望启用 UAC 功能，只需再次使用 Msconfig 命令，在弹出的窗口中选中“启用 UAC”项并单击“启动”按钮即可。本书不推荐关闭 UAC 功能，因为这样同时会禁用 IE 保护模式等高级安全特性，降低系统的安全性。试问：牺牲些许的易用性，提高系统的安全性，减少重装系统或是请教他人的麻烦，这有何不妥？此外，如果禁用了 UAC 功能，当以普通用户登录系统时，将无法享受 UAC 功能带来的便利——无法方便地安装程序和执行管理任务，也无法享受 UAC 为遗留应用程序准备的兼容性帮助。

2．以管理员身份运行

在以往的 Windows 操作系统中，都建议最好不要以管理员的身份登录系统。这是因为管理员组的成员权限太高，对系统极容易造成损伤。而应该用普通用户（Users 组成员）的身份登录系统，因为 Users 组的账户提供了一个相当安全的环境，不能修改系统注册表设置、操作系统文件或程序文件。这样系统就会对病毒、木马具有一定的免疫能力，因为它们不再具有格式化硬盘、删除系统文件、管理员账户的权限！

但是，随之而来的问题是——无法运行某些特殊的应用程序，例如某些需要管理员特权才能运行的程序。如果在普通用户登录的环境中，临时需要使用管理员级别的账户登录并进行一些操作，以 Windows XP 系统为例，一般可以使用“临时切换账户”的方法。

“临时切换账户”与“注销”功能不一样，打个比方：不同的用户账户就好比是舞台上的演员，注销就是更换演员（用户账户），并把这个演员携带的所有道具服装（该用户账户打开的应用程序）全部撤下；而用户切换则相当于在舞台上来了一个新演员，此时原演员仍在舞台上，并不会撤下其道具服装（保留该用户账户打开的会话）。新演员的出现只是临时的吸引了人们的视线而已。

假设我们现在处于普通用户的环境下，现在想要配置某个程序。但这个操作是 Users 组成员所不能进行的，因此需要临时使用管理员账户登录到系统并进行配置。那么就要进行下面的操作，实现管理员账户的临时登录：

01 使用鼠标右键单击程序文件，并选择弹出的快捷菜单上的“运行方式”命令，如图 5-82 所示。

02 在弹出“运行身份”对话框后，单击其中的“下列用户”单选框，在“用户名”下拉列表框里选择一个管理员账户，并在“密码”文本框里输入相应的账户密码，如图 5-83 所示。

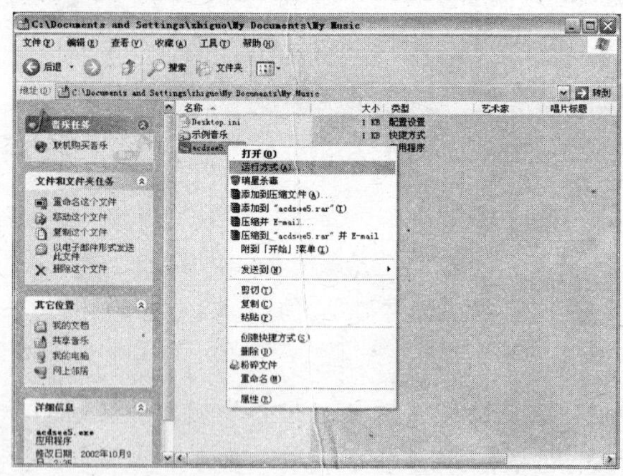

图 5-82

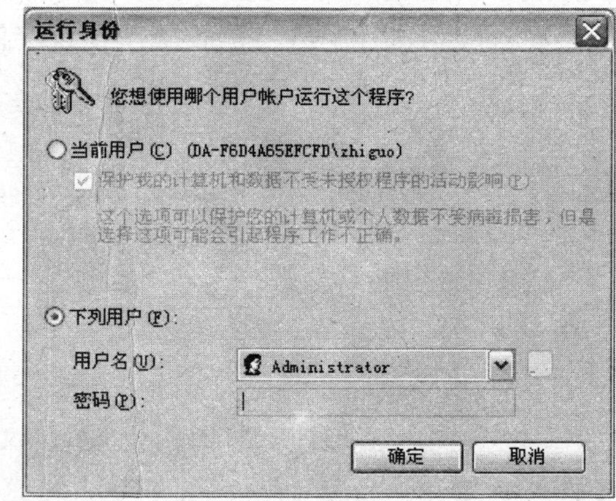

图 5-83

03 在单击“确定”按钮退出后，系统将会以管理员的身份自动启动诺顿的配置程序。此时，使用管理员账户完成各项配置即可。

在 Vista 中已经将“运行方式”命令更改为“以管理员身份运行”。当然，在 Vista 中使用管理员账户登录的用户，是无需使用这项功能的。只有使用普通账户登录的用户才需要使用这项功能——因为 Vista 中会在需要时自动提示当前用户输入管理员密码，所以基本上无须使用“以管理员身份运行”这个命令。

要使用这个命令非常简单，只需执行如下操作即可：

01 右击要打开的程序图标或文件，并在弹出的菜单中单击“以管理员身份运行”项，如图 5-84 所示。

02 在弹出的对话框中选择要使用的管理员账户（默认的 Administator 账户并不会出现），并输入账户对应的密码，如图 5-85 所示。

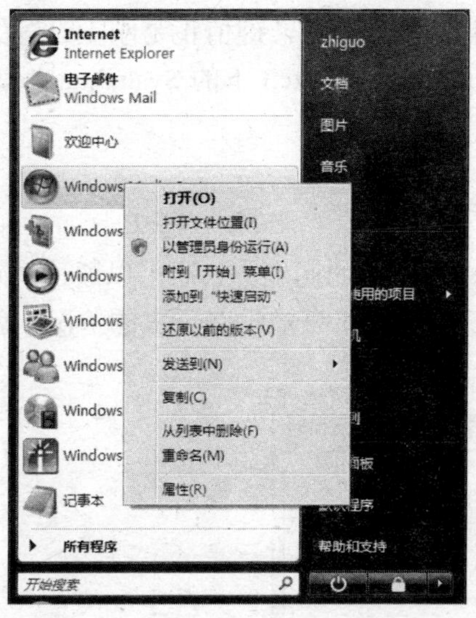

图 5-84

图 5-85

03 在单击"确定"按钮后，就可以正常运行程序了。在弹出的窗口中通常会在标题栏上看到"管理员"的字样，如图 5-86 所示。

除了自动要求使用管理员访问令牌的程序外，管理员还可以通过如下操作手动指定程序必需使用管理员账户才能运行：

01 右击需要完全管理员访问令牌但尚未标记的应用程序。

02 在弹出的属性对话框中勾选"兼容性"选项卡中的"请以管理员身份运行该程序"项，如图 5-87 所示。

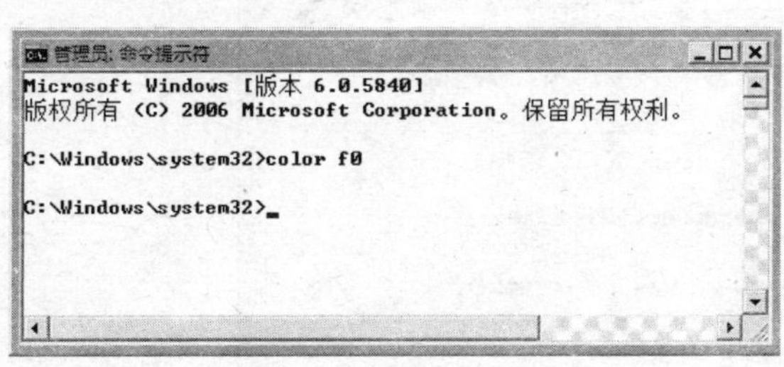

图 5-86

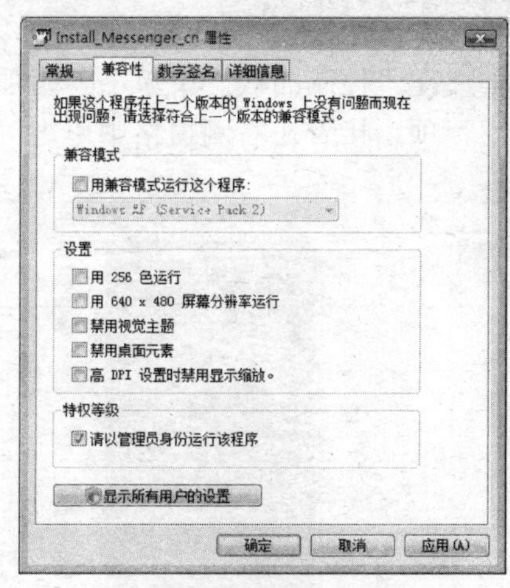

图 5-87

03 在单击"确定"按钮后，此程序对于使用普通账户的用户来说，就必须使用管理员账户才能启动了。

在完成此项操作后，有兴趣的读者可以打开注册表中的 HKEY_CURRENT_USER\Software\Microsoft\Windows NT\CurrentVersion\AppCompat Flags\

Layers 子项，其中 Layers 子项和其下的键值都是刚刚创建出来的，键值正是刚刚设置的应用程序名称。此外，这个操作也相当于修改了 C:\Windows\AppPatch 下的 Sysmain.sdb 兼容性数据库。

5.2.5 问题报告和解决方案

在 Vista 中除了可以通过“事件查看器”功能观察系统中的问题外，还可以通过“问题报告和解决方案”功能来了解软件方面的问题。如果遇到程序突然没有反应的情况，就会看到如图 5-88 所示的提示框。

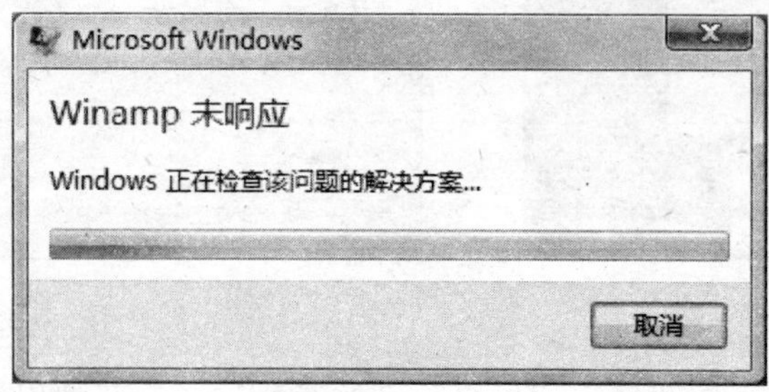

图 5-88

此时，Vista 将执行两个操作：一是将出错程序的名称、出现问题的日期和时间或出现问题的程序版本等信息收集起来并发送给微软公司并试图找到解决方案。二是把此记录添加到“问题报告和解决方案”程序中。

要打开“问题报告和解决方案”窗口，可以通过如下两种方法来实现：

- 在“开始”菜单的“搜索”栏中输入命令 Control.exe /name Microsoft.ProblemReportsAndSolutions 并回车。
- 在“控制面板”中单击“附加选项”，在切换的窗口中单击左侧的“系统和维护”项，接着在右侧窗格中单击“性能信息和工具”中的子项，如图 5-89 所示。

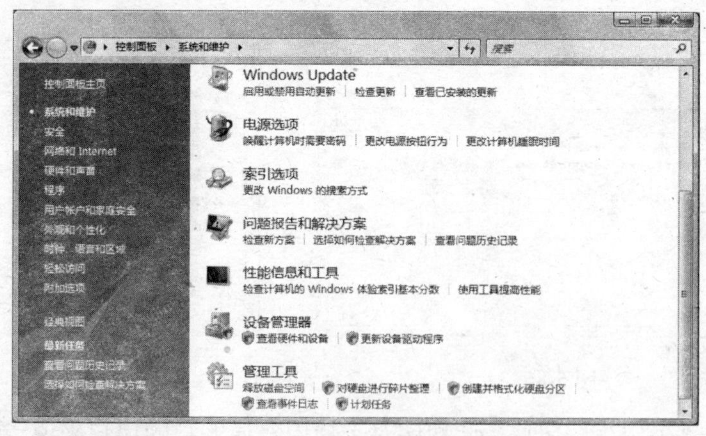

图 5-89

在打开窗口后即可对“问题报告和解决方案”功能进行应用了，如图 5-90 所示。

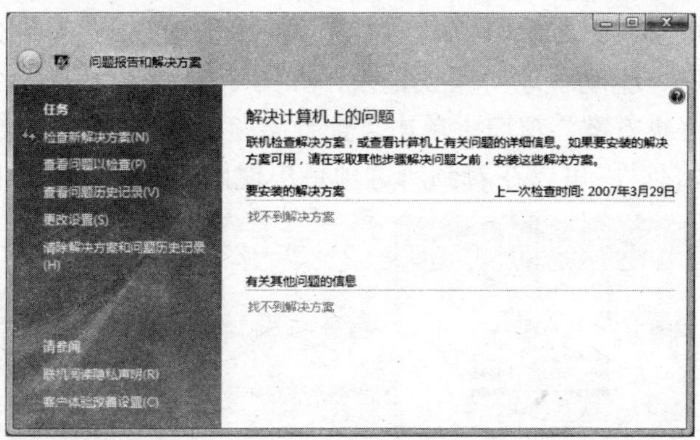

图 5-90

当计算机发生硬件问题或软件问题时，例如：一个程序停止运行或没有响应时，Vista就会自动创建一个问题报告并检查是否有解决方案。如果希望定制此功能，则需单击左侧任务列表中的“更改设置”项，在弹出的窗口中单击“高级设置”，如图 5-91 所示。

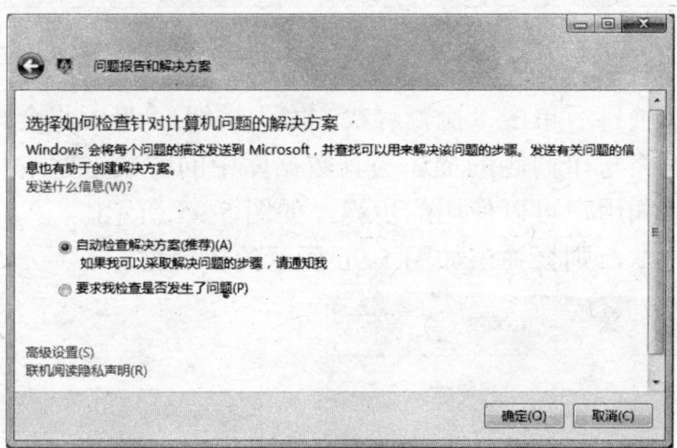

图 5-91

在这里可以进行详细的定制的操作，如图 5-92 所示。

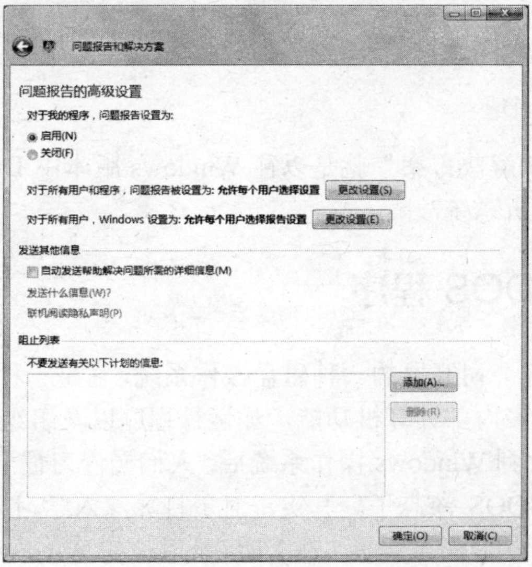

图 5-92

在“问题报告和解决方案”窗口中单击“查看问题历史记录”，在切换到的界面中可以看到系统中记录的程序、驱动程序等错误记录，如图 5-93 所示。

在“问题报告和解决方案”窗口中单击“查看问题以检查”，在切换到的界面中单击项目右侧的“查看详细信息”，可以在看到所选项目出现问题的原因，如图 5-94 所示。

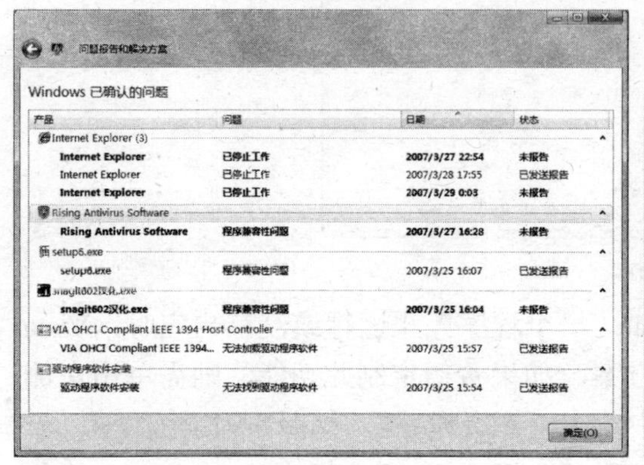

图 5-93

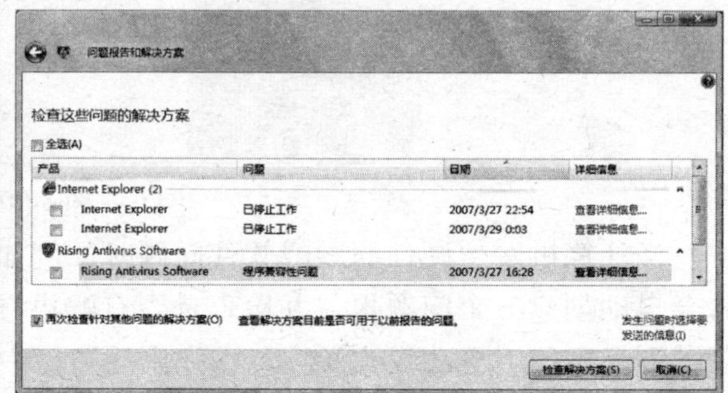

图 5-94

在勾选部分或全部项目后单击“检查解决方案”按钮，Vista 将会把问题总结成报告发送给微软网站，并尝试将每个问题的描述与其数据库中的解决方案进行匹配。如果存在任何可用的方案则会将通知用户可以使用的步骤，如图 5-95 所示。

如果找不到解决方案，则会弹出如图 5-96 所示的提示框。

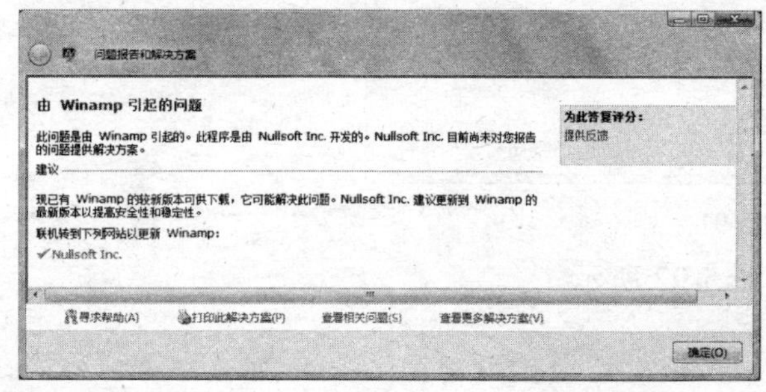

图 5-95

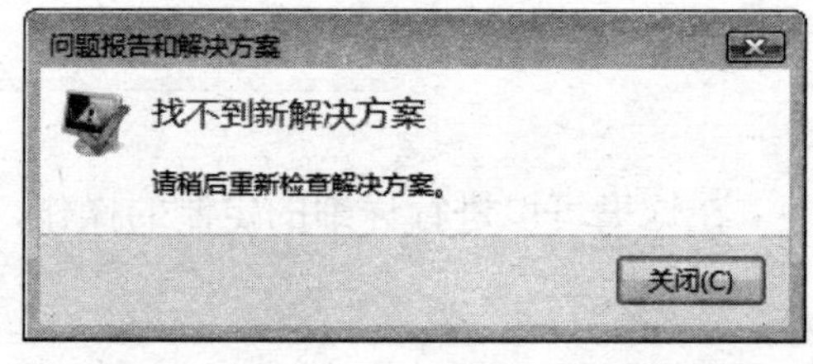

图 5-96

实际上，“问题报告和解决方案”就是以往 Windows 版本中 Dr. Watson 功能的升级，它可以较好地帮助我们分析系统故障。

5.3 使用与管理 DOS 程序

MS-DOS 是 Microsoft 公司开发的一种磁盘操作系统，它是一种具有命令行接口的计算机操作系统，用来控制许多内部计算机功能，如运行程序以及组织和维护文件。

当 MS-DOS 慢慢进化到 Windows 操作系统后，人们慢慢习惯了 Windows 的图形界面，而把曾经辉煌一时的 MS-DOS 淡忘了。其实，对于打算深入学习 Windows 的用户来说，DOS 命令是不能被忽略掉的。而事实上，在 Vista 及以往的 Windows 系统中，DOS 一直存在并且一直被开发出更多的功能——这项功能的名称是“命令提示符”。它以窗口（模拟了旧的 MS-DOS 窗口）形式存在，我们可以在其中输入各种各样的命令、程序名称或是其他信息。

5.3.1 基本操作

现在，让我们来掌握一些关于“命令提示符”窗口的基本操作方法。

1. 打开和关闭窗口

要打开“命令提示符”窗口，可以使用很多种方法来完成，下面是几种常用的方法：

- 在“开始”菜单的“搜索”栏中，输入命令 CMD 并按回车键。
- 在“开始”菜单中，选择“所有程序”→“附件”→“命令提示符”命令。
- 在按住 Shift 键不放的情况下，右击任意一个文件夹图标，在弹出的菜单中选择“在此处打开命令窗口”项。
- 在“开始”菜单中，选择“所有程序”→“附件”命令，接着右击“命令提示符”命令，在弹出的菜单中选择“以管理员身份运行”。

01 使用任一种方法打开命令提示符窗口。

02 在接着弹出的窗口中，可以在标题上看到此窗口对应的程序是 Cmd.exe，如图 5-97 所示。

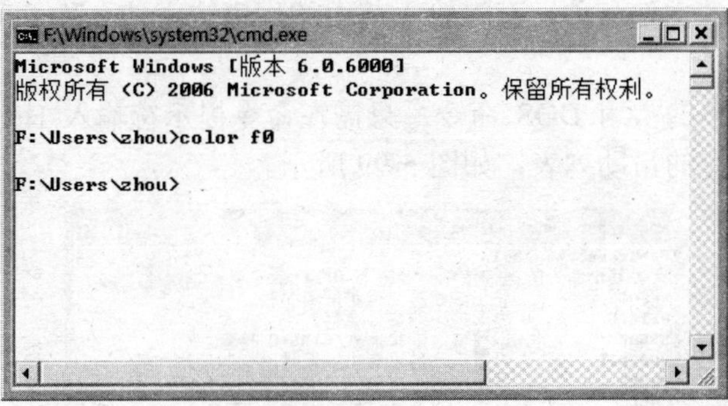

图 5-97

在打开“命令提示符”窗口后，通过单击窗口右上角的“关闭”按钮或按下 Alt+F4 键即可以将窗口关闭。

2. 输入内容

在 Vista 中，仅能在保护模式下使用 DOS 程序。也就是说，是在 32/64 位系统中虚拟了一个 DOS 环境——因此对于必须运行在实模式下的 DOS 程序，就不能在这里运行了。

我们需要明白通过在命令提示符处键入命令，可以在计算机上执行任务，而无须使用 Windows 图形界面。

如在输入 Exit 命令并按下回车键后，此命令将会被执行，结果就是“命令提示符”窗口将会关闭，如图 5-98 所示。

值的一提的是，在此命令的上方还有一条命令 Color F0，此命令的作用是对“命令提示符”窗口颜色进行更改——默认为黑底白字，现在是白底黑字。这样的“命令提示符”窗口就更醒目而且截出的图更清楚。

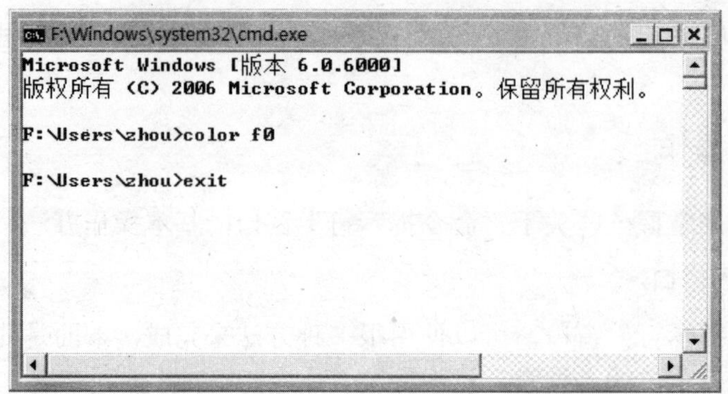

图 5-98

除了可以输入命令之外，在“命令提示符”窗口中还可以输入路径，如：

- “盘符+回车”：这样的命令可以直接在各个分区中进行跳转，如 C：可以跳转到 C 盘的当前目录。
- “CD 路径”：通过 CD 命令可以逐级或一次进入到多层路径中，如 CD \123\456 命令表示使用 CD 命令进入 X:\123\456 文件夹下，X 为当前路径所在分区盘符。

在使用上述命令进入一个路径后，输入 DIR 命令并回车，可以查看该路径下的资源列表。根据列表中给出的文件名称，直接输入其中的程序或文件名称，可以启动或打开相应的文件。

如果希望了解更多的常用 DOS 命令，只需在命令提示符输入 Help 命令并按下 Enter 键，即可调出常用命令的帮助列表，如图 5-99 所示。

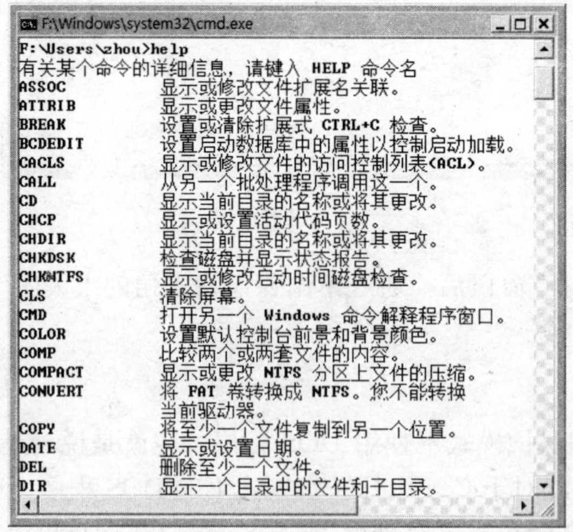

图 5-99

提示

在本书的网络一章中，将讲解大量的网络命令，通过这些内容也可以对命令提示符窗口做进一步的了解。

3. 复制和粘贴

在“命令提示符”窗口中，怎样才能实现复制与粘贴操作？下面，将以复制文件和内容两个方法来谈一下相关的操作：

（1）复制内容

如果希望将 Windows 中内容的复制到“命令提示符”窗口，只需执行如下操作即可：

01 在 Vista 的桌面环境中复制将要粘贴到“命令提示符”窗口的文件内容。如要复制 1.txt 中的 Start Explorer.exe 这个内容，就要打开这个文本文件并执行复制操作。

02 在“命令提示符”窗口中单击鼠标右键，在弹出的菜单中选择“粘贴”项即可，如图 5-100 所示。

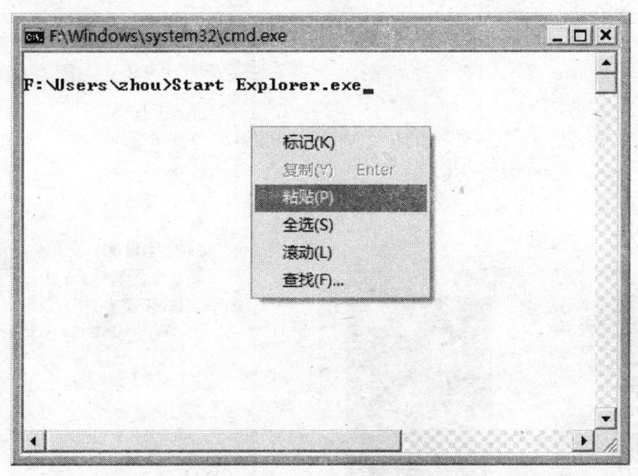

图 5-100

03 在命令提示符中看到粘贴的命令后回车，即可执行这条复制自 Windows 的命令了——对于很长的命令来说，复制比输入操作显得更容易一些。

如果希望将“命令提示符”窗口中的内容复制到 Windows——以将使用 Help 命令得到的帮助信息复制到 Windows 为例，只需执行如下操作即可：

01 在“命令提示符”窗口中输入 Help 命令并回车。

02 在“命令提示符”窗口中单击鼠标右键，在弹出的快捷菜单中选择“标记”；

03 使用鼠标拖动选择所需范围的内容，回车后即可将选中的内容复制下来了——这里的复制键是回车而不是 Ctrl+C。

04 在记事本等程序中使用粘贴命令即可。

输入 CMD 或 VER 命令，均可以显示当前系统的版本号。

5.3.2 窗口的定制

和以往 Windows 版本中的“命令提示符”窗口可以被定制一样，Vista 中的“命令提示符”窗口同样可以被定制。

1. 属性窗口

通常，我们都是通过设置“命令提示符”属性来完成这项任务的。设置“命令提示符”选项的步骤是：

01 打开一个“命令提示符”窗口，并使用鼠标右键单击窗口中的标题栏。

02 在弹出的菜单中，如果要更改所有用户环境中的“命令提示符”窗口的设置，请单击“默认值”；如果要更改当前“命令提示符”窗口的设置，请单击“属性”，如图 5-101 所示。

03 单击“属性”项进入如图 5-102 所示窗口后，可以看到“命令提示符”窗口也有着诸多的属性设置项目。

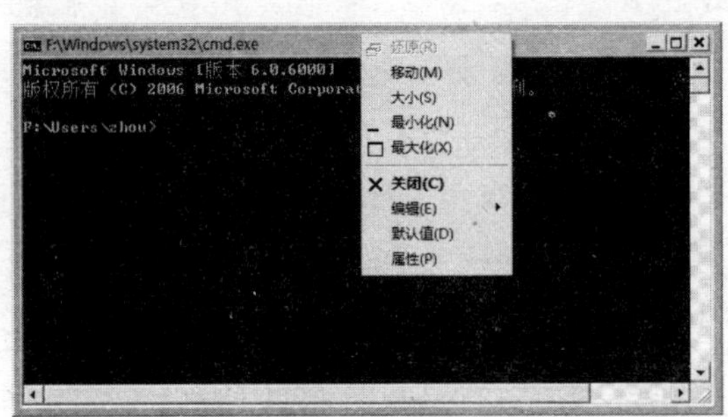

图 5-101

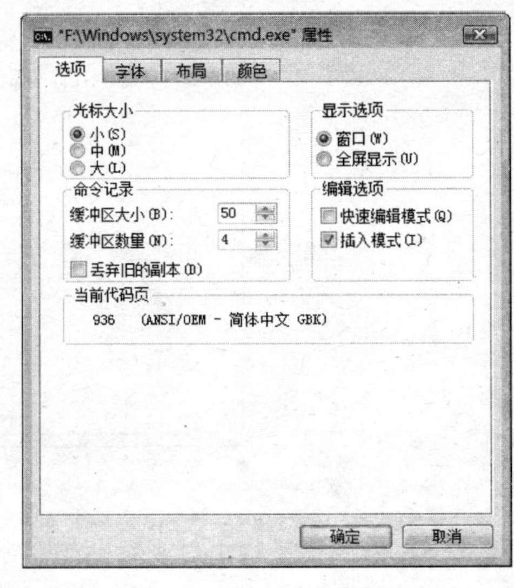

图 5-102

其中，比较重要的属性项目有：

- 显示选项：这里有“窗口”（默认值）和“全屏显示”两个选项。通常，我们并不需要在这里对“命令提示符”进行窗口/全屏的切换，因为随时都可以通过按下 Alt+Enter 键进行切换。
- 布局：在此选项卡界面中，可以定制“命令提示符”窗口的大小与初始位置，如图 5-103 所示。

其中，“屏幕缓冲区大小”部分用于控制是否可以滚动浏览“命令提示符”窗口；“窗口大小”部分用于控制“命令提示符”窗口启动时的大小；“窗口位置”部分在“由系统定位窗口”项处于清空状态时，用于控制“命令提示符”窗口在屏幕的位置。在左侧的预览窗口中可以看到数值把窗口调整的位置。

- 颜色：我们可以根据需要对“命令提示符”窗口进行背景与文字的颜色定制。如选中“屏幕文字”项后，单击中间颜色列表里的“黑色”。接着，再选中“屏幕背景”项并单击中间颜色列表里的“白色”，这样就可以实现“白底黑字”的效果，如图 5-104 所示。

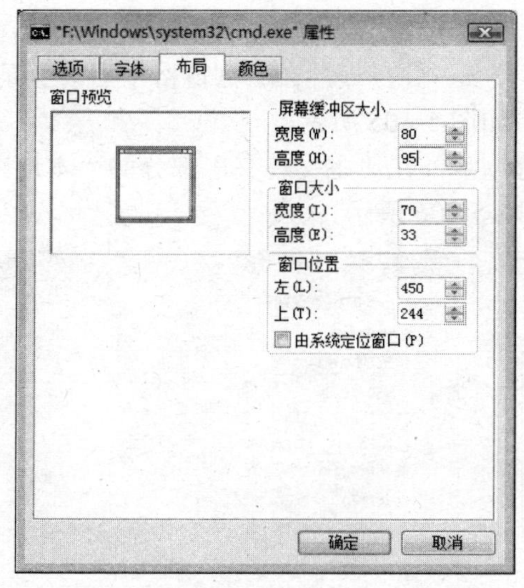

图 5-103

图 5-104

在完成上述的设置后，单击“确定”按钮即可使设置保存起来。如果选择的是属性，会有提示是否只当前窗口有效，还是保存到以后。此后，每次运行“命令提示符”窗口，都可以使用新的设置状态了。

2．手工定制

除了可以在属性中对当前用户的“命令提示符”窗口进行定制外，还可以通过一些命令实现临时的窗口定制。

（1）Color 命令

Color 命令可以临时性的变更“命令提示符”窗口背景与文字的颜色，它的语法语法格式为：COLOR [attr]

参数作用：attr，指定控制台输出的颜色属性。

命令解释：颜色属性由两个十六进制数字指定——第一个为背景，第二个则为前景。每个数字可以为以下任何值之一：

0＝ 黑色	1＝ 蓝色	2＝ 绿色	3＝ 浅绿色
4＝ 红色	5＝ 紫色	6＝ 黄色	7＝ 白色
8＝ 灰色	9＝ 淡蓝色	A＝ 淡绿色	B＝ 淡浅绿色
C＝ 淡红色	D＝ 淡紫色	E＝ 淡黄色	F＝ 亮白色

如果没有给定任何参数，该命令会将颜色还原到 Cmd.exe 默认的颜色。这个值来自当前控制台窗口、/T 命令行开关或 DefaultColor 注册表值。

使用实例：COLOR f0 命令可以产生白底黑字的效果。

（2）修改默认文件夹

每次在 Vista 中打开“命令提示符”窗口时，都会自动定位到系统盘中的“Users\用户名>”文件夹中。如果想更改这个默认文件夹，只需进行如下操作即可：

01 在“开始”菜单的“搜索”栏中使用 Compmgmt.msc 命令打开“计算机管理”窗口。

02 选择“系统工具”→“本地用户和组”→“用户”，在右侧窗格中当前登录的用户上右击，在弹出的快捷菜单中选择“属性”，如图 5-105 所示。

03 在弹出的窗口中选择“配置文件”选项卡，在“主文件夹”部分的“本地路径”中，输入更改的路径（如“C:\Windows”），如图 5-106 所示。

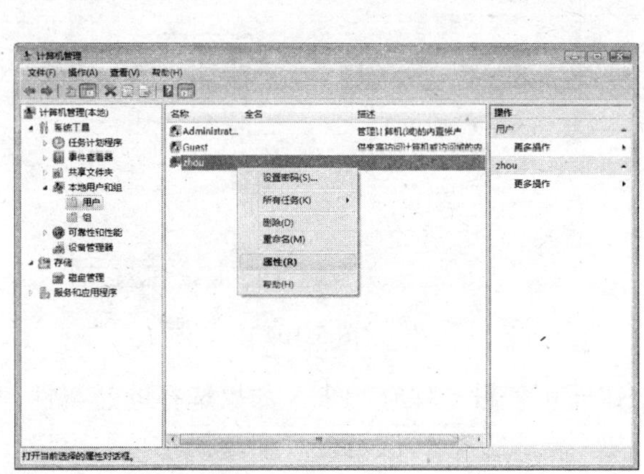

图 5-105

图 5-106

04 重新启动电脑使设置生效。

能够对“命令提示符”窗口进行设置的命令有很多，有兴趣的读者们可以参考“Help”命令给出的帮助信息学会更多的知识。

5.4 Windows Defender

间谍软件是在未经过用户允许的情况下就自行安装的软件。间谍软件在感染计算机后可能不显示任何症状，但间谍软件可以监视在线行为、收集有关用户的信息（包括个人标识或其他敏感信息）、更改计算机设置或者降低计算机的运行速度。

我们通常都是在不知情的情况下获得间谍软件——在浏览网页时从网站上通过网页中的嵌入式脚本或程序进行安装；使用 CD、DVD 或其他可移动介质中的程序，可能也会造成计算机感染。

防止间谍软件感染计算机方法有以下 3 种：

- 运行最新的防间谍软件：在 Vista 中内置了一个名为 Windows Defender 的功能，它可以自动发现和删除可能已安装的恶意软件，它将有助于防止在计算机上自行安装或运行恶意软件、间谍软件和其他可能不需要的软件或广告软件。
- 使 Vista 保持在最新状态：Microsoft 通常会发布安全更新来防止病毒或间谍软件利用它的漏洞来进行破坏。大多数防病毒程序都有间谍软件保护，也应将其升级到最新状态。推荐启用 Windows 自动更新功能，这样可以定期更新系统程序，比方说更新 Windows Defender 的数据库。
- 安装软件前检查许可协议：访问网站时不自动同意下载站点提供的任何内容，如果下载免费软件，如文件共享程序或屏幕保护程序，请详细阅读许可协议。查找必须接受公司广告和弹出页面的条款或者软件将某些信息发回软件发行者的条款。

Windows Defender 有几个比较值得一提的优点：

- 只有在发现遭到间谍软件的危害时，才会在任务栏通知区域里给出相应的提示图标——平时它并不会来骚扰我们。
- 基本上无需用户进行人工干预，它就可以工作在最佳状态。
- 在 Windows Update 中已经集成了 Windows Defender。

Windows Defender 提供了三种途径，以便帮助用户阻止间谍软件和其他可能不需要的软件感染计算机。

- 实时保护：当间谍软件或其他可能不需要的软件试图在计算机上自行安装或运行时，Windows Defender 会发出警报。如果程序试图更改重要的 Windows 设置，它也会发出警报。
- SpyNet 社区：联机 Microsoft SpyNet 社区可帮助当前用户查看其他人是如何响应未按风险分类的软件的。查看社区中其他成员是否允许使用此软件，能够帮助当前用户选择是否允许此软件在计算机上运行。同样，当前用户的选择也将添加到社区分级以帮助其他人作出选择。
- 扫描选项。使用 Windows Defender 可以扫描可能已安装到计算机上的间谍软件和其他可能不需要的软件，还可以自动删除扫描过程中检测到的任何恶意软件。

要调用 WindowsDefender 功能，可以通过如下几种方法来实现：

- 在“开始”菜单的“搜索”栏中输入命令：Control.exe /name Microsoft.WindowsDefender
- 在“开始”菜单中单击“所有程序”项，并在展开的左侧窗格中单击“Windows Defender”项。

在启用 Windows Defender 功能后，可以通过如下操作将其关闭掉：

01 在打开的 Windows Defender 窗口中，单击上方的“工具”切换到如图 5-107 所示的界面。

图 5-107

02 单击“选项”切换到如图 5-108 所示的界面，在“管理员选项”部分取消选择“使用 Windows Defender”选项并单击“保存”按钮。

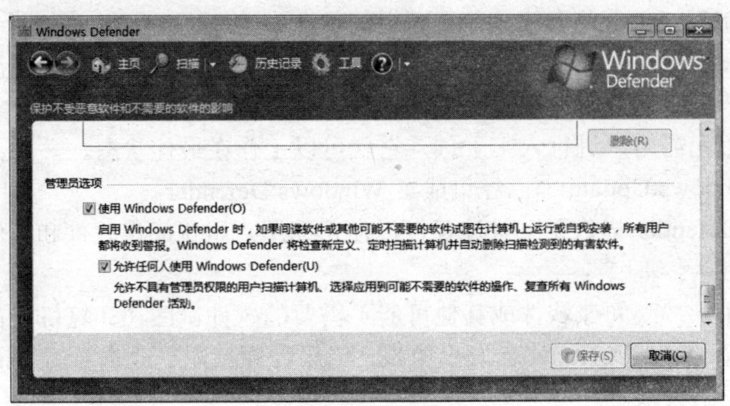

图 5-108

这样，就可以将 WindowsDefender 功能关闭了。

5.4.1 更新定义

使用 Windows Defender 时，更新“定义”非常重要。定义是一些文件，它们就像一本不断更新的有关潜在软件威胁的百科全书。Windows Defender 使用这些定义来确定它所检测的软件是否为间谍软件或其他可能不需要的软件，然后发出警报提示用户有潜在的风险。为了帮助当前用户保持“定义”的状态始终为最新，Windows Defender 会与 Windows Update 一起运行，以便在发布新定义时自动进行安装。此外，我们还可以将 Windows Defender 设置为在扫描之前联机检查更新的定义。

如何保持 Windows Defender 定义为最新状态？通常，我们可以使用如下两种方法来完成这项任务。

一是在计划扫描前自动检查新定义（推荐），具体的方法是：

01 在打开的 Windows Defender 窗口中，单击“工具”然后在切换到的界面中单击“选项”。

02 在切换到的界面中，选中“自动扫描”下的“自动扫描计算机（推荐）”。在“自动扫描”部分可以指定扫描的频率。默认是每天都扫描，我们可以指定每星期扫描一次，例如可以选择星期几扫描。还可以指定扫描的时间，默认是清晨 2 点，如图 5-109 所示。

03 选中“扫描前检查更新的定义”。

04 单击“保存”将设置保存起来。此后，Windows Defender 的定义会自动进行更新。

二是手动检查新定义，如果没有使用计划扫描或未进行自动更新，则应每周至少检查一次新定义。为帮助保护计算机，Windows Defender 会在定义过期超过七天时通知我们。手动检查的具体步骤如下：

01 在打开的 Windows Defender 窗口中单击“帮助”按钮旁边的箭头。

02 在弹出的如图 5-110 所示下拉列表中选择“检查更新”命令。

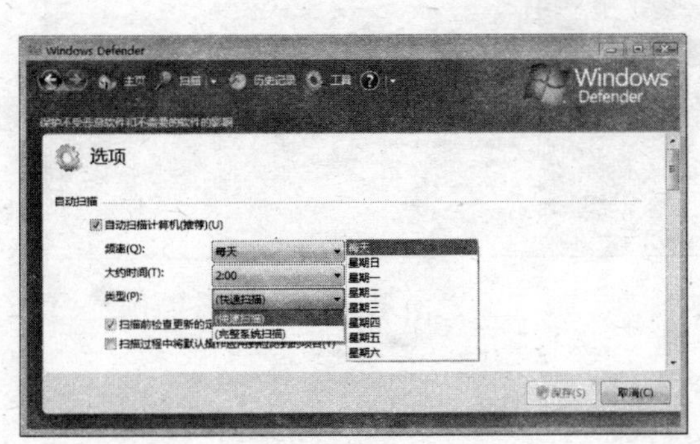
图 5-109

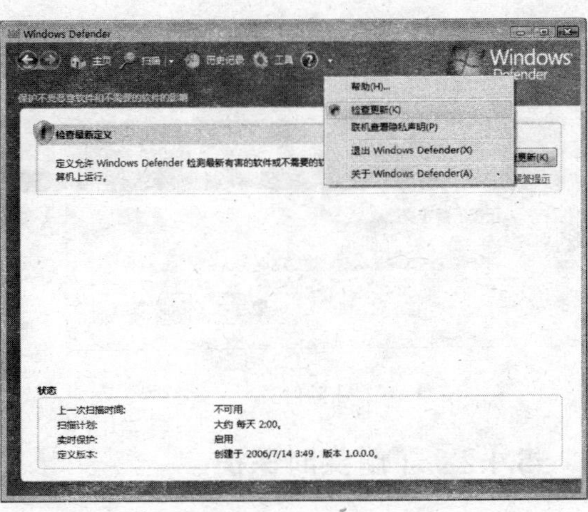
图 5-110

03 单击右侧的“立即检查更新”按钮即可。

此外，也可以通过执行如下操作进行更新：

01 在屏幕右下角的通知区域中，右击“Windows 安全警报”图标，并在弹出的菜单中选择“打开安全中心”，如图 5-111 所示。

02 在弹出的“Windows 安全中心”窗口中可以看到“间谍软件和其他恶意软件保护”项的状态为“过期”，如图 5-112 所示。

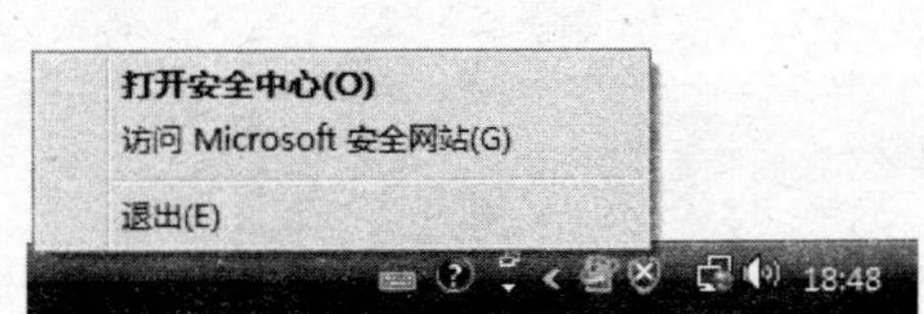

图 5-111

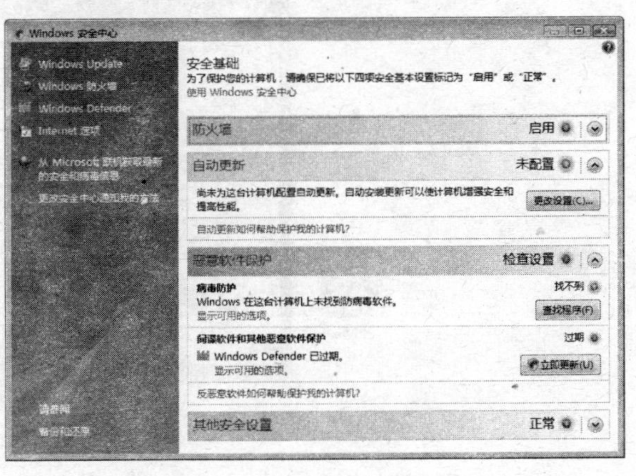
图 5-112

03 单击“过期”文字下方的“立即更新”按钮。Vista 将自动弹出如图 5-113 所示进度框，开始新的定义查找与更新操作。

在完成定义的下载后，Windows Defender 的状态就会变为“启用”和“Windows Defender 正在积极地保护计算机”，如图 5-114 所示。

提 示

在本书的“10.2.2 自动更新”小节中，会讲解自动更新功能的应用知识。

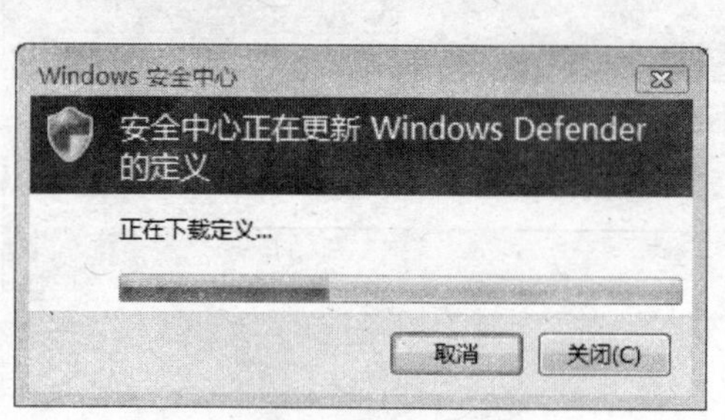

图 5-113

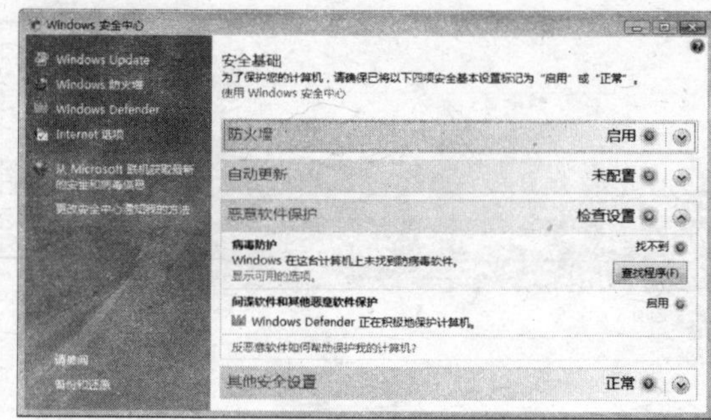

图 5-114

5.4.2 了解实时保护

当间谍软件或其他可能不需要的软件试图在计算机上安装或运行时，实时间谍软件保护会发出警报。如果要打开或关闭 Windows Defender 实时保护，可以通过如下操作来完成相关的任务：

01 在打开的 Windows Defender 窗口中单击“工具”，并在切换到的界面中单击“选项”。

02 在如图 5-115 所示界面中选中“使用实时保护（推荐）”可以启用此项功能，清空此项可以关闭此项功能。

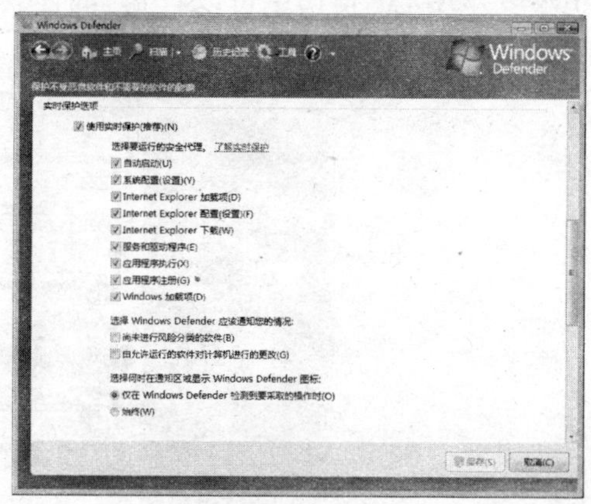

图 5-115

在表 5-2 中可以看出 Windows Defender 监视的软件和设置范围的含义（建议选中所有名为“代理”的实时保护选项）。

表 5-2

实时保护代理	用　途
自动启动	监视在启动计算机时允许其自动运行的程序的列表。间谍软件和其他可能不需要的软件可设置为在 Windows 启动时自动运行。这样，它便能够在您未指示的情况下运行并搜集信息，还会使计算机启动或运行缓慢。
系统配置（设置）	监视 Windows 中与安全相关的设置。间谍软件和其他可能不需要的软件会更改硬件和软件的安全设置，然后搜集可用于进一步破坏计算机安全性的信息。

续表

实时保护代理	用　　途
IE 加载项	监视在启动 IE 时自动运行的程序。间谍软件和其他可能不需要的软件会伪装成 Web 浏览器加载项并在用户未指示的情况下运行。
IE 配置（设置）	监视浏览器安全设置是防御 Internet 上恶意内容的第一道防线。间谍软件和其他可能不需要的软件会在您未指示的情况下尝试更改这些设置。
IE 下载	监视专门与 IE 一起运行的文件和程序，如 ActiveX 控件和软件安装程序。浏览器可以自行下载、安装或运行这些文件。间谍软件和其他可能不需要的软件会在您未指示的情况下包含在这些文件中并进行安装。
服务和驱动程序	当服务和驱动程序与 Windows 和程序进行交互时，监视它们。由于服务和驱动程序执行关键的计算机功能（如允许设备在计算机上运行），因此它们具有访问操作系统中重要软件的权限。间谍软件和其他可能不需要的软件会使用服务和驱动程序获取计算机的访问权限，并像运行正常的操作系统组件那样尝试运行未检测的组件。
执行应用程序	在运行时监视程序何时启动及其执行的所有操作。间谍软件和其他可能不需要的软件会在您未指示的情况下，利用已安装程序的漏洞运行恶意或不需要的软件。例如间谍软件会在您启动常用程序时在后台自行运行。Windows Defender 可以监视程序并在检测到可疑活动时发出警报。
注册应用程序	监视操作系统中的工具和文件，此处程序可以随时注册运行，而不是仅在启动 Windows 或其他程序时才注册运行。间谍软件和其他可能不需要的软件会将程序注册为在不发出通知的情况下启动并运行，例如在每天预定的时间运行。这样会允许程序在您未指示的情况下，搜集有关您或您的计算机的信息或获取对操作系统中重要软件的访问权限。
Windows 加载项	监视 Windows 的加载项程序（也称为软件工具）。加载项专门增强安全、浏览、生产和多媒体等方面的计算体验。但是，加载项也会安装一些可以搜集有关您或您的联机活动的信息的程序，并通常会将敏感的个人信息暴露给广告商。

03 在完成设置后，单击“保存”将设置保存起来。

最后，让我们来了解一下 Windows Defender 的警报等级。警报等级可帮助当前用户选择如何响应间谍软件和可能不需要的软件。表 5-3 中的信息可在 Windows Defender 检测到计算机中可能不需要的软件时，帮助当前用户决定如何处理。

表 5-3

警报级别	含　义	如何操作
严重	范围广或异常的恶意程序，与病毒或蠕虫类似，会对隐私和计算机安全造成负面影响，并损害计算机。	立即删除此软件。

续表

警报级别	含　义	如何操作
高	可能搜集个人信息并对隐私产生负面影响或损害计算机的程序，例如通常在未得到指示或未同意的情况下，搜集信息或更改设置。	立即删除此软件。
中	可能影响隐私或更改计算机对计算体验产生负面影响的程序，例如搜集个人信息或更改设置。	复查警报详细信息，查看为何会检测到此软件。如果不喜欢软件的操作方式，或不了解和信任发行者，则考虑阻止或删除此软件。
低	可能不需要的软件会搜集有关您或计算机的信息，或更改计算机的运行方式，但它按照协议操作，安装时会显示许可条款。	除非此软件在您未指示的情况下安装，否则它通常会作为有益软件在计算机上运行。如果您不确定是否允许其运行，则复查警报详细信息或查看您是否了解和信任该软件的发行者。
未分类	除非在未指示的情况下安装到计算机，否则通常为有益程序。	如果了解和信任此软件，则允许其运行。如果不了解该软件或发行者，则复查警报详细信息以确定如何操作。如果您是 SpyNet 社区的成员，请检查社区分级以查看其他用户是否信任该软件。

通过如下操作，可以在检测到相应警告级别的项目时，设置希望 Windows Defender 进行的操作：

01 在打开的 Windows Defender 窗口中单击“工具”，并在切换到的界面中单击“选项”。

02 在“默认操作”部分即可进行相应的设置，如图 5-116 所示。

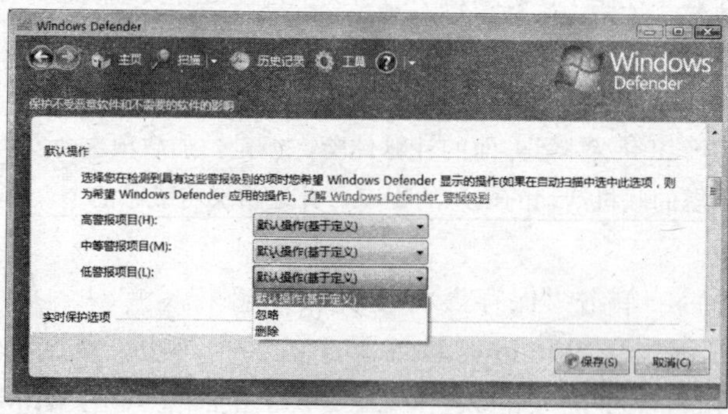

图 5-116

5.4.3　扫描间谍软件

在 Windows Defender 中，可以选择运行计算机的“快速扫描”或“完整系统扫描”功能，来扫描系统中是否存在间谍软件或其他不需要的软件。

- 快速扫描检查的是计算机上最有可能感染间谍软件的硬盘。
- 完整扫描检查硬盘上所有文件和当前运行的所有程序，但可能会引起计算机运行缓慢，直到扫描完成。

建议计划每日快速扫描，如果怀疑计算机被间谍软件感染，则随时进行完整扫描。此外，如果怀疑间谍软件已经感染了计算机的某特定区域，则可以仅选择要检查的驱动器和文件夹进行自定义扫描。

1. 快速扫描

执行如下操作可以进行快速扫描：

在打开 Windows Defender 窗口中单击上方的“扫描”项即可执行快速扫描操作，如图 5-117 所示。

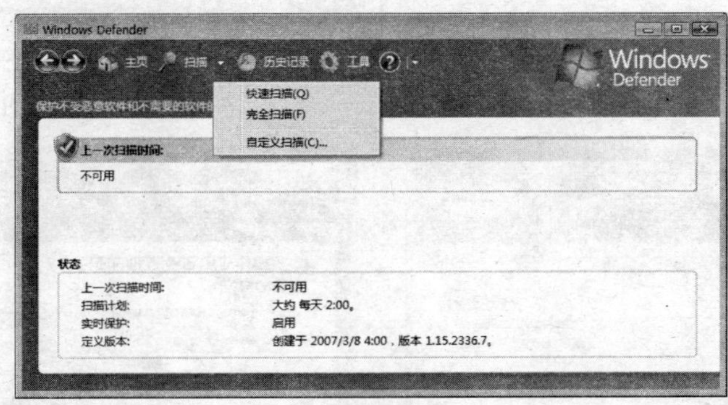

图 5-117

此外，也可以单击“扫描”项右侧的下向箭头，在弹出的下拉列表中选择“快速扫描”项。

接着可以看到扫描的整个过程，如图 5-118 所示。

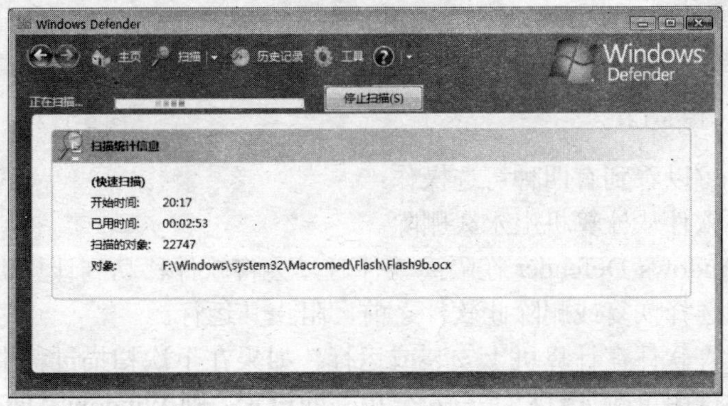

图 5-118

在耐心的等待扫描任务结束后，在扫描的结果页面中可以看到是否有间谍软件等恶意程序的存在，如图 5-119 所示。

如果扫描到间谍软件等恶意程序时，则会弹出警告提示框，如图 5-120 所示。

此时，推荐立即单击“全部删除”按钮将扫描到的可疑程序全部删除掉。如果单击“审阅”按钮会在返回到的 Windows Defender 窗口中看到可疑程序的具体介绍信息，如图 5-121 所示。

当然也可以单击“复查扫描检测到的项目”或“复查实时保护检测到的项目”链接切换到如图 5-122 所示的界面。

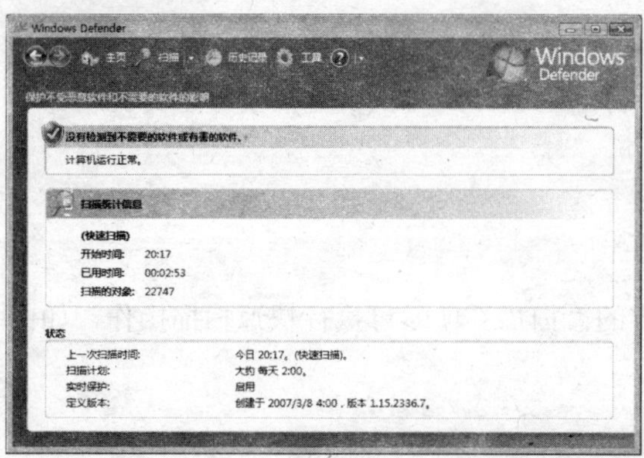

图 5-119

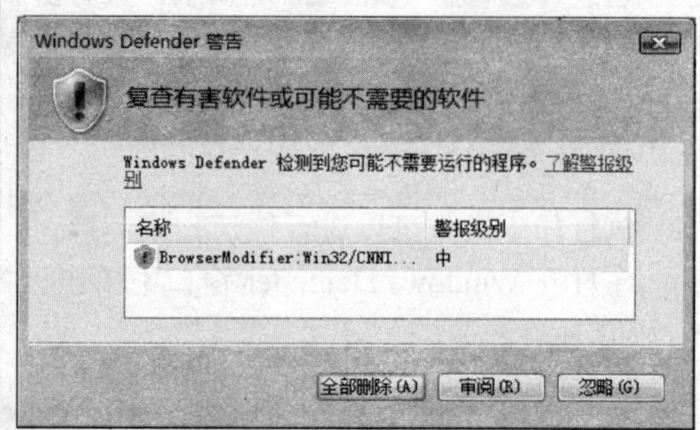

图 5-120

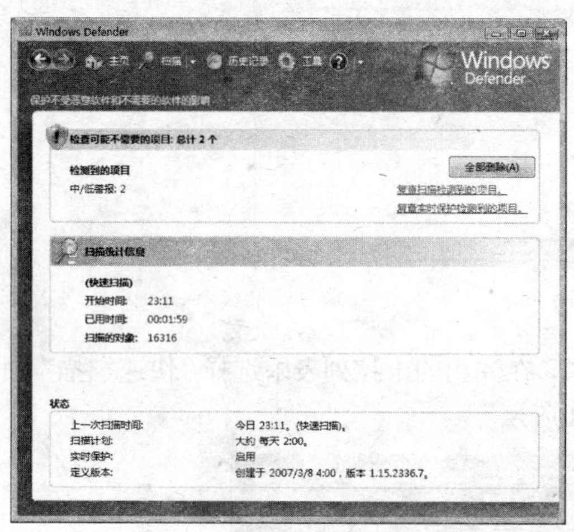

图 5-121

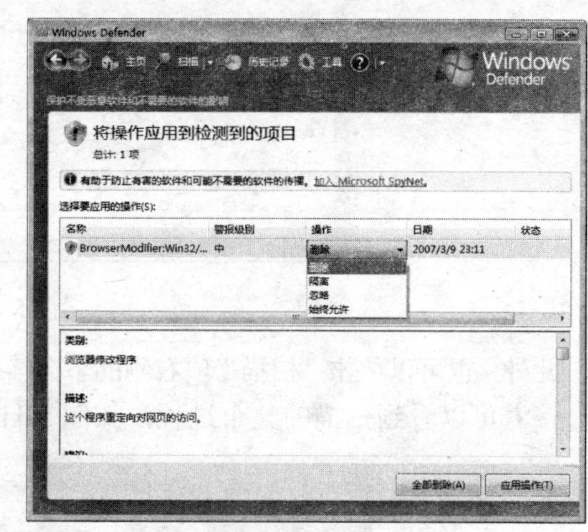

图 5-122

单击“操作”可以看到有四种可选操作：

- 删除：将软件从计算机上永久删除。
- 隔离：Windows Defender 在隔离软件时，会将软件移动到计算机上的其他位置，然后在您选择恢复或删除此软件之前，阻止其运行。
- 忽略：允许软件在计算机上安装或运行。如果在下次扫描过程中此软件仍在运行或此软件试图更改计算机上与安全相关的设置，则 Windows Defender 将再次发出有关此软件的警报。
- 始终允许：将软件添加到 Windows Defender 允许列表以允许它在计算机上运行。Windows Defender 将停止对此软件可能给用户的隐私或计算机带来的风险的警报。只在信任该软件及其发行者时才可将其添加到允许列表。

如果有软件试图更改重要的 Windows 设置，也会发出警报。由于软件已在计算机上运行，因此可以选择下列操作：

- 许可：允许软件更改计算机上与安全相关的设置。
- 拒绝：阻止软件更改计算机上与安全相关的设置。

此时，如果信任 Windows Defender 检测到的软件，可以将软件添加到 Windows Defender

允许列表中，防止 Windows Defender 对这个软件再发出警报。如果需要再次监视该软件，则可以将其从 Windows Defender 允许列表中删除。添加到允许列表中的方法就是选择“始终允许”项后再单击“应用操作”按钮，如图 5-123 所示。

如果要将允许列表中的项目删除，只需执行如下操作即可：

01 单击打开 Windows Defender 窗口并单击“工具”。

02 在切换到的界面中单击左下部分的“允许的项目”，如图 5-124 所示。

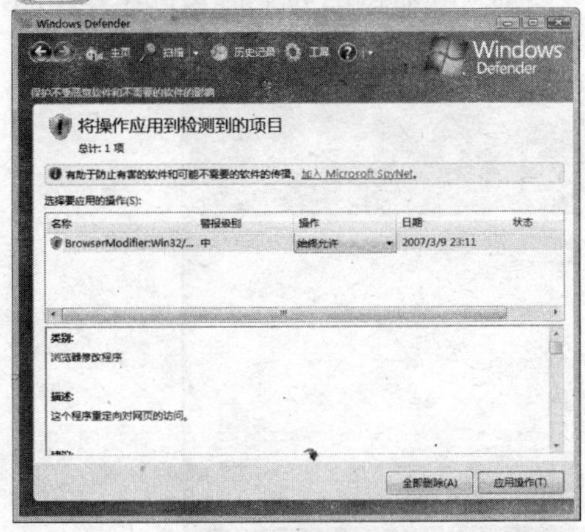

图 5-123

图 5-124

03 在切换到的界面中勾选列表中项目左侧的复选框，如图 5-125 所示。

此时，我们可以发现有一个带有“加入 Microsoft SpyNet”文字的提示栏。如果加入了 Microsoft SpyNet 社区，而且 Windows Defender 在计算机上检测到未分类风险的软件，则可能会要求我们向 Microsoft SpyNet 发送一份该软件的示例以进行分析。收到提示后，Windows Defender 会显示能够帮助分析人员确定该软件是否为恶意软件的文件列表。我们可以选择发送列表中的部分文件或所有文件。

04 单击“从列表中删除”按钮，此项目将被清除出“允许的项目”列表。

05 最后需要再次执行扫描任务，并将发现删除的项目彻底删除。无论是否能够彻底删除，都会给出相应的操作记录，如图 5-126 所示。

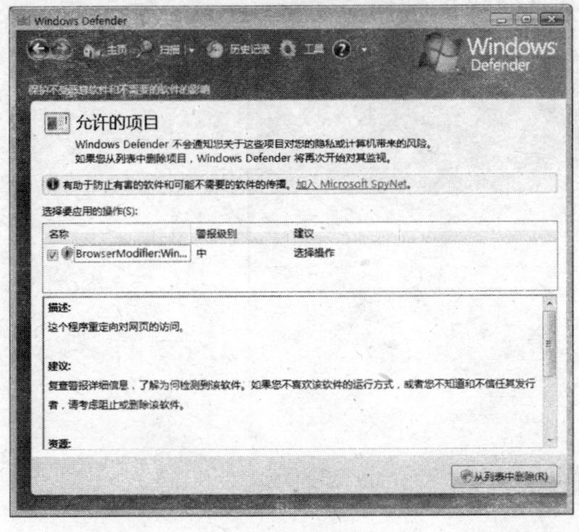

图 5-125

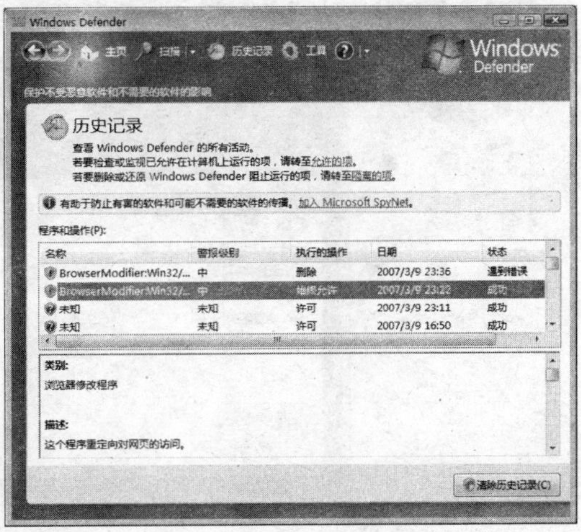

图 5-126

如果无法删除可疑项目，可以使用第三方的专业程序删除可疑项目。如果第三方软件也不能删除，那就可能需要重装 Vista 才可以彻底解决问题了。通常，重启计算机后且没有应用程序在运行的环境中，执行的“全部删除”操作会比较彻底。

2. 完整扫描

通过执行如下操作，可以运行完整扫描：

打开 Windows Defender 窗口，单击上方的“扫描”项右侧的向下箭头，在弹出的下拉列表中选择“完全扫描”项，如图 5-127 所示。

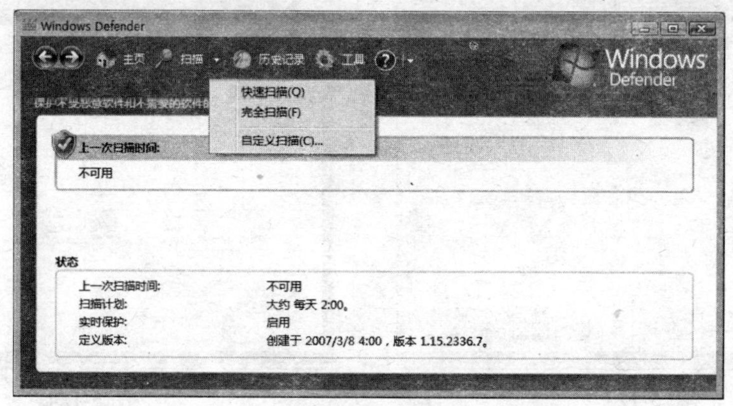

图 5-127

由于是对整个计算机范围内进行扫描，所以这个过程将会是非常的漫长。但是，建议读者在安装好 Vista 后，执行一次完整扫描。这样，在以后启用 Windows Defender 的情况下，系统将会长时间保持干净的状态。

3. 自定义扫描

如果要进行自定义方式的扫描，可以通过如下操作来完成：

01 打开 Windows Defender 窗口，单击“扫描”项右侧的向下箭头并在弹出的下拉列表中单击“自定义扫描”。

02 在切换到的如图 5-128 所示界面中单击“选择”按钮。

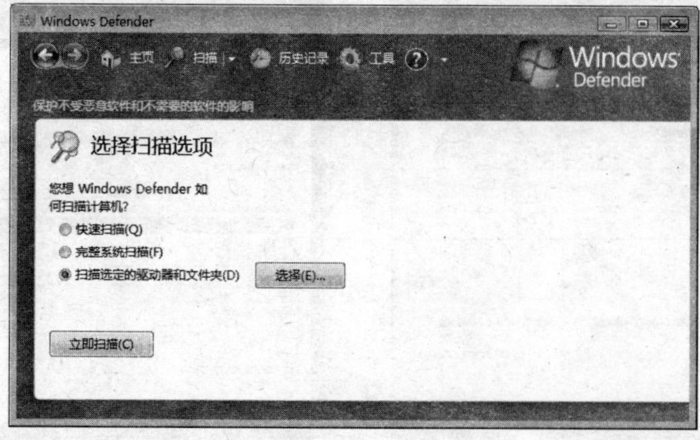

图 5-128

03 在弹出的对话框中可以选择计算机中的任一处特定区域，如图 5-129 所示。

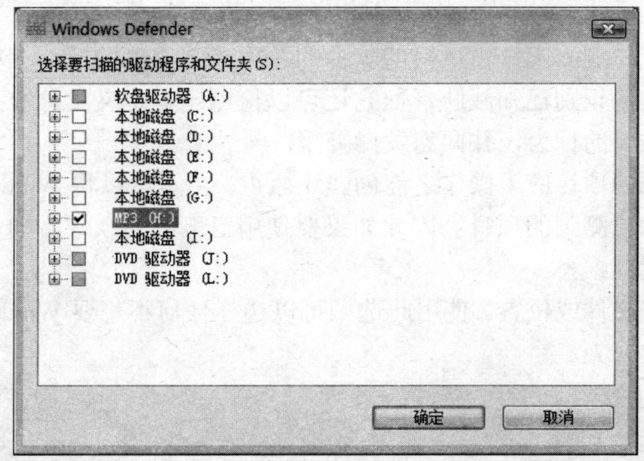

图 5-129

04 单击“确定”按钮返回上一界面，然后单击“立即扫描”按钮，将立即开始对指定区域进行扫描，如图 5-130 所示。

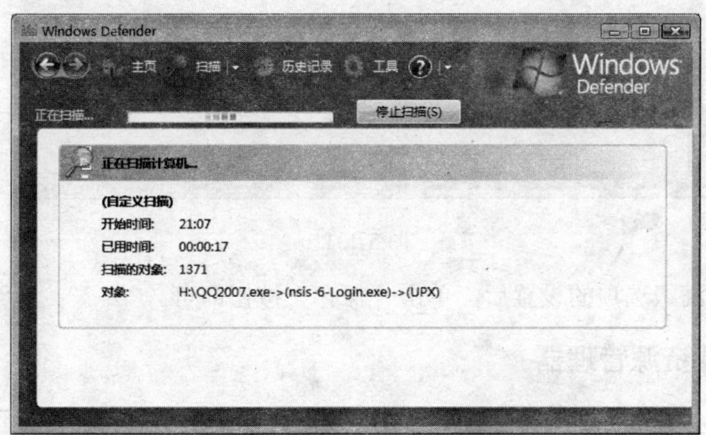

图 5-130

在自定义的扫描过程中，如果检测到可能不需要的或恶意的软件，Windows Defender 将运行快速扫描，这样可以在需要的情况下将检测到的项从计算机的其他区域中删除。

4．高级扫描

除了上述的扫描方式外，还可以对高级扫描选项进行设置。为此，需要执行如下操作设置操作：

01 打开 Windows Defender 窗口并单击上方的“工具”。

02 在切换到的界面中单击“选项”，然后就可以看到如图 5-131 所示的“高级选项”部分。

在这里，可以对四个选项进行设置：

- 扫描存档文件和文件夹的内容，查看是否存在潜在威胁。扫描这些位置可能会延长扫描时间，但间谍软件和其他可能不需要的软件会自行安装并试图“隐藏”在这些位置中。

- 使用启发式检测尚未分析风险的软件的有害或不需要的行为。Windows Defender 使用定义文件识别已知威胁，但它还可以检测未在定义文件中列出的软件的可能有害或不需要的行为，并向您发出警报。
- 在对检测到的项目应用操作之前创建还原点。由于可以将 Windows Defender 设置为自动删除检测到的项目，因此如果要使用已删除的软件，则可以选择此选项还原系统设置。
- 不扫描这些文件或位置。使用此选项可以选择任何不想要 Windows Defender 扫描的文件和文件夹。

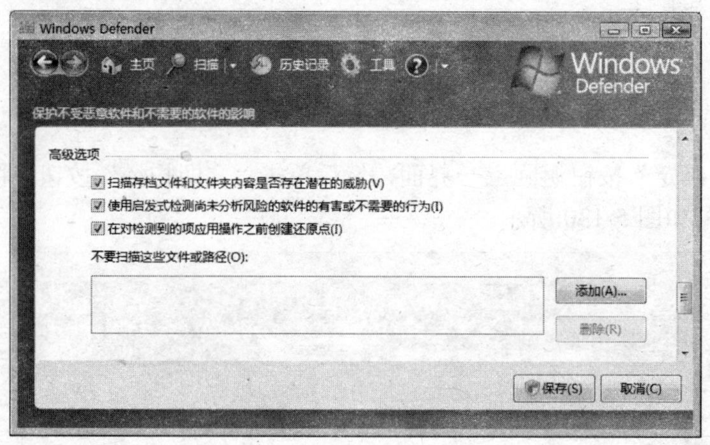

图 5-131

03 在完成高级选项的设置后，单击“保存”按钮即可。

5.4.4 软件资源管理器

使用 Windows Defender 中的“软件资源管理器”功能，可以查看有关当前在计算机上运行的会影响隐私或计算机安全的软件的详细信息。例如可以看到哪些程序会在启动 Vista 时自动运行以及有关这些程序如何与重要的 Windows 程序和服务进行交互的信息。

软件资源管理器可以监视下列各项：

- 启动程序：启动 Windows 时会自动运行的程序。
- 当前运行程序：当前在屏幕上或后台中运行的程序。
- 网络连接程序：可以连接到 Internet 或者家庭或办公室网络的程序或进程。
- Winsock 服务提供程序：执行 Windows 的低级别网络连接和通信服务的程序以及 Windows 上运行的程序。这些程序通常具有对操作系统的重要区域的访问权限。

使用软件资源管理器可以查看和管理使用的程序，执行以下操作可以使用软件资源管理器查看计算机上运行的软件：

01 单击“开始”按钮打开“开始”菜单，接着单击“所有程序”项并在展开的左侧窗格中单击“Windows Defender”项。

02 在弹出的“Windows Defender”窗口中单击“工具”按钮并在切换到的界面中单击“软件资源管理器”，打开如图 5-132 所示的窗口。

03 在“类别”列表中可以根据需要选择要监视的软件类型。如若要监视计算机上所有用户使用的软件，单击“显示所有用户的软件信息”；在“类别”下拉列表框里选择“当前运行的程序”，即可在页面的左侧显示所有已经启动的进程，并且按照所属厂商进行归类。尽管在“Windows 任务管理器”中也能查看当前启动的进程，但是 Windows Defender 所提供的信息远比任务管理器多。

04 任意选中其中的某个项目/进程就可以在右侧的详细窗格里查看其具体的信息。如是否具有数字签名（并且显示提供签名的厂商）、该应用程序所在的路径、启动类型、是否属于 Windows 自带的进程等，如图 5-133 所示。

图 5-132

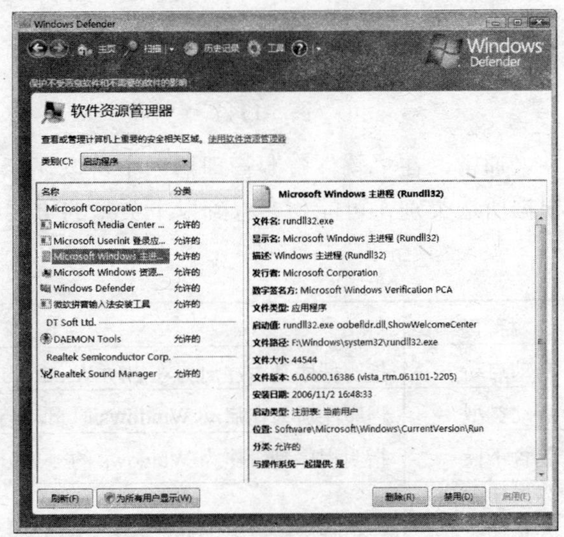

图 5-133

这些信息可以成为检查一个进程是否具有恶意进程特征的重要判断依据，它的出现使得 Vista 的进程管理功能得到了较大的增强。对于某些非系统进程，可以通过单击右侧的“结束进程”按钮中止该进程，但是并不是所有的进程都可以通过这种方法中止（有时候“结束进程”按钮会呈灰色显示状态），因为这些进程是 Vista 的重要系统进程，如果强行中止的话可能会导致系统崩溃。

此外，如果在“类别”下拉列表框里选择“网络连接的程序”的话，则可以在页面的左侧显示所有网络连接进程，并且按照所属厂商进行归类。如可以列出有哪个程序正在执行下载的操作。这个功能非常实用，选中左侧进程列表里的进程，在右侧的详细窗格里即可看到该进程的具体信息，如图 5-134 所示。

在这里可以看到 Messenger 在本地打开的 TCP/IP 端口以及远程 IP 地址所监听的端口。如果要中止该进程，单击右侧的“结束进程”按钮即可。如果希望阻止 Messenger 的入站连接，单击右侧的“传入阻止”按钮即可——这个操作实际上等同于在 Windows 防火墙的“例外”列表中取消了 Windows Live Messenger 8.x，如图 5-135 所示。

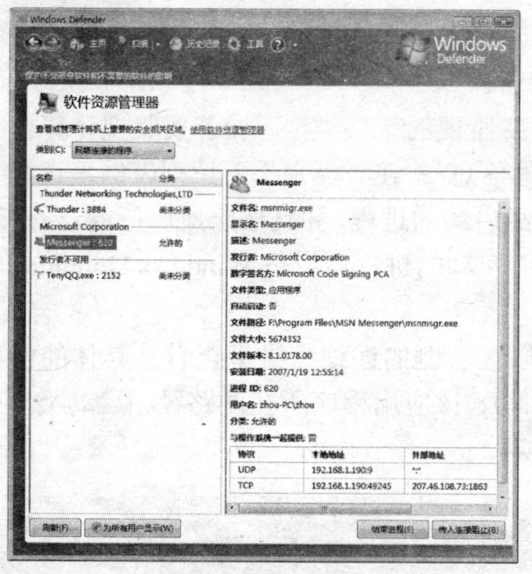

图 5-134

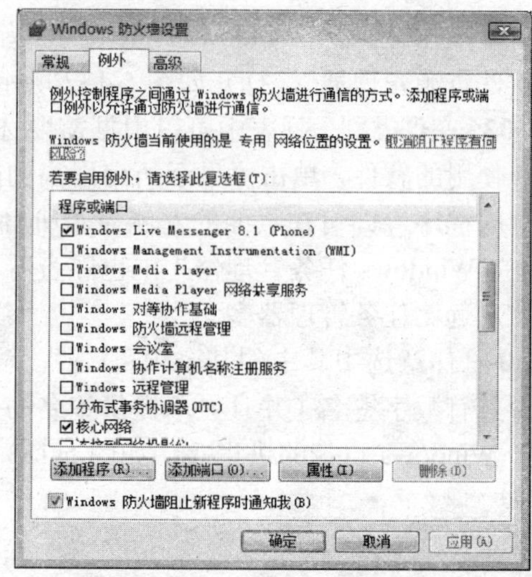

图 5-135

通常，在“软件资源管理器”中可以显示程序的基本信息有程序名、发行者和版本。根据所选类别，可能还会看到以下类型的重要信息，如表 5-4 所示。

表 5-4

标 题	描 述
自动启动	指明程序是否注册为在启动 Windows 时自动启动。
启动类型	程序注册为在启动 Windows 时自动启动的位置，例如注册表或所有用户启动文件夹。
包含于操作系统中	指明程序是否作为 Windows 的一部分安装。
分类	标识是否已经对那些给隐私和计算机安全带来风险的软件进行了分析。
数字签名方	指明软件是否已签名，如果已签名，则指明所列的发行者是否已对其进行签名。如果没有，则建议不要相信该软件提供的发行者信息，如果信任软件本身，则请在选择之前查看更多详细信息。

5.5 使用附件程序

在 Vista 的“附件”中包含了大量的应用程序，它的范围涉及到计算机应用的各个方面，如文字、图像处理、系统工具、游戏等。这些程序虽然功能并不强大，但是在很多时候都可以在用户处理日常事务时，起到一臂之力的效果。

在本节中，将讲解几个基本的附件程序应用方法。其他的附件程序的应用方法在本书的其他部分将会根据需要进行讲解。

5.5.1 Windows 边栏

在 Vista 的新功能中，出现在屏幕右侧的“Windows 边栏”功能算是其中的一个亮点。“Windows 边栏”功能是在桌面边缘显示的一个垂直长条，如图 5-136 所示。

Windows 边栏默认是否会处于显示状态，主要是看计算机的硬件配置是否能满足 Aero 效果的使用条件，如果能够满足则会默认在屏幕的右侧出现 Windows 边栏，否则不会出现。但是，计算机的硬件配置是否能满足 Aero 效果的使用条件并不能决定 Windows 边栏是否可以使用，我们随时都可以手工启用此项功能。

在 Windows 边栏中包含了称为"小工具"的一些小程序，这些小程序可以提供即时信息以及可轻松访问常用工具的途径。例如显示图片幻灯片、查看天气预报等。

提示

按"Windows 徽标键+G"键，可以在 Windows 边栏的小工具中进行切换选择。

1. 打开边栏

如果要打开边栏功能，可以使用如下几种方法之一来完成：

- 在"开始"菜单中选择"所有程序"→"附件"→"Windows 边栏"命令，如图 5-137 所示。

图 5-136

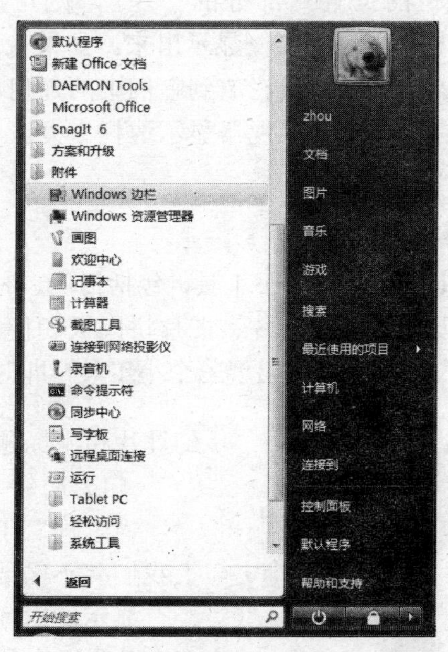

图 5-137

- 在"计算机"窗口中打开系统盘中的 Program Files\Windows Sidebar 文件夹，双击运行其中的 Sidebar.exe 文件。
- 在"开始"菜单的搜索栏中输入命令"Windows 边栏"。
- 在"开始"菜单中单击"控制面板"，在打开的窗口中单击"外观和个性化"，如图 5-138 所示。

在打开如图 5-139 所示的窗口后，单击"Windows 边栏属性"项。

图 5-138

图 5-139

在打开的对话框中，勾选“边栏始终在其他窗口的顶端”复选框，如图 5-140 所示。

单击“应用”按钮就可以看到在屏幕右侧显示出来的 Windows 边栏了。此外，如果勾选了“在 Windows 启动时启动边栏”，那么在 Vista 启动后并出现桌面环境时边栏将自动出现。如果选中了“屏幕上显示边栏的位置”部分的“左”，则可以让 Windows 边栏在屏幕的左侧显示出来。如果有两个或多个监视器，可以将边栏放到它们中的任何一个上——只需在“在以下监视器显示边栏”列表中选择显示器对应的序号即可。

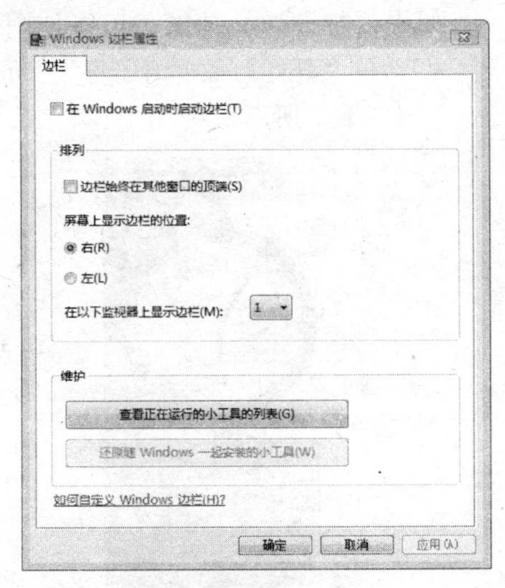

图 5-140

2. 使用边栏

在边栏中附带了一些小工具，包括日历、时钟、联系人、提要标题、幻灯片、图片拼图板和便笺。默认情况下，边栏上只会出现三个小工具，即时钟、幻灯片和源标题。

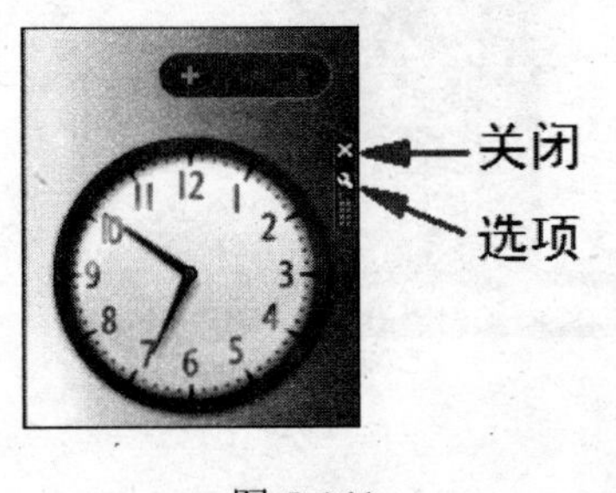

图 5-141

（1）时钟

“时钟”工具可以在边栏上显示出当前时间——事实上我们并不需要它，因为在屏幕右下角的“通知区域”已经有显示的时间。当将鼠标箭头指向时钟小工具时，在其右上角附近会出现如图 5-141 所示的两个按钮，即“关闭”按钮（顶部的按钮）和“选项”按钮。

此时，单击“关闭”按钮将会把“时钟”工具从边栏中删除。“关闭”按钮下面是用于显示时钟命名状态、更改其时区以及显示其秒针的“选项”按钮，单击它后将会弹出如图 5-142 所示的对话框。

在这里的“时钟名称”栏中可以输入任意文字，比方说可以输入当前用户的名字。在“时区”列表中选择需要“（GMT+08:00）北京，重庆，香港特别行政区……”项，接着推荐勾选“显示秒针”。在完成上述设置后，时钟的形状将发生一些变化，如图5-143所示。

图5-142

图5-143

我们可以看到，在时钟的中间有了我们设置的名称，秒针也出现了。对于更习惯看通知区域中的时间的人来说这个时钟似乎没有什么实用性可言。

（2）幻灯片

在幻灯片工具中，将自动以动态切换的方式显示“示例图片”（C:\Users\Public\Pictures\Sample Pictures）文件夹中的图片。除非我们想在这个小窗格中不停地显示一些精美图片，否则这个工具也没有使用的必要。

当鼠标箭头停留在幻灯片工具上方时，在小工具右上角也会出现“关闭”和“选项”按钮。单击“选项”按钮会弹出的如图5-144所示对话框，可以选择幻灯片中显示的图片路径、控制幻灯片的放映速度以及更改图片之间的过渡效果。

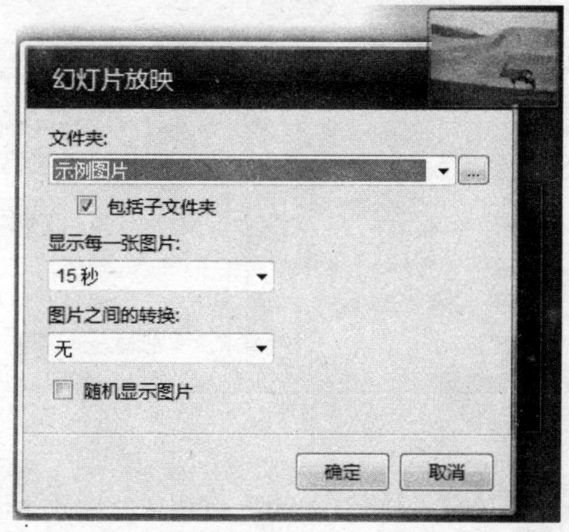

图5-144

在完成设置后，单击“确定”按钮可结束此工具的设置。

（3）源标题

“源标题”是一个很实用的功能，它可以与 IE 浏览器的“源”功能紧密结合。“源”功能可以通过网站提供的 RSS 等功能（XML 源、综合内容或 Web 源）获得。在 IE 浏览器中添加源后，在这里可以同步显示源中时时在更新的标题。

下面，以显示新浪博客中关于“两会”的文章为例，来了解一下源标题的应用方法。

01 打开一个 IE 浏览器窗口，并通过网址 http://blog.sina.com.cn 登录新浪博客。

02 在窗口右上角的搜索栏中输入搜索关键字“两会”，如图 5-145 所示。

03 在接着弹出的 IE 浏览器窗口中单击“搜索”按钮右侧的“订阅收藏”链接，如图 5-146 所示。

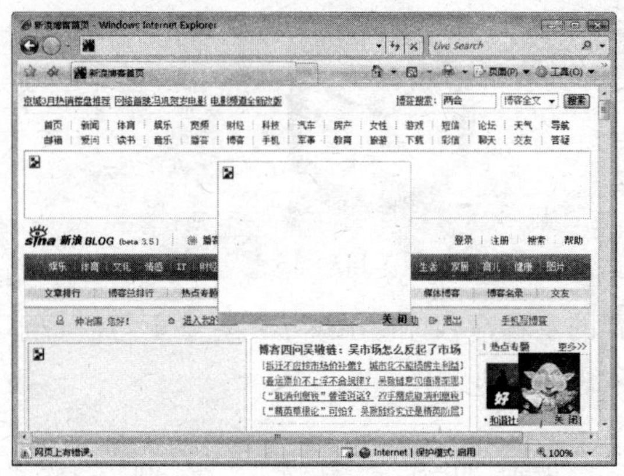

图 5-145

图 5-146

04 在弹出的 IE 浏览器窗口中单击“订阅该源”链接，如图 5-147 所示。

05 在弹出的对话框中的“名称”栏中为新添加的源命名后单击“订阅”按钮，如图 5-148 所示。

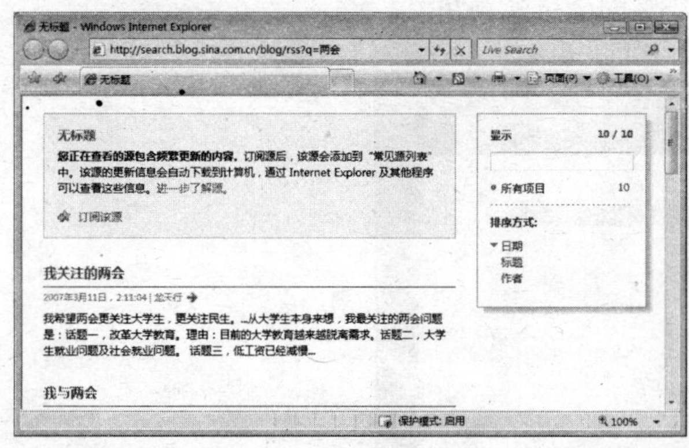

图 5-147

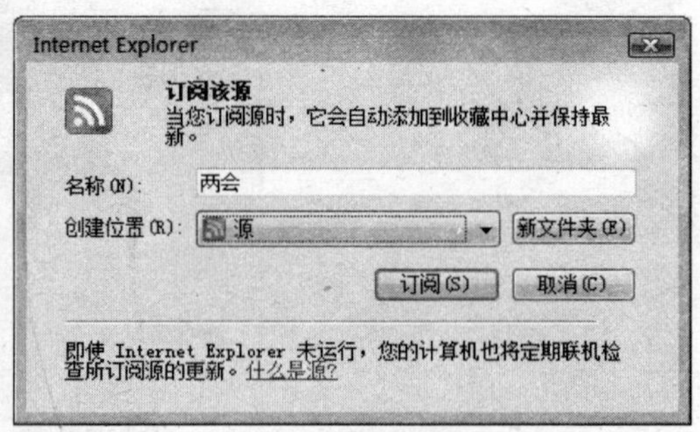

图 5-148

06 单击边栏“源标题”右上角的“关闭”按钮，将“源标题”工具关闭。在边栏空白处单击右键，在弹出的菜单中选择“添加小工具”，如图 5-149 所示。

07 在弹出的工具窗口中双击“源标题”工具，即可将该工具添加到屏幕右侧的边栏中，如图 5-150 所示。

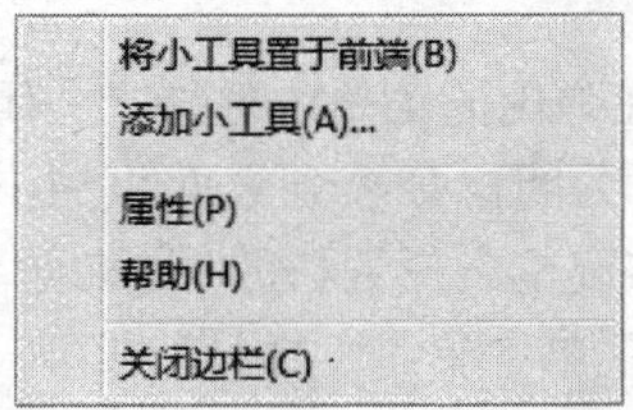
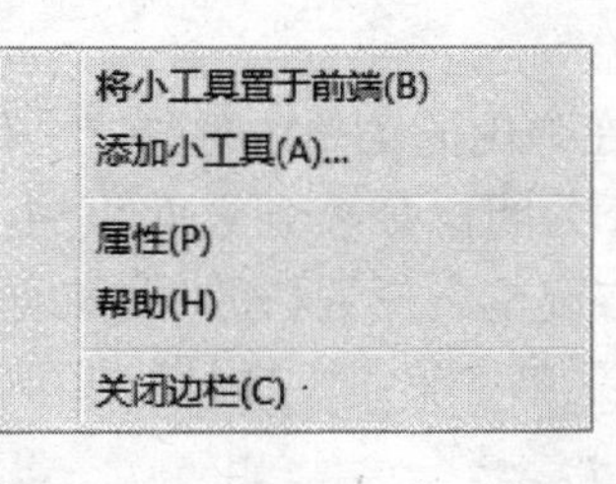

图 5-149

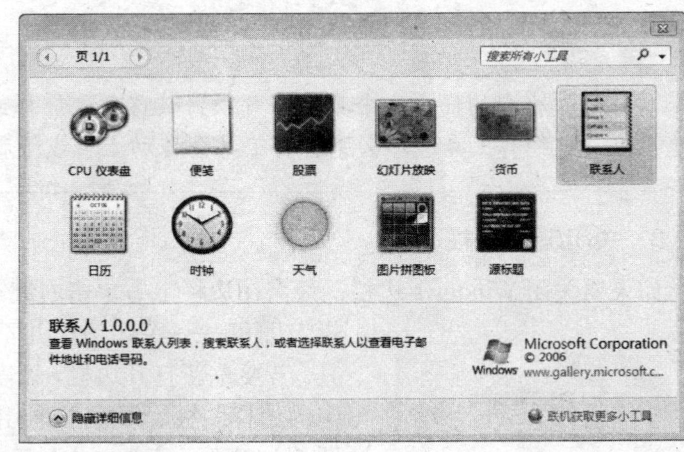

图 5-150

在边栏中新增的“源标题”工具里可以看到在 IE 浏览器中添加的源更新的标题列表，如图 5-151 所示。

将鼠标箭头移动到“源标题”工具上方时，也可以看到右上角有一个“选项”按钮，单击它后将会打开如图 5-152 所示的对话框。

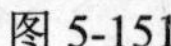

图 5-151

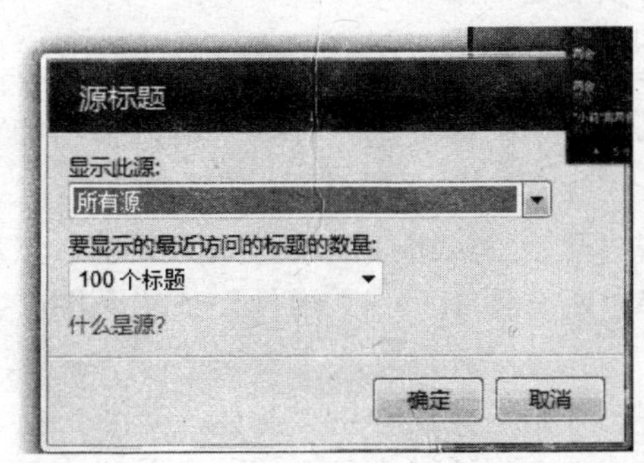

图 5-152

在“显示此源”列表中可以在 IE 浏览器中添加的多个源里选择一个；在“要显示的最近访问的标题的数量”列表中可以设置要显示的标题数量——可以单击下方的箭头进行切换标题列表的显示范围。

本书推荐添加“便笺”工具，可以使用它记录一些事情，如某时某刻要参加会议的记录等。这些记录的事情会一直存在，而不受重启计算机等操作的影响。还有同样的一个工具，我们可以将其添加多个到边栏中。

拖动边栏中的任意一个工具都可以将其移动到屏幕或边栏的任一处。如果移动的边栏位置已经有工具，那么原有的工具会自动上移或下移。

3．关闭/退出边栏

如果要关闭 Windows 边栏，只需在边栏上方单击右键，在弹出的菜单中选择“关闭边栏”即可——关闭边栏并不会关闭已分离到桌面上的小工具。若要重新打开边栏，只需右键单击任务栏的“通知区域”中的边栏图标，然后在弹出的菜单中单击“打开”即可，如图 5-153 所示。

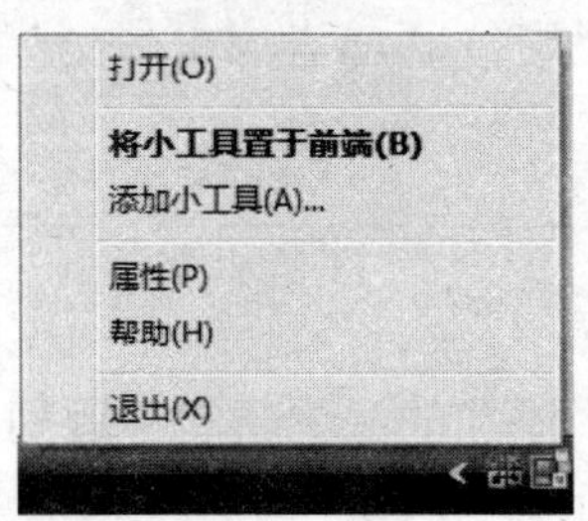

图 5-153

如果要退出边栏（退出边栏将关闭边栏和所有小工具，也会将边栏图标从任务栏的“通知区域”中关闭）只需右键单击任务栏的“通知区域”中的边栏图标，然后在弹出的菜单中单击“退出”项即可，

在使用边栏的过程中，随时都可以将小工具拖出边栏到屏幕的任意位置，然后就可以放大缩小工具的窗口大小了。

5.5.2　画图

画图是一个用于绘制、调色和编辑图片的程序，我们可以像使用数字画板那样用画图来绘制简单图片和有创意的设计，或者将文本和设计图案添加到其他图片。如在“画图”中编辑的图片可以插入 Word、“写字板”等程序的内容中，这样可以使文档图文并茂。

1．打开画图程序

要打开 Vista 中的“画图”程序，可以使用如下几种方法：

- 单击“开始”按钮弹出“开始”菜单，然后选择“所有程序”→“附件”→“画图”命令。
- 单击“开始”按钮弹出“开始”菜单，接着在“搜索”栏输入命令 Mspaint.exe。

2．熟悉程序结构

启动“画图”程序窗口后，看到的是一个只有一些绘图和涂色工具、而大部分为空白的窗口，如图 5-154 所示。

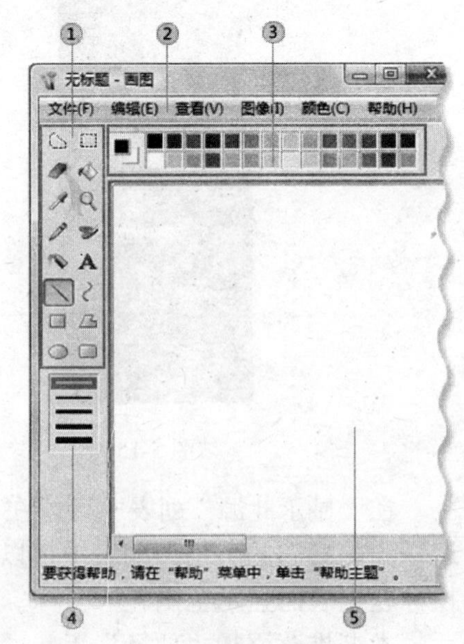

图 5-154

其中，各部分的名称为：①工具箱、②菜单栏、③颜色框、④选项框、⑤绘图区域。在这些部分中，工具箱部分需要我们了解并熟练掌握——因为所有的操作都是通过它们来完成的。在表5-5中描述了如何使用工具箱中的每个工具。

表5-5

工具	说　明
	使用“任意形状的裁剪”工具可以选择图片中形状不规则的部分。
	使用“选定”工具可以在图片中选择方形或部分矩形内容。
	使用“橡皮擦”工具可以擦除图片区域的颜色，擦除的区域将被替换为背景色。
	使用“用颜色填充”工具可以用颜色填充整个图片或封闭图形。单击此工具接着在颜料盒中单击颜色，然后在要填充的区域内部单击。若要删除该颜色将其替换为背景颜色，请右击要删除颜色的区域。
	使用“取色”工具可以设置当前的前景颜色或背景颜色。单击此工具后在图片中单击要设置为前景颜色的颜色，或右击要设置为背景颜色的颜色。
	使用“放大镜”工具可以放大显示图片的某一部分。
	使用“铅笔”工具可以绘制细的、任意形状的直线或曲线。单击此工具后在颜料盒中单击某种颜色，然后在图片中拖动指针开始画线。若要使用背景颜色画线，则需在拖动指针时按着鼠标右键。
	使用“刷子”工具可以绘制较厚或任意形状的线条或曲线。
	使用“喷枪”工具可以在图片中创建喷枪效果。单击此工具后在工具箱的正下方选择喷射模式，在颜料盒中单击颜色，然后拖动指针开始绘制。若要使用背景颜色绘制，请在拖动指针时按着鼠标右键。
A	使用“文字”工具可以在图片中输入文字。可以调整文本框的大小、移动文本框以及更改字体、字体大小和文本格式。
	使用“直线”工具可以绘制出直线。单击此工具后在工具箱正下方的选项框中选择线宽，在颜料盒中单击颜色后即可在图片中拖动指针绘制直线。
	使用“曲线”工具可以绘制出平滑曲线。单击此工具后在工具箱正下方的选项框中选择线宽，在颜料盒中单击颜色后即可在图片中拖动指针绘制曲线，先画一条直线，然后分别设置曲线的弧度。
	使用“矩形”工具可以绘制出矩形。若要绘制正方形需在拖动指针时按住Shift键。
	使用“多边形”工具可以绘制出有任意数量边的多边形。若要绘制多边形，请拖动指针画一条直线。然后，在希望其他边出现的每个位置单击，最后双击可以完成绘制。若要创建45度或90度角的边，需在创建边时按住Shift键。
	使用“椭圆”工具可以绘制出椭圆或圆。若要绘制圆需在拖动指针时按住Shift键。
	使用“圆角矩形”工具可以绘制出圆角的矩形。若要绘制圆角正方形，需在拖动指针时按住Shift键。
	“颜料盒”用于提供或显示前景颜色和背景颜色。使用左键可以用选定的前景颜色绘图，使用右键可以用选定的背景颜色绘图。左键单击颜色列表中的颜色，可以更改当前的前景颜色；右键单击颜色列表中的颜色，可以更改当前的背景颜色。若要配制新颜色，需双击任何一个颜色方块，在弹出的“编辑颜色”列表单击“规定自定义颜色”。

在表 5-6 中给出了关于颜色、线条宽度的选项说明。

表 5-6

选项	说　明
① ②	①是纯色背景②是透明背景。在使用“纯色背景”选项时，在图片中的其他位置粘贴选定的内容时还包括背景颜色。在使用“透明背景”选项时，选定内容中不包括背景颜色，因此使用该颜色的任何区域都是透明的，并允许图片的其余部分在其位置显示。
	在画直线和曲线时，选择所需的线条宽度。
① ② ③	在画图形时，选择所需的填充效果。①是轮廓；②是填充轮廓；③是纯色。

提示

按 Ctrl 键的同时，使用鼠标左键单击颜色列表中的所需颜色，可以更换“颜料盒”底色的颜色，如果要使用这第三种颜色，只需按住 Ctrl 键的同时，再使用画图程序中的各种工具即可——画出的颜色就是第三色了。

3. 使用画图程序

在电脑的日常应用中，我们经常会需要使用“画图”程序。下面简单的描述了一些常见任务。

（1）绘制直线

使用某些工具（如铅笔、刷子、直线和曲线）可以绘制各种直线、曲线和摆线。所绘制的内容取决于绘图时移动鼠标的方式。

（2）绘制曲线

图画并非只能绘制直线。例如可以使用曲线工具创建平滑曲线。铅笔和刷子可以用于绘制完全随机的自由形状。其中，如果要绘制更宽的线则需使用刷子——可以将刷子自定义为多种粗细程度。

（3）绘制形状

使用某些工具（如矩形和椭圆）可以向图画中添加形状。无论选择哪种形状，使用技巧都是相同的。例如可以使用“多边形”工具绘制多边形，多边形的边数可以任意多。

（4）擦除图片中的某部分

如果有失误或只是需要更改图片中的部分内容，则可以使用橡皮擦。默认情况下，橡皮擦将所擦除的任何区域更改为白色，但可以更改橡皮擦颜色。例如如果将橡皮擦颜色设置为黄色，则所擦除的任何部分都将变成黄色。具体方法是：

01 在工具箱中单击“橡皮擦”工具。

02 在颜料盒中右键单击擦除时所使用的颜色，即设置背景色。如果要在擦除时使用白色，则不必选择颜色。

03 在要擦除的区域内拖动指针，可将指针经过的区域使用指定的颜色覆盖。

（5）更改绘图工具的效果

选项框位于工具箱下面，可以通过选项框更改工具绘图的方式。可以设置工具刷的粗细（将影响绘制在屏幕上的图形的粗细程度）以及绘制的形状是加边框还是实心。

如果要更更改刷子的笔触，只需执行如下操作即可：

01 在工具箱中单击“刷子”工具。

02 在工具箱下方的选项框中单击选择要用于绘画的刷子形状，如图 5-155 所示。

03 在绘图区域拖动指针即可开始绘画操作。

（6）打开/保存图片

经常在编辑图片的过程中按下 Ctrl+S 键，可以将图片不断地进行保存。这样可以确保不会意外丢失所绘制的图形。当然，首次保存新图片时还需要给图片命名。

此外，画图程序还有很多诸如“更改图片色彩”、“添加文字”等功能。限于篇幅，本书就不再细述了。

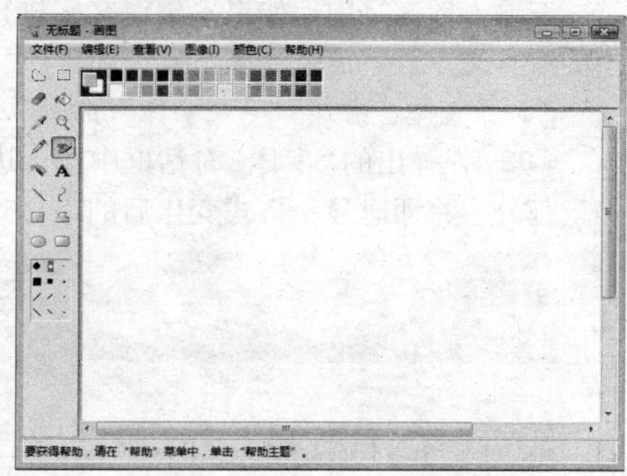

图 5-155

5.5.3 记事本

记事本是一个最常用、也是 Vista 中最简单的文本编辑工具，它非常适合于编辑没有格式的文本文件。如我们可以将网页中复制的文字先粘贴到这里，记事本程序会自动将网页文字的所有格式去除，然后再将记事本中的文字复制到 Word 中，就会发现复制的速度非常的快，而且在 Word 中可以更方便地进行编辑。

1. 打开程序

由于记事本中创建的文档是没有格式处理的纯文本文件，所以它创建的文件可以被所有文字处理工具打开并进行编辑。

要启动记事本程序的话，可以通过如下方法之一来实现：

- 在“开始”菜单的搜索栏中输入“Notepad”。
- 在“开始”菜单的搜索栏中输入“记事本”。
- 在“开始”菜单中，选择“所有程序”→“附件”→“记事本”命令。
- 在任意文件夹（或桌面）窗口空白中单击右键，在弹出的菜单中选择“新建”→“文本文档”命令新建一个文本文件，接着双击新建的文本文件即可打开记事本程序。

在打开的记事本程序窗口中，选择“文件”→“打开”命令，在弹出的 “打开”对话框中单击展开文件类型列表，在这里可以看到默认状态下“记事本”程序只支持打开 txt 文本文件，如图 5-156 所示。

实际上，“记事本”程序还可以打开 Config.sys、*.bat、*.ini 等含有文本的文件类型。

虽然记事本程序可以打开一些非文本文件。但是，请不要试图用记事本程序打开一些含有文字格式的文档（如 DOC 文档），否则这些文件中的格式将会自动丢失。

2. 基本编辑

在打开“记事本”程序后，调出所需的输入法可以直接输入文字、符号等内容。在输入文字时，如果发现输入的文字都是处在一行，而不是自动换行显示。那么，只需选择“格式”→“自动换行”命令即可。

下面，介绍一些“记事本”程序中可以进行的基本编辑操作：

（1）更改字形和字号

在输入的文字中，如果希望对文字进行字形和字号的更改——这个操作将会影响文档中的所有文本，只需执行如下操作即可：

01 选择“格式”→“字体”命令。

02 在弹出的“字体”对话框中即可进行字体、字形和字体大小的设置。在下方的“示例”部分，将即时显示格式变化后的字体外观效果，如图 5-157 所示。

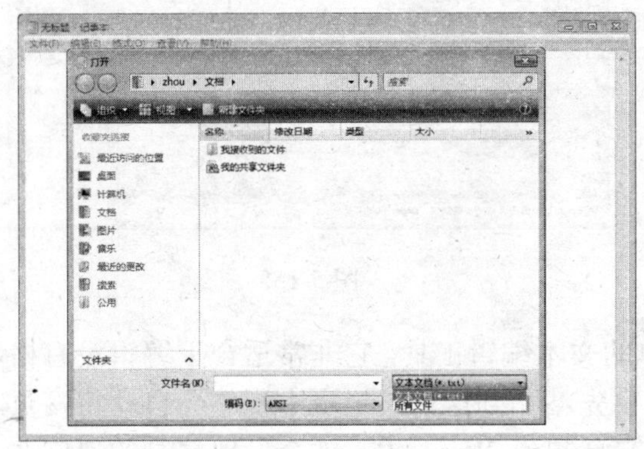

图 5-156

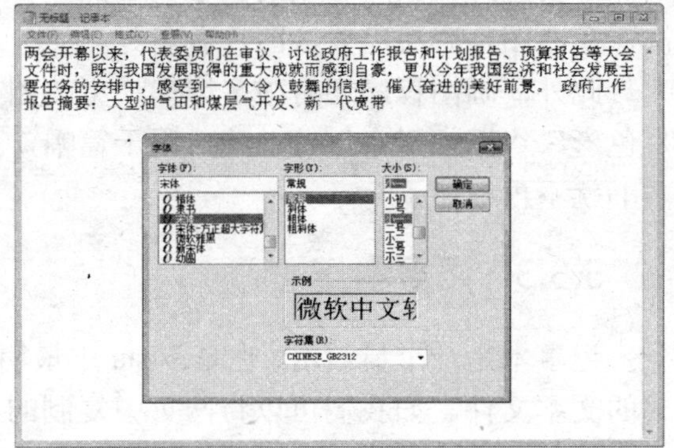

图 5-157

03 在单击“确定”按钮后，“记事本”程序中编辑的所有内容都将进行格式的变更。

提示

如果要在文档中添加时间和日期，只需在要添加该内容的位置单击，然后选择“编辑”→“时间/日期”命令即可。

完成的设置将一直保存在“记事本”程序中，除非再次对其进行格式的设置。

（2）剪切、复制、粘贴和删除

若要在“记事本”窗口中剪切文本，需要执行如下操作：

01 将光标的定位到要剪切的文字开始处。

02 拖动鼠标选择所需内容，如图 5-158 所示。

03 选择“编辑”→“剪切”命令或按 Ctrl+X 键即可将内容在记事本窗口中暂时清除并放到剪贴板里。

04 在记事本窗口中或其他文本编辑工具的窗口中选择“编辑”→“粘贴”命令或按下 Ctrl+V 键将内容粘贴过去。

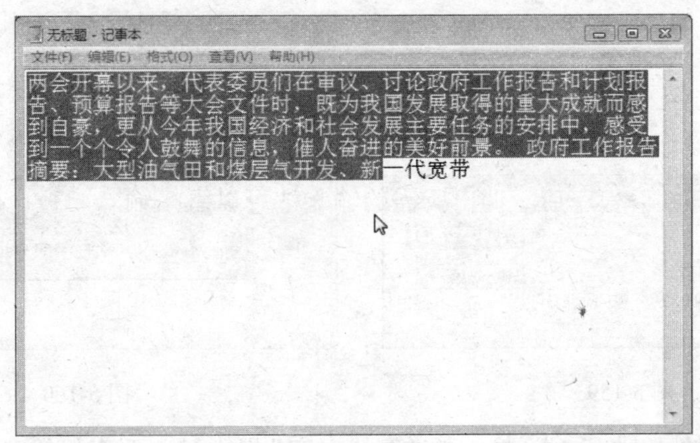

图 5-158

若要在“记事本”窗口中复制文本以便将它粘贴到其他位置，需要执行如下操作：

01 选中要复制的文字。

02 选择“编辑”→“复制”命令或按 Ctrl+C 键。

03 在记事本窗口中或其他文本编辑工具的窗口中选择“编辑”→“粘贴”命令或按 Ctrl+V 键将内容粘贴过去。

若要在“记事本”窗口中删除文本，需要执行如下操作：

01 首先将光标的定位到要删除的文字开始处。

02 接着按 Delete 键即可将后面的内容逐个删除掉了。此外，也可以先选中要删除的内容，再选择“编辑”→“删除”命令或者按 BackSpace 或 Delete 键。

注 意

如果发现删除的操作有误，只需选择“编辑”→“撤销”命令或按 Ctlr+Z 键即可撤销刚刚执行的最后一次操作。

（3）查找和替换

如果要在编辑的内容中查找特定的字符或单词，只需执行如下步骤即可：

01 在“记事本”窗口中选择“编辑”→“查找”命令或按 Ctrl+F 键。

02 在弹出的“查找”对话框中的“查找内容”框中键入要查找的字符或单词，如图 5-159 所示。

03 选中“向上”项可以从当前光标位置向文档顶部进行搜索，选中“向下”项可以从光标位置向文档底部进行搜索。

04 单击“查找下一个”按钮，可以依次查找出当前内容中与搜索关键字相符的内容，如图 5-160 所示。

05 在查找到所需的内容后，无需关闭“查找”对话框即可对这些内容进行编辑。

如果要在编辑的内容中替换特定的字符或单词，只需执行如下步骤即可：

01 在“记事本”窗口中，选择“编辑”→“替换”命令或按 Ctrl+H 键。

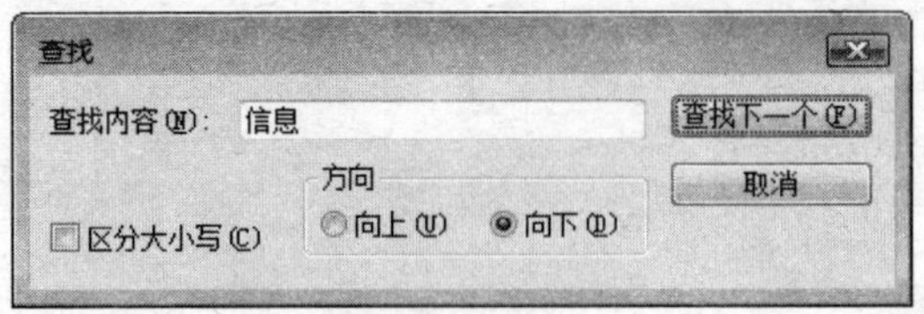

图 5-159

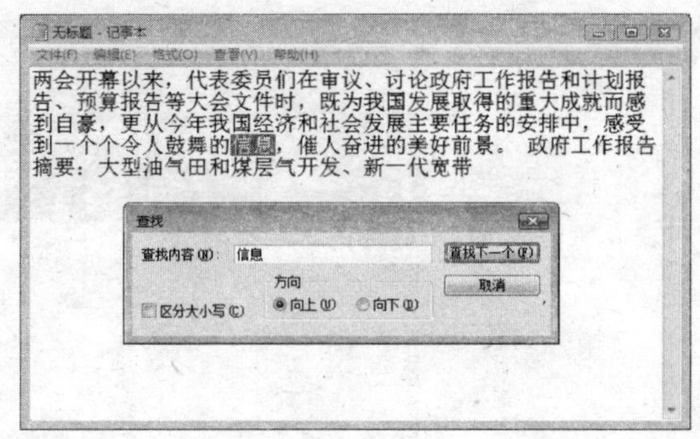

图 5-160

02 在弹出的“替换”对话框中的“查找内容”框中键入要查找的字符或单词，在“替换为”框中键入替换文本，如图 5-161 所示。

03 单击“查找下一个”查找到要替换的内容后，单击“替换”按钮可以将当前选中的内容替换掉。单击“全部替换”按钮，则可以一次性将所有内容中符合查找条件的内容替换掉。

> **提 示**
>
> 如果只查找或替换与“查找内容”框中指定的大写小写字符相匹配的文本，请选中“区分大小写”复选框。

（4）创建页眉或页脚

页眉和页脚是显示在文档上边距和下边距的文本，要创建此内容需要执行如下操作：

01 选择“文件”→“页面设置”命令。

02 在弹出的对话框中的“页眉”或“页脚”框中键入要使用的页眉和页脚文本，如图 5-162 所示。

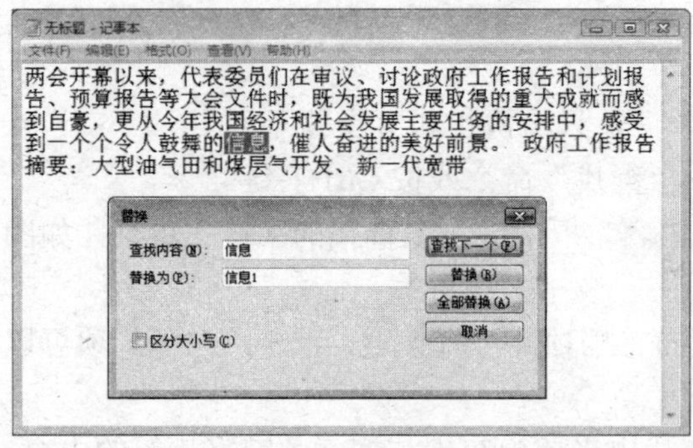

图 5-161

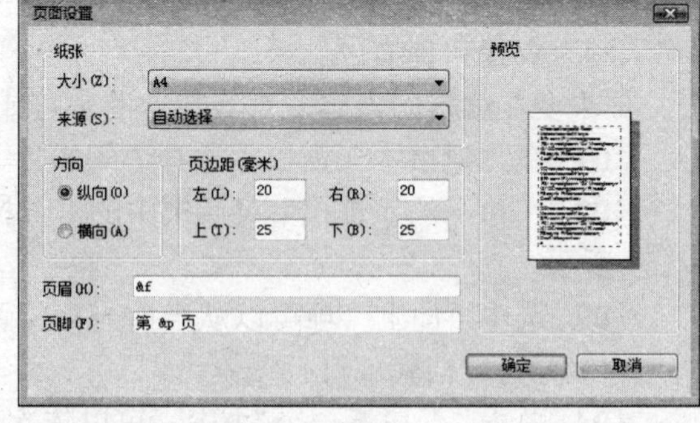

图 5-162

此外，还可以使用表 5-7 中的特殊字符来创建更复杂的页眉和页脚。这些字符可以输入多个或与文本结合使用，不过之间需要留一个或两个空格，这样可使页眉或页脚易于阅读。例如“第 &p 页”的组合，将打印出“第 1 页”、“第 2 页”等。

表 5-7

目　的	输　入
插入日期	&d
插入由计算机时钟指定的时间	&t
插入页码	&p
插入文件的名称，如果文件没有名称，则插入“(无标题)”	&f
插入&符号	&&
将页眉或页脚左对齐、居中或右对齐	&l、&c 或&r

03 输入完毕后单击“确定”按钮结束设置。

（5）打印文档

要将记事本程序中编辑的内容打印出来，需要执行如下操作：

01 选择“文件”→“页面设置”命令。

02 在弹出的“页面设置”对话框中，可以看到默认的纸张大小为 A4，在这个列表中可以根据需要选择其他型号。若要更改纸张来源，请在“来源”列表中单击纸盒名或送纸器；若要按垂直方向打印文档，请单击“纵向”；若要按水平方向打印文档，请单击“横向”；若要更改边距，请在任意一个“边距”框中键入宽度。

03 完成更改后单击“确定”。接着选择“文件”→“打印”命令或按 Ctrl+P，弹出“打印”对话框，如图 5-163 所示。

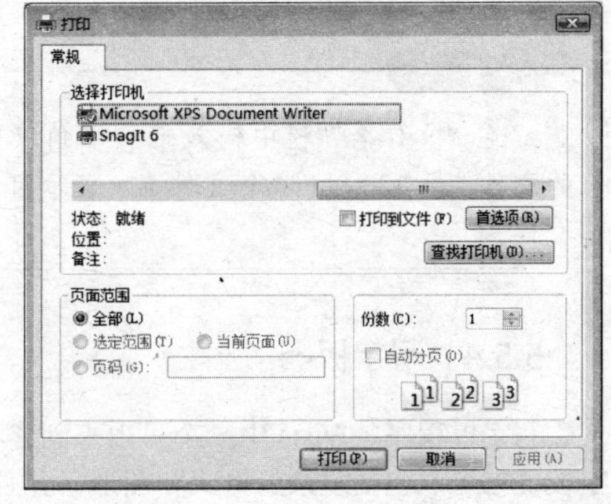

图 5-163

04 在“选择打印机”列表中选择一台打印机，然后单击“打印”按钮即可将内容通过打印机输出了。

提 示

在取消“自动换行”选项后，选择“编辑”→“转到”命令，并在弹出的对话框中输入行数的数字，回车后光标将自动跳转到指定行的最左侧。此外，还可以通过选择“查看”→“状态栏”命令，在记事本窗口的下方显示行数等信息。

（6）保存文件

在开始或正在编辑过程中，随时都可以通过如下操作进行文件的保存：

01 选择“文件”→“保存”命令。

02 在弹出的“另存为”对话框中选择一个路径，在“文件名”栏中输入一个文件名，如图 5-164 所示。

图 5-164

03 单击“保存”按钮，即可将编辑的文件保存起来。此后，可以随时打开保存的文本文件，再次对其内容进行编辑。

提 示

在“文件名”栏中输入带有半角双引号的文件名，可以将文件保存为指定类型的文件，如 123.bat 这个文件名，表示可以将文件直接保存为批处理（扩展名为 bat）文件。

5.5.4 写字板

写字板程序是 Vista 中一个可用来创建和编辑文档的文本编辑程序。与记事本不同，写字板文档可以包括复杂的格式和图形，并且可以在写字板文档内链接或嵌入对象（如图片或其他文档）。

1. 打开程序

要启动“写字板”程序的话，可以通过如下方法之一来实现：

- 在“计算机”窗口中打开系统盘中的 Program Files\Windows NT\Accessories 文件夹，双击其中的 Wordpad.exe 程序。
- 在“开始”菜单的搜索栏中输入“写字板”命令回车。
- 在“开始”菜单中选择“所有程序”→“附件”→“写字板”命令。
- 在任意文件夹（或桌面）窗口空白中单击右键，在弹出的菜单中选择“新建”→“文本文档”命令。接着打开存储此文件的文件夹，选中此文件并单击上方“打开”项右侧的箭头，在下拉菜单中选择“写字板”，如图 5-165 所示。

此外，也可以右击一个文本文件，在弹出的菜单中选择“打开方式”→“写字板”命令来打开写字板。

在打开“写字板”窗口后，显示的是一个空白的文档，这个文档可以直接输入文字或图形，如图 5-166 所示。

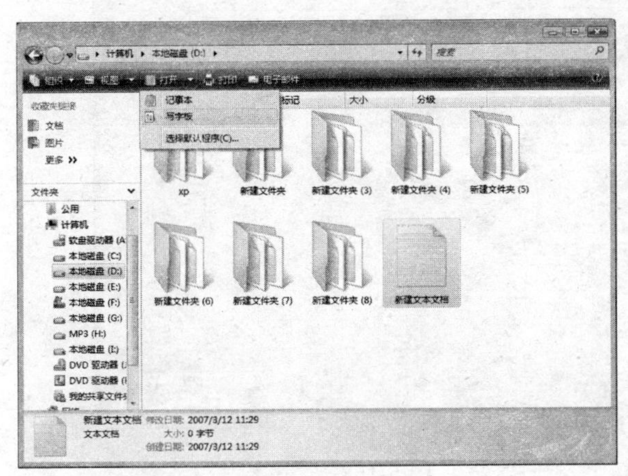

图 5-165

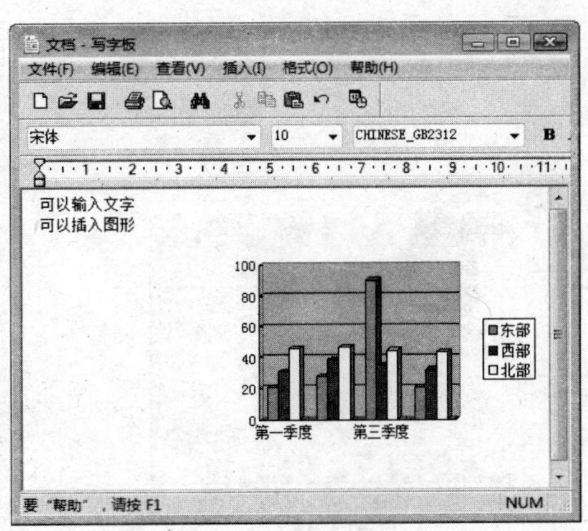

图 5-166

2. 基本编辑

在打开“写字板”窗口后，我们可以根据需要进行一些的基本编辑任务——由于剪切、复制、粘贴、查找、替换、删除等操作与“记事本”程序中的操作是一样的，所以这里就不再赘述了。

（1）创建文档

如果不想使用“写字板”默认创建的文档，那么可以执行如下操作，按照自己的需要创建一种写字板程序支持的文档。

01 选择“文件”→“新建”命令，或单击工具栏上的“新建”按钮。

02 在弹出的“新建”对话框中，可以看到“写字板”程序支持创建的三种类型文档，如图 5-167 所示。

- RTF（Rich Text Format）文档：这是“写字板”程序默认创建和保存的文件类型，这种文件与 Word 等文字处理程序相兼容。
- 文本文档：即“记事本”程序中创建的文档，不包含任何格式。
- Unicode 文本文档：一种字符编码标准，定义了可以表示世界上几乎所有书写语言的字母、数字和符号的一个集合。因此，这种文档可以输入生僻字等大量特殊的字符。

03 选择一种文件类型，单击“确定”按钮即可结束创建文档的任务。

（2）打开已有文档

“写字板”程序除了可以打开默认的三种类型文件外，还可以打开 inf、ASP 和 html（网页文件）等类型的文件。在“写字板”程序中打开文件的操作是：

01 选择“文件”→“打开”命令或单击工具栏上的“打开”按钮。

02 在弹出的“打开”窗口中选择存储文件的路径。由于默认只显示 RTF 一种类型的文件，所以需要单击右下角的文件类型列表，从中选择“全部文档”，如图 5-168 所示。

03 选中一个文件并单击“打开”按钮，即可在“写字板”窗口看到打开文档中包含的内容了。

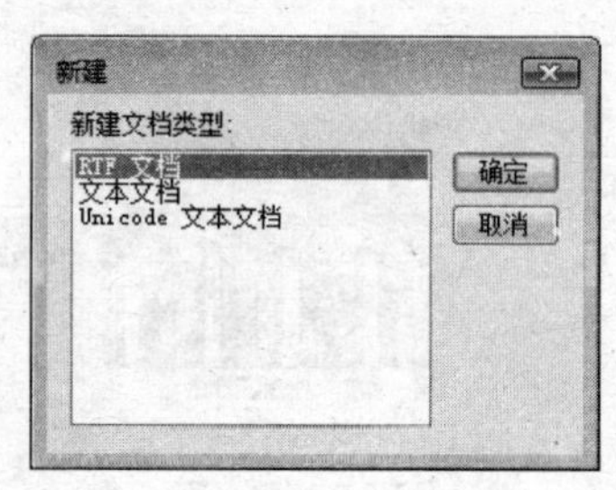

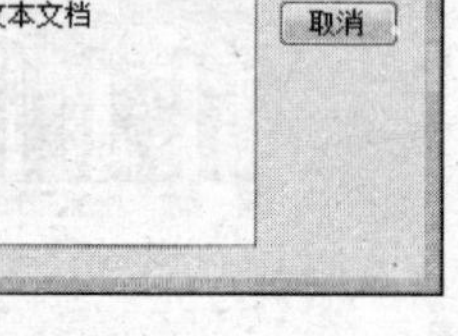

图 5-167

图 5-168

由于“写字板”程序一次只能打开一个文档，所以在打开另一个文档时，当前打开的文档就被关闭——如果当前文档还没有保存，就会弹出保存文档的提示。如果一定要同时使用“写字板”程序打开多个文档的话，只需多打开几个“写字板”程序窗口，然后分别打开相应的文档即可。

（3）输入内容及保存

在打开的“写字板”窗口中，我们建议在输入文字之前先进行保存操作，并且在以后的内容输入过程中，不断按下 Ctrl+S 键进行即时保存，这样输入的内容才不会因断电等原因轻易地丢失掉。

要在“写字板”程序中保存文档，只需执行如下操作即可：

01 选择“文件”→“保存”命令或单击工具栏上的“保存”按钮。

02 在弹出的“保存”窗口中打开要存储文件的路径，接着在文件类型列表选择要保存的文档类型，如图 5-169 所示。

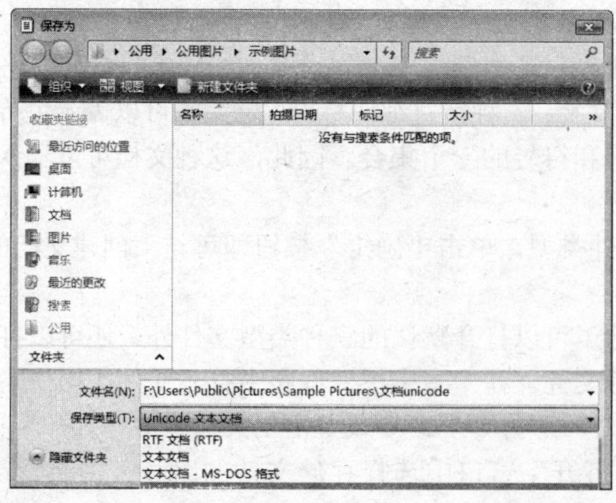

图 5-169

03 输入文件名后单击“保存”按钮即可完成保存文档的任务。

如果将要当前文档使用新的名称保存，只需选择“文件”→“另存为”命令，在弹出的对话框中的“文件名”栏中键入不同的名称并单击“保存”按钮即可。

在保存文档后，即可在“写字板”程序窗口中输入内容了。由于程序有自动换行功能，所以在输满一行时将会自动换行。在输满一页时，将会自动出现右侧滚动条，通过它可以拖动显示“写字板”窗口中的内容。

如果要在“写字板”窗口中插入图片，可以通过如下几种方法来实现：

- 复制 Word 等程序窗口中的图片，在“写字板”程序窗口中进行粘贴操作；
- 依次单击“插入”→“对象”菜单，在弹出的对话框中选择“由文件创建”项后，再单击“浏览”按钮选择一个图像文件即可。

（4）设置格式

“写字板”程序与“记事本”程序最大的不同，就在于前者可以设置复杂的格式。与记事本程序中设置格式影响到全部内容不同，在“写字板”中可以对任意一部分的内容进行格式设置而不影响其他的内容，比方说可以仅对标题进行格式设置。

设置格式建议在“格式栏”中进行，要打开“格式栏”工具栏，只需选中“查看”菜单下的“格式栏”命令即可。在启用了“格式栏”工具条后就可以非常方便地进行格式设置了，如图 5-170 所示。

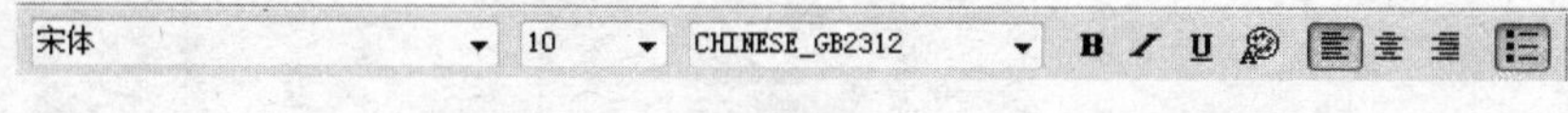

图 5-170

下面，简单地讲解一下“项目符号”和“段落格式”的应用：

“项目符号”可以突出某些具有条理性的信息，这样可以使得文档显得结构清晰、重点突出。要使用此项功能，可以通过如下操作来完成。

01 要将鼠标定位到要设置项目符号的位置。

02 单击“格式栏”中最右侧的“项目符号”按钮，在当前光标所在处生成一个黑色的圆点项目符号，在其后可以输入文字内容。在输入一个项目的一行或多行内容结束后，回车可以自动紧接着生成第二个黑色的圆点项目符号，在其后可以输入第二个项目的文字内容，如图 5-171 所示。

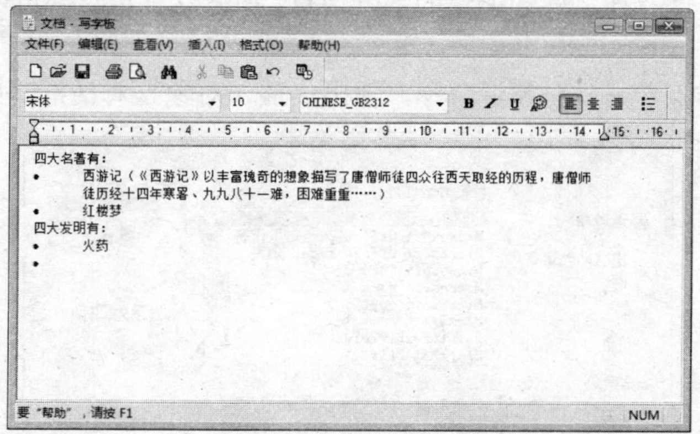

图 5-171

03 重复上述的操作，可以产生多行、多个位置的项目符号。如果想结束项目符号的生成，只需在最后一个项目内容的右侧按两次回车即可。

要了解“段落格式”，需要明白“软回车”和“硬回车”的区别——通常，段落之间以硬回车作为分割标志。

- 硬回车：在文字输入的过程中，通过按下回车键产生的换行即是硬回车。硬回车表示一个段落结束，可以从下一行开始创建新的段落。
- 软回车：在输入文字或字符内容时，如果不想开始新的段落只想换行，那么可以按 Shift+回车来实现，这样的回车方式叫做“软回车”。

要设置“段落格式”，需要执行如下操作：

01 使用硬回车创建两个段落。

02 选择“格式”→“段落”命令，在弹出的“段落”对话框中可以对缩进和对齐方式进行设置，如图 5-172 所示。

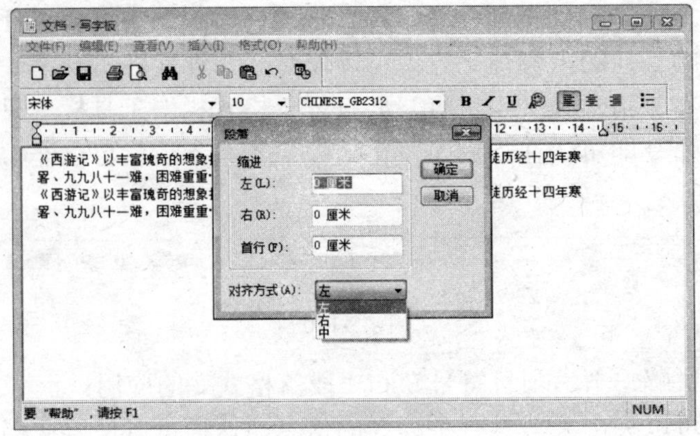

图 5-172

03 一般来说，“首行”项是建议设置的。在默认字体大小时，在此栏中输入数字 0.7 可以将首行文字的起始位置向右缩进两个字的距离。

（5）添加对象

在“写字板”中可以输入文字、粘贴图形，也可以插入一些“对象”。对象可以是文字、图形或由非“写字板”程序创建和编辑的部分信息，所有这些信息都可以插入或保存到“写字板”的文档中。

01 选择“插入”→“对象”命令，弹出“插入对象”对话框，如图 5-173 所示。

图 5-173

02 在对话框的左边有“新建”和“由文件创建”单选框，可以选择其中之一。“新建”是指从“对象类型”列表框中选择一个对象类型，并把一个无内容的对象嵌入以写字板窗口中。“由文件创建”是指把一个已有的文件作为“对象”插入到当前的写字板文档中。双击写字板程序中插入的对象，可以打开创建此对象的程序编辑这个对象。

- 新建：选中“新建”单选按钮，在列表中选择一种对象类型，单击“确定”按钮返回“写字板”窗口。单击对象编辑区域外的任意空白位置，即可编辑“写字板”的内容，如图 5-174 所示。
- 由文件创建：选中“由文件创建”，在“插入对象”对话框中键入路径和文件名，或单击“浏览”按钮查找到所需的文件，如图 5-175 所示。

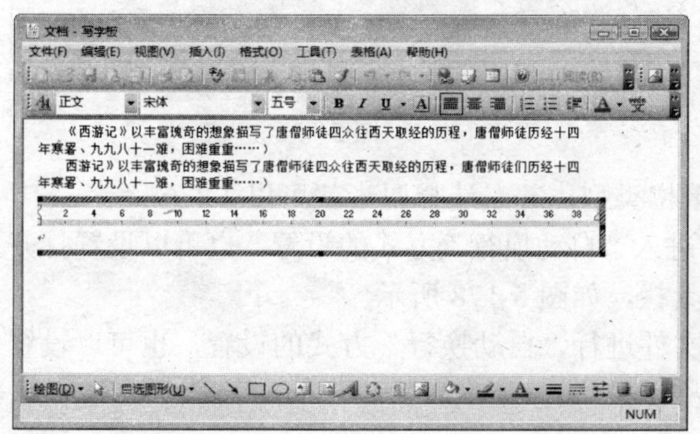

图 5-174

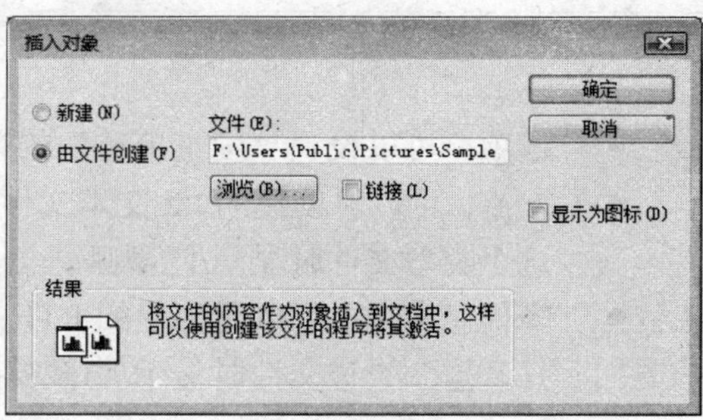

图 5-175

如果勾选“链接”项的复选框，则可以创建到对象的链接，不选中此复选框则嵌入一个对象。

在写字板内嵌入对象和链接对象之间的区别是什么？在文档内嵌入对象之后，该对象就会成为文件的一部分——对嵌入到文档中的对象进行的更改不会反映在原始对象中。如果对象是链接到文档，那么这两个文件之间就有了联系——对链接到文档中的对象进行的更改，也会反映在原始对象中。

此外，也可以使用“复制”和“粘贴”命令嵌入其他文档中的对象。可以使用“复制”和“选择性粘贴”命令链接其他文档中的对象。

3．设置程序

在“写字板”程序的使用中，我们可以根据需要对程序进行各种设置。

（1）布局设置

在“写字板”窗口中，默认启用的工具栏只有一个“工具栏”。如果希望在窗口显示更多的组成部分，只需执行如下操作即可：

01 单击“查看”菜单，在弹出的子菜单通过选择“工具栏”、“格式栏”、“标尺”和“状态栏”等命令，使相应的部分出现在窗口中，如图 5-176 所示。

02 在单击清空子菜单后可以将相应的内容取消在窗口中的显示。

（2）选项

在“写字板”程序中，可以通过“选项”菜单对程序的输入状态进行设置。

01 选择“查看”→“选项”命令。

02 在弹出的选项对话框中可以对“写字板”程序中多个内容进行设置，如图 5-177 所示。

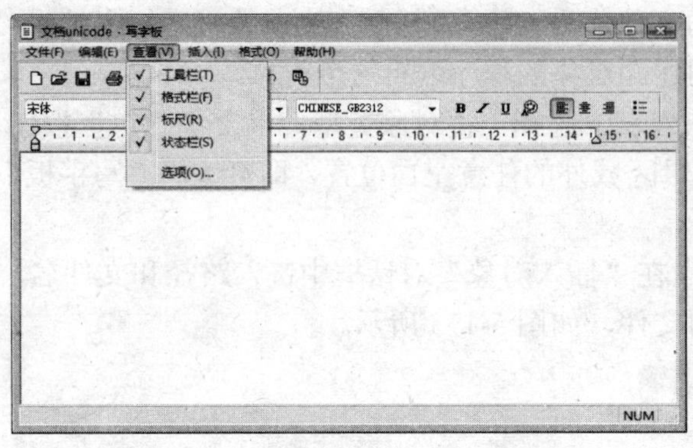

图 5-176

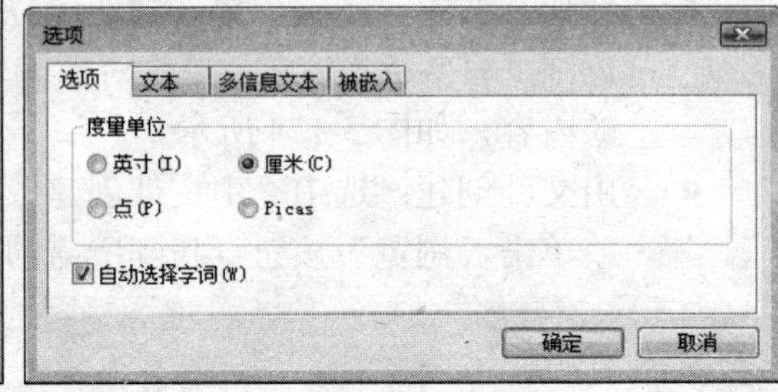

图 5-177

- 选项：可以设置“度量单位”的单位类型，一般选择厘米就可以了。
- 文本：可以对创建的 txt 文本文件进入“自动换行”方式的设置，也可以设置打开这个类型文件时显示/隐藏哪些工具栏，如图 5-178 所示。
- 多信息文本：可以对创建的 RTF 文件进行“自动换行”方式的设置，也可以设置打开这个类型文件时显示/隐藏哪些工具栏。

4. 页面设置及打印

打开“写字板”程序时，缺省打开的新文档已经使用缺省的页面设置规划了页面，这些页面设置包括左右页边距、上下页边距等。对页面进行设置将会影响到整个文档及其外观，要对这些选项重新调整，可以通过如下操作来实现：

01 选择“文件”→“页面设置”命令，打开“页面设置”对话框，如图 5-179 所示。

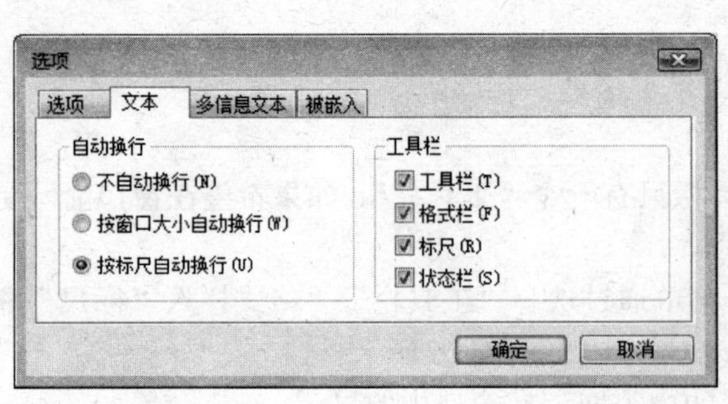

图 5-178

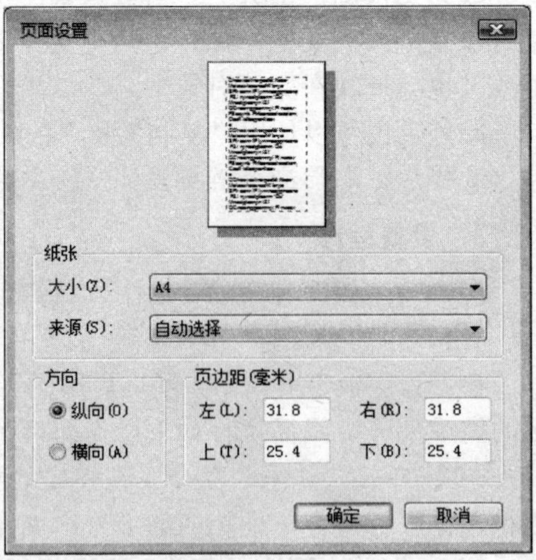

图 5-179

02 在“页边距”栏的 4 个输入框中，可以重新设置上、下、左、右四个页边距值。在“方向”部分，可以设置内容是横向还是纵向输出。

03 设置完毕单击“确定”按钮。页面设置项虽然属于对文字的整体编排处理，但这些设置无法直观地显示出来。要想查看设置改动后的情况，只需选择“文件”→“打印预览”命令，此时将会按照打印输出的形式显示文字编排情况，如图 5-180 所示。

在页面设置完成后，选择“文件”→“打印”命令或按 Ctrl+P 键会打开如图 5-181 所示的对话框，在这里单击“打印”按钮即可开始内容的打印了。

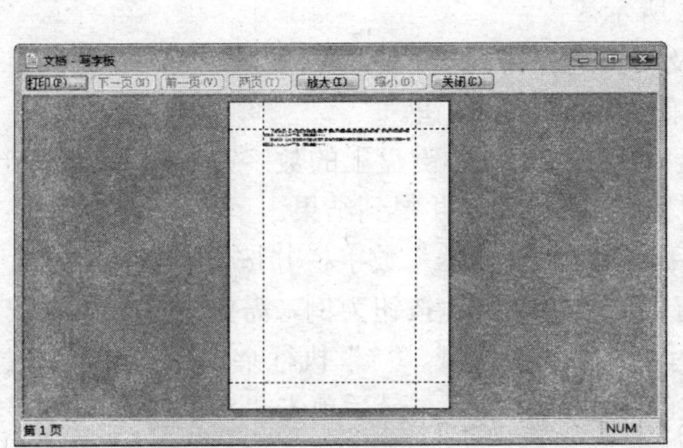

图 5-180

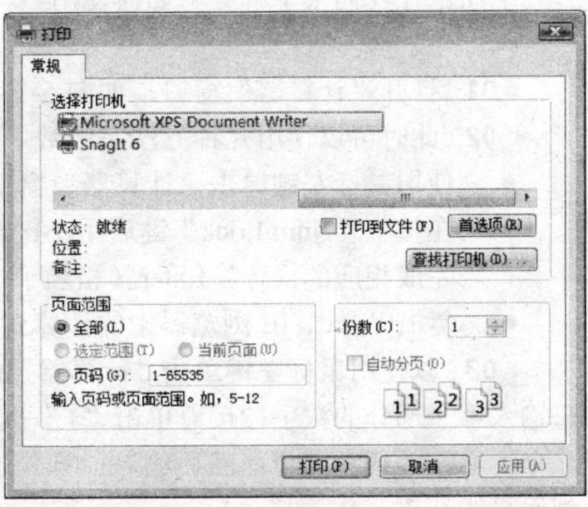

图 5-181

提 示

如果文档未打开，可以将文档从“我的电脑”或“Windows 资源管理器”拖到“打印机”文件夹中的默认打印机图标上进行打印。

在这里默认会打印整个文档，如果想打印特定的页码范围，需要选中“页码”，并在右侧的页码栏中输入起始和终止的数字。

在打印设置选项中，有一个“打印到文件”复选框，如果计算机现在并没有连接上打印机，那么选中这个复选框后，将会创建出一个包含打印内容的文件。当连接了打印机或把这个文件复制到了另一个连接有打印机的计算机中时，可以把这个文件拖动到打印机图标上进行打印输出。在 DOS 环境下通过命令 Copy d:\path\filename /b PRN 可以进行打印输出。其中 d：代表驱动器符，path 代表路径，filename 代表打印输出文件名，/b 代表这个要输出到打印机的文件是二进制文件，PRN 代表要输出到打印机。

5.5.5 计算器

和以往的 Windows 版本一样，在 Vista 中也提供了实用的“计算器”功能。我们可以使用计算器来执行加、减、乘和除运算。

1. 打开程序

要启动“计算器”程序的话，可以通过如下方法之一来实现：

- 在“计算机”窗口中打开系统盘中的 Windows\System32 文件夹，双击其中的 calc.exe 程序。

- 在“开始”菜单的搜索栏中输入“计算器”命令回车。
- 在“开始”菜单的搜索栏中输入“calc”命令回车。
- 在“开始”菜单中选择“所有程序”→“附件”→“计算器”命令。

2. 计算操作

下面，让我们来了解一下如何使用“计算器”程序执行多种类型的计算操作。

（1）执行简单计算

01 打开“计算器”窗口，如图 5-182 所示。

02 此时可以使用几种方法完成数字及相关运算符的输入：

- 使用鼠标左键单击“计算器”窗口的数字及其他按钮。
- 在按下“Num Lock”键启用小键盘后，可以使用小键盘上的数字键及运算符键来完成相应的操作，Enter（相当于“＝”）执行计算并得到结果。
- 复制 Word、IE 浏览器中的计算式后，单击“计算器”数字栏并按 Ctrl+V 键粘贴。

03 以使用鼠标左键单击“计算器”窗口的数字及其他按钮为例，需要先单击数字按钮输入第一部分的数字；接着单击“+”执行加、“-”执行减、“*”执行乘、“/”执行除这几个运算符的任意一个；然后输入计算公式的第二部分数字；最后单击“＝”按钮即可得到运算的结果。

（2）执行科学计算

01 选择“查看”→“科学型”命令，将会看到科学型计算器窗口，如图 5-183 所示。

图 5-182

图 5-183

02 根据需要单击某一数字系统并完成相应的计算任务——最常见的应用就是在这里进行不同进制的数字转换。如要进行统计计算，则需键入或单击首段数据，然后单击 Sta 打开“统计框”对话框，如图 5-184 所示。

03 单击“返回”返回“计算器”，然后单击 Dat 保存该值。

04 键入或单击其余的数据，每次输入之后单击 Dat。

05 所有数据都输入完之后，单击 Ave，Sum 或 s，可在数字栏中看到结果。其中，Ave 用于计算保存在“统计框”对话框中各值的平均值，Sum 用于计算值的总和，而 s 用于计算标准偏差。

06 单击 Sta 可以看到“统计框”对话框中的数据列表。

保存的数值个数记录在“统计框”对话框的底部。单击“清零”可以从列表中删除某个特定值，单击“全清”可以删除所有值。单击“加载”可以将计算器显示区域中的数字更改为在“统计框”对话框中选中的数字。

在计算器窗口中还具有存储器功能——可以在计算的过程中暂时记忆一些数据，使用存储器中的数据方法为：

01 在计算器窗口的数字栏中随意输入几个数字后，单击 MS 按钮，这样上方的内存窗口中将显示出一个字母 M，表示已经存入存储器，如图 5-185 所示。

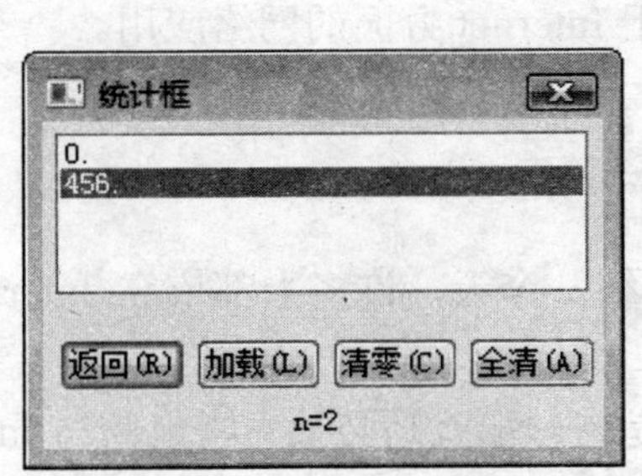

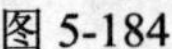
图 5-184

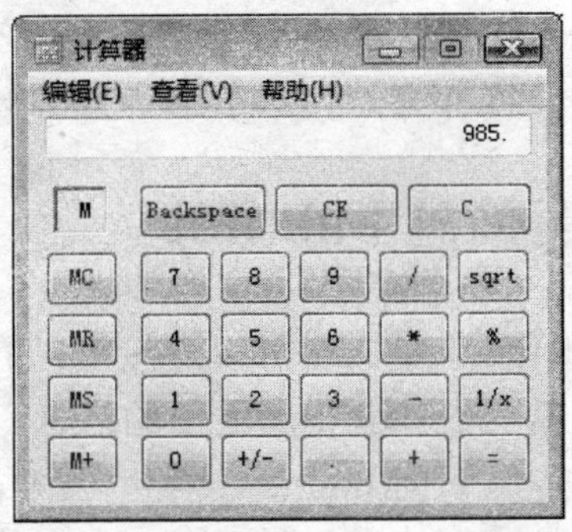

图 5-185

02 若再次存入一个新数据的话，存储器中的数据就会被替换掉。

03 可以通过按下 MR 按钮来调用暂存的数据，调用的数据会显示在数据栏中。

04 如果要清除暂存的数据，可以单击 MC 按钮。如果要将显示的数字加到存储器中（与已经存入的数据相加），需要单击 M+按钮。要查看新的数字，需要再次单击 MR 按钮。

第 6 章 Vista 网络应用

在 Vista 中网络功能也得到了大量的改进，并且新增了很多功能。虽然这些新功能有些并不实用或极少用到，但这不能不说是一个很好的发展趋势——越来越多的新功能可以让我们逐渐看到网络发展的方向。

这些改进过的网络不仅增强了网络性能，还极大提高了网络的安全性。作为终端用户，可以从中获得什么？在本章中，会讲解 Vista 中基于 Internet 方面的网络应用。

6.1 连接到 Internet

“Internet”是一种可以连接全世界计算机的网络。今天，许多人都依靠 Internet 与他人进行日常交流和获得所需要的信息。

使用电脑访问 Internet 网络，需要满足一个前提——那就是必须先将电脑与 Internet 网络建立连接。要将电脑与 Internet 网络建立连接，首先要拥有一台电脑。此外，还需要向 ISP（Internet Service Provider，即互联网服务提供商，在我国规模最大的 ISP 便是电信。）进行付费上网账户的申请。通常，ISP 会以租用的方式为我们提供一个 ADSL Modem（以下简称 ADSL），这是用于将计算机连接到 Internet 的网络设备。

通常，ADSL 的安装是由 ISP 方派技术人员来完成硬件连接，接下来的第一次拨号连接创建也会由技术人员来完成，如图 6-1 所示。

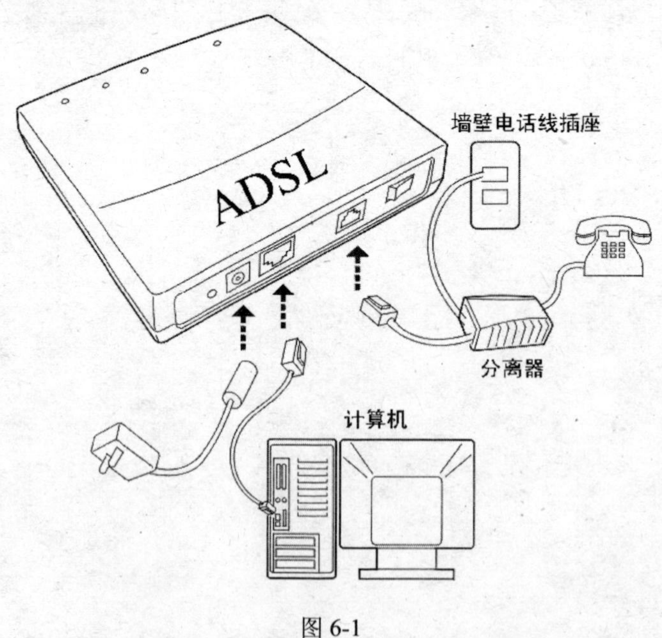

图 6-1

一般来说，硬件一旦连接好就不会再去动它了，而拨号连接则不同，它往往会因 Windows 崩溃等原因不得不重新创建。

6.1.1 拨号上网

在具备了计算机、网络设备（这里为 ADSL）、与 ISP 签约得到的上网账户和密码三个条件后，现在只需再创建一个拨号连接，就可以完成连接 Internet 之前的所有准备工作了。

在 Vista 中创建拨号连接的过程是：

01 使用任一种方式启动“连接到 Internet 向导”：

- 在“开始”菜单的“搜索”栏中输入命令 Rundll32.exe xwizards.dll,RunWizard {7071ECA0-663B-4bc1-A1FA-B97F3B917C55} /z -ShowFinishPage。
- 在“欢迎中心”中单击“连接到 Internet”，如图 6-2 所示。
- 打开一个 IE 浏览器窗口，选择“工具”→“Internet 选项”命令，在弹出的“Internet 选项”对话框中，单击“连接”选项卡中的“设置”按钮，如图 6-3 所示。

图 6-2

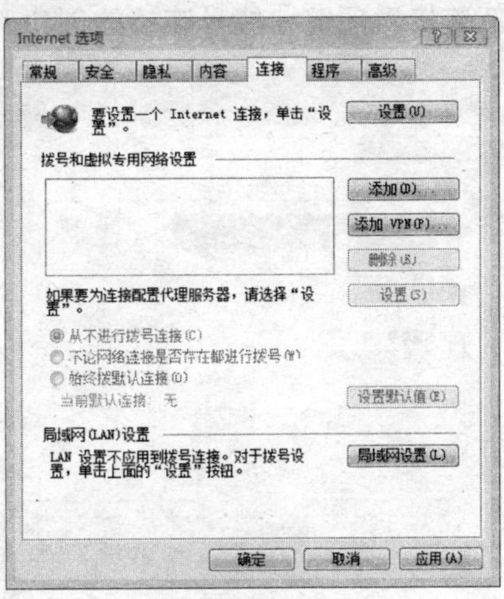

图 6-3

- 在“开始”菜单中单击右侧窗格中的“连接到”，打开如图 6-4 所示的窗口。

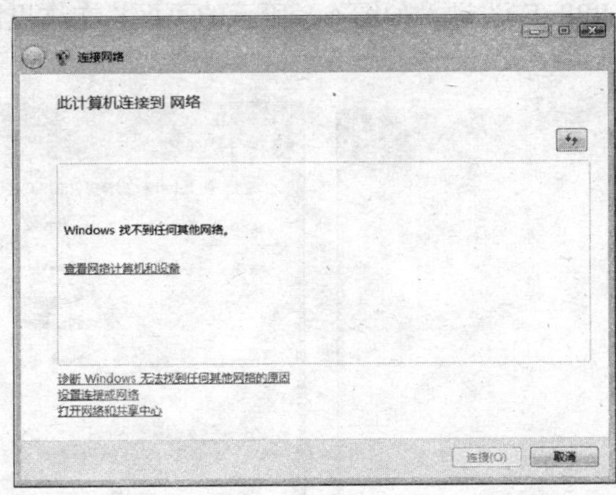

图 6-4

由于还没有创建任何可用的拨号连接，所以这里的状态是“Windows 找不到任何其他网络”。如果有任何可用的拨号连接，则这里将出现创建的拨号连接列表。

注 意

即使在计算机上已经有一个 Internet 连接，仍然可能需要建立另一个。因为如果宽带连接并不十分可靠，则可以创建一个拨号连接以备用。

单击下方的“设置连接或网络”项，即可打开“连接到 Internet 向导”窗口，如图 6-5 所示。

02 由于要创建 ADSL 这种宽带设备的拨号连接，所以需要选中第一项“连接到 Internet”并单击“下一步”按钮。

03 向导会自动检测当前计算机是否已经连接到 Internet，如果已经连接到 Internet 则可以单击“立即浏览 Internet”项打开一个 IE 浏览器窗口。此外，还可以单击“仍然设置新连接”项继续拨号连接的创建，如图 6-6 所示。

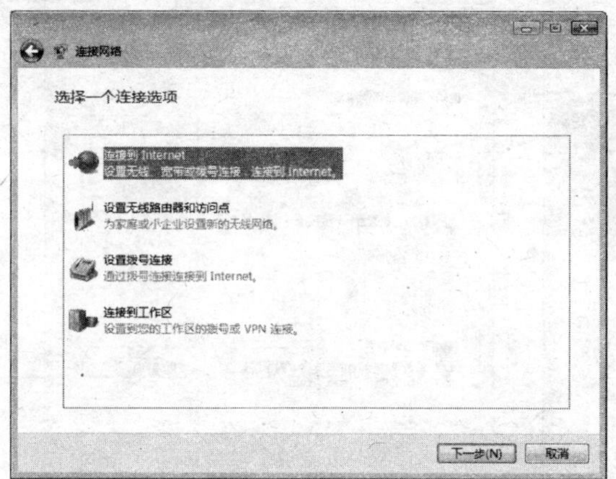

图 6-5

图 6-6

04 如果检测到了连接设备，则会直接弹出如图 6-7 所示的窗口。

05 单击“宽带（PPPoE）”进入如图 6-8 所示的页面，在这里需要输入 ISP 给我们的上网账户名和密码。

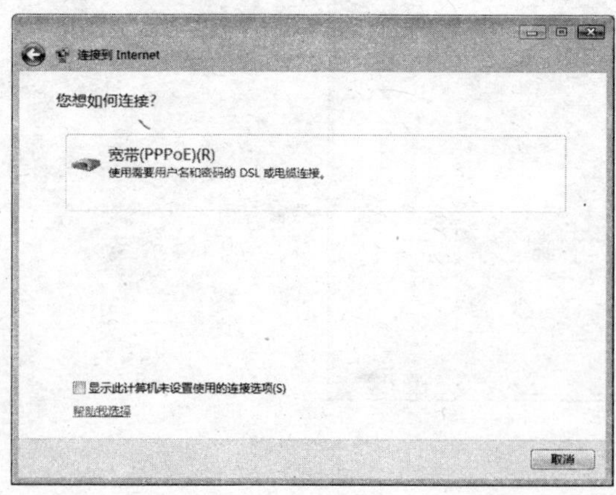

图 6-7

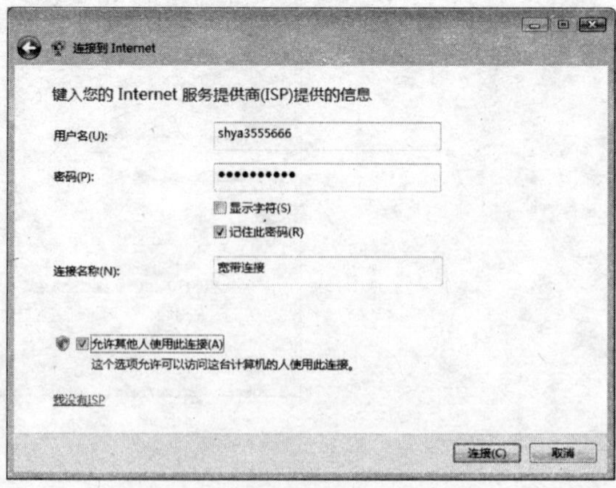

图 6-8

提 示

选中“显示字符”，可以使输入的密码呈明文状态。选中“记住此密码”，可以让今后的拨号操作省略输入密码的过程。选中“允许其他人使用此连接”，可以让当前用户外的其他用户也可以使用此拨号连接。

06 单击“连接”按钮，向导将开始使用我们提供的账户与密码信息进行拨号连接，如图 6-9 所示。

07 如果账户、密码等信息设置正确的话，则会出现如图 6-10 所示的界面，单击“立即浏览 Internet”项即可打开 IE 浏览器访问 Internet 了。

图 6-9

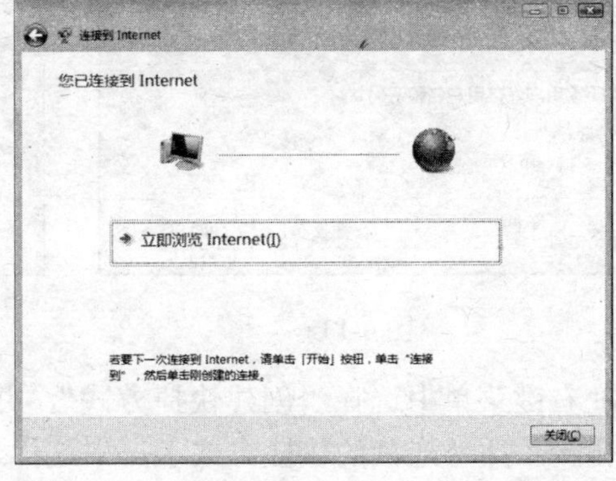

图 6-10

由于拨号连接很容易出现问题，所以我们必须花上几分钟学会自己创建它的方法，这样以后就不会因为要重建拨号老麻烦别人了。

完成了拨号连接的创建后，可以通过如下几种方法来使用它：

- 在“开始”菜单中单击“连接到”，在弹出的窗口中选中列表中的拨号连接并单击下方的“连接”按钮即可，如图 6-11 所示。

如果要断开拨号连接，只需打开此窗口，选择列表中的拨号连接并单击下方的“断开”按钮即可。

- 在“网络连接”窗口中选择拨号连接图标，单击工具条中的“启动此连接”项或在上面右击，然后选择弹出菜单中的“连接”项，如图 6-12 所示。

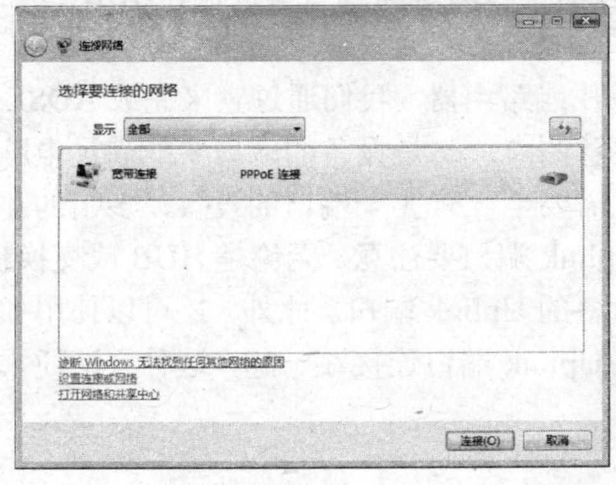

图 6-11

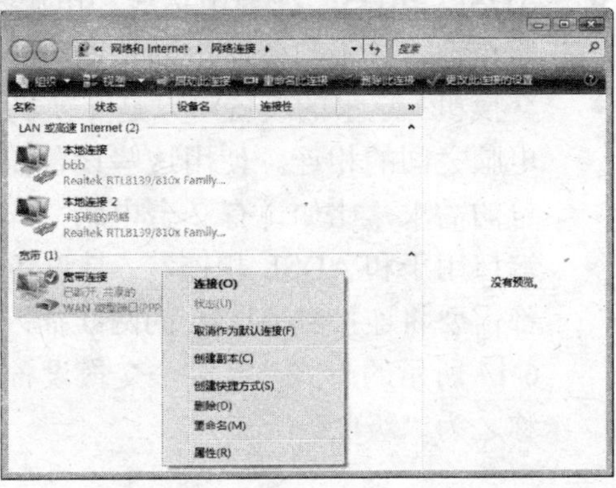

图 6-12

在接着弹出的窗口中单击“连接”按钮即可开始拨号操作，如图 6-13 所示。

在需要断开连接时，要在“网络连接”窗口中选择拨号连接图标，单击工具条中的“断开此连接”项或右击此连接，在弹出菜单中选择“断开”，如图 6-14 所示。

图 6-13

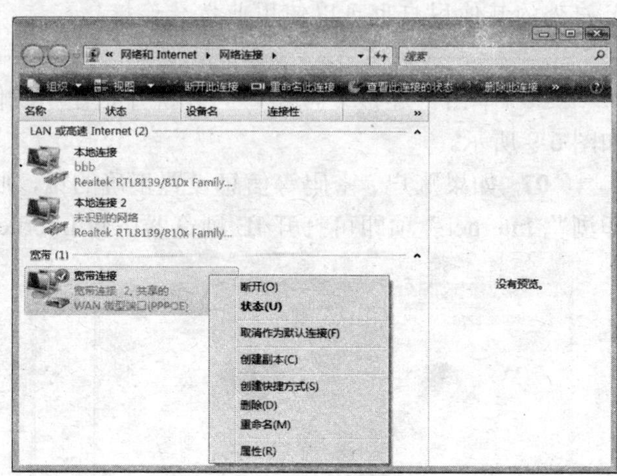

图 6-14

在右键菜单中选择“创建快捷方式”，并在弹出的提示框中选择“是”，即可在桌面上创建出一个拨号连接的快捷方式了——这样进行拨号操作将会非常方便，如图 6-15 所示。

6.1.2 内置拨号

如果我们有好几台电脑，并且希望这些电脑能随时上网。那么最好的办法就是使用 ADSL 的内置拨号功能——使用这项功能的前提是 ISP 支持，否则即便是在 ADSL 中完成设置，也是无法使用此项功能的。

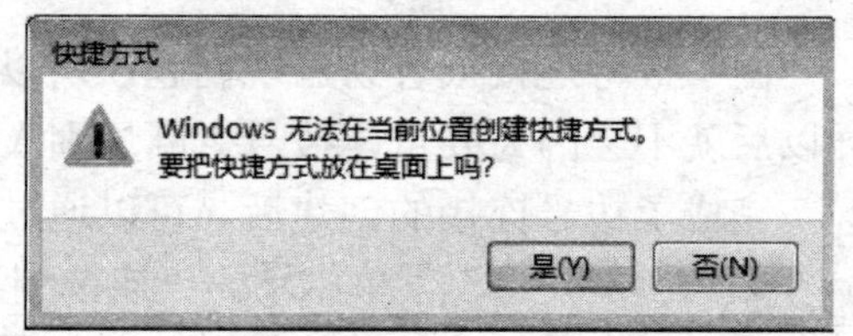

图 6-15

要通过 ADSL 内置拨号功能来共享上网，需要从硬件和软件两个方面来完成相关的设置。在图 6-16 中可以看到使用 ADSL 内置拨号功能时所需的硬件连接方式。

- ADSL：ADSL 在与电话线和电源线连接后，再通过网线与交换机、HUB 或路由器相连，它不与任何电脑相连。
- 交换机：这里的设备可以是交换机、HUB 或路由器，我们通过它来完成 ADSL 与电脑之间的相连。使用这些设备需要注意两点：一是设备的端口要能满足电脑数量的需求，比如说有 2 台电脑，那么就需要至少有 3 个端口的设备，多出的那个端口用于和 ADSL 相连。二是设备的 Uplink 端口要注意。无论是 HUB 或交换机，都需要将连接到 ADSL 的网线插入到设备的 Uplink 端口。此外，还可以使用如图 6-17 所示的方式，将多个交换设备通过 Uplink 端口连接在一起，这种方法通常被称之为“级联”。

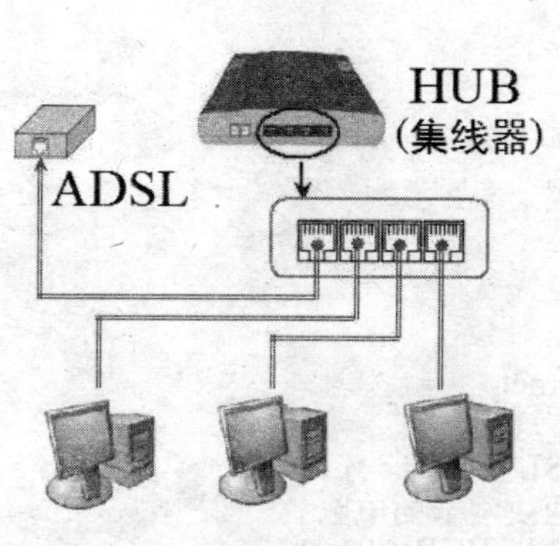

图 6-16

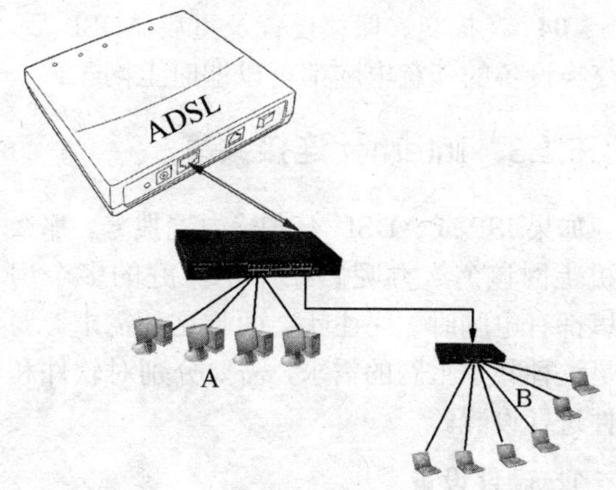

图 6-17

对于 HUB，通常都是使用专用的一个 Uplink 端口。而交换机则通常是任意端口都可以自动成为 Uplink 端口，所以可以任意端口插入上级交换设备引入的网线。

- 电脑：电脑在与交换设备相连后，如果 ADSL 的内置拨号功能可用，那么只要 ADSL 拨号成功、交换设备电源不关，那么任何电脑都可以随时进行上网操作。如果 ADSL 的内置拨号功能不可用，那么可以在每台电脑中进行拨号连接的创建，这样只需使用“谁用电脑谁拨号”的方法，也可以实现一个上网设备被多台电脑使用的效果——请注意：这种方式与使用 Internet 连接共享功能实现的共享上网并不是一回事。

在完成了硬盘的连接后，接下来需要完成一些软件设置，大致过程如下：

01 查看 ADSL 说明书，并在 IE 浏览器的地址栏中输入说明书中给出的 ADSL 管理页面的 IP 地址。

02 在弹出的如图 6-18 所示登录对话框中输入说明书中给出的 ADSL 管理员账户名和密码。

03 在进入的管理页面中，根据说明书中给出的提示完成上网账户名和密码的输入，以及相关的 PPPoE 协议等设置，如图 6-19 所示。

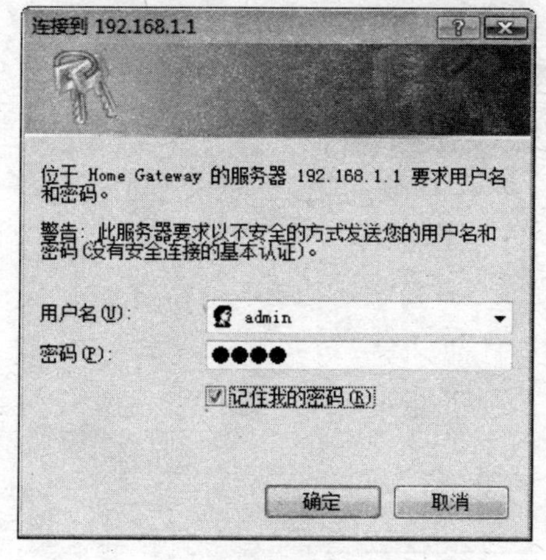

图 6-18

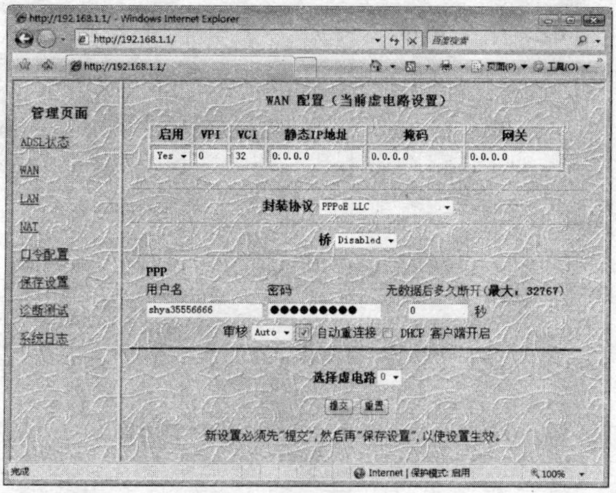

图 6-19

04 在提交、保存设置及重启 ADSL 后，ADSL 即可自动完成拨号操作。此时，连接到交换设备的任意电脑都可以即时上网了。

6.1.3 Internet 连接共享

如果 ISP 或 ADSL 不支持内置拨号，那么多机上网该怎么办呢？在一个家庭的多个房间里都有电脑时，往往就会面临这种需求。要满足这种共享上网的需求，需要分别对软件和硬件进行设置。

1. 硬件设置

首先，让我们来看一下硬件连接完成的效果图，如图 6-20 所示。

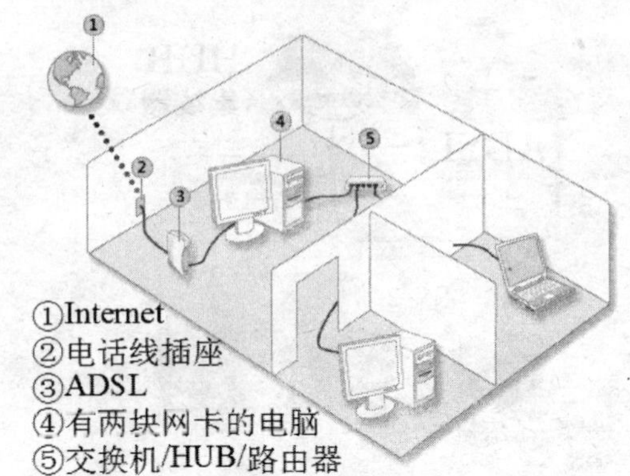

图 6-20

在图中可以看到共有三台电脑一起想共享上网，所以，在硬件方面就需要进行如下设置：

01 将 ADSL 与电话线插头相连。

02 将任一台电脑安装两块网卡，其中一块通过网线与 ADSL 相连，另一块通过网线与交换机等网络交换设备相连。

03 将另两台电脑通过网线与与交换机等网络交换设备相连。

这样就完成了硬件的连接设置操作。

2. 软件设置

在完成了硬件的连接设置后，现在就需要开始软件的设置操作了。这里，可以使用 Vista 中提供的“Internet 连接共享”（Internet Connect Share，ICS）功能来完成这项任务。这是一种为家庭用户和小型企业提供的、可以让多台计算机通过一个 Internet 拨号连接同时访问 Internet 的功能，这个功能从 Windows 98 第二版就有了。

要使用“Internet 连接共享”功能，需要分别在主机（安装了两块网卡的计算机）和其他两台计算机中执行如下操作：

01 在主机中完成宽带“拨号连接”的创建。

02 在主机的“开始”菜单中单击“网络”，打开如图 6-21 所示的窗口。

图 6-21

03 单击窗口中部工具条上的“网络和共享中心”按钮，在打开的窗口中单击左侧的“管理网络连接”项，如图 6-22 所示。

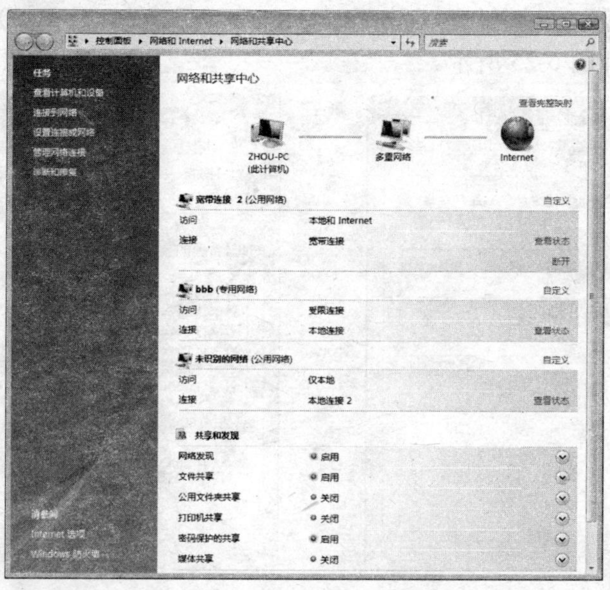

图 6-22

04 在“网络连接”窗口中，右击创建的拨号连接，在弹出的菜单中选择“属性”，如图 6-23 所示。

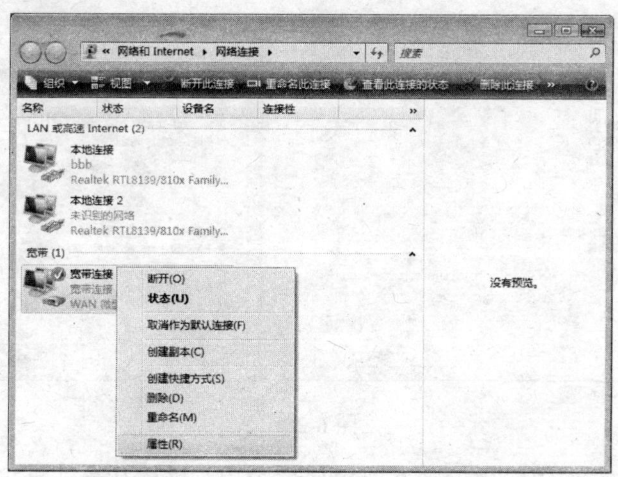

图 6-23

05 在弹出的属性窗口中，选中“共享”选项卡中的“允许其他网络用户通过此计算机的 Internet 连接来连接”，如图 6-24 所示。

06 在“家庭网络连接”列表中选择“本地连接 2”（即连接到交换机的第二块网卡），单击“确定”按钮应用设置并关闭属性窗口。

此时，就完成了主机的“Internet 连接共享”功能的设置了。接下来需要对其余两台计算机分别进行如下的的操作：

01 打开“网络连接”窗口，接着在窗口中右击“本地连接”，在弹出的菜单中选择“属性”。

02 在打开的属性窗口中分别双击“Internet 协议版 6（TCP/IPv6）”和“Internet 协议版 4（TCP/IPv4）”，如图 6-25 所示。

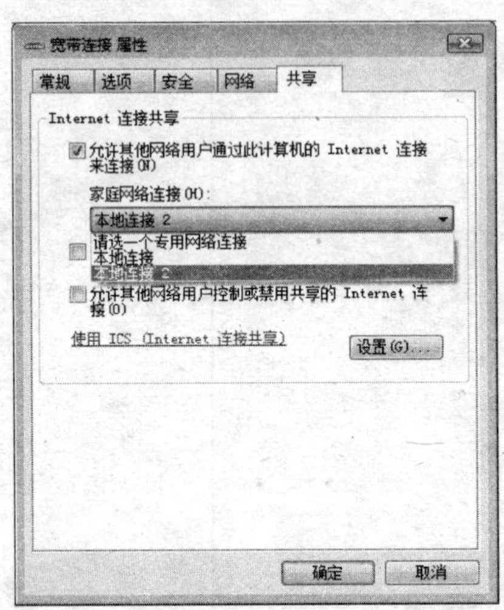

图 6-24

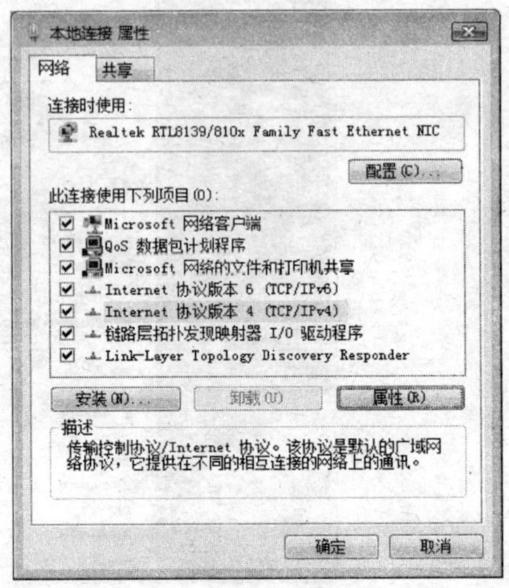

图 6-25

03 在打开的两个协议属性窗口中选中“自动获得 IP 地址”、“自动获取 IPv6 地址”项，如图 6-26 所示。

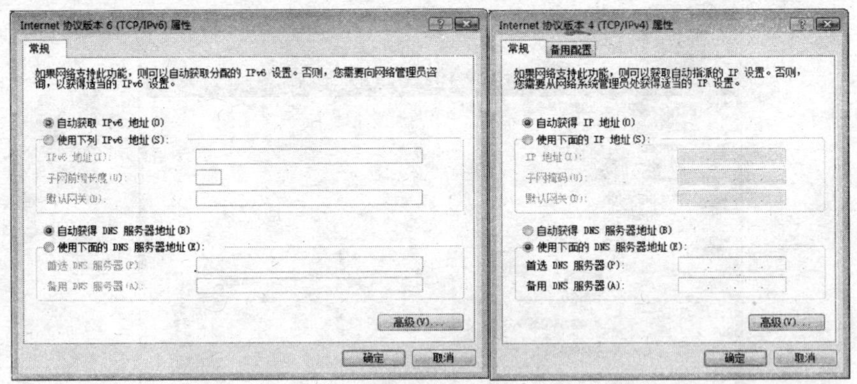

图 6-26

04 单击“确定”按钮应用设置并退出属性窗口。这样其余计算机的设置就结束——除了主机外的计算机都要进行此项设置。

此后，当主机完成拨号连接到 Internet 的操作，其余的计算机就会立即开始自动“获取 IP 地址”，然后直接打开 IE 浏览器窗口即可访问 Internet 了。

现在，让我们来了解“Internet 连接共享”功能给系统中带来了什么变化。

首先在计算机中开启 Internet 连接共享（ICS）实际上就意味着创建了一个网关，网络中其他计算机都可以通过这个主机访问 Internet。当 ICS 功能开启后，主机实际上就成为 DHCP 服务器、DNS 服务器和 NAT 服务器。它会使用网络地址转换（NAT）及网关将多台计算机接入 Internet，而只用一个公共的 Internet 协议（IP）地址，这是从外部能看到的惟一的 IP 地址。处于内部网络的计算机则总是使用私有 IP 地址（如 192.168.0.136）。

通常，我们把直接与网络发生接触的计算机称为“Internet 连接共享服务器”，将其他连接到这台服务器的计算机称为客户机。服务器必须使用两块网卡：一块用于连接内部网，另一个连接到 Internet。在 Internet 连接共享（ICS）开启后，与内部网络连接的“本地连接 2”的“Internet 协议版 4（TCP/IPv4）”中的 IP 地址会自动被设置为 192.168.0.1，如图 6-27 所示。

由于这个原因，网络中只能有一台计算机的 ICS 功能被开启。如果存在两个或更多的局域网（LAN），比如一个无线网络和一个有线网络，这时可以配置一个网桥——实质上是创建一个单一逻辑的网络。

Internet 连接共享（ICS）功能可以向若干不同的操作系统提供 Internet 连接，只要那些平台支持 TCP/IP 协议就可以使用 ICS。伴随着 ICS 功能的开启，固化的 DHCP 服务器可以手动或自动地向 ICS 客户端指定 IP 参数。DHCP 服务器向 DHCP 客户端分配的 IP 地址范围是 192.168.0.2~192.168.1.25x。

当主机的 ICS 开启后，会出现如下变化：

- 与内部局域网连接的网卡 IP 地址会被自动设置为 192.168.0.1（取消 ICS 功能后会自动消失）。
- 服务器开始扮演网络地址转换器的角色。
- 启动 Internet 连接共享（ICS）的计算机会开启一个 DNS 代理服务，将 ICS 客户端的 DNS 请求传送到 Internet 上的 DNS 服务器。
- AutoDHCP 服务启动，向 DHCP 客户端分配 IP 地址。
- Windows 防火墙的例外中，将自动勾选“Internet 连接共享”项，如图 6-28 所示。

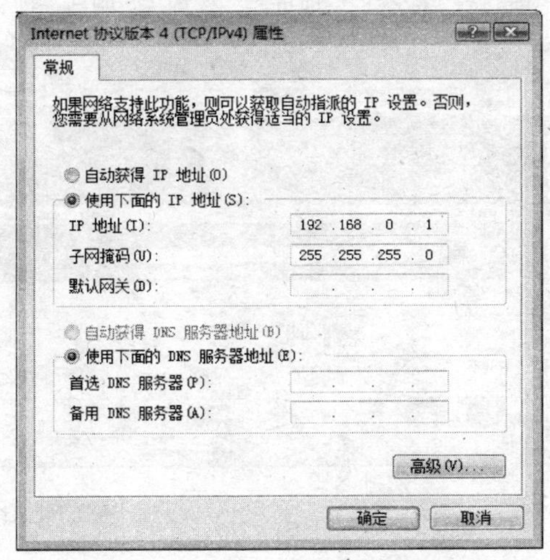

图 6-27

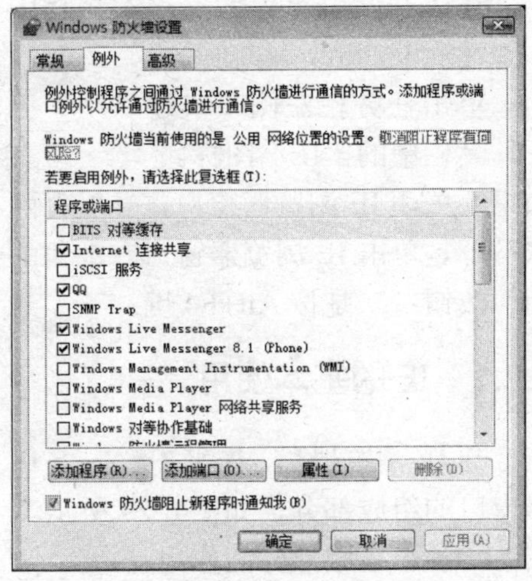

图 6-28

如果在完成上述“Internet 连接共享”功能设置后，客户机还是不能上网。那么首先要检查的就是 Windows 防火墙——例外列表中的“Internet 连接共享”项的复选框一定要处于勾选状态。关于 Windows 防火墙功能的应用，请见“10.2.1 防火墙”小节中讲解的内容。

6.2 IE 浏览器的应用

学电脑就要学上网，已经成为了一种趋势。在上网冲浪的时候，必须有个浏览信息的窗口才行，这个浏览的窗口，我们将其称之为“浏览器”。在 Vista 中有一个集成的浏览器组件，它就是“IE”浏览器（简称 IE）。日常生活中所提到的“上网”，指的就是使用 IE 浏览器打开网页的操作。

在 Vista 中，IE 的版本已经升级到了 7，它全新的界面设计下具有很多的新功能。比如说，IE7 在安全方面就包括了以下的功能：

- 仿冒网站筛选。
- 保护模式。
- 弹出式窗口阻止程序。
- 加载项管理器。
- 当网站试图将文件或软件下载到计算机时进行通知。
- 数字签名。
- 用来使用安全网站的 128 位安全（SSL）连接。

虽然 IE7 具有相当多的新功能，但是我们也不必对其望而生畏。其实终端用户对 IE7 的应用也是很简单的——使用 IE 浏览器上网浏览。启动 IE 浏览器的方法非常多，通常可以使用如下几种方法：

- 单击“开始”菜单左侧窗格顶部的 Internet 菜单；
- 双击任意一个网页文件，如 Index.htm 文件。
- 在“开始”菜单的“搜索”栏中输入 Iexplore.exe 命令。
- 单击任务栏左侧“快速启动”工具栏中的“IE”图标。

如果要关闭 IE 浏览器窗口，一般有两种方法：一是单击 IE 浏览器窗口右上角的“关闭”按钮；二是按 Alt+F4 键。

6.2.1 IE 的基本使用

在打开 IE 浏览器后，先来了解一下 IE 浏览器窗口的组成部分，如图 6-29 所示。

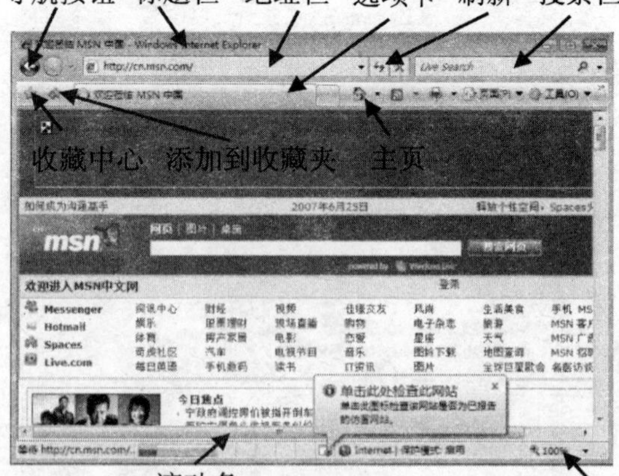

图 6-29

其中，各个组成部分的作用是：

- 标题栏：用于显示当前正在访问的网站名称，如“中央电视台网站”。
- 导航：和 Vista 的文件夹窗口作用一样，用于前进或后退到某个路径中。
- 地址栏：用于输入或显示当前访问网站的网址，比如说要访问“中央电视台网站”的话，就要在这里输入 www.cctv.com 这个网址。

提示

什么是网址呢？打个比方吧！邮递员想送信给我们，就必须知道我们的工作单位地址或家庭住址。同样，在 Internet 中要访问一个网站或一个网页，也必须知道它的地址才行。该地址被称为统一资源定位器(URL)。例如，Microsoft 主网站的 URL 为 http://www.microsoft.com。

- 刷新：此按钮用于查看最新的页面内容，比如说当前浏览器中的内容每 5 分钟变换一次，那么就可以每隔 5 分单击一次此按钮，使最新的页面显示出来。
- 搜索栏：这里的搜索引擎默认使用的是“Live Search”，在单击右侧的下向箭头弹出的菜单中，可以进行相关的设置，如图 6-30 所示。
- 工具栏：一些针对 IE 浏览器的常见功能均可以在这里找到。

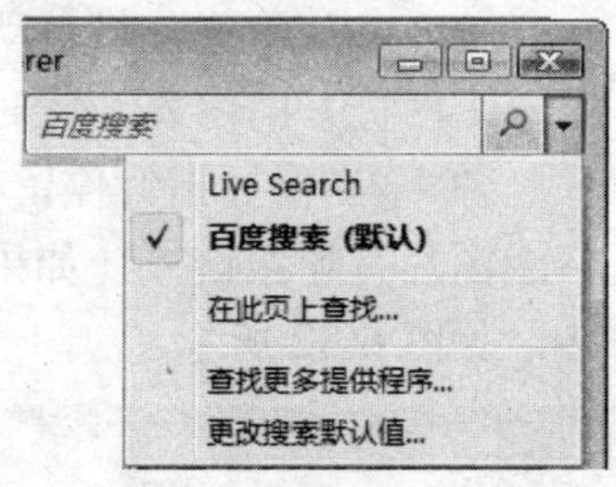

图 6-30

（1）收藏中心

在单击此按钮展开的任务窗格中可以看到收藏夹中的网址、访问过网站历史记录和收藏的“源”列表（关于“源”的应用，可以参考“5.5.1Windows 边栏”小节中第 2 部分的相关内容，以及本章“6.2.2 多方面使用 IE”小节中第 4 部分的内容）。

（2）添加到收藏夹

在单击此按钮展开的任务窗格中，可以将一个或一组网址添加到收藏夹，可以将收藏夹中的内容导入或导出，还可以对收藏夹进行整理。

（3）选项卡

选项卡是 Vista 中为 IE7 设计的新功能，它最受终端用户欢迎。它彻底解决了以往 IE 浏览器中“一个浏览器窗口同一时间只能访问一个网址”的问题。通过不断单击“新选项卡”，可以在一个 IE 浏览器窗口中打开多个选项卡，并可以在每个选项卡中访问一个网址。

（4）其他按钮

关于其他按钮的作用及应用方法，请见 6.2.2 小节中相关的内容讲解。

- 页面浏览窗口：在 IE 浏览器的中间部分，显示了当前正在访问的网站内容。
- 滚动条：滚动条有右侧竖向和下方的水平两种，它们都会在一屏无法显示完当前网页内容时出现，通过拖动它们可以显示更多的内容。
- 状态栏：在状态上也有几个工具，如安全级别、缩放级别等。相关的应用方法请见本小节中及 6.2.2 小节中相关的内容讲解。

1．浏览网上新闻

对于新手来说，第一次上网总是充满了神秘感。其实上网很简单，只要掌握 IE 浏览器的使用方法，就可以在网络中自由驰骋了。下面，以上网浏览新闻为例，讲解一下相关的应用方法。目前国内知名新闻网站有很多，如：

人民网：http://www.people.com.cn

新浪网：http://news.sina.com.cn

新华网：http://www.xinhuanet.com

千龙网：http://www.qianlong.com

下面就来访问一下“中央电视台”网站提供的新闻，需要执行如下操作：

01 打开 IE 浏览器窗口。

02 在 IE 浏览器的“地址栏”中输入“中央电视台”网站的网址 http://www.cctv.com，如图 6-31 所示。

输入网址时无需输入 http://，这是因为 IE 浏览器会在按下 Enter 键后自动补上它。

03 IE 浏览器将自动寻找到网址对应的网站，并打开网站提供的首页（默认显示的第一个网页）的内容，此时就可以看到大量的新闻标题或图片了。

04 当鼠标指针停留在一处新闻文字或图片上方时，如果指针显示为手形则表示此文字或图片有超级链接，如果指针还是显示为箭头形状，则表示此文字或图片并没有超级链接，如图 6-32 所示。

图 6-31

图 6-32

文字或图片如果有超级链接的话，表示其下有具体的内容可供阅读，比如单击某个新闻标题超级链接后，在打开的窗口中将显示此标题对应的新闻内容。

超级链接既可以实现一个页面中标题与具体内容的跳转，也可以实现不同网页之间的跳转，还可以实现网站之间的跳转。

当连续访问了多个网站或同一网站的多个页面时，可以通过单击工具栏最左侧的“返回”和“前进”导航按钮，在曾经访问过的网站中快速切换——如果“返回”或“前进”按钮变成灰色，那么表示已经是最后或最前的一页。如果不想一次次地按“后退”和“前进”按钮，也可以单击按钮右侧的向下箭头，在弹出的下拉列表中直接单击选择要访问的网站或页面即可，如图 6-33 所示。

提 示

有些鼠标的中部会有一个滚动轮，在浏览超长网页时，可以转动这个滚动轮，这样可以让网页向上或向下滚动浏览。从而省去了拖动滚动条的操作。

在浏览网页时，随时都可以单击 IE 浏览器窗口右上角的“关闭”按钮结束浏览操作。

最后再说一下网站、网页和网址的关系，一个网站如同一个家庭，网页如同家庭成员，而网址则如同家庭地址。网民要通过网址才能找到网站，找到网站才能浏览其中的具体网页同容。

2．选项卡浏览

选项卡式浏览是 IE7 中的一项新功能——要查看当前 IE 浏览器的版本号，只需执行如下操作即可：

打开一个 IE 浏览器窗口，选择“帮助”→“关于 IE”命令。如果工具栏过长窗口无法显示的话，会在工具栏最右侧出现一个向右双箭头，单击它那些没有显示出来的命令按钮会以弹出菜单形式显示出来，如图 6-34 所示。

图 6-33

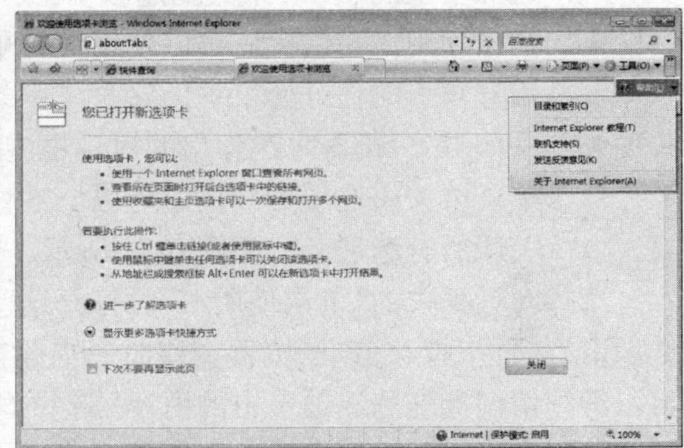

图 6-34

在弹出的对话框中就可以看到 IE 的版本说明了，如图 6-35 所示。

选项卡功能允许在一个浏览器窗口中打开多个网站，在使用新选项卡打开网页后，通过单击选项卡可以在这些网页中进行切换——也可以使用“快速导航选项卡”轻松地切换到其他选项卡。使用选项卡方式打开网页的优势在于可以在一定程度上减少了 IE 浏览器对系统资源的占用。

要在 IE 浏览器中打开新的选项卡，可要通过执行如下操作来实现：

- 单击选项卡上的“新建选项卡”按钮，如图 6-36 所示。
- 在 IE 浏览器窗口处于选中状态的情况下按 Ctrl+T 键。
- 在按下 Ctrl 键不放的情况下单击任意一个超级链接。
- 右击超级链接在弹出的菜单中选择“在新选项卡中打开”。
- 如果使用滚轮鼠标可以使用滚轮单击链接来打开新选项卡。
- 在当前任一个选项卡上方单击右键，选择“新建选项卡”。

图 6-35

图 6-36

如果要在 IE 浏览器中关闭选项卡，可要通过执行如下操作来实现：

- 在打开两个或两个以上的选项卡时，使用鼠标单击任意一个选项卡，选项卡的右侧将出现“X”按钮。此时可以单击选项卡上的“X”来关闭选项卡。
- 如果使用滚轮鼠标，可以使用滚轮单击选项卡的任意处来关闭它。
- 关闭 IE 浏览器时在弹出的对话框中，单击“关闭选项卡”按钮可以一次性关闭所有选项卡，如图 6-37 所示。

图 6-37

选择对话框中的“下次使用 IE 时打开这些选项卡”，下次打开 IE 浏览器窗口时，当前窗口中被关闭的选项卡将会再次被打开，进而可以继续访问到这些选项卡中的内容。选择“不再显示此对话框”，这个对话框将不再显示。

- 在当前任一个选项卡上方单击右键，在弹出的菜单中选择“关闭”项可以将当前所选的选项卡关掉；选择“关闭其他选项卡”，则可以将除了当前所选的选项卡之外的所有选项卡一次性关掉，如图 6-38 所示。

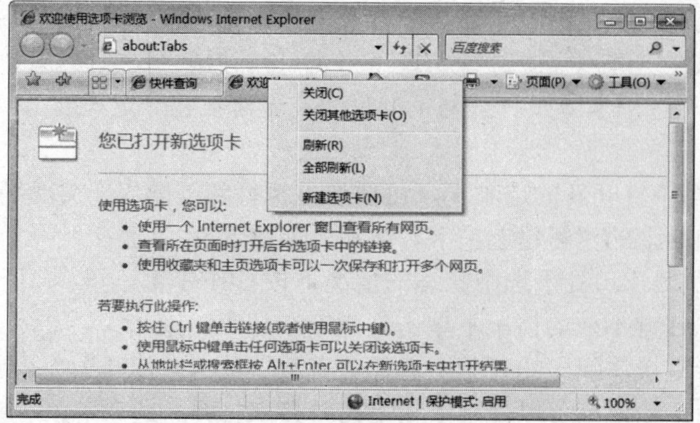

图 6-38

在打开两个或两个以上的选项卡时，可以执行如下的一些操作：

（1）切换

要完成选项卡之间的切换，只需使用鼠标单击所需选项卡即可。

（2）添加到收藏夹

如果要将一个选项卡添加到收藏夹，只需执行如下操作：

01 使用鼠标单击所需要选项卡。

02 单击工具条左侧的“添加到收藏夹”按钮，在弹出的下拉列表中选择“添加到收藏夹”（或按 Ctrl+D），如图 6-39 所示。

03 在弹出的“添加收藏”对话框中单击“添加”按钮即可完成收藏任务，如图 6-40 所示。

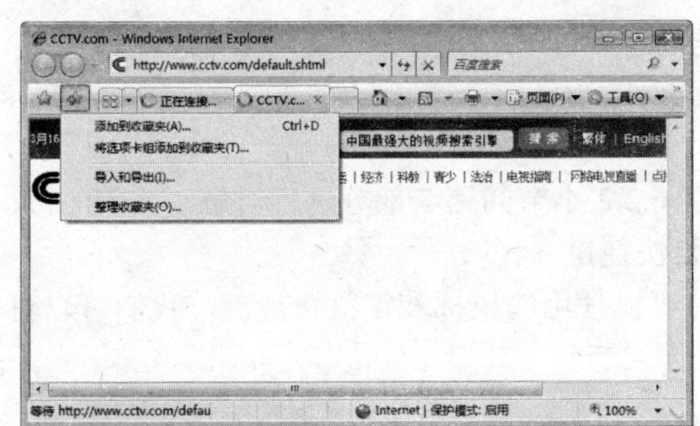

图 6-39

图 6-40

- 名称：在这里既可以使用默认的名称，也可以设置新的名称。
- 创建位置：在这里可以选择将收藏的网址添加到收藏夹的哪一级文件夹中，默认会添加到“收藏夹”这个根目录下。
- 新建文件夹：在收藏夹中创建一个新的文件夹来存放这个网址。根据“创建位置”中选择的路径不同，单击此按钮后创建的文件夹所属路径也是不同的。比如说在选择“收藏夹”时单击此按钮，则表示在收藏夹的根目录下创建一个文件夹。

如果经常需要同时访问几个网站，可以将其组合作为一个项目添加到“收藏夹”中。这样，在以后要同时访问这些网站时，只需打开收藏夹中的相应项目即可一次性访问这些网站了，而不再需要我们手工打开多个选项卡并逐个输入网址。执行操作如下：

01 在 IE 浏览器中打开多个要访问的选项卡。

02 单击“添加到收藏夹”按钮，在下拉菜单中选择“将选项卡组添加到收藏夹”。

03 在弹出的“收藏中心”对话框中为选项卡组命名，单击“添加”按钮即可，如图 6-41 所示。

04 以后单击“收藏中心”按钮或按“Alt+C”展开收藏夹项目列表，即可通过单击收藏的单个网址或内含“一组选项卡”的项目名称来访问相应的网站了，如图 6-42 所示。

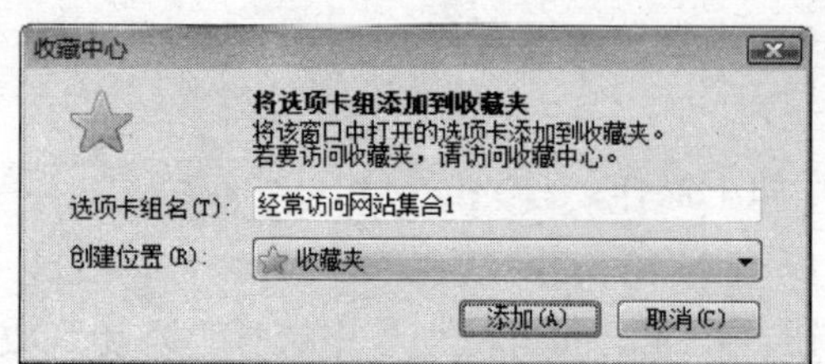

图 6-41

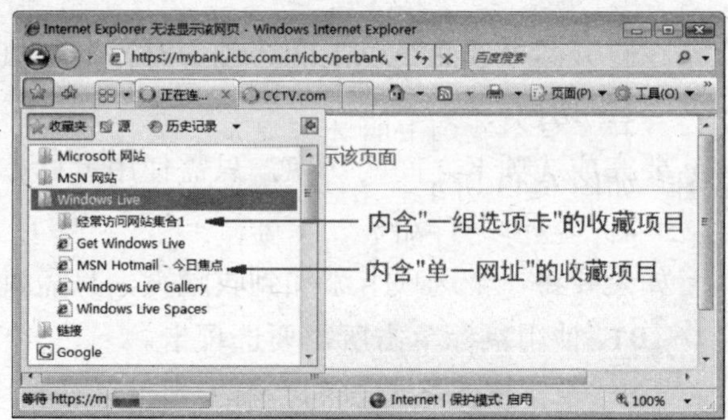

图 6-42

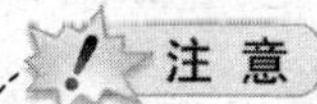

注 意

内含“一组选项卡”的收藏项目图标与内含“单一网址”的收藏项目图标是不一样的，前者是一个文件夹图标。

关于将收藏夹内容导出/导入的操作，将在 6.2.2 小节的第 5 部分进行讲解。

（3）使用选项卡时可以使用的鼠标和键盘快捷键

在表 6-1 中列出了使用选项卡浏览方式时可以使用的鼠标和键盘快捷键，我们可以对此加以了解——只需记忆其中最常使用的部分即可。

表 6-1

执行的操作	按　　键
在后台打开新选项卡中的链接	Ctrl+单击
在前台打开新选项卡中的链接	Ctrl+Shift+单击
在前台打开新选项卡	Ctrl+T 或双击选项卡行上的空白处
切换选项卡	Ctrl+Tab 或 Ctrl+Shift+Tab
关闭当前选项卡或当前窗口（没有打开的选项卡时）	Ctrl+W 或 Alt+F4
在前台从地址栏中打开新选项卡	Alt+Enter
切换到特定的选项卡号	Ctrl+n（其中，n 是介于 1 和 8 之间的数字）
切换到最后一个选项卡	Ctrl+9
关闭其他选项卡	Ctrl+Alt+F4
打开快速导航选项卡（缩略图）	Ctrl+Q
使用滚轮鼠标在选项卡中打开链接	使用鼠标滚轮单击链接
使用滚轮鼠标关闭选项卡	使用鼠标滚轮单击选项卡

（4）快速导航选项卡

在 IE 中同时打开多个网页时，每个网页都会在一个单独的选项卡上显示。这些选项卡可以方便我们在打开的网站之间进行切换。而“快速导航选项卡”则提供另外一种切换的方法——它将为所有打开的选项卡提供一个缩微视图模式。这将会进一步方便我们查找要访问的网页。

要打开快速导航选项卡，需要单击选项卡左侧的“快速导航选项卡”按钮——此按钮仅在打开了多个选项卡时才会显示。在 IE 浏览器窗口中，可以看到单击此按钮后出现的缩略图，如图 6-43 所示。

此时，可以执行如下几项操作：

- 单击任意一个网页的缩略图，当前窗口将立即跳转到该选项卡，进而可以浏览到该选项卡对应的页面内容。
- 单击任意一个网页的缩略图右上角的“关闭选项卡”按钮，可以关闭该缩略图及对应的选项卡。
- 单击“快速导航选项卡”按钮右侧的箭头，会显示之前打开的所有网站的列表。若要切换到不同的网站，只需单击列表中的站点名称即可，如图 6-44 所示。

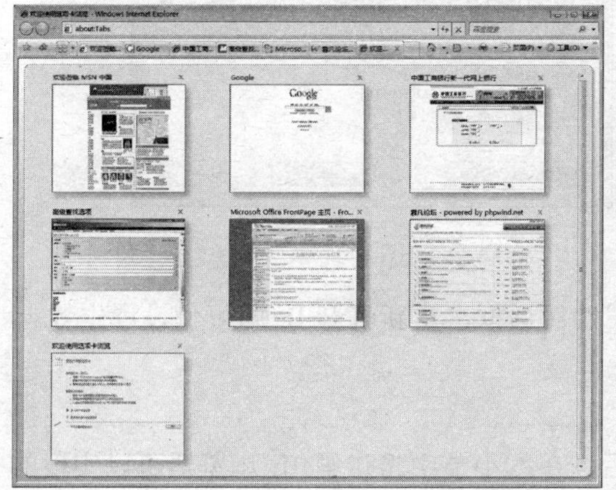

图 6-43

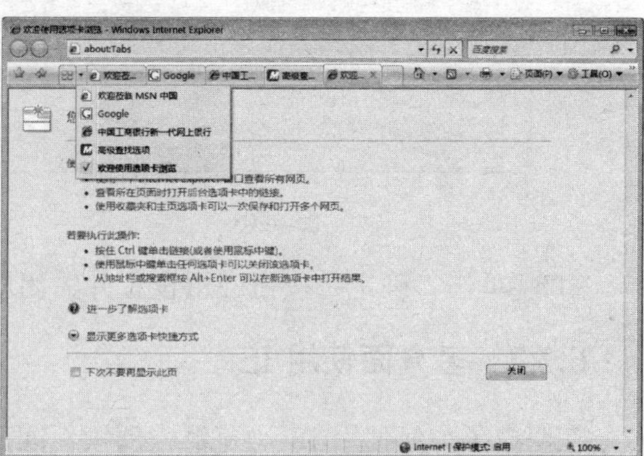

图 6-44

- 单击“快速导航选项卡”按钮或 IE 浏览器窗口中除了缩略图外的任意处，即可关闭快速导航选项卡视图。

（5）关闭/启用选项卡浏览方式

我们可以控制选项卡浏览方式的启用与关闭。

01 打开一个 IE 浏览器窗口。

02 选择“工具”→“Internet 选项”命令，如图 6-45 所示。

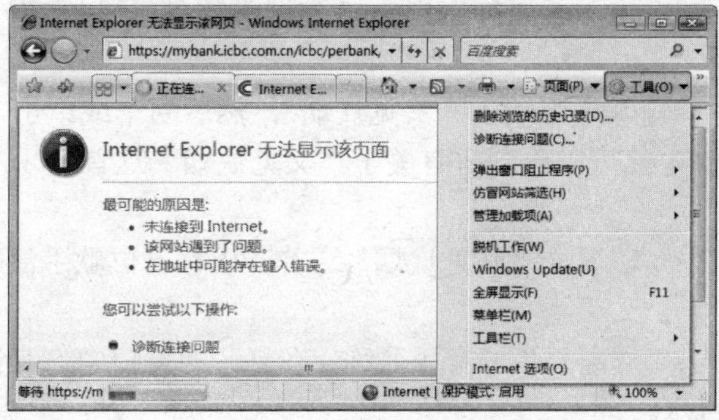

图 6-45

03 在弹出的对话框中单击“常规”选项卡中“选项卡”部分的“设置”按钮，如图 6-46 所示。

04 在弹出的对话框中通过取消或选择“启用选项卡式浏览”来设置是否使用选项卡，如图 6-47 所示。

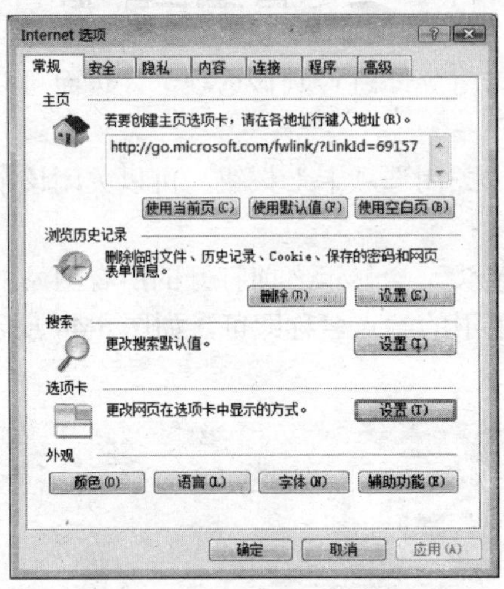

图 6-46

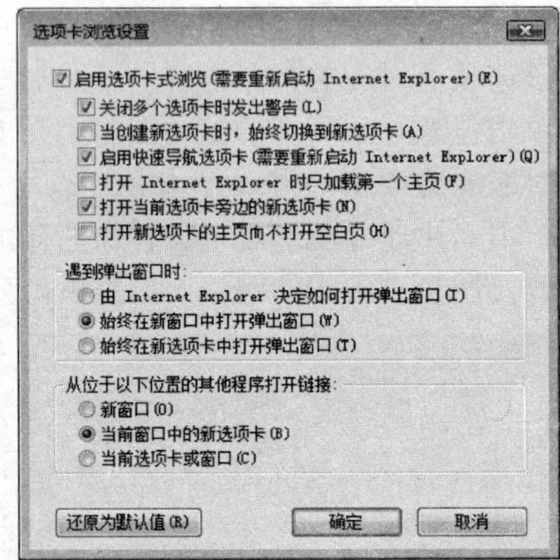

图 6-47

05 单击“确定”按钮应用设置并关闭属性对话框，重新打开 IE 即可使设置生效。

6.2.2 多方面使用 IE

在明白了如何使用 IE 浏览器去阅读新闻后，在本小节中将讲解 IE 浏览器可以实现的一些其他应用。

1. 下载音乐

IE 浏览器除了可以访问网站外，还可以将网站中的一些资源下载到当前计算机的硬盘或其他存储介质中。要想随心所欲地获得音乐，通过网络下载是个最好的办法。下面以下载邓丽君演唱的“又见炊烟.mp3”这首 MP3 格式的音乐为例，介绍一下如何进行操作：

01 打开 IE 浏览器并在地址栏中输入“百度”搜索引擎音乐搜索的网址 http://mp3.baidu.com 后回车。

02 在打开的页面中由于希望搜索到 mp3 格式的文件，所以选中 mp3 选项，如图 6-48 所示。

03 在搜索关键字输入栏中输入“又见炊烟”，然后回车或单击“百度搜索”按钮，在打开的搜索结果窗口中就可以看到所有关于“又见炊烟”这首音乐的搜索结果列表了，如图 6-49 所示。

04 在歌手列表中可以看到“又见炊烟”这首音乐有多位歌手演唱过，这些音乐都可以试听或下载。

05 单击歌手名为“邓丽君”的音乐名称，在打开的窗口中右击链接网址选择“目标另存为”，如图 6-50 所示。

06 接着 IE 浏览器的下载功能首先会对下载网址进行探测，如图 6-51 所示。

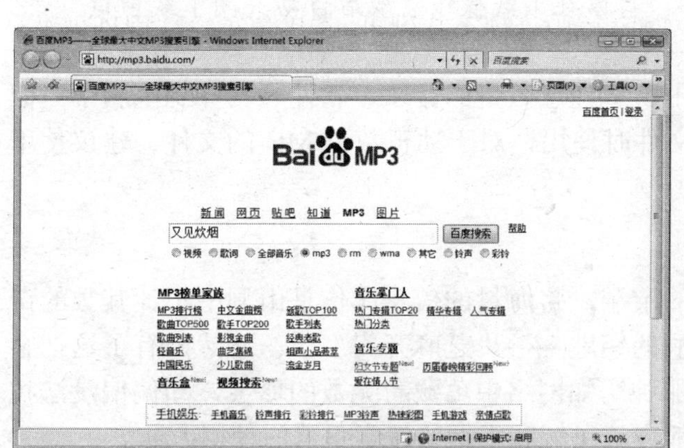

图 6-48

图 6-49

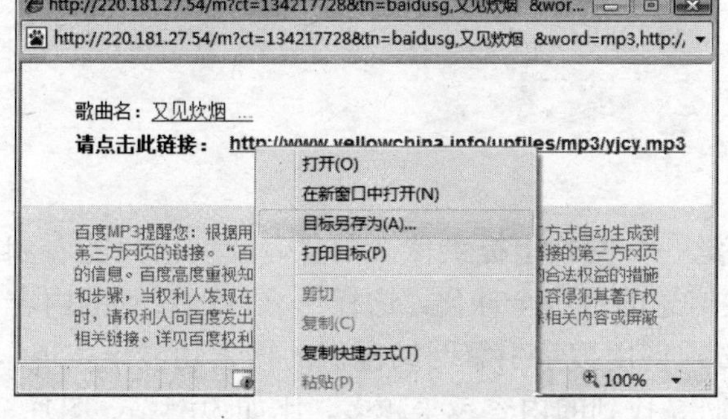

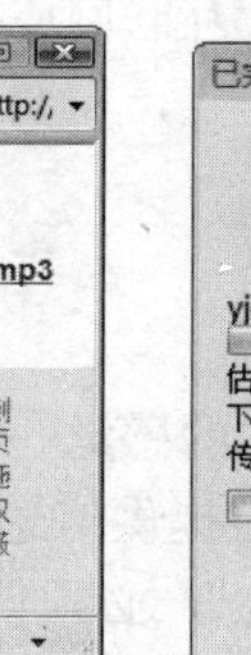

图 6-50

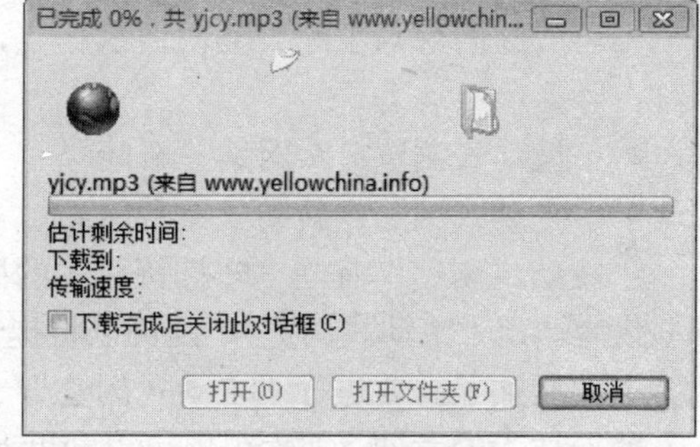

图 6-51

07 只有当 IE 浏览器确认下载网址真实有效时才会弹出“另存为”对话框，此时应为下载的音乐选择一个存储它的文件夹，如图 6-52 所示。

08 单击“保存”按钮，就会看到下载窗口中显示的下载进度，如图 6-53 所示。

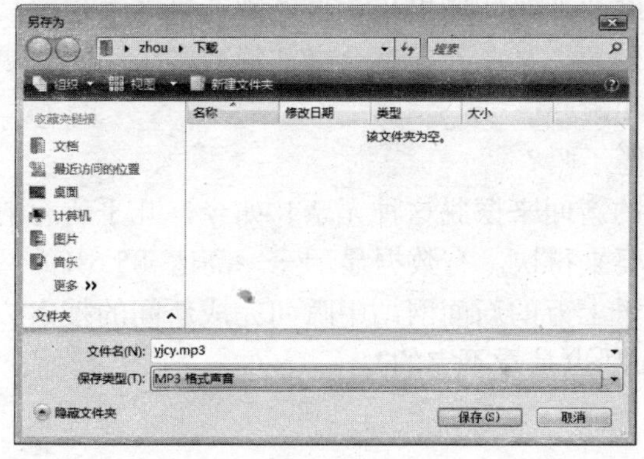

图 6-52

图 6-53

在下载完成会自动关闭下载窗口，在指定的存储文件夹中就可以找到下载的音乐了，此时可以使用 Windows Media Player 来播放它。

提示

选择“下载完毕后关闭该对话框”，可以在下载操作完成后自动关闭下载窗口。

通过上述的方法，我们可以在网络中下载任意数量的音乐、软件等文件到电脑中。但是，这样的下载功能仅适合下载较小的文件时使用，对于动辄数百 MB 的文件，建议使用 FlashGet 等专业下载软件来完成。

2．网络搜索

如果将互联网看作是阿里巴巴发现的宝洞，将海量的信息比作是山洞中不计其数的奇珍，那么搜索引擎就是阿里巴巴开启宝洞的钥匙——“芝麻开门”了。显然，有了这把金钥匙，我们在畅游网络时就再也不会有那种明知网络中蕴藏着无数的珍宝，却偏偏没法找到的尴尬了！下面将讲解任何网络用户都应该了解和掌握的搜索引擎的使用方法。

（1）认识搜索引擎

面对互联网上仅次于邮件的第二大互联网应用——搜索引擎，我们怎样才能让它成为自己不可或缺的好帮手呢？要明白这一点，需要知晓搜索信息有“被动式”和“主动式”两种：

- 被动式浏览：A 网站→新闻
- 主动式浏览：新闻→无数网站

“被动式浏览”有些“守株待兔”的感觉——网站上提供什么信息，我们就只能看到哪些内容。而“主动式浏览”，则可以将提供信息的范围全球化，这样一来可以看到的内容就会大大增加了。要进行“主动式浏览”，必须使用搜索引擎网站提供的搜索功能来实现。

随着技术的发展，搜索引擎可以帮助我们寻找到的内容越来越多，比如说网站、图片、音乐、文字、软件等。

（2）搜索新闻

以往我们都是通过报纸和电视来获取新闻，每年因此至少要花费 180 元的有线收视费+500 元以上的报刊费。这些钱属于计划内支出，所以并不会构成压力。但是，最令人头疼的是什么呢？是苦苦等待新闻来临的迟缓！报纸总要等印刷出来、再经邮递员之手送来后才能阅读。电视总是会定时播放，绝不会因我们急需某条新闻就会提前播放半个小时，更要命的是大量广告的穿插常让我们失去了兴趣和耐心……

面对这种数十年如一日的阅读环境彻底厌倦了吗？

值得庆幸的是，我们可以通过阅读网站上的新闻来摆脱这种无奈！如今，几乎所有的新闻，网站上都比央视新闻联播和所有的报纸要来得快。有数据显示——高达 85.6%的网民对新闻的搜索情有独钟！搜索引擎可以在成千上万的新闻网站中瞬间完成新闻的搜索！如此充足的新闻来源，我们就是 24 小时不休不眠也是看不完的！

常用的搜索引擎网站有：

谷歌搜索：http://www.google.com

百度搜索：http://www.baidu.com

雅虎搜索：http://cn.yahoo.com/

通过执行如下操作，可以使用“谷歌”网站提供的搜索引擎功能进行新闻搜索：

01 打开 IE 浏览器并在地址栏中输入“谷歌”搜索引擎网站的网址“www.google.com”。

02 在打开的打开“谷歌”搜索引擎网站的首页页面中可以看到搜索引擎网站的页面非常简单，如图 6-54 所示。

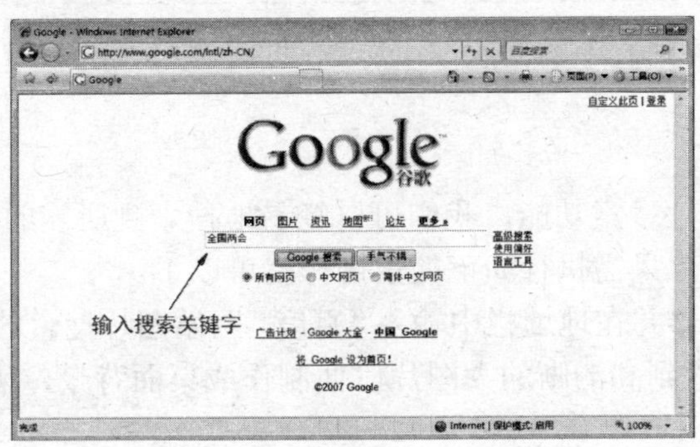

图 6-54

03 将要搜索的新闻标题或内容关键字、词输入到“搜索关键字”输入栏中。如要搜索关于“全国两会”的新闻，就直接输入“全国两会”这个关键词即可。

> **提 示**
>
> 关键字就是最重要的字，比如说“中国中央电视台官方网站的网址是什么呢？”这句语中的关键字就是“中央电视台”。关键字宜少不宜多，太多的关键字有时会影响搜索引擎的判断。

04 在输入搜索关键字后单击“百度搜索”按钮，搜索窗口将自动切换到搜索结果列表窗口，如图 6-55 所示。

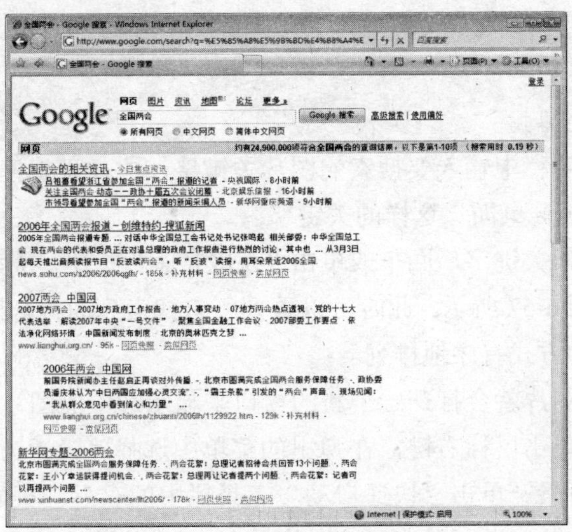

图 6-55

提示

如果搜索结果指向的网站暂时因维护等原因关闭了，那么单击每条搜索结果右下角的“网页快照”链接，可以打开搜索服务器中暂时存储的页面，这里也可以阅读搜索结果的具体内容。

05 单击搜索结果列表中的任意一个标题，即可在打开的新窗口中看到具体的新闻内容了。

（3）搜索图片

通过搜索引擎的图片搜索功能，我们可以轻易地搜索到所需的图片。以搜索可以设置为桌面背景的图片为例，只需执行如下搜索操作就可以了。

01 打开 IE 浏览器并在地址栏中输入“百度”网站图片搜索的网址 Image.baidu.com。

02 由于希望搜索到高清晰的大图片以便制作成桌面背景，所以选中“壁纸”，如图 6-56 所示。

图 6-56

03 在搜索关键字栏中输入要搜索的图片关键字，比如说想搜索一些 Vista 相关的桌面图片，可以输入“Vista 桌面”这样的关键字。

04 在输入完搜索关键字后回车或单击“百度搜索”按钮，搜索窗口将自动切换到搜索结果列表页面，如图 6-57 所示。此时可以看到所有搜索到的符合要求的图片，这些图片都已经使用了缩略图的方式有序地排列着。

05 用鼠标单击图片就会打开一个新的窗口来显示选中的图片，如图 6-58 所示。

06 在图片上方单击鼠标右键，在弹出的菜单中选择“设置为背景”，可以直接把选中的图片设置为桌面背景。单击“快速启动”工具栏中的“显示桌面”按钮可以看到桌面已经使用新的背景图片了。也可以选择“图片另存为”，将选中的图片保存到电脑中。

图 6-57

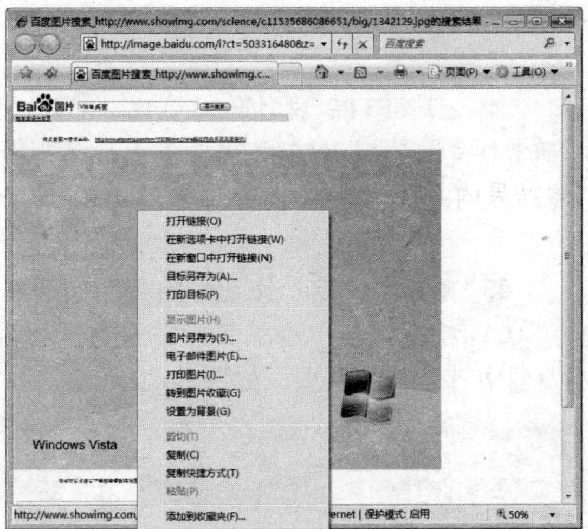

图 6-58

3．FTP 应用

在本小节的第一部分，我们了解到 IE 浏览器具有下载功能，此功能可以帮助我们完成软件、音乐等资源的下载。在这里将讲解如何使用 IE 浏览器进行资源上传的方法。

- 下载：将网络中的资源复制到当前计算机的过程，称之为下载。
- 上传：将当前计算机中的资源复制到网络服务器的过程，称之为上传。

假设，我们购买了一个空间，准备将设计的网站内容上传到上面供大家访问。那么就可以使用 IE 浏览器的上传功能来完成此项操作了。

01 打开 IE 浏览器，在地址栏中输入购买空间时得到的 FTP 服务器网址后回车。

FTP 地址是以 ftp://开头而不是以 http://开头。例如 Microsoft 的 FTP 服务器网址为 ftp://ftp.microsoft.com。

02 在弹出的登录框中输入 FTP 服务器的登录用户名和密码，如图 6-59 所示。

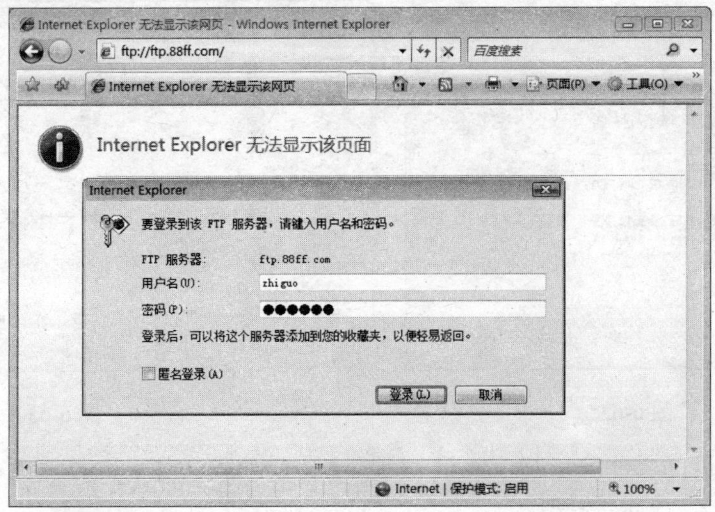

图 6-59

提示

什么是 FTP？文件传输协议“FTP”是用于通过 Internet 传输文件的协议。人们通常将支持使用 FTP 方式上传下载文件的计算机称之为“FTP 服务器”，这样的服务器通常用于建立网站或进行资源共享。

03 单击“确定”按钮后将看到如图 6-60 所示的提示信息。

04 根据提示单击工具栏右侧的“页面”按钮，在弹出的菜单中选择“在 Windows 浏览器中打开 FTP”项，如图 6-61 所示。

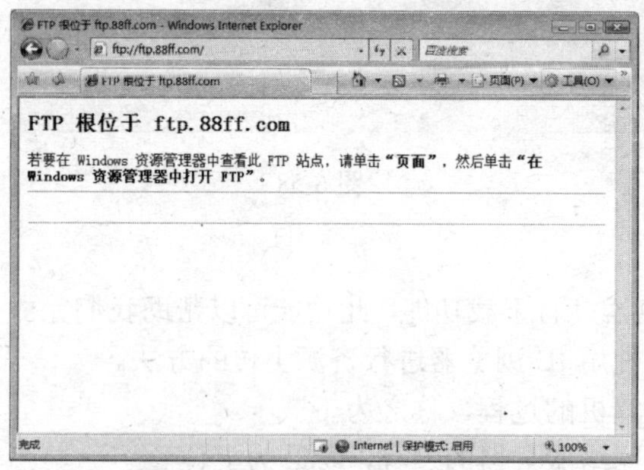

图 6-60

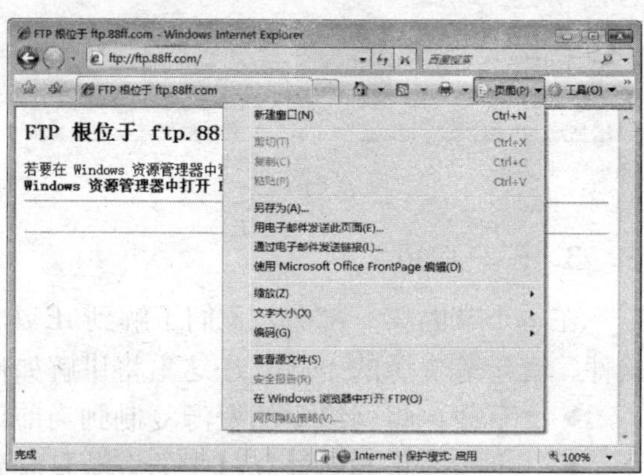

图 6-61

05 在弹出警告对话框中单击“允许”按钮方可继续，如图 6-62 所示。

06 在弹出的窗口中可以看到在左侧的文件夹树中是 FTP 服务器中的资源结构，单击存储了资源的文件夹，右侧窗格中将出现资源的列表如图 6-63 所示。

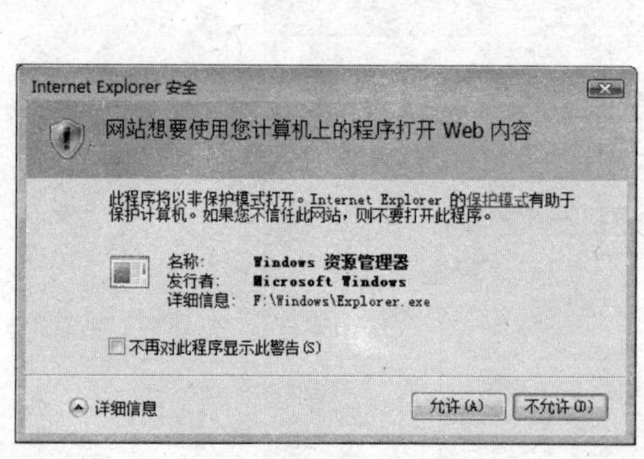

图 6-62

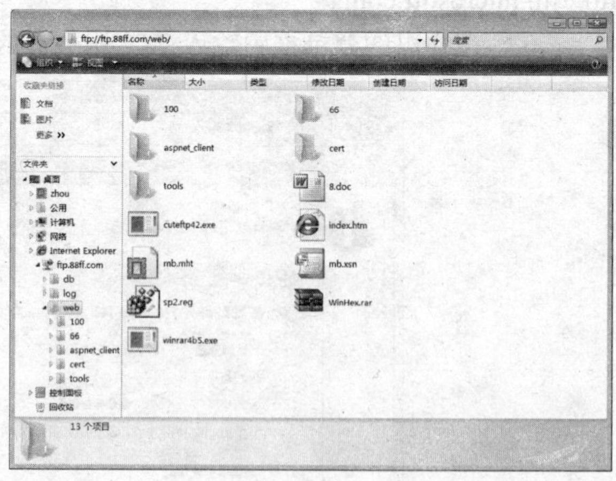

图 6-63

这时就可以进行文件的复制、粘贴来完成上传或下载任务了。当然也可以根据需要决定是否进行重命名、删除等操作。

4．源

在本书前面的 Windows 边栏小节中，以实例的方式讲解了“源”的应用。下面，让我们来具体了解一下“源”功能的应用。

源，也可以称之为“RSS 源”（Really Simple Syndication，真正简单的整合）、“XML 源”、“综合内容”或“Web 源”。源功能通常被应用于新闻和博客网站。

实际上，“源”就相当于一组某些特定网页内容的“收藏夹”。通过收藏的“源”，我们可以看到一组网页中最新的内容列表，而不必去逐个打开这些页面来查看最新内容。

要收藏源，可以分为两种情况：一是 IE 可以发现的源收藏；二是 IE 不可以发现的源收藏。

（1）收藏 IE 可以发现的源

对于一些 IE7 认为具有“源”特征的站点，比如说 Messenger 空间等。在 IE7 中访问此类网站时，IE 会自动发现并显示源——工具栏上的“源”按钮将呈现颜色变换及可操作状态，如图 6-64 所示。

此时，单击“源”按钮或单击按钮右侧的向下箭头然后在弹出的列表中选择“RSS”，均可以打开如图 6-65 所示的页面。

图 6-64

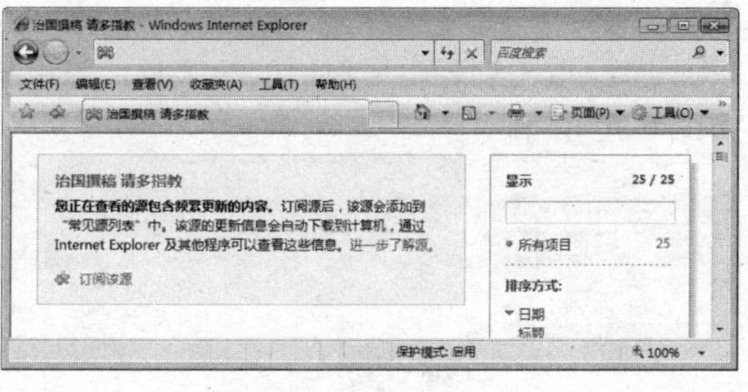

图 6-65

在单击“订阅该源”链接后，将会弹出“订阅该源”对话框。在这里可以直接单击“订阅”按钮把项目收藏到“源”根目录中，也可以单击“新文件夹”按钮在根列表中创建一个子文件夹，进而把项目收藏到相应的位置，如图 6-66 所示。

（2）收藏 IE 不能发现的源

通常，绝大多数具有 RSS 特征的网站是 IE7“无法”自动发现的，这真是一个让人难以理解的现象！以在“网易 RSS 订阅中心”页面中添加源项目为例，介绍一下如何把这些不能识别的源收藏起来。

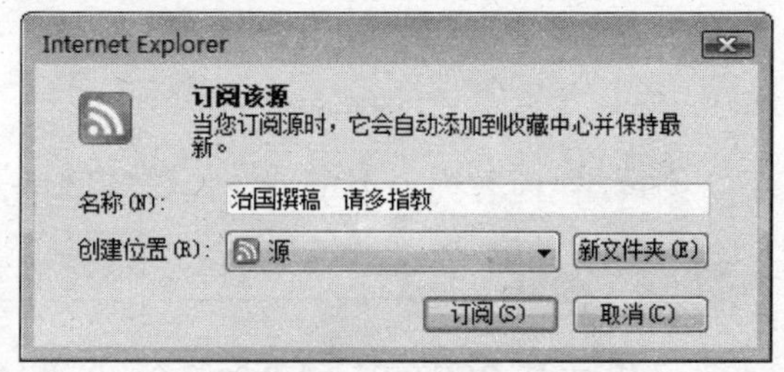

图 6-66

01 在 IE 浏览器中打开网址 http://news.163.com/special/00011K6L/allrss.html，如图 6-67 所示。可以看到工具栏上的“源”按钮并没有发生任何变化，而当前页面却是标准的 RSS 页面。

02 单击“订阅”链接打开 XML 页面，单击“订阅该源”链接弹出的对话框。在对话中可以将源添加到“源”根目录或其下的子文件夹中，如图 6-68 所示。

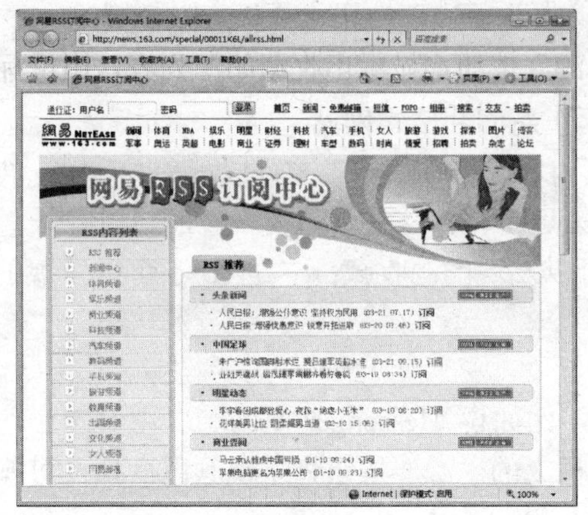

图 6-67

图 6-68

在完成源的收藏后，要在 IE 7 中使用收藏的源项目，可执行如下操作：

01 打开 IE 浏览器，单击工具栏左侧的“收藏中心”按钮或按 Alt+C 键。

02 在展开的“收藏中心”窗格中单击“源”按钮，显示出收藏的源列表，如图 6-69 所示。

03 单击列表中要使用的源项目，可以把当前选项卡浏览的页面转到源的对应页面，如图 6-70 所示。

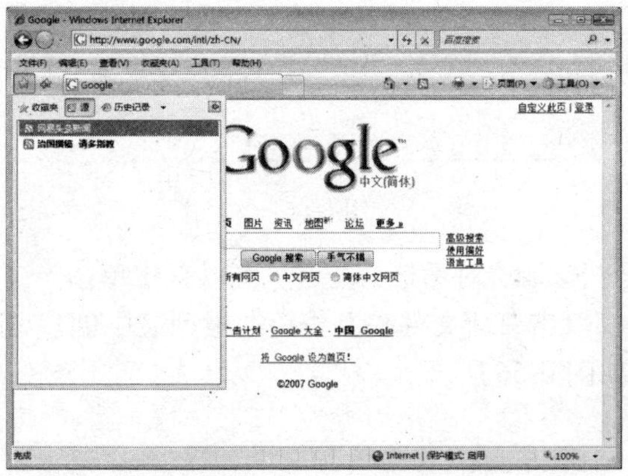

图 6-69

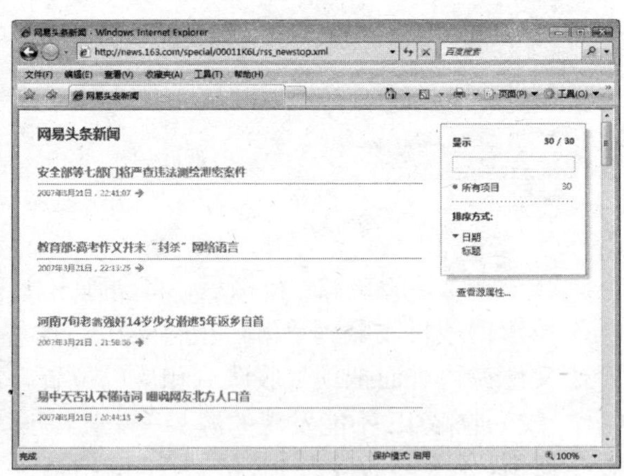

图 6-70

04 在内容列表中单击新闻标题链接，即可打开相应的新闻内容页面了。

提 示

IE 支持 RSS 0.91、1.0 和 2.0，以及 ATOM 0.3、1.0。所有的 Web 源格式都是基于 XML（可扩展的标记语言，一种用来描述与分发结构数据和文档的基于文本的计算机语言）。

除了添加和使用源项目的操作外，我们还可以对源项目或源功能进行一些定制，具体操作步骤如下：

01 打开 IE 浏览器，单击工具栏左侧的“收藏中心”按钮（或按 Alt+C 键）。

02 在展开的“收藏中心”窗格中单击“源”按钮，显示出收藏的源列表，用鼠标右击列表中任一个源项目，在弹出的菜单中选择“属性”项，如图 6-71 所示。

03 在打开的“源属性”窗口中可以对当前收藏的项目进行定制，如图 6-72 所示。

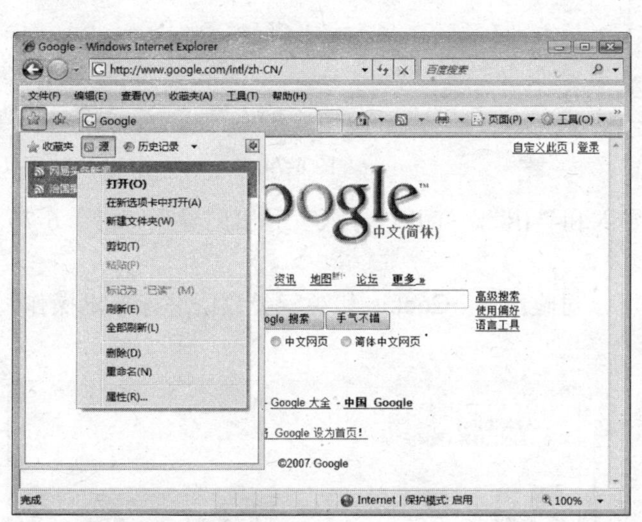

图 6-71

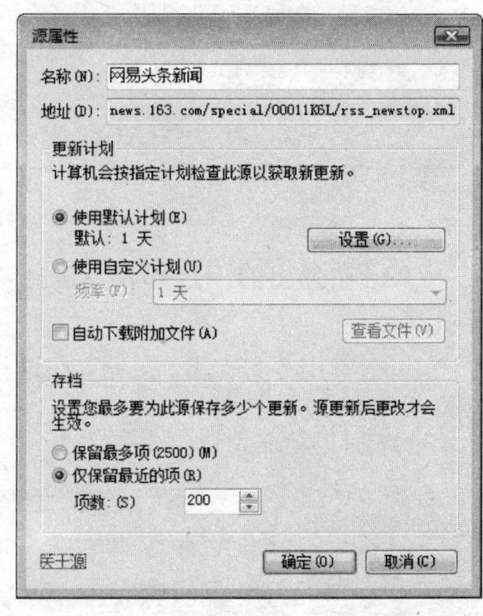

图 6-72

- 名称：在名称栏中可以重新对收藏的源名称进行命名。
- 更新计划：由于源涉及的内容列表会不定期更新，所以在此部分中可以设置对源的内容进行自动检查，以便时获取新的更新。
- 自动下载附加文件：此项功能可以将源项目对应内容中的附加文件也更新到本地。
- 存档：每一个源项目对应的页面中内容的列表项不是无限的，因为太多的列表项也会使浏览起来非常累。通常只需设置有 50~200 个列表项就可以了。

04 单击“设置”按钮打开“源设置”对话框，在“高级”部分可以对源功能进行设置，如图 6-73 所示。

5. 导入/导出

我们可以通过添加收藏夹、源项目等方式，在 IE 浏览器中添加一些数据。此外，IE 浏览器还会允许网站在我们的系统缓存文件夹中添加一些数据，如保存在系统盘里的 Users\zhou（当前登录账户名）\AppData\Roaming\Microsoft\Windows\Cookies 文件夹中的 Cookie 文件。

要将 IE 浏览器中的数据导出备份，在重装 Vista 后及时进行导入恢复，可以进行如下操作：

01 打开 IE 浏览器，单击工具栏左侧的“添加到收藏夹”按钮，如图 6-74 所示。

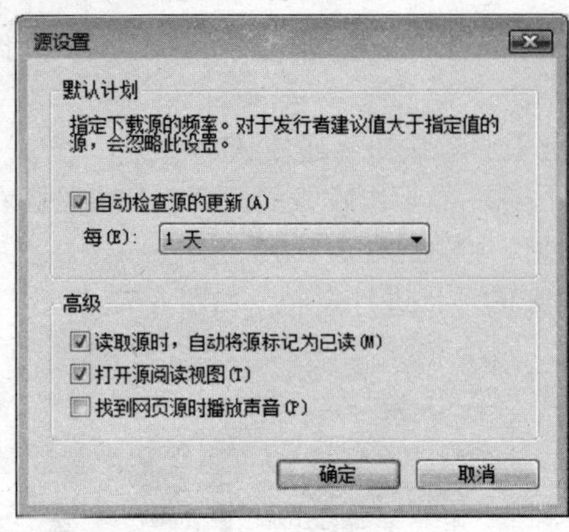

图 6-73

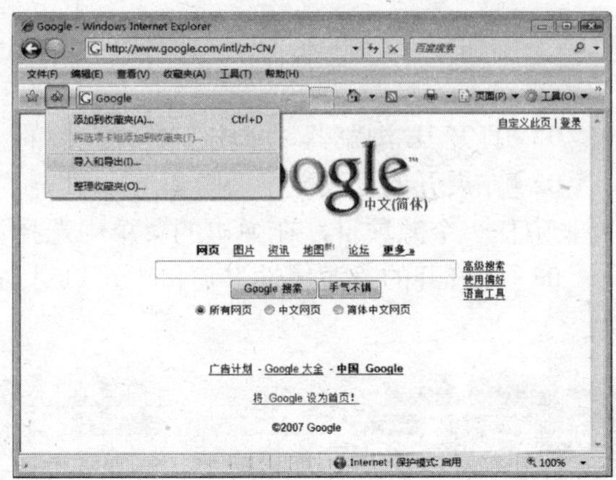

图 6-74

02 在弹出的下拉列表中选择“导入和导出”，打开“导入 / 导出向导”，如图 6-75 所示。

03 单击“下一步”按钮，在这里可以对收藏夹、Cookie 和源三类数据进行导出操作，如图 6-76 所示。

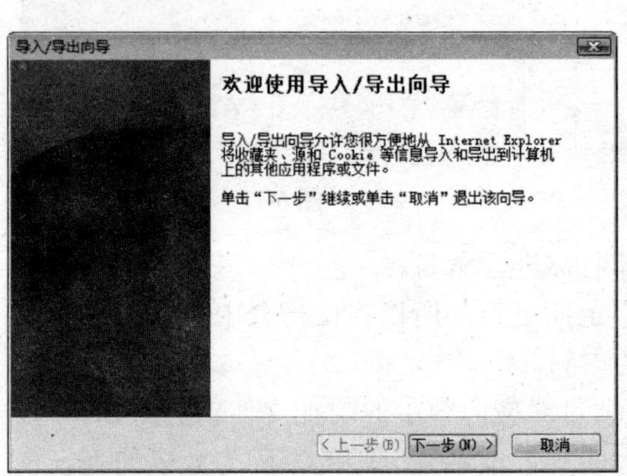

图 6-75

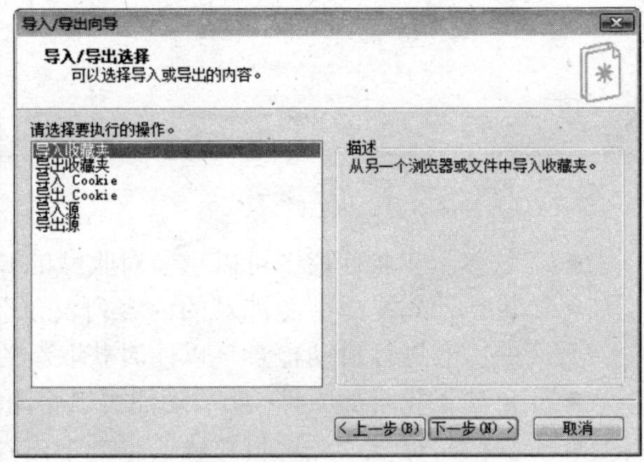

图 6-76

04 选择一种导出项目（这里为“导出收藏夹”），单击“下一步”按钮，在这里需要选择导出收藏夹的哪一部分或全部，如图 6-77 所示。

05 选择导出的范围后单击“完成”按钮即可结束收藏夹的导出操作，如图 6-78 所示。

06 根据导出的数据类型不同，通常可以当前登录账户名的 Documents 文件夹中看到相应的文件：

收藏夹导出的文件是 bookmark.htm；Cookie 导出的文件是 cookies.txt；源导出的文件是 feeds.opml。

为了让导出的文件不会因为系统崩溃等原因而丢失，建议将文件导出或复制到其他非系统分区中。

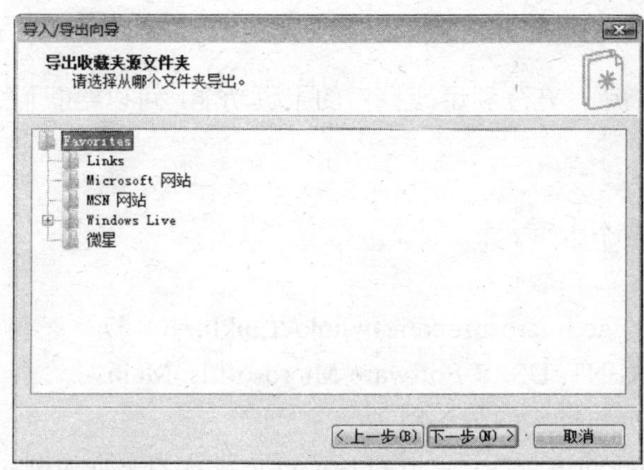

图 6-77

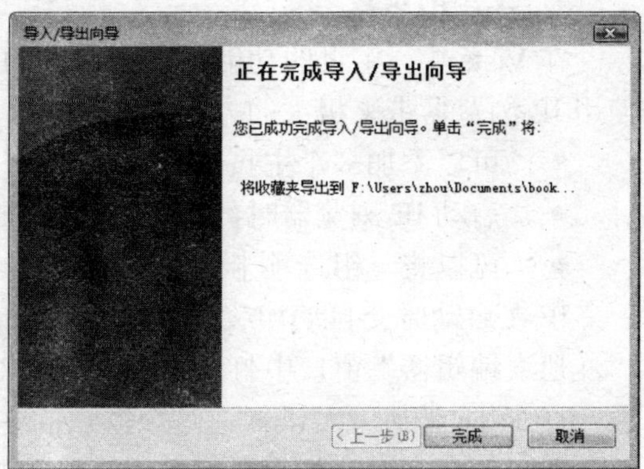

图 6-78

我们也可以将导出的文件导入到当前或其他计算机的 IE 浏览器中，具体操作如下：

01 打开 IE 浏览器，单击工具栏左侧的“添加到收藏夹”按钮。

02 在弹出的下拉列表中单击“导入和导出”项，在打开的向导中单击“下一步”按钮。

03 在进入的界面中可以选择对收藏夹、Cookie 和源三类数据进行导入操作。

04 在选择路径界面中，可以输入或单击“浏览”按钮选择要导入数据的文件所在路径及文件名，如图 6-79 所示。

05 如果是导入收藏夹，则会打开对话框要求选择导入收藏夹的哪一部分或全部，如图 6-80 所示。

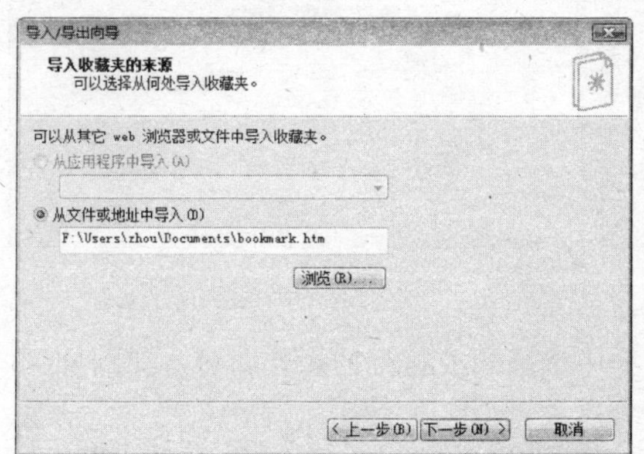

图 6-79

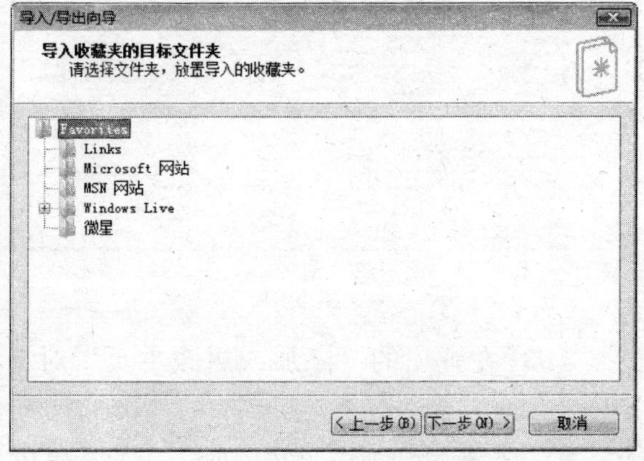

图 6-80

06 根据向导提示单击“下一步”按钮完成数据的导入操作。

在完成导入操作后，在 IE 浏览器中通过单击“收藏中心”按钮，就可以看到刚导入的数据了。

6.2.3 定制 IE

在使用中我们随时可以根据需要对 IE 进行一些定制。在本小节中将讲解一些关于 IE 的定制方法。

1．主页的设置

在 Vista 中，主页的功能得到了大大的增强。充分利用改良后的主页功能，可以给我们使用 IE 浏览器带来极大的方便：

- 可以添加多个主页。
- 启动 IE 浏览器时，可以同时打开多个主页。
- 可以将一组选项卡添加为主页。

IE 在启动时会自动加载默认的主页 http://go.microsoft.com/fwlink/?LinkId=69157——在“注册表编辑器”窗口中打开 HKEY_CURRENT_USER\Software\Microsoft\IE\Main 项，查看 Start Page 键值就可以知道这个默认的主页地址，如图 6-81 所示。

要更改这个默认的主页网址，只需添加新的主页即可。以将当前网页设置为主页为例，可以进行如下操作：

01 在 IE 浏览器中访问准备设置为主页的网址，如 www.google.com。

02 单击“主页”按钮右侧的箭头，在弹出的菜单中选择“添加或更改主页”，如图 6-82 所示。

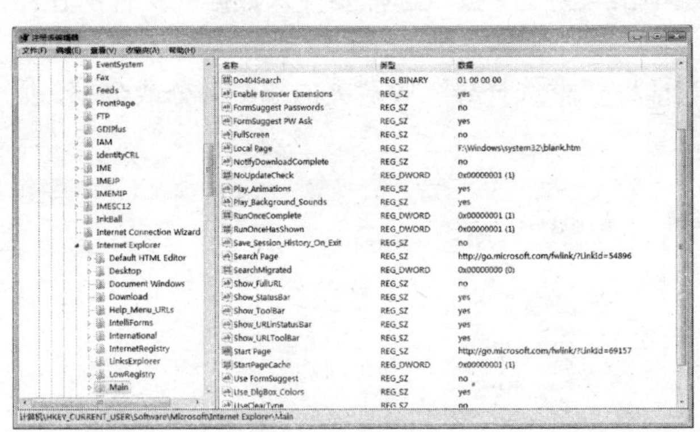
图 6-81

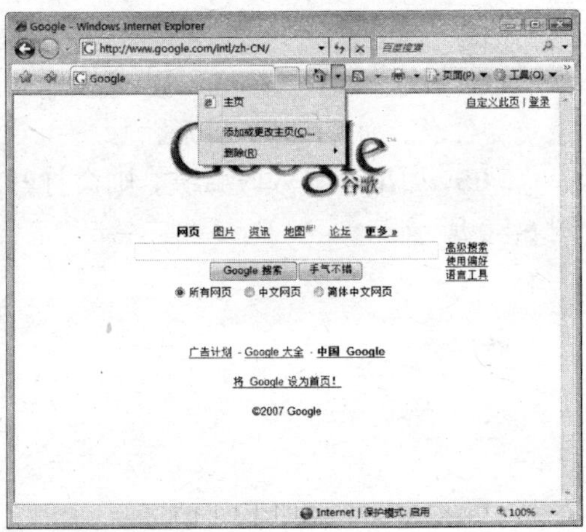
图 6-82

03 在弹出的“添加或更改主页”对话框中选择想要执行的操作即可，如图 6-83 所示。

- 若要将当前网页作为唯一主页，单击“使用此网页作为唯一主页”，这将会替换掉当前主页。
- 若要启动主页选项卡集或将当前网页添加到主页选项卡集，要单击“将此网页添加到主页选项卡”。添加的主页将会和里面原有主页共同成为主页，而不会去替换当前主页。

04 如果我们准备使用多个主页，那么就应该选择“将此网页添加到主页选项卡”项并单击“是”按钮。除了可以逐个添加主页外，还可以将一组选项卡添加为主页。需要执行两步操作：一是在 IE 浏览器中打开多个准备设置为主页的网址；二是单击“主页”按钮右侧的箭头，在弹出的菜单中选择“添加或更改主页”。在弹出的对话框中可以看到多了一个“使用当前选项卡集作为主页”的选项，如图 6-84 所示。

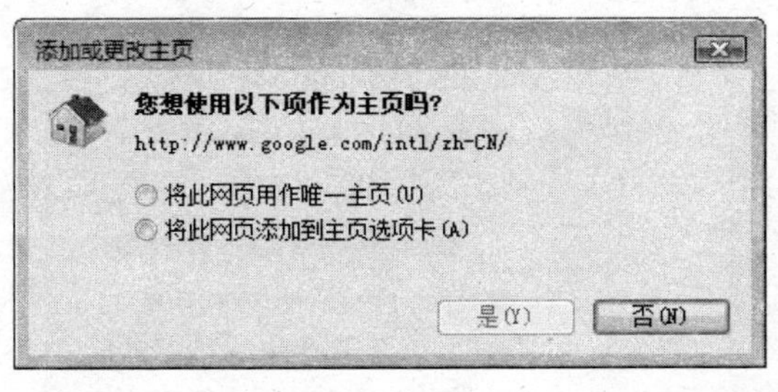

图 6-83

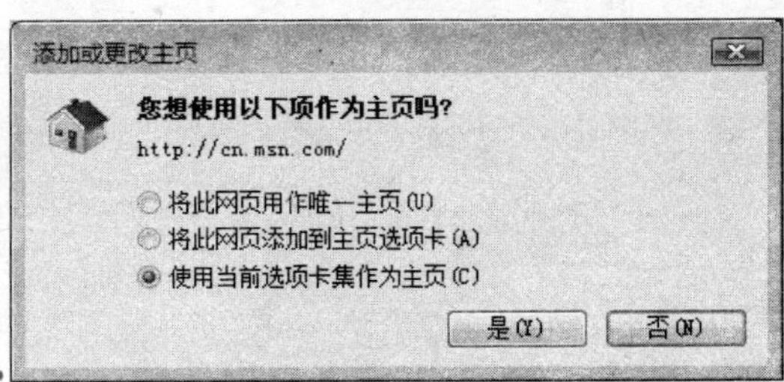

图 6-84

在选中此项并单击“是”按钮，可将当前 IE 浏览器中打开的一组网址一次性添加到主页列表中。

注 意

如果下一次再将一组主页使用此模式添加进来，那么添加的主页将会替换掉当前主页列表中的所有主页。

在添加了多个主页后单击“主页”按钮右侧的箭头，在弹出的菜单中就可以看到主页列表了，如图 6-85 所示。

提 示

单击“删除”菜单下的主页名称，可以单个删除所选主页。单击“全部删除”项，可以一次性删除所有主页。

此时，可以使用如下几种方法来打开主页：

- 单击工具栏中的“主页”图标按钮，可一次性打开列表中的所有主页。
- 单击列表中的任一个主页，会在当前选项卡中打开所选主页的网址。
- 打开 IE 浏览器会默认同时打开多个主页。

除了上述设置主页的方法外，还可以在 IE 浏览器的“Internet 选项”对话框中进行主页的设置。具体方法是：

01 打开 IE 浏览器，选择“工具”→“Internet 选项”命令。

02 在打开的对话框中“常规”选项卡的“主页”地址栏中可以看到当前设置为主页的网址列表，如图 6-86 所示。

03 直接在地址栏中输入新的网址，输入一个网址完毕后回车可以继续输入新的网址。如果不想要列表中的主页网址了，可以选中它们并按 Delete 键删除。下方的三个按钮的作用是：

- 使用当前页：把当前正在浏览的所有网址替换列表中的所有网址。
- 使用默认值：把 http://go.microsoft.com/fwlink/?LinkId=69157 这个默认网址做为主页。
- 使用空白页：即清空列表中的所有网址，一般只有在不希望启动 IE 时打开任何主页时选用。

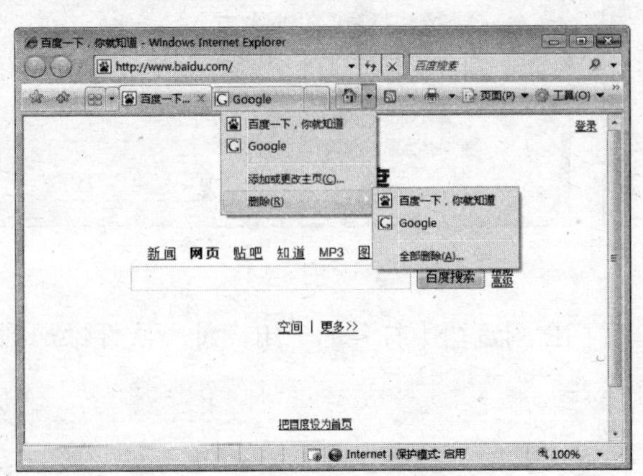

图 6-85

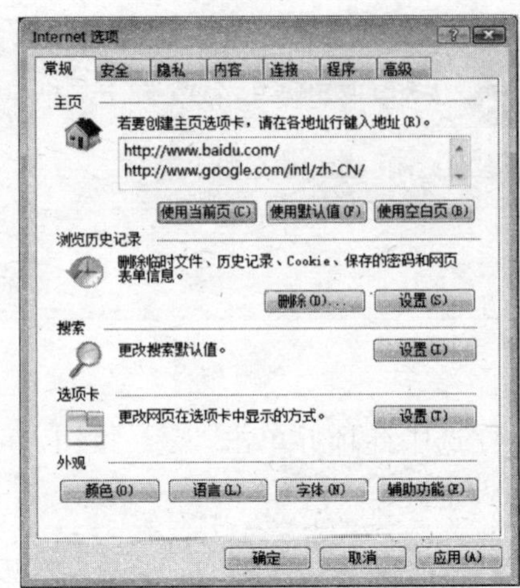

图 6-86

在设置了多个主页后，在“注册表编辑器”窗口中打开 HKEY_CURRENT_USER\Software\Microsoft\IE\Main 项，可以看到除了 Start Page 键外，还有一个名为 Secondary Start Pages 的键，如图 6-87 所示。

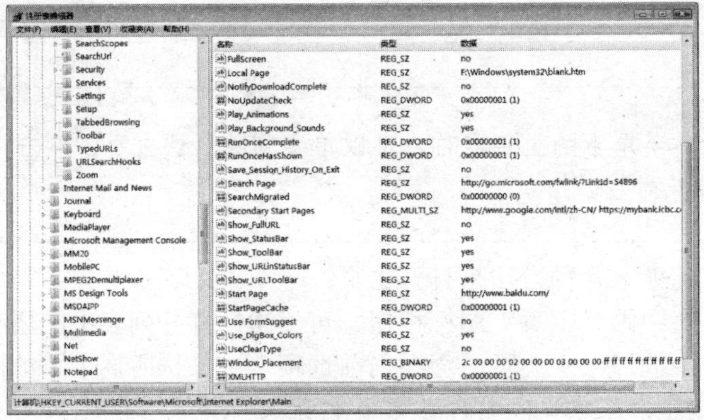

图 6-87

其中，Start Page 键中用于存储列表中处于第一的网址，其余的主页网址将统一存储在 Secondary Start Pages 键中。

2. 显示/关闭菜单

如果要临时控制 IE 中的菜单显示与否，可执行操作如下：

01 打开 IE 浏览器。

02 按下 Alt 键可以看到临时显示出的菜单，如图 6-88 所示。

03 在菜单外的任意处单击鼠标即可使菜单消失。

如果想让 IE 中的菜单保持显示状态，可执行操作如下：

01 打开 IE 浏览器，选择“工具”→“菜单栏”命令。

02 只要“菜单栏”项处于选中状态，IE 浏览器中的菜单就将始终显示，如图 6-89 所示。

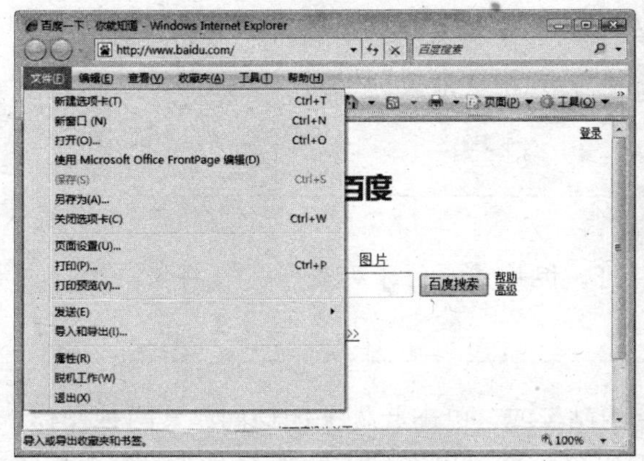

图 6-88

图 6-89

3．仿冒网站筛选

启动 IE 浏览器我们会看到一个对话框，在这里可以看到 IE7 中的一项新功能——“仿冒网站筛选”，如图 6-90 所示。

这项功能非常实用，它可以帮助我们自动过滤一些设下骗局的网站——在打开一个网站后，IE 浏览器窗口的底部中侧会看到有一个图标，将鼠标左键停留在上方，就会出现“仿冒网站筛选正在检查网站”的提示信息，这表示仿冒网站筛选会自动在打开网站时运行，如图 6-91 所示。

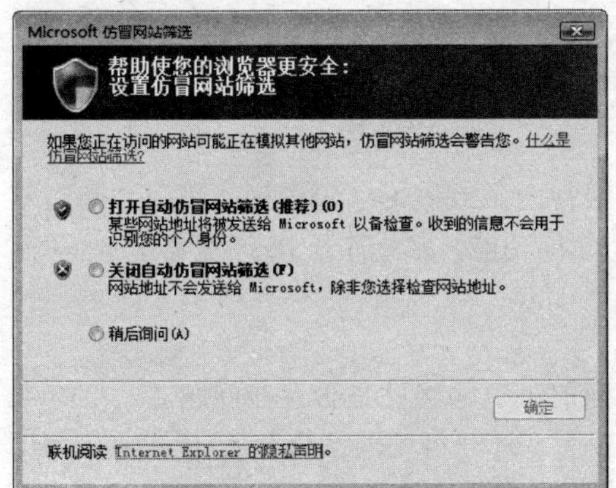

图 6-90

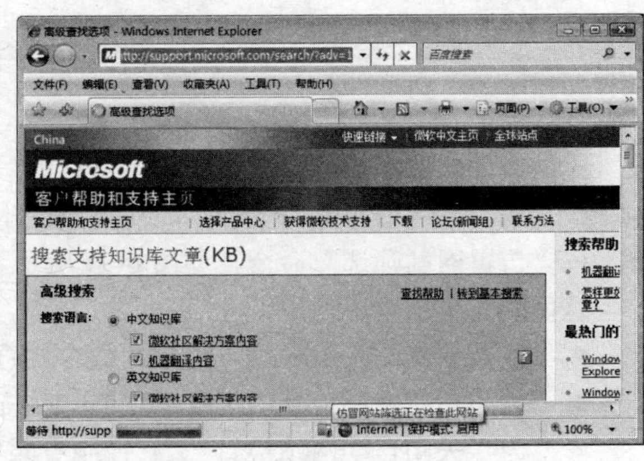

图 6-91

仿冒网站筛选使用 3 种方法来帮助我们不受仿冒骗局的欺骗：

- 首先它会将访问的网站地址与微软给出的合法站点列表进行比较，该列表会保存在我们的计算机中。
- 其次它会帮助我们分析访问的站点，以查看它们是否具有仿冒网站中常见的特征。
- 最后在我们同意的前提下，仿冒网站筛选会将一些网站地址发送给微软，以便根据频繁更新的已报告仿冒网站列表进行进一步的检查。

如果正在访问的站点在已仿冒网站列表中，那么 IE 将会显示警告信息并将地址栏“变色”，在里面还会显示通知（“此为已报告的仿冒网站”，是指被标识为欺骗性网站并报告给微软的网站），如图 6-92 所示。

> 提 示
>
> 如果该网站仅具有仿冒站点中常见的特征，但是并不位于列表中，IE 将仅在地址栏中通知我们该网站可能是仿冒网站。

我们可以在警告页面上选择“继续浏览此网站”或“单击此处关闭该网站”两种操作。单击“地址栏”中的“仿冒网站”文字，会弹出提示框可以看到关于当前网站的检查与建议等内容，如图 6-93 所示。

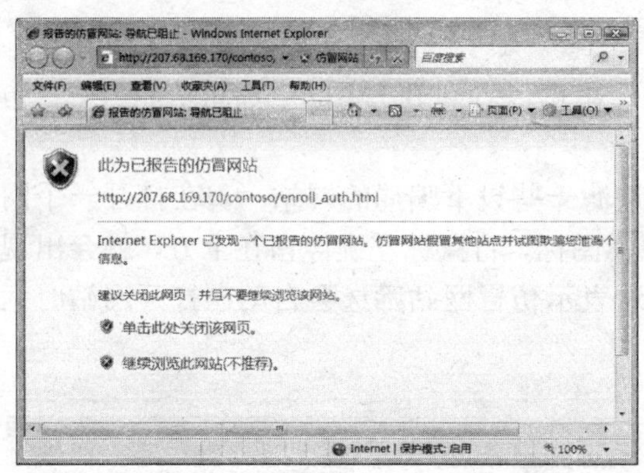

图 6-92

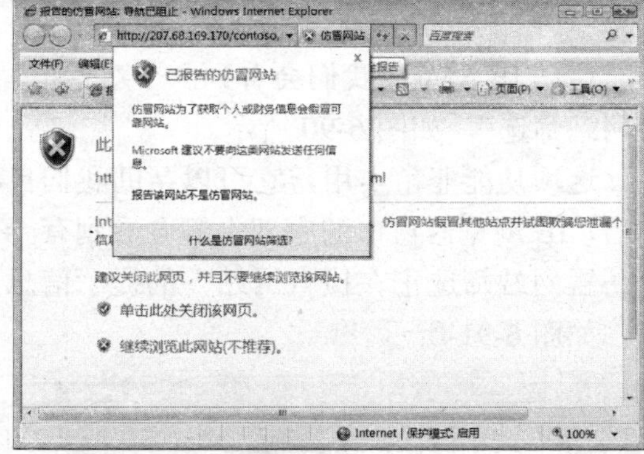

图 6-93

比如说，网站在遭遇前一段时间里盛行的假银行网站或假 QQ 网站时，就可以通过这项“反仿冒”技术获得相应的警示。要启用或关闭此项功能，需要打开 IE 浏览器，选择“工具”→“仿冒网站筛选”命令，如图 6-94 所示。

这里的几个子菜单作用是：

- 检查此网站：随时可以通过此命令检查当前浏览的网站是否存在问题。
- 关闭自动网站检查：此命令在单击后将改为“打开自动网站检查”，再次单击将改为“关闭自动网站检查”。它控制着此项功能的开启与关闭。
- 报告此网站：如果确信某个网站被错误地标记为仿冒站点，则可以单击此菜单并将错误报告给微软。
- 仿冒网站筛选设置：单击此项后将弹出“Internet 选项”对话框，在这里也可以进行此功能开启/关闭/禁用的设置，如图 6-95 所示。

显然，我们可以多处来控制此功能的开启或关闭，选用哪一处关键看我们的喜好了。

4．信息栏

信息栏是 IE 用于显示提示信息的地方，内容的范围会涉及到安全、下载、阻止的弹出窗口以及其他内容等。通常如果 IE 出现以下情况时将自动显示信息栏：

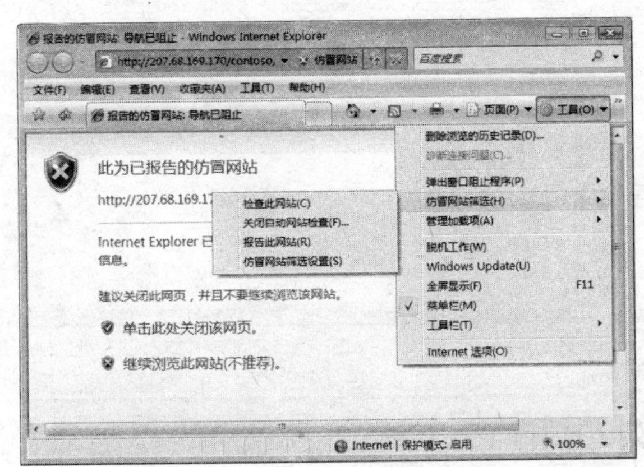

图 6-94

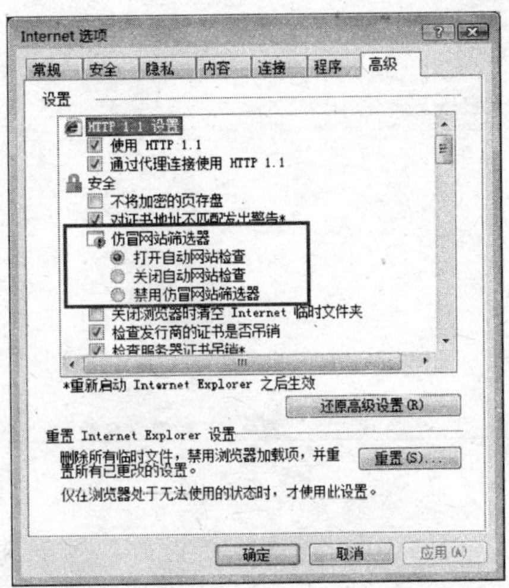

图 6-95

- 网站尝试在计算机上安装 ActiveX 控件或者以不安全的方式运行 ActiveX 控件时，如安装工商银行的 ActiveX 控件，如图 6-96 所示。
- 在浏览网站时，如果该网站尝试打开弹出窗口则会自动被禁止，并弹出的提示信息栏，如图 6-97 所示。

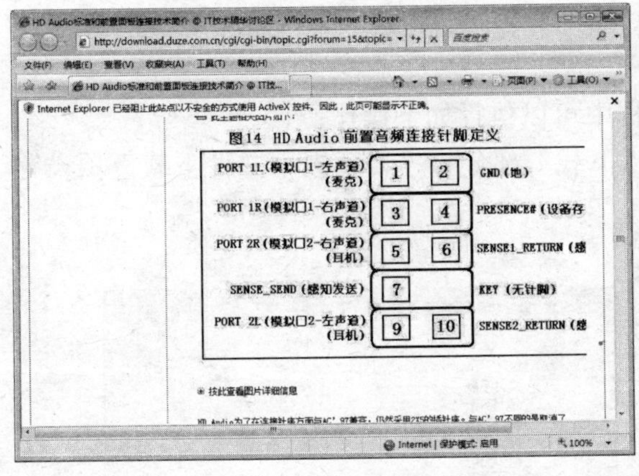

图 6-96

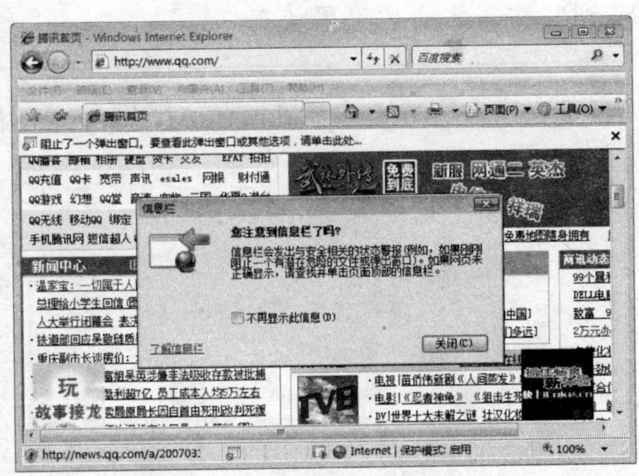

图 6-97

- 在浏览网站时，如果该网站尝试将文件下载到当前计算机时。
- 在使用 IE 浏览器打开 Flash 动画等活动内容时，受 IE 浏览器的默认设置所限会弹出提示信息栏，如图 6-98 所示。
- 使用 IE 浏览器时如果安全设置低于推荐的级别时。
- 在访问内部网的网页但未打开 Intranet 地址检查功能时，会弹出信息提示，如图 6-99 所示。

此外，还有一些情况在出现时也会激发信息栏的显示，如访问一些尚未安装相应解释语言的网页时、IE 的保护模式被关闭时等。在出现信息栏时，可以通过单击“在信息栏中看到的消息”以查看详细信息或采取相应的措施。

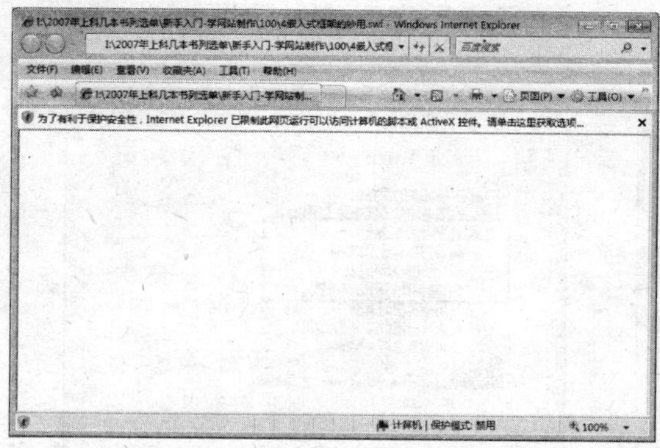

图 6-98

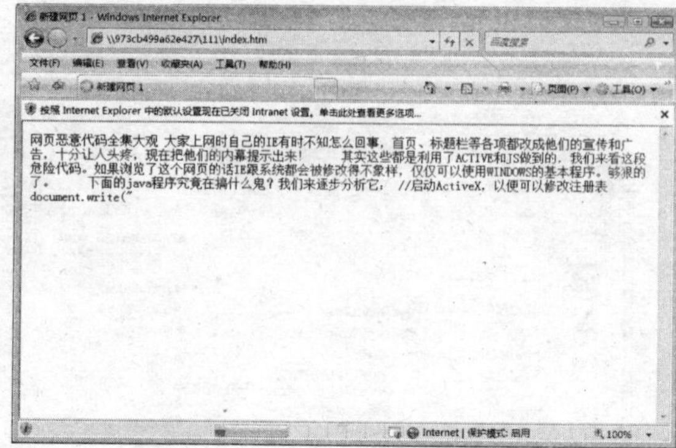

图 6-99

如果要开启或关闭信息栏，需要执行如下操作：

01 打开 IE 浏览器，选择“工具”→“Internet 选项”命令。

02 在打开的对话框中单击“安全”选项卡界面中的“自定义级别”按钮，如图 6-100 所示。

> **提 示**
>
> 只有当级别不是默认的“中-高”时，“默认级别”和“将所有区域重置为默认级别”按钮才会是可用状态。

03 在“安全设置-Internet 区域”对话框中可以执行如下操作：

- 若要关闭文件下载的信息栏，需在“下载”部分将“自动提示文件下载”项设置为“启用”，如图 6-101 所示。

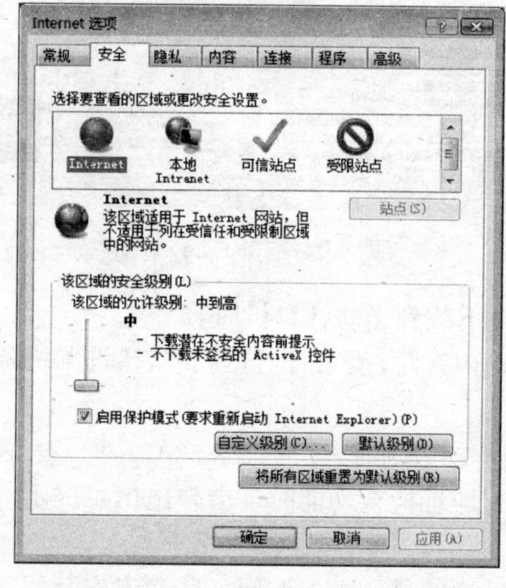

图 6-100

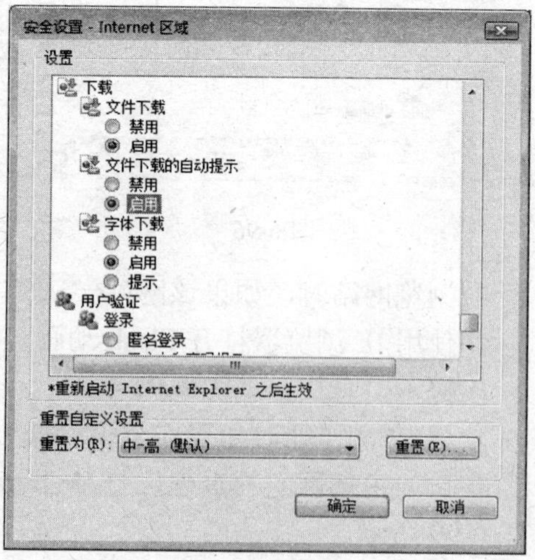

图 6-101

- 若要关闭 ActiveX 控件的信息栏，需在“ActiveX 控件和插件”部分将“自动提示 ActiveX 控件”设置为“启用”。

04 在完成设置后单击“确定”按钮应用设置并关闭属性对话框。

在表 6-2 中给出了信息栏中出现的消息以及对每条消息含义的描述。

表 6-2 信息栏

内容	为了帮助保护安全，IE 已停止该站点在计算机上安装 ActiveX 控件。单击此处查看更多选项。
含义	网页尝试安装 ActiveX 控件，IE 已阻止该网页。如果要安装 ActiveX 控件，在信息栏中单击“安装软件”。因为 ActiveX 控件可能对计算机有害，所以在决定安装 ActiveX 控件前要确定信任该控件的发行者。
内容	已阻止的弹出窗口。若要查看此弹出窗口或其他选项，请单击此处
含义	弹出窗口阻止程序已阻止了一个弹出窗口。可以在信息栏中关闭弹出窗口阻止程序或者临时允许弹出窗口。
内容	该网站将使用脚本窗口向您询问信息。如果信任该网站，请单击此处允许脚本窗口。
含义	IE 已阻止网站使用脚本显示单独的窗口。黑客有时会使用脚本窗口来模仿合法窗口，例如假银行网站上显示的登录框会记录下用户的账户信息。
内容	为了帮助保护安全，IE 已阻止从此站点将文件下载到计算机。
含义	网页尝试下载可能未请求的文件。如果要下载该文件，请在信息栏中单击“下载文件”。因为文件可能包含影响计算机性能或访问您的信息的程序，所以在下载该文件之前，应确保了解该文件包含的内容并信任其发行者。
内容	安全设置不允许网站使用安装在计算机上的 ActiveX 控件。该页可能没有正确显示。单击此处查看更多选项。
含义	网页尝试使用 ActiveX 控件或脚本，但安全设置不允许此操作。如果信任 ActiveX 控件或脚本的发行者，可以通过从受限制的站点列表中删除该网站地址来允许其运行。如果该网站不在受限制的站点列表中，可以将其添加到受信任的站点列表中。
内容	IE 已经阻止此站点用不安全方式使用 ActiveX 控件。因此，此页可能显示不正确。
含义	网站尝试未经允许访问计算机上的 ActiveX 控件。
内容	为了帮助保护安全，IE 已经限制此文件显示可访问计算机的活动内容。单击此处查看更多选项。
含义	计算机上显示的网站尝试运行脚本或 ActiveX 控件。如果要允许该控件运行，请在信息栏中单击“允许阻止的内容”。
内容	此内容可能无法正常显示。该文件受到限制，因为该内容与其安全信息不匹配。单击此处查看更多选项。
含义	IE 已阻止文件显示，因为其实际内容与预期内容不匹配。如果要显示此内容，在信息栏中单击“显示受限制的内容”。因为显示此内容可能给计算机带来安全风险，因此在显示该内容之前，应确保了解文件的用途。
内容	此站点可能要求下列加载项：名称来自：发行者。单击此处安装。
含义	网页尝试安装具有有效数字签名的加载项。此签名允许您标识加载项的发行者，以确定是否要安装该加载项。如果要安装该加载项，请单击信息栏。
内容	IE 当前在已禁用加载项的情况下运行。
含义	IE 在已关闭加载项的情况下运行。如果要允许加载项，请关闭 IE 并以正常方式将其重新打开。

续表

内容	默认情况下，IE 中的 Intranet 设置当前已禁用。单击查看更多选项。
含义	检测到 Intranet 网页地址，但未启用 Intranet 地址检查。
内容	安全设置级别给计算机带来风险。单击查看更多选项。
含义	安全设置低于推荐的级别。若要将安全设置重置到推荐的级别，请在信息栏中选择“修复设置”。
内容	此站点要求下列更新的加载项：名称来自：发行者。单击此处从其网站安装。
含义	已安装的加载项需要更新。在升级到其他版本的 IE 时会发生这种情况。
内容	此 Web 址包含使用当前语言设置无法显示的字母或符号。
含义	Web 地址包含无法以当前语言显示的字符。若要安装其他语言，请在信息栏中单击“更改语言设置”。建议只添加熟悉的语言。
内容	此网页正尝试使用安全设置不允许的协议与计算机通信。单击此处查看更多选项。
含义	由于安全原因，IE 会将一些协议限制到特定安全区域。如果信任使用受限制协议的网站，则可以将其添加到受信任的站点区域。

5. 加载项

许多加载项都来自 Internet（也有来自于软件的安装），来自于 Internet 的大多数加载项在下载到计算机上之前，都要求用户授予相应的安装权限。但是，一些加载项可能会未经确认即进行安装——如果曾对特定网站的加载项授予过权限或加载项是某个已安装程序的一部分，那么就可能出现这种情况。

由于一些不太成熟的加载项会给 IE 的使用带来一些不必要的麻烦，比如说加载项之间因为产生冲突导致 IE 突然关闭。所以，对加载项进行必要的管理就十分必要。在 Vista 中这种情况得到了大大的改善。无论是什么加载项要安装到 IE 浏览器中，都会弹出提示框及信息栏，如图 6-102 所示。

要查看 IE 浏览器中安装的加载项，可以使用如下方法：

- 在 IE 浏览器窗口中选择“工具”→“管理加载项”→“启用或禁用加载项”命令，如图 6-103 所示。

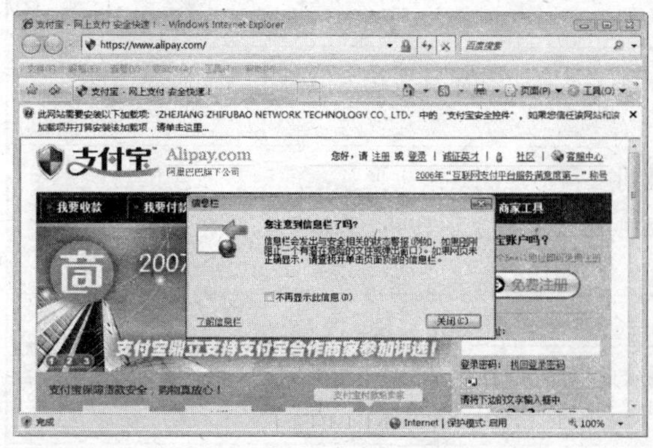

图 6-102

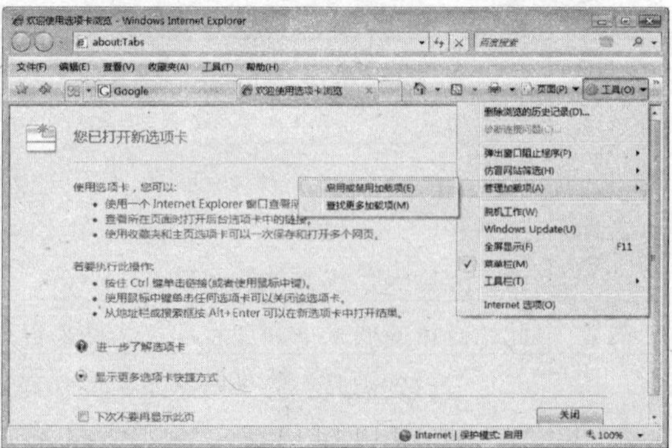

图 6-103

- 在“Internet 选项”对话框的“程序”选项卡中，单击“管理加载项”部分的“管理加载项”按钮，如图 6-104 所示。

通过上述两种方法，均可以打开“管理加载项”对话框，如图 6-105 所示。

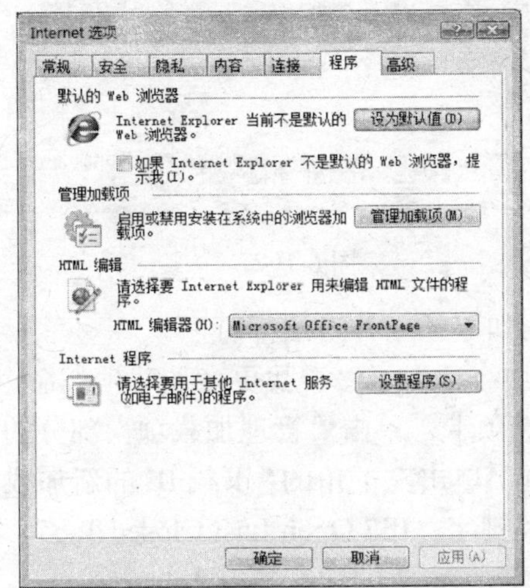

图 6-104

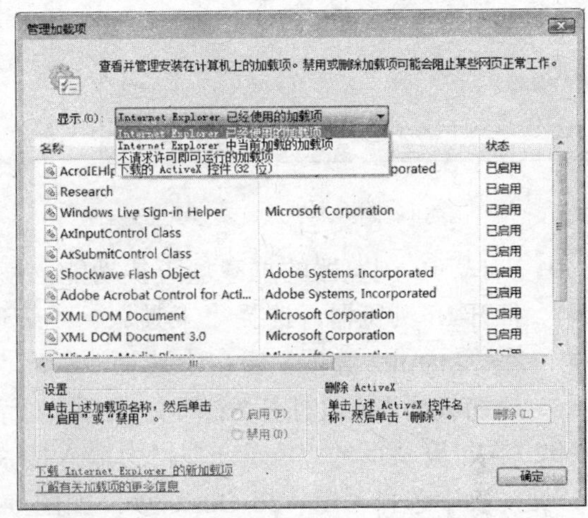

图 6-105

在“显示”列表框中，可以设置下列选项：

- 若要列表中显示驻留在当前计算机中所有的加载项，单击“IE 已经使用的加载项”。
- 若要列表中仅显示当前网页或最近查看的网页所需要的加载项，单击“IE 中当前加载的加载项”。
- 若要列表中显示由微软公司、计算机制造商或服务提供商事先批准的加载项（这些加载项无需显示权限对话框即可运行），则单击“不请求许可即可运行的加载项”。
- 若要列表中仅显示 32 位 ActiveX 控件，单击“下载的 ActiveX 控件(32 位)”项。

浏览器帮助对象、ActiveX 控件、工具栏扩展、浏览器扩展这些都可以称之为“加载项”。我们可以从多个位置、以多种方式来安装加载项，如在查看网页时下载和安装；由用户以可执行程序的方式安装；作为操作系统的预安装组件；作为操作系统附带的预安装加载项等。在 Vista 中出于保护目的，在第一次运行某个加载项之前，IE 会征求我们的许可，以便让我们知道网站是否在秘密尝试运行恶意代码，如图 6-106 所示。

在加载项的安装时，IE 浏览器也会弹出的 UAC 对话框来提示我们有安装操作在执行，如图 6-107 所示。

通过对“始终安装”、“从不安装”和“每次都询问”项的选择，可以决定对当前来源的加载项以后的处理方式。通常都是选择默认状态并单击“安装”项继续。

实际上，加载项是个很有用的功能，善于使用一些加载项往往可以使 Vista 的应用更加得心应用。因此在 IE7 中已经具备了查找加载项的功能，以安装“IE7 Open Last Closed Tab”这个加载项为例，可以运行如下操作完成：

图 6-106

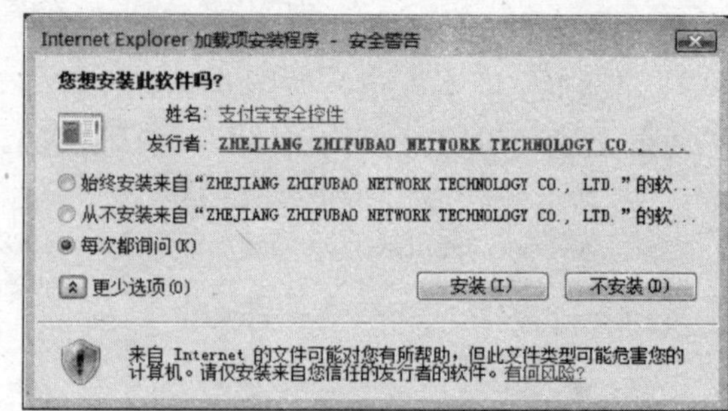

图 6-107

01 启动 IE 浏览器的加载项查找功能，使用如下任一种方法都可以。

- 打开 IE 浏览器，选择“工具”→“管理加载项”→“查找更多加载项”命令。
- 在“Internet 选项”窗口中选择“程序”选项卡，单击“管理加载项”部分的“管理加载项”按钮打开“管理加载项”对话框，单击左下角的“下载 IE 的新加载项”。

02 在打开页面的“Search”栏中输入搜索关键字“IE7 Open Last Closed Tab”，在右侧的分类列表中选择“IE Add-Ons”项，如图 6-108 所示。

03 单击“Go”按钮后可以看到搜索到的加载项结果列表，如图 6-109 所示。

图 6-108

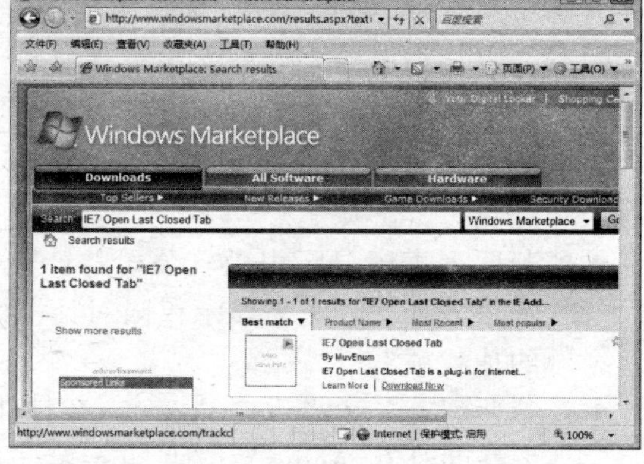

图 6-109

04 单击“Download Now”链接，弹出“文件下载”提示框。单击“保存”按钮可以将下载的加载项以文件形式保存在计算机中，如图 6-110 所示。

图 6-110

05 由于只需要安装此加载项，并不准备以后再用，所以单击“运行”按钮，耐心等待下载进度结束，如图 6-111 所示。

06 在弹出的“安全警告”对话框中，单击“运行”按钮继续，如图 6-112 所示。

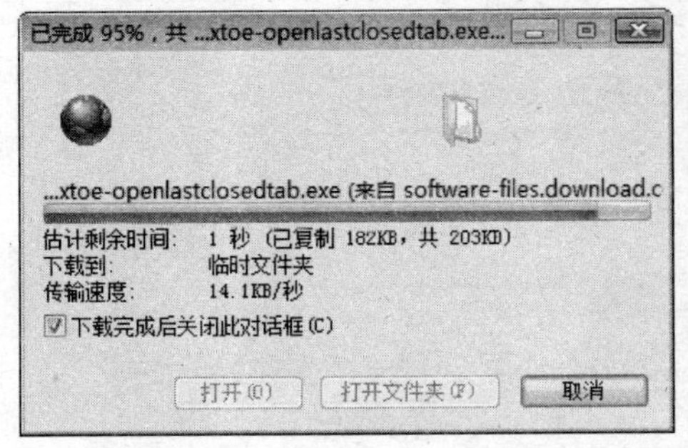

图 6-111

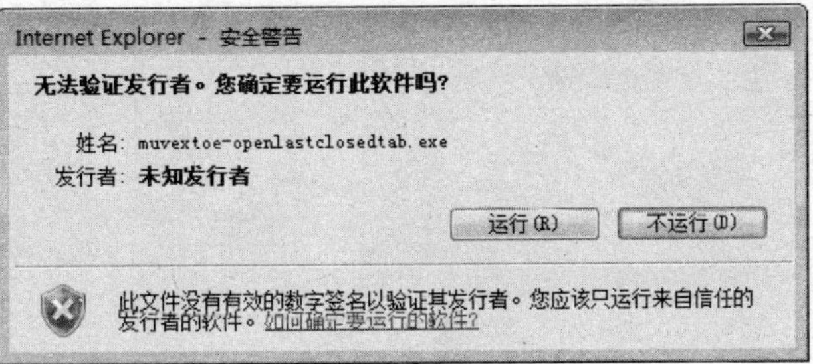

图 6-112

07 在弹出的“用户账户控制”对话框中，单击“允许”按钮继续，如图 6-113 所示。

08 在出现加载项安装向导界面时，要先关闭所有 IE 浏览器，再根据向导提示完成它的安装，如图 6-114 所示。

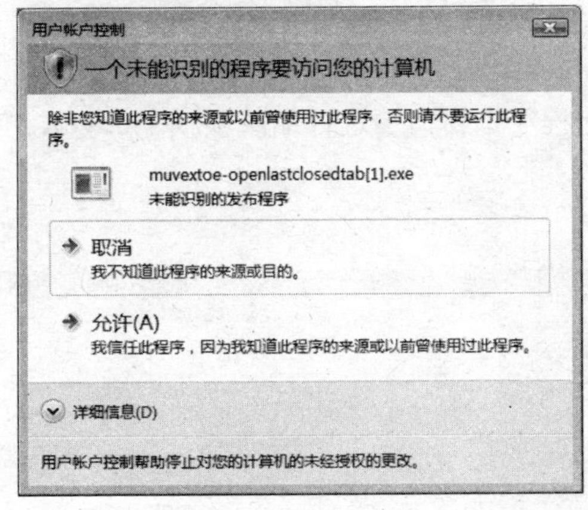

图 6-113

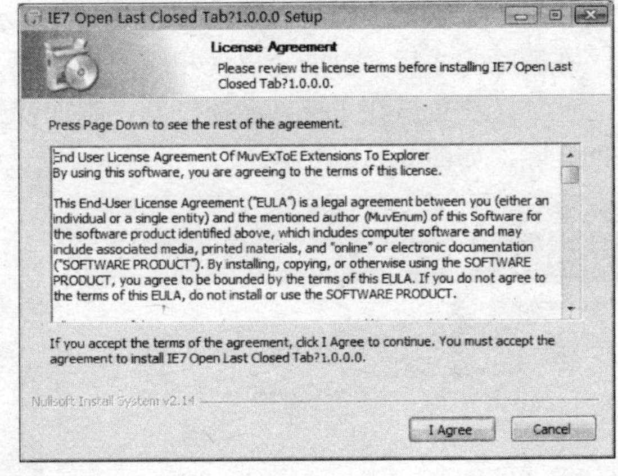

图 6-114

完成安装后，在“管理加载项”窗口的列表中可以看到已安装的加载项。

在 IE 浏览器中已经有了一些加载项时，如果认为某个加载项给系统造成了麻烦——比如说经常引起 IE 的意外关闭。那么可以将其禁用，以禁用 OpenLastClosedTab 加载项为例，具体操作如下：

01 在 IE 浏览器中，选择“工具”→“管理加载项”→“启用或禁用加载项”命令。

02 在“管理加载项”对话框中的“已启用”列表里选中 OpenLastClosedTab 加载项，单击下方的“禁用”项，如图 6-115 所示。

03 在“管理加载项”的窗口中将出现“已停用”列表，其中被我们设置为“禁用”的加载项也会出现在列表中。

除了可以禁用加载项外，还可以对加载项执行删除的操作。如果要在“管理加载项”的窗口中删除某个加载项（或 ActiveX 控件），只需在列表中选中加载项单击“删除”按钮即可。我们只能删除已经下载和安装的 ActiveX 控件，对于无法“删除”的预安装 ActiveX 控件或其他种类的加载项，只能进行“禁用”它们的操作，如图 6-116 所示。

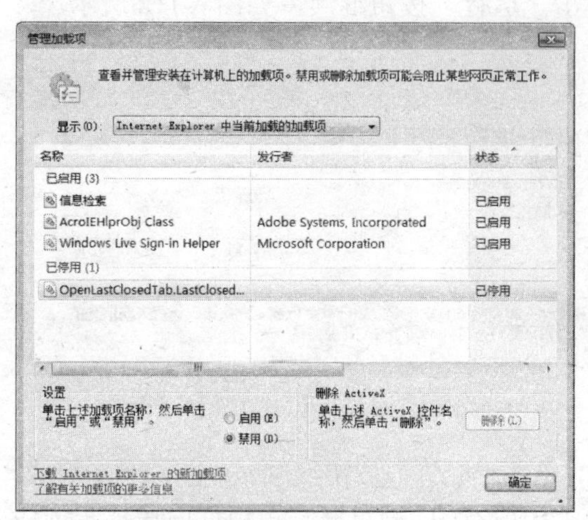

图 6-115

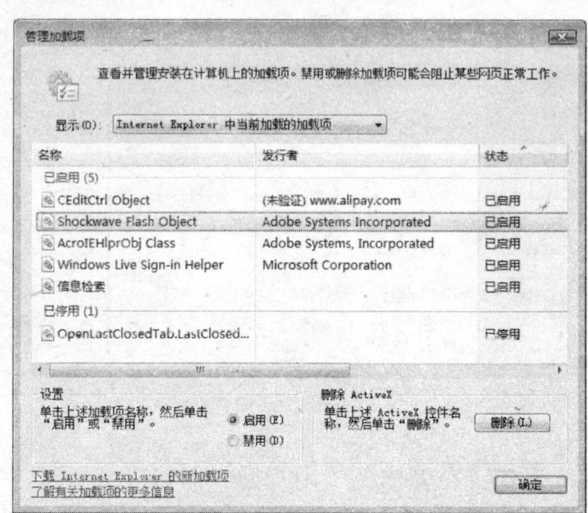

图 6-116

单击“删除”按钮将会弹出如图 6-117 所示的提示框，需要单击“继续”按钮。

在删除完成后（可能会出现相应的进度框），列表中相应的加载项名称就会消失。

此外，还可以在“控制面板”的“添加或删除程序”窗口中进行加载项或 ActiveX 控件的删除，如图 6-118 所示。

图 6-117

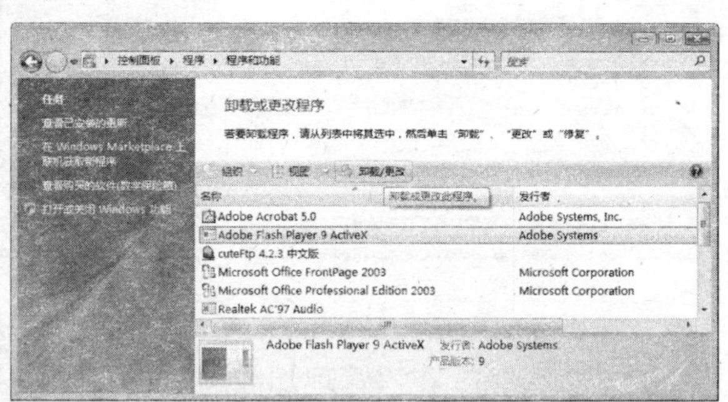

图 6-118

除了上述永久禁用和删除加载项的方法外，如果要临时禁用加载项，只需执行如下操作：

01 在“开始”菜单中选择“所有程序”→“附件”→“系统工具”命令。

02 在子菜单中选择“IE(无加载项)”，如图 6-119 所示。

这样就可以打开没有任何加载项的 IE 浏览器窗口了。

6. 保护模式

IE 的保护模式又称为“低权限”模式，显然这又是通过控制权限的方法对 IE7 进行安全保护的设计。此功能最大的好处就是我们可以自主决定各种程序是否能在 IE 浏览器中执行

安装操作——在以往版本的 IE 浏览器中，各种流氓程序几乎是毫无阻碍地进行着各种安装。

启用了保护模式，IE 浏览器就能够运行在一个低权限的环境中。保护模式功能可以通过以下方式提供对 IE 的保护：

- 与操作系统中的其他应用程序隔离运行。
- 未得到用户明确同意前，限制数据写入如下几个路径以外的任何位置。

网页缓存：%userprofile%\AppData\Local\Microsoft\Windows\Temporary Internet Files（如 F:\Users\zhou\AppData\Local\Microsoft\Windows\Temporary Internet Files）

Temp：%userprofile%\AppData\Local\Temp（如 F:\Users\zhou\AppData\Local\Temp）

Cookies：%userprofile%\AppData\Roaming\Microsoft\Windows\Cookies（如 F:\Users\zhou\AppData\Roaming\Microsoft\Windows\Cookies）

History：%userprofile%\AppData\Local\Microsoft\Windows\History（如 F:\Users\zhou\AppData\Local\Microsoft\Windows\History）

- 防止 IE 浏览器擅自修改用户或系统文件的设置。

默认情况下，在 Internet、Intranet 和受限制站点区域中均启用了保护模式。通过状态栏上的提示文字，可以得知其正在运行，如图 6-120 所示。

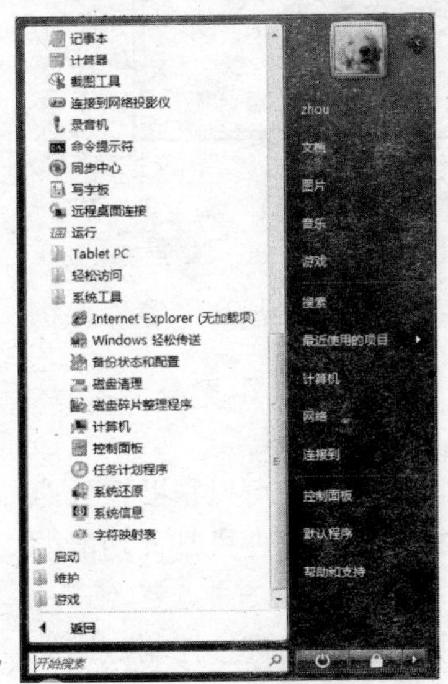

图 6-119

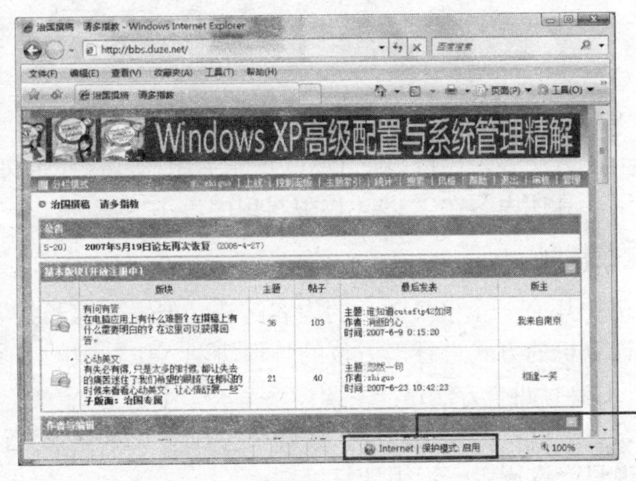

图 6-120

实际上，保护模式功能还得到了如下 3 项安全技术的支持：

- 用户账户控制（UAC）功能。
- 强制完整性控制（MIC）功能。
- 用户界面特权隔离（UIPI）。

受 IE7 兼容性的影响，包括输入法在内程序可能在 IE 浏览器中出现无法正常使用等问题，如某些五笔输入法在网页的文本栏中输入文字时，会产生输入一个文字自动加上一个空格的现象。目前，临时解决这个问题的方法有两种，一是更换输入法（如“极点五笔”输入法可以兼容于 Vista）；二是临时关闭 IE7 的保护模式，这个可以通过如下方法来实现：

01 在 IE7 窗口中双击下方的“保护模式：启用”文字。

02 在打开的“Internet 安全性”窗口中，取消“启用安全模式（要求重新启动 Internet Explorer）”的选择，如图 6-121 所示。

03 在弹出的“警告”提示框中单击“确定”按钮应用设置，如图 6-122 所示。根据需要，我们可以决定是否对 Internet、Intranet 和受限制站点三个区域或任一个区域进行“保护模式”功能的关闭操作。

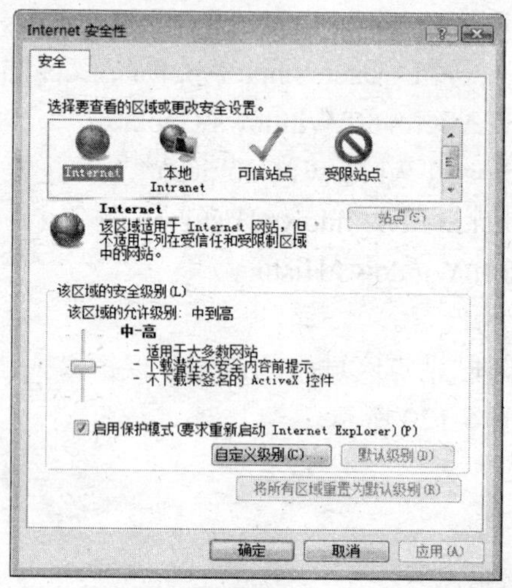

图 6-121

图 6-122

关闭“保护模式”功能后，常用的输入法不兼容问题通常可以得到解决。

除了上述方法外，还可以把 UAC 功能关闭掉，这样也可以间接地实现 IE 浏览器保护模式的禁用，具体内容在“5.2.4 权限与程序”小节第一部分中。

7．家长控制

在 IE7 中还有一个倍受关注的内容筛选功能——家长控制。此项功能可以帮助家长对儿童使用计算机的方式进行多方位的管理协助（IE7 中的“家长控制”管理只是该功能的一部分），主要有四个方法：

- 设置计算机的使用时间：管理员可以对儿童登录到计算机的时间进行控制，比如说只允许周六一天用计算机。
- 允许/禁止游戏程序访问范围：此项功能作用不大，可以对内置游戏起到较好的管理作用。
- 管理 IE 浏览器等网络应用：管理员可以限制儿童可以访问的网站、指定是否允许下载文件等。
- 禁止运行特定程序：管理员可以禁止儿童运行家长不希望其运行的程序。

一旦设置家长控制后，管理员就可以设置活动报告以记录并查看儿童的计算机应用活动。要使用此项功能，需要进行下列操作：

01 要为家长创建一个管理员账户，为儿童创建一个标准账户。创建账户的内容会在“10.1.1”小节中介绍．

02 打开“家长控制”功能，有如下方法：

- 在“开始”菜单的“搜索”栏中输入命令 Control.exe /name Microsoft.Parental-Controls。
- 在“控制面板”中单击“用户账户和家庭安全”部分的“为所有用户设置家长控制”，如图 6-123 所示。
- 打开 IE 浏览器，进入“Internet 选项”窗口选择“内容”（选项卡）→“家长控制”命令，如图 6-124 所示。

图 6-123

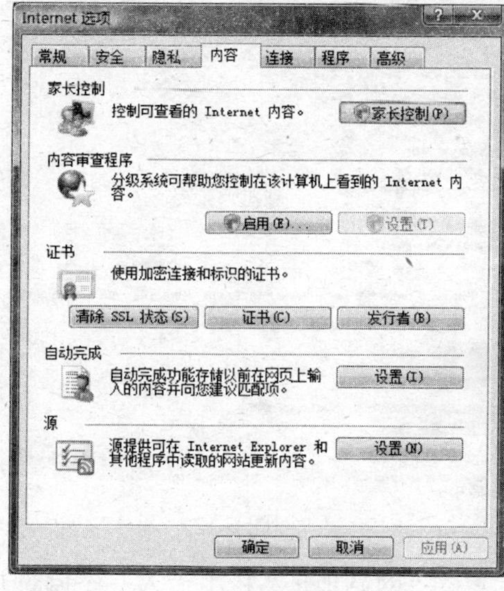

图 6-124

03 在打开的窗口中单击要应用“家长控制”功能的标准用户账户，如图 6-125 所示。

04 在“用户控制”窗口的“家长控制”部分选中“启用”，如图 6-126 所示。如果想查看孩子使用电脑的记录，则选中“活动报告”部分的“启用，收集有关计算机使用情况的信息”。

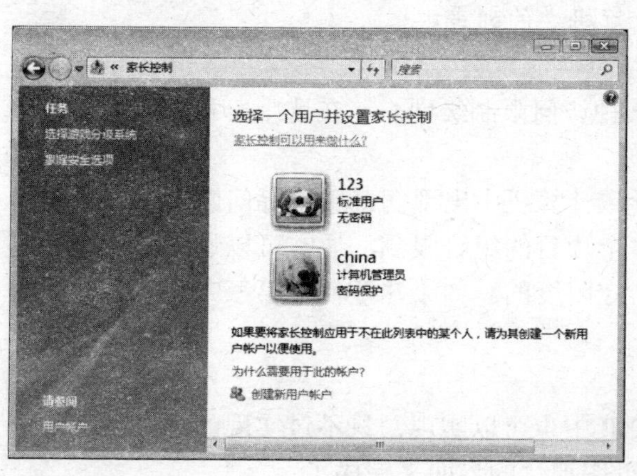

图 6-125

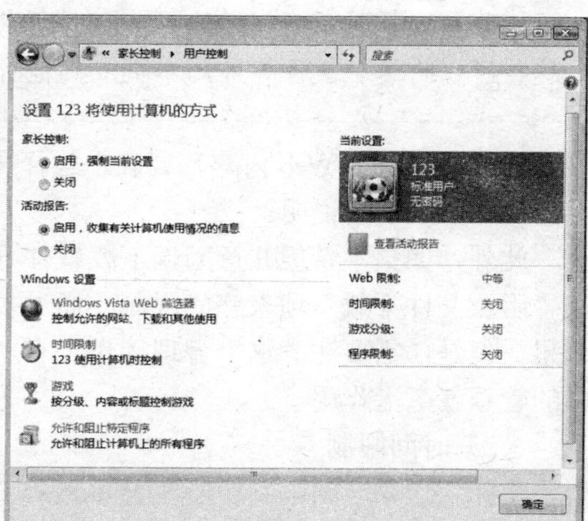

图 6-126

其余功能的作用是：

（1）Windows Vista Web 筛选器

此功能可以限制儿童仅能访问与其年龄适合的网站，可以指定是否允许下载文件，还可以设置希望内容筛选器阻止或允许的内容范围。单击链接就可以对网络访问操作进行详细的定制，如图 6-127 所示。

可以访问 Internet 的哪些部分：在这里可以允许或阻止特定网站被访问。选中“阻止部分网站或内容”后，再单击“编辑允许和阻止列表”进入如图 6-128 所示的界面。

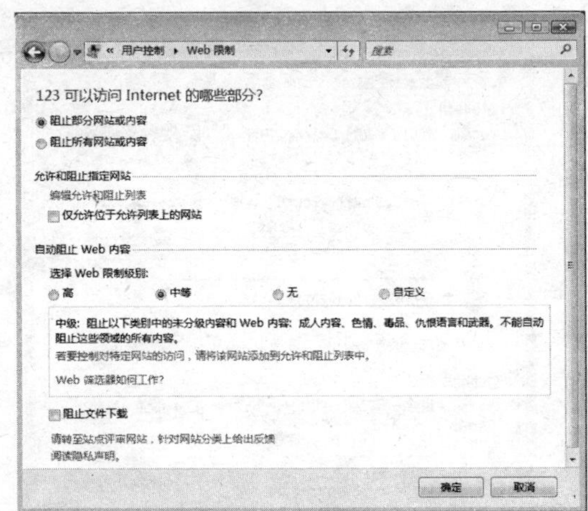

图 6-127

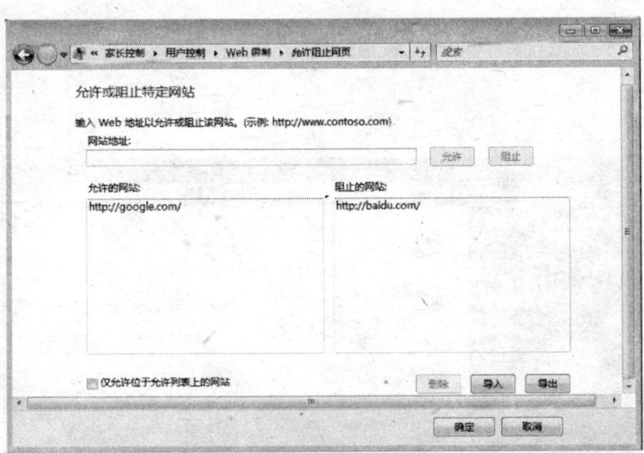

图 6-128

在“网站地址”栏中输入一个网址后（如 http://www.google.com），单击“允许”或“阻止”按钮，可以将输入的网址添加到相应的列表中。如果希望儿童只能访问“允许”列表中的网址，可以通过选择“仅允许位于允许列表上的网站”来完成此项限制。如果没有选择此项，那么没有进行允许或阻止设置的网站均处于可以被访问的状态。

提 示

在添加网址后可以单击“导出”按钮将其导出为文件，如“111.WebAllowBlockList”。这样可以将这个文件导入到本机或其他计算机中的列表中。

在“自动阻止 Web 内容”列表中选择一种访问限制级别——在选中一种级别后，下方会出现相应级别的说明。

此外，如果不希望儿童因误下载软件导致计算机中出现病毒感染等问题，可以单击勾选“阻止文件下载”项来完成限制。通过多个项目的组合限制，通常可以达到很好的控制效果。但是，需要注意这个管理操作是有一定限度的。如果儿童使用第三方的工具时，这里的管理就毫无作用了。

（2）时间限制

实际上这个时间限制功能在 Windows XP 中也可以实现，只不过实现的方式是使用命令罢了。在 Vista 中，这个功能已经可以通过图形化的界面来完成了。

在“用户控制”窗口中单击“时间限制”链接进入“时间限制”界面，在这里可以通过单击/拖动鼠标左键选择方格的方法来完成时间的限制，如图 6-129 所示。

在上图中，设置了一个星期里儿童只能在星期六和星期天的“早上：8 点~1 点”以及下午的“3 点~9 点”使用电脑。在完成时间限制后，儿童在允许的时段可以正常登录，在禁止时间则无法登录或是自动注销当前登录的状态。

（3）游戏

除了限制网站与上网时间外，还可以对儿童最喜欢的游戏进行访问控制。在“用户控制”窗口中单击“游戏”链接进入“游戏控制”界面，主要可以对 Vista 系统内置的游戏进行访问权限的管理，如图 6-130 所示。

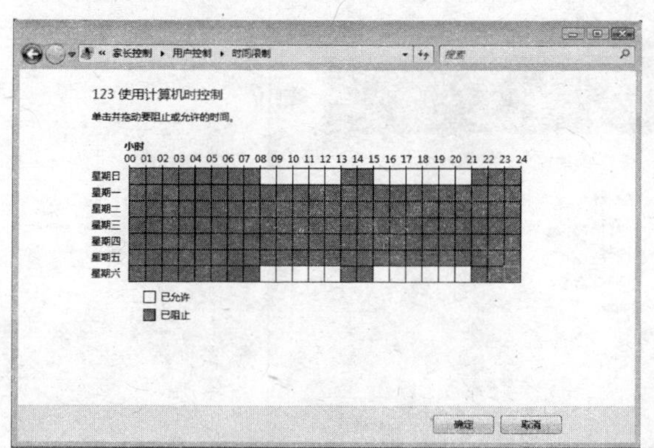

图 6-129

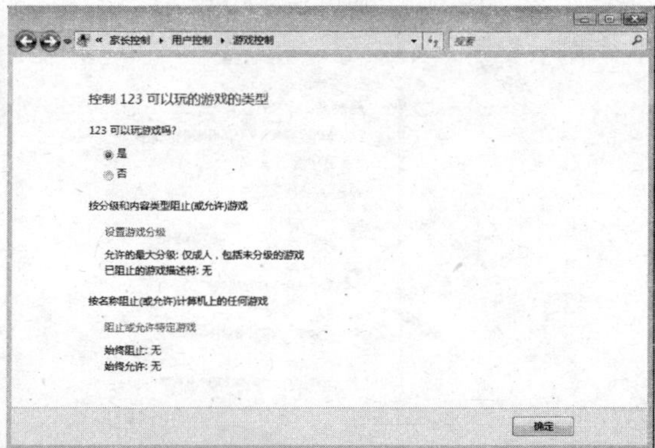

图 6-130

单击“阻止或允许特定游戏”链接，可以直接设置内置的游戏哪些允许或禁止访问，如图 6-131 所示。

（4）允许和阻止特定程序

在这里可以对系统默认的“应用程序路径”中的应用程序进行能否使用的权限设置，如图 6-132 所示。

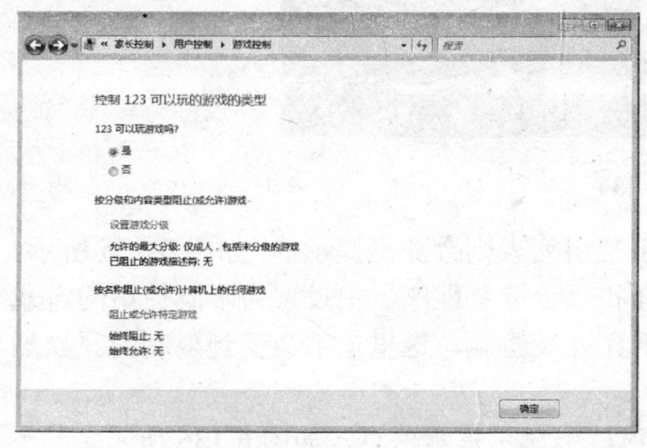

图 6-131

图 6-132

如果希望第三方程序也受此列表的管理，建议将程序安装或拷贝到 C:\Program Files\文件夹中，这样可以直接将其扫描到列表中，或者单击下方的“浏览”按钮将程序添加到列表中。这个功能很实用，充分使用此项功能可以对系统中所有重要的程序进行使用权限的管理。

> **提示**
>
> 对于 Vista 内部程序一般不要去禁止，否则有可能会导致 Vista 的正常使用受到影响。通常都是对第三方程序进行管理。

完成设置后可以看到窗口的右侧部分将出现设置状态的提示信息，如图 6-133 所示。

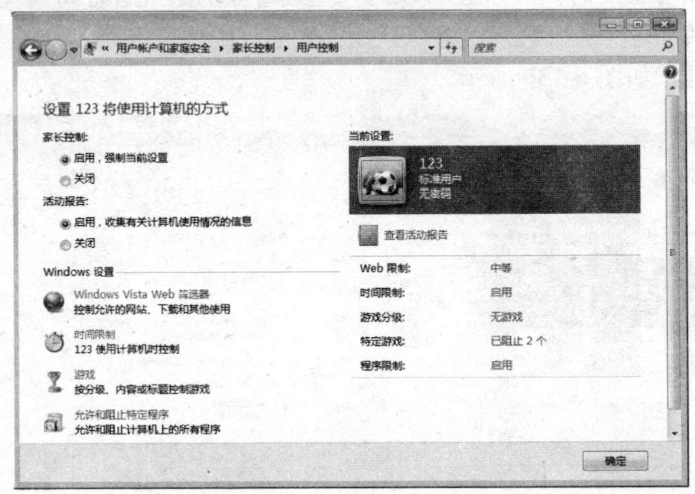

图 6-133

05 单击“确定”应用设置并关闭窗口，使用标准账户登录到 Vista 的桌面环境——如果在限制登录的时间范围内，则登录操作将会失败并会看到提示，如图 6-134 所示。

图 6-134

06 登录后，在运行程序时如果程序处于禁用列表则会弹出提示框，如图 6-135 所示。

此外，需要注意的是，对于没有在“允许和阻止特定程序”中设置为限制使用的游戏程序，即使是在“游戏”设置界面中选择了不允许玩游戏，这里也不会受到限制的。显然游戏管理主要还是针对内置游戏而言。

对于禁止访问的网站，则会在 IE 浏览器窗口中显示提示信息，如图 6-136 所示。

作为家长，随时都可以查看儿童对计算机使用的活动报告——它非常详细。

01 单击在“控制面板”中“用户账户和家庭安全”部分的“为所有用户设置家长控制”。

02 单击要查看“家长控制”功能管理下的标准用户账户。

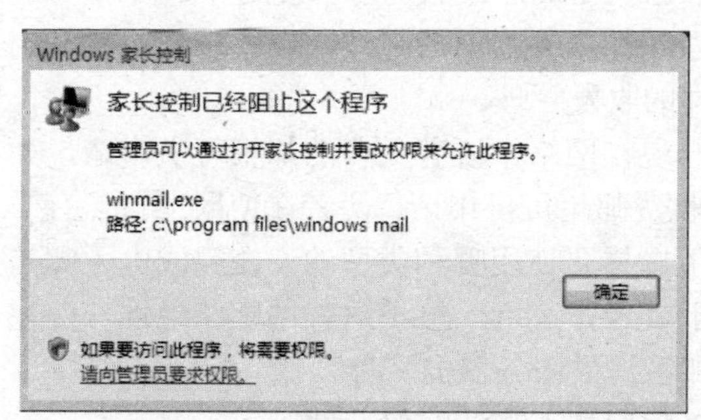

图 6-135

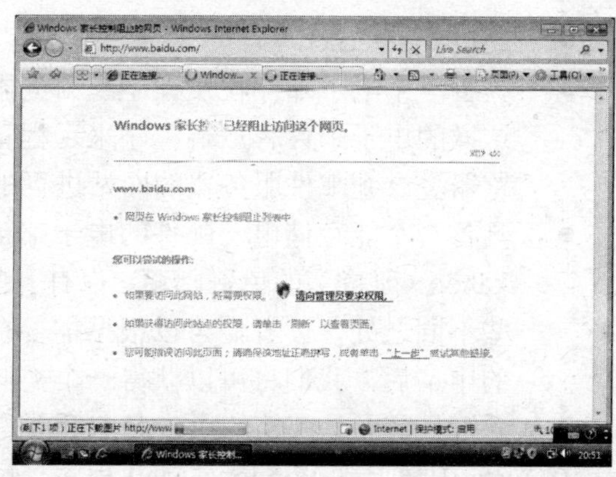

图 6-136

03 单击“查看活动报告”链接，如图 6-137 所示。

这样就可以看到非常详细的使用报告了，如图 6-138 所示。

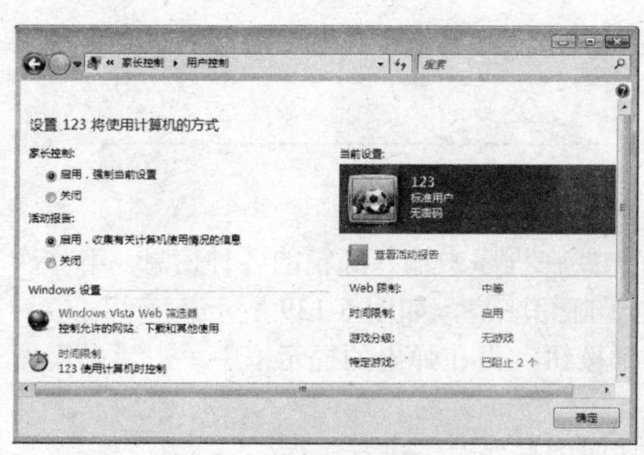

图 6-137

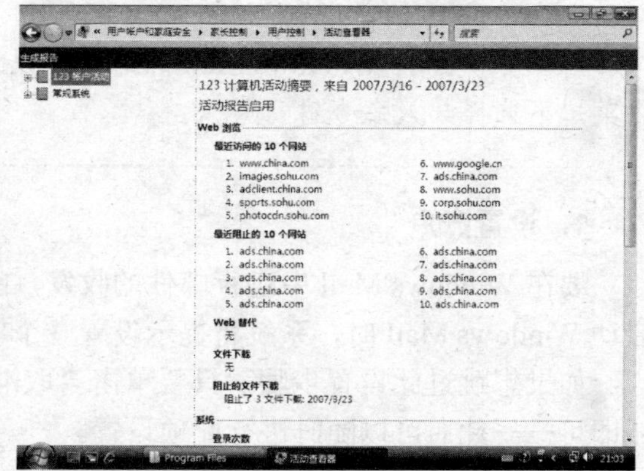

图 6-138

需要说明的是，在网站的访问记录中，有很多都是广告页面，如 ads 开头的网址。这些网址大多都是自动弹出的，并不是儿童有意打开的。

6.3 电子邮件的应用

在 Vista 中已经用 Windows Mail 替代了以往的 OE（Outlook Express）。Windows Mail 程序中添加了多个全新功能，旨在降低风险及减少来自仿冒和垃圾邮件骚扰的同时，还可以改进用户的使用体验并增添趣味性。在本小节中，将讲解关于 Windows Mail 程序的应用。

6.3.1 基本应用

电子邮件又叫 E-mail，这是一种快速而方便的通信方式。使用电子邮件可以发送和接收文本、图片、软件、多媒体等内容。在双方都有电子邮箱的前提下，任何一方向对方的电子邮箱中发送邮件，对方都可以在数秒或数分钟内在自己的电子邮箱中看到电子邮件。

若要在 Internet 中使用电子邮件，需要满足三项条件：

- 连接到 Internet。
- 具备一个电子邮件收发程序或浏览器。也就是说，我们既可以使用 Windows Mail 这样的电子邮件客户端程序来远程管理邮件服务器中的邮件，也可以使用任何浏览器登录到邮件服务器的网站进行邮件的收发管理。
- 具备一个能存储电子邮件的电子邮箱。现在网络中既有免费的邮箱可供申请，如 Yahoo（雅虎）的免费邮箱。也有一些收费邮箱可供申请，两者在使用上自然有一些不同之处，读者们可以根据需要自主选择要使用哪种类型的。在完成电子邮箱的申请后，我们将可以获得一个类似于 admin@duze.com 这样的邮箱地址——在@符号前面是邮箱的用户名，后面是邮箱提供服务器的名称。

在 Vista 中要启动 Windows Mail 程序，可以使用如下方法的任一种：

- 在“开始”菜单的“搜索”栏中输入 Winmail.exe 命令。
- 在“开始”菜单中单击左侧窗格上方的“电子邮件”菜单。

> **提示**
>
> 第一次运行 Windows Mail 的时候可以选择导入 Outlook 中的邮件，也可以在文件菜单下选择导入命令进行导入。

1．设置账户

要在 Windows Mail 中进行邮件的收发，首先要在程序中输入邮箱的各种信息。第一次启动 Windows Mail 时，系统将提示设置一个电子邮箱账户，如图 6-139 所示。

如果想跳过此设置步骤，只要单击“取消”按钮，再在弹出的提示框中单击“是”按钮即可——此后可以随时进行此项设置。

如果希望在这里完成账户的设置，那么就按照向导的提示进行操作：

01 在“您的姓名”界面中输入邮箱主人的姓名。在“显示名”中输入中文、英文、数字或拼音等能标识此邮箱用户的字符。

02 单击“下一步”按钮，再输入支持 Windows Mail 等客户端程序收发邮件的邮箱地址，如图 6-140 所示。

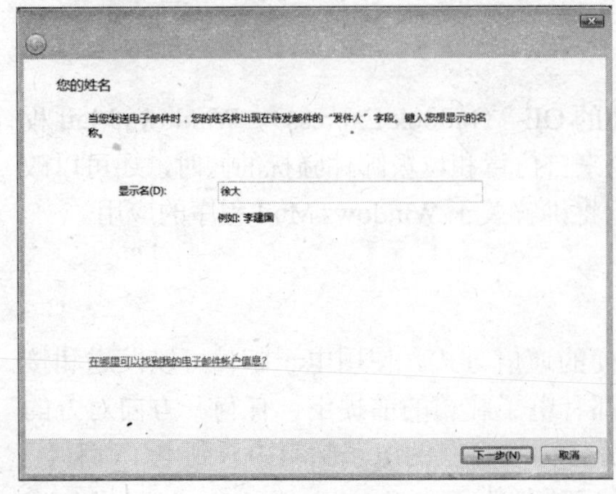

图 6-139

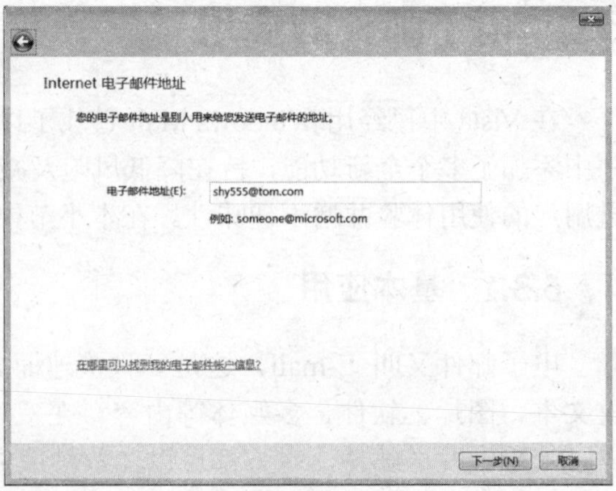

图 6-140

03 单击“下一步”按钮，接着输入“接收服务器 POP3 或 IMAP”（如 POP.tom.com）和“发送服务器 SMTP”（如 SMTP.tom.com）的服务器地址，如图 6-141 所示。

如果邮箱提供商要求发送邮件时要进行身份验证，则选中“待发服务器要求身份验证”。

提示

POP3 及 SMTP 服务器的地址，一般会在邮箱提供商的帮助页面中找到相关的内容。这个地址不能错，否则会影响到邮件的收发。

04 单击“下一步”，在“邮件登录”中输入邮箱的用户名和邮箱的密码，如图 6-142 所示。

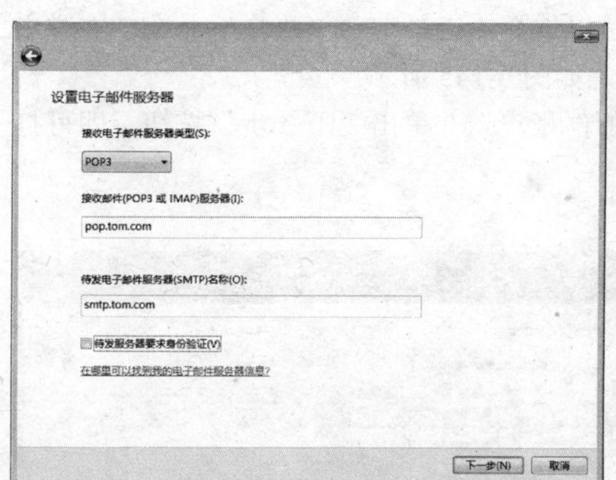

图 6-141

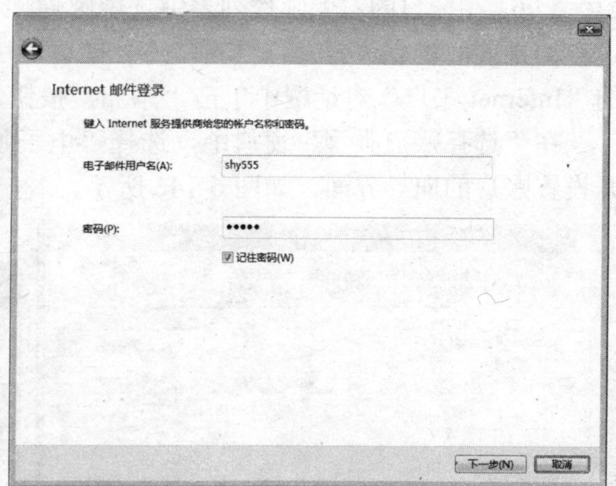

图 6-142

05 在如图 6-143 所示的完成界面中，建议未安装杀毒软件的用户勾选“暂时不要下载我的电子邮件”项后，再单击“完成”按钮结束设置。

最后会看到 Windows Mail 程序的主窗口，还会看到一封程序内置的邮件，它的主题为“欢迎使用 Windows Mail”，如图 6-144 所示。

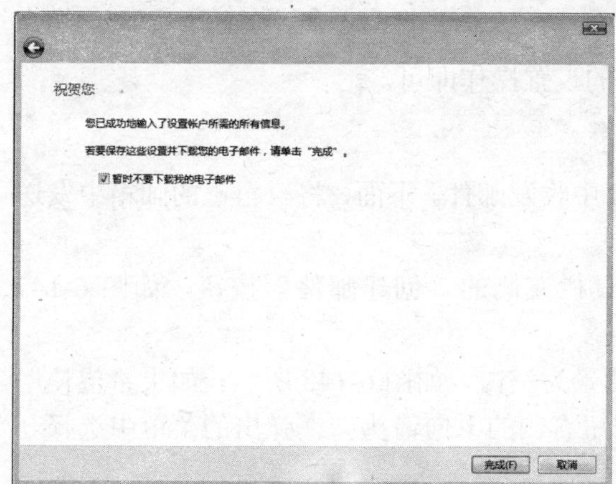

图 6-143

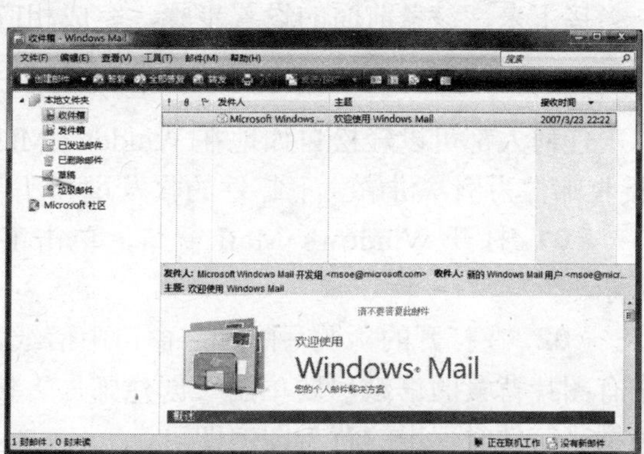

图 6-144

在窗口的左侧导航列表中，可以看到如下几项：

- 收件箱：用于存放所接收到的全部电子邮件，在“收件箱”文字的右侧会有尚未阅读邮件的数量。
- 发件箱：未发送的电子邮件会在这里暂存，在完成发送操作后将被移动到已发送邮件中。
- 已发送邮件：发送完成的电子邮件会在这里保存，以便供用户查阅。
- 已删除邮件：收件箱等处的电子邮件被删除后，删除的邮件放到这里。
- 草稿：撰写未完成的邮件可以暂存到这里，这里的邮件不会被自动发送出去。
- 垃圾邮件：这是 Windows Mail 的新功能，具体的应用方法将会在下方的内容中讲解。

06 在窗口的右侧邮件列表中选中邮件，下方的内容窗格中将出现邮件的具体内容。

如果前面没有进行账户设置，那么在这里可以选择“工具”→“账户”命令，在弹出的“Internet 账户”对话框中单击“添加”按钮，如图 6-145 所示。

在“选择账户类型”窗口中，选择“电子邮件账户”并单击“下一步”按钮，即可打开设置账户的向导界面，如图 6-146 所示。

图 6-145

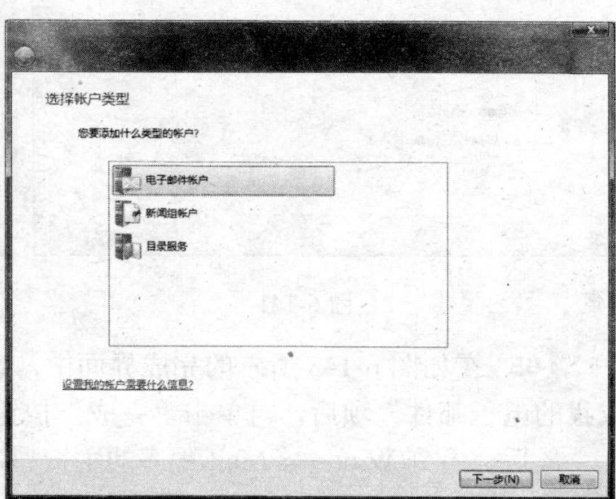

图 6-146

接下来，参考前面的设置步骤，完成相应的设置操作即可。

2．收发邮件

任何人都可以轻松自如地在 Windows Mail 中收发邮件。下面，将给自己的邮箱中发送/接收邮件为例，讲解一下邮件的收发过程。

01 打开 Windows Mail 窗口，单击工具栏左侧的“创建邮件”按钮，如图 6-147 所示。

02 在打开的“撰写邮件”窗口中信纸背景为空白，如图 6-148 所示。如果希望使用带有图片背景的信纸，要单击“创建邮件”按钮右侧的下向箭头，在弹出的菜单中选择一种撰写信件时使用的背景图案即可。

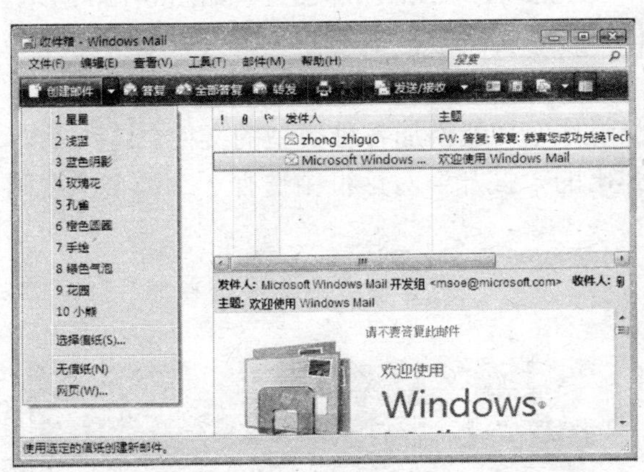

图 6-147

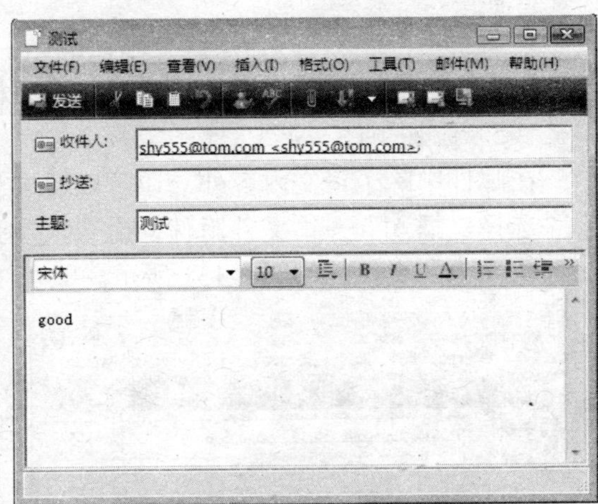

图 6-148

03 在撰写邮件的窗口中，需要输入如下内容：

- 收件人：在这里需要输入收信人的电子邮箱地址，如 shy555@tom.com。如果要向多个收件人发送邮件，在电子邮件地址之间键入一个半角分号（如 shy555@tom.com; shy666@tom.com）。
- 抄送：在这里可以键入任何次要收件人的电子邮件地址。他们邮箱将和“收件人”栏中填写的邮箱收到同样的邮件。如果没有要抄送的人，只需保留此框为空即可。
- 主题：在这里需要输入电子邮件的主题。如想测试邮件的收发就输入“测试”。
- 正文内容区域：在窗口下方是大片空白的邮件内容撰写区域，在这里可以输入邮件的正文内容。

04 除了可以输入文字内容外，还可以通过完成一些其他类型的内容输入。

（1）插入图片

首先选择“插入”→“图片”命令，在弹出的“图片”对话框中选择要添加的图片，如图 6-149 所示。

图 6-149

接着单击“打开”按钮返回到邮件撰写窗口，可以看到已插入的图片，如图 6-150 所示。

选中图片会在图片四周出现白色的小方框，拖动这些方框中的任一个可以缩放图片。

（2）添加附件

在邮件中除了正文内容外，还可以通过“附件”功能添加各种类型的文件。

选择“插入”→“文件附件”命令，在弹出的“打开”对话框中选择一个或多个要附加到邮件中的文件，如图 6-151 所示。

图 6-150

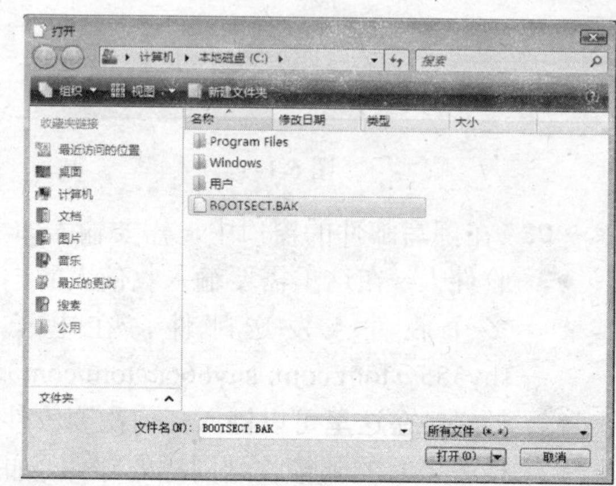

图 6-151

接着单击“打开”按钮返回撰写邮件窗口，可以看到中间部分出现了一个“附件”栏，栏中可以看到添加的附件文件列表，如图 6-152 所示。

这样，就完成了邮件中附件文件的添加。

05 在完成邮件各项内容的添加后，单击“发送”按钮会关闭邮件撰写窗口，返回到 Windows Mail 窗口。此时在“发件箱”中可以看到暂时保存的邮件，如图 6-153 所示。

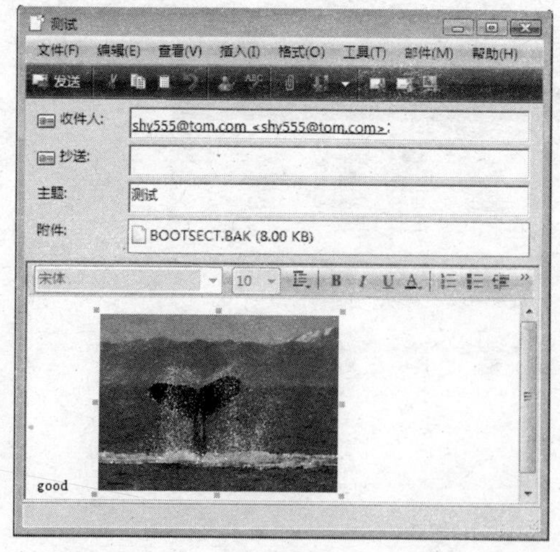

图 6-152

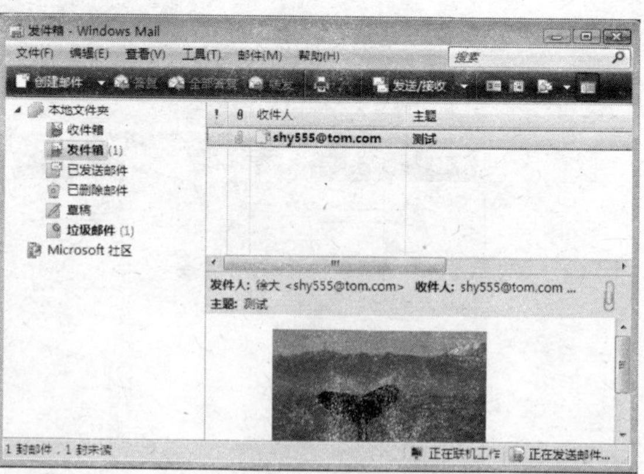

图 6-153

06 接着邮件会自动进行发送操作。如果不愿意邮件自动发送，而是希望能手工控制邮件的接收和发送，只要选择“工具”→“选项”命令，在打开的对话框中将“常规”选项卡的“启动时发送和接收邮件”命令取消选中即可，如图 6-154 所示。

07 设置完成后，就可以通过单击工具栏中的“发送/接收”进行邮件的收发了。无论是接收或是发送邮件，都可以在窗口中看到实时的进度，如图 6-155 所示。

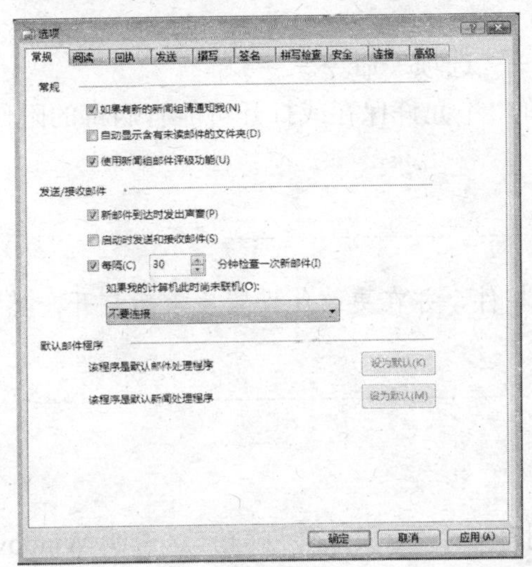

图 6-154

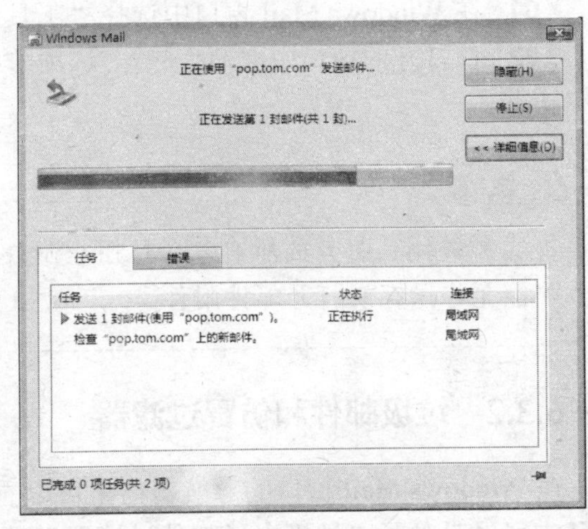

图 6-155

邮件的收发完成后，如果有新邮件则会在“收件箱”或“垃圾邮件”中看到它们，如图 6-156 所示。

08 在邮件列表中选中接收的邮件，在下方将出现邮件的正文内容。单击邮件内容工具栏右侧的“回形针”图标，会以下拉列表形式显示邮件的附件文件。单击某一文件即可调用相关程序来打开它。

如果希望保存邮件中的附件，只需选择“文件”→“保存附件”命令，在弹出的“保存附件”对话框中单击“保存”按钮，即可将列表中的附件保存到指定的路径中，如图 6-157 所示。

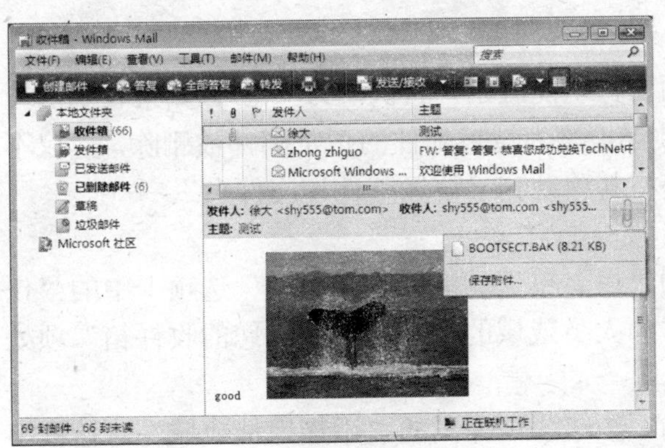

图 6-156

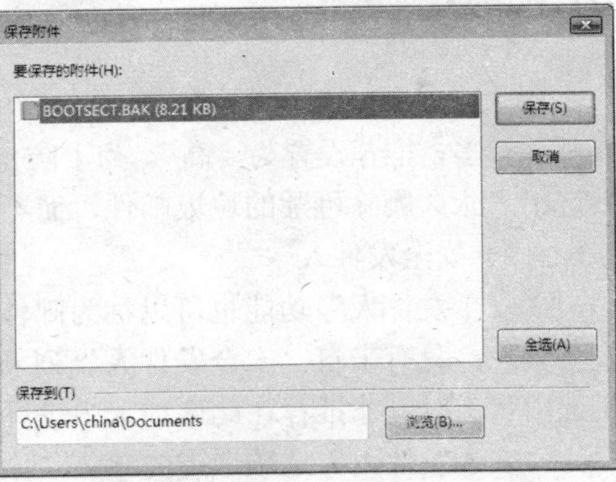

图 6-157

有时，可能会出现无法查看附件的情况。这是因为 Windows Mail 可以自动阻止某些通常用于传播电子邮件病毒的类型的文件附件到本地计算机中。如具有.exe，.pif 和.scr 扩展名的文件都将被 Windows Mail 阻止电子邮件中的附件——信息栏将显示出相应的提示消息，告知我们已经阻止了附件并列出所阻止的附件。

如果希望启用对已阻止附件的访问，建议在安装了最新的病毒检查程序的计算机中，执行如下操作来实现：

01 在 Windows Mail 窗口中选择“工具”→“选项”命令。

02 在打开的窗口中取消“安全”选项卡中的“不允许保存或打开可能有病毒的附件”选中状态。

注 意

必须关闭已打开的所有包含已阻止附件的邮件，并在更改此设置后重新打开，然后才能允许保存或打开邮件附件。

6.3.2 垃圾邮件和仿冒过滤器

在 Windows Mail 窗口的导航窗格里可以看到有一个“垃圾邮件”邮箱，这说明 Windows Mail 中已经具备了“垃圾电子邮件过滤器”功能——它是通过垃圾邮件和仿冒过滤器两项功能来实现的。

1. 垃圾邮件

Windows Mail 采用了 Microsoft SmartScreen 技术自动分析接收到的邮件内容，并将可疑邮件移至一个“垃圾邮件”列表中，我们可以在任何时候在这里查看或者删除它们。如果有垃圾电子邮件溜过了过滤器进入收件箱，我们可以将其拖到“垃圾邮件”列表中。

通过执行如下操作，可以对 Windows Mail 中的垃圾邮件功能进行设置。

01 在 Windows Mail 窗口中选择“工具”→“垃圾邮件选项”命令。

02 在弹出的“垃圾邮件选项”对话框中，可以从多方位对垃圾邮件处理功能进行设置，如图 6-158 所示。

（1）选项

在此选项卡中可以设置防范垃圾邮件的保护功能级别，默认值为“低”。如果收到的垃圾邮件较多，推荐设置为“高”。为了防止被误检测为垃圾邮件的正常邮件被删除，建议不要选中“永久删除可疑的垃圾邮件，而不是将其移动到‘垃圾邮件’文件夹”。

（2）安全发件人

“安全发件人”功能也可以称为邮件的“白名单”功能。当“选项”选项卡中的“仅安全列表：只有来自‘安全发件人’列表中的人员或域的邮件可传递到您的收件箱”项处于选中状态时，才推荐在此选项卡中进行设置。

“安全发件人”选项卡中先单击“添加”按钮，在弹出的“添加地址或域”对话框中完成安全的邮箱地址的输入，如图 6-159 所示。

单击“确定”按钮后，即可将输入的邮箱地址添加到“安全发件人”列表中了。

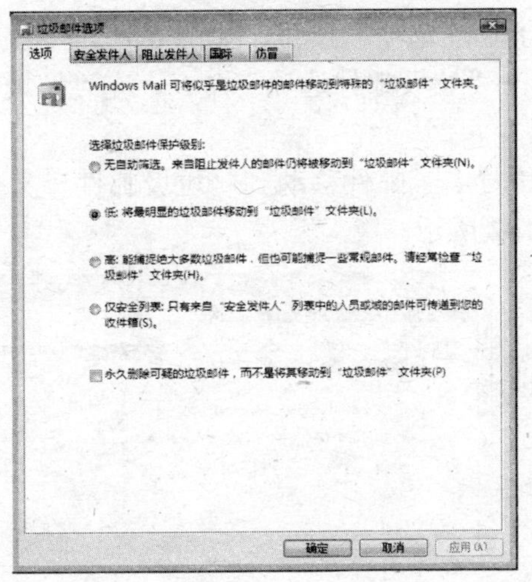

图 6-158

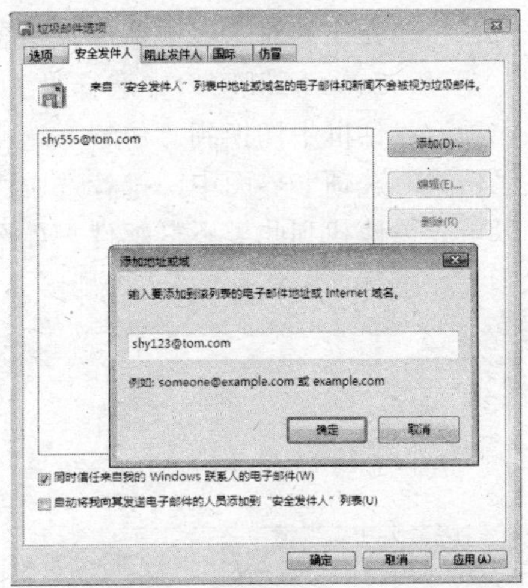

图 6-159

（3）阻止发件人

"阻止发件人"功能也可以称为邮件的"黑名单"功能，对于一些不想接收其发送的邮件的邮箱，可以将其地址添加到这里，具体方法与"安全发件人"列表中添加邮箱地址的过程相同。

（4）国际

在 Windows Mail 中还可以用国家域名、代码或字符类型为条件，对垃圾邮件进行多方位的屏蔽设置，如图 6-160 所示。

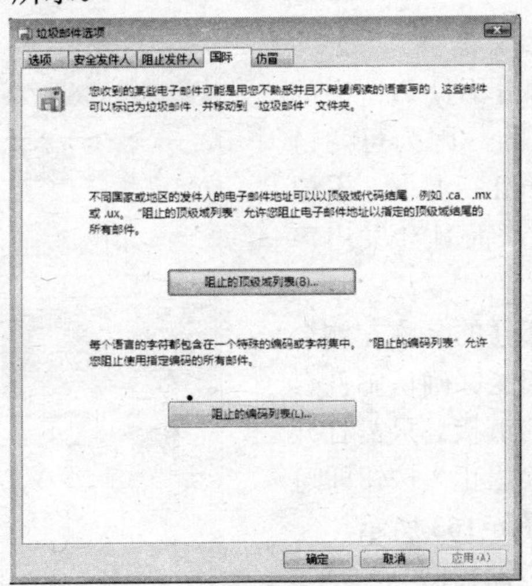

图 6-160

在互联网高度发达的今天，接收到国外邮件的可能性非常大，因此这项功能的推出可谓是十分的及时。

2．仿冒过滤器

在 Windows Mail 中还有一个很实用的"仿冒过滤器"功能。此项功能与 IE 中的"仿冒网站筛选"功能目的是一样的，此功能可以过滤出具有欺诈性质的电子邮件。

通过执行如下操作，可以打开 Windows Mail 中的"仿冒过滤器"功能设置界面。

- 在自动弹出的对话框中单击“仿冒电子邮件选项”按钮，如图 6-161 所示。
- 在 Windows Mail 窗口中选择“工具”→“垃圾邮件选项”命令，在“垃圾邮件选项”对话框中切换到“仿冒”选项卡。

在“仿冒”选项卡界面中，推荐选中“将仿冒电子邮件移动到‘垃圾邮件’文件夹”，这样可以更容易地找到此类不良邮件，如图 6-162 所示。

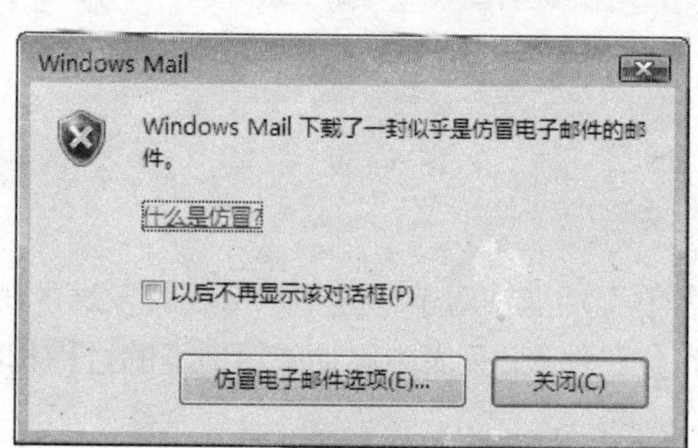

图 6-161

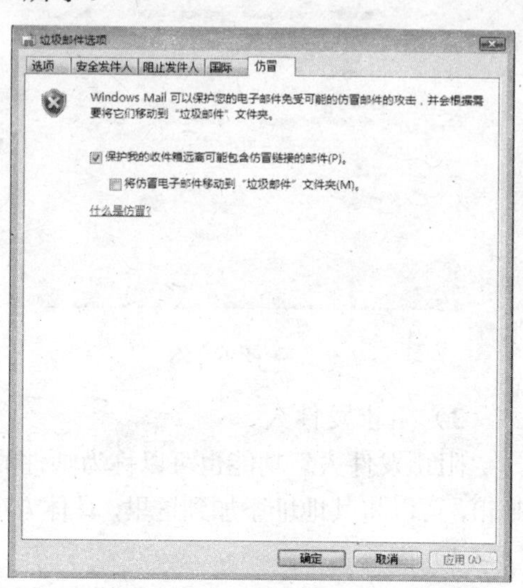

图 6-162

在启用了“仿冒过滤器”功能的 Windows Mail 窗口中，单击不良邮件中的链接将会发现操作是无效的。因为可疑链接将会自动被 Windows Mail 所禁止，不但在单击时链接将没有反应，而且会发出声音提示。

在邮件列表中，此类邮件的名称左侧会有图标的存在，如果我们能够确认邮件合法，并想要启用该邮件中的链接。只需打开邮件单击信息栏中的“解除阻止”按钮即可启用该邮件中的链接，如图 6-163 所示。

通过垃圾邮件和仿冒过滤器两项功能，Windows Mail 可以实现较好的垃圾、恶意邮件的管理与防范。

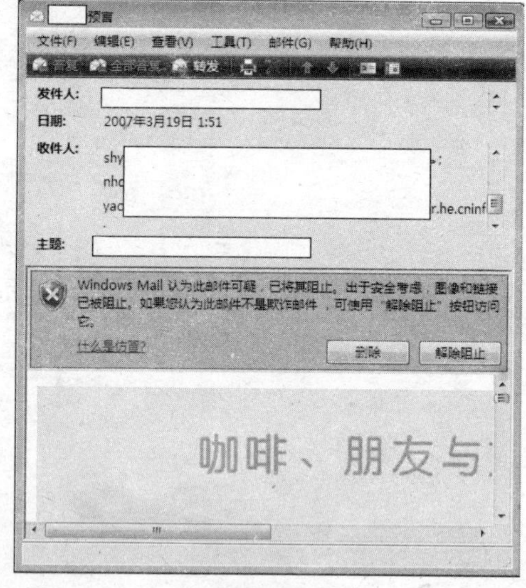

图 6-163

提 示

限于篇幅，用 Windows Mail 设置与访问新闻组的功能就不再细述了。具体的应用方法，请在 Vista 的帮助文件中进行搜索查找。

第 7 章　Vista 硬件应用

在 Vista 中，硬件的支持范围得到了空前的提升。Vista 系统中将提供 30，000 个硬件驱动的支持——DVD 安装光盘中将提供 16，000 个设备驱动，还有 14，000 个驱动可以通过 Windows Update 获得。回顾历史，Windows XP 安装光盘上提供了大约 10，000 个设备驱动时，就已经令用户大吃一惊了！而 Vista 时代，这个数量竟然已经达到 Windows XP 的三倍——除此之外，Vista 的在线升级、驱动查找功能要比 Windows XP 更为完善和方便。

除了驱动方面，Vista 中还进一步完善了各种硬件功能，比如说 Vista 在安装的最后一步将会检查当前计算机的硬件配置，并会给出相应的体验分数。根据这个分数，Vista 将会自动对软件功能进行缩减或扩充。

7.1　Windows 体验索引

在计算机中，“硬件”包含了显示器、键盘、鼠标、主机等一系列的设备。在 Vista 中会自动对计算机的硬件性能进行检测，并会给出相应的得分。根据这个得分，我们可以轻松知晓当前计算机硬件能在 Vista 发挥出什么样的性能。

7.1.1　获得分数

Windows 体验索引功能，可以自动测量计算机软硬件配置的性能，并根据测量结果反馈给用户一个称为“基本分数”的数字。较高的基本分数（如 5.0）表示计算机比具有较低基础分数（如 1.0）的计算机运行得更好和更快——特别是在执行更高级和资源密集型任务时。

要在 Vista 中查看硬件的基本得分（即计算机的整体性能得分），执行操作如下：

01 使用下列任一种方法进入“系统”窗口。

- 在“开始”菜单中右击“计算机”并在弹出的菜单中选择“属性”。
- 在“开始”菜单的“搜索”栏中输入“系统”。
- 在“开始”菜单的“搜索”栏中输入 Control.exe /name Microsoft.System 命令。
- 按组合键“Win＋Pause”键。
- 在“控制面板”中单击“附加选项”，再单击左侧导航列表中的“系统和维护”，再单击右侧窗格中“系统”部分的“查看 RAM 的数量和处理器速度”，如图 7-1 所示。

02 弹出“系统”窗口，在“分级”项右侧即可看到当前计算机的基本得分（当前为 5.0），如图 7-2 所示。

03 单击右侧的“Windows 体验索引：未分级”链接，可以看到各个子系统的得分，如图 7-3 所示。要使“未分级”文字消失，只要运行一次图中的“更新我的分数”即可。

这里的最低分数决定了整体硬件的基本分数，例如，如果单个硬件组件的最低子分数是 5.0，则整体硬件的基本分数就是 5.0。

实际上，这里的子系统分数还是会受到整体硬件因素的影响。比如说，都是 E6300 的 CPU，在使用两套不同的硬件时，CPU 的得分往往就会有 1 分或是更多的差距，如图 7-4 所示。

图 7-1

图 7-2

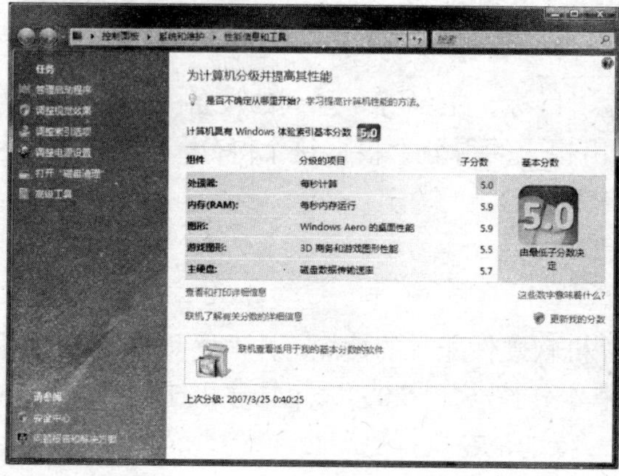

图 7-3

图 7-4

提 示

单击“联机查看适用于我的基本分数的软件”，可以看到英文版的软件列表。

7.1.2 分数含义

先来了解一下用于表示计算机的整体性能的基本分数含义：

- 1~2 分：计算机具有足够的性能安装 Vista，并可以执行 Vista 中的常规任务。但是，该分数范围内的计算机通常没有足够的能力来运行 Aero 效果或 Vista 提供的高级多媒体功能。
- 3：计算机能够以基础级别运行 Aero 效果以及多种 Vista 新功能，但是某些 Vista 中的高级新功能可能无法得到充分利用。
- 4~5：计算机能够充分发挥出 Vista 的所有新功能，并且能够支持高端的图形与多媒体功能。如果分数为 5.0，那么意味着计算机将可以发挥出 Vista 的最高性能。

提示

这个基本分数并不总会一成不变的，因为可以通过升级硬件来重新获得新的分数。如果安装了新硬件，则需单击“更新分数”来重新计算得分。

再来看看子系统的分数含义。通常，在如果基本分数无法达到程序或 Vista 某些功能的要求，则可以使用子分数帮助判断需要升级的硬件。这个设计可以避免以往 Windows 版本中，盲目猜测究竟是哪一部分硬件性能不够的做法。

如在不同应用场合中不同子系统的得分将会决定软件的应用是否受到影响：

- 办公室：如果计算机主要应用于办公室环境，则 CPU 和内存类别需要获得较高的子分数——至少 2.0 或更高的子分数才能够达到要求。
- 游戏和图形处理：如果计算机用于游戏、图形处理或多媒体编辑，则内存、显示系统应获得较高的子分数——至少 3.0 或更高的子分数才能够满足要求。

对于有打印机的读者们，建议单击“查看和打印信息”项，在这里可以看到更为详细的硬件与相关软件环境（如 DirectX 的版本）的检查结果，如图 7-5 所示。

单击右上角的“打印本页”按钮，则可以将当前内容通过打印机输出。

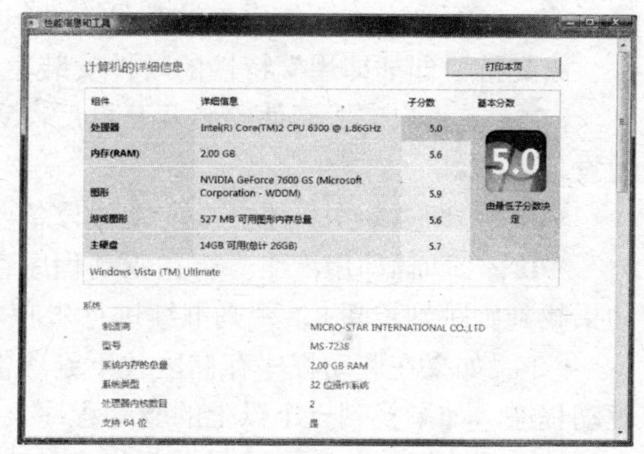

图 7-5

7.2 驱动程序

驱动程序是 Vista 等操作系统与硬件之间沟通的翻译，它最直接的作用就是帮助操作系统来识别硬件。例如：在安装了一块视频捕获卡后，操作系统的“即插即用”技术会立即检查到新的硬件存在，并可以识别出这是一个“视频设备”。但是，视频设备有很多，究竟是哪家公司生产的什么视频设备呢？这个时候，就需要通过安装视频捕获卡的驱动程序，来告诉操作系统刚安装的硬件具体身份了。

通常，只有安装了正确的、合适的驱动程序的硬件才能在 Vista 中发挥出该有的全部效能。例如：由于操作系统本身内置了大量的通用型驱动程序，所以很多硬件只要能具备一定的特征，那么操作系统就可以在启动计算机时识别出硬件，并自动加载（安装）好相应的驱动程序。但是，内置的驱动具备的“通用”特点，使得它有时并不能充分发挥出硬件一些特殊功能或全部性能。比如说，很多设计优秀的显卡在使用内置的驱动后，就没有显卡支持的 3D 调整等功能。再比如说，绝大多数的显示器都被识别成“默认监视器”，这最直接的负作用就是导致显示器无法使用一些较高的刷新率。

在操作系统中安装驱动程序之前，建议了解一下安装驱动时应遵守的顺序：

第一步：安装主板芯片组驱动。

第二步：安装显卡和声卡的驱动。

第三步：安装网卡驱动。

第四步：安装其它设备的驱动。

和以往的 Windows 版本中安装硬件驱动程序一样，Vista 中的驱动程序安装起来也比较轻松、简单。下面将介绍几种 Vista 中主要的驱动程序安装方式。

注 意

CPU 同样需要驱动程序，但是我们并不需要去安装它的驱动。我们可以使用安装最新版操作系统及补丁的方法，来让操作系统对 CPU 的识别和支持达到最新状态。

7.2.1 自动安装内置驱动

在 Vista 中，庞大的内置驱动库已经可以对 2007 年以前生产的硬件进行较好支持，甚至有时内置的驱动比硬件本身的驱动还要新、还要稳定。比如说，NVIDIA GeForce 7900 GS 显卡在自动被加载了内置驱动后，再安装本身的驱动时，就会被告知：当前的驱动版本是最新的——至少在 1~2 年内，这都是一件很值得高兴的事情！

给支持“即插即用”特性的硬件安装驱动程序，执行操作如下：

01 在用户完成硬件安装并开机后，Vista 会侦测到新硬件并指示“即插即用”服务使设备运作。

02 “即插即用”服务会向硬件设备要求提供数字标识。

03 “即插即用”服务会在驱动程序存储区中寻找所需的含有数字标识的驱动程序，如果找到则跳到步骤 8，否则继续进行步骤 4。

04 如果在驱动程序存储区找不到所需的驱动程序，Vista 会在下列位置寻找符合的驱动程序，如果找到一个以上的驱动程序，Vista 会自动使用“最适合”的驱动。

- 搜索 DevicePath 登录项目指定的文件夹，如 C:\Windows\inf。
- 搜索 Windows Update 网站
- 提示用户提供驱动

05 Vista 会检查当前用户是否有权限将驱动程序加入驱动程序存储区，此时用户必须具备系统管理员权限。

06 Vista 会检查驱动程序中是否具有有效的数字签名。如果驱动程序已经有了有效凭证，但是该凭证在受信任区中找不到，Vista 则会提示使用者确认。

07 Vista 会将驱动程序的副本加入驱动程序存储区。

08 “即插即用”服务会将硬件设备从驱动程序存储区复制到所需位置，通常是 C:\Windows\System32\drivers。

09 “即插即用”服务会指示 Vista 如何使用新安装的硬件设备。

10 “即插即用”服务会启动刚安装的硬件设备——每次计算机重新启动时会重复这个步骤，以便重载驱动程序。

对于相当一部分的硬件来说，驱动的安装都是自动完成的，我们无需进行干预。安装 U 盘驱动，执行操作如下：

01 启动计算机并登录到 Vista 的桌面环境，将 U 盘插入 USB 接口。

02 Vista 会自动检测到新硬件的存在，并在“通知区域”中弹出提示框，如图 7-6 所示。

03 Vista 首先会检查 C:\Windows\inf 文件夹下是否存在适合当前新硬件使用的 inf 安装文件。如果有的话，则会从 C:\Windows\system32\drivers 文件夹中提取文件并进行相应的安装操作。安装完成后 Vista 会弹出提示，如图 7-7 所示。

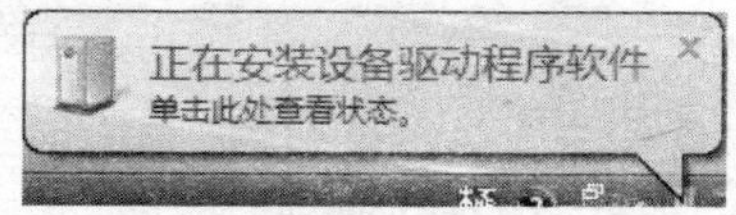

图 7-6

图 7-7

这样就能够正常使用 U 盘了。

在 Vista 中，支持相当多的硬件在连接到计算机时自动进行内置驱动的安装，具体过程与安装 U 盘驱动基本上是一样的。

7.2.2 安装网络驱动

除了全自动安装内置驱动的方法外，Vista 还可以自动到网站中搜索、下载并安装好驱动。如果内置驱动库中没有新硬件匹配驱动时，就会执行这样的操作。安装声卡驱动程序，执行操作如下：

01 在 Vista 完成安装后，经常会发现系统中并没有任何声音输出。此时，最大的可能就是声卡的驱动程序没有安装。这时会在系统桌面的“通知区域”中看到带有一个叉号的喇叭图标，将鼠标箭头放在上面时会出现“未安装任何音频输出设备”的提示，如图 7-8 所示。

图 7-8

02 打开“设备管理器”窗口，可使用下列方法之一：

- 在“开始”菜单的“搜索”栏中输入命令 Devmgmt.msc。
- 在“命令提示符”窗口中输入命令 Devmgmt.msc。
- 在“开始”菜单的“搜索”栏中输入“设备管理器”。
- 在“控制面板”窗口中单击左侧窗格下方的“查看硬件和设备”。
- 在“控制面板”窗口中单击“附加选项”链接，然后再单击“设备管理器”部分的“查看硬件和设备”，如图 7-9 所示。

图 7-9

- 在“计算机”的属性窗口中单击左侧导航窗格中的“设备管理器”，如图 7-10 所示。
- 在“计算机管理”窗口中单击左侧导航窗格中的“设备管理器”。

在打开的窗口中未安装驱动程序的设备通常都会归类到“其他设备”列表中，如图 7-11 所示。

图 7-10

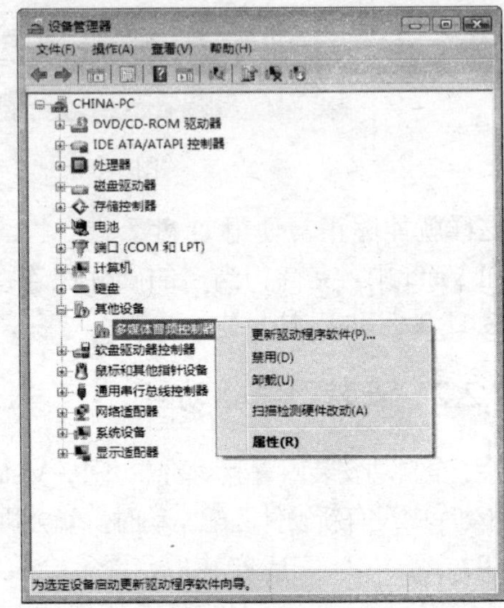

图 7-11

03 右击列表中的“多媒体音频控制器”，在弹出的菜单中选择“更新驱动程序软件”。

04 如果手中有当前硬件的驱动程序光盘或驱动程序存储在硬盘中，则需在窗口中单击“浏览计算机以查找驱动程序软件”。如果手中没有当前硬件的驱动，可以单击“自动搜索更新的驱动程序软件”，以便让 Vista 帮助我们从网络中尝试下载到相应的驱动，如图 7-12 所示。

05 在如图 7-13 所示界面中选择“是，仅这次联机搜索”。

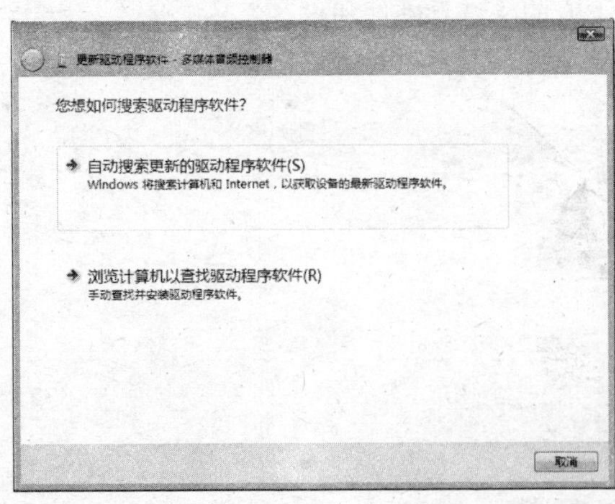

图 7-12

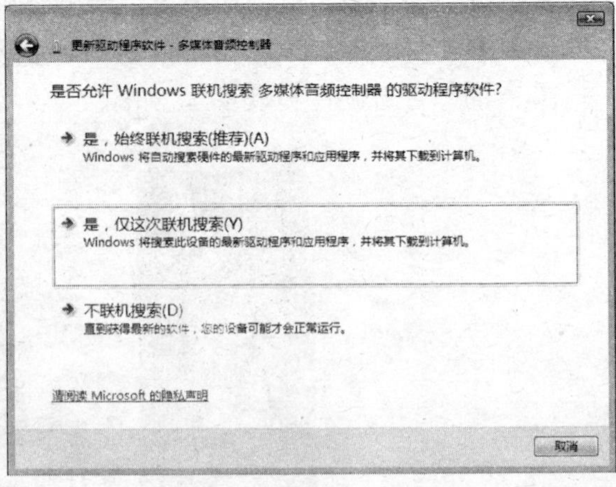

图 7-13

接着将自动开始在 Internet 网络中进行当前硬件的驱动搜索，如图 7-14 所示。

在搜索网络驱动之前，请确认能够访问 Internet 网络，并尽量关闭所有使用网络的应用程序，以便提供足够的带宽保证此项任务顺利完成。

如果能够找到当前硬件的驱动程序会自动完成安装，并弹出提示窗口，如图 7-15 所示。

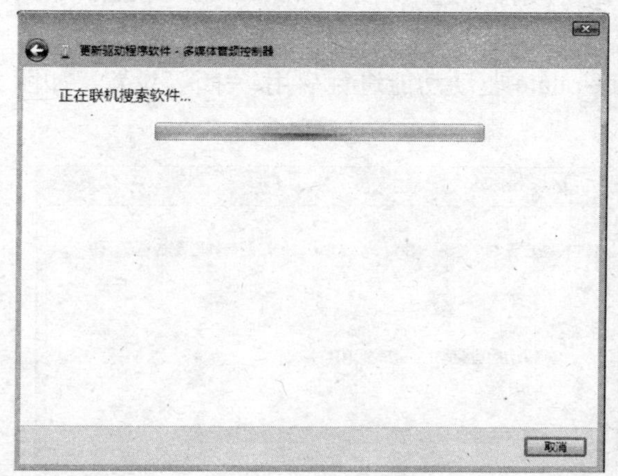

图 7-14

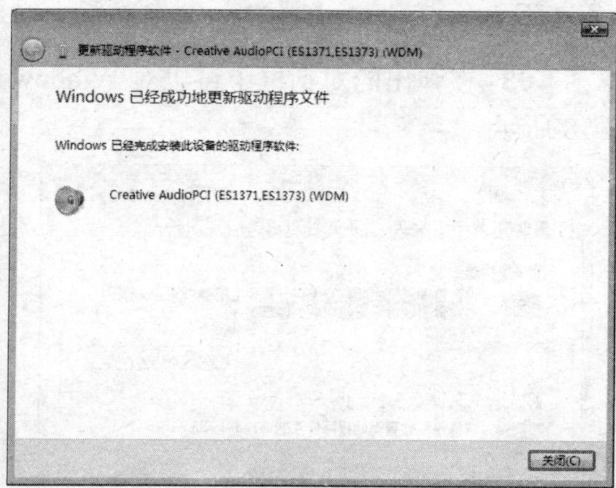

图 7-15

06 单击“关闭”按钮，在“设备管理器”窗口中将看到“其他设备”列表中已经没有了声卡。在自动展开的“声音、视频和游戏控制器”列表中可以看到刚安装了驱动的声卡设备，如图 7-16 所示。

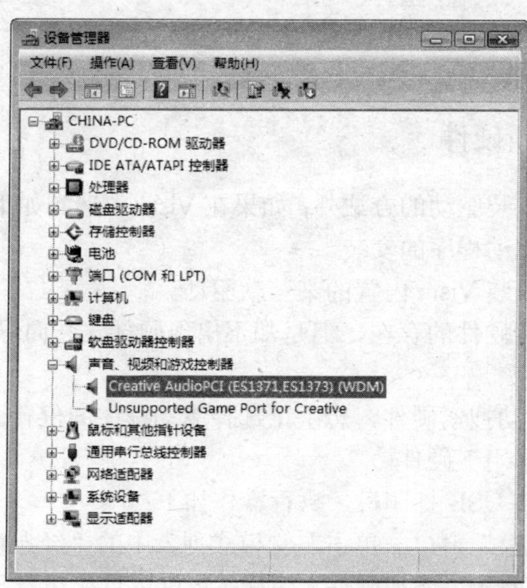

图 7-16

对于一些知名品牌的硬件设备都可以在 Vista 中通过网络搜索得到相应的驱动程序。

提 示

建议通过一些专业的驱动程序备份软件将当前安装的驱动程序提取出来，并保存到专用的文件夹中，以便在系统重装时可以在本地快速完成相应的驱动安装。

管理网络驱动搜索功能，执行操作如下：

01 在“开始”菜单中在“搜索”栏中输入命令 Sysdm.cpl。

02 在弹出的“系统属性”对话框中单击“硬件”选项卡的“Windows Update 驱动程序设置”按钮，如图 7-17 所示。

03 在弹出的对话框中可以对 Windows Update 驱动功能进行启用/关闭等设置，如图 7-18 所示。

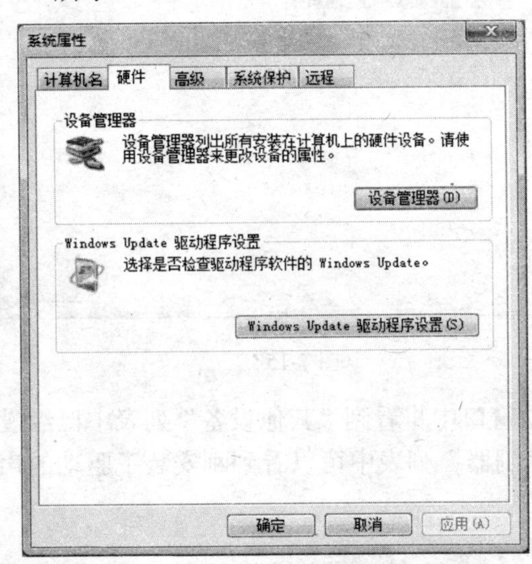

图 7-17

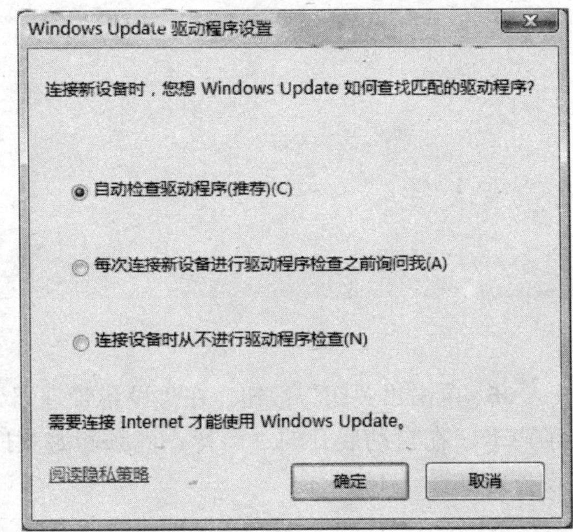

图 7-18

7.2.3 手工添加新硬件

除了上述两种自动安装驱动的方法外，如果在 Vista 中遇到如下情况的话，可以进行手工式的新硬件添加以及驱动程序的安装。

- 希望自由决定安装 Vista 内置的某一款驱动。
- 已经检测到了新硬件的存在，但是却不出现硬件安装向导或不进行驱动程序的自动安装。
- 不希望 Vista 自动搜索硬件，想手工选择驱动程序的位置。
- 安装“非即插即用”硬件。

如实现驱动程序安装 USB 打印机，执行操作如下：

01 打开“控制面板”窗口，单击左侧模式列表中的“经典视图”，如图 7-19 所示。

02 在右侧窗格中双击“添加硬件”图标（也可以直接在“开始”菜单的“搜索”栏中输入命令 Hdwwiz.exe 来打开）打开向导窗口，如图 7-20 所示。

图 7-19

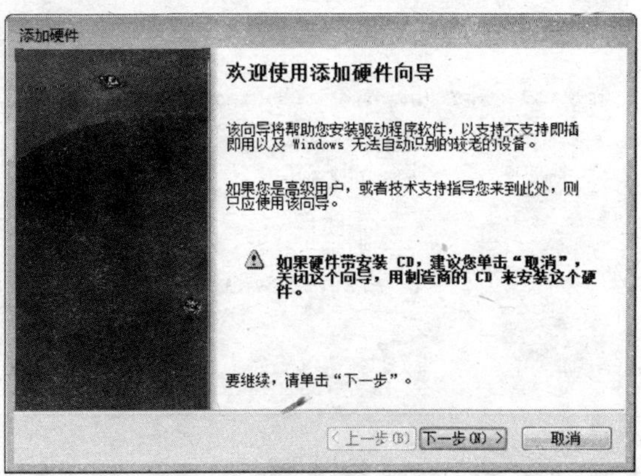

图 7-20

提 示

也可以在“设备管理器”窗口中任选一个子类，选择“操作”→“添加过时硬件”命令来打开“添加硬件”向导。

03 单击“下一步”按钮进入如图 7-21 所示界面，选中“安装我手动从列表选择的硬件（高级）”后，单击“下一步”按钮。

04 在硬件类型列表中选中“打印机”，单击“下一步”按钮，如图 7-22 所示。

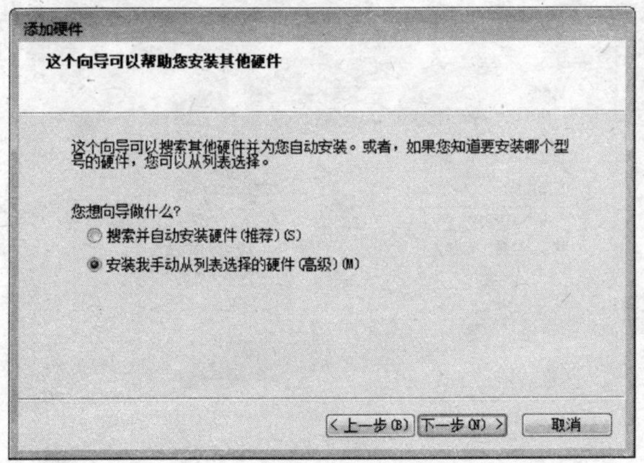

图 7-21

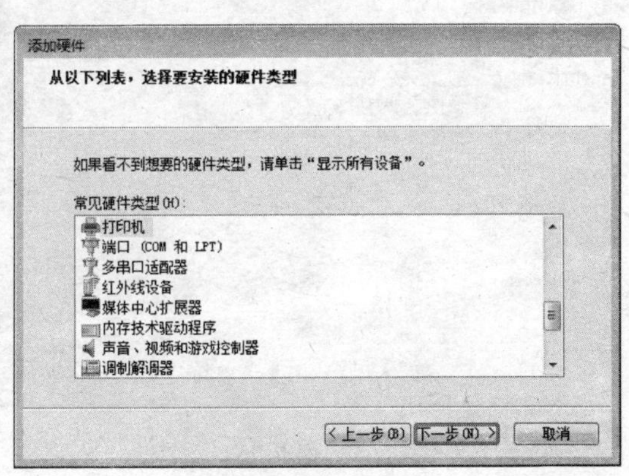

图 7-22

05 在“使用现有的端口”列表中选择打印机与主机连接方式。比如说，现在使用 USB 方式与打印机相连，但总是只听到“咚”的一声响，却再无任何反应，就需要在这里选择“USB001（USB 虚拟打印机端口）”（这里的选择要根据实际情况而定），如图 7-23 所示。

06 如果希望安装 Vista 内置的驱动，要在左侧的厂商列表中选择打印机的厂商名称，在右侧的打印机型号列表中选择适合当前打印机能够使用的项目，如图 7-24 所示。

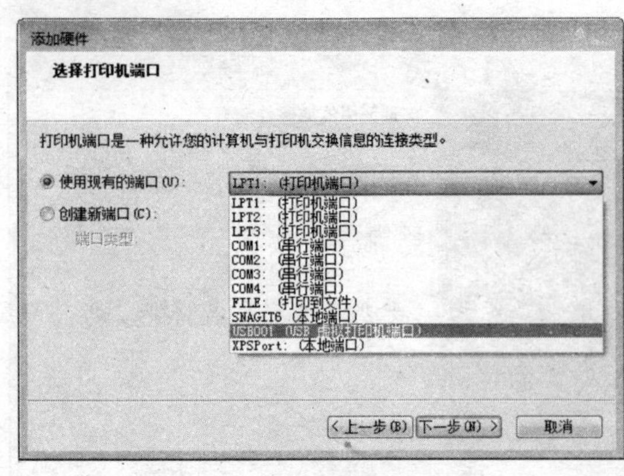

图 7-23

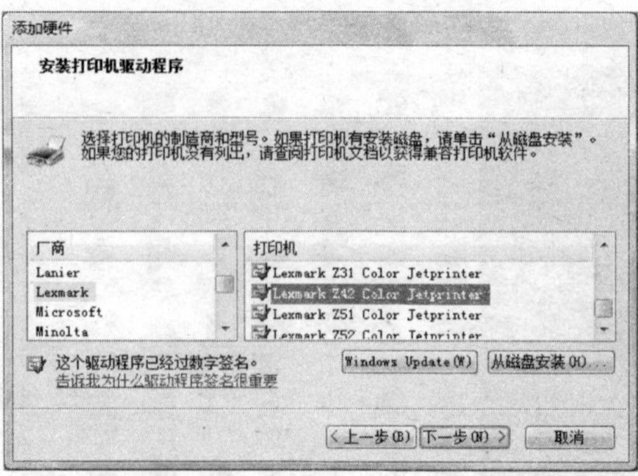

图 7-24

如果不愿意安装或是 Vista 内置驱动库中没有当前新硬件的驱动时，可以单击“从磁盘安装”按钮，从驱动光盘或硬盘中安装驱动程序。还可以单击 Windows Uadate，让向导搜索并安装网络中可用的驱动。

07 在“输入打印机名称”界面中一般选择默认的就可以。如果希望在执行打印操作时调用的打印机是当前安装的这台机器，那么应选中“设置为默认打印机”，如图 7-25 所示。

08 可以看到内置的驱动连打印机可以使用的墨盒型号也提供了出来。此时根据实际情况进行墨盒状态设置后继续，如图 7-26 所示。

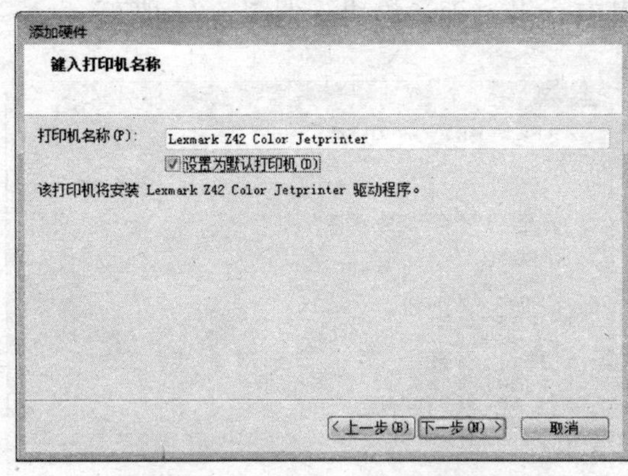

图 7-25

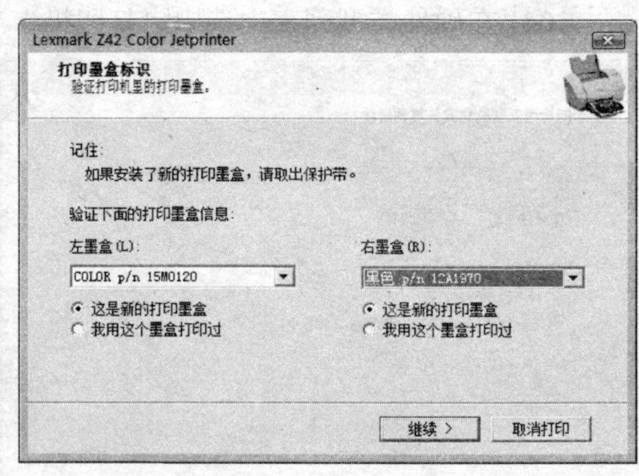

图 7-26

09 如果当前打印机需要在局域网环境中使用并且要将其共享，那么选中“共享此打印机以使网络中的其他用户可以找到并使用它”，否则应选中“不共享这台打印机”继续，如图 7-27 所示。

10 在最后出现的界面中，如果想即时检测一下打印机驱动程序安装得是否成功，可以单击“打印测试页”按钮。如果打印机能够在纸张上打印出正确的测试内容，那么表示打印机就安装成功了，如图 7-28 所示。

11 单击“完成”按钮即可结束打印机的安装任务。

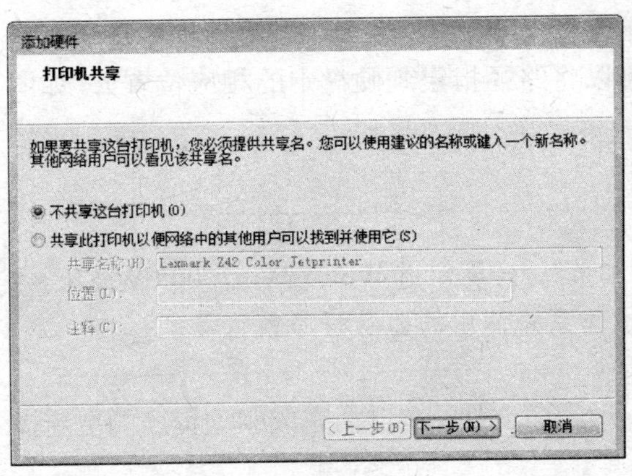

图 7-27

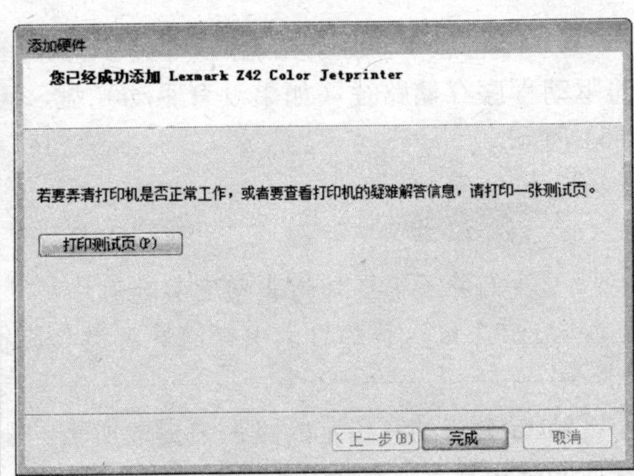

图 7-28

7.2.4 更新驱动程序

在 Vista 安装好驱动程序后，如果发现需要为硬件更新驱动程序（驱动程序也有版本之说，如为了新的操作系统开发出相应版本的驱动），可以通过“更新驱动程序”操作来完成这项任务。事实上，绝大多数的硬件第一次驱动安装，都可以参考本方法来完成相应的驱动安装。

显示器配备的驱动光盘提供的驱动来更新 Vista 默认为显示器安装的驱动，可执行如下操作：

01 使用任一种方法打开“设备管理器”窗口。

02 右击要更新驱动的监视器，如图 7-29 所示。

03 在弹出的菜单中选择“更新驱动程序软件”，在弹出的窗口中单击“浏览计算机以查找驱动程序软件”项继续，如图 7-30 所示。

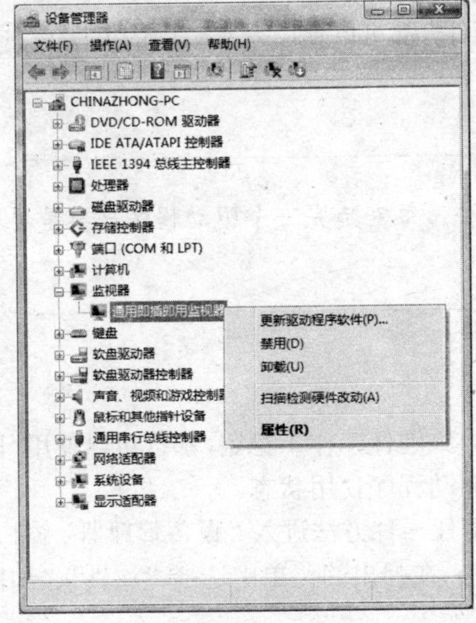

图 7-29

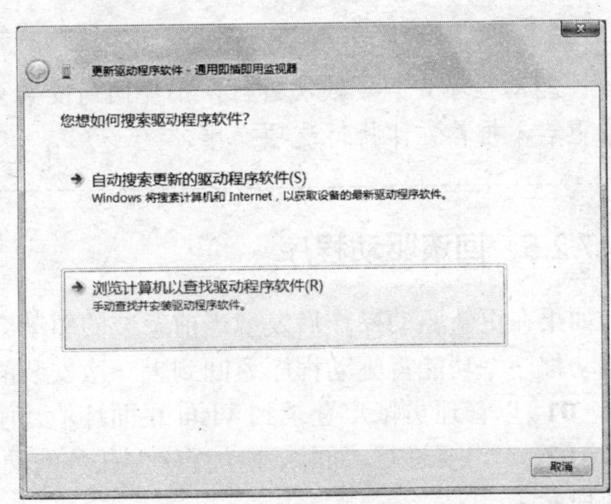

图 7-30

04 将显示器驱动光盘插入主机光驱，单击“浏览”按钮在弹出的对话框中选择正确的驱动程序存储路径（如果没有驱动光盘，可以将路径指定到硬盘中的相应位置），如图 7-31 所示。

提 示

我们并不需要知道驱动安装光盘中的“细节”，只要知道 Win98/Win2000（Win2k）/Winxp/Vista 这样的目录中存储着可供相应操作系统使用的驱动程序就行了。

Vista 会自动在指定的路径中提取所需的驱动程序文件，在自动完成驱动程序的更新操作后会弹出提示，如图 7-32 所示。

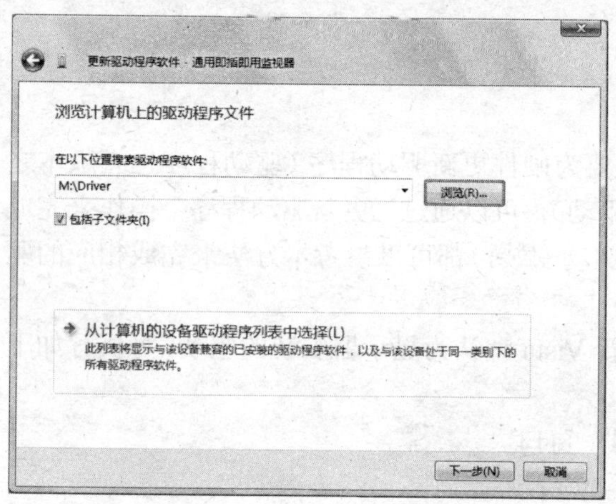

图 7-31

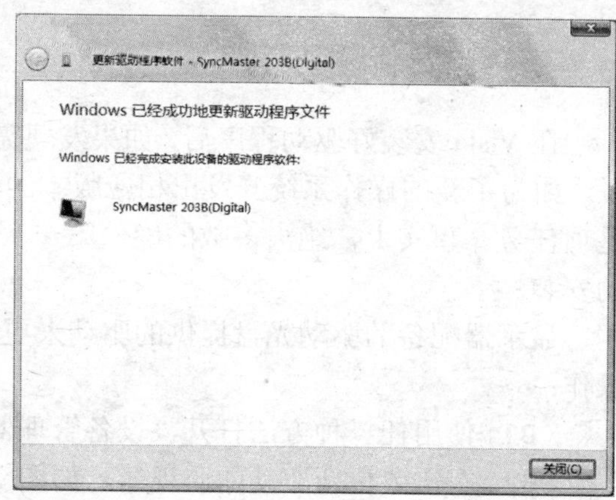

图 7-32

05 单击“关闭”按钮即可成功完成硬件驱动的更新。

实际上，对于 Vista 无法自动完成驱动安装的硬件，都可以使用本小节中的方法来完成驱动的安装。

注 意

驱动程序安装要依次进行，不要同时安装多个。每安装完一个驱动程序只要是要求重启，推荐立即执行这项操作。

7.2.5 回滚驱动程序

如果在更新驱动操作后发现当前新装的驱动会导致硬件工作不稳定，那么可以使用“回滚驱动程序”功能将驱动程序返回到上一次安装的驱动程序使用状态。

01 以管理员帐户登录到 Vista 桌面环境，使用任一种方法进入“设备管理器”窗口。

02 右击要进行“回滚驱动程序”任务的硬件，在弹出的菜单中选择“属性”，如图 7-33 所示。

03 在接着出现的界面中单击“回滚驱动程序”按钮，如图 7-34 所示。

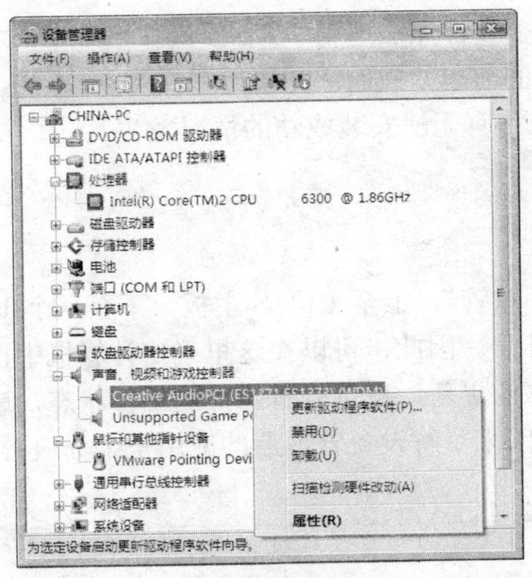

图 7-33

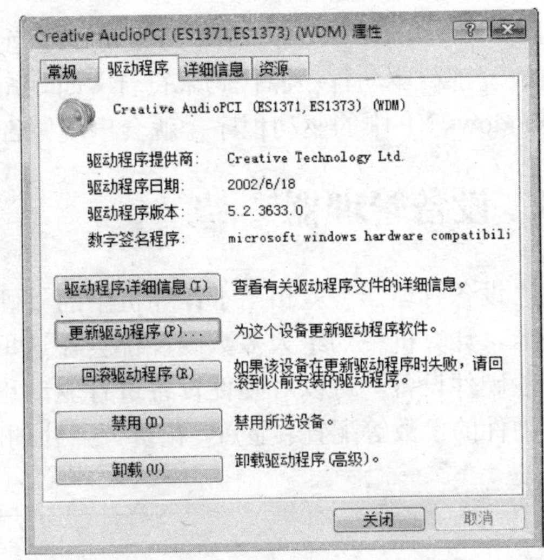

图 7-34

04 在接着弹出的提示框中单击“是”按钮，如图 7-35 所示。

稍后可以看到“回滚驱动程序”按钮已经呈不可设置状态，表示“回滚”驱动的操作已经顺利完成，如图 7-36 所示。

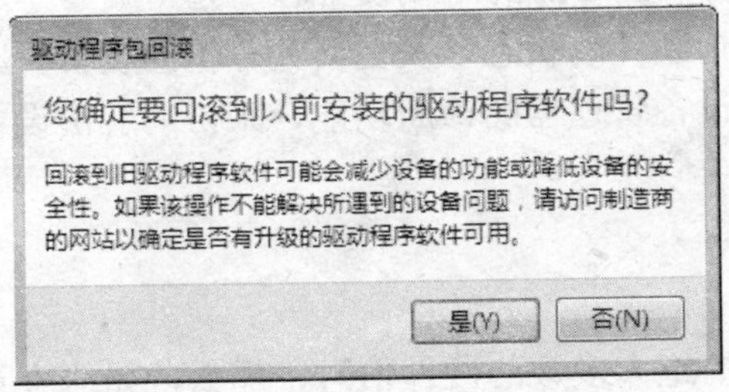

图 7-35

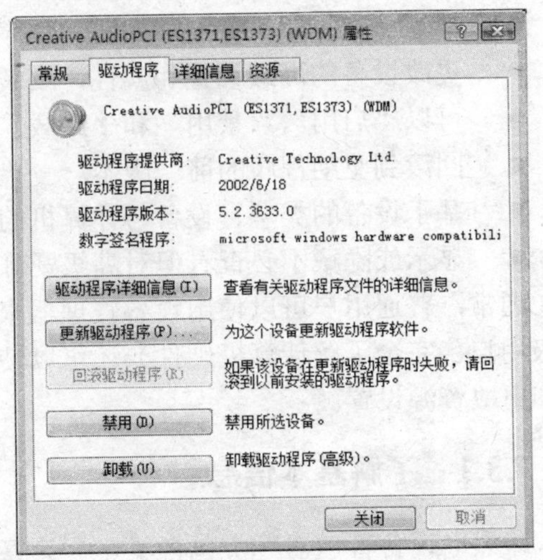

图 7-36

实际上，每次 Vista 在安装了新硬件驱动后都会设置一个系统还原点，一旦发生硬件不兼容或其他硬件异常情况，都可以通过“回滚驱动程序”或“系统还原”来快速恢复到原先的状态。

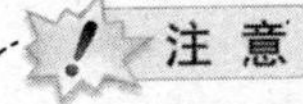

如果硬件没有安装多次驱动程序，则“回滚驱动程序”按钮为不可设置状态。

最后，值得一提的是，在 Vista 操作系统中已经改用 Windows Driver Kit（WDK）来取代原本 Windows XP 上开发的硬件驱动程序撰写方式 Windows Driver Development Kit

（DDK）。所以，Windows XP 的驱动程序绝大多数都无法适用于 Vista 操作系统中，必须重新改写部分驱动程序源代码来符合 Vista 系统的需求。故而，如果用户在 Vista 系统下安装 Windows XP 中的驱动程序，就会出现警告或是有无法安装成功的情况发生。

7.3 设备管理器

"设备管理器"就相当于计算机中的"硬件总管"，上至 CPU、主板，下至一个 USB 扩展卡，计算机中的绝大多数硬件都会在这里挂号。因此，可以在这里确定计算机中已安装哪些硬件设备，可以对硬件设备进行驱动程序的更新，可以查看硬件的工作状态，或是修改硬件的参数等配置。显然，花费一点儿的时间来了解设备管理器的应用是十分值得的。

> 提 示
>
> 使用设备管理器功能，需要具备管理员权限。

通常，使用设备管理器可以完成以下任务：

- 确定计算机上的硬件是否工作正常。
- 更改硬件的配置设置。
- 标识出为每个设备加载的驱动程序，并获取有关设备驱动程序的信息。
- 更改设备的高级设置和属性，安装更新的设备驱动程序。
- 可以"启用"、"禁用"和"卸载"设备。
- 回滚到驱动程序的前一版本。
- 基于设备的类型、设备与计算机的连接或设备所使用的资源来查看设备。
- 显示或隐藏不必查看但对高级疑难解答可能必需的隐藏设备。

通常，普通用户可以使用设备管理器来检查硬件的状态以及更新计算机的设备驱动，高级用户（完全了解计算机硬件）还可以使用设备管理器的诊断功能，来协助解决设备冲突和更改资源设置。

7.3.1 了解基本信息

即然"设备管理器"中包含了一台计算机中绝大多数的硬件信息，那么，如何查看这些信息呢？其实"设备管理器"中的操作是非常简单的。打开"设备管理器"窗口，可以看到默认状态下所有设备都进行了归类排列，比如说"DVD/CD－ROM 驱动器"分类列表中就列出了所有光存储设备，如图 7-37 所示。

要展开分类列表，需要单击分类名称前面的"+"。"+"在展开列表后将自动变成"-"。反之要收起列表，只要单击"-"即可。

通常，在"设备管理器"中会有如下分类：

- DVD/CD－ROM 驱动器：在这里列出了所有光存储设备，如 CD－ROM、DVD－ROM、刻录机、康宝等。
- IDE ATA/ATAPI 控制器：在这里会给出所有数据设备的接口，可以看到当前计算机（实际上就是主板）支持多种模式的接口，如南桥芯片组 ICH8 提供了 6 个 SATA 接口，另外还有一个 IDE 接口，如图 7-38 所示。

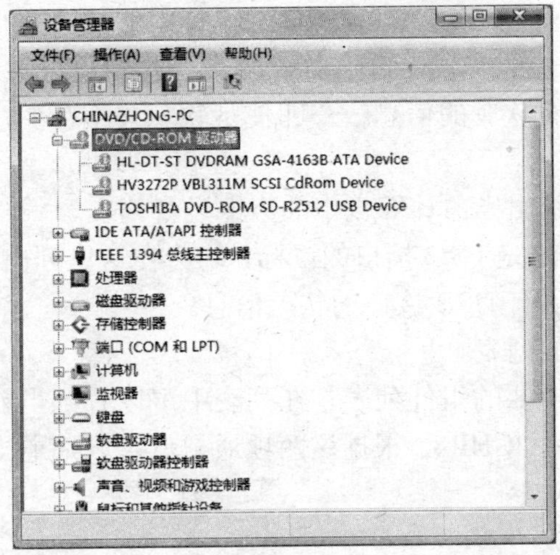

图 7-37

图 7-38

- IEEE 1394 总线主控制器：在这里列出了所有内置或外置的 IEEE 1394 设备。
- 处理器：在这里列出了 CPU（中央处理器）的列表。值得一提的是双核 CPU 在这里会显示成两个设备，如图 7-39 所示。
- 磁盘驱动器：在这里列出了计算机中的硬盘设备，如 IDE 接口或 SATA 接口硬盘。
- 存储控制器：如果主板支持 SCSI 或 RAID 技术，则会出现此列表。
- 端口（COM 和 LPT）：在这里列出了使用 LPT 端口的打印机以及通信端口 COM 的情况。这两种接口由于传输速率太低，现在已经很少使用了。
- 计算机：这里给出了当前计算机的描述文字。
- 监视器：给出了当前显示器的型号，在没有安装驱动的情况下，这里为“即插即用监视器”。
- 键盘：这里给出了当前使用的键盘类型，可以看到当前计算机共有两个键盘，如图 7-40 所示。

图 7-39

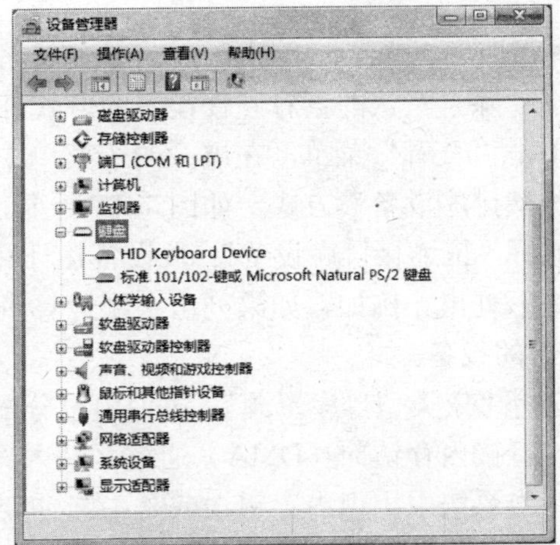

图 7-40

对于使用 USB 方式接入主机的键盘，可以在其属性中看出来这一点，如图 7-41 所示。

在 USB 键盘/鼠标名称的左侧都会有一个 HID 的英文，它实际上是一个术语，即“人体学接口设备”。通常，只要是符合 Device Class Definition for HID 1.11 标准的通用串行总线（USB）设备（如键盘、游戏控制器和扫描仪等），均会在名称左侧带有此标记。

- 软盘驱动器控制器：在这里给出了所有软驱的信息——即使是软驱并不存在，也会在这里给出一个标准软驱的信息。
- 声音、视频和游戏控制器：在这里会给出当前计算机中的声卡设备列表。
- 鼠标和其他指针设备：不管是 USB 的还是 PS/2 接口的鼠标，均会在这里列出来。
- 通用串行总线控制器：在这里给出了所有 USB 接口的状态信息。
- 网络适配器：在这里会给出网卡设备的列表。
- 系统设备：在这里会给出主板中所有重要的组件列表。在列表中可以看到当前主板的北桥芯片组为 P965，南桥芯片组为 ICHR8。根据这两项通常就可以知道当前主板的性能如何了，如图 7-42 所示。

图 7-41

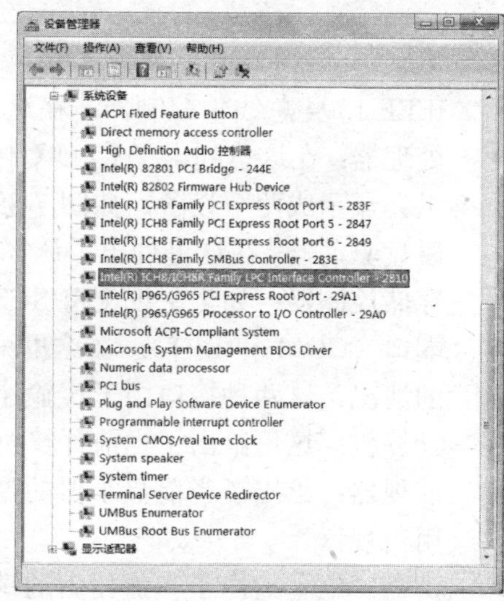

图 7-42

- 显示适配器：给出了当前显卡的名称、型号等信息。

除了默认的查看硬件设备的方式外，还可以通过如下几种方式对设备进行查看。

单击“查看”菜单，在展开的子菜单中可以看到有多种查看方式，默认使用的方式为“依类型排序设备”方式，如图 7-43 所示。

选择“依连接排序设备”：按设备在计算机中的连接方式显示设备。每个设备在其连接的硬件下列出。例如，如果列出小型计算机系统接口（SCSI）卡，则在其下方列出连接到 SCSI 卡的设备。

选择“依类型排序资源”：按使用已分配资源的设备类型显示所有这些资源。资源的类型为：直接内存访问（DMA）通道、输入/输出端口（I/O 端口）、中断请求（IRQ）、内存地址。当系统中出现内存错误或是中断冲突时，使用此种模式可以快速找出出错设备是什么，如图 7-44 所示。

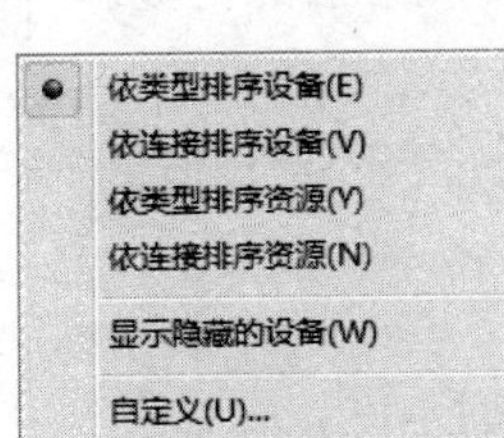

图 7-43

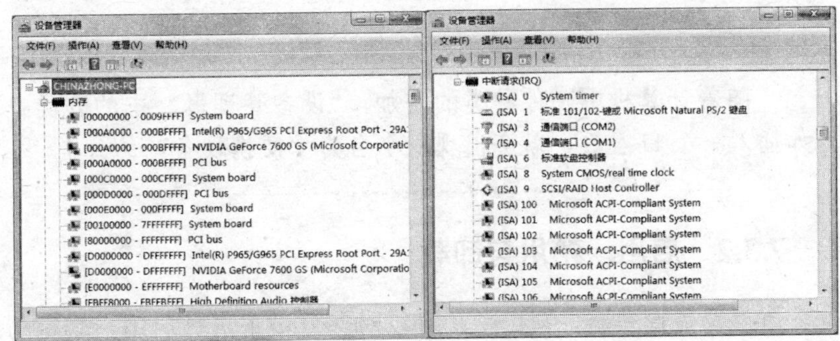

图 7-44

选择“依连接排序资源”：当系统中出现内存错误或是中断冲突时，使用此种模式可以快速找出出错设备是什么，我们可以把这种方式看成是“依连接排序资源”方式的另一种视图，如图 7-45 所示。

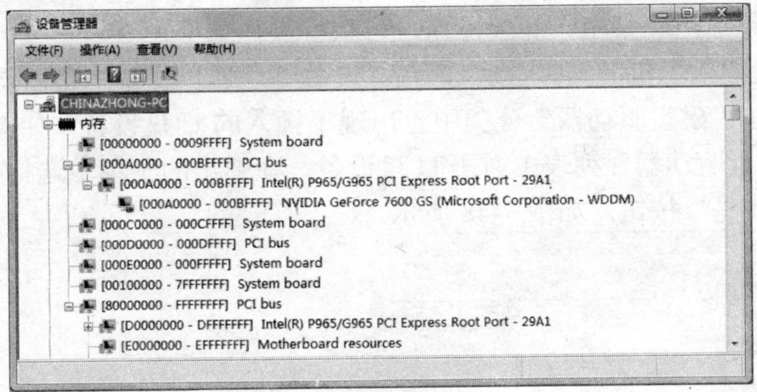

图 7-45

选择“显示隐藏的设备”：在此显示方式下，可以看到一些默认状态下没有显示出来的设备，如图 7-46 所示。比如说，可以查看并管理“卷”(即动态磁盘中的结构)。

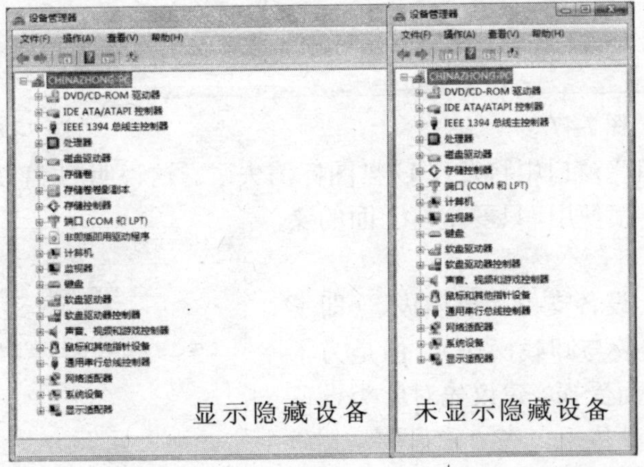

图 7-46

选择“自定义”：可以对“设备管理器”窗口中视图结构进行调整，一般不必去理会。

提示

随着计算机中硬件种类的增加，“设备管理器”中的分类也会出现增加的情况。如插入一个U盘后，就会出现一个名为“便携设备”的分类。

7.3.2 启用、禁用与卸载

在“设备管理器”窗口中，可以对部分设备进行启用、禁用与卸载操作。

启用：使设备起作用，比如说原先禁用了DVD光驱，现在可以启用它。

禁用：使设备不起作用。禁用设备可以起到两个作用，一是释放分配给该设备的资源。二是暂时禁止设备被用户使用。这样做有时可以起到临时解决资源冲突的问题。

卸载：从软件角度来看，是指从注册表中删除相关数据，使软件不可以再使用当前硬件。从设备角度来看，是指删除相应的设备驱动程序并从计算机中移除设备。

如对U盘进行启用、禁用、卸载操作，可执行操作如下：

01 将U盘插入主机的USB接口，在“设备管理器”窗口中会出现一个名为“便携设备”的分类，在“磁盘驱动器”分类中也出现了插入的U盘设备，如图7-47所示。

02 在“磁盘驱动器”列表中右击U盘设备，在弹出的菜单中选择“禁用”，弹出确认对话框，单击“是”按钮，如图7-48所示。

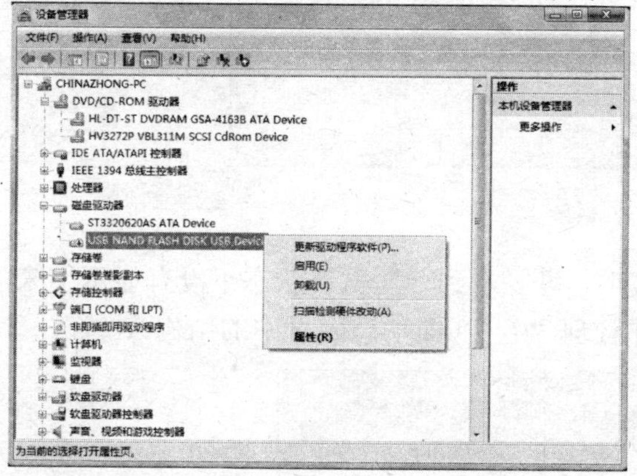

图7-47

图7-48

03 在“计算机”窗口中将发现U盘图标消失了。这说明U盘设备已经成功被禁用。如果希望U盘设备继续使用，只要重复上面的操作并选择“启用”即可。

04 虽然USB设备支持“热插拔”（即不断电的情况下执行安装与卸载操作），但是为了保证数据不出现意外而受损，建议先对此类设备进行卸载，然后再将其拔下。在“磁盘驱动器”列表中右击U盘设备，在弹出的菜单中选择“卸载”，在弹出的确认对话框中单击“是”按钮，如图7-49所示。

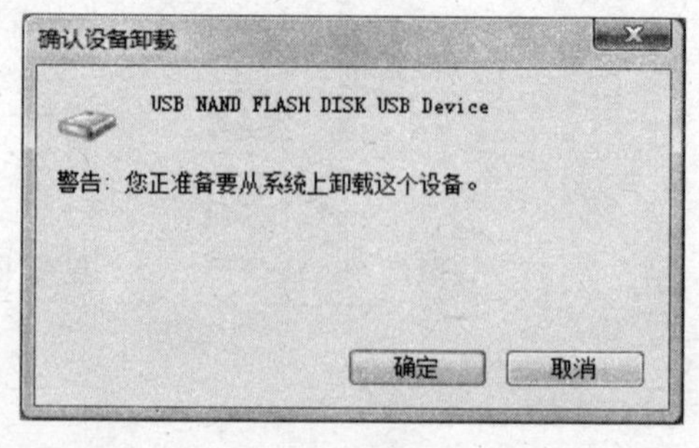

图7-49

05 完成此项操作后，就可以安全地将 USB 设备从计算机上拔出。这个操作与右击通知区域中可移动设备图标后，在弹出的菜单中选择“安全删除硬件”效果是一样的。

> **注 意**
>
> 某些设备在禁用后，必须在重启系统后方可看出效果。比如说，禁用了一个通用卷只有在重启计算机后，方可看到对应的分区（卷）消失。

7.3.3 设备属性

在“设备管理器”窗口中，每一个设备都有其属性窗口供我们对其进行详细设置。如管理 U 盘时可以在其属性窗口中执行如下管理操作：

01 在“磁盘驱动器”列表右击 U 盘设备，在弹出的菜单中选择“属性”。

02 在属性窗口的“常规”选项卡中可以看到设备的类型、制造商、工作状态等信息，如图 7-50 所示。

03 在“策略”选项卡选中“为提高性能而优化”，可以对 U 盘进行优化，如图 7-51 所示。

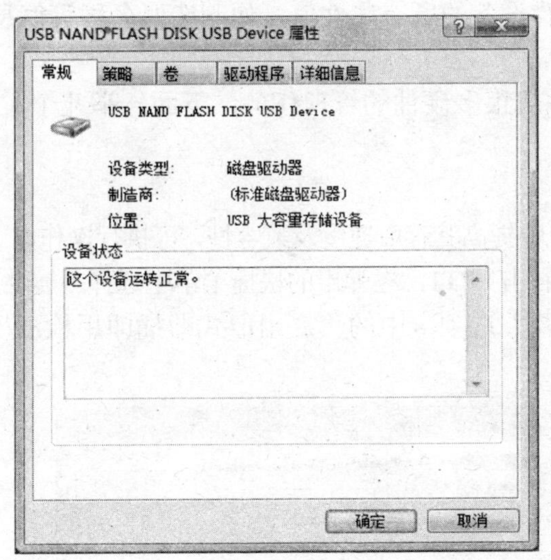

图 7-50

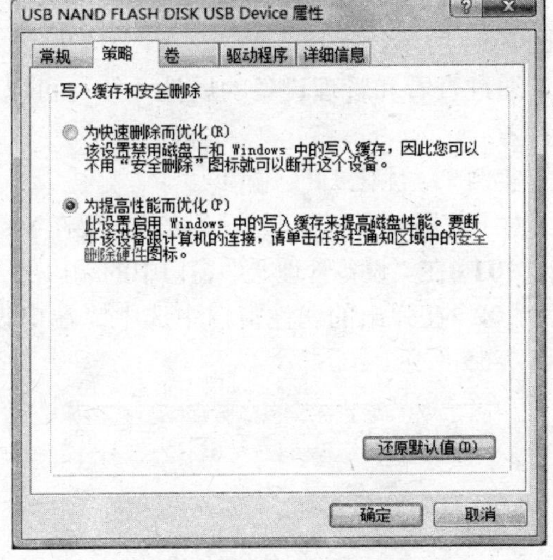

图 7-51

> **提 示**
>
> 在启用此功能后，一定要先双击系统托盘中出现的“安全删除硬件”图标，在出现可以安全卸载 USB 盘的提示时再拔下 U 盘，否则可能会出现数据丢失的问题。

04 在“卷”选项卡中单击“写入”按钮可以加载磁盘的类型等信息，一般此功能只对管理动态磁盘有用。在这里可以看到当前的硬盘为“基本”磁盘，状态为“联机”，在下面“卷”列表中可以看到所有的卷（事实上这里只是显示了分区）的信息，如图 7-52 所示。

05 在“驱动程序”选项卡中，可以对当前设备的驱动程序进行管理，还可以对当前设备进行启用、禁用和卸载操作，如图 7-53 所示。

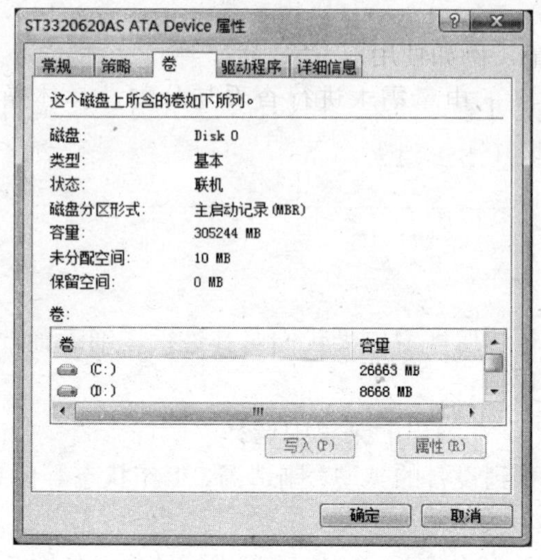

图 7-52

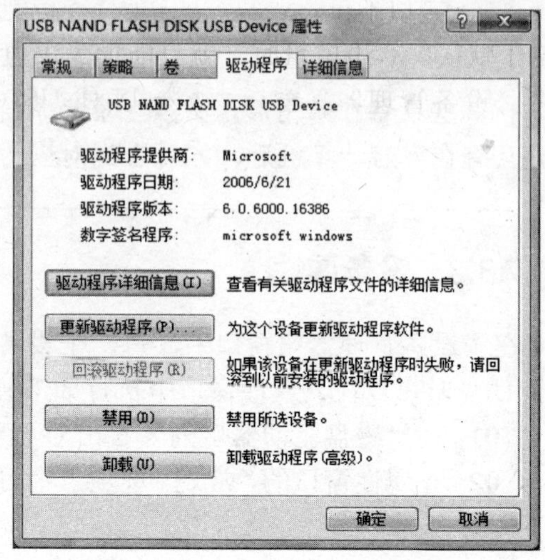

图 7-53

06 在“详细信息”选项卡中，可以查看设备的所有属性值，如制造商名称等信息，如图 7-54 所示。

通过查看和管理设备的属性，往往可以完成很多硬件的管理任务。下面，举几个实例供参考：

实例 1：优化 LPT 端口

对于使用 LPT1 端口的设备来说，要在 Vista 中提高其存取速度及兼容性，可执行操作如下：

01 在“设备管理器”窗口中的端口部分右击 LPT1，在弹出的快捷菜单中选择“属性”。

02 在弹出的属性窗口中选中“端口设置”选项卡中的“启用旧式即插即用检测”，如图 7-55 所示。

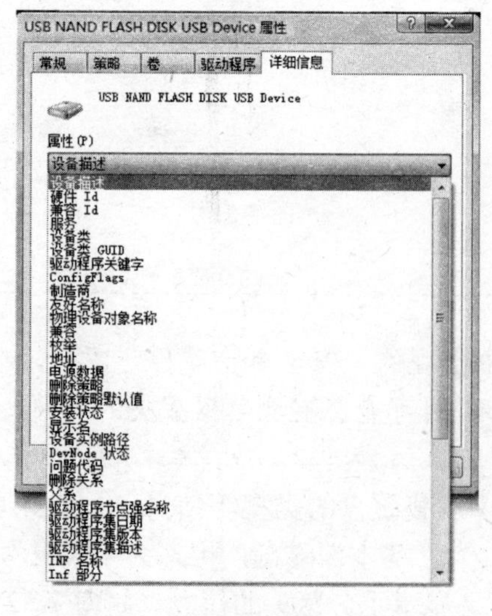

图 7-54

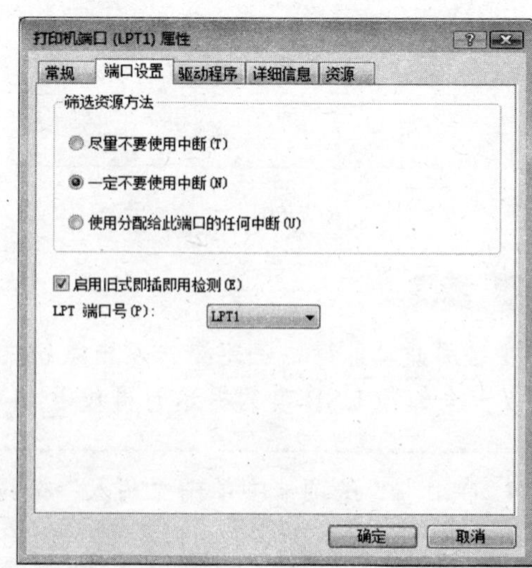

图 7-55

实例 2：管理 USB 插槽电源

有时候，会遇到 USB 设备插入主机后无论是设备还是操作系统都没有反应的情况，这是国为 USB 接口不仅负责数据的传输，还负责对 USB 设备进行供电。当一个设备需要的电量高于默认的供电电量时，就只能加大供电电量，例如使用双 USB 接口等。

在“设备管理器”窗口中，可以对 USB 设备的电量需求进行查看与分配，具体操作如下：

01 在“设备管理器”窗口中的“通用串行总线控制器”列表里可以看到多个 USB Root Hub，如图 7-56 所示。

02 计算机每连接一个 USB 设备就占用一个 USB Root Hub。在连接 USB 设备后，我们可以打开 USB Root Hub 的属性。在“电源”选项卡中可以看到每个 USB 端口都自动被分配了 500mA 的可用电量，在“连接的设备”中可以看到当前 USB 插槽中正在连接的设备名称以及其使用的电量值，如图 7-57 所示。

图 7-56

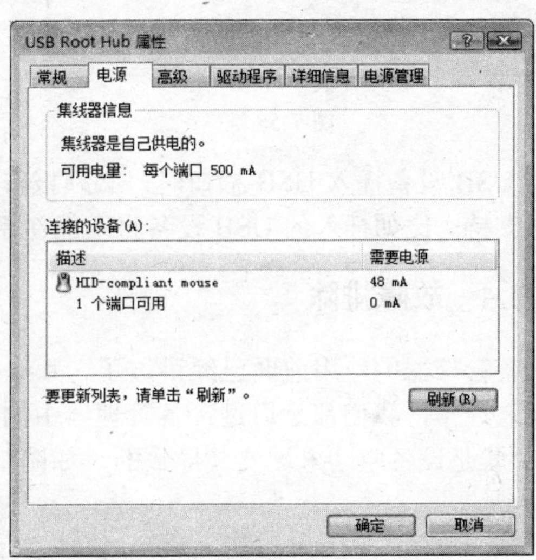

图 7-57

03 在这里如果看到设备需求的电量超过了可用电量，那么设备不可用是正常的。此时，可以通过如下几种方法来解决问题：

- 使用独立的 USB 集线器来连接设备。
- 为设备连接外置电源（如康宝）。
- 为设备连接多个 USB 端口。
- 临时拔下主机中的部分 USB 设备。

04 如果我们长期只使用 1~2 个 USB 插槽，那么完全可以将一些不使用的 USB 插槽关闭。只要选中“电源管理”选项卡中的“允许计算机关闭此设备以节约电源”即可，如图 7-58 所示。

05 在完成设置后单击“确定”按钮应用设置并关闭属性窗口。

实例 3：查看 USB 控制器的带宽分配

在 Vista 中主板中与所有 USB 插槽进行数据传输的“带宽”，会被所有 USB 插槽共享。在“设备管理器”窗口中右击“通用串行总线控制器”列表里任意一个 Host Controller，在弹出的菜单中选择“属性”。在属性窗口中切换到“高级”选项卡，在这里可以看到当前USB插槽分配的带宽，如图7-59所示。

图7-58

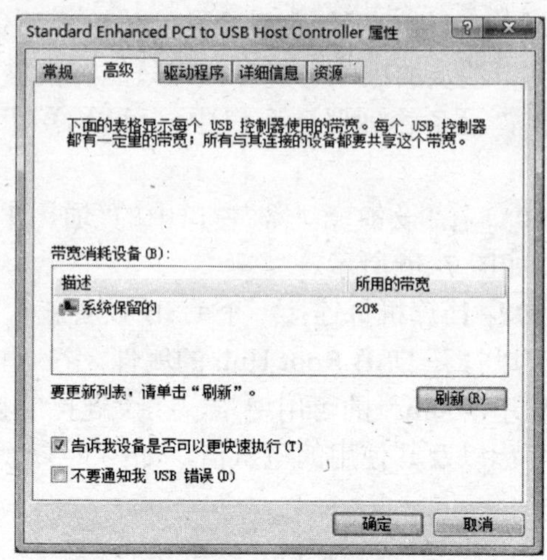

图7-59

当USB设备插入USB插口时，必须报告自身需要使用的带宽，否则系统将会拒绝对其提供支持。比如插入的USB设备将不能在系统中显示出来。

7.3.4 故障排除

设备管理器的作用前面已经讲过了，那么究竟怎样来利用设备管理器进行系统故障的排除呢？通常，我们都是通过设备管理器中的错误代码进行故障排解的，比如出现错误代码28时就是设备驱动未被安装导致的，如图7-60所示。

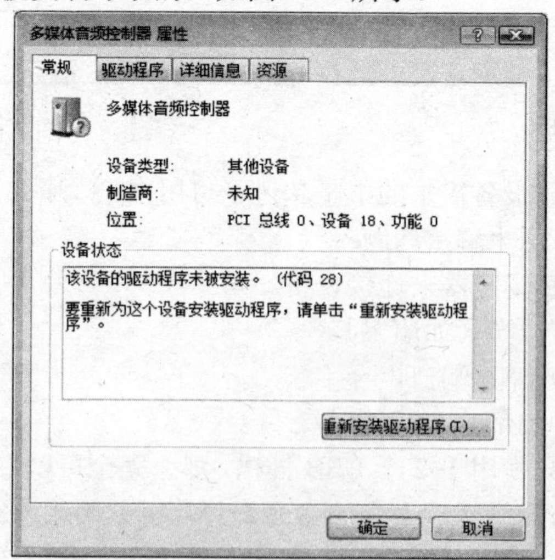

图7-60

在微软的官方网站中，提供了关于设备管理器错误代码的详细帮助页面，http://support.microsoft.com/kb/125174/zh-cn。有兴趣的读者们可以通过该页面获取相关的知识，本书限于篇幅就不再细述了。

提示

使用设备管理器只能管理“本地计算机”上的设备。在“远程计算机”上，设备管理器将仅以只读模式工作，此时允许查看该计算机的硬件配置，但不允许更改该配置。

7.4 系统信息

“系统信息”可以收集并显示本地和远程计算机的系统配置信息，包括硬件配置、计算机组件和软件（包括签名的驱动程序和未签名的驱动程序）的信息。系统管理员可以使用“系统信息”找到解决系统问题所需的信息。

在 Windows XP/2003 系统中“系统信息”工具的版本是 7.0，在 Vista 中此工具的版本已经升级到 8.0。

7.4.1 启动程序

默认情况下，“系统信息”将会把收集到的系统数据保存为文件（后缀为.nfo）。要调用“系统信息”窗口可以使用如下几种方法：

- 在“开始”菜单的“搜索”栏中输入 Msinfo32.exe 命令。
- 在“开始”菜单的“搜索”栏中输入“系统信息”。
- 在“开始”菜单中选择“所有程序”→“附件”→“系统工具”→“系统信息”命令。

在“系统信息”窗口左侧的控制树中有一个“系统摘要”总类别和三个子类别，它们分别是“硬件资源”、“组件”、“软件环境”。在总类别中显示了关于计算机和操作系统的汇总信息，如图 7-61 所示。

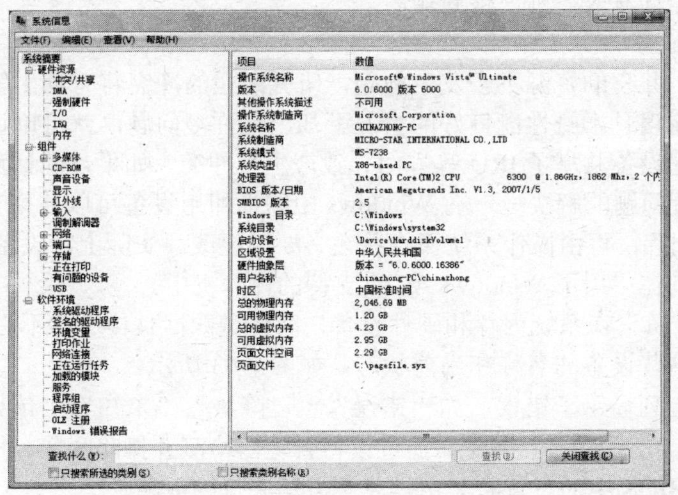

图 7-61

在总类别的右侧窗格中，可以看到包含了系统名称、版本、Windows 系统目录名、区域选项以及有关 CPU 类型、频率和物理内存、主板的 BIOS 版本号等方面的统计信息。

7.4.2 硬件资源

在此类别中包含了“冲突/共享”、DMA、强制硬件、I/O、IRQ 和内存几个子类别。单击每个子类别会即时刷新系统中相关设置并将结果在右侧窗格中以列表的方式显示出来。

（1）冲突/共享：用于显示共享相同资源（如 DMA、IRQ 和内存）的设备，如图 7-62 所示。

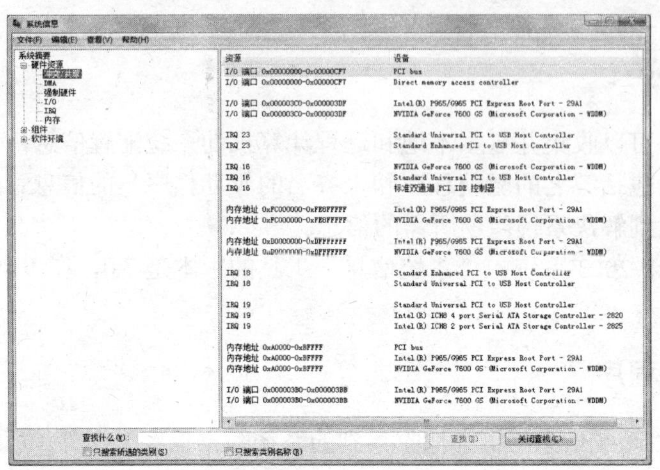

图 7-62

注 意

DMA 即 Direct Memory Access（直接内存存取），这是一种高速的数据传输操作。整个数据传输操作在一个“DMA 控制器”的控制下进行。CPU 除了在数据传输开始和结束时做一点处理外，在大部分时间里 CPU 和输入输出都处于并行操作。因此，计算机系统的数据读写效率可以得到提高。

一般情况下，共享的资源不会发生问题，研究潜在的冲突将有助于解决问题。比如说硬件在驱动安装无误且本身性能良好的情况下却出现许多问题，就可以通过此类别查看该设备是否因与其它设备共享了 IRQ 等方面导致产生了冲突。如果是的话可以通过“设备管理器”等工具进行问题的解决——在 Windows 中即插即用设备可以共享 IRQ。这些设备先由计算机 BIOS 配置，再由操作系统检查并在必要时更改。实际上，设备之间共享 IRQ 属于正常行为，尤其在启用了 Windows ACPI 支持的计算机中。

（2）DMA：负责在系统内存和硬件设备之间传送数据且传送时不必经过 CPU。在右侧窗格中给出了这些设备的名称和当前状态，如图 7-63 所示。

如果“状况”列显示了错误，如“错误”、“已降级”、“未知”、“预见故障”、“正在启动”、“正在停止”或“服务”，则需要通过设备管理器检测并排除故障、检查或更新的设备驱动程序、检查 BIOS 中的设置有无错误三个方法来排除故障。

（3）强制硬件：必须由用户手动配置或具有用户指定资源（与系统指定资源相对）的任何设备。“强制硬件”类别还适用于那些与即插即用不兼容的设备，如 ISA 设备。

（4）I/O：是计算机上硬件设备之间的通道。右侧细节窗格中的“资源”列，用于显示 I/O 设备使用的资源，I/O 设备会显示在“设备”列中，“状况”列则显示设备的状况。

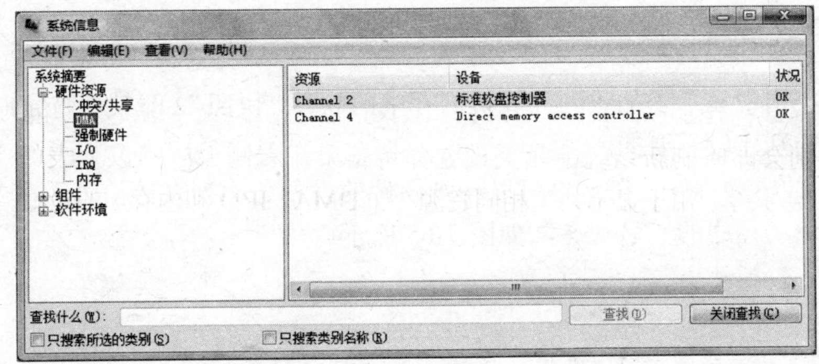

图 7-63

（5）IRQ：用于显示系统上中断请求（IRQ）的信息且表明每个通道所分配的设备。Vista 仅允许使用部分 IRQ，有一些 IRQ 则总是为某些硬件设备而保留。

（6）内存：用于显示“设备”中列出的硬件设备使用的内存地址。内存地址范围用于在设备和操作系统之间进行通信。每个设备都要求有自己的内存范围。

当系统因内存出错导致故障出现并由此弹出一些提示信息时，可以将错误信息中给出的内存地址在这里进行比较，从而可以判断出是哪个设备的内存地址出错。

提 示

如果要查看内存的频率（如 667/800）或双通道情况，可以将主板的 BIOS 恢复到初始值，这样可以看到内存的真实频率。通过启动时的信息或使用 CPU－Z（内存选项卡中频率 ×2）等软件，可以查看到内存是否开启了双通道。

7.4.3 组件

在“组件”类别中，最重要的数据就是每个设备使用的驱动程序列表（根据这些列表信息，我们甚至可以手工备份硬件的驱动程序），进而可以通过这些驱动程序文件名单得知哪个文件是用于哪个设备的。

在一些提示缺少文件的出错情况中组件功能有助于判断问题所在，如图 7-64 所示。

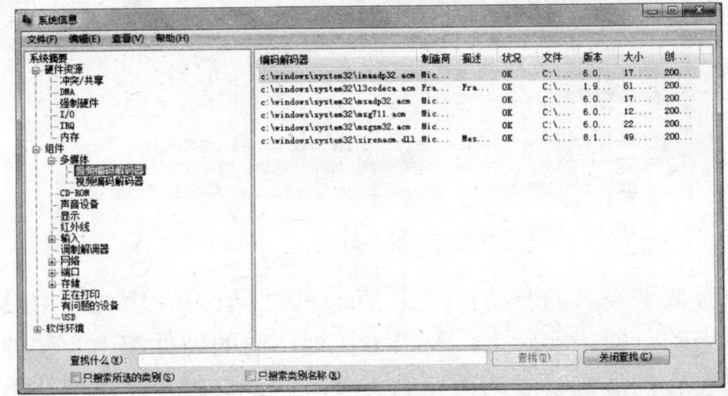

图 7-64

7.4.4 软件环境

软件环境类别中显示了加载到计算机内存中的软件“快照”(即某个特定时间的状态)。其中有几个子类别比较重要的。

(1)签名的驱动程序：在这里可以看到硬件的设备名称列表等信息，在“已签名”列表中可以看到驱动程序的签名状态，如图 7-65 所示。

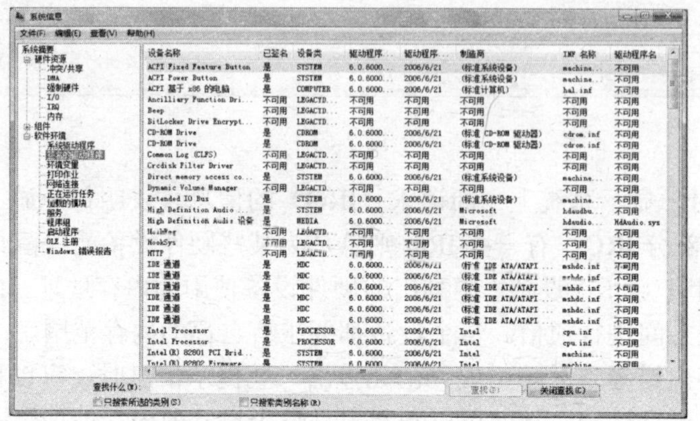

图 7-65

Vista 中的“数字签名”是指硬件设备的驱动程序已经得到微软公司的认可，它不会与操作系统的兼容性产生冲突。也就是说得到数字签名的驱动程序不仅在安装时、而且在以后的调用中都可以顺利、放心的使用。

拥有了数字签名的硬件将会被 Windows 以本地化的形式识别，当用户试图使用一个没有数字签名的驱动程序时，系统将会提示驱动程序没有获得 Authenticode 数字签名，如图 7-66 所示。

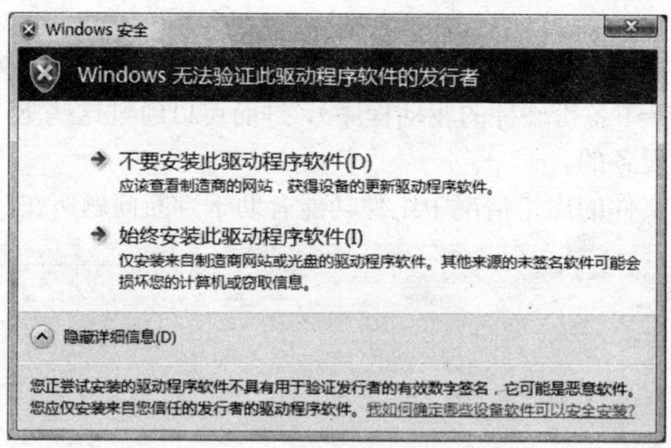

图 7-66

看得出来，没有数字签名的驱动程序让 Vista 很“紧张”，因此它用最严重的级别警告了用户由此可能带来的危险。实际上，有很多正规厂商的硬件都因为种种原因并没有得到数字签名，因此只要我们能确认驱动程序的来源，完全可以不必理会这个提示——继续安装驱动程序即可。

（2）正在运行任务：这里会给出当前在系统中运行的进程信息，包括进程名称、路径和系统分配给每个进程的版本和优先权等，如图 7-67 所示。

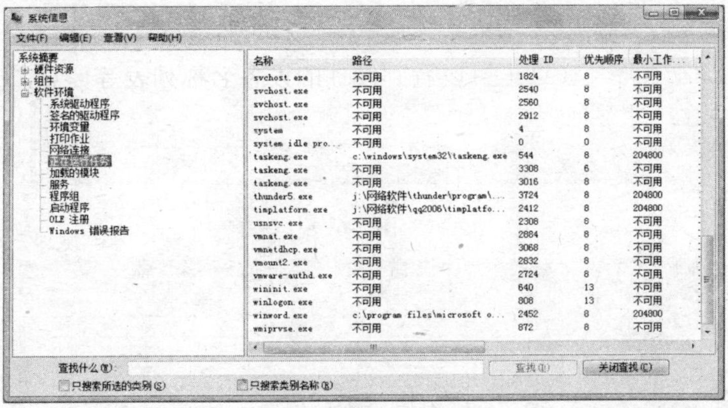

图 7-67

这个子类别中的信息可以作为“Windows 任务管理器”中“进程”选项卡的有益补充，两者可以相辅而用。

（3）加载的模块：这个子类别用于显示系统中运行程序的相关信息，包括与这些程序相关的 DLL 文件等。在一些提示 DLL 文件出错的情况下，这里的数据可以帮助我们获知这些 DLL 文件的版本、文件日期和路径等信息，如图 7-68 所示。

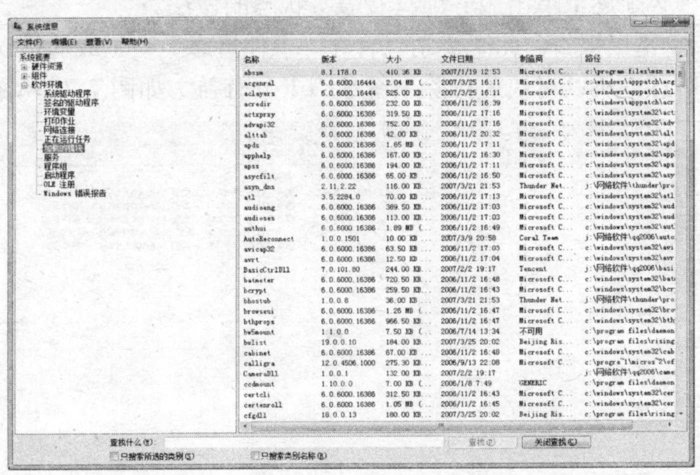

图 7-68

在下方的“查找什么”栏中输入 DLL 文件名称后按下“查找”按钮，就可以在列表快速找到相应的文件。

（4）启动程序：用于显示在系统中自动启动程序的信息，即使这些程序被隐藏，如图 7-69 所示。

这一点十分有用，它可以帮助我们快速检查一些恶意程序的启动项目。

（5）服务：在服务子类别中给出当前系统中所有服务的名称及状态，可以高效完成对服务状态的检索，如图 7-70 所示。

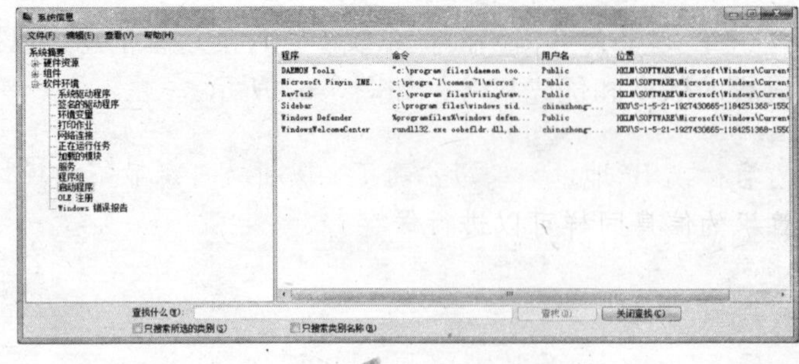

图 7-69

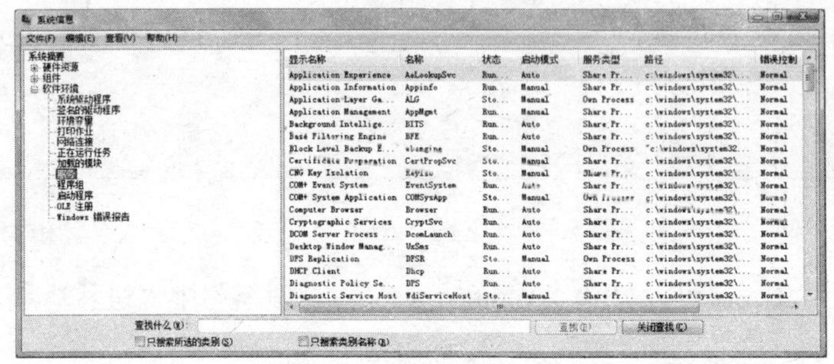

图 7-70

为什么说“高效”呢？因为这里的列表视图可以避免“服务”窗口（用 Services.msc 命令打开）中那种必须逐个单击服务项查看服务状态的做法。

（6）Windows 错误报告：此子类别包含在“事件日志”中生成的错误信息，由于集中地显示错误报告信息，所以对快速排除系统故障十分有益，如图 7-71 所示。

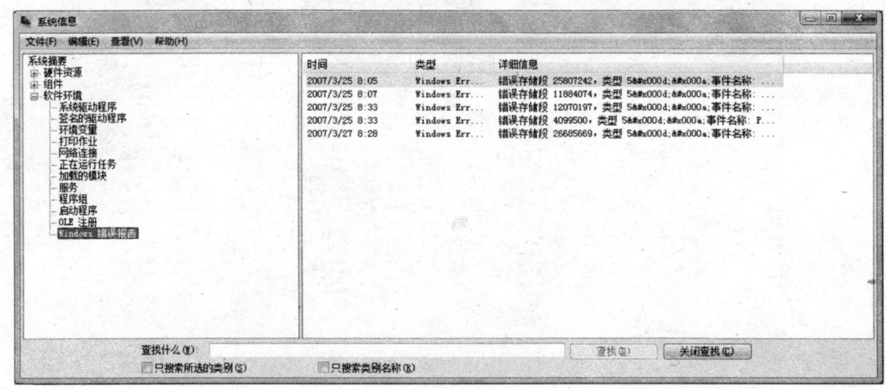

图 7-71

对于系统信息中给出的数据，系统管理员可以考虑将重要的系统数据保存为文件，便于打印或查看，执行操作如下：

01 选中某子类别选择“文件”→“导出”命令。

02 在弹出的“导出为”对话框中可以将系统信息保存为 TXT 文件。

03 以后可以将文件发送给网络中的技术支持人员，可以使用记事本等程序打开导出的文件来查看其中的信息。

选择“查看”→“远程计算机”命令，在弹出对话框的“网络机器名称”栏中输入远程计算机的名称或 IP 地址，单击“确定”按钮就可以显示远程计算机中的系统数据了。远程计算机的信息同样可以进行保存。

对于技术人员来说，通常会在同一时间里打开多个系统信息窗口来进行对比。

7.5 可靠性和性能监视器

Windows 可靠性和性能监视器是一个 MMC 管理单元，它是一个可以帮助我们分析系统性能的工具。通过它可以实时监视应用程序和硬件性能，如果合理的使用 Windows 系统资源管理器可以让系统资源有效的分配到最需要的服务、程序和进程中去，提高服务器效率。

7.5.1 初识程序

Windows 可靠性和性能监视器组合了以前独立工具的功能，包括性能日志和警报（PLA）、服务器性能审查程序（SPA）和系统监视器。要在 Vista 中启动“可靠性和性能监视器”，可以使用如下方法的任一种：

- 在“开始”菜单的“搜索”栏中输入 Perfmon.exe 命令。
- 在“计算机管理”窗口中单击左侧导航窗格中的“可靠性与性能”。
- 在“控制面板”窗口中选择“系统和维护”→“性能信息和工具”→“高级工具”（左侧导航）→“打开可靠性与性能监视器”命令。

在打开的窗口中可以看出共包括 3 个监视工具：资源概述（即“资源监视器”）、性能监视器和可靠性监视器，通过它们可以获得很详细的分析报告，如图 7-72 所示。

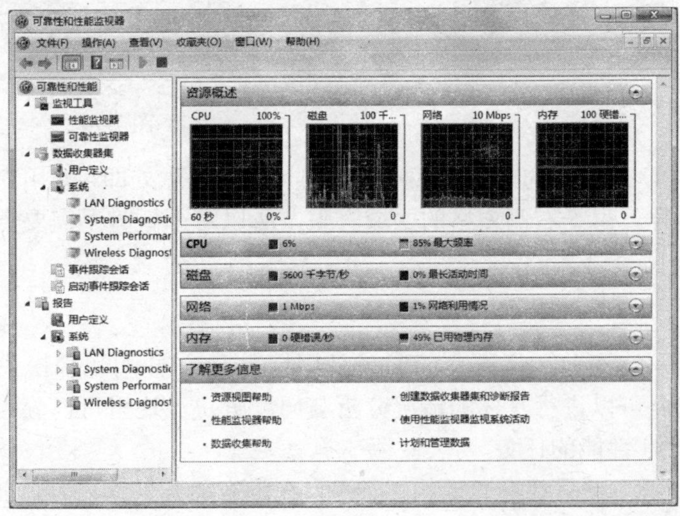

图 7-72

7.5.2 资源监视器

在 Vista 中使用“资源监视器”功能可以实时监控 CPU、磁盘、网络和内存的使用情况，这是一个非常实用的硬件管理功能。除了可以在“可靠性和性能监视器”窗口使用“资源监视器”功能外，还可以使用如下方法在 Vista 中启动独立的“资源监视器”窗口：

- 在“开始”菜单的“搜索”栏中输入 Perfmon.exe /res 命令。
- 按 Ctrl+Shift+Esc 组合键，在弹出的“Windows 任务管理器”对话框中单击“性能”选项卡的“资源监视器”项，如图 7-73 所示。

Windows 可靠性和性能监视器的主页就是资源视图屏幕。当以本地 Administrators 组的成员身份运行 Windows 可靠性和性能监视器时，可以实时监控 CPU、磁盘、网络和内存资源的使用情况和性能。可通过展开四个资源获得详细信息（包括哪些进程使用哪些资源）。

在“可靠性和性能监视器”窗口的右侧窗格中，通过单击 CPU、磁盘等工具条可以展开或收缩起工具条中的具体内容，如图 7-74 所示。

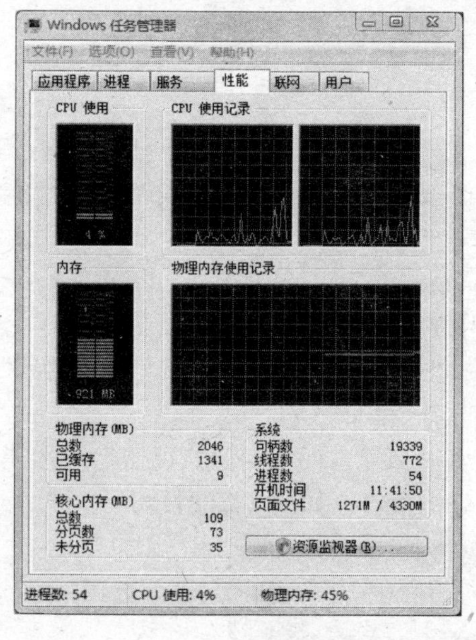

图 7-73

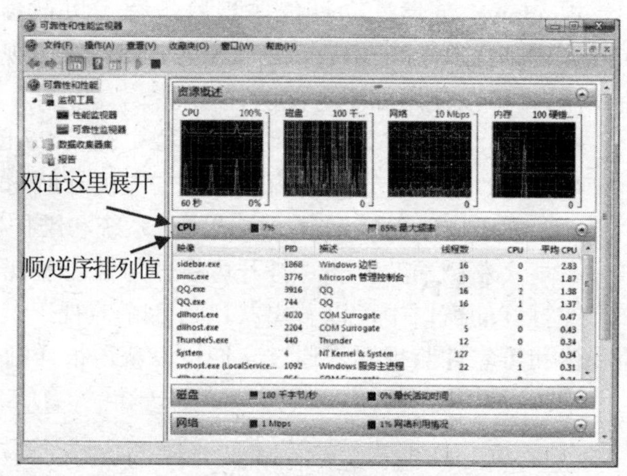

图 7-74

如果要查看 CPU 项目中的内容，只要单击工具条的任意处即可展开具体内容，再单击可以收缩起具体内容。由于右侧窗格的区域有限，所以对于暂时不需要查看内容的项目，应将其收缩起来。

1. CPU

CPU 项目中显示出当前计算机中 CPU 的使用情况，在这里可以轻松找到大量占用 CPU 的程序是什么，进而可以进行具体的情况分析与问题解决。这里可以分为两个部分，它们共同完成了监测 CPU 性能的任务。

（1）工具条：每个项目都有自己的工具条，在没有展开具体内容之前，可以通过工具条上的按钮获得一些基本的监测信息，如图 7-75 所示。

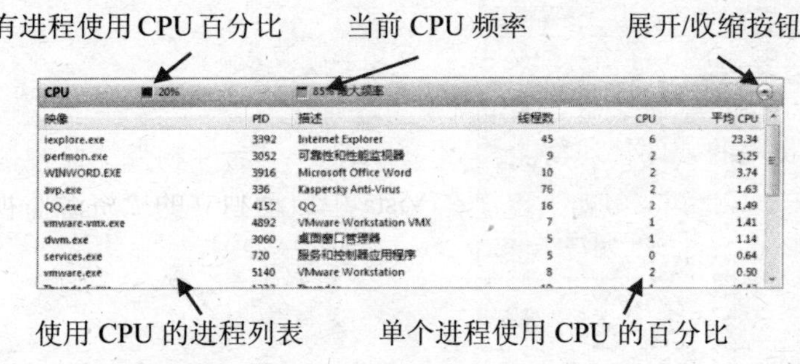

图 7-75

通过工具条可以完成如下操作：

- 查看所有进程使用 CPU 的总百分比：这个值是所有进程使用 CPU 总值。
- 查看当前 CPU 的频率：这个频率如果是动态的，则说明当前 CPU 支持 Intel SpeedStep Technology 动态节能技术。这种技术可以根据系统对 CPU 的需求情况，进行倍频、电压等值的升高或降低，进而实现节能的目的。因此，这里看到的频率不是 100%是正常的。

> **提示**
>
> 当计算机未连接到交流电源而要降低电池用量时，某些便携式计算机会减小 CPU 的最大频率。

- 展开/收缩按钮：它的作用与单击工具条的空白处一样，都可以用于具体内容的展开与收缩。

对于双核 CPU 来说，我们除了可以监控它的运行状态外，还可以通过如下方法来调整它与程序之间的关系，具体操作如下：

01 按 Ctrl+Shift+Esc 键打开“Windows 任务管理器”窗口。

02 在“进程”选项卡中右击选中的进程，在弹出的菜单中选择“关系设置”，如图 7-76 所示。

03 在弹出的对话框中，可以选择当前进程是使用全部 CPU 还是其中的一个，如图 7-77 所示。

04 对于双核 CPU 来说，在多数情况下只有一个核心在使用。通过上述的方法，我们可以把一些“繁忙”的进程进行核心分配，以实现工作被细化的目的。这样，无论是哪个核心的性能，都会被充分利用起来。

（2）具体内容界面

在此界面中有多个标签，单击每个标签可以在“顺序”和“逆序”排序方式中进行切换。比如单击“CPU”标签项后可以按“CPU 占用率最大到最小”的排序方式来查看。在表 7-1 中可以知道每个标签的作用。

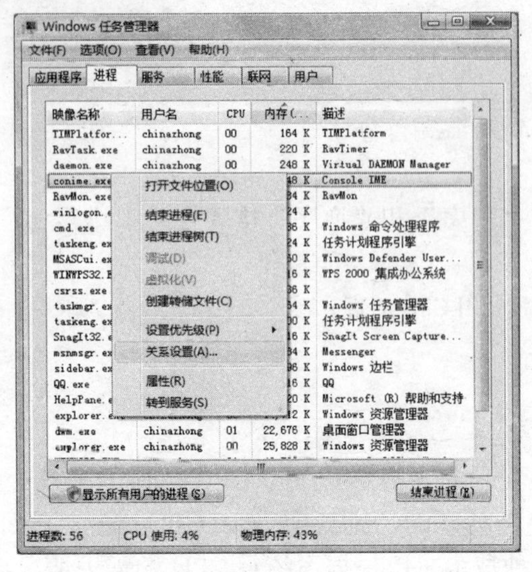

图 7-76

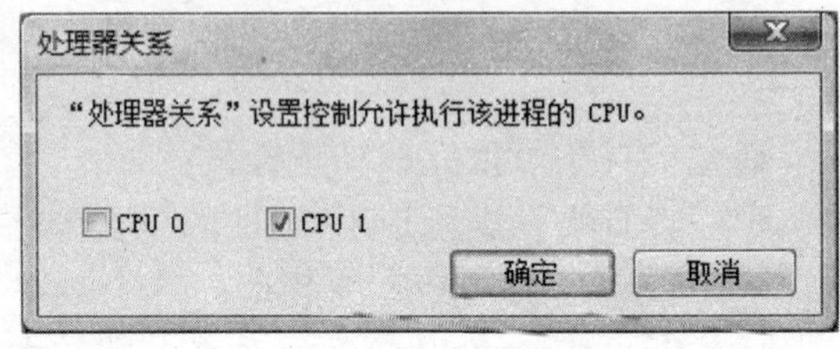

图 7-77

表 7-1 标签含义

标 签	描 述
映像	使用 CPU 资源的应用程序、进程等。
PID	应用程序实例的进程 ID。
描述	应用程序名称。
线程	应用程序实例中当前活动的线程数。
CPU	应用程序实例中当前活动的 CPU 周期。
平均 CPU	在过去的 60 秒之内由应用程序实例产生的平均 CPU 负载，以 CPU 总容量的百分比表示。

2. 磁盘

如果我们的硬盘灯老是狂闪，那么硬盘到底在做什么呢？是什么操作引得硬盘读写不停？在"磁盘"项目中就可以找到当前磁盘（包括硬盘等设备）中的数据交互情况，如图 7-78 所示。

磁盘 161 千字节/秒 2% 最长活动时间

映像	PID	文件	读(字节/分)	写(字节/分)	IO 优先级	响应时间(ms)
SearchIndexer.exe	3008	C:\Prog...	0	69,632	正常	25
mmc.exe	3776	C:\Win...	32,768	0	正常	22
System	4	K:\汉武...	612,352	0	正常	18
System	4	K:\汉武...	263,393	0	正常	15
System	4	K:\汉武...	138,830	0	正常	14
System	4	C:\User...	0	48,957	正常	14
RavMonD.exe	1636	C:\Prog...	32,768	0	正常	12
SearchIndexer.exe	3008	C:\Prog...	16,384	16,384	正常	11
RavMonD.exe	1636	C:\Win...	32,768	0	正常	10

图 7-78

（1）工具条

在工具条部分可以完成如下操作：

- I/O 传输量：以绿色图标显示出当前实时的总 I/O 数据传输量，如硬盘、U 盘、移动硬盘等。
- 最长活动时间：以蓝色图标显示出活动时间的最高百分比。

（2）具体内容界面

在此界面中有多个标签，单击每个标签可以在“顺序”和“逆序”排序方式中进行切换。比如单击“CPU”标签项后可以按“CPU 占用率最大到最小”的排序方式来查看。在表 7-2 所示中可以知道每个标签的作用。

表 7-2　标签含义

标 签	描　述
映像	使用磁盘资源的应用程序列表。
PID	应用程序的进程 ID。
文件	进程正在读取/或写入的文件名称，这一点可以看到进程正在执行的操作。
读取	应用程序从文件读取数据的当前速度（以字节/分为单位）。
写入	应用程序向文件写入数据的当前速度（以字节/分为单位）。
IO 优先级	应用程序的 IO 任务的优先级。
响应时间	磁盘活动的响应时间（以毫秒为单位）。

3．网络

如果当前计算机连接到了局域网或是 Internet，那么网络数据的监控有时就会起到很大的作用。比如通过监控可以看出有没有“非法程序”（如病毒或黑客程序）在收发数据，如图 7-79 所示。

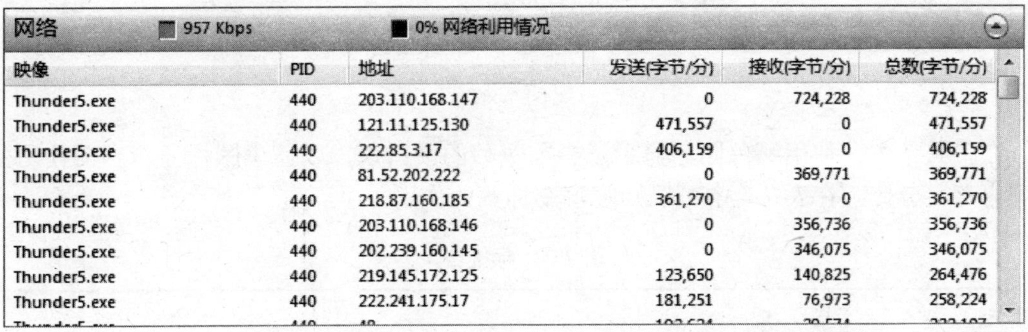

网络　957 Kbps　0% 网络利用情况

映像	PID	地址	发送(字节/分)	接收(字节/分)	总数(字节/分)
Thunder5.exe	440	203.110.168.147	0	724,228	724,228
Thunder5.exe	440	121.11.125.130	471,557	0	471,557
Thunder5.exe	440	222.85.3.17	406,159	0	406,159
Thunder5.exe	440	81.52.202.222	0	369,771	369,771
Thunder5.exe	440	218.87.160.185	361,270	0	361,270
Thunder5.exe	440	203.110.168.146	0	356,736	356,736
Thunder5.exe	440	202.239.160.145	0	346,075	346,075
Thunder5.exe	440	219.145.172.125	123,650	140,825	264,476
Thunder5.exe	440	222.241.175.17	181,251	76,973	258,224

图 7-79

在工具条中将以绿色图标显示网络中当前总的流量（以 Kbps 为单位），以蓝色图标显示使用中的网络容量百分比。

在网络设备和带宽中使用的单位均为 bps。bps 是 Bit Per Second 的缩写，翻译成中文就是比特位每秒，也就是表示一秒钟传输多少位（Bit）的意思，此缩写用来描述数据传输速度。如 Mbps 就表示了每秒传输 1，000，000 比特（bit），4Mbps 就是每秒钟传输 4M 比特。

在表 7-3 中可以了解每个标签的作用。

表 7-3　标签含义

标　签	描　　述
映像	使用网络资源的应用程序。
PID	应用程序的进程 ID。
地址	本地计算机与之交换信息的网络地址。这可能以计算机名、IP 地址或完全限定的域名（FQDN）表示。
发送	应用程序当前从本地计算机发送到该地址的数据量（以字节/分为单位）。
接收	应用程序实例当前从该地址接收的数据量（以字节/分为单位）。
总计	当前由应用程序实例发送和接收的总带宽（以字节/分为单位）。

4．内存

在计算机中内存条总容量越小，越应该经常在这里进行使用率的监控，以便找出让系统内存使用紧张的程序都有哪些，进而可以正确的进行内存管理任务。此外，在这里还可以轻松找到是否存在大量使用内存的“恶意程序”，如图 7-80 所示。

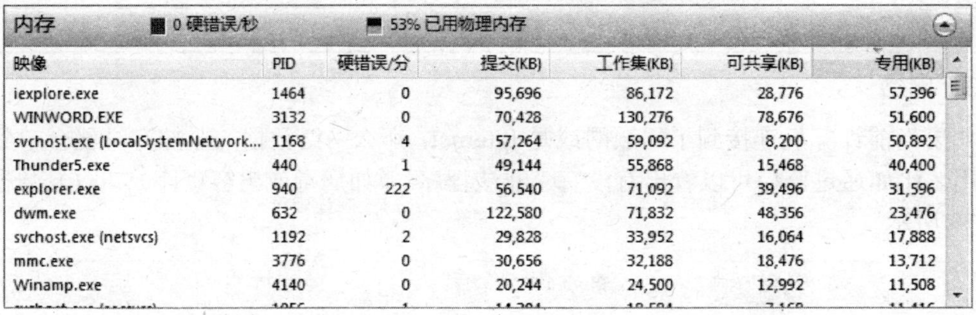

内存　0 硬错误/秒　53% 已用物理内存

映像	PID	硬错误/分	提交(KB)	工作集(KB)	可共享(KB)	专用(KB)
iexplore.exe	1464	0	95,696	86,172	28,776	57,396
WINWORD.EXE	3132	0	70,428	130,276	78,676	51,600
svchost.exe (LocalSystemNetwork...	1168	4	57,264	59,092	8,200	50,892
Thunder5.exe	440	1	49,144	55,868	15,468	40,400
explorer.exe	940	222	56,540	71,092	39,496	31,596
dwm.exe	632	0	122,580	71,832	48,356	23,476
svchost.exe (netsvcs)	1192	2	29,828	33,952	16,064	17,888
mmc.exe	3776	0	30,656	32,188	18,476	13,712
Winamp.exe	4140	0	20,244	24,500	12,992	11,508

图 7-80

在工具条中，使用绿色图标显示了当前每秒的硬错误，以蓝色图标显示当前使用中的物理内存百分比。在表 7-4 中可以知晓每个标签的作用。

表 7-4　标签含义

标　签	描　　述
映像	使用内存资源的应用程序。
PID	应用程序的进程 ID。
硬错误/分	当前由应用程序产生的每分钟的硬错误数。
工作集	应用程序当前驻留在内存中的千字节数。
可共享	可供其他应用程序使用的应用程序工作集的千字节数。
专用	专用于进程的应用程序工作组的千字节数。

> 当引用地址的页面已不在物理内存中且已被换出或可从磁盘上的备份文件使用时，就会发生硬错误（也称为“页面错误”）。这不属于错误，但如果应用程序必须从磁盘而不是从物理内存连续回读数据，那么较多数量的硬错误可能说明应用程序的响应时间较慢。

7.5.3 性能监视器

性能监视器以实时或查看历史数据的方式来帮助用户对系统的运行状态进行追踪和观察。在对系统状态有了一定了解后，可以及时对系统的各种事件做出响应。在 Vista 中可以对内存、CPU、磁盘和网络等硬件进行性能监视，监视的时间可以从数天到数月。

作为系统管理员，我们应该知道监视系统性能是维护和管理 Vista 的重要组成部分，使用性能数据可以：

- 了解工作负荷以及它对系统资源的影响。
- 观察工作负荷和资源使用的变化和趋势，以便计划今后的升级。
- 利用监视结果来测试配置更改或其他调整效果。
- 诊断问题、目标组件及过程，用于优化处理。

1．配置性能监视器

由于 Vista 是一个面向对象的模块化操作系统，所以 CPU、内存等设备都被看成是一个对象。随着性能监视系统的运行，每个对象会产生大量的性能数据。这些数据都会有多个项目（即计数器），比如 CPU 的数据就分为 CPU 占用率、每秒钟中断数等。

在“可靠性和性能监视器”窗口中选择左侧导航窗格的“监视工具”→“性能监视器”命令，在右侧窗格可以看到默认状态下自动记录了 CPU 处理器（Processor）的性能数据，如图 7-81 所示。

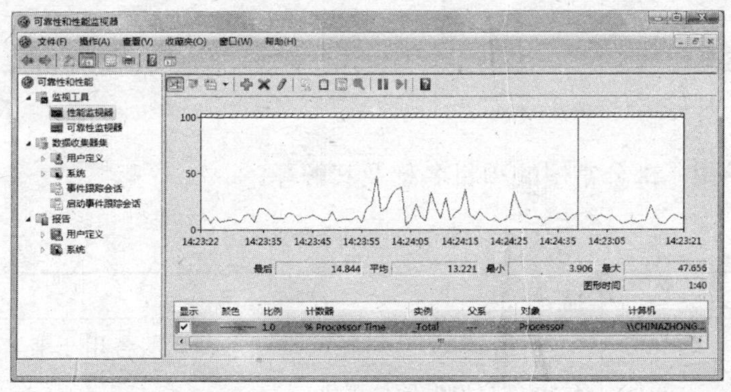

图 7-81

除了默认可以监视 CPU 的数据外，还可以使用本地 Performance Log Users 或 Administrators 组成员身份或同等身份来配置性能监视器，具体操作如下：

01 在性能监视器显示区域中右击，在弹出的菜单中选择“属性”（也可以按 Ctrl+Q 键），如图 7-82 所示。

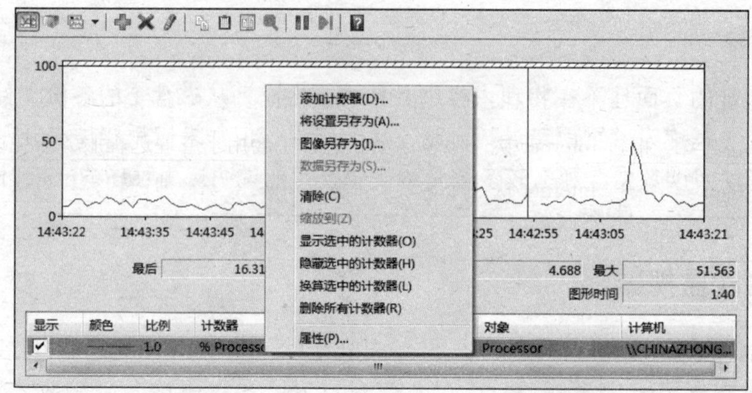

图 7-82

02 在属性对话框中单击“数据”选项卡中的“添加”按钮，如图 7-83 所示。

03 弹出“添加计数器”对话框，在上方列表窗格中选中要添加的项目，如 Memory（内存），如图 7-84 所示。

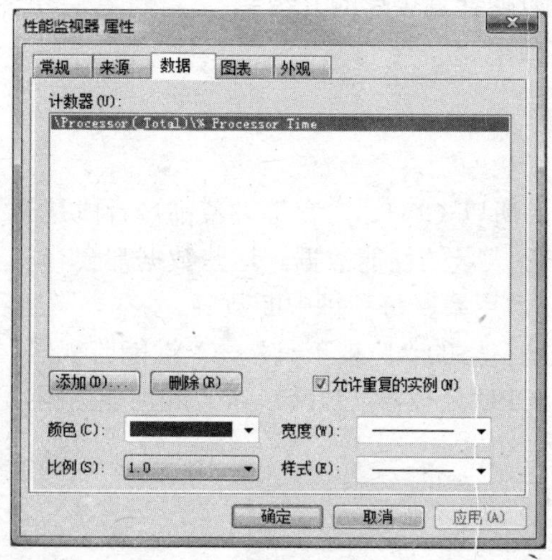

图 7-83

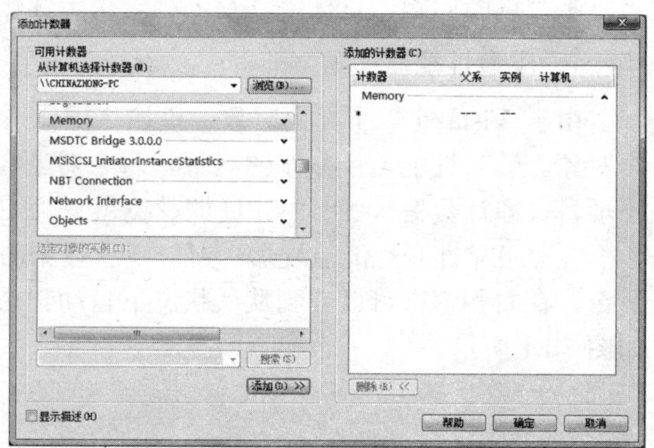

图 7-84

在表 7-5 中给出了部分常用的项目名称及其解释。

表 7-5 标签含义

对象名	描　述
Browser	报告 Browser 服务的活动状态，此服务用于兼容网络中 Windows 3x/9x/NT/2000 的计算机。
Cache	报告文件系统缓存的活动状态。
Distributed Transaction Coordinator	报告分布事务协调器活动的状态。
HTTP Indexing Service	报告索引服务运行的活动状态，此服务提供了强大的搜索能力。
IAS Accounting Client	报告 Internet 认证服务活动状态，主要用于管理远程客户凭证。

续表

对象名	描　述
IAS Accounting Server	报告 Internet 认证服务活动状态，主要用于管理远程服务器凭证。
IAS authentication Client	报告 Internet 认证服务活动状态，主要用于管理远程客户机认证。
IAS authentication Server	报告 Internet 认证服务活动状态，主要用于管理远程服务器认证。
ICMP	报告使用 ICMP 协议时接收和发送的速率。
Indexing Service	Indexing 服务用于将磁盘中的文档和文档属性建立索引并以目录的形式存档。
Indexing Service Filter	报告 Indexing 服务的过滤活动状态。
IP	报告 TCP/IP 协议中的 IP 活动状态。
Job Object	报告每个活动的、已经命名的工作对象的活动进程。
Job Object Details	报告组成一个工作对象的活动进程的详细信息。
Logical Disk	报告磁盘分区和卷的活动与使用。
Memory	报告用于存储代码和数据的内存的使用状态。
NBT Connection	报告使用 NetBT 协议的连接上，字节发送和接收的速率，该协议提供了本地和远程计算机之间的 TCP/IP 协议的 NetBIOS 支持。
Network Interface	默认状态下，报告“本地连接”的发送与接收数据的活动状态。
Objects	报告关于系统软件对象的数据，如事件等。
Paging files	报告页面文件的使用状态。
Physical Disk	报告硬盘设备的使用状态。
Print Queue	报告在打印队列中的任务进行状态。
Process	报告进程活动状态。
Processor	报告 CPU 的活动状态。
Redirector	报告重定向文件系统的活动状态，它可以将文件请求转换到网络服务器。
Server	报告服务器文件系统的活动状态，它用于响应网络客户端的各种请求。
Server Work Queue	报告在要求服务器服务的队列中的对象和队列长度。
System	报告全系统中跟踪文件操作，处理器时间等的计数器的统计。
TCP	报告使用传输控制协议（TCP）的发送和接收的速率。
Telephony	报告通话设备的活动状态。
Thread	报告一个线程的活动（指处理器进程的一部分）。
UDP	报告使用用户数据协议（UDP）发送和接收 UDP 数据报的速率。

04 单击“添加”按钮将项目添加到右侧的窗格，再单击“确定”按钮返回到“属性”对话框，如图 7-85 所示，

05 在列表中可以看出内存项目下的子项目非常的多，此时可以使用全部的子项目，也可以通过“删除”按钮清除掉其中一部分。虽然具有如此之多的对象可以进行监视，但也要在同一时间控制日志中记录的数量，这样会大大减轻系统的负担。通常，不要记录超过 3 个以上的对象，这样可以使系统性能得到基本保证。例如现在需要监控 16 个对象，那

么建议用 4 周的时间，每周分别对 4 个对象进行监控。如果每周进行 8 个对象的性能监控，那么 Vista 将会比较吃力。

06 单击“确定”按钮返回到“性能监视器”窗口，可以看到每一个子项目都使用了不同的颜色进行性能监控，如图 7-86 所示。

图 7-85

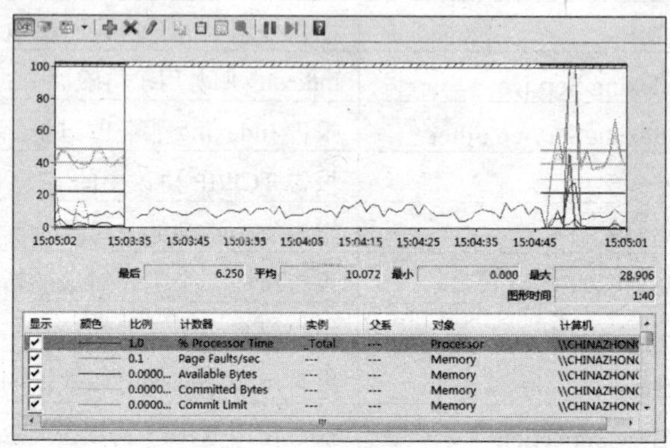

图 7-86

2. 另存为

通过长时间的不断观察捕获的数据可以得到一个平均值，这个平均值可以称之为“基线”(Baseline)。通过这个基线可以快速判断出当前系统性能的优劣。

在右键菜单中选择“将设置另存为”，可以将当前的图表以 tsv 或 htm 后缀保存为文件，tsv 文件中保存的是明文文本数据，htm 文件中保存的是动态数据。

如果在右键菜单中选择“图像另存为”，则可以将当前性能监视器显示区域保存为图像文件。

7.5.4 可靠性监视器

“可靠性监视器”提供了如下信息：

- 系统稳定性的大体情况以及趋势分析；
- 有可能会影响系统总体稳定性的个别事件的详细信息，如软件安装、操作系统更新和硬件故障。

在“可靠性监视器”窗口中有“图表”和“报告”两个部分，下面分别来了解一下：

1. 图表

系统稳定性指数是一个从 1（最不稳定）到 10（最稳定）的数字，它是在滚动的历史时段内所看到特定故障的数量衍生而来的度量权值，如图 7-87 所示。

“系统稳定性图表”中的每个日期都有一个显示当天系统稳定性指数分级的黑色方形点。在图表中可以通过两种方式进行日期的切换：一是单击图表中的每个竖向色块（白色和灰色），可以切换到色块对应日期；二是在右上角的日期列表中通过选择“全选”可以查看所有日期的报告，选择“日期”可以查看某一天的报告。

可靠性监视器最多可以保留一年的系统稳定性和可靠性事件的历史记录，它以滚动图表的方式显示了长期的系统稳定性图表——如果要查看超过 30 天的数据，可以使用底部的滚动条来查看可见范围以外的日期。

在图表的上半部分显示了稳定性指数的图表，下半部分有五行跟踪可靠性事件，该事件将有助于系统的稳定性测量或提供有关软件安装和删除的相关信息。当检测到每种类型的一个或多个可靠性事件时，在该日期的列中会显示一个图标。

- 信息图标：用于表示软件安装和卸载的成功事件。
- 警告图标：用于表示软件安装和卸载的失败事件。
- 错误图标：用于表示所有其他可靠性事件。

2．报告

在系统稳定性报告部分默认有“软件安装（卸载）”、“应用程序故障”、“硬件故障”、“Windows 故障”和“其他故障”几类报告。

单击任一类故障工具条左侧的“+”，可以展开该类的具体故障列表，如图 7-88 所示。

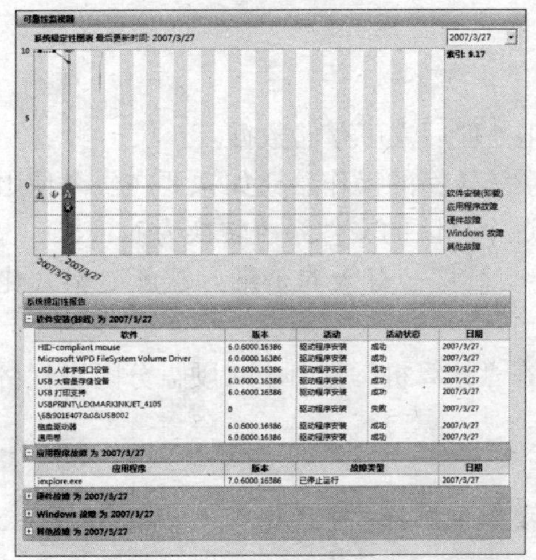

图 7-87

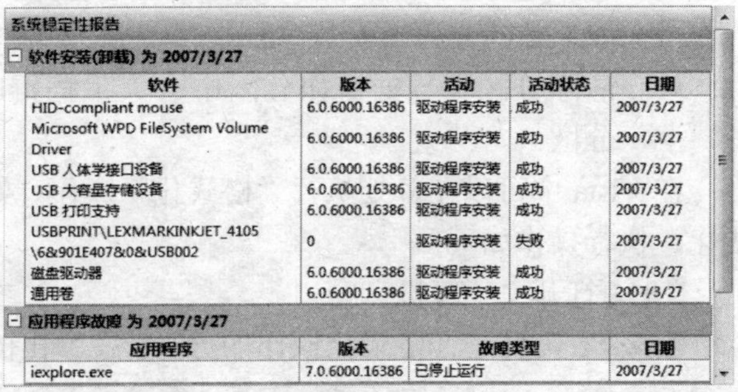

系统稳定性报告

软件安装(卸载) 为 2007/3/27

软件	版本	活动	活动状态	日期
HID-compliant mouse	6.0.6000.16386	驱动程序安装	成功	2007/3/27
Microsoft WPD FileSystem Volume Driver	6.0.6000.16386	驱动程序安装	成功	2007/3/27
USB 人体学接口设备	6.0.6000.16386	驱动程序安装	成功	2007/3/27
USB 大容量存储设备	6.0.6000.16386	驱动程序安装	成功	2007/3/27
USB 打印支持	6.0.6000.16386	驱动程序安装	成功	2007/3/27
USBPRINT\LEXMARKINKJET_4105 \6&901E407&0&USB002	0	驱动程序安装	失败	2007/3/27
磁盘驱动器	6.0.6000.16386	驱动程序安装	成功	2007/3/27
通用卷	6.0.6000.16386	驱动程序安装	成功	2007/3/27

应用程序故障 为 2007/3/27

应用程序	版本	故障类型	日期
iexplore.exe	7.0.6000.16386	已停止运行	2007/3/27

图 7-88

这里的内容与上半部分的图表内容是相关联的，上方图表中选择了哪一天，那么这里的报告就会显示出哪一天的报告内容。实际上，这里的报告就相对于是一个“事件”列表，通过观察这个列表可以快速知晓系统中发生了什么事情。比如某个硬件不能使用了，那么就可以在这里的“硬件故障”部分看到相关的报告。

这些信息对于查障排错来说非常有用。例如在硬件部分出现内存故障的同一天，报告开始出现频繁的应用程序故障，可以首先更换故障内存。如果应用程序的故障终止，说明这些故障可能是访问内存产生的问题。如果应用程序故障依然存在，就应考虑进行修复系统或程序的操作。

提示

对于技术人员来说，还可以查看远程计算机中的“可靠性数据”。

7.6 磁盘维护

在 Vista 中有相当多的磁盘管理功能，在本书的第四章讲解了一些基本应用方法，在本节中将讲解相关的管理和维护应用。

7.6.1 格式化

在本书的“4.2”小节中基于数据存储的角度讲解了如何创建分区以及在分区中如何进行格式化的操作。在本小节中将基于维护磁盘的角度讲解如何进行独立的格式化操作。

格式化实际上就是使用“指定的文件系统配置磁盘”，这里的“磁盘”通常是如下几种类型：

- 软盘
- 硬盘
- 可擦写 CD、DVD 光盘
- U 盘
- 移动硬盘

对磁盘进行格式化操作至少有三项用处：

- 满足数据存储的需求：磁盘必须经过格式化处理后方可存储数据。
- 转换文件系统：很多时候都需要进行文件系统转换的操作，比如说要在一个使用 FAT32 的分区中安装 Vista，事先就必须将这个分区的文件系统转换为 NTFS。
- 清除分区中数据：如分区中有大量病毒时，最直接有效的杀毒方法就是格式化分区。

在 Vista 中可以在多处执行“格式化”操作，如在“计算机”窗口中对硬盘分区进行格式化，执行操作如下：

01 打开“计算机”窗口。

02 右击要进行格式化操作的分区，在弹出的菜单中选择“格式化”，如图 7-89 所示。

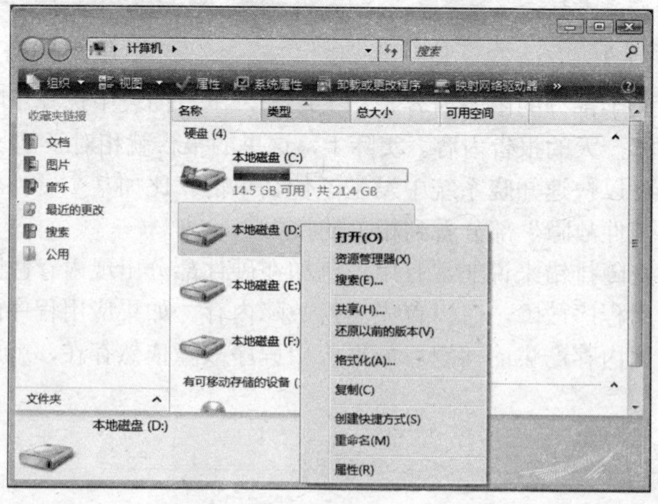

图 7-89

提 示

在“计算机”窗口中选中一个分区，在下方的状态栏中可以看到选中分区使用的文件系统类型。

03 在“用户帐户控制”提示框中单击“继续”按钮，如图 7-90 所示。

04 在“格式化”对话框中，可以单击“开始”按钮执行格式化操作，也可以进行定制式的格式化操作，如图 7-91 所示。

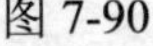
图 7-90

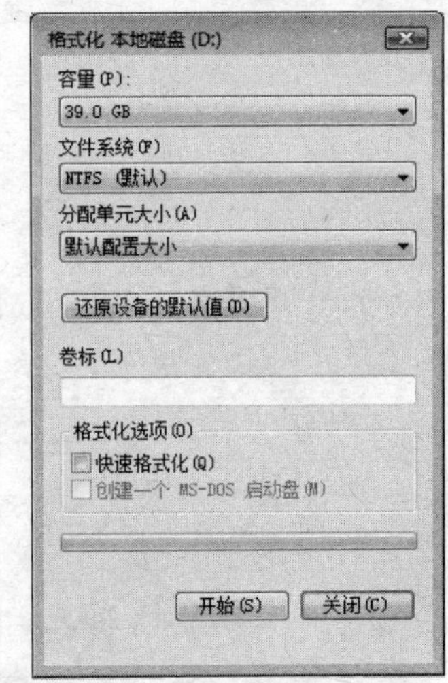

图 7-91

要进行定制化的格式化操作，需要理解对话框中的选项含义：

- 容量：表示当前要格式化的分区大小。这个大小决定了下方“文件系统”能够使用的种类。比如大于等于 32768MB 的分区都将强制使用 NTFS 文件系统，而小于这个大小的分区则可以在 FAT 32 和 NTFS 文件系统中做出选择。
- 文件系统：在“4.2.1 基本常识”小节的第二部分中有详细的讲解。
- 分配单元大小：这里一般选择默认值就可以了。默认状态下，Vista 缺省的 NTFS 簇大小从不超过 4KB，因为超过了 4KB 将会导致文件和文件夹压缩功能失效。
- 还原设备的默认值：此项在对已格式化的分区再次执行格式化操作时有效，它可以恢复原分区的“文件系统”和“分配单元大小”等设置的原值。
- 卷标：就是当前分区格式化后使用名称，如存储音乐的分区可以在这里输入“音乐”。
- 快速格式化：在 Vista 中有快速格式化和常规格式化两种方式，默认状态下使用的是常规格式化。当选择在一个卷上运行常规格式化时，将从要格式化的卷上移除文件，同时还将扫描硬盘检查是否有坏扇区，扫描坏扇区的工作将占据格式化卷的大部分时间。如果选择的是快速格式化，将只从分区中移除文件，而不检查是否有坏扇区。在硬盘以前曾格式化过并且能确保硬盘没有损坏的情况下，可以使用此选项。
- 创建一个 MS-DOS 启动盘：此项可以将软盘创建成一张能够引导计算机的软盘。此项仅在格式化软盘时有效，在选中此项后除了“还原设备的默认值”外，其他都将被禁用，如图 7-92 所示。

注 意

在格式化软盘、U 盘时要注意磁盘的写保护是否已经打开。需要在关闭写保护后才能进行格式化或“创建 MS-DOS 启动盘”的操作。

05 在根据需要完成各项设置后，单击“开始”即可执行格式化操作。在格式化完毕后将弹出提示框，如图 7-93 所示。

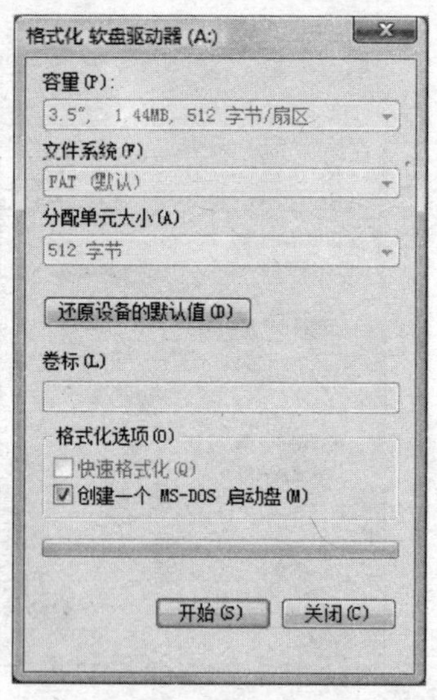

图 7-92

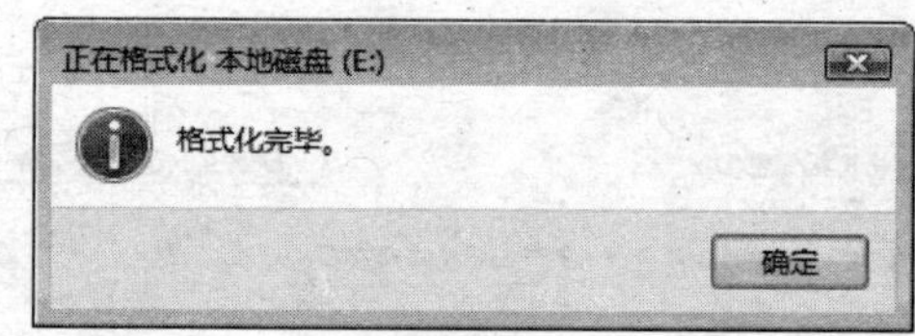

图 7-93

由于格式化后分区中将不会有任何数据，因此在对已经有数据的分区执行格式化时，首先要做的事情就是将重要数据进行备份。

除了可以通过格式化操作完成分区文件系统的转换外，如果要将有数据的 FAT32 分区在无损数据的情况转换为 NTFS 文件系统，可执行操作如下：

01 在“开始”菜单中右击“所有程序”→“附件”中的“命令提示符”，在弹出的菜单中选择“以管理员身份运行”。

02 在命令提示符中输入 Convert drive_letter:/fs:ntfs 命令（其中 drive_letter 是要转换的驱动器号）后回车，如 Convert L:/fs:ntfs 命令可以将 L 分区转换为 NTFS 格式。

03 会看到转换文件系统的实时进度，如图 7-94 所示。

04 在将分区的文件系统由 FAT32 转换为 NTFS 后，如果要在该分区上重新使用 FAT32 文件系统，就要重新格式化该分区来完成相应的任务。

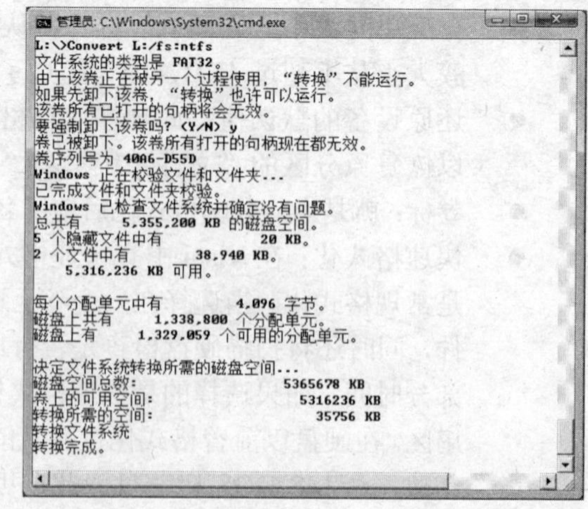

图 7-94

> 如果要转换的分区含有 Pagefile.sys 等系统文件，则必须重启方可使转换任务完成。

7.6.2 碎片整理

在将数据存到磁盘时，Vista 对于存储空间的使用总是以“先找到先用”的原则。若先找到的存储空间不够用，就再找另一块存储空间，以存放剩余的数据。因此数据往往存储在多个不连续的存储空间中，我们称这种现象为碎片，碎片会造成不同程度的数据读取和写入效率降低。

无论是个人计算机还是服务器，碎片整理都是一项要定期进行的操作。保证数据能够尽量地连续存放，可以大幅提高数据的读取与写入效率，还能够在一定程度上提高磁盘的寿命。

进行碎片整理操作可以针对分区进行，也可以针对文件进行。

1. 磁盘碎片整理程序

Vista 中的“磁盘碎片整理程序”和以往 Windows 版本的碎片整理程序对比起来，已经有了很大的不同：

- 默认创建可以自动运行的计划，并且允许用户自由更改。
- 除非使用 Defrag 命令，否则不能看到碎片的分析结果和整理的实时进度。
- 碎片整理功能对系统资源的占用很小，所以在整理碎片时完全不影响工作，如图 7-95 所示。

要进行碎片整理任务，可以在图形界面或命令界面中完成。要启用图形界面的磁盘碎片整理程序，可以使用如下方法：

- 在“开始”菜单的“搜索”栏中输入 Dfrgui.msc 命令。
- 在“开始”菜单的“搜索”栏中输入“磁盘碎片整理程序”。
- 在“计算机”窗口中右击要进行碎片整理的分区，在弹出的菜单中选择“属性”，在打开的属性窗口中选择“工具”→“碎片整理”→“开始整理”命令。

图 7-95

要使用图形界面整理碎片，可执行操作如下：

01 打开“磁盘碎片整理程序”窗口，如图 7-96 所示。

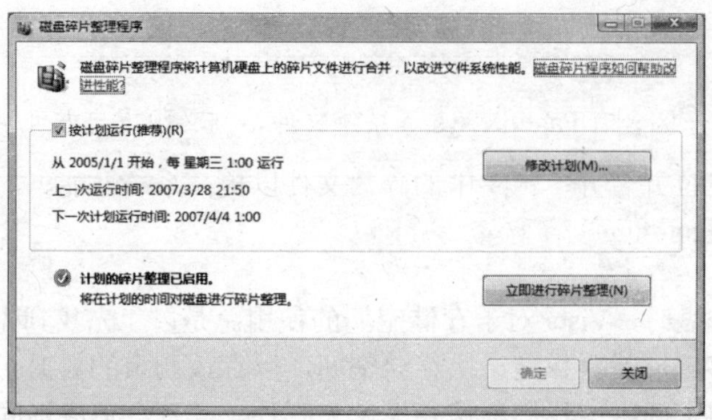

图 7-96

02 单击“立即执行碎片整理”按钮，即可开始执行碎片整理的任务，如图 7-97 所示。

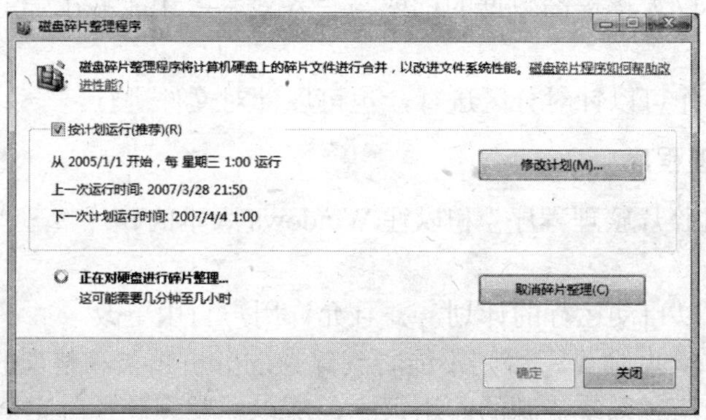

图 7-97

03 除了手动进行碎片整理的方法外，在界面中还可以看到“按计划运行（推荐）”，单击“修改计划”按钮可以打开如图 7-98 所示的窗口，在这里可以修改碎片整理计划。

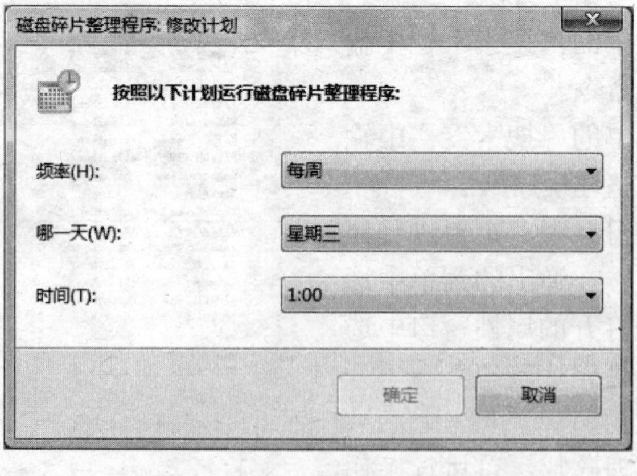

图 7-98

在 Vista 图形界面下的碎片整理功能不象以往 Windows 版本中那样直观——看不到整理的进度！所以在 Vista 下有时命令还是比较有用的，如碎片整理工作可以就运行 Defrag.exe 命令，执行操作如下：

01 在“开始”菜单中右击“命令提示符”，在弹出的菜单中选择“以管理员身份运行”。

02 在弹出的“命令提示符”窗口中输入命令“Defrag /?”回车。这样就可以得到命令使用语法。

命令描述：定位并合并本地卷中的碎片文件以提高系统性能。

语法：Defrag <volume> -a [-v]

Defrag <volume> [{-r | -w}] [-f] [-v]

Defrag -c [{-r | -w}] [-f] [-v]

参数：

<volume>：指定将进行碎片整理或分析的驱动器号或卷的装载点路径。

-c：对此计算机上的所有卷进行碎片整理。

-a：仅执行碎片整理分析。

-r：进行局部碎片整理(默认)。只试图整理小于 64 兆字节(MB)的碎片。

-w：执行全部碎片整理。试图整理所有文件碎片，而忽略碎片大小。

-f：可用空间很小时，强制进行卷的碎片整理。

-v：指定详细模式。碎片整理和分析输出更加详细。

-?：显示此帮助信息。

示例：

Defrag d:

Defrag d:\vol\mountpoint -w -f

Defrag d: -a -v

Defrag -c -v

03 要检查 F 分区是否需要进行碎片整理，只要执行“Defrag f: -a -v”命令。在得到的结果信息中可以看到建议信息，如图 7-99 所示。

04 如果要对 F 盘进行碎片整理，只要执行“Defrag F:”命令就行。

2. 整理文件碎片

文件是资源组成的基本单位，如果想知道一个存储在 FAT32 文件系统的分区中的某个文件是否存在碎片情况（如 L:\P7.exe），执行操作如下：

01 以管理员身份运行“命令提示符”窗口，输入命令“Chkdsk /?”回车查看此命令的帮助信息。

C:\Windows\system32>chkdsk /?

命令作用：检查磁盘并显示状态报告。

语法：CHKDSK [volume[[path]filename]]] [/F] [/V] [/R] [/X] [/I] [/C] [/L[:size]]

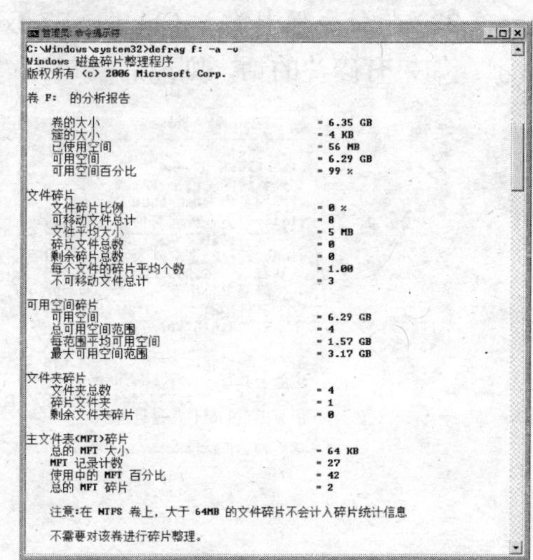

图 7-99

Volume：指定驱动器号(后面跟一个冒号)、装入点或卷名。

Filename：仅用于 FAT/FAT32：指定要检查是否有碎片的文件。

/F：修复磁盘上的错误。

/V：在 FAT/FAT32 上：显示磁盘上每个文件的完整路径和名称。在 NTFS 上：如果有清除消息，则显示。

/R：查找损坏的扇区并恢复可读信息(隐含 /F)。

/L:size：仅用于 NTFS：将日志文件大小更改为指定的 KB 数。如果没有指定大小，则显示当前的大小。

/X：如果必要会强制先卸下卷，之后卷所有打开的句柄都会无效（隐含/F）。

/I：仅用于 NTFS：对索引项进行强度较小的检查。

/C：仅用于 NTFS：跳过文件夹结构的循环检查。

/B：仅用于 NTFS：重新评估该卷上不正确的群集(隐含 /R)

/I 或 /C 开关：通过跳过对该卷的某些检查，可减少运行 Chkdsk 所需的时间。

02 在命令行中输入 L：回车，可以从 C:\Windows\system32 跳转到 L 盘下，可以使用 Dir 命令显示出分区中的文件/文件夹列表，如图 7-100 所示。

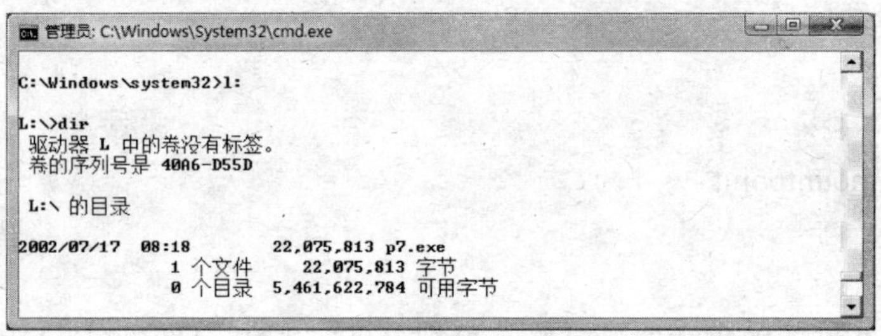

图 7-100

03 在命令行中输入 Chkdsk P7.exe 命令后回车，即可开始碎片的检查，如图 7-101 所示。如果有碎片的话，则最后一句为“包含 X 个非连续区块”（X 为数字）。

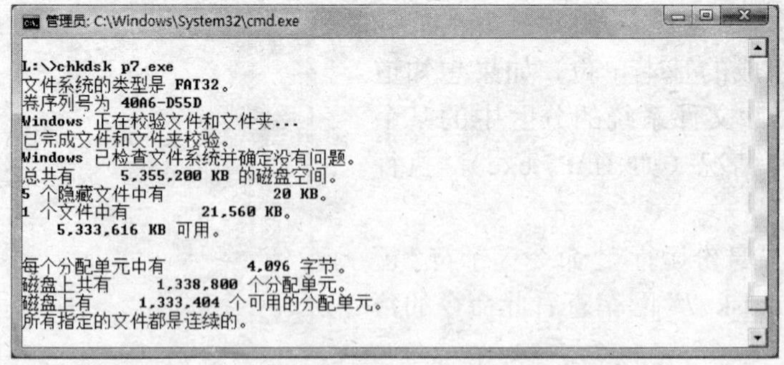

图 7-101

要查看碎片的文件名中不能有空格存在，如 P 7.exe。如果遇到这种情况，建议事先在“计算机”窗口中对其执行重命名操作，如改成 P7.exe。

遇到文件有碎片的情况就应该使用带有/F 参数的命令（如 Chkdsk /f P7.exe），进行修复式整理。

7.6.3 虚拟内存

在 Vista 中虚拟内存的使用有两种方式：一是将部分硬盘空间设置成虚拟内存；二是将闪存（如 U 盘）设置为虚拟内存。

1. 虚拟内存

在硬盘的使用中需要注意“虚拟内存”这个非常重要的概念。什么是虚拟内存呢？虚拟内存就是把一部分硬盘空间（这部分空间称之为“分页文件”，文件名为 C:\Pagefile.sys）虚拟成物理内存空间的一项技术。这样在物理内存不够用时，就可以临时把虚拟内存当成物理内存来使用。

通常，计算机的物理内存越多，系统就会运行得越快。如果计算机的速度因为缺少物理内存而降低，则可以尝试增加虚拟内存来进行补偿。但是，由于计算机从物理内存中读取数据的速度要比从硬盘中读取数据的速度快得多，因此增加物理内存才是更好的方法。

在使用页面文件时，Vista 会根据需要即时将数据从分页文件中移至物理内存，或将数据从物理内存移至分页文件中，以便为新数据腾出物理内存的可用空间。

在 Vista 中分页文件的初始最小大小等于物理内存大小加上 300 兆字节（MB），最大是物理内存的 3 倍。推荐值为物理内存×1.5 倍，如 512MB 内存的推荐值为 768MB。

要查看或更改虚拟内存的大小，执行操作如下：

01 使用如下方法的任一种打开“系统属性”对话框。

- 在“开始”菜单的“搜索”栏中输入命令 Sysdm.cpl。
- 在“开始”菜单的“搜索”栏中输入命令 SystemPropertiesComputerName.exe（进入系统属性窗口并定位到“计算机名”选项卡）。
- 在“开始”菜单的“搜索”栏中输入命令 SystemPropertiesAdvanced.exe（进入系统属性窗口并定位到“高级”选项卡）。
- 在“计算机”的属性窗口中单击左侧“任务”列表中的“高级系统设置”。

02 在打开“系统属性”对话框后单击“高级”选项卡中“性能”部分的“设置”按钮，如图 7-102 所示。

03 单击“高级”选项卡中“虚拟内存”部分的“更改”按钮，如图 7-103 所示。

在如图 7-104 所示的对话框中可以看到“自动管理所有驱动器的分页文件大小”项为选中状态。

在“推荐”值中可以看到值为 3069，将这个值除以 1.5，可以得出当前的物理内存大小为 2GB（1GB＝1024MB）。由于是自动分配虚拟内存，所以“当前已分配”值并不受我们的控制。

04 要手工定制虚拟内存的大小和所处分区路径（默认为 C 盘），则取消“自动管理所有驱动器的分页文件大小”的选中状态。在“驱动器 [卷标]”列表中单击选中要进行设置虚拟内存设置的分区，如图 7-105 所示。

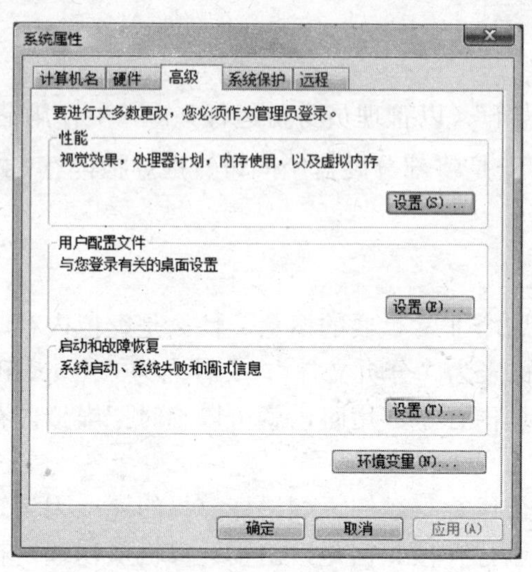

图 7-102

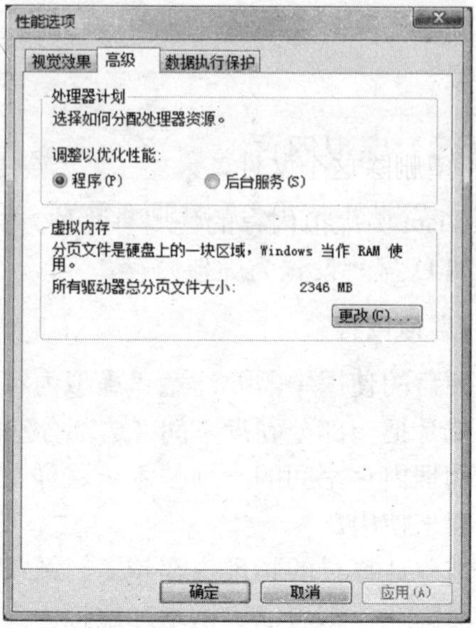

图 7-103

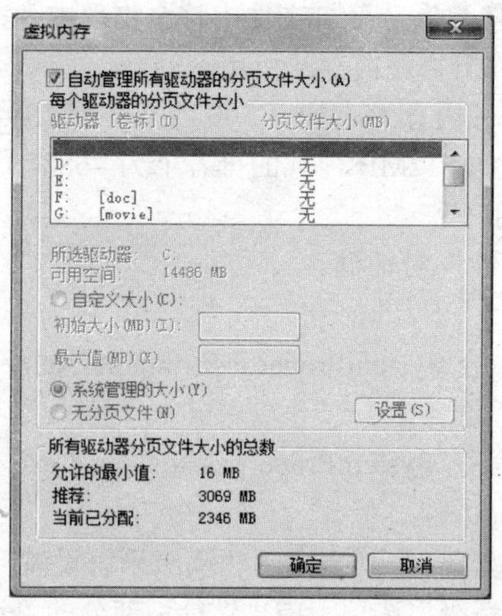

图 7-104

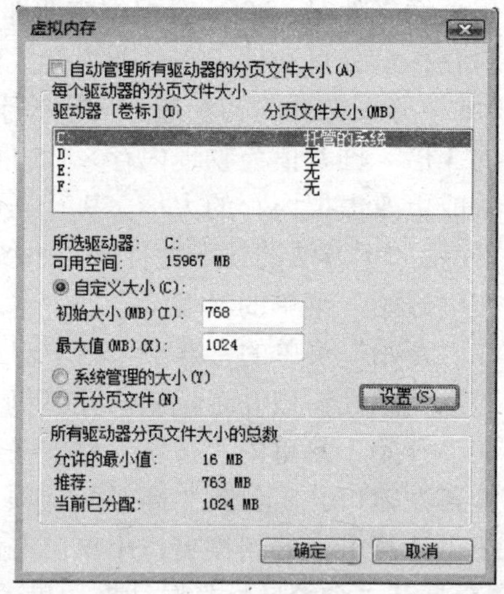

图 7-105

05 单击选中“自定义大小”，在“初始大小（MB）”和“最大大小（MB）”栏中输入新的大小（以兆字节为单位）。

06 设置完毕后单击“设置”按钮和“确定”按钮。

07 根据提示重新启动计算机即可完成虚拟内存的设置任务。

注 意

增加虚拟内存大小通常不需要重新启动，但如果减小则需要重新启动计算机才能使更改生效。虽然在内存足够大的情况下可以禁用或删除虚拟内存，但建议不要这样做。

值得一提的是，在系统分区的根目录下还会有一个名为 Hiberfil.sys（具有“隐藏”属性）文件，它通常会和物理内存一样大小。此文件是“休眠”功能产生的临时文件，用于保存休眠关机时系统产生的各种设置与数据，它的大小始终和物理内存的大小一致。

如果希望删除这个文件，只要在“命令提示符”（以管理员身份运行）窗口中使用命令 Powercfg -h off 即可（无需重启即可生效，Hiberfil.sys 文件将会被清除）。这样做带来的好处是系统分区中多了一些可用空间，缺点是系统中的休眠功能也会被关闭掉。如果希望启用此项功能，只要在“命令提示符”窗口中使用命令 Powercfg -h On 即可。

2. ReadyBoost

在 Vista 中有一项很有意思的功能叫做 ReadyBoost，这项技术可以将移动介质设备（如 U 盘）上的存储空间虚拟成内存，进而提高系统的速度。

使用 ReadyBoost 技术有几个条件必须满足：

- 闪存有慢速与快速之分，必须用快速闪存才能使用此技术。
- 闪存容量不能太小（闪存容量最好是内存的 2 倍），否则使用此项技术毫无意义。
- 可以使用读卡器+手机存储卡（CF 卡、记忆棒、XD、SD）的方式来使用此项技术。
- 物理内存不能太大（如 1GB 以上），否则使用此项技术也是没有意义。

如对 U 盘应用 ReadyBoost 技术，可执行操作如下：

01 将 U 盘插入计算机的 USB 插槽，在弹出的“自动播放”窗口中单击“加速我的系统”，如图 7-106 所示。

02 在出现的属性窗口中选中“使用这个设备”，通过拖动下方的滑块可以选择使用 U 盘的多大空间来应用 ReadyBoost 技术，如图 7-107 所示。

图 7-106

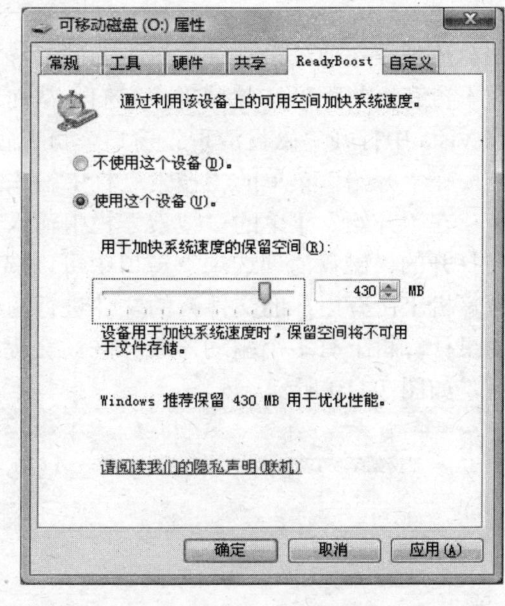

图 7-107

03 单击“确定”按钮应用设置并关闭属性窗口。

在“计算机”中打开 U 盘的窗口，可以看到一个名为 ReadyBoost 的文件，其大小正是前面划分的空间大小，如图 7-108 所示。

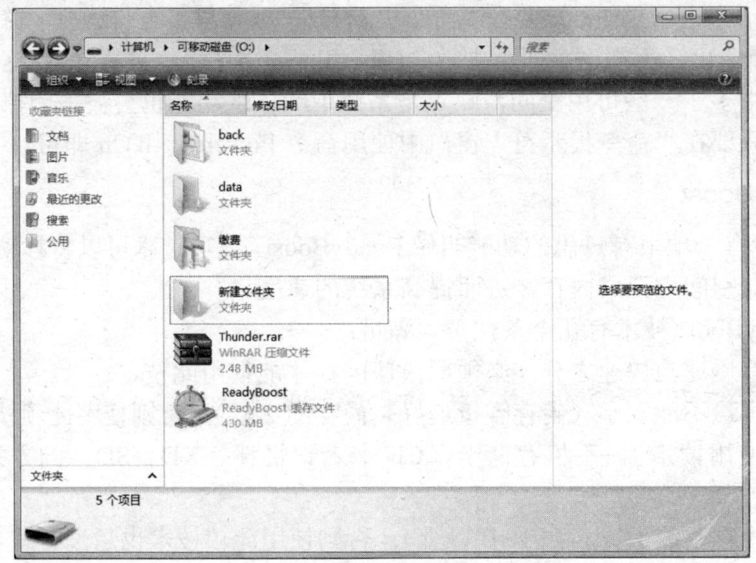

图 7-108

此后在系统中进行数据操作时，将会自动对 ReadyBoost 技术创建出的内存空间进行利用——通过资源监视器功能可以实时观察到 ReadyBoost 文件的使用速率等情况。

7.6.4 磁盘清理

磁盘清理程序通过检索计算机中的硬盘寻找临时文件、Internet 脱机浏览文件和一些重复的及不再有用的程序文件并删除它们，从而达到释放计算机硬盘空间的目的。

在 Vista 中打开“磁盘清理”窗口，可以使用如下几种方法：

- 在“开始”菜单的“搜索”栏中输入 Cleanmgr 命令。
- 在“开始”菜单的“搜索”栏中输入命令“磁盘清理”。

在打开的“磁盘清理选项”窗口中可以选择对当前用户（仅我的文件）或是所有用户（此计算机上所有用户的文件）的文件进行清理，如图 7-109 所示。

如果计算机上有多个驱动器或分区，会提示用户选择希望进行磁盘清理操作的驱动器或分区，如图 7-110 所示。

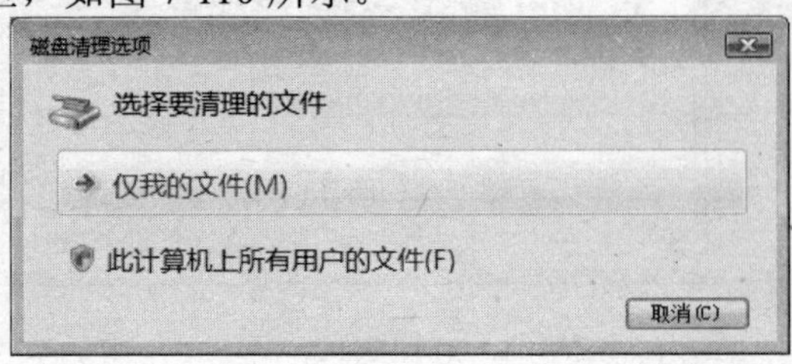

图 7-109

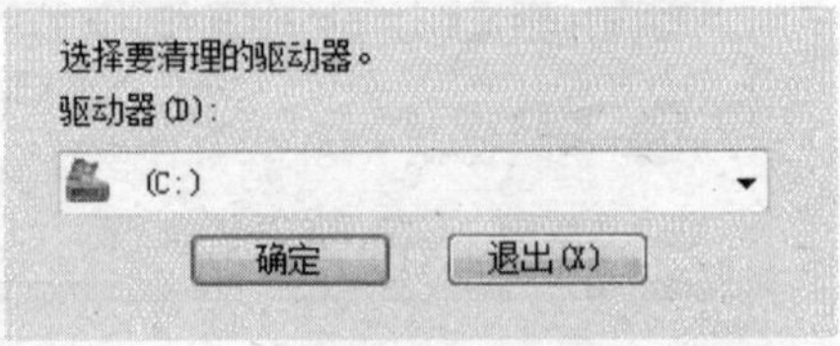

图 7-110

磁盘清理功能会计算选中分区中可以释放的空间大小。在计算完成后，会给出可以清除的垃圾文件列表，如图 7-111 所示。

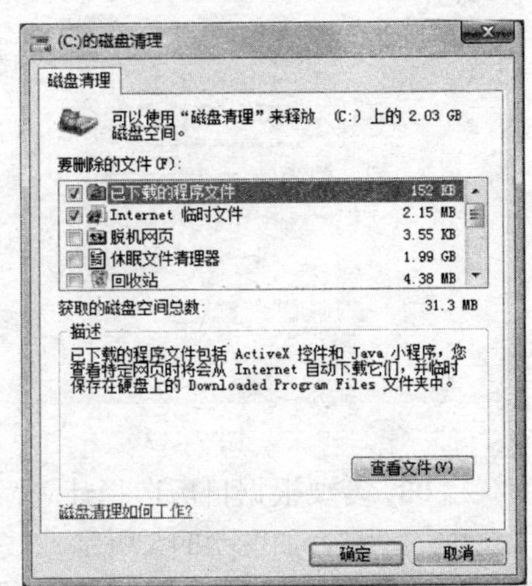

图 7-111

列表中的各项含义如下：

- 已下载的程序文件：是指浏览网页时自动从 Internet 下载的 ActiveX 控件和 Java 程序，这些文件临时存储在硬盘中的“已下载的程序文件”文件夹中。此选项包括一个“查看文件”按钮，因此可以在“磁盘清理”删除这些文件之前先查看一下。
- Internet 临时文件：含有为提高网页浏览速度而存储在硬盘中的网页。此选项也包括“查看文件”按钮。
- 脱机网页：含有可以脱离网络而能继续浏览的网页文件，包括一个可以打开“脱机文件”文件夹的“查看文件”按钮。
- 休眠文件清理器：休眠文件包含计算机进入休眠时的状态信息，如果没有使用休眠电源设置，则可以删除该文件以释放磁盘空间。删除此文件会将休眠功能禁用，所以如果还想在计算机上使用休眠功能，就不能将此文件删除掉。
- 回收站：回收站包括从计算机中删除的文件，这些文件在清空回收站之前不会永久删除。此选项包括一个可打开回收站的“查看文件”按钮。
- 临时文件：程序有时会将临时信息存储在 Temp 文件夹中，在程序退出之前它通常会删除这些信息。
- 缩略图：Vista 中能保留所有图片、视频和文档缩略图的副本，以便在打开文件夹时能快速显示上述对象。如果删除这些缩略图将自动按需重新创建这些缩略图。
- 每个用户存档的 Windows 错误报告：用户错误报告和解决方案检查的文件。
- 系统存档的 Windows 错误报告：用户错误报告和解决方案检查的文件。

选择要删除的文件项目后，单击“确定”按钮，在弹出的提示框中单击“删除文件”按钮，如图 7-112 所示。

图 7-112

等待清理进度结束。其实，除了手工进行磁盘清理的方法外，创建定期的、自动式的磁盘清理任务，具体操作如下：

01 在“开始”菜单的“搜索”栏中输入命令 Taskschd.msc，打开“计划任务程序”窗口，如图 7-113 所示。

02 选择“操作”→“创建基本任务”命令，在弹出的对话框中键入任务的名称和描述并单击“下一步”按钮，如图 7-114 所示。

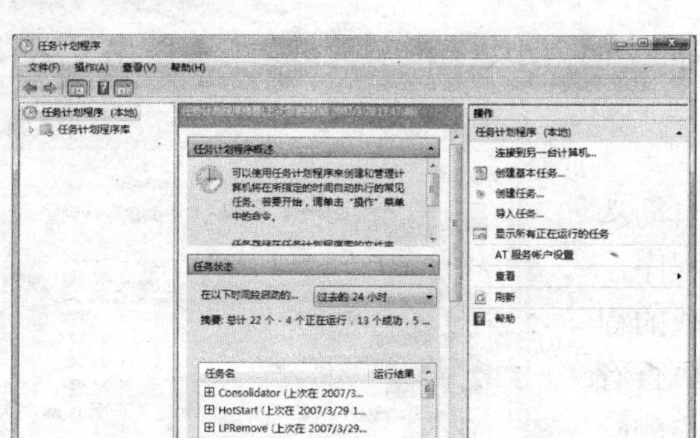

图 7-113

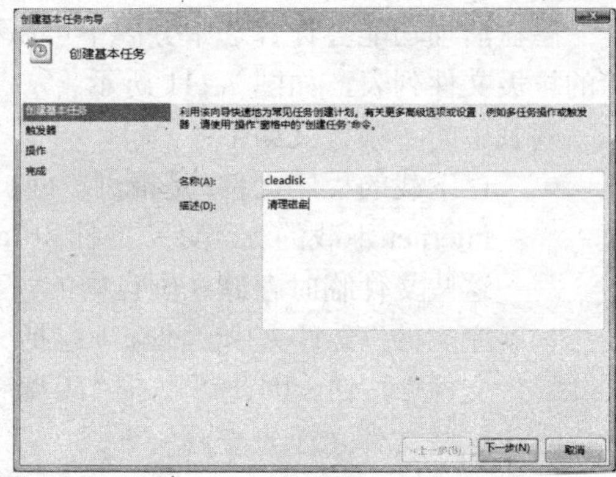

图 7-114

03 若要根据日历选择计划，请单击“每天”、“每周”、“每月”或“一次”，然后单击“下一步”，如图 7-115 所示。

04 以选择每周为例，接下来指定在一周的具体什么时间执行这项任务，如图 7-116 所示。

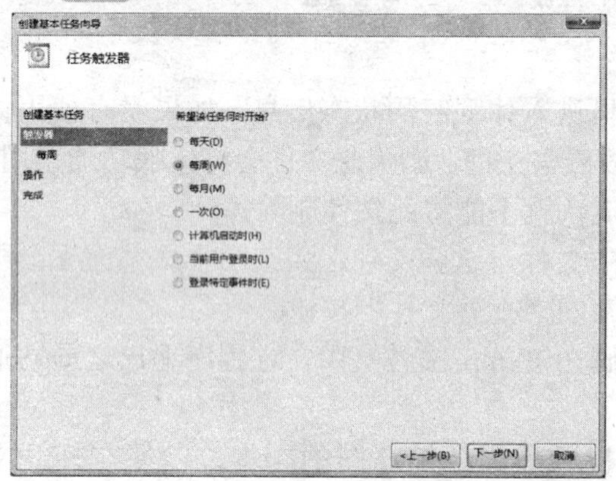

图 7-115

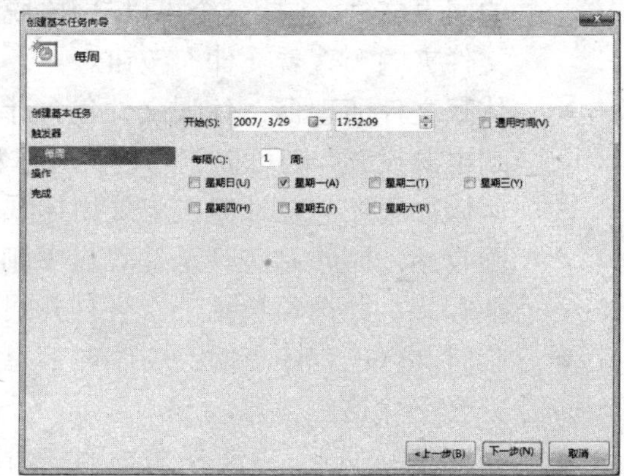

图 7-116

05 单击选中“启动程序”项继续，如图 7-117 所示。

06 在“程序或脚本”栏中输入程序名 Cleanmgr.exe 并单击“下一步”按钮继续，如图 7-118 所示。

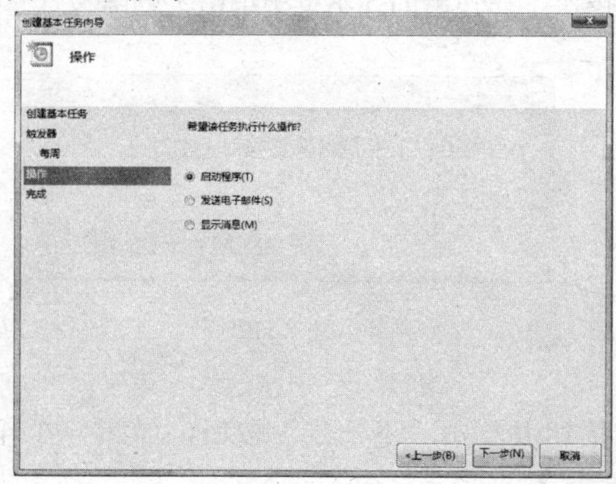

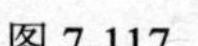
图 7-117

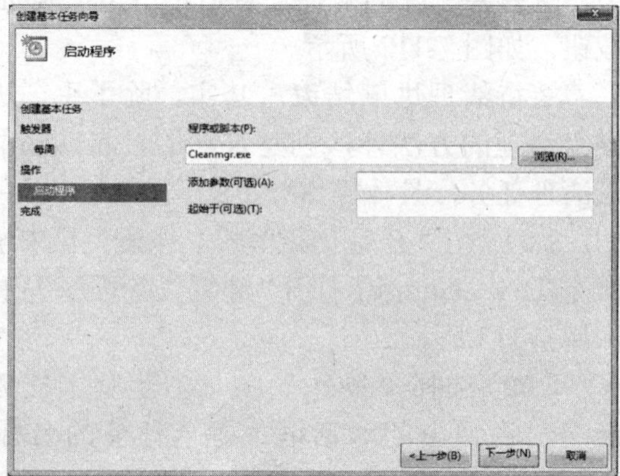

图 7-118

07 单击“完成”按钮即可继续设置，如图 7-119 所示。

08 在“计划任务程序”窗口单击左侧的“任务计划程序库”，随即在中部上方可以看到创建的计划列表，如图 7-120 所示。

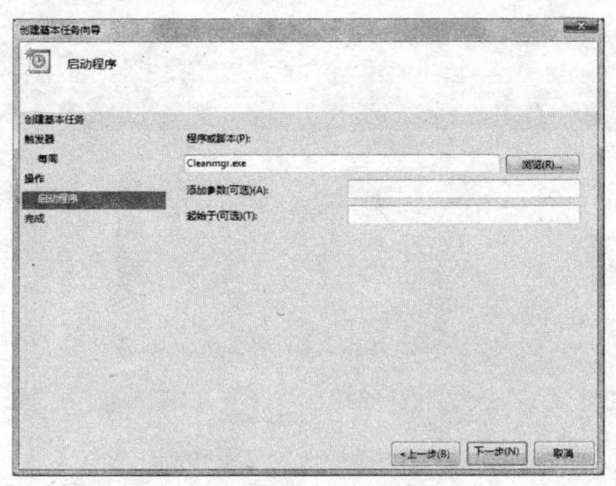

图 7-119

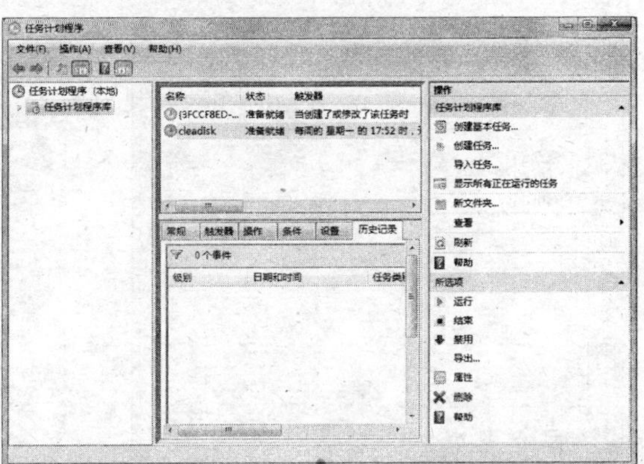

图 7-120

09 选择其中的一个在中部下方则会出现该计划的属性设置界面，在这里可以查看或是修改计划。

7.6.5 可移动存储访问控制

在 Vista 中可以非常轻松地控制可移动存储设备（如 U 盘）的读写权限，如设置 U 盘无法进行读取数据（为了防止计算机被 U 盘中的病毒感染，可以这样设置），执行操作如下：

01 在“开始”菜单的搜索栏中输入命令 Gpedit.msc。

02 在弹出的“组策略对象编辑器”窗口中选择“用户配置”→“管理模板”→“系统”→“可移动存储访问”命令，如图 7-121 所示。

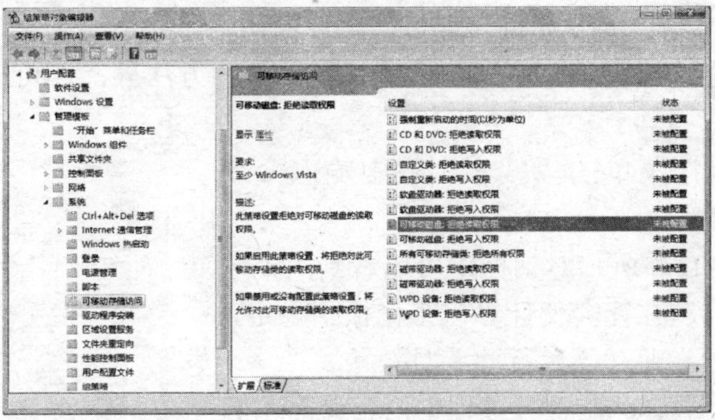

图 7-121

03 在右侧窗格中可以看到常见的可移动存储设备均可以在这里进行读取和写入权限的控制。双击“可移动磁盘：系统读取权限”或“所有可移动存储类：拒绝所有权限”，在弹出的对话框中选中“已启用”并单击“确定”按钮即可完成对 U 盘等设备的锁定操作，如图 7-122 所示。

04 重新启动计算机后，组策略的设置就会生效。在“计算机”窗口中双击任一个可移动存储设备（如软驱、光驱、刻录机、U 盘等），均会出现如图 7-123 所示的错误提示。

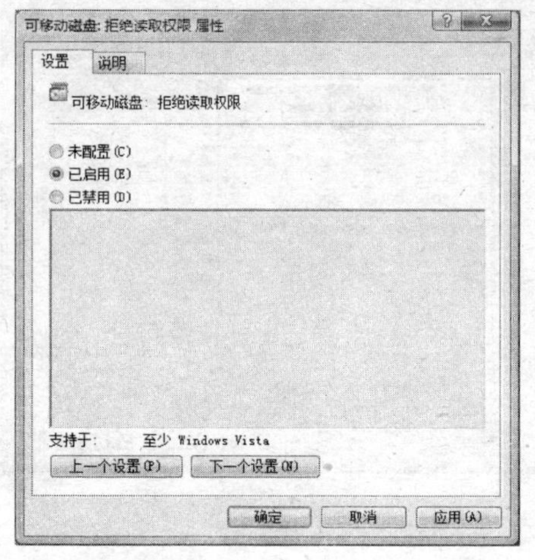

图 7-122

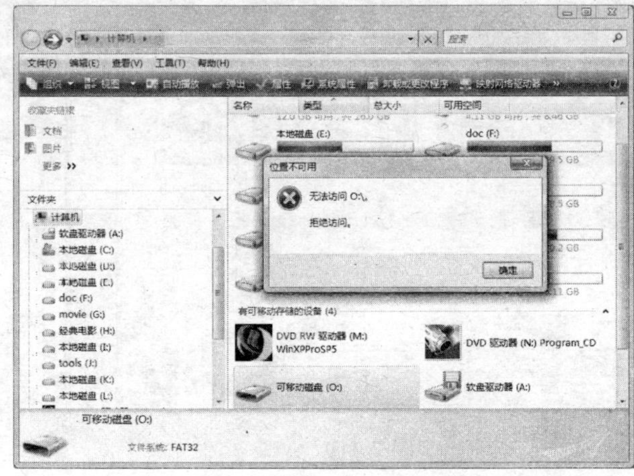

图 7-123

如果需要取消对可移动磁盘的限制，只需把组策略中相关的策略设置为“未配置”后重启计算机即可。

7.7 诊断工具

在 Vista 中提供了很多的诊断工具，比如说内存诊断工具、网络诊断工具、多媒体诊断工具等。在本节中将介绍硬件方面常用的诊断工具。

7.7.1 内存诊断

通常，Vista 会自动检测计算机内存可能出现的问题，并会显示是否要运行内存诊断工具的提示框。除了在这个提示框中运行内存诊断工具的方法外，还可以通过如下操作来运行此工具：

01 在“开始”菜单的“搜索”栏中输入命令 Mdsched.exe。

02 在如图 7-124 所示对话框中可以看到两个选项，因为内存出现问题往往会使计算机工作极不稳定，通常都是选择第一项立即开始运行此工具。

03 Vista 将会重启，在重启过程中内存诊断工具会自动运行，如图 7-125 所示。

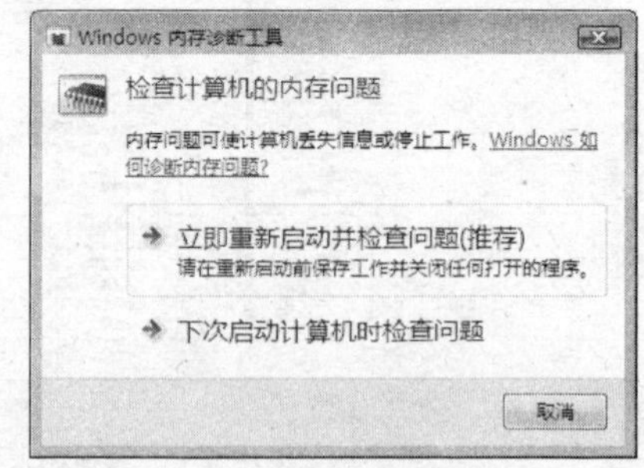

图 7-124

04 另人令人高兴的是微软终于把很多 DOS 下的工具做成中文界面。除了默认的内存检测方法外，还可以按 F1 键进入如图 7-126 所示的界面，选择其他的检测方式，按 F10 键可以应用并执行所选择的检测设置。

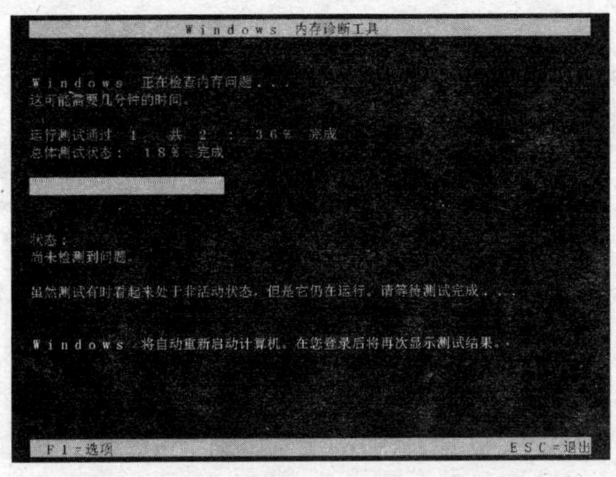

图 7-125

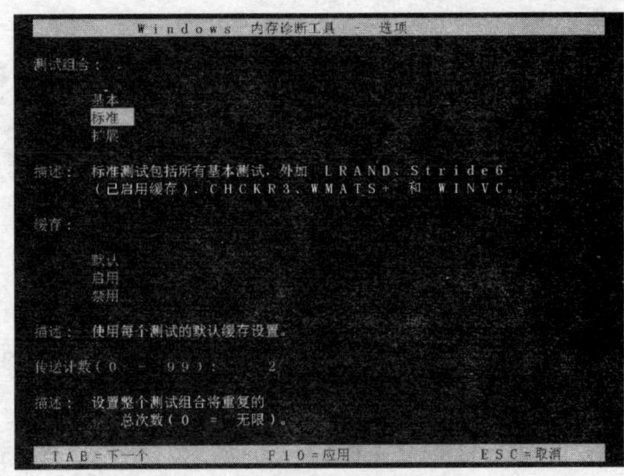

图 7-126

05 如果检测到内存有问题，会给出相应的错误提示。如果没有检测到问题，会在检测进度结束后开始 Vista 的启动。

7.7.2 多媒体诊断工具

当计算机中多媒体方面出现的问题时，可以使用 DirectX 诊断工具来帮助解决。如游戏或电影播放方面出现问题，就运行 DirectX 诊断工具来尝试查找问题的根源，具体操作如下：

01 在"开始"菜单的"搜索"栏中输入命令 Dxdiag.exe，打开诊断工具，打开后会自动进行检测，如图 7-127 所示。

02 在检测任务完成后，单击切换到"显示"、"声音"等选项卡。如果硬件出现了问题，则会在下方的"备注"栏中给出问题的原因所在，如图 7-128 所示。

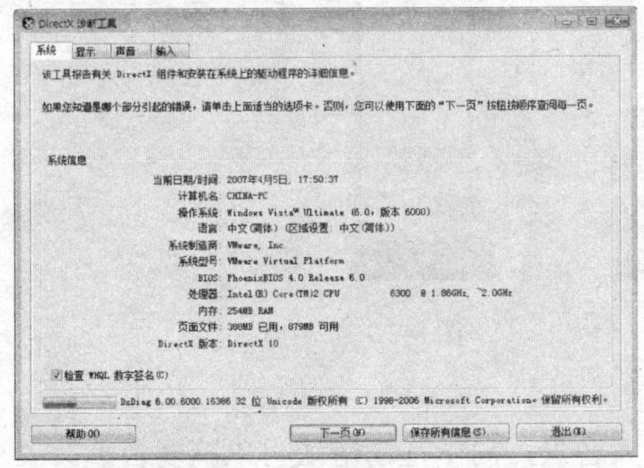

图 7-127

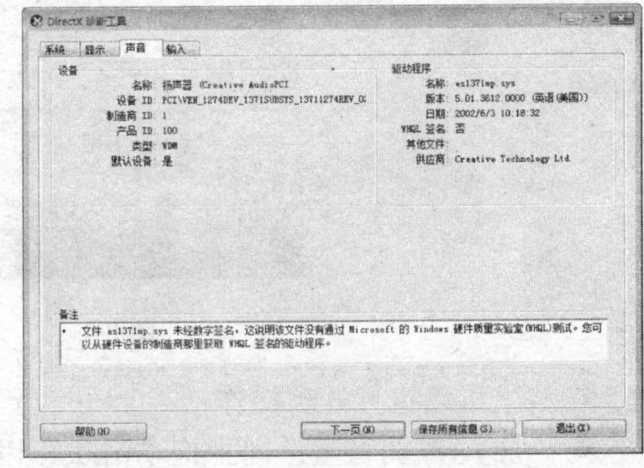

图 7-128

在图中可以看到声音设备的驱动文件没有经过数字签名，所以导致系统中多媒体功能出现了问题。显然，解决的方法就是对声音设备进行驱动的更新。

第 8 章　多媒体应用

多媒体技术在 Vista 中得到了很大的增强，比如已经内置支持 DVD 的刻录与格式化、WMP 支持更多的播放格式、Windows 照片库功能使得图片和视频资源的管理更加方便、录音机不再只能录一分钟的声音、Windows Media Center 已经成为系统内置功能等。在本章中将讲解 Vista 中关于多媒体方面的应用知识。

8.1　基本声音管理

在 Vista 中管理声音的方法与以往 Windows 版本相比略有增强，下面让我们从多个方面来了解一下相关的应用知识。

8.1.1　音量管理

在系统桌面右下角的“通知区域”中会看到一个“小喇叭”的图标，通过它可以对系统进行基本的音量控制。

将鼠标箭头停留在图标上方，会自动出现提示框，可以看到当前的音量百分比值以及使用的音频设备是什么，如图 8-1 所示。

单击“小喇叭”图标会弹出扩展面板，如图 8-2 所示。

图 8-1

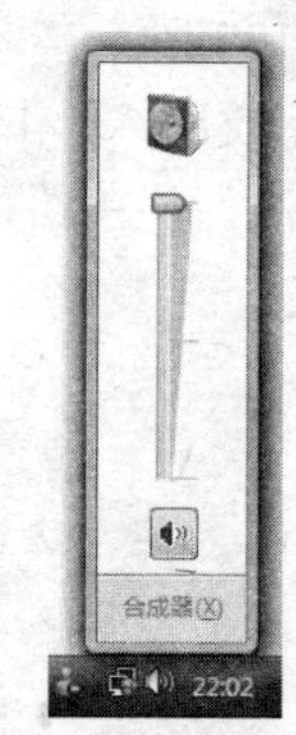

图 8-2

在这里可以执行 3 项操作：

- 加大/减弱音量：向上拖动滑块可以加大音量，向下拖动滑块可以减弱音量。
- 开启/关闭声音：单击“小喇叭”图标可以关闭声音的输出，再次“小喇叭”图标可重新开启声音的输出。
- 合成器设置：单击合成器可以打开“音量合成器”对话框，进行全面的声音控制项，如图 8-3 所示。

在窗口中可以看出，Vista 中的音量合成器窗口及功能都有了一些变化，其中最重要也是最实用的变化，就是可以对每一个正在运行的且涉及到声音的程序进行音量控制。如当前正在运行 Winamp 播放音乐，同时还在使用网页在线试听准备下载的音乐。那么在试听音乐的时候，可以通过这里稍微调低一下 Winamp 的音量（当然通过 Winamp 本身的音量控制功能也可以），这样就不会妨碍网页中的试听效果了。

我们还可以通过单击每个应用程序音量下方的“小喇叭”图标，来对应用程序的声音进行开启和关闭。这样就不必为了一个应用程序而关闭所有的音量——在以往的 Windows 版本中只能这样做。

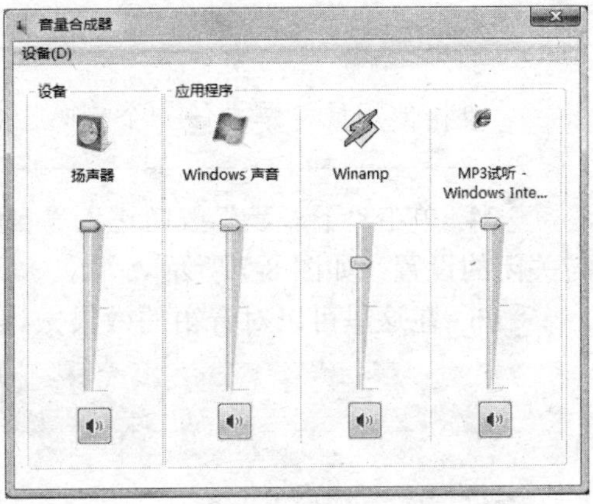

图 8-3

8.1.2 播放设备管理

在 Vista 中可以较好地实现对多个声音输出设备的管理，下面以调整 5.1 声道的音箱为例，讲解一下相应的应用方法。

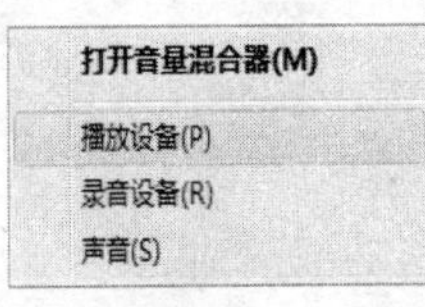

图 8-4

01 右击“通知区域”中的喇叭图标，在弹出的菜单中选择“播放设备”项，如图 8-4 所示。

> **提 示**
>
> 在“开始”菜单的搜索栏中输入命令“Mmsys.cpl”，或通过“控制面板\硬件和声音\声音”部分的选项也可以打开“声音”对话框。

02 如果当前计算机支持多种音频输出接口，那么在弹出的对话框中选择哪一个为“默认值”。在这里可以看出音频设备的插槽状态会自动被监控到，例如“耳机”插孔中没有插头插入，则会给出“未插入”的提示，如图 8-5 所示。

03 单击“配置”按钮进入“扬声器安装”对话框，在这里根据当前接入的音箱类型进行相应的选择，单击“测试”（单击后会变成“停止”按钮）按钮可以逐个测试每个音箱输出的声音是否正常，如图 8-6 所示。

图 8-5

图 8-6

> **提示**
>
> 直接使用鼠标单击任一个喇叭图标，也可以测试喇叭的输出是否正常。

04 单击“下一步”按钮进入“自定义设置”窗口，在这里可以对部分音箱进行启用与关闭的设置，如图 8-7 所示。

05 在这里可以对音箱的效果做进一步的设置，如图 8-8 所示。

图 8-7

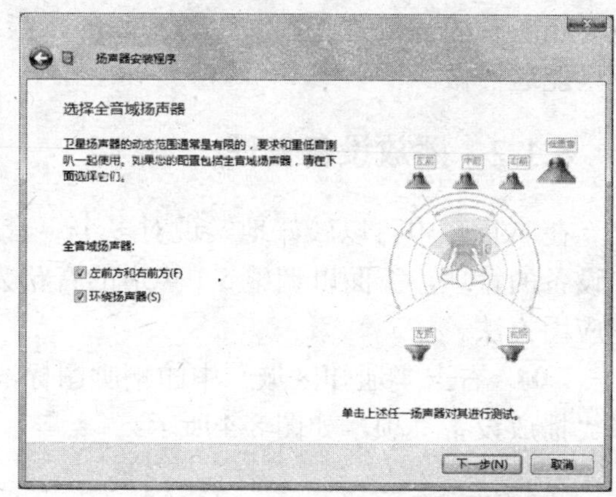

图 8-8

06 单击“完成”按钮即可结束音箱的软件设置，如图 8-9 所示。

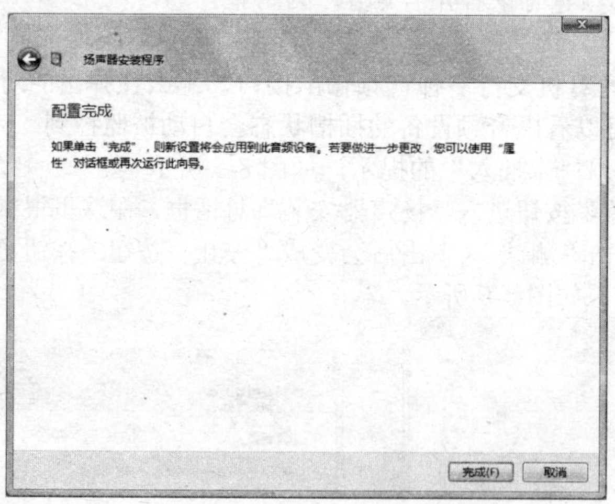

图 8-9

8.1.3 声音方案

在 Vista 的启动、退出以及执行一些操作时，系统均会发出不同的提示声音。这些声音的选用可以通过如下操作来完成。

01 右击“通知区域”中的喇叭图标，在弹出的菜单中选择“声音”。

02 在弹出的对话框中切换到“声音”选项卡，如图 8-10 所示。

此时，可以执行如下的几项操作：

- 声音方案：在“声音方案”列表中有两种选择，即“Windows 默认”和“无声”。选择后者可以让系统中的所有事件引发的操作均不发生声音，但不会影响到应用程序的声音输出。
- 程序事件：在这里可以看到系统中有哪些情况出现时会发出声音，如“Windows 登录时”的声音等。
- 播放 Windows 启动声音：在 Vista 的启动过程中共有两处声音，一是登录到桌面环境时的登录声音；二是启动到 Windows 标志时出现的启动声音，如图 8-11 所示。

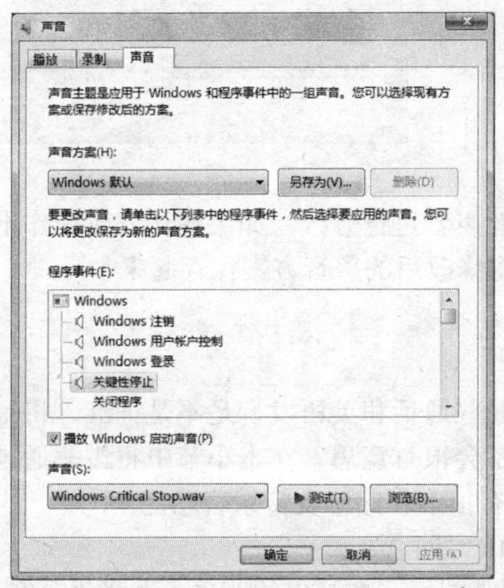

图 8-10

图 8-11

通过选中或取消可以控制这个启动声音的出现与否。

- 声音：根据“程序事件”列表中选择的项目不同，在这里也会出现不同的声音文件，单击右侧的“测试”按钮可以播放声音。

03 要更改 Vista 登录到桌面环境时出现的声音，首先在“程序事件”列表中选择“Windows 登录”。

04 单击“浏览”按钮并在弹出的对话框中选择要设置为登录声音的文件，如 on.wav，如图 8-12 所示。

> **提 示**
>
> C:\Windows\Media 文件夹中存储了系统或程序事件的声音，我们可以先将扩展名为 wav 的文件复制到这里。

05 单击“打开”按钮返回，再单击“测试”按钮可以播放选用的新音乐效果，如图 8-13 所示。

06 单击“确定”按钮应用设置并关闭对话框，重启计算机至登录桌面环境时，就可以听到新的声音了。

图 8-12

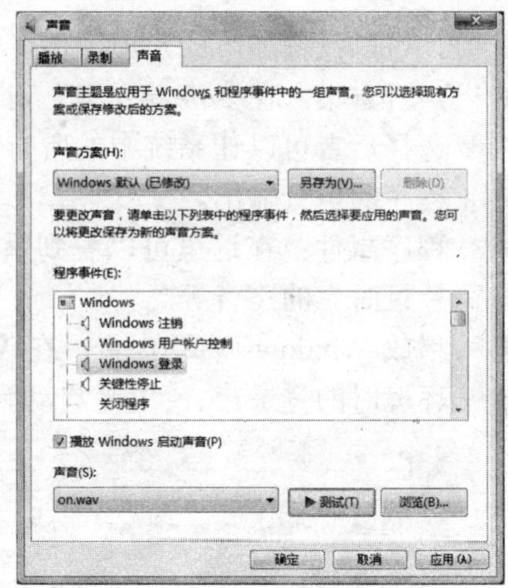
图 8-13

参考上述操作，可以对系统中的任何事件声音进行修改。如果想让修改操作不受其他用户设置的影响，可以单击“另存为”按钮将修改后的声音方案保存起来。

8.1.4 录音

想过将声音录入到电脑中吗？听听自己的普通话和英语发音是不是标准、将录入的声音设置成开机与关机的提示音，这样做是不是会很有意思？在本小节中将讲解通过“录音机”把声音录入到电脑中的方法——Vista 中有很多程序都支持录音功能。

01 将话筒的插头插入声卡的粉红色 MIC 插孔中。

02 使用鼠标右击“通知区域”中的喇叭图标，在弹出的菜单中选择“录音设备”。在弹出的如图 8-14 所示窗口中可以看到“麦克风”的状态为“工作正常”。这个状态是动态的，如果将 MIC 插孔中的插头拔出，这里的状态就会改为“未插入”。

03 选中“麦克风”，单击“属性”窗口在进入“麦克风属性”对话框，将“级别”选项卡中的“麦克风”滑块向右拖至最大，将“麦克风加强”滑块向右拖至中间位置，如图 8-15 所示。

图 8-14

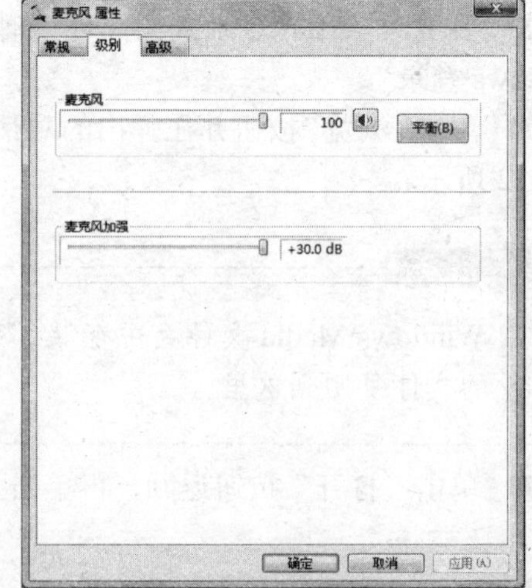
图 8-15

04 单击“确定”按钮应用设置并关闭对话框，接着使用如下方法打开“录音机”程序。

- 在“开始”菜单的“搜索”栏中输入命令“SoundRecorder.exe”。
- 在“开始”菜单的“搜索”栏中输入命令“录音机”。
- 在“开始”菜单中选择单击“所有程序”→“附件”→“录音机”命令。

在打开的“录音机”窗口中单击“开始录制”按钮即开始声音的录制，如图 8-16 所示。保持话筒与嘴之间有 3~5 厘米的距离，这样可以保持录制的声音干扰噪音最小，进而可以有效提高声音录制的效果。

05 在录音的过程中“开始录制”按钮将变成“停止录制”，单击它后录音操作将暂停，按钮的名称将被成“继续录制”，再次单击它可以继续录制声音。

> **提示**
>
> Vista 中的录音机程序已经可以连续录制超过 1 分钟的声音了。

06 单击“停止录制”按钮，会弹出对话框，可以看出只能将声音保存为 wma 文件，如图 8-17 所示的。

图 8-16

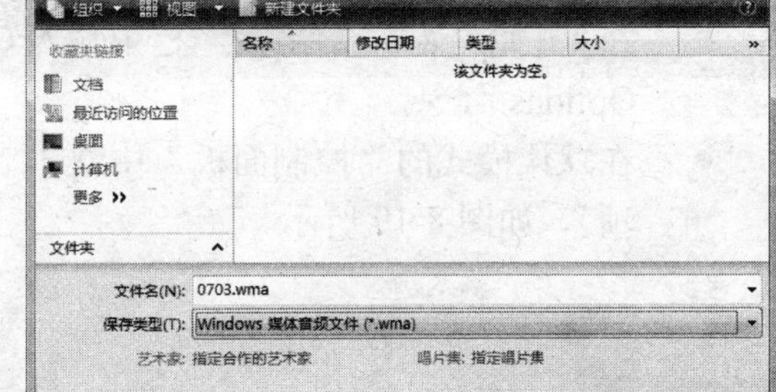

图 8-17

如果使用的是 Vista Home Basic 或 Windows Vista Business，录音机文件会保存为 wav 文件，而不是 wma 文件。在表 8-1 中可以看到录制成两种不同类型文件时的不同之处。

表 8-1

音频文件类型	扩展名	比特率(Kbps)	录制文件大小(KBps)	采样速率	录制 5 分钟声音产生的文件大小
Windows Media Audio	.wma	96 Kbps	11 KBps	44.1 kHz	3.5 MB
WAVE 格式音频文件	.wav	96 Kbps	1,378 KBps	44.1 kHz	51 MB

07 单击“保存”按钮完成录音任务的保存操作，以后随时都可以使用支持 wma 格式的程序或数码设备播放它。

8.2 语音识别

在计算机中使用语音软件进行数据的输入、功能控制的电脑应用是很久以前就出现的技术，比如在 Office2003 中就已经内置了这项功能。由于 Vista 系统中内置了语音识别功能，所以已经不需要再安装第三方的语音软件了。

使用语音识别功能可以完成以下任务：

- 打开或关闭程序。
- 保存或删除文件。
- 输入数据，如汉字、数字、符号等。

要使用语音识别功能进行相关的应用，只需启用语音识别功能，然后直接发出控制语音或打开某个应用程序，接着再发出语音即可。

要打开语音识别功能，可以使用如下方法：

- 在“开始”菜单的“搜索”栏中输入命令%systemroot%\Speech\Common\sapisvr.exe -SpeechUX。
- 在“经典”模式的控制面板中双击“语音识别选项”图标，如图 8-18 所示。
- 在“开始”菜单中选择“所有程序”→“附件”→“轻松访问”→“Windows 语音识别”命令。
- 在“开始”菜单的“搜索”栏中输入 Control.exe /name Microsoft.Speech Recognition Options 命令。
- 在默认模式的“控制面板”中双击“轻松访问”图标后，可以看到“语音识别选项”，如图 8-19 所示。

图 8-18

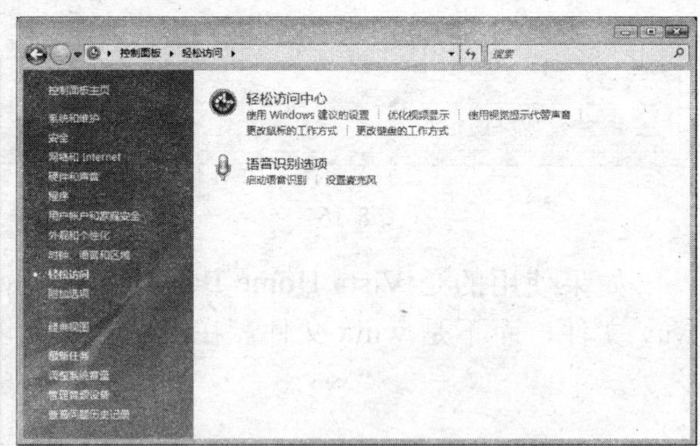

图 8-19

8.2.1 设置麦克风

在启用语音功能之前，我们应该先对麦克风（话筒）进行设置。在“经典”模式的控制面板中双击“语音识别选项”图标打开窗口后，双击“设置麦克风”，如图 8-20 所示。

在如图 8-21 所示的对话框中选择计算机中安装的麦克风类型。

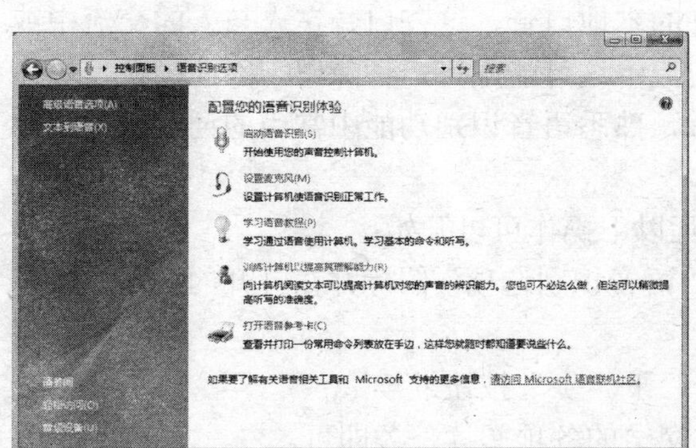

图 8-20

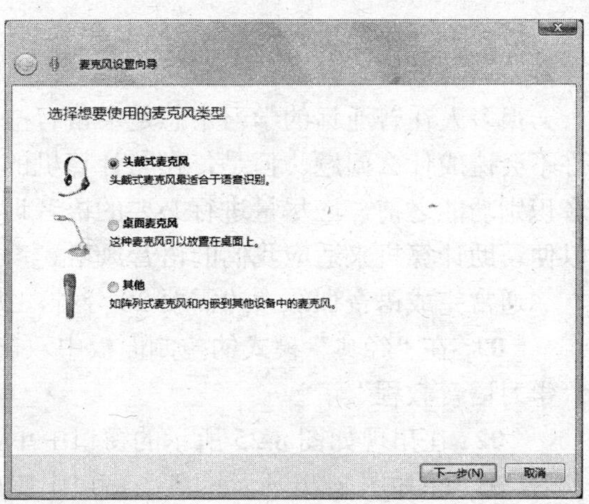

图 8-21

在如图 8-22 所示的窗口中可以看到麦克风使用中的一些诀窍。

在如图 8-23 所示的窗口中根据提示对着麦克风读出斜体的那段文字。

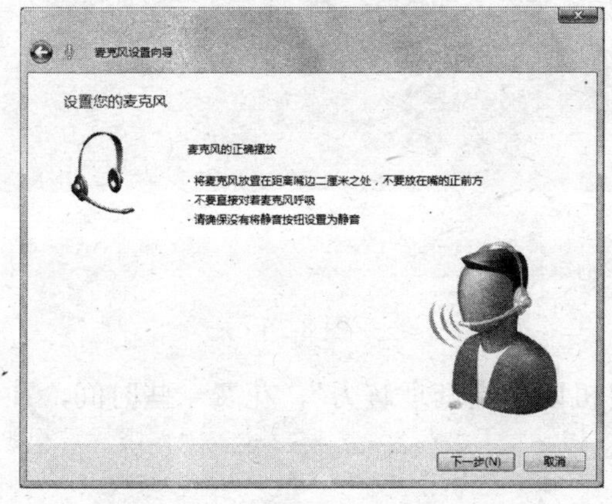

图 8-22

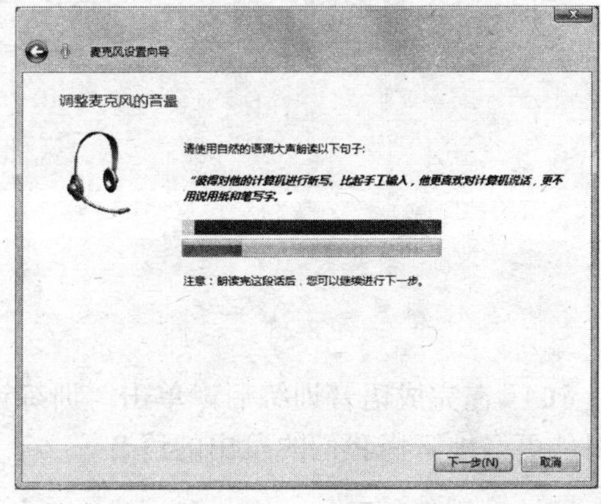

图 8-23

在阅读文字时下方绿色的进度条会不断根据声音的强弱伸缩，如果没有出现任何反应则需检查麦克风硬件连接是否有误或按“8.1.3”小节中的内容进行录音音量的设置。向导中的“下一步”按钮会在阅读完这段文字后被激活。

稍后，在进入如图 8-24 所示的窗口时，单击“完成”按钮即可结束麦克风的设置了。

语音识别率与使用的麦克风的质量直接相关，语音识别最常见的两种麦克风是耳机式麦克风和桌面麦克风，耳机式麦克风最适合用于语音识别，因为这种麦克风不容易接收外来的声音。

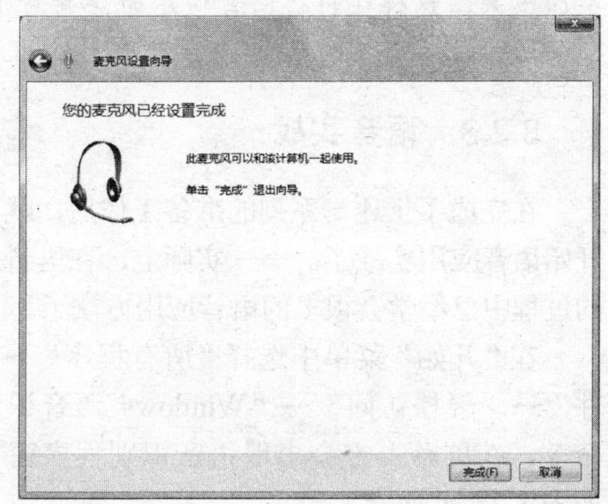

图 8-24

8.2.2 自学训练

很多人在普通话的学习中总是会留有些许的本地口音，这些口音在人与人的交流中或许不会造成什么问题。但是，在与计算机的交流中这可能成为一种障碍。因此，在使用语音识别功能之前，应尽量进行必要的语音训练，熟悉语音识别功能中常用的词汇、方式，以便帮助计算机来适应我们的语音风格。

通常完成语音训练大约需要 30 分钟，执行以下操作可以开始：

01 在“经典”模式的控制面板中双击“语音识别选项”图标并在打开的窗口中双击“学习语音教程”。

02 在出现如图 8-25 所示的窗口中单击“下一步”按钮继续。

03 在如图 8-26 所示的各个窗口中完成交给的各项阅读任务即可。

图 8-25

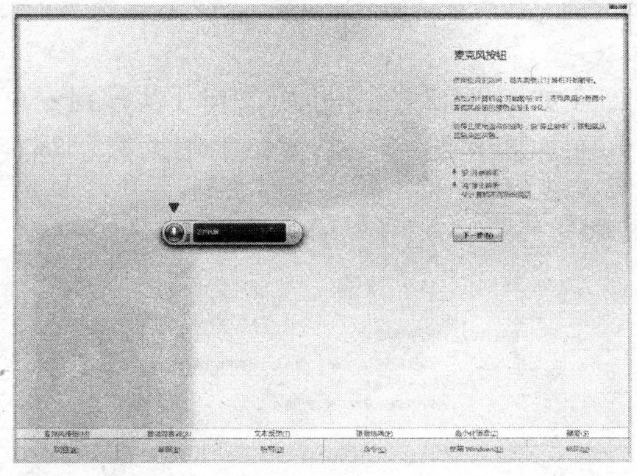

图 8-26

04 在完成语音训练后，单击“训练计算机以提高其理解力”，花费一些时间，让计算机能更好地听懂我们的发出的语音。

建议单击“语音识别选项”窗口的“打开语音参考”，将经常使用的语音命令打印出来，这样在进行语音应用时会有着很好的帮助。

8.2.3 语音实战

在完成了上述一系列的准备工作后，就可以开始语音应用实战了。——实际上，在语音训练的过程中已经学会很多的语音应用方法了。

在“开始”菜单中选择“所有程序”→“附件”→“轻松访问”→“Windows 语音识别”命令，在屏幕上方会出现语音识别程序窗口，如图 8-27 所示。

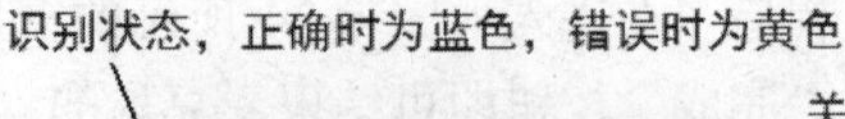

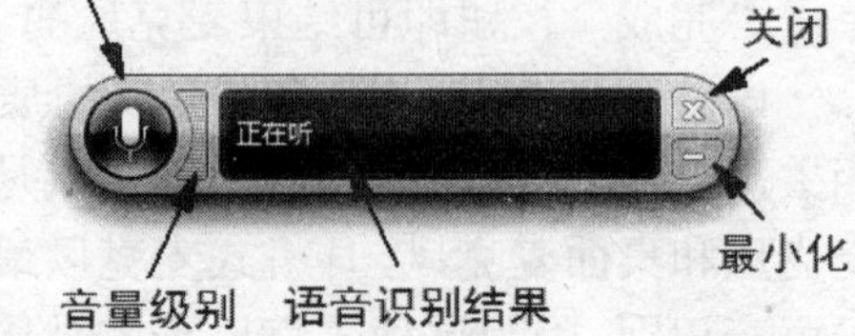

图 8-27

此时可以在桌面环境中发出如下语音命令：

- 开始：将自动弹出“开始”菜单，此时可以连续说出其中的子菜单。
- 打开记事本：将自动弹出“记事本”窗口。
- 打开 IE：会弹出 IE 浏览器窗口。如果已经打开浏览器窗口，会弹出列表框让我们选择打开浏览器中的哪一个选项卡进行浏览。

在应用程序窗口中可以发出如下语音命令或利用语音进行数据输入：

- 打开记事本：将自动弹出“记事本”窗口。
- 关闭：将自动关闭“记事本”窗口。

在使用语音功能输入任何内容文字时，如果发现输入的文字有误，除了可以直接发出语音“删除”让语音功能自动删除字词外，还可以发出语音“更正”，随即在弹出的对话框中选择需要的字词，如图 8-28 所示。

如果列表中没有所需要字词，可以发出语音让列表重新生成。在列表中有了所需字词后，说出字词对应的序号完成选中操作，接着说出“确定”即可完成字词的替换。

在语音功能的使用中，随时都可以右击语音识别功能窗口，在弹出的菜单中对此功能进行各种设置，如图 8-29 所示。

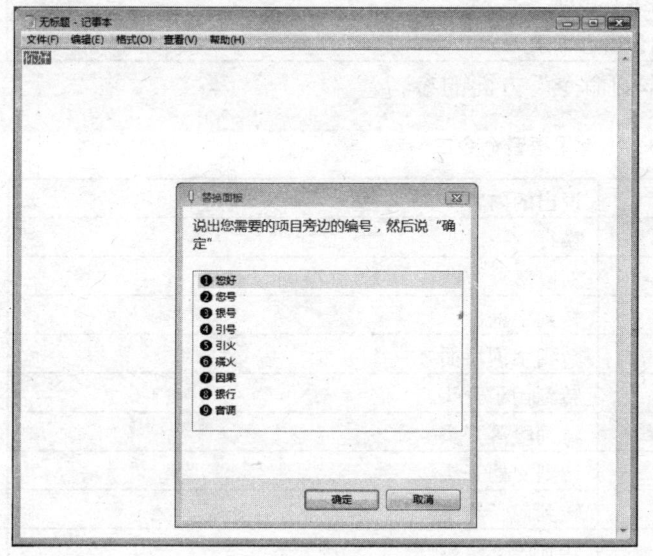

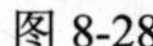
图 8-28

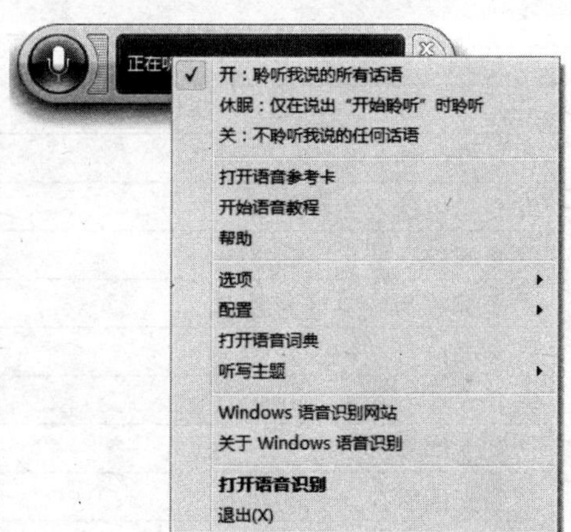

图 8-29

比如在每次开机后语音识别功能都会处于“休眠：仅在说出‘开始聆听’时聆听”，将不对语音进行监控。此时可以选择“开：聆听我说的所有话语”让语音功能立即使用，避免了要说出“开始聆听”4 个字的麻烦，也可以选择“关：不聆听我说的任何话语”将此功能关闭掉。

我们在计算机中说的语音命令都需要符合一定的规则，在表 8-2 中给出了一些“常用命令”方面的参考。

表 8-2　常用语音命令一

操作	说出的内容
按项目名称单击任何项目	文件、开始、查看
单击项目	单击回收站、单击计算机、单击文件
双击项目	双击回收站、双击计算机、双击文件
切换到某个打开的程序	切换到 Word、切换到写字板、切换到程序名称、切换应用程序
滚动方向	向上滚动、向下滚动、向左滚动、向右滚动
在文档中插入新段落或换行	新段落、换行
在文档中选择字词	选择字词
选择某个字词并开始对其更正	更正字词
选择并删除特定字词	删除字词
显示适用命令的列表	我可以说什么？
更新当前可用的语音命令列表	刷新语音命令
让计算机听您说话	开始聆听
让计算机停止聆听	停止聆听
将语音识别麦克风移开	移动语音识别
最小化 windows 语音识别	最小化语音识别

在表 8-3 中给出了一些“处理文本的命令”方面的参考。

表 8-3　常用语音命令二

操作	说出的内容
在文档中插入换行	换行
在文档中插入新段落	新段落
将光标放到特定字词之前	转到字词
将光标放到特定字词之后	转到字词后面
转到光标所在句子开头	转到句子开头
转到光标所在段落开头	转到段落开头
转到文档开头	转到文档开头
转到光标所在句子的结尾	转到句子结尾
转到光标所在段落的结尾	转到段落结尾
转到当前文档的结尾	转到文档结尾
选择当前文档中的字词	选择字词
选择当前文档中的所有文本	选择全部文本
选择最后听写的文本	选择这个
在屏幕上清除选定内容	清除选定内容
删除前一个句子	删除前一个句子
删除下一个句子	删除下一个句子
删除前一个段落	删除前一个段落
删除下一个段落	删除下一个段落
删除选定的文本或最后听写的文本	删除这个

在表 8-4 中给出了一些“键盘命令”方面的参考。

表 8-4　常用语音命令三

操作	说出的内容
在键盘上按任意键	按下键盘键、按下 a、按下大写字母 B、按下 Shift a、按下 Ctrl a
可以直接说键盘名称而不用先说“按下”的键	Delete、Backspace、Enter、Page Up、Page down、Home、End、Tab
shift	移动键
control	控制键
alt	激活键
enter	回车键
tab	制表跳格键
backspace	退格键
numlock	数字锁定键
End	文尾键
Page Down	下页键
Page up	上页键
Home	文首键
Esc	退出键
Print Screen	屏幕打印键
Scroll Lock	上卷琐定键
Caps Lock	大写锁定键
Pause	暂停键
Insert	插入键
Delete	删除键
Space	空格键

在表 8-5 中给出了一些“标点符号和特殊字符”方面的参考。

表 8-5　常用语音命令四

显示内容	说出的内容	输出半角说出的内容
，	逗号	西文逗号、逗号
；	分号	西文分号、分号
。	句号	句号
.	点、小数点、DOT	西文句号、点、小数点、DOT
：	冒号	西文冒号、冒号
!	感叹号	西文感叹号、感叹号
?	问号	西文问号、问号
、	顿号	顿号

续表

显示内容	说出的内容	输出半角说出的内容
“	左引号	左斜引号
”	右引号	右斜引号
‘	西文单引号	西文引号、西文单引号
‘		左单引号
’		右单引号
>	大于号	西文大于号
<	小于号	西文小于号
/	斜线	西文斜杠、斜线
\	反斜线	西文反斜杠、反斜线
~	TILDE	波浪线、TILDE
@	AT、小老鼠	小老鼠、AT
#	井号	西文井号
ˇ	勾号	
^		西文插入记号
_	字下线、Underscore	西文下划线、西文字下线、Underscore
–	单破折号	单破折号、西文减号、西文短划线、西文连字号
—	双破折号	双破折号
|	竖杠	西文竖杠、按下竖杠
‖	双竖杠	
(	左括号	西文左括号
)	右括号	西文右括号
{	左花括号	西文左花括号
}	右花括号	西文右花括号
[		西文左方括号
]		西文右方括号
〈	左单书名号	左单书名号
〉	右单书名号	右单书名号
《	左双书名号	左双书名号
》	右双书名号	右双书名号
「	左上单引号	左上单引号
」	右下单引号	右下单引号
『	左上双引号	左上双引号
』	右下双引号	右下双引号
【	左综括号	左综括号
】	右综括号	右综括号

续表

显示内容	说出的内容	输出半角说出的内容
(	左细综括号	左细综括号
)	右细综括号	右细综括号
:)		笑脸、幸福满面
:(		悲伤的脸、愁云满面
;)		眨眼
%	百分号、PAH	西文百分号、PAH
‰	千分比号	千分比号
¥	人民币号	
£	英镑号	英镑、英镑符号
$	美元	西文美元符、美元符号
¢	美分号	分币、分币符号
€	欧元号	欧元、欧元符号
=	等于号	西文等于号
+	加号	西文加号
±	加减号	
*	星号	西文星号
÷	除号	除号、除以
¾		四分之三
¼		四分之一
½		二分之一
&	AND	西文连字符、AND
ƒ		函数符号

除了上述常用的命令外，在 Vista 的帮助菜单中还提供了大量的命令帮助信息，有兴趣的读者们可以搜索阅读。

8.3 Windows Media Player

Windows Media Player 是一个可以用于音乐、视频播放，同时还可以进行复制、刻录 CD 音乐等应用的程序。在 Vista 中 Windows Media Player 的版本号是 11。

要打开 Windows Media Player（以下简称 WMP）窗口，可以使用如下方法的任一种：

- 在“开始”菜单中选择“所有程序”→“Windows Media Player”命令。
- 在启动 Windows Media Player 一次后会在“快速启动”栏中添加相应的按钮，单击它也可以启动 WMP。
- 在没有安装其他播放器的前提下，双击任何受 WMP 支持的音乐或视频文件，即可启动 WMP 程序。

- 在存储了受 WMP 支持的音乐或视频文件夹中，单击音乐或视频文件，在右侧预览窗格中单击播放器的“切换到完整模式”按钮，如图 8-30 所示。

在第一次启动 WMP 时，会弹出如图 8-31 所示的窗口，选中“快速设置（推荐）”项并单击“完成”按钮结束使用前的设置。

图 8-30

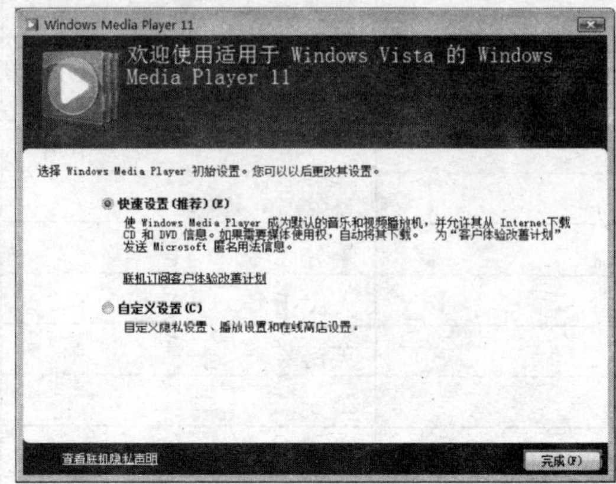

图 8-31

接着，在出现程序主窗口时将会看到窗格中出现了一些音乐名称列表，这些音乐都是系统盘中的 Users\Public\Music\Sample Music 文件夹中的试听音乐，如图 8-32 所示。

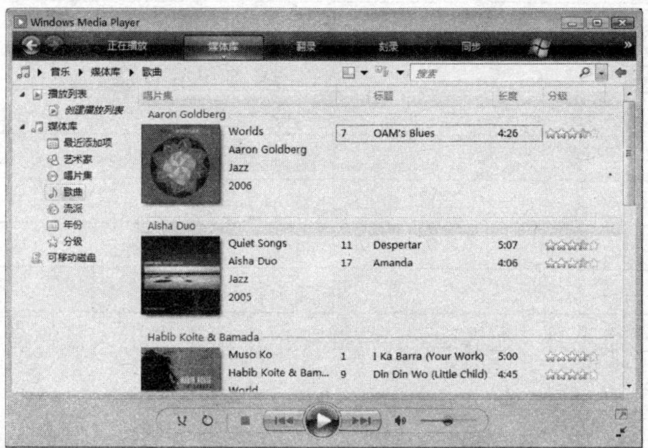

图 8-32

选中任一首音乐单击下方的“播放”按钮即可欣赏选中的音乐。

8.3.1 播放音乐/视频

通过 WMP 可以播放本地、光盘和网络的音乐/视频内容。

1. 播放硬盘中的文件

要使用 WMP 播放本地硬盘中音乐或视频文件，只需执行如下操作：

01 在 WMP 窗口中按下 Alt 激活菜单，选择“视图”→“经典菜单”命令，使窗口中的主菜单始终处于启用状态，如图 8-33 所示。

02 选择“文件”→“打开”命令，在弹出的打开对话框中选择音乐或视频文件，如图 8-34 所示。

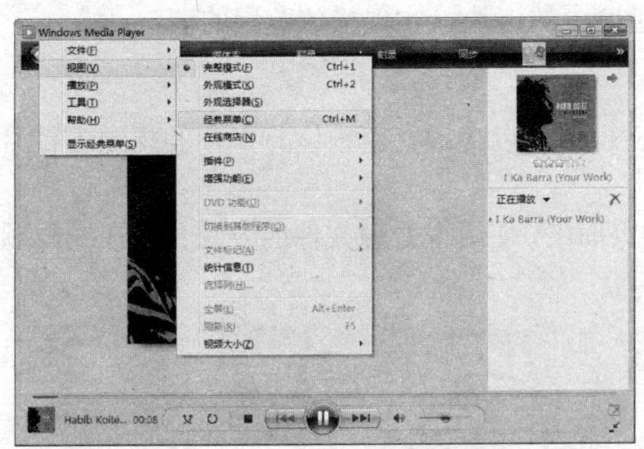

图 8-33

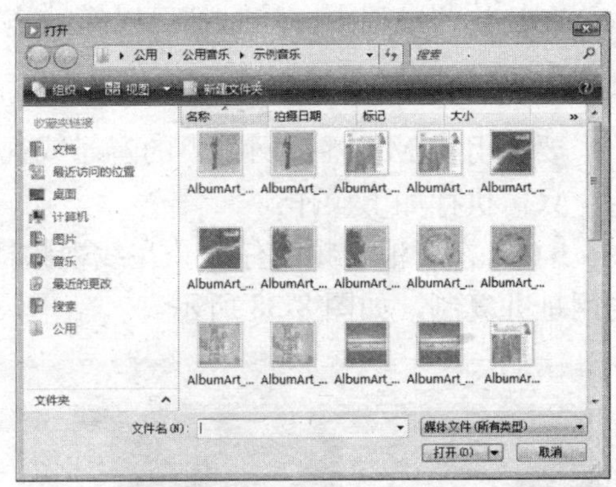

图 8-34

03 单击“打开”按钮返回 WMP 主窗口，选中的音乐或视频就可以播放了。此时，按 Alt+Enter 键可以将 WMP 窗口在全屏或窗口模式来回切换——这是视频播放中常用的操作。

2．播放光盘中的文件

要使用 WMP 播放本地 VCD/DVD 光盘中的视频文件，需执行如下操作：

01 将 VCD 或 DVD 光盘放入相应的光驱/刻录机。

02 运行 WMP 选择“播放”→“DVD、VCD 或 CD 音频”命令，在其下展开的光驱列表中单击呈可选状态（放入了光盘）的驱动器，如图 8-35 所示。

在 WMP 窗口的左侧部分将出现视频播放的画面，右侧的列表窗格中将出现光盘中的结构，如 DVD 光盘就会出现章节等，如图 8-36 所示。

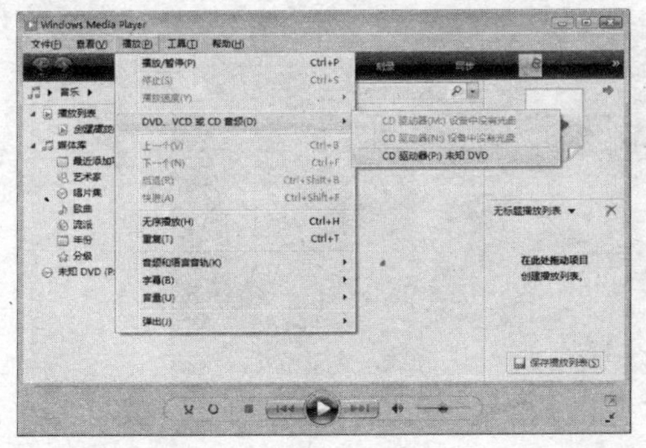

图 8-35

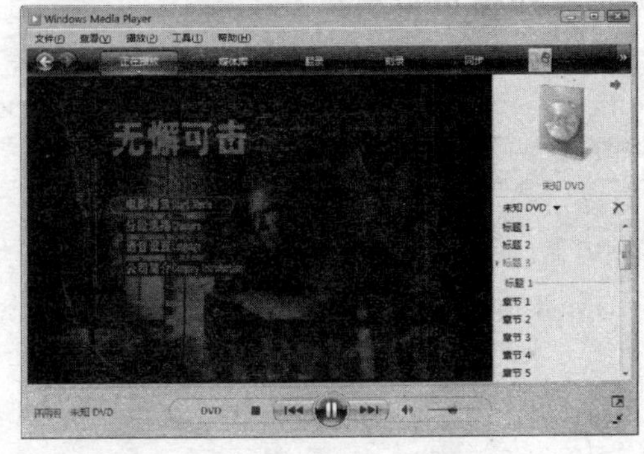

图 8-36

此时，对于 DVD 光盘来说，可以通过视频画面中的菜单或右侧列表窗格中的结构菜单对视频的播放进行控制。对于 VCD 光盘来说，则可以直接欣赏视频画面了。

如果要播放 CD 光盘中的音乐，只需按照上述方法选中装有光盘的光驱，即可自动进行音乐播放了。

在音乐或视频的播放中，如果发现右侧的列表窗格不见了，只需单击“正在播放”标签，在弹出的菜单中选中“显示列表窗格”即可使其重现，如图 8-37 所示。

在播放的过程中，随时都可以拖动拖放进度中的滑块，实现播放位置的调整。

3．播放网络中的文件

要使用 WMP 播放网络中的音乐或视频文件——以播放“新浪宽频”中的视频内容为例，只需执行如下操作：

01 在新浪宽频的任一个在线视频播放页面中，使用查看源文件的方法获得在线视频的网址并复制，如图 8-38 所示。

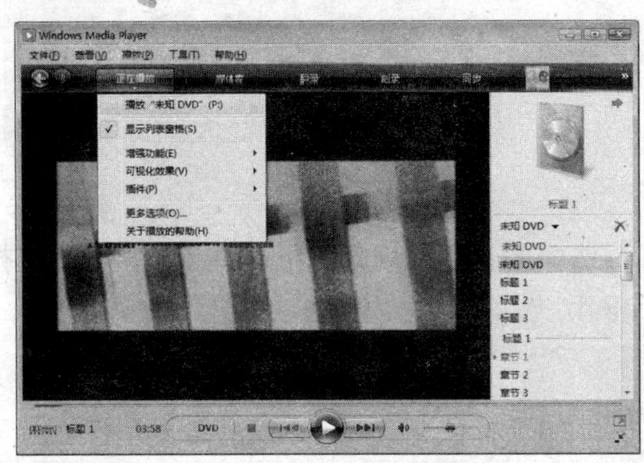

图 8-37

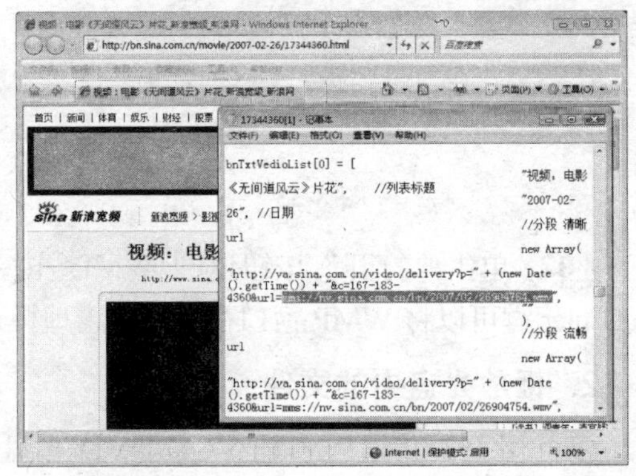

图 8-38

02 选择“文件”→“打开 URL”命令（或按 Ctrl+U），在弹出的“打开 URL”对话框中粘贴视频的网址，如图 8-39 所示。

03 单击“确定”按钮返回 WMP 窗口，等缓冲进度到 100%时就会自动进行视频的播放了，如图 8-40 所示。

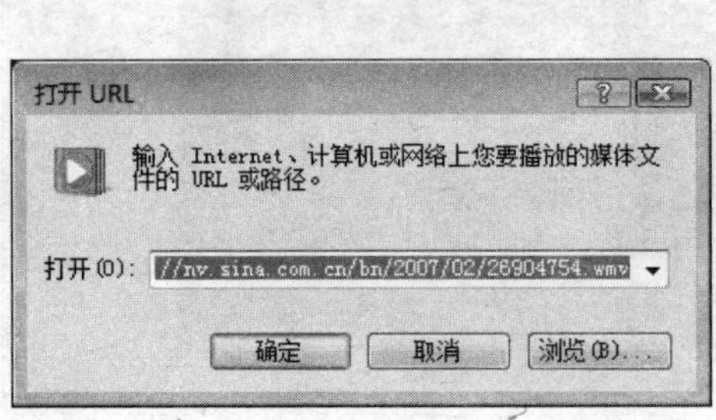

图 8-39

图 8-40

播放网络中的音/视频与播放本地的音/视频不一样的地方在于网络播放需要较高的带宽，否则播放过程中很容易就会出现停顿的现象。

提 示

在 WMP 中支持 HTTP、MMS 和 RTSP 协议的在线播放。

8.3.2 复制/刻录光盘

在 WMP 中可以轻松实现 CD 音乐光盘的刻录等应用——现在有车的人越来越多，可以将电脑中喜欢的音乐集中起来刻录成一张 CD 光盘，以便随时能在车载 CD 中播放。在本小节中会相关的应用介绍。

1. 刻录 CD 音乐光盘

要实现 CD 音乐光盘的刻录，需要做好如下准备工作：

- 准备空白的 CD-R（一次性写入）/CD-RW（可擦写光盘，可多次擦写）刻录盘。
- 准备 CD/DVD 刻录机——WMP 不支持刻录 DVD 音频和 DVD 视频光盘，但是支持刻录 CD/DVD 数据光盘。
- 准备好 WMP 刻录时支持使用的音乐文件。

在刻录 CD 之前，先来了解一下音乐的时长与刻录盘的关系——在刻录前通常需要计算待刻录音乐总时长。比如要刻录的几首音乐播放时长为 80 分钟，那么就要注意刻录盘是否支持，如果不支持就要减少音乐的数量。

在完成以上的准备工作后，就可以执行刻录 CD 音乐光盘的操作了：

01 将一张空白的 CD-R 或 CD-RW 刻录盘放入刻录机内。

02 在 WMP 窗口中选择“文件”→“打开”命令，在弹出的打开对话框中将要刻录的音乐添加进来。

03 在 WMP 窗口中单击“刻录”标签切换到如图 8-41 所示的窗口，在这里单击列表窗格中的“刻录‘正在播放’”。

04 在列表窗格中出现播放列表及音乐时长时，可以算一下所有音乐的播放总时长，如果超出了刻录盘上标识的总时长，则右击要删除的音乐在弹出的菜单中选择“从播放列表删除”，如图 8-42 所示。

图 8-41

图 8-42

05 如果当前计算机中装有多个刻录机，可以在列表窗格上方的刻录机列表中单击“下一个驱动器”，在多个刻录机中进行切换，如图 8-43 所示。

06 在刻录机中放入空白的刻录盘，列表上方将出现除了当前所有音乐外，刻录盘中还有多少时长可用，如图 8-44 所示。

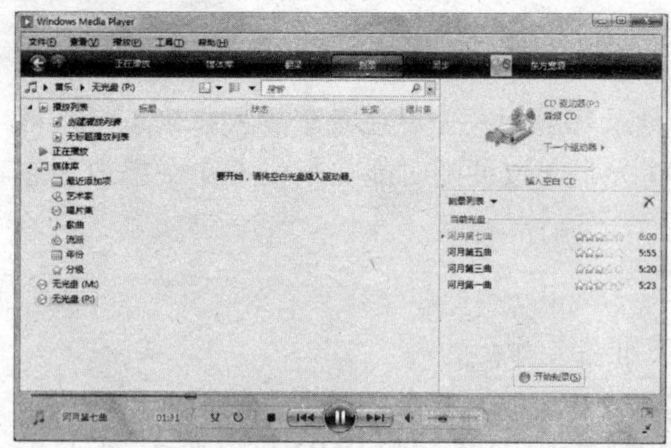

图 8-43

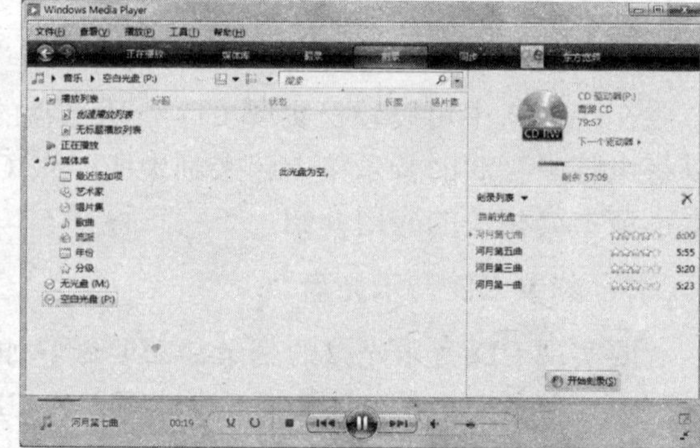

图 8-44

提 示

右击左侧列表中刻录机，在弹出的菜单中选择“擦除光盘”，可以对存有数据的 CD-RW 刻录盘进行擦除操作。

07 单击“开始刻录”按钮，在如图 8-45 所示窗口中可以看到每首音乐的刻录实时进度。

图 8-45

08 耐心等待刻录操作的完成即可。

2. 复制 CD 光盘中的音乐

在完成了 CD 音乐光盘的刻录后，再来看看如何将 CD 光盘中的音乐复制到电脑中。

01 将 CD 音乐光盘放入刻录机，在 WPM 窗口中单击“翻录”，如图 8-46 所示。

02 在 CD 光盘的音乐列表中通过选中文件名左侧的复选框，可以选择要复制到硬盘中的音乐。在选择后单击“开始翻录”按钮。

03 随即看到翻录的进度，此时应尽可能地关闭其他应用程序，以便提供较宽裕的系统资源给翻录任务使用，如图 8-47 所示。

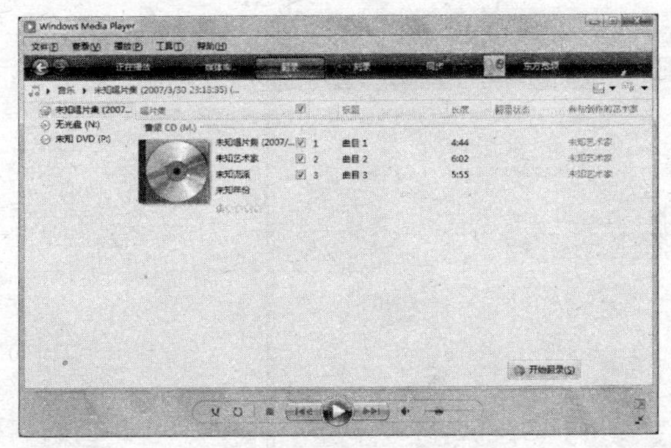

图 8-46

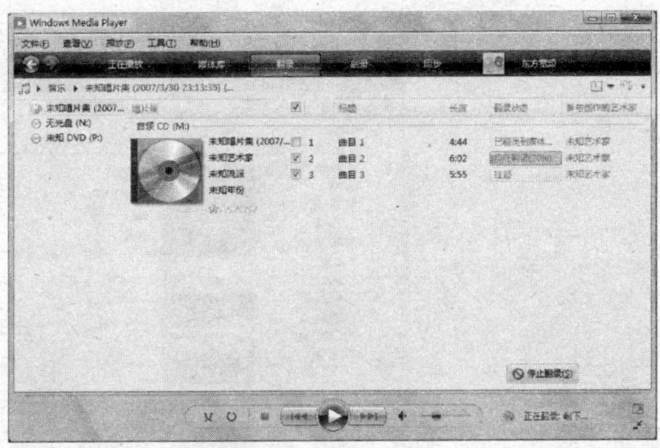

图 8-47

04 复制的音乐会以 wma 格式保存到当前计算机的硬盘中，可以在系统盘中的“\Users\当前登录帐户名\Music\”文件夹中找到翻录的音乐，本例的具体路径为：“C:\Users\chinazhong\Music\未知艺术家\未知唱片集 (2007-3-20 23-13-35)”。

如果要更改存储位置，可以执行如下操作：

01 单击“翻录”标签并在弹出的菜单中选择“更多选项”。

02 在弹出的“选项”对话框的“翻录音乐”选项卡中对音乐存储路径等方面进行设置，如图 8-48 所示。

值得一提的是，在“格式”列表中有多个翻录后可以输出的文件格式供选择，如 MP3、WAV（无损）等。其中几类格式的不同之处在于：

- Windows Media Audio Pro：这种格式主要在低存储量的便携设备中使用，如手机中的存储卡等。这种格式的增强功效可改善低比特率的音频质量。
- Windows Media 音频(可变比特率)：这种格式可减小文件大小，但进行翻录时所需的时间更长。
- Windows Media 音频无损：这种格式可提供最佳的音频质量，但不会减小文件大小。
- MP3：支持计算机、MP3 播放器等设备使用的普及式音乐。
- WAV（无损）：这是几乎可以被所有播放器兼容的格式。

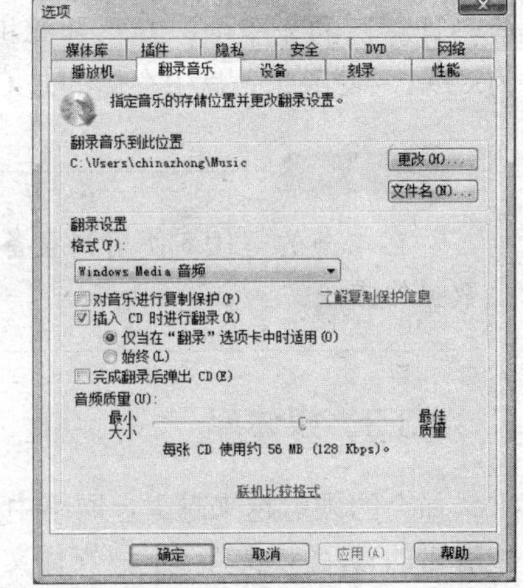

图 8-48

3. 刻录数据光盘

WMP 除了可以制作 CD 光盘外，还可以制作数据光盘。在 WMP 中执行这两项任务的步骤除了第一步不同外，其余的操作都是一样的。

也就是说，制作数据光盘要首先在 WMP 窗口中单击“刻录”标签页，在弹出的菜单中选择“数据 CD 或 DVD”，如图 8-49 所示。

图 8-49

接着在刻录机放入空白的 CD 刻录盘，如果是 DVD 刻录机中也可以放入空白的 DVD 刻录盘，然后再参考刻录 CD 音乐光盘的方法完成文件的添加，执行同样的刻录操作即可。

由于完成刻录后的光盘是数据光盘，所以无法在 CD 设备中进行播放，而只能在计算机中进行播放。

通常，可以查看光盘中的文件来确定一张光盘是一张音频光盘还是数据光盘。将光盘放到计算机的光驱中，在“计算机”窗口中双击光驱图标，如果光盘中看到的文件类型为.CDA，表示此光盘中存储的是 CD 音乐，即音频 CD。反之，就是数据光盘。

提 示

在本书的“10.5 使用光盘备份数据”小节中讲解了格式化刻录盘及使用光盘备份数据的方法。

8.3.3 媒体库

如今的硬盘越来越大，网络中可以下载的音/视频文件越来越多。那么，如何管理硬盘中海量的音/视频文件（下称媒体文件）呢？为此，在 WMP 11 中加强了媒体库的管理功能，使用它可以轻松完成媒体资源的管理。

1. 导入文件

默认状态下，Vista 在系统盘中的 Users\登录帐户名\Music 文件夹中存储了多首试听音乐，它希望用户也能将所有要听的音乐存到这里——所以，在 WMP 等程序中进行文件保存时，大多都将默认路径指向这里。

如果我们的音乐真的保存在这里，那么 WMP 会自动将这些文件信息导入到媒体库。但是，对于海量的媒体文件来说，这显然是不现实的做法。一是系统分区一般不会有数十 GB 之多；二是很多用户根本就不知道系统中还有这么个文件夹——甚至很多用户都以为是无用的东西而删掉。

提 示

除了可以自动导入音乐文件夹中的文件外，还可以自动导入图片和视频文件夹中的内容。此外，公用文件夹中的相关资源也会被自动导入，可以导入的文件类型有.asf，.wma，.wmv，.avi，.mpg，.mpeg，.mp3，.mid，.midi，.wav 等。

在 WMP11 中通常使用如下方法将媒体文件导入到媒体库：

01 在 WMP 窗口中选择“工具”→“选项”命令，在打开的对话框中切换到“媒体库”选项卡，单击“监视文件夹”按钮，如图 8-50 所示。

02 在“添加到媒体库”对话框中单击“高级选项”按钮展开扩展窗口，选择添加自己或计算机中所有用户的文件到媒体库中，如图 8-51 所示。

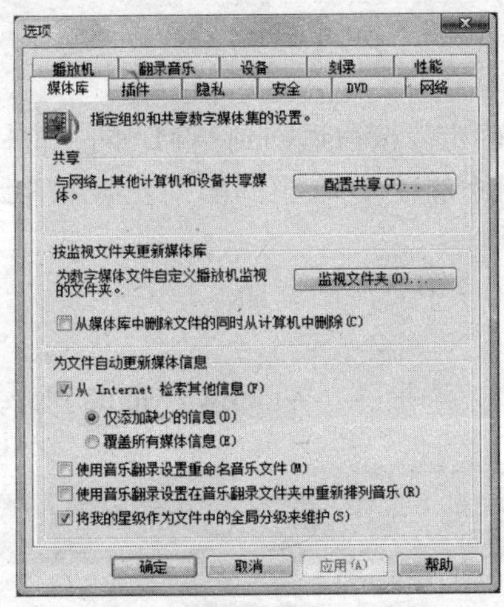

图 8-50

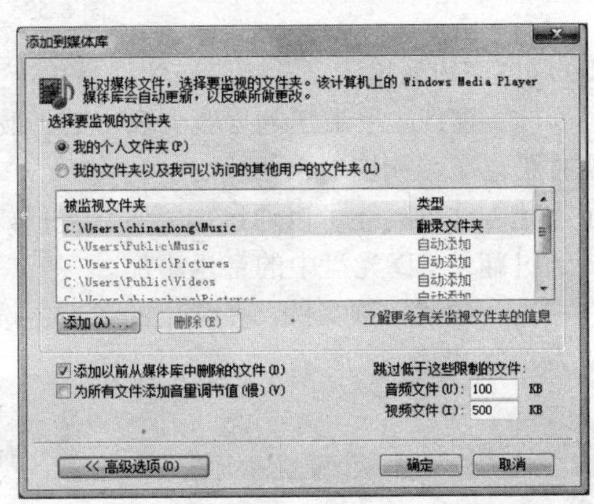

图 8-51

03 单击“添加”按钮后弹出对话框，可以将我们日常用于保存音/视频文件的分区、文件夹添加进来，如图 8-52 所示。

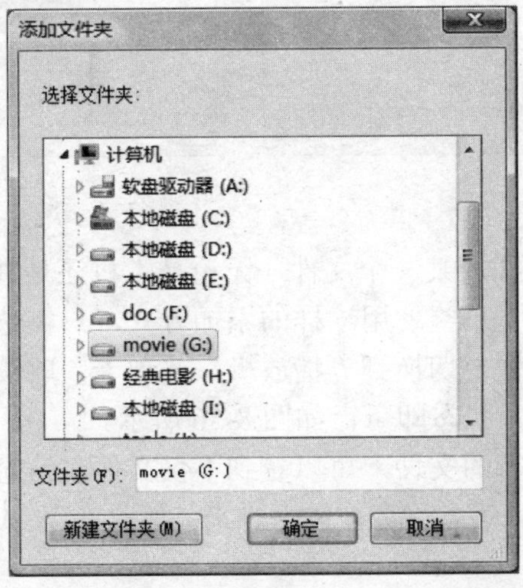

图 8-52

04 重复多次添加操作以便将所有合适的路径都添加进来。单击“确定”按钮，将会弹出进度框，可以看到导入所有文件信息的进度（注意：不是文件，是文件名等附属信息），如图 8-53 所示。

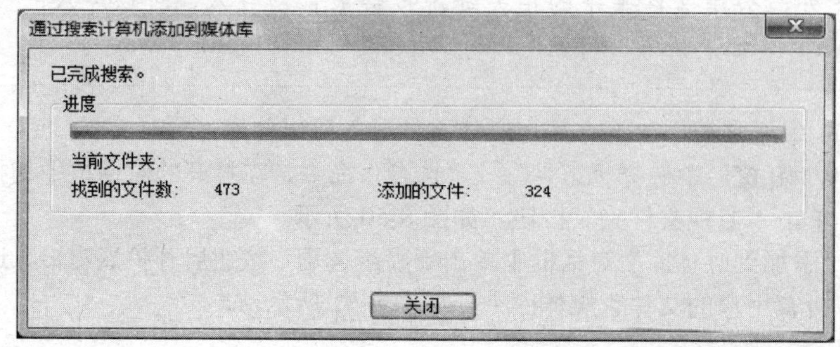

图 8-53

05 进度完成后单击“关闭”按钮，再单击“确定”按钮返回到 WMP 的主窗口。在“媒体库”标签窗口，单击左侧导航列表中的“最新添加项”，在中间的列表即可看到刚刚导入的文件信息了，如图 8-54 所示。

除了上述方法外，还可以通过如下方法完成媒体库中资源的添加。

- 通过翻录 CD 光盘中的音乐添加。
- 右击音频或视频文件，在弹出的菜单中选择“添加到‘Windows Media Player’列表”，如图 8-55 所示。

图 8-54

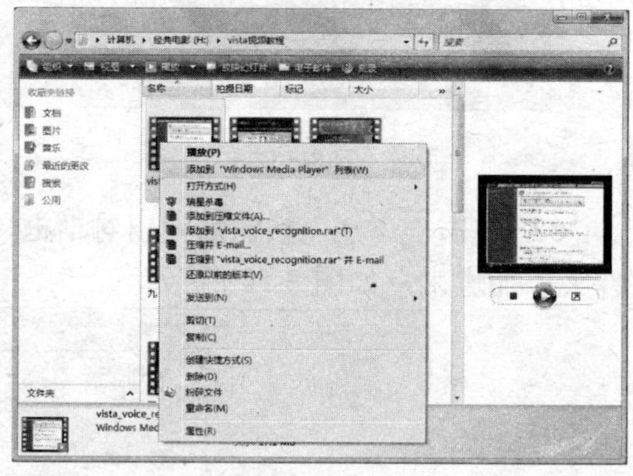

图 8-55

- 在 WMP 中第一次播放某一个文件（无论是本机还是共享网络中的）时，也会自动进行添加。如果不希望使用这样的添加方式，只需选择“工具”→“选项”命令，在打开的对话框中切换到“播放机”选项卡，取消“播放后将媒体文件添加到媒体库中”的选中状态即可，如图 8-56 所示。

在媒体库中仔细观察导入的文件，可以看到不仅文件名信息会被导入，包括副标题、艺术家、备注、大小、长度等信息均会被导入进来。而且在 WMP 中内置了一项搜索功能，如图 8-57 所示。

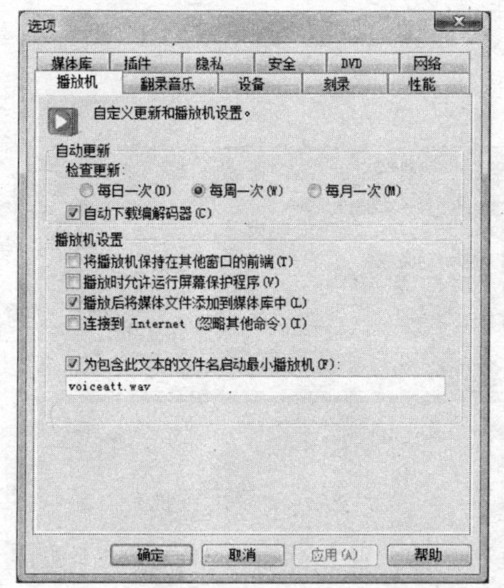

图 8-56

图 8-57

在搜索栏中可以使用关键字在导入的信息库中进行搜索，进而实现所需媒体文件的快速查找。实际上，WMP 正是凭借这些信息将媒体文件进行了多种方式的分类归属，比如 A 歌手的歌曲既可以在“艺术家”类中找到，也可以在“年份”类中找到。在左侧导航窗格中，可以看到媒体库共有：最近添加项（列举了 30 天内添加的项目）、艺术家、唱片集、歌曲、流派、年份和分级等多种分类方式。选中任一分类在中间部分将出现该分类下的文件列表，这也是查找文件的一种方法。

除了上述导入文件的方法外，还可以直接将图片或视频从所在文件夹中拖动到“照片库”窗口，这样图片或视频可以被复制到“图片”文件夹并自动添加到照片库。通常只能向照片库添加图片和视频。如果添加其他类型的文件，文件会被复制到“图片”文件夹，但不会在照片库中显示——具有.jpg 扩展名的图片会在照片库中显示，其他扩展名（如.bmp 和.gif）的图片不会在照片库中显示。

2．删除文件

如果要从媒体库中删除文件，只需执行如下操作：

01 在“媒体库”窗口中找到要删除的文件。

02 右击要删除的项目并在弹出的菜单中选择“删除”，如图 8-58 所示。

要选择多个相邻项目，只需按住 Shift 键再用鼠标进行选择即可。要选择多个不相邻的项目，只需在选择时按住 Ctrl 键即可。

03 在弹出的“确认”对话框中选中“仅从媒体库中删除”，单击“确定”按钮可以将所选项目从媒体库中删除，但不会从计算机中删除文件，如图 8-59 所示。

如果选中“从媒体库和计算机中删除”并单击“确定”按钮，则可以将所选项目从媒体库中删除，并且会从计算机中删除文件，通常会选择前者。

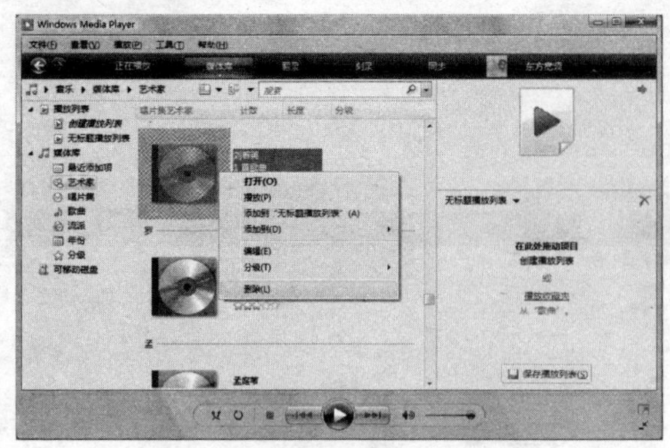

图 8-58

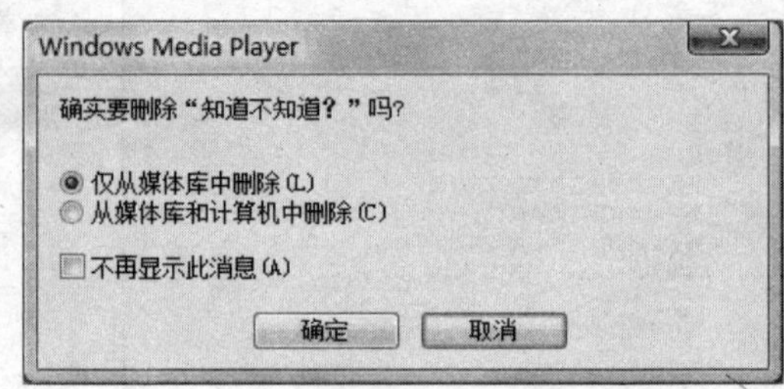

图 8-59

3．媒体共享

在 WMP11 中有一个比较引人注目的“媒体共享”功能，此功能可以在局域网中发挥极佳的媒体共享作用。比如家庭局域网中的多台计算机上均运行了 WMP11，那就可以在每台计算机中共享媒体库，这样便可访问家中任一台计算机中的所有数字媒体文件了，如图 8-60 所示。

目前，媒体库共享功能可以共享下列格式的媒体文件：

音频：.wma，.mp3，.wav，无法共享音频 CD

视频：.wmv，.avi，.mpg，.mpeg，无法共享视频 DVD 影碟

图片：.jpg，.png

播放列表：.wpl，.m3u

要使用这项功能，需要执行如下操作：

01 在 WMP 的“媒体库”窗口中单击“媒体库”标签并在弹出的菜单中选择“媒体共享”，如图 8-61 所示。

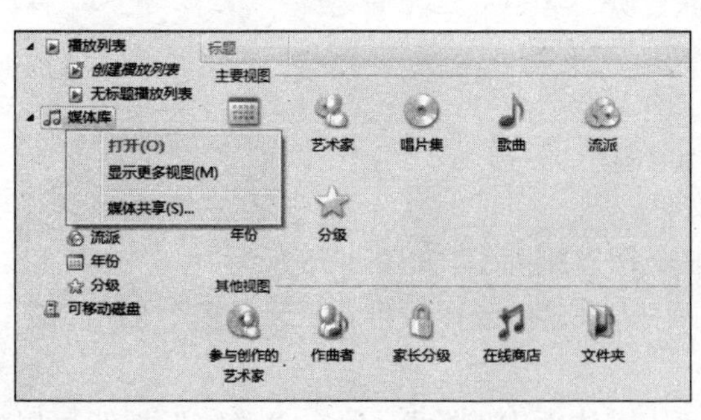

图 8-60

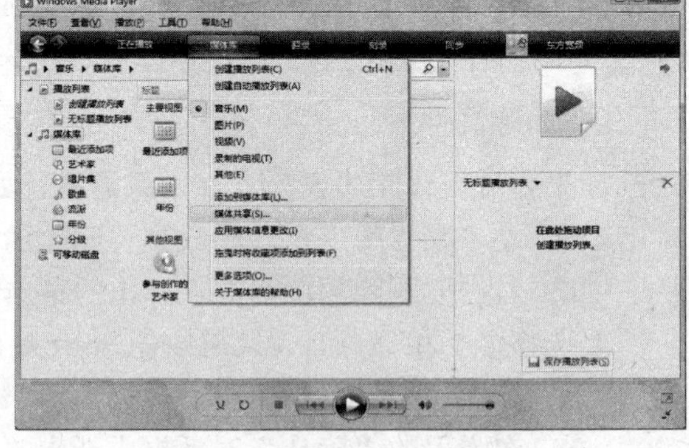

图 8-61

02 在如图 8-62 所示对话框中可以看到“共享设置”部分的选项处于不可设置状态。

03 要解决这个问题，必须在 Windows 防火墙的“例外”列表中选中“Windows Media Player”和“Windows Media Player 网络共享服务”，如图 8-63 所示。

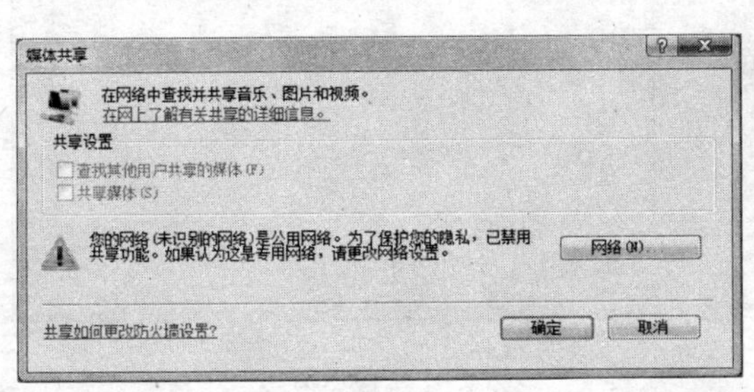

图 8-62

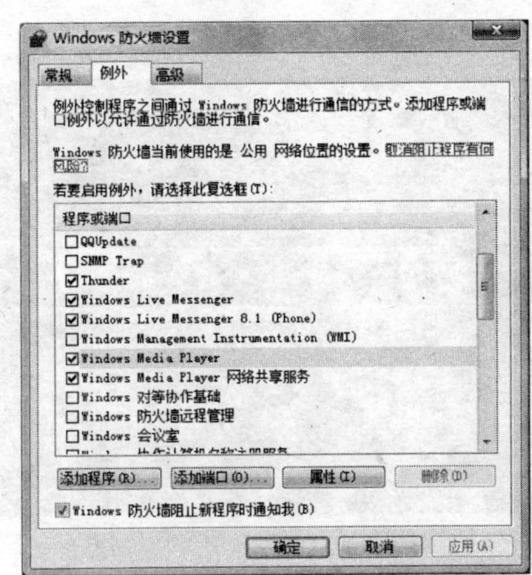

图 8-63

04 单击“确定”按钮应用防火墙的设置，就可以看到“共享媒体”两项变成了可设置状态，如图 8-64 所示。

建议在每一台安装了 WMP11 的计算机中开放 Windows Media Player 网络端口，否则无法共享自己和发现其他计算机中的媒体库。

05 单击“确定”按钮进入的如图 8-65 所示对话框，选中“此计算机上的其他用户”，然后单击“允许”按钮，再单击“确定”按钮继续。

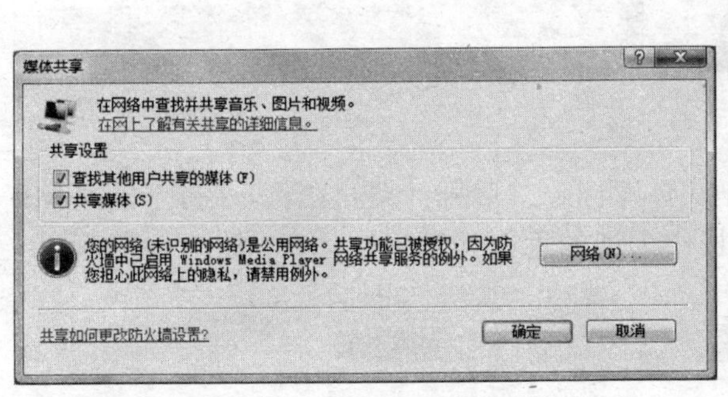

图 8-64

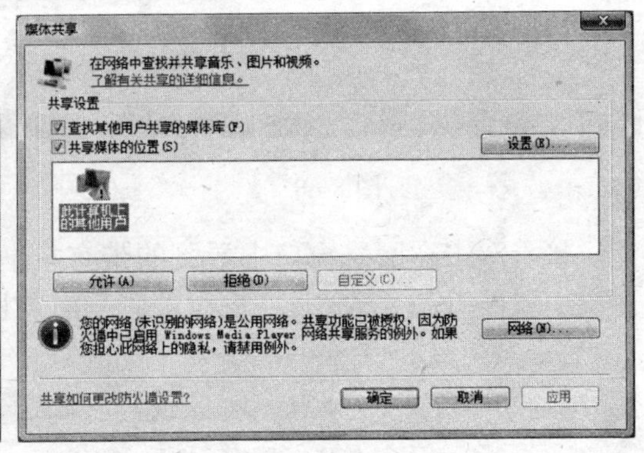

图 8-65

06 单击“确定”按钮即可完成媒体库共享的设置。

这样，只要进行了上述设置的计算机处于正常运行状态，那么当别的计算机开启并运行 WMP11 时，将自动弹出如图 8-66 所示的窗口。

显然，WMP 在启动时已经发现了网络中共享的媒体库。此时要在“开始”菜单中单击“网络”打开如图 8-67 所示窗口。

单击自动弹出的提示栏，在弹出的菜单中选择“启用网络发现和文件共享”。随即，在通知区域中将出现提示框，如图 8-68 所示。

此时，双击通知区域中的图标，在打开的对话框中，单击“允许”按钮，如图 8-69 所示。

图 8-66

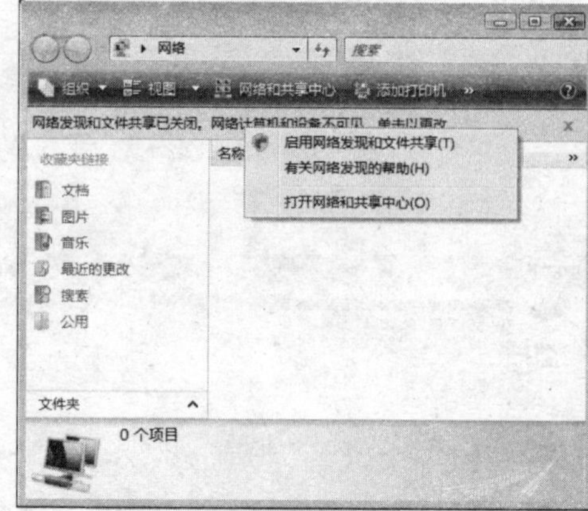

图 8-67

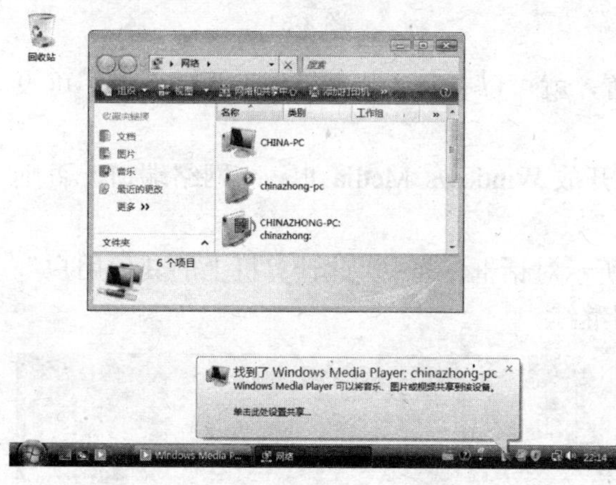

图 8-68

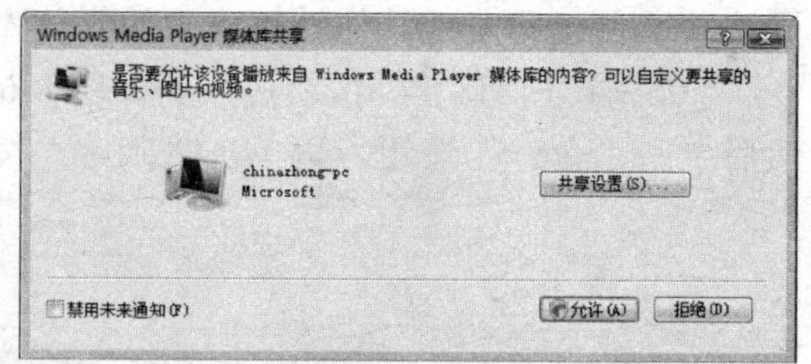

图 8-69

接着双击在网络窗口中看到的带有共享媒体库标志的远程计算机图标，在打开的 WMP 窗口中就能看到“媒体库”窗口左侧导航窗格中出现的远程计算机媒体库，如图 8-70 所示。

图 8-70

此时，双击任一个分类都可以从远程计算机中获得相关的媒体文件信息，双击媒体文件就可以播放了。

使用上述互相共享媒体库的方法，可以充分将局域网中的媒体进行共享，共享的最大好处就是可以避免媒体文件重复占用多台计算机的磁盘空间，而且一台计算机可以最大程度地分享到网络中所有的媒体资源。

8.3.4 同步设备

在 WMP 11 中可以将音/视频文件从媒体库中同步（实际上就是复制操作）到支持 USB1.1、USB2.0、IEEE1394 等接口的便携设备（如 U 盘）中，此功能最大的好处就是可以一次性对多个（最多为 16 个）便携设备进行相同的数据同步操作，就好比使用光盘塔一次性将相同数据刻录到多张光盘一样。

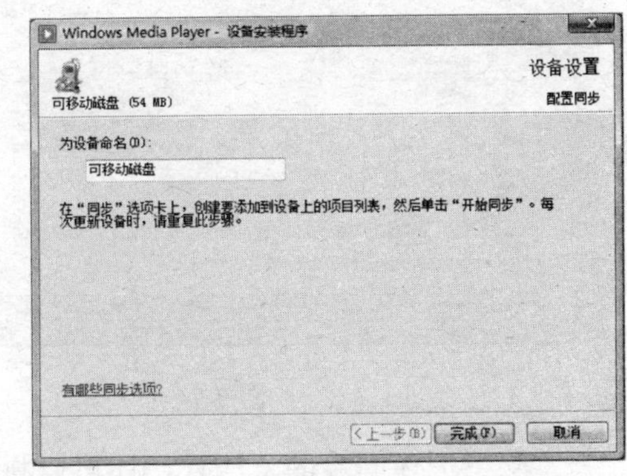

图 8-71

将 MP3、U 盘等设备插入计算机的 USB 插口后，在 WMP 窗口中单击“同步”标签，在弹出的对话框中为插入的便携设备命名，如图 8-71 所示。

单击“完成”按钮，WMP 将会检查是否可以自动将整个媒体库同步到插入的设备中。具体的条件在于设备的存储容量和媒体库的大小：

- 如果便携设备的存储容量大于 4GB，并且整个媒体库可装载到设备中，则 WMP 可自动在便携设备中同步整个媒体库。以后每次将便携设备连接到计算机时，播放机将会自动更新便携设备，以便对媒体库进行镜像。
- 如果便携设备的存储容量小于 4GB，或整个媒体库无法装载到便携设备，则 WMP 会自动选择手动同步。

下面来看看如何同步设备，具体操作步骤如下：

01 在“计算机”中打开存储音乐文件的文件夹。

02 打开 WMP 并单击“同步”标签，将文件夹中需要同步的音乐拖到同步窗口的列表中。在拖动时，移动鼠标到列表窗格上方会看到箭头带有“+复制”的标记，如图 8-72 所示。

03 重复上述操作可将多处的音乐添加到列表，单击列表窗格下方的“开始同步”按钮，可以看到每首音乐同步的进度，如图 8-73 所示。

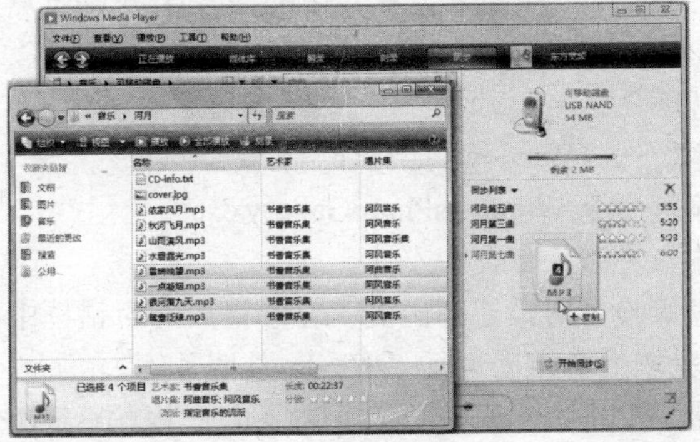

图 8-72

图 8-73

04 在同步完成后，可以看到“现在可以断开‘可移动磁盘’”的提示，如图 8-74 所示。

05 在“计算机”窗口中打开便携设备，可以看到设备中已经存储了同步时选择的项目，如图 8-75 所示。

图 8-74

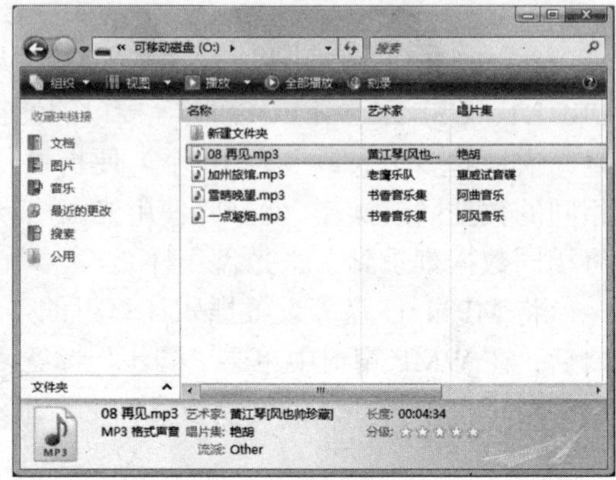

图 8-75

除了上述同步的方法外，还可以将正在播放的音乐同步到便携设备中。

01 在 WMP 窗口中选择“文件”→“打开”命令，将要播放的音乐添加进来。

02 单击“同步”标签并在弹出的下拉菜单中选择“同步‘正在播放’到‘可移动磁盘’”，这样可以将正在播放的音乐一次性同步到便携设备中——如果便携设备的可用空间不够，会自动停止同步操作。

8.4 Windows 照片库

在多媒体应用中，图片管理也是重要的组成部分。在 Vista 中，可以通过多种方式完成图片的管理，其中以“Windows 照片库”程序尤为突出。此程序提供了高效的图片管理、组织功能，使我们的图片管理、编辑、查看，乃至数据光盘、DVD 视频光盘的制作、电影的发布都能轻松完成。

实际上，“Windows 照片库”最大的优点就在于可以把计算机中分散存储的用户图片用一个窗口显示出来。这样，用户就不必逐个打开文件夹来查看其中的图片了。这一点与“Windows Media Player”程序中的“媒体库”功能相似。

使用如下方法可以启动“Windows 照片库”：

- 在“开始”菜单中选择“所有程序”→“Windows 照片库”命令。
- 在“开始”菜单的“搜索”栏中输入命令 WindowsPhotoGallery.exe。
- 在“开始”菜单的“搜索”栏中输入“照片库”。
- 在插入相机或含有图片的移动硬盘等设备时，在弹出的“自动播放”对话框中单击“导入图片”，在导入图片操作完毕后会自动运行“Windows 照片库”。

在 Windows 照片库中支持导入并管理以下任一种文件类型的图片和视频：BMP，JPEG，JFIF，TIFF，PNG，WDP，ASF，AVI，MPEG，WMV。

8.4.1 导入照片

可以使用很多种方法来将图片导入到“Windows 照片库”。

1. 自动播放中导入

将便携设备连接到计算机后，在弹出的“自动播放”窗口可以轻松实现图片等文件的导入。

01 将数码相机、移动硬盘、U 盘等设备连接到计算机中，会自动弹出对话框，如图 8-76 所示。

02 单击“导入图片”后会马上检查到设备中存在的图片等可以导入的文件数量，如图 8-77 所示。

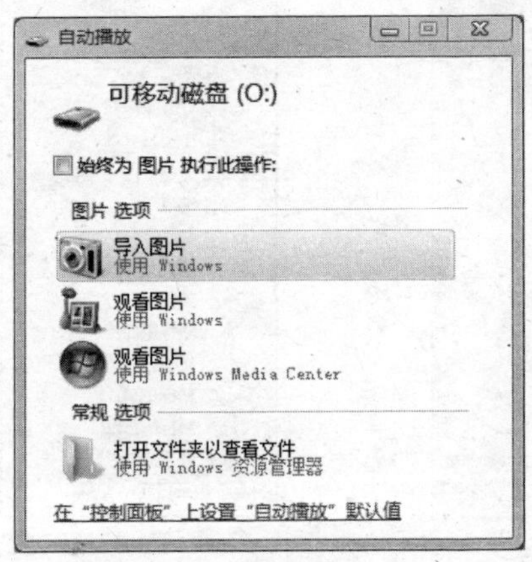

图 8-76

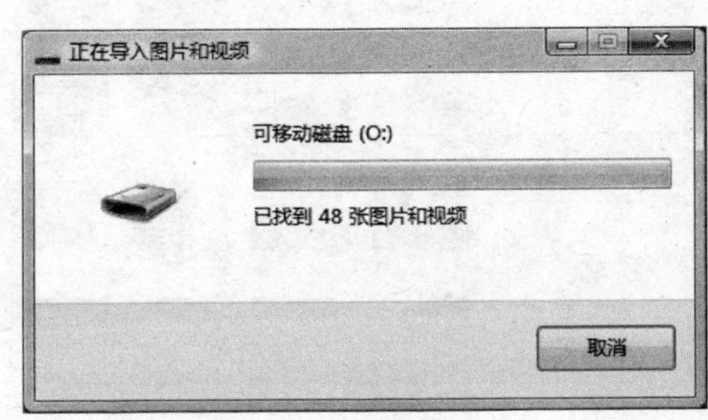

图 8-77

03 查找完毕后，会要求为导入的文件创建一个标记名称，这个名称将出现在“Windows 照片库”程序窗口左侧导航栏中。因此不要随便起个名称，正确的做法是起一个便于助查找当前导入文件的名称。在输入完毕后单击“导入”按钮，如图 8-78 所示。

04 在这里可以看到导入的实时进度。如果希望导入文件后将设备中的源文件删除，要选中“导入后删除”，如图 8-79 所示。

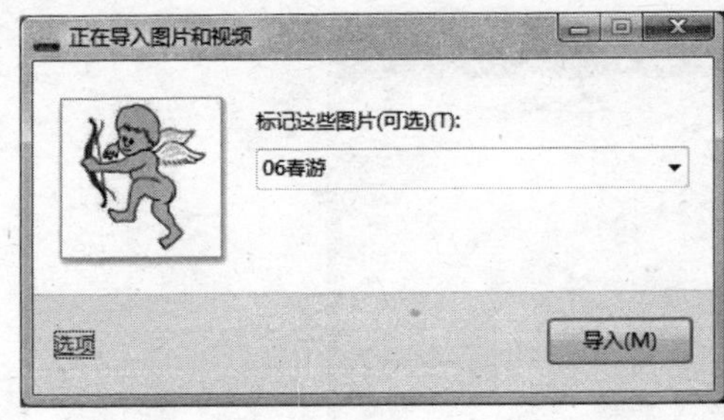

图 8-78

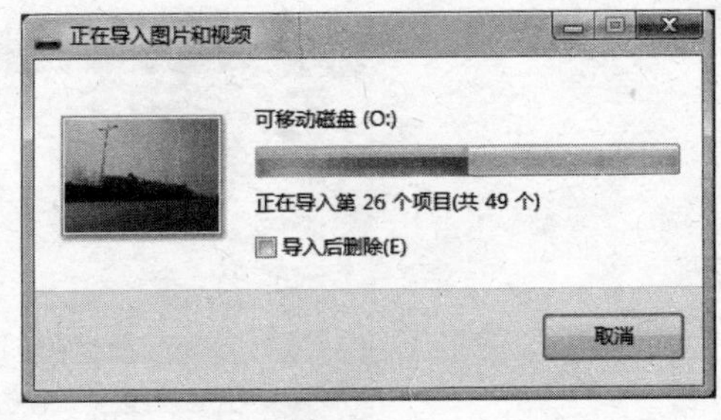

图 8-79

05 在导入完成后会自动弹出“Windows 照片库”。在这里单击左侧的“所有图片和视频”、“最近导入的项”和刚创建的分类名称，均可以在右侧窗格中看到刚刚导入文件，如图 8-80 所示。

在使用缩略图方式浏览图片时，将鼠标停留在缩略图上方，会自动出现一个较大的图片供欣赏。

2．通过扫描仪/相机导入文件

除了上述的导入方法外，还可以在“Windows 照片库”窗口中通过相机或扫描仪进行文件的导入。

01 在“标记”列表中单击“新标记(N)”，会添加一个新标记并提示输入新的名称，也可以不输入使用默认的名称，如“新标记(6)”，如图 8-81 所示。

图 8-80

所有图片和视频
图片
视频
最近导入的项
标记
新标记(6)
未标记
2006春游
d
风景
海洋
花
示例
新标记
新标记(2)
新标记(3)
新标记(4)
新标记(5)
野生动物
拍摄日期

图 8-81

提 示

右击标记名称，在弹出的菜单中选择“删除”，可以将选中的标记删除。

02 在“文件”菜单中选择“将文件夹添加到图库中”或“从照相机或扫描仪导入”，如图 8-82 所示。

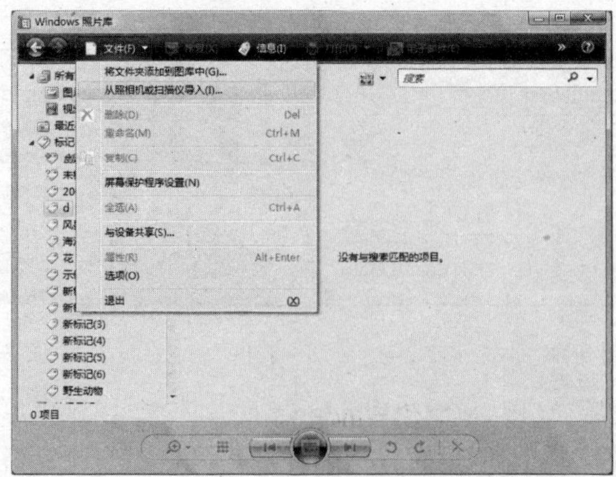

图 8-82

03 如果选择前者，会弹出对话框要求选择硬盘等存储介质中的文件夹，如图 8-83 所示。

04 单击“确定”按钮后，所选文件夹及其下子文件夹中的内容将会被导入到照片库中，如图 8-84 所示。

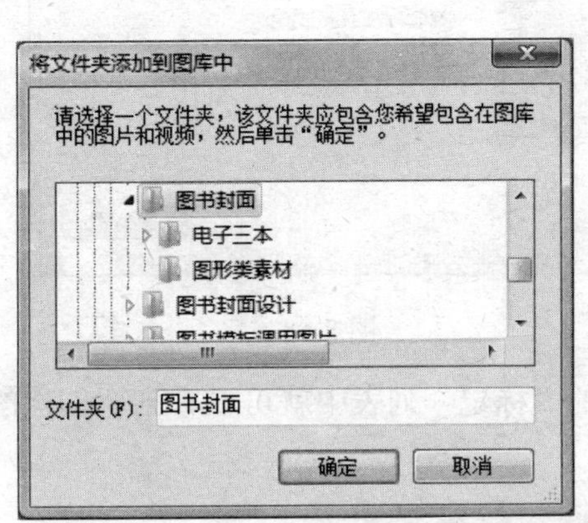

图 8-83

图 8-84

05 如果选择的是“从照相机或扫描仪导入”，那么在插入数码相机等设备时则会弹出向导，如果连接了扫描仪则会弹出如图 8-85 所示的窗口。

06 单击“导入”按钮，会弹出“新的扫描”对话框。在这里建议先单击“预览”按钮，如图 8-86 所示。

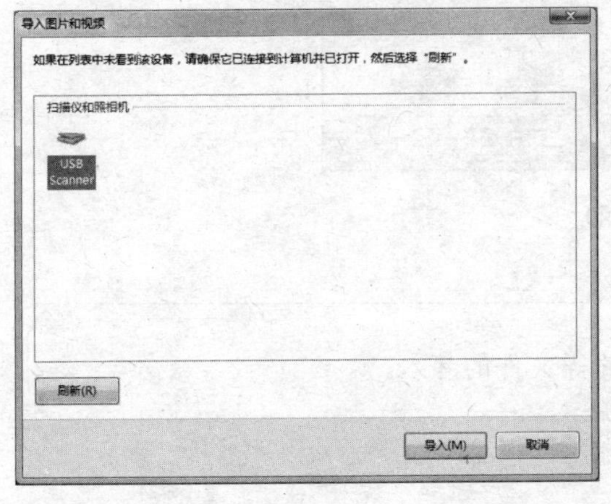

图 8-85

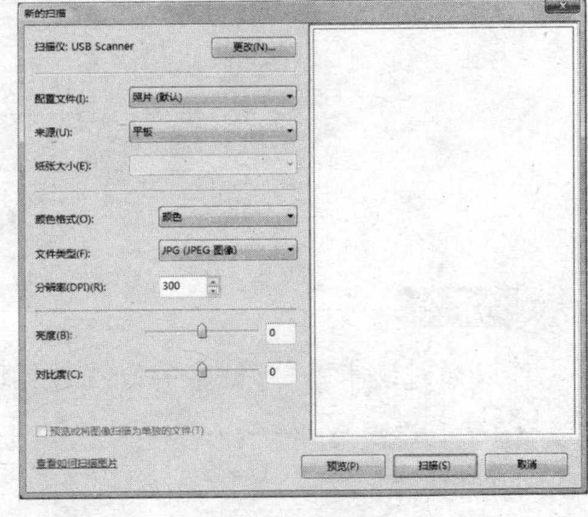

图 8-86

07 在右侧的预览窗格中会出现准备扫描的图片概貌，在窗格中可以通过拖动图片四周的小方格来控制扫描的范围，如图 8-87 所示。

08 在选择好扫描的范围后，单击“扫描”按钮开始执行扫描图片的任务。在扫描进度完成后，会弹出对话框要求输入扫描文件所在的分类名称，如图 8-88 所示。文件名会被命名为“分类名+001”，保存在“C:\Users\（当前登录名）\Pictures\（当前年月日）+（分类名称）”文件夹中。

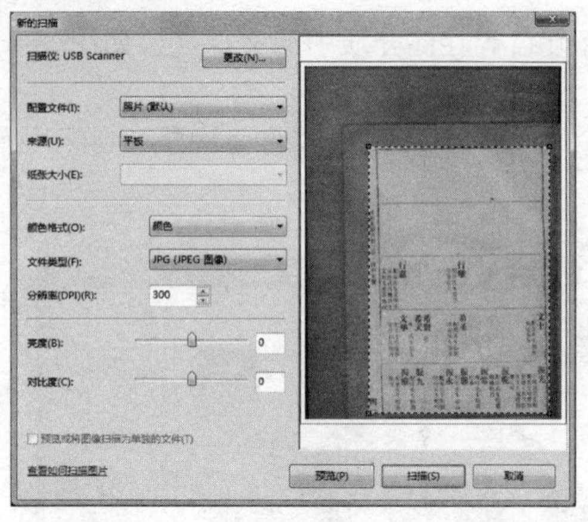

图 8-87

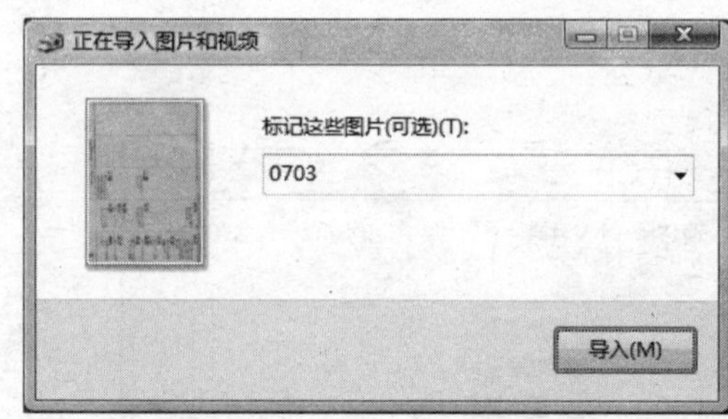

图 8-88

完成扫描及导入的任务后，在 Windows 照片库的“标记”列表中就可以看到新创建的分类名称及其下的文件列表了，如图 8-89 所示。

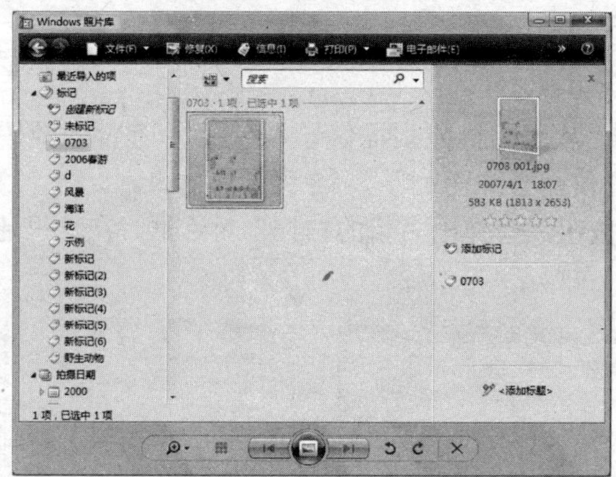

图 8-89

提 示

可以通过读卡器+存储卡的方法进行图片等文件的导入。

3. 删除文件

照片库可以显示已存储在计算机“图片”文件夹及其他文件夹中的图片和视频，由于照片库中只是存储了这些图片和视频文件的快捷访问方式，如果删除了照片库以及“图片”文件夹中的图片，将会从计算机中彻底删除这些图片。

要从照片库中删除文件，可以有多种方法来完成这个任务：

- 选中要删除的图片，按 Delete 键并在弹出的提示框中单击“是”按钮。
- 右击要删除的图片，在弹出的菜单中选择“删除”。
- 选中图片所在的分类名称，对分类执行删除操作，这样可以删除该分类中的所有文件。

在删除文件时注意文件会被移动到“回收站”中。在删除文件夹时不会将其从计算机中删除。删除文件夹后，照片库中将不再显示该文件夹中的图片和视频，但是该文件夹会保留在计算机中。因此，要彻底删除图片，需打开“C:\Users\（当前登录名）\Pictures”文件夹，将其中对应的文件夹删除掉。

8.4.2 管理图片

Windows 照片库是查看及整理图片和视频的一种有效方式，使用过 Acdsee 等程序的用户，大多可以轻松上手。

1．查找图片

Windows 照片库查找图片功能是很强大的。下面，让我们来了解一下查找图片的一些方法。

（1）按标记查找图片

在导航窗格中单击“标记”旁边的箭头将其展开，然后单击某个标记以查看使用该标记的所有图片和视频。

（2）按多个标记查找图片

按住 Ctrl 键的同时单击多个标记，可以查看包含其中任一标记的所有图片和视频。

（3）按文件名或标记查找图片

在“搜索”框中键入文件名或标记，可以键入整个名称，也可以仅键入前几个字母。

（4）按文件扩展名查找图片

在“搜索”框中键入文件扩展名，将结果限制为特定文件格式，如.jpg、.tif 或.wmv。

（5）按拍摄的年、月或日期查找图片

在导航窗格中单击“拍摄日期”旁边的箭头将其展开，然后单击某个年份以查看该年内拍摄的所有图片和视频，或展开该年以选择月份或日期。

（6）按多个日期查找图片

按住 Ctrl 的同时单击多个日期，可以查看在其中任一日期拍摄的所有图片和视频。

（7）按分级查找图片

在导航窗格中单击“分级”旁边的箭头将其展开，然后单击一组星级（从无星级到五星），可以查看标记为该星级以及所有更高星级的所有图片和视频。例如单击三星，将看到三星、四星和五星的所有图片。若要仅查看三星图片，单击三星，然后按住 Ctrl 同时单击四星和五星。

（8）按多个分级查找图片

按住 Ctrl 键的同时单击多组星级，可以查看标记有其中任一星级的所有图片和视频。

2．工具条

在“Windows 照片库”窗口的底部有个工具条，通过它们可以轻松进行图片等文件的浏览，如图 8-90 所示。

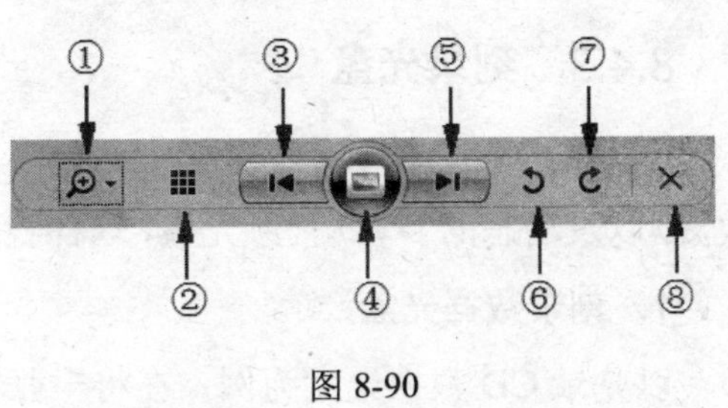

图 8-90

下面，给出上图中序号对应的功能名称与作用：

① 更改显示大小：通过它可以改变图片缩略图的大小。

② 将缩略图重置为默认大小：只胡在使用“更改显示大小”按钮调节缩略图的大小后才可用。

③ 上一个：单击后将显示上一个图片。

④ 放映幻灯片：单击后将全屏自动播放图片。

⑤ 下一个：单击后将显示下一个图片。

⑥ 逆时针旋转：每单击一次图片将按逆时针的方向旋转 90 度。

⑦ 顺时针旋转：每单击一次图片将按顺时针的方向旋转 90 度。

⑧ 删除：单击后将弹出“删除文件”提示框，单击“是”按钮将把所选文件移动到“回收站”。

在图片的浏览过程中右击图片，在弹出的菜单中可以执行多种操作，如图 8-91 所示。选择“设置为桌面背景”可以把当前图片设置为桌面的背景图片；选择“打开文件位置”可以打开存储了所选文件的文件夹窗口；选择“添加标记”可以为文件添加多个属性信息。

单击“示例”分类下的任一幅图片，可以学会如何添加多个标记。

3．修复图片

如果对照片的色彩等不满意，可以单击 Windows 照片库工具栏里的“修复”，在如图 8-92 所示的窗口中可以通过右侧的几个选项对照片进行细节化调整。

图 8-91

图 8-92

8.4.3 刻录光盘

Windows 照片库功能支持刻录数据光盘（把相片作为文件进行存储，只能供计算机中欣赏）以及动态的 DVD 视频光盘，这样我们可以很轻松地制作数据光盘或视频 DVD 光盘。

1．刻录数据光盘

以刻录 CD 数据光盘为例，在将一张空白的刻录盘放入刻录机后，执行如下操作：

01 在“Windows 照片库”中选中一个分类或在一个分类中选择几张图片。

02 单击工具条右侧的“刻录”按钮，在弹出的下拉菜单中选择“数据光盘”，如图 8-93 所示。

03 可以看到将图片传送到刻录机待刻录列表中的进度，如图 8-94 所示。

图 8-93

图 8-94

04 在弹出刻录机窗口的待刻录列表中可以看到 Windows 照片库中选中的文件，如图 8-95 所示。

05 选中一个或多个文件后，单击工具条中的“删除临时文件”按钮，可以将其清除出待刻录列表。单击“刻录到光盘”按钮，在打开的对话框中可以对即将刻录的光盘名称、速度等进行设置，如图 8-96 所示。

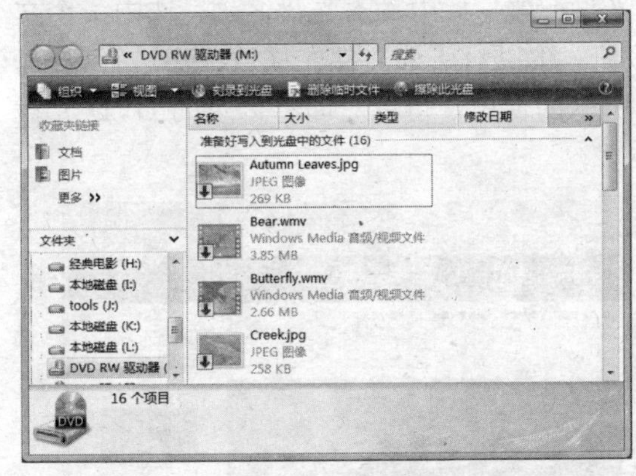

图 8-95

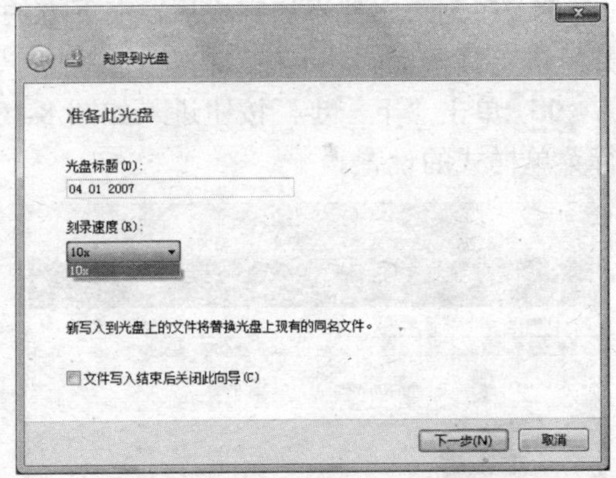

图 8-96

06 单击“下一步”按钮开始刻录，如图 8-97 所示。

07 刻录完成后刻录机自动弹开，取出刻录盘并单击“完成”按钮即可结束数据光盘的刻录，如图 8-98 所示。

08 如果要再刻录一张，则选中“是，将这些文件刻录到另一张光盘”，然后单击“下一步”按钮，开始再一次的光盘刻录。

2. 刻录视频 DVD

以刻录视频 DVD 光盘为例，将一张空白的 DVD 刻录盘放入 DVD 刻录机，接着执行如下操作：

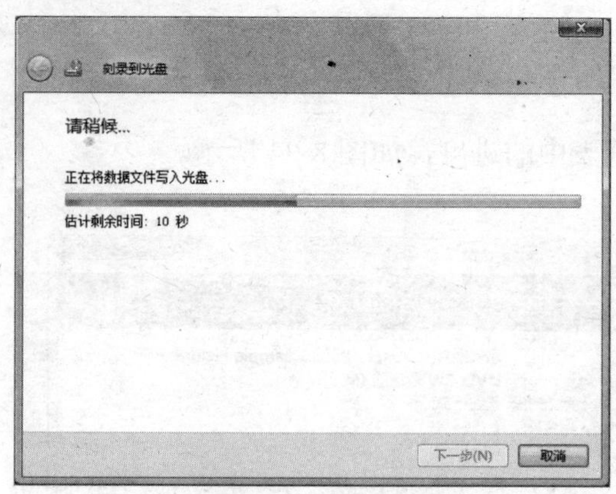

图 8-97

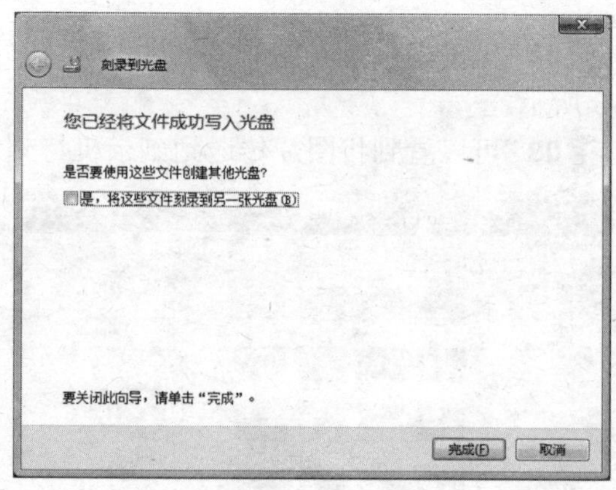

图 8-98

01 在“Windows 照片库”窗口选中要刻录的一个分类或在一个分类中的一张或几张图片。

02 单击工具条右侧的“刻录”按钮并在弹出的下拉菜单中选择“视频 DVD”。在弹出的窗口中可以看到DVD视频光盘刻录功能是 Windows DVD Maker 程序提供的,如图 8-99 所示。

03 单击“添加项目”按钮可以再次添加 Windows DVD Maker 支持的视频、音频和图片文件。

04 在刻录文件添加完成后，在下方的“光盘标题”栏中输入光盘名称，选中一个文件并单击工具条上的“上移”和“下移”箭头按钮，可以对所选文件在播放次序进行调整。

05 单击“下一步”按钮进入如图 8-100 所示的窗口，可以对即将刻录的 DVD 光盘进行菜单样式的设置。

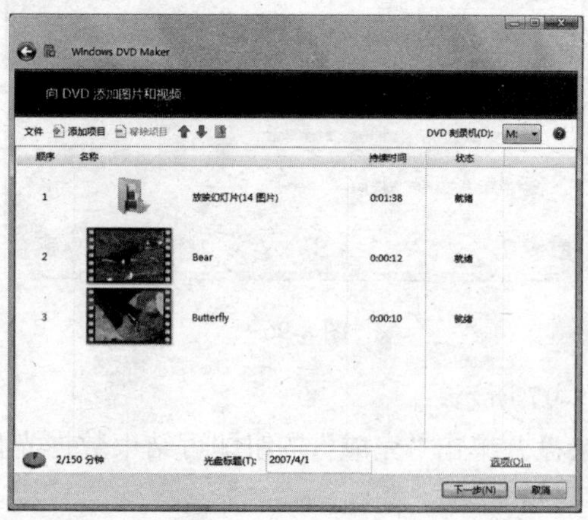

图 8-99

图 8-100

由于在 Windows DVD Maker 中刻录 DVD 视频的操作，将会在 8.5 节中讲解，这里就不做介绍了。所有的设置均可以在屏幕右侧的预览窗格中查看预览静态效果，单击“预览”还可以在打开的窗口中看到动态效果。

06 完成设置后单击“刻录”按钮，弹出进度框，等待刻录结束，如图 8-101 所示。

07 刻录完成后，DVD 刻录机的光盘托架将会弹出。此时取出光盘并单击对话框中的“关闭”按钮即可结束视频 DVD 光盘的刻录，如图 8-102 所示。

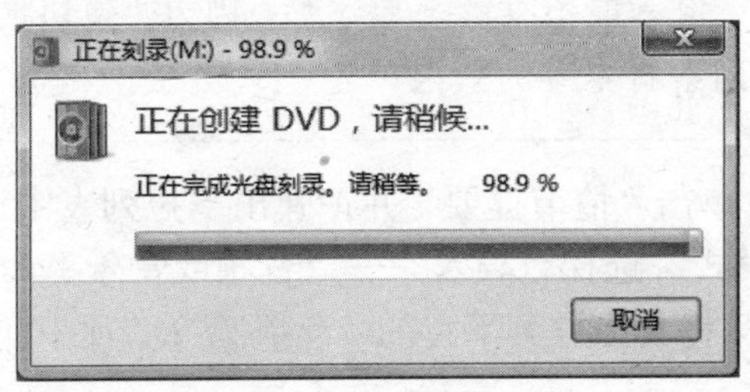

图 8-101

图 8-102

如果单击“将该光盘再复制一次”，可以再进行一次相同内容的刻录任务。

8.4.4 制作电影

除了可以在“Windows 照片库”窗口中执行光盘刻录操作外，还可以执行如下操作实现“电影”的制作。

01 在“Windows 照片库”窗口中选择要刻录的文件或文件夹。

02 单击工具条中的“制作电影”按钮，可以看到这项 DVD 视频光盘刻录功能是“Windows Movie Maker”程序提供的，如图 8-103 所示。

03 为选中的文件添加过渡效果，要选择左侧导航窗格中的“编辑”→“过渡”命令，在窗口的过渡效果列表中用鼠标选中一个效果，将其拖到“情节提要”列表中两个文件之间的小方格即可，如图 8-104 所示。

图 8-103

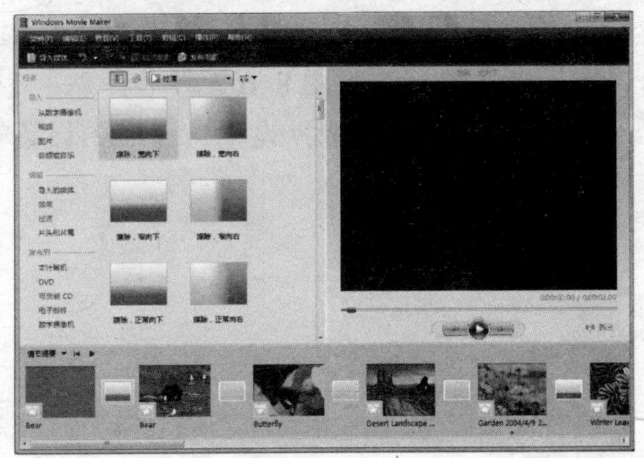

图 8-104

04 为素材本身添加渲染效果，如想让图片呈黑白显示效果，只要选择左侧导航窗格中的“编辑”→“效果”命令，在窗口的效果列表中用鼠标选中一个效果，将其拖到“情节提要”列表里某一个文件左下角的五角星中即可。

提 示

过渡和素材效果的添加并没有数量限制。但一般不推荐全部添加，因为“硬切换”同样有它本身的魅力存在——比如不会影响到素材本身的效果。

05 添加背景音乐，需要执行两步操作：单击“情节提要”并在弹出下拉列表中选择“时间线”，将下方的编辑模式切换到时间轴模式；选择“导入”→“音频或音乐”命令，将背景音乐的文件添加到素材列表，然后用鼠标将其拖放到下方的“音频/音乐”项中即可，如图 8-105 所示。

06 在完成基本设置后，单击工具条中的“发布电影”按钮打开对话框，如图 8-106 所示。

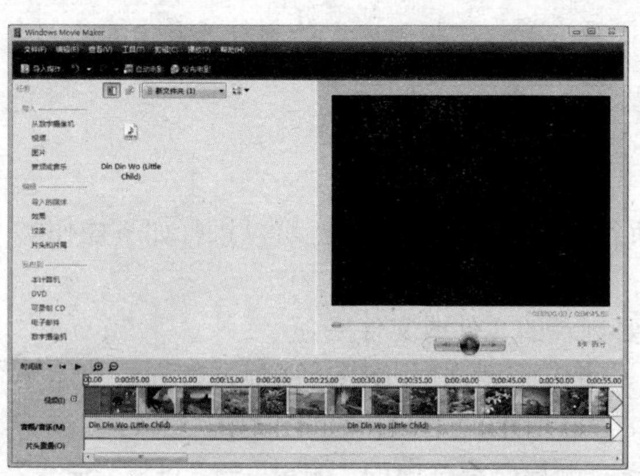

图 8-105

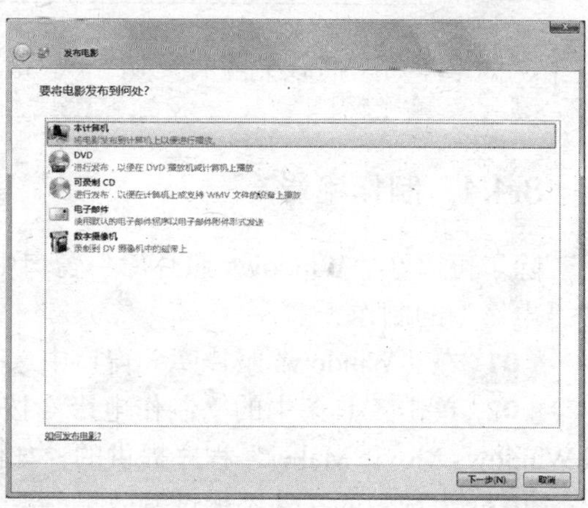

图 8-106

07 这里可以将当前编辑的“电影”进行多种方式的输出。如果要将其输出到硬盘中，要选择“本计算机”，然后单击“下一步”继续。接着为即将输出的文件命名，单击“浏览”可以变更输出路径，如图 8-107 所示。

08 在“为电影选择设置”窗口中设置输出文件的详细参数，如图 8-108 所示。

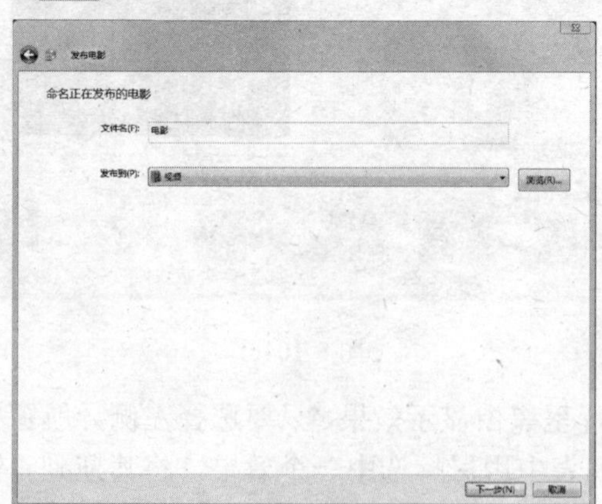

图 8-107

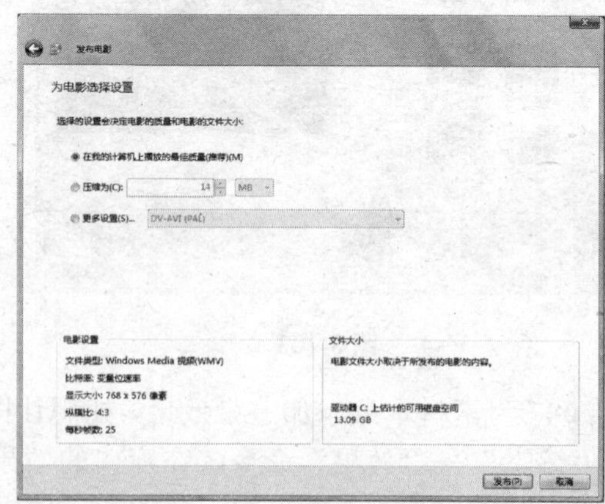

图 8-108

09 单击“发布”按钮，出现进度条并显示出的输出路径，如图 8-109 所示。

10 在完成后会出现提示信息，单击“完成”按钮即可结束制作电影的任务，如图 8-110 所示。这时可以在上面提示的文件夹中找到生成的文件，文件默认的扩展名为 WMV，这意味着我们不能用普通家用 VCD、DVD 来进行播放，只能在计算机中欣赏它。

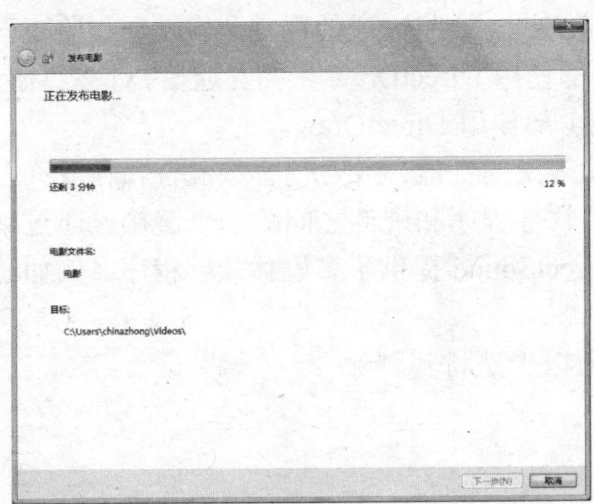

图 8-109

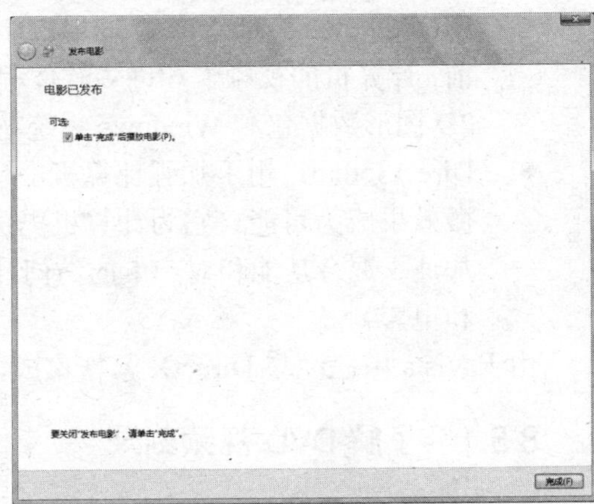

图 8-110

11 由于默认选中“单击‘完成’后播放电影”，所以系统将调用 Windows Media Player 程序播放当前生成的文件。

8.5 Windows DVD Maker

Windows DVD Maker 在 Home Premium 和 Ultimate 版本中均有提供，它可以帮助用户创建能够在普通 DVD 影碟机中播放的视频。它内置的幻灯片功能，可以大大提高 DVD 视频的动态效果。在 Vista 中，Windows 照片库等程序使用的 DVD 视频刻录功能，都是由 Windows DVD Maker 提供的。

要使用此项功能，必须具备两个条件：一是有 DVD 刻录机；二是 DirectX 的版本要在 9 以上，否则 Windows DVD Maker 将不能启动。

执行如下操作，可以检查当前安装的 DirectX 版本：

01 在“开始”菜单的搜索栏中输入命令 Dxdiag.exe 后回车。

02 在“DirectX 诊断工具”对话框的“系统”选项卡中可以看到“DirectX 版本 10”的文字，这表示已经安装了 DirectX 10——Vista 中内置安装了此版本，如图 8-111 所示。

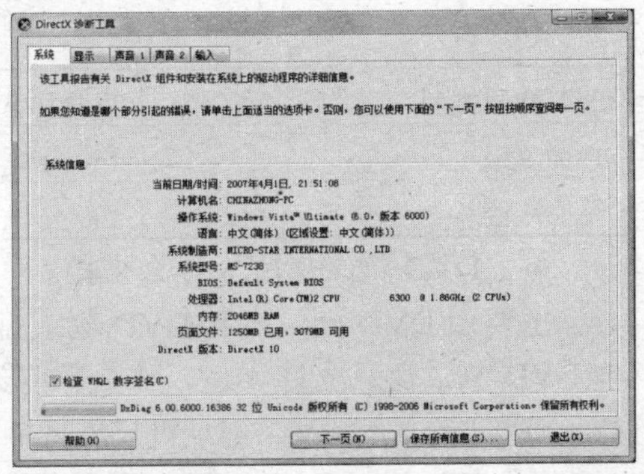

图 8-111

DirectX 是一个集成到 Vista 中的全功能多媒体平台，它可以大幅增强系统的多媒体性能，如它有助于创建游戏中特殊的视觉效果和听觉效果。DirectX 共有 3 个主要部分：

- Direct3D：有助于计算机监视器上出现三维动画。Direct3D 的设计目的是为了在计算机的视频卡和可以渲染三维（3D）对象的软件程序之间提供一种强有力的链接。计算机可以处理的动画越快，监视器上的 3D 对象、灯光和动作就会显示得越真实。
- DirectDraw：有助于产生二维(2D)视觉效果。在将完成的视觉图像发送到监视器之前，计算机的视频卡和许多软件程序都使用 DirectDraw 来相互通信。计算机游戏、2D 图形数据包和 Windows 系统功能全部使用 DirectDraw。
- DirectSound：用于加强计算机上音频效果的性能，并且使音频混合和播放许多细微效果成为可能。它为计算机提供了软件程序和硬件之间的一个链接。通过硬件加速、混合功能和对声卡的访问，DirectSound 提供了多媒体软件程序（例如游戏和电影）。

由于 Vista 中已经与 DirectX 紧密集成，所以无法将其删除。

8.5.1 了解 DVD 视频刻录

要进行 DVD 视频刻录，我们需要掌握一些基本的知识。

- 使用 Windows DVD Maker 刻录 DVD 时，应使用哪种类型的 DVD 刻录盘？

目前，DVD 刻录盘有 DVD+R、DVD－R、DVD－RW、DVD+RW、DVD－RAM 等几种。除了昂贵的 DVD－RAM 盘主要用于存储数据外，其余的几种光盘都可以用来制作视频 DVD。至于能够使用哪种 DVD 刻录盘，主要看 DVD 刻录机支持的范围是什么。如果 DVD 刻录机支持所有的 DVD 刻录盘，那么就意味着在 Windows DVD Maker 可以不受限制地使用 DVD 刻录盘来进行 DVD 的刻录。

- DVD+RW/-RW 和 DVD-R/+R 几种 DVD 刻录盘之间有什么区别？

DVD+RW 和 DVD-RW 光盘也称“可重复刻录、擦写光盘”，即：可以在同一张光盘上多次刻录。而 DVD+R 和 DVD-R 刻录盘只能使用一次，它不能进行数据擦除。因此，在测试刻录阶段建议使用 DVD±RW 刻录盘，在刻录准备长期使用的光盘时才应使用 DVD±R。

- 一张可录制 DVD 平均可刻录多大容量的视频？

通常，DVD 中可刻录的视频容量取决于所使用的 DVD 刻录盘的类型。在如表 8-1 所示中，列出了相关的参考值：

表 8-1

DVD 介质类型	视频和音频的平均数量（以分钟计）	标称容量/实刻容量
单面单层	150 分钟	4.70GB/4.38GB
单面双层	300 分钟	

- DVD 刻录速度靠什么来控制？

主要由 DVD 刻录机和 DVD 刻录盘两者共同决定。比如，DVD 刻录机支持 10 速刻录，但 DVD 刻录盘只支持 4 速，那么当前刻录的最大速度就是 4 速。反过来，DVD 刻录盘支持 10 速刻录，但 DVD 刻录机只支持 4 速刻录，那么当前刻录的最大速度还是 4 速。

- Windows DVD Maker 采用什么技术为 DVD 音频信息进行编码？

Windows DVD Maker 使用 Dolby Digital Recording 以每秒 256 Kb (Kbps)的比特率对立体声音频声道进行编码。Dolby Digital Recording 优化了光盘录制空间，使在可写 DVD 视频光盘中存储更高质量的内容成为可能。

8.5.2 DVD 刻录实战

使用 Windows DVD Maker 进行 DVD 视频光盘的创建，具体操作步骤如下：

01 在“开始”菜单中选择“所有程序”→“Windows DVD Maker”命令。

02 在弹出的如图 8-112 所示窗口中，单击“选择照片和视频”按钮。

03 由于一张 DVD 光盘存储的数字容量较大，编辑的时间往往会很长。通常，我们不会一次就编辑出内容完善、功能齐全、欣赏美观的光盘，所以建议选择“文件”→“保存”命令，将当前正在编辑的项目保存起来，以便能够进行多次编辑——项目将会被保存到“C:\Users\当前登录帐户名\Videos”文件夹中，扩展名为 msdvd。如图 8-113 所示。

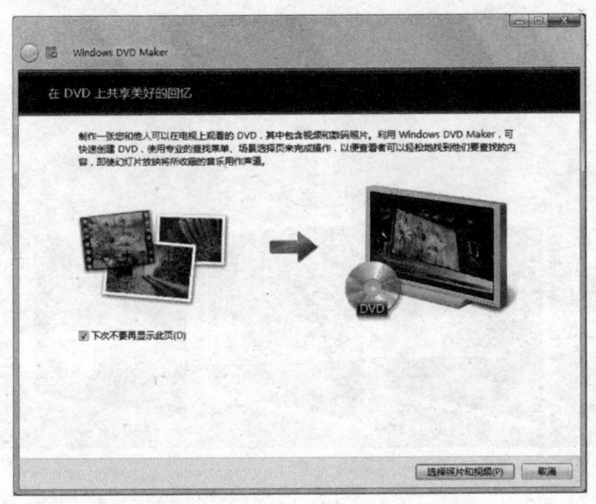

图 8-112

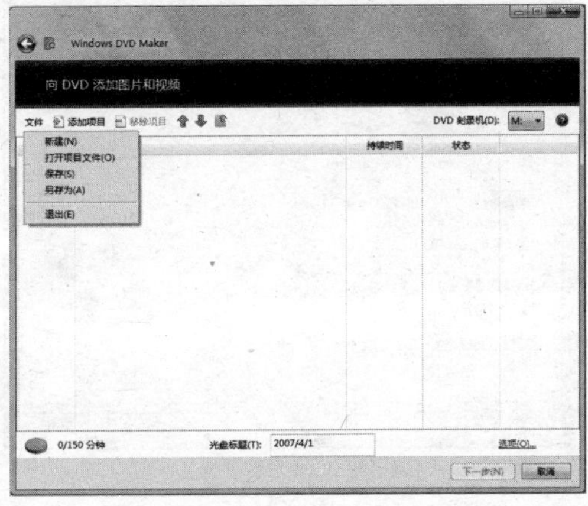

图 8-113

04 单击“添加项目”按钮，弹出的如图 8-114 所示对话框，把视频、音频和图片文件添加进来。其中添加的音频文件会自动加载到幻灯片中——Windows DVD maker 内建的幻灯播放技术，可以为照片和视频添加“淡出淡入”等计算机中才能使用的效果。

图 8-114

Windows DVD Maker 中添加的文件被统一称为“媒体文件”，其中共有视频、音频和图片三种类型，其扩展名支持范围分别是：

- 视频文件：avi，mpg，m1v，mp2v，mpeg，mpe，mpv2，wm，wmv，mswm，dvr-ms，asf
- 音频文件：wav，mp2，mp3，wma
- 图片文件：bmp，dib，gif，jpg，jpeg，jfif，jpe，png，tif，tiff，emf，wmf，wdp

05 完成媒体文件的添加后，单击窗口右下角的“选项”按钮，在这里可以根据刻录需要对刻录任务做进一步的定制，如图 8-115 所示。

- 启动时显示 DVD 菜单：如果希望刻录的光盘播放时，显示 DVD 播放菜单则需选择此项。在预览窗口中，可以看到默认添加的“播放”和“场景”菜单文字，如图 8-116 所示。

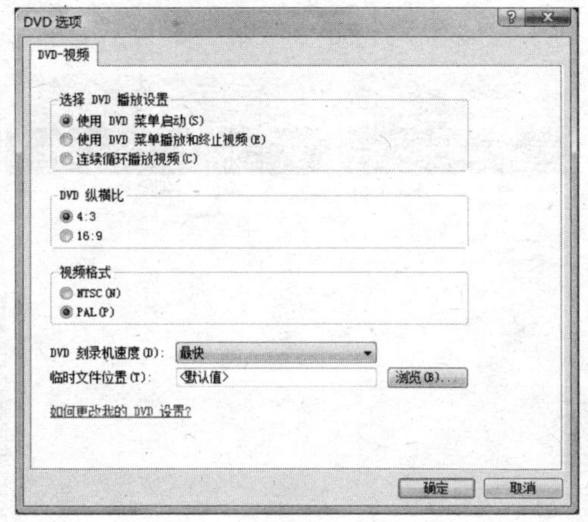

图 8-115

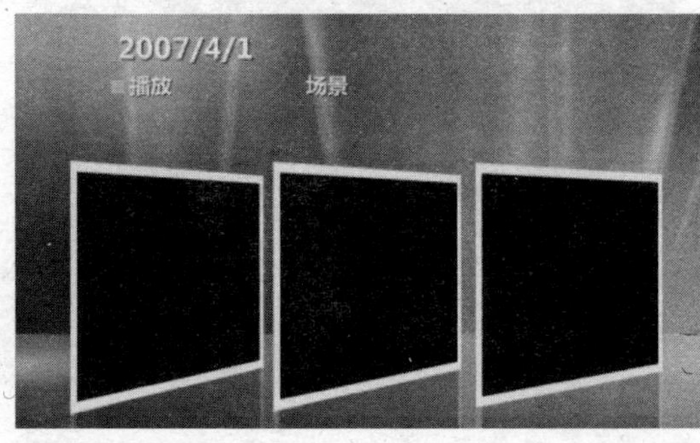

图 8-116

- 使用 DVD 菜单播放和终止视频：选择此项后可以在视频播放的开始与结束时均出现菜单。
- 连续循环播放视频：选择此项后可以自动在视频播放完毕后再进行循环播放。
- DVD 纵横比：此选项可决定视频和 DVD 菜单是否以 16:9（宽屏幕）或 4:3（标准）纵横比显示。在决定选择哪个纵横比时，请考虑播放 DVD 的显示器或电视的纵横比——这里的设置将同时决定 DVD 中幻灯片的纵横比。
- 视频格式：电视机有 NTSC 或 PAL 等多种制式可选，我国的电视基本已经全部同时兼容这两种制式，所以选择哪一种都可以。
- DVD 刻录机速度：这个速度取决于 DVD 刻录机支持的速度，默认选择为“最快”。如果视频光盘非常重要的话，建议选择“中级”——以较慢的速度进行刻录，可以获得最稳定的刻录效果。
- 临时文件位置：如果要刻录机的素材总量很小，那么使用缺省值即可。否则，应单击“浏览”按钮指定一个剩余空间不小于 5GB 的分区。

06 完成选项的设置后，单击“下一步”按钮，可以对光盘的播放窗口、菜单文字、背景音乐等进行详细的设置，如图 8-117 所示。

在右侧的“菜单样式”列表中，可以看到当前DVD播放菜单使用的样式为“反射”，单击右侧列表中的样式可以进行样式的更换。

在窗口上方的工具条中有几个按钮，它们的作用分别是：

● 菜单文本：可以对菜单、光盘名称等文字进行输入和基本格式的设置。在设置完毕后，需要单击“更改文本”按钮应用设置，如图8-118所示。

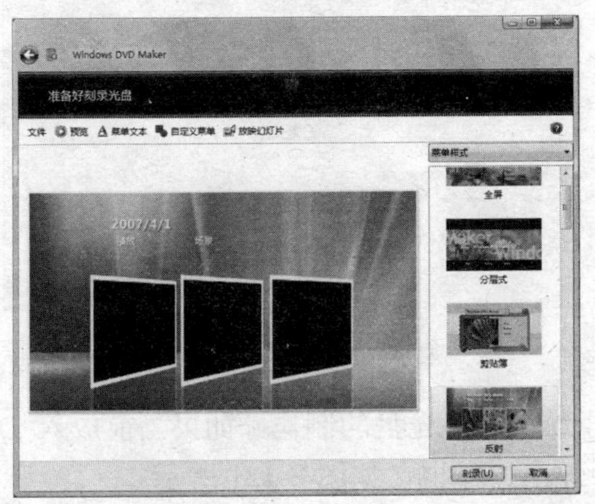

图8-117

图8-118

● 自定义菜单：可以添加片头、片尾视频以及菜单出现时的背景音乐等内容，如图8-119所示。

其中，“场景按钮样式”中可以选择媒体文件播放时“场景”窗口的样式（即视频播放时对应的背景窗口的样式）。在右侧的预览窗口中可以看到所选样式的实时效果，设置完毕后要单击“更改样式”按钮应用设置。

注 意

单击“保存新样式”，可以将当前的设置保存起来，以便在以后制作光盘时还能够使用。

● 放映幻灯片：可以对幻灯片的放映进行设置。

在这里可以看到前面添加的歌曲列表，还可以看到“音乐长度”和“幻灯版放映”时间长度。如果发现“音乐长度”和“幻灯版放映”长度两个时间值不一致，则表示音乐需要添加或减少长度，单击“添加音乐”按钮可以继续添加音乐；选中一首音乐并单击“删除”按钮可将其清除出列表。此外，还可以通过单击右侧的“上移”或“下移”按钮进行播放次序的调整，如图8-120所示。

通常，不推荐勾选“改幻灯片放映长度以与音乐长度匹配”项的复选框，因为这样将会影响作为“主内容”的图片或视频文件内容，音乐内容的长度并不会影响到用户。

若要指定每张图片在幻灯片中显示的时间，在“照片长度”中选择显示的时间长度（单位为秒）。若要选择图片之间的过渡/切换方式，在“切换”中选择切换类型，在这里有“擦除”、“插入”、“翻转”、“剪切”、“交叉淡入淡出”（默认选项）、“随机”、“像素化”、“消隐”和“页面卷曲”效果可选。此外，若要为幻灯片中的图片添加扫视和缩放效果，要单击“图片使用扫视和缩放效果”。设置完毕后，需要单击“更改幻灯片”按钮以保存所做的更改并返回。

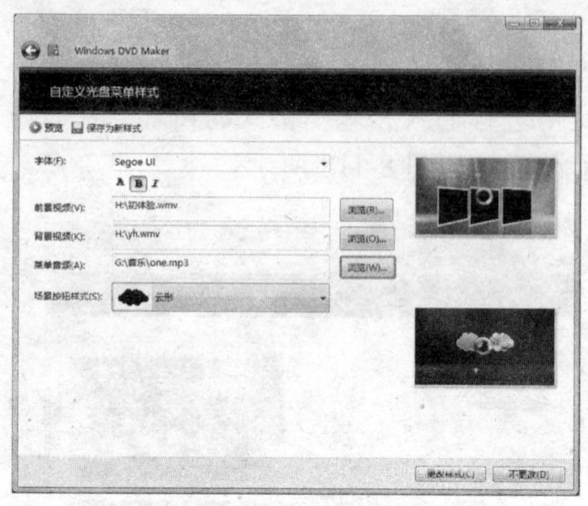

图 8-119

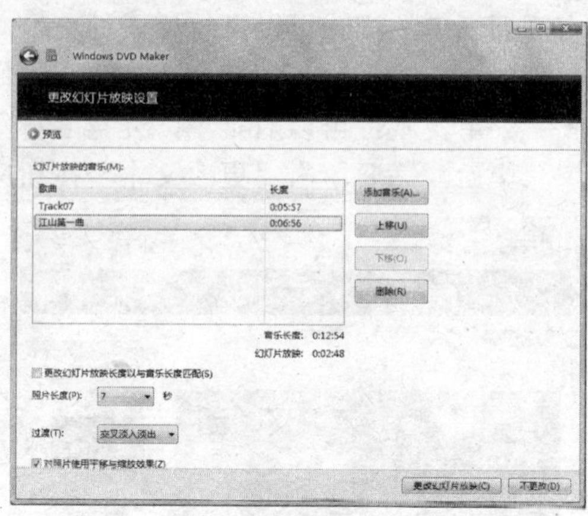

图 8-120

07 在完成设置后，单击“刻录”按钮开始 DVD 光盘的制作。如果当前放入 DVD 刻录机的 DVD±RW 光盘已经有数据了，则会弹出提示框，如图 8-121 所示。

08 单击“是”按钮，将开始光盘内容擦除、数据写入等一系列的操作，如图 8-122 所示。

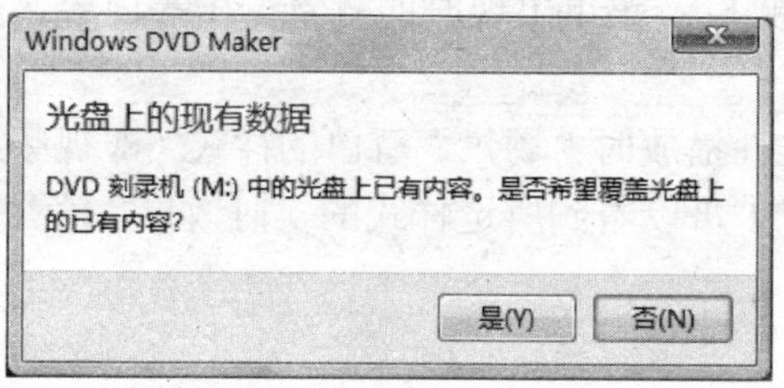

图 8-121

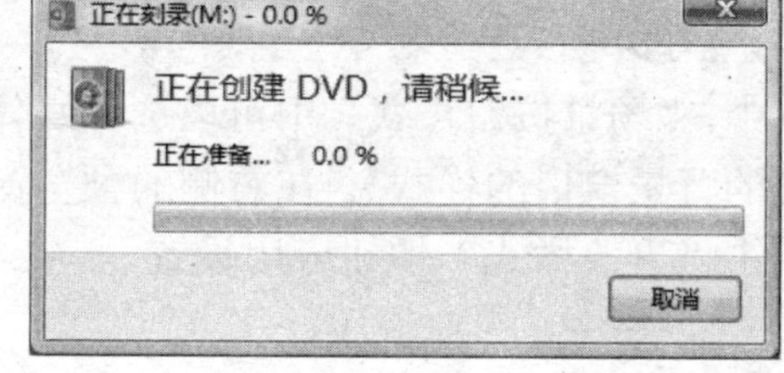

图 8-122

在使用 Windows DVD Maker 创建视频 DVD 时，所有视频和音频都会先转换为 DVD 播放机能解码和播放的视频和音频文件格式。在此过程中，视频被编码为 MPEG-2 视频格式，而对应的音频被转换为 Dolby Digital 音频。而且 Windows DVD maker 会自动分析照片和视频进而实现“章节”（即 DVD 的内容结构，通过它们可以快速选择播放的起始位置）的自动创建。

09 刻录进度结束后，即可把光盘放入 DVD 影碟机中进行播放了。通过计算机中的鼠标或是 DVD 影碟机中的遥控器，将可以在观看 DVD 时实现轻松导航。

8.6 Windows Movie Maker

在前面我们已经初步学习了 Windows Movie Maker 程序的使用，在本小节中将对此程序进行详细的应用讲解。

Windows Movie Maker 是一个在 Windows XP 中就出现的视频编辑程序，使用它配合数码摄像机可以进行视频作品（Vista 中称为“电影”）的编辑。Vista 中的 Windows Movie Maker 版本是 6.0。

要在 Vista 中启动 Windows Movie Maker 程序，可以通过如下方法的任一种来完成：

- 在“开始”菜单中，选择“所有程序”→“Windows Movie Maker”命令。
- 在图片的预览窗口中，单击工具条中的“制作电影”按钮，如图 8-123 所示。
- 在“Windows 照片库”等程序中使用“制作电影”功能。

在启动程序后，可看到如图 8-124 所示的窗口。先让我们来了解一下窗口的布局。

图 8-123

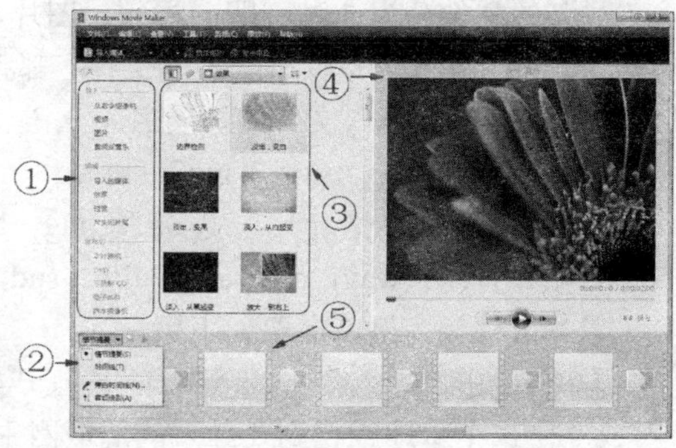

图 8-124

① 这里是任务窗格，在这里可以执行导入、编辑、发布的操作。

② 在这里可以进行故事情节和时间线编辑模式的切换。

③ 内容列表里既可以显示导入的各种类型的内容，也可以显示过度等效果列表。

④ 预览窗格里可以显示内容、过渡等的播放画面。此外，还可以使用预览上的按钮执行某些功能，如将视频或音频剪辑拆分为两个较小的剪辑或获取在预览窗格中播放的当前帧的图片。

⑤ 编辑窗格，这里有故事情节和时间线两种编辑窗格，对于内容的编辑状态都是在这里完成的。

“情节提要”是 Windows Movie Maker 的默认视图，可以查看项目中剪辑的序列或顺序以及轻松地对其重新排列（如有必要）。通过该视图还可以查看已添加的视频效果或视频过渡。但是，已添加到项目中的音频剪辑不会在情节提要上显示——只能在时间线视图中对音频/音乐进行查看。在“时间线”窗格中提供了详细的编辑视图，使用它可以进行较专业的编辑，如图 8-125 所示。

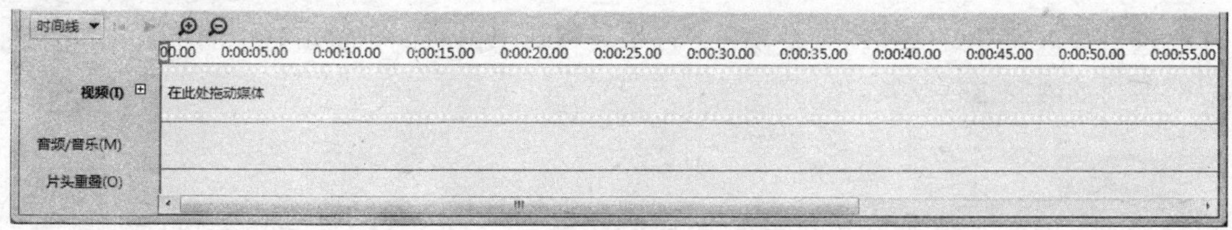

图 8-125

使用时间线视图可以对视频剪辑进行剪裁、调整剪辑之间过渡的持续时间以及查看音轨，还可以查看或修改项目中剪辑的播放速度。使用时间线按钮可以在情节提要视图、放大或缩小项目的详细信息、旁白时间线以及调整音频级别这几个功能之间进行切换。

8.6.1 导入

Windows Movie Maker 中的导入操作可以分为本地/网络导入和数码摄像机导入两种，下面分别予以讲解。

1. 本地/网络导入

导入的文件分为 3 种，即：视频、图片、音频和音乐，这 3 种类型的文件需要分别进行导入。无论导入的是什么类型的文件，都将其统一称为“素材”。下面，给出了 Windows Movie Maker 支持导入文件的扩展名：

视频：avi，mpg，m1v，mp2，mpeg，mpe，mpv2，wm，wmv，asf，dvr-ms

图片：jpg，jpeg，jpe，jfif，gif，png，bmp，dib，tif，tiff，wmf，emf，wdp

音频和音乐：wav，aif，aiff，aifc，snd，mp3，au，mpa，mp2，wma，asf

以导入视频为例，需要如下操作：

01 单击“导入”中的“视频”，打开如图 8-126 所示的对话框。

02 选中本地或找到要导入的局域网中的文件，单击“导入”按钮，完成所选素材的导入任务。

无论是导入视频、图片还是声音文件，都会集中在内容列表中显示出来，如图 8-127 所示。

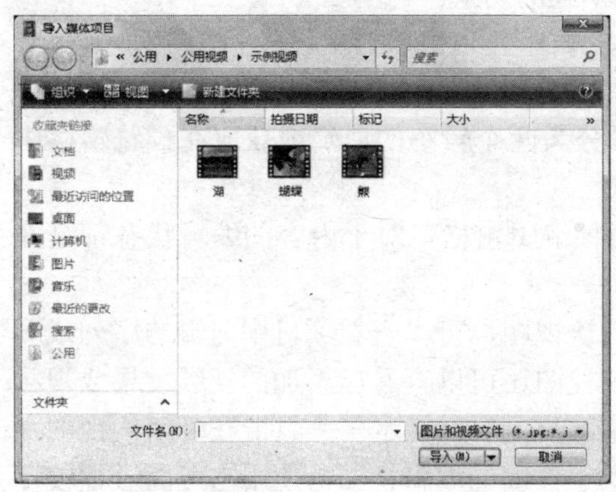

图 8-126

图 8-127

在这里可以对导入的素材预览操作，选中素材后单击右侧预览窗格中的“播放”按钮，可以对素材的内容进行欣赏。

提示

通过从 Windows 照片库将文件拖放到 Windows Movie Maker 中，也可以实现视频文件和图片文件的导入。

在文件导入后，Windows Movie Maker 仅仅是创建了一个对源文件的引用，因此在 Windows Movie Maker 中所做的任何编辑都不会影响原始源文件。

2. 数码摄像机导入

要将数码摄像机（下面简称为“DV”）中的内容导入到计算机中，只需执行如下操作：

01 将 DV 连接到计算机的 IEEE 1394 或 USB 2.0 接口。

02 将摄像机设置为 VCR 播放模式。

03 在 Windows Movie Maker 窗口中，单击“导入”中的“从数字摄像机”，接着根据提示完成导入即可。

8.6.2 编辑内容

在完成素材的导入后，通常就是对视频文件的编辑了。

01 在内容列表中选中一个或多个图片、视频文件然后右击，在弹出的菜单中选择“添加至情节提要”，如图 8-128 所示。

图 8-128

02 在情节提要窗格中可以看到添加的图片或视频内容。这里可以使用拖动的方法来调整每个素材的出现次序。如果要删除窗格中的某个素材，只需选中它并直接按 Delete 键即可。

03 完成正文内容的添加与位置编排后，在内容列表中将准备用作片头和片尾的素材分别拖动到情节提要窗格的第一个和最后一个方格中。

04 完成内容添加后，选择任务窗格中“编辑”→“过渡”命令，选中一个过渡效果将其拖动到情节提要窗格中两个素材之间的方格内，如图 8-129 所示。

图 8-129

过渡效果可以在多个或全部素材之间的方格中添加，但是这样做会有两个不利之处：一是会大大增加整体视频的大小；二是可能会影响到一些素材的欣赏时间。所以应当有选择的使用，使用不添加过渡效果的“硬切换”方式也是不错的主意。

05 添加完过渡效果的后，选择任务窗格中“编辑”→“效果”命令，在效果列表中使用拖动的方法可以将其添加到每个素材左下角的方格内，如图 8-130 所示。

添加了效果的素材左下角的五角星会呈深灰色，右击此五角星，在弹出的菜单中可以执行如下操作：

- 效果：在弹出的对话框中可以为当前素材添加多达 6 种的效果，如图 8-131 所示。事实上，我从没有添加过超过 2 种的效果，因为太多的效果会使原始素材效果大打折扣。添加了多个效果的素材，其五角星将会呈现出多个五角星重叠的状态。

图 8-130

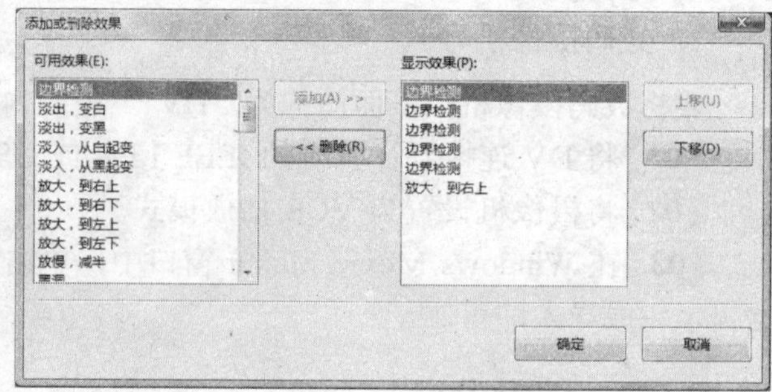

图 8-131

- 剪切：可以对一个添加了效果的素材进行效果剪切。
- 复制：可以对一个添加了效果的素材进行效果复制。
- 粘贴：用于配合上述两项操作。
- 删除效果：可以将应用在素材上的效果全部删除。

06 完成效果的添加与管理后，选择任务窗格中“编辑”→“片头和片尾”命令，打开如图 8-132 所示的窗口。

07 先添加片头，单击“在开始处”切换到如图 8-133 所示窗口，在上面的文本框中可以输入片头的主标题，在下面的文本框中可以输入副标题。

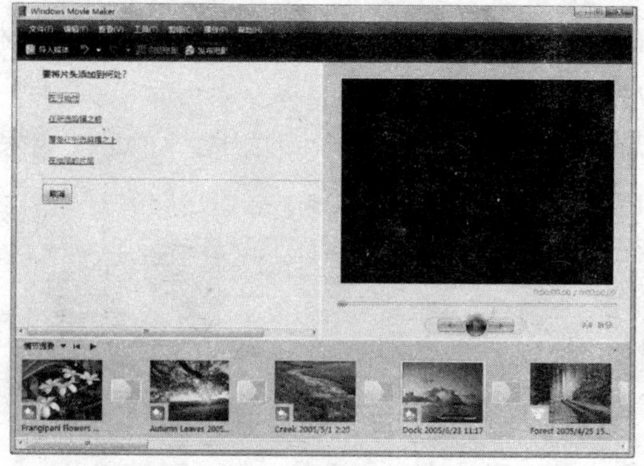

图 8-132

图 8-133

08 单击“更改片头动画效果”可以选用其他的动画效果。在这里有“片头，一行”、“片头，两行”、“片尾”3 个部分的动果效果可选。由于我们输入了两行文字，所以要在“片头，两行”的效果列表中进行选择，如图 8-134 所示。

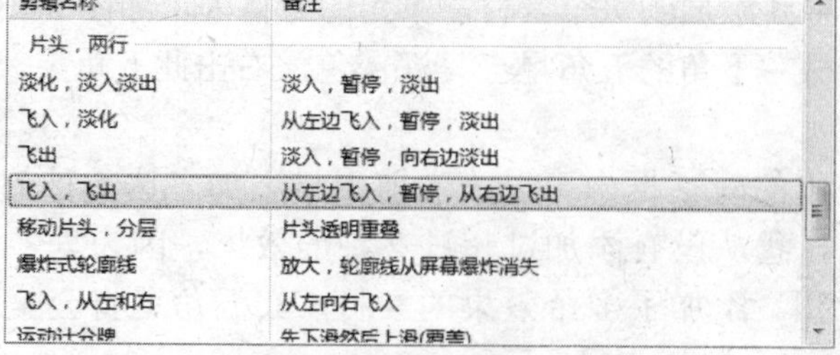

剪辑名称	备注
片头，两行	
淡化，淡入淡出	淡入，暂停，淡出
飞入，淡化	从左边飞入，暂停，淡出
飞出	淡入，暂停，向右边淡出
飞入，飞出	从左边飞入，暂停，从右边飞出
移动片头，分层	片头透明重叠
爆炸式轮廓线	放大，轮廓线从屏幕爆炸消失
飞入，从左和右	从左向右飞入
运动计分牌	先下滑然后上滑(重叠)

图 8-134

09 选择完动画效果后，单击“更改文本文字和颜色”对添加的文字进行颜色等格式的设置，如图 8-135 所示。

10 完成上述设置后，单击“添加标题”按钮即可在情节提要窗格的最左侧添加一个片头，如图 8-136 所示。

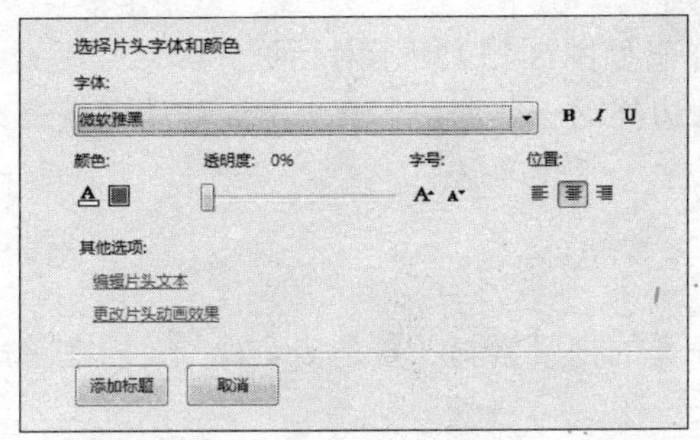

图 8-135

图 8-136

11 参考添加片头文字的方法，选择“在结尾的片尾”完成片尾文字的添加。切换到“时间线”视图模式，将音乐文件拖动到“音频/音乐”轨中，如图 8-137 所示。

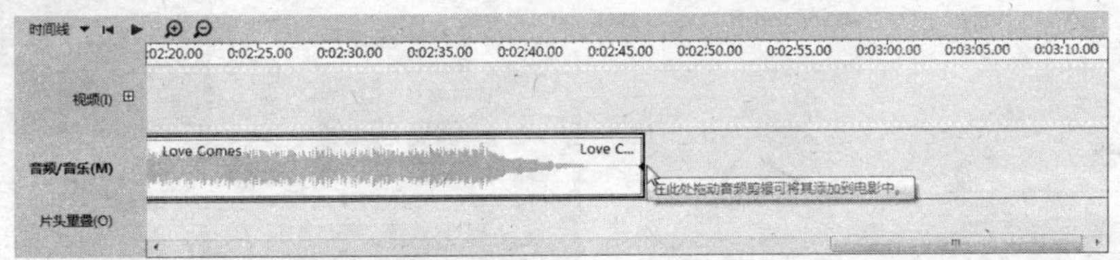

图 8-137

我们可以添加多首音乐来适合视频的长度。对添加到“音频/音乐”轨中的音乐还可以用鼠标拖动它来移动起始位置。将鼠标放在素材两端时会看到一个红色的双向箭头，此时按往鼠标左键并左右移动，可以缩短或延长（最多是原长度）音乐的播放时间——使用这个方法还可以对图片素材和过渡效果的播放时间进行调整。

12 完成音乐的添加后，单击“时间线”在弹出的菜单中选择“旁白时间线”，在如图 8-138 所示的窗口中，选择“工具”→“旁白时间线”命令，在时间线窗格中会出现一条竖向的绿色线，将其拖动到音频/音乐轨中的空白处，单击“开始旁白”按钮即可开始录音。

图 8-138

在录音的过程中单击“停止录音”按钮，可以结束录音操作。接着会弹出保存旁白文件的对话框，要以 wma 文件的形式保存到“C:\Users\当前登录名\Videos\旁白”文件夹中。

8.6.3 一些技巧

在 Windows Movie Maker 的应用中，建议适当掌握一些小技巧。因为它们往往可以将视频作品的细节处理得恰到好处。

技巧一：调整视频声音与背景音乐的音量级别

01 选择“工具”→“音频级别”命令，弹出如图 8-139 所示对话框。

02 希望哪边的音量大一些，就将滑块向哪边移动一些即可。滑块不能移动到任一方的边缘，否则另一方的声音也会逐渐消失的。

03 关闭对话框即可应用设置。

技巧二：使视频中的声音静音

01 在时间线编辑窗格中，单击要设置为静音的视频素材（若是多个视频，需在单击素材的同时按住 Ctrl 键）。

02 选择“剪辑”→“音频”→“静音”命令即可，如图 8-140 所示。

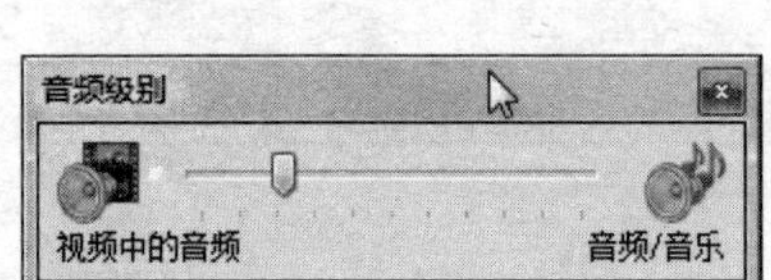

图 8-139

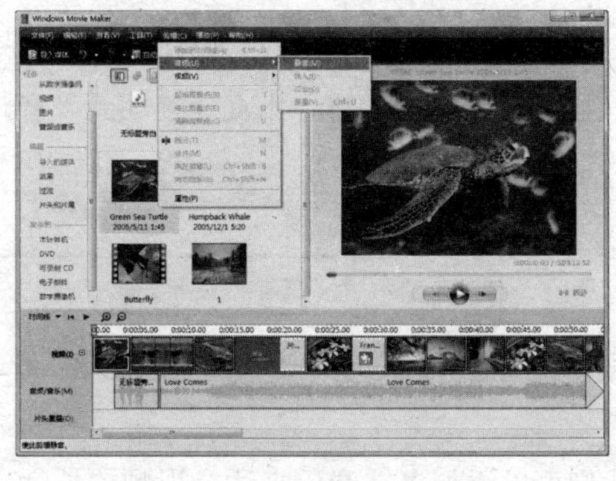

图 8-140

技巧三：淡入或淡出音频

01 在时间线窗格的音频/音乐轨上，选择要进行设置的音频素材。

02 选择“剪辑”→“音频”命令，根据需要选择 “淡入”或“淡出”即可。

技巧四：对视频文件的音量进行调整

01 在时间线窗格中，单击“视频”右侧的“+”展开子轨道，选中“音频”轨道中准备调整音量的部分，如图 8-141 所示。

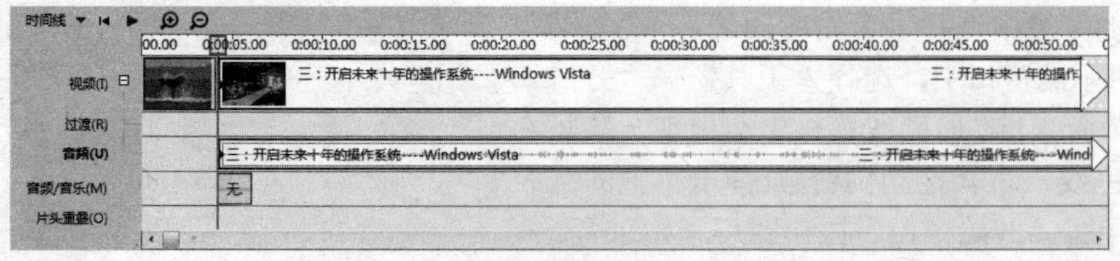

图 8-141

02 选择“剪辑”→“音频”→“音量”命令，在弹出的对话框中，将滑块移动到合适位置即可完成音量调整，如图 8-142 所示。

03 如果要彻底关闭这个素材的声音，只需勾选“静音剪辑”即可。

04 设置完毕后，单击“确定”按钮结束并应用设置任务。

技巧五：拆分和合并素材

在 Windows Movie Maker 中要拆分素材，只需执行如下操作：

01 在“内容”窗格中（或情节提要/时间线上），单击要进行拆分操作的视频或音频素材。

02 单击预览窗格中的“播放”按钮，在素材播放到达的要拆分的位置时，单击“暂停”按钮。

03 单击“拆分”按钮，在内容列表中将出现“素材文件名”和“素材文件名 1”两个文件，分别播放它们可以看出两个文件合起来的内容正是原文件的内容，如图 8-143 所示。

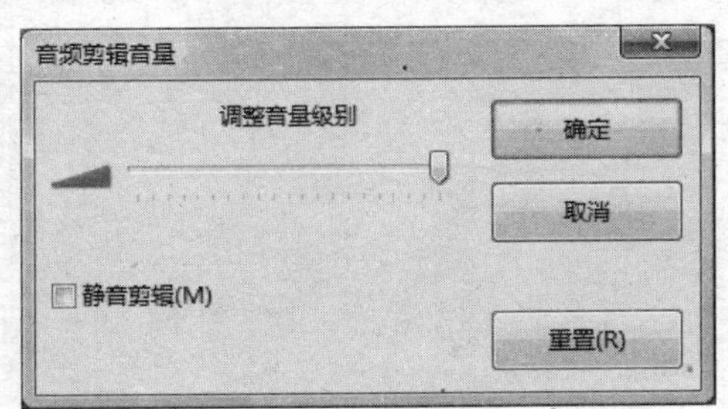

图 8-142

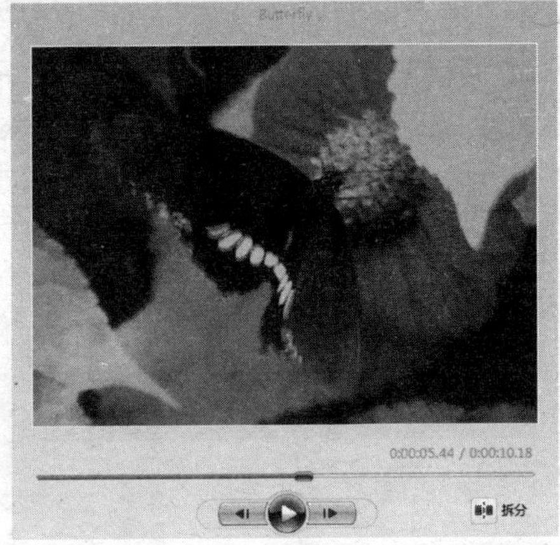

图 8-143

如果要合并素材，只需执行如下操作：

01 在“内容”窗格中（或情节提要/时间线上），选中多个素材。

02 选择“剪辑”→“合并”命令，随即选中的文件将合并成一个文件——只要素材是连续的，就可以一次将两个以上剪辑合并在一起。

技巧六：剪裁（隐藏）部分视频素材

01 在“时间线”模式中，选中要进行剪裁操作的视频素材。

02 移动“预览”窗格中播放进度的蓝色滑块到要剪裁掉的素材的后面位置，选择“剪辑”→“起始剪裁点”命令，随即滑块左侧的部分将被清除掉，如图 8-144 所示。

03 移动蓝色滑块到要剪裁掉的素材的前面位置，选择“剪辑”→“终止剪裁点”命令，随即滑块右侧的部分将被清除掉。

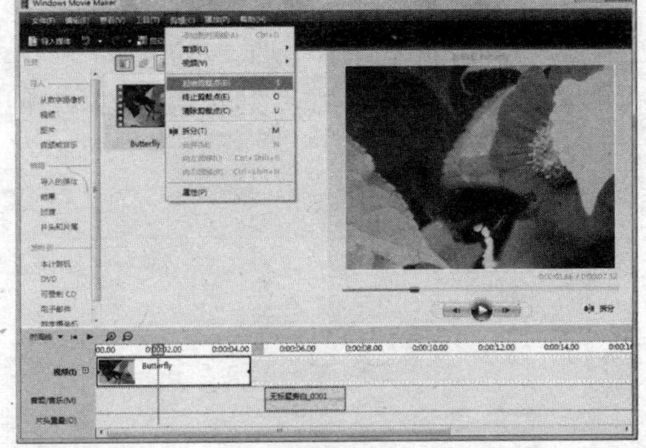

图 8-144

这样，就完成了视频素材左右两侧不需要部分的清除操作。

8.6.4 发布电影

在完成电影的编辑后，就进入发布电影的最后阶段了。在 Windows Movie Maker 支持多种方式的电影发布，如：

- 本计算机：将以文件的形式把电影保存到硬盘等存储介质中。
- DVD：调用 Windows DVD Maker 功能，把电影文件直接刻录成 DVD 视频光盘。
- 可录制 CD：把电影文件直接刻录成 VCD 视频光盘。
- 电子邮件：将以文件的形式把电影保存到硬盘等存储介质中，然后通过电子邮件的方法发送给他人。
- 数字摄像机：把电影文件直接回录到数码摄像机中。

根据每次输出电影时的实际需要，决定使用哪一种发布方式。这里以使用“可录制 CD”方式为例，介绍要执行的操作。

01 将空白的 CD－R 或 CD－RW 刻录盘放入到刻录机中。

02 选择任务窗格中的“发布到”→“可录制 CD”命令。如果 Windows Movie Maker 检测到了刻录机中有刻录盘，会直接进入如图 8-145 所示的窗口，否则将会弹出错误提示。

03 单击“下一步”按钮进入如图 8-146 所示的窗口，选择默认设置并单击“发布”按钮。

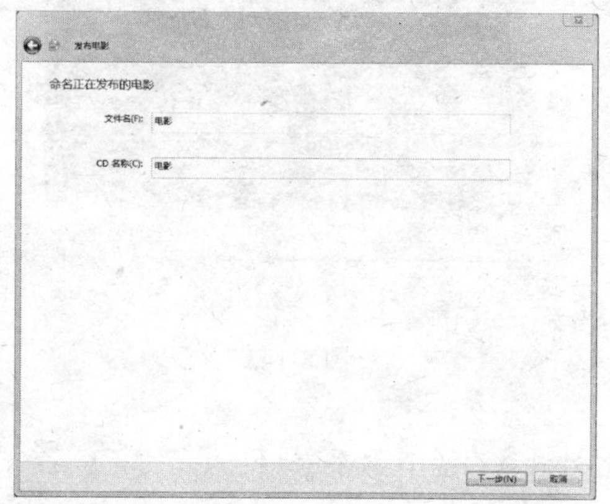

图 8-145

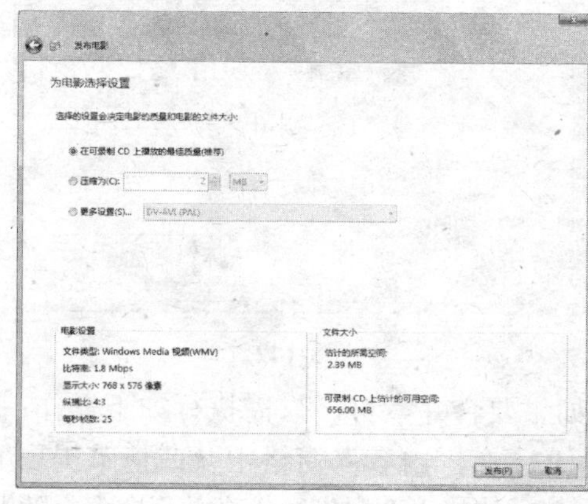

图 8-146

04 在如图 8-147 所示窗口中，耐心等待刻录操作的结束。

05 刻录完成后，刻录盘会自动弹出。单击“完成”按钮即可结束刻录任务，如图 8-148 所示。

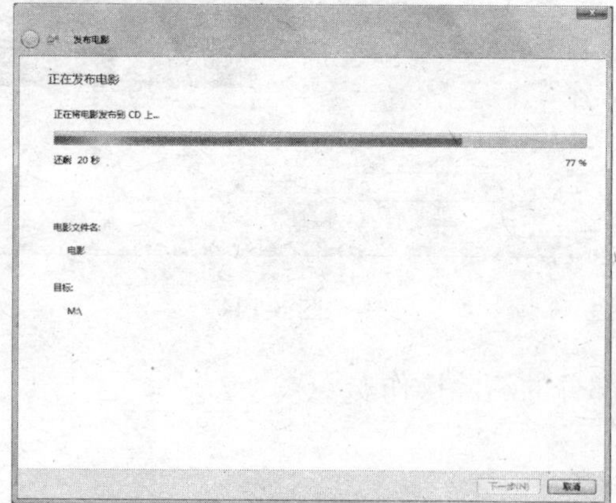

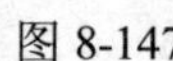

图 8-147

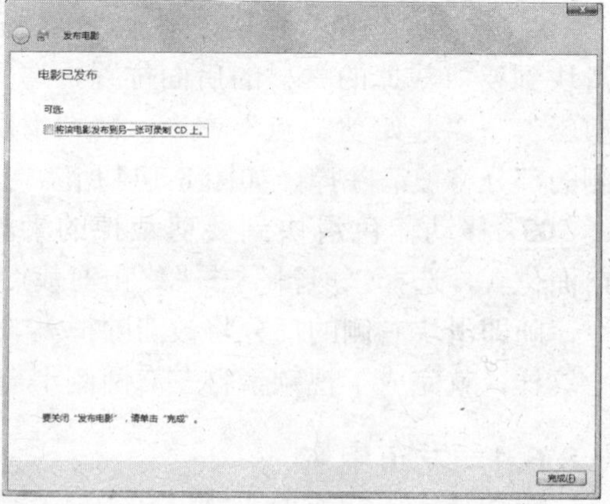

图 8-148

06 如果想再制作一张光盘，只需选中“将该电影发布到另一张可录制的 CD 上”，然后根据提示完成相应的操作即可。

8.6.5 自动电影

在 Windows Movie Maker 中，使用“自动电影”（AutoMovie）功能可以快速完成电影的制作。

01 将要制作电影的文件导入到 Windows Movie Maker 中。

02 在内容列表中选中要导入的文件，单击工具条中的“自动电影”按钮切换到如图 8-149 所示的窗口。

> **提示**
>
> 要使用自动电影功能，要制作成电影的文件必须包含视频、音频、图片，而且文件的总时长至少为 30 秒。默认状态下，程序为每个图片分配的显示时长为 4 秒。

03 完成样式、片头文本、音乐的设置后（通过“其他选项”中的链接，可以在这几个设置窗口中切换），单击“创建自动电影”按钮开始创建电影，如图 8-150 所示。

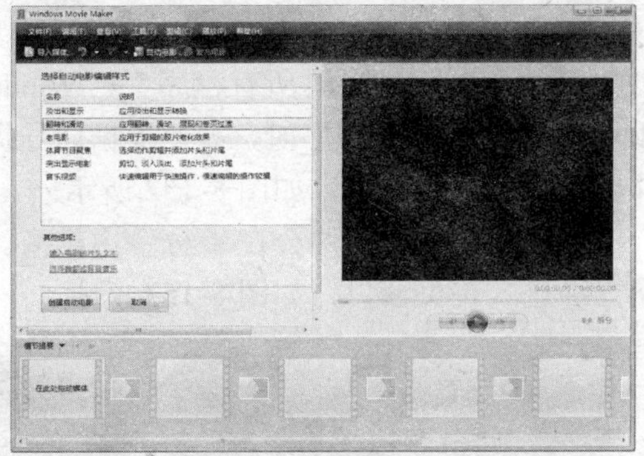

图 8-149

图 8-150

在进度结束后，“情节提要”窗格中可以看到素材及过渡等效果已经自动设置好了，如图 8-151 所示。

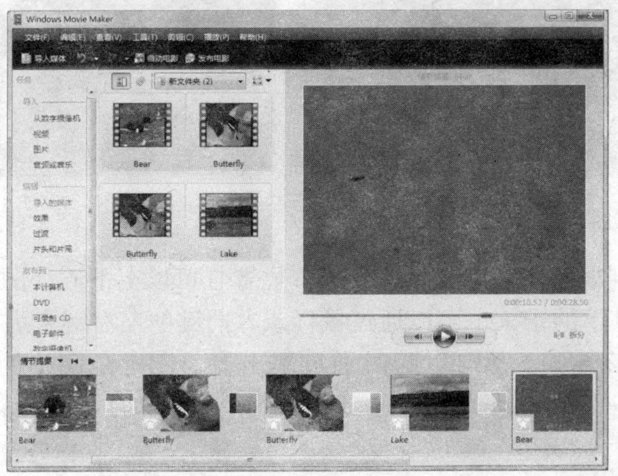

图 8-151

自动创建电影后，可以立即发布或在情节提要/时间线上对内容进行进一步编辑。

8.7 Windows Media Center

在 Vista 的家庭高级版和旗舰版中，Windows Media Center（中文名为“媒体中心”）功能已经得到了紧密集成。我们可以在这里与数码相机、数码摄像机、DVD、视频卡等设备进行互动，进而将电脑设置成一个娱乐中心。也就是说，在 Windows Media Center 中既具有看图、播放音乐、视频的功能，还有看电视、网络电影、刻录光盘等功能——更重要的是 Windows Media Center 还具有强大的媒体库功能，可以将所有能够管理的资源一网打尽。

Windows Media Center 实际上就是一个小型的娱乐操作系统，甚至可以使用遥控器来控制 Windows Media Center——如果显示器够大，那么电脑成为一家人的娱乐中心是完全可行的。

实际上，Windows Media Center 提供的功能都是通过 Vista 中的各种程序来实现的，只不过它将这些功能来了个集中管理罢了。

8.7.1 启动程序

要启动 Windows Media Center 程序，只需在“开始”菜单中选择“所有程序”→“Windows Media Center”命令即可。在第一次启动 Windows Media Center 程序时，需要根据向导提示完成一系列的设置。通常选择“快速安装”并单击“确定”按钮，如图 8-152 所示。

接着，媒体中心将对计算机中的硬件进行检测，这个过程大约会在 1 分钟内结束。在出现开始窗口时，表示 Windows Media Center 已经进入首页窗口，如图 8-153 所示。

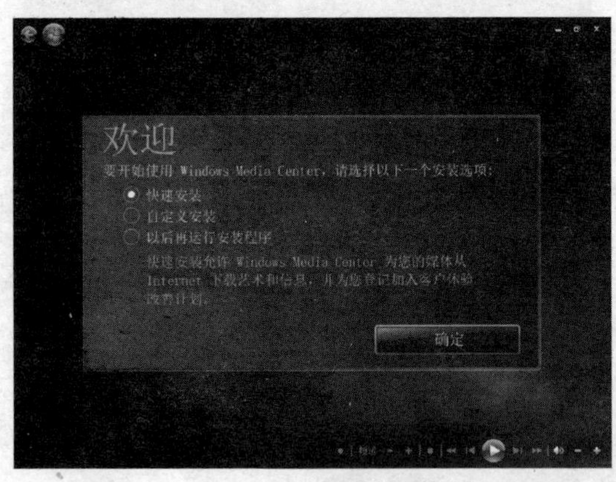

图 8-152

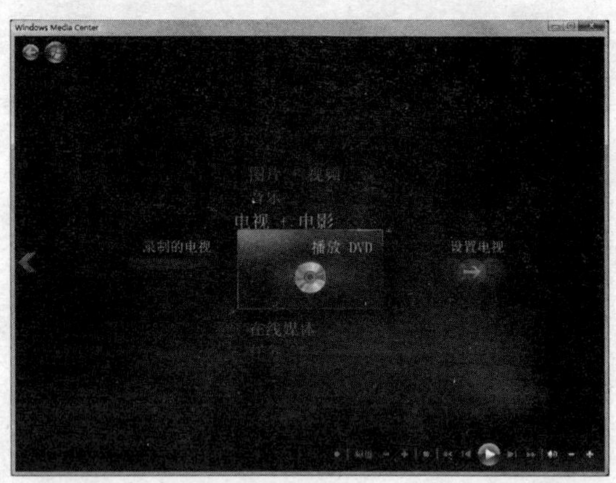

图 8-153

在这里可以看到很多文字，其中处于居中位置且可以上下滚动的文字是主菜单。在选择一个主菜单后，其下的子菜单可以通过鼠标或方向键的左右键来进行切换。

无论进入到什么窗口，都可以随时通过单击窗口左上角圆形的“Vista 徽标”按钮，返回到 Windows Media Center 的首页。单击窗口左上角的左向箭头，可以返回上一步窗口。

由于 Windows Media Center 的功能实在太多，所以在本节中只讲解一些常见的应用。

8.7.2 欣赏音乐

在 Windows Media Center 中可以进行很多娱乐应用，在本小节中将讲解欣赏音乐的方法。在 Windows Media Center 启动时，会全盘搜索音乐并将其信息收集起来添加到音乐库中。在表 8-6 中列出了 Windows Media Center 中支持的音乐文件类型。

表 8-6 支持的文件类型

音乐文件类型（格式）	文件扩展名
音频 CD	.cda
Windows Media Audio 文件	.asx，.wm，.wma 和.wmx
Windows 音频文件	.wav
MP3 音频文件	.mp3 和 .m3u

1．音乐库

在 Windows Media Center 中通过鼠标或方向键切换到音乐主菜单，如图 8-154 所示。

在这里可以看到有“音乐库”、“播放全部”、“收音机”和“搜索”4 个子菜单，它们共同协助我们完成了音乐的管理。

单击进入音乐库窗口后，可以看到“唱片集”以类似于“音乐墙”的方式显示了部分唱片辑和音乐的封面列表。如果使用宽屏显示器的话，此时的优势就可以看出来了，如图 8-155 所示。

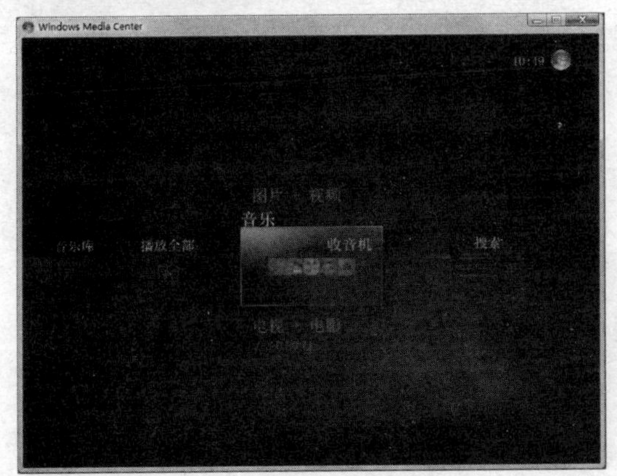

图 8-154

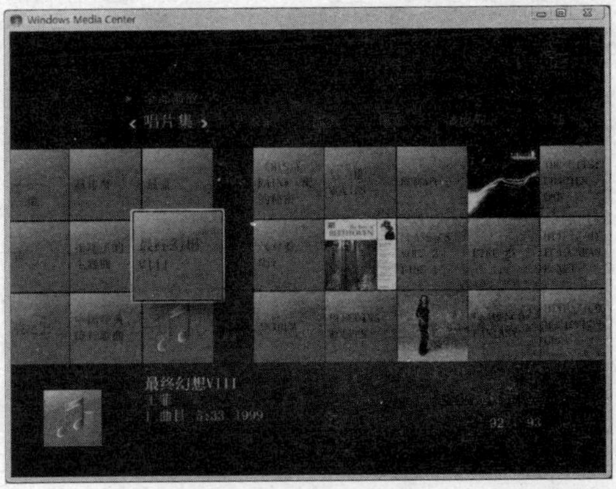

图 8-155

在唱片集、艺术家、流派、歌曲、播放列表、作曲家等分类中，如果想查看完整的音乐列表，可以在“歌曲”分类中查看。除了“歌曲”和“播放列表”两项外，在其他分类的歌曲列表中单击音乐名称进入音乐属性窗口后，通常可以执行如下这些操作。

（1）播放音乐

在唱片集列表中单击任一个唱片集，将会进入唱片集属性窗口，如图 8-156 所示。

单击音乐文件名，进入如图 8-157 所示的窗口，单击窗口左侧的“播放歌曲”，即可开始音乐的播放。

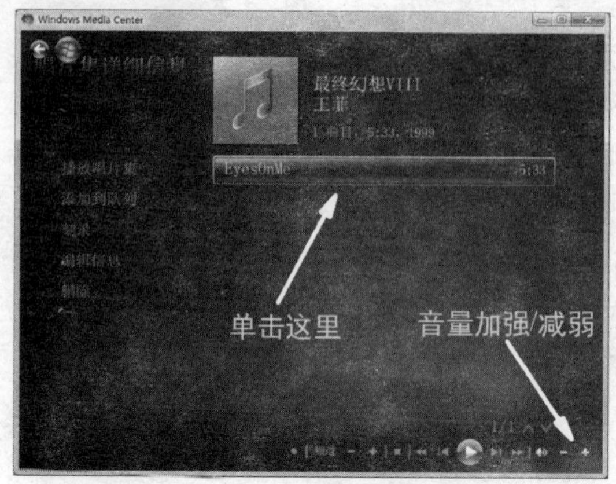

图 8-156

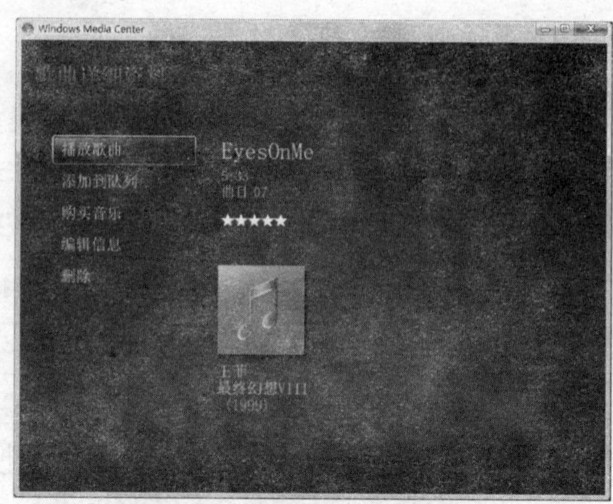

图 8 157

（2）编辑信息

如果要编辑唱片集的名称及一些基本属性，可以单击唱片集属性窗口左侧列表中的“编辑信息”切换到“编辑唱片集”对话框，如图 8-158 所示。

完成名称、属性、流派、星级等设置后，单击“保存”按钮即可应用设置。

（3）刻录

要将正在欣赏的音乐进行刻录，只需执行如下操作：

01 单击唱片集属性窗口左侧列表中的“刻录”，弹出如图 8-159 所示的提示框。

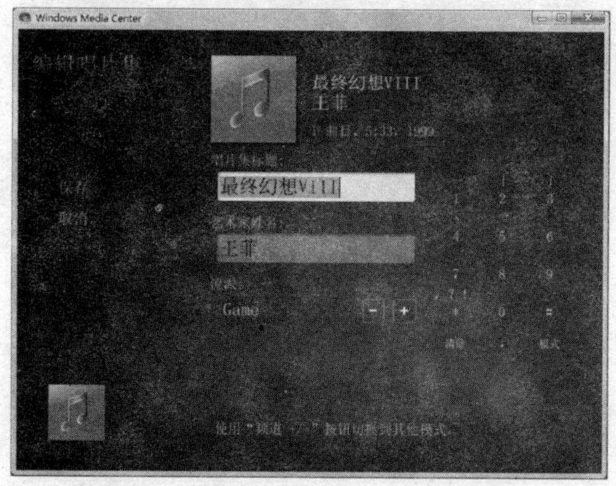

图 8-158

图 8-159

02 单击“是”按钮，音乐的播放会停止并切换到如图 8-160 所示的窗口。

03 根据需要选择“音频 CD”（这里选择此项）或“数据 CD”项后，单击“下一步”按钮继续。如果刻录盘是带有数据的，会弹出提示框，单击“擦除”按钮可以清空刻录盘中的数据，如图 8-161 所示。

04 在“为此 CD 命名”窗口中可以选择默认的名称，也可以输入自定义的名称，如图 8-162 所示。

05 单击“下一步”按钮切换到“复查和编辑列表”窗口，可以直接单击“刻录 CD”按钮开始执行刻录任务，也可以单击“添加其他项目”根据提示完成更多音乐的添加，如

图 8-163 所示。

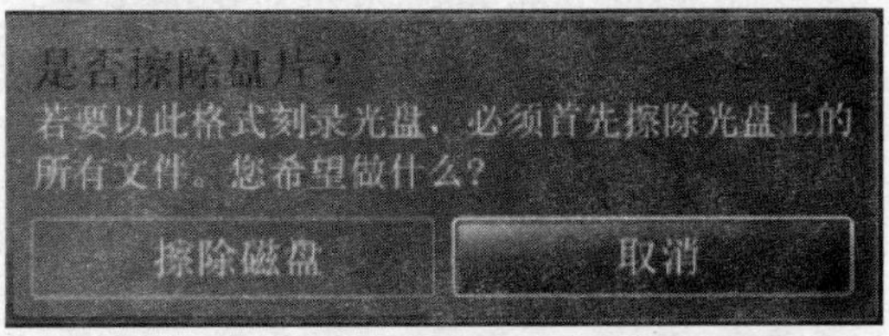

图 8-160

是否擦除盘片?
若要以此格式刻录光盘，必须首先擦除光盘上的所有文件。您希望做什么?
擦除磁盘
取消

图 8-161

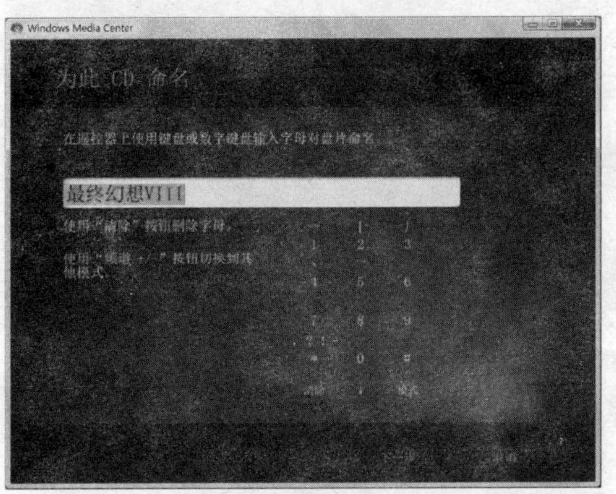

图 8-162

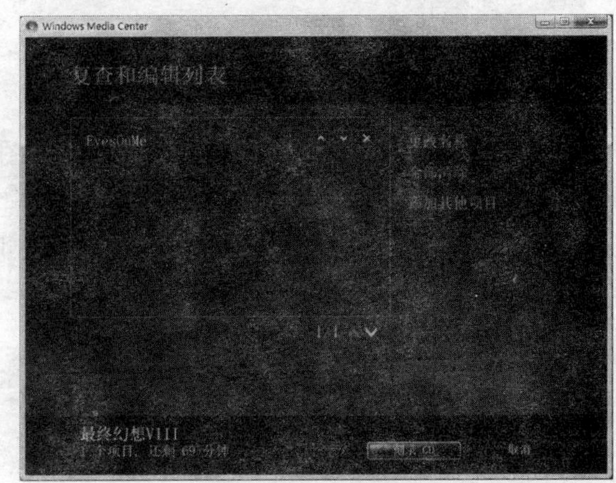

图 8-163

06 音乐添加完成后，单击“刻录 CD”按钮将会弹出提示框，如图 8-164 所示。

07 单击“是”按钮，会开始刻录光盘，并弹出进度框，如图 8-165 所示。此时，只需耐心等待刻录进度的结束即可。

图 8-164

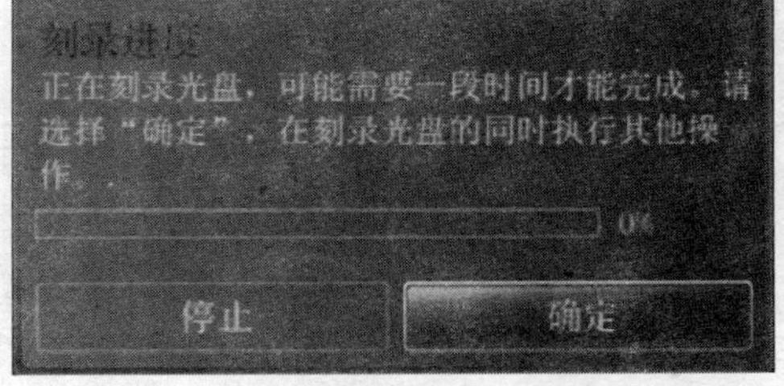

图 8-165

2．播放全部

除了进入音乐库播放音乐的方法外，还可以直接单击“播放全部”进入播放窗口，此时会自动进行音乐的播放，如图 8-166 所示。

在左侧有一列功能菜单，它们的作用是：

- 查看队列：查看当前播放的音乐列表，并对列表进行添加/清除等管理。
- 可视化：在切换到的窗口中会有各种动态效果供欣赏。
- 播放幻灯片：在窗口中会自动以幻灯片的方式播放“C:\Users\当前登录帐户名\Pictures”文件夹中的图片。
- 无序播放：随机播放队列中的音乐。
- 重复：播放完毕后，自动再从头开始循环播放。
- 购买音乐：登录到一些网站进行音乐的购买，对于国内用户来说不必理会它。

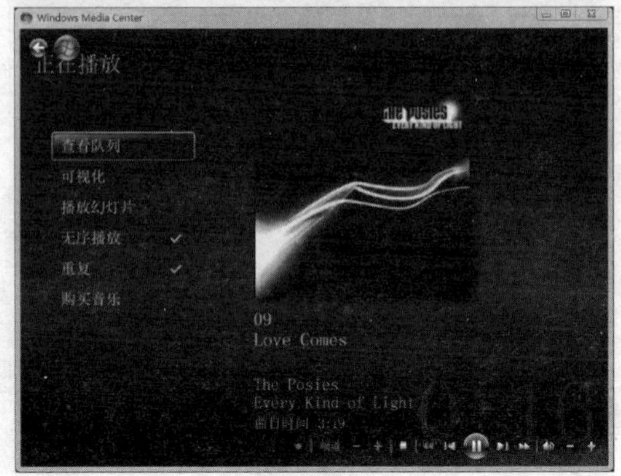

图 8-166

8.7.3 图片+视频

在 Windows Media Center 首页中，将“图片”和“视频”共同组成一个主菜单，如图 8-167 所示。

在此菜单下有“图片库”、“播放全部”和“视频库”3 个子菜单。下面分别介绍它们的应用方法。

1. 图片库

在单击“图片库”后将会打开“图片库”窗口，在这里会列出“C:\Users\当前登录帐户名\Pictures”等索引文件夹中的图片，如图 8-168 所示。

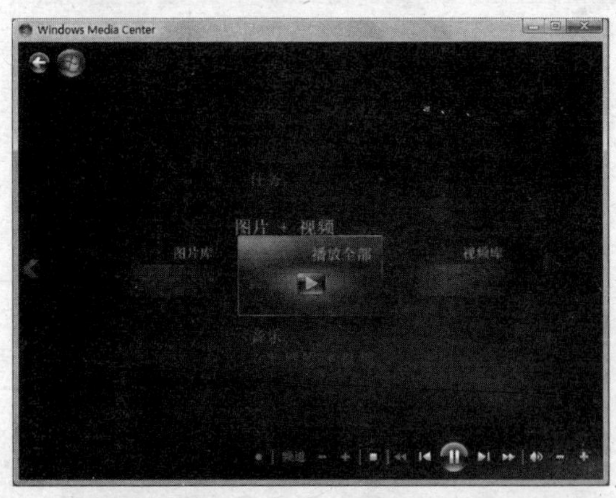

图 8-167

图 8-168

如果希望存储在其他位置的图片也出现在这里，可以执行如下操作：

01 在窗口中右击，在弹出的菜单中选择“媒体库设置”，如图 8-169 所示。

02 在“音乐、图片和视频文件夹”窗口中，选中“添加要监视的文件夹”，单击“下一步”按钮，如图 8-170 所示。

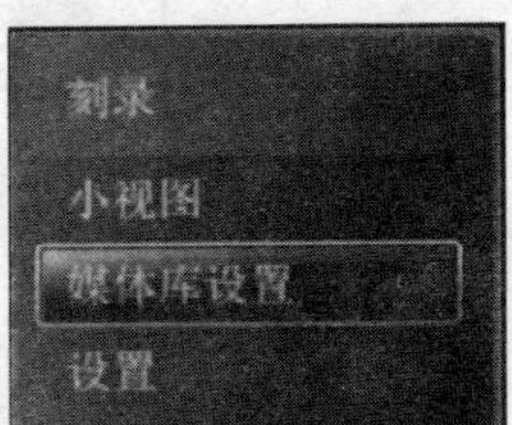

图 8-169

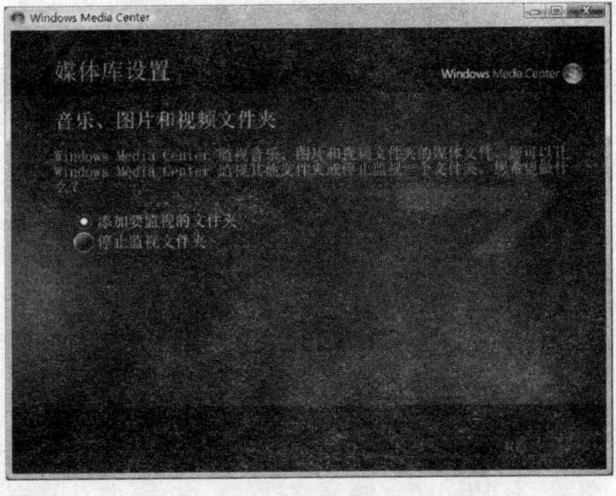

图 8-170

03 在这里根据需要选择目标文件夹所在路径，当前选择的是“添加本机上的文件夹”，如图 8-171 所示。

04 单击“下一步”按钮，在列表里选择图片所在分区或文件夹，如图 8-172 所示。

图 8-171

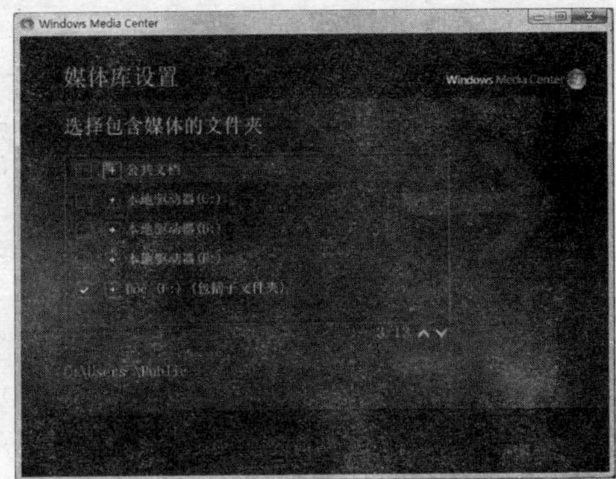

图 8-172

05 单击“下一步”按钮，在窗口中可以看到添加的路径列表，如图 8-173 所示。

06 单击“完成”按钮后将出现进度框，说明图片库正在导入指定路径中的图片信息，如图 8-174 所示。

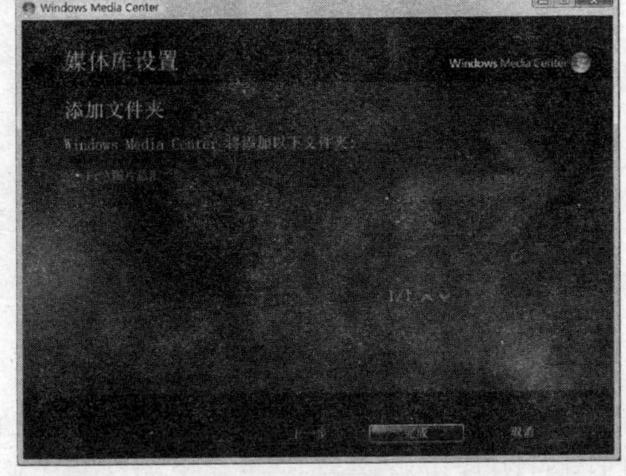

图 8-173

图 8-174

在耐心等待导入操作结束并返回到图片库窗口后，这项任务就结束了。

在表 8-7 中列出了 Windows Media Center 中支持的图片文件类型。

表 8-7

图片文件类型（格式）	文件扩展名
联合图像专家组	.jpg 和.jpeg
标记图像文件格式	.tif 和.tiff
图形交换格式	.gif
位图	.bmp
Windows 图元文件	.wmf
可移植网络图形	.png

提 示

媒体中心并不完全支持 gif 动画文件，在使用此文件格式时，仍可以查看图片图像，但图像不会呈现动画效果。

在“图片库”的列表中双击任一个缩略图，如果是文件夹则会进入其列表窗口，如图 8-175 所示。

通过窗口右下角给出的数字，可以看到当前文件夹中共有多少图片。单击任一个缩略图，当前窗口则会以满屏的方式显示此图片。如果要返回文件夹窗口，只需单击窗口左上角的“上一次”（左箭头形状）按钮即可。

在文件夹窗口中单击上方的“放映幻灯片”，可以使用动态的幻灯片来循环显示所有的图片。

如果双击的是文件的缩略图，会直接以满屏的方式显示此图片，如图 8-176 所示。

图 8-175

图 8-176

在图片上右击，在弹出的菜单中可以对当前图片执行一些基本操作，如图 8-177 所示。

图片详细信息：选择此项可以在打开的窗口中对图片进行多种操作，比如选择“修饰”可以执行红眼消除等应用，如图 8-178 所示。

图 8-177

图 8-178

旋转：单击一次可将图片按顺时针的旋转 90 度。

刻录：选择此项可以使用“数据 CD”方式进行光盘的刻录。

设置：进入 Windows Media Center 设置中心，可以对程序中的所有功能进行设置，如图 8-179 所示。

2. 视频库

单击“视频库”会切换到“视频库”窗口，在这里会列出“C:\Users\当前登录帐户名\Videos”文件夹中的内容，如图 8-180 所示。

图 8-179

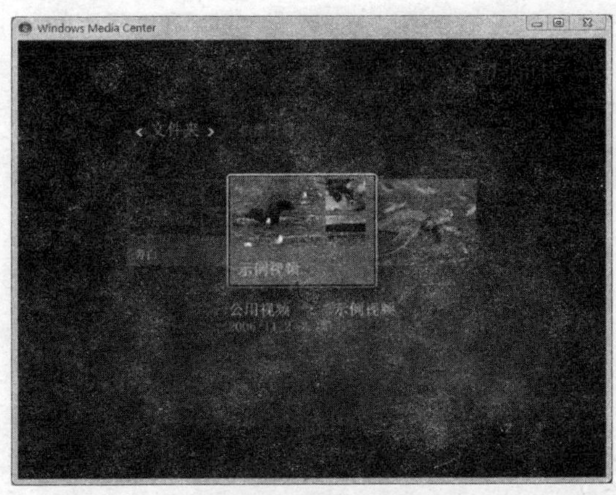
图 8-180

如果希望存储在其他位置的视频也出现在这里，只需在窗口中右击，在弹出的菜单中选择“媒体库设置”，根据提示即可完成视频文件夹的添加。

在“视频库”窗口中，如果双击文件夹缩略图则会进入其下的文件列表窗口。如果是双击文件缩略图，则会在窗口中播放视频。在右击任一个视频后，会弹出如图 8-181 所示的菜单。

视频详细信息：选择此项可以在打开的窗口中进行播放、删除以及查看视频播放时长等操作，如图 8-182 所示。

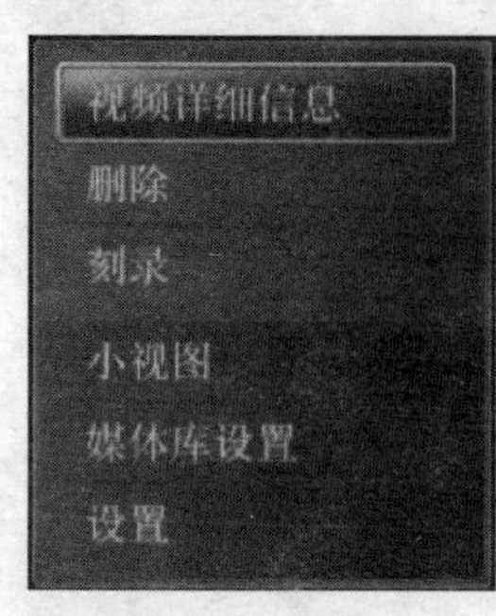

图 8-181

图 8-182

删除：可以将当前视频信息从视频库中删除掉。

刻录：选择此项可以在打开的窗口中使用“数据 CD”方式进行光盘的刻录。

小视图：选择此项后列表中的缩略图将缩小，以便容纳更多的缩略图。

媒体库设置：可以进入监视文件夹设置窗口。

设置：可以进入 Windows Media Center 设置中心，在其中可以对程序中的所有功能进行设置。

除了上述应用外，有电视卡（2007 年 Vista 发布以前购买的电视卡，绝大多数都无法通过 Windows Media Center 的识别）的用户可以尝试使用有线电视的欣赏与录制，有 DVD 光驱/刻录机的用户可以尝试 DVD 影片的播放与刻录等。限于篇幅，本书就不再细述了。

第 9 章 局域网与服务器

现在很多公司、家庭都有一台或多台计算机。如果将多台计算机组建成局域网的话，可以轻松实现资源的共享。而 Vista 也有很多功能都需要局域网环境才能发挥出来，如 WMP 的媒体库共享功能。

在 Vista 中除了局域网方面的应用外，还提供了大量的服务器技术。如可借助 IIS 组件来完成 Web 网站和 FTP 服务器的架设等。通过将计算机架设成服务器，往往可以让硬件性能优越的计算机网络功能彻底发挥出来。

下面本章将讲解 Vista 在局域网和服务器方面的应用知识。

9.1 网络概述

什么是网络？网络实际上就是一种计算机与计算机之间通过网线相连后形成的一个互连系统，它最主要的目的就是将计算机之间的数据进行共享。

9.1.1 网络的分类

通常，我们可以将网络简单地分为局域网（LAN，Local Area Network）和广域网（WAN，Wild Area Network）两大类。

1. 局域网

局域网指的是在一定距离内，将一组计算机连接起来的通信网络。按照不同的标准划分为不同的类型，如按其应用目的划分，可以分为家庭网、企业办公网、校园网等。如按局域网中计算机的关系和连接方式划分的话，Windows 可以使用主从式和对等式两种类型的网络结构。

所谓主从式结构，是指包含服务器和客户端两个基本组成部分的网络，这是一种中央集权式的网络，所有的控制权都归服务器所有。服务器在收到客户机提出的访问服务请求后，就会将相关数据传输给客户机。

在此结构中，各客户端都拥有一定的独立数据处理能力，彼此之间可以直接进行数据交互和资源共享，但均被服务器管辖。这种网络的特点是：

- 数据处理能力强、工作效率高。
- 网络的响应时间短。
- 便于组建和进行网络扩充。
- 数据的安全性和可靠性较差。
- 集中管理功能较弱。

所谓对等式网络，是指没有固定的服务器存在的网络——任何一台普通工作站都可以临时成为一台服务器。每一台计算机的地位都是平等的，它们之间既可以独立工作也可以协力完成工作。

在对等式网络中，所有计算机之间均可以直接进行数据交互和资源共享，如有一台计算机共享了它的打印机等外部设备后，网络中其他用户就可以很方便的进行共享使用。通常，基于工作组（一组拥有相同组名并且连接到一起的计算机的集合）的网络都是“对等式网络”。此种网络结构的特点是：

- 组建和扩展非常容易。
- 单机出现故障时，不会影响到整个网络的运行。
- 数据安全性较差。
- 不能集中管理用户。

2．广域网

广域网从广义上讲，就是可以将远距离的计算机、局域网和各种资源连接起来的网络，它可以通过电话线或卫星等方式进行网络连接，Internet 就是一种最典型的广域网络。

在 Internct 得以普及且内容呈高速多样化发展的趋势时，越来越多的人被海量的信息所吸引。此时，只有高速的网络才能够满足这种网络访问需求。随之，“宽带”服务应运而生。从 56Kbps 带宽的 Modem 到 512Kbps~8Mbps 带宽的 ADSL Modem（下面简称 ADSL），再到 2Mbps~100Mps 光纤宽带和 11Mbps~108Mbps 的无线网络，如今的个人上网环境已经得到了“翻天覆地”的变化。

其中，ADSL 由于受上行带宽 64KB~512KB 的限制，只能架设满足访问量极为有限的服务器，而服务器通常都是为成千上万的用户提供的，所以使用 ADSL 架设服务器是没有实质上的意义的，最多也就是供三五个人测试简单的服务器技术提供一个基础性的环境。真正可以应用于服务器的是光纤技术，通常 10Mbps~100Mbps 的光纤带宽就足以满足架设一个小型网站时的访问量需求，如一个内容不算太复杂的 100Mbps 光纤网站，在一个月内让几十万人来访问是毫不费力的。

9.1.2 拓扑结构

网络拓扑结构是指网络中各个端点相互连接的方法和形式。局域网的拓扑结构常见的有总线型、星型和环型 3 种拓扑结构。下面简单介绍下这几种结构。

1．总线型结构

总线结构是指各工作站和服务器均挂在一条总线上，各工作站地位平等，无中心节点控制，公用总线上的信息多以基带形式串行传递，其传递方向总是从发送信息的节点开始向两端扩散，如同广播电台发射的信息一样，因此又称广播式计算机网络。各节点在接受信息时都进行地址检查，看是否与自己的工作站地址相符，相符则接收网上的信息，如图 9-1 所示。

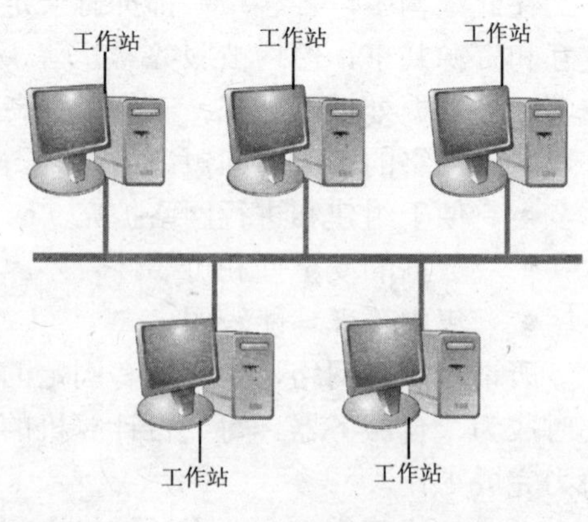

图 9-1

总线型结构的网络特点是结构简单，可扩充性好。当需要增加节点时，只需要在总线上增加一个分支接口便可与分支节点相连，当总线负载不足时还可以扩充总线；此种结构使用的电缆少，且安装容易。不足之处就是维护难，节点故障查找起来比较烦琐。

2．星型结构

这是最常使用的网络结构。星型结构的网络有中央节点，工作站和服务器都与中央节点直接相连，这种结构具有以下几个优点：

- 结构简单，便于管理。
- 控制简单，便于建网。
- 网络延迟时间较小，传输误差较低。
- 工作站出现故障时，不会影响整个网络。

基于以上优点，星型拓扑结构已成为了目前使用最多的局域网结构，如图 9-2 所示。

星型拓扑结构的中央节点通常是 HUB（集线器）、交换机或路由器，因此中央节点出现问题时将会引起整个网络的瘫痪。

星型拓扑结构可以具有多层，这样可以轻松进行网络范围的拓展。如一个工厂有多个办公区时，每个办公区都可以用一个交换机等网络设备进行网络接入和网络分配，如图 9-3 所示。

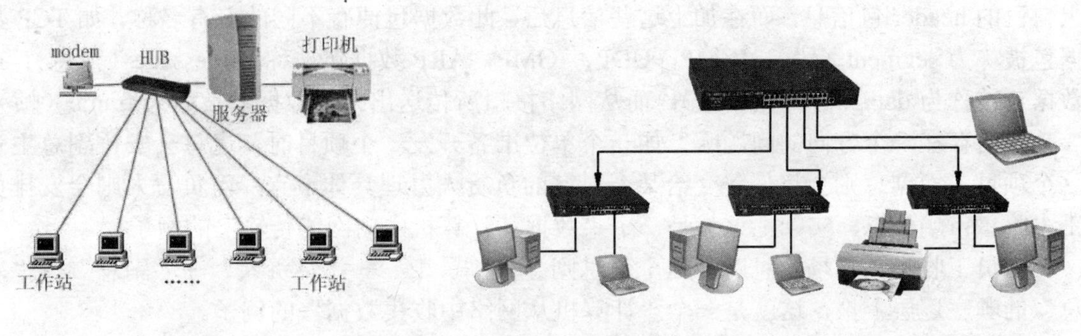

图 9-2　　　　图 9-3

这种结构最大的优势就是可以有效减少网线的使用，将所有的计算机以节点化分段管理。

3．环型拓扑结构

环型结构由网络中若干节点通过点到点的链路首尾相连形成一个闭合的环，这种结构使用公共传输电缆组成环型连接，数据在环路中沿着一个方向在各个节点间传输，如图 9-4 所示。

由于这种网络结构一般不会接触到，所以在此略过。

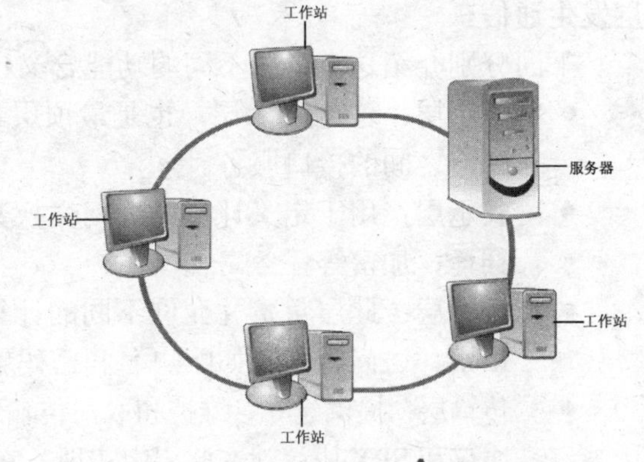

图 9-4

9.1.3 OSI 模型

OSI（Open Systems Interconnection）也称开放系统互连，它是在 1978 年由国际标准化组织（International Organization For Standardization，ISO）发布的一套规范，用于规定不同

的设备之间相互连接的网络体系结构。通过二十多年的使用，OSI 已成为公认的网络标准。

OSI 模型把网络结构抽象地分成如图 9-5 所示的七层，每一层都是按功能与流程进行划分的。当数据从计算机中向网络传输时，将按“应用层”→“物理层”方向进行；当计算机从网络中接收数据时，则是依照“物理层”→“应用层”的方向进行。

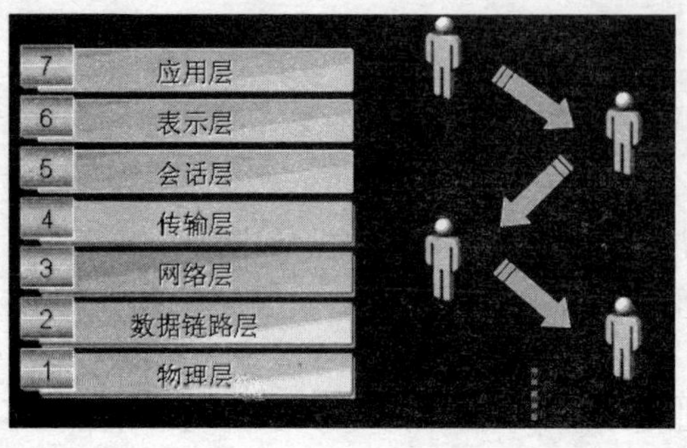

图 9-5

当要传送信息给网络上其他计算机时，这些信息在通过当前计算机内的网卡传送出去之前，会先被切割成称为“数据包（Packet）”的数个小段后再送出。管理员可以利用“网络监视器”来捕获当前计算机传送出去的数据包，也可以捕获从其他计算机传送给当前计算机的数据包，然后通过分析这些数据包来协助诊断与解决各种类型的网络问题。

当一个数据包在 TCP/IP 堆栈（Stack）的各层中移动时，每一层中的通信协议都会加上自己的 header 包信息，而在加上这些信息后，此数据包便有不同的专有名称，如 TCP 数据包被称为 segment（段）；ICMP，UDP，IGMP，ARP 数据包被称为 message（消息）；IP 数据包被称为 datagram（数据报）；而从网络接口所传送出来的数据包被称为 frame（帧）。

为何存在一个方向的问题呢？如一个单位准备开发一个项目时，老总会安排副总主管这个项目，而副总则会将任务交给某个科室的负责人办理具体事宜，而负责人则会安排员工去收集市场信息。实际上这就是一个“数据从计算机中向网络传输”的例子。

当员工收集到市场信息时，这个信息则会依“员工”→“负责人”→“副总”→“老总”的顺序逐层上报，这就是一个“计算机从网络中收集数据”的例子。

通过上述解释就可以看出，一件事需要多个“层”来协力完成，不要指望一个层就能完成所有的工作，因为这个“层”根本就忙不过来。只有分工明确，才是提高工作效率的良好方法。同样的道理，在 OSI 模型中的每一层中都有各自的任务，且每一层只和相邻的层发生通信。

下面分别介绍这 7 个层不同的功能含义：

- 应用层：这是第 7 层，也是最顶层。它提供了网络与应用软件（如邮件客户端程序）之间的接口服务。
- 表示层：用于定义计算机之间交换数据的格式，并负责协议的转换和数据格式的翻译、加密等任务。
- 会话层：此层负责并允许不同的计算机之间建立连接。它可以完成计算机名称的识别、访问验证（如账户名和密码输入验证等操作）等任务。
- 传输层：提供建立、维护和取消传输连接的功能，负责可靠、稳定地传输数据。TCP 协议和 SPX 协议就在此层中实现。它可以实现对会话层和网络层进行增强、加固。
- 网络层：负责处理网络间的路由，如将数据包中的逻辑地址和名字翻译成物理地址。它可以确保数据得到及时的收发，IP 协议就在此层中实现。也就是用于确定数据可以使用哪些路径。
- 数据链路层：负责对数据包进行封装并打包成帧，执行控制数据流量、确认数据帧、检查数据帧错误（发错重传）、识别数据帧地址等任务，由此可以完成数据的无错传输。

- 物理层：这是 OSI 模型的第一层，也是最底层。它确定了电缆与网卡的连接方式，以及发送数据时使用的传输技术，在此层上传输的数据是无结构的原始数据。实际上，它用于识别网卡的硬件设置并与之进行配合。

9.1.4 TCP/IP 协议

网络的每一层功能都是以协议的形式描述，协议定义了某层跟另一（远方）系统中的一个类似层（对等层）通信所使用的一套规则和约定。每一层向相邻上层提供一套确定的服务，并且由相邻下层提供的服务，向远方对等层传输与该层协议相关的信息单元。如传输层为它上面的会话层提供可靠的与网络无关的信息传输服务，并且使用其下面网络层所提供的服务，将与传输层协议有关的一组信息单元传送给另一系统中的对等传输层。

常见的网络传输协议有 NetBEUI，TCP/IP 和 IPX 等，TCP/IP 通信协议是 Transmission Control Protocol/Internet Protocol 的简写，它是目前最完整、最复杂、最庞大，但却被普遍接受的通信协议标准。TCP/IP 是一整套的数据通信协议，这个名字实际上是由 TCP（传输控制协议）和 IP（网间协议）组成的。

TCP/IP 通信协议可以将使用不同的硬件、不同的软件（如 Linux，Windows，UNIX 等）的计算机实现相互的通信。如果计算机打算与网络亲密接触，就必须安装 TCP/IP 协议。TCP/IP 协议可分为以下两种：

- 核心协议：为所有其他应用程序和其他应用层协议提供基本服务。核心协议包括 IP，APR，ICMP，IGMP，TCP 和 UDP 等。
- 应用层协议：便于数据的交换和简化 TCP/IP 网络管理，方便应用程序调用底层服务，包括超文本传输协议（HTTP）、文件传输协议（FTP）、简单邮件传输协议（SMTP）、终端仿真协议（Telnet）、域名系统（DNS）、路由选择信息协议（RIP）和简单网络管理协议（SNMP）等。

在所有的协议中，TCP 和 IP 是其中最重要的协议。TCP 协议提供了面向连接的字节流运输层服务。面向连接意味着两个使用 TCP 的应用在彼此交换数据之前必须先建立一个 TCP 连接。IP 协议则用于正确地将数据传送到已经使用 TCP 协议连接到的网络，但是它并不检验数据是否被正确地接收。

如果说 OSI 只是一种理论上的标准，那么 TCP/IP 协议则是面向用户的标准。在实际的网络应用中，就是使用 TCP/IP 协议。在 TCP/IP 协议中，OSI 模型被压缩为四层。即把 OSI 模型的上三层（应用层、表示层和会话层）共同称为“应用层”，此层负责把数据进行包装和组织起来。把它的下四层分为“传输层”、Internet 层和网络接口层。它们共同负责将数据传输出去或是接收进来。由于 TCP/IP 协议是一整套的协议集合，所以在这四层中实际上就包含了这些不同的协议，在图 9-6 中可以看到 OSI 模型、TCP/IP 协

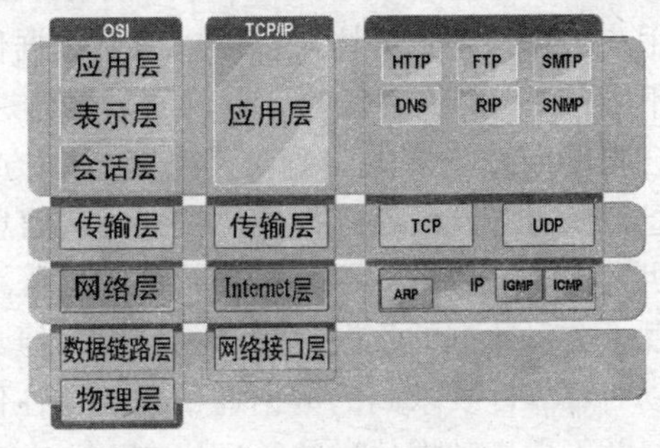

图 9-6

议和子协议的对应关系。

1．应用层

在应用层中提供了 6 项常用的协议，这些协议都可以称为“应用层协议”。下面分别介绍这几个协议。

- HTTP 协议又称“超文本传输协议”，它的英文全称为 Hyper Text Transfer Protocol，是用于 WWW 中传输信息的协议，常用于使用 IE 浏览器进行网页内容的浏览与下载。HTTP 地址是“统一资源地址”（URL）的一种，它的形式为：http://www.microsoft.com。

提示

HTTP 和 HTTPS 协议的不同之处，在于前者是明文传输数据，后者是以加密方式传输协议。

- FTP（File Transfer Protocol）协议，是 TCP/IP 协议套件的一个成员，用于通过网络在两台计算机之间复制文件。两台计算机分别扮演了两个 FTP 角色：一台必须是 FTP 客户端，另一台是 FTP 服务器。但这种角色并不总是一成不变。只要需要，这种角色随时都可以颠倒。
- SMTP（Simple Mail Transfer Protocol）即“简单邮件传输协议”。是 TCP/IP 协议套件的成员之一，用于管理邮件的收发。
- DNS（Domain Name System）又称“域名系统”，当我们不使用 IP 地址，而用域名对一台服务器进行访问时，就需要使用 DNS 服务器在网络中高速查找要访问的服务器，并由它完成“域名→IP 地址”的转换。它最大的用处就是方便我们记忆一些网站或是服务器的名称。
- RIP（Routing information Protocol）即“路由器信息协议”，它的作用就是控制数据通过哪些网络路径。
- SNMP 即“简单网络管理协议”，用于监视网络的协议。

2．传输层

在传输层中有两个非常重要的协议，它们分别是 TCP 和 UDP。它们属于 TCP/IP 协议的“核心协议”。

TCP（Transmission Control Protocol，传输控制协议）协议和 UDP（User Data Protocol，用户数据报协议）协议都可以用于数据传输。两者的主要区别在于两者的传递方式可靠程度不同。TCP 协议中包含了专门的数据传递验证机制，当数据接收方收到发送方传来的信息时，会自动向发送方发出确认消息；发送方只有在接收到该确认消息之后才会继续传送其他信息，否则将一直等待并直至收到确认信息为止。如 A 机向 B 机传送文件，B 机要不断地向 A 机发送验证数据。这个交互数据的过程在实际执行的过程中会占用系统资源，进而在一定程度上会对数据的收发速度产生影响。但其却可以保证已经接收的数据与源数据并无差异，所以对可靠性要求高的数据通信系统往往使用 TCP 协议传输数据。与 TCP 协议不同，UDP 协议并不提供数据传送的验证机制——在整个文件传输过程中如果出现数据报的丢失，协议本身并不能做出任何的检测或提示。因此，通常人们把 UDP 协议称为不可靠的传输协议。UDP 协议适用于无须应答、要求时效的软件使用，如，看网络电视的应用就适合使用 UDP 协议。

那么，UDP 协议就没有可靠性而言了吗？事实上，UDP 协议也是有一定的可靠性的，只不过它的可靠性是由应用层来负责。

3．网络层

在网络层中同样有 4 个重要的协议，它们分别是 ARP，IP，IGMP 和 ICMP。下面分别介绍这几个协议。

- ARP（Address Resolution Protocol）即“地址解析协议”。是获得同一个物理网络中的硬件主机地址的协议。由于网卡既具有 IP 地址也有 MAC 地址，在不同的协议中不能同时使用，只能选其一。这两个地址的提供就是由 ARP 寻找出来并提供的。此协议的名称 ARP 实际上也是一个命令行中可以使用的命令。在本章后面的“9.5.3 网络命令”第 8 小节中会有关于 ARP 命令的内容详解。
- IP（Internet Protocol）是 TCP/IP 协议套件中的可路由协议。它负责 IP 地址寻址、路由选择和 IP 数据包的分割和组装。这是非常重要的协议，这一点只需从 TCP/IP 这个名称就包含了 IP 协议这一点就可以看得出来。
- IGMP（Internet Group Multicast Protocol）即“Internet 组管理协议”。该协议运行于主机和主机直接相连的组播路由器之间，是 IP 主机用于报告多址广播组成员身份的协议。用户可以一方面通过 IGMP 协议通知本地路由器希望加入并接收某个特定组的信息；另一方面，路由器通过 IGMP 协议周期性地查询局域网内某个已知组的成员是否处于活动状态。

IGMP 协议的主要作用是解决网络上广播时占用带宽的问题。在网络中，当给所有客户端发出广播信息时，支持 IGMP 的交换机会将广播信息不经过滤地发给所有客户端。但是这些信息只需要通过组播的方式传输给某一个部分的客户端。

- ICMP（Internet Control Message Protocol）即“Internet 控制消息协议”。它是 TCP/IP 协议套件中的一个子协议，用于在 IP 主机、路由器之间传递控制消息。控制消息是指网络通不通、主机是否可达、路由是否可用等网络本身的消息。这些控制消息虽然并不传输用户数据，但是对于用户数据的传递起着重要的作用。

我们在网络中经常会使用到 ICMP 协议，如经常用于检查网络通不通的 Ping 命令，这个 Ping 的过程实际上就是 ICMP 协议工作的过程。还有其他的网络命令如跟踪路由的 Tracert，Pathping 命令也是基于 ICMP 协议的。

9.1.5 网卡的地址

网卡是让计算机与网络联通的网络设备，它对应了 OSI 模型中的“物理层”。在网卡中有两种地址，一是 IP 地址，二是 MAC 地址。计算机在网络中的身份，以及通过网络被管理时，都离不开这两个地址的协助。

在 Vista 中，支持 TCP/IPv4 和 TCP/IPv6 两种版本的 IP 地址。可能通过很多种方式对它们进行管理。使用以下任意一种方法打开“网络连接”窗口后，通过“本地连接”（即第一块网卡）提供的设置功能来完成相关的管理任务。

- 在“开始”菜单的“搜索”栏中，输入 Ncpa.cpl 命令并按下 Enter 键。
- 选择“开始”→“网络”命令，在打开的“网络”窗口中单击“网络和共享中心”，如图 9-7 所示。

在接着打开的“网络和共享中心”窗口，单击左侧任务列表中的“管理网络连接”项，如图 9-8 所示。

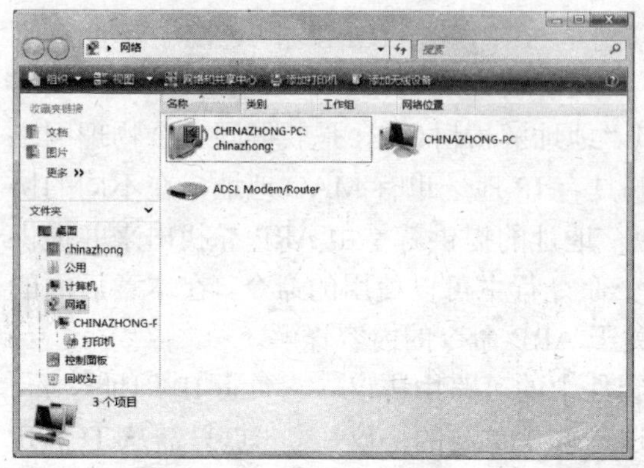

图 9-7

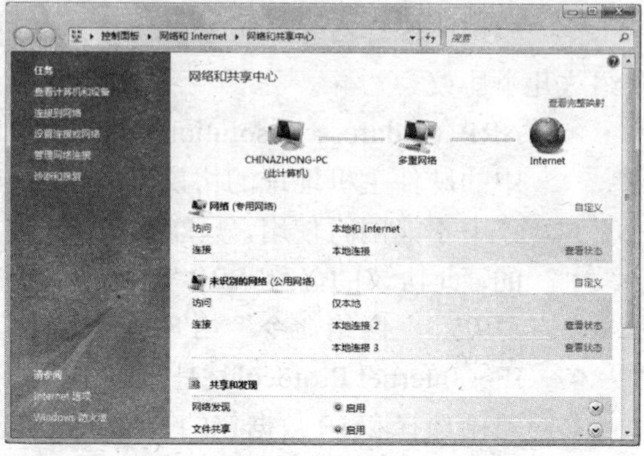

图 9-8

1. TCP/IPv4 地址

TCP/IPv4 中的 IP 地址由 32 位二进制数字组成，并且每 8 位被分成一组，共 4 组。组与组之间由半角句号（俗称“点”）分开，这种书写方法叫做点分表示法。为了便于人们记忆，每组数字一般都是以十进制数字标识，如 202.102.48.141。

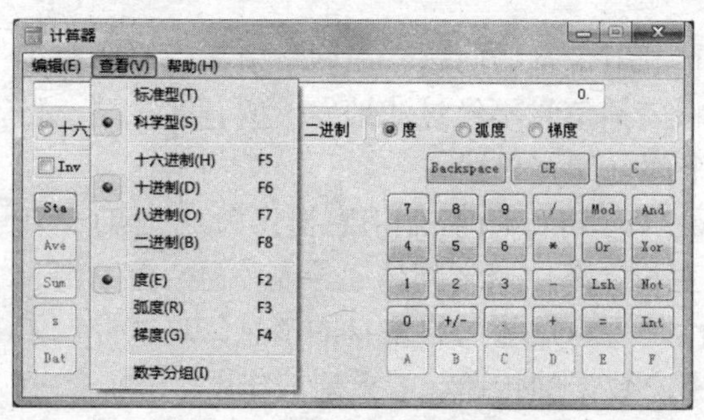

图 9-9 “科学型”计算器

要进行二进制与十进制之间的数字换算，选择“开始”→“所有程序”→“附件”→“计算器”命令，在打开的“计算器”窗口中依次选择“查看”→“科学型”命令。在切换到的如图 9-9 所示的窗口中，即可进行相应的换算。

此时，在选中十进制并输入数字后，再单击选中窗口的“二进制”项即可实现“十进制”→“二进制”的数据转换计算。反之，则可以实现“二进制”→“十进制”的数据转换计算。在进行转换操作时，要分组进行转换，如表 9-1 所示。

表 9-1 换算数据

二进制	11001010	1100110	110000	10001101
十进制	202	102	48	141

IP 地址包含了 Network（网络识别码，每个网络只有一个唯一的网络识别码。）和 Host ID（主机识别码，同一个网络的每台主机都必须有唯一的一个主机识别码。）两部分内容。IPv4 最多可以标识约 43 亿台主机，所有的 IP 地址都是由专门的组织（ICANN）负责的。

提示

目前，IP 地址几乎都在使用 IPv4 版本。而新版的 IPv6 可以使用 128 位来表示 IP 地址，其容纳的 IP 地址数量之多，让人们戏称“连地球上的每粒沙子都可以有个 IP 地址”。

IP 地址可以分为 A、B、C、D、E 五类。通常，使用的 IP 都属于 A、B、C 三类，而 D、E 类用于特殊用途。下面介绍 A、B、C 三类 IP 地址的使用。

在 A、B、C 三类 IP 地址中，使用了不同长度的网络部分和主机部分来表示地址，如表 9-2 所示可以看到三类 IP 地址中四组数据的使用区别。由于每个 IP 地址的网络部分数字决定了它默认的子网掩码，所以有必要了解网络部分和主机部分的数字范围。

表 9-2　IP 地址的结构

IP 类型	IP 地址	网络部分	主机部分	W 值可为	网络数	主机总数
A	w.x.y.z	w	x.y.z	1~126	126	16777214
B	w.x.y.z	w.x	y.z	128~191	16384	65534
C	w.x.y.z	w.x.y	z	192~223	2097152	254
D				224~239		
E				240~254		

对于专业的网络管理人员来说，必需了解以下知识：

A 类地址：适合于超大型的网络。在将 IP 地址分为 w.x.y.z 四个组（即四个字节）时，其中的 w 是其网络部分，w 值的可用范围是 1~126，所以可以提供 126 个 A 类的网络数。而主机部分是 x.y.z 三个字节（1Byte=8bit），因此 24 位可以支持（2^{24}）－2=16777216－2=16777214 台主机。

B 类地址：适合于大、中型网络，其网络部分占用 w.x 两个字节，由于 w 的可用范围是 128~191，因此可以提供（191－128+1）×256=16384 个网络数。而主机部分共占用 y.z 两个字节，因此每个网络可以支持（2^{16}）－2=65536－2=65534 主机。

C 类地址：适合办公及家庭小型网络，其网络部分占用 w.x.y 三个字节，由于 w 的可用范围是 192~223，所以它可以提供（223－192+1）×256×256=2097152 个 C 类网络。而主机部分只占用 z 一个字节，所以每一个网络只能使用（2^{8}）－2=254 台主机。

现在来解释一下上述计算中的一些可能会让读者们困惑的地方：

困惑 1：在 W 值中 127 为什么不能是网络部分？这是因为 127 是一个保留的地址，它表示本机地址，主要用于测试网卡与驱动程序是否正常运行。

困惑 2：为什么要减 2？这是因为每一个网络的第 1 个是代表网络本身，最后一个 IP 地址代表广播地址，这两个地址不能直接被主机使用，所以要减去 2 才能得到实际上可以使用的主机台数。以 192.168.1.0 这个 C 类网络为例，192.168.1.0 就是网络本身，而主机部分则为 192.168.1.1~192.168.1.254，192.168.1.255 是保留给广播用途的。

还有一些特殊的 IP 地址。这些 IP 的出现都具有不同的含义，如一些 IP 的出现表示网络环境已经出现了问题。

（1）0.0.0.0。严格说来，0.0.0.0 不是一个真正意义上的 IP 地址。它表示的是所有不清楚的主机和目的网络的集合。这里的“不清楚”是指在本机的路由表里没有特定条目指明如何到达的 IP 地址。

（2）224.0.0.1。组播地址，注意与广播的区别。从 224.0.0.0～239.255.255.255 都是这样的地址。224.0.0.1 特指所有主机，224.0.0.2 特指所有路由器。这样的地址多用于一些特定的程序以及多媒体程序。如果计算机开启了 IRDP（Internet 路由发现协议，使用组播功能）功能，那么计算机的路由表中应该有这样一条路由。

（3）169.254.x.x。如果计算机使用了 DHCP 功能自动获得一个 IP 地址，那么 DHCP 服务器发生故障，或响应时间太长超出系统规定时间时，系统会为计算机分配这样一个地址。

（4）私有 IP 地址（Private IP）。在 A、B、C 三类网中，如下三段网络地址为私有 IP 地址段，任何人都可以自行在自己的局域网中使用这些 IP 地址。

- 10.0.0.1~10.255.255.254
- 172.16.0.1～172.31.255.254
- 192.168.0.1~192.168.255.254

这些地址被大量用于内部网络中，一些交换机、路由器也往往使用 192.168.1.1 作为缺省地址。私有网络由于不与外部互连，因而只能够在内部网络中使用。如果要使用私有地址接入 Internet，需要使用 NAT（Network Address Translation，网络地址转换技术）将私有地址翻译成公用的合法地址。

除了 IP 地址外，网卡还有一个 MAC 地址，这是一个 48 位的二进制地址，它常用 12 位的十六进制表示。这是网卡的物理地址，也是绝不重复的地址。在交换机等网络设备或一些专业的网络管理软件中，都使用 MAC 地址对计算机进行集中管理。

在“命令提示符”窗口中，使用 IPconfig 命令可以查看网卡的 IP 地址。使用 IPconfig /all 命令可以查看到网卡的 IP 地址与 MAC 地址。通常，执行命令后会得到如下信息，其中以粗体显示的“物理地址”就是 MAC 地址：

```
C:\Users\chinazhong>ipconfig /all
Windows IP 配置
   主机名 . . . . . . . . . . . . . . . . : chinazhong-PC
   主 DNS 后缀 . . . . . . . . . . . :
   节点类型 . . . . . . . . . . . . . : 混合
   IP 路由已启用 . . . . . . . . . . : 否
   WINS 代理已启用 . . . . . . . : 否
以太网适配器 本地连接:
   连接特定的 DNS 后缀 . . . . :
   描述. . . . . . . . . . . . . . . . . . . . : Realtek RTL8168/8111 Family PCI-E Gigabit
 Ethernet NIC (NDIS 6.0)
   物理地址. . . . . . . . . . . . . . . . : 00-19-DB-5F-96-BA
   DHCP 已启用 . . . . . . . . . . . : 是
   自动配置已启用. . . . . . . . . . : 是
   本地链接 IPv6 地址. . . . . . . : fe80::e9cf:638b:d437:4cd6%8(首选)
```

IPv4 地址 . . . . : 192.168.1.170(首选)
子网掩码 . . . . : 255.255.255.0
获得租约的时间 . . . . : 2007 年 4 月 4 日 10:03:56
租约过期的时间 . . . . : 2007 年 4 月 5 日 14:12:36
默认网关. . . . . : 192.168.1.1
DHCP 服务器 . . . . : 192.168.1.1
DHCPv6 IAID . . . . : 201333211
DNS 服务器 . . . . : 192.168.1.1
TCPIP 上的 NetBIOS . . . . : 已启用

如需更改 MAC 地址具体操作步骤如下：

01 在“开始”菜单的“搜索”栏中，输入命令 Ncpa.cpl 按 Enter 键打开“网络连接”窗口，如图 9-10 所示。

02 在“网络连接”窗口中右击要更改 MAC 地址的“本地连接”，选择属性。在弹出的对话框中可以看到有“Internet 协议版本 6（TCP/IPv6）”和“Internet 协议版本 4（TCP/IPv4）”两种 IP 地址，如图 9-11 所示。

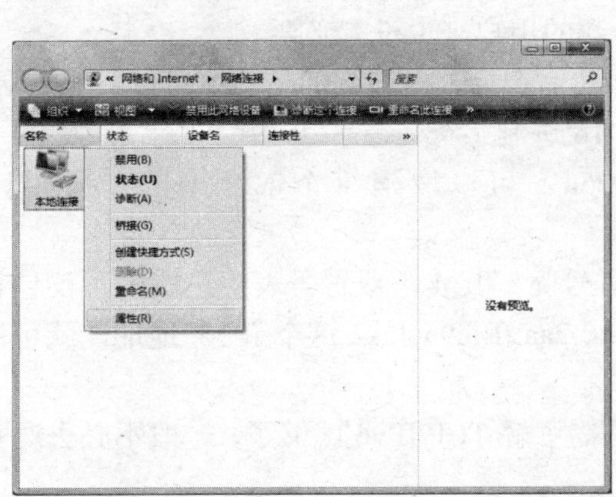

图 9-10

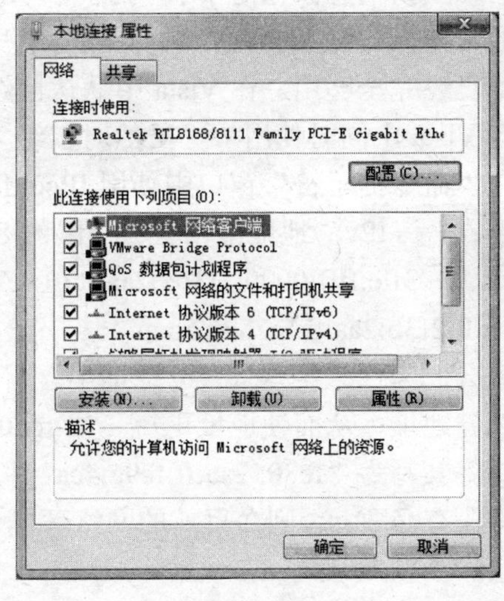

图 9-11

03 单击“连接时使用”项右侧的“配置”按钮，弹出对话框。选择“高级”选项卡中的“网络地址”项，如图 9-12 所示。

04 在右侧“值”文本框中输入新的 MAC 地址（如，000AE46411A1）。

注 意

输入的 MAC 地址不能有“-”符号，如 00-0A-E4-64-11-A1 格式，正确的输入格式为 000AE46411A1。

05 单击“确定”按钮并重启计算机使修改生效即可。

在局域网应用中，将网卡的 IP 地址和 MAC 地址进行捆绑可以避免很多 IP 配置冲突方面的问题。具体操作步骤如下：

01 在“命令提示符”窗口中使用 IPconfig /all 命令，查出网卡的 IP 地址和 MAC 地址。

02 输入“ARP -s IP 地址 MAC 地址”（如 ARP –s 192.168.1.9 00-E0-4C-41-37-E1）命令，即可将 IP 地址与 MAC 地址进行捆绑。

ARP 命令的 3 个参数的作用如下：

- -s：将相应 IP 地址与 MAC 地址捆绑。
- -d：删除所给出的 IP 地址与 MAC 地址的捆绑。
- -a：通过查询 ARP 协议表，来显示 IP 地址和对应 MAC 地址的情况。

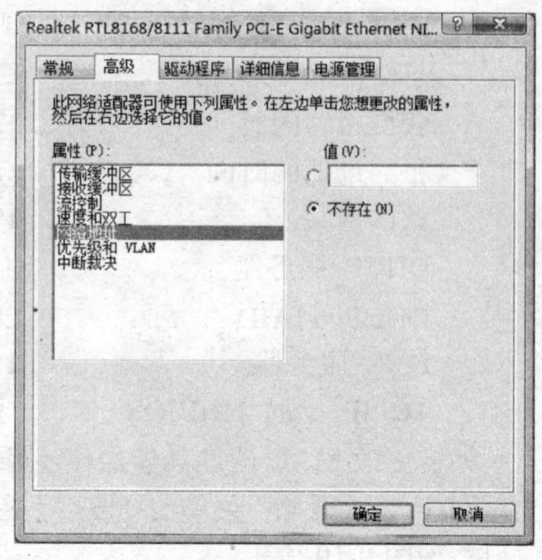

图 9-12

2. TCP/IPv6 地址

TCP/IPv6（Internet 协议版本 6）是一个协议集，用于计算机通过 Internet 以及家庭与商业网络交换信息。相对于 IPv4 而言，IPv6 允许分配更多的 IP 地址。

通常，对于普通的家庭和小型办公用户来说，是不需要使用 TCP/IPv6 的。因为 TCP/IPv4 的地址已经完全够用。在 Vista 中默认已经支持 IPv6，这表示用户可以将 IPv4 地址与 IPv6 地址在 Vista 中同时使用——虽然对于绝大多数的用户来说没有必要。

在“命令提示符”窗口中使用 IPconfig /all 命令后，在得到的信息中可以看到 IPv6 的地址形式——IPv6 地址由以冒号分隔的 8 组 16 进制字符（数字 0 ～ 9，字母 A ～ H）构成，如 3ffe:ffff:0000:2f3b:02aa:00ff:fe28:9c5a。可以取消每个部分中的前导零，如 3ffe:ffff:0:2f3b:2aa:ff:fe28:9c5a。

那么，为什么某些 IPv6 地址中含有双冒号呢？其实，双冒号表明已取消了仅包含零的那部分地址，从而使地址更短。如 fe80:0:0:0:2aa:ff:fe9a:4ca2 这个 IPv6 地址，就可以根据需要将其写为“fe80::2aa:ff:fe9a:4ca2。”。

除非有必要，否则在目前的网络环境中只需了解 TCP/IPv6 就够了，一般不必去对其进行设置。

在 9.1 节中，讲解得都是很枯燥的理论知识，对其不熟悉的读者不要试图一下子去理解它们，因为这些需要慢慢在实践应用中去了解。此外， 在 9.1.5 节 IP 地址中还包含子网掩码等方面没有讲解的知识，因为这些在实际应用中再去讲解相对容易理解。

9.2 组建局域网

在 Vista 中组建局域网是件很容易的事情，从仅有两台计算机的家庭、办公小型局域网到上千台计算机的超大型企业网络，它都可以胜任有余。

在本节中，将讲解具有代表性的几种小型局域网组建方式。基于工作组模式的局域网均可以在这几种局域网的基础上参考完成。

9.2.1 “直联”式双机局域网

如果有两台安装了 Vista 的计算机需要临时组建成局域网，以便快速共享数据。则可以考虑使用下面介绍的方法，在几分钟内完成两台计算机直接相连，进而创建出无需中央节点的局域网。

在进行组建操作之前，需要准备如下硬件：

- 分别安装好网卡的两台 Vista 计算机。
- 两个 RJ45 水晶头和网线钳一把。
- 1~2 米左右的双绞线一根。

再执行如下操作：

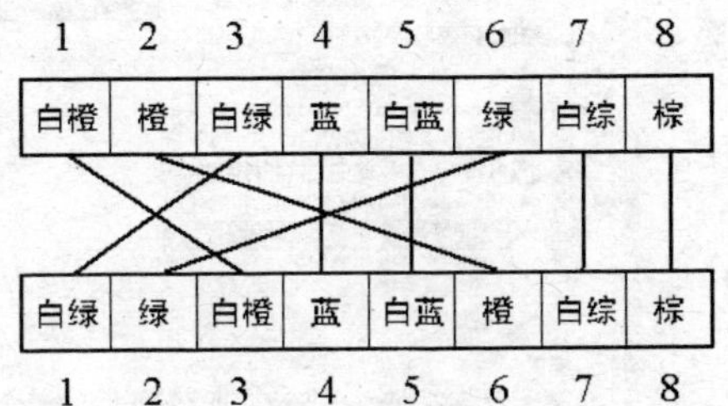

图 9-13 网线两端的线序

01 使用网线钳将双绞线的两端分别剥开外皮 1.5~2cm，将其任一头的线序从左到右按“白绿、绿、白橙、蓝、白蓝、橙、白棕、棕”的顺序排列好、理顺；将另一头的线序从左到右按“白橙、橙、白绿、蓝、白蓝、绿、白棕、棕”的顺序排列好、理顺，如图 9-13 所示。

> 提 示
>
> 因为双绞线的 1、2 线用于发送数据，3、6 线用于接收数据，所以这 4 个线头的顺序不能错。

02 用网线钳的刀口分别将网线每一端的 8 根线头切齐、切短至有外皮的网线也有部分可以进入水晶头内后，再将 8 根线头一并插入 RJ45 水晶头，直到能够从水晶头的头部清楚地看到每根线的铜芯为止。这时将水晶头放到网线钳的压线口中，用力握紧压线钳的把手，将双绞线和水晶头压制在一起。

03 将制作完成的网线两端水晶头分别插入两台计算机的网卡插槽中，完成硬件的制作与连接部分操作。

04 在“运行”栏中使用命令 Ncpa.cpl 打开“网络连接”窗口，右击“本地连接”图标，在弹出的快捷菜单中选择“属性”项进入“属性”对话框。

05 在如图 9-14 所示的对话框中，确认“此连接使用下列项目”列表中“Microsoft 网络的文件和打印机共享”项处于勾选状态，选中“Internet 协议版本 4（TCP/IPv4）”项并单击“属性”按钮。

> 提 示
>
> 要确认“Microsoft 网络的文件和打印机共享”项处于选中状态，这样才能保证双方能看得见对方。

06 打开如图 9-15 所示对话框，选中“使用下面的 IP 地址”项后，在“IP 地址”栏中输入一个 C 类 IP 地址，如 192.168.1.9。再按 Tab 键切换到子网掩码项，会自动根据所输 IP 地址的所属 IP 段填充好相应的子网掩码，如 C 类 IP 地址就会自动输入 255.255.255.0。

接着，根据所输 IP 地址范围，输入一个范围内允许的默认网关地址，如 192.168.1.1。

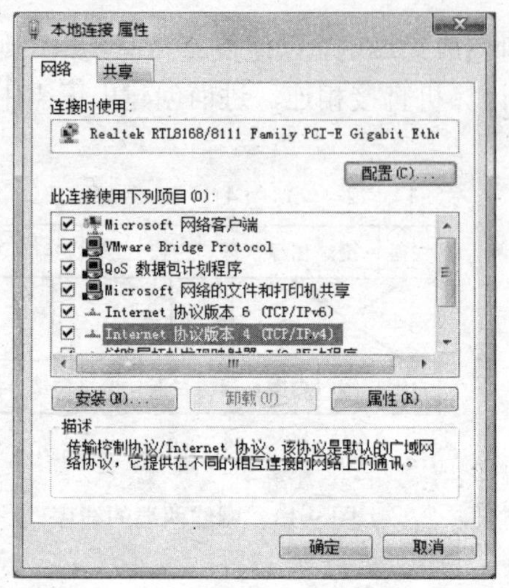

图 9-14

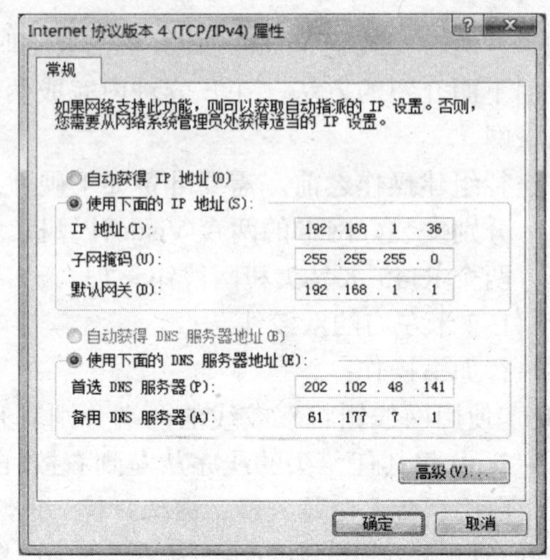

图 9-15

网关地址主要用于转发 IP 地址。如 A 机若要与同一个子网的 B 机通信，可以直接将信息发送给 B 机。但是，A 机若要与不同子网的 C 机发生通信，则必须将信息传送给路由器，再由路由器负责传送给 C 机。一般来说，若一台主机要通过路由器来转送信息，则必须事先将默认网关指定到路由器的 IP 地址。网关的作用在于，如果在当前的本地路由表中没有找到合适的路由，默认路由就会将数据转发到默认的网关地址，以便将数据报转发到网络中的其他路由器上，最终到达一个目标地址。

需要说明的是，同样占用 32 位地址的子网掩码（Subnet Mask）主要有两大功能：

- 用来区分 IP 地址中的网络和主机部分。
- 用于将网络分割为数个子网。

当 IP 网络内的主机在相互通信时，它们利用子网掩码得出双方的网络部分，进而得知彼此是否在同一个网段内。对于采用 TCP/IP 协议的网络来说，子网掩码就相当于一块蒙版，主机把目标 IP 地址和这个蒙版合并，就可以看出目标 IP 所属的网段。如表 9-3 所示在将 IP 地址与子网掩码进行 AND 逻辑计算时，两者的数字如果均为 0，则结果为 0；如果均为 1，则结果为 1；如果一个为 0 一个为 1，则结果为 0。

表 9-3　子网掩码计算

192.168.1.3	11000000	10101000	00000001	00000011
子网掩码	11111111	11111111	11111111	00000000
192.168.1.5	11000000	10101000	00000001	00000101
子网掩码	11111111	11111111	11111111	00000000
结果 1	11000000	10101000	00000001	00000000
换算	192	168	1	0
结果 2	11000000	10101000	00000001	00000000
换算	192	168	1	0

通过两个结果的最终换算得到的 IP 地址可以看出，两个 IP 地址为同一个网段内，因此经它们可以直接通信，如果不同则需要转发。

作为普通的网络用户，只需了解以下最常用的子网掩码即可：

一是 C 类网的默认子网掩码是 255.255.255.0。它可以提供 256 个 IP 地址，但实际可用的 IP 地址数量是 256 减去 2，即 254 个。因为普通用户组建网络时的计算机数量一般不会超出 254 台，所以大多都是使用这个子网掩码。

二是 B 类网的默认子网掩码是 255.255.0.0。它可以提供 256 的二次方个 IP 地址。但是实际可用的 IP 地址数量是 256 的二次方减去 2，即 65534 个。如果网络的规模超过 254 台计算机时，就可以考虑使用 B 类网。

三是 A 类网的默认子网掩码是 255.0.0.0。它可以提供 256 的三次方个 IP 地址，即 16777216－2=16777214 个。如果网络的规模超过 65534 台计算机时，就必须使用 A 类网。

07 设置完毕，单击“确定”按钮关闭所有与“本地连接”相关的窗口。

08 在第二台计算机中进行同样的本地连接的设置操作，其中只有 IP 地址设置不同，如设置为 192.168.1.33。

09 分别在两台计算机的“开始”→“搜索”栏中输入命令 Sysdm.cpl 并按 Enter 键打开“系统属性”对话框，在“计算机名”选项卡中检查两台计算机的工作组名是否一致（如均为默认的“Work Group”），如图 9-16 所示。

如果两台计算机的工作组名一致，则可以直接单击“确定”按钮关闭“系统属性”对话框。如果两者不一致，则建议单击“更改”按钮并在弹出的对话框中，将两台计算机的工作组名称统一即可，如图 9-17 所示。

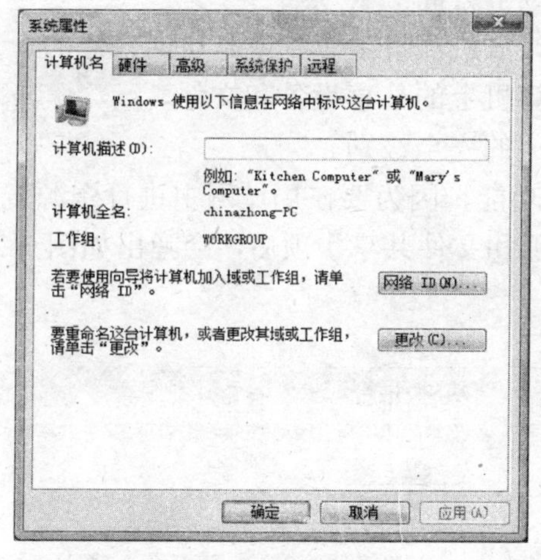
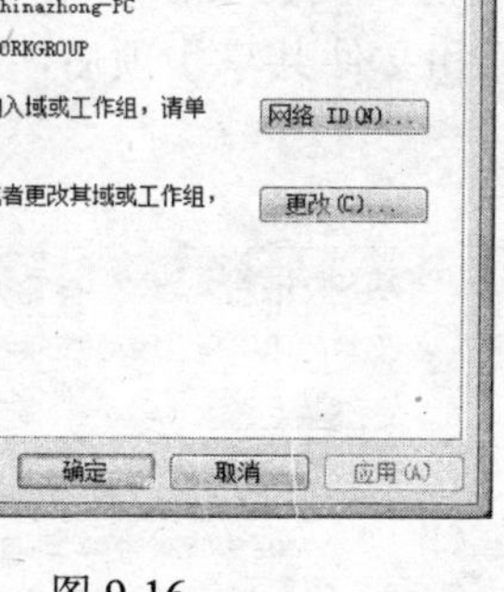

图 9-16

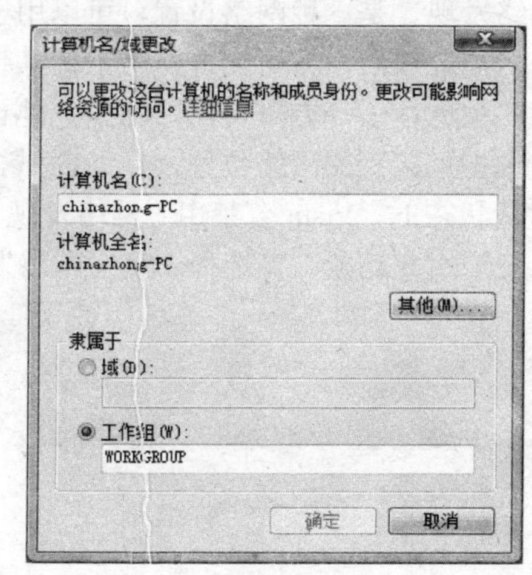

图 9-17

当然，只要是工作组名称一致，工作组的名称具体是什么是没关系。实际上，即便是工具组不一样也没关系，因为可以直接使用 IP 地址进行互访。

10 在“运行”栏中使用命令 Firewall.cpl 打开“Windows 防火墙”窗口，并单击“更改设置”项，如图 9-18 所示。

11 弹出如图 9-19 所示窗口，确认“例外”选项卡“程序和服务”列表中的“文件和打印机共享”项处于勾选状态，这样才能在防火墙中打开共享通道。

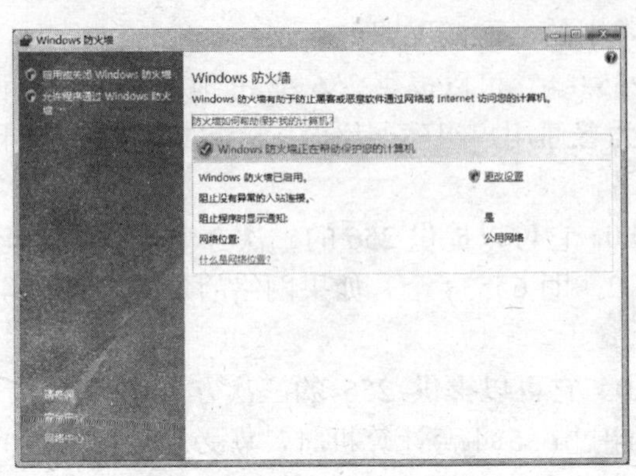

图 9-18

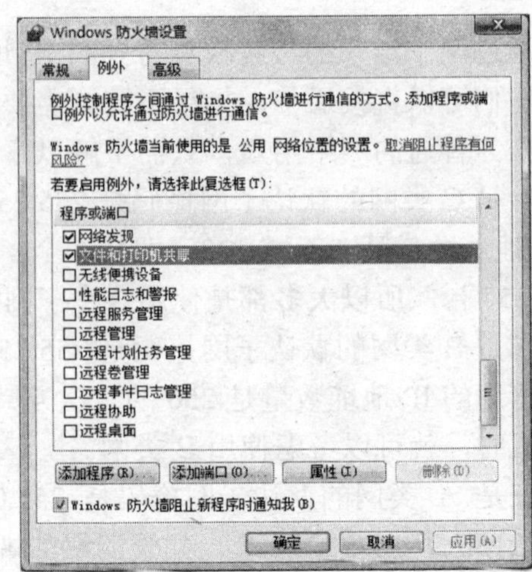

图 9-19

提 示

没有打开共享通道只会影响其他计算机对自己的访问，并不会影响自己对其他计算机的访问。

12 在完成上述的设置后，选择“开始”→“网络”命令，弹出“网络”窗口。单击提示栏并在弹出的菜单中选择“启用网络发现和文件共享”项，如图 9-20 所示。

“网络发现”是一种网络设置，可以用于以下方面：

- 启用此项后，方可允许网络上的其他计算机和设备看到或是访问自己的计算机。
- 启用此项后，方可访问网络中其他计算机上的共享设备和文件。
- 根据连接到的网络位置，帮助提供合适的安全级别。

在默认状态下，Vista 会禁用“网络发现”功能，因为要在局域网中进行资源查看与访问，所以要启用此功能。在选择“启用网络发现和文件共享”项后，会弹出如图 9-21 所示的对话框。

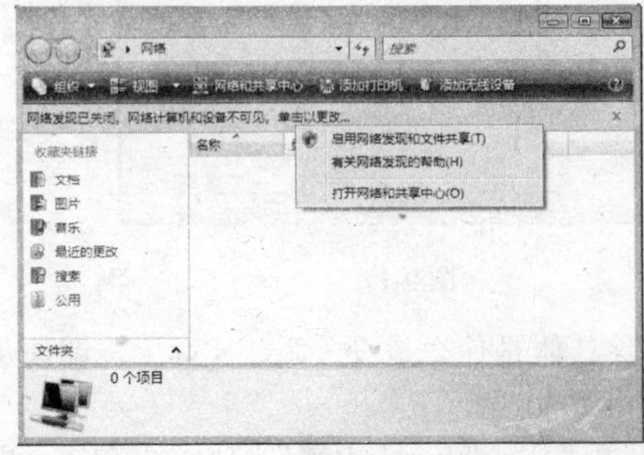

图 9-20

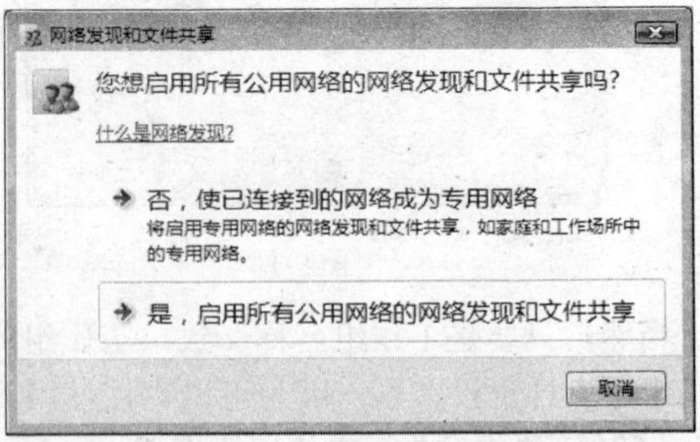

图 9-21

- 否，使已连接到的网络成为专用网络。选择此项可以使当前计算机能够看到网络中的计算机与设备，同时使自己的计算机也可以被别的计算机发现。

- 是，启用所有公用网络的网络发现和文件共享。选择此项后将限制发现其他计算机和设备，并限制某些程序使用网络。如果网络上只有一台计算机并且无需共享文件或打印机，则最安全的选择是“公共场所”。此后，当计算机在公共场所连接到网络时，“公共场所”位置会阻止某些程序和服务运行，这样可以帮助保护计算机阻止未授权的访问。

在选择“是，启用所有公用网络的网络发现和文件共享”项后，“网络和共享中心”的“网络发现”和“文件共享”两项将自动被设置为“启用”状态。“Windows 防火墙”的例外列表中，将自动勾选“网络发现”、“文件和打印机共享”和“远程协助”3 个项目。如果选择的是“否，使已连接到的网络成为专用网络”项，则会将防火墙中的配置永久更改为允许通讯。

这里的设备随时都可以在“网络和共享中心”中进行修改，方法很简单：单击“网络和共享中心”中的“自定义”按钮打开如图 9-22 所示的窗口后，在这里即可进行修改。

13 在单击“是，启用所有公用网络的网络发现和文件共享”项后，网络窗口中将开始局域网中的计算机搜索工作——在地址栏中可以看到搜索的进度，如图 9-23 所示。

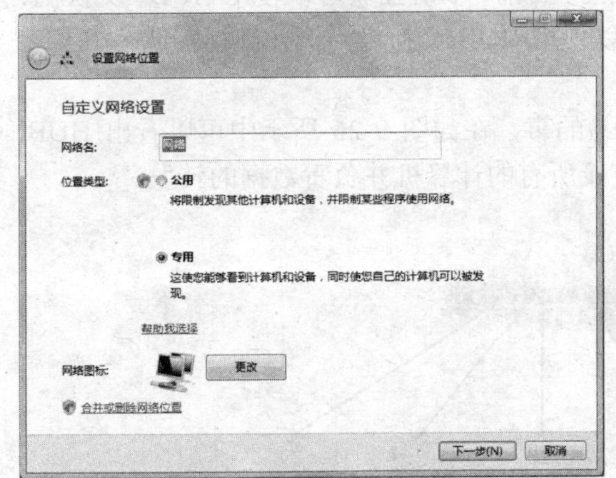

图 9-22

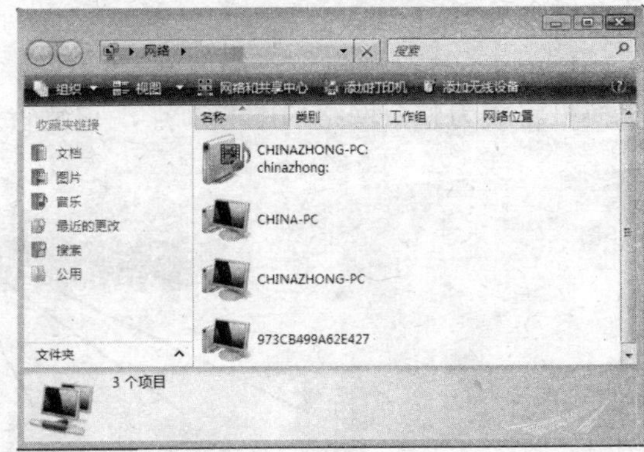

图 9-23

提 示

在搜索的过程中，随时都可以直接在地址栏中输入要访问的计算机 IP 地址，在按 Enter 键后将会立即打开计算机的登录框，或资源列表窗口。使用此种方式时，即使不启用网络发现和关闭 Windows 防火墙也可以进行网络共享。

14 在搜索的过程中，搜索到的计算机将会不断添加到右侧窗格的列表中。在看到要访问的计算机后，双击要访问的计算机图标后会弹出如图 9-24 所示的登录框。

15 此时，必须输入要访问的计算机中具有网络访问权限的账户及其密码，然后方可登录到要访问的计算机中，并且查看到该计算机中提供的共享资源列表，如图 9-25 所示。

在成功登录到要访问的计算机中后，就可以访问其中的相关共享资源了。

图 9-24

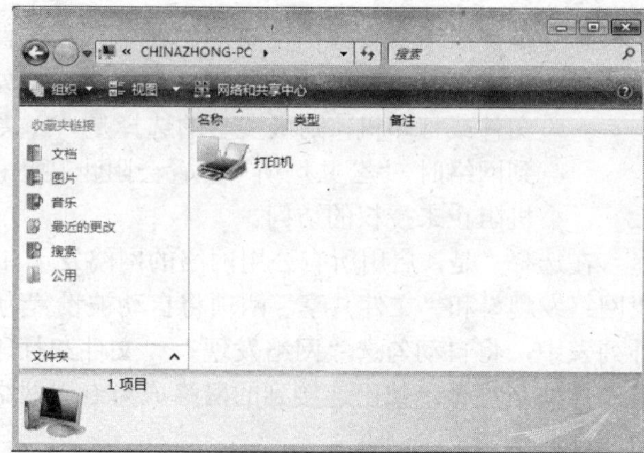

图 9-25

9.2.2 多机互联方案

多机互联就是将很多台计算机组建成局域网。目前，多机互联可以使用 HUB、交换机、路由器、无线 AP 等网络设备来实现。下面，以使用 HUB/交换机为例，讲解实现多机互连的关键之处。

使用 HUB/交换机组建局域网是一件很容易的事，在如图 9-26 所示中可以看出 HUB/交换机将成为整个网络的中心节点，它负责连接所有的计算机并负责数据的转发。

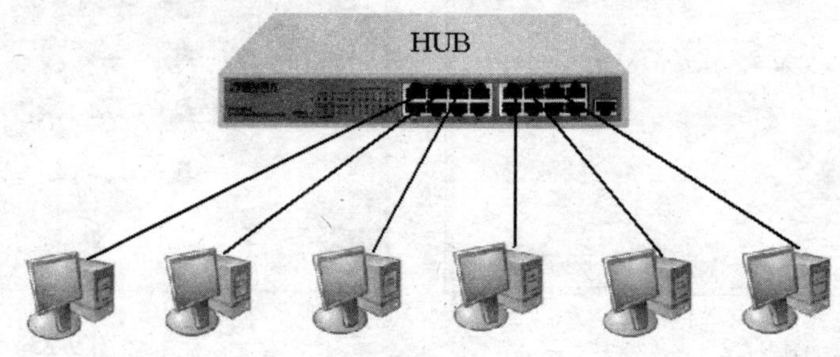

图 9-26

使用 HUB/交换机的最大好处就是当局域网中的某一台或多台计算机发生故障时，不会影响到其他计算机的运行和局域网之间的通信，这使得局域网的网络可靠性和可用性都大大地增强了。此外，HUB/交换机还允许很方便地添加或减少局域网中的计算机。

使用 HUB/交换机组建局域网，首先要确定 HUB/交换机的位置。因为这将决定后继的布线操作，这个位置不能单纯的说居中就合适。如有 5 台计算机，其中 4 台在一个办公室，另一台在 20 米外的一间办公室里，显然，将 HUB/交换机放在四台计算机所在的办公室是最合适的，这个位置可以让多数的计算机使用的网线最短、信号衰减最小。因此，根据实际情况决定位置才是最适合的。

当 HUB/交换机位置确定下来后，就可以使用卷尺等测量工具测量出每台计算机与 HUB/交换机之间的实际长度，然后将数值相加就得出了所需购买的网线长度。最后，需要根据计算机的数量，用“1 机×2 个水晶头”的方法算出所需的水晶头数量。

必须将连接到网卡与 HUB/交换机两端的网线多留一些，这是因为水晶头往往会因为种种原因而损坏，这时就需要重新制作接头了，如果网线留得过短，将会不利于水晶头的重做。。

当网线、水晶头与 HUB/交换机都准备好后，就可以进行硬件的制作与连接了。

首先，需要进行网线与水晶头的制作。利用 HUB/交换机组建的局域网，网线的两端接头的做法是一样的。我们不需要去了解什么标准，只需将网线两端的四对双绞线从左到右按“白橙、橙、白绿、蓝、白蓝、绿、白棕、棕”的线序压好水晶头就可以了。网线接头制作完毕后，将网线任意一端的水晶头插入计算机网卡的插槽后，再将另一端水晶头插入 HUB/交换机的插槽即可。

当计算机较多时，可能会出现安装多个 HUB/交换机才适合网络实际需求的情况。例如，某工厂 A 办公区有五台计算机，B 办公区有六台计算机，两个办公区之间相隔 50 米。现在就需要考虑是购买一个 HUB/交换机，还是购买两个 HUB/交换机了。

如果是购买一个 HUB/交换机，那么如图 9-27 所示的结构必将会大大浪费网线。虽然这样也能够完成网络的组建。

如果使用如图 9-28 所示的两台 HUB/交换机，则可以最大程度的减少网线的浪费，且信号可以得到加强。

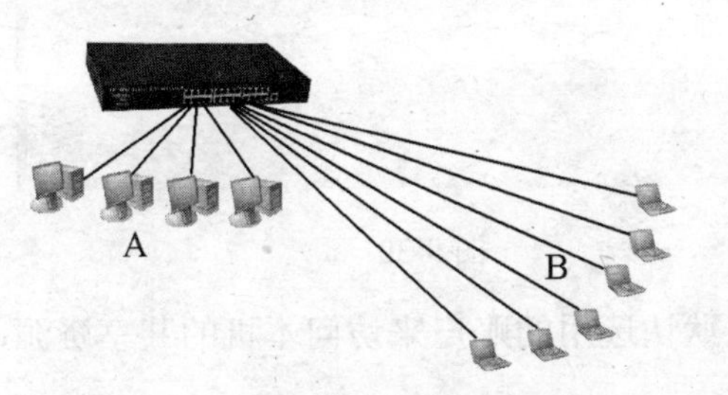

图 9-27

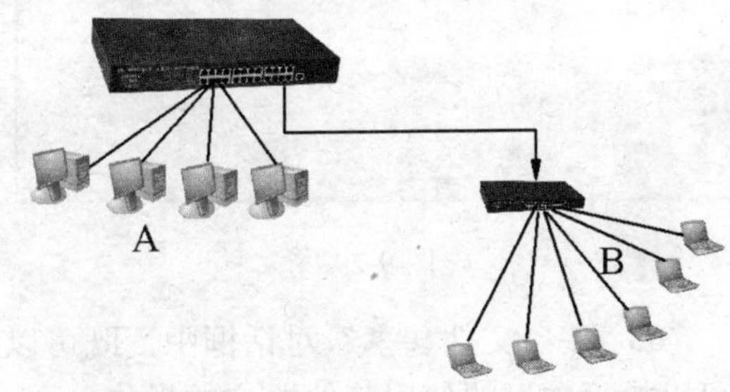

图 9-28

在这种存在多个 HUB/交换机的环境中，要注意子 HUB/交换机的 Uplink 端口。无论是 HUB 或是交换机都需要将上级 HUB/交换机引入的网线插入到本身的 Uplink 端口。对于 HUB，通常都是使用专用的一个 Uplink 端口。而交换机则通常是任意端口都可以自动成为 Uplink 端口，所以可以任意端口插入上级交换设备引入的网线。这种多个交换设备连接在一起使用的做法，通常被称之为“级联”。

在完成了硬件的连接后，只需将为每台计算机启用网络发现并在防火墙开放共享端口（最好是再赋予不同的 IP 地址），即可完成一个小型或中等规模的局域网络架设了。具体的设置方法请参考 9.2.1 小节中的相关内容。

9.3　网络和共享

在 Vista 中，提供了强大的网络功能来帮助用户完成共享资源供浏览、复制或是删除的相关应用。

9.3.1 资源共享

在 Vista 中可以通过如下几种不同方式，将自己的文件、文件夹和相关设备共享出来。

1. 共享任何文件夹

我们可以对计算机中的任何文件夹进行共享，这是 Visa 中设置共享的一种方法。这种共享设置方法，可以决定哪些人可以更改共享文件，以及可以做什么类型的更改（如果有）——可以通过设置共享权限进行相应的管理。

以将 E 盘分区下的“2003”文件夹进行共享为例，需要执行如下操作：

01 在“计算机”窗口中进入“E”分区窗口。选中“2003”文件夹后，单击工具栏中的“共享”按钮，或右击在弹出的菜单中选择“共享”项，如图 9-29 所示。

02 使用上述两种方式均可以进入如图 9-30 所示的“共享向导”对话框（在本小节的第 3 部中将学习关闭此向导的方法）。

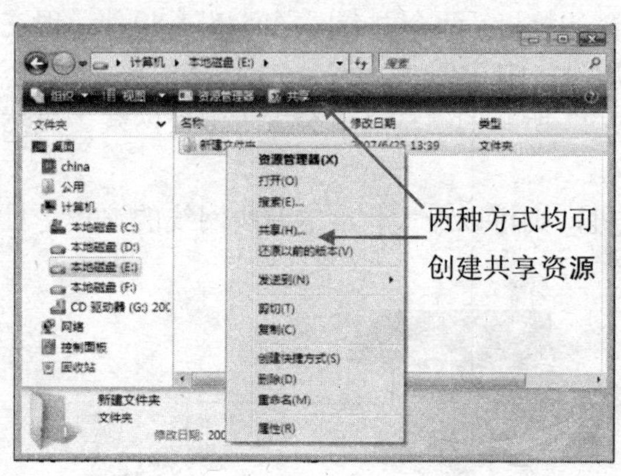

图 9-29

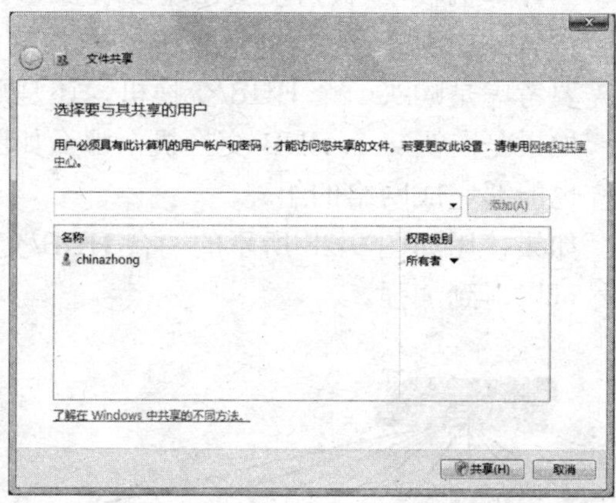

图 9-30

03 在“文件共享”对话框中，既可以授权默认选用的账户来访问本机的共享资源，也可以执行如下的使用其他账户的操作：

- 键入事先创建的有权限共享此资源的账户名称，并单击“添加”按钮。
- 单击用户名文本框右边的箭头，在弹出的下拉列表中选择一个账户名称，并单击“添加”，如图 9-31 所示。
- 如果列表中看不到有权限共享资源账户名，那么可以单击用户名文本框右边的箭头，在弹出的下拉列表中单击“创建新用户”。在自动弹出的如图 9-32 所示窗口中单击“管理其他账户”项。

在接着弹出的如图 9-33 所示窗口中，单击“创建一个新账户”链接并根据提示完成专门供其他计算机用户用来访问本机共享资源的账户（推荐为标准账户级别）。

在完成新账户的创建后，再次打开共享窗口，即可在用户名列表中找到刚创建的账户了。此时，单击“添加”按钮即可使用此账户。

04 完成账户的选择后，在如图 9-34 所示的窗口中单击每个账户右侧“权限级别”列中的下向箭头，从弹出的下拉菜单中可以看到多个共享权限级别。

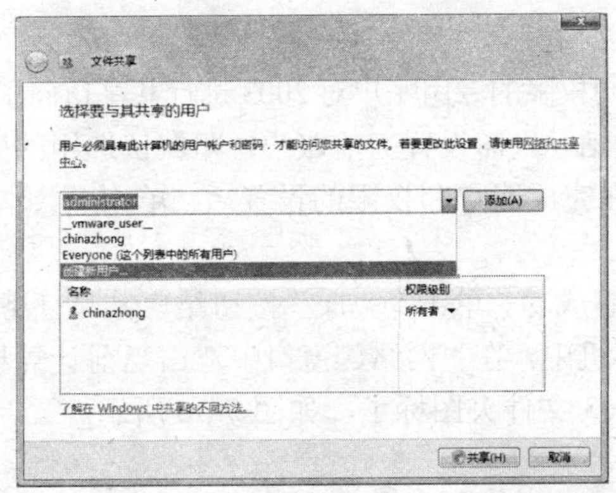

图 9-31

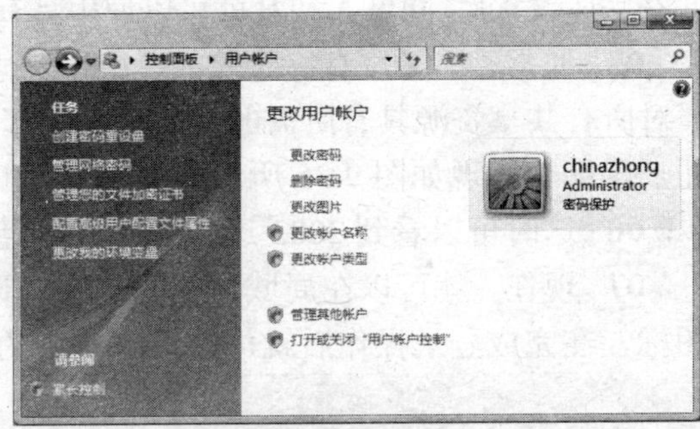

图 9-32

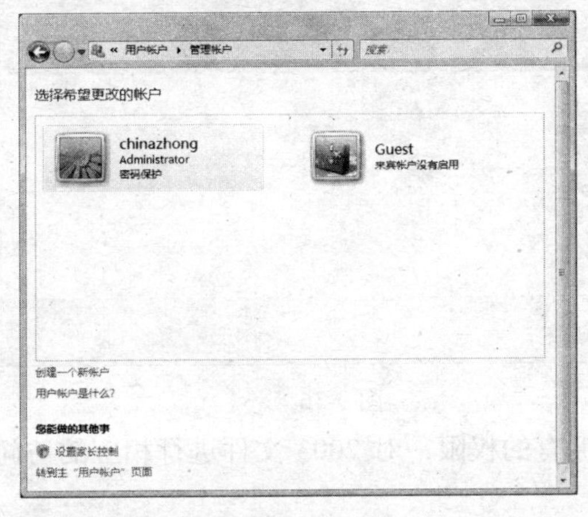

图 9-33

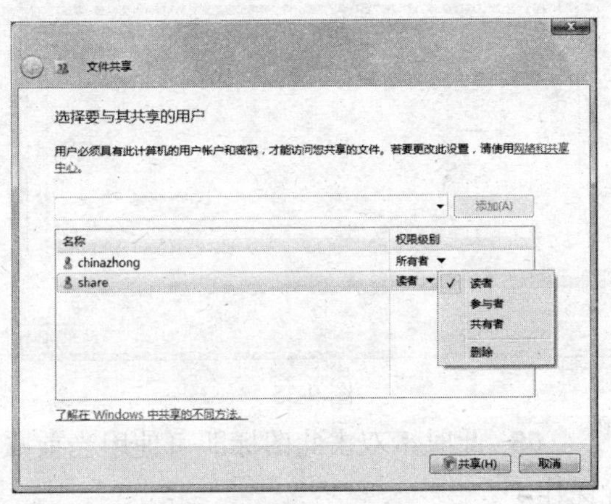

图 9-34

其中，各个权限级别对应的操作范围是：

- 读者：限制用户或组只能查看共享文件夹中的文件。
- 参与者：允许用户或组查看所有文件、添加文件，以及更改或删除他们所添加的文件。
- 共有者：允许用户或组查看、更改、添加和删除共享文件夹中的文件。

注 意

如果共享的是文件而不是文件夹，则没有将权限级别设为“参与者”的选项。

除了上述 3 项外，要注意“删除”项并不代表共享权限。它的作用仅是在列表中删除左侧对应的账户名。通常，我们可以根据需要选择为一个账户、多个账户或一组账户设置共享权限。例如要将 2003 文件夹共享，并授权 A 同事使用 001 这个账户访问此文件夹。此外，又想授权 B 同事使用 002 这个账户具有管理文件夹的权限，那么可以通过以下的操作完成任务：

第一步：创建 001 和 002 两个账户，并在 2003 文件夹的“文件共享”对话框中添加这两个账户。

第二步：在“权限级别”列表中，为 001 账户勾选“读者”权限，为 002 账户勾选“参与者”或“共有者”权限即可。

在完成设置后，同事A和B就可以使用具有不同权限的专用账户对2003进行共享访问了。

05 通常，如果没有特殊的共享应用需求的话，只需设置当前账户（即默认选用的账户）对所有共享资源具有所需的权限就可以了。在完成账户和权限的设置后，单击“共享”按钮后随即将出现如图9-35所示的界面。

06 这时可以看到2003这个文件夹已经共享成功。单击“完成”按钮结束共享任务。

07 现在，就可以在局域网中的任一台计算机中，在“网络”窗口中双击当前计算机的图标，在完成登录操作后就可以看到共享的2003文件夹图标了，如图9-36所示。

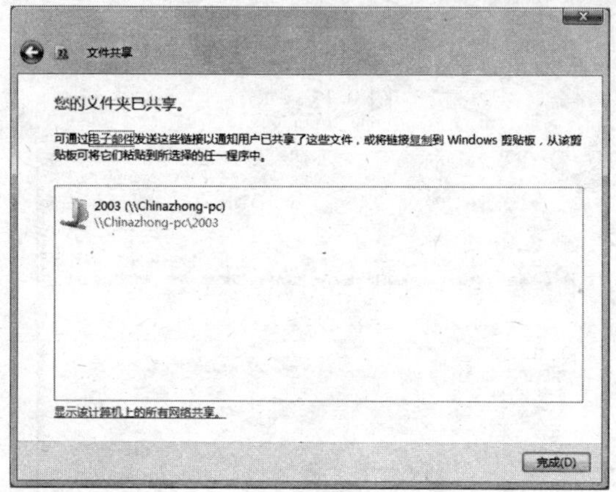

图 9-35

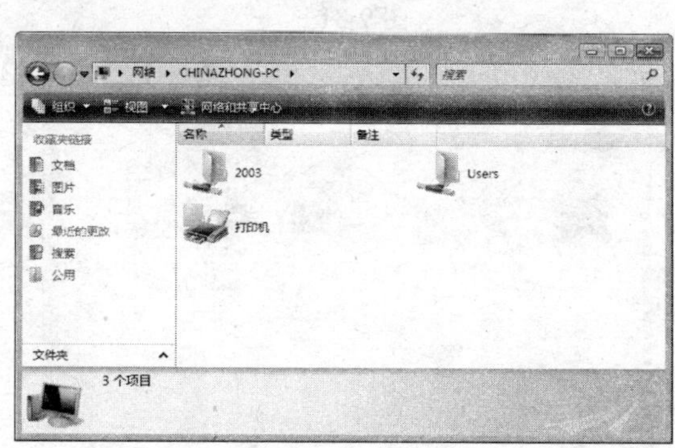

图 9-36

08 此时，双击此图标即可使用当前账户拥有的权限，对2003文件进行相应的访问等操作了。

在启用了共享设置后，以后如果想更改此文件夹设置的共享权限或是停止共享，只需再次使用右键单击文件夹并在弹出的菜单中选择“共享”后，将会弹出如图9-37所示的对话框。

此时，单击“停止共享”项可以停止当前文件夹的共享状态。如果是单击“更改共享权限”项，则会进入如图9-38所示的对话框，在这里的列表中选择要更改权限的账户后，通过修改其右侧的权限规则即可完成权限的更改。

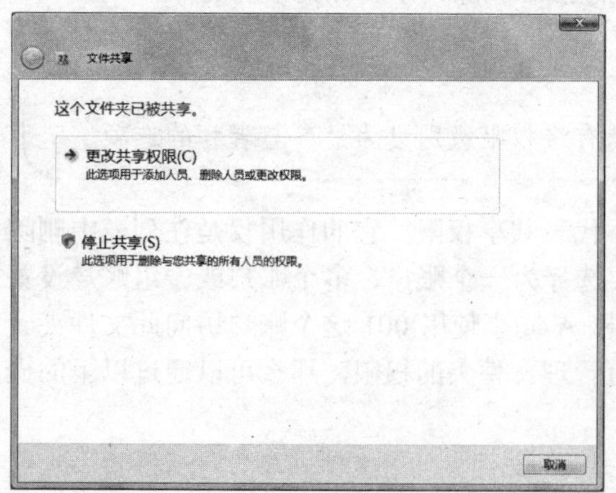

图 9-37

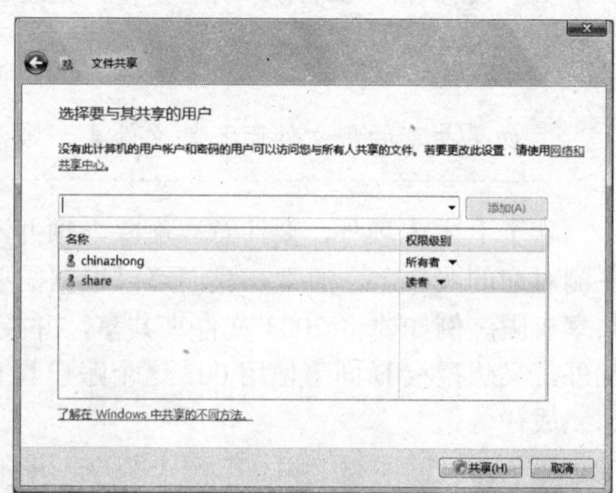

图 9-38

2. 共享公用文件夹

通过“公用文件夹”可以方便地共享计算机中的文件，可以与使用同一台计算机的其他用户和同一网络中使用其他计算机的用户共享此文件夹中的文件。放入公用文件夹的任何文件或文件夹都将自动被具有访问公用文件夹权限的用户共享。

Vista 中只有一个公用文件夹，即：C:\Users\Public。本机中具有账户的用户都可以自动共享（不同网络环境中的共享，而是本机中的资源共享。）此文件夹。打开公用文件夹，执行如下操作：

01 打开“计算机”窗口，单击左侧导航窗格中“收藏夹链接”→“公用”，如图 9-39 所示。

02 在本机中，Vista 允许具有账户和密码的所有用户来访问公用文件夹。在网络环境中，可以由管理员决定是否允许网络中的任何人访问公用文件夹。但是，管理员无法选择哪些账户可以通过网络访问公用文件夹——要么将访问权限授予网络中的所有人，要么不授予任何人。

但是，管理员可以对“公用文件夹”进行共享，并且进行共享权限的设置，执行操作如下：

01 在“控制面板”中单击“网络和 Internet”部分的“设置文件共享”项，打开“网络和共享中心”。

02 单击“公用文件夹共享”右侧的下向箭头按钮，展开如图 9-40 所示的设置选项。

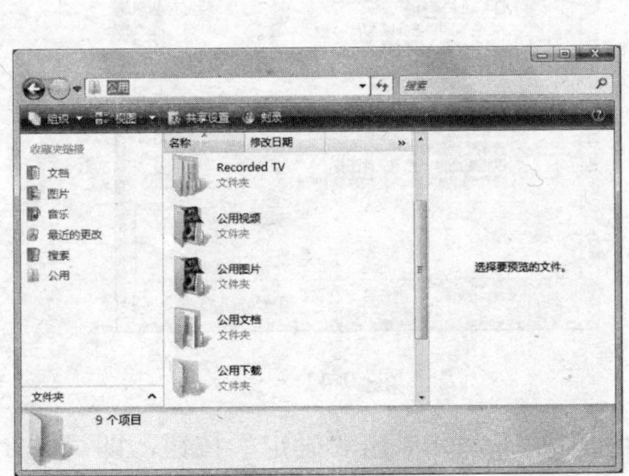

图 9-39

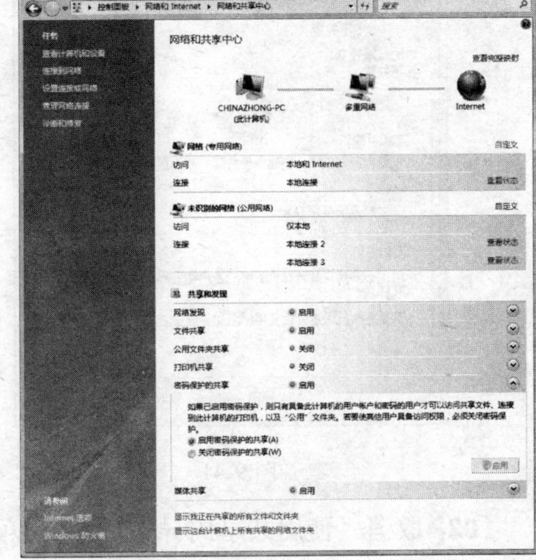

图 9-40

在这里有 3 个选项可供设置，第一个选项实际上就是赋予了网络用户拥有“只读”权限；第二个选项是赋予了网络用户拥有“修改”权限；而第三个选项则是关闭了共享：

- 启用共享，以便能够访问网络的任何人都可以打开文件。
- 启用共享，以便能够访问网络的任何人都可以打开、更改和创建文件。
- 禁用共享（登录到此计算机上的用户仍可以访问该文件夹）。

03 无论是选择第一项还是第二项，网络用户都必须使用带有密码的账户方可访问本机中公用文件夹里的共享资料——除非授权 Guest 账户可以通过网络访问本机。

在局域网的其他计算机在“网络”窗口访问时，公用文件夹的共享名称将会是 Public，而不是想象中的“公用文件夹”这个共享名称，这一点需要注意了。

在启用公用文件夹的共享后，除了立即共享公用文件夹中自带的资源，还可以把要共享的其他资源复制到公用文件夹，亦可自动实现资源的共享了。

3. 高级共享

在打算对计算机中公用文件夹以外的资源进行共享时，除了使用共享向导的方法外，还可以使用高级共享来完成资源共享的创建任务。

要使用高级共享有两种方法，一是右键单击要进行共享的资源，并在弹出的菜单中选择“属性”，在出现的属性窗口中单击切换到如图 9-41 所示的“共享”选项卡即可。

二是关闭共享向导后，通过窗口工具栏中的“共享”按钮或资源右键菜单中的“共享”项，均可以直接打开属性窗格中的高级共享界面。如果要关闭共享向导，只需执行如下操作即可：

01 在“控制面板”中单击“外观和个性化”部分的“文件夹选项”，打开如图 9-42 所示的窗口。

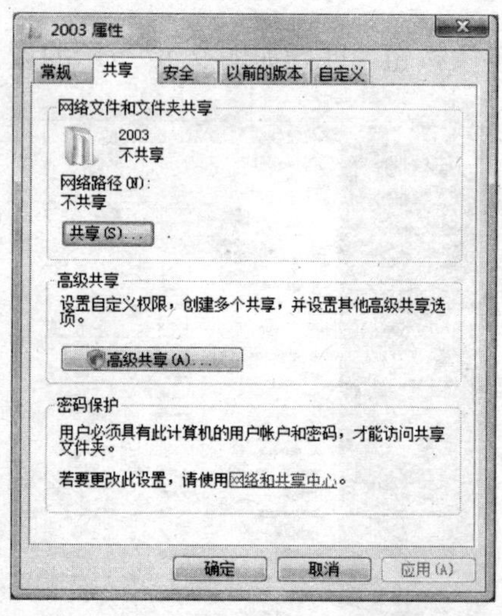

图 9-41

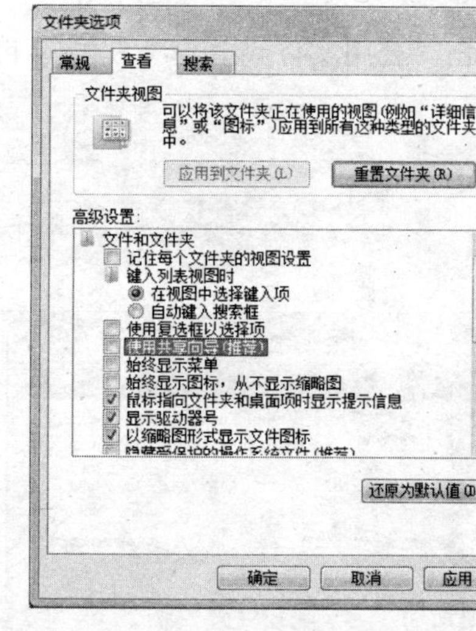

图 9-42

02 取消“使用共享向导（推荐）”项的选中状态，并单击“确定”按钮，即可关闭共享向导功能。

在关闭共享向导后，高级共享界面中“网络文件和文件夹共享”部分的“共享”按钮将呈不可设置状态，这是因为该按钮已经无法成功调用共享向导了，如图 9-43 所示。

在高级共享界面中可以看到下方有一个“密码保护”部分，其中的信息告诉我们：用户必须具有此计算机的用户账户和密码，才能访问共享文件夹。这实际上是 Vista 中一项默认启用的共享设置，在单击“网络和共享中心”项进入如图 9-44 所示的窗口后，在这里可以看到“密码保护的共享”项处于“启用”状态。

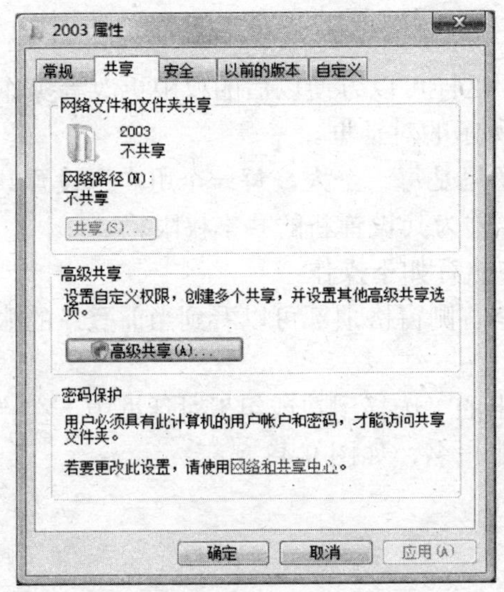

图 9-43

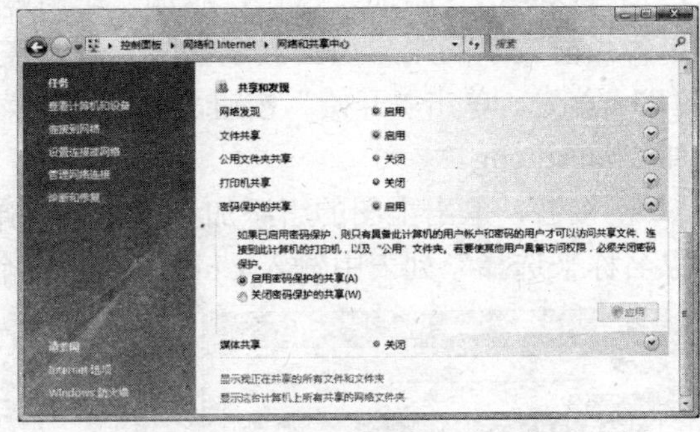

图 9-44

在单击右侧的下向箭头展开其中的设置界面后，可以看到此项的说明等信息。我们可以在这里对此项进行启用与关闭的设置。

在单击“高级共享”按钮后，将会打开如图 9-45 所示的界面。这里的设置必须在勾选“共享此文件夹”项后方可进行。

其中，各个选项的作用如下：

- 共享名：默认状态下会将当前文件夹的名称设置为共享名。在单击“添加”按钮后，可以为当前资源创建新的共享名。也就是说，一个共享资源可以有多个共享名。我们可以通过为不同的共享名设置不同的访问账户与权限，来完成一个资源多种访问方式的设置。如，有三类用户会访问某个资源，那么就可以创建 3 个共享名，并为其赋予不同的权限，这样三类用户对资源的访问将会得到严格的控制，如图 9-46 所示。

图 9-45

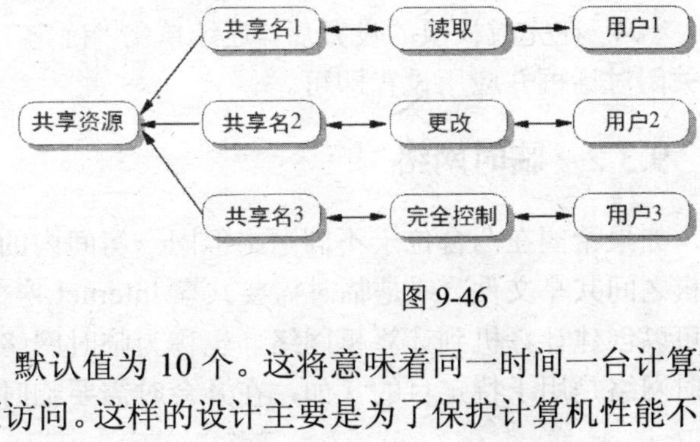

共享资源
共享名1
共享名2
共享名3
读取
更改
完全控制
用户1
用户2
用户3

图 9-46

- 将同时共享的用户数量限制为：默认值为 10 个。这将意味着同一时间一台计算机只能有 10 个用户进行共享资源访问。这样的设计主要是为了保护计算机性能不因大量的网络数据传输而产生负荷。

- 注释：在这里可以为每个共享添加注释，这样可以方便以后的权限更改等操作。
- 权限：在单击此按钮将会打开如图 9-47 所示的对话框。

在这里既可以为默认选用的账户 Everyone（意思是每一个人，每一个用户）设置共享权限，也可以单击“添加”按钮，添加一个新账户并为其设置新的共享权限。

以为当前登录的账户设置共享权限为例，需要执行如下操作：

01 首先，单击“开始”按钮，在弹出的菜单右侧窗格顶部可以看到当前登录的账户名，如 Chinazhong。

02 接着，单击上图的“添加”按钮，在弹出的“选择用户或组”对话框中，在“输入对象名称来选择”列表中输入 Chinazhong 这个账户名，如图 9-48 所示。

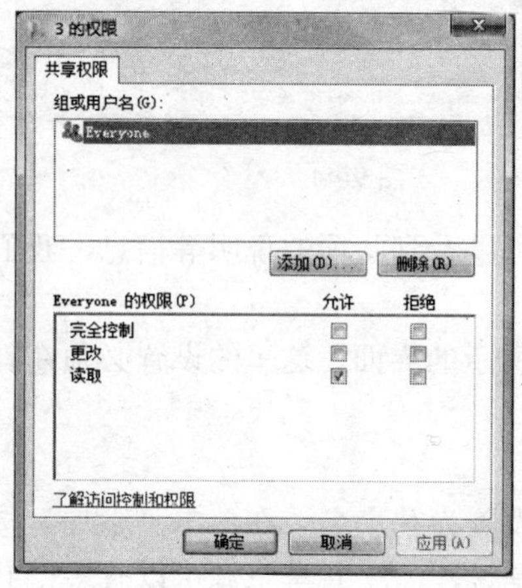

图 9-47

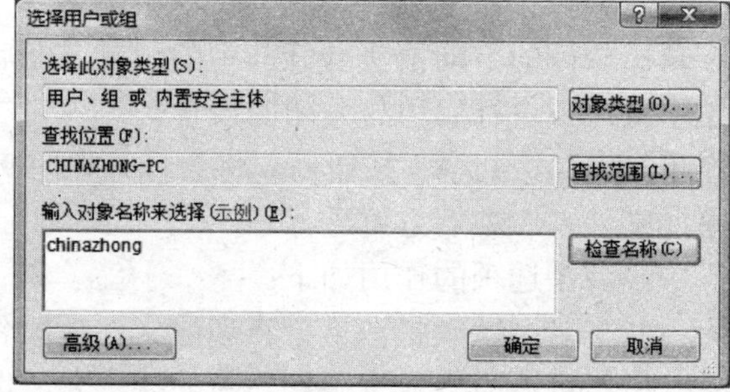

图 9-48

如果是添加其他账户，则需单击“高级”按钮并在扩展的界面中单击“立即查找”按钮，在搜索结果列表中找到所需的账户并添加即可。

03 在单击“确定”按钮返回上一步后，选中刚添加的账户并在下方的权限列表中为其设置合适的权限即可，如图 9-49 所示。

04 在完成权限的设置后，连续单击“确定”按钮关闭对话框并应用设置即可。

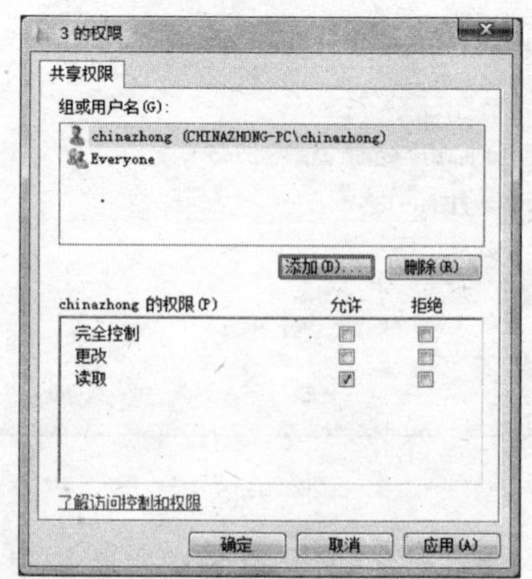

图 9-49

9.3.2 临时网络

如果希望在两台位于不同网络但同一房间内的计算机之间共享文件，或是临时需要共享 Internet 连接，则可以创建计算机到计算机网络（也称为临时网络）。临时网络是用于特定目的（如，在开会时需要临时进行资源的共享）的计算机和设备之间的临时连接。

由于临时网络只能使用无线接入模式，因此必须在计算机中安装无线网络适配器，才能设置或加入临时网络。为此，需要依次执行如下操作：

01 在“开始”菜单中单击右侧窗格中的“连接到”项。

02 在打开的如图 9-50 所示窗口中，单击下方的“设置连接或网络”项。

03 在下一步的窗口中单击“设置临时（计算机到计算机）网络”(拥有无线网卡才会有这个选项)，项，并在弹出的如图 9-51 所示向导中，根据提示即可很快完成临时网络的创建。

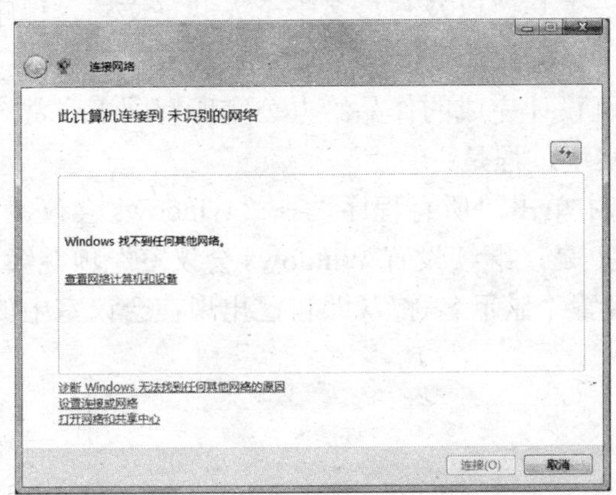

图 9-50

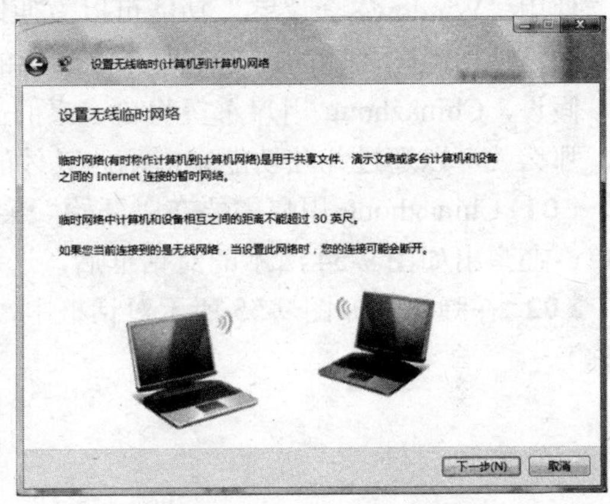

图 9-51

04 在单击“下一步”按钮进入如图 9-52 所示的界面后，在这里需要根据无线网络的实际情况进行选择及设置。

05 在设置完成后，在“网络和共享中心”窗口中就可以看到如图 9-53 所示的状态——无线信号就已经有了。

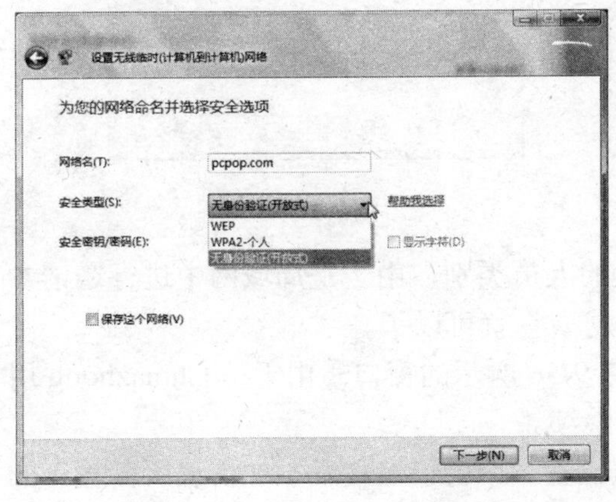

图 9-52

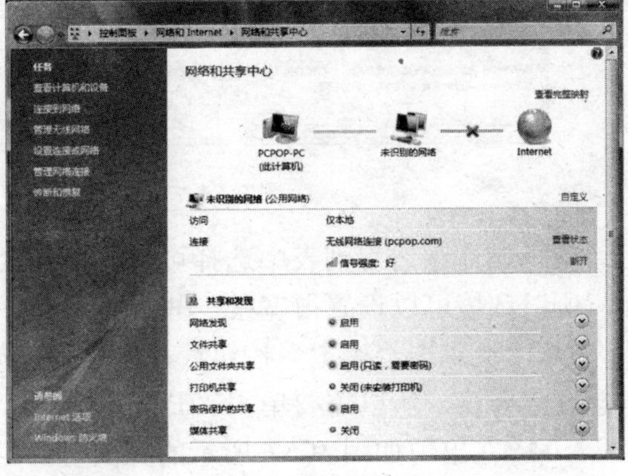

图 9-53

06 此时，就可以将其他的安装有无线网卡的计算机接入了。另一台电脑连接过程与连接无线路由器相同，搜索到 SSID 之后，输入密码就可以连接成功。

临时网络会在用户计算机与临时网络断开连接后自动删除，除非在创建该临时网络时选择使它成为永久网络。

> **注 意**
>
> 如果设置了临时网络，并共享了 Internet 连接，然后有人使用快速用户切换登录到同一台计算机，则即使您不想和该人共享，也会共享 Internet 连接。

9.3.3 Windows 会议室

使用"Windows 会议室"功能可以方便地设置会议以及与最多十个人共享文档、程序或桌面，使用此项功能的前提是所有参加者的计算机都必须运行 Vista。

假设，Chinazhong 用户希望将自己桌面上刚设计完成的作品给办公室所有同事欣赏一下，那么就可以通过此项功能来展示。具体的实现过程是：

01 Chinazhong 用户需要在"开始"菜单中单击"所有程序"→"Windows 会议室"菜单，在弹出如图 9-54 所示的对话框后，选择"是，继续设置 Windows 会议室"项继续。

02 在弹出的如图 9-55 所示对话框中，设置"显示名称"（即自己出现在会议室中的名称）。

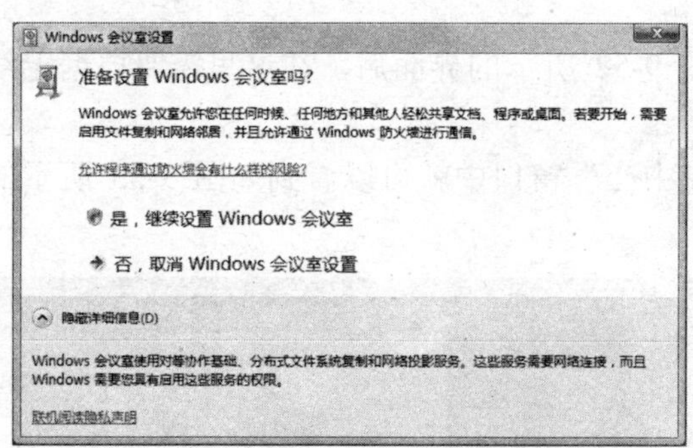

图 9-54

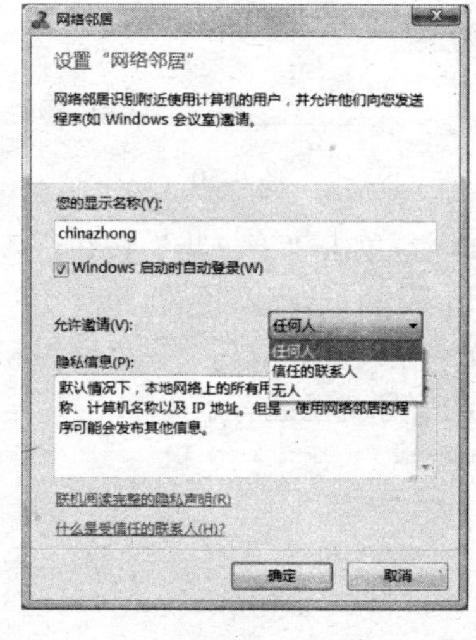

图 9-55

在"允许邀请"列表中选择可以参加此会议的人员类别，由于是局域网中进行邀请参加，所以环境可以设置得宽松一些，即选择"任何人"就可以了。

03 在单击"确定"按钮后，将会弹出如图 9-56 所示的窗口。由于是 Chinazhong 用户想召开会议，所以需要单击"开始新会议"项继续。

04 在出现如图 9-57 所示的界面时，可以设置一个会议名称及参加会议所需输入的密码（密码不能少于 8 位）。

05 在单击密码栏右侧绿色的箭头后，将出现如图 9-58 所示的界面。此时，要耐心等待创建会议的进度结束。

06 出现如图 9-59 所示的会议界面。这个界面会在局域网所有用户运行"Windows 会议室"功能后出现。

图 9-56

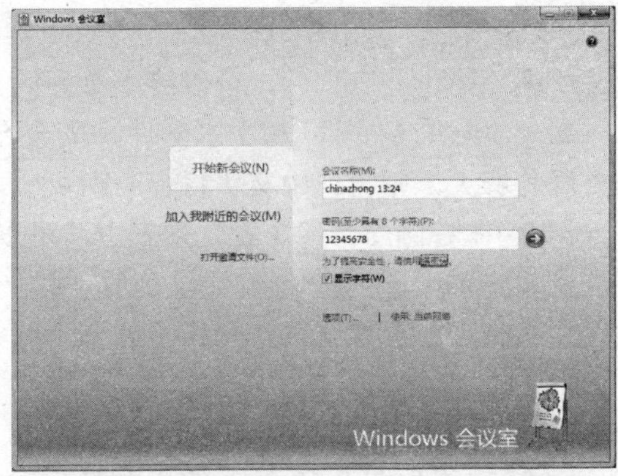

图 9-57

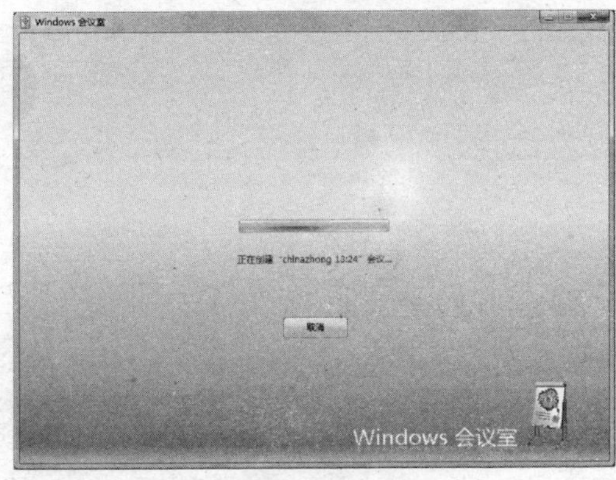

图 9-58

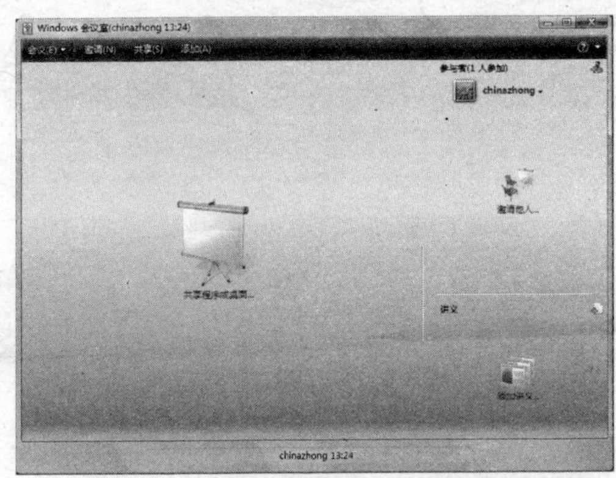

图 9-59

07 由于需要共享出桌面给大家看，所以需要单击上方的“共享”菜单，并在弹出的如图 9-60 所示对话框中单击“确定”按钮继续。

08 在弹出如图 9-61 所示的对话框时，双击“浏览要打开和共享的文件”项，可以在弹出的对话框中选择其他要共享的资源。因为要共享桌面，所以此时需要选中“桌面”项并单击“共享”按钮。

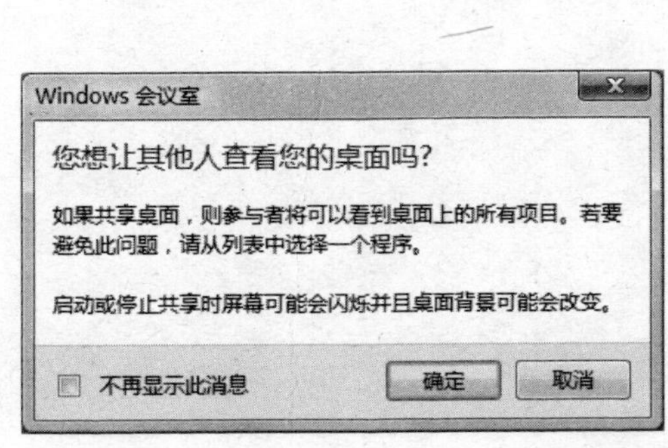

图 9-60

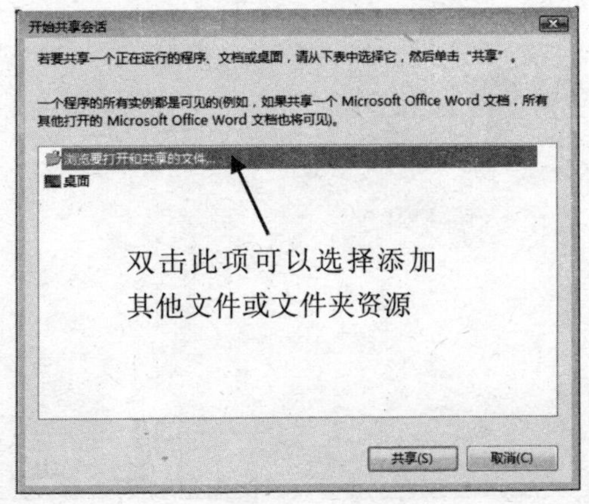

图 9-61

09 稍后，将出现如图 9-62 所示的界面，此时可以看到“正在共享桌面”的提示。通过单击“停止共享”项，可以终止桌面的共享。

如果显示的是文件（如文本文件），则会在所有计算机的显示窗格中显示文本文件窗口，如果屏幕够大，则窗口中文字将会清晰可见。

10 在右侧的“参与者”列表中，可以看到当前会议参加的人数及用户名。

在 Chinazhong 用户创建会议室后，网络中的其他计算机可以随时通过 Windows 会议室功能加入到当前会议室来，操作步骤如下：

01 “开始”菜单中单击“所有程序”→“Windows 会议室”菜单，在弹出的对话框中选择“是，继续设置 Windows 会议室”项继续。

02 出现如图 9-63 所示的界面时，可以看到已经找到 1 个会议室，下方有会议室的名称及创建时间等信息。

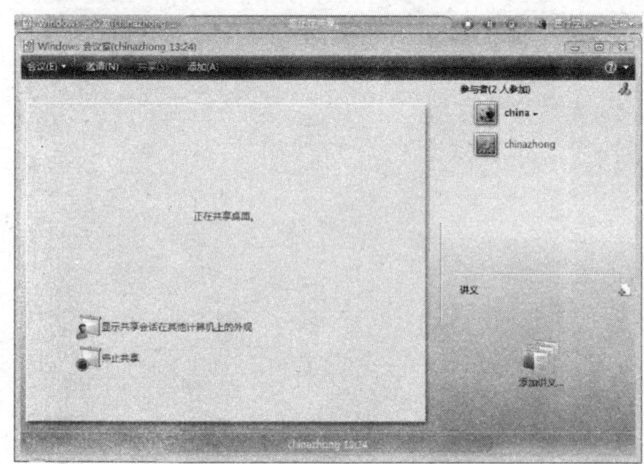

图 9-62

图 9-63

03 在单击会议室名称后，在出现的密码输入栏中输入 Chinazhong 通过 Messenger 等方式告之的密码，如图 9-64 所示。

04 在单击密码栏右侧绿色的箭头后，即可登录到会议室了。在如图 9-65 所示的会议室界面中，单击“参与者”列表中自己的名称，在弹出的下拉列表中可以设置当前自己的状态。

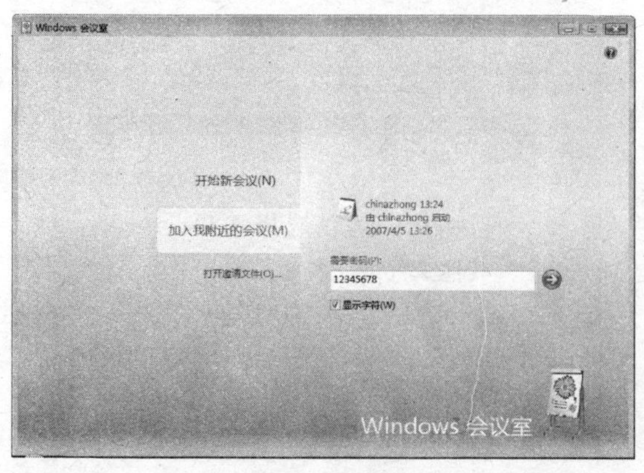

图 9-64

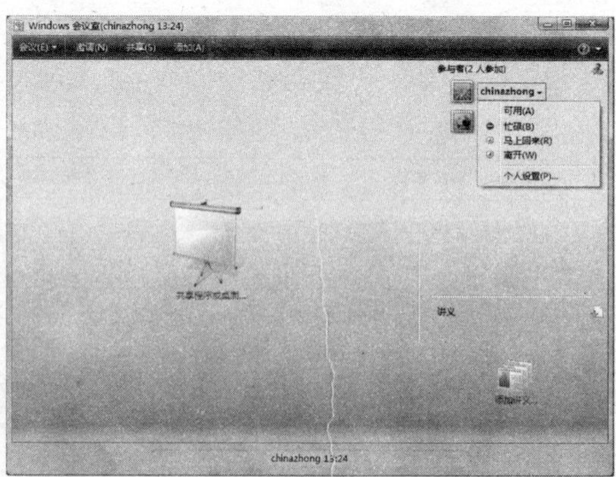

图 9-65

05 如果有人共享的桌面，则会立即在界面的左侧中部出现如图 9-66 所示的窗格，其中将会显示共享的桌面。

06 在窗格中可以看到共享的桌面上，正在使用计算机管理这个工具。由于是局域网中应用此项功能，所以共享桌面上进行的任务操作，都将会立即显示在其他计算机的显示窗格中。

在会议结束后，只需直接单击 Windows 会议室窗口的“关闭”按钮，即可将自己的计算机退出会议——即使是创建者退出会议，也不会结束此会议。只有所有计算机都退出，才会结束此会议。

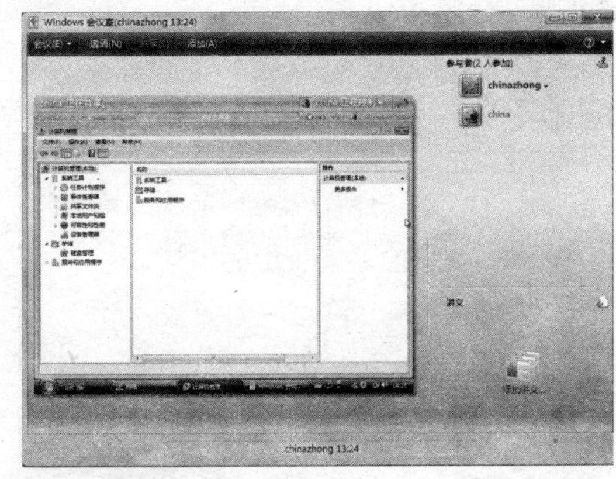

图 9-66

9.3.4 共享打印机

除了可以对文件/文件夹进行共享外，还可以对光驱、打印机等设备进行共享。在本小节中，将讲解如何在 Vista 中共享打印机，以及如何安装共享打印机的方法。

如果将其一台打印机进行共享，可以使用多种方法来完成这项任务。为了方便下面的内容讲解，请读者们执行如下操作为“开始”菜单中添加“打印机”子菜单。

01 右击“开始”按钮并在弹出的菜单中选择“属性”。

02 在接着弹出的属性对话框中，单击“自定义”按钮打开如图 9-67 所示的对话框。

03 在勾选“打印机”项并单击“确定”按钮后，在“开始”菜单的右侧窗格中将出现“打印机”菜章，通过此菜单可以打开 Vista 中打印机管理窗口。

通过执行如下操作，可以对一台已经安装好驱动程序的打印机进行共享。

01 在“开始”菜单的右侧窗格中单击“打印机”菜章，打开如图 9-68 所示的打印机管理窗口。

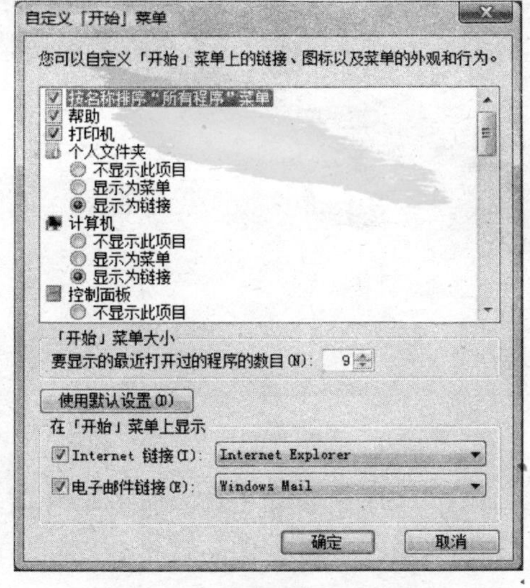

图 9-67

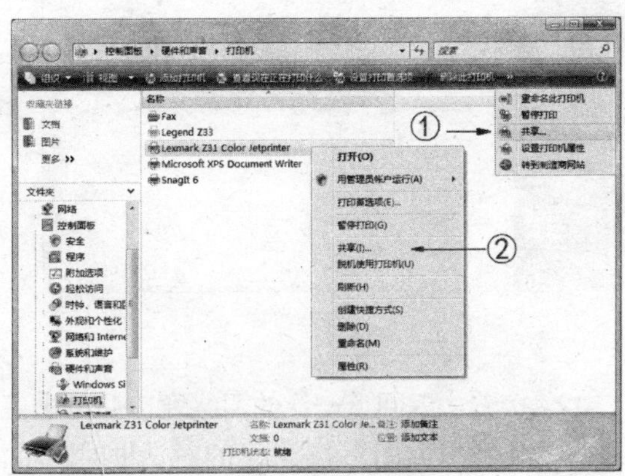

图 9-68

02 在选中打印机后，通过右键菜单中的“共享”，或是工具栏中的“共享”按钮均可以进入如图 9-69 所示界面。

03 在单击“更改共享选项”后，在切换到的如图 9-70 所示界面中勾选“共享这台打印机”项。

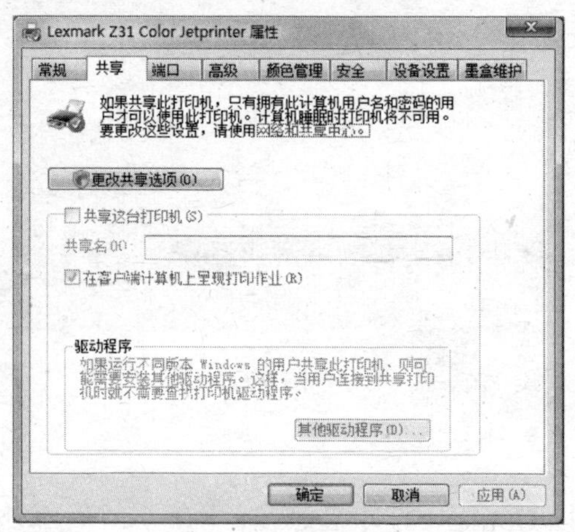

图 9-69

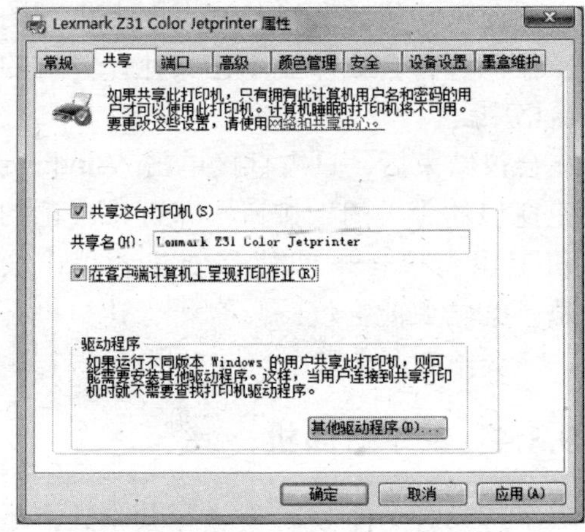

图 9-70

04 在单击“确定”按钮后，打印机的共享功能将被启用。接着，需要在“网络和共享中心”窗口中，单击“打印机共享”项右侧的下向箭头并在扩展出的界面中选中“启用打印机共享”项，如图 9-71 所示。

05 在“应用”按钮后，再在 Windows 防火墙的“例外”列表中确认“文件和打印机共享”项已经处于勾选状态。这样，就完成了打印机的共享设置任务。

接下来，网络的其他计算机就可以安装并使用这台共享打印机，执行操作如下：

01 要确认在“网络”窗口的目标计算机共享资源列表中，可以看到要共享的打印机，如图 9-72 所示。

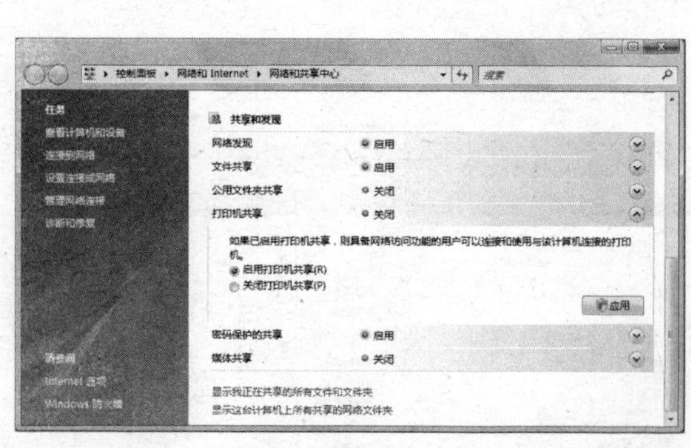

图 9-71

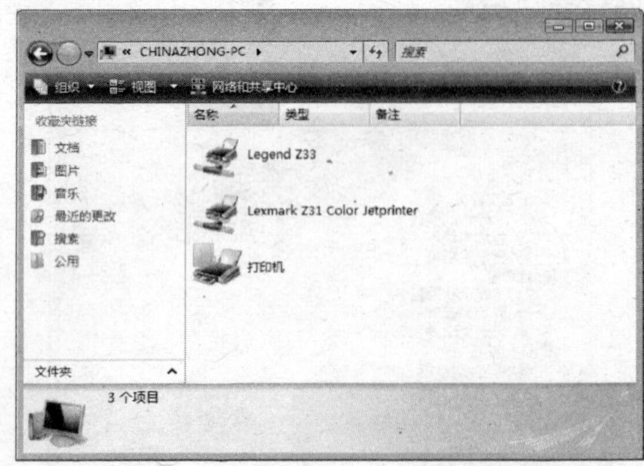

图 9-72

02 接着，返回上一次的网络窗口并单击工具条中的“添加打印机”项，如图 9-73 所示。

03 在弹出如图 9-74 所示的对话框时，单击“添加网络、无线或 Bluetooth 打印机”项。

图 9-73

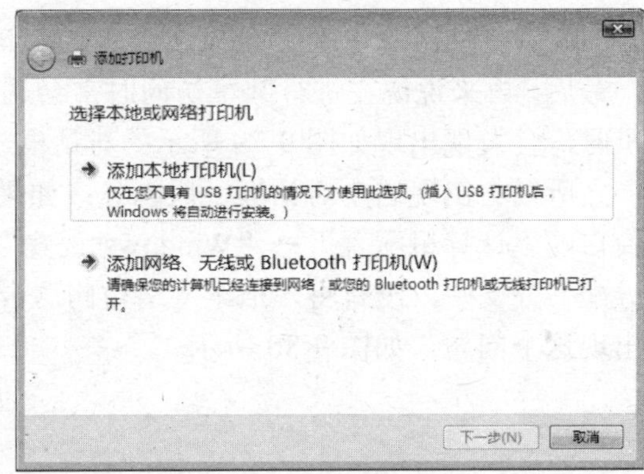

图 9-74

04 在出现如图 9-75 所示的界面时，如果自动搜索功能不能把共享打印机找到并放在列表中，那么直接单击“我需要的打印机不在列表中”项。

05 在出现如图 9-76 所示的界面时，单击“浏览”按钮找到共享打印机后将其添加到这里的“按名称选择共享打印机”栏中。

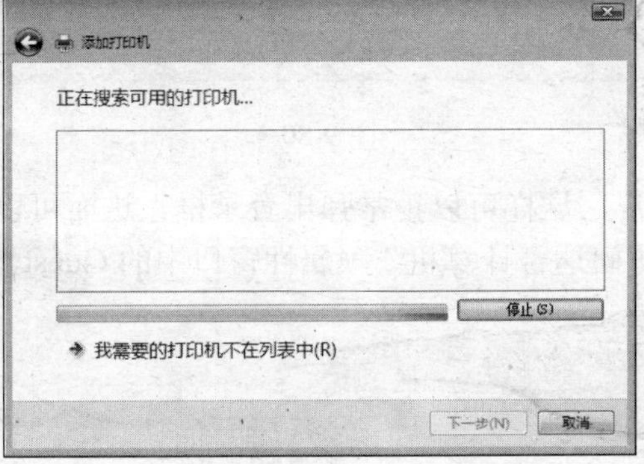

图 9-75

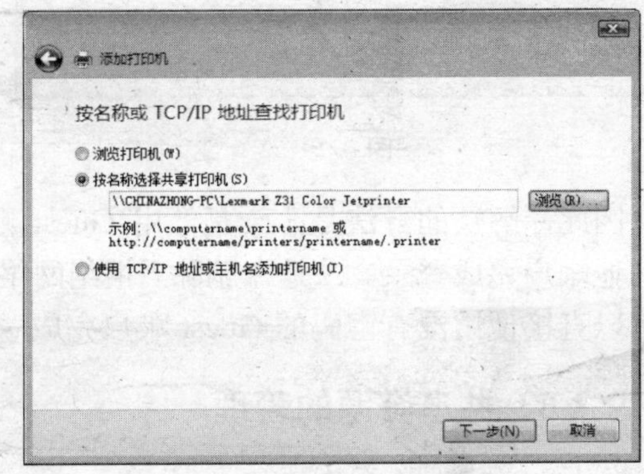

图 9-76

06 在出现如图 9-77 所示的界面时，直接单击“下一步”按钮继续。

07 在出现如图 9-78 所示的界面时，既可以单击“打印测试页”按钮进行远程打印机的测试，也可以直接单击“完成”按钮结束共享打印机的安装任务。

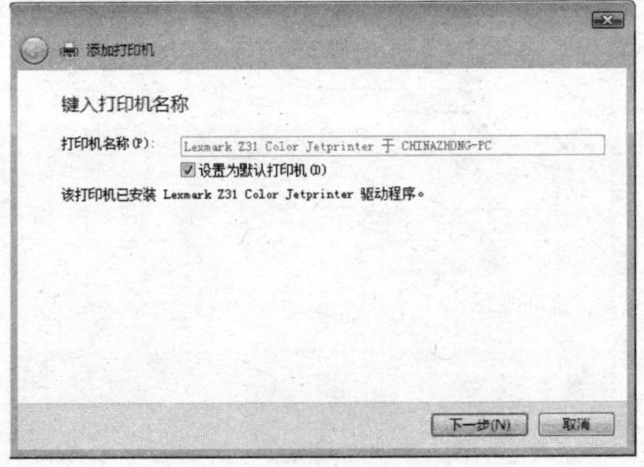

图 9-77

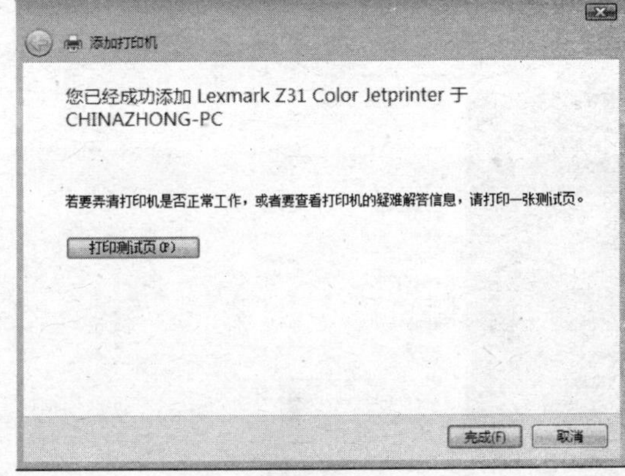

图 9-78

08 在完成共享打印机的安装后，该打印机即可在系统中需要执行打印任务时使用了。

最后，再来说说在进行共享访问时常会遇到一个问题。很多用户在 Vista 中访问共享计算机时，会发现出现如图 9-79 所示的对话框。

之所以会出现这个对话框，原因是：如果远程计算机开启了 Guest 账户，但是在组策略窗口的“计算机配置”→“Windows 设置”→“安全设置”→“本地策略”→“用户权限分配”分支中，没有将“拒绝网络访问这台计算机”项属性窗口中的“Guest”删除，就会出现这个问题，如图 9-80 所示。

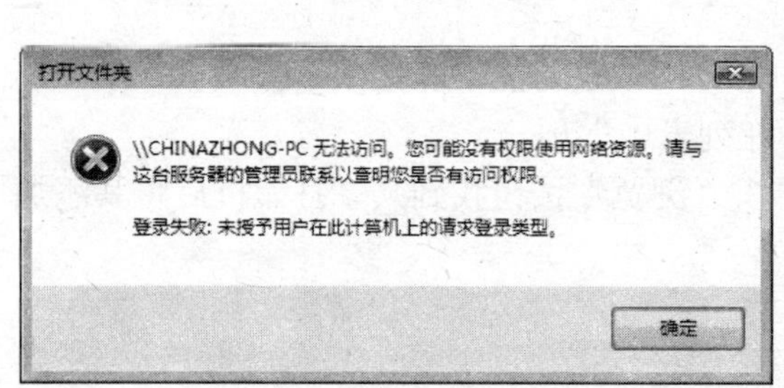

图 9-79

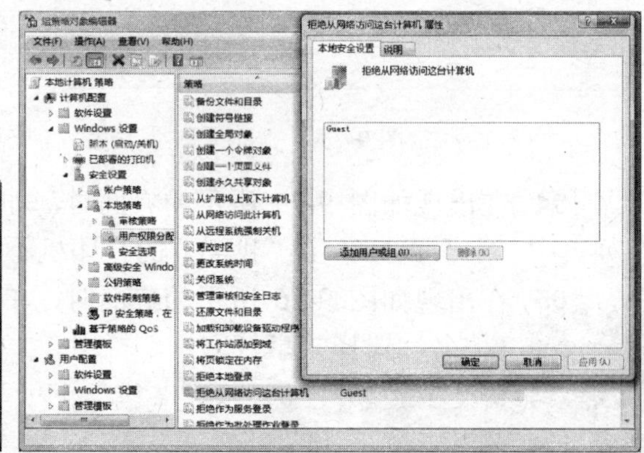

图 9-80

因此，解决的方法是：一是停用 Guest 账户，这样可以正常弹出登录框，进而可以使用其他账户完成登录。二是在删除“拒绝网络访问这台计算机”项属性窗口中的 Guest，这样可以直接使用没有密码的 Guest 账户完成登录。

9.3.5 共享资源的管理

在 Vista 中提供了多种集中管理共享资源的方法，如如下两种方法：

- 在“网络和共享中心”窗口中，单击下方的“显示这台计算机上所有共享的网络文件夹”项，如图 9-81 所示。

在弹出的如图 9-82 所示窗口中，即可看到当前计算机中所有启用了共享的资源列表。

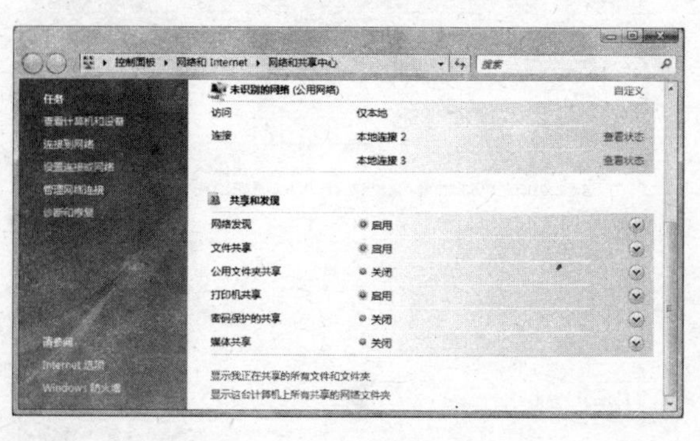

图 9-81

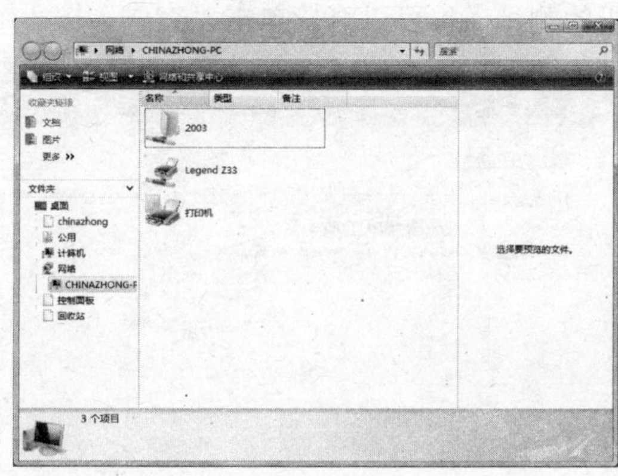

图 9-82

- 在“计算机管理”窗口中单击“共享文件夹”项，在其下可以看到三个子选项。其中，“共享”列表中给出所有默认和用户创建的共享，如图 9-83 所示。

这些共享中，对于默认创建的共享资源（如 C$）需要修改注册表后方可彻底取消，对于用户创建的共享资源，只需在右键菜单中选择“停止共享”项即可关闭掉。

在“会话”窗格中可以看到所有访问当前计算机的共享连接，这些连接是哪台计算机发起的、使用了什么账户名、连接了多长时间等信息均可以一目了然，如图 9-84 所示。

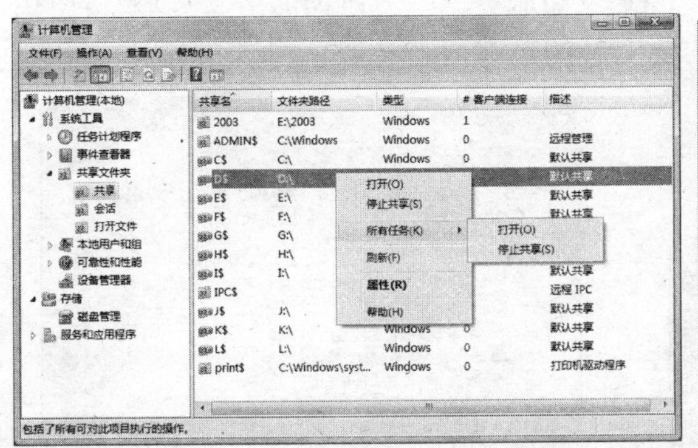

图 9-83

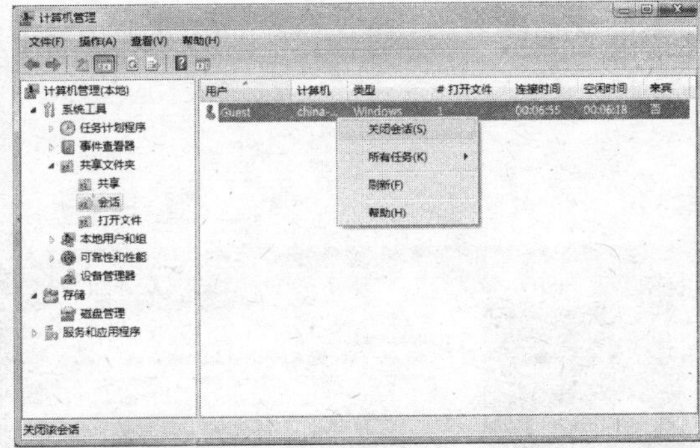

图 9-84

如果想停止哪个连接，只需使用右键单击连接并在弹出的菜单中选择“关闭会话”项即可。

在“打开文件”窗格中可以看到当前计算机中有哪些资源正在被远程用户访问，访问的方式是什么，如读取、写入，等，如图 9-85 所示。

通常，如果希望批量管理共享资源，那么都是在“计算机管理”窗口中完成相关任务的。否则，推荐使用其他方式即可。

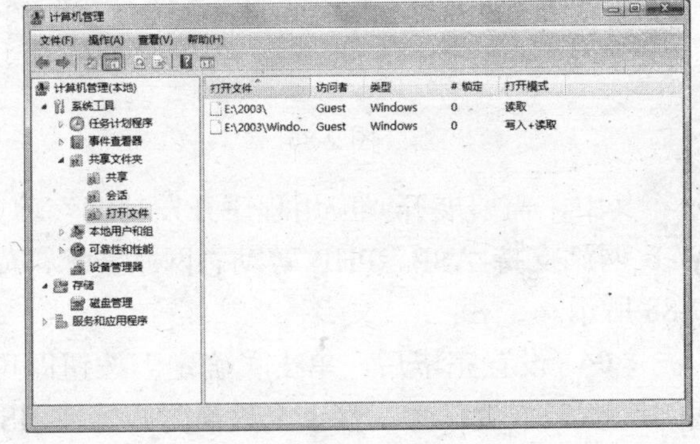

图 9-85

9.4 配置服务器

在 Vista 中同样提供了经典的服务器组件 IIS（Internet Information Server，因特网信息服务器），它的版本已经是 7.0。所以，我们完全可以使用 Vista 来架设服务器。

9.4.1 IIS 的安装

在 Vista 中，IIS 能提供的基本服务有 WWW，NNTP，FTP 和 SMTP 等多种类型。由于 IIS 不是默认安装的组件，所以，需要手工执行此组件的安装操作。

01 在“开始”菜单中单击“控制面板”，在弹出的窗口中单击“程序”项。

02 在切换到的窗口中，单击“程序和功能”部分的“打开或关闭 Windows 功能”可以打开“Windows 功能”窗口，如图 9-86 所示。

提示

也可以直接在“开始”菜单的“搜索”栏中，通过输入命令 OptionalFeatures.exe 并按 Enter 键来启用“打开或关闭 Windows 功能”。

03 弹出如图 9-87 所示“Windows 功能”窗口，在功能列表中单击“Internet 信息服务”项左侧的加号，在展开的子列表中勾选“FTP 发布服务”、“万维网服务”，以及“应用程序部署功能”旁边的加号 (+)，选择其中的要安装的动态内容功能。

图 9-86

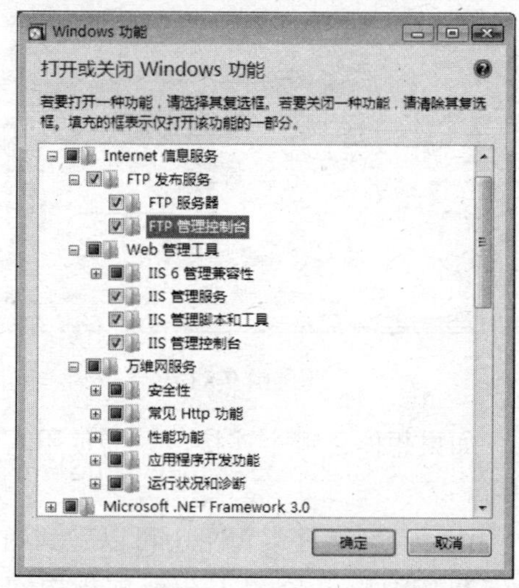

图 9-87

其中，需要展开“应用程序开发功能”项并勾选其下的各项内容，这样才能让架设的 Web 网站支持 ASP、PHP 等动态网站技术，如图 9-88 所示。

04 设置完毕后，单击“确定”按钮即可结束 IIS 安装设置任务，接下来只需耐心等待 IIS 的安装任务结束即可——不要忘了把 Vista 的安装光盘放入 DVD 光驱或 DVD 刻录机中。

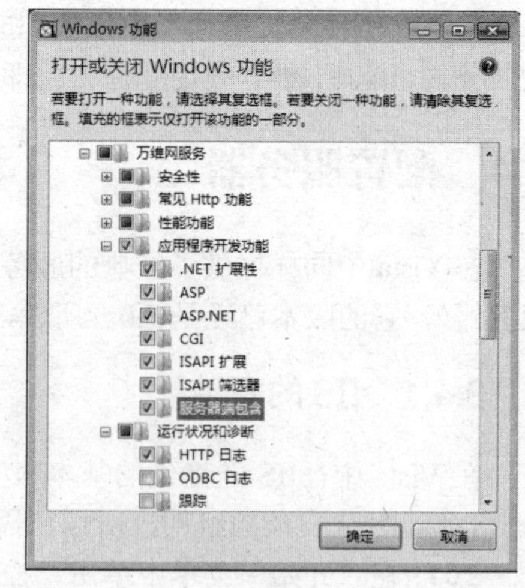

图 9-88

在完成 IIS 组件的安装后，为了以后调用 IIS 管理器方便一些，建议执行如下操作：

01 右击“开始”按钮，并在弹出的菜单中选择“属性”。

02 在弹出的对话框中单击“「开始」菜单”选项卡中“「开始」菜单”部分的“自定义”按钮，如图 9-89 所示。

03 在弹出的如图 9-90 所示对话框中，单击选中“系统管理工具”部分的“在‘所有程序’菜单和「开始」菜单上显示”项。

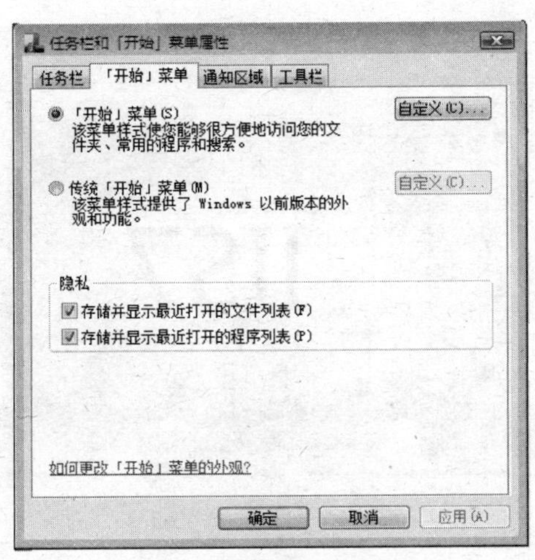

图 9-89

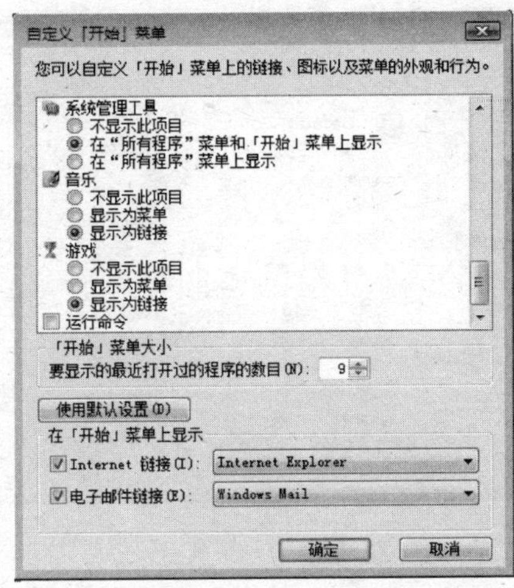

图 9-90

04 在单击“确定”按钮应用设置后，以后就可以在“开始”菜单中，选择“所有程序”→“管理工具”菜单，在展开的子菜单列表中看到“Internet 信息服务(IIS) 6.0 管理器”和“Internet 信息服务(IIS)管理器”菜单了，如图 9-91 所示。

其中，在选择“Internet 信息服务(IIS) 6.0 管理器”项（调用的是 C:\Windows\system32\inetsrv\inetMgr6.exe）后将会打开如图 9-92 所示的窗口。

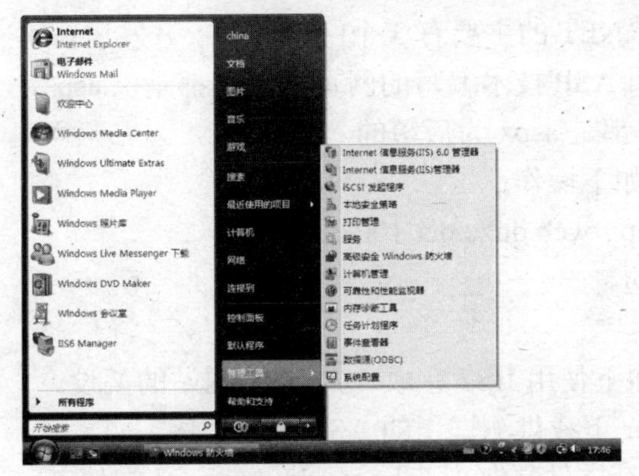

图 9-91

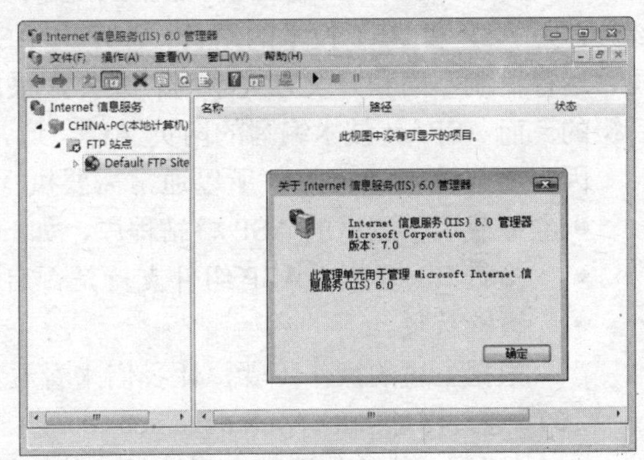

图 9-92

在选择“Internet 信息服务(IIS)管理器”项（调用的是 C:\Windows\system32\inetsrv\inetMgr.exe）后，将会打开如图 9-93 所示的窗口。

显然，在 Vista 中同时提供了 IIS6.0 和 7.0 两个版本的管理工具。通常，我们都是使用“Internet 信息服务(IIS)管理器”这个 7.0 版本。

在当前计算机安装 IIS 组件完成后，建议在本机的 IE 浏览器窗口中，在地址栏里输入当前计算机的 IP 地址并按下 Enter 键，如果能看到如图 9-94 所示的初始页面则表示 IIS 组件安装成功。

实际上，我们在这里看到的文字信息是个图片，它是由 C:\inetpub\wwwroot\welcome.png 文件提供的。

图 9-93

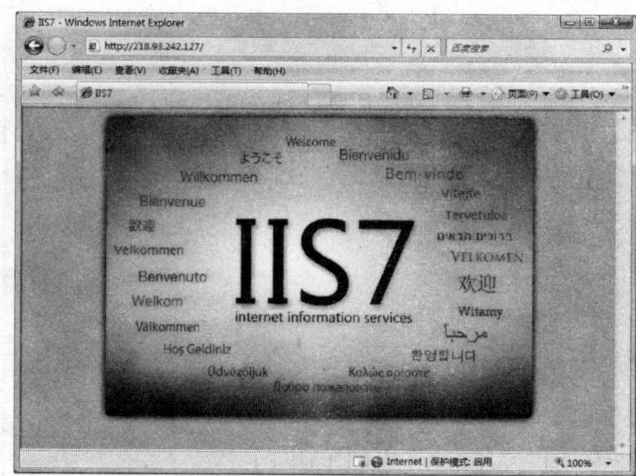

图 9-94

9.4.2 架设 ASP 网站

ASP 是 Active Server Page（动态服务器页面）的缩写，这是 Microsoft 开发的动态网页技术。它的原理是：在网页源代码中加入 JavaScript 或 VBScript 代码，在服务器向用户浏览器发送网页内容之前首先要执行这些代码，在完成查询数据库等一系列的任务后，再将执行结果反馈到用户的浏览器窗口中。在 ASP 之后，Microsoft 又推出了 ASP.NET，这不是 ASP 的简单升级，而是全新一代的动态网页技术，是微软发展的新体系结构.NET 的一部分，是 ASP 和.NET 技术的结合。ASP 与 ASP.NET 的主要有 3 个区别，即：开发语言不同、运行机制不同和开发方式不同。此外，采用 ASP 技术编写的网页文件，都是以.asp 为后缀的。而 ASP.net 技术编写的网页文件，通常都是.aspx 为后缀的。

因为要架设 ASP 网站，所以通常需要执行如下操作：

- 下载用于测试的 ASP 整站程序，如 http://web.duze.net/100/3.1.rar。
- 检查 IIS 组件的 ASP 组件支持是否启动。
- 设置首页。

根据上述的操作步骤，让我们来看看如下使用 IIS7 完成一个 ASP 网站的架设。

01 通过网址 http://web.duze.net/100/3.1.rar 下载供测试用的 ASP 整站程序。

02 解压下载的整站程序压缩包，并将所有文件复制到 C:\inetpub\wwwroot 文件夹。

03 在“开始”菜单中，通过依次单击“所有程序”→“管理工具”→“Internet 信息服务(IIS)管理器”菜单。

04 在打开的如图 9-95 所示窗口中，首先依次单击左侧导航窗格中的“网站”→“Default Web Site”项，接着在中间的列表里双击 ASP 图标。

05 在中间列表切换到如图 9-96 所示的界面时，将“启用父路径”项设置为 True。

06 在单击右侧“操作”列表的中“应用”项后，再双击中间列表中的“默认文档”项，如图 9-97 所示。

07 在中间部分切换到如图 9-98 所示的界面时，在“文件名”最左侧输入当前网站的首页名称，在名称后再输入一个半角的逗号。

图 9-95

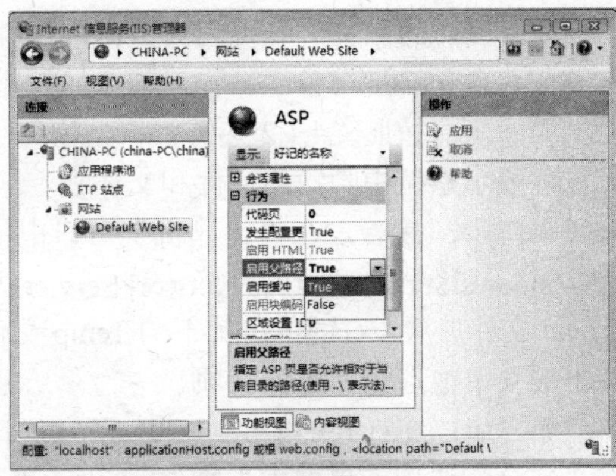

图 9-96

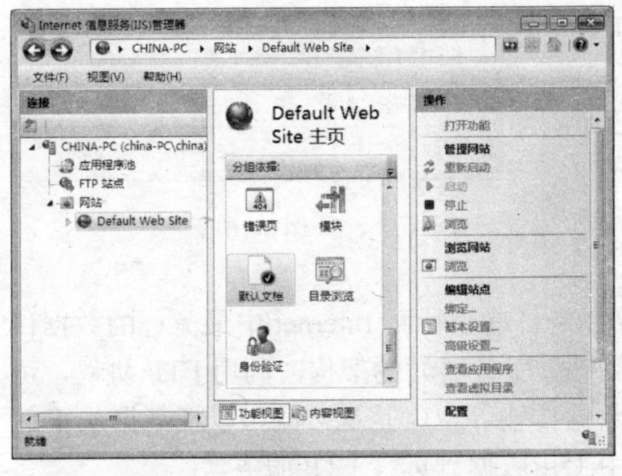

图 9-97

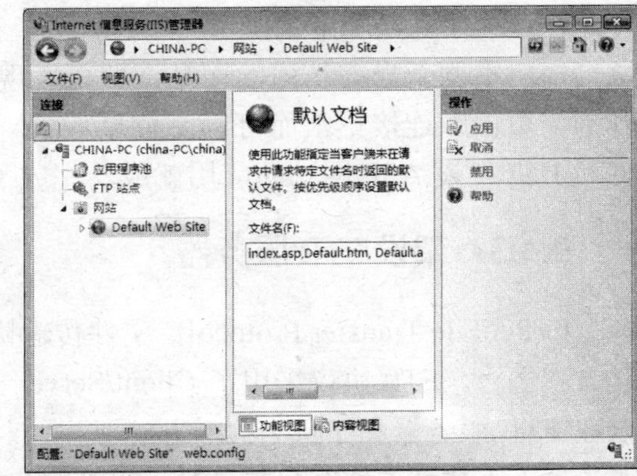

图 9-98

08 在本机的 IE 浏览器窗口的地址栏里输入本机的 IP 地址并按 Enter 即可访问到架设的 ASP 网站，如图 9-99 所示。

09 如果是 Internet 或是局域网中的用户要访问这台计算机中的 ASP 网站，那么这台计算机必须在 Windows 防火墙中设置“例外”列表中的“万维网服务（HTTP）”项处于勾选状态。如图 9-100 所示。

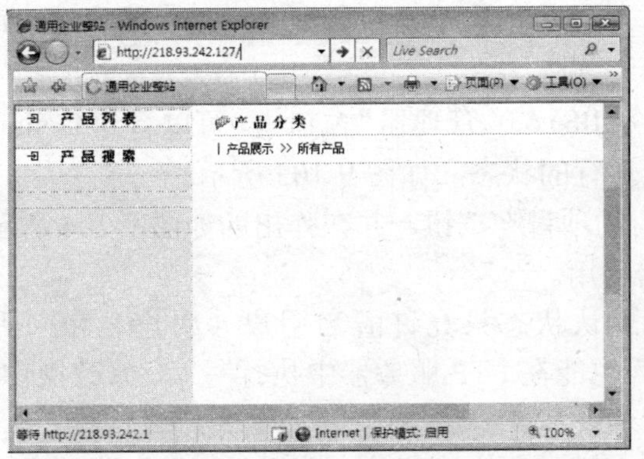

图 9-99

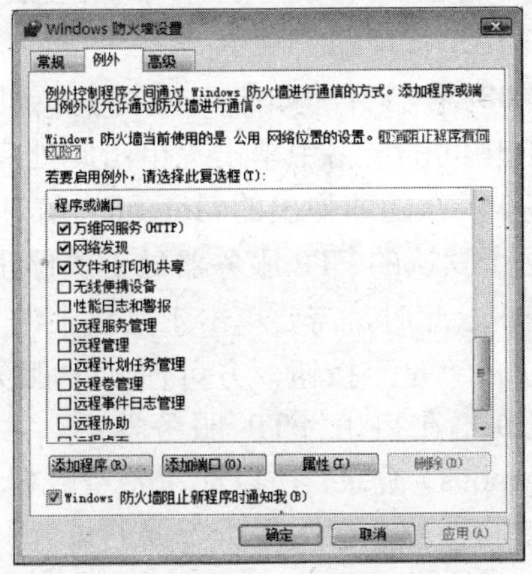

图 9-100

如果在访问网站时发现因为数据库文件连接不上，而导致网站的内容出现缺少，以及网站的后台无法进行登录操作。那么，只需执行如下操作即可解决这个问题。

第一步：按照“4.1.2 熟悉窗口结构”小节中的方法，显示系统中隐藏的文件和文件夹。

第二步：接着，在“计算机”窗口中依次进入 C:\Windows\ServiceProfiles\NetworkService\AppData\Local 文件夹后，右键单击其下的 Temp 文件夹，在弹出的菜单中选择“属性”项。

第三步：在打开的如图 9-101 所示对话框中，在“安全”选项卡界面中添加并赋予 Authenticated Users 这个账户具有“完全控制”权限即可。

在连续单击“确定”按钮应用设置后，在 IE 浏览器窗口中刷新当前访问的网站，即可发现网站内容因为数据库连接正常而可以完整显示了。至此，使用 IIS7 架设 ASP 网站的应用就成功完成了。

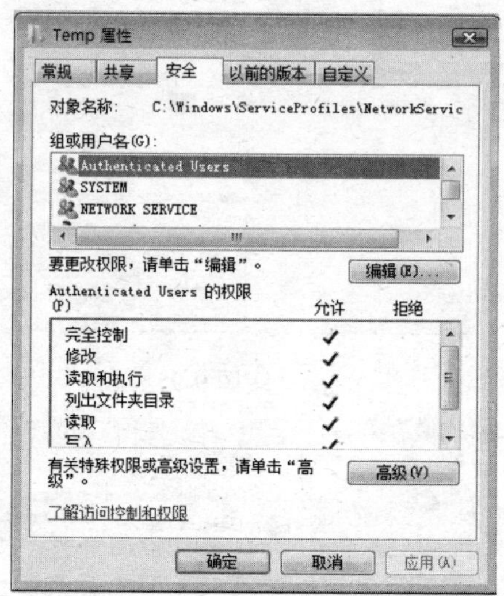

图 9-101

9.4.3 架设 FTP 服务器

FTP（File Transfer Protocol，文件传输协议）是目前因特网 Internet 中最流行的数据传送方式之一。FTP 协议采用了 Client/Server（客户机/服务器）的架构，利用 FTP 协议，可以在 FTP 服务器和 FTP 客户端之间进行双向数据传输。也就是说，既可以把数据从 FTP 服务器上下载到本地客户端，又可以从客户端中上传数据到远程 FTP 服务器。

通常，提供网站存储空间的服务器同时也会提供一个 FTP 服务器，这样购买存储空间的客户就可以通过 FTP 进行高速的网站内容上传与下载。

虽然使用 IIS 架设 FTP 服务器并不是一个好的选择，但是了解一下这项应用知识还是必要的。要在 Vista 中使用 IIS 组件架设 FTP 服务器，只需执行如下操作即可：

01 在“Windows 功能”窗口中选择安装 FTP 组件。

02 在“开始”菜单中，通过依次单击“所有程序”→“管理工具”→“Internet 信息服务(IIS)管理器”菜单。

03 在打开的如图 9-102 所示窗口中，首先依次单击左侧导航窗格中的“FTP 站点”，接着在中间的窗格中单击“单击此处启动”链接。

04 在随即弹出的“Internet 信息服务(IIS) 6.0 管理器”窗口中，可以看到 Default FTP Site 这个默认的 FTP 服务器处于“停止”运行的状态，如图 9-103 所示。

05 此时，需要单击工具栏上的“启动项目”按钮，并在弹出的如图 9-104 所示对话框中单击“是”按钮，方可使 FTP 服务器启用。

06 在启用 FTP 服务器后，由于默认状态只允许匿名用户（用户名和密码均为 Anonymous）登录，所以如果希望匿名用户也能在 FTP 服务器中执行写入、修改操作的话，就需要执行两个权限授予方面的设置。

一是选中“Default FTP Site”并单击右键，在快捷菜单中选择“属性”菜单进入属性窗口后，在如图 9-105 所示的“主目录”选项卡中勾选“写入”项。

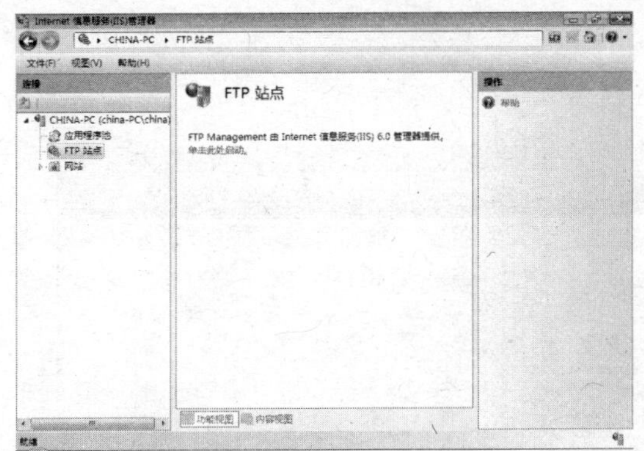

图 9-102

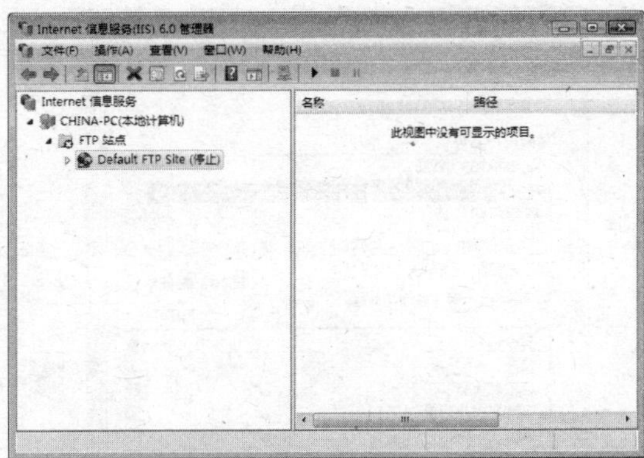

图 9-103

图 9-104

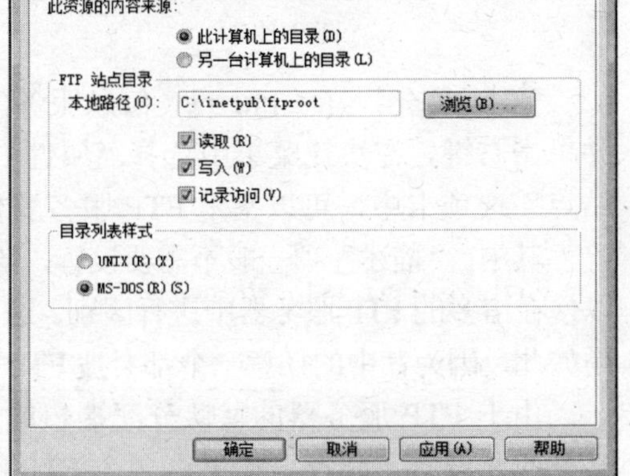

图 9-105

二是在“计算机”窗口中进入 C:\inetpub 文件夹窗口，在进入其下的 Ftproot 文件夹属性窗口后，在“安全”选项卡界面中根据实际情况，添加并赋予 Authenticated Users 这个账户具有“写入”、“修改”或“完全控制”权限即可，如图 9-106 所示。

07 在单击“确定”按钮应用设置后，就可以通过各种方法登录到 FTP 服务器进行上传、删除数据等操作了。

通常，可以使用如下方法进行 FTP 服务器的登录：

- 在 IE 浏览器地址栏中，输入“FTP://FTP 服务器地址”（如，ftp://192.168.1.8）并按 Enter 键。如果需要用户名或密码，则需在弹出的登录框中输入相应的信息。
- 在“计算机”窗口或“资源管理器”窗口中，输入“FTP://FTP 服务器地址”（如，ftp://192.168.1.8）并按 Enter 键，如图 9-107 所示。

如果需要用户名或密码，则需在弹出的登录框中输入相应的信息。

- 在专业的 FTP 客户端程序中（如 CuteFTP，下载网址为：http://web.duze.net/cuteftp42.exe）。输入 FTP 服务器地址、登录用户名与密码后进行登录。

在了解如何使用匿名账户进行 FTP 服务器的登录等应用方法后，再来看看如何对 FTP 服务器进行深入配置，如，使用特定账户名方可登录的方法。

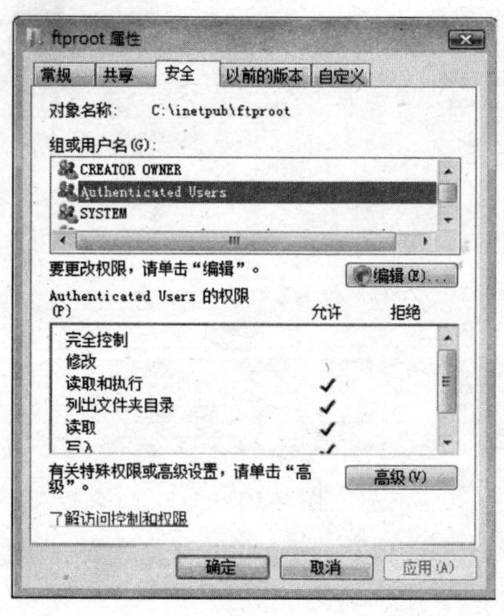

图 9-106

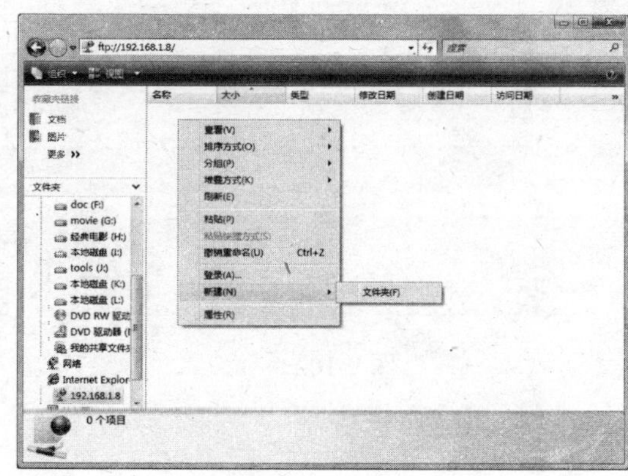

图 9-107

01 首先，在“Internet 信息服务(IIS) 6.0 管理器”窗口中选中“Default FTP Site”并单击右键，在快捷菜单中选择“属性”菜单进入属性窗口后，在如图 9-108 所示的“FTP 站点”选项卡中，可以指定 FTP 服务器使用的 IP 地址和端口号。

其中，“描述”项一般不需要设置，除了准备创建多个 FTP 服务时，才需要更改此名称，以便在诸多的 FTP 服务器中进行区别。这里的 IP 地址一般不需要设置，即使是多个 IP 地址也是如此，因为其中的任意一个都会被 FTP 服务器自动绑定，都可以用于访问 FTP 服务器。

由于 FTP 服务器的默认分配端口就是 21，所以在没有多个 FTP 服务器的情况下，不必更改此设置。相反，如果有多个 FTP 服务器，则可以通过更改端口号来区别每台服务器的访问地址。其中的“当前会话”按钮主要用于查看当前有哪些用户登录到了 FTP 服务器，在单击后弹出的如图 9-109 所示对话框中可以查看登录用户的账号、来源 IP 和登录时间。

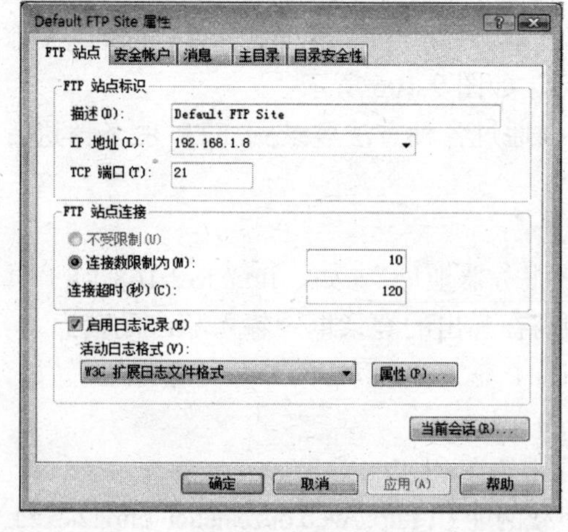

图 9-108

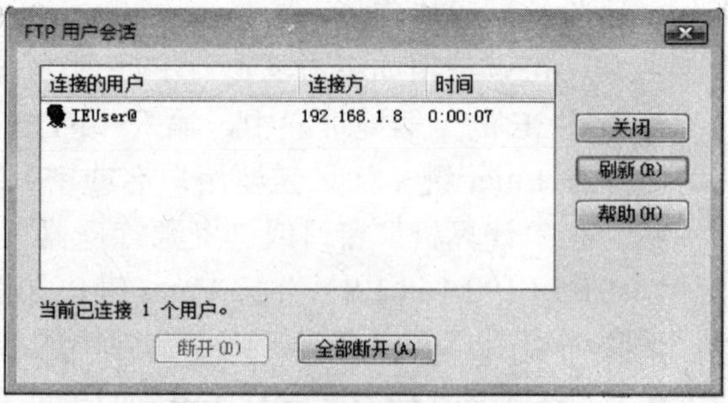

图 9-109

此时，如果需要中断某个账户的连接，只需选中它并单击“断开”按钮即可。

02 在“安全账户”选项卡界面中，可以指定登录到 FTP 服务器的 Windows 账户，如图 9-110 所示。

03 由于 FTP 默认只允许匿名访问，所以在希望使用新的账户访问 FTP 时，就必须单击“浏览”按钮，并在弹出的如图 9-111 所示的“选择用户”对话框中，添加事先创建的专门用于 FTP 访问的账户名。创建账户的方法请见“10.1.1 创建账户”小节中的内容。

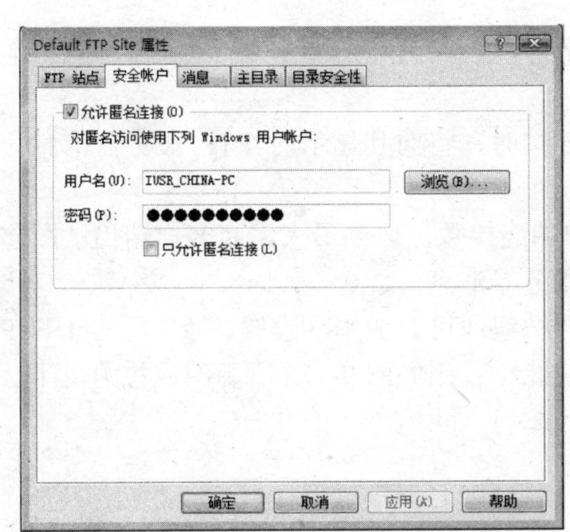

图 9-110

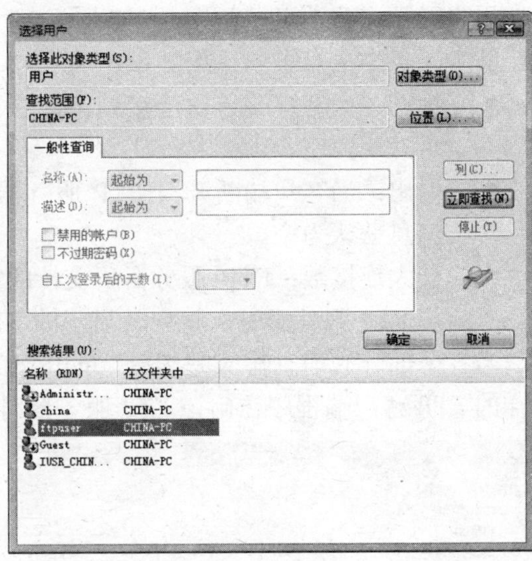

图 9-111

04 在连续单击“确定”按钮返回“安全账户”选项卡界面后，直接单击“应用”按钮。此时，在 IE 浏览器的地址栏中就可以使用“ftp://账户名:密码@192.168.1.9”的方式直接登录到 FTP 服务器了。如果使用“ftp://账户名@192.168.1.9”的方式，则会弹出一个登录框，这里需要输入可以登录到 FTP 的账户名及密码。

FTP 验证用户身份的方法方式主要有两种，以下两种验证身份的方式不能同时使用，同一时间只能使用一种：。

一是匿名 FTP 验证（Anonymous FTP Authentication）：这是默认值，IIS 使用了“IUSR_计算机名称”这个帐账号确保 FTP 可以被匿名访问，所以任何访问者都可以使用匿名方式来访问通过 IIS 架设的 FTP 服务器。

二是基本 FTP 验证（Basic FTP Authentication）：这是要求来访者必须输入账户名和密码才能登录 FTP 服务器的验证方式，由于密码在传送过程中使用了明文方式，所以很容易被嗅探器截获。

05 由于登录的账户无权创建文件或文件夹，所以需要在“主目录”选项卡中勾选“写入”项来解决这个问题。其中，3 个权限项的含义是：

- 读取：来访者可以读取主目录中的数据，如可以下载数据。
- 写入：来访者可以在主目录中添加、修改数据，如可以上传文件。
- 记录访问：将连接到此 FTP 服务器的行为记录到事件日志中。

在“主目录”选项卡中，“目录列表样式”决定了 FTP 服务器中的文件以何种方式显示在来访者的屏幕上。如果选中 UnixUNIX 复选框单选框，则当文件和 FTP 服务器的年份不同时，会返回以 4 位数显示的年份；如果与 FTP 服务器相同，则不会返回年份信息；如果选中 MS-DOS 单选框，则以 2 位数显示年份。用户若是利用 IE 来连接，则其浏览方式并没有受到目录列表样式设置的影响，因此，此设置只对 DOS 下的访问产生影响。

06 在单击切换到“消息”选项卡后，可以看到有“标题”、“欢迎”、“退出”和“最大连接数”等设置项，可以在这些文本框中创建相应消息。当用户连接到 FTP 服务器时，将向用户显示这些消息，如图 9-112 所示。

其中，各个消息项的作用如下：

- 欢迎：当客户端首次连接到 FTP 服务器时，将向其显示的 FTP 服务器消息。消息默认为空。
- 退出：当客户端断开与 FTP 服务器的连接时，将向其显示的 FTP 服务器消息。消息默认为空。
- 最大连接数：FTP 服务器所支持的客户端连接数已达到最大，而客户端仍试图连接 FTP 服务器时，将向其显示的 FTP 服务器消息。

当各个部分的消息输入完毕后，单击“确定”按钮即可完成本次设置。当使用 CuteFTP 这样的 FTP 客户端程序访问该 FTP 服务器时，就能够看到如图 9-113 所示的应答消息了。

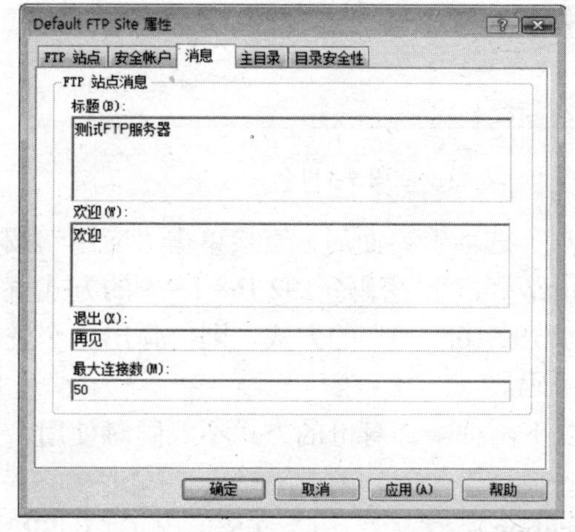

图 9-112

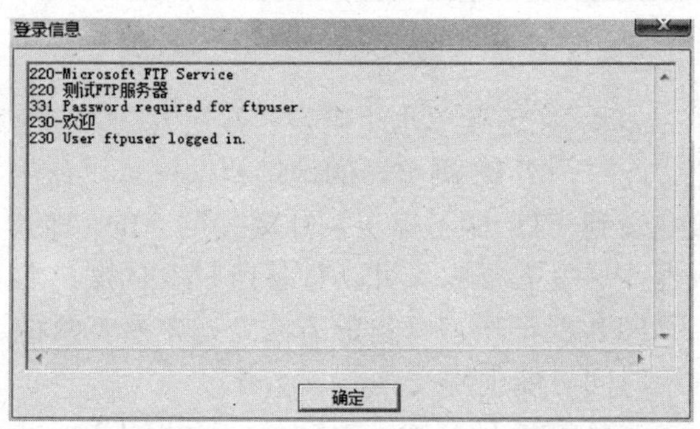

图 9-113

07 在如图 9-114 所示“主目录”选项卡中，可以根据需要决定是否使用 C:\InetPub\Ftproot 文件夹为默认的 FTP 服务器存储文件夹。通常，这样做会加大系统分区的压力，所以可以考虑专门指定一个可用空间较大的分区来完成此项任务。为此，需要直接在“本地路径”地址栏中输入，或单击“浏览”按钮选择一个新的主目录路径。

图 9-114

如果想把局域网内的某个共享目录作为主目录，则选中“另一台计算机上的共享”单选框，然后在“FTP 站点目录”部分的“网络共享”地址栏中输入类似\\123\Share 的路径即可。

9.5 网络诊断工具

在 Vista 中的网络应用中，往往会出现各种故障。此时，该如何找出问题的所在并解决问题呢？在本节中将讲解这方面的应用。

9.5.1 网卡问题

网卡是将计算机与网络发生连接的桥梁，它是不能出现错误的，否则网络必然会受到影响。在 Vista 中可以对网卡中是否插入了水晶头进行监控，如没有插入水晶头时就会在“网络”窗口中出现“此计算机未连接到网络，单击以连接……”的提示栏。

在“开始”菜单的“搜索”栏中输入命令 Ncpa.cpl 后，可以打开如图 9-115 所示的“网络连接”窗口。

在单击“本地连接”项后，在右键菜单中选择“诊断”或单击工具栏上的“诊断这个连接”，均可以运行如图 9-116 所示的进度框。

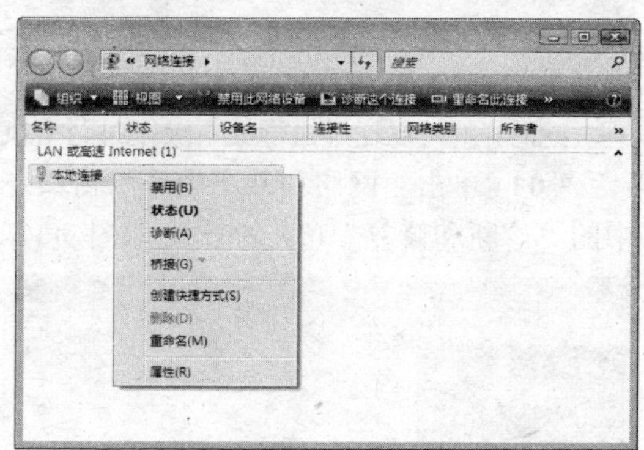

图 9-115

如果检查到了错误，则会给出类似于如图 9-117 所示的提示，并根据相应的情况给出解决方法。

图 9-116

图 9-117

如，诊断工具在检测到网卡因为被禁用而无法工作时，就会给出本地连接被禁用的提示。在单击下方的“启用网络适配器‘本地连接’”项后，如图 9-118 所示的修复进度框将会弹出。

在完成了修复操作后，将会切换到的提示框中看到修复的结果，如图 9-119 所示。

图 9-118

图 9-119

通常可以在执行诊断工具之前，先通过网卡右键菜单中的“状态”功能打开如图 9-120 所示窗口，再通过查看网卡的数据收发状态，来初步判断出网卡是否出现问题。

如，在拨号到 Internet 成功后，可是 IE 浏览器却打不开任何网页时，就应检查一下网卡的数据收发状态。如果网卡有大量的数据收发状态，那么就可能是因为网卡的 DNS 服务器没有设置，而导致 IE 浏览器无法对域名进行解析，进而出现无法打开网站的问题。

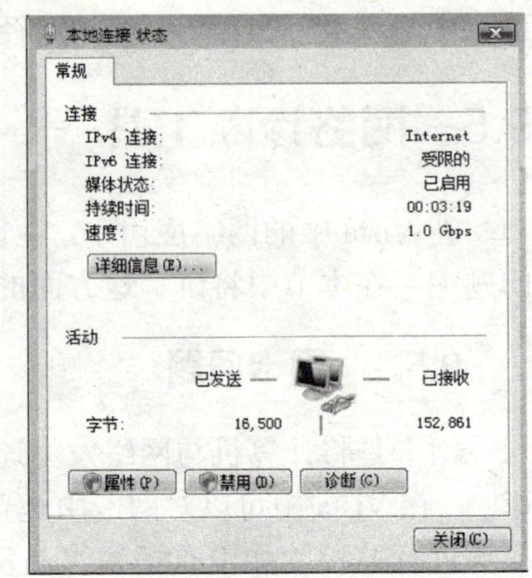

图 9-120

9.5.2 网络问题

Vista 中的网络诊断工具除了可以用于诊断网卡外，还可以用于诊断局域网或 Internet 连接方面的问题。

如，在遇到如图 9-121 所示的情况时，显然是当前计算机与 Internet 之间的连接发生了问题。

此时，就可以通过执行如下操作对网络执行诊断任务：

01 单击“网络和共享中心”窗口左侧任务窗格中的“诊断和修复”项，在出现如图 9-122 所示的进度框，要耐心等待进度的结束。

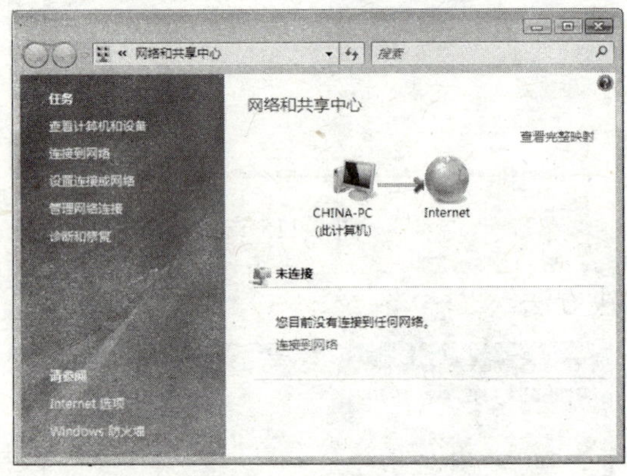

图 9-121

图 9-122

02 很快，诊断工具就会给出相应的诊断报告。在如图 9-123 所示中，可以看出故障是因为电缆（即网线）没有与网卡连接造成的。

03 在根据提示完成网线与网卡的连接操作后，单击结果页面将会再次执行诊断任务。如果硬件没有问题了，一般问题就会得到修复。

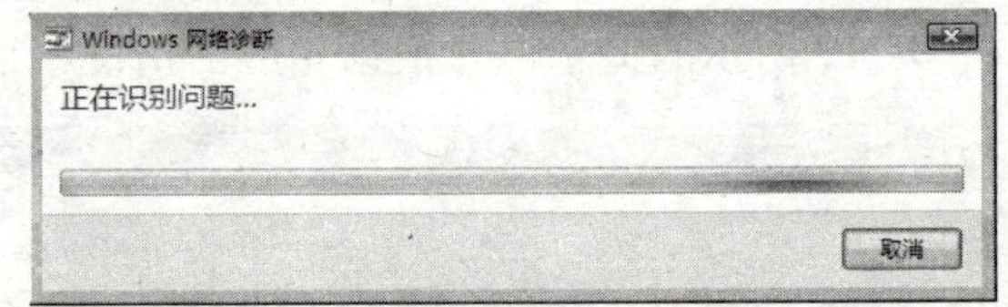

图 9-123

9.5.3 网络命令

除了上述方法外，还应该学习一下下面的诸多维护命令。这些命令可以帮助系统管理员深入地进行网络维护。

1. Ping

Ping 命令是测试网络连接、信息发送和接收状况的实用型工具，这是一个系统内置的探测工具。

Ping 命令的语法是：

Ping [-t] [-a] [-n *Count*] [-l *Size*] [-f] [-i *TTL*] [-v *TOS*] [-r *Count*] [-s *Count*] [{-j *HostList* | -k *HostList*}] [-w *Timeout*] [*TargetName*]

各个参数的含义如下：

－t：不断使用 Ping 命令发送回响请求信息到目的地。要中断并退出 Ping，只需按 Ctrl+C 键。

－a：指定对目的地 IP 地址进行反向名称解析。如果解析成功，Ping 将显示相应的主机名。

-n *Count*：指定发送回响请求消息的次数，默认值为 4。

-l *Size*：指定发送的回响请求消息中“数据”字段的长度（以字节表示）。默认值为 32。*size* 的最大值是 65,527，如图 9-124 所示。

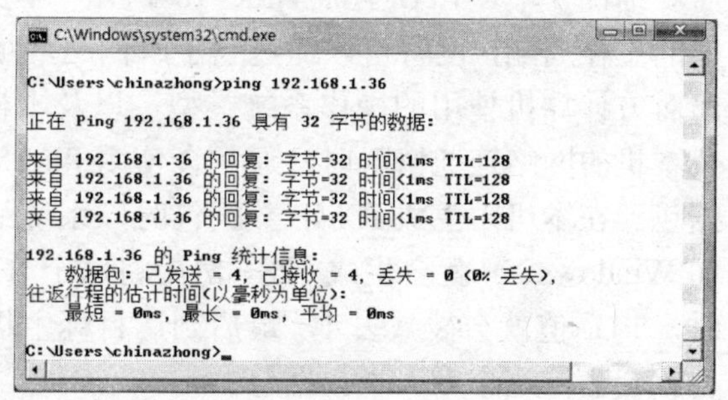

图 9-124

－f: 指定发送的回响请求消息带有“不要拆分”标志（所在的 IP 标题设为 1）。回响请求消息不能由目的地路径上的路由器进行拆分。该参数可用于检测并解决“路径最大传输单位 (PMTU)”的故障。

-i *TTL*：指定发送回响请求消息的 IP 标题中的 TTL 字段值。其默认值是主机的默认 TTL 值。对于 Windows XP 主机，该值一般是 128，*TTL* 的最大值是 255。

-v *TOS*: 指定发送回响请求消息的 IP 标题中的“服务类型 (TOS)”字段值。默认值是 0。*TOS* 被指定为 0 到 255 的十进制数。

-r *Count*：指定 IP 标题中的“记录路由”选项用于记录由回响请求消息和相应的回响应答消息使用的路径。路径中的每个跃点都使用“记录路由”选项中的一个值。如果可能，可以指定一个等于或大于来源和目的地之间跃点数的 *Count*。*Count* 的最小值必须为 1，最大值为 9。

-s *Count*：指定 IP 标题中的“Internet 时间戳”选项用于记录每个跃点的回响请求消息和相应的回响应答消息的到达时间。*Count* 的最小值必须为 1，最大值为 4。

-j *Path*：指定回响请求消息使用带有 *HostList* 指定的中间目的地集的 IP 标题中的“稀疏资源路由”选项。可以由一个或多个具有松散源路由的路由器分隔连续中间的目的地。主机列表中的地址或名称的最大数为 9，主机列表是一系列由空格分开的 IP 地址（带点的十进制符号）。

-k *HostList*：指定回响请求消息使用带有 *HostList* 指定的中间目的地集的 IP 标题中的“严格来源路由”选项。使用严格来源路由，下一个中间目的地必须是直接可达的（必须是路由器接口上的邻居）。主机列表中的地址或名称的最大数为 9，主机列表是一系列由空格分开的 IP 地址（带点的十进制符号）。

-w *Timeout*：指定等待回响应答消息响应的时间（以微妙计），该回响应答消息响应接收到的指定回响请求消息。如果在超时时间内未接收到回响应答消息，将会显示“请求超时”的错误消息。默认的超时时间为 4000（4 秒）。

TargetName：指定目的端，它既可以是 IP 地址，也可以是主机名。

/? ：在命令提示符显示帮助。

通常，Ping 命令会反馈回如下两种结果：

结果 1：请求超时

这表示没有收到网络设备返回的响应数据包，也就是说网络不通。出现这个结果原因很复杂，通常有如下几种可能：

- 对方装有防火墙并禁止 ICMP 回显。
- 对方已经关机。
- 本机的 IP 设置不正确或网关设置错误。
- 网线不通。

结果 2：来自 202.102.*.141 的回复: 字节=32 时间<1ms TTL=128

这表示网络畅通，探测使用的数据包大小为 32Bytes，响应时间小于 1ms。TTL 这个值需要细说一下，TTL 全称 Time To Live，中文意思就是存活时间，是指一个数据包在网络中的生存周期，网管可以通过它了解网络环境，辅助维护工作，通过 TTL 值可以粗略判断出对方计算机使用的操作系统类型，以及本机到达目标主机所经过的路由数。例如，当检查本机的网络连通情况时，通常会使用 Ping 命令给某个目标主机（如本机）发送 ICMP 数据包。在本机中生成 ICMP 数据包时，系统就会给这个 ICMP 数据包初始化一个 TTL 值，如 Windows XP 就会生成 128，然后将这个 ICMP 数据包发送出去，遇到网络路由设备转发时，TTL 值就会被减去 1，最后到达目标主机，如果在转发过程中 TTL 值变成 0，路由设备就会丢弃这个 ICMP 数据包。

TTL 值在网络应用中很有用处，可以根据返回信息中的 TTL 值来推断发送的数据包到达目标主机所经过的路由数。路由发生在 OSI 网络参考模型中的第三层即网络层。

例如，我们要根据 Ping 命令返回的 TTL 值，判断到达 IP 地址为 202.102.48.141 的目标主机所经过的路由数。在命令提示符下输入 Ping 202.102.48.141 命令后，接着会显示信息 Reply from 202.102.48.141: bytes=32 time=15ms TTL=126，可以看出返回的 TTL 值为 126，与 Windows NT/2000/XP 主机的 TTL 值 128 最接近，因此可以推断出该主机类型可能为 Windows NT/2000/XP 中的一种，又因为 128－126＝2，所以可以得知数据到达该主机经过了 2 个路由。

提示

不同的操作系统，它的 TTL 值也是不相同的。默认情况下，Linux 系统的 TTL 值为 64 或 255，Windows NT/2000/XP 系统的 TTL 值为 128，Windows 98 系统的值为 32，UNIX 主机的 TTL 值为 255。

下面给出一些 Ping 命令的典型使用方法：

（1）检测本机

要检测本机的网卡驱动程序及 TCP/IP 协议，只需在命令提示符窗口中输入 Ping 127.0.0.1 命令即可。由于 127.0.0.1 这个保留的 IP 地址指向到本机，所以可以通过此命令来检查本机的网卡驱动。如，在返回上述的第 4 种错误结果时，就意味着网卡驱动或 TCP/IP 协议可能安装不正常。

（2）多参数合用检测

假设，现在使用 Ping –a －t 202.102.48.141 命令对 IP 地址为 202.102.48.141 的计算机进行探测，可以得到如图 9-125 所示的反馈信息。

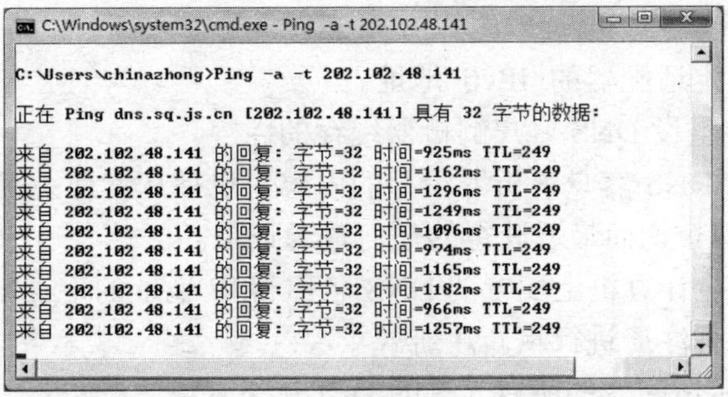

```
C:\Windows\system32\cmd.exe - Ping  -a -t 202.102.48.141

C:\Users\chinazhong>Ping -a -t 202.102.48.141

正在 Ping dns.sq.js.cn [202.102.48.141] 具有 32 字节的数据:

来自 202.102.48.141 的回复: 字节=32 时间=925ms TTL=249
来自 202.102.48.141 的回复: 字节=32 时间=1162ms TTL=249
来自 202.102.48.141 的回复: 字节=32 时间=1296ms TTL=249
来自 202.102.48.141 的回复: 字节=32 时间=1249ms TTL=249
来自 202.102.48.141 的回复: 字节=32 时间=1096ms TTL=249
来自 202.102.48.141 的回复: 字节=32 时间=974ms TTL=249
来自 202.102.48.141 的回复: 字节=32 时间=1165ms TTL=249
来自 202.102.48.141 的回复: 字节=32 时间=1182ms TTL=249
来自 202.102.48.141 的回复: 字节=32 时间=966ms TTL=249
来自 202.102.48.141 的回复: 字节=32 时间=1257ms TTL=249
```

图 9-125

通过反馈信息，可以得知上述命令中的参数-a 检测出了该机的 Net BIOS 名为 dns.sq.js.cn；参数-t 在不断向该机发送数据包。

注 意

限于篇幅，本书没有列出完整的 Ping 命令参数。有兴趣的读者，可以在 IE 浏览器中打开 ms-its:D:\WINDOWS\Help\ntcmds.chm::/ping.htm 这个地址，从中能够看到在帮助文件中的给出的 Ping 命令参数的完整说明。

2．IPconfig

IPconfig 可以显示当前所有网卡的 TCP/IP 的配置值、可以刷新动态主机配置协议（DHCP）和域名系统（DNS）的设置。使用不带参数的 IPconfig 可以显示当前计算机中所有网卡的 IP 地址、子网掩码和默认网关（使用 hostname 命令可以获得计算机名称）。

此命令的语法是：

```
Ipconfig [/allcompartments] [/? | /all |
                              /renew [adapter] | /release [adapter] |
                              /renew6 [adapter] | /release6 [adapter] |
                              /flushdns | /displaydns | /registerdns |
                              /showclassid adapter |
                              /setclassid adapter [classid] ]
```

其中，常用参数有：

/allcompartments：显示所有分段的信息。

/? ：获得此命令的帮助信息。

/all：显示所有适配器的完整 TCP/IP 配置信息。适配器既可以是网卡，也可以是逻辑接口（如拨号连接）。

/renew [adapter]：更新所有网卡的 DHCP 配置，如果希望只对某个指定的网卡（如本地连接 3）进行 DHCP 配置更新，只需使用类似于"IPconfig /renew "本地连接 3""的命令即可。该参数仅在具有配置为自动获取 IP 地址的网卡的计算机上可用。

/renew6：更新指定适配器的 IPv6 地址。

/release [adapter]：发送 DHCPRELEASE 消息到 DHCP 服务器，以释放所有网卡的当前

DHCP 配置并丢弃 IP 地址配置。

/release6：释放指定适配器的 IPv6 地址。

/flushdns：清理并重设 DNS 客户解析器缓存的内容。

/displaydns：显示 DNS 客户解析器缓存的内容，包括从本地主机文件预装载的记录以及由计算机解析的名称查询而最近获得的任何资源记录。

/registerdns：初始化计算机上配置的 DNS 名称和 IP 地址的手工动态注册。可以使用该参数对失败的 DNS 名称注册进行重新注册。

/showclassid：显示适配器的所有允许的 DHCP 类 ID。

/setclassid：修改 DHCP 类 ID。

在计算机网络配置较复杂的情况下，使用 IPconfig 命令反馈的信息往往会有很多。此时，可以在“命令提示符”窗口中输入 IPconfig /all > c:\123.txt 命令，将反馈信息提取出来并在 C 盘根目录下保存为 123.txt 这个文本文件。

3. Netstat

Netstat 命令用于显示活动的 TCP 连接、计算机侦听的端口、以太网统计信息、IP 路由表等信息，使用时如果不带参数，Netstat 命令则只能显示活动的 TCP 连接。

此命令的语法是：

显示协议统计和当前 TCP/IP 网络连接。

NETSTAT [-a] [-b] [-e] [-f] [-n] [-o] [-p proto] [-r] [-s] [-t] [interval]

其中，参数的含义是：

-a：显示所有活动的 TCP 连接以及计算机侦听的 TCP 和 UDP 端口。它可以用来查看计算机上网时，各端口与外部之间的所有连接情况等，如图 9-126 所示。

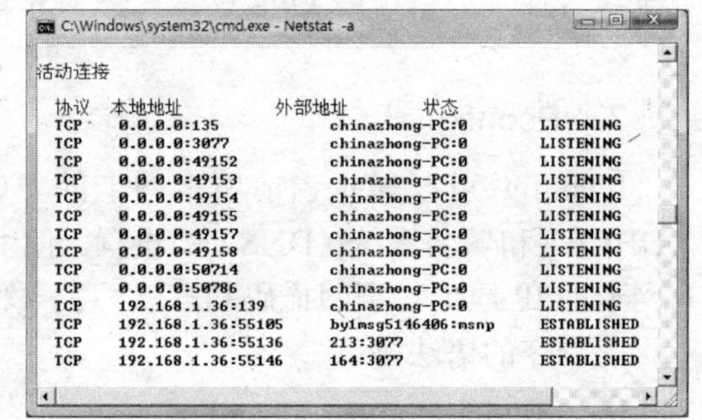

图 9-126

-b：显示在创建每个连接或侦听端口时涉及的可执行程序。在某些情况下，已知可执行程序承载多个独立的组件，这些情况下，显示创建连接或侦听端口时涉及的组件序列。此情况下，可执行程序的名称位于底部[]中，它调用的组件位于顶部，直至达到 TCP/IP。

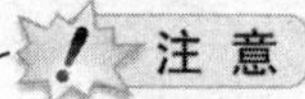

此选项可能很耗时，并且在您没有足够权限时可能失败。

-e：显示以太网统计信息，如发送和接收的字节数、数据包数。

-f：显示外部地址的完全限定域名(FQDN)。

-n：显示所有已建立的有效连接和相应的端口。因为-n 参数可以列出正在使用的端口，所以可以籍此查出一些如木马等黑客程序的存在，这是因为任何黑客程序都需要通过打开一个端口才能进行通信。

-o：显示活动的 TCP 连接并包括每个连接的进程 ID（PID）。可以在 Windows 任务管

理器中的“进程”选项卡上找到基于 PID 的应用程序。该参数可以与-a、-n 和-p 结合使用。

-p Protocol：显示 Protocol 所指定的协议的连接。在这种情况下，Protocol 可以是 tcp，udp，tcpv6 或 udpv6。如果该参数与-s 一起使用按协议显示统计信息，则 Protocol 可以是 tcp，udp，icmp，ip，tcpv6，udpv6，icmpv6 或 ipv6。

-r：显示路由表。

-s：按协议显示统计信息。默认情况下，显示 TCP，UDP，ICMP 和 IP 协议的统计信息。如果安装了 IPv6 协议，就会显示有关 IPv6 上的 TCP，IPv6 上的 UDP，ICMPv6 和 IPv6 协议的统计信息。可以使用-p 参数指定协议集。如果应用程序（如 Web 浏览器）的运行速度比较慢，或者不能显示 Web 页之类的数据，那么就可以用该参数来查看一下所显示的信息，如图 9-127 所示。仔细查看统计数据的各行，找到出错的关键字，进而确定问题所在。

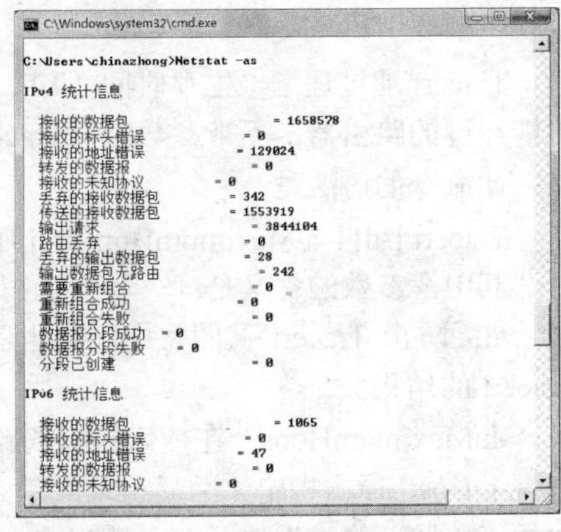

图 9-127

-t：显示当前连接卸载状态。

Interval：重新显示选定的统计，各个显示间暂停的间隔秒数。

4．Nbtstat

Nbtstat 用于显示本地计算机和远程计算机的基于 TCP/IP（NetBT）协议的 NetBIOS 统计资料、NetBIOS 名称表和 NetBIOS 名称缓存。Nbtstat 可以刷新 NetBIOS 名称缓存和注册的 Windows Internet 名称服务（WINS）名称。使用不带参数的 Nbtstat 命令将显示帮助。

此命令的语法是：

Nbtstat [-a RemoteName] [-A IPAddress] [-c] [-n] [-r] [-R] [-RR] [-s] [-S] [Interval]

其中，常用的参数有：

-a remotename：此参数可以通过远程计算机的 NetBios 名来查看其网卡的 MAC 地址和所在的工作组等信息，如图 9-128 所示。

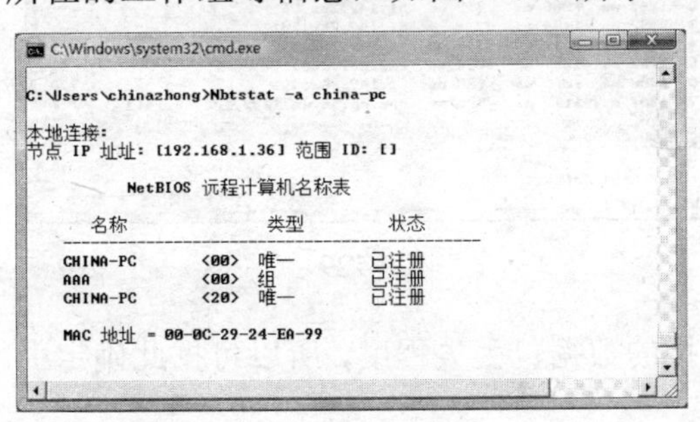

图 9-128

-A IPAddress：此参数可以通过远程计算机的 IP 地址得到其名称表、网卡的 MAC 地址和所在工作组名称。

-c：此参数可以列出远程计算机的 NetBIOS 名称的缓存和每个名称的 IP 地址。也就是说，该参数就是用来列出 NetBIOS 缓存里存放的与当前计算机发生过连接的计算机 IP 地址。

-n：此参数可以列出本地计算机的 NetBIOS 名称，它与前面所介绍的 Netstat 命令的-a 参数的功能类似，只是这个是用来检查本地计算机的，如果把 Netstat –a 命令后面的 IP 地址换为自己的，那么这两个命令的效果就一样了。

-r：显示 NetBIOS 名称解析统计资料。

-R：清除 NetBIOS 名称缓存，并从 Lmhosts 文件中重新加载带有#PRE 标记的项目。也就是说，该参数可以清除使用 Nbtstat –c 命令所能看见的缓存里的 IP 地址。

-RR：释放并刷新通过 WINS 注册的本地计算机的 NetBIOS 名称。

-s：显示 NetBIOS 客户和服务器会话，并试图将目标 IP 地址转化为名称。

-S：显示 NetBIOS 客户和服务器会话，只通过 IP 地址列出远程计算机。

5. Tracert

Tracert 通过递增"生存时间（TTL）"字段的值，将 ICMP 回显请求消息发送给目标中可能经过的路由器。不带参数时，Tracert 命令将显示帮助。

此命令的语法是：

Tracert [-d] [-h MaximumHops] [-j HostList] [-w Timeout] [TargetName]

其中，参数的含义是：

/d：防止 Tracert 试图将中间路由器的 IP 地址解析为它们的名称，这样可以加速显示 Tracert 的结果。

-h MaximumHops：在搜索目标的路径中指定跃点的最大数。默认值为 30 个跃点。

-j HostList：指定"回显请求"消息对于在主机列表中指定的目标，以及使用 IP 报头中的"松散源路由"选项，主机列表中的地址或名称的最大数为 9。主机列表是一系列由空格分开的 IP 地址。

-w Timeout：指定等待"ICMP 已超时"或"回显答复"消息的时间（以毫秒为单位）。如果超过时间内未收到消息，则显示一个星号（*）。默认的超过时间为 4000（4 秒）。

-R：跟踪往返行程路径(仅适用于 IPv6)。

-S srcaddr：要使用的源地址(仅适用于 IPv6)。

-4：强制使用 IPv4。

-6：强制使用 IPv6。

通常，都是使用此命令检查源主机与目标主机之间共有几个路由，如图 9-129 所示。

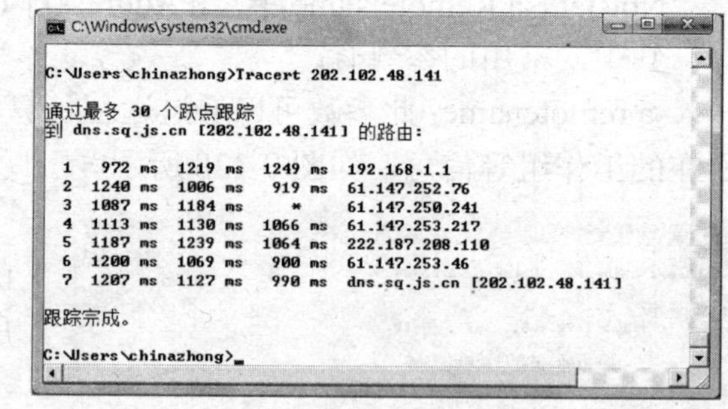

图 9-129

6. Pathping

Pathping 实际上就是 Ping 和 Tracert 命令的结合，它将多个回显请求消息发送到来源和目标之间的各个路由器一段时间后，再根据各个路由器返回的数据包大小计算其结果。因为 此命令可以显示任何特定路由器或链接的数据包丢失程度，所以可据此确定引起网络问题的路由器或子网的具体路径。

此命令的语法是：

```
pathping [-g host-list] [-h maximum_hops] [-i address] [-n]
                [-p period] [-q num_queries] [-w timeout]
                [-4] [-6] target_name
```

其中，参数的含义是：

-g host-list：与主机列表一起的松散源路由。

-h maximum_hops：搜索目标的最大跃点数。

-i address：使用指定的源地址。

-n：不将地址解析成主机名。

-p period：两次 Ping 之间等待的时间(以毫秒为单位)。

-q num_queries：每个跃点的查询数。

-w timeout：每次回复等待的超时时间(以毫秒为单位)。

-4：强制使用 IPv4。

-6：强制使用 IPv6。

7．Route

Route 命令用于在本地的 IP 路由表中显示和修改条目。使用不带参数的 Route 可以显示帮助。

此命令的语法是：

ROUTE [-f] [-p] [-4|-6] command [destination]
[MASK netmask] [gateway] [METRIC metric] [IF interface]

其中，常用的参数有：

-f：清除所有不是主路由（网掩码为 255.255.255.255 的路由）、环回网络路由（目标为 127.0.0.0，网掩码为 255.255.255.0 的路由）或多播路由（目标为 224.0.0.0，网掩码为 240.0.0.0 的路由）的条目的路由表。如果它与命令之一（例如 Add、Change 或 Delete）结合使用，表会在运行命令之前清除。

-p：与 Add 命令共同使用时，指定路由被添加到注册表并在启动 TCP/IP 协议的时候初始化 IP 路由表。默认情况下，启动 TCP/IP 协议时不会保存添加的路由。与 Print 命令一起使用时，则显示永久路由列表。所有其他的命令都忽略此参数。永久路由存储在注册表中的位置是 HKEY_LOCAL_MACHINE\SYSTEM\CurrentControlSet\Services\Tcpip\Parameters\PersistentRoutes。

-4：强制使用 IPv4。

-6：强制使用 IPv6。

Command：在此参数下可以有多个子命令，如 Add 可以添加路由；Change 可以更改现存路由；Delete 可以删除路由；Print 可以打印路由。

Destination：指定路由的网络目标地址。目标地址可以是一个 IP 网络地址（其中网络地址的主机地址位设置为 0），对于主机路由是 IP 地址，对于默认路由是 0.0.0.0。

mask subnetmask：指定与网络目标地址相关联的网掩码（又称之为子网掩码）。

Gateway：指定超过由网络目标和子网掩码定义的可达到的地址的前一个或下一个跃点 IP 地址。

Metric Metric：为路由指定所需跃点数的整数值（范围是 1~9999），它用来在路由表里的多个路由中，选择与转发包中的目标地址最为匹配的路由。

if Interface：指定目标可以到达的接口索引。对于接口索引可以使用十进制或十六进制的值。对于十六进制值，要在十六进制数的前面加上 0x。忽略 if 参数时，接口由网关地址确定。

下面给出了一些使用 Route 命令的例子：

- 要显示 IP 路由表的完整内容，只需使用 Route Print 命令。
- 要显示 IP 路由表中以 10 开始的路由，只需使用 Route Print 10.*命令。
- 要添加默认网关地址为 192.168.12.1 的默认路由，只需使用 Routc add 0.0.0.0 mask 0.0.0.0 192.168.12.1 命令。
- 要添加目标为 10.41.0.0，子网掩码为 255.255.0.0，下一个跃点地址为 10.27.0.1 的路由，只需使用 Route Add 10.41.0.0 Mask 255.255.0.0 10.27.0.1 命令。
- 要添加目标为 10.41.0.0，子网掩码为 255.255.0.0，下一个跃点地址为 10.27.0.1，接口索引为 0x3 的路由，只需使用 Route Add 10.41.0.0 mask 255.255.0.0 10.27.0.1 if 0x3 命令。
- 要删除目标为 10.41.0.0，子网掩码为 255.255.0.0 的路由，只需使用 Route delete 10.41.0.0 mask 255.255.0.0 命令。
- 要删除 IP 路由表中以 10 开始的所有路由，只需使用 Route delete 10.*命令。
- 要将目标为 10.41.0.0，子网掩码为 255.255.0.0 的路由的下一个跃点地址由 10.27.0.1 更改为 10.27.0.25，只需使用 Route Change 10.41.0.0 mask 255.255.0.0 10.27.0.25 命令。

“路由”是指在网络之间转发数据报的过程。多个网段通过路由器连接起来，由路由器负责从一个网段将 IP 数据报传送到另一个网段上。由于这个数据的传输过程主要由 Internet 层的 IP 协议来实现，所以这种路由过程也称作 IP 路由。IP 协议是一种支持路由的可路由协议。

提示

“可路由协议”（Routed Protocol）和“路由协议”（Routing Protocol）是两个不同的概念。可路由协议指的是能够支持路由的协议，如 IP 协议能够在 Internet 网络环境中支持多个网段的地址。而路由协议也称路由选择协议，它是路由器所使用的协议，用于实现路由功能和同网络进行通信。

在 Vista 中可以通过软件配置来实现路由，因此用户不需要购买硬件路由器，就可以完成基本的网络数据传发任务。在计算机准备发送数据时，它首先将源 IP 地址与目标 IP 地址放入到 IP 数据报的报头中，再将目标 IP 地址同本地维护的 IP 路由表进行匹配比较，然后根据比较的结果进行多种操作，如经过网卡将数据转发出去。在对 IP 数据的转发过程中，IP 总是搜索与目标地址最接近的路由。

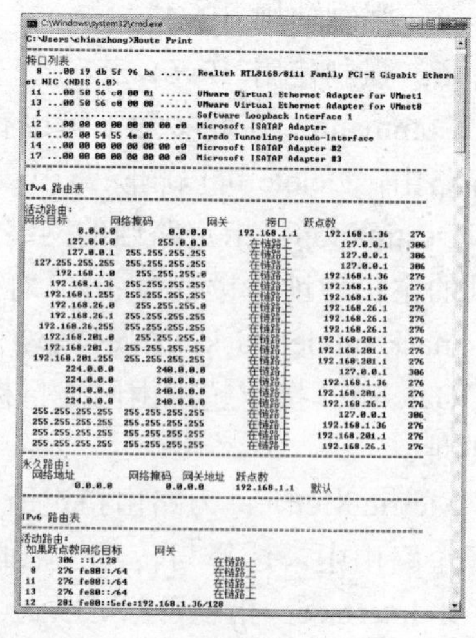

图 9-130

在 Vista 中通过所谓的路由表来维护 IP 网络及 IP 主机的信息，也就是说：IP 路由表决定了 IP 数据报被如何转发和传输到目的地。因此，了解 IP 路由表，就显得比较重要。要查看 IP 路由表，只需“命令提示符”窗口中使用命令 Route Print，即可看到如图 9-130 所示的 IP

路由表信息。

在路由表中一般包含“网络地址”、“网络掩码”、“网关”、“接口”、“跃点”几个部分，其具体含义可以通过访问 http://support.microsoft.com/kb/140859/zh-cn 获知。

8．ARP

ARP 命令用于显示和修改“地址解析协议（ARP）”缓存中的项目。ARP 缓存中包含一个或多个表，它们用于存储 IP 地址及其经过解析的以太网或令牌环物理地址。计算机上安装的每一个以太网或令牌环网络适配器都有自己单独的表。

此命令的语法是：

ARP -a [inet_addr] [-N if_addr] [-v]
ARP -d inet_addr [if_addr]
ARP -s inet_addr eth_addr [if_addr]

其中，常用参数有：

-a [InetAddr] [-N IfaceAddr]：显示所有接口的当前 ARP 缓存表。此处的 IfaceAddr 表示 IP 地址。

-d InetAddr [IfaceAddr]：删除指定的 IP 地址项。要删除所有项，可以使用星号通配符代替 InetAddr。

-s InetAddr EtherAddr [IfaceAddr]：向 ARP 缓存添加可将 IP 地址 InetAddr 解析成物理地址 EtherAddr 的静态项。

例如，要显示所有接口的 ARP 缓存表，只需使用 ARP –a 命令。

- 对于指派的 IP 地址为 10.0.0.99 的接口，要显示其 ARP 缓存表，只需使用 ARP -a -N 10.0.0.99 命令
- 要添加将 IP 地址 10.0.0.80 解析成物理地址 00-AA-00-4F-2A-9C 的静态 ARP 缓存项，只需使用命令 ARP -s 10.0.0.80 00-AA-00-4F-2A-9C 即可。

此命令可以与其他命令配合使用，如将 Ping 和 ARP 命令结合起来，就可以批量获取局域网计算机的 MAC 地址。具体操作是：

01 使用 Ping 命令测试所有需要获取 MAC 地址的局域网内的计算机。

02 输入 ARP -a 命令后，即可获得所有 Ping 过的计算机网卡的 MAC 地址和对应的 IP 地址，如图 9-131 所示。

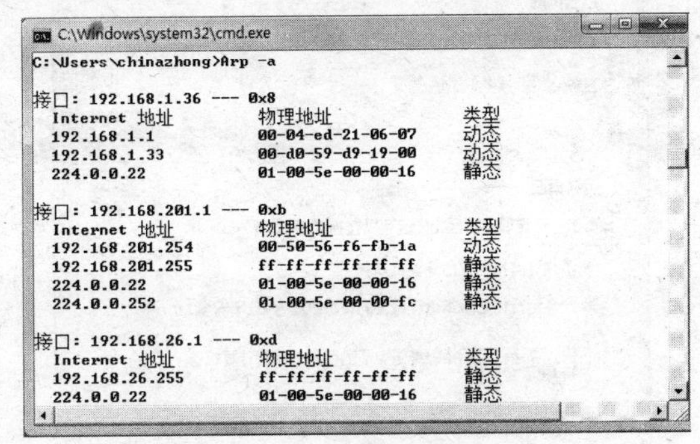

图 9-131

为什么这两个命令“合作”后可以起到这样的作用呢？首先，需要知道 IP 地址和对应的 MAC 地址是储存在地址解析协议（ARP）缓存中的。接着，需要知道获取远程计算机的 ARP 信息的方法是使用 Ping 命令。因此，方可以使用 ARP 命令从 ARP 缓存中读取并显示相关信息列表。

9.6 远程控制

和 Windows XP 等版本中同时提供远程桌面连接和远程协助功能一样，在 Vista 中也同时提供了这两项功能。对于新手来说，需要明白这两项功能的区别之处：

- 使用远程桌面从另一台计算机远程访问某台计算机。例如，可以使用远程桌面功能，在家里通过网络将计算机连接到工作环境中的计算机。在完成远程登录后，将可以远程访问远程计算机中的所有程序、文件和网络资源，这就好像坐在工作计算机前面一样。在使用远程桌面功能时，远程计算机屏幕将出现空白，只有家里的计算机屏幕上会出现远程计算机中的内容。
- 使用远程协助进行远程提供协助或接受协助。例如，朋友或技术支持人员可以访问我们的计算机，以帮助解决计算机问题或为我们演示如何进行某些操作。我们也可以使用同样的方法帮助其他人。在这两种情况下，我们和他人都能看到同一计算机屏幕，并且可以同时控制鼠标等硬件。

9.6.1 远程协助

以当前计算机（简称 A 机）请求远程计算机（简称 B 机）协助为例，需要分别在 A 和 B 两台计算机中执行如下操作：

01 在 A 机中，使用如下方法的任一种打开“系统属性”窗口：

- 在“开始”菜单“搜索”栏中，输入命令 Sysdm.cpl 并按 Enter 键。
- 在“开始”菜单“搜索”栏中，右键单击“计算机”并在弹出的菜单中选择“属性”在打开的窗口中单击左侧任务列表里的“远程设置”项。

02 在打开的如图 9-132 所示对话框中，单击切换到“远程”选项卡界面。

03 接着，打开 Windows 防火墙窗口，检查“例外”列表中“远程协助”项必须处于勾选状态，如图 9-133 所示。如果没有则应勾选它并单击“确定”按钮应用设置。

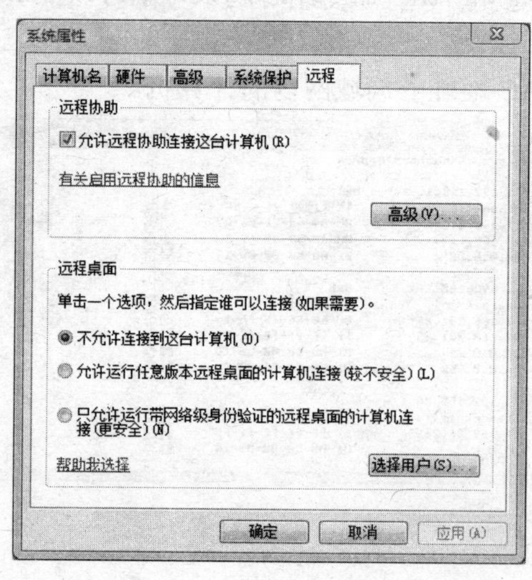

图 9-132

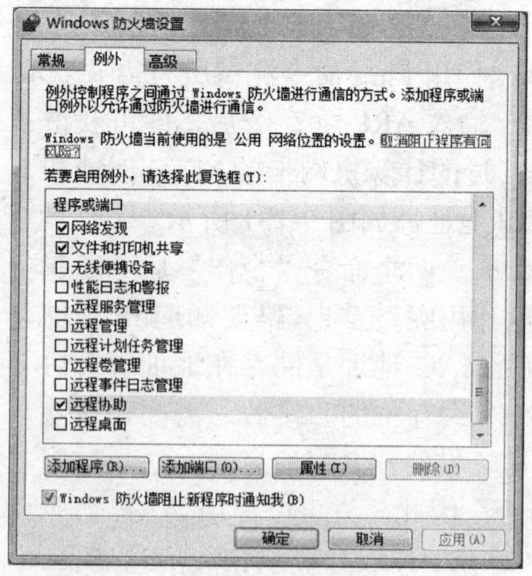

图 9-133

04 在“开始”菜单中，依次单击“所有程序”→“维护”→“远程协助”项，在

弹出的如图 9-134 所示对话框中单击“邀请信任的人帮助您”项继续。

05 在出现如图 9-135 所示的界面时，如果当前 Windows Mail 中没有设置邮箱信息，则需选择第二项。如果已经设置了信息，则需选择第一项。

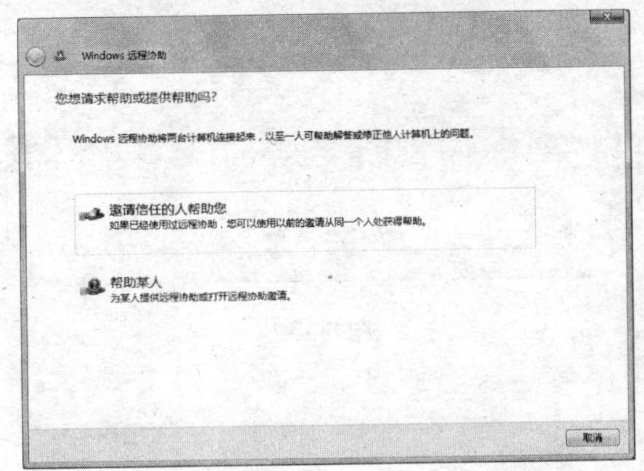

图 9-134

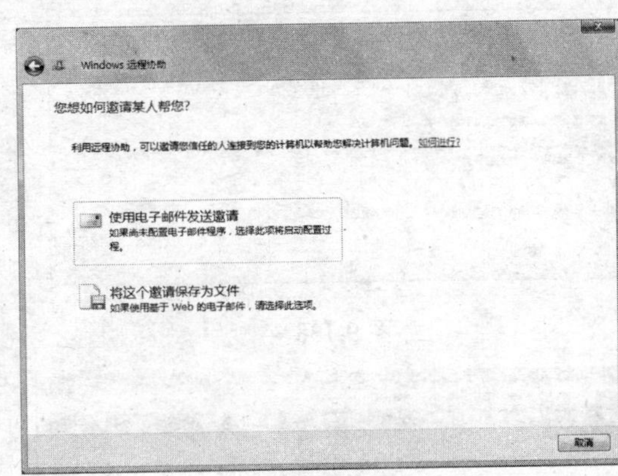

图 9-135

06 在选择第一项后，在这里需要任意输入一个不少于 6 位的密码用于远程协助功能应用，如图 9-136 所示。

07 在出现如图 9-137 所示的界面时，可以看到远程协助向导正在启动 Windows Mail 的撰写邮件功能。

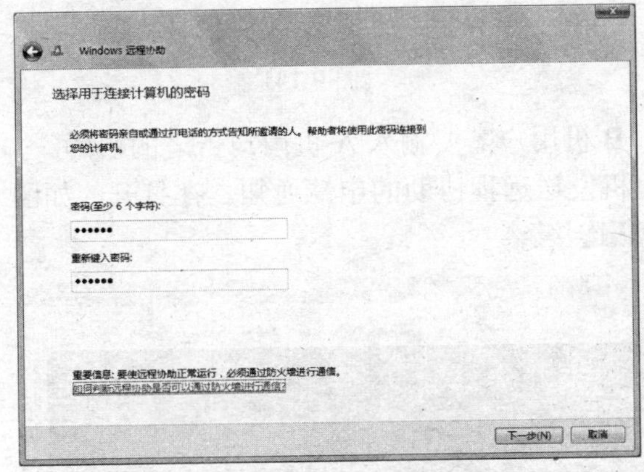

图 9-136

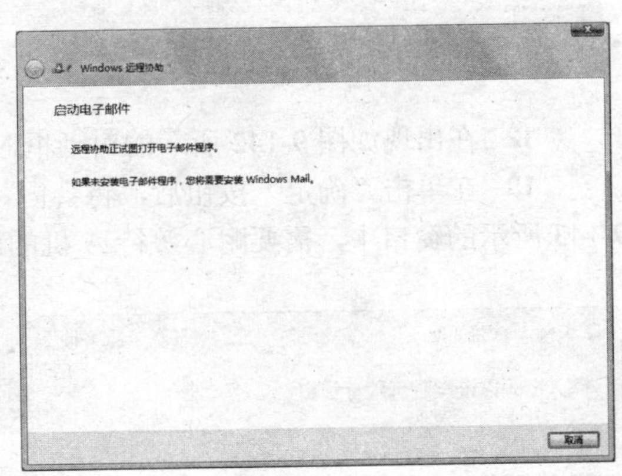

图 9-137

08 在自动弹出的邮件撰写窗口中，需要在“收件人”栏中输入 B 机用户的邮箱地址。其余的信息会自动由远程协助功能填写好，如图 9-138 所示。

09 在单击“发送”按钮后，邮件将会被发送。远程协助窗口将会切换到如图 9-139 所示的界面。

10 此时，A 机用户应通知其他方式告之 B 机用户接收邮件，并告之远程协助功能应用中需要输入的密码。在 B 机用户使用 Windows Mail 接收到邮件后，需要单击内容窗格中的附件图标，在出现的如图 9-140 所示附件列表中单击其中的附件。

11 在出现如图 9-141 所示的提示框时，B 机用户需要单击“打开”按钮继续。

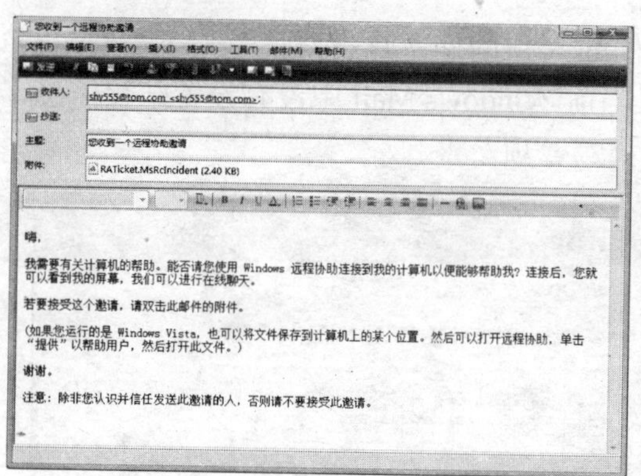

图 9-138

图 9-139

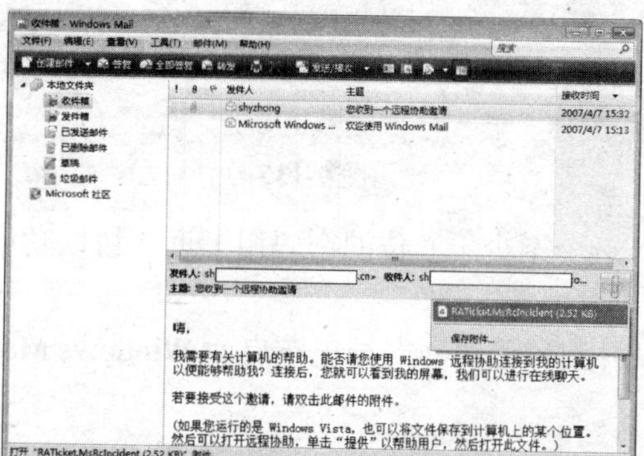

图 9-140

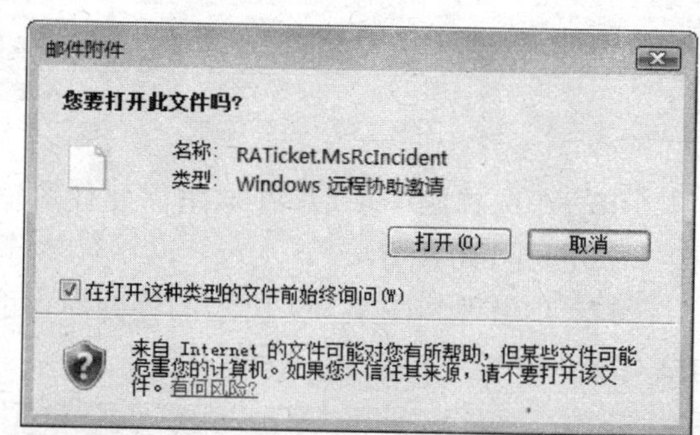

图 9-141

12 在出现如图 9-142 所示的对话框时，B 机用户需要输入 A 机用户告之的密码。

13 在单击“确定”按钮后，将会向 A 机发送远程协助的申请通知。在打开的如图 9-143 所示的窗口中，需要耐心等待 A 机的确认连接。

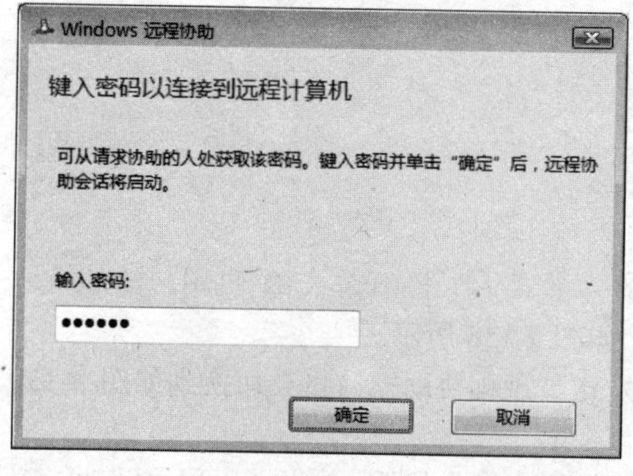

图 9-142

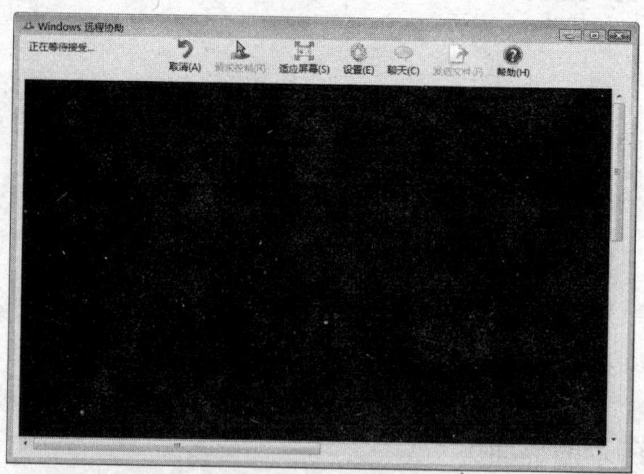

图 9-143

14 此时，A 机屏幕上会弹出如图 9-144 所示的提示框。此时，需要单击“是”按钮同意 B 机的连接。

15 在 A 机用户同意连接后，B 机用户的远程协助窗口中将立即出现 A 机用户的桌面环境，如图 9-145 所示。

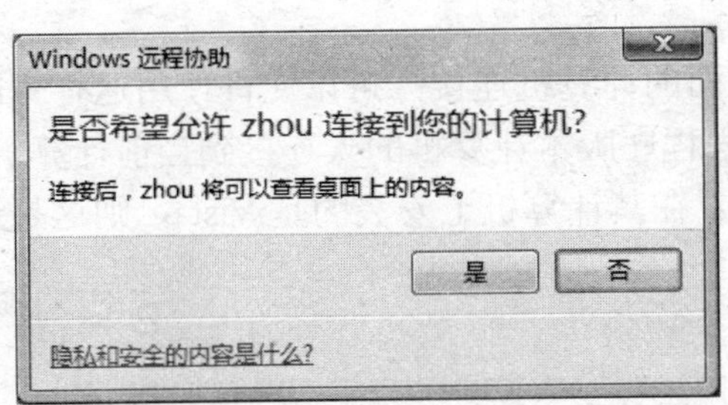

图 9-144

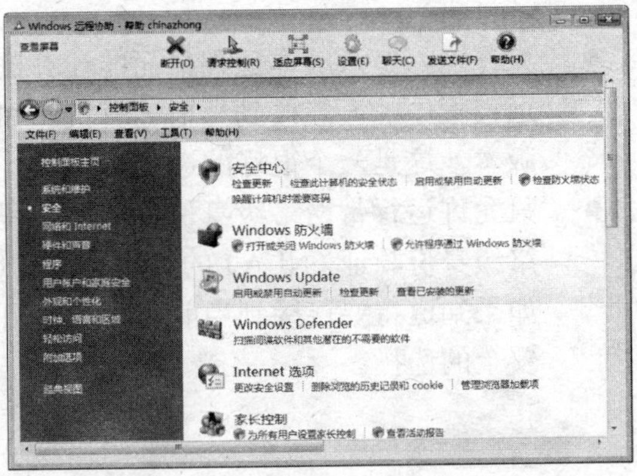

图 9-145

16 此时，A 机用户对桌面上的操作将会实时出现在 B 机用户的远程协助窗口中。当 B 机用户发现需要通过远程执行鼠标来帮助 A 机时，可以单击窗口上方的“请求控制”按钮。随即，A 机用户的屏幕上将出现如图 9-146 所示的通知框。

17 在单击“是”按钮后，B 机用户就可以与 A 机用户同时控制 A 机的鼠标了。如果 B 机用户需要发送文件给 A 机用户，可以单击窗口上方的“发送文件”按钮。随即，A 机用户的屏幕上将出现如图 9-147 所示的通知框。

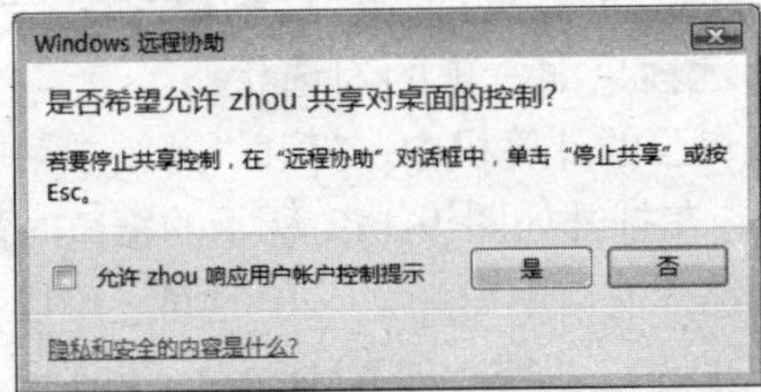

图 9-146

图 9-147

18 在单击“是”按钮后，文件的传送任务将会被执行。在远程协助不再需要时，A 机用户可以通过单击远程协助窗口中的“断开”按钮，结束两台计算机之间的连接。

9.6.2 远程桌面

以当前计算机（简称 A 机）请求远程计算机（简称 B 机）协助为例，需要分别在 A 和 B 两台计算机中执行如下操作。

01 A 机用户需要在“开始”菜单的“搜索”栏中输入命令 Sysdm.cpl 并按 Enter 键。

02 在弹出的如图 9-148 所示对话框中，根据实际情况可以在 3 个选项中作出选择。

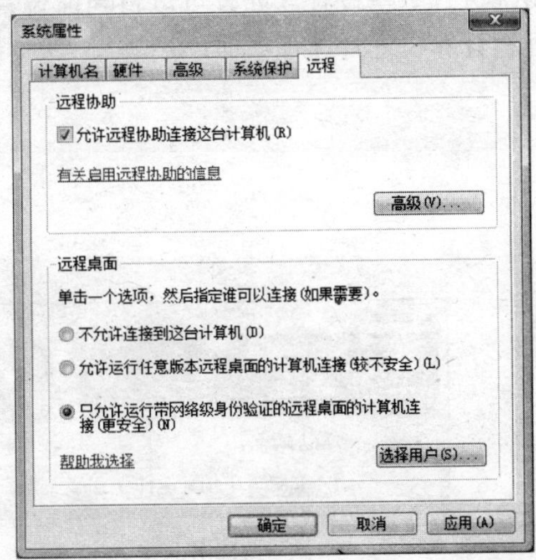

图 9-148

- 不允许连接到这台计算机：可以阻止任何人使用远程桌面或远程程序连接到当前计算机。
- 允许运行任意版本远程桌面的计算机连接：可以允许使用任意版本的远程桌面或远程程序的人连接到当前计算机。如果不知道其他人正在使用的远程桌面连接的版本，这是一个很好的选择。
- 只允许运行带网络级身份验证的远程桌面的计算机连接：可以允许使用运行带网络级身份验证（NLA）的远程桌面或远程程序版本计算机的人连接到当前计算机。如果知道将要连接到当前计算机的用户，在其计算机上安装的是 Vista，则这是最安全的选择。

> **提 示**
>
> 网络级身份验证（NLA）是一种新的身份验证方法，它可以在我们建立远程桌面连接之前完成用户身份验证，并出现登录屏幕。这是最安全的身份验证方法，有助于保护远程计算机避免黑客或恶意软件的攻击。NLA 的优点是：最初需要较少的远程计算机资源。可以通过减少拒绝服务攻击（试图限制或阻止访问 Internet）帮助提供更高的安全。使用远程计算机身份验证，从而帮助防止用户连接到设置为恶意目的的远程计算机。

03 由于本例中 B 机是 Vista 系统，所以选择第三项。在单击“确定”按钮后，接着，需要在 Windows 防火墙的“例外”列表中，确认勾选“远程桌面”项已经被勾选——实际上，上一步的选择可以自动控制“例外”列表中“远程桌面”项的勾选状态。

04 在 A 机完成上述设置后，B 机用户需要在自己的计算机中，打开“开始”菜单并依次单击“所有程序”→“附件”→“远程桌面连接”。在打开如图 9-149 所示的窗口时，可以在“计算机”栏中输入 A 机的计算机名（可以在“网络”窗口中得知）或 IP 地址（可以在“命令提示符”窗口中使用“Nbtstat –a　A 机计算机名”的方法获得，如 Nbtstat –a china-pc）。

在单击“选项”按钮后，将会展开如图 9-150 所示的扩展面板，在这里可以根据实际情况进行一些设置。如，可以将当前设置生成一个文件，以后双击这个文件就可以自动对远程计算机进行远程桌面连接等。

图 9-149

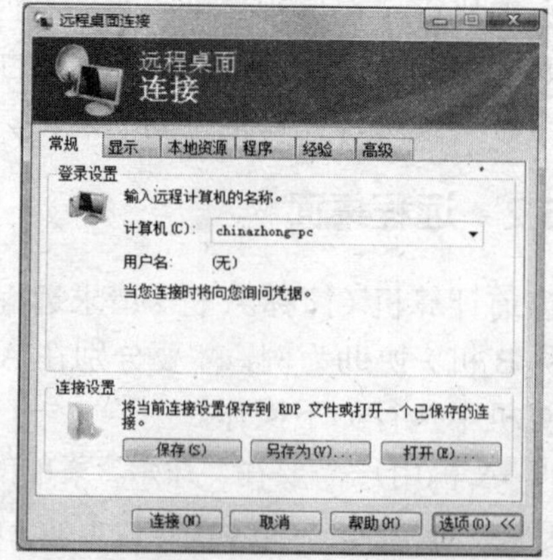

图 9-150

05 在接着出现的如图 9-151 所示界面中，输入 A 机用户告之的当前登录账户名与密码（也可以是其他账户名，如新建一个标准账户）。

06 在单击“确定”按钮后，即可与 A 机进行远程桌面连接了。在弹出的如图 9-152 所示窗口中，B 机用户需要单击“是”按钮。

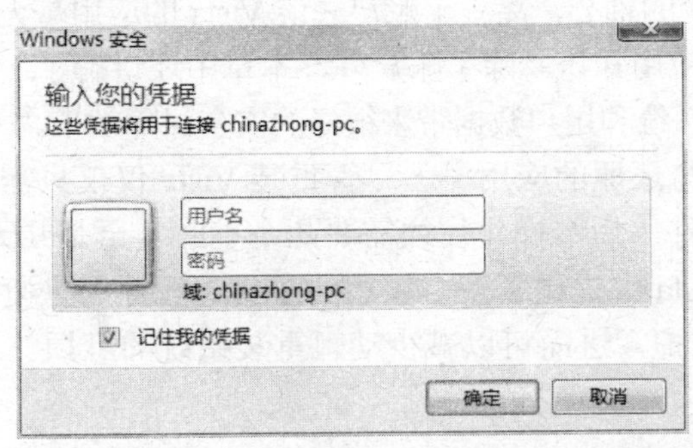

图 9-151

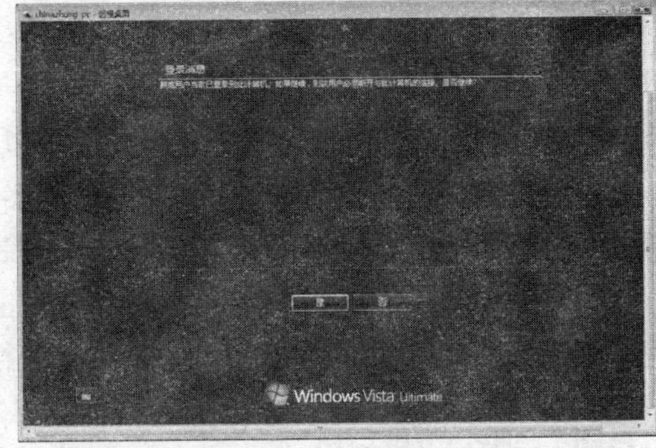

图 9-152

07 此时，A 机用户的屏幕上将会弹出如图 9-153 所示的通知框。如果 A 机用户在计算机机前，可以单击“确定”按钮同意远程桌面连接。如果不在计算机前，那么 30 秒后无人应答 A 机将自动允许 B 机用户的远程桌面登录。

08 稍后 B 机的远程桌面窗口中将出现 A 机中当前桌面环境，如图 9-154 所示。此时，B 机用户就可以象控制自己的计算机那样，对 A 机进行各种操作或控制了。

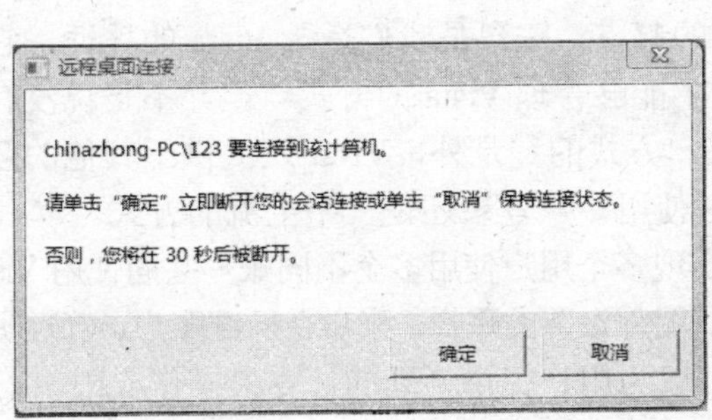

图 9-153

图 9-154

09 在不需要远程桌面连接时，A 机用户只需在自动出现的欢迎屏幕中输入当前账户的密码，在完成登录后即可看到原先的工作状态都还在——如果 B 机用户没有对其进行什么操作，或是使用其他账户登录的话。在 A 机用户重新登录后，B 机的屏幕上将弹出如图 9-155 所示的通知框。

10 此时，B 机用户可以单击“确定”按钮同意立即中断连接，或是不必理会它以便让系统在 30 秒后自动同意这个请求。

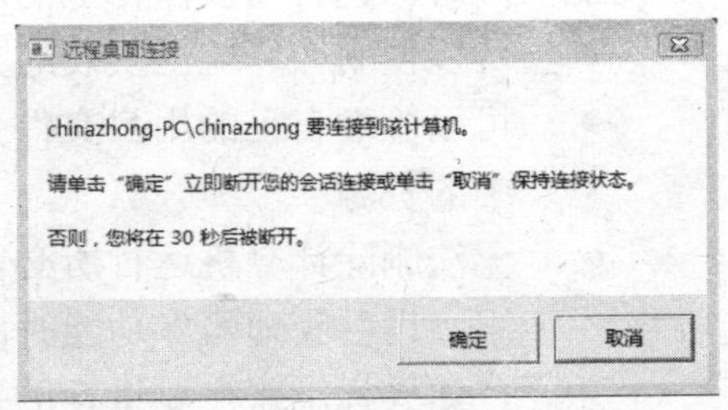

图 9-155

第 10 章　Vista 的安全与备份

在操作系统的应用中，账户是运行整个系统的轴心，离开了账户去谈 Vista 的应用毫无意义。所以，我们应努力去了解关于账户的一些应用知识。除了账户外，本章中还讲解了一些 Vista 中常用的加密技术，通过这些技术可以给系统和用户数据带来很好的安全保障效果。

最后，本章中讲解了如何对系统进行备份与还原的应用——尽管重装 Vista 仅仅只需十几分钟或是半小时左右，但安装应用软件及硬件等后继操作往往需要几个小时甚至是几天。所以，轻易是不应该考虑重装 Vista 的。在 Vista 中提供了多个实用的备份、还原与恢复功能，它们能有效帮助系统管理员对系统进行维护，进而可以减少动辄重装系统的麻烦。

10.1　账户管理

Vista 是一个围绕账户进行设计的操作系统，它的一切资源都需要通过我们使用账户来访问。账户的密码可以是空的，也就是说没有密码，但账户却必须要有。账户就好比是我们手中的钥匙，有了它才能打开 Vista 的大门。因此只有账户安全了，Vista 及其中的数据才会安全性可言。

Vista 具有强大的账户管理功能和安全的密码验证机制，在本节中将介绍这方面的知识。

10.1.1　创建账户

在 Vista 中拥有一个账户是进行一切操作的起点。账户是我们登录 Vista 的凭证，它关系到我们对 Vista 能够进行的操作范围，决定了能够管理 Vista 的方式。但并不是说没有了账户，使用 Vista 就无从谈起，事实上除了账户方式的登录外，Vista 还提供了其他的登录方式。但是，对于绝大多数的普通用户来说，使用账户登录还是一个主流的方式。

Vista 支持多个账户的同时登录，这样可以实现多个用户使用多个不同账户共同使用 Vista。每个人都可以拥有一个或多个带有自定义名称、图片设置的账户，账户有标准账户、管理员账户和来宾账户 3 种不同类型，每种账户类型可以为用户提供不同的计算机操作权限。

1．标准账户

这是 Vista 中可以创建的账户类型之一，使用标准账户的用户在可以使用计算机中大多数功能的同时，也有很多操作上的限制。如：

- 可以使用计算机上安装的大多数程序，但是无法安装或卸载软件和硬件。
- 可以管理自己的用户文件夹中的资源，但无法查看或管理其他账户的用户文件夹中的资源。
- 无法删除计算机运行所必需的文件或更改会影响其他用户的设置。比如在准备使用“设备管理器”功能时，就会弹出如图 10-1 所示的提示框。

总之，如果标准账户要进行的操作可能会影响到计算机或其他用户安全的话，就必须得到管理员的许可。比如使用标准账户的用户在“控制面板”窗口中单击“用户账户和家庭安全”部分的“添加或删除用户账户”，就会弹出如图 10-2 所示的对话框。

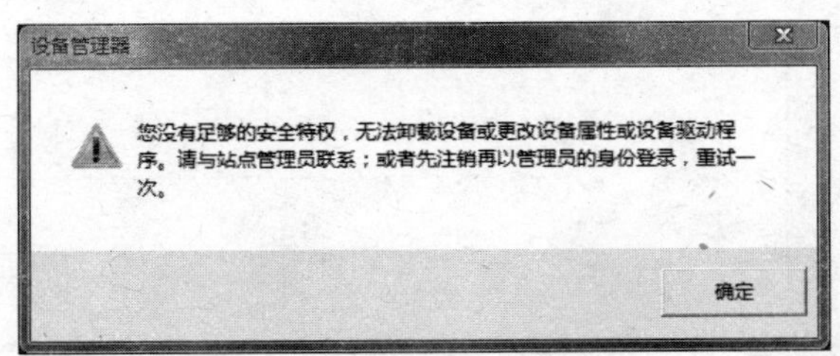

图 10-1

图 10-2

此时，必须在管理员账户列表中，选择一个管理员账户并输入其密码,单击“确定”按钮后方可继续执行操作。在安装系统的安装过程中，我们会应向导的要求创建一个管理员账户，平时我们都是使用这个账户。其实，为了安全起见，建议在系统中再创建一个标准账户并正常使用它。由于在执行高权限的操作时，可以即时通过输入管理员账户的密码来提升权限，所以即使是使用标准账户也不会觉得系统的使用受到什么影响。

如果要在 Vista 中创建一个标准账户，只需执行如下操作：

01 在“控制面板”窗口中双击“用户账户和家庭安全”部分的“添加或删除用户账户”，如图 10-3 所示。

02 单击下方的“创建一个新账户”，如图 10-4 所示。

图 10-3

图 10-4

03 如果要创建标准用户账户的话，则需选中“标准用户”。如果要创建管理员用户账户的话，则需选中“管理员”。大多数对计算机并不熟悉的用户，都应选择创建“标准用户”类型的账户，如图 10-5 所示。

04 选中“标准用户”并在账户名输入一个名称后单击“创建账户”，即可创建的账户了，如图 10-6 所示。

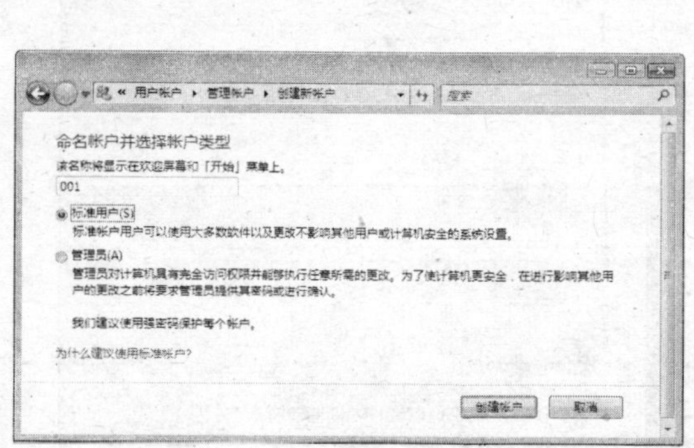

图 10-5

图 10-6

05 在单击创建的账户可以看到对此种类型账户能够执行的操作列表，如图 10-7 所示。

- 更改账户名称：可以对当前账户名进行变更——用户名长度不能超过 20 个字符，不能完全由句点或空格组成，不能包含以下任何字符：\ / " [ ] : | < > + = ; , ? * @。
- 创建密码：在创建账户时密码并不会随之产生，必须单击此项在进入界面后进行账户密码的创建，如图 10-8 所示。在设置密码后，别人就不能随便使用创建的账户进行登录了。

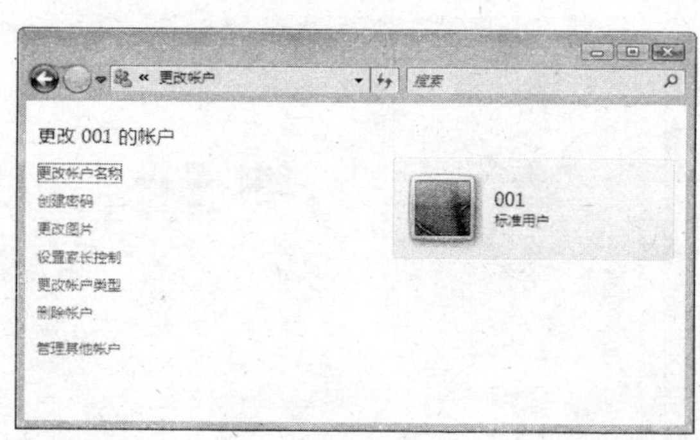

图 10-7

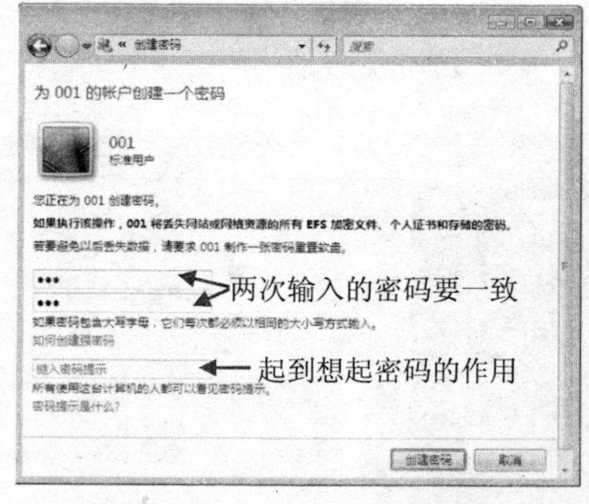

图 10-8

- 更改图片：每个账户都可以有一个图片，这个图片会在登录时和“开始”菜单的顶部出现。既可以在系统内置的账户图片列表中选择一个，也可以单击“浏览更多图片”链接选择其他的图片，如图 10-9 所示。
- 设置家长控制：详情请见“6.2.3 定制 IE”小节第 7 部分中的内容。
- 更改账户类型：在单击此项可以将标准用户更改为管理员账户，也可以反之将管理员账户更改为标准用户，如图 10-10 所示。

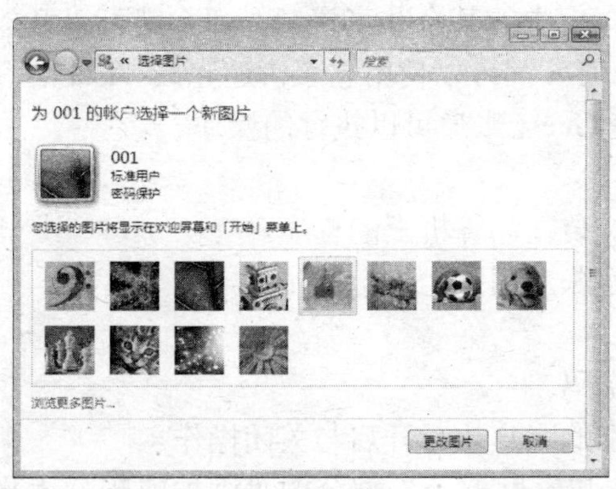

图 10-9

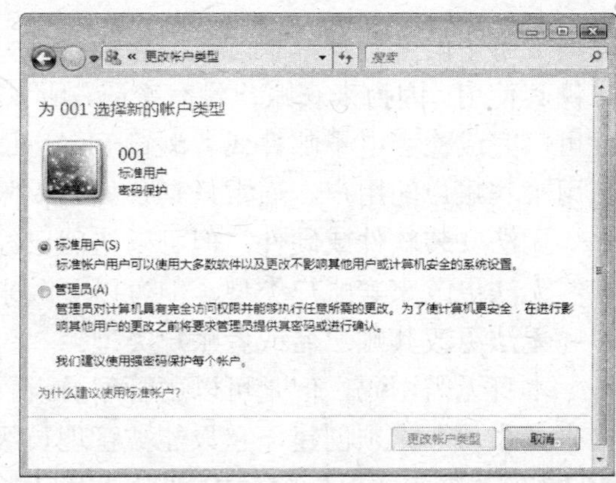

图 10-10

- 删除账户：在单击此项后会出现如图 10-11 所示的界面。通常，准备删除的账户应事先把重要的文件使用复制的方法进行备份，然后在这里单击“删除文件”按钮把剩余的用户文件都清除掉。
- 管理其他账户：单击此项后将返回账户列表窗口，在这里可以单击其他的账户并在出现的界面中对所选账户进行设置。

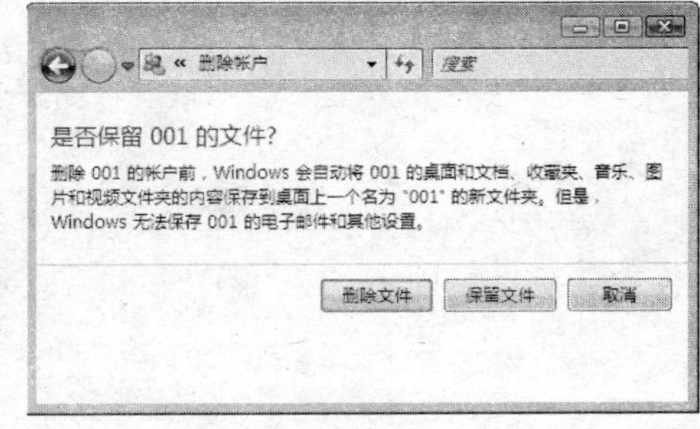

图 10-11

2．管理员账户

这也是 Vista 中可以创建的账户类型之一。顾名思义，管理员账户就是可以对计算机进行管理的账户，比如安装 Vista 时默认创建的 Administrator 账户和要求我们手工创建的账户都是其中的一员。

管理员账户对计算机拥有最高的操作权限，如：

- 可以执行硬件设备的查看与管理、驱动的安装与卸载。
- 可以执行账户的创建、删除等管理操作。
- 可以管理其他账户的资源。
- 可以添加/卸载 Windows 内置组件或应用程序。

……

在 Vista 中可以有多个管理员级别的账户，但不能没有管理员账户，因为没有了管理员账户将会导致我们无法对计算机进行管理。从安全角度分析，如果系统中存在多个管理员账户的话，因为不同的人对系统设置有不同的想法，所以可能会将系统中的设置调乱，这会给系统的全局稳定带来隐患。故而，不应为系统中创建多个系统管理员级别的账户。

由于创建管理员账户和创建标准账户的操作（包括管理账户的操作）都是一样的，所以只需参考前面的内容即可，此处略。

3．来宾账户

“来宾账户”即 Vista 中名为 Guest 的账户，它主要供需要临时访问计算机的用户使用。

比如，局域网中的某台计算机想临时访问当前计算机中的某个共享资源，那么就可以开放此账户供其使用。因为来宾账户没有密码，所以任何人都可以使用它来快速完成 Vista 的登录，并可以完成检查电子邮件或者浏览 Internet 等 Guest 账户可以执行的操作。

使用来宾账户的用户，通常只具备如下权限：

- 无法安装软件或硬件，但可以访问已经安装在计算机上的程序。
- 无法更改来宾账户类型，但可以更改来宾账户图片。
- 无法更改其账户名或者账户类型。
- 本身无需密码，但是可以由管理员设置密码。

“来宾账户”无须创建，它只能被管理员级别的账户执行开启与关闭操作。

01 在“控制面板”窗口中双击“用户账户和家庭安全”部分的“添加或删除用户账户”。

02 单击账户列表中的 Guest，如图 10-12 所示。

03 单击“开”按钮即可启用 Guest 账户，如图 10-13 所示。

图 10-12

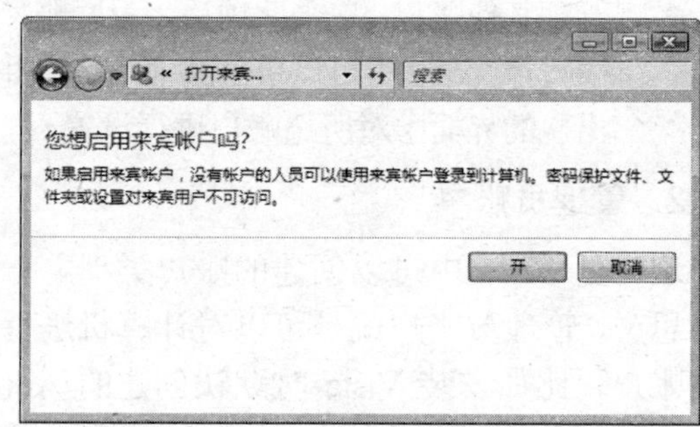

图 10-13

在启用 Guest 账户后，管理员账户还可以对其进行账户图片的更改和关闭操作。但是，即使是管理员账户也无法对 Guest 账户进行更名和删除的操作，如图 10-14 所示。

这是因为 Guest 账户属性系统内置账户，所以无法对其进行删除的操作。

图 10-14

10.1.2 内置账户和账户组

在 Vista 中并不是所有账户都是需要手工创建的，因为在 Vista 安装过程中及使用中，均会自动创建一些内置的账户与账户组，通过它们完全可以满足对 Vista 的应用。

在 Windows 中所有账户都会有自己的“账户组”，组就是某一类账户的集合。组与账户之点的特点在于：

- 组中的账户可以是一个，也可以是多个。
- 一个账户既可以是一个用户组的成员，也可以是多个组的成员。

- 账户既可以使用系统默认创建的组，也可以自己创建组。
- 账户既可以从组中移除，也可以添加到一个或多个组。
- 账户在添加到组的同时，已经自动具备该组的权限，反之在退出一个组时则会自动失去该组授予的权限。
- 当账户存在于多个组时，可以使用的权限因为多个组的权限不同而出现冲突时，将遵守最严格的权限。

作为普通用户来说，无需关心账户组的问题——只需知晓账户有标准账户和管理员账户足矣。但是，作为系统管理员、技术人员的用户来说，则必须熟悉用户组这项应用。通过组来管理账户最大的好处就是可以一次性向多个账户授予相同的访问权限。

在 Vista 中要对内置账户和账户组进行管理可以使用多种方法，其中最常用的方法就是使用“计算机管理”工具。

要打开“计算机管理”窗口，可以使用如下方法的任一种：

- 在“开始”菜单中右击“计算机”，并在弹出的菜单中选择“管理”。
- 在“开始”菜单的“搜索”栏中输入 Compmgmtlauncher.exe 命令。
- 在“开始”菜单的“搜索”栏中输入 Compmgmt.msc 命令。

打开“计算机管理”窗口后，选择“系统工具”→“本地用户和组”，在其下或中间的窗格中可以有“用户”和“组”两个部分，如图 10-15 所示。

单击“用户”后，在中间的窗格中将出现当前计算机中可以管理账户列表。在单击“组”后，在中间的窗格中将出现当前计算机中可以管理账户组列表，如图 10-16 所示。

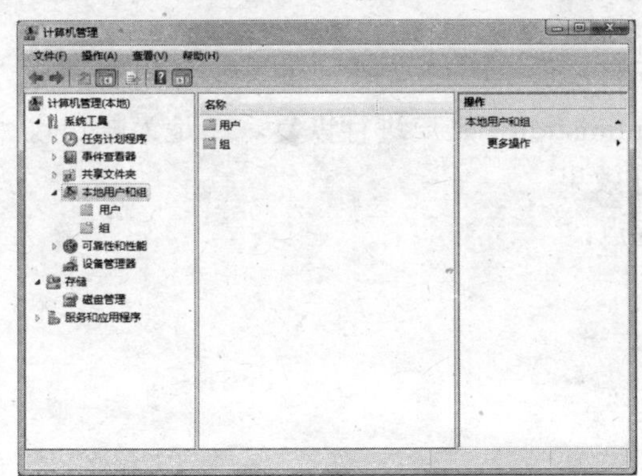

图 10-15

图 10-16

在每个用户组名称的右侧，都会有相应的用户组说明。双击每个用户组名称打开属性窗口，可以看到用户组下的账户列表，并可以对用户组进行一些管理，如图 10-17 所示。

为了帮助确保计算机更安全，通常不推荐将用户添加到 Administrators 组，因为 Administrators 组中的用户可以完全控制计算机。默认状态下，Administrators 组中只有安装 Vista 时系统自动创建的 Administrator 这个账户和用户自行创建的一个账户。

1. 内置账户

默认状态下，Vista 包含以下两种内置账户。但是，系统会根据实际情况自动添加一些账户，比如在添加 IIS 组件就会随之创建相应的进程启动与访问账户等。

（1）Administrator

Administrator 账户是默认创建的管理员用户，它是在安装 Vista 时由系统自动创建的。默认状态下，对此账户进行的管理操作只能在“计算机管理”窗口完成。双击“系统工具”→“本地用户和组”→“用户”下的 Administrator 账户，打开 Administrator 属性窗口，可以看到此账户隶属于 Administrators 这个管理员账户组，如图 10-18 所示。

图 10-17

图 10-18

在安装 Vista 时，系统会提示为 Administrator 账户设置密码，并要求创建一个新的管理员账户。

这两个步骤实际上含有两重作用：一是使用新的管理员账户管理 Vista 时，如果新的账户产生了密码丢失等问题，则可以使用后备的 Administrator 账户进行恢复。二是为账户设置密码后，可以为系统的安全起到保驾护航的良好效果。

Administrator 账户默认状态下具有如下几个特点：

- 密码永久有效。
- 无法被锁定，但是可以暂时被停用。
- 永远不会到期。
- 不受登录时间与登录限制。
- 无法被删除。

在 Administrator 账户的属性窗口中，可以看到默认的值是与以上几个特点一一对应的，如图 10-19 所示。

在上图中可以看到“账户已禁用”项处于选中状态，这表示此账户默认状态下处于禁用状态。如果我们要使用此账户，就取消此项的选中，即可在登录 Vista 时出现该账户的图标了，如图 10-20 所示。

默认被禁用的 Administrator 账户，可以安全模式中正常被使用。

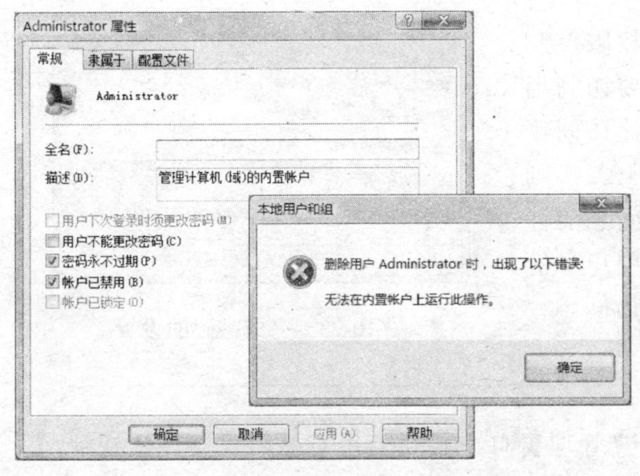

图 10-19

图 10-20

（2）Guest

Guest 用户也称作来宾用户。因为 Guest 用户不需认证即可以访问计算机，进而容易对计算机造成一定程度的危害——这种危害不会损害操作系统的安全，但是可能导致某些忘记进行安全设置的文档被他人读取。

Guest 账户是默认创建的 Guest 组的成员，该组默认仅允许用户使用 Guest 账户登录到计算机，其他权利及任何权限都必须由 Administrators 组的成员授予 Guests 组。由于在利用 Guest 账户身份访问计算机时不需要输入密码，也不需要通过 Windows 的认证，所以 Guest 账户可以看成是 Windows 的匿名账户。但是，不需要密码并不意味着 Guest 账户无法设置密码，为此账户设置密码的方法是：

01 在“计算机管理”窗口中选择“系统工具”→“本地用户和组”→“用户”命令。

02 右击 Guest 账户，在弹出的快捷菜单中选择“设置密码”，如图 10-21 所示。

03 在提示窗口中单击“继续”按钮，这里的提示告诉我们“设置密码”功能一般在什么样的场合建议使用以及使用后可能会带来的危险，如图 10-22 所示。

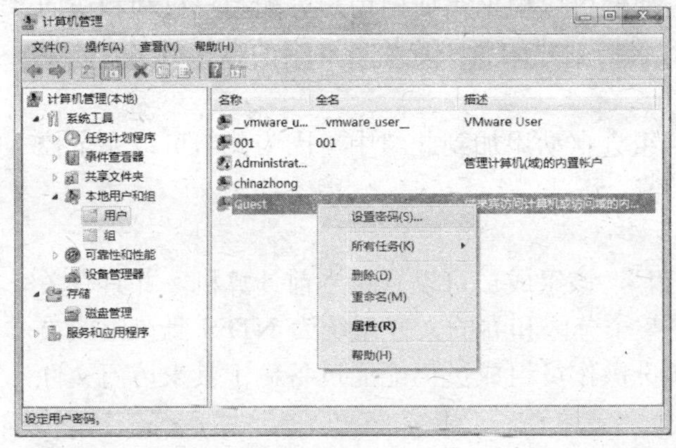

图 10-21

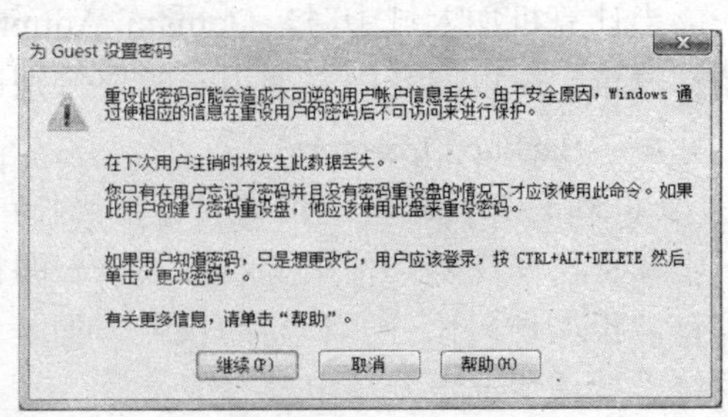

图 10-22

04 在对话框中输入两次相同的密码，并单击“确定”按钮使设置生效，如图 10-23 所示。

由于 Guest 账户不需要经过认证，而且权限控制得极为严格，所以当有大量的网络计算机需要访问当前计算机时，如果不想为这些计算机一一创建访问账户（还需要一一通知它们用户名和密码是什么），则可以让这些计算机统一使用 Guest 账户来访问当前计算机。通常，当网络计算机无法以授权账户用户身份访问当前计算机时，就会自动用 Guest 身份访问。

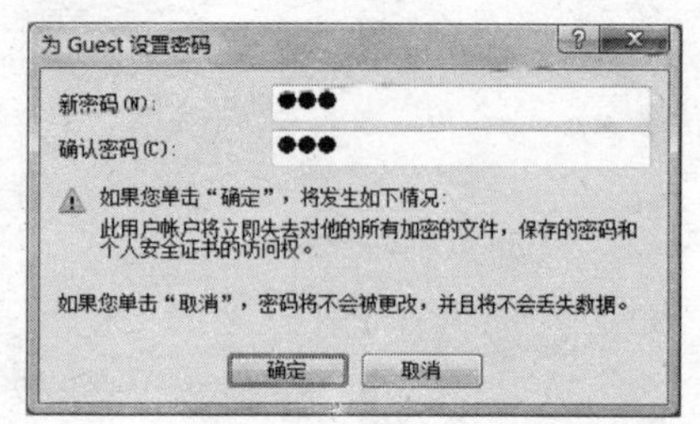

图 10-23　完成密码的设置

Guest 账户除了可以在控制面板的用户管理窗口中执行启用与关闭操作外，在计算机管理窗口中，双击进入 Guest 账户属性窗口后，也可以进行启用与关闭的操作。

2. 账户组

"组"用于逻辑地组织具有相似权限要求的账户，引入"组"概念的好处是可以简化管理，因为只需要管理几个有限的组，而不是管理众多的用户账户。在大多数情况下，要为某个账户赋予什么样的权利，只需将之归属于某个现有的组就可以了。

在 Vista 中常见的组有两类，即：本地组（Local Groups）和内置安全性原则（Built-in Security Principals）。

（1）本地组

Vista 默认状态下创建了多种内置的本地组，它们均可以在"计算机管理"→"本地用户和组"→"组"中进行管理。默认设计下，每个本地组都根据不同的特性，对其下的账户进行了不同的权利和权限分配。

- Administrators

首先，要注意 Administrators 单词后有 S 后缀，这是 Administrator 的复数形式。此组的成员具有对计算机的完全控制权限，并且他们可以根据需要向用户分配用户权利和访问控制权限。Administrator 账户和安装 Vista 时我们创建的新账户均是此组的默认成员，该组中的成员具备和 Administrator 同样的能力。

当计算机加入域中时，Domain Admins 组会自动添加到此组中。因为此组可以完全控制计算机，所以向其中添加用户时要特别谨慎。

- Backup Operators

Backup Operators 组也称"备份操作员组"，该组成员可以登录当前计算机，并具有关机以及备份和恢复文件系统的权限——即使某个分区和卷的文件系统为 NTFS 且该组成员没有被指派访问该分区和卷的权限，但是备份操作员组成员仍能通过备份工具来访问文件系统。默认情况下，该组没有成员。

- Cryptographic Operators

已授权此组的成员执行加密操作。

- Distributed COM Users

允许此组的成员在计算机上启动、激活和使用 DCOM 对象。

● Event Log Readers

此组的成员可以从本地计算机中读取事件日志。

● Guests

Guests 组也称来宾组或客人组，该组主要提供匿名登录操作。此组拥有最少的用户权利和权限，其成员所能够执行的动作（如备份文件与关机）需由系统管理员另行指派；所能够访问的资源，则需视指派给它的权限而定。内置的来宾账户 Guest 就是 Guests 组的成员。如果希望临时让某人操作计算机，但是不希望给他过多的权利，则可以将专门为该用户创建的账户隶属到 Guests 组中。另外，IIS 的匿名访问用户 IUSR_COMPUTERNAME 也是该组的成员。

默认状态下，Guests 组成员有权利登录计算机，也可以关闭计算机。但是无法进行进一步的管理操作，例如查看日志，共享文件等。

● IIS_IUSRS

这是 Internet 信息服务（IIS）使用的内置组。

● Network Configuration Operators

该组也称网络配置操作员组，此组中的成员有部分管理网络功能的权限，如可以对 TCP/IP 协议进行相关设置。默认状态下，该组中没有成员。

● Performance Log Users

该组的成员可以从本地计算机和远程客户端管理性能计数器、日志和警报，而不用成为 Administrators 组的成员。

● Performance Monitor Users

该组的成员可以从本地计算机和远程客户端监视性能计数器，而不用成为 Administrators 组或 Performance Log Users 组的成员。

● Power Users

Power Users 组有时候也被称作超级账户组，该组成员拥有大部分的系统管理权限，权利大小仅次于 Administrators 组。可以执行除为管理员专门保留的任务之外的所有操作系统任务。比如该组的成员有权利修改计算机的大部分设置，也有权利运行经过认证的应用程序或运行为旧版 Windows 设计的应用程序。在将 Vista 作为域成员加入到域时，添加的账户默认在本地拥有的权限就是使用的这个组的设置。

应该在计算机中尽量不要安装那些未经 Windows 认证的程序——实际上，如果在计算机中安装的都是经过认证的应用程序，那么 Power Users 组就根本上是一个可有可无的组。大多数情况下，要么使用 Administrators 账户组的成员身份对计算机进行管理，要么使用 Users 账户组成员的身份在计算机中进行常规的操作。经过认证的应用程序都可以在 Users 账户组成员的身份下得到很好的运行。Power Users 组只是提供给用户一个为运行未经认证的应用程序向后的兼容手段而已。

● Remote Desktop Users

此组中的成员可以从远程使用远程桌面功能登录到当前计算机，即被授予远程登录的权利的账户组。

● Replicator

该组成员拥有在域中进行文件复制的权利。该组通常只有在计算机加入到域时才有用。

一般来说，Replicator 组的唯一成员应该是域账户。不要将实际的本地用户账户添加到该组中。

- Users

Users 组也称账户组，这是 Vista 中最常用最安全的组。一般新创建的用户，默认都隶属于 Users 组。Users 组为系统提供了一个非常安全的程序运行环境，Windows 在使用 NTFS 文件系统的分区中通过安全设置，可以有效防止 Users 组成员危及操作系统的安全性。

Users 组成员不能安装应用程序，也不能修改系统注册表设置、操作系统文件或程序文件。默认状态下，Vista 中的 Users 组成员可以关闭计算机。Users 组成员可以创建本地组，但只能修改自己创建的本地组；可以运行认证的 Vista 程序，但是程序的安装或部署，必须由 Administrators 组成员（或 Power Users 组成员）完成。如果某些应用程序在 Users 组成员的身份下无法正常运行，这意味着该程序没有经过 Vista 的认证。如果要运行这类程序，需要 Administrators 组成员或 Power Users 组成员身份。

Users 组成员对账户自己的配置文件（通常位于%USERPROFILE%）和注册表中与自己有关的部分具有完全的控制权，但不属于自己的部分无法访问。

- 提供远程协助帮助程序（HelpServicesGroup）

该组也称帮助服务组，用于提供 Vista 的“帮助和支持中心”特性。

（2）内置安全性原则

可以将“内置安全性原则”看成是一种特殊类型的组，我们不能通过“本地用户和组”工具来管理它，Vista 中共有如图 10-24 所示的 15 类内置安全性原则。

- Anonymous Logon：即匿名登录组，是指进行网络登录时没有提供证书的账户组。
- Authenticated Users：即认证账户组，是指除 Guest 之外的任何账户。
- Batch：即批处理组，此组中包含了任何通过执行批处理任务以访问计算机资源的对象。
- Creator Group：即创建者组，它实际上只是一个可继承 ACE 中的占位符。当 ACE 被继承时，系统用对象创建者的所在组的 SID 替换此 SID。
- Greator Owner：即创建所有者组，这也是一个可继承 ACE 中的占位符。当 ACE 被继承时，系统用对象创建者的 SID 替换此 SID。
- Dialup：即拨号组，其中包含可以通过拨号连接访问计算机的账户。
- Everyone：即“每个人”组。这个组包含所有能够访问当前计算机的账户，包括 Guest 和域中的所有账户。如果域和其他域有信任关系，则信任域的所有账户都属于 Everyone 组。但是，Vista 中的这个组中不包含 Anonymous Logon 组，也就是不包含未认证组。要改变这个范围，需要在“运行”栏中使用命令 Secpol.msc 打开“本地安全策略”窗口后，将“本地策略”→“安全选项”节点下的“网络访问：让 Everyone 权限应用于匿名用户”项的状态设

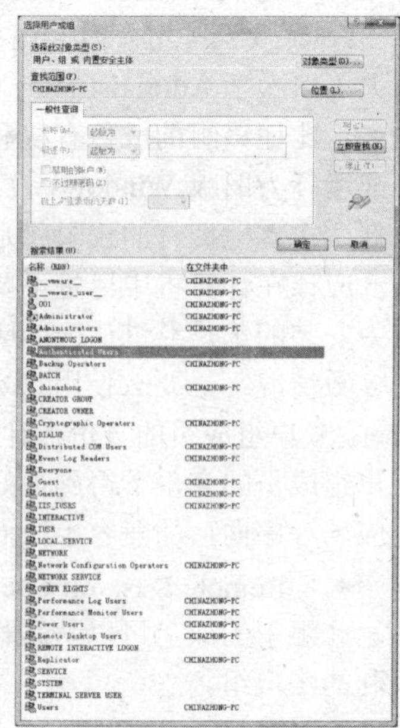

图 10-24

置为“已启用”即可，如图 10-25 所示。

- Interactive：即交互式组，该组包含当前登录到计算机的账户。
- Local Service：即本地服务组，当一个系统服务只访问本地资源时默认使用此身份，其权利等同于 Users 组。
- Network：即网络组，该组包含通过网络远程登录本机的所有用户。
- Network Service：即网络服务组，当一个系统服务主要用于访问网络资源时，默认使用此身份。

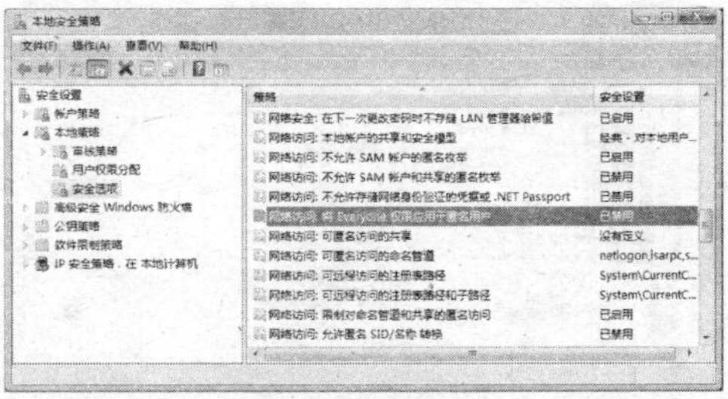

图 10-25

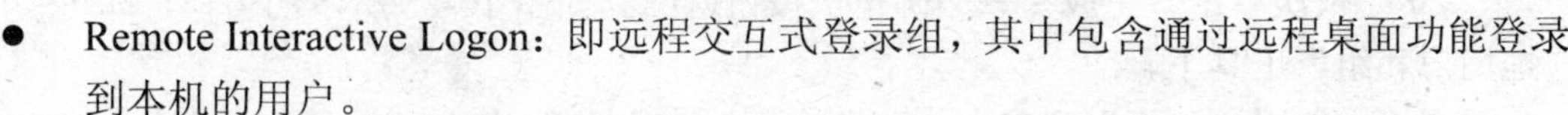

- Remote Interactive Logon：即远程交互式登录组，其中包含通过远程桌面功能登录到本机的用户。
- Service：即服务组，其中的成员可以是任何类型的服务。
- SYSTEM：即系统组，其成员是操作系统本身，在计算机启动时加载的一些服务必须使用此组来完成这个操作。
- Terminal Server User：即终端服务组，当终端服务器以应用程序服务模式被安装时，该组包含使用终端服务器登录到该系统的任何用户。

10.1.3 账户/组的几种管理方式

在 Vista 中根据账户级别和应用场合的不同，一般可以使用如下几种方式对账户和账户组进行管理。

1. 添加或删除用户账户

控制面板中的“添加或删除用户账户”功能是一个具有良好的用户交互界面的用户管理程序，它适合于初级用户使用。对于账户及密码的创建、删除，账户图片的更改等操作，在这里均可以很容易地完成。

2. 使用“本地用户和组”

利用“添加或删除用户账户”功能可以简单地对账户进行管理，如果希望对账户进行定制化管理，则必须使用“本地用户和组”工具方可实现。比如对一个账户组进行管理，这一点就无法通过“添加或删除用户账户”功能来实现。

要打开“本地用户和组”工具的窗口，可以使用多种方法，如：

- 在“搜索”栏使用命令 Lusrmgr.msc 直接打开“本地用户和组”窗口。
- 在“计算机管理”窗口中选择“系统工具”→“本地用户和组”命令。
- 在“搜索”栏使用命令“MMC”打开控制台窗口后执行如下操作：

01 选择“文件”→“添加/删除管理单元”命令，打开如图 10-26 所示的对话框。

02 在“可用的管理单元”列表中选中“本地用户和组”，单击“添加”按钮将其添加到右侧列表中。

03 单击“确定”按钮在弹出如图 10-27 所示界面中单击“完成”按钮。

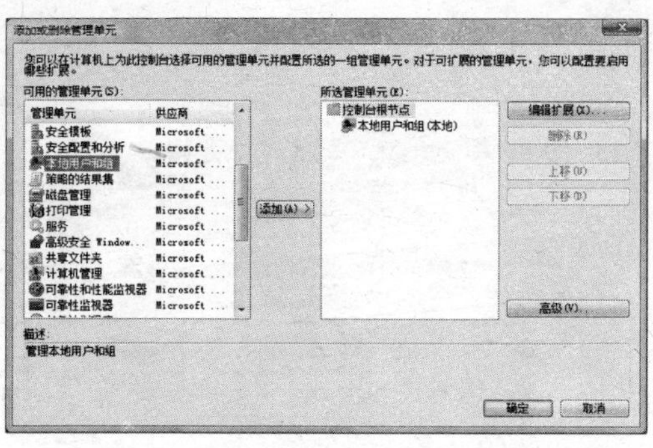

图 10-26

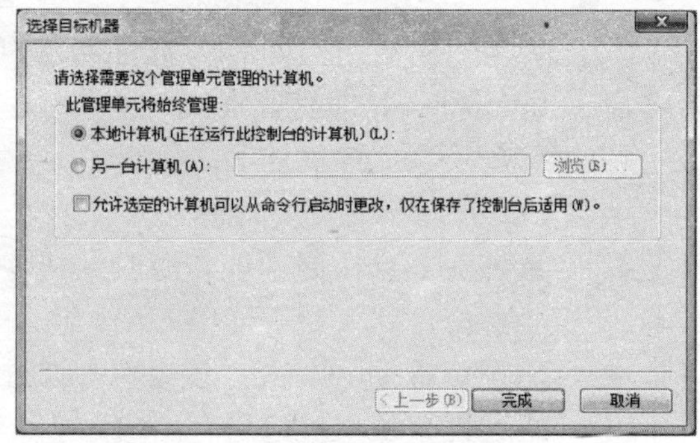

图 10-27

04 依次单击“完成”→“确定”按钮返回到如图 10-28 所示的窗口，即可使用“本地用户和组”工具了。

在“本地用户和组”窗口中，可以执行创建/删除账户或账户组、修改账户或账户组名称、修改账户或账户组属性等操作。

（1）创建用户

在“本地用户和组”窗口中创建和删除用户的操作都很简单，但是其中需要了解作用的选项比较多。

01 打开“本地用户和组”窗口。

02 在左侧窗格中选择“用户”，在右侧窗格空白处右击，从弹出的快捷菜单中选择“新建用户”，如图 10-29 所示。

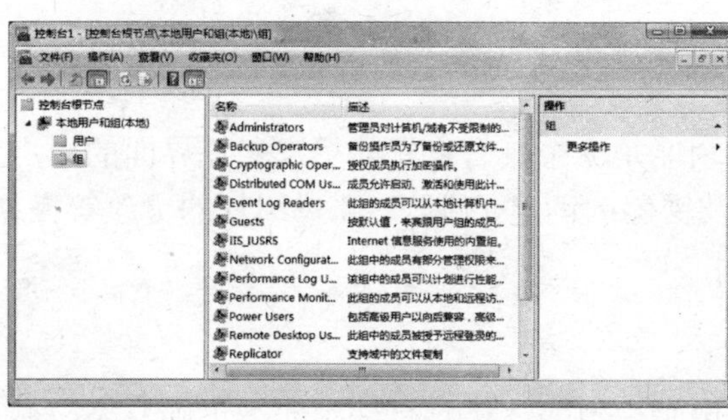

图 10-28

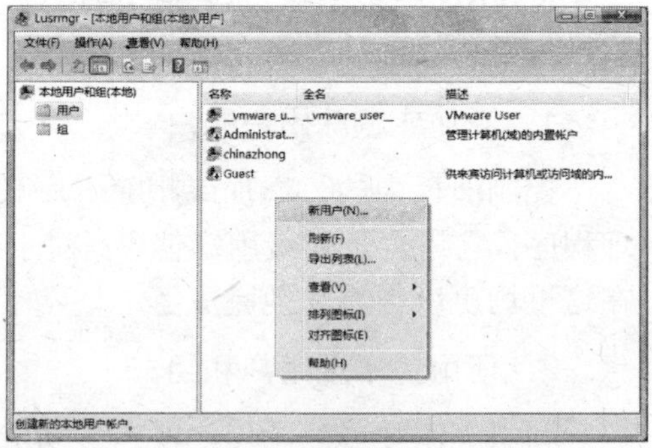

图 10-29

03 在弹出的“新用户”窗口中根据提示输入各项信息，然后单击“创建”按钮后可以继续创建新的用户。如果不需要继续创建新用户，只需再单击“关闭”按钮即可，如图 10-30 所示。

在 Vista 中创建的新账户，默认都被归纳于 Users 账户组中。在“新用户”窗口中有几个选项的含义需要了解：

- 用户名：用户名和全名都是用户账户的属性之一，用户名是供我们管理用户账户的。在 Windows 内部是用 SID 来表示用户账户的，用户名可以说是 SID 的友好名称，类似于 IP 地址和域名的关系（网上邻居中登录指定的计算机时，要使用用户名而不是全名）。此外，这个名字还可以用来在没有欢迎屏幕的情况下登录系统，以及在给用户指定权限时用它选择用户或者在命令行中输入。

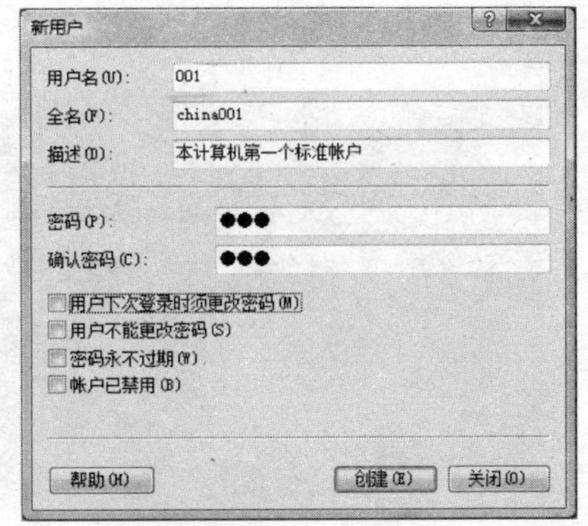

图 10-30

在输入用户名时，要注意用户名不能与被管理的计算机中的其他用户名或组名相同。用户名可以包含但不能只由句号和空格组成，它最多可以包含除下列字符以外的 20 个大写或小写字符（用户名可以是中文）：

“/ 、 [ ] : ; | = ， + * ？ < >

- 全名：全名用于在 Vista 的欢迎屏幕、“添加或删除用户账户”窗口中和“开始”菜单中显示。全名可以在创建新用户时不输入，因为在创建中和创建后均可以随时输入。如果不输入全名，那么欢迎屏幕、“用户账户”窗口中和『开始』菜单中将显示“用户名”。
- 描述：即为创建的账户添加一些说明信息。
- 密码：可以键入最多 256 个字符的区分大小写的密码（实际应用中只需输入 8~16 位的复杂密码就可以了）。在“确认密码”栏中，要输入与“密码”栏中相同的密码，以便确认输入的密码准确无误。

为了增强计算机的安全性，应该使用具有强保密性的密码，密码可能是计算机安全方案中最薄弱的环节。因为破解密码的工具和计算机在不断升级，曾经需要几个星期才能破解的网络密码现在几小时就可以被破解。所以，让账户使用具有强保密性并且不易猜出的密码尤为重要。

注 意

在局域网环境中，如果还有使用 Windows 98 的计算机，那么安装了 Vista 的计算机中的账户密码不能超过 14 位，否则这些运行 Windows 98 的计算机将无法通过网络访问 Vista 计算机。

- 用户下次登录时须更改密码：如果新创建的账户是独立的，不想被包括管理员在内的用户知晓密码，那么这个选项就必须选中。这样在使用新的账户登录时，就会弹出登录消息，如图 10-31 所示。

单击“确定”后将弹出“更改密码”窗口，在这里将管理员创建的密码更改为新的密码即可，如图 10-32 所示。

如果管理员创建账户时没有设置密码，那么“旧密码”栏中就留空，直接输入新的密码即可。

注 意

更改密码的操作须在两分钟内完成，否则系统会终止此操作并要求返回到欢迎屏幕。

图 10-31

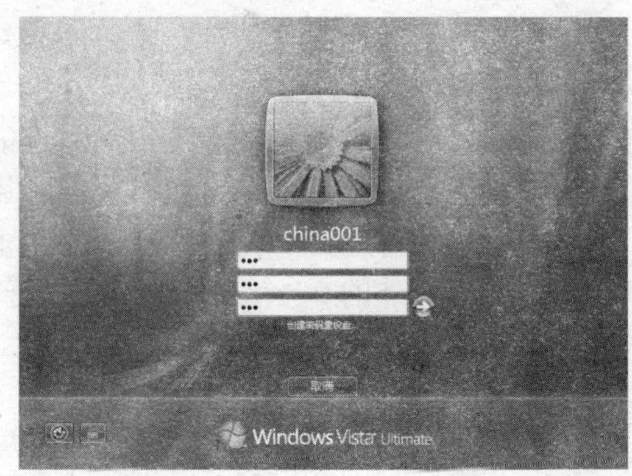

图 10-32

- 用户不能更改密码：此项与“用户下次登录时须更改密码”不能同时使用。此项在一个账户由多个用户使用时，就显得很实用了——它可以让所有用户都使用统一的密码。此项对创建的管理员账户不起作用，只能对创建的受限账户起到约束作用。当受限用户登录到系统并在 DOS 执行更改密码操作时，将会弹出“拒绝访问”错误提示——受限用户默认无法使用图形界面的用户管理功能，因为调用这些功能必须临时使用管理员账户登录。
- 密码永不过期：选中此项会忽略“组策略”（使用命令 Gpedit.msc 打开）→“密码策略”中的“密码最长期限”设置。此项与“用户下次登录时须更改密码”不能同时使用。此项对创建的管理员账户不起作用，只能对创建的受限账户起到约束作用。
- 账户已停用：可以暂时冻结某个账户的使用，但是对于 Administrator 账户无效。比如使用某个账户的员工要休长假，就可以将此账户暂时锁定，这样可以避免其他人冒用他的身份。

（2）设置用户属性

“属性”是账户可以进行设置的集合，右击某个要进行属性设置的账户，在弹出的快捷菜单中可以看到几个常规选项。

- 设置密码：可以对当前选中的账户进行密码重设操作——执行密码的重设将会导致用户的部分数据丢失。这些信息包括：经过用户公钥加密的电子邮件、保存在计算机上或由计算机记录的 Internet 密码及用户已加密的文件。
- 删除：这个操作会把指定的账户删除掉。因为每个账户对应了一个唯一标识符，在删除了账户后，此标识符将成为孤立的标识符，并且不可重复使用。也就是说即使是新建了一个与删除的账户同名的账户，标识符也不会是一样的。这将会导致原账户所拥有的权利与资源将不能被后者重新拥有，在执行删除操作时弹出的提示框中可以看出这一点，如图 10-33 所示。
- 重命名：重命名可以对“用户名”进行修改，如果需要修改“全名”名称，则需在属性窗口中进行。
- 属性：即账户的属性窗口，这里可以进行账户的定制操作。

在“属性”窗口中可以看到有“常规”、“隶属于”和“配置文件”3 个选项卡，如图 10-34 所示。

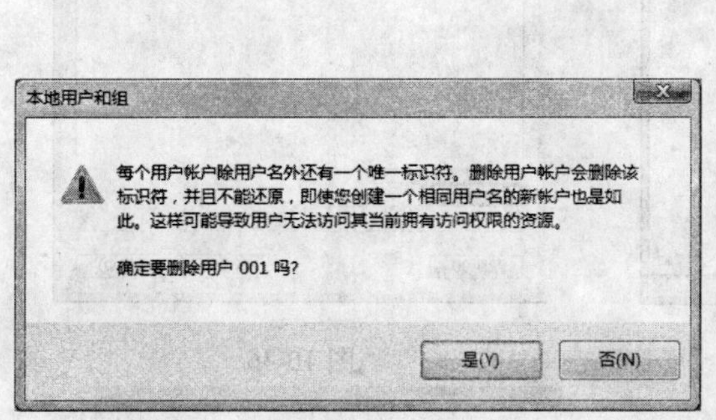

图 10-33

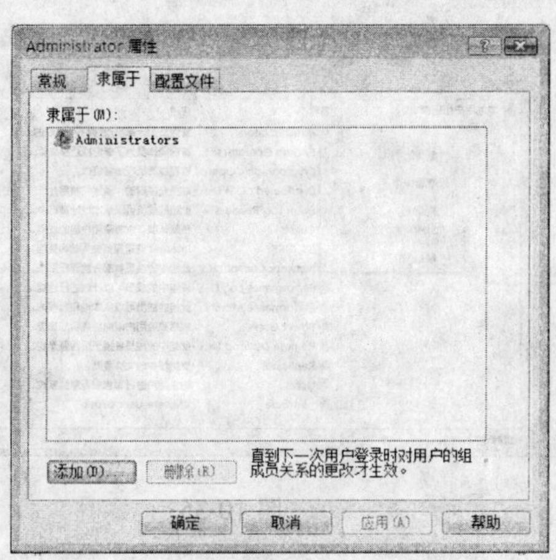

图 10-34

在“常规”选项卡中，可以修改指定账户的全名、描述等信息，可以对账户的使用状态以及登录等设置进行管理。

在“隶属于”选项卡中，可以修改账户隶属于的账户组信息。选中一个帐户组后单击“删除”按钮，可以将账户当前隶属于的组删除；单击“添加”按钮，可以将账户添加到新的一个或多个组中。将一个账户添加到多个组时，要注意权限是具有叠加特性的，比如账户在 A 组中有读取权限，在 B 组中有写入权限，那么账户实际拥有的权限将是“读取+写入”。

在“配置文件”选项卡中，可以对账户的配置文件进行管理，这是一个非常重要的账户管理功能。

（3）创建新的账户组

账户组就是账户的集合，它有点像学校的班级和单位里的科室，用于分门别类的管理一些账户。利用账户组，可以实现多个账户的高效管理。比如将新建的十个账户全部添加到 Administrators 组，可以一次性让这十个账户拥有管理员权限。

在“本地用户和组”工具中要新建一个账户组，需要执行如下步骤：

01 在“本地用户和组”窗口右击左侧窗格中的“组”，在弹出的快捷菜单中选择“新建组”，如图 10-35 所示。

02 在 “新建组”窗口中，在“组名”栏中可以输入除了“/\[]:“;+*? <>”字符以外的所有字符；在“描述”栏中可以为新创建的组输入一些说明信息。组名可以但不能只由句号或空格组成，也不能与工作站或成员服务器上的任何组或用户名相同，如图 10-36 所示。

03 如果要立即添加账户到新建的组中，应单击“添加”按钮打开“选择用户”窗口，如图 10-37 所示。如只是添加少量的（如一个）账户信息，只需在这里直接输入要添加的账户名即可。

04 如果希望一次性添加多个账户，则要单击“高级”按钮，在弹出的扩展界面后单击“立即查找”按钮可以将系统中所有的账户组和账户罗列出来，如图 10-38 所示。按住 Ctrl 键用鼠标单击要添加的账户或账户组，将准备一次性添加的多个账户或账户组选中。

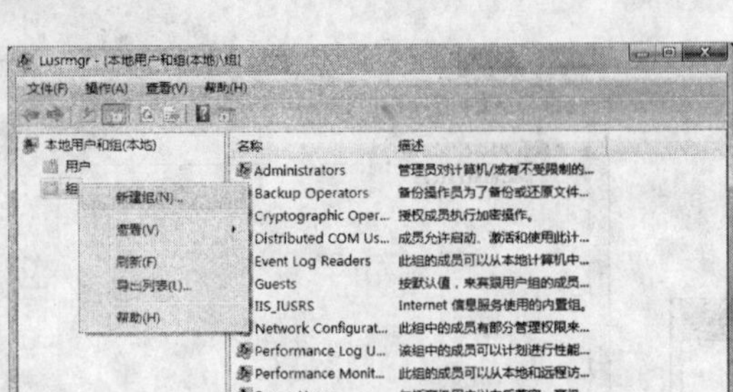

图 10-35

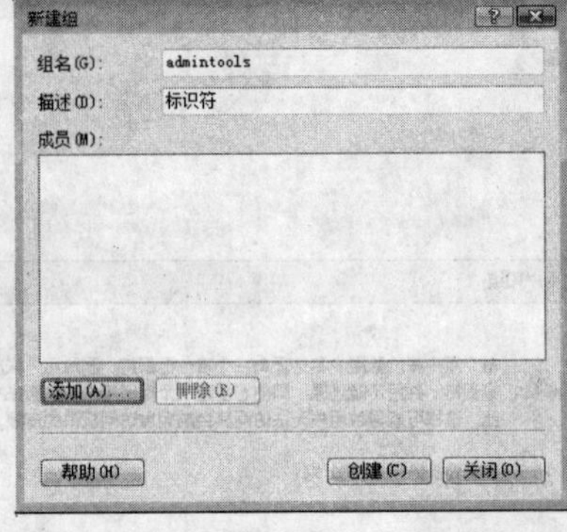

图 10-36

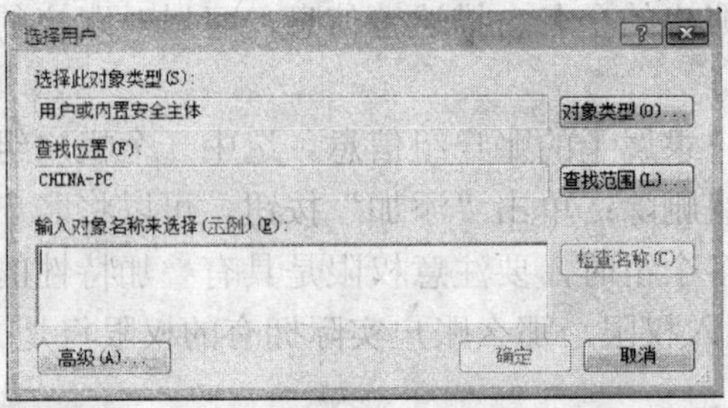

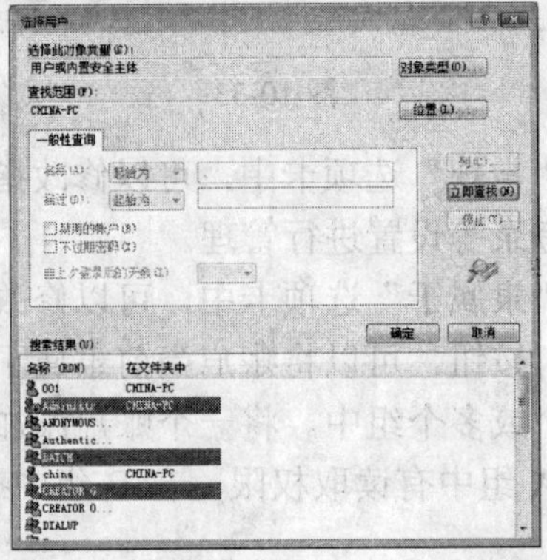

图 10-38

图 10-37

提示

属于组的用户具有授予该组的所有权限。如果用户是多个组的成员，则该用户拥有授予其所属的每个组的所有权限。

05 单击“确定”按钮返回，可以看到选中的账户和账户组，如图 10-39 所示。

06 再单击“确定”按钮返回“新建组”窗口，可以看到新增的成员列表，如图 10-40 所示。

07 单击“创建”→“关闭”按钮结束新建组的创建。

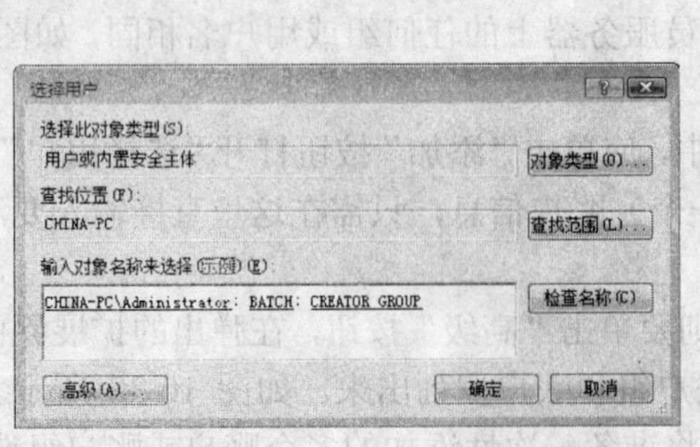

图 10-39

图 10-40

右击任一个组在弹出的快捷菜单中可以对组进行一些设置，如图 10-41 所示。

- “添加到组”：可以打开当前选中组的属性窗口，从中可以将一些账户或账户组添加到当前组中，或将现有的成员删减一些。
- “删除”：这个操作将会把指定的账户组删除掉，和用户一样，每个账户组对应了一个唯一标识符，所以在删除了账户组后，此标识符将成为孤立的，并且不可重复使用。如果删除组，用相同的组名创建组，则必须为新组设置新的权限。它不能继承授予原组的权限。这一点在执行删除操作时弹出的提示框中可以看出,如图 10-42 所示。

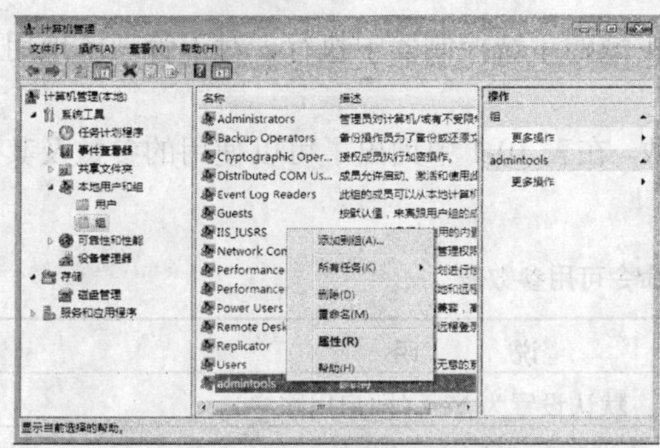

图 10-41

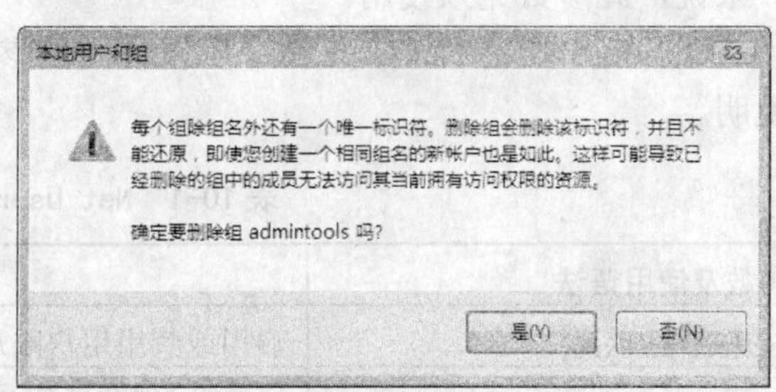

图 10-42

删除操作不能删除管理员组、备份操作员、超级用户、用户、来宾等内置组。

- “重命名”：如果希望对账户组的名称进行修改，可以使用此项提供的功能。此项功能与按下 F2 键的效果一样，但是不能修改账户组的描述信息的内容。
- “属性”：此项与“添加到组”项的功能一样，可以打开当前选中组的属性窗口，从中可以对当前组的成员进行管理。

3. 以命令行方式

Vista 命令行解释器使用命令解释程序 Cmd.exe，负责将用户输入转换为操作系统可以理解的形式。这是一个类似于 MS-DOS 的命令解释环境，能够执行用户所输入的命令并在屏幕上显示其输出结果。作为一个独立的程序，它可以在用户和操作系统之间提供直接的交互。在命令行中对账户和账户组进行管理，是通过 Net 命令来实现的。利用 Net 命令管理账户和账户组，有时可以实现一些在图形界面下无法完成的设置。

（1）使用 Net User 命令管理账户

要使用 Net 命令对账户进行管理，需要使用 User 这个子命令。在“开始”菜单中右击“附件”菜单下的“命令提示符”，在弹出的菜单中选择“以管理员身份运行”。在弹出的“命令提示符”窗口中输入 Net User /?命令并回车，可以看到如图 10-43 所示的关于此命令的语法结构。

Username：是指要添加、修改、查看或删除的账户名称（最多 20 个字符）。这等同于设置账户的用户名，而非全名。

Password| *]：Password 即账户对应的明文密码，“| *]”是指密码可以输入星号（*），按下回车键后会弹出如图 10-44 所示的要求输出密码的提示，此时输入密码将不以明文显

示，这个功能在一些特殊的公共场合可能会用到。

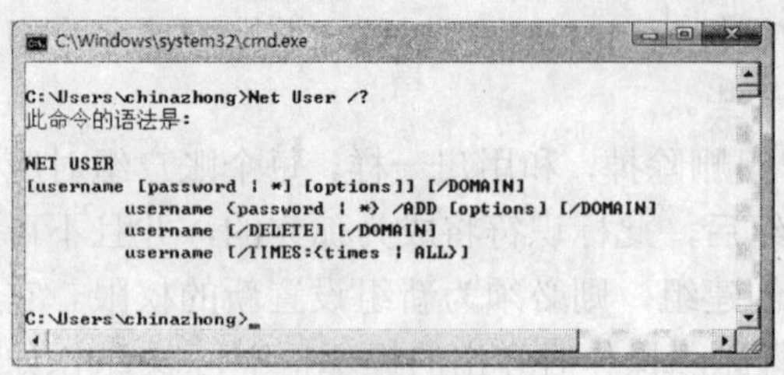

图 10-43

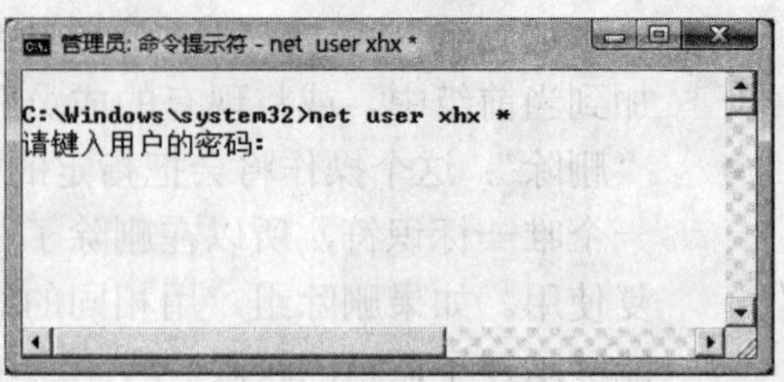

图 10-44

/domain：表示对用户的管理操作在计算机主域的主域控制器中执行，对于管理本地用户来说，此参数无须使用。

Options：指定 Net User 命令可以使用的参数，在表 10-1 中列出了可以使用的参数及其说明。

表 10-1　Net User 命令可用参数表

参数及使用语法	说　　明
/active:{no | yes}	启用或禁用用户账户。默认设置为 Yes（即启用账户）。
/comment:"*text*"	设置账户的描述信息。内容最多可以有 48 个字符，文本内容要加上双引号。
/countrycode:*nnn*	指定帮助和错误消息使用的国家（地区）语言。Nnn 如果为数字 0，则表示使用系统默认的国家（地区）代码。
/expires:{{*mm*/*dd*/*yyyy* | *dd*/*mm*/*yyyy* | *mmm*,dd ,*yyyy*} | never}	指定户账户过期的时间。月份值可以使用数字、全称或三个字母的缩写（即 Jan、Feb、Mar、Apr、May、Jun、Jul、Aug、Sep、Oct、Nov、Dec）。年份值可以使用两位数或四位数。如果使用 never，则表示账户永不过期。
/fullname:"*name*"	指定用户的全名而不是用户名，名称两端需要加双引号。
/homedir:*Path*	设置用户主目录的路径，该路径必须存在。
/passwordchg:{yes | no}	指定用户是否可以更改自己的密码。默认设置为 Yes。
/passwordreq:{yes | no}	指定用户账户是否必须有密码，默认值为 Yes，如果选择 No，则表示密码为空。
/profilepath:[*Path*]	设置账户登录时配置文件所在的路径。
/scriptpath:*Path*	设置用户登录脚本的路径。*Path* 不能是绝对路径，必须是 %*systemroot*%\System32\Repl\Import\Scripts 这样的相对路径。
/times:{*day*[-*day*][,*day* [-*day*]] ,*time*[-*time*] [,*time*[-*time*]] [;匽 | all}	指定用户可以使用计算机的时间。*Time* 的增加值限制为 1 小时。对于 *day* 值，可以用全称或缩写（即 M、T、W、Th、F、Sa、Su），也可以使用 12 小时或 24 小时时间表示法。如果值为 All，则表示用户始终可以登录。空值（空白）意味着用户永远不能登录。
/usercomment:"*text*"	添加或更改账户的“用户注释”；
/workstations:{*ComputerName*[,...] | *}	最多列出 8 个用户可以登录到网络的工作站。用逗号分隔列表中的多个项。如果/workstations 没有列表，或列表为星号*，则该用户可以从任何计算机登录。

在明白了 Net User 命令的语法及参数使用方法后，下面来看看一些具体的命令使用方法：

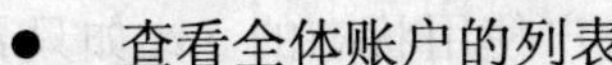

● 查看全体账户的列表

默认状态下，如果 Net User 命令没有使用任何参数，会显示计算机中账户的列表，可以使用 Net Users 命令来显示账户列表，如图 10-45 所示。

● 查看指定账户的信息

如果要查看指定的某个账户的信息，如 chinazhong 账户，只需使用 Net User chinazhong 命令即可，如图 10-46 所示。

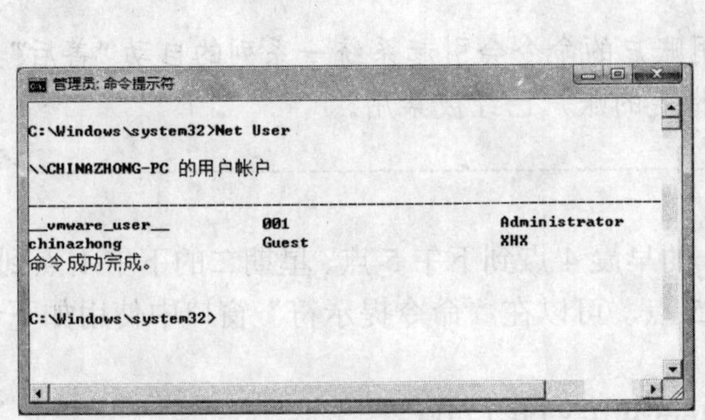

图 10-45

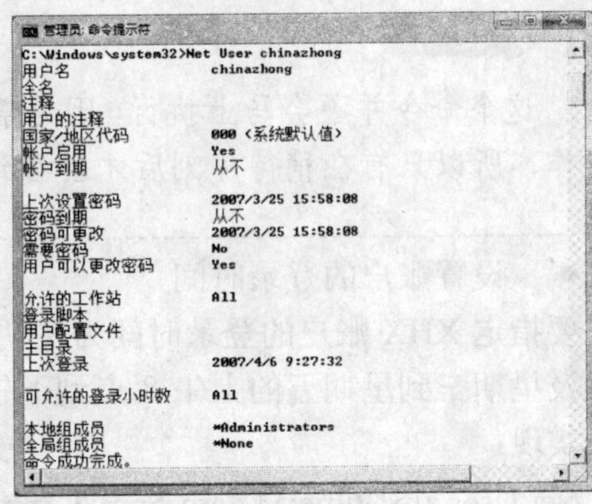

图 10-46

● 创建一个新账户

假设要新建一个名为 XHX 的账户，密码是 111，全名是 XU HONG XIA，描述信息是 HOME，且不可更改密码，可以使用如下命令：

Net User XHX 111 /Add /fullname:"XU HONG XIA" /comment:"HOME" /passwordchg:no

回车后可以看到命令成功被执行，如图 10-47 所示。

此时，在“本地用户和组”窗口中可以看到多了一个用户名为 XHX 的账户①，进入其属性窗口后会看到“用户不能更改密码”项处于选中状态②，如图 10-48 所示。

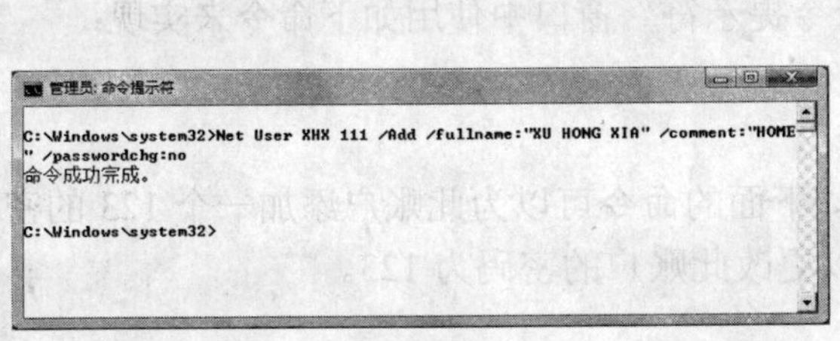

图 10-47

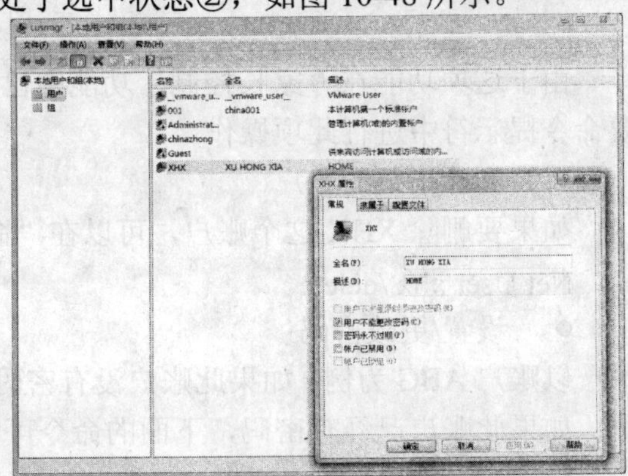

图 10-48

● 设置账户的过期时间

要设置 xhx 这个账户在 2006 年 5 月 25 日过期，可以在“命令提示符”窗口中使用如下命令来实现：

Net User XHX /expires:2006/05/25

这条命令很实用，它可以自动化管理一些临时创建的账户使用状态的。比如只希望外单位的人临时使用本单位的计算机几天，就可以为其创建一个具有指定使用时间范围的账户。

● 禁用指定账户

如果要禁用 XHX 账户，可以在“命令提示符”窗口中使用如下命令来实现：

Net User XHX /active:no

这个命令并不会马上执行，因为禁用账户的命令会引起系统一系列的自动“善后”操作，所以只有在稍待片刻后才会看到指定的账户已经被禁用。

● 设置账户的登录时间

要指定 XHX 账户的登录时间为星期一的早晨 4 点到下午 5 点、星期二的下午 1 点到 3 点以及星期三到星期五的上午 8 点到下午 5 点，可以在“命令提示符”窗口中使用如下命令来实现：

Net User xhx /time:M,4am-5pm;T,1pm-3pm;W-F,8:00-17:00

这条命令可以在“命令提示符”窗口中成功被执行，但是在“本地用户和组”窗口中的 XHX 账户属性窗口中却没有这个功能，所以说 Net User 命令也有好处，如图 10-49 所示。

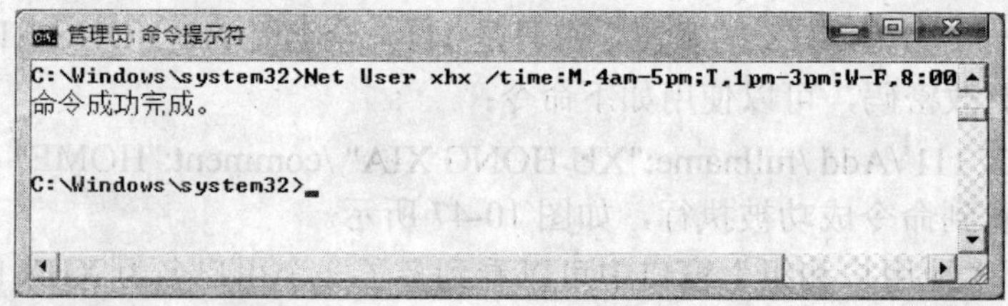

图 10-49

由于这项功能在“家长控制”功能中已经成为了一个标准的子功能，所以通常并不需要命令提示符中进行此项操作。

● 删除指定的账户

如果要删除 XHX 这个账户，可以在“命令提示符”窗口中使用如下命令来实现：

Net User xhx /delete

● 设置/更改密码

以账户 ABC 为例，如果此账户没有密码，下面的命令可以为此账户添加一个 123 的密码；如果此账户已经有密码，下面的命令可以更改此账户的密码为 123。

Net User ABC 123

（2）使用 Net Localgroup 命令管理账户组

在“命令提示符”窗口中，可以使用 Net Localgroup 命令管理账户组。此命令可以进行添加、显示或修改本地组的操作。其语法结构是：

Net localgroup [*GroupName* [**/comment:"***text***"**]] [**/domain**]

Net localgroup [*GroupName* {**/add** [**/comment:"***text***"**] | **/delete**} [**/domain**]]

Net localgroup [*GroupName name* [...]]{**/add** | **/delete**} [**/domain**]]

在表 10-2 中给出了 Net Localgroup 命令可以使用的参数以及参数的作用。

表 10-2　Net Localgroup 命令可以使用的参数及说明

可用参数	参数作用说明
GroupName	指定要添加、扩展或删除的本地组的名称。使用不带其他参数的 net Localgroup *GroupName* 显示本地组中的用户列表或全局组。
/comment:"*text*"	为新建或已经存在的组添加注释。评注最多可以包含 48 个字符。给文本加上引号。
/domain	对当前域的主域控制器执行操作。否则，操作将在本地计算机上执行。
name [...]	列出一个或多个用户名或组名以添加或从本地组中删除。
/add	添加全局组名称或者向本地组中添加用户名称。必须在使用此命令将用户或全局组添加到本地组之前先为其建立账户。
/delete	从本地组中删除组名称或用户名。
net help *command*	显示指定 net 命令的帮助。

在明白了 Net User 命令的语法及参数使用方法后，下面来看看一些具体的命令使用方法：

- 新建一个账户组

在“命令提示符”窗口中，要新建一个名为 123 的账户组，只需执行如下命令即可：

Net Localgroup 123 /add

在命令执行完毕后，要稍待片刻才能在“本地用户和组”窗口中看到新建的组出现。这个延迟主要是因为创建组的操作将会引发一连串的系统配置产生，如产生组的配置文件，将账户组添加到 SAM 数据库等。

如果要在创建账户组时，为账户组添加一条注释信息（如注释信息为“2006 年创建”），可以使用如下命令来实现：

Net Localgroup 456 /add /comment:"2006 年创建"

提示

注释内容的两端一定要加上半角的双引号。

- 删除一个账户组

在“命令提示符”窗口中，要删除一个名为 123 的账户组，只需执行如下命令即可：

Net Localgroup 123 /delete

在命令执行完毕后，要稍待片刻后才能在“本地用户和组”窗口中看到指定的组已经被删除。这个延迟主要是因为删除组的操作将会引发一连串的系统删除操作，如将账户组从 SAM 数据库中删除。

- 查看账户组列表信息

在“命令提示符”窗口中，执行 Net Localgroup（不含参数）命令，可以查看到计算机名和系统中账户组的列表信息，如图 10-50 所示。

- 查看指定账户组的信息

在“命令提示符”窗口中，如果想查看指定的账户组（如 Administrators）的信息，只需使用 Net Localgroup administrators 命令即可，在反馈信息中可以看到指定账户组的别名、注释以及成员列表信息，如图 10-51 所示。

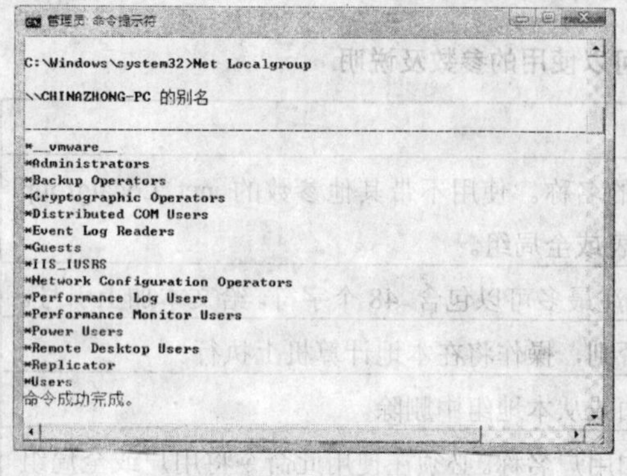

图 10-50

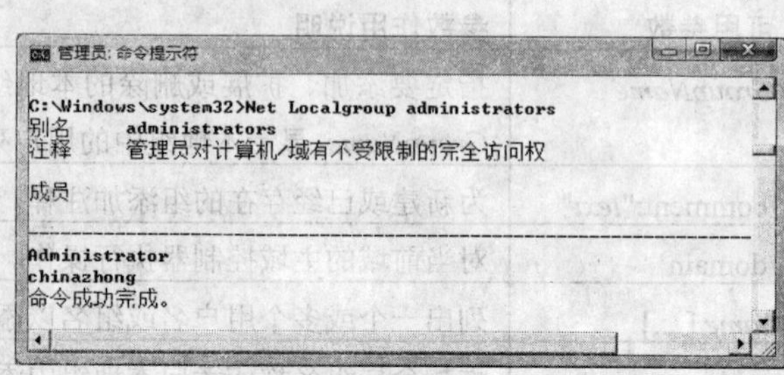

图 10-51

- 将账户添加到指定组中

假设，现在需要把账户 XHX 添加到 Administrators 账户组，可以在"命令提示符"窗口中使用如下命令实现：

Net Localgroup Administrators xhx /add

如果账户 XHX 没有隶属于任何账户组，上述命令可以将此账户添加到指定的组中；如果账户 XHX 已经隶属于某个账户组，那么此命令可以把此账户添加到新的指定的组中。这样，账户 XHX 将会同时存在于多个组中。

10.2 Windows 安全中心

在 Vista 中，安全方面的功能很多都被集中到"Windows 安全中心"，如可以通过检查计算机上几个安全基础的状态（包括防火墙设置、自动更新、反恶意软件设置、Internet 安全设置和用户账户控制设置）帮助增强计算机的安全性。如果 Windows 检测到这些安全基础中的任何一个存在问题（例如，防病毒程序已过期），则安全中心将显示一个通知，并且将在通知区域中放置一个图标，如图 10-52 所示。

单击通知或双击安全中心图标，便可打开安全中心窗口，如图 10-53 所示。

图 10-52

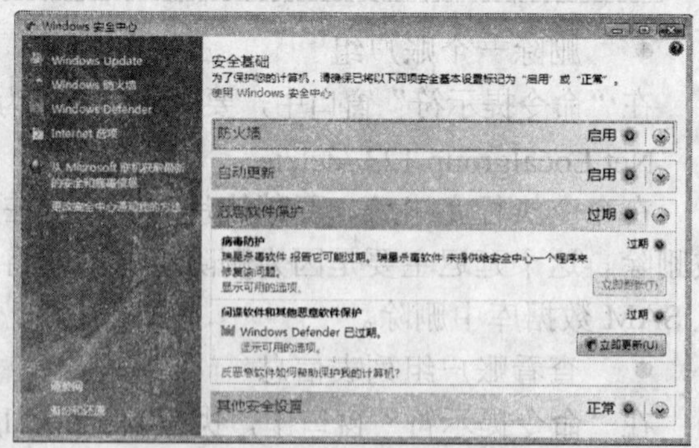

图 10-53

除了上述方法外，还可以使用如下方法的任一种来打开"Windows 安全中心"窗口。

- 在“开始”菜单的“搜索”栏中，输入命令 Control.exe /name Microsoft.Security Center。
- 在“控制面板”中，选择“安全”→“安全中心”。

在打开“Windows 安全中心”中，可以通过四个方面对系统的安全进行定制。由于已经在“5.4 Windows Defender”小节中讲解过“Windows Defender”功能的应用，加之“其他安全设置”部分实际上只是显示了 IE 安全设置与“用户账户控制”功能的状态，所以在本小节中将只讲解其余两个方面的应用方法。

10.2.1 防火墙

Windows 防火墙是 Vista 中一个标配的组件，它能够检查来自 Internet 或网络的信息，然后根据防火墙设置阻止或允许这些信息通过计算机。防火墙有助于防止黑客或恶意软件（如蠕虫）通过网络或 Internet 访问计算机，还有助于阻止计算机向其他计算机发送恶意软件。

通过 Windows 防火墙，系统管理员可以更好地控制计算机与网络数据的交互。Windows 防火墙可以针对那些未经邀请而尝试连接到计算机的用户或程序（包括病毒和蠕虫）提供一条防御线。我们可以将防火墙视为一道屏障，它用于检查来自 Internet 等网络的信息，然后根据当前计算机中的防火墙设置，拒绝信息或允许信息到达当前计算机。它的特点与所处位置如图 10-54 所示。

图 10-54

在 Vista 中的防火墙有 Windows 防火墙和高级安全 Windows 防火墙两大类，下面分别进行介绍。

1. Windows 防火墙

在“Windows 安全中心”窗口的右侧窗格中最上面的防火墙部分通过“启用”文字看出当前 Windows 防火墙的状态。单击左侧窗格中的“Windows 防火墙”可以打开如图 10-55 所示的窗口。

在这里单击左侧列表中的“启用或关闭 Windows 防火墙”和“允许程序通过 Windows 防火墙”以及单击右侧窗格中的“更改设置”，均可以打开如图 10-56 所示的对话框。

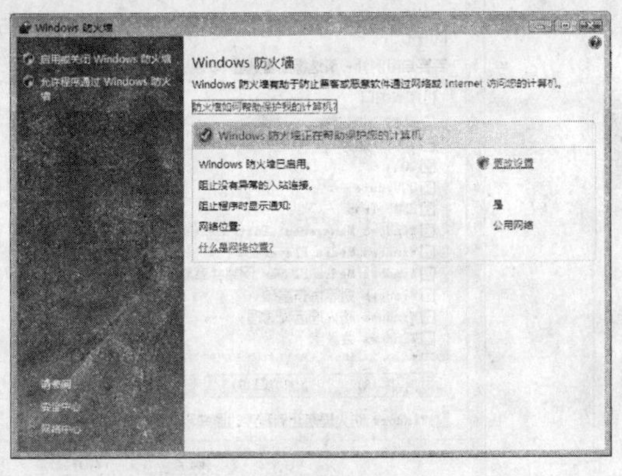

图 10-55

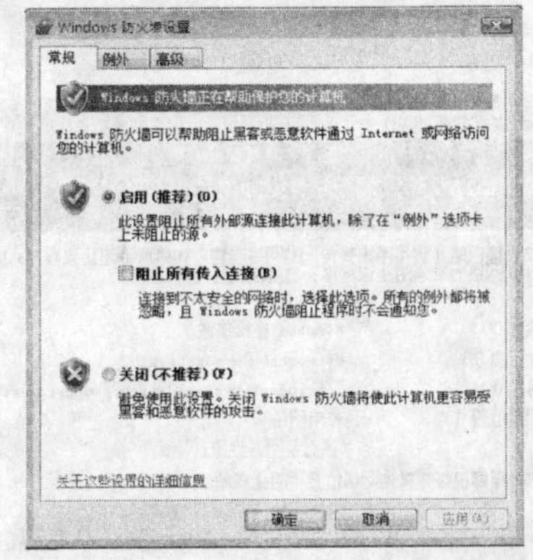

图 10-56

在这里可以看到 Windows 防火墙有 3 种设置：“启用（推荐）”、“阻止所有传入连接”和“关闭（不推荐）”。

- “启用”：Windows 防火墙在默认情况下处于启用状态。此时，Windows 防火墙会阻止所有到达当前计算机的未经请求的连接，但不包括“例外”选项卡中列出的已经选中的程序或服务发出的请求。
- “阻止所有传入连接”：连接到不太安全的网络时选择此选项，这样 Windows 防火墙会阻止所有到当前计算机的未经请求的连接，包括“例外”选项卡中已选中的程序或服务发出的请求。通常只有需要为计算机提供最大程度的保护时，才需要选择此项。此项的选中，并不会影响我们收发电子邮件、使用即时消息程序或查看大多数的网页。
- “关闭”：此选项将可以关闭 Windows 防火墙。选择此项时，计算机将很容易受到未知入侵者或 Internet 病毒的侵害。此设置只应由高级用户用于计算机管理目的或在计算机有其他防火墙保护的情况下使用。

在“常规”选项卡中可以根据实际情况来决定是否关闭 Windows 防火墙。比如安装了更为专业的防火墙软件时，就可以考虑关闭 Windows 防火墙，否则两者的设置可能会产生冲突。

当选中了“启用（推荐）”后，Windows 防火墙的工作方式是：当 Internet 或局域网中的某台计算机尝试连接到当前计算机时，我们将这种尝试称为“未经请求的连接”。当前计算机收到未经请求的连接时，Windows 防火墙会阻止该连接。如果我们运行的程序（如即时消息程序或多人网络游戏）需要从 Internet 或网络接收信息，那么防火墙会询问我们是否阻止连接还是取消阻止（允许）连接，如图 10-57 所示。

如果选择“保持阻止”，Windows 防火墙将创建一个“例外”项，但不会勾选它。这表示此项还暂时处于监控状态。

如果选择“解除阻止”，Windows 防火墙将创建一个“例外”并会勾选它。这样当该程序日后需要接收信息时，防火墙就不会打扰我们了。在“例外”选项卡中可以看到这个创建的项，如图 10-58 所示。

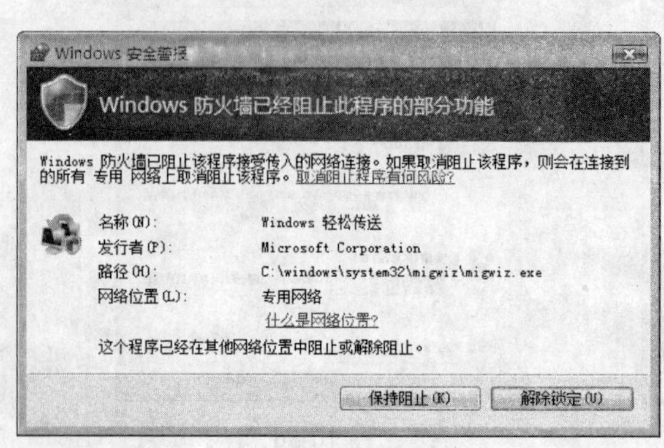

图 10-57

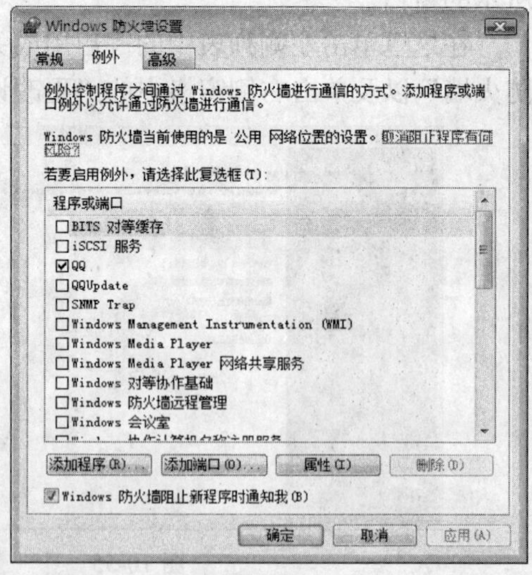

图 10-58

提 示

一些系统级的服务只能清空选中状态而无法删除，这意味这些服务离开了网络它们将毫无意义。

在“例外”选项卡中，单击“添加程序”按钮会打开如图 10-59 所示的对话框，在这里选中某个程序并单击“确定”按钮，可以将所选程序添加到“例外”列表中，这意味着所选程序已经不受 Windows 防火墙的限制。

在“例外”选项卡中，单击“添加端口”按钮会打开如图 10-60 所示的对话框，在这里可以根据需要开放特定的端口。

图 10-59

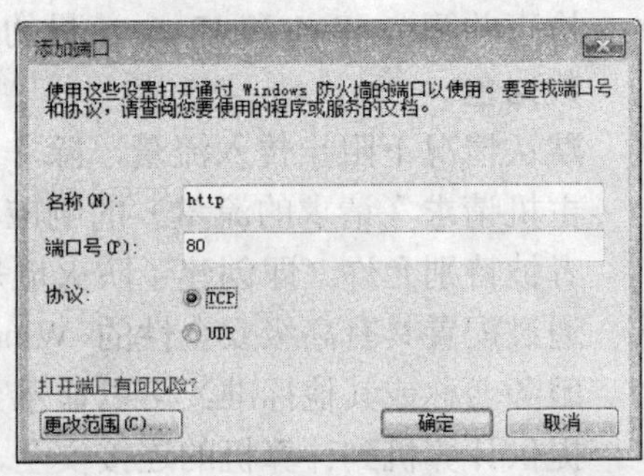

图 10-60

比如，在使用 IIS 组件架设一个网站后，就要在这里的“名称”栏中输入任意名称（如 http），在“端口号”栏中输入 http 服务对应的端口 80。单击“确定”按钮后即可开放本机的网站对外浏览端口，其他计算机用户方可对本机中的网站进行浏览。

选中某个例外项并单击“属性”按钮，在弹出的窗口中可以做进一步的了解，如图 10-61 所示。在“高级”选项卡中，可以对“本地连接”进行的 Windows 防火墙设置进行初始化设置，单击“还原为默认值”按钮即可，如图 10-62 所示。

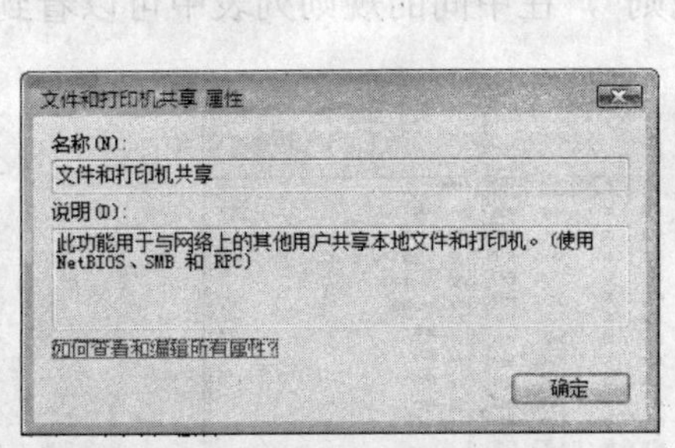

图 10- 61

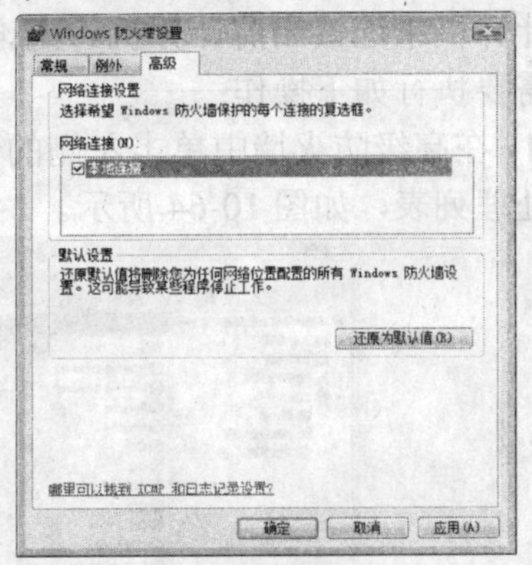

图 10-62

随即，所有针对所选网卡进行的 Windows 防火墙设置均将取消。默认状态下，所有的本地连接都启用了 Windows 防火墙。

2. 高级安全 Windows 防火墙

除了基本的 Windows 防火墙功能外，还可以通过如下方法打开高级防火墙。

- 在控制面板窗口中，选择“系统和维护”→“管理工具”→“高级安全 Windows 防火墙”命令。
- 在“开始”菜单的“搜索”栏中输入 WF.msc 命令。

在通过上述方法打开窗口后，可以使用“高级安全 Windows 防火墙”功能对系统进行安全定制，如图 10-63 所示。

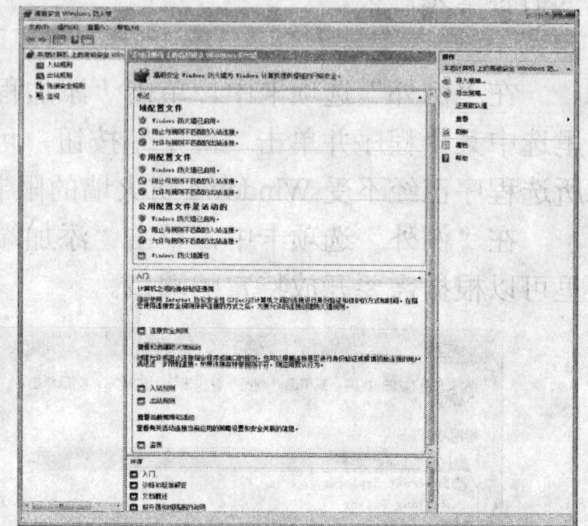

图 10-63

高级安全 Windows 防火墙（下面简称“高级防火墙”）具有如下功能或特点：

- 结合了主机防火墙和 IPSec 功能。
- 检查并筛选 IPv4 和 IPv6 流量的所有数据包。
- 默认情况下阻止传入流量，除非是对主机请求（请求的流量）的响应，或者被特别允许（即创建了防火墙规则允许该流量）。
- 通过配置具有高级安全性的 Windows 防火墙设置（指定端口号、应用程序名称、服务名称或其他标准）可以显示允许流量。
- 提供计算机到计算机的连接安全，使我们可以对通信要求身份验证和数据保护。

（1）规则设置

高级防火墙使用“防火墙规则”和“连接安全规则”两组规则配置其如何响应传入和传出流量，“防火墙规则”能够确定允许或阻止哪种流量。“连接安全规则”能够确定如何保护此计算机和其他计算机之间的流量。通过使用防火墙配置文件（根据计算机连接的位置应用），可以应用这些规则以及其他设置。还可以监视防火墙活动和规则。

在防火墙规则下有“入站规则”和“出站规则”两种，所谓“出站”就是当前计算机用户主动连接外部计算机的过程（如浏览网页等），所谓“入站”就是提供各种网络服务，让其他计算机来连接当前计算机。无论入站还是出站，数据都是双向的。以配置入站规则为例，需要执行如下操作：

01 在高级防火墙中单击左侧的“入站规则”，在中间的规则列表中可以看到所有入站数据处理列表，如图 10-64 所示。

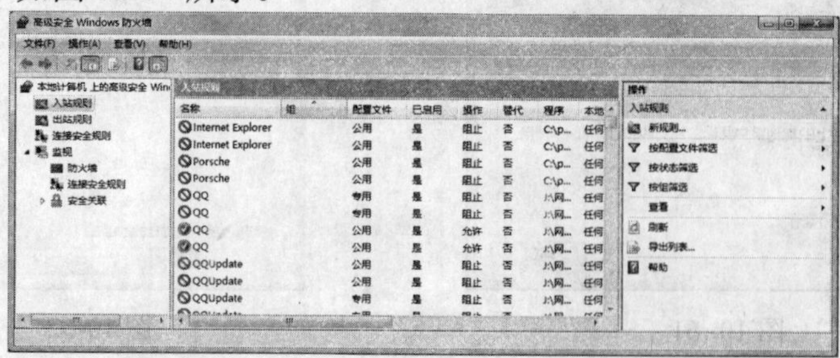

图 10-64

在传入数据包到达计算机时，高级防火墙将自动检查该数据包，并确定它是否符合“防火墙规则”中指定的标准。如果数据包与规则中的标准匹配，则具有高级 Windows 防火墙执行规则中指定的操作，即阻止连接或允许连接。如果数据包与规则中的标准不匹配，则高级防火墙丢弃该数据包，并在防火墙日志文件中创建条目（如果启用了日志记录）。

02 在右侧的操作列表中单击“新规则”打开如图 10-65 所示的对话框。

03 在这里为入站通信数据创建规则，比如希望阻止 138 端口进行入站数据通信，需要选中“端口”并单击“下一步”按钮，在进入如图 10-66 所示的界面后，在“该规则应用于 TCP 还是 UDP”部分选择 UDP，在“特定本地端口”栏中输入 138。

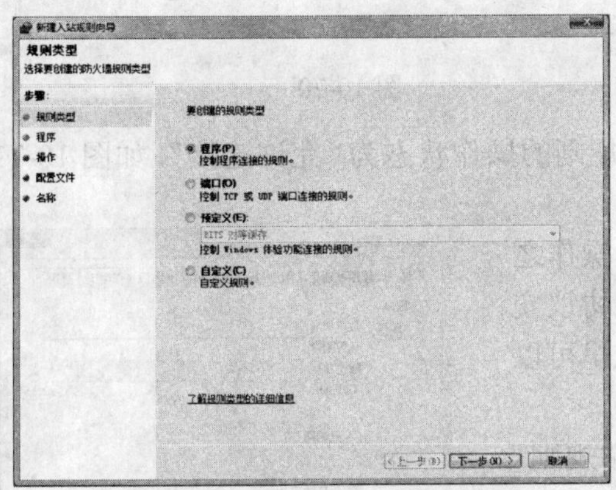

图 10-65

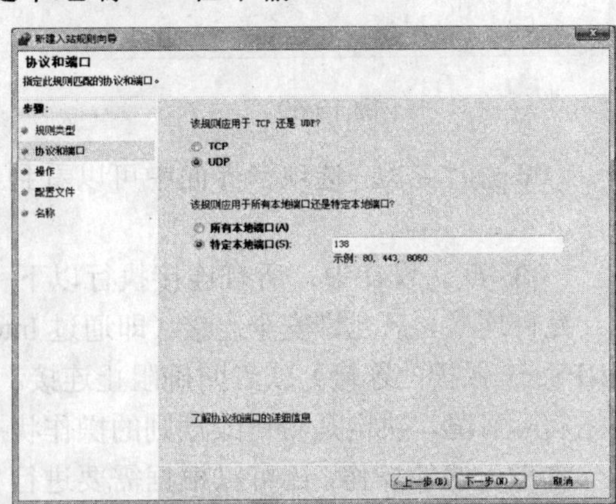

图 10-66

04 选中“阻止连接”项并单击“下一步”按钮应用设置，如图 10-67 所示。

05 选择默认状态并继续，如图 10-68 所示。

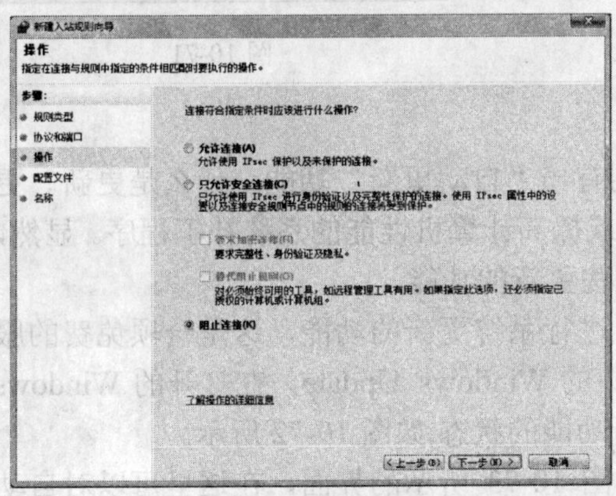

图 10-67

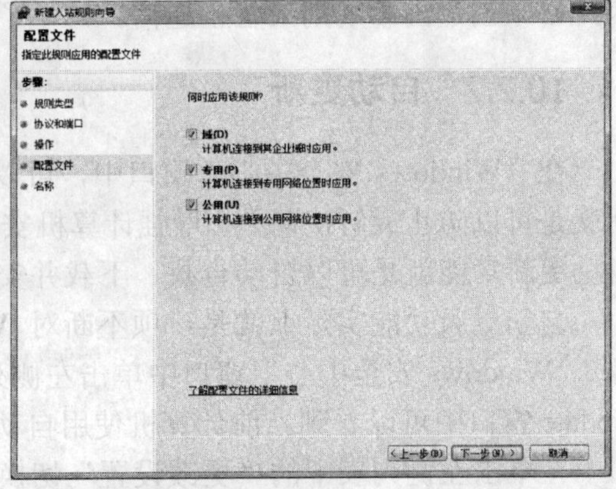

图 10-68

06 在这里为规则创建一个名称及输入相应的描述信息，如图 10-69 所示。

07 单击“完成”按钮即可结束规则的创建。返回到高级防火墙窗口后，即可在入站规则列表的顶端看到刚创建的规则了。在这里选中任一个规则，在操作列表中单击“属性”，如图 10-70 所示。

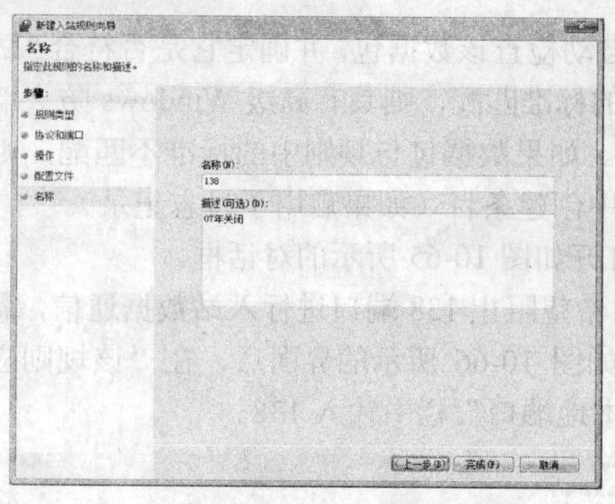

图 10-69

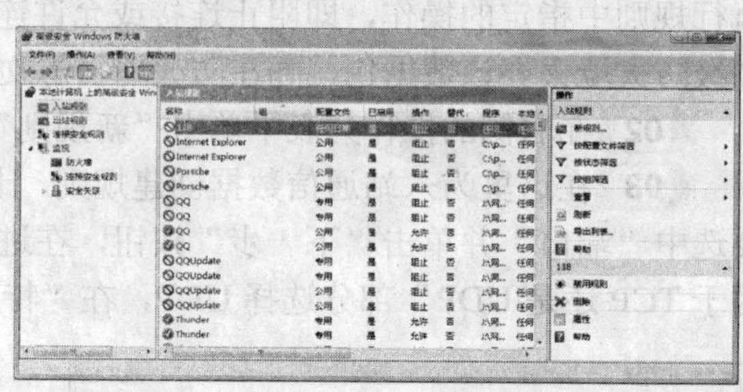

图 10-70

08 在“常规”选项卡界面中可以看到当前规则的操作状态为“允许连接”，如图 10-71 所示。

09 默认设计中，所有连接执行以下 3 个操作之一：允许连接、只允许安全连接（即通过 Internet 协议安全(IPSec) 保护的连接）或者明确阻止连接。在这里可以根据实际情况，决定是否更改规则的操作状态。

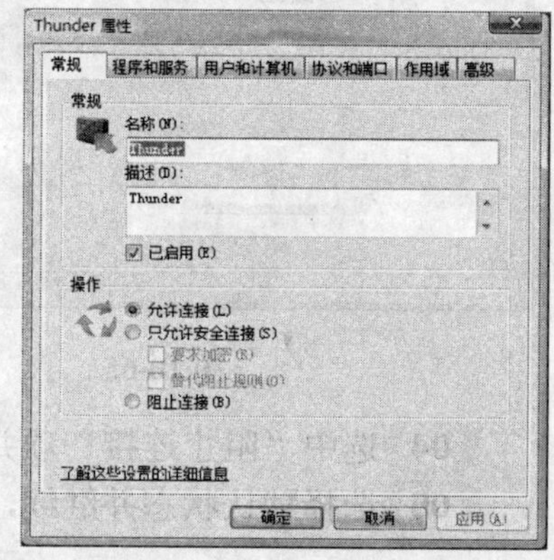

图 10-71

参考上述的操作，还可以根据需要进行“出站规则”的创建。出站规则用来明确允许或明确拒绝来自与规则条件匹配的计算机的通信。例如可以将规则配置为明确阻止出站通信通过防火墙到达某一台计算机，但允许同样的通信到达其他计算机。默认情况下允许出站通信，因此必须创建出站规则来阻止通信。

10.2.2 自动更新

在“Windows 安全中心”窗口中，可以看到有一“自动更新”功能。什么是更新？更新就是可以防止或解决问题、增强计算机安全性或提高计算机性能的系统补丁程序。显然，自动更新功能就是可以自动查找、下载并安装这些更新的功能。

自动更新功能实际上就是一项不断对 Vista 进行系统更新的功能，这是一项免费的服务。“Windows 安全中心”窗口中单击左侧列表中的 Windows Update，在打开的 Windows Update 窗口中可以看到当前计算机使用自动更新功能的状态,如图 10-72 所示。

在单击左侧列表中的“更改设置”切换到如图 10-73 所示的界面，在这里可以对自动更新功能进行启用、关闭等设置。

除了可以通过自动弹出的提示进行更新安装操作外，还可以单击“查看可用更新”打开如图 10-74 所示的对话框，在这里看到所有检查到并等待用户选择安装的更新列表。

选中其中需要安装的更新名称后，单击“安装”按钮切换到如图 10-75 所示的界面，所选的更新将会被自动下载。

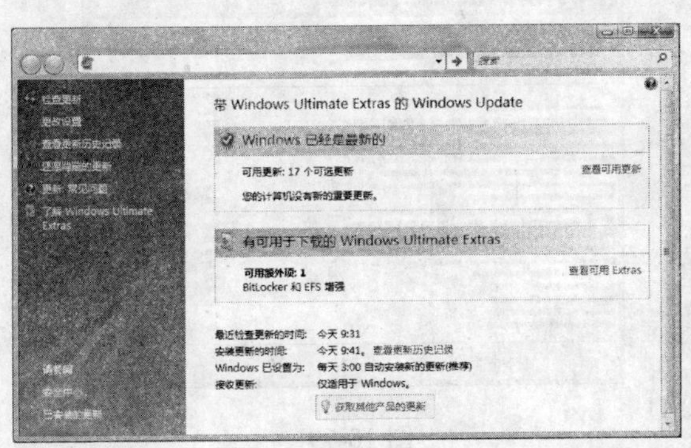

图 10-72

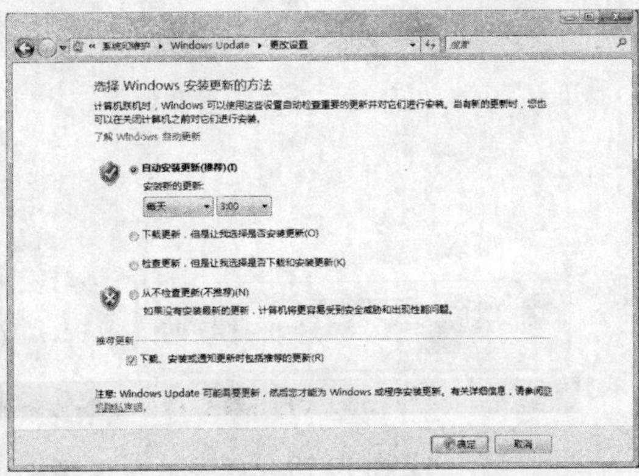

图 10-73

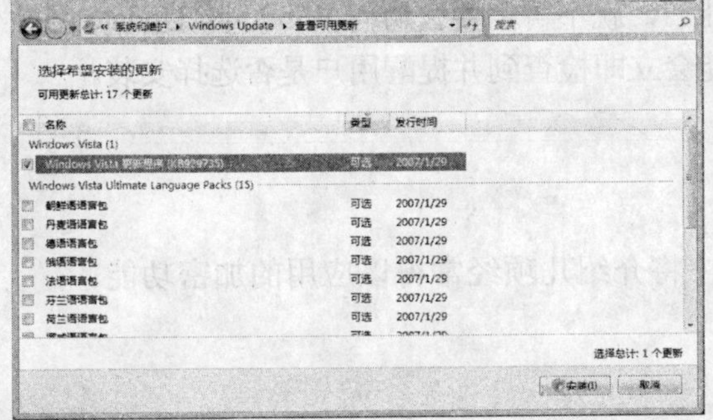

图 10-74

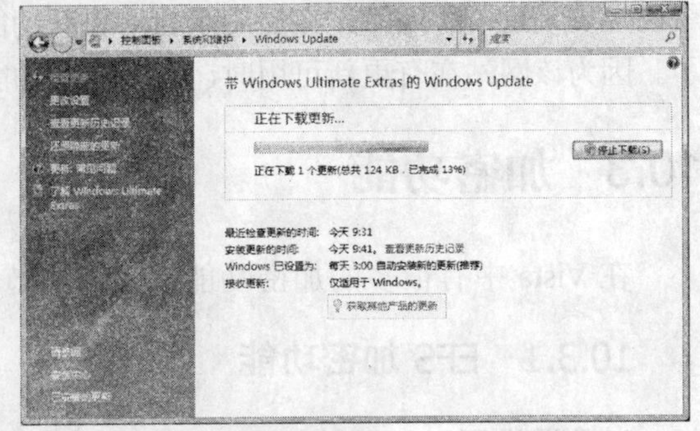

图 10-75

完成下载及安装操作后会出现如图 10-76 所示的界面，在这里单击“立即重新启动”按钮可以通过重启来使更新程序生效。

如果没有单击此按钮，则会在一段时间后自动弹出如图 10-77 所示的提示框。

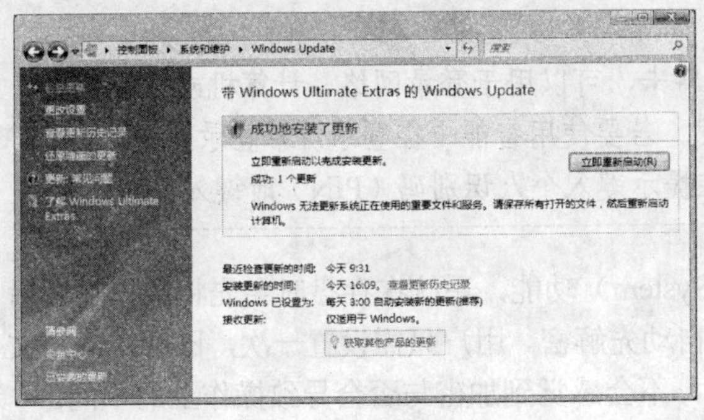

图 10-76

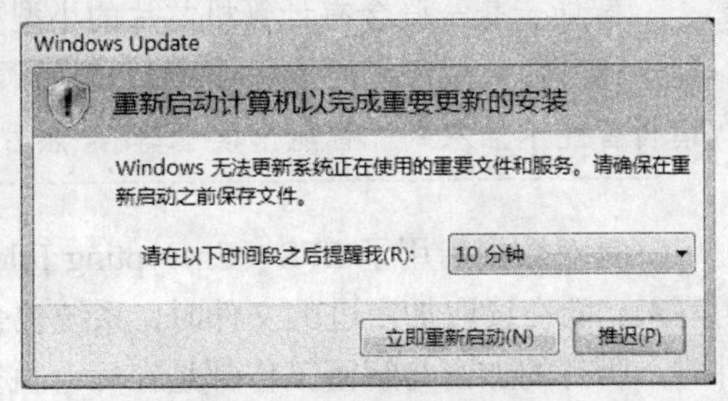

图 10-77

在这里既可以单击“立即重新启动”按钮来重启系统，也可以在列表中选择 10 分钟、1 小时或 4 小时后，单击“推迟”按钮让自动更新功能在指定时间后再次弹出此提示框。在重启后，在屏幕右下角的通知区域中将会弹出如图 10-78 所示的提示框。

在单击提示框或在 Windows Update 窗口中单击“查看更新历史记录”，切换到的如图 10-79 所示界面，可以看到所有安装的更新名称、类型（等级）等信息。

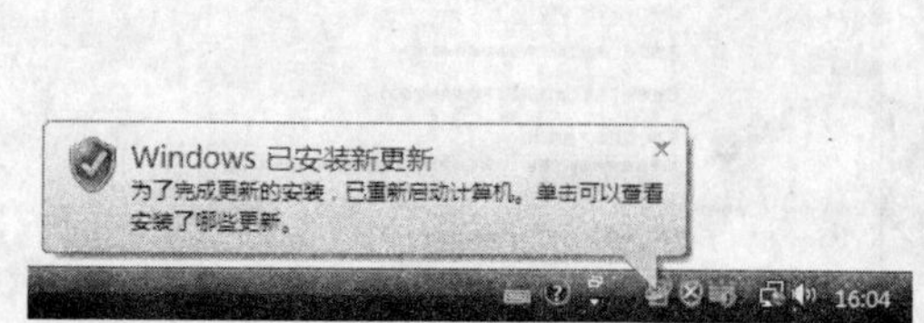

图 10-78

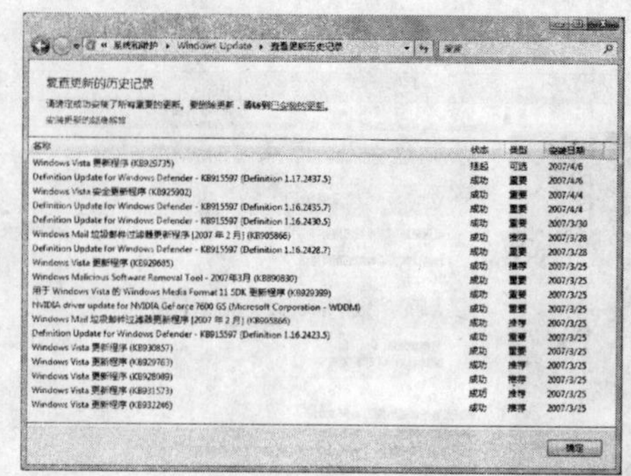

图 10-79

有时，对于一些需要手工下载的更新，在执行下载操作之前应打开这个列表，查看一下是否已经安装过了。通常，在启用了自动更新功能后，就不再需要去访问 Windows Update 网站了。因为该网站在有更新可用时，自动更新功能会立即检查到并提醒用户是否选择安装。

10.3 加密功能

在 Vista 中有很多的加密功能，在本小节中将介绍几项经常得以应用的加密功能。

10.3.1 EFS 加密功能

对数据设置以不同的权限，可以较好地建立起数据的访问机制。但是，如果希望在较高级别上对数据进行权限管理，则推荐使用 EFS 这个专业的数据加密工具。EFS 数据加密功能必须在使用 NTFS 文件系统的分区中方可使用。在 Vista 中，EFS 具有许多新的改进，包括性能的提升、支持页面文件加密、可以在智能卡里存储用户的 EFS 密钥等。

智能卡是一张含有计算机芯片的小型塑料卡，可以用于登录网络、计算机或设备。智能卡通常由大型组织的信息技术(IT)部门颁发。若要使用智能卡在登录屏幕登录到计算机，请将智能卡插入到“智能卡读卡器”，然后在提示键入个人识别码（PIN）时键入 PIN。

一旦对数据启用了 EFS（Encrypting File System）功能，系统在存盘时会先将数据加密后再写入。而在读取加密过的文件时，系统也会自动先解密。用户只需设置一次，日后在读写文件时，所有的加密与解密工作都是在后台执行，不会感觉到加密与否会导致操作上的不同。

这个简单的数据加密过程，让很多人都感到困惑不解，这样的加密方式也能保护数据？它甚至不如权限还有些明显的效果呢！实际上，这是对 EFS 数据加密方式的一种误解。它的加密效果并不会在本身的账户中体现出来，而是会在其他账户中体现出来。这就好比保险箱，主人有了钥匙就可以打开它，别的人没有钥匙就不能打开它一样。使用 EFS 加密系统，关键就在于要有一把能登录 Windows XP 的钥匙，这个钥匙的主人要求是创建 EFS 加密数据的账户。

当别的账户在登录后，试图打开不是自己创建的 EFS 加密数据时，会出现“拒绝访问”的提示，并且不能打开文件以阅读其中的数据，如图 10-80 所示。

当试图取消他人创建的 EFS 加密数据的加密功能时，则会弹出“应用属性时出错”的提示，如图 10-81 所示。

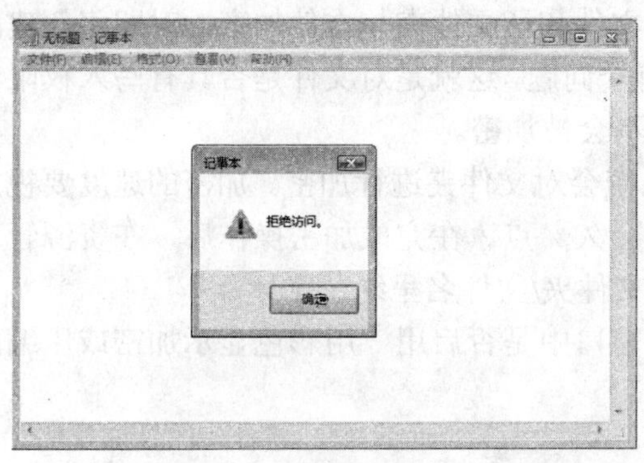

图 10-80

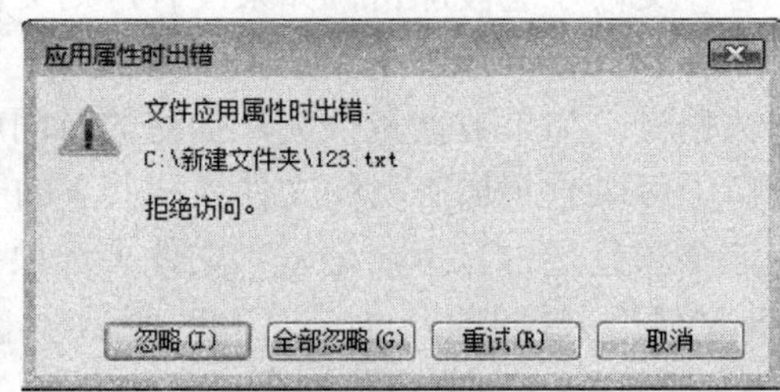

图 10-81

那么，如果账户的登录密码被恶意修改后，使用新的密码登录会不会给 EFS 加密数据带来危险？答案是：不会。实际上，即使是有人将硬盘拆下并安装到其他的 Windows XP 系统中，EFS 加密的效果也不会产生问题。而 NTFS 权限的设置却会失去作用，任何人都可以轻松地访问权限保护下的数据。

这些都说明了 NTFS 权限与 EFS 加密之间的不同之处，也进一步说明了 EFS 的加密功能已经可以为我们的数据提供足够的保护。但是，EFS 加密也有个致命的问题，这就是 EFS 只能够保护数据不被他人打开数据，但不能够保护文件不被破坏，比如任何人都可以轻易地删除使用 EFS 加密数据后的文件。

1．文件夹的加密与解密

进行 EFS 加密，通常可以使用两种方式，一是在资源管理器窗口中；二是在命令行中。以在资源管理器窗口中对文件夹进行 EFS 加密为例，需要执行如下操作：

01 右击要加密的文件夹，在弹出的快捷菜单中选择“属性”。

02 在属性窗口中单击“常规”选项卡中的“高级”按钮，如图 10-82 所示。

03 在“高级属性”窗口中选中“加密内容以便保护数据”，单击“确定”按钮应用加密设置，如图 10-83 所示。

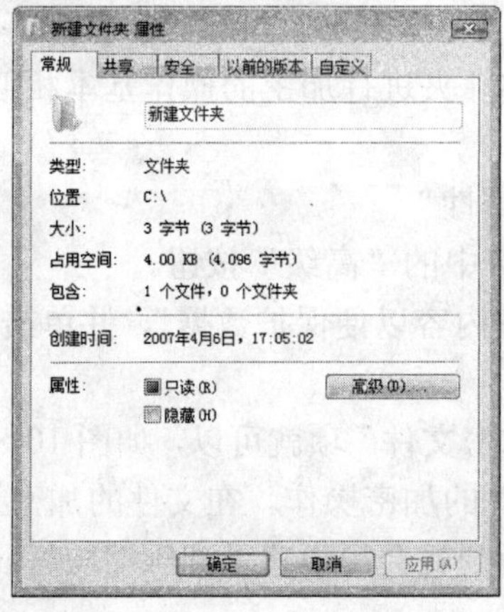

图 10-82

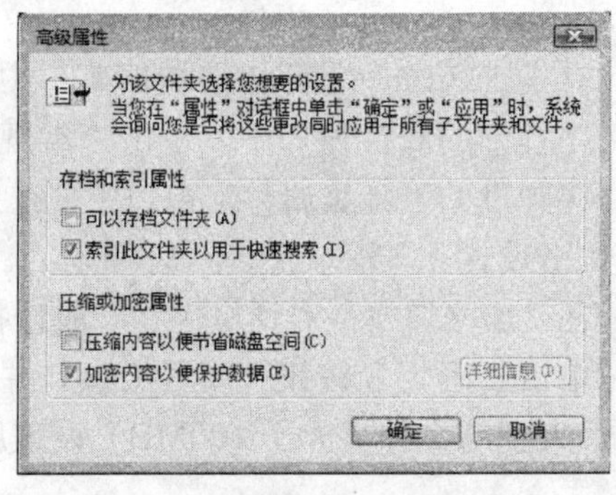

图 10-83

04 如果文件夹中有子文件夹或文件，则会弹出如图 10-84 所示的对话框。

其中，选择第一个选项，将只对新建的文件与子文件夹进行加密，对现有的文件与文件夹不加密；选择第二个选项，不仅对现存的文件和子文件夹与文件加密，对即将新建的子文件夹和文件也会进行加密。但是，这里面有个问题，这就是对文件是否具有写入权限？如果有，文件才能被加密；如果没有，则文件不会被加密。

05 单击“确定”按钮关闭各级窗口，系统会对文件夹进行加密。加密的速度要视加密的数据量，如果数据量很大，加密的时间就会久一点。在完成加密操作后，在资源管理器窗口中可以看到加密后的文件夹和其下的子文件夹/文件名呈绿色字体。

这个颜色是否显示，是看“文件夹选项”窗口中是否启用“用彩色显示加密或压缩的 NTFS 文件”来控制的，如图 10-85 所示。

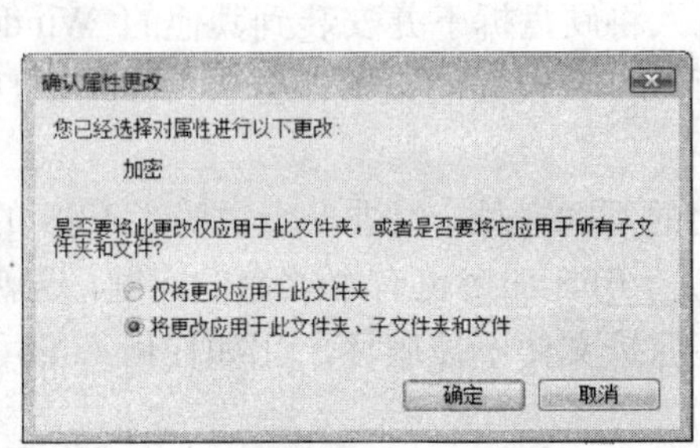

图 10-84

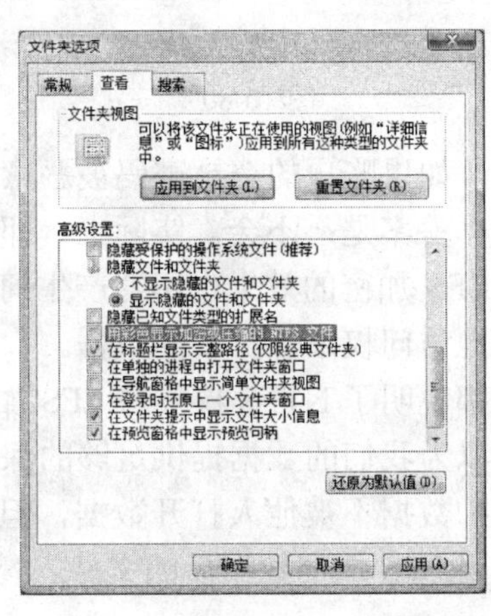

图 10-85

当对文件夹进行加密后，此后在此文件夹中建立的新文件或复制到此文件夹中的文件，都会被自动执行加密操作。

在完成文件夹的加密操作后，如果要彻底地手工解密文件夹（不是系统在用户访问数据的自动、临时的解密），只需在“高级属性”窗口中，取消“加密内容以便保护数据”的选中状态即可。

2. 文件的加密与解密

在资源管理器窗口中，对文件加密的操作与对文件夹进行加密的操作基本相似，操作如下：

01 右击 123.txt，在弹出的快捷菜单中选择“属性”。

02 在打开的属性窗口中，单击“常规”选项卡中的“高级”按钮。

03 在弹出的“高级属性”窗口中，选中“加密内容以便保护数据”，并单击“确定”按钮应用加密设置。

04 在“加密警告”对话框中，一般选择“只加密文件”项就可以，如图 10-86 所示。

05 单击“确定”按钮关闭各级窗口并应用文件的加密操作。在文件的加密过程中，应避免对于大型的文件（大于 100MB）设置压缩，否则就会明显感受到压缩与解压缩所造成的延时。

在文件完成加密操作后，如果要彻底地解密文件，只需在“高级属性”窗口中取消“加密内容以便保护数据”的选中状态即可。

除了手工方式的解密外，还可以通过把加密后的文件夹或文件复制到非 NTFS 分区的操作，实现变相的解密，如图 10-87 所示。

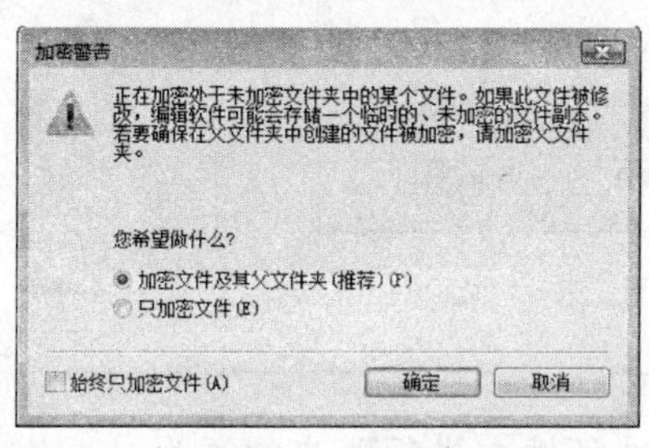

图 10-86

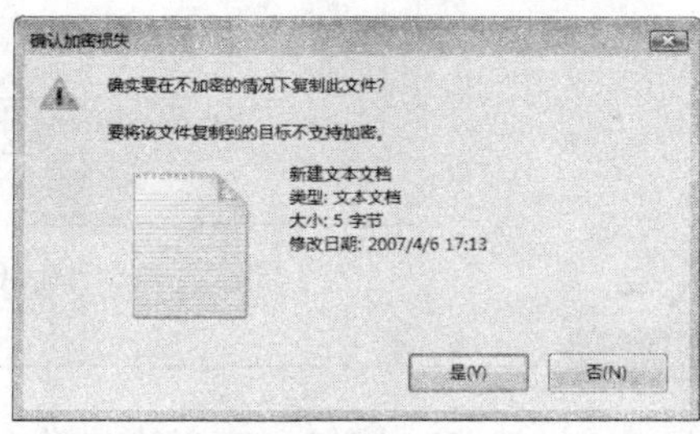

图 10-87

倘若将加密的文件移动或复制到 NTFS 文件系统的磁盘驱动器，无论目的文件夹是否设置加密或压缩，移动或复制过去的文件仍然保持加密。

3. 多用户机制

我们知道，使用 EFS 加密的数据默认状态下只能被创建的账户访问。但是，从 Windows XP 开始，EFS 就允许授权多个账户访问加密的文件（只能是文件，不能是文件夹），这种设计就是 EFS 的多用户机制。这些账户可以是本地账户，也可以是域用户或受信任域的账户。但是多用户机制并不能通过组的方式授权给多个账户，所以只能通过单个账户的方式进行授权。

要授权已经加密了的数据（如 123.txt 文件）可以被多个用户访问/解密，需要执行如下操作：

01 右击 123.txt 所在文件夹，在弹出的快捷菜单中选择“属性”。

02 在打开的属性窗口中，单击“常规”选项卡中的“高级”按钮。

03 在“高级属性”窗口中单击“详细信息”按钮，如图 10-88 所示。

04 可以看到当前哪些账户可以无阻碍地访问这个文件，默认下只有创建加密文件的用户。为了添加多位用户，这里需要单击“添加”按钮，如图 10-89 所示。

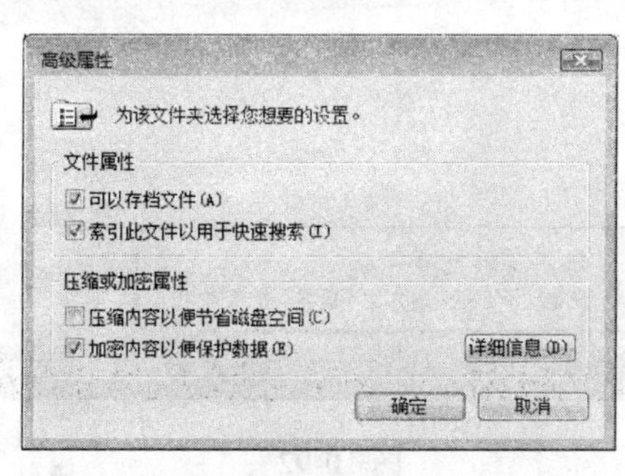

图 10-88

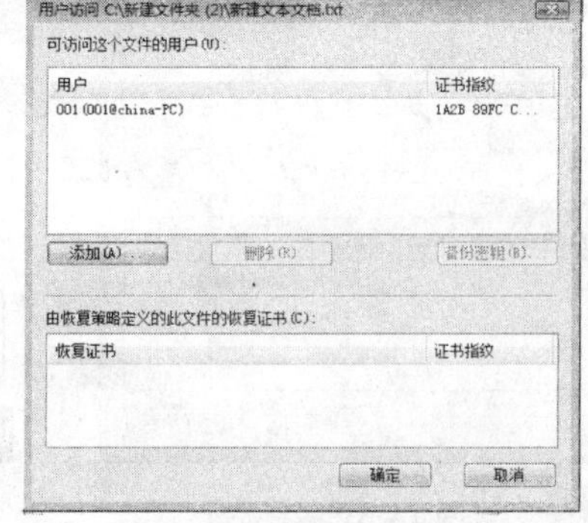

图 10- 89

05 如果在“选择用户”窗口的列表中没有第二个或更多的账户，则说明当前除了列表中已有账户外的账户从未进行过加密操作，如图 10-90 所示。

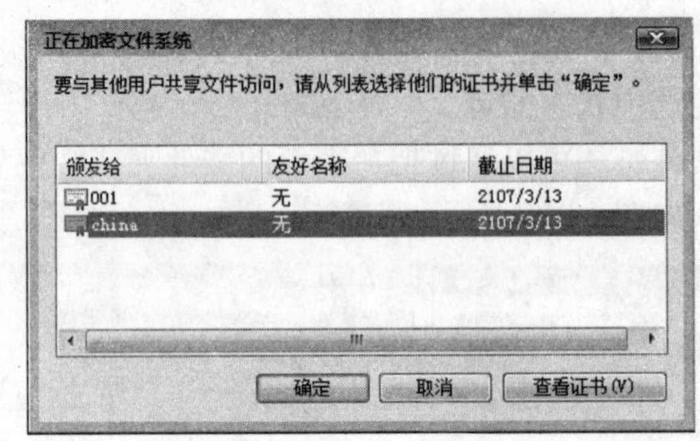

图 10-90

单击“寻找用户”按钮，可以在工作组或域环境中进行账户的添加。

因为没有进行过加密，所以 EFS 没有产生该用户的证书，有了证书之后，账户才会出现在选取用户对话框中。因此，解决的方法就是使用要添加进来的账户登录一次 Vista，并执行任意文件/文件夹的加密操作后，再返回到这里，就可以添加相应的账户了。

06 在选中要添加的账户（如 china）并单击“确定”按钮，在返回到如图 10-91 所示的窗口时，可以看到列表中已经有了两位账户的存在。

07 单击“确定”按钮关闭各级窗口后，注销当前账户并使用新添加的账户（这里为 zhiguo）登录 Vista，会发现此账户对 001 账户加密的数据也可以进行访问，甚至是手工式的彻底解密了。

4．导出/导入 EFS 证书

所有的账户都必须拥有证书（Certification）以及修改文件或文件夹的权限，方可运用 EFS 功能对数据进行加密和解密。显然，证书对于 EFS 的加密与解密操作来说是必不可少的。因此，在第一次完成文件/文件夹的加密后，就会自动在通知区域中弹出如图 10-92 所示的提示框。

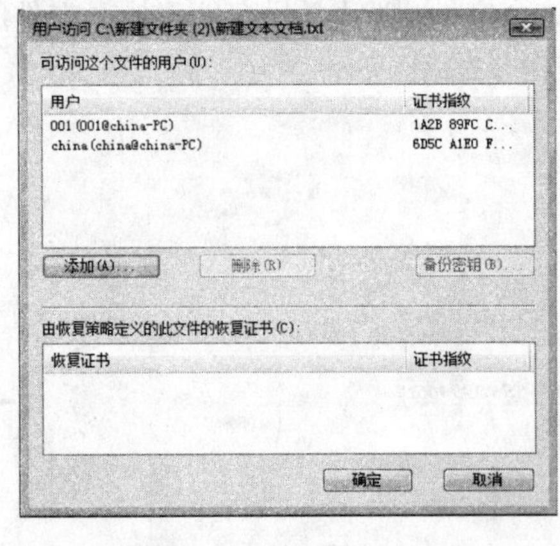

图 10-91

图 10-92

在单击通知区域中的加密图标后，会出现如图 10-93 所示的对话框。

在单击“现在备份（推荐）”后，会出现如图 10-94 所示的向导界面。

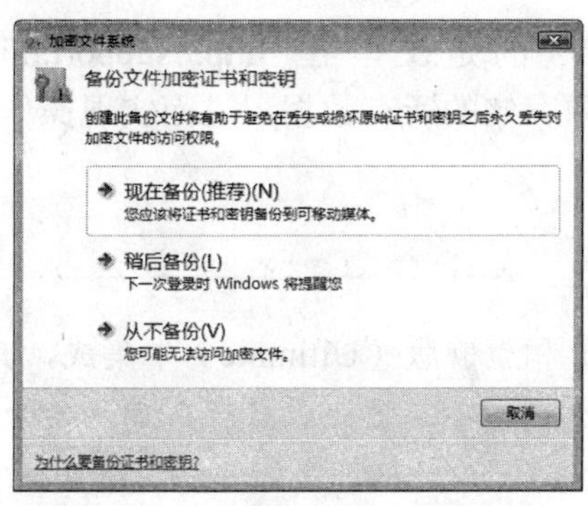

图 10-93

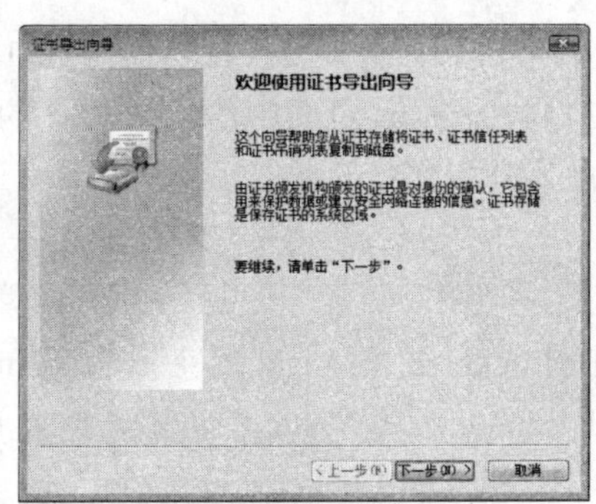

图 10-94

根据向导的提示可以很快将证书导出，并保存为如图 10-95 所示的 pfx 文件。为了安全起见，应将证书文件复制到 U 盘或是刻录到光盘以防丢失。

导出证书有两个直接的好处，一是可以备份证书，在原始证书损坏时就可以使用它来恢复对加密数据的访问；二是可以共享证书，通过它可以在任意计算机中共享加密的数据。

在完成的证书的导出操作后，再来看看如何将导出的证书导入到 Vista 中。通常，可以使用如下操作来完成这项任务：

01 使用任何有管理员权限的账户登录 Vista，右击导出的证书文件，在弹出的快捷菜单中选择"安装 PFE"，如图 10-96 所示。

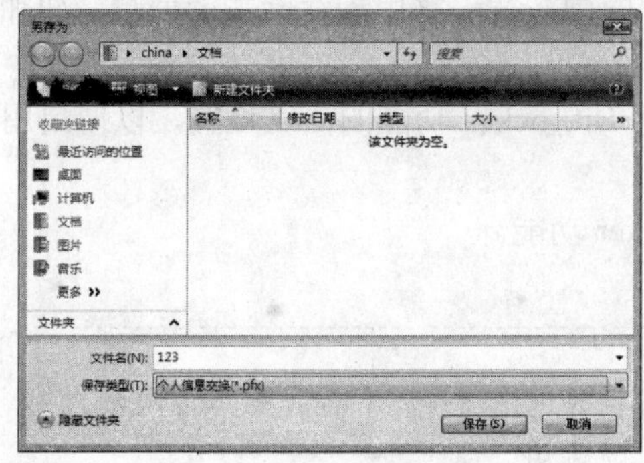

图 10-95

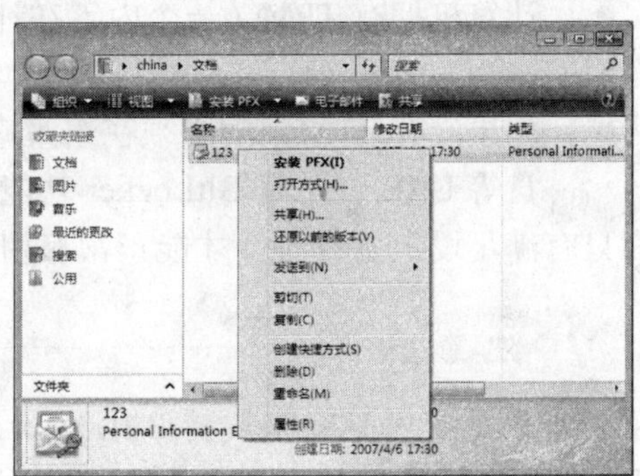

图 10-96

由于 Vista 会自动将 pfx 文件与 Crypto Shell Extensions 程序进行关联，所以自动调出"证书导入向导"。

02 根据向导的提示可以很快完成证书的导入任务，如图 10-97 所示。

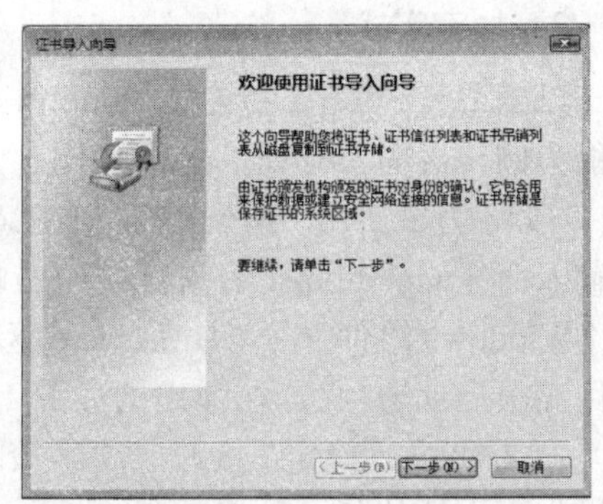

图 10-97

10.3.2 BitLocker 磁盘加密

在 Vista 中进行数据加密的一个新选择就是使用 BitLocker 磁盘加密技术。BitLocker 磁盘加密是一种全新的安全功能，该功能通过加密 Windows

文件所在的启动分区（关于系统和启动分区的定义，在 http://support.microsoft.com/kb/314470/zh-cn 页面中给出了相关的讲解）中存储的所有数据，进而实现操作系统本身数据的保护。

> **提示**
>
> BitLocker 仅在 Vista 的企业版（Enterprise）和旗舰版（Ultimate）中集成，其中，只有 Ultimate 版的 Vista 可以独立运行 BitLocker，而 Vista 企业版只有在加入一个域之后才可以支持 BitLocker。

BitLocker 以一种“离线”方式提供了整个分区/卷的加密。这就意味着，只要部署了 BitLocker，系统就会被加密技术动态保护，哪怕是黑客获取了系统的物理存取权限也不用担心，因为该硬盘将一直保持加密的防护状态。也就是说，安装了 Vista 的启动分区在受到 BitLocker 技术的保护后，该分区只能在获得启动密钥后方可正常启动。否则，该分区中的所有数据将为不可见状态，这一点将在本小节的实战部分得到说明。

1．前提条件

在使用 BitLocker 功能，需要满足如下条件：

- 计算机拥有至少两个分区，Vista 安装在非 C 盘分区。
- 计算机拥有 TPM（一个内置在计算机中的微芯片。它用于存储加密信息，如加密密钥）或 U 盘。
- 如果没有 TPM，则必须在组策略中进行 BitLocker 功能的高级设置，以便启用 U 盘等 USB 设备对 BitLocker 功能的支持。

只有满足以上条件时，才能正常启用 BitLocker 功能。

> **注意**
>
> 如果是使用 U 盘来支持 BitLocker 功能，那么请注意 U 盘并不需要具备启动功能，即使是最普通的仅能用于数据存储的 U 盘也可以适用。

2．加密实战

以当前系统 C 盘安装了 Windows XP，F 盘安装了 Vista，使用 U 盘来支持 BitLocker 功能为例，必需执行如下加密操作：

01 为了启用 USB 设备对 BitLocker 功能的支持。需要在“开始”菜单的“搜索”栏中输入命令 Gpedit.msc 打开的“组策略编辑器”窗口，选择“计算机配置”→“管理模板”→“Windows 组件”→“BitLocker 驱动器加密”命令，双击右侧窗格中的“控制面板设置：启用高级启动选项”，在弹出的如图 10-98 所示属性对话框中勾选“已启用”。

02 单击“确定”按钮应用组策略的设置，重新启动计算机后即可使设置生效。接着，通过如下方法的任一种启动 BitLocker 加密功能界面：

- 在“控制面板”窗口中，单击“安全”部分的“BitLocker 驱动器加密”。

- 在“开始”菜单的“搜索”栏中，输入命令 Control.exe /name Microsoft.BitLocker DriveEncryption。

03 只有条件满足时才会出现“启用 BitLocker”的选项，如图 10-99 所示。

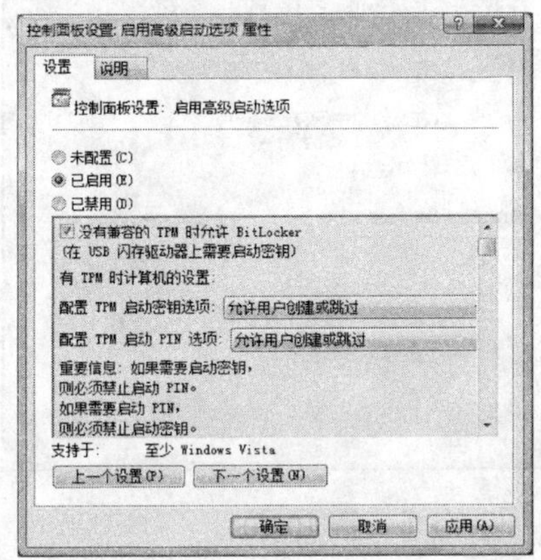

图 10-98

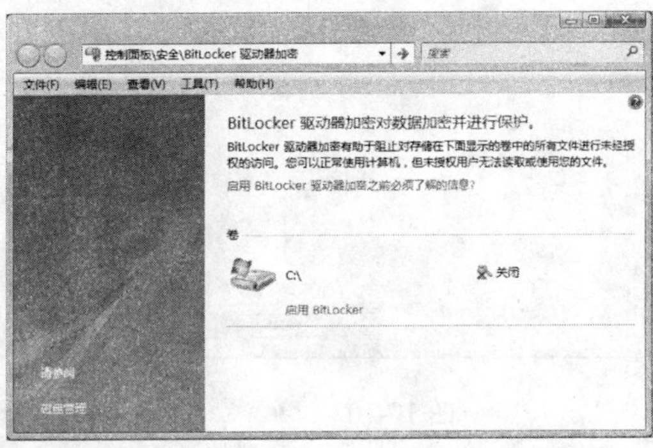

图 10-99

通常，如果条件无法满足时会出现如图 10-100 所示的提示信息。

第一个提示可以通过重新分区，并将 Vista 安装在 C 盘以外的分区这个方法来解决；第二个提通过要在系统中插入 U 盘，并在组策略中完成相应的设置这个方法来解决。

04 单击“启用 BitLocker”，在弹出界面中单击“每一次启动时要求启动 USB 密钥”项继续，如图 10-101 所示。

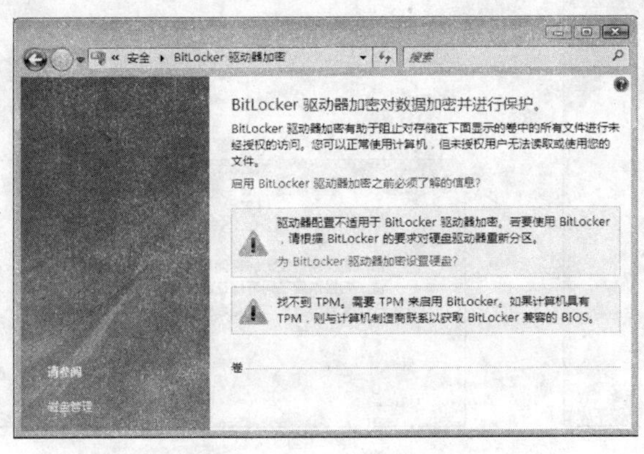

图 10-100

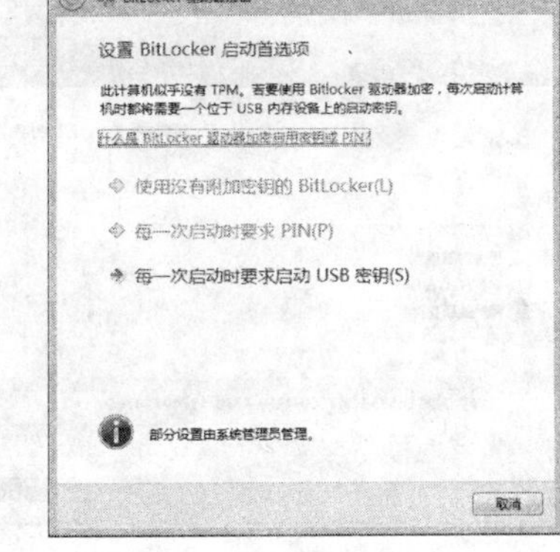

图 10-101

05 单击“保存”按钮继续，如图 10-102 所示。这一步将会在 U 盘中产生一个启动密钥文件，如 4EA4E200-9949-45DF-91ED-0809E9C388B6。这个 124 字节的文件是加密文件，我们无法打开它。

06 单击“在 USB 驱动器上保存密码”，如图 10-103 所示。这一步将会在 U 盘中产生一个恢复密钥文件，如 36535B39-7069-41F9-A778-457497247CDA.txt。这是一个内容为明文的文件，我们可以看到其中的内容。

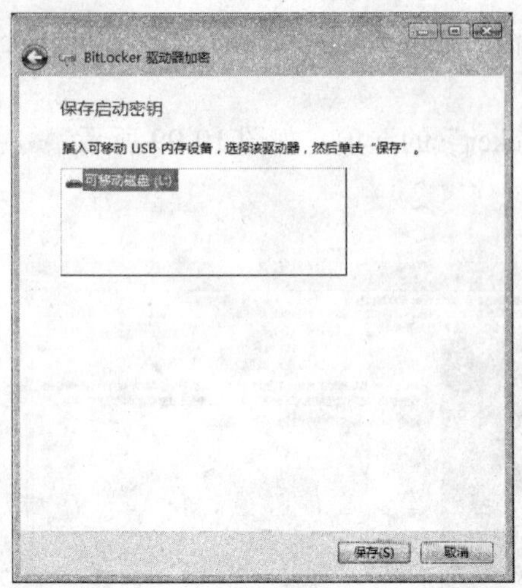

图 10-102

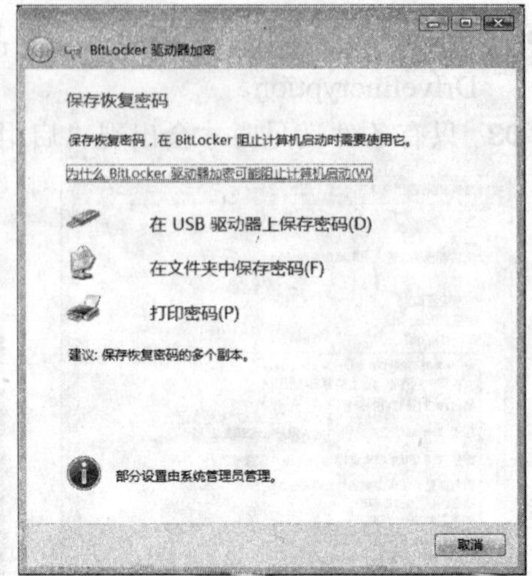

图 10-103

注 意

在第一次打开 BitLocker 时创建此恢复密码非常重要；否则您可能会永久失去对文件的访问权限。

07 单击“保存”按钮继续，如图 10-104 所示。

08 在如图 10-105 所示的提示框中单击“确定”按钮。

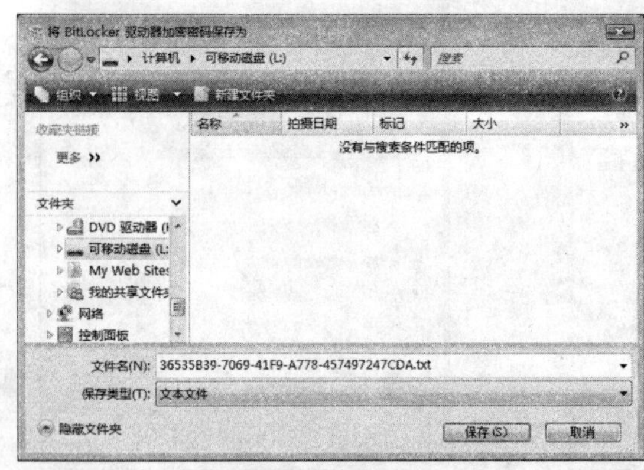

图 10-104

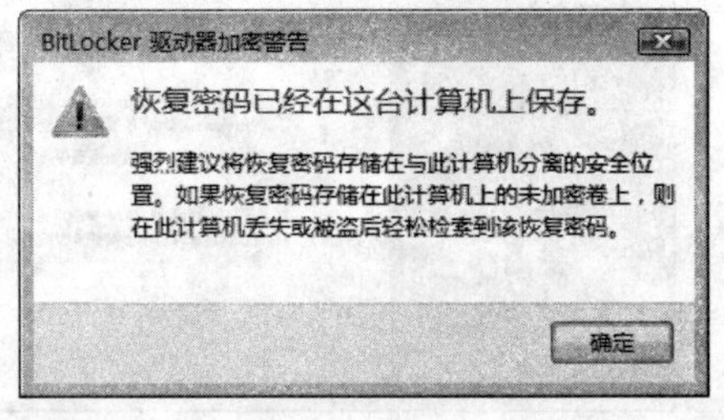

图 10-105

09 在如图 10-106 所示的界面中可以看到“您的恢复密码已经保存”的提示。此时，单击“下一步”按钮继续。

10 在如图 10-107 所示的界面中可以看到接下来将通过重启操作来尝试验证 BitLocker 功能是否可以正常启动计算机，单击“继续”按钮。。

11 在“计算机”窗口中打开 U 盘，在其根目录下单击保存的恢复密钥后，可以看到其中恢复密码等信息均是明文显示的，如图 10-108 所示。

12 在如图 10-109 所示的界面中单击“立即重启动”按钮。

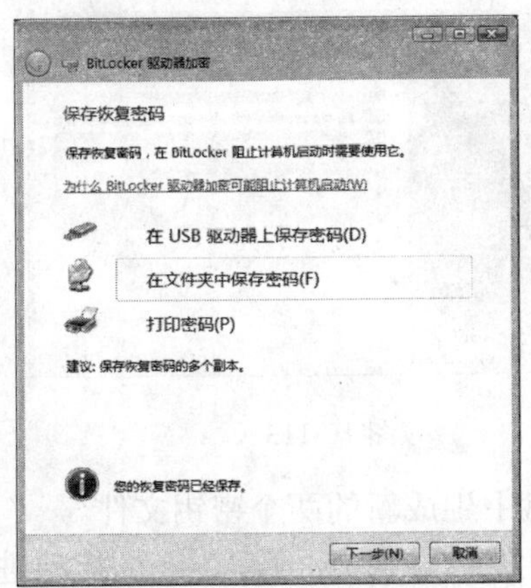

图 10-106

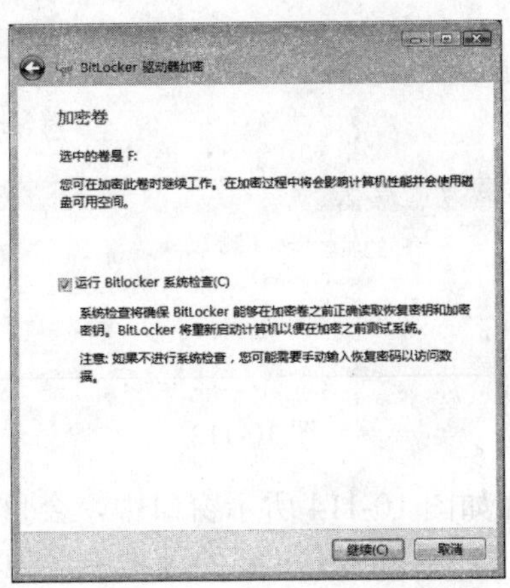

图 10-107

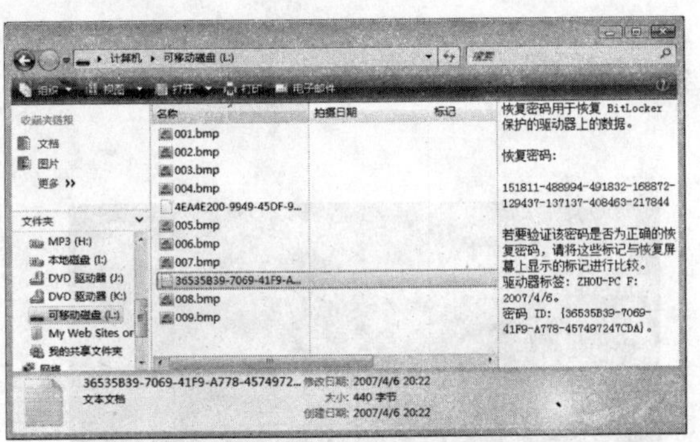

图 10-108

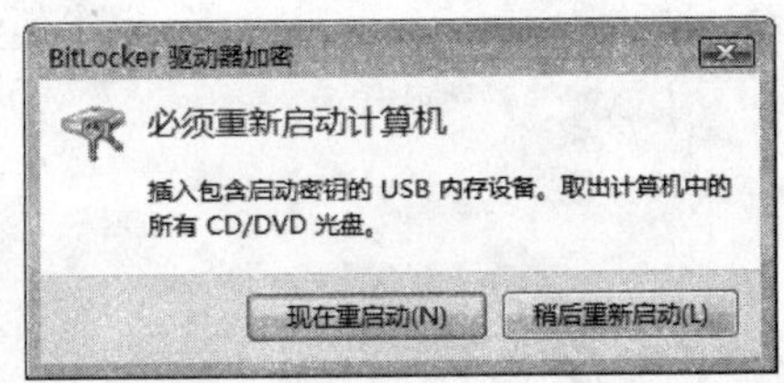

图 10-109

13 重启的过程中，在出现双系统启动菜单后（这一步决定了 C 盘中的 Windows XP 不会受到启动方面的影响）会自动加载 U 盘中的密钥文件。如果找到则会出现“……已经找到密钥……”这样的提示信息，我们不必对其进行任何操作，只需耐心等待登录界面出现，在输入登录密码后进入桌面即可。在登录到桌面环境后，将会在通知区域弹出如图 10-110 所示的提示框。

14 可以看到 BitLocker 功能正在自动对 F 盘进行加密，双击通知区域中的 BitLocker 功能图标，可以在弹出的进度框中看到加密的实时进度，如图 10-111 所示。

图 10-110

图 10-111

15 这个加密的过程时间会很短，在看到如图 10-112 所示的提示框时，单击“关闭”按钮。

16 在如图 10-113 所示的界面中，可以通过单击“关闭 BitLock”选项来关闭 BitLocker 功能，或是单击“管理 BitLocker 密钥”选项重新生成一次密钥。

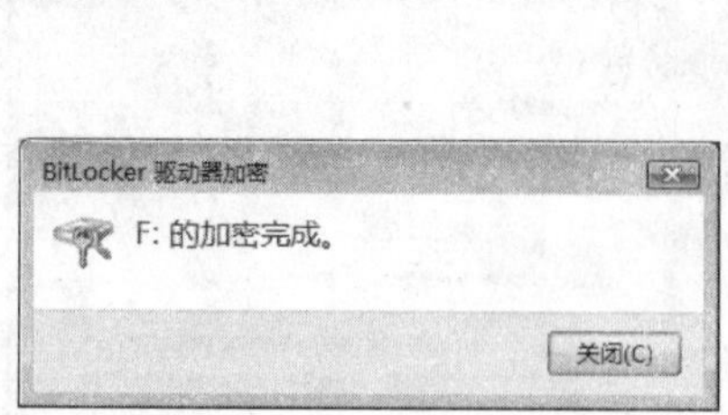

BitLocker 驱动器加密
F: 的加密完成。
关闭(C)

图 10-112

BitLocker 驱动器加密对数据加密并进行保护。
关闭 BitLocker 管理 BitLocker 密钥

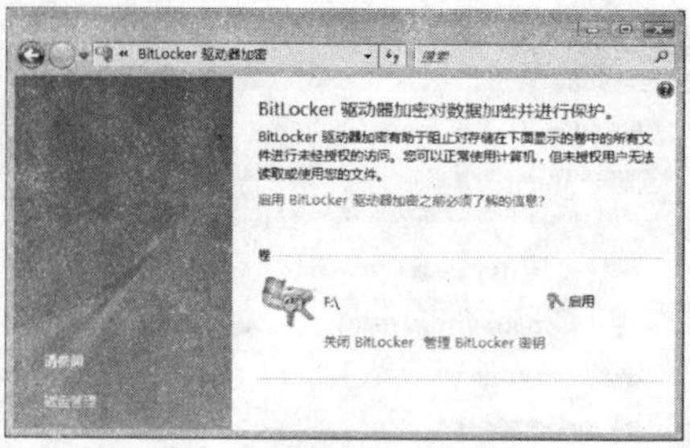

图 10-113

在如图 10-114 所示窗口中，会重新在其他的 U 盘中生成新的两个密钥文件。

17 在启动 Vista 的过程中，如果没有插入 U 盘的话，则会导致 Vista 的启动进程因找不到 U 盘中存储的启动密钥而失败，此时会出现如图 10-115 所示的界面。此时，要插入 U 盘并按 ESC 重新启动计算机。

BitLocker 驱动器加密
选择要管理的密钥
复制恢复密码(D)
复制启动密钥(S)
关闭(C)

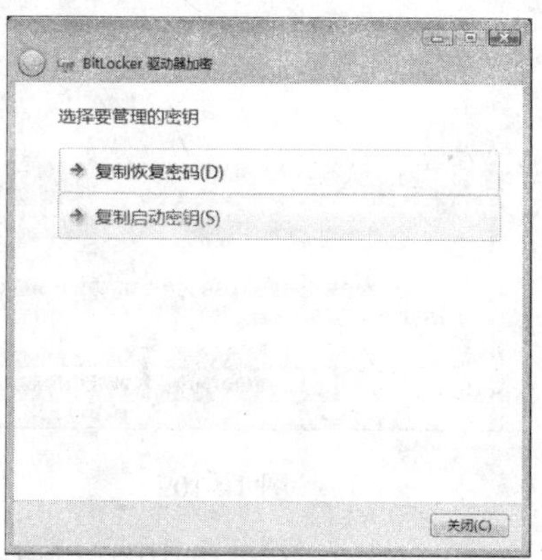

图 10-114

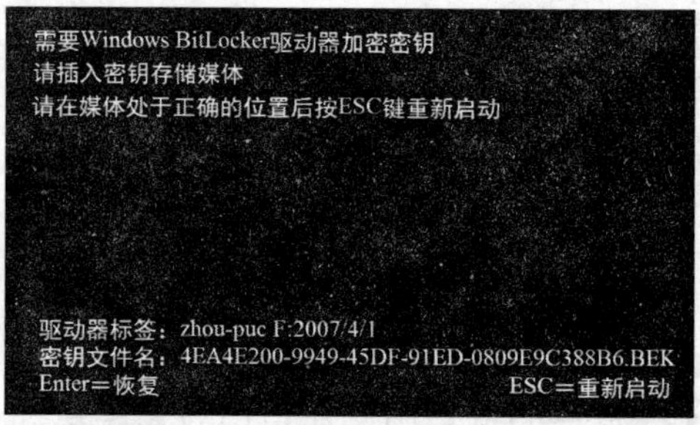

需要Windows BitLocker驱动器加密密钥
请插入密钥存储媒体
请在媒体处于正确的位置后按ESC键重新启动
驱动器标签：zhou-puc F:2007/4/1
密钥文件名：4EA4E200-9949-45DF-91ED-0809E9C388B6.BEK
Enter＝恢复
ESC＝重新启动

图 10-115

18 如果在启动时选择了进入 Windows XP 的话，在“我的电脑”窗口中看到安装了 Vista 的 F 分区为不可使用状态，此时无法对其进行格式化操作，如图 10-116 所示。

在查看这个分区的属性时，会发现“文件系统”为 RAW，其已用和可用空间均为 0 字节，如图 10-117 所示。

图 10-116

本地磁盘 (F:) 属性
常规
工具
硬件
类型：本地磁盘
文件系统：RAW
已用空间：0 字节 0 字节
可用空间：0 字节 0 字节
容量：0 字节 0 字节
驱动器 F
确定
取消
应用(A)

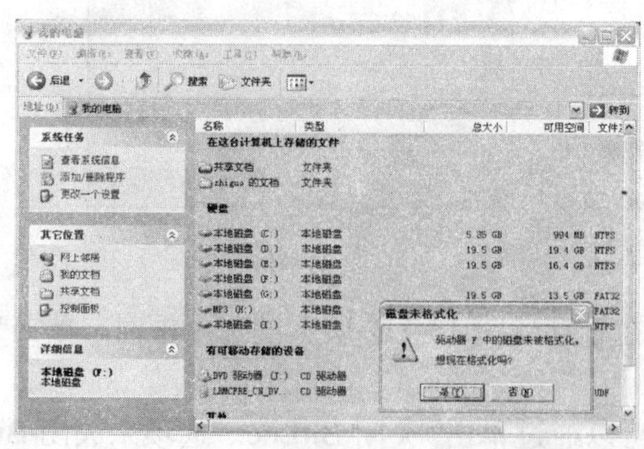

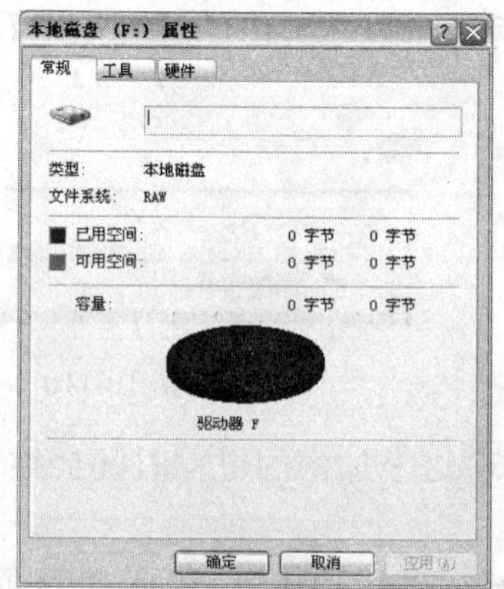

图 10-117

但是，这些并不是说这个分区就从此不能再使用了。实际上，在“计算机管理”窗口中将 F 分区先删除再创建，即可重新使用这个安装了 Vista 的分区了。

在 BitLocker 功能的使用过程中，有一个用户常会思考的问题需要解释一下。我们知道 BitLocker 功能只能对 Vista 系统文件所在分区（如 F 分区）进行加密，所以是不是要将需要保存的数据统统放在 F 分区呢？

没错！如果把其他数据也放在 F 分区，毫无疑问这些数据也会受到 BitLocker 功能的保护。但是，Vista 的 BitLocker 功能并不是用于保护这些数据的，所以我们无需这样做。这是因为 BitLocker 功能在 Vista 这个版本中的目的就是用于保护操作系统本身，而不是其他的数据文件。如果要保护其他的数据文件，那么应该去使用 EFS 加密技术。显然，整块硬盘中的系统数据和用户数据，需要通过 BitLocker+EFS 两项功能来共同完成保护任务。实际上，BitLocker 功能提供的加密式操作系统起到了给 EFS 加密方案一个安全的平台作用。通过 BitLocker 功能的技术，EFS 的安全性能会得到彻底的保护。

使用 BitLocker 功能加密后的操作系统，对于使用者来说是完全透明的——用户基本上感觉不到操作系统已经被加密了。对于恶意用户来说，即使窃取了硬盘，也会因 BitLocker 功能的保护无法查看到 Vista 系统中分区的任何数据。

10.3.3 加密脱机文件

如果我们经常因网络问题无法正常访问一些重要的网页内容，那么可以使用脱机功能来访问存储在共享网络文件夹中的文件，这些文件就是要访问网页内容的副本，这些文件副本就为“脱机文件”。Vista 会在网络出现问题时自动打开它们，以便不耽误我们的阅读。

在 Vista 中提供了对脱机文件的加密功能，这样可以对一些重要的网页内容的副本进行加密，操作步骤如下：

01 在“开始”菜单中输入命令 Control.exe Cscui.dll。

02 单击“加密”选项卡中的“加密”按钮，如图 10-118 所示。

03 在完成当前脱机文件的加密后，以后添加到脱机文件夹中的内容将会自动被加密。除非再次打开“脱机文件”对话框，通过单击“加密”选项卡中的“解密”按钮来解除这种长期的加密状态。

如果要启用或是禁用“脱机文件”功能，可以在“常规”选项卡中完成相关的设置，如图 10-119 所示。

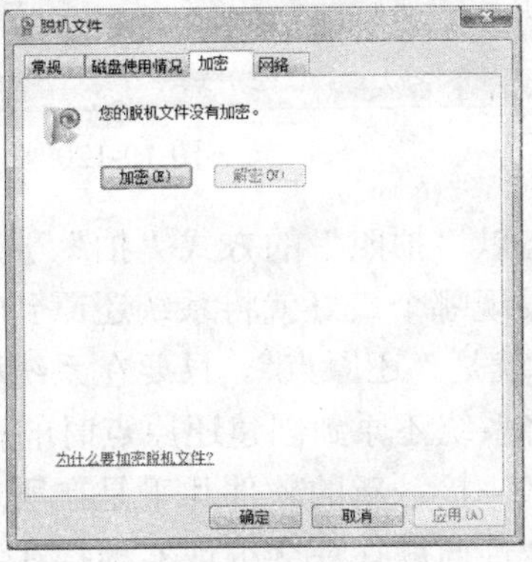

图 10-118

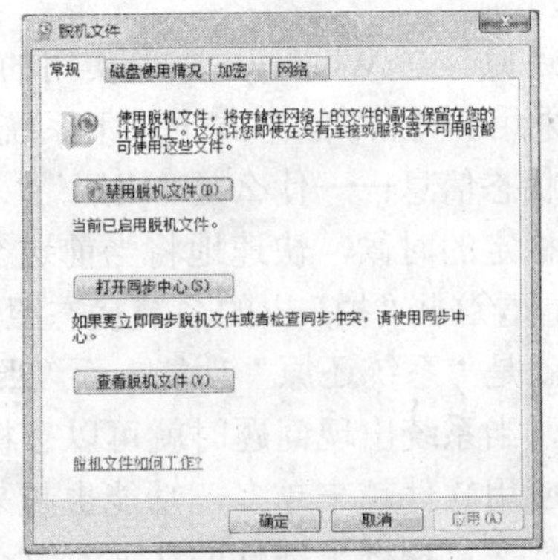

图 10-119

注 意

加密脱机文件功能与 NTFS 文件系统权限无关，它可以实现类似于 EFS 加密的效果，其他用户在登录后将无法通过脱机文件来查看我们浏览过的网页内容。

10.4 备份和还原中心

只要计算机中有重要的数据，那么将数据进行备份（Backup）就是一件值得去做的事情。不能说计算机的硬件环境和软件环境都工作得很稳定，就以为系统不需要备份了，事实上，任何计算机的硬件和软件都不会向我们承诺有百分之百的稳定性。因此将重要的数据备份起来，在系统出现意外时再进行数据还原（Restore），的确是一件系统管理员应该做好的重要工作。

通过 Vista 中提供的“备份和还原中心”，可以很容易地完成手工和自动备份与恢复计算机的任务。比如可以制订一个每天在 10：00 自动开始备份指定文件的计划，这样备份工作将会轻松完成。

使用如下方法的任一种，均可以打开“备份和还原中心”：

- 在“开始”菜单中，选择“所有程序”→“维护”→“备份和还原中心”命令。
- 在“控制面板”窗口中，单击“系统和维护”部分的“开始备份您的计算机”。
- 在“开始”菜单的“搜索”栏中，输入命令 Control.exe /name Microsoft.BackupAndRestoreCenter。

在打开“备份和还原中心”窗口后，可以看到右侧窗格中有备份和还原两部分的内容，如图 10-120 所示。

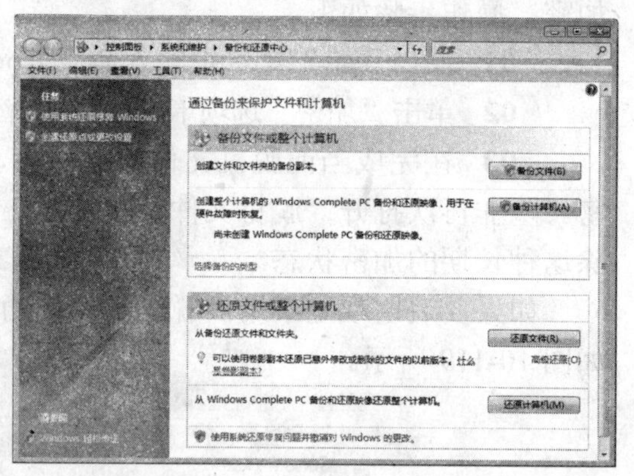

图 10-120

在左侧的窗格中还有两项功能，一是上方的系统还原功能；二是下方的“轻松传送”功能。这些功能共同构成了系统的备份与还原功能环境，通过它们可以很好地完成系统的备份与系统还原任务。

10.4.1 系统还原

“系统还原”是 Windows 中最实用的功能之一，它采用“快照”的方式记录下系统在特定时间的状态信息——什么是“快照”？在系统处于最稳定的时候，快速地将当前这个状态以“拍照”的方式“拍”下来，当以后出现问题时，看看这些“拍”出的系统状态照片，发现哪个最好就将系统还原到哪个状态……显然，快照就是“系统还原”功能，而“照片”就是“还原点”。只要在系统稳定的时候创建过还原点，当系统出现问题时就可以有机会将系统还原到创建还原点时的稳定状态。

现在的应用软件越来越多，功能也越来丰富，接触新的软件几乎是在所难免。如果即将安装的软件恶意捆绑了插件怎么办？这个安全性问题往往会很现实地摆在我们的面前。

其实，在 Windows 中已经提供了解决这个问题的方法，这就是使用系统还原功能。

在安装软件之前，先将系统还原功能启用，在通过重新启动计算机的操作创建一个还原点后，再进行软件安装。这个软件安装的操作同样会引发系统还原功能创建一个新的还原点。在完成软件的安装后，如果发现这个软件让系统运行变得困难，那么只需使用系统还原功能进行系统还原即可，还原点推荐使用重新启动计算机时创建的那个。此时，不管是注册表，还是系统目录和文件，都可以会恢复到安装软件之前的正常状态。

常见的还原点分为两种：一种是系统自动创建的，包括系统检查点和安装还原点；另一种是用户自己根据需要创建的，也叫手动还原点。

在系统保持最稳定状态时建议手工创建一个还原点，这样才能确保当系统出现问题时，系统还原的状态为最佳状态。

01 在“备份和还原中心”窗口中，单击左侧窗格中的“创建还原点或更改设置”，打开如图 10-121 所示的“系统还原”窗口。

默认状态下，只有安装了 Vista 的启动分区处于选中（即启用系统还原）状态。如果清空该分区的选中状态，则可以取消对该分区启用的系统还原功能。

02 单击“创建”按钮打开如图 10-122 所示的窗口，推荐输入一个日期数字来作为还原点的名称。

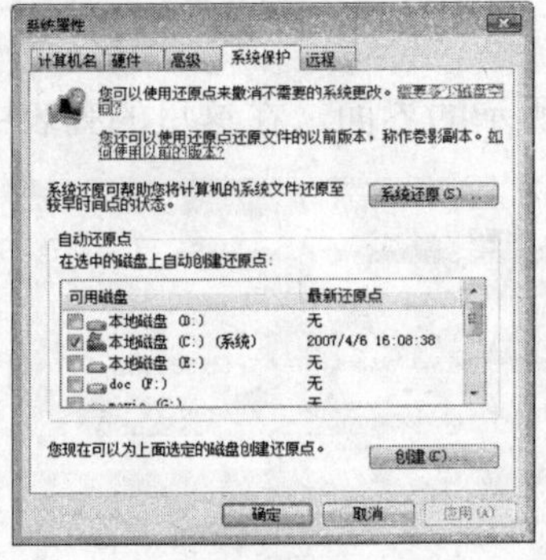

图 10-121

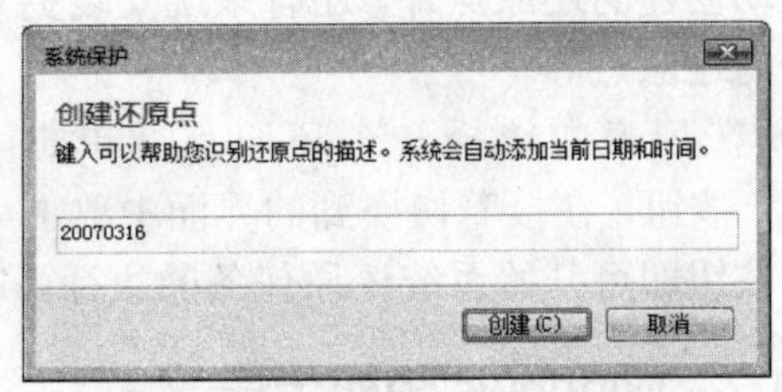

图 10-122

03 单击“创建”按钮，将会弹出如图 10-123 所示的创建还原点进度框。

04 在耐心等待还原点创建进度完成后，将会弹出如图 10-124 所示的完成提示框。单击“确定”按钮即可结束还原点的创建任务，在“系统属性”窗口的“系统保护”选项卡中的“最新还原点”列下可以看到每个分区下最新还原点的创建时间。

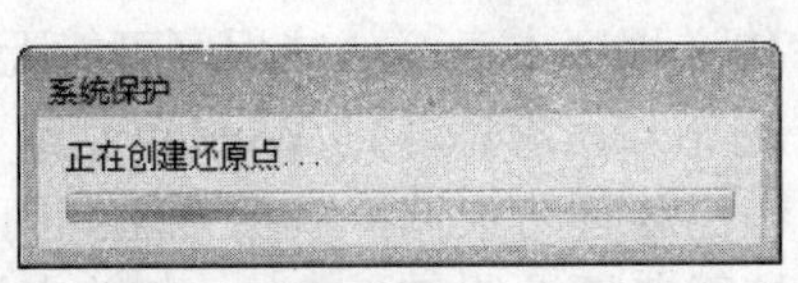

图 10-123

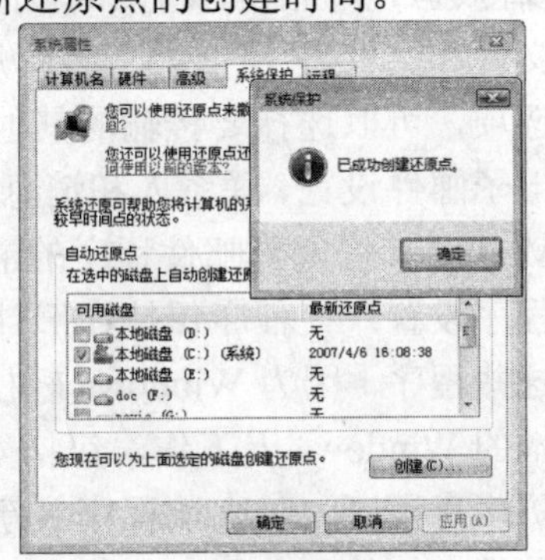

图 10-124

在系统自动或我们手工完成还原点的创建后，以后可以通过执行如下操作进行系统还原。

01 在“备份和还原中心”窗口中，单击左侧窗格中的“使用系统还原修复 Windows”，打开如图 10-125 所示的“系统还原”窗口。

02 在这里可以选择默认选择还原点并单击“下一步”按钮继续，也可以选中“选择另一还原点”项并单击“下一步”按钮继续。如果是选择前者，则会弹出如图 10-126 所示的界面，在这里直接单击“完成”按钮即可开始执行系统的还原任务。

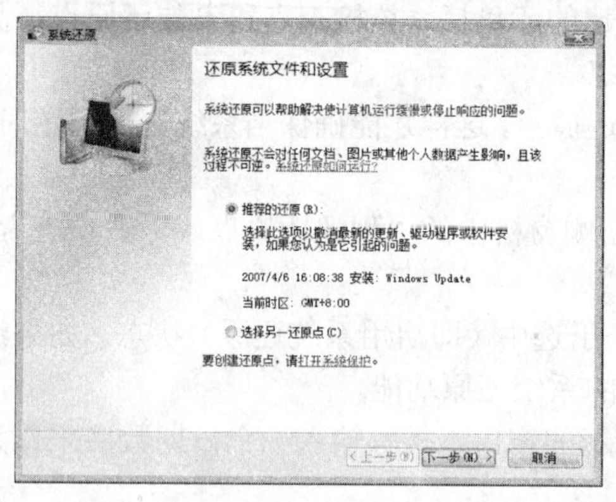

图 10-125

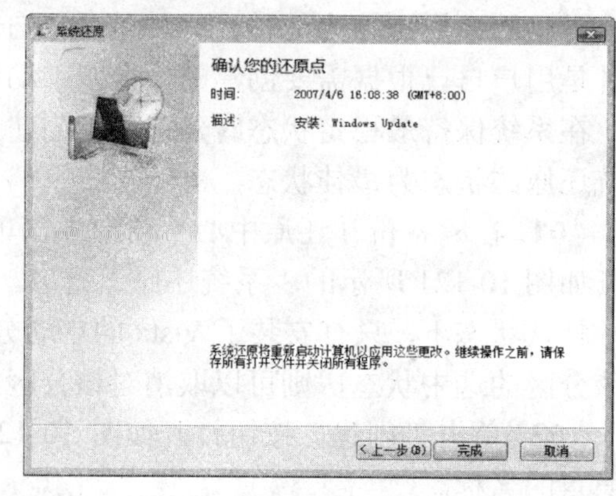

图 10-126

03 如果选择的是后者，则会弹出如图 10-127 所示的界面。在这里的列表中可以看到除了手动创建的还原点外，还有系统安装更新时创建的还原点等。

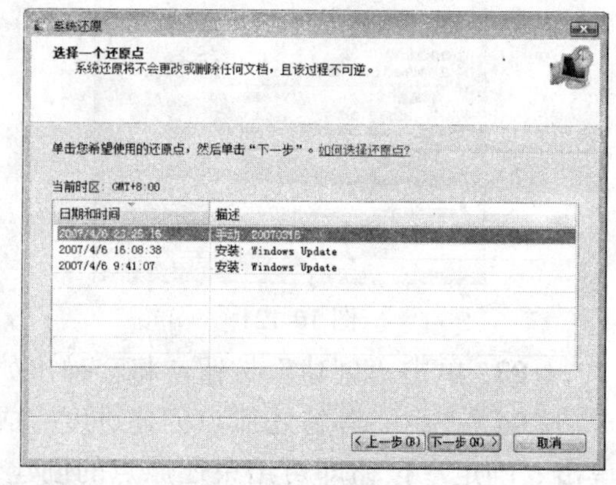

图 10-127

04 在列表中选择一个还原点并单击“下一步”按钮，在接着切换到的界面中单击“完成”按钮即可开始系统还原任务的执行。

10.4.2 Windows 轻松传送

使用“Windows 轻松传送”功能，可以将文件和设置从一台计算机传送到另一台计算机、DVD、CD、U 盘、移动硬盘中。使用此功能主要可以传送如下范围的文件和程序设置：

- 文件和文件夹：“文档”、“图片”和“共享文档”文件夹内的全部内容。使用高级选项，可以选择要传输的其他文件和文件夹。
- 电子邮件设置、联系人和消息：来自 Microsoft Outlook Express、Outlook、Windows Mail 和其他电子邮件程序的消息、账户设置和通讯簿。
- 程序设置：使程序保持在旧计算机上的配置的设置。必须首先在新计算机上安装这些程序，因为 Windows 轻松传送不会传送程序本身。一些程序可能无法在此版本的 Windows 上工作，包括安全程序（通常与所有版本的 Windows 都不兼容）、防病毒程序、防火墙程序（新计算机应该已运行防火墙，确保传送期间的安全）和带有软件驱动程序的程序（一些不是与所有版本的 Windows 都兼容的程序）。

- 用户账户和设置：颜色主题、桌面背景、网络连接、屏幕保护程序、字体、“开始”菜单选项、任务栏选项、文件夹、特定文件、网络打印机和驱动器，以及辅助功能选项。
- Internet 设置和收藏夹：Internet 连接设置、收藏夹和 Cookie。
- 音乐：电子音乐文件、播放列表和唱片集画面。
- 图片和视频：包含任何可视文件类型（例如 .jpg、.bmp、.gif）的图片和个人视频。

显然，上述列出的范围正是我们日常对 Vista 进行设置的范围。将它们导出到其他位置，可以实现个性化设置也可以达到备份/恢复的效果。这样一来，繁琐的设置往往只需执行一次就可以了。

下面，让我们来看看如何使用“Windows 轻松传送”功能。

01 关闭当前运行的所有程序，在“备份和还原中心”窗口中单击左侧窗格中的“Windows 轻松传送”打开如图 10-128 所示的窗口。

02 单击“下一步”按钮切换到如图 10-129 所示的界面，单击“启动新的传输”继续。

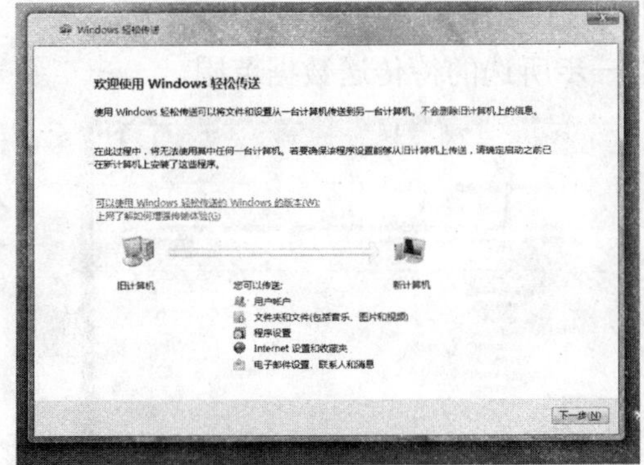

图 10-128

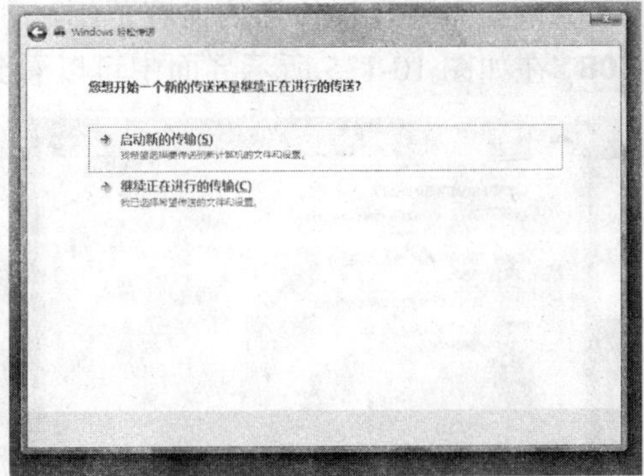

图 10-129

03 在如图 10-130 所示界面中，由于想把当前的资源传送给其他计算机，所以选择第二项继续。

04 在如图 10-131 所示界面中，由于要将数据传送到移动硬盘中进行备份，所以选择“使用 CD、DVD 或其他可移动介质”继续。

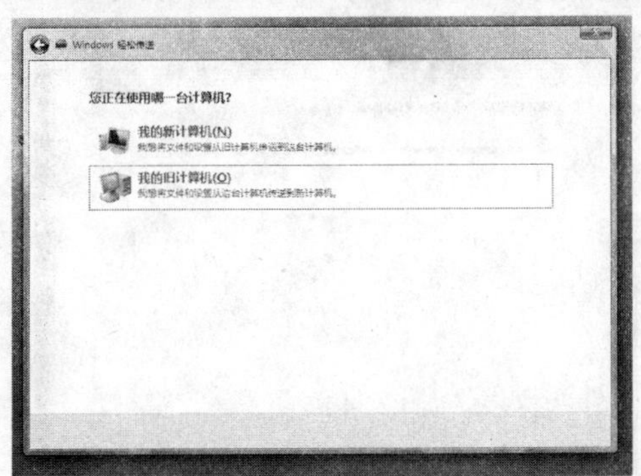

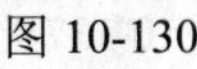

图 10-130

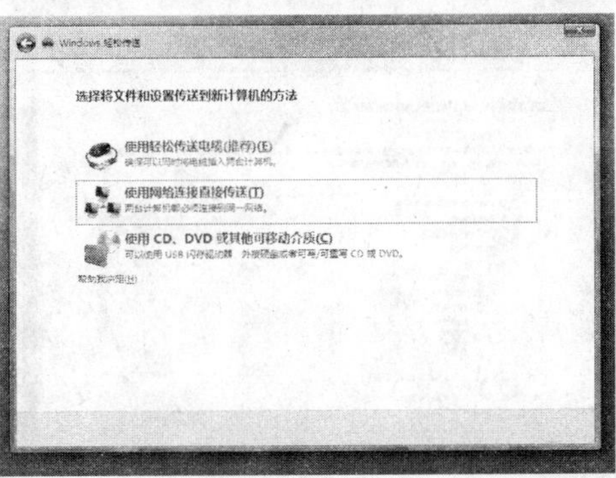

图 10-131

05 选择“外接硬盘或网络位置”继续，如图 10-132 所示。

06 选择移动硬盘的盘符，如 P 盘。在选择完毕后，在移动硬盘中的根目录下将自动创建一个名为“SaveData.MIG”的文件，如图 10-133 所示。

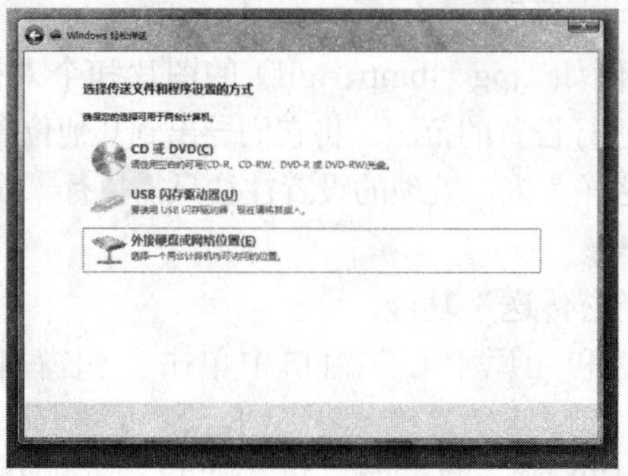

图 10-132

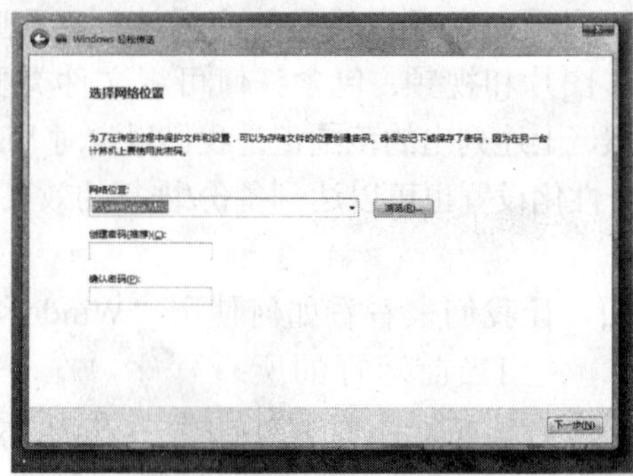

图 10-133

07 根据需要选择传送的内容范围，如图 10-134 所示。

08 在如图 10-135 所示界面中可以看到上一步所选的待传送数据范围。

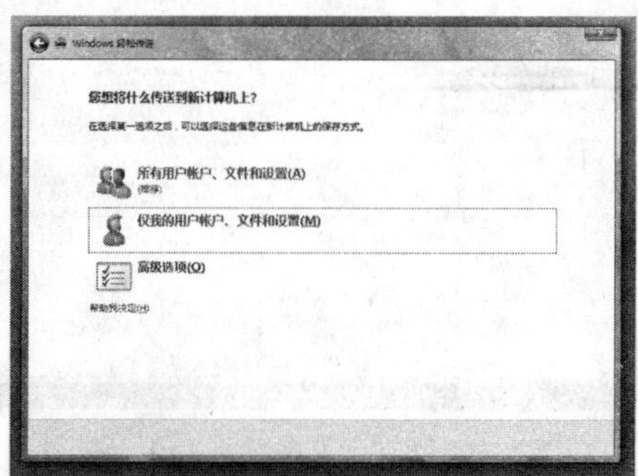

图 10-134

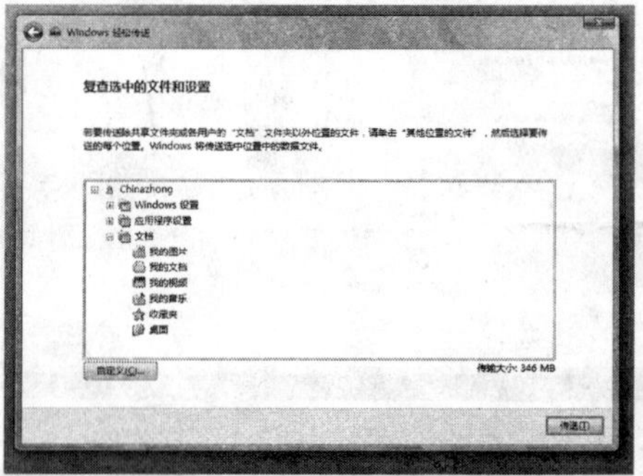

图 10-135

09 单击“自定义”按钮，在列表中对要传送的数据范围做进一步的选择，如图 10-136 所示。

10 直接单击“关闭”按钮结束当前计算机的设置任务，如图 10-137 所示。

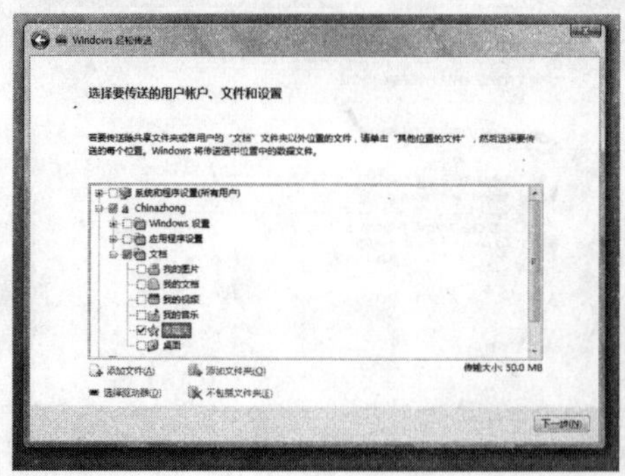

图 10-136

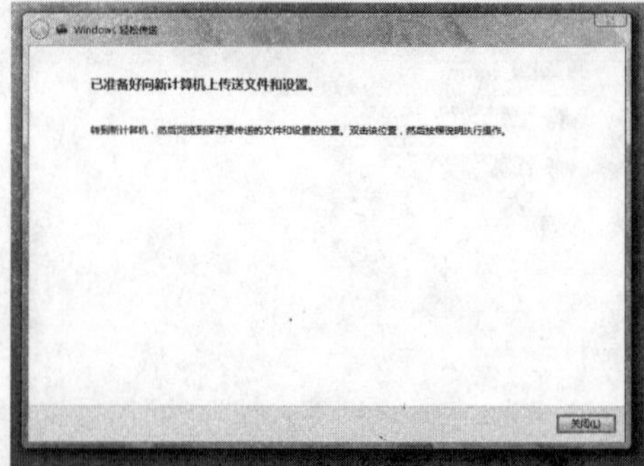

图 10-137

11 双击移动硬盘根目录下创建的“SaveData.MIG”文件，会自动运行“Windows 轻松传送”功能，如图 10-138 所示。

12 在接下来的几个界面中选择默认设置继续，很快数据就会传送到移动硬盘中了。在完成数据传后，单击“关闭”按钮即可结束 Windows 轻松传送功能的应用，如图 10-139 所示。

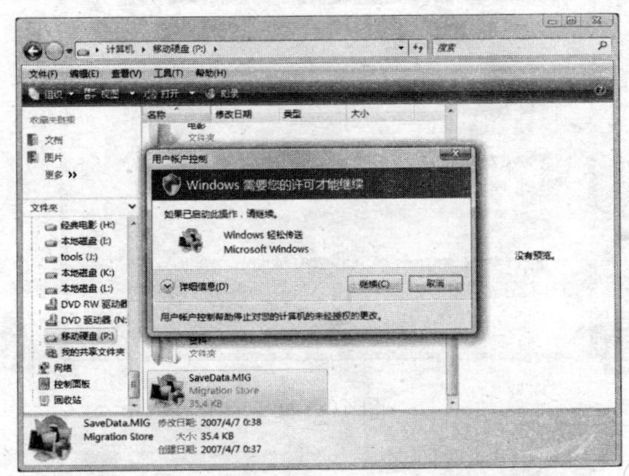

图 10-138

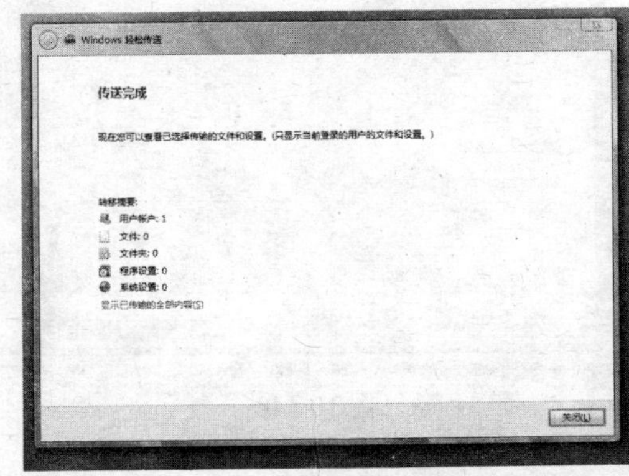

图 10-139

在完成文件的传送后，以后还可以使用 Windows 轻松传送功能再把文件从移动硬盘中“导入”回来。

10.4.3 备份/恢复文件

在“备份和还原中心”窗口的右侧窗格中有两大功能，一是备份文件/文件夹；二是备份计算机。前者适用于小范围的数据备份，后者则是可以完整备份系统的功能。

1. 备份文件并制订计划

通过文件备份功能，可以将计算机中所有分区内指定的文件/文件夹，以手工方式备份到指定的存储介质中。此后，可以按设置的备份计划自动完成相应的备份操作。

以将文件备份到移动硬盘为例，需要执行如下操作：

01 确认移动硬盘和存储了重要文件的分区均为 NTFS 文件系统，否则应对其进行格式化。

02 单击“备份和还原中心”窗口中的“备份文件”，在接着弹出的如图 10-140 所示对话框中会自动找到移动硬盘。

03 在这里默认会选中所有的分区（如果分区不是 NTFS 文件系统，则不会出现在这里）。在清除所有不需要进行数据备份的分区（C 盘这个系统分区无法清除）的勾选状态后，确认只勾选了需要进行数据备份的分区。本例中选择的是 C 和 L 两个分区，如图 10-141 所示。

04 可以在左侧的备份范围中做进一步的选择。如果不清楚每个项目对应的备份范围，将鼠标箭头停留在其上方，右侧的说明框中即会出现相应的提示，如图 10-142 所示。

05 需要制订自动备份的计划，如可以在“频率”列表中选择每天、每周或是每月备份一次，在“时间”列表中可以选择备份的具体时间，如图 10-143 所示。

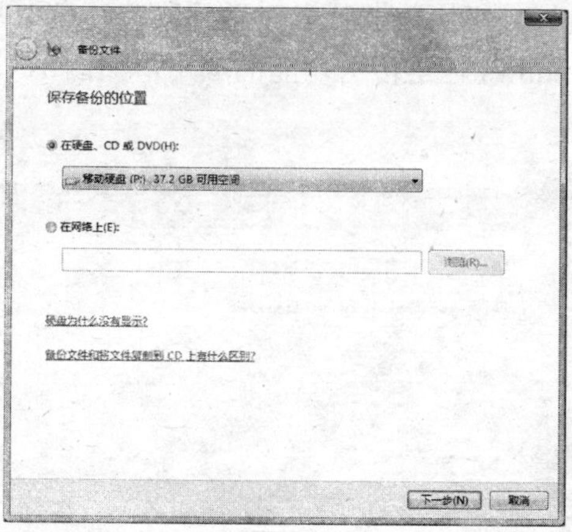

图 10-140

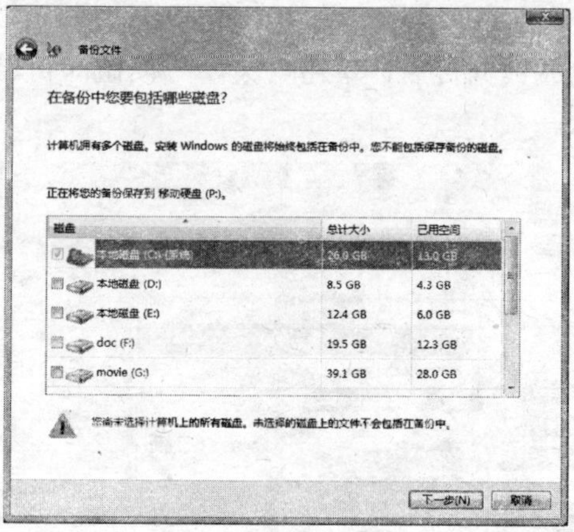

图 10-141

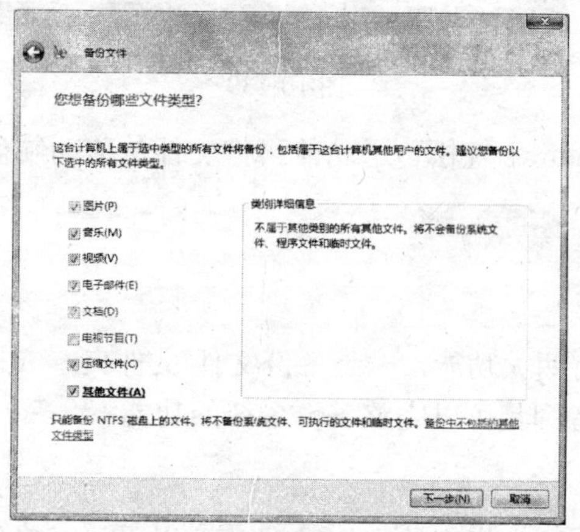

图 10-142

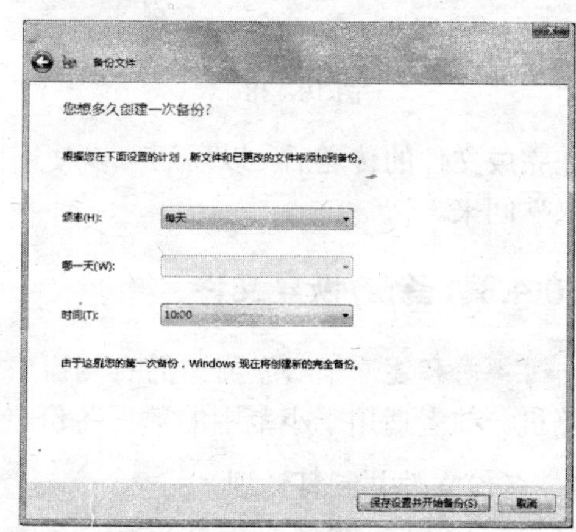

图 10-143

比如，每天都会有新的数据产生，并且每天都会在早上 10：00~10：30 开个早会。那么，就可以将频率设置为“每天”，将时间设置为 10:00，这样开会的 30 分钟就会充分利用起来。如果 30 分钟并不会将所有的文件备份完成，那么备份的时间可以提前一些。

06 单击“保存设置并开始备份”按钮，将会出现如图 10-144 所示的进度框。

07 在备份的过程中，移动硬盘里将会创建一个文件夹，这个文件夹的名称就是当前计算机的名称。这个文件夹在备份的过程中虽然一直被写入数据，但是它的显示状态却是“空的”。在双击文件夹后会弹出如图 10-145 所示的提示框，单击“继续”按钮即可打开此文件夹查看其中存储的备份数据了。

通过观察移动硬盘的整体可用空间的变化，可以知晓备份任务共占用了多少空间。

图 10-144

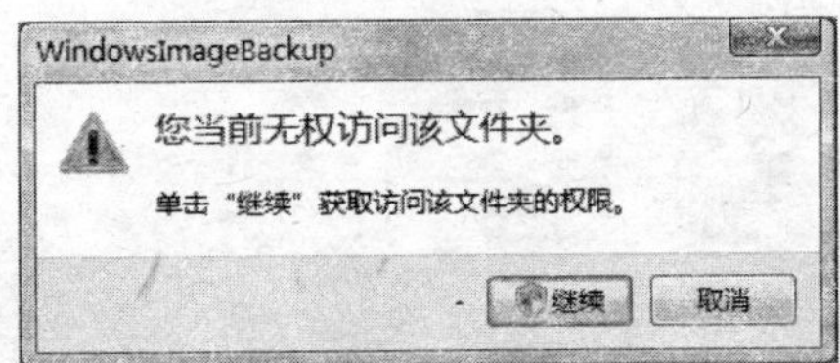

图 10-145

08 备份完成后，会在通知区域弹出如图 10-146 所示的提示框。

除了上述手工的备份方法外，由于我们已经指定了自动备份计划的频率和时间，所以在时间条件满足时，通知区域就会弹出相应的提示并且会自动开始文件的备份，这个自动备份的操作会在后台运行（双击通知区域上的图标可以看到进度框），所以基本上不会影响到我们的工作。值得一提的是，在首次备份完成后，之后的自动或手动备份将采用增量备份的格式，即新的备份只会备份上次备份之后新增或改变过的文件与数据，而不是重新全部备份，这能极大地节省备份所需存储空间。

在备份完成后，就可以打开移动硬盘中以当前计算机名称命名的文件夹了，在其中可以看到多个以 zip 扩展名存在的压缩包，展开这些压缩包可以看到其中存储的路径和文件（如.doc 文件，等），如图 10-147 所示。

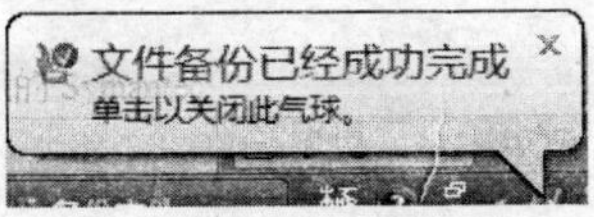

图 10-146

图 10-147

如果需要，可以通过双击这些文件的方法来运行或查看这些文件，如可以打开 doc 或 txt 文件。

此外，还可以通过执行如下操作来修改自动备份的计划，如修改备份的时间。

01 单击"备份和还原中心"窗口中的"高级还原"，打开如图 10-148 所示的界面。

02 单击左侧列表中的"备份文件"，在右侧窗格中可以通过单击"立即备份"执行手工备份，也可以通过单击下方的"关闭"按钮来停止自动备份计划，或单击"更改备份设置"打开的如图 10-149 所示对话框，在每一步的界面中对备份计划做出修改。

03 在完成修改操作后，单击"保存设置并退出"按钮即可。

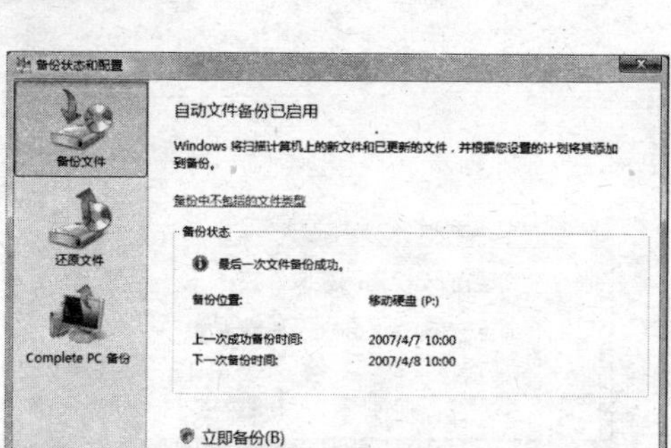

图 10-148

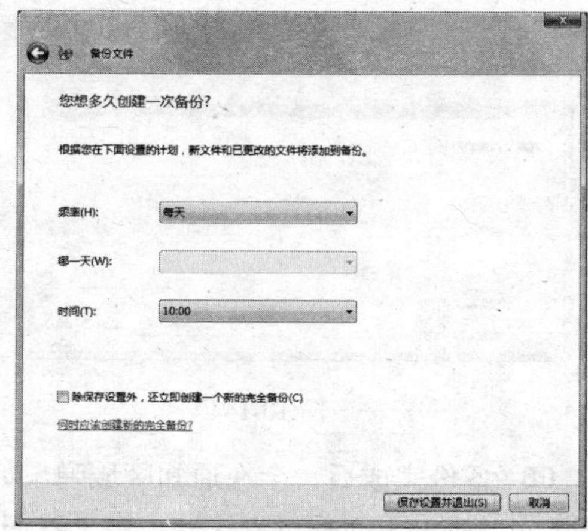

图 10-149

2. 还原文件

在完成了文件的备份后，我们可以有两种还原文件的方法，一是使用“备份和还原中心”窗口中的“还原文件”功能；二是对单独的文件/文件夹使用“以前的版本”功能。这里介绍第一种方法的实现过程，以将文件备份到移动硬盘为例，需要执行如下操作：

01 确认移动硬盘和存储了重要文件的分区均为 NTFS 文件系统，否则应对其进行格式化。

02 单击“备份和还原中心”窗口中的“还原文件”，在弹出的如图 10-150 所示对话框中选择“文件来自较旧备份”。

03 在如图 10-151 所示的界面中可以看到最近的备份记录。此时，需要在列表中选择一个记录并单击“下一步”按钮。

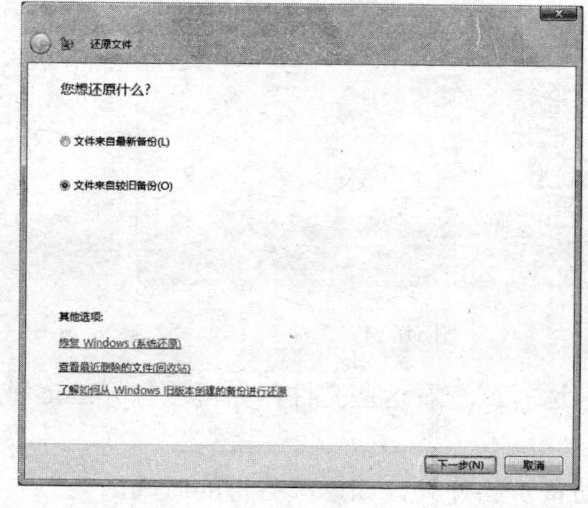

图 10-150

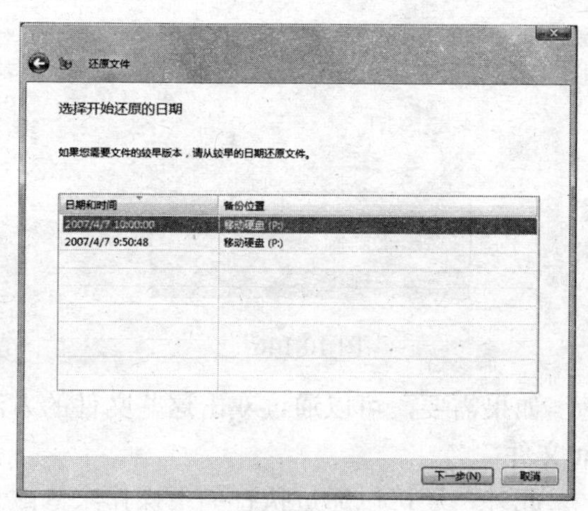

图 10-151

04 单击“添加文件”或“添加文件夹”按钮选择移动硬盘中准备进行还原的数据，或单击“搜索”按钮在移动硬盘中搜索要还原的数据，如图 10-152 所示。

05 单击“下一步”按钮切换到如图 10-153 所示的界面，这里一般都是选择“在原始位置”。

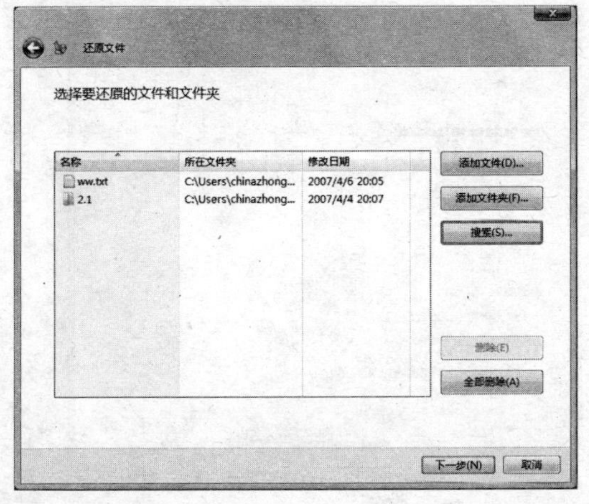

图 10-152

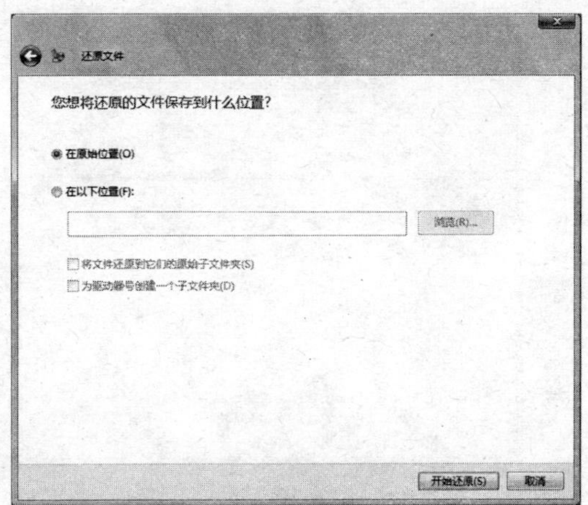

图 10-153

06 单击“开始还原”按钮，在出现还原进度框的同时会弹出如图 10-154 所示的提示框，此时应单击“复制和替换”继续。由于还原的过程中，视还原的文件数据量而有可能大量出现这个提示框，所以推荐选中“对于所有冲突执行此操作”。

07 还原进度完成后，在如图 10-155 所示界面中单击“完成”按钮即可结束还原任务。

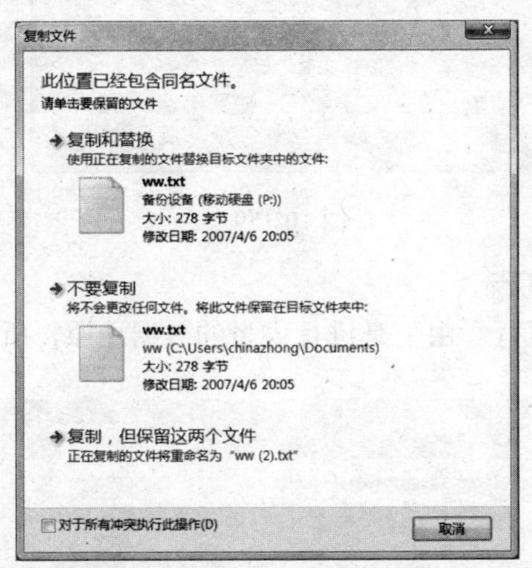

图 10-154

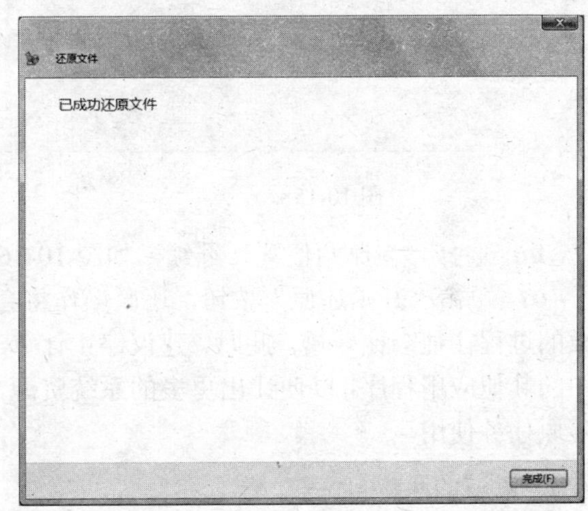

图 10-155

除了基本的还原方法外，还可以通过高级还原功能使用更多的还原方法，如全部还原等。以将移动硬盘中备份的数据全部还原到硬盘中为例，需要执行如下操作：

01 单击“备份和还原中心”窗口中的“高级还原”。

02 在如图 10-156 所示的界面中单击左侧列表中的“还原文件”，接着右侧窗格中选择“高级还原”。

03 选择“文件来自这台计算机上的旧备份”继续，如图 10-157 所示。

04 选择一个要还原的日期，如图 10-158 所示。

05 选中“还原此备份中的所有内容”继续，如图 10-159 所示。

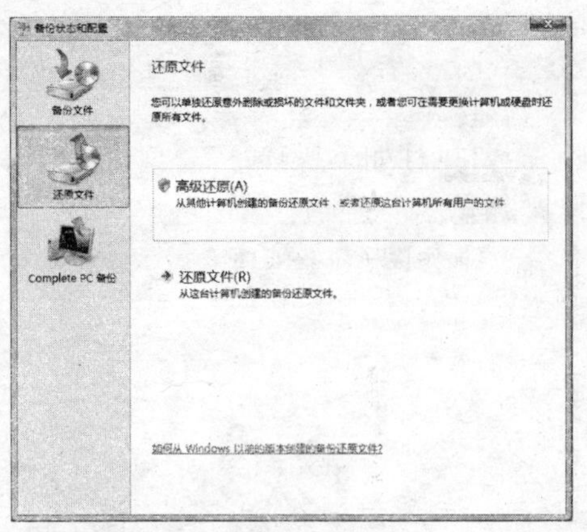

图 10-156

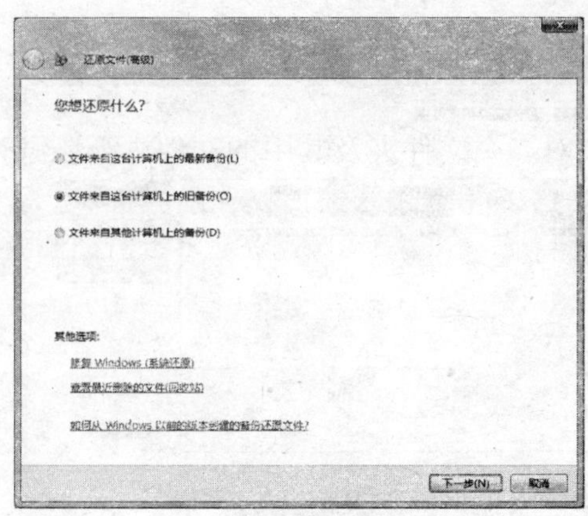

图 10-157

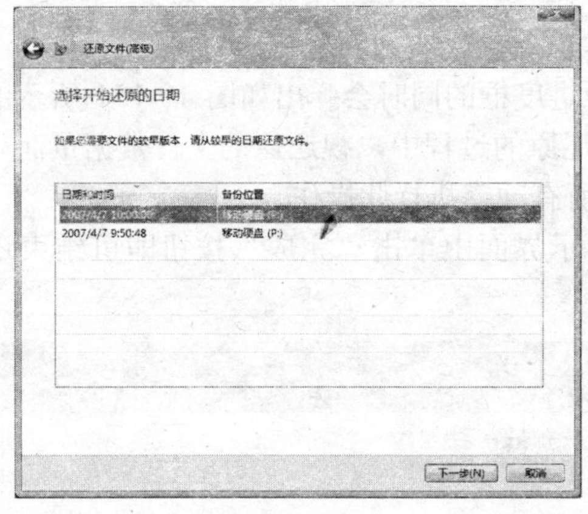

图 10-158

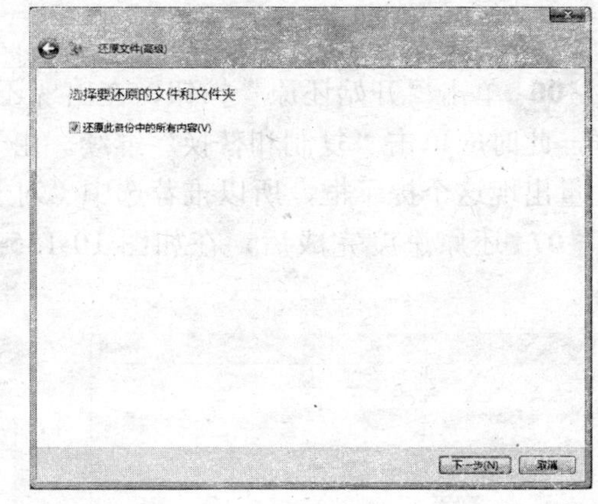

图 10-159

06 选择“在原始位置”继续，如图 10-160 所示。

07 单击“开始还原”按钮，还原操作将会执行。由于是进行大量的数据还原，所以还原的过程往往会比较慢。此时，建议停止计算机中的其他应用程序，以便让出更多的系统资源供还原任务使用。

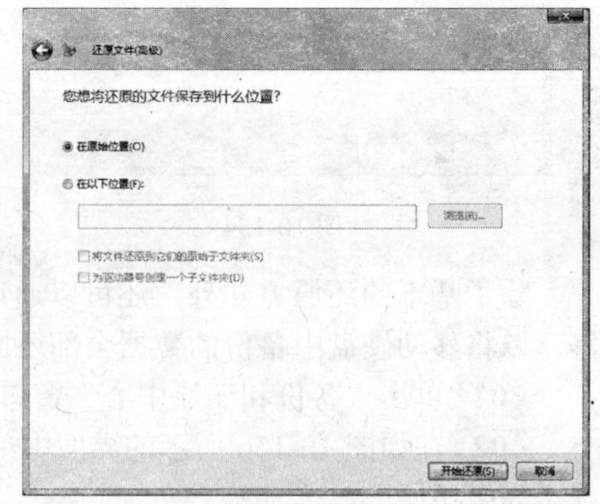

图 10-160

3．以前的版本

对于已经备份过的文件/文件夹，在出现文件中的内容有误等问题时，可以通过“以前版本”功能对其进行还原。以前版本既可以是备份副本（使用备份文件向导备份的文件和文件夹的副本），也可以是卷影副本——Windows 自动保存为还原点一部分的文件和文件夹的副本。此外，卷影副本还可以是计算机中文件的副本或是网络计算机中共享文件的副本。

可以使用“以前的版本”功能来还原被意外修改、删除或损坏的文件。需要注意的是，这项功能的使用有几个前提:

- 只能在使用 NTFS 文件系统的分区中执行。
- 原始文件不能进行更名操作。

以对一个文件夹及其中的文件进行还原为例，需要执行如下操作：

01 右击要进行还原操作的文件夹，并在弹出的菜单中选择“属性”。

02 在属性窗口中切换到“以前的版本”选项卡，如图 10-161 所示。

03 在列表中选择一个合适的日期后，单击“还原”按钮继续，如图 10-162 所示。

04 单击“还原”按钮，在还原进度结束后会弹出如图 10-163 所示的提示框。

05 单击“确定”按钮，即可结束还原任务了。

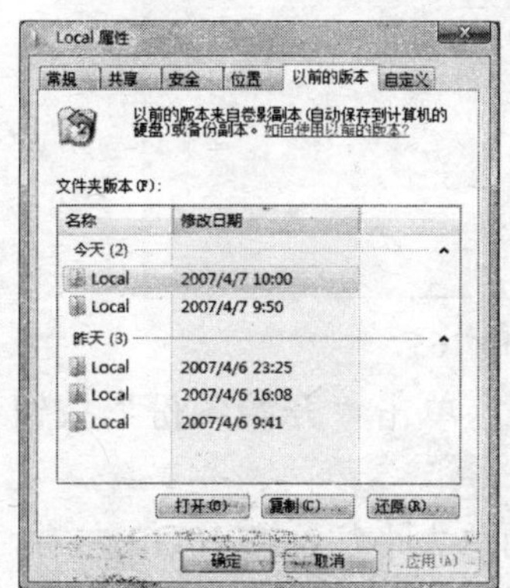

图 10-161

图 10-162

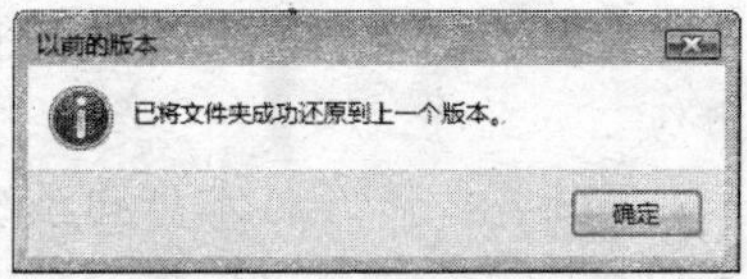

图 10-163

此功能无法对一些在 Vista 运行时需要的文件和文件夹进行还原操作。

10.4.4 备份/恢复计算机

在 Vista 中，“备份和还原中心”有一项值得关注的功能，这就是“备份和还原计算机”功能。这项功能可以一次性把当前计算机中的所有系统分区，备份并制作成相应的映像文件。这种制作映像文件的方式和这些年来流行的 Ghost 技术很相似，两种技术都可以很好地完成系统分区的恢复操作。

1. 制作映像文件

我们可以将当前计算机中安装了 Vista 的系统分区备份到移动硬盘中，并制作成相应的映像文件。

01 要确认移动硬盘使用了 NTFS 文件系统，否则应对其进行格式化。

02 单击“备份和还原中心”窗口中的“备份计算机”，在接着弹出的如图 10-164 所示对话框中选中“在硬盘上”，并在其列表中选择移动硬盘。

注 意

如果使用 CD/DVD 备份，一定要准备足够的盘片。通常，备份 Vista 系统分区，就需要 3 张的 DVD 刻录盘。

03 在如图 10-165 所示的界面中可以看到当前计算机中所有的系统分区都会自动处于选中状态，在下方可以看到备份的文件需要使用的空间大小，以及移动硬盘的可用大小。

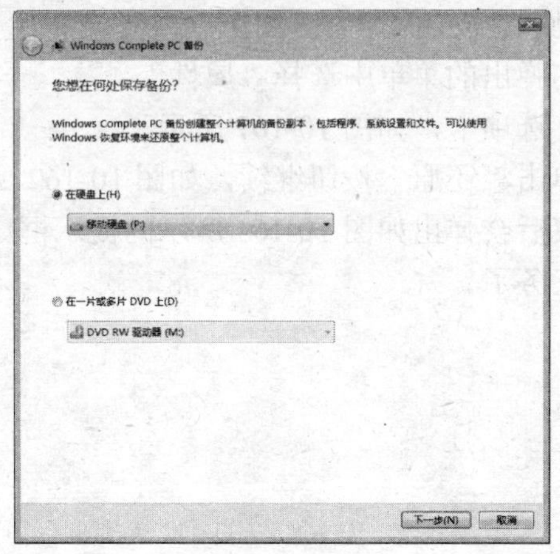

图 10-164

图 10-165

04 单击“下一步”按钮切换到如图 10-166 所示的界面，单击“开始备份”按钮继续。

05 由于 Vista 本身的系统文件和安装了常用应用软件后的总大小往往在 10GB 左右，所以进度会前进的非常慢，如图 10-167 所示。

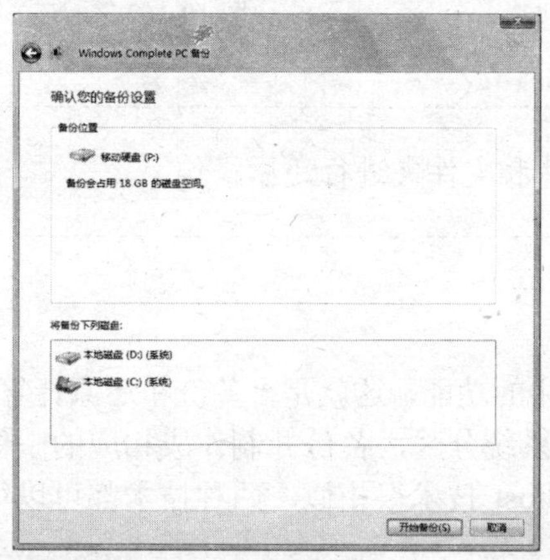

图 10-166

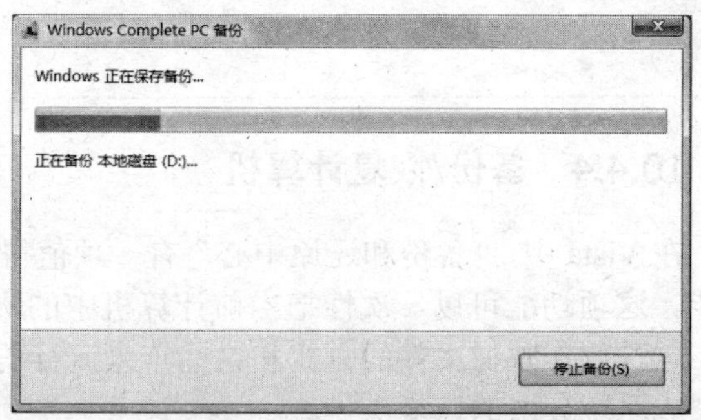

图 10-167

06 这个过程一般会在 10~60 分钟内完成（视硬件性能的不同，时间上会有所差异）。在备份的过程中，可以看到移动硬盘上有一个名为 WindowsImageBackup 的文件夹。在打开类似于 “WindowsImagebackup\COMPUTERNAME\Backup YYYY-MM-DD” 文件夹）后，可以看到每个备份的分区都使用了一个单独的文件，如“957a5831-daa5-11db-a71f-806e6f6e6963.vhd”，如图 10-168 所示。

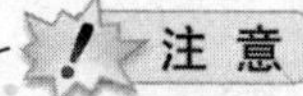

在执行备份操作时并不会备份占用大量空间的 “Pagefile.sys” 等文件，因为这些文件会在启动时自动创建，所以无需备份。

07 完成备份操作后出现如图 10-169 所示界面，单击“关闭”按钮即可结束计算机中备份系统分区的任务。

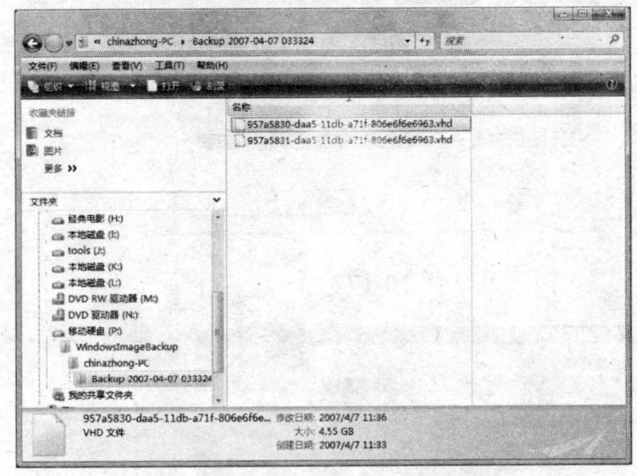

图 10-168

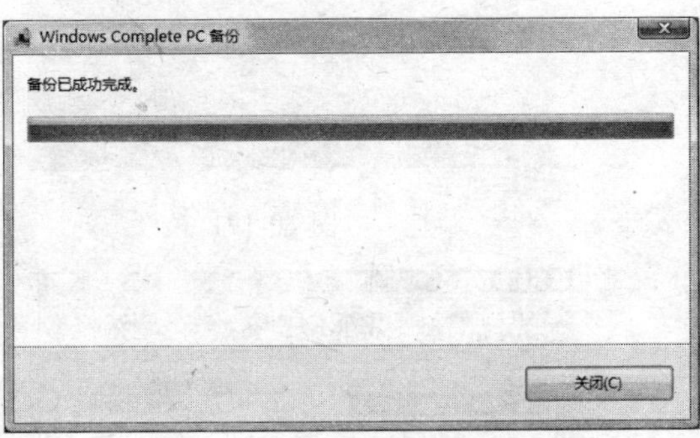

图 10-169

通常，我们只有在系统处于最佳状态、无需再进行配置时，才制作映像文件。只有这样才能使以后还原的系统无需再进行配置。

2．还原系统

在完成了备份系统分区的操作后，随时都可以使用制作的映像文件来恢复当前的系统分区——只有系统分区出现严重错误时，才推荐执行这项任务。

01 单击“备份和还原中心”窗口中的“还原计算机”，在接着弹出的如图 10-170 所示对话框中单击“关闭”按钮。

在提示框中可以看到，使用映像文件进行还原操作的方式可以使用如下方法之一：

- 在启动时按 F8 键：如果系统还能够使用此项功能的话。
- 通过 Vista 安装光盘：如果系统连 F8 键或是安全模式均无法进入的话。

此外，还可以看到“硬盘将被重新格式化……”等警告信息，这说明恢复的操作将会是彻底的。因此，在制作镜像文件后生成的设置或是文件都应该事先备份到其他分区中。

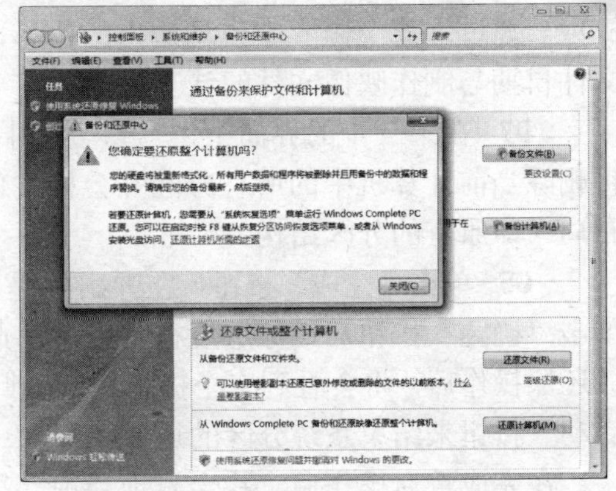

图 10-170

02 通常，我们都是使用 Vista 安装盘来完成这样任务。在将安装光盘放入 DVD 光驱或 DVD 刻录机并使用它重启系统后，在如图 10-171 所示的界面中单击左下角的“修复计算机”。

03 单击“下一步”按钮继续，如图 10-172 所示。

04 在列表中选择要进行修复的系统，如图 10-173 所示。

05 单击“Windows Complete PC 还原”，如图 10-174 所示。

图 10-171

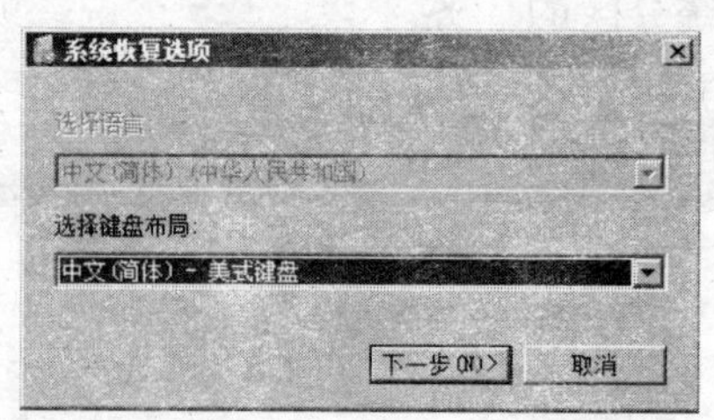

图 10-172

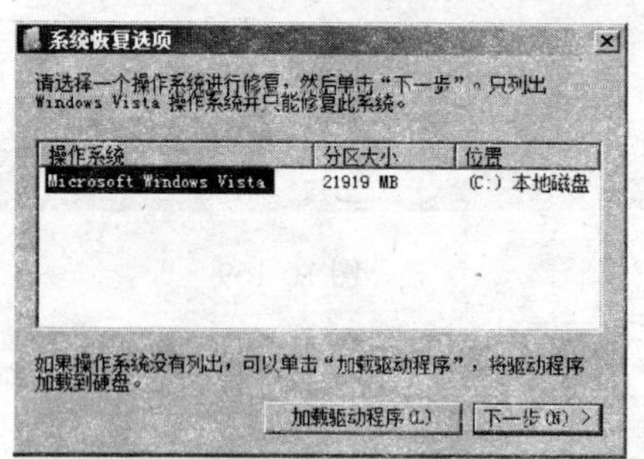

图 10-173

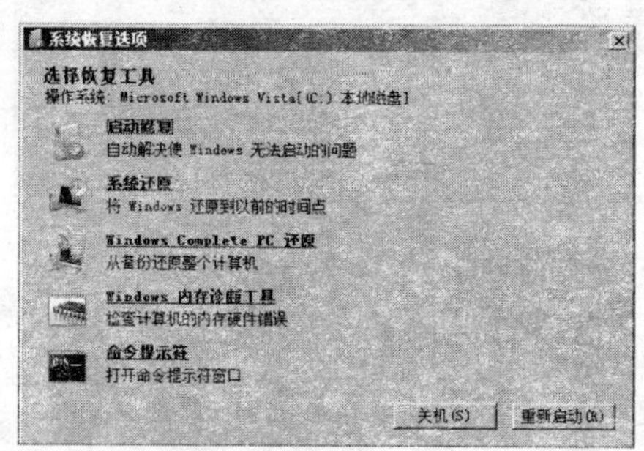

图 10-174

06 在随即弹出的搜索进度框中，可以看到修复功能正在自动搜索存储有映像文件的介质。在搜索到移动硬盘后，会出现 Windows Complete PC 还原向导。在此界面中会默认选中"还原以下备份（推荐）"项，在此项的下方有三个内容：位置、日期和时间以及计算机项。通过这三个内容中自动给出的信息，可以看到移动硬盘的标签、盘符、创建的映像文件日期与制作映像文件的计算机名称。

07 在下一步的界面中，默认会选中"格式化并重新分区磁盘"，说明接下来的操作将删除当前计算机中的所有分区并会格式化磁盘，以便匹配移动硬盘中存储的备份副本的布局（即原有的分区结构）。

08 单击"完成"按钮，在弹出的提示框中选中"我确认要格式该磁盘并还原备份"，单击"确定"按钮后还原进度框将出现。此时，只需耐心等待恢复进度的结束即可。在完成还原操作后，将会看到一个提示在 60 秒内重启计算机的提示，此时可以单击"立即重新启动"按钮来结束系统分区的还原任务。

在完成重启操作后，将会发现当前计算机中的系统和我们制作映像文件时的系统状态是完全一样的，此时系统分区中的病毒等问题将会得到彻底的解决。

实际上，对于企业环境来说，完全可以利用此功能进行批量的计算机系统安装，这将会大大提高系统安装的效率。在创建映像文件时，计算机最好是只有一个分区。在执行还原操作时，目标计算机最好是没有分区。否则很容易就会出现还原失败的问题。例举：

源计算机：此计算机中的 C 盘安装了 Windows XP，D 盘安装了 Vista。

目标计算机：此计算机中 C 盘安装了 Windows XP，F 盘安装了 Vista。

就有可能出现因为目标计算机中因为 C 和 D 盘分区的大小与源计算机中的 C 盘和 D 盘分区大小不一致，导致无法进行还原的问题。此时，会弹出"此计算机中磁盘太小或一个和多个磁盘太小”的错误提示。此时即使是把目标计算机的分区全部删除，然后进行还原也无法成功完成这项任务。所以，对于普通用户来说这项技术只能在自己的计算机的执行。

10.5 使用光盘备份数据

在 Vista 中不仅内置了支持 CD－R、DVD±R 的刻录功能，还提供了对 CD－RW、DVD±RW、DVD－RAM 刻录盘进行格式化操作后，直接进行数据的复制与删除等功能——这使得可擦写刻录盘能够像移动硬盘一样使用便捷。通过这些功能，可以轻松地完成数据的备份操作。

10.5.1 文件系统

在将刻录盘放入刻录机后，将会自动弹出如图 10-175 所示的提示框。在“光盘标题”栏中可以为插入的 CD－RW 光盘起一个名字。

在下方可以看到“Live 系统”和“Mastered”模式两个选项，我们可以根据实际对其进行选择：

- Live 系统（实时文件系统）：这是默认选择的文件系统，也是 Vista 中新推出的系统。使用此系统后，可以对插入的 CD－R、DVD±R、CD－RW、DVD±RW、DVD－RAM 刻录盘进行格式化操作，进而可以使用复制、粘贴的方法来完成数据的添加和清除操作，这有些类似于 USB 闪存（俗称“U 盘”）驱动器。

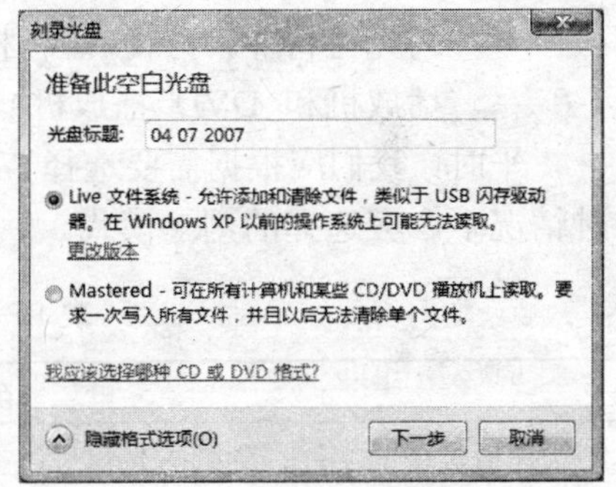

图 10-175

刻录盘有许多种，并非所有可写光盘都能以相同的方式进行格式化。在如表 10-3 所示中，给出了不同刻录盘进和格式化操作的不同之处。

表 10-3　光盘类型与格式化方式

光盘类型	可以进行的格式化方式
CD-R、DVD-R 或 DVD+R	仅一次。不能从此类光盘中删除信息。
CD-RW、DVD-RW 或 DVD+RW	多次。如果光盘已至少格式化过一次，则在以后格式化时可以使用“快速格式化”选项，以便更快地完成格式化。
DVD-RAM	多次。在第一次使用光盘时或者在以后进行格式化时，都可以使用“快速格式化”选项快速格式化光盘。

实际上，Live 系统就是以前 Windows 版本中的“UDF 文件系统”，在单击“更改版本”项弹出的如图 10-176 所示对话框中可以看出这一点。

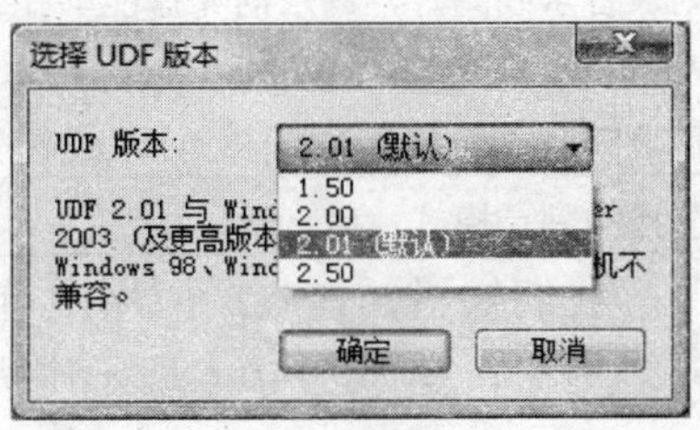

图 10-176

UDF（Universal Disk Format）这是光学存储技术协会（OSTA）于 1996 年发布的一种新的通用光盘文件系统。UDF 是统一光盘格式（Universal Disc Format）的缩写，它采用 Packet Writing 封包刻录方式，允许在可擦写光盘上任意追加数据，进而提供了类似于硬盘的随机读写特性。如果插入的是 CD－RW、DVD±RW、DVD－RAM 刻录盘则应选择此项。

在如表 10-4 所示中，可以看到目前主流的几个操作系统中对不同的 UDF 版本支持情况。

表 10-4　主流操作系统对不同 UDF 版本的支持情况

UDF 版本	Win98	Win2000	WinXP	Win2003	Vista
2.50	不正常	不正常	不正常	不正常	正常
2.01	识别为 1.99GB	功能错误	正常	正常	正常
2.00	识别为 1.99GB	提示为“请插入光盘”	正常	正常	正常
1.50	正常	正常	正常	正常	正常

- Mastered：选择这种模式后，将不能通过复制的方法刻录数据。但是可以多次添加并刻录数据——如果希望刻录大量文件的集合（如音乐光盘），则使用这种格式的光盘将非常方便。这种模式刻录的光盘与旧版本的 Windows 以及设备（例如 CD 播放机和 DVD 播放机）兼容性最好。

平时，我们应根据需要选择“Live 系统”或“Mastered”，在如表 10-5 所示中列举了几种情况下，应选择的刻录模式。

表 10-5　刻录目的与刻录模式的选择

目　　的	使　用
刻录任何类型的文件，刻录的光盘可以在装有 Windows XP 或更高版本的计算机上使用	光盘：光盘刻录机支持的任何种类的光盘。
选择的刻录模式：Live 系统	
将光盘保留在计算机的刻录机中，在方便时将文件复制到光盘，例如进行例行备份时	光盘：光盘刻录机支持的任何种类的光盘。
选择的刻录模式：Live 系统	
能够反复添加和擦除文件，就好像这种光盘是软盘或 U 盘	光盘：CD-R、CD+R、CD-RW、DVD-R、DVD+R、DVD-RW、DVD+RW 或 DVD-RAM。
选择的刻录模式：Live 系统	
刻录任何类型的文件，刻录的光盘可以在任何计算机中使用，包括安装以前的 Windows 版本（比 Windows XP 版本低）的计算机	光盘：光盘刻录机支持的任何类型的光盘。
选择的刻录模式：Mastered	
刻录音乐或图片，刻录的光盘能够在任何计算机中使用，包括使用以前的 Windows 版本（比 Windows XP 版本低）的计算机，而且能够在播放 MP3 和数码照片的普通 CD 或 DVD 播放机上使用	光盘：CD-R、DVD-R 或 DVD+R。格式：
选择的刻录模式：Mastered	

我们知道，在刻录应用中有很多种类型的刻录盘可供选择，那么这些刻录盘有什么不同之处呢？在如表 10-6 所示中提供了相关的信息供读者们参考。

表 10-6 不同光盘的说明

光盘	常规信息	容量	兼容性
CD-R	可以多次将文件刻录到 CD-R，但是不能从光盘中删除文件。每次刻录都是永久性的。	650MB 700MB	与大多数计算机和设备高度兼容。
CD-RW	既可以多次将文件刻录到 CD-RW，也可以从光盘上删除不需要的文件，CD-RW 光盘可以多次刻录和擦除数据。	650 MB	与许多计算机和设备兼容。
DVD-R	可以多次将文件刻录到 DVD-R，但是不能从光盘中删除文件。每次刻录都是永久性的。	4.7 GB	与大多数计算机和设备高度兼容。
DVD+R	可以多次将文件刻录到 DVD+R，但是不能从光盘中删除文件。每次刻录都是永久性的。	4.7 GB	与许多计算机和设备兼容。
DVD-RW	可以多次将文件刻录到 DVD-RW，也可以从光盘上删除不需要的文件，DVD-RW 光盘可以多次刻录和擦除数据。	4.7 GB	可以一边刻录一边读取其中的数据。与许多计算机和设备兼容。
DVD+RW	可以多次将文件刻录到 DVD+RW，也可以从光盘上删除不需要的文件，以便回收空间以及添加其他文件。DVD+RW 可以多次刻录和擦除。	4.7 GB	可以一边刻录一边读取其中的数据。与许多计算机和设备兼容。
DVD-RAM	可以多次将文件刻录到 DVD-RAM，也可以从光盘上删除不需要的文件。DVD-RAM 的价格较贵（如 30 元/张），但质量也相对较好。	4.7 GB	DVD-RAM 光盘通常只能在支持 DVD-RAM 的刻录机中使用，DVD 播放机以及其他设备可能无法读取这种光盘。

10.5.2 刻录数据

下面，让我们分别来看看在分别选择“Live 系统”和“Mastered”项后，如何进行数据的写入。

1．Live 系统

如果选择 Live 系统并单击“下一步”，则会弹出如图 10-177 所示的提示。

在单击“是”按钮后，在弹出的如图 10-178 所示进度框中，可以看到正在对 CD−RW、DVD±RW 或 DVD−RAM 刻录盘进行格式化操作。

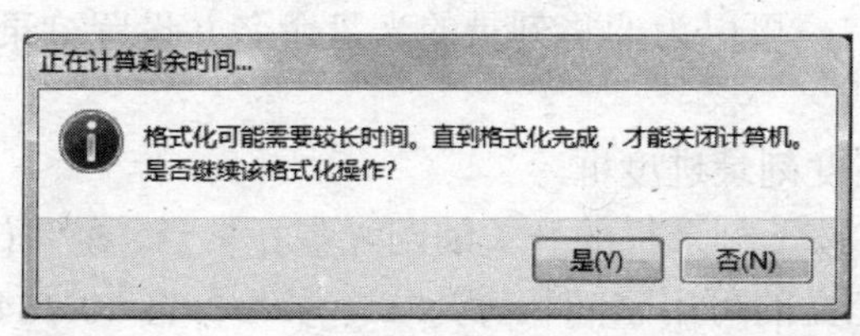

图 10-177

图 10-178

在格式化操作完成后，在“计算机”窗口中可以看到刻录机图标的下方，以及窗口下方的状态栏中都会有当前刻录盘的可用空间等信息，如图 10-179 所示。

> 提示
>
> 刻录机的图标会随着放入的刻录盘类型不同而不同，比如放入 DVD－RAM 光盘后，这里就会显示“DVD-RAM”图标和相应的文字。

此时，双击刻录机图标进入如图 10-180 所示的窗口后，只需将要刻录的数据复制→粘贴到这里就可以了。

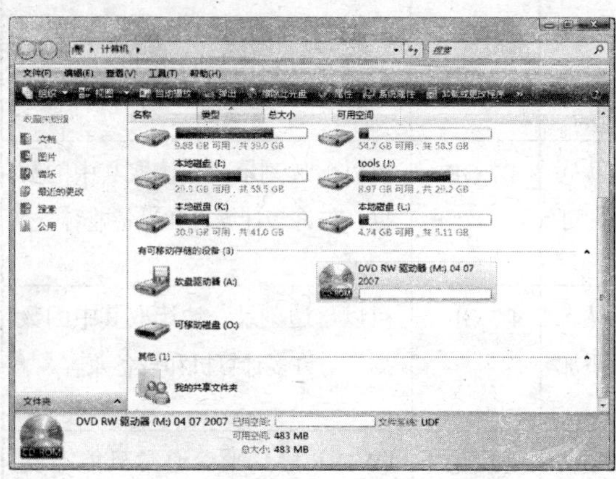
图 10-179

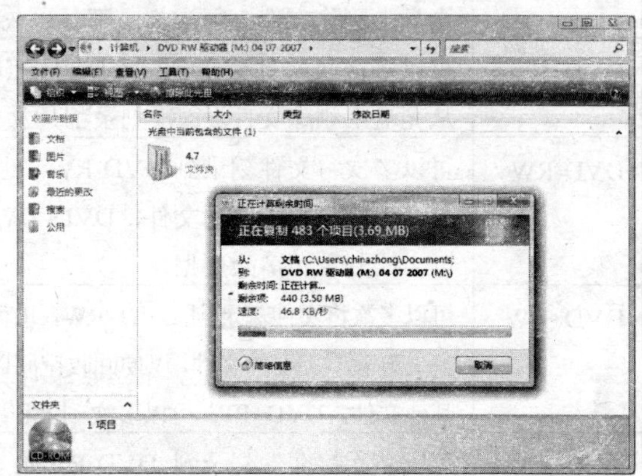
图 10-180

我们会看到复制（刻录）的进度，在复制完成后数据就会被写入到光盘中。这些数据随时都可以将其删除掉——这些数据将不会存放到“回收站”中。

2．Mastered

无论是 CD－R、DVD±R，还是 CD－RW、DVD±RW、DVD－RAM 刻录盘，如果选择了“Mastered”项，则意味着只能使用基本的刻录功能。这样做的好处是 WMP 等程序中的刻录功能将可以正常调用刻录机的刻录功能，不足是“复制→粘贴”这样便捷的刻录功能将会无法使用。

01 在将光盘放入刻录机后，在弹出的对话框中如果选择 Mastered 并单击“下一步”，则会直接进入刻录机的窗口，如图 10-181 所示。

02 此时，可以将任意要刻录的数据通过一次复制或多次复制的方法添加到此窗口中。接着，单击工具栏上的“刻录到光盘”按钮。

03 在弹出的如图 10-182 所示向导窗口中，可以为即将刻录的光盘命名并设置刻录的速度。

04 接下来，将出现如图 10-183 所示的速度刻录进度框。

05 在刻录完成后，刻录盘将会被弹出。在按下刻录机的开关缩回光盘托架后，在“计算机”窗口中选中刻录机图标后，可以看到此时光盘的可用空间状态为“0 字节”，如图 10-184 所示。

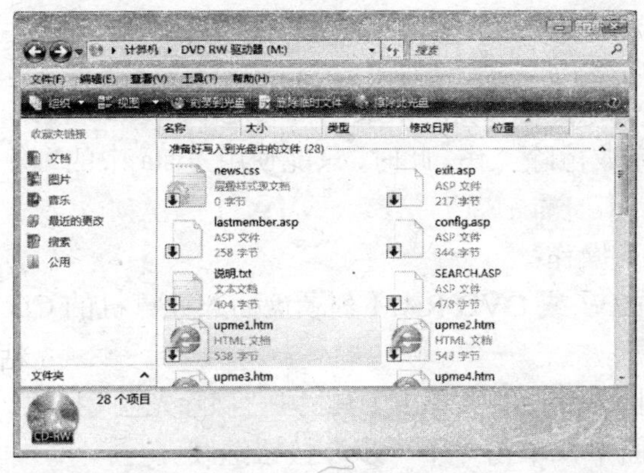

图 10-181

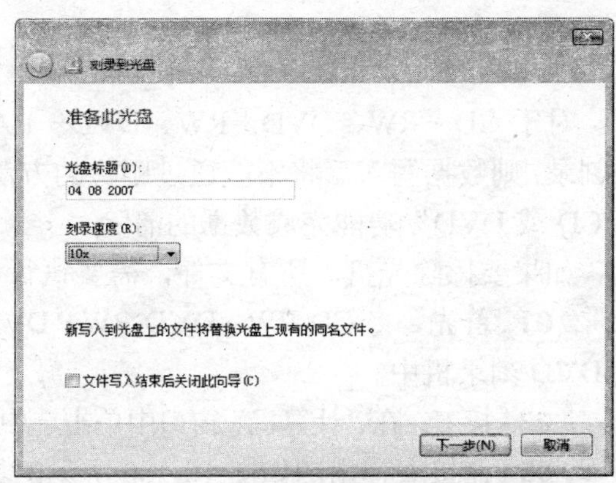

图 110-182

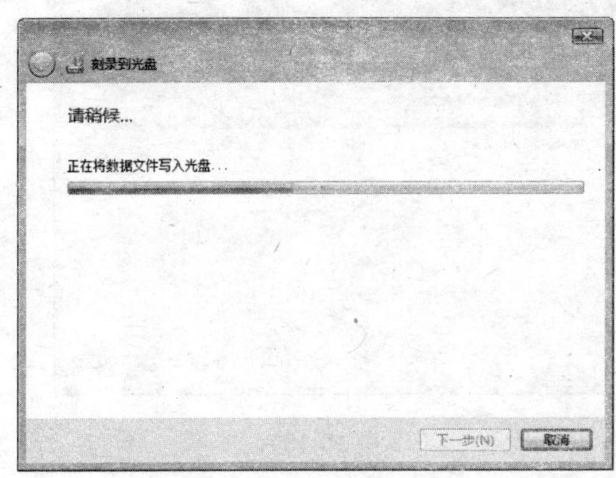

图 10-183

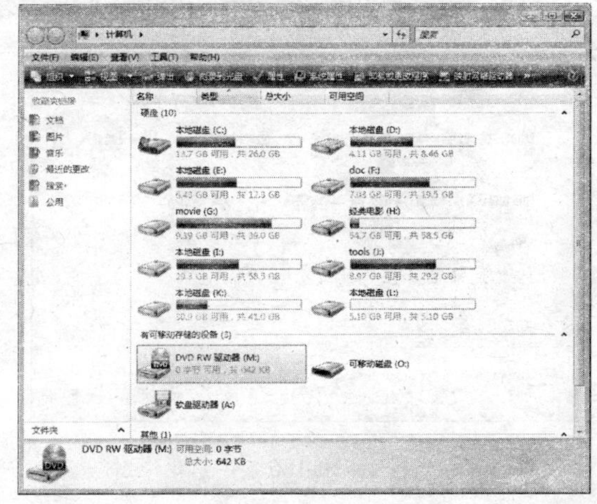

图 10-184

06 此时，双击打开刻录机窗口，将其他的一次文件复制到这里后。再次单击工具条上的“刻录到光盘”按钮，可以将第二次添加的数据刻录到光盘中。这种添加并刻录数据的操作可以执行多次。

使用上述方法进行刻录的数据无法执行删除操作，如图 10-185 所示。

但是，并且可以使用刻录重复名称的方法来覆盖（可以实现变相的擦除数据操作）原有的数据。比如，原来光盘中有一个文件名为 123.doc，它大小是 100MB。那么，我们现在可以再次刻录一个名为 123.doc，但只有 10KB 大小的文件到光盘中，这样原来的文件将会被新的同名文件替换掉，进而实现光盘数据的删除。

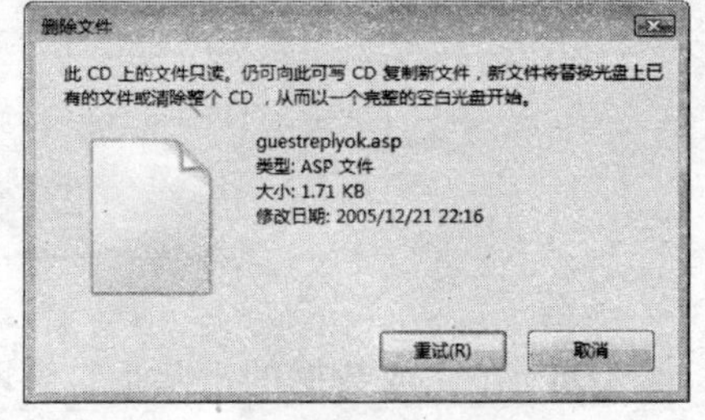

图 10-185

如果是使用 CD－R、DVD±R 刻录盘，则只能使用上述的方法进行数据的刻录和清除。如果是使用 CD－RW、DVD±RW、DVD－RAM 刻录盘，则可以使用“擦除此光盘”功能将光盘中的数据一次性清除掉，并使用重新选择使用“Live 系统”或“Mastered”进行新的数据刻录。

10.5.3 擦除数据

对于 CD－RW、DVD±RW、DVD－RAM 刻录盘来说，如果使用的是 Mastered 模式的刻录，则数据写入后将不能通过删除的方法完成擦除工作。此时，只能使用 Vista 中的“擦除 CD 或 DVD”功能完成数据的清除。

如果要擦除光盘上所有文件，需要执行如下操作：

01 首先，将 CD-RW、DVD-RW、DVD+RW 或 DVD-RAM 刻录盘插入计算机的 CD 或 DVD 刻录机中。

02 接着，在“计算机”窗口中单击选中刻录机图标，并单击工具栏中“擦除光盘”按钮。

03 在接着弹出的如图 10-186 所示的界面中，单击“下一步”按钮继续。

04 在接着弹出如图 10-187 所示的擦除进度界面中，必须耐心等待进度的结束。

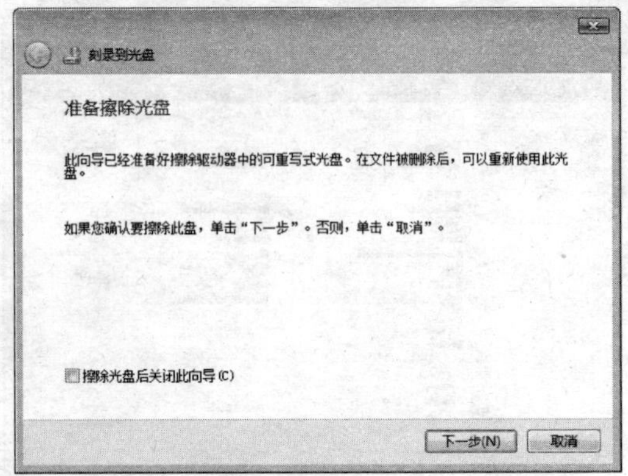

图 10-186

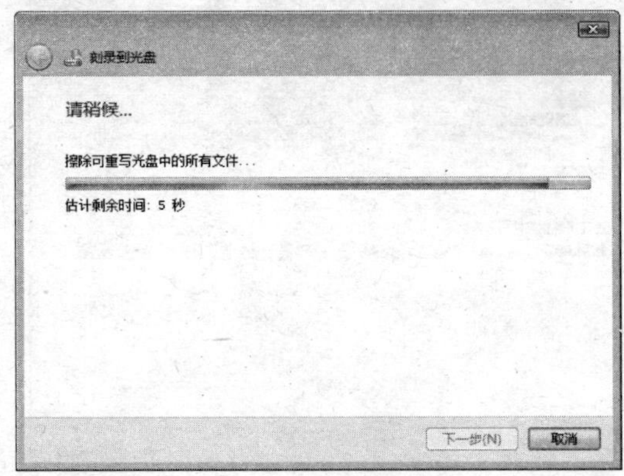

图 10-187

05 在接看弹出如图 10-188 所示的界面中，单击“完成”按钮即可结束可擦写光盘的数据清除任务。

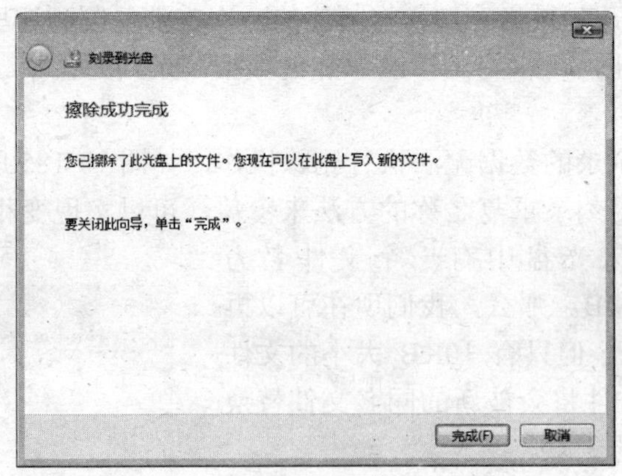

图 10-188

06 在完成数据的擦除后，可以重新在光盘中刻录新的数据，这样的操作可以重复多次。通过上述几种方法，可以轻松完成将数据备份至光盘的任务。事实上，现在使用这样的方法进行数据备份的用户越来越多，甚至在 Vista 的备份与还原中心中也推荐使用这样的备份方法，并提供了相应的功能。